Vorbereitungskurs Staatsexamen Mathematik

Dominik Bullach · Johannes Funk

Vorbereitungskurs Staatsexamen Mathematik

Aufgabenbereiche Algebra und Analysis mit umfassenden Lösungen

2., aktualisierte und korrigierte Auflage

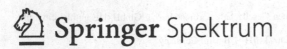

Dominik Bullach
Department of Mathematics
King's College London
London, United Kingdom

Johannes Funk
Fakultät für Mathematik
Technische Universität München
Garching, Deutschland

ISBN 978-3-662-62903-1   ISBN 978-3-662-62904-8   (eBook)
https://doi.org/10.1007/978-3-662-62904-8

Die Deutsche Nationalbibliothek verzeichnet diese Publikation in der Deutschen Nationalbibliografie; detaillierte bibliografische Daten sind im Internet über http://dnb.d-nb.de abrufbar.

Planung/Lektorat: Iris Ruhmänn
Springer Spektrum ist ein Imprint der eingetragenen Gesellschaft Springer-Verlag GmbH, DE und ist ein Teil von Springer Nature.
Die Anschrift der Gesellschaft ist: Heidelberger Platz 3, 14197 Berlin, Germany

Für Mama, Max und Julia.
(J. F.)

Meinem Bruder als Ansporn,
meiner Oma als Dank,
der Mathematik als Verneigung.
(D. B.)

Vorwort

Liebe Leserin, lieber Leser!

Dieses Buch ist aus einem Manuskript erwachsen, das wir zu unserer eigenen Examensvorbereitung erstellt haben. Unser Ziel dabei war es, die nötige Theorie kompakt zusammenzustellen und anhand von Original-Prüfungsaufgaben typische Strategien beispielhaft aufzuzeigen und einzuüben. Was einmal klein angefangen hat, ist nun zu einem umfangreichen Buch ausgewachsen, mit dem wir dieses Wissen weitergeben wollen.

Was erwartet mich? – oder: Staatsexamen für Anfänger

Das fachliche Staatsexamen in Mathematik besteht aus den beiden vierstündigen Prüfungen „Analysis" und „Algebra, Lineare Algebra und Elemente der Zahlentheorie". Dabei werden jeweils drei Themen (Aufgabengruppen) zur Auswahl gestellt, von denen eines vollständig bearbeitet werden muss.

Ein Thema des Analysis-Examens besteht typischerweise aus jeweils zwei Aufgaben der Funktionentheorie und der gewöhnlichen Differentialgleichungen sowie einer Aufgabe zur reellen Analysis, während im Algebra-Examen üblicherweise neben einer Aufgabe der Linearen Algebra vier Aufgaben aus den Bereichen Gruppen-, Ring- und Körpertheorie gestellt werden.

Wie lerne ich am besten? – oder: Aufbau des Buchs

Das Buch gliedert sich in zwei Teile, die auch unserer Vorstellung einer sinnvollen Vorbereitung auf das Staatsexamen entsprechen: Im Teil I werden die notwendigen Sätze und Definitionen, die zur Bearbeitung von Aufgaben unerlässlich sind, wiederholt und anhand ausgewählter, thematisch passender Aufgaben eingeübt. Wir haben dabei versucht, die Aufgaben didaktisch zu sortieren und dafür zu sorgen, dass nur das Wissen des jeweiligen Kapitels benötigt wird – hin und wieder kommen wir jedoch nicht ohne Vorgriffe auf andere Stoffgebiete aus.

In Teil II folgen dann vollständige Jahrgänge, bei denen wir die Aufgaben aus den Staatsexamina der letzten Jahre ohne Änderungen übernommen haben. Man sollte nach Durcharbeiten des ersten Teils in der Lage sein, diese als eine Art „Ernstfalltest" selbstständig zu bearbeiten.

Die Aufgaben haben wir soweit möglich in Originalform übernommen, in Teil I jedoch die Notation behutsam angepasst.

Dieses Buch ist kein Lehrbuch im klassischen Sinne: Die benötigte Theorie wird jeweils nur überblicksartig angerissen und sollte eigentlich bereits vertraut sein. Wer hier Lücken in seinem Wissen feststellt, sollte eines der einschlägigen Lehrbücher zur Hand nehmen, die eine ausführlichere und vollständigere Darstellung bieten. Einige Vorschläge dafür finden sich im Literaturverzeichnis.

Obwohl wir uns bemüht haben, stets vollständige Lösungen der Aufgaben zu geben, sind doch der besseren Lesbarkeit wegen und um den Rahmen dieses Buches nicht zu sprengen, hin und wieder Details ausgespart. Hier raten wir dazu, in der Prüfungssituation des Examens im Zweifelsfall immer ausführlicher zu sein.

Jede Aufgabe besitzt ein Kürzel der folgenden Bauart:

F12T3A4   ↔   Aufgabe 4 im 3. Thema des Examens vom Frühjahr 2012

Um bestimmte Aufgaben zu finden, gibt es am Ende des Buches ein eigenes Aufgabenverzeichnis.

Danksagungen – oder: Habt ihr das ganz alleine geschrieben?

Über das letzte Jahr hinweg gab es eine ganze Reihe von Leuten, die Korrektur gelesen haben, an Aufgaben mitüberlegt haben oder sich einfach nur die neuesten Entwicklungen rund um das Buch anhören mussten. Ihnen allen sind wir zu Dank verpflichtet.

Einige unserer Kommilitonen haben das Manuskript bereits während des Entstehungsprozesses für ihre Examensvorbereitung genutzt. Für das kontinuierliche Feedback, ohne das dieses Buch nicht die jetzige Qualität und Verständlichkeit hätte, danken wir Philipp Brader, Elias Codreanu, Robert Doll, Thomas Eder, Christian Geishauser, Christina Leuchter, Sandra Meier, Julia Oswald, Ida Schmid, Isabella Schmidt, Isabella von Solemacher, Marietta Wagner und Tobias Zehetner.

Weitere Testleser einzelner Teile waren die Kollegen Thomas Götzer und Martin Hofer, für deren Verbesserungsvorschläge und ausführliche Kaffeepausen wir sehr dankbar sind.

Danken wollen wir auch unseren Dozenten Dr. Ralf Gerkmann und Dr. Heribert Zenk, die durch ihre Vorlesungen unsere Art, Mathematik zu treiben, geprägt haben. Sie standen uns außerdem bei Fragen, die im Laufe dieses Projekts aufgetreten sind, stets zur Verfügung.

Dieses Buch wäre außerdem nie möglich gewesen ohne die Unterstützung unserer Lektorin Ulrike Schmickler-Hirzebruch, die vom ersten Moment an an das Projekt geglaubt hat, sowie ihrer Assistentin Barbara Gerlach. Vielen Dank!

Wir hoffen, mit diesem Buch zur Verbesserung des Notendurchschnitts im Mathematik-Examen, dem Abbau der Angst vor ebenjenem und der Steigerung des Bruttosozialprodukts beitragen zu können. Für Rückmeldungen und Verbesserungsvorschläge, Erfahrungsberichte und Fanpost sind wir jederzeit dankbar.

München, im April 2017   Dominik Bullach und Johannes F. Funk

Vorwort zur zweiten Auflage

Im Vorwort zur dritten Auflage von [FB06] steht der schöne Satz, dass man ein Lehrbuch wohl erst zur „druckfehlerfreien Zone" erklären könne, nachdem einige Auflagen ins Land gegangen seien. Wir haben die leidvolle Erfahrung machen müssen, dass das vorliegende Buch keine Ausnahme davon ist. Maßgeblich zum Aufspüren von Fehlern beigetragen haben die vielen E-Mails aufmerksamer Leserinnen und Leser, für die wir uns an dieser Stelle nochmals herzlich bedanken wollen.

Wir haben in der vorliegenden Auflage neben der Korrektur kleiner typographischer und sachlicher Fehler aus der ersten Auflage außerdem auch eine umsichtige Modernisierung des Textes vorgenommen. Während sich im didaktischen Teil I dabei nur wenig geändert hat, ist der gesamte Teil II aktuelleren Aufgaben aus den letzten Jahren gewichen. Sämtliche Aufgaben, die diesen Kürzungen zum Opfer gefallen sind, werden wir jedoch online verfügbar halten. Man ziehe dazu den Webauftritt der Autoren zurate. Wir möchten jedoch betonen, dass keine regelmäßige Aktualisierung des Inhalts im obigen Sinne geplant ist.

Nach reiflicher Überlegung haben wir uns zudem dazu entschlossen, das Gleichgewicht zwischen Algebra und Analysis in Teil II leicht zugunsten der Analysis zu verschieben. Dies ist hauptsächlich den Aufgaben aus dem Herbst 2017 geschuldet, die wir andernfalls bei in etwa gleichbleibendem Umfang nicht hätten aufnehmen können.

Für das Korrekturlesen der neu hinzugekommenen Aufgaben danken wir Johannes Bäumler, Thomas Eder, Maria Elena Gonzalez, David Hien, Wendelin Lutz, Jaime Mendizabal Roche, Corvin Paul, Fabian Roll, Frederik Schnack, Jago Silberbauer und Leo Wetzel. Dem Letztgenannten dankt der jüngere Autor zudem für zahlreiche (nicht-)fachliche Diskussionen, die dieses Projekt betrafen.

Wir bedanken uns außerdem bei unseren Ansprechpartnerinnen bei Springer Spektrum, nämlich Bianca Alton, Kathrin Maurischat und Iris Ruhmann, ohne deren tatkräftige Unterstützung diese Auflage niemals das Licht der Welt erblickt hätte.

London und München, Oktober 2020   Dominik Bullach und Johannes F. Funk

Inhaltsverzeichnis

Teil I

Themen des Staatsexamens

1. Algebra: Gruppentheorie

1.1. Grundlagen der Gruppentheorie

Definition 1.1. Eine Menge G heißt *Gruppe*, falls eine Verknüpfung $\cdot: G \times G \to G$ mit den folgenden Eigenschaften existiert:

(1) Die Verknüpfung ist *assoziativ*, d.h. es gilt $g \cdot (h \cdot k) = (g \cdot h) \cdot k$ für alle $g, h, k \in G$,

(2) es gibt ein *Neutralelement*, d.h. ein Element $e \in G$ mit $g \cdot e = e \cdot g = g$ für alle $g \in G$,

(3) jedes Element besitzt ein *Inverses*, d.h. für alle $g \in G$ gibt es ein $h \in G$ mit $g \cdot h = h \cdot g = e$.

Das Verknüpfungssymbol $\cdot$ wird oft auch weggelassen, außerdem werden Gruppen auch additiv geschrieben, d.h. anstatt von $\cdot$ wird das Symbol $+$ verwendet. Das Inverse wird üblicherweise als g^{-1} bzw. $-g$ notiert, zudem sind für das Neutralelement entsprechend die Bezeichnungen 1 bzw. 0 gebräuchlich. Falls zusätzlich $g \cdot h = h \cdot g$ für alle $g, h \in G$ einer Gruppe G gilt, so wird diese als *abelsch* oder *kommutativ* bezeichnet.

Eine Gruppe in der Gruppe wird erwartbarerweise Untergruppe genannt. Eine exakte Definition lautet folgendermaßen:

Definition 1.2. Sei G eine Gruppe. Eine Menge $U \subseteq G$ wird *Untergruppe* von G genannt, falls

(1) $e \in U$, wobei e das Neutralelement von G ist,

(2) $u \cdot v \in U$ für alle $u, v \in U$, wobei $\cdot$ die Gruppenverknüpfung von G bezeichnet,

(3) $u^{-1} \in U$ für alle $u \in U$, wobei u^{-1} das Inverse von u in G ist.

Wenn U eine Untergruppe von G ist, so verwendet man dafür auch die Kurzschreibweise $U \leq G$.

Der Leser ist eingeladen sich davon zu überzeugen, dass wir eine Untergruppe in äquivalenter Weise auch als eine nicht-leere Menge $U \subseteq G$ mit der Eigenschaft $uv^{-1} \in U$ für alle $u, v \in U$ hätten definieren können.

Als Nächstes schicken wir die zugehörige strukturerhaltende Abbildung hinterher:

© Der/die Autor(en), exklusiv lizenziert durch
Springer-Verlag GmbH, DE, ein Teil von Springer Nature 2021
D. Bullach und J. Funk, *Vorbereitungskurs Staatsexamen Mathematik*,
https://doi.org/10.1007/978-3-662-62904-8_1

Definition 1.3. Seien G und H Gruppen. Eine Abbildung $\phi\colon G \to H$ heißt *Gruppenhomomorphismus*, falls $\phi(ab) = \phi(a)\phi(b)$ für alle $a, b \in G$ erfüllt ist.

Der *Kern* des Homomorphismus $\phi\colon G \to H$ ist $\ker\phi = \{g \in G \mid \phi(g) = e\}$, wobei e das Neutralelement von H bezeichnet. Wie bei linearen Abbildungen ist die Abbildung ϕ genau dann injektiv, wenn ihr Kern nur aus dem Neutralelement von G besteht.

Aufgabe (Frühjahr 2015, T3A1)

Gegeben seien eine Gruppe G und drei Untergruppen $U_1, U_2, V \subseteq G$ mit der Eigenschaft $V \subseteq U_1 \cup U_2$. Zeigen Sie, dass $V \subseteq U_1$ oder $V \subseteq U_2$ gilt.

Lösungsvorschlag zur Aufgabe (Frühjahr 2015, T3A1)

Nehmen wir das Gegenteil an, d. h. $V \not\subseteq U_1$ und $V \not\subseteq U_2$. Dann gibt es $x, y \in V$ mit $x \notin U_1$ und $y \notin U_2$. Dies bedeutet $x, x^{-1} \in U_2$ und $y, y^{-1} \in U_1$. Auch das Element xy liegt in V und muss daher in U_1 oder U_2 liegen. Wäre $xy \in U_1$, so wäre auch $xyy^{-1} = x \in U_1$, was nicht sein kann. Andererseits führt auch $xy \in U_2$ zum Widerspruch $x^{-1}xy = y \in U_2$. Also muss unsere Annahme falsch gewesen sein.

Gruppen- und Elementordnung

Ist G eine Gruppe und $S \subseteq G$ eine Teilmenge, so bezeichnen wir mit $\langle S \rangle$ die (bezüglich Inklusion) kleinste Untergruppe von G, die S enthält. Wichtig ist dabei der Spezialfall einer einelementigen Menge $S = \{g\}$, denn dann ist $\langle g \rangle = \{g^n \mid n \in \mathbb{Z}\}$. Gruppen dieser Bauart werden als *zyklisch* bezeichnet.

Definition 1.4. Sei G eine Gruppe. Die *Ordnung* eines Elementes $g \in G$ ist definiert als $\operatorname{ord} g = |\langle g \rangle|$. Die *Ordnung* der Gruppe G ist $|G|$.

Proposition 1.5. Sei G eine Gruppe mit Neutralelement e und sei $g \in G$. Die folgenden Aussagen sind jeweils äquivalent:

Für endliche Ordnung:

(1) $n = \operatorname{ord} g$,

(2) n ist die minimale Zahl mit $g^n = e$,

(3) $g^m = e \Leftrightarrow n \mid m$,

(4) $\langle g \rangle \cong \mathbb{Z}/n\mathbb{Z}$.

Für unendliche Ordnung:

(1′) $\operatorname{ord} g = \infty$,

(2′) für alle $m \in \mathbb{N}$ ist $g^m \neq e$,

(3′) $\langle g \rangle \cong \mathbb{Z}$.

Aus dem Satz von Lagrange 1.7 folgt zudem, dass in einer endlichen Gruppe die Elementordnung stets die Gruppenordnung teilen muss. Daraus erhält man direkt:

Proposition 1.6 (Kleiner Fermat). Sei G eine endliche Gruppe, dann gilt $g^{|G|} = e$ für jedes $g \in G$.

Umgekehrt gibt es im Allgemeinen nicht zu jedem Teiler d der Gruppenordnung n auch ein Element der Ordnung d. Richtig ist dieser Umkehrschluss jedoch im Spezialfall zyklischer Gruppen: Sei $G = \langle g \rangle$ und d ein Teiler von $n = \operatorname{ord} g$, dann ist $g^{n/d}$ ein Element der Ordnung d in G und $\langle g^{n/d} \rangle$ ist die eindeutige Untergruppe der Ordnung d von G, welche außerdem alle Elemente der Ordnung d von G enthält. Jede Untergruppe von G hat diese Form, insbesondere sind also Untergruppen zyklischer Gruppen selbst wieder zyklisch.

Anleitung: Euler'sche φ-Funktion

Die Anzahl der Elemente der Ordnung d in einer zyklischen Gruppe endlicher Ordnung n kann mithilfe der *Euler'schen φ-Funktion* bestimmt werden. Diese ist definiert als

$$\varphi(d) = |\{m \in \mathbb{N} \mid m \le d,\ \operatorname{ggT}(d,m) = 1\}|.$$

Falls $d \mid n$, gibt es dann genau $\varphi(d)$ Elemente der Ordnung d in G. Eine effektive Berechnung ist mithilfe der folgenden beiden Eigenschaften möglich:

(1) Sind $l, m \in \mathbb{N}$ teilerfremd, so gilt $\varphi(l \cdot m) = \varphi(l) \cdot \varphi(m)$.

(2) Für eine Primzahl p und $m \in \mathbb{N}$ ist $\varphi(p^m) = (p - 1)p^{m-1}$.

Aufgabe (Herbst 2010, T3A2)

a Zeigen Sie: Jede endlich erzeugte Untergruppe von $(\mathbb{Q}, +)$ ist zyklisch.

b Geben Sie eine echte nicht-zyklische Untergruppe von $(\mathbb{Q}, +)$ an.

Lösungsvorschlag zur Aufgabe (Herbst 2010, T3A2)

a Sei $U = \langle \frac{r_1}{s_1}, \ldots, \frac{r_n}{s_n} \rangle$ eine endlich erzeugte Untergruppe von $\mathbb{Q}$. Wir bilden den Hauptnenner der Erzeuger, d. h. die Zahl

$$s = \prod_{i=1}^{n} s_i.$$

Dann gilt für alle $i \in \{1, \ldots, n\}$, dass $\frac{r_i s}{s_i}$ eine ganze Zahl ist und somit

$$\frac{r_i}{s_i} = \frac{r_i s}{s_i} \cdot \frac{1}{s} \in \left\langle \frac{1}{s} \right\rangle.$$

Also ist U eine Untergruppe der zyklischen Gruppe $\langle \frac{1}{s} \rangle$ und muss damit selbst zyklisch sein.

b Betrachte die Menge

$$\mathbb{Z}_{(2)} = \left\{ \frac{r}{s} \in \mathbb{Q} \mid 2 \nmid s \right\},$$

wobei $\frac{r}{s}$ jeweils vollständig gekürzt sein soll. Diese Menge ist eine additive Untergruppe von $\mathbb{Q}$, denn $0 = \frac{0}{1} \in \mathbb{Z}_{(2)}$ und für $\frac{r}{s}, \frac{r'}{s'} \in \mathbb{Z}_{(2)}$ ist auch

$$\frac{r}{s} + \frac{r'}{s'} = \frac{rs' + r's}{ss'} \in \mathbb{Z}_{(2)},$$

denn weil 2 eine Primzahl ist, folgt aus $2 \nmid s$ und $2 \nmid s'$, dass $2 \nmid ss'$. Dabei spielt auch keine Rolle, ob der Bruch noch gekürzt werden kann. Außerdem ist $\frac{-r}{s} \in \mathbb{Z}_{(2)}$.

Angenommen, $\mathbb{Z}_{(2)}$ wäre zyklisch, d.h. $\mathbb{Z}_{(2)} = \langle \frac{r}{s} \rangle$ für eine gewisse rationale Zahl $\frac{r}{s} \in \mathbb{Q}$. Wegen $\frac{r}{3s} \in \mathbb{Z}_{(2)}$ muss es ein $m \in \mathbb{Z}$ geben, sodass

$$m \cdot \frac{r}{s} = \frac{r}{3s} \quad \Leftrightarrow \quad mr \cdot 3s = r \cdot s \quad \Leftrightarrow \quad 3m = 1.$$

Eine ganze Zahl m mit dieser Eigenschaft gibt es jedoch nicht.

Aufgabe (Frühjahr 2012, T2A2)

Es seien G eine endliche Gruppe und p eine Primzahl. Begründen Sie, dass die Anzahl der Elemente der Ordnung p in G durch $p - 1$ teilbar ist, d.h.

$$|\{a \in G \mid \text{ord}(a) = p\}| = (p - 1) \cdot k \quad \text{für ein } k \in \mathbb{N}.$$

Hinweis Betrachten Sie die Mengen $M_a = \{a, a^2, \ldots, a^{p-1}\}$ für $a \in G$ mit $\text{ord}(a) = p$.

Lösungsvorschlag zur Aufgabe (Frühjahr 2012, T2A2)

Ein Element $a \in G$ der Ordnung p liegt in genau einer Untergruppe der Ordnung p von G: Da $\langle a \rangle$ eine Untergruppe der Ordnung p ist, liegt a zumindest in einer solchen. Ist $U \subseteq G$ eine weitere Untergruppe der Ordnung

p mit $a \in U$, so haben wir automatisch $\langle a \rangle \subseteq U$. Wegen $|\langle a \rangle| = p = |U|$ folgt $\langle a \rangle = U$.

Es gibt $\varphi(p) = p - 1$ Elemente der Ordnung p in der Untergruppe $\langle a \rangle$. Wegen $\operatorname{ord} e = 1$ sind diese Elemente der Ordnung p also $\langle a \rangle \setminus \{e\} = M_a$. Sei k die Anzahl der verschiedenen Untergruppen der Ordnung p von G, dann ist die Gesamtzahl der Elemente der Ordnung p in G gerade $k \cdot (p - 1)$.

Aufgabe (Frühjahr 2011, T1A2)

Sei G eine endliche Gruppe. Die Ordnung von $g \in G$ bezeichnen wir mit $\operatorname{ord} g$. Es seien $a, b, c \in G$ mit folgenden Eigenschaften: Die Gruppe G wird von $\{a, b, c\}$ erzeugt, das Element a erzeugt das Zentrum von G, und es gilt

$$bcb^{-1}c^{-1} = a.$$

a Berechnen Sie $b^n c b^{-n} c^{-1}$ für alle $n \in \mathbb{N}_0$.

b Zeigen Sie, dass $\operatorname{ord} a \mid \operatorname{ord} b$.

c Zeigen Sie, dass $b^{\operatorname{ord} a}$ im Zentrum von G liegt.

d Folgern Sie hieraus $\operatorname{ord} b \mid (\operatorname{ord} a)^2$.

Hinweis Das Zentrum einer Gruppe G ist die Menge aller $x \in G$ mit $xg = gx$ für alle $g \in G$.

Lösungsvorschlag zur Aufgabe (Frühjahr 2011, T1A2)

a Wir beweisen per vollständiger Induktion, dass für alle $n \in \mathbb{N}_0$ die Gleichung $b^n c b^{-n} c^{-1} = a^n$ gilt. Für $n = 0$ haben wir

$$b^0 c b^0 c^{-1} = c c^{-1} = 1 = a^0$$

und $bcb^{-1}c^{-1} = a$ (der Fall $n = 1$) gilt laut Angabe. Setzen wir die Aussage daher für ein n als bereits bewiesen voraus. Man berechnet nun

$$b^{n+1} c b^{-(n+1)} c^{-1} = b \cdot (b^n c b^{-n} c^{-1}) \cdot c b^{-1} c^{-1} \overset{(I.V.)}{=} b a^n c b^{-1} c^{-1}.$$

Da a das Zentrum erzeugt, liegt insbesondere a^n im Zentrum von G. Also ist weiter

$$b a^n c b^{-1} c^{-1} = a^n (bcb^{-1}c^{-1}) = a^n \cdot a = a^{n+1}.$$

b Unter Zuhilfenahme von Teil **a** entdeckt man

$$a^{\operatorname{ord} b} = b^{\operatorname{ord} b} c b^{-\operatorname{ord} b} c^{-1} = 1 \cdot c \cdot 1 \cdot c^{-1} = c \cdot c^{-1} = 1.$$

Gemäß Proposition 1.5 folgt daraus $\operatorname{ord} a \mid \operatorname{ord} b$.

c Wiederum hilft Teil **a** weiter:

$$b^{\operatorname{ord}a}cb^{-\operatorname{ord}a}c^{-1} = a^{\operatorname{ord}a} = 1 \quad \Leftrightarrow \quad b^{\operatorname{ord}a}c = cb^{\operatorname{ord}a}$$

Das bedeutet, dass $b^{\operatorname{ord}a}$ mit c vertauscht. Da $b^{\operatorname{ord}a}$ und b sowieso vertauschen und dies wegen $a \in Z(G)$ auch auf a und $b^{\operatorname{ord}a}$ zutrifft, vertauscht $b^{\operatorname{ord}a}$ mit allen Erzeugern von G. Daraus folgt, dass $b^{\operatorname{ord}a}$ sogar mit allen Elementen aus G vertauscht, d. h. $b^{\operatorname{ord}a} \in Z(G)$.

d Wegen $|Z(G)| = |\langle a \rangle| = \operatorname{ord}a$ und $b^{\operatorname{ord}a} \in Z(G)$ haben wir laut dem Kleinen Satz von Fermat 1.6, dass

$$1 = \left(b^{\operatorname{ord}a}\right)^{\operatorname{ord}a} = b^{(\operatorname{ord}a)^2}.$$

Aus dieser Gleichung folgt $\operatorname{ord}b \mid (\operatorname{ord}a)^2$ nach den allgemeinen Eigenschaften der Elementordnung.

Aufgabe (Frühjahr 1978, T5A3)

Man beweise, dass eine Gruppe genau dann endlich ist, wenn sie nur endlich viele Untergruppen hat.

Lösungsvorschlag zur Aufgabe (Frühjahr 1978, T5A3)

„$\Rightarrow$": Da man aus einer endlichen Menge nur endlich viele Teilmengen bilden kann, kann eine endliche Gruppe nur endlich viele Untergruppen haben.

„$\Leftarrow$": Angenommen, eine solche Gruppe besäße ein Element g unendlicher Ordnung. Es wäre dann $\langle g \rangle \cong \mathbb{Z}$ eine Untergruppe mit unendlich vielen Untergruppen. Dies kann nicht sein. Es haben also alle Gruppenelemente endliche Ordnung. Nun ist jedes Gruppenelement g in der zyklischen Untergruppe $\langle g \rangle$ enthalten, G also die Vereinigung aller solcher Untergruppen. Da es laut Voraussetzung davon nur endlich viele gibt und diese wie gerade begründet alle endlich sind, muss G selbst endlich sein.

Nebenklassen und Normalteiler

Sei G eine Gruppe und $U \subseteq G$ eine Untergruppe. Eine *Linksnebenklasse* von U in G ist dann eine Menge der Form

$$gU = \{gu \mid u \in U\},$$

wobei das Element $g \in G$ als *Repräsentant* der Nebenklasse bezeichnet wird. Im Umgang mit Nebenklassen ist es wichtig, im Hinterkopf zu behalten, dass dieser Repräsentant in aller Regel nicht eindeutig ist, sondern folgende Aussagen äquivalent sind:

$$\text{(i) } gU = hU, \quad \text{(ii) } gU \cap hU \neq \varnothing, \quad \text{(iii) } g \in hU, \quad \text{(iv) } h^{-1}g \in U.$$

Die Menge aller Linksnebenklassen von U in G wird als G/U notiert. Die Mächtigkeit $|G/U|$ wird meist als $(G : U)$ geschrieben und als *Index* von U in G bezeichnet.

> **Satz 1.7** (Lagrange). Sei G eine endliche Gruppe und U eine Untergruppe von G. Dann ist $|G| = (G : U) \cdot |U|$.

Man möchte nun gern auf G/U ebenfalls eine Gruppenstruktur definieren, indem man $gU \cdot hU = (gh)U$ setzt. Dazu muss jedoch sichergestellt werden, dass diese Definition von der Wahl der Repräsentanten g und h unabhängig ist.[1] Es stellt sich heraus, dass dies genau dann der Fall ist, wenn U ein *Normalteiler* von G ist.

Definition 1.8. Sei G eine Gruppe. Eine Untergruppe $N \subseteq G$ heißt *Normalteiler*, falls eine der folgenden äquivalenten Bedingungen erfüllt ist:

(1) $gN = Ng$ für alle $g \in G$,

(2) $gNg^{-1} = N$ für alle $g \in G$,

(3) $gNg^{-1} \subseteq N$ für alle $g \in G$.

Um auszudrücken, dass N Normalteiler von G ist, verwendet man die Schreibweise $N \trianglelefteq G$.

Nützliche Aussagen:

- Jede Untergruppe U mit $(G : U) = 2$ ist ein Normalteiler von G.

- Normalteiler sind genau die Kerne von Homomorphismen: Ist $\phi\colon G \to H$ ein Gruppenhomomorphismus, so ist $\ker \phi \trianglelefteq G$. Umgekehrt ist jeder Normalteiler $N \trianglelefteq G$ Kern von $\pi\colon G \to G/N, g \mapsto gN$.

Aufgabe (Frühjahr 2014, T3A1)

Wir betrachten die komplexen (2×2)-Matrizen

$$E = \begin{pmatrix} 1 & 0 \\ 0 & 1 \end{pmatrix}, \quad A = \begin{pmatrix} -i & 0 \\ 0 & i \end{pmatrix}, \quad B = \begin{pmatrix} 0 & -1 \\ 1 & 0 \end{pmatrix}, \quad \text{und} \quad C = \begin{pmatrix} 0 & i \\ i & 0 \end{pmatrix}.$$

Weiter sei $G = \{\pm E, \pm A, \pm B, \pm C\}$.

---

[1] Man spricht dann davon, dass die Verknüpfung *wohldefiniert* ist.

a Zeigen Sie, dass G bezüglich der Matrixmultiplikation eine Gruppe ist, die sog. *Quaternionengruppe*.

b Bestimmen Sie alle Untergruppen von G.

c Welche Untergruppen sind Normalteiler von G?

Lösungsvorschlag zur Aufgabe (Frühjahr 2014, T3A1)

a Dass Matrixmultiplikation assoziativ ist, ist bekannt, außerdem, dass die Einheitsmatrix E das Neutralelement bezüglich dieser Verknüpfung ist. Um die Existenz von Inversen zu sehen, rechnet man zunächst nach, dass $A^2 = B^2 = C^2 = -E$. Für alle $M \in G \setminus \{\pm E\}$ ist also $M^{-1} = -M$. Noch nerviger ist die Abgeschlossenheit unter Multiplikation nachzuweisen, hier rechnet man am besten $AB = C$ sowie $BC = A$ und $AC = -B$ nach und klappert dann die anderen Fälle ab. Je nach Laune könnte man hier noch eine Verknüpfungstabelle angeben.

b Wegen $|G| = 8$ muss für eine Untergruppe U von G nach dem Satz von Lagrange $|U| \in \{1, 2, 4, 8\}$ gelten. Dabei folgt aus $|U| = 1$ natürlich $U = \{E\}$ und $|U| = 8$ bedeutet $U = G$. Falls $|U| = 2$, so ist U zyklisch nach Proposition 1.13, wird also von einem Element der Ordnung 2 erzeugt. Davon gibt es nur eines in G, nämlich $-E$, wie man vermutlich während des Rechnens in Teil **a** bemerkt hat.

Die übrigen Elemente $\pm A, \pm B, \pm C$ haben samt und sonders Ordnung 4, erzeugen also die drei Untergruppen $\langle A \rangle, \langle B \rangle$ und $\langle C \rangle$ der Ordnung 4. Gäbe es eine weitere, nicht-zyklische Untergruppe der Ordnung 4, so müsste diese zumindest abelsch und damit isomorph zu $\mathbb{Z}/2\mathbb{Z} \times \mathbb{Z}/2\mathbb{Z}$ sein (Proposition 1.13 und Satz 1.12). Sie würde daher insbesondere 3 verschiedene Elemente der Ordnung 2 enthalten. Wie bereits erwähnt, ist aber $-E$ das einzige Element der Ordnung 2 in G.

c Die Untergruppen $\langle A \rangle, \langle B \rangle$ und $\langle C \rangle$ haben Index 2 und sind daher Normalteiler von G, ebenso die trivialen Gruppen $\{E\}$ und G. Tatsächlich ist auch $N = \{E, -E\}$ ein Normalteiler: Sei $M \in G \setminus N$, dann ist laut Teil **a** $M^{-1} = -M$ und $M^2 = -E$. Es folgt

$$M(\pm E)(-M) = M \cdot (\mp M) = \pm E \in N,$$

sodass $M \cdot N \cdot M^{-1} \subseteq N$ ist. Für $M \in N$ ist $M \cdot N \cdot M^{-1} \subseteq N$ klar, also gilt diese Inklusion für sämtliche $M \in G$, sodass N ein Normalteiler von G ist.

Faktorgruppen

Ist N ein Normalteiler von G, so wird wie oben bereits erwähnt G/N mittels der Verknüpfung $gN \cdot hN = (gh)N$ zu einer Gruppe, der *Faktorgruppe* G modulo N. Das Neutralelement dieser Gruppe ist die Nebenklasse N.

Satz 1.9 (Homomorphiesatz). Seien G und H Gruppen sowie $N \trianglelefteq G$ ein Normalteiler. Ist $\phi\colon G \to H$ ein Homomorphismus mit $N \subseteq \ker\phi$, so gibt es einen eindeutig bestimmten Homomorphismus $\overline{\phi}\colon G/N \to H$, sodass nebenstehendes Diagramm kommutiert und Folgendes erfüllt ist:

$$G \xrightarrow{\ \ \phi\ \ } H$$

$\pi \downarrow \quad \overset{\nearrow}{}_{\exists!\overline{\phi}}$

G/N

(1) $\overline{\phi}$ ist genau dann injektiv, wenn $\ker\phi = N$,

(2) $\overline{\phi}$ ist genau dann surjektiv, wenn ϕ surjektiv ist.

Insbesondere induziert ϕ einen Isomorphismus $\overline{\phi}\colon G/\ker\phi \cong \operatorname{im}\phi$.

Satz 1.10 (Isomorphiesätze). Sei G eine Gruppe.

(1) Ist $U \subseteq G$ eine Untergruppe und $N \trianglelefteq G$ ein Normalteiler, so ist das Komplexprodukt $UN \subseteq G$ eine Untergruppe, $N \trianglelefteq UN$ und $U \cap N \trianglelefteq U$ sind Normalteiler, und es gilt

$$U\big/U \cap N \cong UN\big/N.$$

(2) Sind $N, M \trianglelefteq G$ zwei Normalteiler mit $N \subseteq M \subseteq G$, so gilt auch $N \trianglelefteq M$ und $M/N \trianglelefteq G/N$ sowie

$$(G/N)\big/(M/N) \cong G\big/M.$$

Aufgabe (Frühjahr 2013, T2A1)

Zeigen Sie, dass alle Elemente der Faktorgruppe $\mathbb{Q}/\mathbb{Z}$ endliche Ordnung besitzen. Bestimmen Sie die Elemente endlicher Ordnung in den Faktorgruppen $\mathbb{R}/\mathbb{Z}$ und $\mathbb{R}/\mathbb{Q}$.

Lösungsvorschlag zur Aufgabe (Frühjahr 2013, T2A1)

Sei $\frac{a}{b} + \mathbb{Z}$ ein beliebiges Element aus $\mathbb{Q}/\mathbb{Z}$, wobei $\frac{a}{b}$ ein vollständig gekürzter Bruch ist. Dann ist $b \cdot (\frac{a}{b} + \mathbb{Z}) = a + \mathbb{Z} = \mathbb{Z}$, also ist die Ordnung von $\frac{a}{b} + \mathbb{Z}$ ein Teiler von b und damit insbesondere endlich.

Sei $r + \mathbb{Z}$ ein Element aus $\mathbb{R}/\mathbb{Z}$ der Ordnung $n < \infty$. Es gilt dann

$$n \cdot (r + \mathbb{Z}) = \mathbb{Z} \quad \Leftrightarrow \quad nr \in \mathbb{Z}.$$

Also gibt es ein $m \in \mathbb{Z}$ mit $nr = m$ und es folgt $r = \frac{m}{n} \in \mathbb{Q}$. Umgekehrt hat jedes Element aus $\mathbb{Q}/\mathbb{Z}$ nach dem oben Gezeigten endliche Ordnung, sodass die Elemente endlicher Ordnung in $\mathbb{R}/\mathbb{Z}$ genau $\mathbb{Q}/\mathbb{Z}$ sind. Genauso zeigt man, dass ein Element $r + \mathbb{Q}$ aus $\mathbb{R}/\mathbb{Q}$ der Ordnung $n < \infty$ die Bedingung $nr \in \mathbb{Q}$ erfüllen muss. Daraus folgt dann bereits $r \in \mathbb{Q}$, d. h. $r + \mathbb{Q} = \mathbb{Q}$ und das einzige Element endlicher Ordnung in $\mathbb{R}/\mathbb{Q}$ ist das Neutralelement.

Aufgabe (Frühjahr 2014, T2A3)

Sei G eine Gruppe. Für $h \in G$ definieren wir den Gruppenautomorphismus

$$\phi_h \colon G \to G, \quad g \mapsto hgh^{-1}.$$

Die Automorphismen ϕ_h mit $h \in G$ nennt man *innere Automorphismen* von G. Wir definieren

$$\mathrm{Inn}(G) = \{\phi_h \mid h \in G\} \subseteq \mathrm{Aut}(G)$$

und das Zentrum von G,

$$Z(G) = \{x \in G \mid xy = yx \text{ für alle } y \in G\}.$$

a Zeigen Sie, dass $\mathrm{Inn}(G)$ ein Normalteiler in $\mathrm{Aut}(G)$ ist.

b Zeigen Sie, dass die Abbildung

$$\phi \colon G \to \mathrm{Inn}(G), \quad h \mapsto \phi_h$$

einen Gruppenisomorphismus $G/Z(G) \to \mathrm{Inn}(G)$ induziert.

c Beschreiben Sie alle Automorphismen der zyklischen Gruppe $\mathbb{Z}/7\mathbb{Z}$ mit sieben Elementen und begründen Sie, weshalb in $\mathbb{Z}/7\mathbb{Z}$ nur die Identität ein innerer Automorphismus ist.

Lösungsvorschlag zur Aufgabe (Frühjahr 2014, T2A3)

a Zunächst zeigen wir, dass es sich bei $\mathrm{Inn}(G)$ um eine Untergruppe von $\mathrm{Aut}(G)$ handelt. Dazu bemerken wir $\mathrm{id}_G = \phi_e \in \mathrm{Inn}(G)$, wobei e das Neutralelement von G bezeichnet. Außerdem ist $\phi_h^{-1} = \phi_{h^{-1}} \in \mathrm{Inn}(G)$ für alle $h \in G$, denn für alle $g \in G$ gilt

$$(\phi_h \circ \phi_{h^{-1}})(g) = \phi_h(h^{-1}gh) = hh^{-1}ghh^{-1} = g = \mathrm{id}_G(g).$$

Da g beliebig gewählt war, folgt daraus $\phi_h \circ \phi_{h^{-1}} = \mathrm{id}_G$. Um $\phi_h^{-1} = \phi_{h^{-1}}$ zu schließen, kann man entweder genauso die umgekehrte Gleichung $\phi_{h^{-1}} \circ \phi_h = \mathrm{id}_G$ zeigen, oder man verwendet, dass $\mathrm{Aut}(G)$ eine Gruppe ist und deshalb das (Rechts-)Inverse eindeutig ist.

Als letzten Teil der Untergruppendefinition zeigen wir $\phi_{h_1} \circ \phi_{h_2} = \phi_{h_1 h_2}$ für alle $h_1, h_2 \in G$. Sei dazu $g \in G$, dann berechnet man

$$\phi_{h_1 h_2}(g) = (h_1 h_2)g(h_1 h_2)^{-1} = h_1 h_2 g h_2^{-1} h_1^{-1} = \phi_{h_1}(\phi_{h_2}(g)) = (\phi_{h_1} \circ \phi_{h_2})(g).$$

Sei nun $\sigma \in \mathrm{Aut}(G)$. Wir zeigen $\sigma \mathrm{Inn}(G)\sigma^{-1} \subseteq \mathrm{Inn}(G)$, daraus folgt $\mathrm{Inn}(G) \trianglelefteq \mathrm{Aut}(G)$. Sei $\phi_h \in \mathrm{Inn}(G)$ und $g \in G$, dann gilt

$$(\sigma \circ \phi_h \circ \sigma^{-1})(g) = \sigma(h\sigma^{-1}(g)h^{-1}) =$$
$$= \sigma(h) \cdot (\sigma \circ \sigma^{-1})(g) \cdot \sigma(h^{-1}) = \sigma(h) \cdot g \cdot (\sigma(h))^{-1} = \phi_{\sigma(h)}(g).$$

Da g beliebig gewählt war, gilt $\sigma \phi_h \sigma^{-1} = \phi_{\sigma(h)} \in \mathrm{Inn}(G)$.

b Die Abbildung ϕ ist nach Definition von $\mathrm{Inn}(G)$ surjektiv, außerdem ist sie ein Homomorphismus, denn für $h_1, h_2 \in G$ haben wir bereits in Teil **a** gesehen, dass $\phi(h_1 h_2) = \phi_{h_1 h_2} = \phi_{h_1} \circ \phi_{h_2} = \phi(h_1) \circ \phi(h_2)$.

Zu zeigen bleibt daher $\ker \phi = Z(G)$, dann folgt die Aussage aus dem Homomorphiesatz.

„$\supseteq$": Sei $h \in Z(G)$ und $g \in G$, dann gilt

$$\phi(h)(g) = hgh^{-1} = hh^{-1}g = g = \mathrm{id}_G(g),$$

also ist $\phi(h) = \mathrm{id}_G$, was gerade $h \in \ker \phi$ bedeutet.

„$\subseteq$": Sei $h \in \ker \phi$ und $g \in G$, dann ist $g = \mathrm{id}_G(g) = \phi(h)(g) = hgh^{-1}$, also $gh = hg$ nach Umstellen der Gleichung. Da $g \in G$ beliebig war, folgt $h \in Z(G)$.

c Für den ersten Teil der Aufgabenstellung beweisen wir, dass die Abbildung

$$(\mathbb{Z}/7\mathbb{Z})^{\times} \to \mathrm{Aut}(\mathbb{Z}/7\mathbb{Z}), \quad a \mapsto \{x \mapsto a \cdot x\} \qquad (*)$$

ein Isomorphismus ist (dies ist ein Spezialfall von Proposition 1.24 (2)). Dazu müssen wir zunächst nachweisen, dass die Abbildung $\tau_n : \mathbb{Z}/7\mathbb{Z} \to \mathbb{Z}/7\mathbb{Z}$, $\bar{x} \mapsto n \cdot \bar{x}$ für alle $n \in \{1, \ldots, 6\}$ tatsächlich ein Automorphismus ist. Dass τ_n ein Homomorphismus ist, ist klar. Weiter ist $\ker \tau_n$ eine Untergruppe von $\mathbb{Z}/7\mathbb{Z}$ und kann daher nur Ordnung 1 oder 7 haben. Wegen $\tau_n(1) = \bar{n} \neq \bar{0}$ ist $\ker \tau_n \neq \mathbb{Z}/7\mathbb{Z}$, weswegen nur Ordnung 1 infrage kommt. Aus $\tau_n(\bar{0}) = \bar{0}$ folgt daher $\ker \tau_n = \{\bar{0}\}$, d. h. τ_n ist injektiv. Als Abbildung zwischen gleichmächtigen (endlichen) Mengen ist τ_n damit auch bereits surjektiv.

Sei nun $\sigma \in \mathrm{Aut}(\mathbb{Z}/7\mathbb{Z})$ vorgegeben. Da $\mathbb{Z}/7\mathbb{Z}$ zyklisch ist, ist σ bereits eindeutig durch $\sigma(\bar{1})$ fest gelegt. Als Automorphismus ist σ insbesondere surjektiv, sodass wegen $\mathrm{im}\,\sigma = \langle \sigma(\bar{1}) \rangle = \mathbb{Z}/7\mathbb{Z}$ dann $\sigma(\bar{1})$ ein Erzeuger von $\mathbb{Z}/7\mathbb{Z}$ sein muss. Nun ist $\mathbb{Z}/7\mathbb{Z}$ eine Gruppe von Primzahlordnung, sodass alle Gruppenelemente außer $\bar{0}$ Ordnung 7 haben und folglich Erzeuger der Gruppe sind. Dies bedeutet $\sigma(\bar{1}) \in \mathbb{Z}/7\mathbb{Z}^{\times}$. Sei $\bar{x} \in \mathbb{Z}/7\mathbb{Z}$, dann gilt

$$\sigma(\bar{x}) = \sigma(\bar{1} + \ldots + \bar{1}) = x \cdot \sigma(\bar{1}).$$

Wir haben damit nachgewiesen, dass die Abbildung $(*)$ surjektiv ist. Um Injektivität zu überprüfen, nehmen wir an, dass $\tau_n = \mathrm{id}$. Es folgt $\bar{n} = \tau_n(\bar{1}) = \mathrm{id}(\bar{1}) = \bar{1}$, wie gewünscht.

Da $\mathbb{Z}/7\mathbb{Z}$ abelsch ist, ist $Z(\mathbb{Z}/7\mathbb{Z}) = \mathbb{Z}/7\mathbb{Z}$ und aus Teil **b** folgt, dass $\mathrm{Inn}(\mathbb{Z}/7\mathbb{Z})$ die triviale Gruppe ist, d.h. $\mathrm{Inn}(\mathbb{Z}/7\mathbb{Z}) = \{\mathrm{id}\}$.

Endlich erzeugte abelsche Gruppen

Die Klassifikation endlich erzeugter abelscher Gruppen bis auf Isomorphie ist mithilfe des nächsten Satzes besonders einfach.

> **Satz 1.11** (Elementarteilersatz). Sei G eine endlich erzeugte abelsche Gruppe. Dann gibt es eindeutig bestimmte Zahlen $r, s \in \mathbb{N}$ sowie $\varepsilon_1, \ldots, \varepsilon_s \in \mathbb{N}$ mit $\varepsilon_1 \mid \varepsilon_2 \mid \ldots \mid \varepsilon_s$ und
>
> $$G \cong \mathbb{Z}/_{\varepsilon_1}\mathbb{Z} \oplus \ldots \oplus \mathbb{Z}/_{\varepsilon_s}\mathbb{Z} \oplus \mathbb{Z}^r.$$
>
> Die $\varepsilon_1, \ldots \varepsilon_s$ heißen *Elementarteiler* von G, die Zahl r heißt *Rang* von G.

Unter Zuhilfenahme des Chinesischen Restsatzes gewinnt man leicht die folgende äquivalente Darstellung:

> **Satz 1.12** (Hauptsatz über endlich erzeugte abelsche Gruppen). Sei G eine endlich erzeugte abelsche Gruppe. Dann gibt es eindeutig bestimmte Zahlen $r, s \in \mathbb{N}$ sowie (nicht notwendigerweise verschiedene) Primzahlen $p_1, \ldots, p_s$ und $n_1, \ldots, n_s \in \mathbb{N}$ mit
>
> $$G \cong \mathbb{Z}/_{p_1^{n_1}}\mathbb{Z} \oplus \ldots \oplus \mathbb{Z}/_{p_s^{n_s}}\mathbb{Z} \oplus \mathbb{Z}^r.$$

Weitere nützliche Aussagen sind:

Proposition 1.13. Sei G eine Gruppe und p eine Primzahl.

(1) Ist $|G| = p$, so ist G zyklisch.

(2) ist $|G| = p^2$, so ist G abelsch.

Mit diesem Wissen lassen sich Gruppen kleiner Ordnung bestimmen:

Ord.	abelsch	nicht-abelsch
1	$\{e\}$	–
2	$\mathbb{Z}/2\mathbb{Z}$	–
3	$\mathbb{Z}/3\mathbb{Z}$	
4	$\mathbb{Z}/4\mathbb{Z}$, $\mathbb{Z}/2\mathbb{Z} \times \mathbb{Z}/2\mathbb{Z}$	–
5	$\mathbb{Z}/5\mathbb{Z}$	
6	$\mathbb{Z}/6\mathbb{Z}$	S_3
7	$\mathbb{Z}/7\mathbb{Z}$	–
8	$\mathbb{Z}/8\mathbb{Z}$, $\mathbb{Z}/2\mathbb{Z} \times \mathbb{Z}/4\mathbb{Z}$, $\mathbb{Z}/2\mathbb{Z} \times \mathbb{Z}/2\mathbb{Z} \times \mathbb{Z}/2\mathbb{Z}$	D_4, Q
9	$\mathbb{Z}/9\mathbb{Z}$, $\mathbb{Z}/3\mathbb{Z} \times \mathbb{Z}/3\mathbb{Z}$	–
10	$\mathbb{Z}/10\mathbb{Z}$	D_5
11	$\mathbb{Z}/11\mathbb{Z}$	–
12	$\mathbb{Z}/12\mathbb{Z}$, $\mathbb{Z}/2\mathbb{Z} \times \mathbb{Z}/6\mathbb{Z}$	D_6, A_4, $\mathbb{Z}/3\mathbb{Z} \rtimes \mathbb{Z}/4\mathbb{Z}$

Dabei bezeichnet S_n jeweils die symmetrische Gruppe, D_n die Diedergruppe der Ordnung $2n$, A_n die alternierende Gruppe, Q die Quaternionengruppe und $\mathbb{Z}/3\mathbb{Z} \rtimes \mathbb{Z}/4\mathbb{Z}$ das semidirekte Produkt der beiden Gruppen $\mathbb{Z}/3\mathbb{Z}$ und $\mathbb{Z}/4\mathbb{Z}$ (vgl. auch den Abschnitt über semidirekte Produkte bzw. zu symmetrischen Gruppen).

1.2. Gruppenoperationen

Das Konzept einer Gruppenoperation ist im Prinzip, Äpfel und Birnen miteinander zu multiplizieren. Soll heißen: Wir wollen sinnvoll definieren, was es heißt, ein Element einer Gruppe G mit einem Element einer Menge X zu verknüpfen. Dabei kann die Menge X zwar ebenfalls eine Gruppe sein, aber auch überhaupt keine algebraische Struktur tragen wie z. B. $X = \{1, 2, 3\}$.

Was zunächst etwas fremdartig anmutet, ist im Prinzip ein bekanntes Konzept, denn ist K ein Körper und V ein K-Vektorraum, so haben wir dort mit der Skalarmultiplikation eine Verknüpfung von Körperelementen und Vektoren – in naiver Sichtweise erst einmal vollkommen unterschiedliche Objekte.

> **Definition 1.14.** Sei G eine Gruppe und X eine beliebige Menge. Eine *Gruppenoperation* von G auf X ist eine Abbildung $\cdot : G \times X \to X$, sodass für $g, h \in G$ die Gleichungen
>
> $$e \cdot x = x \quad \text{und} \quad (gh) \cdot x = g \cdot (h \cdot x)$$
>
> für alle $x \in X$ erfüllt sind. Dabei bezeichnet e das Neutralelement von G.

Gruppenoperationen lassen sich aus bestimmten Homomorphismen gewinnen und umgekehrt lassen sich aus Gruppenoperationen Homomorphismen in Permutationsgruppen konstruieren, was unter anderem in Aufgaben zu den Sylowsätzen nützlich ist (vgl. Seite 44).

Proposition 1.15. Sei G eine Gruppe und X eine Menge.

(1) Ist $\cdot\colon G \times X \to X$ eine Gruppenoperation, so ist die Abbildung

$$G \to \mathrm{Per}(X), \quad g \mapsto \tau_g \quad \text{mit} \quad \tau_g\colon X \to X,\; x \mapsto g \cdot x$$

ein Gruppenhomomorphismus.

(2) Sei umgekehrt $\phi\colon G \to \mathrm{Per}(X)$ ein Gruppenhomomorphismus. Dann definiert $\cdot\colon G \times X \to X, g \cdot x = \phi(g)(x)$ eine Gruppenoperation.

Dazu sei auch bemerkt, dass für eine n-elementige Menge X stets $\mathrm{Per}(X) \cong S_n$ gilt.

Definition 1.16 (Bahnen und Stabilisatoren). Sei G eine Gruppe, X eine beliebige Menge und $\cdot\colon G \times X \to X$ eine Gruppenoperation.

(1) Die *Bahn* eines Elements $x \in X$ ist die Menge

$$G(x) = \{g \cdot x \mid g \in G\} \quad \subseteq X.$$

(2) Der *Stabilisator* oder auch die *Isotropiegruppe* von $x \in X$ ist die Menge

$$\mathrm{Stab}_G(x) = \{g \in G \mid g \cdot x = x\} \quad \subseteq G.$$

Dabei handelt es sich um eine Untergruppe von G.

Die Menge aller Bahnen einer Gruppe bildet eine Zerlegung von X, d.h. zwei Bahnen sind entweder disjunkt oder bereits gleich und die Vereinigung aller Bahnen bildet wieder ganz X.

Existiert ein $a \in X$ mit $G(a) = X$, so nennt man die Operation *transitiv*. In diesem Fall existiert also nur eine einzige Bahn, sodass die Gleichung $G(a) = X$ sogar für ein beliebiges $a \in X$ gilt.

Zwischen den Bahnen und den Stabilisatoren besteht ein weiterer bedeutender Zusammenhang. Es gilt für $g_1, g_2 \in G$ und $x \in X$ die Äquivalenz

$$g_1 \cdot x = g_2 \cdot x \quad \Leftrightarrow \quad (g_2^{-1} g_1) \cdot x = x \quad \Leftrightarrow \quad g_2^{-1} g_1 \in \mathrm{Stab}_G(x)$$
$$\Leftrightarrow \quad g_1 \mathrm{Stab}_G(x) = g_2 \mathrm{Stab}_G(x).$$

Zwei Elemente in $G(x)$ stimmen also genau dann überein, wenn die zugehörigen Nebenklassen von $\mathrm{Stab}_G(x)$ übereinstimmen. Damit gibt es genauso viele verschiedene Elemente in $G(x)$ wie es Nebenklassen von $\mathrm{Stab}_G(x)$ in G gibt. Da die zweite Anzahl nichts anderes als der Index $(G : \mathrm{Stab}_G(x))$ ist, haben wir soeben das folgende Lemma bewiesen.

Lemma 1.17. Sei G eine Gruppe, X eine beliebige, endliche Menge. Dann gilt

$$|G(x)| = (G : \text{Stab}_G(x)),$$

d. h. die Länge einer Bahn entspricht dem Index des zugehörigen Stabilisators. Insbesondere sind die Bahnlängen Teiler von $|G|$, falls G endlich ist.

Aus den beiden Ergebnissen lässt sich eine Aussage über die Anzahl der Fixpunkte einer Operation treffen. Unter einem *Fixpunkt* versteht man dabei ein $x \in X$ mit $g \cdot x = x$ für alle $g \in G$. Fixpunkte sind damit genau die Elemente aus X, deren Bahnen Länge 1 haben.

Satz 1.18 (Bahnengleichung). Sei G eine Gruppe, die auf einer endlichen Menge X operiert. Sei weiter R ein Repräsentantensystem der Menge aller Bahnen mit Länge > 1 und F die Menge der Fixpunkte der Operation. Dann gilt

$$|X| = |F| + \sum_{x \in R} (G : \text{Stab}_G(x)).$$

Aufgabe (Herbst 2010, T3A1)

Eine Gruppe der Ordnung 91 operiere auf einer Menge mit 71 Elementen. Zeigen Sie: Die Operation hat einen Fixpunkt.

Lösungsvorschlag zur Aufgabe (Herbst 2010, T3A1)

Wir bezeichnen die Gruppe mit G und die Menge mit X. Sei weiter R ein Repräsentantensystem der Bahnen mit Länge > 1. Laut der Bahnengleichung gilt (mit den Bezeichnungen aus Satz 1.18):

$$|X| = |F| + \sum_{x \in R} (G : \text{Stab}_G(x)) \quad \Leftrightarrow \quad 71 = |F| + \sum_{x \in R} (G : \text{Stab}_G(x))$$

Für $x \in R$ ist $(G : \text{Stab}_G(x))$ ein Teiler der Gruppenordnung 91. Dabei ist $(G : \text{Stab}_G(x)) = 1$ ausgeschlossen, da x sonst ein Fixpunkt wäre – Widerspruch zur Definition von R. $(G : \text{Stab}_G(x)) = 91$ ist nicht möglich, da die Bahn von x sonst $91 > 71 = |X|$ Elemente hätte. Also ist $(G : \text{Stab}_G(x)) \in \{7, 13\}$. Nehmen wir ferner an, dass $|F| = 0$ ist. Es gibt dann Zahlen $m, n \in \mathbb{N}_0$, sodass

$$|X| = |F| + 13m + 7n \quad \Leftrightarrow \quad 71 = 13m + 7n. \qquad (\star)$$

Betrachten wir diese Gleichung modulo 7, so ergibt sich

$$1 \equiv 6m \mod 7 \quad \Leftrightarrow \quad 1 \equiv -m \mod 7 \quad \Leftrightarrow \quad m \equiv -1 \equiv 6 \mod 7.$$

Da 6 die kleinste natürliche Zahl mit $m \equiv 6 \bmod 7$ ist, haben wir damit $m \geq 6$. Da aber bereits $13 \cdot 6 = 78 > 71$ gilt, existiert keine Lösung der Gleichung $(\star)$ über den natürlichen Zahlen. Somit muss $|F| \neq 0$ sein und es gibt mindestens einen Fixpunkt.

Aufgabe (Herbst 2013, T3A4)

Sei p eine Primzahl, $e, n \in \mathbb{N}$ und G eine Untergruppe von $\mathrm{GL}_n(\mathbb{F}_p)$ mit p^e Elementen. Zeigen Sie: Es gibt einen Spaltenvektor $0 \neq v \in \mathbb{F}_p^n$ mit $\gamma \cdot v = v$ für alle $\gamma \in G$.

Hinweis Betrachten Sie die Bahnlängen von G auf $\mathbb{F}_p^n$.

Lösungsvorschlag zur Aufgabe (Herbst 2013, T3A4)

Wir lassen G mittels

$$G \times \mathbb{F}_p^n \to \mathbb{F}_p^n, \quad (\gamma, v) \mapsto \gamma v$$

auf $\mathbb{F}_p^n$ operieren. Betrachte die zugehörige Bahnengleichung

$$|\mathbb{F}_p^n| = |F| + \sum_{r \in R} (G : \mathrm{Stab}_G(r)),$$

wobei F die Menge der Fixpunkte dieser Operation und R ein Repräsentantensystem der Bahnen von Länge > 1 bezeichnet. Jeder der Summanden $(G : \mathrm{Stab}_G(r))$ ist nach dem Satz von Lagrange ein Teiler von $|G| = p^e$ und deshalb selbst eine p-Potenz. Nach Definition von R ist zudem $(G : \mathrm{Stab}_G(r)) > 1$, sodass

$$|F| = |\mathbb{F}_p^n| - \sum_{r \in R} (G : \mathrm{Stab}_G(r))$$

von p geteilt wird. Da der Nullvektor ein Fixpunkt der Operation ist, ist F nicht-leer. Daraus bereits folgt $|F| \geq p$, sodass es neben dem Nullvektor einen weiteren Vektor $v \in F$ geben muss. Nach Definition der Operation ist dann $\gamma v = v$ für alle $\gamma \in G$.

Aufgabe (Herbst 2013, T2A2)

Die endliche Gruppe G operiere (von links) auf der endlichen Menge X. Für jedes $\sigma \in G$ bezeichne $\iota(\sigma) := |\{x \in X \mid \sigma x = x\}|$ die Anzahl der Fixpunkte von σ.

Zeigen Sie, dass sich die Anzahl der Bahnen der Operation zu

$$|G\backslash X| = \frac{1}{|G|} \sum_{\sigma \in G} \iota(\sigma)$$

berechnet.

Hinweis Bestimmen Sie die Kardinalität der Teilmenge

$$Z := \{(\sigma, x) \in G \times X \mid \sigma x = x\} \subseteq G \times X$$

auf zwei verschiedene Arten.

Lösungsvorschlag zur Aufgabe (Herbst 2013, T2A2)

Es bezeichne $\mathrm{Stab}_G(x)$ den Stabilisator von x in G und $G(x)$ die Bahn von x. Dem Hinweis folgend bestimmen wir die Kardinalität von Z:

$$|Z| = |\{(\sigma, x) \in G \times X \mid \sigma x = x\}| =$$

$$= \left| \bigcup_{\sigma \in G} \{(\sigma, x) \mid x \in X,\ \sigma \cdot x = x\} \right| = \sum_{\sigma \in G} \iota(\sigma) \qquad (\star)$$

Dabei wurde im letzten Schritt verwendet, dass es sich um eine disjunkte Vereinigung handelt. Analog ergibt sich

$$|Z| = |\{(\sigma, x) \in G \times X \mid \sigma \in \mathrm{Stab}_G(x)\}| =$$

$$= \left| \bigcup_{x \in X} \{(\sigma, x) \mid \sigma \in G,\ \sigma \in \mathrm{Stab}_G(x)\} \right| = \sum_{x \in X} |\mathrm{Stab}_G(x)|.$$

Sei nun R ein Repräsentantensystem der Bahnen, dann erhalten wir

$$\sum_{x \in X} |\mathrm{Stab}_G(x)| \overset{(\star_1)}{=} \sum_{x \in X} \frac{|G|}{|G(x)|} = |G| \cdot \sum_{r \in R} \sum_{x \in G(r)} \frac{1}{|G(x)|} =$$

$$= |G| \cdot \sum_{r \in R} \sum_{x \in G(r)} \frac{1}{|G(r)|} = |G| \cdot \sum_{r \in R} \frac{|G(r)|}{|G(r)|} =$$

$$= |G| \cdot \sum_{r \in R} 1 = |G| \cdot |R| = |G| \cdot |G\backslash X|.$$

Dabei haben wir gleich zu Beginn verwendet, das aufgrund von Lemma 1.17

für $x \in X$ gilt

$$(G : \text{Stab}_G(x)) = |G(x)| \quad \Leftrightarrow \quad |\text{Stab}_G(x)| = \frac{|G|}{|G(x)|}.$$

Gleichsetzen mit $(\star)$ liefert dann

$$\sum_{\sigma \in G} \iota(\sigma) = |G| \cdot |G \backslash X| \quad \Leftrightarrow \quad |G \backslash X| = \frac{1}{|G|} \sum_{\sigma \in G} \iota(\sigma).$$

Konjugation und Klassengleichung

Eine wichtige Operation einer Gruppe G auf sich selbst ist die *Konjugation*, also die Abbildung

$$G \times G \to G, \quad (g, h) \mapsto ghg^{-1}.$$

Ist $h \in G$ ein Fixpunkt dieser Operation, so gilt für alle $g \in G$

$$ghg^{-1} = h \quad \Leftrightarrow \quad gh = hg,$$

d. h. das Element h kommutiert mit allen Elementen der Gruppe. Man bezeichnet die Menge dieser Fixpunkte als *Zentrum* von G, notiert als $Z(G)$. Das Zentrum ist stets ein Normalteiler der jeweiligen Gruppe. Der Stabilisator eines Elements h ist im Spezialfall der Konjugation gegeben durch

$$C(h) = \{g \in G \mid ghg^{-1} = h\} = \{g \in G \mid gh = hg\}.$$

Dies ist somit die Menge aller Elemente, die mit h kommutieren, genannt *Zentralisator* von h in G. Die Bahnengleichung wird mit diesen neuen Notationen zu

$$|G| = |Z(G)| + \sum_{h \in R} (G : C(h))$$

und meist als *Klassengleichung* bezeichnet. Dabei steht R wie zuvor für ein Repräsentantensystem der Bahnen mit Länge > 1.

Eine elementare Folgerung aus der Klassengleichung ist das folgende Lemma:

Lemma 1.19. Für p-Gruppen (also Gruppen G mit Ordnung p^n für eine Primzahl p und $n \in \mathbb{N}$) ist das Zentrum $Z(G)$ nicht trivial, d. h. $|Z(G)| > 1$.

Der Index $(G : C(h))$ ist für jedes $h \in G$ nämlich ein Teiler von $|G| = p^n$, also wiederum eine Potenz von p. Falls $h \notin Z(G)$, so ist zudem $C(h) \subsetneq G$, sodass $(G : C(h)) > 1$. Falls $|Z(G)| = 1$ wäre, so würde die Klassengleichung also

$$p^n = 1 + \sum_{h \in R} (G : C(h)) \quad \Leftrightarrow \quad 1 = p^n - \sum_{h \in R} (G : C(h))$$

lauten. Dadurch hätten wir aber 1 als Summe von Potenzen von p ausgedrückt, sodass p ein Teiler von 1 wäre. Dies ist natürlich nicht der Fall.

Aufgabe (Frühjahr 2012, T1A1)

Das Zentrum einer Gruppe G ist die Menge $Z(G) = \{a \in G \mid \forall b \in G : a \cdot b = b \cdot a\}$. Bestimmen Sie das Zentrum der orthogonalen Gruppe $\mathcal{O}(2, \mathbb{R}) = \{A \in GL_2(\mathbb{R}) \mid A^t A = \mathbb{E}_2\}$ über den reellen Zahlen.

Lösungsvorschlag zur Aufgabe (Frühjahr 2012, T1A1)

Sei $\begin{pmatrix} e & f \\ g & h \end{pmatrix} \in \mathcal{O}(2, \mathbb{R})$ eine Matrix aus dem Zentrum von $\mathcal{O}(2, \mathbb{R})$. Da auch

die Matrizen $\begin{pmatrix} 0 & 1 \\ 1 & 0 \end{pmatrix}$ und $\begin{pmatrix} 1 & 0 \\ 0 & -1 \end{pmatrix}$ in der orthogonalen Gruppe liegen, kommutiert die vorgegebene Matrix insbesondere mit diesen beiden Matrizen, was folgende Gleichungen liefert:

$$\begin{pmatrix} 0 & 1 \\ 1 & 0 \end{pmatrix} \cdot \begin{pmatrix} e & f \\ g & h \end{pmatrix} = \begin{pmatrix} g & h \\ e & f \end{pmatrix} \overset{!}{=} \begin{pmatrix} f & e \\ h & g \end{pmatrix} = \begin{pmatrix} e & f \\ g & h \end{pmatrix} \cdot \begin{pmatrix} 0 & 1 \\ 1 & 0 \end{pmatrix}.$$

Man liest daraus $g = f$ und $e = h$ ab. Weiterhin muss gelten:

$$\begin{pmatrix} 1 & 0 \\ 0 & -1 \end{pmatrix} \cdot \begin{pmatrix} e & f \\ f & e \end{pmatrix} = \begin{pmatrix} e & f \\ -f & -e \end{pmatrix} \overset{!}{=} \begin{pmatrix} e & -f \\ f & -e \end{pmatrix} = \begin{pmatrix} e & f \\ f & e \end{pmatrix} \cdot \begin{pmatrix} 1 & 0 \\ 0 & -1 \end{pmatrix}.$$

Man erhält $f = -f$, also $f = 0$. Da wir eine Matrix aus $\mathcal{O}(2, \mathbb{R})$ suchen, muss wegen

$$\begin{pmatrix} e & 0 \\ 0 & e \end{pmatrix} \cdot \begin{pmatrix} e & 0 \\ 0 & e \end{pmatrix} = \begin{pmatrix} 1 & 0 \\ 0 & 1 \end{pmatrix}$$

zusätzlich $e^2 = 1$ sein. Es kommen somit nur die Matrizen

$$\begin{pmatrix} 1 & 0 \\ 0 & 1 \end{pmatrix}, \begin{pmatrix} -1 & 0 \\ 0 & -1 \end{pmatrix}$$

infrage und man überprüft unmittelbar, dass diese auch mit allen Matrizen in $\mathcal{M}(2, \mathbb{R})$ vertauschen, also insbesondere mit denen aus $\mathcal{O}(2, \mathbb{R})$.

Aufgabe (Herbst 2001, T1A1)

Es sei p eine Primzahl und G eine Gruppe der Ordnung $p^n, n \geq 2$. $C(g)$ sei der Zentralisator eines Elements $g \in G$. Zeigen Sie:

$$|C(g)| > p.$$

Lösungsvorschlag zur Aufgabe (Herbst 2001, T1A1)

Sei $g \in G$. Ist $h \in Z(G)$, so gilt insbesondere $gh = hg$. Also ist $Z(G) \subseteq C(g)$. Da das Zentrum von p-Gruppen nicht-trivial ist, nach dem Satz von Lagrange also mindestens p Elemente hat, folgt $|C(g)| \geq p$. Nehmen wir nun an, es gilt $|C(g)| = p$. Dann muss bereits $Z(G) = C(g)$ sein, insbesondere also $g \in Z(G)$. Daraus folgt aber $gh = hg$ für alle $h \in G$, also ist $C(g) = G$ und somit $|G| = |C(g)| = p$, im Widerspruch zu $|G| = p^n$ mit $n \geq 2$.

Aufgabe (Frühjahr 2000, T3A2)

Zeigen Sie, dass eine endliche Gruppe mit einem Normalteiler, dessen Ordnung gleich dem kleinsten Primteiler ihrer Ordnung ist, ein nicht-triviales Zentrum hat.

Hinweis Man betrachte die Operation der Gruppe auf dem Normalteiler durch Konjugation.

Lösungsvorschlag zur Aufgabe (Frühjahr 2000, T3A2)

Sei G die Gruppe und N der besagte Normalteiler. Dem Hinweis folgend lassen wir G durch Konjugation auf N operieren. Diese Operation ist wohldefiniert, da aufgrund der Normalteilereigenschaft $g \cdot n = gng^{-1} \in N$ ist. Betrachten wir nun die zugehörige Bahnengleichung:

$$|N| = |F| + \sum_{n \in R} (G : \mathrm{Stab}_G(n))$$

Dabei bezeichnet F die Fixpunktmenge der Operation, $\mathrm{Stab}_G(n)$ den Stabilisator von n in G und R ein Repräsentantensystem der Bahnen von Länge > 1. Wegen $1 \in F$ ist auf jeden Fall $|F| \geq 1$. Nehmen wir nun $R \neq \varnothing$ an, dann gibt es ein $n \in N$ mit $(G : \mathrm{Stab}_G(n)) \geq 2$. Nach dem Satz von Lagrange ist $(G : \mathrm{Stab}_G(n))$ ein Teiler von $|G|$, nach Voraussetzung also mindestens gleich $|N|$. Damit erhalten wir

$$|N| = |F| + \sum_{n \in R} (G : \mathrm{Stab}_G(n)) \geq 1 + |N|,$$

was ein Widerspruch ist. Folglich gilt $R = \varnothing$ und damit $N = F$. Das bedeutet, dass für vorgegebenes $n \in N$ und jedes $g \in G$ dann

$$gng^{-1} = n \quad \Leftrightarrow \quad gn = ng \quad \Leftrightarrow \quad n \in Z(G)$$

gilt. Also liegt N im Zentrum $Z(G)$ von G, das insbesondere nicht-trivial sein muss.

Aufgabe (Frühjahr 2010, T3A4)

Es sei p eine Primzahl, G eine endliche p-Gruppe und N ein Normalteiler in G der Ordnung p. Zeigen Sie, dass N im Zentrum von G liegt.

Lösungsvorschlag zur Aufgabe (Frühjahr 2010, T3A4)

Wir betrachten die Operation

$$G \times N \to N, \quad g \cdot n = gng^{-1}$$

durch Konjugation von G auf N. Diese ist wohldefiniert, da N Normalteiler ist und somit $g \cdot n = gng^{-1} \in N$ für $g \in G$ und $n \in N$ erfüllt ist. Es gilt gemäß der Bahnengleichung

$$|N| = |F| + \sum_{n \in R} (G : \text{Stab}_G(n)),$$

wobei wiederum F die Fixpunktmenge der Operation, $\text{Stab}_G(n)$ der Stabilisator von n in G und R ein Repräsentantensystem der Bahnen der Länge > 1 ist. Nehmen wir an, es gibt ein $n \in N$, das kein Fixpunkt ist, d.h. es gilt $|G(n)| > 1$. Laut Satz von Lagrange ist $(G : \text{Stab}_G(n))$ ein Teiler von $|G|$, muss also mindestens p sein. Damit aber folgt

$$p \geq 1 + p,$$

ein Widerspruch. Damit ist jedes $n \in N$ ein Fixpunkt, d.h. es gilt für alle $g \in G, n \in N$

$$g \cdot n = n \quad \Leftrightarrow \quad gng^{-1} = n \quad \Leftrightarrow \quad gn = ng$$

und somit $n \in Z(G)$.

Aufgabe (Herbst 2010, T2A3)

Die Automorphismengruppe $\text{Aut}(G)$ einer Gruppe G sei zyklisch. Zeigen Sie, dass G abelsch ist.

Lösungsvorschlag zur Aufgabe (Herbst 2010, T2A3)

Sei e das Neutralelement von G. Für jedes $g \in G$ definiere $\sigma_g \colon G \to G$, $a \mapsto gag^{-1}$. Es ist σ_g offensichtlich ein Gruppenhomomorphismus, der wegen

$$a \in \ker(\sigma_g) \quad \Leftrightarrow \quad \sigma_g(a) = e \quad \Leftrightarrow \quad gag^{-1} = e \quad \Leftrightarrow \quad a = g^{-1}g = e$$

injektiv ist. Außerdem ist σ_g surjektiv, denn als Urbild eines beliebigen $a \in G$ kann man $g^{-1}ag$ wählen. Definiere nun eine Abbildung

$$\phi \colon G \to \operatorname{Aut}(G), \quad g \mapsto \sigma_g.$$

Auch ϕ ist ein Gruppenhomomorphismus, denn für $g, h, a \in G$ gilt

$$\phi(gh)(a) = \sigma_{gh}(a) = (gh) \cdot a \cdot (gh)^{-1} = gh \cdot a \cdot h^{-1}g^{-1} =$$
$$= g \cdot (hah^{-1}) \cdot g^{-1} = \sigma_g(\sigma_h(a)) = (\phi(g) \circ \phi(h))\,(a)$$

und damit $\phi(gh) = \phi(g) \cdot \phi(h)$. Der Kern von ϕ ist gerade das Zentrum von G:

$$\sigma_g = \operatorname{id} \quad \Leftrightarrow \quad \forall a \in G : gag^{-1} = a \quad \Leftrightarrow \quad \forall a \in G : ga = ag \quad \Leftrightarrow \quad g \in Z(G)$$

Nach dem Homomorphiesatz ist daher $G/Z(G)$ zu einer Untergruppe von $\operatorname{Aut}(G)$ isomorph, ist also ebenfalls zyklisch. Aus diesem Grund gibt es ein $a \in G$ mit

$$G/Z(G) = \langle aZ(G) \rangle = \langle a \rangle Z(G).$$

Seien nun $g, h \in G$ beliebig, dann finden wir $n, m \in \mathbb{Z}$ und $z, z' \in Z(G)$ mit

$$g = a^n \cdot z \quad \text{und} \quad h = a^m \cdot z'.$$

Da Elemente des Zentrums nach Definition mit allen anderen Gruppenelementen vertauschen, erhalten wir

$$g \cdot h = (a^n \cdot z) \cdot (a^m \cdot z') = z \cdot a^n \cdot a^m \cdot z' = z \cdot a^{n+m} \cdot z' =$$
$$= z' \cdot a^{m+n} \cdot z = z' \cdot a^m \cdot a^n \cdot z = (z' \cdot a^m) \cdot (z \cdot a^n) = h \cdot g.$$

Also ist G abelsch.

Aufgabe (Herbst 2008, T1A2)

Sei G eine endliche Gruppe.

a Sei $Z(G)$ das Zentrum von G. Zeigen Sie: Ist $G/Z(G)$ zyklisch, so ist G abelsch.

b Es operiere G transitiv auf einer Menge $|M| > 2$. Zeigen Sie, dass es ein $g \in G$ gibt mit $gm \neq m$ für alle $m \in M$.

Lösungsvorschlag zur Aufgabe (Herbst 2008, T1A2)

a Seien $g, h \in G$ und $a \in G$ so gewählt, dass die Nebenklasse $aZ(G)$ die Gruppe $G/Z(G)$ erzeugt. Zu zeigen ist die Gleichung $gh = hg$.

Da $aZ(G)$ ein Erzeuger von $G/Z(G)$ ist, existieren $m, n \in \mathbb{N}$ mit $gZ(G) = a^m Z(G)$ und $hZ(G) = a^n Z(G)$. Insbesondere erhalten wir so Darstellungen

$$g = a^m z \quad \text{und} \quad h = a^n z' \quad \text{für } z, z' \in Z(G).$$

Die Elemente z und z' liegen im Zentrum und kommutieren somit mit jedem Element der Gruppe. Daraus folgt die Gleichung

$$gh = a^m z a^n z' = a^{m+n} z z' = a^n a^m z z' = a^n z' a^m z = hg.$$

b Die folgende Lösung ist etwas technisch und kommt selbst dem geübten Leser wohl nicht sofort in den Sinn – sie ist dennoch die Mühe wert, denn Aufgaben diesen Typs sind schon wiederholt aufgetaucht!

1. Schritt: Widerspruchsannahme. Nehmen wir an, ein solches Element existiert nicht. Das bedeutet, dass es für alle $g \in G$ ein Element $m \in M$ gibt mit $gm = m$. Es gilt dann $g \in \mathrm{Stab}_G(m)$, wobei $\mathrm{Stab}_G(m)$ den Stabilisator von m bezeichnet. Damit ist

$$G = \bigcup_{m \in M} \mathrm{Stab}_G(m).$$

2. Schritt: G ist Vereinigung von Konjugierten eines Stabilisators. Wir betrachten nun die Stabilisatoren näher. Da die Gruppenoperation transitiv ist, existiert ein $a \in M$ mit $G(a) = M$. Ist also $m \in M$ beliebig, so existiert ein $h \in G$ mit $m = h \cdot a$. Es gilt dann

$$g \in \mathrm{Stab}_G(m) \quad \Leftrightarrow \quad g \cdot m = m \quad \Leftrightarrow \quad g \cdot h \cdot a = h \cdot a$$
$$\Leftrightarrow \quad (h^{-1} g h) \cdot a = a \quad \Leftrightarrow \quad h^{-1} g h \in \mathrm{Stab}_G(a) \quad \Leftrightarrow \quad g \in h\, \mathrm{Stab}_G(a) h^{-1}.$$

Alle Stabilisatoren sind also zueinander konjugiert und wir können die Vereinigungsmenge von oben auch als Vereinigung über die Konjugierten des Stabilisators $\text{Stab}_G(a)$ schreiben:

$$G = \bigcup_{h \in G} h\,\text{Stab}_G(a)h^{-1}. \qquad (\star)$$

3. Schritt: Mächtigkeit der Konjugierten. $\text{Stab}_G(a)$ ist eine echte Untergruppe von G, denn im Fall $\text{Stab}_G(a) = G$ wäre $(G : \text{Stab}_G(a)) = |G(a)| = 1$ und a wäre ein Fixpunkt – wegen $G(a) = M$ würde daraus $M = \{a\}$ folgen, im Widerspruch zu $|M| > 2$. Da die Konjugation mit einem Element ein Automorphismus ist, gilt $|h\,\text{Stab}_G(a)h^{-1}| = |\text{Stab}_G(a)|$ für $h \in G$. Laut dem Satz von Lagrange gilt ferner $|\text{Stab}_G(a)| = \frac{|G|}{(G:\text{Stab}_G(a))}$.

4. Schritt: Anzahl der Konjugierten: Wir zeigen nun, dass die Anzahl der verschiedenen zu $\text{Stab}_G(a)$ konjugierten Untergruppen kleiner oder gleich dem Index $(G : \text{Stab}_G(a))$ ist. Seien dazu $g_1, g_2 \in G$ mit $g_1 \text{Stab}_G(a) = g_2 \text{Stab}_G(a)$. Dann existiert ein $h \in \text{Stab}_G(a)$ mit $g_1 = g_2 h$ und somit folgt

$$g_1 \text{Stab}_G(a) g_1^{-1} = g_2 h \text{Stab}_G(a) h^{-1} g_2^{-1} = g_2 \text{Stab}_G(a) g_2^{-1}.$$

Die Konjugation von $\text{Stab}_G(a)$ mit Elementen aus der gleichen Nebenklasse von $\text{Stab}_G(a)$ in G liefert somit die gleiche konjugierte Untergruppe. Damit existieren maximal so viele verschiedene Untergruppen, wie es verschiedene Nebenklassen gibt – deren Anzahl ist $(G : \text{Stab}_G(a))$.

5. Schritt: Widerspruch zur Elementezahl von G: Wir wissen dass die Anzahl von Konjugierten kleiner gleich $(G : \text{Stab}_G(a))$ ist und die einzelnen Konjugierten jeweils $\frac{|G|}{(G:\text{Stab}_G(a))}$ Elemente enthalten. Das liefert für die Elementezahl der Vereinigung leider nur die Abschätzung $\leq |G|$. Befassen wir uns also näher mit den zu $\text{Stab}_G(a)$ konjugierten Untergruppen. Jede davon enthält neben dem Neutralelement e noch $|\text{Stab}_G(a)| - 1$ weitere Elemente. Damit haben wir

$$\left| \bigcup_{h \in G} h \text{Stab}_G(a) h^{-1} \right| \leq \underbrace{(G : \text{Stab}_G(a))}_{\text{Anzahl Konjugierte}} \cdot \underbrace{(|\text{Stab}_G(a)| - 1)}_{\text{Elemente außer } e} + \underbrace{1}_{e} =$$

$$= (G : \text{Stab}_G(a)) \cdot \left(\frac{|G|}{(G : \text{Stab}_G(a))} - 1 \right) + 1 =$$

$$= |G| - (G : \text{Stab}_G(a)) + 1 < |G|,$$

wobei die letzte Ungleichung wiederum aus $(G : \text{Stab}_G(a)) > 1$ folgt.

Fazit: Damit kann eine Vereinigung der Form $(\star)$ nicht existieren und wir haben schlussendlich einen Widerspruch erhalten – ein $g \in G$ mit der geforderten Eigenschaft muss also existieren.

Gruppenoperationen und Lineare Algebra

Aufgaben zu Gruppenoperationen, zu deren Lösung Wissen aus der Linearen Algebra nötig ist, wurden in den letzten Jahren zunehmend häufiger gestellt. Für einen Überblick der nötigen Theorie und weitere Aufgaben diesen Stils sei auf das entsprechende Kapitel verwiesen.

Aufgabe (Frühjahr 2015, T2A4)

a Die Gruppe G operiere transitiv auf einer Menge Ω mit $|\Omega| > 1$. Man zeige: Hat jedes Element aus G mindestens einen Fixpunkt, dann ist G eine Vereinigung der Konjugierten hUh^{-1}, $h \in G$ mit einer echten Untergruppe U von G.

b Für $n > 1$ sei $G = \mathrm{GL}_n(\mathbb{C})$ die Gruppe der invertierbaren $n \times n$-Matrizen über den komplexen Zahlen. Man gebe eine echte Untergruppe U von G an, so dass G die Vereinigung der Konjugierten von U ist.

Hinweis Betrachten Sie die Operation auf den 1-dimensionalen Unterräumen von $\mathbb{C}^n$.

Lösungsvorschlag zur Aufgabe (Frühjahr 2015, T2A4)

a Dies ist genau der erste Teil von H08T1A2 **b** (vgl. Seite 24), sodass wir hier nur eine kurze Skizze des Beweises wiedergeben. Gibt es für jedes $g \in G$ ein $m \in \Omega$ mit $g \cdot m = m$, so gilt $g \in \mathrm{Stab}_G(m)$ und damit

$$G = \bigcup_{m \in \Omega} \mathrm{Stab}_G(m).$$

Im nächsten Schritt folgert man daraus, dass die Operation transitiv ist, es also ein $a \in \Omega$ mit $G(a) = \Omega$ gibt, dass alle Stabilisatoren zu $\mathrm{Stab}_G(a)$ konjugiert sind. Somit wird obige Vereinigungsmenge zu

$$G = \bigcup_{h \in G} h\,\mathrm{Stab}_G(a)\,h^{-1}.$$

Es bleibt lediglich zu zeigen, dass $\mathrm{Stab}_G(a) \neq G$. Angenommen, es gilt $G = \mathrm{Stab}_G(a)$, dann wäre

$$|\Omega| = |G(a)| = (G : \mathrm{Stab}_G(a)) = 1$$

im Widerspruch zu $|\Omega| > 1$.

b Wir bestimmen zunächst eine geeignete Operation. Betrachte dazu die Menge $\mathcal{U}$ der 1-dimensionalen Untervektorräume von $\mathbb{C}^n$ sowie die Abbildung

$$\cdot : G \times \mathcal{U} \to \mathcal{U}, \quad (A, U) \mapsto A \cdot U = \{Av \mid v \in U\}.$$

Dass diese wohldefiniert ist, folgt daraus, dass $v \mapsto Av$ ein Isomorphismus ist, da die Matrix A invertierbar ist. Somit hat das Bild die gleiche Dimension wie U. Wir zeigen, dass es sich dabei um eine Gruppenoperation handelt: Es gilt zunächst $\mathbb{E}_n U = \{\mathbb{E}_n v \mid v \in U\} = U$ sowie

$$(AB) \cdot U = \{(AB)v \mid v \in U\} = \{A(Bv) \mid v \in U\} = \{Aw \mid w \in BU\}$$
$$= A \cdot B \cdot U.$$

für $U \in \mathcal{U}$, $A, B \in \mathrm{GL}_n(\mathbb{C})$. Um zu zeigen, dass $\cdot$ transitiv ist, betrachte den Untervektorraum $W = \langle e_1 \rangle$, wobei im Folgenden e_i jeweils den i-ten Einheitsvektor bezeichnet. Wir zeigen $G(W) = \mathcal{U}$. Sei dazu V ein beliebiger eindimensionaler Untervektorraum. Es ist dann $V = \langle v \rangle$ für ein $v \in \mathbb{C}^n \setminus \{0\}$. Dieser Vektor lässt sich mit anderen $(w_2, \ldots, w_n)$ zu einer Basis von $\mathbb{C}^n$ ergänzen. Schreiben wir dann diese Vektoren als Spalten in eine Matrix $A = (v \mid w_2 \mid \ldots \mid w_m)$, so ist $A \in \mathrm{GL}_n(\mathbb{C})$. Weiter gilt

$$A \cdot W = \{A(\lambda e_1) \mid \lambda \in \mathbb{C}\} = \{\lambda(Ae_1) \mid \lambda \in \mathbb{C}\} = \{\lambda v \mid \lambda \in \mathbb{C}\} = \langle v \rangle.$$

Und somit $V \in G(W)$. Damit ist die Operation transitiv.

Nun müssen wir noch zeigen, dass jedes $A \in G$ einen Fixpunkt hat. Das charakteristische Polynom von A zerfällt über $\mathbb{C}$ auf jeden Fall in Linearfaktoren, da $\mathbb{C}$ algebraisch abgeschlossen ist. Sei also $\lambda \in \mathbb{C}$ eine Nullstelle des charakteristischen Polynoms, d. h. ein Eigenwert von A und v ein zugehöriger Eigenvektor. Dann gilt für den eindimensionalen Untervektorraum $U = \langle v \rangle$

$$A \cdot U = \{Au \mid u \in U\} = \{\lambda u \mid \lambda \in \mathbb{C}\} = U.$$

Damit ist U ein Fixpunkt zu A.

Laut Teil **a** ist eine Untergruppe mit den gewünschten Eigenschaften durch den Stabilisator eines Elements gegeben. Bestimmen wir also $\mathrm{Stab}_G(W)$. Es gilt für $A \in G$

$$A \in \mathrm{Stab}_G W \iff A \cdot W = W \iff \{A(\mu e_1) \mid \mu \in \mathbb{C}\} = \{\lambda e_1 \mid \lambda \in \mathbb{C}\}$$
$$\iff \exists \lambda \in \mathbb{C}^\times : Ae_1 = \lambda e_1.$$

Eine gesuchte Untergruppe ist also die Menge

$$U = \{A \in \mathrm{GL}_n(\mathbb{C}) \mid Ae_1 = \lambda e_1 \text{ für ein } \lambda \in \mathbb{C}^\times\}.$$

Dass es sich dabei um eine Untergruppe handelt, ist schnell nachgerechnet. Dass U die gewünschte Eigenschaft besitzt, folgt aus Teil **a**. Zum Schluss ist U eine echte Teilmenge von $\mathrm{GL}_n(\mathbb{C})$, da beispielsweise die Matrix $(e_2 \mid e_1 \mid e_3 \mid \ldots \mid e_n)$ nicht in U enthalten ist.

Alternative ohne Teil a *:* Sei D die Menge der oberen Dreiecksmatrizen in $\mathrm{GL}_n(\mathbb{C})$. Es handelt sich dabei um eine echte Untergruppe (vgl. Aufgabe F13T2A2 auf Seite 216) von G. Ist ferner $A \in G$ eine beliebige Matrix, so zerfällt ihr charakteristisches Polynom in Linearfaktoren, da wir über dem algebraisch abgeschlossenen Körper $\mathbb{C}$ arbeiten. Die Matrix A ist also ähnlich zu einer Matrix in Jordan-Normalform, die eine obere Dreiecksmatrix ist, d. h. es gibt ein $T \in G$, sodass TAT^{-1} eine obere Dreiecksmatrix ist. Das wiederum bedeutet $A \in T^{-1}DT$. Somit ist G die Vereinigung aller Konjugierten von D.

Aufgabe (Herbst 2012, T2A1)

Seien $n, m > 0$ natürliche Zahlen. Mit $M_{n,m}(\mathbb{Q})$ bezeichnen wir die Menge der $(n \times m)$-Matrizen mit rationalen Einträgen. Seien $\mathrm{GL}_n(\mathbb{Q})$ und $\mathrm{GL}_m(\mathbb{Q})$ die allgemeinen linearen Gruppen in den Dimensionen n und m über $\mathbb{Q}$.

a Zeigen Sie, dass die Gruppe $\mathrm{GL}_n(\mathbb{Q}) \times \mathrm{GL}_m(\mathbb{Q})$ vermöge

$$(\mathrm{GL}_n(\mathbb{Q}) \times \mathrm{GL}_m(\mathbb{Q})) \times M_{n,m}(\mathbb{Q}) \to M_{n,m}(\mathbb{Q}), \quad ((S,T),A) \mapsto SAT^{-1}$$

auf $M_{n,m}(\mathbb{Q})$ operiert, aber nicht effektiv. (Dabei heißt eine Gruppenoperation $G \times X \to X$ einer Gruppe G auf einer Menge X effektiv, wenn aus $\forall x \in X : g \cdot x = x$ für ein Gruppenelement $g \in G$ schon $g = 1$ folgt.)

b Zeigen Sie, dass diese Operation genau $r + 1$ Bahnen besitzt, dabei ist $r = \min(m, n)$.

Hinweis Verwenden Sie den Rang einer Matrix.

Lösungsvorschlag zur Aufgabe (Herbst 2012, T2A1)

a Wir zeigen zunächst die definierenden Eigenschaften einer Operation. Seien dazu $S_1, S_2 \in \mathrm{GL}_n(\mathbb{Q}), T_1, T_2 \in \mathrm{GL}_m(\mathbb{Q})$ und $A \in M_{n,m}(\mathbb{Q})$. Es gilt

$$(\mathbb{E}_n, \mathbb{E}_m) \cdot A = \mathbb{E}_n A \mathbb{E}_m^{-1} = A$$

sowie

$$(S_1 S_2, T_1 T_2) \cdot A = (S_1 S_2) A (T_1 T_2)^{-1} = S_1 S_2 A T_2^{-1} T_1^{-1}$$
$$= S_1 ((S_2, T_2) \cdot A) T_1^{-1} = (S_1, T_1) \cdot (S_2, T_2) \cdot A.$$

Zum Nachweis, dass diese Operation nicht effektiv ist, betrachte $(2\mathbb{E}_n, 2\mathbb{E}_m)$ $\in GL_n(\mathbb{Q}) \times GL_m(\mathbb{Q})$. Es gilt für beliebiges $A \in M_{n,m}(\mathbb{Q})$

$$(2\mathbb{E}_n, 2\mathbb{E}_m) \cdot A = 2\mathbb{E}_n A \frac{1}{2}\mathbb{E}_m^{-1} = A, \quad \text{aber} \quad (2\mathbb{E}_n, 2\mathbb{E}_m) \neq (\mathbb{E}_n, \mathbb{E}_m).$$

b Wir verwenden den Hinweis und zeigen, dass zwei Matrizen genau dann in der gleichen Bahn liegen, wenn sie den gleichen Rang haben.

Seien zunächst $A, B \in M_{n,m}(\mathbb{Q})$ Elemente einer Bahn. Dann gibt es $S \in$ $GL_n(\mathbb{Q}), T \in GL_m(\mathbb{Q})$ mit $B = SAT^{-1}$. Da S und T invertierbar sind, haben diese vollen Rang. Insbesondere folgt daraus $\mathrm{rk}(B) = \mathrm{rk}(SAT^{-1}) = \mathrm{rk}(A)$. Also haben A und B den gleichen Rang.

Sind umgekehrt $A, B \in M_{n,m}(\mathbb{Q})$ Matrizen von gleichem Rang, so können diese durch Zeilen- und Spaltenumformungen auf die gleiche normierte Zeilenstufenform gebracht werden. Da diese Umformungen durch Multiplikation mit sogenannten Elementarmatrizen (von links bzw. rechts) realisiert werden können, erhält man invertierbare Matrizen $S_1, S_2 \in GL_n(\mathbb{C})$ und $T_1, T_2 \in GL_m(\mathbb{C})$, sodass

$$S_2 B T_2 = S_1 A T_1 \quad \Leftrightarrow \quad B = S_2^{-1} S_1 A T_1 T_2^{-1} = (S_2^{-1} S_1) A (T_2 T_1^{-1})^{-1}.$$

Somit liegt B in der gleichen Bahn wie A.

Da $\mathrm{rk}(A) \leq \min(n, m) = r$ gilt, gibt es für den Rang die $r + 1$ Möglichkeiten $\mathrm{rk}(A) \in \{0, 1, \ldots, r\}$. Dementsprechend gibt es höchstens $r + 1$ Bahnen. Andererseits ist klar, dass in $M_{n,m}(\mathbb{Q})$ für jedes $k \in \{0, 1, \ldots, r\}$ eine Matrix von Rang k existiert, also haben wir Gleichheit.

Aufgabe (Frühjahr 2013, T1A5)

Sei M die Menge der 3×3-Matrizen mit Einträgen aus $\mathbb{C}$, deren charakteristisches Polynom $(X - 1)^3$ ist.

a Zeigen Sie: $GL(3, \mathbb{C})$ operiert durch Konjugation, d.h. mittels $P * A = PAP^{-1}$ für $P \in GL(3, \mathbb{C})$ und $A \in M$, auf M.

b Bestimmen Sie die Anzahl der Bahnen unter dieser Operation.

Lösungsvorschlag zur Aufgabe (Frühjahr 2013, T1A5)

a Wir zeigen zunächst, dass die Abbildung wohldefiniert ist, das heißt, dass $PAP^{-1} \in M$ gilt. Sei dazu $P \in GL(3, \mathbb{C})$ beliebig und $A \in M$ mit $\chi_A = (X - 1)^3$.

Dann gilt

$$\chi_{PAP^{-1}} = \det\left(PAP^{-1} - X\mathbb{E}_3\right) = \det\left(PAP^{-1} - PX\mathbb{E}_3P^{-1}\right) =$$

$$= \det\left(P\left(A - X\mathbb{E}_3\right)P^{-1}\right) = \det(P)\det\left(A - X\mathbb{E}_3\right)\det\left(P^{-1}\right)$$

$$= \det(P)\chi_A \det(P)^{-1} = \chi_A$$

Somit hat auch PAP^{-1} das charakteristische Polynom $(X - 1)^3$ und es gilt $PAP^{-1} \in M$. (Alternativ hätte man auch den Satz zitieren können, dass ähnliche Matrizen gleiches charakteristisches Polynom haben.)

Zeigen wir nun noch die definierenden Eigenschaften einer Gruppenoperation: Seien dazu $P_1, P_2 \in G$ und $A \in M$. Es gilt

$$\mathbb{E}_3 * A = \mathbb{E}_3A\mathbb{E}_3 = A$$

und

$$(P_1P_2) * A = (P_1P_2)A(P_1P_2)^{-1} = (P_1P_2)A(P_2^{-1}P_1^{-1}) =$$

$$= P_1(P_2AP_2^{-1})P_1^{-1} = P_1 * P_2 * A.$$

[b] Für jede Matrix aus M zerfällt das charakteristische Polynom in Linearfaktoren. Damit kann jede solche Matrix auf Jordan-Normalform gebracht werden, d. h. es gibt eine Matrix $P \in GL(3, \mathbb{C})$, sodass PAP^{-1} in Jordan-Normalform vorliegt.

Eine solche Darstellung ist eindeutig bis auf die Anordnung der Jordanblöcke. Die Matrizen aus M haben den dreifachen Eigenwert 1, sodass alle Blöcke Eigenwert 1 haben müssen. Jede Matrix aus M ist damit ähnlich zu einer Jordan-Normalform mit einem Jordanblock der Größe 3, einer Kombination aus einem Jordanblock der Größe eins und einem der Größe zwei oder drei Jordanblöcken der Größe 1. (Beachte, dass es für die zweite Möglichkeit zwar zwei verschiedene Matrizen gibt, die sich aber nur in der Anordnung der Blöcke unterscheiden und deshalb in derselben Bahn liegen.) Insgesamt haben wir somit begründet, dass die Menge

$$R = \left\{ \begin{pmatrix} 1 & 0 & 0 \\ 0 & 1 & 0 \\ 0 & 0 & 1 \end{pmatrix}, \begin{pmatrix} 1 & 1 & 0 \\ 0 & 1 & 0 \\ 0 & 0 & 1 \end{pmatrix}, \begin{pmatrix} 1 & 1 & 0 \\ 0 & 1 & 1 \\ 0 & 0 & 1 \end{pmatrix} \right\}$$

ein Repräsentantensystem der Bahnen ist. Daraus folgt insbesondere, dass es genau drei verschiedene Bahnen gibt.

1.3. Direkte und semidirekte Produkte

Das Konzept des semidirekten Produktes wird in den meisten Büchern (und Vorlesungen) etwas stiefmütterlich behandelt, sofern es überhaupt besprochen wird. Wir geben daher zunächst eine ausführliche Motivation.

Komplexprodukt

In diesem Abschnitt werden wir den Begriff des *Komplexprodukts* benötigen. Ist G eine Gruppe und sind $N, M \subseteq G$ Untergruppen, so ist dieses als die Menge

$$NM = \{nm \mid n \in N, m \in M\} \subseteq G$$

definiert. Laut dem 1. Isomorphiesatz 1.10 (1) ist das Komplexprodukt zweier Untergruppen wieder eine Untergruppe, falls eine der beiden Untergruppen ein Normalteiler ist.

Sei G eine Gruppe mit Neutralelement e und seien $N, M \subseteq G$ Untergruppen mit $G = NM$ und $N \cap M = \{e\}$. Dann besitzt jedes $g \in G$ eine eindeutige Darstellung als $g = nm$ mit $n \in N$ und $m \in M$: Ist nämlich $n_1 m_1 = n_2 m_2$ für $n_1, n_2 \in N$ und $m_1, m_2 \in M$, so bedeutet dies

$$n_1 m_1 = n_2 m_2 \quad \Leftrightarrow \quad n_2^{-1} n_1 = m_2 m_1^{-1} \in N \cap M = \{e\},$$

sodass also $n_2^{-1} n_1 = e = m_2 m_1^{-1}$ bzw. $n_1 = n_2$ und $m_1 = m_2$ gelten muss. Mit der Eindeutigkeit der Darstellung haben wir gezeigt, dass die Abbildung

$$\sigma \colon G \to N \times M, \quad nm \mapsto (n, m)$$

eine wohldefinierte Bijektion ist.

Direktes Produkt

Damit σ zu einem Gruppenhomomorphismus wird, müssen wir zusätzlich fordern, dass N und M beide Normalteiler von G sind. In diesem Fall nennt man G ein *inneres direktes Produkt* von N und M.

Sind $n \in N$ und $m \in M$ vorgegeben, so gilt nämlich laut der Normalteilereigenschaft, dass

$$m^{-1} n m \in N \quad \text{und} \quad n m n^{-1} \in M,$$

also folgt $(m^{-1} n m) n^{-1} = m^{-1}(n m n^{-1}) \in N \cap M = \{e\}$, sodass

$$m^{-1} n m n^{-1} = e \quad \Leftrightarrow \quad nm = mn.$$

Nun ist der Nachweis der Homomorphismus-Eigenschaft nur noch Routine:

$$\sigma((n_1 m_1)(n_2 m_2)) = \sigma((n_1 n_2)(m_1 m_2)) =$$
$$= (n_1 n_2, m_1 m_2) = (n_1, m_1) \cdot (n_2, m_2) = \sigma(n_1 m_1) \cdot \sigma(n_2 m_2)$$

Dies bedeutet, dass G isomorph zu $N \times M$ ist, dem *äußeren direkten Produkt* von N und M.

Semidirektes Produkt

Im vorherigen Absatz haben unsere speziellen Voraussetzungen dazu geführt, dass die Gruppe G bereits eindeutig durch die Normalteiler N und M bestimmt ist. Diese Eindeutigkeit geht verloren, falls man sich damit zufrieden gibt, dass G nur ein *inneres semidirektes* Produkt von N und M ist, d. h. nur eine der beiden Untergruppen ein Normalteiler ist.

Beispiel 1.20. Als Beispiel dafür betrachten wir die symmetrische Gruppe S_3 und die Gruppe $\mathbb{Z}/6\mathbb{Z}$. Beide Gruppen besitzen mit A_3 bzw. $\langle \overline{2} \rangle$ einen Normalteiler der Ordnung 3. Mithilfe der zweielementigen Untergruppen $\langle (1\,2) \rangle$ bzw. $\langle \overline{3} \rangle$ finden wir dann

$$S_3 = \langle (1\,2) \rangle A_3 \quad \text{und} \quad \mathbb{Z}/6\mathbb{Z} = \langle \overline{3} \rangle \langle \overline{2} \rangle,$$

denn die Komplexprodukte sind Untergruppen, da jeweils einer der Faktoren ein Normalteiler ist, und haben Ordnung 6. Die gewählten Untergruppen sind als Gruppen gleicher Primzahlordnung paarweise isomorph, jedoch können die nicht-abelsche Gruppe S_3 und die zyklische Gruppe $\mathbb{Z}/6\mathbb{Z}$ nicht isomorph sein. ∎

Sei also nun G eine Gruppe, sodass $N \trianglelefteq G$ ein Normalteiler, $M \subseteq G$ eine Untergruppe und $G = NM$ ist sowie $N \cap M = \{e\}$ gilt. Auch unter diesen Voraussetzungen handelt es sich bei der Abbildung σ von oben um eine Bijektion. Diese Abbildung induziert somit eine Gruppenstruktur auf $N \times M$, bezüglich der σ zu einem Homomorphismus wird. Die zugehörige Verknüpfungsvorschrift $*$ sieht jedoch anders aus als gewohnt. Sind nämlich (n_1, m_1) und $(n_2, m_2) \in N \times M$ vorgegeben, so gilt $m_1 n_1 m_1^{-1} \in N$, da N ein Normalteiler ist, und es folgt

$$(n_1, m_1) * (n_2, m_2) = \sigma(n_1 m_1) * \sigma(n_2 m_2) = \sigma(n_1 m_1 n_2 m_2) = \sigma(n_1 (m_1 n_2 m_1^{-1}) m_1 m_2)$$
$$= (n_1 (m_1 n_2 m_1^{-1}), m_1 m_2).$$

Den „Korrekturterm" in der ersten Komponente kann man so interpretieren, dass er infolge des Homomorphismus

$$\phi \colon M \to \mathrm{Aut}(N), \quad m \mapsto \left\{ n \mapsto mnm^{-1} \right\}$$

entsteht, d. h. ϕ ordnet jedem $m \in M$ den Automorphismus $\phi(m)$ mit $\phi(m)(n) = mnm^{-1}$ für $n \in N$ zu. Damit schreibt sich die neue Verknüpfung als

$$* \colon (N \times M) \times (N \times M) \to N \times M, \quad (n_1, m_1) * (n_2, m_2) = (n_1 \phi(m_1)(n_2),\ m_1 m_2).$$

Um deutlich zu machen, dass wir die Menge $N \times M$ mit der neuen Gruppen-verknüpfung meinen, schreiben wir dafür $N \rtimes_\phi M$. Auch wenn die Abbildung ϕ nicht exakt die gleiche Form hat wie in unserem Fall, handelt es sich bei $N \rtimes_\phi M$ um eine Gruppe der Ordnung $|N| \cdot |M|$. Wir halten die Konstruktion daher allgemein fest.

Definition 1.21. Seien N, M Gruppen und $\phi\colon M \to \text{Aut}(N)$ ein Homomorphismus. Dann wird die Menge $N \times M$ mit der Verknüpfung

$$(n_1, m_1) * (n_2, m_2) = (n_1\phi(m_1)(n_2), m_1 m_2)$$

zu einer Gruppe. Diese heißt *äußeres semidirektes Produkt* von N und M und wird als $N \rtimes_\phi M$ notiert.

Eselsbrücke für die Verknüpfung in semidirekten Produkten

Das n_2 will sich mit dem n_1 paaren, dabei funkt jedoch das m_1 mittels ϕ dazwischen. Das m_2 ist daher schlauer und schleicht sich oben rum am n_2 vorbei.

$$(n_1, \quad m_1) \quad * \quad (n_2, \quad m_2) \quad = \quad (n_1\, \phi(m_1)(n_2),\ m_1 m_2)$$
$$\phi$$

Der folgende Satz fasst die bisherigen Ergebnisse der Klassifikation von inneren direkten bzw. semidirekten Produkten zusammen.

Satz 1.22. Sei G eine Gruppe und seien $N, M \subseteq G$ Untergruppen.

(1) Ist G inneres direktes Produkt von N und M, d.h. sind N und M Normalteiler mit $G = NM$ und $N \cap M = \{e\}$, so ist G isomorph zum äußeren direkten Produkt $N \times M$.

(2) Ist G inneres semidirektes Produkt von N und M, d.h. ist N ein Normalteiler und es gilt $G = NM$ sowie $N \cap M = \{e\}$, so ist G isomorph zum äußeren semidirekten Produkt $N \rtimes_\phi M$, wobei der Homomorphismus ϕ durch

$$\phi\colon M \to \text{Aut}(N), \quad m \mapsto \left\{ n \mapsto mnm^{-1} \right\}$$

gegeben ist.

Vor diesem Hintergrund lässt sich auch unsere Beobachtung aus Beispiel 1.20 erklären: S_3 und $\mathbb{Z}/6\mathbb{Z}$ sind beide isomorph zu einem äußeren semidirekten Produkt von $\mathbb{Z}/3\mathbb{Z}$ und $\mathbb{Z}/2\mathbb{Z}$, allerdings zu verschiedenen Homomorphismen $\mathbb{Z}/2\mathbb{Z} \to \text{Aut}(\mathbb{Z}/3\mathbb{Z})$.

Konstruktion nicht-abelscher Gruppen

Interessant ist, dass im Fall $\mathbb{Z}/6\mathbb{Z} \cong \mathbb{Z}/3\mathbb{Z} \times \mathbb{Z}/2\mathbb{Z}$ das direkte und das semidirekte Produkt zusammen fallen. Wir bestimmen die Fälle, in denen dies auftritt.

Proposition 1.23. Seien N, M Gruppen, wobei N abelsch ist. Das semidirekte Produkt $N \rtimes_\phi M$ ist genau dann abelsch, wenn M abelsch und der Homomorphismus $\phi: M \to \mathrm{Aut}(N)$ trivial ist, d. h. $\phi(m) = \mathrm{id}_N$ für alle $m \in M$ gilt. In diesem Fall ist $N \rtimes_\phi M = N \times M$.

In den Aufgaben wird in aller Regel das semidirekte Produkt zweier zyklischer Gruppen benötigt. Aus diesem Grund sind die Aussagen der nächsten Proposition besonders hilfreich.

Proposition 1.24. Sei $G = \langle g \rangle$ eine zyklische Gruppe der Ordnung n.

(1) Ist H eine weitere Gruppe und $h \in H$ ein Element, sodass $\mathrm{ord}\, h$ ein Teiler von $\mathrm{ord}\, g = n$ ist, so existiert ein eindeutig bestimmter Homomorphismus $\phi: G \to H$ mit $\phi(g) = h$.

(2) Die Abbildung

$$(\mathbb{Z}/n\mathbb{Z})^\times \to \mathrm{Aut}(G), \quad \bar{r} \mapsto \{g \mapsto g^r\}$$

ist ein Isomorphismus.

In Verbindung mit Proposition 1.24 (2) sind insbesondere die Struktursätze für die Einheitengruppe $(\mathbb{Z}/n\mathbb{Z})^\times$ nützlich (vgl. Satz 2.8). Beispielsweise ist diese zyklisch, falls n die Potenz einer ungeraden Primzahl ist. In jedem Fall hat $(\mathbb{Z}/n\mathbb{Z})^\times$ die Ordnung $\varphi(n)$.

Anleitung: Konstruktion nicht-abelscher Gruppen

Ziel ist es, eine nicht-abelsche Gruppe der Ordnung n zu konstruieren.

(1) Finde Zahlen l und m, sodass $n = lm$ gilt und $\varphi(m)$ und l einen gemeinsamen Teiler haben.

(2) Sind wir in der Lage, einen nicht-trivialen Homomorphismus $\phi: \mathbb{Z}/l\mathbb{Z} \to \mathrm{Aut}(\mathbb{Z}/m\mathbb{Z})$ zu finden, so ist nach Proposition 1.23 durch $\mathbb{Z}/m\mathbb{Z} \rtimes_\phi \mathbb{Z}/l\mathbb{Z}$ eine nicht-abelsche Gruppe der Ordnung $ml = n$ gegeben. Dazu gehen wir folgendermaßen vor:

(a) Nach Proposition 1.24 (2) ist $\mathrm{Aut}(\mathbb{Z}/m\mathbb{Z}) \cong (\mathbb{Z}/m\mathbb{Z})^\times$ und letztere Gruppe ist in vielen Fällen zyklisch, z. B. wenn m eine Primzahl ist. Aufgrund der Wahl von l und m in Schritt (1) existiert dann ein Element $a \in \mathrm{Aut}(\mathbb{Z}/m\mathbb{Z})$ mit einer Ordnung, die l teilt.

(b) Nun nutzen wir Proposition 1.24 (1), um einen Homomorphismus $\psi \colon \mathbb{Z}/l\mathbb{Z} \to \mathrm{Aut}(\mathbb{Z}/m\mathbb{Z})$ mit $\psi(\overline{1}) = a$ für das Element a aus (2a) zu definieren. Der Homomorphismus ist genau dann nicht-trivial, wenn $a \neq \mathrm{id}$ ist. In diesem Fall folgt mit Proposition 1.23, dass das zugehörige semidirekte äußere Produkt nicht abelsch ist.

Aufgabe (Herbst 2016, T2A2)

Seien A, B abelsche Gruppen und $\phi \colon B \to \mathrm{Aut}(A)$ ein Homomorphismus von B in die Gruppe der Automorphismen von A. Das *semidirekte Produkt* $A \rtimes_\phi B$ ist die folgendermaßen definierte Gruppe:

$$A \rtimes_\phi B := \{(a,b) \mid a \in A, b \in B\}$$
$$(a_1, b_1) \cdot (a_2, b_2) := (a_1 \phi(b_1)(a_2), b_1 b_2)$$

a Zeigen Sie, dass $A \rtimes_\phi B$ genau dann abelsch ist, wenn ϕ trivial ist, also $\phi(b) = \mathrm{id}_A$ für alle $b \in B$ gilt.

b Konstruieren Sie eine nicht-abelsche Gruppe der Ordnung 2015.

Lösungsvorschlag zur Aufgabe (Herbst 2016, T2A2)

a „$\Rightarrow$": Nehmen wir an, dass $A \rtimes_\phi B$ abelsch ist. Sei $b \in B$ beliebig und e_A das Neutralelement von A, e_B das von B. Dann gilt für alle $a \in A$

$$(e_A, b) \cdot (a, b) = (a, b) \cdot (e_A, b) \quad \Leftrightarrow \quad (e_A \phi(b)(a), b^2) = (a\phi(b)(e_A), b^2).$$

Da $\phi(b)$ ein Automorphismus ist, gilt $\phi(b)(e_A) = e_A$. Damit liefert Vergleich der ersten Komponente

$$\phi(b)(a) = a$$

für alle $a \in A$, also $\phi(b) = \mathrm{id}_A$.

„$\Leftarrow$": Nehmen wir an, es gilt $\phi(b) = \mathrm{id}_A$ für alle $b \in B$. Dann erhalten wir für beliebiges $(a_1, b_1), (a_2, b_2) \in A \rtimes_\phi B$

$$(a_1, b_1) \cdot (a_2, b_2) = (a_1 \phi(b_1)(a_2), b_1 b_2) = (a_1 a_2, b_1 b_2) \overset{(\star)}{=}$$
$$= (a_2 a_1, b_2 b_1) = (a_2 \phi(b_2)(a_1), b_2 b_1) = (a_2, b_2) \cdot (a_1, b_1).$$

Dabei wurde an der Stelle $(\star)$ verwendet, dass A und B abelsch sind. Insgesamt zeigt die Gleichung, dass $A \rtimes_\phi B$ abelsch ist.

b Es ist $2015 = 65 \cdot 31$. Wir setzen nun $A = \mathbb{Z}/65\mathbb{Z}$ und $B = \mathbb{Z}/31\mathbb{Z}$. Das Element $\overline{1} \in A$ hat die Ordnung 65. Ferner gilt

$$\mathrm{Aut}(B) \cong (\mathbb{Z}/31\mathbb{Z})^{\times} \cong \mathbb{Z}/30\mathbb{Z}$$

und da 5 ein Teiler von 30 ist, existiert in $\mathbb{Z}/30\mathbb{Z}$ ein Element der Ordnung 5, und aufgrund der Isomorphien besitzt auch $\mathrm{Aut}(B)$ ein Element der Ordnung 5, das wir mit ψ bezeichnen. Wegen $5 \mid 65$ gibt es einen Homomorphismus $\phi \colon A \to \mathrm{Aut}(B)$ mit $\phi(\overline{1}) = \psi$. Dieser Homomorphismus ist wegen $\mathrm{ord}\,\phi(\overline{1}) = \psi \neq \mathrm{id}$ nicht trivial, denn ψ hat Ordnung 5. Damit ist laut Teil **a** das Produkt $A \rtimes_{\phi} B$ eine nicht-abelsche Gruppe, die die Ordnung $|A \times B| = 65 \cdot 31 = 2015$ hat.

Aufgabe (Herbst 2012, T3A1)

Geben Sie drei nicht-isomorphe Gruppen der Ordnung 2012 konkret an und beweisen Sie, dass diese nicht isomorph sind!

Lösungsvorschlag zur Aufgabe (Herbst 2012, T3A1)

Die Primfaktorzerlegung von 2012 ist $2^2 \cdot 503$. Die einzigen abelschen Gruppen der Ordnung 2012 sind nach Satz 1.11 also

$$G_1 = \mathbb{Z}/2012\mathbb{Z} \quad \text{und} \quad G_2 = \mathbb{Z}/2\mathbb{Z} \times \mathbb{Z}/1006\mathbb{Z},$$

wobei diese beiden Gruppen nicht isomorph sind, denn für jedes Element $(\overline{a}, \overline{b}) \in G_2$ gilt

$$1006 \cdot (\overline{a}, \overline{b}) = (\overline{0}, \overline{0}),$$

sodass jedes Element in G_2 höchstens Ordnung 1006 hat. Insbesondere gibt es kein Element der Ordnung 2012 in G_2, weshalb G_2 nicht zyklisch und folglich nicht zur zyklischen Gruppe G_1 isomorph sein kann.
Eine dritte Gruppe der Ordnung 2012 konstruieren wir als semidirektes Produkt. Finden wir einen nicht-trivialen Homomorphismus $\phi \colon \mathbb{Z}/4\mathbb{Z} \to \mathrm{Aut}(\mathbb{Z}/503\mathbb{Z})$, so ist nach Proposition 1.23 das semidirekte Produkt $G_3 = \mathbb{Z}/503\mathbb{Z} \rtimes_{\phi} \mathbb{Z}/4\mathbb{Z}$ nicht abelsch und kann daher nicht isomorph zu den abelschen Gruppen G_1 und G_2 sein. Da 503 eine Primzahl ist, gilt

$$\mathrm{Aut}(\mathbb{Z}/503\mathbb{Z}) \cong (\mathbb{Z}/503\mathbb{Z})^{\times} \cong \mathbb{Z}/502\mathbb{Z}. \qquad (\star)$$

Da 2 ein Teiler von 502 ist, besitzt die zyklische Gruppe $\mathrm{Aut}(\mathbb{Z}/503\mathbb{Z})$ ein Element der Ordnung 2, das wir mit a bezeichnen. Als Element der Ordnung 2 ist $a \neq \mathrm{id}$. Zudem ist die Ordnung von a ein Teiler von 4, der Ordnung von $\overline{1}$

in $\mathbb{Z}/4\mathbb{Z}$, und nach Proposition 1.24 (1) gibt es einen Homomorphismus

$$\psi: \mathbb{Z}/4\mathbb{Z} \to \mathrm{Aut}\,(\mathbb{Z}/503\mathbb{Z}) \quad \text{mit} \quad \psi(\overline{1}) = a.$$

Wegen $a \neq \mathrm{id}$ ist dieser nicht-trivial, sodass G_3 nicht abelsch ist.

Aufgabe (Frühjahr 2001, T2A2)

Sei G eine Gruppe der Ordnung 63.

a Man zeige, dass G einen nicht-trivialen Normalteiler hat.

b Man konstruiere zwei nicht isomorphe nicht-abelsche Gruppen der Ordnung 63 (als semidirektes Produkt).

Lösungsvorschlag zur Aufgabe (Frühjahr 2001, T2A2)

a Es sei v_7 die Anzahl der 7-Sylowgruppen von G. Die Sylowsätze besagen, dass $v_7 \mid 9$ und $v_7 \equiv 1 \bmod 7$ gelten muss. Aus der ersten Bedingung erhält man $v_7 \in \{1, 3, 9\}$, wovon nur $v_7 = 1$ auch die zweite Bedingung erfüllt. Es gibt also nur eine 7-Sylowgruppe und diese ist daher ein (nicht-trivialer) Normalteiler von G.

b Wir konstruieren Produkte der Form

$$G_1 = \mathbb{Z}/7\mathbb{Z} \rtimes_\phi \mathbb{Z}/9\mathbb{Z} \quad \text{und} \quad G_2 = \mathbb{Z}/7\mathbb{Z} \rtimes_\psi (\mathbb{Z}/3\mathbb{Z} \times \mathbb{Z}/3\mathbb{Z})$$

und bestimmen dazu zunächst geeignete Homomorphismen $\phi: \mathbb{Z}/9\mathbb{Z} \to \mathrm{Aut}\,(\mathbb{Z}/7\mathbb{Z})$ und $\psi: \mathbb{Z}/3\mathbb{Z} \times \mathbb{Z}/3\mathbb{Z} \to \mathrm{Aut}\,(\mathbb{Z}/7\mathbb{Z})$.

Es ist $\mathrm{Aut}(\mathbb{Z}/7\mathbb{Z}) \cong (\mathbb{Z}/7\mathbb{Z})^\times \cong \mathbb{Z}/6\mathbb{Z}$. Um einen Homomorphismus nach $\mathrm{Aut}(\mathbb{Z}/7\mathbb{Z})$ anzugeben, genügt es also, einen Homomorphismus nach $\mathbb{Z}/6\mathbb{Z}$ anzugeben. Nach Proposition 1.24 (1) gibt es einen Gruppen-homomorphismus

$$\phi: \mathbb{Z}/9\mathbb{Z} \longrightarrow \mathbb{Z}/6\mathbb{Z} \quad \text{mit} \quad \phi(\overline{1}) = \overline{2},$$

denn die Ordnung $\mathrm{ord}(\overline{1}) = 9$ in $\mathbb{Z}/9\mathbb{Z}$ ist ein Vielfaches von $\mathrm{ord}(\overline{2}) = 3$ in $\mathbb{Z}/6\mathbb{Z}$.

Als zyklische Gruppe hat $\mathbb{Z}/6\mathbb{Z}$ genau eine Untergruppe der Ordnung 3, nämlich $\langle \overline{2} \rangle$. Auf diese bilden wir nun die erste Komponente von $\mathbb{Z}/3\mathbb{Z} \times \mathbb{Z}/3\mathbb{Z}$ ab. Konkret geschieht dies durch den Gruppenhomomorphismus

$$\psi: \mathbb{Z}/3\mathbb{Z} \times \mathbb{Z}/3\mathbb{Z} \to \mathbb{Z}/6\mathbb{Z}, \quad (\overline{a}, \overline{b}) \mapsto 2\overline{a}.$$

Mithilfe der beiden Homomorphismen ϕ und ψ können wir die semidirekten Produkte G_1 und G_2 konstruieren. Da diese nicht-trivial sind, sind G_1 und G_2 nicht abelsch.

Es bleibt zu zeigen, dass die beiden Gruppen nicht isomorph zueinander sind. Nehmen wir also an, es gäbe einen Isomorphismus $\theta\colon G_1 \to G_2$. Wir bemerken zunächst, dass

$$P = \{\overline{0}\} \times \mathbb{Z}/9\mathbb{Z} \subseteq G_1$$

eine Untergruppe von G_1 mit $P \cong \mathbb{Z}/9\mathbb{Z}$ ist. Es ist daher auch $\theta(P) \subseteq G_2$ eine zyklische Untergruppe der Ordnung 9. Da $\theta(P)$ eine 3-Sylowgruppe von G_2 ist, ist sie konjugiert zu

$$Q = \{\overline{0}\} \times (\mathbb{Z}/3\mathbb{Z} \times \mathbb{Z}/3\mathbb{Z})$$

und da Konjugation einen Automorphismus definiert, bedeutet dies

$$\mathbb{Z}/9\mathbb{Z} \cong \theta(P) \cong Q \cong \mathbb{Z}/3\mathbb{Z} \times \mathbb{Z}/3\mathbb{Z}.$$

Das kann aber nicht sein, denn $\mathbb{Z}/3\mathbb{Z} \times \mathbb{Z}/3\mathbb{Z}$ ist nicht zyklisch. Der Widerspruch zeigt, dass G_1 und G_2 nicht isomorph sind.

1.4. Sylowsätze und ihre Anwendungen

Ein ähnlich starker Satz wie der Hauptsatz über endlich erzeugte abelsche Gruppen 1.12 existiert für nicht-abelsche Gruppen nicht. Jedoch machen die Sylowsätze detaillierte Aussagen über die Existenz und Anzahl bestimmter Untergruppen.

Definition 1.25. Sei G eine endliche Gruppe der Ordnung $|G| = p^r m$, wobei $r, m \in \mathbb{N}$ und p eine Primzahl mit $p \nmid m$ ist. Eine p-*Untergruppe* ist eine Untergruppe, deren Ordnung eine p-Potenz ist. Eine p-*Sylowgruppe* von G ist eine maximale p-Untergruppe von G, d. h. eine Untergruppe der Ordnung p^r.

Im Allgemeinen garantiert der Satz von Lagrange, dass die Ordnung jeder Untergruppe stets die Gruppenordnung teilt. Anders als beispielsweise bei zyklischen Gruppen existiert jedoch in nicht-abelschen Gruppen nicht zu jedem Teiler der Gruppenordnung zwangsläufig eine Untergruppe mit entsprechender Ordnung. Der folgende Satz stellt aber zumindest für p-Untergruppen die Existenz sicher.

Satz 1.26 (Nullter Sylowsatz). Sei G eine endliche Gruppe, p eine Primzahl und p^k eine p-Potenz, die $|G|$ teilt. Dann existiert eine Untergruppe U von G mit $|U| = p^k$.

Satz 1.27 (Sylowsätze). Sei G eine endliche Gruppe der Ordnung $|G| = p^r m$, wobei $r, m \in \mathbb{N}$ sind und p eine Primzahl mit $p \nmid m$ ist. Dann gilt:

(1) Jede p-Untergruppe von G liegt in einer p-Sylowgruppe.

(2) Sind P und P' zwei p-Sylowgruppen, so existiert ein $g \in G$ mit $P = gP'g^{-1}$ (vulgo: Je zwei p-Sylowgruppen sind zueinander konjugiert).

(3) Für die Anzahl ν_p der p-Sylowgruppen in G gilt

$$\nu_p \mid m \quad \text{und} \quad \nu_p \equiv 1 \mod p.$$

Aus dem Zweiten Sylowsatz ergibt sich ein wichtiger Zusammenhang zur Normalteilereigenschaft einer p-Sylowgruppe P: Da die Konjugation mit einem Gruppenelement ein Automorphismus ist, gilt $|gPg^{-1}| = |P|$ für $g \in G$ und somit ist gPg^{-1} wiederum eine p-Sylowgruppe. Gilt nun $\nu_p = 1$, so haben wir $gPg^{-1} = P$ für alle $g \in G$ und P ist Normalteiler von G. Existieren hingegen mindestens zwei verschiedene p-Sylowgruppen $P \neq P'$, so gibt es wiederum nach Satz 1.27 (2) ein $g \in G$ mit $P' = gPg^{-1}$ und P ist kein Normalteiler. Wir halten also fest:

Proposition 1.28. Sei G eine Gruppe. Eine p-Sylowgruppe P von G ist genau dann ein Normalteiler von G, wenn P die einzige p-Sylowgruppe ist.

Aufgabe (Frühjahr 2000, T2A1)

Entscheiden Sie, für welche $n = 2, 3, 4$ die symmetrische Gruppe S_n eine nicht-triviale normale Sylowuntergruppe besitzt.

Lösungsvorschlag zur Aufgabe (Frühjahr 2000, T2A1)

1. Fall: $n = 2$. Hier kommt wegen $|S_2| = 2$ nur eine 2-Sylowgruppe in Betracht. Diese muss aber zugleich 2 Elemente besitzen und damit bereits ganz S_2 sein. Die Antwort ist im Fall $n = 2$ also negativ.

2. Fall: $n = 3$. Hier kommen wegen $|S_3| = 3! = 2 \cdot 3$ nur 2- oder 3-Sylowgruppen in Betracht. Wegen $3^2 \nmid 6$ hat eine 3-Sylowgruppe in S_3 Ordnung 3. Betrachte nun die alternierende Gruppe A_3. Es ist $|A_3| = \frac{1}{2}|S_3| = 3$, also ist A_3 eine 3-Sylowgruppe. Wegen $(S_3 : A_3) = 2$ ist A_3 ein Normalteiler von S_3, sodass wir damit eine nicht-triviale normale Sylowuntergruppe gefunden haben.

Alternative: Zeige mit dem Dritten Sylowsatz, dass es nur eine 3-Sylowgruppe gibt und wende Proposition 1.28 an.

3. Fall: $n = 4$. Es gilt $S_4 = 4! = 24 = 2^3 \cdot 3$ und wir können wiederum

2- oder 3-Sylowgruppen betrachten. Der Dritte Sylowsatz liefert keine eindeutige Aussage, sodass wir zu Fuß zeigen, dass es jeweils mehrere 2- und
3-Sylowgruppen in S_4 gibt.

Für die 3-Sylowgruppen: Diese haben 3 Elemente. Nun sind aber durch

$$U_1 = \langle (1\,2\,3) \rangle = \{\mathrm{id}, (1\,2\,3), (1\,3\,2)\}$$

und

$$U_2 = \langle (1\,2\,4) \rangle = \{\mathrm{id}, (1\,2\,4), (1\,4\,2)\}$$

zwei dreielementige Untergruppen gegeben, die verschieden sind. Damit ist
$\nu_3 > 1$ und es gibt keine normale 3-Sylowgruppe in S_4.

Für die 2-Sylowgruppen: Diese Gruppen müssen $2^3 = 8$ Elemente besitzen.
Alle Elemente von G der Ordnung 2, 4 oder 8 erzeugen jeweils eine 2-
Untergruppe, welche gemäß dem Ersten Sylowsatz alle in 2-Sylowgruppen
enthalten sein müssen. Nach der Formel von Seite 60 gibt es in S_4

$$\binom{4}{2}(2-1)! = \frac{4!}{2! \cdot 2!} = 6 \ \ 2\text{-Zykel} \quad \text{und} \quad \binom{4}{4}(4-1)! = 3! = 6 \ \ 4\text{-Zykel},$$

welche Elemente der Ordnung 2 bzw. 4 sind. Da dies zusammen aber bereits
mehr Elemente sind, als in einer 2-Sylowgruppe liegen, muss es auch hiervon
mehrere geben. Folglich enthält auch die S_4 keine normale p-Sylowgruppe.

Aufgabe (Frühjahr 2001, T3A2)

Zeigen Sie

$$N_G(N_G(P)) = N_G(P)$$

für eine p-Sylowuntergruppe P der endlichen Gruppe G. ($N_G(U)$ ist der Normalisator der Untergruppe U in G.)

Lösungsvorschlag zur Aufgabe (Frühjahr 2001, T3A2)

Es sei daran erinnert, dass der Normalisator von U die größte Untergruppe
in G ist, bezüglich derer U ein Normalteiler ist. Konkret ist diese gegeben
durch

$$N_G(U) = \{g \in G \mid gUg^{-1} = U\}.$$

Der Normalisator ist zudem gerade der Stabilisator von U bei Operation von
G auf der Menge der Untergruppen der Ordnung $|U|$ mittels Konjugation.

Beginnen wir mit der Inklusion „$\supseteq$": Sei $g \in N_G(P)$, dann ist aufgrund der
Untergruppeneigenschaften $g N_G(P) g^{-1} = N_G(P)$ und somit $g \in N_G(N_G(P))$.
Für die Richtung „$\subseteq$" sei $g \in N_G(N_G(P))$, d. h. es gelte $g N_G(P) g^{-1} = N_G(P)$.

Es gilt dann auch wegen $P \subseteq N_G(P)$

$$gPg^{-1} \subseteq gN_G(P)g^{-1} = N_G(P).$$

Da Konjugation ein Automorphismus ist, haben wir $|P| = |gPg^{-1}|$, sodass auch gPg^{-1} eine p-Sylowgruppe von G ist. Tatsächlich handelt es sich bei P und gPg^{-1} sogar um p-Sylowgruppen von $N_G(P)$.

Nach Definition von $N_G(P)$ ist P ein Normalteiler von $N_G(P)$, folglich ist P die einzige p-Sylowgruppe von $N_G(P)$ und es muss $P = gPg^{-1}$ gelten. Das bedeutet gerade $g \in N_G(P)$.

Nicht-einfache Gruppen

In den folgenden Aufgaben geht es darum, zu zeigen, dass eine Gruppe bestimmter Ordnung einen nicht-trivialen Normalteiler besitzt, d. h. einen Normalteiler ungleich G und ungleich $\{e\}$. Eine solche Gruppe bezeichnet man als *nicht-einfach*. Proposition 1.28 liefert zusammen mit dem Dritten Sylowsatz ein hilfreiches Kriterium dafür, ob eine der Sylowgruppen ein Normalteiler ist.

Anleitung: Finden von Normalteilern I (Elemente zählen)

Sei G eine Gruppe. Ziel ist es, zu zeigen, dass es einen Primteiler p der Ordnung von G gibt, sodass die zugehörige p-Sylowgruppe ein Normalteiler ist.

(1) Betrachte einen Primteiler p von $|G|$, der nur einmal in der Primfaktorzerlegung von $|G|$ vorkommt und bezeiche mit ν_p die Anzahl der p-Sylowgruppen. Da p eine Primzahl ist, sind laut dem Satz von Lagrange alle Elemente außer dem Neutralelement Erzeuger der p-Sylowgruppe. Das bedeutet, dass zwei verschiedene p-Sylowgruppen nur das Neutralelement gemeinsam haben können. Die Anzahl der Elemente der Ordnung p ist also

$$\nu_p \cdot (p-1)$$

(2) Verfahre ebenso mit den anderen Primteilern.

(3) Tritt ein Primfaktor q mehrfach in der Primfaktorzerlegung von $|G|$ auf, so stellt es sich als deutlich schwieriger heraus, die Anzahl der verschiedenen Elemente in den q-Sylowgruppen zu bestimmen. Immerhin kann man aber die Elementeanzahl der q-Sylowgruppe einmal addieren, weil aufgrund der Teilerfremdheit von p und q die Elemente der q-Sylowgruppen in keiner der oben gezählten p-Sylowgruppen enthalten sind. (Achtung, Neutralelement nicht doppelt zählen!)

(4) Addiere bei Bedarf 1 für das Neutralelement.

(5) Berechne schließlich die Gesamtzahl der bisher betrachteten Elemente. Geht diese über $|G|$ hinaus, so muss mindestens eine der Anzahlen ν_p gleich 1 sein und die zugehörige Sylowgruppe ist ein Normalteiler, G also nicht-einfach. (Juhu!)

Der dritte Schritt kann gegebenenfalls übersprungen werden, wenn schon vorher die Ordnung von G überschritten ist.

Aufgabe (Herbst 2008, T3A3)

G bezeichne eine Gruppe der Ordnung p^2q, wobei p und q Primzahlen mit $p < q$ sind. Zeigen Sie:

a Ist G einfach, so folgt mit dem Satz von Sylow: $q = p + 1$.

b G ist nicht-einfach.

c Frage: Ist G auch dann nicht-einfach, wenn $p = q$ ist?

Lösungsvorschlag zur Aufgabe (Herbst 2008, T3A3)

a Die Teilbarkeitsaussage des Drittes Sylowsatzes liefert

$$\nu_p \in \{1, q\} \quad \text{und} \quad \nu_q \in \{1, p, p^2\}.$$

Wäre eine der beiden Anzahlen 1, so hätte G einen nicht-trivialen Normalteiler. Auch den Fall $\nu_q = p$ können wir ausschließen. Es gilt wegen $p < q$ nämlich $p \not\equiv 1 \bmod q$. Insgesamt folgt somit $\nu_p = q$ und $\nu_q = p^2$.

Mit der Kongruenzaussage des Dritten Sylowsatzes erhalten wir

$$p^2 \equiv 1 \mod q \ \Leftrightarrow \ p^2 - 1 \equiv 0 \mod q \ \Leftrightarrow \ (p+1)(p-1) \equiv 0 \mod q.$$

Da q eine Primzahl ist, handelt es sich bei $\mathbb{Z}/q\mathbb{Z}$ um einen Körper, und wir dürfen $p \equiv 1 \bmod q$ oder $p \equiv -1 \bmod q$ folgern. Den ersten Fall hatten wir oben bereits ausgeschlossen. Aus dem zweiten folgt wegen $p > 0$ zunächst $p = -1 + kq$ für ein $k \geq 1$. Wäre nun $k > 1$, so wäre $p > q - 1$ und somit $p \geq q$ im Widerspruch zur Annahme $p < q$. Wir erhalten insgesamt

$$p = -1 + q \ \Leftrightarrow \ q = p + 1.$$

b Nehmen wir widerspruchshalber an, G wäre einfach. Dann gilt aufgrund von Teil **a**, dass $q = p + 1$ ist. Somit muss aber mindestens eine der beiden Primzahlen gerade, also gleich 2, sein. Es gilt daher $p = 2, q = 3$. Untersuchen wir also eine Gruppe G mit $|G| = 2^2 \cdot 3 = 12$. Wie schon zuvor festgestellt, gilt dann aufgrund des Dritten Sylowsatzes, dass $\nu_2 = 3$ und $\nu_3 = 4$.

Wir zählen Elemente:

- Die 3-Sylowgruppen haben wegen $3^2 \nmid 12$ Ordnung 3, sodass jede davon das Neutralelement sowie zwei Elemente der Ordnung 3 enthält. Die Elemente der Ordnung 3 sind Erzeuger, somit können zwei verschiedene 3-Sylowgruppen nur das Neutralelement gemeinsam haben. Insgesamt besitzt die Gruppe daher $4 \cdot 2 = 8$ Elemente der Ordnung 3.

- Eine 2-Sylowgruppe hat wegen $2^2 \mid 12, 2^3 \nmid 12$ hier Ordnung 4 und enthält zusätzlich zum Neutralelement drei nicht-triviale Elemente, deren Ordnungen Teiler von 4 sind. Da es mehr als eine 2-Sylowgruppen in G gibt, muss es noch mindestens ein anderes nicht-triviales Element geben, dessen Ordnung 4 teilt.

Zählen wir noch das Neutralelement hinzu, so müsste G also mindestens

$$8 + (3 + 1) + 1 = 13 > 12$$

Elemente besitzen. Widerspruch!

c Hier hat G die Ordnung p^3. Wir betrachten das Zentrum $Z(G)$ von G, welches ein Normalteiler von G ist. Laut Lemma 1.19 gilt $\{e\} \subsetneq Z(G)$ für das Zentrum einer p-Gruppe. Falls $Z(G) \subsetneq G$, so ist also das Zentrum $Z(G)$ ein nicht-trivialer Normalteiler und G ist nicht-einfach.

Gilt andernfalls $Z(G) = G$, so ist G abelsch. In diesem Fall ist jede Untergruppe auch Normalteiler und auch in diesem Fall ist G nicht-einfach, da es nach dem Nullten Sylowsatz 1.26 eine Untergruppe der Ordnung p gibt.

Aufgabe (Herbst 2004, T3A1)

Sei G eine Gruppe der Ordnung p^2q, wobei p und q Primzahlen bezeichnen. Zeigen Sie, dass G einen nicht-trivialen Normalteiler hat.

Lösungsvorschlag zur Aufgabe (Herbst 2004, T3A1)

Wie immer betrachten wir die Anzahlen der jeweiligen Sylowgruppen. Aufgrund der Teilbarkeitsaussage im Dritten Sylowsatz gilt zunächst

$$\nu_p \mid q \quad \Rightarrow \quad \nu_p \in \{1, q\} \quad \text{und} \quad \nu_q \mid p^2 \quad \Rightarrow \quad \nu_q \in \{1, p, p^2\}.$$

1. Fall: $\nu_p = 1$ oder $\nu_q = 1$
Hier existiert genau eine p- (bzw. q)-Sylowgruppe. Diese ist einNormalteiler und wegen $1 < p^2 < p^2 q$ (bzw. $1 < q < p^2 q$) nicht-trivial.

2. Fall: $\nu_p = q$ und $\nu_q = p$
Aus $\nu_p \equiv 1 \bmod p$ und $\nu_p \neq 1$ folgt, dass es ein $k \in \mathbb{N}$ gibt, sodass $\nu_p = 1 + kp$. Insbesondere ist $\nu_p > p$. Somit erhalten wir $q = \nu_p > p$. Damit folgt aber $p \not\equiv 1 \bmod q$. Dieser Widerspruch zur Kongruenzaussage des Dritten Sylowsatzes zeigt, dass dieser Fall nicht eintreten kann.

3. Fall: $\nu_p = q$ und $\nu_q = p^2$
Wir zählen Elemente: Die q-Sylowgruppen haben Primzahlordnung. Damit enthalten sie jeweils das Neutralelement und $q - 1$ Elemente der Ordnung q. Jedes der nicht-trivialen Elemente erzeugt somit bereits die ganze Untergruppe, sodass zwei verschiedene Untergruppen nur das Neutralelement gemeinsam haben. Existieren p^2 verschiedene q-Sylowgruppen, so gibt es insgesamt $p^2 \cdot (q - 1)$ Elemente der Ordnung q. Die p-Sylowgruppe enthält p^2 weitere Elemente (von denen aus Ordnungsgründen keines mit den bereits gefundenen übereinstimmt) und da es laut Annahme mindestens $q > 1$ solcher Untergruppen gibt, müsste G mindestens

$$p^2(q - 1) + p^2 + 1 = p^2 q + 1 > p^2 q$$

Elemente enthalten. Auch dieser Fall kann also nicht eintreten.

Anleitung: Finden von Normalteilern II (Operation)

Sei G eine Gruppe und p ein Primteiler von $|G|$. Wir setzen voraus, dass bekannt ist, dass $\nu_p \in \{1, q\}$ für ein $q \in \mathbb{N}$.

(1) Ist $\nu_p = 1$, so wäre bereits die p-Sylowuntergruppe ein Normalteiler. Nimm also an, dass $\nu_p = q$ gilt, und bezeichne die Menge der p-Sylowgruppen mit Syl_p.

(2) Betrachte die Operation von G auf Syl_p gegeben durch

$$\cdot : (g, P) \mapsto gPg^{-1}$$

sowie den laut Proposition 1.15 daraus resultierenden Homomorphismus

$$\phi \colon G \to \mathrm{Per}(\mathrm{Syl}_p), \quad g \mapsto \tau_g \quad \text{mit} \quad \tau_g(P) = gPg^{-1}.$$

(3) Der Kern dieses Homomorphismus ist stets ein Normalteiler. Um zu zeigen, dass dieser nicht-trivial ist, führt man zwei Widerspruchsbeweise:

   (a) Wäre $\ker \phi = \{e\}$, so wäre $|\operatorname{im}\phi| = |G|$ und $|G|$ müsste ein Teiler von $|\mathrm{Per}(\mathrm{Syl}_p)| = q!$ sein. Mit Glück ist dies nicht der Fall.

   (b) Wäre $\ker \phi = G$, so wäre $\tau_g = \mathrm{id}$ für alle $g \in G$. Damit folgt aber $gPg^{-1} = P$ und da die p-Sylowgruppe somit ein Normalteiler wäre, müsste $v_p = 1$ gelten – im Widerspruch zu $v_p \neq 1$.

Aufgabe (Herbst 2013, T1A2)

Sei G eine Gruppe der Ordnung $750 = 2 \cdot 3 \cdot 5^3$. Mit Syl_5 bezeichnen wir die Menge der 5-Sylowgruppen von G und mit v_5 bezeichnen wir die Mächtigkeit von Syl_5.

a Begründen Sie, dass $v_5 \in \{1, 6\}$.

b Begründen Sie, dass G im Fall $v_5 = 1$ nicht einfach ist.

c Begründen Sie, dass

$$\cdot \colon G \times \mathrm{Syl}_5 \to \mathrm{Syl}_5, \quad (g, P) \mapsto gPg^{-1}$$

eine transitive Operation von G auf Syl_5 ist.

d Begründen Sie, dass G im Fall $v_5 = 6$ nicht einfach ist.

Hinweis Betrachten Sie den Kern des Homomorphismus $\lambda \colon G \to S_6$, der durch die Operation aus **c** gegeben ist.

Lösungsvorschlag zur Aufgabe (Herbst 2013, T1A2)

a Wir verwenden den Dritten Sylowsatz und erhalten aus $v_5 \mid 6$ die Möglichkeiten $v_5 \in \{1, 2, 3, 6\}$. Wegen

$$1 \equiv 1 \mod 5, \quad 2 \not\equiv 1 \mod 5, \quad 3 \not\equiv 1 \mod 5, \quad 6 \equiv 1 \mod 5$$

bleibt davon nur $v_5 \in \{1, 6\}$ übrig.

b Im Fall $\nu_5 = 1$ ist die einzige 5-Sylowgruppe P_5 ein Normalteiler. Als maximale 5-Untergruppe hat diese 5^3 Elemente, denn $5^4 \nmid 750$. Somit gilt $P_5 \neq G$ sowie $P_5 \neq \{e\}$. Dies zeigt, dass P_5 ein nicht-trivialer Normalteiler ist.

c Da Konjugation ein Automorphismus ist, gilt $|gPg^{-1}| = |P|$ für beliebiges $g \in G$. Somit ist $g \cdot P$ wiederum eine 5-Sylowgruppe, sodass die Abbildung aus der Angabe tatsächlich nach Syl_5 abbildet, also wohldefiniert ist.

Wir überprüfen die Eigenschaften einer Gruppen-Operation: Seien dazu $g, h \in G$ und $P \in \mathrm{Syl}_5$ und e das Neutralelement von G. Es gilt

$$e \cdot P = ePe^{-1} = P$$

sowie

$$(gh) \cdot P = (gh)P(gh)^{-1} = ghPh^{-1}g^{-1} = g(h \cdot P)g^{-1} = g \cdot (h \cdot P).$$

Um zu zeigen, dass die Operation transitiv ist, beweisen wir, dass je zwei 5-Sylowgruppen in der gleichen Bahn liegen. Seien dazu $P, P' \in \mathrm{Syl}_5$ beliebige 5-Sylowgruppen. Da nach dem Zweiten Sylowsatz alle 5-Sylowgruppen zueinander konjugiert sind, existiert ein $g \in G$ mit $P' = gPg^{-1} = g \cdot P$, also gilt $P' \in G(P)$.

d Laut Proposition 1.15 erhalten wir aus der Operation $\cdot$ einen Gruppenhomomomorphismus

$$G \to \mathrm{Per}(\mathrm{Syl}_5), \quad g \mapsto \left\{ P \mapsto gPg^{-1} \right\}.$$

Aufgrund der Annahme $|\mathrm{Syl}_5| = \nu_5 = 6$ gibt es einen Isomorphismus $\mathrm{Per}(\mathrm{Syl}_5) \overset{\sim}{\to} S_6$. Nach Komposition mit dem Homomorphismus $G \to \mathrm{Per}(\mathrm{Syl}_5)$ von oben haben wir deshalb einen Homomorphismus $\lambda \colon G \to S_6$. Wir zeigen, dass $\ker \lambda$ nicht-trivial ist.

Wäre $\ker \lambda = \{e\}$, so wäre λ injektiv. Nun ist aber $|S_6| = 6! = 720$ und $|G| = 750 > 720$, sodass es keine injektive Abbildung $G \to S_6$ geben kann.

Wäre andererseits $\ker \lambda = G$, dann würde das bedeuten, dass $\lambda(g) = \tau_g = \mathrm{id}$ für alle $g \in G$ ist. Folglich wäre $gPg^{-1} = \tau_g(P) = P$ für beliebiges $g \in G, P \in \mathrm{Syl}_5$ und jede Sylowgruppe daher ein Normalteiler. Das ist nur möglich, falls $\nu_5 = 1$ – Widerspruch zur Annahme $\nu_5 = 6$.

Insgesamt ist $\ker \lambda$ also ein nicht-trivialer Normalteiler und G nicht einfach.

Bestimmung von Isomorphietypen

Das Ziel der folgenden Aufgaben ist es, für eine Gruppe G eine vollständige Liste von Gruppen anzugeben, zu denen G isomorph sein kann. Dabei werden wir häufig den Begriff des Komplexprodukts aus dem letzten Kapitel verwenden. Um die Ordnung solcher Komplexprodukte zu bestimmen, verwenden wir den 1. Isomorphiesatz 1.10 (1), welcher

$$M/_{M \cap N} \cong MN/_N$$

für einen Normalteiler $N \trianglelefteq G$ und eine Untergruppe $M \subseteq G$ einer Gruppe G liefert. Aus der Isomorphie ergibt sich für endliches G laut dem Satz von Lagrange:

$$\frac{|M|}{|M \cap N|} = \frac{|MN|}{|N|} \quad \Leftrightarrow \quad |MN| = \frac{|M| \cdot |N|}{|M \cap N|}.$$

Anleitung: Isomorphietyp von Gruppen mittels Sylowsätzen bestimmen

Sei G eine endliche Gruppe, sodass die Primfaktorzerlegung von $|G|$ höchstens Quadrate (aber keine höheren Potenzen) enthält. Oft funktioniert Folgendes:

(1) Zeige, dass alle Sylowuntergruppen Normalteiler sind.

(2) Zeige, dass die Gruppe G das innere direkte Produkt ihrer Sylowuntergruppen ist (bilde hierzu ggf. schrittweise innere direkte Produkte).

(3) Da das innere direkte Produkt stets isomorph zum äußeren direkten Produkt ist, lässt sich die Gruppe G als äußeres direktes Produkt ihrer Sylowuntergruppen schreiben.

(4) Eine Gruppe der Ordnung p^2 ist isomorph zu $\mathbb{Z}/p^2\mathbb{Z}$ oder $\mathbb{Z}/p\mathbb{Z} \times \mathbb{Z}/p\mathbb{Z}$, jede Gruppe der Ordnung p ist isomorph zu $\mathbb{Z}/p\mathbb{Z}$. Wende dies sowie den Chinesischen Restsatz wiederholt an, um die gewünschte Liste zu erhalten.

Aufgabe (Herbst 2015, T1A3)

Bestimmen Sie bis auf Isomorphie sämtliche endliche Gruppen G der Ordnung $143 = 11 \cdot 13$.

Lösungsvorschlag zur Aufgabe (Herbst 2015, T1A3)

Der Dritte Sylowsatz liefert für die Anzahl v_{11} der 11-Sylowgruppen und die Anzahl v_{13} der 13-Sylowgruppen $v_{11} = v_{13} = 1$.

Sei P_{11} die einzige 11-Sylowgruppe und P_{13} die einzige 13-Sylowgruppe. Beide sind laut Proposition 1.28 Normalteiler von G, sodass das Komplexprodukt $P_{11}P_{13}$ eine Untergruppe von G ist. Weiter ist $P_{11} \cap P_{13}$ sowohl eine Untergruppe von P_{11} als auch von P_{13}, sodass $|P_{11} \cap P_{13}|$ sowohl 11 als auch 13 teilen muss. Auf diese Weise folgt $|P_{11} \cap P_{13}| = 1$. Nach der Formel von oben ist nun

$$|P_{11}P_{13}| = \frac{|P_{11}||P_{13}|}{|P_{11} \cap P_{13}|} = 143 = |G|,$$

sodass bereits $G = P_{11}P_{13}$ gelten muss. Damit ist G das innere direkte Produkt von P_{11} und P_{13} und gemäß Satz 1.22 folgt

$$G = P_{11} \cdot P_{13} \cong P_{11} \times P_{13}.$$

Da die Ordnungen von P_{11} und P_{13} jeweils Primzahlen sind, sind sie isomorph zu zyklischen Gruppen und wir erhalten weiter mit dem Chinesischen Restsatz:

$$G \cong P_{11} \times P_{13} \cong \mathbb{Z}/11\mathbb{Z} \times \mathbb{Z}/13\mathbb{Z} \cong \mathbb{Z}/143\mathbb{Z}$$

Die einzigen Gruppen der Ordnung 143 sind also zyklische Gruppen.

Aufgabe (Frühjahr 2010, T2A1)

Zeigen Sie, dass es bis auf Isomorphie genau zwei Gruppen der Ordnung 99 gibt.

Lösungsvorschlag zur Aufgabe (Frühjahr 2010, T2A1)

Sei G eine Gruppe der Ordnung 99. Wir betrachten die Anzahlen der 3- und der 11-Sylowgruppen in G. Wir erhalten

$$\nu_3 \mid 11 \quad \Rightarrow \quad \nu_3 \in \{1, 11\} \quad \text{und} \quad \nu_{11} \mid 9 \quad \Rightarrow \quad \nu_{11} \in \{1, 3, 9\}.$$

Weiter ist

$$1 \equiv 1 \mod 3, \quad 11 \equiv 2 \not\equiv 1 \mod 3, \quad 1 \equiv 1 \mod 11, \quad 3 \not\equiv 1 \mod 11,$$
$$9 \not\equiv 1 \mod 11$$

und somit kann nur $\nu_3 = \nu_{11} = 1$ sein. Bezeichnen wir die beiden Sylowgruppen von G als P_3 und P_{11}, so ist $|P_3| = 3^2$ bzw. $|P_{11}| = 11$.

Wegen $\nu_3 = \nu_{11} = 1$ sind P_3 und P_{11} Normalteiler von G. Zudem gilt $P_3 \cap P_{11} = \{e\}$, denn die Ordnung jedes Elements im Schnitt müsste sowohl 11 als auch 9 teilen und muss damit bereits 1 sein. Zuletzt ist $G = P_3 \cdot P_{11}$, denn „$\supseteq$ " ist klar und mit der Formel von oben gilt:

$$|P_3 \cdot P_{11}| = \frac{|P_3| \cdot |P_{11}|}{|P_3 \cap P_{11}|} = 99 = |G|.$$

Insgesamt ist G somit das innere direkte Produkt von P_3 und P_{11}. Da das innere direkte Produkt isomorph zum äußeren direkten Produkt ist (siehe Satz 1.22), erhält man

$$G = P_3 \cdot P_{11} \cong P_3 \times P_{11}.$$

Nun ist P_3 eine Gruppe von Primzahlquadrat-Ordnung, also abelsch. Damit wissen wir aber aus dem Hauptsatz für endlich erzeugte abelsche Gruppen 1.12, dass

$$P_3 \cong \mathbb{Z}/9\mathbb{Z} \quad \text{oder} \quad P_3 \cong \mathbb{Z}/3\mathbb{Z} \times \mathbb{Z}/3\mathbb{Z}.$$

Wir erhalten für G die beiden Möglichkeiten

$$G \cong \mathbb{Z}/9\mathbb{Z} \times \mathbb{Z}/11\mathbb{Z} \quad \text{oder} \quad G \cong \mathbb{Z}/3\mathbb{Z} \times \mathbb{Z}/3\mathbb{Z} \times \mathbb{Z}/11\mathbb{Z}.$$

Diese beiden Gruppen sind *nicht* isomorph zueinander: Mit $(\overline{1}, \overline{1})$ enthält die erste Gruppe ein Element der Ordnung 99, während für ein beliebiges Element g der zweiten Gruppe gilt, dass

$$33 \cdot g = 33 \cdot (g_1, g_2, g_3) = (33 \cdot g_1, 33 \cdot g_2, 33 \cdot g_3) = (\overline{0}, \overline{0}, \overline{0})$$

und die Ordnung jedes Element damit ein Teiler von 33 ist.

Aufgabe (Herbst 2002, T3A1)

Es sei $p \in \mathbb{N}$ eine Primzahl ≥ 5 derartig, dass auch $q = p + 2$ eine Primzahl ist, z. B. $p = 17$ und $q = 19$.

a Es sei G eine Gruppe der Ordnung $p^2 \cdot q^2$. Bestimmen Sie Anzahlen und Ordnungen der Sylow-Untergruppen von G.

b Bestimmen Sie alle Isomorphietypen von Gruppen der Ordnung $104329 = 323^2$.

Lösungsvorschlag zur Aufgabe (Herbst 2002, T3A1)

a Sei ν_p die Anzahl der p-Sylowgruppen von G, dann gilt laut dem Dritten Sylowsatz, dass

$$\nu_p \mid q^2 \quad \Rightarrow \quad \nu_p \in \{1, q, q^2\}$$

und wegen $q = p + 2$ ist $q \equiv 2 \bmod p$ sowie $q^2 \equiv 4 \bmod p$. Laut Angabe ist außerdem $4 < p$, sodass $4 \not\equiv 1 \bmod p$. Also ist nur $\nu_p = 1$ möglich.

Für die zweite Anzahl v_q gilt analog

$$v_q \mid p^2 \quad \Rightarrow \quad v_q \in \{1, p, p^2\}$$

und $p \equiv -2 \bmod q$ sowie $p^2 \equiv 4 \bmod q$. Wegen $q \geq 7$ sind auch hier p und p^2 nicht kongruent zu 1, sodass nur die Möglichkeit $v_q = 1$ bleibt.

Es gibt also nur jeweils eine p- bzw. q-Sylowgruppe und diese haben die Ordnungen p^2 bzw. q^2.

b Zunächst bemerken wir, dass $323 = 17 \cdot 19$ ist – das Beispiel aus der Einleitung. Damit gilt $|G| = 17^2 \cdot 19^2$ und wir können Teil **a** anwenden.

Es gibt also eine 17-Sylowgruppe der Ordnung 17^2 und eine 19-Sylowgruppe der Ordnung 19^2, welche wir mit P_{17} bzw. P_{19} bezeichnen. Außerdem bemerken wir, dass G das innere direkte Produkt der beiden Gruppen ist (der Nachweis verläuft völlig analog zu obigen Aufgaben). Da das innere zum äußeren direkten Produkt isomorph ist, erhalten wir

$$G \cong P_{17} \times P_{19}.$$

Es sind P_{17} und P_{19} beides Gruppen von Primzahlquadratordnung, sodass sie abelsch sind. Es gilt somit

$$P_{17} \cong \left(\mathbb{Z}/17\mathbb{Z}\right)^2 \quad \text{oder} \quad P_{17} \cong \mathbb{Z}/17^2\mathbb{Z}$$

und eine analoge Aussage für P_{19}. Damit muss G zu einer der folgenden vier Gruppen isomorph sein:

$$G_1 = \mathbb{Z}/17^2\mathbb{Z} \times \mathbb{Z}/19^2\mathbb{Z} \qquad G_2 = \left(\mathbb{Z}/17\mathbb{Z}\right)^2 \times \mathbb{Z}/19^2\mathbb{Z}$$
$$G_3 = \mathbb{Z}/17^2\mathbb{Z} \times \left(\mathbb{Z}/19\mathbb{Z}\right)^2 \qquad G_4 = \left(\mathbb{Z}/17\mathbb{Z}\right)^2 \times \left(\mathbb{Z}/19\mathbb{Z}\right)^2$$

Den Nachweis, dass diese Gruppen nicht isomorph sind, kann man analog zu Aufgabe F10T2A1 (Seite 48) führen.

Aufgabe (Herbst 2004, T2A1)

Seien p, q Primzahlen mit $p < q$. Zeigen Sie:

a Im Fall $p \nmid (q-1)$ ist jede Gruppe der Ordnung pq abelsch.

b Jede abelsche Gruppe der Ordnung pq ist zyklisch.

c Im Fall $p \mid (q-1)$ gibt es eine nicht-abelsche Gruppe der Ordnung pq.

Lösungsvorschlag zur Aufgabe (Herbst 2004, T2A1)

a Wir wenden den Dritten Sylowsatz an und erhalten für die Anzahl der p-Sylowgruppen wegen $\nu_p \mid q$, dass $\nu_p \in \{1, q\}$. Für $\nu_p = q$ würde wegen $\nu_p = q \equiv 1 \bmod p$, folgen, dass $p \mid (q-1)$ im Widerspruch zur Voraussetzung. Also ist $\nu_p = 1$.

Für die Anzahl ν_q der q-Sylowgruppen erhalten wir genauso $\nu_q \in \{1, p\}$, wegen $p < q$ gilt hier, dass $p \not\equiv 1 \bmod q$ und somit erhalten wir auch hier $\nu_q = 1$.

Damit gibt es genau eine p-Sylowgruppe P_1 mit p Elementen und genau eine q-Sylowgruppe P_2 mit q Elementen. Insbesondere sind beide Untergruppen Normalteiler von G. Da beide zudem Primzahlordnung haben, sind P_1 und P_2 zyklisch. Wie zuvor ist G somit das innere direkte Produkt von P_1 und P_2 und wir erhalten $G \cong P_1 \times P_2$. Die Gruppe G ist daher als direktes Produkt zweier abelscher Gruppen selbst abelsch.

b Aus dem Chinesischen Restsatz folgt

$$G \cong \mathbb{Z}/p\mathbb{Z} \times \mathbb{Z}/q\mathbb{Z} \cong \mathbb{Z}/pq\mathbb{Z}.$$

Somit ist G zyklisch.

c Wir konstruieren eine solche Gruppe mittels eines semidirekten äußeren Produkts wie auf Seite 34 beschrieben. Wir betrachten dazu zunächst die Gruppen $\mathbb{Z}/p\mathbb{Z}$ und $\mathbb{Z}/q\mathbb{Z}$. Es gilt

$$\operatorname{Aut}\left(\mathbb{Z}/q\mathbb{Z}\right) \cong \left(\mathbb{Z}/q\mathbb{Z}\right)^{\times} \cong \mathbb{Z}/(q-1)\mathbb{Z}. \qquad (\star)$$

Um einen Homomorphismus $\mathbb{Z}/p\mathbb{Z} \to \mathbb{Z}/(q-1)\mathbb{Z}$ zu definieren, genügt es, das Bild von $\overline{1}$ anzugeben. Da $\mathbb{Z}/(q-1)\mathbb{Z}$ zyklisch ist und p laut Voraussetzung ein Teiler der Gruppenordnung ist, existiert ein Element $\overline{k} \in \mathbb{Z}/(q-1)\mathbb{Z}$, das Ordnung p hat. Somit existiert ein eindeutig bestimmter Homomorphismus

$$\psi \colon \mathbb{Z}/p\mathbb{Z} \to \mathbb{Z}/(q-1)\mathbb{Z} \quad \text{mit} \quad \psi(\overline{1}) = \overline{k}.$$

Dieser ist nicht-trivial, da bereits das Einselement nicht auf $\overline{0}$ abgebildet wird. Aufgrund der Isomorphie $(\star)$ existiert auch ein nicht-trivialer Homomorphismus $\phi \colon \mathbb{Z}/p\mathbb{Z} \to \operatorname{Aut}(\mathbb{Z}/q\mathbb{Z})$. Wir können somit ein semidirektes äußeres Produkt

$$G = \mathbb{Z}/q\mathbb{Z} \rtimes_{\phi} \mathbb{Z}/p\mathbb{Z}$$

definieren. Dieses ist eine nicht-abelsche Gruppe der Ordnung pq.

Sylowsätze und semidirektes Produkt

Wir haben im letzten Kapitel Proposition 1.23 verwendet, um nicht-abelsche Gruppen zu konstruieren. Da die Proposition eine Äquivalenzaussage macht, sagt sie umgekehrt aber auch aus, wann ein semidirektes Produkt abelsch ist und damit dem direkten Produkt entspricht. Dies ist in manchen Aufgaben nützlich.

Aufgabe (Frühjahr 2003, T3A1)

Zeigen Sie, dass jede Gruppe der Ordnung 255 zyklisch ist!

Lösungsvorschlag zur Aufgabe (Frühjahr 2003, T3A1)

Sei G eine Gruppe der Ordnung $255 = 3 \cdot 5 \cdot 17$. Wir betrachten die Anzahlen der 3-, 5- und 17-Sylowgruppen. Es gilt

$$\nu_3 \mid 5 \cdot 17 \quad \Rightarrow \quad \nu_3 \in \{1, 5, 17, 5 \cdot 17\}$$

Wegen

$$5 \not\equiv 1 \mod 3, \quad 17 \not\equiv 1 \mod 3 \quad \text{und} \quad 5 \cdot 17 \equiv 2 \cdot 2 \equiv 1 \mod 3$$

verbleibt $\nu_3 \in \{1, 85\}$. Mit einer analogen Rechnung findet man $\nu_5 \in \{1, 51\}$ sowie $\nu_{17} = 1$. Zumindest hier gilt sofort $\nu_{17} = 1$ und die einzige 17-Sylowgruppe P_{17} ist ein Normalteiler von G.

Nehmen wir an, dass sowohl $\nu_3 = 85$ als auch $\nu_5 = 51$ gilt. Da jede 3-Sylowgruppe 2 Elemente der Ordnung 3 enthält und jeweils zwei Gruppen sich nur im Neutralelement schneiden, liefern diese $85 \cdot 2 = 170$ Elemente. Ebenso liefern die 5-Sylowgruppen $4 \cdot 51 = 204$ Elemente. Insgesamt ist damit bereits die Zahl der Elemente von G überschritten. Damit muss (mindestens) eine der beiden Anzahlen 1 sein.

1. Fall: $\nu_3 = 1$. Wir betrachten die Menge $N = P_3 \cdot P_{17}$, wobei P_3 die 3-Sylowgruppe, P_{17} die 17-Sylowgruppe ist. Bei beiden Sylowgruppen handelt es sich um Normalteiler von G, sodass auch N ein Normalteiler von G ist. Wie in vorangegangenen Aufgaben zeigt man, dass N das innere direkte Produkt von P_3 und P_{17} ist und erhält mit dem Chinesischen Restsatz

$$N \cong \mathbb{Z}/_{3\mathbb{Z}} \times \mathbb{Z}/_{17\mathbb{Z}} \cong \mathbb{Z}/_{51\mathbb{Z}}.$$

Ist nun P_5 eine beliebige 5-Sylowgruppe, so gilt $P_5 \cap N = \{e\}$, da die Ordnungen von N und P_5 teilerfremd sind. Ferner ist

$$|P_5 \cdot N| = \frac{|P_5| \cdot |N|}{|P_5 \cap N|} = |P_5| \cdot |N| = 255 = |G|$$

und zusammen mit $P_5 N \subseteq G$ folgt $P_5 N = G$.

Wegen Satz 1.22 (2) gibt es einen Homomorphismus $\phi\colon P_5 \to \mathrm{Aut}(N)$, sodass $G \cong N \rtimes_\phi P_5$ gilt. Untersuchen wir nun die Gruppe $\mathrm{Aut}(N)$ näher. Mit 1.24 (2) erhalten wir

$$\mathrm{Aut}(N) \cong (\mathbb{Z}/51\mathbb{Z})^\times.$$

Damit haben P_5 und $\mathrm{Aut}(N)$ wegen $|P_5| = 5$ und

$$|\mathrm{Aut}(N)| = \varphi(51) = \varphi(3) \cdot \varphi(17) = 2 \cdot 16 = 32$$

teilerfremde Ordnungen. Ist $a \in P_5$, so ist $\mathrm{ord}\,\phi(a)$ ein Teiler von 5 und von 32, was nur für $\mathrm{ord}\,\phi(a) = 1$ möglich ist. Der Homomorphismus ϕ muss also trivial sein, sodass G sogar direktes Produkt von N und P_5 ist. Wir erhalten mit dem Chinesischen Restsatz

$$G \cong P_5 \times N \cong \mathbb{Z}/5\mathbb{Z} \times \mathbb{Z}/51\mathbb{Z} \cong \mathbb{Z}/255\mathbb{Z}.$$

2. *Fall:* $\nu_5 = 1$. Das Verfahren hier verläuft analog: Betrachte den Normalteiler

$$N = P_5 \cdot P_{17} \trianglelefteq G.$$

In diesem Fall ist G das innere semidirekte Produkt von N und einer beliebigen 3-Sylowgruppe von G. Damit gilt $G \cong N \rtimes_\psi P_3$ für einen Homomorphismus $\psi\colon P_3 \to \mathrm{Aut}(N)$. Nach analoger Argumentation wie oben berechnet man $|\mathrm{Aut}(N)| = \varphi(5) \cdot \varphi(17) = 64$ und aus der Teilerfremdheit von $|P_3|$ und $|N|$ folgt, dass ϕ trivial ist, was wiederum $G \cong \mathbb{Z}/255\mathbb{Z}$ bedeutet.

1.5. Auflösbare Gruppen

Definition 1.29. Eine Gruppe G heißt *auflösbar*, falls G eine *abelsche Normalreihe* besitzt, d.h. es gibt ein $r \in \mathbb{N}_0$ und eine Kette von Untergruppen $G_i \subseteq G$ der Form

$$\{e\} = G_0 \trianglelefteq G_1 \trianglelefteq \ldots \trianglelefteq G_r = G,$$

sodass G_i/G_{i-1} für $i \in \{1, \ldots, r\}$ jeweils eine abelsche Gruppe ist.

Man kann sich leicht überlegen, dass jede abelsche Gruppe auflösbar ist. Ist nämlich G abelsch, so definiert

$$\{e\} \trianglelefteq G$$

eine Normalreihe. Der Faktor $G/\{e\}$ ist isomorph zu G und damit abelsch.

Folgender Satz ist Grundlage für viele Aufgaben – er führt die Auflösbarkeitsbedingung auf kleinere Gruppen zurück.

Satz 1.30. Sei G eine Gruppe und $N \trianglelefteq G$ ein Normalteiler. G ist genau dann auflösbar, wenn N und G/N auflösbar sind.

Von elementarer Bedeutung für spätere Anwendungen ist die Auflösbarkeit der symmetrischen Gruppe S_n. Man überlegt sich leicht, dass diese für $n \leq 3$ auflösbar ist. Die Auflösbarkeit der S_4 wird Inhalt der ersten Aufgabe sein. Für $n \geq 5$ enthält die Gruppe mit A_n einen einfachen, nicht-abelschen Normalteiler und damit kann S_n gemäß Satz 1.30 nicht auflösbar sein.

Im echten Leben werden so gut wie alle Gruppen auflösbar sein – so kann man beispielsweise zeigen, dass alle Gruppen ungerader Ordnung auflösbar sind. Außerdem ist jede Untergruppe einer auflösbaren Gruppe wieder auflösbar.

Exkurs: Auflösbarkeit von Gruppen – Wozu?

Ein tiefergehendes Verständnis für die Bedeutung des Begriffs der Auflösbarkeit ist nur im Zusammenhang mit der Galois-Theorie möglich. Stellt man sich nämlich die Frage der Existenz von allgemeinen Lösungsformeln für Polynomgleichungen höheren Grades (wie wir sie mit der Mitternachtsformel für quadratische Polynome kennen), so erlaubt der Begriff der Auflösbarkeit die Formulierung dieses Problems auf gruppentheoretische Weise.

Eine Körpererweiterung $L|K$ bezeichnet man als *Radikalerweiterung*, wenn es ein $r \in \mathbb{N}_0$ und ein Kette von Körpererweiterungen der Form

$$L = K_r \supsetneq \ldots \supsetneq K_1 \supsetneq K_0 = K$$

gibt, wobei für $i \in \{1, \ldots, r\}$ die Gleichung $K_i = K_{i-1}(\alpha_i)$ für ein Element $\alpha_i \in K_i$ und $\alpha_i^{e_i} \in K_{i-1}$ gilt (also ist α_i eine e_i-te Wurzel aus dem vorangegangenen Körper). Liegt nun der Zerfällungskörper eines Polynoms $f \in K[x]$ in einer solchen Radikalerweiterung, so sind alle Nullstellen als verschachtelte Wurzelausdrücke darstellbar und wir nennen das Polynom f *durch Radikale auflösbar*.

Die Verbindung zwischen dem Auflösbarkeitsbegriff der Gruppentheorie und dem eben definierten liefert nun die Galois-Theorie: Sei K ein Körper mit Charakteristik 0 und L der Zerfällungskörper eines Polynoms $f \in K[x]$, sowie $G_{L|K}$ die Galois-Gruppe von f über K. Ist $\mathrm{Gal}(f) = G_{L|K}$ eine auflösbare Gruppe, so gibt es eine abelsche Normalreihe der Form

$$\{e\} = G_0 \trianglelefteq G_1 \trianglelefteq \ldots \trianglelefteq G_r = G.$$

Diese korrespondiert zu einer Kette von Zwischenkörpern

$$L = K_0 \supseteq K_1 \supseteq \ldots \supseteq K_r = K,$$

wobei die Körpererweiterungen jeweils normal sind. Es stellt sich heraus, dass dies eine notwendige und hinreichende Bedingung dafür ist, dass die untere Kette eine Radikalerweiterung beschreibt. Man erhält so die folgende Aussage.

Satz 1.31. Sei K ein Körper mit char $K = 0$. Dann ist $f \in K[X]$ genau dann durch Radikale auflösbar, wenn die zugehörige Galois-Gruppe Gal(f) auflösbar ist.

Da es Polynome gibt, deren Galois-Gruppe isomorph zu S_5 ist, kann es keine allgemeine Lösungsformel für Polynome von Grad ≥ 5 geben.

Aufgabe (Herbst 2003, T2A1)

a Definieren Sie die alternierende Gruppe A_n.

b Warum ist A_n für $n \geq 2$ eine Untergruppe vom Index 2 in S_n?

c Zeigen Sie, dass die Gruppe S_4 auflösbar ist.

Lösungsvorschlag zur Aufgabe (Herbst 2003, T2A1)

a Sei $n \in \mathbb{N}$ und S_n die symmetrische Gruppe vom Grad n. Die Menge A_n ist die Untergruppe von S_n, die aus den Permutationen mit positivem Signum besteht:

$$A_n = \{\sigma \in S_n \mid \operatorname{sgn}(\sigma) = +1\}$$

Hierbei bezeichnet $\operatorname{sgn}: S_n \to \{\pm 1\}$ den Signumshomomorphismus.

b Die Signumsfunktion ist für $n \geq 2$ surjektiv: Es gilt nämlich $\operatorname{sgn} \operatorname{id} = +1$ und $\operatorname{sgn}(1\,2) = -1$. Für ihren Kern gilt

$$\sigma \in \ker \operatorname{sgn} \quad \Leftrightarrow \quad \operatorname{sgn}(\sigma) = 1 \quad \Leftrightarrow \quad \sigma \in A_n.$$

Somit liefert der Homomorphiesatz $S_n/A_n \cong \{\pm 1\}$. Insbesondere bedeutet dies laut dem Satz von Lagrange

$$(S_n : A_n) = |S_n/A_n| = 2.$$

c Wir zeigen, dass durch

$$\{\operatorname{id}\} \trianglelefteq V_4 \trianglelefteq A_4 \trianglelefteq S_4$$

eine Normalreihe gegeben ist, deren Faktoren abelsch sind. Zeigen wir zunächst, dass jede der angegebenen Untergruppen jeweils Normalteiler der folgenden Untergruppe ist. Die Aussage $\{\operatorname{id}\} \trianglelefteq V_4$ ist klar.

Für die nächste Normalteilereigenschaft sei $\sigma \in A_4$ und $\tau \in V_4$. Der Zykel $\sigma\tau\sigma^{-1}$ hat denselben Zerlegungstyp wie τ. Da aber V_4 genau aus den Doppeltranspositionen in S_4 und der Identität besteht, und es sich bei $\sigma\tau\sigma^{-1}$ im Fall $\tau \neq \operatorname{id}$ wiederum um eine Doppeltransposition handelt, gilt nach Lemma 1.36 insbesondere $\sigma\tau\sigma^{-1} \in V_4$ für beliebiges $\sigma \in A_4$. Damit ist V_4 ein Normalteiler von S_4 und insbesondere von A_4. Zuletzt gilt aufgrund von Teil b, dass $(S_4 : A_4) = 2$, und somit ist A_4 ein Normalteiler von S_4.

Beweisen wir nun noch, dass die Faktoren abelsch sind: Für die beiden Faktoren S_4/A_4 und A_4/V_4 folgt dies daraus, dass diese laut dem Satz von Lagrange Ordnung 2 bzw. 3 haben und somit als Gruppen von Primzahlordnung sogar zyklisch, insbesondere also abelsch sind. Für den ersten Faktor $V_4/\{\mathrm{id}\} \cong V_4$ bemerken wir, dass dieser als Gruppe von Primzahlquadratordnung ebenso abelsch ist.

Anleitung: Auflösbarkeit unter Verwendung der Sylowsätze

Sei G eine endliche Gruppe.

(1) Finde mithilfe der Sylowsätze einen Normalteiler N in G und zeige, dass dieser auflösbar ist. Das ist z. B. der Fall, wenn N Primzahl- bzw. Primzahlquadratordnung hat, da N dann zyklisch (bzw. abelsch) und somit auflösbar ist.

(2) Berechne die Ordnung der Faktorgruppe G/N mit dem Satz von Lagrange. Ggf. reicht dies wie bei (1) schon, um zu zeigen, dass die Faktorgruppe auflösbar ist. Ansonsten beginne wieder bei (1), mit G/N statt G.

(3) Die Auflösbarkeit von G folgt letzten Endes aus Satz 1.30.

Aufgabe (Herbst 2000, T3A1)

a Geben Sie die Definitionen der Begriffe „Normalteiler" und „auflösbare Gruppe" an.

b Sei G eine Gruppe der Ordnung 100. Zeigen Sie:
(i) G ist auflösbar.
(ii) Hat G einen Normalteiler der Ordnung 4, so ist G abelsch.

Hinweis Es darf verwendet werden, dass Gruppen der Ordnung p^2 abelsch sind, wenn p eine Primzahl ist.

Lösungsvorschlag zur Aufgabe (Herbst 2000, T3A1)

a Ein Normalteiler ist eine Untergruppe N von G mit $gN = Ng$ für alle $g \in G$. Für die Definition von auflösbarer Gruppe siehe Definition 1.29.

b (i): Wir nutzen zunächst den Dritten Sylowsatz und berechnen die Anzahl ν_p der p-Sylowgruppen. Es gilt mit $100 = 2^2 \cdot 5^2$:

$$\nu_2 \mid 25 \quad \Rightarrow \nu_2 \in \{1, 5, 25\} \quad \text{und} \quad \nu_5 \mid 4 \quad \Rightarrow \nu_5 \in \{1, 2, 4\}$$

sowie

$$1 \equiv 5 \equiv 25 \mod 2, \quad 1 \equiv 1 \mod 5, \quad 2 \not\equiv 1 \mod 5, \quad 4 \not\equiv 1 \mod 5.$$

Es folgt insgesamt $\nu_2 \in \{1, 5, 25\}$ und $\nu_5 = 1$. Zumindest die 5-Sylowgruppe P_5 ist also ein Normalteiler, mit dem wir arbeiten können. Wegen $5^2 \mid 100$ und $5^3 \nmid 100$ gilt $|P_5| = 5^2$, sodass P_5 abelsch und damit auflösbar ist. Für die Faktorgruppe gilt laut dem Satz von Lagrange

$$|G/P_5| = (G : P_5) = \frac{|G|}{|P_5|} = \frac{100}{25} = 4.$$

Da auch die Faktorgruppe somit Primzahlquadratordnung hat, ist auch diese abelsch, damit auflösbar. Mit Satz 1.30 folgt, dass G auflösbar ist.

(ii): Bezeichnen wir den Normalteiler mit N. Wir zeigen, dass G ein inneres direktes Produkt der beiden Normalteiler N und P_5 ist. Da die Ordnungen der beiden Gruppen teilerfremd sind, gilt $P_5 \cap N = \{e\}$. Die Gleichung $G = P_5N$ folgt aus $P_5N \subseteq G$ und

$$|P_5N| = \frac{|N| \cdot |P_5|}{|N \cap P_5|} = \frac{100}{1} = |G|.$$

Somit ist G isomorph zum äußeren direkten Produkt $P_5 \times N$. Da P_5 und N Primzahlquadratordnung haben, sind die beiden Gruppen und damit auch ihr direktes Produkt abelsch.

Aufgabe (Frühjahr 2015, T3A2)

Seien p, q, r Primzahlen mit $p < q < r$ und $pq < r + 1$. Zeigen Sie, dass jede Gruppe der Ordnung pqr auflösbar ist.

Lösungsvorschlag zur Aufgabe (Frühjahr 2015, T3A2)

Betrachten wir zunächst die Anzahl der r-Sylowgruppen ν_r. Es gilt gemäß dem Dritten Sylowsatz

$$\nu_r \mid pq \quad \Rightarrow \quad \nu_r \in \{1, p, q, pq\}.$$

Weiter gilt wegen $p < q < r$, dass

$$p \not\equiv 1 \mod r, \quad q \not\equiv 1 \mod r$$

und im Falle $pq \equiv 1 \mod r$ würde folgen $pq = kr + 1$ für ein $k \in \mathbb{N}$ (der Fall $pq = 1$ ist ausgeschlossen, da p und q Primzahlen sind). Dies ist wegen $pq < r + 1$ jedoch nicht möglich. Folglich gilt $\nu_r = 1$ und die einzige r-Sylowgruppe, im Folgenden als P_r bezeichnet, ist ein Normalteiler der Gruppe G. Des Weiteren ist P_r als Gruppe von Primzahlordnung zyklisch, also auflösbar. Betrachten wir die Faktorgruppe G/P_r. Mit dem Satz von Lagrange folgt

$$\left| G/P_r \right| = \frac{pqr}{r} = pq.$$

Für die Anzahl ν_q der q-Sylowgruppen in G/P_r gilt

$$\nu_q \mid p \quad \Rightarrow \quad \nu_q \in \{1, p\}.$$

Wegen $p < q$ ist $p \not\equiv 1 \mod q$. Somit ist die einzige q-Sylowgruppe in G/P_r ein Normalteiler. Bezeichnen wir diese mit P_q, so gilt wiederum nach dem Satz von Lagrange

$$\left| (G/P_r)/P_q \right| = \frac{pq}{q} = p.$$

An dieser Stelle wenden wir zweimal Satz 1.30 an: Als Gruppe von Primzahlordnung ist $(G/P_r)/P_q$ auflösbar. Da auch P_q auflösbar ist, folgt die Auflösbarkeit von G/P_r. Da neben dieser Faktorgruppe auch die Untergruppe P_r auflösbar ist, folgt schlussendlich die Auflösbarkeit von G.

Aufgabe (Frühjahr 2016, T2A1)

a Sei p eine Primzahl und $\mathbb{F}_p$ der Körper mit p Elementen. Die Menge

$$G = \left\{ \begin{pmatrix} a & b \\ 0 & 1 \end{pmatrix} \mid a, b \in \mathbb{F}_p,\ a \neq 0 \right\}$$

ist eine Untergruppe der $\mathrm{GL}_2(\mathbb{F}_p)$ (Nachweis nicht erforderlich). Zeigen Sie, dass G auflösbar ist.

b Sei nun G eine beliebige Gruppe der Ordnung $p(p-1)$. Zeigen Sie, dass es genau eine Untergruppe H von G der Ordnung p gibt. Zeigen Sie weiter, dass G genau dann auflösbar ist, wenn G/H auflösbar ist.

c Sei $C = (\mathbb{Z}/61\mathbb{Z}) \times A_5$ das direkte Produkt der zyklischen Gruppe der Ordnung 61 und der alternierenden Gruppe A_5. Ist C auflösbar? Begründen Sie Ihre Antwort.

Lösungsvorschlag zur Aufgabe (Frühjahr 2016, T2A1)

a Betrachte die Determinantenabbildung $\det\colon G \to \mathbb{F}_p^\times$, welche einen Gruppenhomomorphismus definiert. Sei $A \in G$ und seien $a, b \in \mathbb{F}_p$ mit

$$A = \begin{pmatrix} a & b \\ 0 & 1 \end{pmatrix},$$

dann ist $\det(A) = a$. Folglich ist die Determinantenabbildung surjektiv. Sei $N = \ker\det$, dann liefert der Homomorphiesatz einen Isomorphismus $G/N \cong \mathbb{F}_p^\times$. Da $\mathbb{F}_p^\times$ abelsch ist, ist der Quotient G/N auflösbar. Um Satz 1.30 anwenden zu können, müssen wir noch zeigen, dass N ebenfalls auflösbar ist. Dazu bestimmen wir zunächst N: Sei $A \in N$ mit $a, b \in \mathbb{F}_p$ wie oben, dann gilt

$$A \in N \quad \Leftrightarrow \quad \det(A) = 1 \quad \Leftrightarrow \quad a = 1,$$

also ist

$$N = \left\{ \begin{pmatrix} 1 & b \\ 0 & 1 \end{pmatrix} \mid b \in \mathbb{F}_p \right\}.$$

Man kann nun direkt überprüfen, dass N abelsch ist oder zeigt, dass

$$N \to \mathbb{F}_p, \quad \begin{pmatrix} 1 & b \\ 0 & 1 \end{pmatrix} \mapsto b$$

ein Isomorphismus ist. Auf jeden Fall ist N auflösbar.

b Laut dem Dritten Sylowsatzes gilt für die Anzahl ν_p der p-Sylowgruppen von G, dass $\nu_p \equiv 1 \bmod p$ und $\nu_p \mid p-1$. Die zweite Bedingung liefert insbesondere $\nu_p \leq p-1$, weswegen nur $\nu_p = 1$ beide Bedingungen erfüllt.

Sei H die einzige p-Sylowgruppe, dann ist diese ein Normalteiler von G. Außerdem ist H als Gruppe von Primzahlordnung zyklisch und somit auflösbar. Aus Satz 1.30 folgt daher, dass G genau dann auflösbar ist, wenn G/H auflösbar ist.

c Zufälligerweise ist $|C| = 61 \cdot 60$ und 61 ist eine Primzahl. Dabei ist $H = \mathbb{Z}/61\mathbb{Z} \times \{\mathrm{id}\}$ die eindeutige Untergruppe der Ordnung 61 von G. Nach

> Teil **b** ist daher C genau dann auflösbar, wenn $C/H \cong A_5$ auflösbar ist. Da
> die alternierende Gruppe A_5 nicht auflösbar ist, kann also auch C nicht
> auflösbar sein.

1.6. Die Symmetrische Gruppe S_n

Sei X eine beliebige Menge, dann bezeichnen wir mit $\operatorname{Per}(X)$ die Gruppe der
bijektiven Abbildungen $X \to X$ und nennen sie die *Permutationsgruppe* von X.
Der wichtigste Spezialfall davon ist die Permutationsgruppe der Menge $\{1, \ldots, n\}$,
welche gewöhnlich als S_n notiert wird und *Symmetrische Gruppe* heißt. Symmetrische Gruppen wurden historisch lange vor allgemeinen Gruppen studiert, was
sich rückwirkend durch den Satz von Cayley legitimieren lässt:

Satz 1.32 (Cayley). Jede Gruppe der Ordnung n ist zu einer Untergruppe von S_n
isomorph.

Der Satz von Cayley ist eine direkte Folgerung von Proposition 1.15 (1), indem
man die Gruppe G auf sich selbst durch Linkstranslation operieren lässt. Falls der
Leser nun bereits die Hoffnung hegt, alle Aufgaben über abstrakte Gruppen unter
Verwendung des Satzes von Cayley einfach in der konkreten Gruppe S_n lösen zu
können, muss an dieser Stelle darauf hingewiesen werden, dass S_n als Gruppe
der Ordnung $n!$ im Allgemeinen sehr viel größer ist und daher dort das Problem
meist eher schwieriger zu lösen ist.

Definition 1.33. Sei $n \in \mathbb{N}$ und $\sigma \in S_n$, dann heißt $\operatorname{supp}(\sigma) = \{k \in \{1, \ldots, n\} \mid$
$\sigma(k) \neq k\}$ der *Träger* von σ. Zwei Permutationen $\sigma, \tau \in S_n$ heißen *disjunkt*, falls
ihre Träger disjunkt sind.

Als erste praktische Anwendung des Begriffs des Trägers fällt die Aussage ab,
dass disjunkte Permutationen kommutieren, d. h. sind $\sigma, \tau \in S_n$ disjunkt, so gilt
$\sigma\tau = \tau\sigma$.

Wir wollen uns nun überlegen, wie viele k-Zykel es in der S_n gibt. Dazu bemerken
wir zunächst, dass es $\binom{n}{k}$ Möglichkeiten gibt, den Träger eines k-Zykels in der S_n zu
bilden. Aus den k Ziffern des Trägers kann man $k!$ verschiedene geordnete Ketten
bilden, die jedoch den Zykel noch nicht eindeutig bestimmen, denn beispielsweise
beschreiben $(1\,2\,\ldots\,n)$ und $(n\,1\,2\,\ldots\,n-1)$ die gleiche Abbildung. Berücksichtigt
wird dies, indem wir deren Anzahl noch durch k teilen, sodass wir insgesamt

$$\binom{n}{k} \cdot (k-1)!$$

k-Zykel in $S_n^!$ finden. Als nächstes sammeln wir Ergebnisse zur vereinfachten
Berechnung der Ordnung von Permutationen:

Proposition 1.34. Seien $n, r \in \mathbb{N}$ und $2 \leq k \leq n$ sowie $2 \leq k_1, \ldots, k_r \leq n$.

(1) Jeder k-Zykel in S_n hat Ordnung k.

(2) Sind $\sigma_1, \ldots, \sigma_r \in S_n$ disjunkte k_i-Zykel, so hat das Produkt $\sigma_1 \cdot \ldots \cdot \sigma_r$ die Ordnung kgV $(k_1, \ldots, k_r)$.

Es sei auch an den *Signumshomomorphismus* sgn: $S_n \to \{\pm 1\}$ erinnert, welcher sich am einfachsten mithilfe der folgenden Aussagen charakterisieren lässt:

Proposition 1.35. Sei $n \in \mathbb{N}$ und $2 \leq k \leq n$.

(1) Jede Permutation in S_n lässt sich als Produkt disjunkter Zykel darstellen.

(2) Ist $\sigma \in S_n$ ein k-Zykel, so gilt für diesen $\text{sgn}(\sigma) = (-1)^{k-1}$.

Der Kern des Signumshomomorphismus ist die *Alternierende Gruppe* A_n, welche als Kern eines Homomorphismus ein Normalteiler von S_n ist. Für $n \geq 5$ besitzt A_n selbst jedoch keinen nicht-trivialen Normalteiler, ist also eine einfache Gruppe.

Die Ordnung der A_n kann man für $n \geq 2$ mithilfe des Homomorphiesatzes berechnen, denn dieser liefert $S_n/A_n \cong \{\pm 1\}$, woraus man $|A_n| = \frac{1}{2}|S_n| = \frac{n!}{2}$ erhält. Im Fall $n = 1$ ist schlicht $A_1 = S_1$.

Ist $\sigma \in S_n$ und $\sigma = \sigma_1 \cdot \ldots \cdot \sigma_r$ eine Darstellung von σ als Produkt disjunkter Zykel σ_i der Länge k_i mit $2 \leq k_1 \leq \ldots \leq k_r$, so nennt man $(k_1, \ldots, k_r)$ den *Zerlegungstyp* von σ.

Lemma 1.36. Zwei Permutationen sind genau dann konjugiert zueinander, wenn sie den gleichen Zerlegungstyp besitzen.

Aufgabe (Herbst 2013, T3A3)

a Eine Permutation σ sei das Produkt zweier disjunkter Zykel der teilerfremden Längen k und l. Welche Ordnung hat σ?

b Sei $a(n)$ die größte Elementordnung in der symmetrischen Gruppe S_n. Man zeige $\lim_{n \to \infty} \frac{a(n)}{n} = \infty$.

Lösungsvorschlag zur Aufgabe (Herbst 2013, T3A3)

a Sei $\sigma = \rho\tau$ für zwei disjunkte Zykel ρ bzw. τ. Entscheidende Beobachtung ist, dass disjunkte Zykel miteinander kommutieren. Für jedes $m \in \mathbb{N}$ gilt daher

$$\sigma^m = (\rho\tau)^m = \rho^m \tau^m.$$

Also ist auch

$$\sigma^{\text{kgV}(k,l)} = \rho^{\text{kgV}(k,l)} \tau^{\text{kgV}(k,l)} = \text{id} \cdot \text{id} = \text{id}.$$

Das bedeutet ord $\sigma \mid \mathrm{kgV}(k, l)$. Umgekehrt folgt aus

$$\mathrm{id} = \sigma^{\mathrm{ord}\,\sigma} = \rho^{\mathrm{ord}\,\sigma}\tau^{\mathrm{ord}\,\sigma},$$

dass bereits $\tau^{\mathrm{ord}\,\sigma} = \mathrm{id} = \rho^{\mathrm{ord}\,\sigma}$, denn obige Gleichung bedeutet $\tau^{-\,\mathrm{ord}\,\sigma} = \rho^{\mathrm{ord}\,\sigma}$ und wären diese Abbildungen nicht die Identität, wäre dies ein Widerspruch dazu, dass τ und ρ disjunkte Zykel sind. Wir haben daher ord $\tau = k \mid \mathrm{ord}\,\sigma$ und ord $\rho = l \mid \mathrm{ord}\,\sigma$. Daraus folgt $\mathrm{kgV}(l, k) \mid \mathrm{ord}\,\sigma$. Insgesamt muss deshalb $\mathrm{kgV}(l, k) = \mathrm{ord}\,\sigma$ gelten. Da k und l nach Voraussetzung teilerfremd sind, gilt $\mathrm{kgV}(k, l) = kl$.

b Sei $n \in \mathbb{N}$ vorgegeben, dann gibt es in S_n disjunkte Zykel der Länge $\lfloor \frac{n-1}{2} \rfloor$ und $\lfloor \frac{n+1}{2} \rfloor$. Da $\lfloor \frac{n-1}{2} \rfloor$ und $\lfloor \frac{n+1}{2} \rfloor$ benachbarte Zahlen sind, sind sie stets teilerfremd und das Produkt von Zykeln dieser Länge hat nach Teil **a** die Ordnung

$$\left\lfloor \frac{n-1}{2} \right\rfloor \cdot \left\lfloor \frac{n+1}{2} \right\rfloor \geq \frac{n-2}{2} \cdot \frac{n}{2} = \frac{n^2 - 2n}{4}.$$

Demnach gilt:

$$\lim_{n\to\infty} \frac{a(n)}{n} \geq \lim_{n\to\infty} \frac{n^2 - 2n}{4n} = \lim_{n\to\infty} \frac{n-2}{4} = \infty.$$

Aufgabe (Herbst 2015, T2A2)

Wieviele Elemente der Ordnung 15 gibt es in der symmetrischen Gruppe S_8?

Lösungsvorschlag zur Aufgabe (Herbst 2015, T2A2)

Jedes Element von S_8 hat eine Darstellung als Produkt disjunkter Zykel. Die Ordnung eines solchen Elements ergibt sich dann als kleinstes gemeinsames Vielfaches der Zykellängen. Da in S_8 nur Zykellängen ≤ 8 auftreten können, ist die einzige Möglichkeit ein Produkt aus einem 3- und einem 5-Zykel. Für die Wahl des 3-Zykels hat man $\binom{8}{3}2!$ Möglichkeiten. Danach ist der Träger des 5-Zykels bereits festgelegt, denn dieser muss aus den verbleibenden 5 Ziffern bestehen. Insgesamt erhält man auf diese Weise

$$\binom{8}{3}2! \cdot \binom{5}{5}4! = 2688$$

Elemente der Ordnung 15 in S_8.

Aufgabe (Herbst 2013, T2A5)

Sei S_5 die Permutationsgruppe von 5 Ziffern. Wie viele Elemente in S_5 haben die Ordnung 4? Wie viele Untergruppen von S_5 haben 4 Elemente?

Lösungsvorschlag zur Aufgabe (Herbst 2013, T2A5)

Jedes Element aus S_5 lässt sich als Produkt disjunkter Zykel schreiben. Die Ordnung des Elements entspricht dann dem kleinsten gemeinsamen Vielfachen der in dieser Zerlegung auftretenden Zykellängen. Bei einem Element der Ordnung 4 können die auftretenden Zykellängen daher nur 4 bzw. 4 und 2 sein. Da in S_5 nur 5 Ziffern zur Verfügung stehen, scheidet die zweite Möglichkeit aus. Daher muss jedes Element der Ordnung 4 in S_5 ein 4-Zykel sein. Ihre Anzahl ist

$$\binom{5}{4}(4-1)! = 5 \cdot 3! = 30.$$

Sei nun $U \subseteq S_5$ eine Untergruppe der Ordnung 4. Jede Gruppe von Primzahlquadratordnung ist abelsch, deshalb muss $U \cong \mathbb{Z}/4\mathbb{Z}$ oder $U \cong \mathbb{Z}/2\mathbb{Z} \times \mathbb{Z}/2\mathbb{Z}$ sein. Im ersten Fall wird U von einem Element der Ordnung 4 erzeugt, jedoch ist dieser Erzeuger nicht eindeutig: U enthält $\varphi(4) = 2 \cdot (2-1) = 2$ Elemente der Ordnung 4. Umgekehrt bedeutet dies, dass je zwei Elemente der Ordnung 4 die gleiche Untergruppe erzeugen. Also gibt es $\frac{30}{2} = 15$ zyklische Untergruppen $U \subseteq S_5$.

Betrachte nun den Fall $U \cong \mathbb{Z}/2\mathbb{Z} \times \mathbb{Z}/2\mathbb{Z}$. Eine solche Untergruppe wird von zwei Elementen der Ordnung 2 erzeugt. Die Elemente der Ordnung 2 in S_5 sind genau die 2-Zykel und die Doppeltranspositionen.

Unterscheide nun die folgenden Fälle:

1. Fall: Die Gruppe U wird von zwei 2-Zykeln σ und τ erzeugt. Hier müssen die 2-Zykel disjunkt sein sein, denn sonst ist $\sigma\tau$ ein 3-Zykel. Für σ gibt es $\binom{5}{2} = 10$ Wahlmöglichkeiten, für τ gibt es $\binom{3}{2} = 3$ Möglichkeiten. Da $\langle \sigma, \tau \rangle = \langle \tau, \sigma \rangle$, müssen wir das Produkt nach halbieren, d. h. die Anzahl ist $\frac{10 \cdot 3}{2} = 15$.

2. Fall: Die Gruppe U wird von einem 2-Zykel σ und einer Doppeltransposition $\tau\rho$ erzeugt. Sei $\omega \neq \mathrm{id}$ das vierte Element aus U, dann ist auch

$$U = \langle \sigma, \tau\rho \rangle = \langle \sigma, \omega \rangle = \langle \omega, \tau\rho \rangle.$$

Das bedeutet: Ist ω ein 2-Zykel, so sind wir im 1. Fall, ist ω dagegen eine Doppeltransposition, so sind wir im 3. Fall.

3. Fall: Die Gruppe U wird von zwei Doppeltranspositionen $\sigma\tau$ und $\rho\omega$ erzeugt. Hier liegt U in A_5, und wegen $|A_5| = 60$ sind dies glücklicherweise genau die 2-Sylowgruppen von A_5.

Wir betrachten zunächst das einfachere Problem, die Untergruppen der Ordnung 4 in $A_4 \subseteq A_5$ zu bestimmen. In S_4 gibt es nur drei Doppeltranspositionen, welche zusammen die Klein'sche Vierergruppe

$$V_4 = \{\mathrm{id}, (1\,2)(3\,4), (1\,3)(2\,4), (1\,4)(2\,3)\}$$

bilden. Diese ist insbesondere die einzige 2-Sylowgruppe von A_4 und somit ein Normalteiler von A_4. Daraus folgt für den Normalisator von V_4 in A_4, dass $N_{A_4}(V_4) = A_4$ gilt. Wenn wir nun nach A_5 zurückkehren, normalisiert A_4 natürlich weiterhin V_4, d.h. $A_4 \subseteq N_{A_5}(V_4)$. Insbesondere wird $|N_{A_5}(V_4)|$ von $12 = |A_4|$ geteilt und ist ein Teiler von $60 = |A_5|$. Wäre $|N_{A_5}(V_4)|$ echt größer als 12, so würden diese beiden Teilbarkeitsbeziehungen bereits $|N_{A_5}(V_4)| = 60$ und damit $N_{A_5}(V_4) = A_5$ erzwingen. In diesem Fall wäre aber V_4 ein nicht-trivialer Normalteiler von A_5 im Widerspruch dazu, dass A_5 einfach ist.

Also ist $|N_{A_5}(V_4)| = 12$ und Lemma 1.17 liefert uns für die Anzahl ν_2 der 2-Sylowgruppen von A_5, dass

$$\nu_2 = |A_5(V_4)| = (A_5 : N_{A_5}(V_4)) = \frac{|A_5|}{|N_{A_5}(V_4)|} = \frac{60}{12} = 5.$$

Insgesamt gibt es also $15 + 15 + 5 = 35$ Untergruppen der Ordnung 4.

Aufgabe (Herbst 2012, T3A2)

Zeigen Sie, dass für jedes $n \in \mathbb{N}$ der Zentralisator des n-Zyklus $(1\,2\,3\,\ldots\,n)$ in der symmetrischen Gruppe S_n die zyklische Gruppe $\langle(1\,2\,3\,\ldots\,n)\rangle$ ist.

Lösungsvorschlag zur Aufgabe (Herbst 2012, T3A2)

Variante 1: Sei $\sigma = (1\,2\,\ldots\,n) \in S_n$. Dann zeigt man per Induktion, dass

$$\sigma^k(l) = l + k \mod n$$

für alle $l, k \in \{1, \ldots, n\}$ gilt. Ist nun $\tau \in C_{S_n}(\sigma)$, so gilt $\tau\sigma = \sigma\tau$, d.h.

$$\tau(l+1) = \tau(\sigma(l)) = (\tau\sigma)(l) = (\sigma\tau)(l) = \sigma(\tau(l)) = \tau(l) + 1$$

für alle $l \in \{1, \ldots, n-1\}$ (wobei wir die Argumente und Gleichungen wieder modulo n interpretieren) und daraus gewinnt man per Induktion

$$\tau(l) = \tau(1) + (l - 1).$$

An dieser expliziten Darstellung sieht man, dass τ mit der Abbildung $\sigma^{\tau(1)-1}$ übereinstimmt. Dies zeigt $C_{S_n}(\sigma) \subseteq \langle \sigma \rangle$. Die umgekehrte Inklusion ist klar.

Variante 2: Wir lassen S_n auf sich selbst mittels Konjugation operieren. Dann ist gerade $\mathrm{Stab}_{S_n}(\sigma) = C_{S_n}(\sigma)$. Nach Lemma 1.17 gilt

$$(S_n : \mathrm{Stab}_{S_n}(\sigma)) = |S_n(\sigma)| \quad \Leftrightarrow \quad \frac{|S_n|}{|C_{S_n}|} = |S_n(\sigma)|,$$

wobei $S_n(\sigma)$ die Bahn von σ bezeichnet. Außerdem besteht die Konjugationsklasse eines Elements aus S_n nach Lemma 1.36 genau aus den Elementen mit dem gleichen Zerlegungstyp. In unserem Fall sind das die n-Zykel. Davon gibt es

$$\binom{n}{n}(n-1)! = (n-1)!$$

viele, das kombiniert sich mit der Gleichung von oben zu

$$|C_{S_n}(\sigma)| = \frac{|S_n|}{|S_n(\sigma)|} = \frac{n!}{(n-1)!} = n.$$

Wegen $\langle \sigma \rangle \subseteq C_{S_n}(\sigma)$ und $|\langle \sigma \rangle| = \mathrm{ord}\, \sigma = n$ folgt daher $\langle \sigma \rangle = C_{S_n}(\sigma)$.

Aus Aufgabe H12T3A2 lässt sich folgern, dass das Zentrum der symmetrischen Gruppe S_n für $n \geq 3$ trivial ist. Da das Zentrum der Schnitt über alle Zentralisatoren ist, gilt nämlich insbesondere

$$Z(S_n) \subseteq \langle (1\,2\,3\, \ldots\, n) \rangle.$$

Ist $\sigma \in Z(S_n)$ mit $\sigma \neq \mathrm{id}$, so gibt es also ein $k \in \{1, \ldots, n-1\}$ mit $\sigma = (1\,2\,3\, \ldots\, n)^k$. Induktiv kann man nun $\sigma(1) = k+1$ zeigen, woraus

$$((1\,2) \circ \sigma)(1) = (1\,2)(k+1) = \begin{cases} 1 & \text{falls } k = 1, \\ k+1 & \text{sonst.} \end{cases}$$

folgt. Wegen

$$(\sigma \circ (1\,2))(1) = \sigma(2) = \begin{cases} 1 & \text{falls } k = n-1, \\ k+2 & \text{sonst.} \end{cases}$$

ist dann $\sigma(1\,2) \neq (1\,2)\sigma$ für $n \geq 3$, sodass $\sigma \notin Z(S_n)$. Dies zeigt, dass $Z(S_n) = \{\mathrm{id}\}$ sein muss.

Aufgabe (Frühjahr 2011, T3A2)

Zeigen Sie: Ist G eine endliche Gruppe, so existiert eine natürliche Zahl n derart, dass G isomorph zu einer Untergruppe der alternierenden Gruppe A_n ist.

Lösungsvorschlag zur Aufgabe (Frühjahr 2011, T3A2)

Sei $|G| = m$, dann liefert der Satz von Cayley eine Einbettung $G \hookrightarrow S_m$. Es genügt daher, eine Einbettung von S_m in eine alternierende Gruppe A_n anzugeben. Betrachte dazu die Abbildung

$$\phi : S_m \to S_{m+2}, \quad \sigma \mapsto \begin{cases} \sigma \cdot (m+1, m+2) & \text{falls } \mathrm{sgn}(\sigma) = -1, \\ \sigma & \text{falls } \mathrm{sgn}(\sigma) = +1. \end{cases}$$

ϕ bildet nach A_{m+2} ab: Sei dazu $\sigma \in S_m$. Ist $\mathrm{sgn}(\sigma) = -1$, so gilt

$$\mathrm{sgn}(\phi(\sigma)) = \mathrm{sgn}(\sigma) \cdot \mathrm{sgn}((m+1, m+2)) = (-1) \cdot (-1) = 1.$$

Im Fall $\mathrm{sgn}(\sigma) = 1$ ist ohnehin $\mathrm{sgn}(\phi(\sigma)) = \mathrm{sgn}(\sigma) = 1$. In jedem Fall ist also $\phi(\sigma) \in A_{m+2}$.

Als nächstes überprüfen wir, dass es sich bei ϕ um einen Homomorphismus handelt. Seien dazu $\sigma, \tau \in S_m$.

1. Fall: $\mathrm{sgn}(\sigma) = \mathrm{sgn}(\tau) = +1$. In diesem Fall ist $\phi(\sigma\tau) = \sigma\tau = \phi(\sigma)\phi(\tau)$.

2. Fall: $\mathrm{sgn}(\sigma) = \mathrm{sgn}(\tau) = -1$. Die Transposition $(m+1, m+2)$ ist disjunkt zu σ bzw. τ, kommutiert also mit diesen und es ist

$$\phi(\sigma)\phi(\tau) = \sigma(m+1, m+2)\tau(m+1, m+2) = \sigma\tau(m+1, m+2)^2$$
$$= \sigma\tau = \phi(\sigma\tau),$$

wobei im letzten Schritt verwendet wurde, dass $\mathrm{sgn}(\sigma\tau) = \mathrm{sgn}(\sigma) \cdot \mathrm{sgn}(\tau) = (-1)^2 = 1$ gilt.

3. Fall: σ und τ haben verschiedenes Signum. o. B. d. A. ist hier $\mathrm{sgn}(\sigma) = -1$ und $\mathrm{sgn}(\tau) = 1$. In diesem Fall ist $\mathrm{sgn}(\sigma\tau) = -1$ und es gilt

$$\phi(\sigma\tau) = \sigma\tau(m+1, m+2) = \sigma(m+1, m+2)\tau = \phi(\sigma)\phi(\tau).$$

Zuletzt bestimmen wir noch den Kern von ϕ. Sei $\sigma \in \ker \phi$, dann ist $\phi(\sigma) = \mathrm{id}$ und insbesondere $\phi(\sigma)(m+1) = m+1$, also muss $\phi(\sigma) = \sigma$ sein. Daraus folgt aber bereits $\mathrm{id} = \phi(\sigma) = \sigma$. Setze also $n = m+2$, dann ist ϕ eine Einbettung von S_m in A_n.

Aufgabe (Herbst 2011, T3A1)

Sei $n \geq 5$. Man bestimme alle Normalteiler der symmetrischen Gruppe S_n. Dabei darf (und sollte) ohne Beweis benutzt werden, dass für $n \geq 5$ die alternierende Gruppe A_n einfach ist.

Lösungsvorschlag zur Aufgabe (Herbst 2011, T3A1)

Dass S_n, A_n und $\{\mathrm{id}\}$ Normalteiler von S_n sind, ist hinlänglich bekannt. Nehmen wir nun an, dass es einen echten Normalteiler $N \trianglelefteq S_n$ mit $N \neq \{\mathrm{id}\}$ und $N \neq A_n$ gibt.

Zunächst bemerken wir, dass auch $A_n \cap N$ ein Normalteiler von S_n wäre, da der Schnitt zweier Normalteiler wieder ein Normalteiler ist. Tatsächlich wäre $A_n \cap N$ sogar ein Normalteiler von A_n. Da A_n laut Angabe einfach ist, muss $A_n \cap N = A_n$ oder $A_n \cap N = \{\mathrm{id}\}$ gelten.

Im ersten Fall wäre $A_n \subseteq N$, wegen $A_n \neq N$ sogar $A_n \subsetneq N$. In diesem Fall wäre aber

$$(S_n : N) = \frac{|S_n|}{|N|} < \frac{|S_n|}{|A_n|} = (S_n : A_n) = 2,$$

also $(S_n : N) = 1$ bzw. $S_n = N$. Wir nehmen deshalb im Folgenden $A_n \cap N = \{\mathrm{id}\}$ an.

Sei nun $\sigma \in N$ mit $\sigma \neq \mathrm{id}$. Wir zeigen, dass mindestens noch ein weiteres Element $\neq \mathrm{id}$ in N liegt. Angenommen, es ist $N = \{\mathrm{id}, \sigma\}$. Sei $\tau \in S_n$ mit $\tau \notin N$. Da N ein Normalteiler ist, gilt $\tau\sigma\tau^{-1} \in \{\mathrm{id}, \sigma\}$. Wäre $\tau\sigma\tau^{-1} = \mathrm{id}$, so würde folgen

$$\tau\sigma = \tau \quad \Leftrightarrow \quad \sigma = \mathrm{id}$$

im Widerspruch zu $\sigma \neq \mathrm{id}$. Wäre dagegen $\tau\sigma\tau^{-1} = \sigma$, so wäre $\tau\sigma = \sigma\tau$. Dies gilt sogar für $\tau \in N$, also wäre $\sigma \in Z(S_n)$. Allerdings gilt für das Zentrum von S_n, dass $Z(S_n) = \{\mathrm{id}\}$ für $n \geq 3$. Also erhalten wir auch in diesem Fall einen Widerspruch.

Es gibt somit mindestens ein weiteres Element $\tau \in N$ mit $\tau \neq \mathrm{id}$ und $\tau \neq \sigma$. Wegen $\sigma, \tau \notin A_n$, muss $\mathrm{sgn}\,(\sigma) = \mathrm{sgn}\,(\tau) = -1$ sein. Wegen

$$\mathrm{sgn}\,(\sigma\tau) = \mathrm{sgn}\,(\sigma) \cdot \mathrm{sgn}\,(\tau) = (-1) \cdot (-1) = 1$$

und genauso $\mathrm{sgn}\,(\sigma^2) = 1$ haben wir aber $\sigma\tau, \sigma^2 \in N \cap A_n = \{\mathrm{id}\}$. Also folgt

$$\sigma\tau = \mathrm{id} = \sigma^2 \quad \Leftrightarrow \quad \tau = \sigma$$

im Widerspruch zu $\sigma \neq \tau$. Insgesamt kann es solch einen Normalteiler mit $N \neq A_n$ und $N \neq \{\mathrm{id}\}$ also nicht geben.

Aufgabe (Frühjahr 2010, T1A1)

Sei G eine endliche einfache Gruppe und H eine echte Untergruppe vom Index $k > 2$ in G. Zeigen Sie, dass die Gruppenordnung $|G|$ von G ein Teiler von $k!/2$ ist.

Lösungsvorschlag zur Aufgabe (Frühjahr 2010, T1A1)

Wir lassen G auf der Menge G/H mittels Translation operieren, d. h. mittels

$$G \times G/H \to G/H, \quad g \cdot (xH) = gxH.$$

Obwohl G/H im Allgemeinen keine Gruppe ist, ist dies trotzdem wie gewohnt eine Gruppenoperation und induziert einen Homomorphismus $\phi \colon G \to \mathrm{Per}(G/H) \cong S_k$.

Wäre dieser Homomorphismus trivial, hieße das, dass für alle $g, x \in G$ gilt

$$gxH = H \quad \Leftrightarrow \quad gx \in H.$$

Insbesondere gilt dies für $x = e$ mit dem Neutralelement e von G, also wäre $g \in H$ für alle $g \in G$ und somit $G = H$ im Widerspruch dazu, dass H eine echte Untergruppe von G ist. Es ist daher $\ker \phi \subsetneq G$. Da Kerne von Homomorphismen immer Normalteiler sind und G laut Voraussetzung eine einfache Gruppe ist, muss $\ker \phi = \{e\}$ sein. Dies bedeutet, dass ϕ injektiv ist und $G \cong \mathrm{im}\,\phi$ gilt.

Tatsächlich muss sogar $\mathrm{im}\,\phi \subseteq A_k$ gelten, denn $\ker(\mathrm{sgn} \circ \phi)$ ist ebenfalls ein Normalteiler von G und daher muss $\ker(\mathrm{sgn} \circ \phi) = G$ oder $\ker(\mathrm{sgn} \circ \phi) = \{e\}$ sein. Im zweiten Fall wäre $(\mathrm{sgn} \circ \phi) \colon G \to \{\pm 1\}$ injektiv, was wegen

$$|G| = |H| \cdot (G : H) = |H| \cdot k > 2$$

unmöglich ist. Also ist $\ker(\mathrm{sgn} \circ \phi) = G$, was $\mathrm{im}\,\phi \subseteq A_k$ bedeutet. Nach dem Satz von Lagrange folgt daraus

$$|G| = |\mathrm{im}\,\phi| \quad \text{teilt} \quad |A_k| = \frac{k!}{2}.$$

Die Diedergruppe

Wir wenden uns nun der **Diedergruppe** D_n zu und motivieren zunächst, wieso es sich dabei um die Symmetriegruppe des regelmäßigen n-Ecks handelt.

Sei dazu $G \subseteq \mathrm{Per}(\mathbb{R}^2)$ die Gruppe der Kongruenzabbildungen des n-Ecks. Diese operiert auf der Eckenmenge $E_n = \{1, \ldots, n\}$ des n-Ecks, was nach Proposition 1.15 (1) einen Homomorphismus $\phi \colon G \to S_n$ liefert. Dieser ist injektiv, denn ist $\sigma \in \ker \phi$, so ist σ eine Kongruenzabbildung, die alle Ecken fest lässt und daher schon die identische Abbildung. Wir haben folglich eine Einbettung von G in S_n, sodass G zu einer Untergruppe von S_n isomorph ist, die wir mit D_n bezeichnen.

 Seien σ speziell die Rotation um $\frac{2\pi}{n}$ und τ die achsensymmetrische Spiegelung des n-Ecks an der Achse durch die Ecke 1. Anschaulich ist klar, dass σ und τ Kongruenzabbildungen des n-Ecks sind, also in D_n liegen, und Ordnung n bzw. 2 haben.

Betrachte nun die Bahn der Ecke 1. Durch k Hintereinanderausführungen der Rotation σ kann diese erste Ecke auf die Ecke k abgebildet werden, d. h. die Bahn der ersten Ecke ist die gesamte Eckenmenge E_n. Nur die Spiegelung τ und id lassen die erste Ecke fest, d. h. der Stabilisator dieser Ecke ist $\{\text{id}, \tau\}$. Nach Lemma 1.17 haben wir nun

$$|D_n(1)| = (D_n : \mathrm{Stab}_{D_n}(1)) \quad \Leftrightarrow \quad n = \frac{|D_n|}{2} \quad \Leftrightarrow \quad |D_n| = 2n.$$

Da τ die Ecke 1 festlässt, während jede Rotation σ^k sie weiterdreht, muss weiter $\langle\sigma\rangle \cap \langle\tau\rangle = \{\text{id}\}$ sein, sodass $\langle\sigma, \tau\rangle$ ebenfalls eine Gruppe der Ordnung $2n$ ist. Zusammen gibt das $D_n = \langle\sigma, \tau\rangle$. Zusammenfassend lässt sich zeigen:

> **Satz 1.37.** Sei $n \geq 2$ eine natürliche Zahl. Dann gibt es bis auf Isomorphie genau eine Gruppe G mit den folgenden Eigenschaften:
>
> (1) $|G| = 2n$,
>
> (2) es gibt Elemente $\sigma, \tau \in G$ mit $\mathrm{ord}(\sigma) = n$ und $\mathrm{ord}(\tau) = 2$, für die $\sigma\tau = \tau\sigma^{n-1}$ gilt,
>
> (3) $G = \langle\sigma, \tau\rangle$.
>
> Diese Gruppe wird n-te **Diedergruppe** genannt und mit D_n bezeichnet.

Im Fall $n = 2$ spricht man anstatt von D_2 in aller Regel von der **Klein'schen Vierergruppe** V_4. Diese ist als Gruppe der Ordnung $4 = 2^2$ abelsch und da sie von zwei Elementen der Ordnung 2 erzeugt wird, ist $V_4 \cong \mathbb{Z}/2\mathbb{Z} \times \mathbb{Z}/2\mathbb{Z}$.

Aufgabe (Herbst 2001, T2A1)

Für $3 \leq n$ sei D_n die Diedergruppe der Ordnung $2n$, es sei H die Quaternionengruppe der Ordnung 8, und S_3 sei die symmetrische Gruppe auf 3 Elementen.

a Zeigen Sie: Die drei Gruppen $D_8, D_4 \times \mathbb{Z}_2$ und $H \times \mathbb{Z}_2$ sind paarweise nicht isomorph.

b Bestimmen Sie für jede der drei Gruppen aus **a** die Anzahl der zyklischen Untergruppen der Ordnung 4 und geben Sie jeweils die Menge dieser Untergruppen an.

c Zeigen Sie: Die Gruppen D_6 und $S_3 \times \mathbb{Z}_2$ sind isomorph.

Lösungsvorschlag zur Aufgabe (Herbst 2001, T2A1)

a Nach Definition gibt es in D_8 ein Element der Ordnung 8, D_4 und H haben jedoch nur Elemente der Ordnung höchstens 4, sodass Elemente aus $D_4 \times \mathbb{Z}_2$ bzw. $H \times \mathbb{Z}_2$ ebenfalls höchstens Ordnung 4 haben können. Diese beiden Gruppen können daher nicht zu D_8 isomorph sein.

Weiterhin hat H genau ein Element der Ordnung 2, nämlich -1, sodass es in $H \times \mathbb{Z}_2$ genau die drei Elemente $(-1, \bar{0}), (-1, \bar{1})$ und $(1, \bar{1})$ der Ordnung 2 gibt. Sind σ, τ die Erzeuger von D_4, so gibt es in D_4 hingegen die 5 Elemente $\tau, \tau\sigma, \tau\sigma^2, \tau\sigma^3, \sigma^2$ der Ordnung 2, sodass es in $D_4 \times \mathbb{Z}_2$ mindestens die 5 Elemente

$$(\tau, \bar{0}), (\tau\sigma, \bar{0}), (\tau\sigma^2, \bar{0}), (\tau\sigma^3, \bar{0}), (\sigma^2, \bar{0})$$

der Ordnung 2 gibt. Also können auch $D_4 \times \mathbb{Z}_2$ und $H \times \mathbb{Z}_2$ nicht isomorph zueinander sein.

b Ist $D_8 = \langle \sigma, \tau \rangle$ mit $\operatorname{ord}(\sigma) = 8$, so sind die einzigen Elemente der Ordnung 4 in D_8 genau σ^2 und σ^6, welche beide die zyklische Gruppe $\langle \sigma^2 \rangle \subseteq D_8$ erzeugen.

In $H = \langle i, j, k \rangle$ gibt es als Elemente der Ordnung 4 gerade $\pm i, \pm j, \pm k$, die Untergruppen der Ordnung 4 in $H \times \mathbb{Z}_2$ sind daher

$$\langle (i, \bar{0}) \rangle, \langle (j, \bar{0}) \rangle, \langle (k, \bar{0}) \rangle \text{ sowie } \langle (i, \bar{1}) \rangle, \langle (j, \bar{1}) \rangle, \langle (k, \bar{1}) \rangle.$$

Schließlich gibt es in $D_4 = \langle \sigma, \tau \rangle$ als Untergruppe der Ordnung 4 nur $\langle \sigma \rangle$ und in $D_4 \times \mathbb{Z}_2$ sind die zyklischen Untergruppen der Ordnung 4 dann gegeben durch

$$\langle (\sigma, \bar{0}) \rangle, \langle (\sigma, \bar{1}) \rangle.$$

c Wir überprüfen die Kriterien aus Satz 1.37: (1) $|S_3 \times \mathbb{Z}_2| = 12 = |D_6|$.

(2) Seien $a = (1\,2\,3)$ und $b = (1\,2)$, dann haben diese Elemente Ordnung 3 bzw. 2 und es gilt

$$(ab)^2 = [(1\,2\,3) \circ (1\,2)]^2 = [(1\,3)]^2 = \operatorname{id} \quad \Leftrightarrow \quad ab = b^{-1}a^{-1} = ba^2$$

Folglich haben die Elemente $\sigma = (a, \bar{1})$ und $\tau = (b, \bar{0})$ die Ordnungen 6 bzw. 2 und es ist

$$\sigma\tau = (ab, \bar{1} + \bar{0}) = (ba^2, \bar{1}) = \tau(a^2, \bar{1}) = \tau(a^3 \cdot a^2, \bar{1}) = \tau\sigma^5,$$

wie gewünscht.

(3) Es ist $\tau \notin \langle \sigma \rangle$, da diese Untergruppe nur Elemente enthält, die in der ersten Komponente ein Element aus $\langle (1\,2\,3) \rangle$ stehen haben, also id oder

einen 3-Zykel. Somit hat $\langle \sigma, \tau \rangle$ mindestens 7 Elemente (nämlich $\langle \sigma \rangle$ und τ). Da als Untergruppenordnungen jedoch nur Teiler der Gruppenordnung 12 infrage kommen, muss $\langle \sigma, \tau \rangle$ sogar 12 Elemente enthalten und es folgt somit $\langle \sigma, \tau \rangle = S_3 \times \mathbb{Z}_2$.

Aufgabe (Frühjahr 2012, T1A2)

Zeigen Sie, dass in der symmetrischen Gruppe S_5 alle Untergruppen der Ordnung 8 zur Diedergruppe D_4 (der Symmetriegruppe eines Quadrates) isomorph sind.

Lösungsvorschlag zur Aufgabe (Frühjahr 2012, T1A2)

Die Untergruppen der Ordnung 8 sind genau die 2-Sylowgruppen von S_5. Diese sind zueinander konjugiert und deshalb isomorph zueinander. Weil S_5 die D_4 als Untergruppe enthält, müssen also alle 2-Sylowgruppen von S_5 zu D_4 isomorph sein.

Aufgabe (Frühjahr 2010, T1A5)

Sei D_6 die Diedergruppe der Ordnung 12, sei A_4 die alternierende Gruppe und sei G die von a und b erzeugte Gruppe, wobei a die Ordnung 3 und b die Ordnung 4 hat und $bab^{-1} = a^2$ gilt. Zeigen Sie, dass diese 3 Gruppen paarweise nicht isomorph sind.

Lösungsvorschlag zur Aufgabe (Frühjahr 2010, T1A5)

(1) $A_4 \ncong G$: Die alternierende Gruppe enthält die Klein'sche Vierergruppe V_4 als Normalteiler und deshalb einzige 2-Sylowgruppe. Die Gruppe G besitzt die Gruppe $\langle b \rangle \cong \mathbb{Z}/4\mathbb{Z}$ als 2-Sylowgruppe. Nach den Sylowsätzen sind alle Sylowgruppen konjugiert zueinander, also auch isomorph. Wären A_4 und G isomorph, müssten deshalb sämtliche 2-Sylowgruppen isomorph sein. Wegen

$$V_4 \cong \mathbb{Z}/_2\mathbb{Z} \times \mathbb{Z}/_2\mathbb{Z} \ncong \mathbb{Z}/_4\mathbb{Z} \cong \langle b \rangle$$

ist dies jedoch nicht der Fall.

(2) $G \ncong D_6$: Die Gruppe D_6 wird von zwei Elementen $\sigma, \tau \in D_6$ erzeugt, wobei $\operatorname{ord} \sigma = 6$, $\operatorname{ord} \tau = 2$ und $\tau\sigma = \sigma^{-1}\tau$ ist. Es ist dann

$$(\sigma^3\tau)^2 = \sigma^3\tau\sigma^3\tau = \sigma^3 \cdot \sigma^{-1}\tau \cdot \sigma^2\tau =$$
$$= \sigma^2 \cdot \sigma^{-1}\tau \cdot \sigma\tau = \sigma \cdot \sigma^{-1}\tau\tau = \operatorname{id} \cdot \operatorname{id} = \operatorname{id}$$

und es gilt $\sigma^3\tau \neq$ id, da andernfalls $\sigma^3 = \tau^{-1}$ wäre und somit $D_6 = \langle\sigma,\tau\rangle = \langle\sigma\rangle$ nur 6 Elemente hätte. Außerdem ist $\sigma^3\tau \neq \tau$, da wegen ord $\sigma = 6$ auch $\sigma^3 \neq$ id ist. Wir haben damit gezeigt, dass $\langle\tau\rangle \cap \langle\sigma^3\tau\rangle = \{\text{id}\}$, sodass

$$\langle\tau,\sigma^3\tau\rangle \cong \langle\tau\rangle \times \langle\sigma^3\tau\rangle \cong \mathbb{Z}/2\mathbb{Z} \times \mathbb{Z}/2\mathbb{Z} \cong V_4$$

als inneres direktes Produkt. Insbesondere ist $\langle\tau,\sigma^3\tau\rangle$ eine Gruppe der Ordnung 4, also 2-Sylowgruppe. Da diese nicht zyklisch ist, die 2-Sylowgruppen von G jedoch schon, kann D_6 nicht zu G isomorph sein.

(3) $A_4 \not\cong D_6$: Wie bereits erwähnt besitzt A_4 nur eine 2-Sylowgruppe. Wir zeigen nun, dass D_6 mehr als eine 2-Sylowgruppe besitzt, sodass A_4 und D_6 ebenfalls nicht isomorph sein können.

Jedes Element der Form $\sigma^n\tau$ mit $n \in \{1,\dots,5\}$ hat Ordnung 2, denn es gilt

$$(\sigma^n\tau)^2 = \sigma^n\tau\sigma^n\tau = \sigma^n(\tau\sigma)\sigma^{n-1}\tau = \sigma^n(\sigma^{-1}\tau)\sigma^{n-1}\tau = \dots = \sigma^n\sigma^{-n}\tau\tau = \text{id}$$

und $\sigma^n\tau \neq$ id, da sonst $\tau = \sigma^n \in \langle\sigma\rangle$ wäre und das wie oben ausgeführt nicht sein kann. Also besitzt D_6 mindestens 5 Elemente der Ordnung 2, die unmöglich in nur einer 2-Sylowgruppe liegen können. Nach den Sylowsätzen liegt jedoch jedes Element der Ordnung 2 in einer 2-Sylowgruppe.

2. Algebra: Ringtheorie

2.1. Ringe und Ideale

Beschäftigt man sich mit den ganzen Zahlen $\mathbb{Z}$, so erscheint es unzufriedenstellend, diese nur isoliert als die Gruppe $(\mathbb{Z}, +)$ oder als das Monoid $(\mathbb{Z}, \cdot)$ zu betrachten. Stattdessen ist es natürlicher, die ganzen Zahlen als eine Menge mit *zwei* inneren Verknüpfungen $+$ und $\cdot$ aufzufassen. Die ganzen Zahlen werden so zum Prototypen einer neuen Kategorie, zu der als zweiter bedeutender Vertreter der Polynomring $K[X]$ über einem Körper K gehört.

Definition 2.1. Ein *Ring* ist eine Menge R mit zwei Verknüpfungen

$$+: R \times R \to R \quad \text{und} \quad \cdot: R \times R \to R,$$

sodass

(1) $(R, +)$ eine kommutative Gruppe ist,

(2) $(R, \cdot)$ ein kommutatives Monoid ist,

(3) das Distributivgesetz erfüllt ist, d. h. für alle $r, s, t \in R$ die Gleichung

$$(r + s)t = rt + st$$

gilt. Das Neutralelement von $(R, +)$ bezeichnen wir mit 0, das von $(R, \cdot)$ mit 1.

Ist R ein Ring, so ist ein *Teilring* oder *Unterring* von R eine Teilmenge $S \subseteq R$ mit

$$(1)\ 1 \in S, \quad (2)\ a - b \in S, \quad (3)\ ab \in S$$

für beliebige $a, b \in S$.

Obwohl wir von den ganzen Zahlen ausgegangen sind, ist die Definition eines Rings genügend allgemein, sodass Ringe nicht immer alle Eigenschaften haben, die für uns im Umgang mit den ganzen Zahlen selbstverständlich sind. Die nächste Definition benennt einige dieser Merkmale deshalb.

Definition 2.2. Sei R ein Ring.

(1) Ein Element $r \in R$ heißt *Einheit*, falls es ein $s \in R$ gibt, sodass $rs = 1$ ist. Die Menge aller Einheiten von R notiert man als $R^\times$ und nennt sie die *Einheitengruppe* von R.

(2) Ein Element $r \in R$ heißt *Nullteiler*, falls es ein $s \in R \setminus \{0\}$ gibt, sodass $rs = 0$ ist und *nilpotent*, falls es ein $n \in \mathbb{N}$ mit $r^n = 0$ gibt.

© Der/die Autor(en), exklusiv lizenziert durch
Springer-Verlag GmbH, DE, ein Teil von Springer Nature 2021
D. Bullach und J. Funk, *Vorbereitungskurs Staatsexamen Mathematik*,
https://doi.org/10.1007/978-3-662-62904-8_2

(3) Ist 0 der einzige Nullteiler in R, so heißt R *Integritätsbereich* oder *Integritätsring*. Eine äquivalente Charakterisierung dafür ist, dass für Elemente $r, s \in R$ aus der Gleichung $rs = 0$ bereits $r = 0$ oder $s = 0$ folgt.

Definition 2.3. Ein Ring R heißt *Körper*, falls $R^{\times} = R \setminus \{0\}$.

Aufgabe (Frühjahr 2015, T3A3)

Ein Ring R mit Eins heißt *idempotent*, wenn $a \cdot a = a$ für alle $a \in R$ gilt. Beweisen Sie:

a $-1 = 1$ in einem idempotenten Ring R.

b Jeder idempotente Ring ist kommutativ.

c Jeder idempotente Integritätsbereich ist isomorph zu $\mathbb{F}_2$, dem Körper mit zwei Elementen.

Lösungsvorschlag zur Aufgabe (Frühjahr 2015, T3A3)

a Da auch -1 idempotent ist, haben wir

$$-1 = (-1) \cdot (-1) = 1.$$

b Seien $a, b \in R$. Man berechnet:

$$a + b = (a + b)^2 = a^2 + ab + ba + b^2 = a + ab + ba + b$$
$$\Leftrightarrow \quad 0 = ab + ba \quad \Leftrightarrow \quad ab = -ba$$

Da $-1 = 1$ nach Teil a, folgt daraus $ab = ba$.

c Sei $a \in R$ mit $a \neq 0$. Da R ein Integritätsbereich ist, folgt aus

$$a^2 = a \quad \Leftrightarrow \quad a(a - 1) = 0,$$

dass $a = 1$ gilt. Also ist $R = \{0, 1\}$. Insbesondere ist R ein Körper und als Körper mit zwei Elementen isomorph zu $\mathbb{F}_2$ nach Satz 3.25.

Anleitung: Endliche Integritätsbereiche

Ist R ein endlicher Integritätsbereich, so ist R bereits ein Körper. Zum Nachweis dieser Aussage, der gerne explizit oder implizit in Staatsexamensaufgaben abgefragt wird, gibt es zwei Standardargumente:

(1) Sei $a \in R$ ein Element mit $a \neq 0$. Betrachte die Abbildung

$$\tau_a : R \to R, \quad r \mapsto ar,$$

welche injektiv aufgrund der Integritätsbereichsbedingung ist. Da τ_a eine Abbildung zwischen endlichen und gleichmächtigen Mengen ist, muss sie bereits bijektiv sein. Insbesondere hat 1 ein Urbild $b \in R$, d. h. $1 = \tau_a(b) = ab$ und a ist invertierbar.

(2) Sei $a \in R$ ein Element mit $a \neq 0$. Da R endlich ist, können die Potenzen von a nicht alle verschieden sein, sodass es $n, m \in \mathbb{N}$ mit $n < m$ und $a^n = a^m$ geben muss. Aus dieser Gleichung folgt

$$a^n(1 - a^{m-n}) = 0.$$

Da R ein Integritätsbereich ist, muss $1 - a^{m-n} = 0$ oder $a^n = 0$ sein. Im ersten Fall ist a eine Einheit, im zweiten Fall zeigt man mittels Induktion, dass $a = 0$ sein muss.

Aufgabe (Frühjahr 2013, T3A3)

Beweisen Sie, dass jeder endliche Integritätsbereich ein Körper ist.

Hinweis Man betrachte eine durch Multiplikation gegebene Abbildung.

Lösungsvorschlag zur Aufgabe (Frühjahr 2013, T3A3)

Zu zeigen ist, dass jedes Element $a \in R$ mit $a \neq 0$ eine Einheit ist. Definiere dazu die Abbildung

$$\varphi_a : R \to R, \quad r \mapsto ra.$$

Diese Abbildung ist injektiv, denn sind $r, s \in R$ Elemente mit $\varphi_a(r) = \varphi_a(s)$, so bedeutet dies

$$ra = sa \quad \Leftrightarrow \quad ra - sa = 0 \quad \Leftrightarrow \quad (r - s)a = 0.$$

Da R nach Voraussetzung ein Integritätsbereich ist, folgt daraus, dass $r - s = 0$ oder $a = 0$ ist. Wir hatten $a \neq 0$ gewählt, sodass $r - s = 0$ sein muss, was äquivalent zu $r = s$ ist. Also ist φ_a eine injektive Abbildung zwischen zwei gleichmächtigen (endlichen) Mengen und daher auch surjektiv. Insbesondere gibt es ein $b \in R$ mit $\varphi_a(b) = 1$, also $ab = 1$.

Aufgabe (Frühjahr 2010, T3A2)

R sei ein endlicher kommutativer Ring mit Einselement. Zeigen Sie, dass jedes Element aus R entweder Einheit oder Nullteiler ist.

Lösungsvorschlag zur Aufgabe (Frühjahr 2010, T3A2)

Sei $r \in R$ beliebig vorgegeben. Da R endlich ist, können die Potenzen $r, r^2, \ldots$ nicht alle verschieden sein, d.h. es muss verschiedene $m, n \in \mathbb{N}$ geben mit $r^m = r^n$. o. B. d. A. sei $m < n$, dann gilt:

$$r^m = r^n \quad \Leftrightarrow \quad r^m - r^n = 0 \quad \Leftrightarrow \quad r^m(1 - r^{n-m}) = 0.$$

Da R nicht unbedingt ein Integritätsbereich ist, können wir nicht folgern, dass einer der Faktoren 0 ist. Wir unterscheiden stattdessen zwei Fälle:

1. *Fall:* $1 - r^{n-m} = 0$: Es folgt $r \cdot r^{n-m-1} = r^{n-m} = 1$ und r ist eine Einheit.

2. *Fall:* $1 - r^{n-m} \neq 0$: Hier ist r^m ein Nullteiler. Wir zeigen nun per Induktion über m, dass daraus folgt, dass auch r ein Nullteiler ist.

Der Fall $m = 1$ ist klar. Nehmen wir an, die Aussage gilt für $m \in \mathbb{N}$ und betrachten den Fall $m + 1$. Ist r^{m+1} ein Nullteiler, dann gibt es ein $s \neq 0$ mit

$$r^{m+1} \cdot s = 0 \quad \Leftrightarrow \quad r \cdot r^m \cdot s = 0.$$

Ist nun auch $r^m \cdot s \neq 0$, so ist r ein Nullteiler und die Behauptung stimmt. Ansonsten folgt aus $r^m \cdot s = 0$ und $s \neq 0$, dass r^m ein Nullteiler ist – laut der Induktionvoraussetzung folgt daraus, dass r ein Nullteiler ist.

Ideale

Um das von den ganzen Zahlen gewohnte Konzept der eindeutigen Primfaktorzerlegung in allgemeinere Ringe hinüber zu retten, ist die erste Idee, die besonderen Eigenschaften von Primzahlen zu abstrahieren und anschließend nach abstrakteren Elementen mit diesen Eigenschaften zu suchen.

Definition 2.4. Sei R ein Integritätsbereich und $p \in R$ mit $p \neq 0$ und $p \notin R^\times$:

(1) p heißt *Primelement*, falls für $x, y \in R$ die Implikation

$$p \mid xy \quad \Rightarrow \quad p \mid x \text{ oder } p \mid y$$

erfüllt ist.

(2) p heißt *irreduzibles Element*, falls für $x, y \in R$ die Implikation

$$p = xy \quad \Rightarrow \quad x \in R^\times \text{ oder } y \in R^\times$$

erfüllt ist.

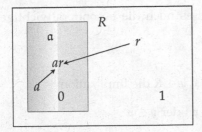 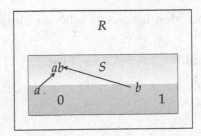

Abbildung 2.1: Veranschaulichung des Unterschieds zwischen einem Ideal $\mathfrak{a} \subseteq R$ (links) und einem Unterring $S \subseteq R$ (rechts). Im Unterschied zum Unterring wird beim Ideal gefordert, dass auch die Verknüpfung mit einem Ringelement *außerhalb* des Ideals wieder im Ideal liegen soll.

Im Fall der ganzen Zahlen $\mathbb{Z}$ fallen die obigen Eigenschaften zusammen und beschreiben gerade die Primzahlen (vgl. dazu auch Proposition 2.10). In Ringen der Form $\mathbb{Z}[\sqrt{d}]$ für ein $d \in \mathbb{Z}$ ist das jedoch nicht immer der Fall, wie wir sehen werden.

Viele Ringe gestatten nun dennoch keine eindeutige Zerlegung in diese verallgemeinerten „Primzahlen", beispielsweise haben wir über dem Ring $\mathbb{Z}[\sqrt{-5}]$ die beiden Zerlegungen

$$6 = 2 \cdot 3 = (1 + \sqrt{-5})(1 - \sqrt{-5})$$

von 6 in irreduzible Elemente. Um diesen Makel zu beheben, entwickelte Ernst Eduard Kummer eine Theorie *idealer Zahlen*, welche Richard Dedekind zum Begriff des *Ideals* inspirierte. Tatsächlich gilt im Ring $\mathbb{Z}[\sqrt{-5}]$ keine eindeutige Prim*zahl*- oder Prim*element*zerlegung, sondern eine eindeutige Prim*ideal*zerlegung.

Definition 2.5. Sei R ein Ring. Eine Menge $\mathfrak{a} \subseteq R$ wird ***Ideal*** genannt, falls

$\qquad$ (1) $0 \in \mathfrak{a}$, $\qquad$ (2) $ar \in \mathfrak{a}$, $\qquad$ (3) $a + b \in \mathfrak{a}$

für alle $a, b \in \mathfrak{a}$ und $r \in R$ erfüllt ist.

Eine Klasse besonders schöner Ideale sind die ***Hauptideale***, welche gerade die Menge aller Vielfachen eines Elementes sind, d. h. die Menge $\{ar \mid r \in R\}$ für ein $a \in R$. In aller Regel wird diese Menge als (a) oder aR notiert. Das von mehreren Elementen $a_1, \ldots, a_n$ erzeugte Ideal ist dann entsprechend

$$(a_1, \ldots, a_n) = a_1 R + \ldots + a_n R.$$

Neben den besonders schönen Idealen gibt es noch die besonders wichtigen Ideale:

Definition 2.6. Sei R ein Ring.

(1) Ein Ideal $\mathfrak{p} \subsetneq R$ heißt *Primideal*, falls für $x, y \in R$ die Implikation

$$xy \in \mathfrak{p} \quad \Rightarrow \quad x \in \mathfrak{p} \text{ oder } y \in \mathfrak{p}$$

erfüllt ist.

(2) Ein Ideal $\mathfrak{m} \subsetneq R$ heißt *maximales Ideal*, falls für jedes Ideal $\mathfrak{a} \subseteq R$ die Implikation

$$\mathfrak{m} \subseteq \mathfrak{a} \subseteq R \quad \Rightarrow \quad \mathfrak{a} = \mathfrak{m} \text{ oder } \mathfrak{a} = R$$

erfüllt ist.

Ideale ermöglichen auch die Konstruktion der Restklassenringe, auf die wir im nächsten Abschnitt ausführlicher eingehen werden. Wir kommen jedoch nicht umhin, die dort entwickelte Theorie bereits teilweise vorweg zu nehmen.

Satz 2.7. Sei R ein Ring.

(1) Ein Ideal $\mathfrak{p} \subseteq R$ ist genau dann prim, wenn $R/\mathfrak{p}$ ein Integritätsbereich ist.

(2) Ein Ideal $\mathfrak{m} \subseteq R$ ist genau dann maximal, wenn $R/\mathfrak{m}$ ein Körper ist.

Unmittelbare Folgerung aus Satz 2.7 ist, dass jedes maximale Ideal auch prim ist, denn jeder Körper ist insbesondere ein Integritätsbereich.

Aufgabe (Herbst 2014, T1A2)

Es sei R ein kommutativer Ring mit Eins, der nicht der Nullring ist. Sei $\mathfrak{p}$ ein Primideal von R. Betrachten Sie die Teilmenge

$$\mathfrak{p}R[X] := \left\{ \sum_{i=1}^{r} a_i f_i(X) \ \middle| \ r \in \mathbb{N}, a_i \in \mathfrak{p} \text{ und } f_i(X) \in R[X] \right\}$$

im Polynomring $R[X]$.

a Zeigen Sie, dass $\mathfrak{p}R[X]$ ein Ideal von $R[X]$ ist.

b Geben Sie einen Isomorphismus $R[X]/\mathfrak{p}R[X] \to (R/\mathfrak{p})[X]$ an (mit Beweis).

c Zeigen Sie, dass $\mathfrak{p}R[X]$ ein Primideal, aber kein maximales Ideal von $R[X]$ ist.

Lösungsvorschlag zur Aufgabe (Herbst 2014, T1A2)

a Wegen $0 \in \mathfrak{p}$ ist auch $0 \in \mathfrak{p}R[X]$. Sei nun $\sum_{i=1}^{r} a_i f_i \in \mathfrak{p}R[X]$ und $g \in R[X]$. Dann ist auch

$$g \cdot \sum_{i=1}^{r} a_i f_i = \sum_{i=1}^{r} a_i \cdot g \cdot f_i = \sum_{i=1}^{r} a_i \tilde{f}_i \quad \in \mathfrak{p}R[X],$$

wobei $\tilde{f}_i = g f_i$ für jedes $i \in \{1, \dots, r\}$ ist. Ist nun zusätzlich $\sum_{i=1}^{s} b_i g_i \in \mathfrak{p}R[X]$, so ist

$$\sum_{i=1}^{r} a_i f_i + \sum_{i=1}^{s} b_i g_i = \sum_{i=1}^{r+s} c_i h_i \quad \in \mathfrak{p}R[X],$$

mit

$$c_i = \begin{cases} a_i & \text{für } 1 \leq i \leq r, \\ b_{i-r} & \text{für } r+1 \leq i \leq r+s, \end{cases} \qquad h_i = \begin{cases} f_i & \text{für } 1 \leq i \leq r, \\ g_{i-r} & \text{für } r+1 \leq i \leq r+s. \end{cases}$$

b Es bezeichne $\bar{a}$ jeweils die Restklasse von $a \in R$ in $R/\mathfrak{p}$. Wir definieren die Abbildung

$$\varphi \colon R[X] \to (R/\mathfrak{p})\,[X], \quad \sum_{i=0}^{n} a_i X^i \mapsto \sum_{i=0}^{n} \overline{a_i} X^i,$$

welche ein Homomorphismus ist. Außerdem ist diese surjektiv, da $R \to R/\mathfrak{p}$, $r \mapsto \bar{r}$ surjektiv ist. Nach dem Homomorphiesatz 2.12 genügt es daher zu zeigen, dass $\ker \varphi = \mathfrak{p}R[X]$ erfüllt ist, denn dann ist die induzierte Abbildung

$$\overline{\varphi} \colon R[X]/\mathfrak{p}R[X] \to (R/\mathfrak{p})\,[X], \quad p + \mathfrak{p}R[X] \mapsto \varphi(p)$$

ein Isomorphismus. Die Inklusion $\mathfrak{p}R[X] \subseteq \ker \varphi$ ist klar, da für jedes $a \in \mathfrak{p}$ die zugehörige Restklasse $\bar{a} = 0$ ist. Sei daher umgekehrt $p \in R[X]$ mit $\varphi(p) = \overline{0}$ vorgegeben. Schreibe $p = \sum_{i=0}^{n} a_i X^i$ mit Koeffizienten $a_i \in R$ für alle $i \in \{0, \dots, n\}$, dann haben wir

$$\varphi(p) = \sum_{i=0}^{n} \overline{a_i} X^i = \overline{0}.$$

Koeffizientenvergleich ergibt $\overline{a_i} = \overline{0}$ für alle $i \in \{0, \dots, n\}$, was gleichbedeutend zu $a_i \in \mathfrak{p}$ für alle $i \in \{0, \dots, n\}$ ist. Dies zeigt $p = \sum_{i=0}^{n} a_i X^i \in \mathfrak{p}R[X]$.

> **c** Da $\mathfrak{p}$ ein Primideal ist, ist $R/\mathfrak{p}$ laut Satz 2.7 ein Integritätsbereich und
> als Polynomring über einem Integritätsbereich ist auch $(R/\mathfrak{p})\,[X]$ wieder
> ein Integritätsbereich. Nach Teil **b** gilt $R[X]/\mathfrak{p}R[X] \cong (R/\mathfrak{p})\,[X]$, also ist
> $R[X]/\mathfrak{p}R[X]$ ebenfalls ein Integritätsbereich, sodass $\mathfrak{p}R[X]$ ein Primideal
> von $R[X]$ ist.
>
> Andererseits ist $(R/\mathfrak{p})\,[X]$ kein Körper, da dort beispielsweise das Polynom
> X aus Gradgründen nicht invertierbar ist. Folglich ist $R[X]/\mathfrak{p}R[X]$ ebenfalls
> kein Körper und das Ideal $\mathfrak{p}R[X]$ nicht maximal.

Einheiten

Wie man leicht überprüft, bilden die invertierbaren Element eines Ringes R eine
Gruppe, die sogenannte *Einheitengruppe* $R^\times$. Ist S ein weiterer Ring, so hat man
$(R \times S)^\times = R^\times \times S^\times$. Um die Einheitengruppen der Ringe $\mathbb{Z}/n\mathbb{Z}$ vollständig zu
klassifizieren, ist es daher nach dem Chinesischen Restsatz 2.14 ausreichend, die
Einheitengruppen der Ringe $\mathbb{Z}/p^n\mathbb{Z}$ für eine Primzahl p und $n \in \mathbb{N}$ zu bestimmen.
Diese Leistung erbringt der nächste Satz.

Satz 2.8. Sei $n \in \mathbb{N}$ und p eine Primzahl.

(1) $(\mathbb{Z}/n\mathbb{Z})^\times$ ist eine Gruppe der Ordnung $\varphi(n)$.

(2) Ist p ungerade, so gilt $(\mathbb{Z}/p^n\mathbb{Z})^\times \cong \mathbb{Z}/(p^{n-1}(p-1))\,\mathbb{Z}$.

(3) Für $n \geq 2$ ist $(\mathbb{Z}/2^n\mathbb{Z})^\times \cong \mathbb{Z}/2\mathbb{Z} \times \mathbb{Z}/2^{n-2}\mathbb{Z}$.

Zur expliziten Berechnung von multiplikativen Inversen in Restklassenringen
beachte auch den Kasten auf Seite 101. Nebenergebnis des dort beschriebenen
Verfahrens ist die folgende Charakterisierung:

$$(\mathbb{Z}/n\mathbb{Z})^\times = \{\bar{a} \in \mathbb{Z}/n\mathbb{Z} \mid \mathrm{ggT}(a,n) = 1\}.$$

Eine weitere und besonders für die Zahlentheorie wichtige Klasse von Ringen sind
die Ringe der Form $\mathbb{Z}[\sqrt{d}]$ für eine quadratfreie Zahl $d \in \mathbb{Z}$. Zur Untersuchung
der Einheitengruppe dieser Ringe benutzt man die sog. *Normabbildung*

$$N\colon \mathbb{Z}[\sqrt{d}] \to \mathbb{Z}, \quad a + b\sqrt{d} \mapsto a^2 - db^2.$$

Diese hat die nützliche Eigenschaft, multiplikativ zu sein und Einheiten auf
Einheiten abzubilden. Daneben ist die Normabbildung auch zur Untersuchung
von Primelementen und irreduziblen Elementen hilfreich.

Gebrauchsanweisung zur Norm

Gegeben sei ein Ring $\mathbb{Z}[\sqrt{d}]$, wobei $d \in \mathbb{Z}$ eine quadratfreie Zahl ist.

(1) Definiere die Normabbildung $N\colon \mathbb{Z}[\sqrt{d}] \to \mathbb{Z}$. In unserem Fall ist diese durch $N(a + b\sqrt{d}) = a^2 - db^2$ gegeben. Falls $d < 0$, hat diese auch die Darstellung $N(z) = z\bar{z}$, woran man besonders leicht die Multiplikativität sieht.

(2) Die Normabbildung hat die Eigenschaft, dass z genau dann eine Einheit in $\mathbb{Z}[\sqrt{d}]$ ist, wenn $N(z)$ eine Einheit in $\mathbb{Z}$, also ± 1, ist (vgl. Aufgabe F10T2A3 a auf Seite 84 H10T1A3 a).

(3) Nach (2) sind die Einheiten $z = a + b\omega$ von $\mathbb{Z}[\sqrt{d}]$ genau die Lösungen der Gleichung $N(z) = \pm 1$. Um diese sogenannte *Pell-Fermat*-Gleichung

$$a^2 - b^2 d = n.$$

zu behandeln, verwendet man meist eine der folgenden beiden Strategien:

(a) Im Fall, dass $d < 0$ ist, muss die rechte Seite positiv sein. Wir kehren zurück zum Spezialfall $n = 1$:

Triff die Annahme $b \neq 0$, sodass $b^2 \geq 1$ ist. Dies führt auf die Ungleichung $1 = a^2 - b^2 d \geq a^2 - d$. Falls $d \leq -2$, ist dies bereits ein Widerspruch, sodass $b = 0$ sein muss. Für $d = -1$ hat man zusätzlich die Möglichkeiten $b \in \{\pm 1\}$. Nun muss man nur noch den Fall $b = 0$ betrachten.

(b) Reduziere die Gleichung modulo einer geeigneten Primzahl und verwende die Strategie aus dem Kasten auf Seite 124, um die Existenz von Lösungen auszuschließen.

(4) Auch im Zusammenhang mit irreduziblen Elementen ist die Norm nützlich, denn ist $z = xy$, so ist $N(z) = N(x)N(y)$. Falls $N(z)$ eine Primzahl ist, folgt daher aus (2) sofort, dass z irreduzibel ist. In allen anderen Fällen macht man die Annahme, dass x und y keine Einheiten sind, also $N(x) \neq \pm 1 \neq N(y)$ gilt, und überprüft wie in (3), ob für die verbleibenden Möglichkeiten die Pell-Fermat-Gleichung lösbar ist.

(5) In euklidischen Ringen ist jedes irreduzible Elemente auch prim (vgl. Proposition 2.10), daher kann dort die Strategie aus (4) für den Nachweis der Primelementeigenschaft verwendet werden. Umgekehrt zeigt man, dass ein Ring nicht faktoriell ist, indem man ein Element findet, das nach (4) irreduzibel, aber dennoch nicht prim ist.

Aufgabe (Frühjahr 2012, T2A3)

Bestimmen Sie alle Teiler von 6 im Ring $\mathbb{Z}[\sqrt{-6}] = \{a + \sqrt{-6} \cdot b \mid a, b \in \mathbb{Z}\}$.

Lösungsvorschlag zur Aufgabe (Frühjahr 2012, T2A3)

Sei $\alpha = a + b\sqrt{-6} \in \mathbb{Z}[\sqrt{-6}]$ ein Teiler von 6, d.h. es gelte $6 = \alpha\beta$ für ein $\beta \in \mathbb{Z}[\sqrt{-6}]$. Wir wenden auf diese Gleichung die Normabbildung

$$N: \mathbb{Z}[\sqrt{-6}] \to \mathbb{N}_0, \quad z \mapsto z\overline{z}$$

an und erhalten

$$36 = N(6) = N(\alpha\beta) = N(\alpha) \cdot N(\beta).$$

Damit haben wir $N(\alpha) \in \{1, 2, 3, 4, 6, 9, 12, 18, 36\}$. Wir benutzen nun die Argumentation aus (3) (a) im Kasten für die Gleichung

$$N(\alpha) = a^2 + 6b^2.$$

Ist $b = 0$, so heißt das $N(\alpha) = a^2$. Das ist nur für $N(\alpha) \in \{1, 4, 9, 36\}$ möglich. Für $N(\alpha) = 4$ ergibt sich $\alpha = \pm 2$ und dementsprechend $\beta = \pm 3$, im Fall $N(\alpha) = 9$ tauschen nur die Bezeichnungen. Die Fälle $N(\alpha) \in \{1, 36\}$ liefern die trivialen Teiler ± 1 und ± 6.

Setzen wir nun also $b \neq 0$ voraus. Dann ist

$$N(\alpha) = a^2 + 6b^2 \geq 0 + 6 \cdot 1 = 6,$$

sodass die Fälle $N(\alpha) \in \{1, 2, 3, 4\}$ unmöglich sind. Auch die Fälle $N(\alpha) \in \{9, 12, 18, 36\}$ sind unmöglich, denn in diesem Fall wäre $N(\beta) \in \{1, 2, 3, 4\}$. Aus $6 = \alpha\beta$ und $b \neq 0$ folgt jedoch, dass auch der Imaginärteil von β nicht verschwinden kann, sodass das gleiche Argument wie oben auch $N(\beta) \notin \{1, 2, 3, 4\}$ zeigt.

Im Fall $N(\alpha) = 6$ muss $a = 0$ sein, sodass $b = \pm 1$, also $\alpha = \pm\sqrt{-6}$. Wegen $N(\beta) = 6$ daher auch $\beta = \pm\sqrt{-6}$.

Insgesamt erhalten wir damit die Kandidaten $\pm 1, \pm 2, \pm 3, \pm\sqrt{-6}, \pm 6$. Wegen

$$6 = 1 \cdot 6 = (-1) \cdot (-6) = 2 \cdot 3 = (-2) \cdot (-3) = \sqrt{-6} \cdot (-\sqrt{-6})$$

sind dies tatsächlich jeweils Teiler von 6.

Aufgabe (Herbst 2014, T3A4)

Sei $\omega \in \mathbb{C} \setminus \mathbb{Q}$ mit $\omega^2 \in \mathbb{Z}$ gegeben. Zeigen Sie:

a $\mathbb{Z}[\omega] := \{a + b\omega \mid a, b \in \mathbb{Z}\}$ ist ein Unterring von $\mathbb{C}$.

b Für $z = a + b\omega \in \mathbb{Z}[\omega]$ sei $\bar{z} = a - b\omega$. Dann ist die *Normabbildung*

$$N : \mathbb{Z}[\omega] \to \mathbb{Z}, \quad z \mapsto z\bar{z}$$

multiplikativ, d. h. für $z_1, z_2 \in \mathbb{Z}[\omega]$ gilt $N(z_1 z_2) = N(z_1) \dot{N}(z_2)$.

c Ein Element $z \in \mathbb{Z}[\omega]$ ist genau dann eine Einheit, wenn $|N(z)| = 1$ ist.

d Der Ring $\mathbb{Z}[\sqrt{26}]$ besitzt unendlich viele Einheiten.

Lösungsvorschlag zur Aufgabe (Herbst 2014, T3A4)

a Offensichtlich ist $1 \in \mathbb{Z}[\omega]$. Seien $z_1, z_2 \in \mathbb{Z}[\omega]$. Schreibe $z_1 = a_1 + b_1\omega$ und $z_2 = a_2 + b_2\omega$, dann ist

$$z_1 - z_2 = (a_1 + b_1\omega) - (a_2 + b_2\omega) = (a_1 - a_2) + (b_1 - b_2)\omega \in \mathbb{Z}[\omega],$$
$$z_1 \cdot z_2 = (a_1 + b_1\omega) \cdot (a_2 + b_2\omega) =$$
$$= (a_1 a_2 + b_1 b_2 \omega^2) + (a_1 b_2 + b_1 a_2)\omega \in \mathbb{Z}[\omega].$$

Damit sind alle Bedingungen dafür, dass $\mathbb{Z}[\omega]$ ein Unterring von $\mathbb{C}$ ist, erfüllt.

b Seien $z_1, z_2 \in \mathbb{Z}[\omega]$ gegeben. Mithilfe von $\overline{z_1 z_2} = \overline{z_1} \cdot \overline{z_2}$ berechnet man:

$$N(z_1 z_2) = (z_1 z_2) \cdot \overline{(z_1 z_2)} = z_1 z_2 \overline{z_1 z_2} = (z_1 \overline{z_1}) \cdot (z_2 \overline{z_2}) = N(z_1) \cdot N(z_2).$$

c Ist $z \in \mathbb{Z}[\omega]$ eine Einheit, so gibt es ein Element $z^{-1} \in \mathbb{Z}[\omega]$ mit $z \cdot z^{-1} = 1$. Unter Verwendung von Teil **b** ist dann

$$N(z) \cdot N(z^{-1}) = N(zz^{-1}) = N(1) = 1 \cdot \bar{1} = 1.$$

Da $N(z)$ ganzzahlig ist, bedeutet das $N(z) \in \{\pm 1\}$. Insbesondere $|N(z)| = 1$. Sei umgekehrt $|N(z)| = 1$ vorausgesetzt, dann ist

$$\pm 1 = N(z) = z\bar{z},$$

also ist z eine Einheit (mit Inversem $\bar{z}$ oder $-\bar{z}$) in $\mathbb{Z}[\omega]$.

d Wegen

$$-1 = 25 - 26 = (5 - \sqrt{26})(5 + \sqrt{26}) = N(5 + \sqrt{26})$$

ist $5 + \sqrt{26}$ nach Teil **c** eine Einheit in $\mathbb{Z}[\omega]$. Nun ist $5 + \sqrt{26} > 1$, deshalb ist die Folge $\{(5 + \sqrt{26})^n\}_{n \in \mathbb{N}}$ streng monoton steigend, besteht also insbesondere aus paarweise verschiedenen Gliedern. Da die Einheiten eines Rings eine Gruppe bilden, liegen diese Potenzen wieder in $\mathbb{Z}[\omega]^\times$, sodass dieser Ring unendlich viele Einheiten haben muss.

Aufgabe (Frühjahr 2010, T2A3)

Betrachten Sie die Gauß'schen Zahlen

$$\mathbb{Z}[i] = \{a + ib \in \mathbb{C} \mid a, b \in \mathbb{Z}\}$$

mit der Normabbildung $N: \mathbb{Z}[i] \to \mathbb{N}_0$, $N(z) := z\bar{z}$. Dabei steht $\bar{z}$ für die zu z komplex-konjugierte Zahl.

a Zeigen Sie: $z \in (\mathbb{Z}[i])^\times \Leftrightarrow N(z) = 1$.

b Sei $q \in \mathbb{Z}[i]$ so gewählt, dass $N(q)$ eine ungerade Primzahl ist. Zeigen Sie: q ist ein Primelement in $\mathbb{Z}[i]$ und für alle $\varepsilon \in (\mathbb{Z}[i])^\times$ gilt: $q \neq \varepsilon\bar{q}$.

Lösungsvorschlag zur Aufgabe (Frühjahr 2010, T2A3)

a „$\Rightarrow$": Sei $z \in \mathbb{Z}[i]$ eine Einheit, dann gibt es ein $w \in \mathbb{Z}[i]$, sodass $zw = 1$. Anwenden der Norm liefert:

$$1 = N(1) = N(zw) = N(z) \cdot N(w)$$

Da $N(z)$ eine nicht-negative ganze Zahl ist, muss bereits $N(z) = 1$ sein.

„$\Leftarrow$": Laut Voraussetzung ist $1 = N(z) = z\bar{z}$, d.h. $z^{-1} = \bar{z}$. Ist $z = a + ib$ mit $a, b \in \mathbb{Z}$, so liegt offensichtlich auch $\bar{z} = a - ib$ in $\mathbb{Z}[i]$. Also enthält $\mathbb{Z}[i]$ das multiplikative Inverse von z, sodass z eine Einheit in $\mathbb{Z}[i]$ ist.

b Sei p eine ungerade Primzahl und $N(q) = p$. Da $\mathbb{Z}[i]$ ein euklidischer Ring ist, genügt es zu zeigen, dass q irreduzibel in $\mathbb{Z}[i]$ ist. Sei dazu eine Faktorisierung $q = ab$ mit $a, b \in \mathbb{Z}[i]$ gegeben. Anwenden der Norm liefert

$$p = N(q) = N(ab) = N(a) \cdot N(b)$$

und da p eine Primzahl ist, muss $N(a) = p$ oder $N(b) = p$ sein. Als Konsequenz ist $N(b) = 1$ oder $N(a) = 1$ und laut Teil **a** bedeutet das, dass a oder b eine Einheit ist. Also ist q irreduzibel und damit auch prim.

Angenommen, es gibt eine Einheit $\varepsilon \in \mathbb{Z}[i]^\times$, sodass $q = \varepsilon\bar{q}$ erfüllt ist. Schreibe $\varepsilon = x + iy$, dann gilt laut Teil **a**, dass

$$1 = N(\varepsilon) = \varepsilon\bar{\varepsilon} = (x + iy)(x - iy) = x^2 + y^2.$$

Nehmen wir an, dass $x \neq 0$ und $y \neq 0$. Dann ist $x^2, y^2 \geq 1$, d.h.

$$1 = x^2 + y^2 \geq 1 + 1 = 2,$$

was offensichtlich nicht sein kann. Also ist entweder $x = 0$ und damit $y^2 = 1$ oder $y = 0$ und damit $x^2 = 1$. Wir erhalten

$$(x, y) \in \{(0, 1), (0, -1), (1, 0), (-1, 0)\} \quad \Leftrightarrow \quad \varepsilon \in \{i, -i, 1, -1\}.$$

Oben hatten wir angenommen, dass $q = \varepsilon\bar{q}$. Sei $q = c + id$ mit $c, d \in \mathbb{Z}$, dann impliziert dies

$$p = N(q) = q\bar{q} = \varepsilon\bar{q}^2 = \varepsilon(c^2 - d^2 - 2icd).$$

Wegen $p \in \mathbb{N}$ muss der Imaginärteil der rechten Seite verschwinden. Ist $\varepsilon = \pm 1$, so beträgt dieser $\mp 2cd$. Daraus folgt jedoch $c = 0$ oder $d = 0$ und damit $p = \pm d^2$ oder $p = \pm c^2$ im Widerspruch dazu, dass p eine Primzahl ist.

Ist $\varepsilon = \pm i$, so ist der Realteil der rechten Seite $\pm 2cd$ und die Gleichung erzwingt $p = \pm 2cd$ obwohl p ungerade sein soll. Beide Fälle führen also zu Widersprüchen, weswegen die Annahme $q = \varepsilon\bar{q}$ falsch gewesen sein muss.

Aufgabe (Herbst 2010, T1A3)

Sei $\omega \in \mathbb{C}$ eine primitive dritte Einheitswurzel. Der Ring $R = \mathbb{Z}[\omega]$ ist ein euklidischer Ring mit Normabbildung $N : R \to \mathbb{N}_0$ definiert durch

$$N(a + b\omega) = (a + b\omega)(a + b\omega^2) = a^2 - ab + b^2, \quad a, b \in \mathbb{Z}.$$

Zeigen Sie:

a Ein Element $y \in R$ ist genau dann eine Einheit in R, wenn $N(y) = 1$.

b Sei $p \in \mathbb{Z}$ eine Primzahl. Dann ist $p = a^2 - ab + b^2$ für geeignete $a, b \in \mathbb{Z}$ genau dann, wenn das Ideal $(p) \subseteq R$ kein Primideal ist.

c Sei $p \in \mathbb{Z}$ eine Primzahl und $\mathbb{F}_p = \mathbb{Z}/p\mathbb{Z}$ der endliche Körper mit p Elementen. Das Ideal $(p) \subseteq R$ ist genau dann ein Primideal, wenn das Polynom $X^2 + X + 1 \in \mathbb{F}_p[X]$ irreduzibel ist.

Lösungsvorschlag zur Aufgabe (Herbst 2010, T1A3)

a „⇒": Wir zeigen zunächst, dass die Normabbildung multiplikativ ist. Dazu bemerken wir, dass aus $\omega^3 = 1$ insbesondere $|\omega|^3 = 1$ folgt. Da $|\omega|$ eine positive reelle Zahl ist, folgt $|\omega| = 1$. Gleichzeitig ist $\omega\overline{\omega} = |\omega|^2$, sodass

$$\omega\overline{\omega} = 1 = \omega^3 \quad \Rightarrow \quad \overline{\omega} = \omega^2.$$

Dies zeigt $N(a + b\omega) = (a + b\omega)(a + b\overline{\omega}) = (a + b\omega)\overline{(a + b\omega)}$ und die Behauptung folgt aus der Multiplikativität der komplexen Konjugation.

Sei nun $y \in R$ eine Einheit, dann folgt

$$1 = N(yy^{-1}) = N(y) \cdot N(y^{-1})$$

aus der Multiplikativität und $N(y)$ muss eine Einheit in $\mathbb{Z}$ sein. Das bedeutet $N(y) \in \{-1, +1\}$. Allerdings ist $N(y)$ stets nicht-negativ, denn laut dem oben Bewiesenen ist $N(y) = y\overline{y} = |y|^2$, also $N(y) = 1$.

„⇐": Es sei umgekehrt $N(y) = 1$ für $y = a + b\omega \in \mathbb{Z}[\omega]$ vorausgesetzt, d.h.

$$N(y) = (a + b\omega)(a + b\omega^2) = 1.$$

Offensichtlich ist $(a + b\omega^2)$ das Inverse von y in $\mathbb{Z}[\omega]$, d.h. y ist invertierbar in $\mathbb{Z}[\omega]$.

b „⇒": Sei p eine Primzahl, die eine Darstellung als $p = a^2 - ab + b^2$ mit $a, b \in \mathbb{Z}$ besitzt. Es ist dann

$$p = a^2 - ab + b^2 = N(a + b\omega) = (a + b\omega)(a + b\omega^2) \quad \in (p).$$

Nach Teil a können nun $a + b\omega$ und $a + b\omega^2$ keine Einheiten sein, denn beide haben Norm $p \neq 1$. Somit ist p reduzibel in $\mathbb{Z}[\omega]$ und da $\mathbb{Z}[\omega]$ laut Angabe euklidisch ist, kann p nach Proposition 2.10 kein Primelement sein. Es folgt, dass (p) kein Primideal ist.

„⇐": Sei umgekehrt (p) kein Primideal. Laut Angabe ist $\mathbb{Z}[\omega]$ ein euklidischer Ring, sodass p nach Proposition 2.10 nicht irreduzibel sein kann. Es gibt also Nicht-Einheiten $x, y \in \mathbb{Z}[\omega]$ mit

$$p = xy \quad \Rightarrow \quad p^2 = N(p) = N(x) \cdot N(y).$$

Da x und y keine Einheiten sind, ist nach Teil a $N(x) \neq 1 \neq N(y)$, sodass diese Gleichung nur erfüllt sein kann, falls $p = N(x) = N(y)$. Schreibe x als $a + b\omega$, dann bedeutet dies gerade

$$p = N(x) = N(a + b\omega) = a^2 - ab + b^2.$$

[c] Wir zeigen zunächst folgende Isomorphie:

$$\mathbb{F}_p[X]\big/(X^2 + X + 1) \simeq \mathbb{Z}[\omega]\big/(p).$$

Betrachte dazu den Homomorphismus

$$\phi\colon \mathbb{Z}[\omega] \to \mathbb{F}_p[X]\big/(X^2 + X + 1), \quad \sum_{i=0}^{n} a_i\omega^i \mapsto \sum_{i=0}^{n} \overline{a}_i X^i + (X^2 + X + 1).$$

Dieser ist surjektiv, denn ist $f + (X^2 + X + 1)$ mit $f = \sum_{i=0}^{n} \overline{a}_i X^i \in \mathbb{F}_p[X]$ vorgegeben, so ist $\sum_{i=0}^{n} a_i\omega^i$ ein Urbild von $f + (X^2 + X + 1)$ unter ϕ.

Weiter ist $(p) \subseteq \ker\phi$ wegen char $\mathbb{F}_p = p$. Sei umgekehrt ein Element $\alpha(\omega) = \sum_{i=0}^{n} a_i\omega^i \in \ker\phi$ vorgegeben, dann bedeutet $\phi(\alpha(\omega)) = 0$ gerade, dass $\phi(\alpha)$ im Ideal $(X^2 + X + 1) \subseteq \mathbb{F}_p[X]$ liegt. Dies ist genau dann der Fall, wenn es ein Polynom $g \in \mathbb{Z}[X]$ gibt, sodass das Polynom

$$\alpha(X) - g \cdot (X^2 + X + 1)$$

durch p teilbar ist. Weil $X^2 + X + 1$ gerade das dritte Kreisteilungspolynom ist, ist $\omega^2 + \omega + 1 = 0$, also folgt durch Einsetzen von ω, dass $\alpha(\omega)$ durch p teilbar ist. Dies zeigt $\ker\phi \subseteq (p)$. Der Homomorphiesatz liefert dann die gewünschte Isomorphie.

Da $\mathbb{Z}[\omega]$ und $\mathbb{F}_p[X]$ euklidische Ringe sind, ist in ihnen jedes Primideal auch ein maximales Ideal. Also ist

$$(p) \subseteq \mathbb{Z}[\omega] \text{ ist prim} \quad \Leftrightarrow \quad \mathbb{Z}[\omega]\big/(p) \text{ ist Körper} \quad \Leftrightarrow$$

$$\mathbb{F}_p[X]\big/(X^2 + X + 1) \text{ ist Körper} \quad \Leftrightarrow \quad (X^2 + X + 1) \subseteq \mathbb{F}_p[X] \text{ ist maximal.}$$

Letzteres ist äquivalent dazu, dass $X^2 + X + 1$ irreduzibel in $\mathbb{F}_p[X]$ ist.

Die ganzen Zahlen $\mathbb{Z}$ sind sicherlich der für jeden von uns vertrauteste Ring, welcher eine Reihe schöner Eigenschaften wie die eindeutige Primfaktorzerlegung oder die Möglichkeit der Division mit Rest hat. Diese Eigenschaften lassen sich nicht auf jeden Ring übertragen, weshalb wir nun Bezeichnungen für diejenigen Ringe einführen, für die das möglich ist.

Definition 2.9. Sei R ein Integritätsbereich.

(1) Gibt es eine Abbildung $|\cdot|\colon R \setminus \{0\} \to \mathbb{N}$, sodass es für beliebige $x, y \in R$ mit $y \neq 0$ immer $q, r \in R$ mit

$$x = qy + r \quad \text{und } |r| < |y| \text{ oder } r = 0$$

gibt, so heißt R ein *euklidischer Ring*. Die Abbildung $|\cdot|$ wird als *Höhenfunktion* bezeichnet.

(2) Falls jedes Ideal in R ein Hauptideal ist, wird R als *Hauptidealring* bezeichnet.

(3) Lässt sich jedes $a \in R$ mit $a \neq 0$ und $a \notin R^\times$ eindeutig bis auf Assoziiertheit und Reihenfolge als Produkt irreduzibler Elemente schreiben, so ist R ein *faktorieller Ring*.

Nachfolgend sind zusammenfassend einige Resultate zu diesen Begriffen genannt:

(1) Jeder euklidische Ring ist ein euklidischer Ring.

(2) Jeder Hauptidealring ist ein faktorieller Ring.

(3) Ist K ein Körper, so ist $K[X]$ ein Hauptidealring.

(4) Ist A ein faktorieller Ring, so ist $A[X]$ ein faktorieller Ring.

(5) In einem Hauptidealring ist jedes Primideal $\neq (0)$ auch maximal.

Proposition 2.10. Sei R ein faktorieller Ring und $p \in R \setminus \{0\}$ keine Einheit. Die folgenden Aussagen sind gleichwertig:

(1) p ist ein Primelement,

(2) p ist ein irreduzibles Element,

(3) (p) ist ein Primideal von R.

Aufgabe (Frühjahr 2012, T3A4)

Sei R ein Integritätsring. Zeigen Sie: Ist $R[X]$ ein Hauptidealring, so ist R ein Körper.

Lösungsvorschlag zur Aufgabe (Frühjahr 2012, T3A4)

Es ist $R[X]/(X) \cong R$ und da R nach Voraussetzung Integritätsbereich ist, ist (X) laut Satz 2.7 ein Primideal. In einem Hauptidealring ist jedes Primideal auch maximal, sodass $R \cong R[X]/(X)$ ein Körper ist.

Aufgabe (Frühjahr 2014, T3A3)

Wir betrachten die Teilmenge $R = \{a + bi\sqrt{2} \mid a, b \in \mathbb{Z}\}$ von $\mathbb{C}$.

a Zeigen Sie, dass R ein Unterring von $\mathbb{C}$ ist.

b Beweisen Sie, dass R ein euklidischer Ring ist bezüglich der Normfunktion $d(\alpha) := |\alpha|^2$.

c Geben Sie alle möglichen Faktorisierungen von $8 - i\sqrt{2}$ in irreduzible Elemente von R an (bis auf Reihenfolge).

Lösungsvorschlag zur Aufgabe (Frühjahr 2014, T3A3)

a Offensichtlich ist $1 \in \mathbb{Z}[i\sqrt{2}]$. Seien $z_1, z_2 \in \mathbb{Z}[i\sqrt{2}]$. Schreibe $z_1 = a_1 + b_1 i\sqrt{2}$ und $z_2 = a_2 + b_2 i\sqrt{2}$, dann ist

$$z_1 - z_2 = (a_1 + b_1 i\sqrt{2}) - (a_2 + b_2 i\sqrt{2}) = (a_1 - a_2) + (b_1 - b_2)i\sqrt{2},$$
$$z_1 \cdot z_2 = (a_1 + b_1 i\sqrt{2}) \cdot (a_2 + b_2 i\sqrt{2}) = (a_1 a_2 - 2b_1 b_2) + (a_1 b_2 + b_1 a_2)i\sqrt{2}.$$

Damit sind auch die Bedingungen $z_1 - z_2, z_1 z_2 \in \mathbb{Z}[i\sqrt{2}]$ erfüllt und $\mathbb{Z}[i\sqrt{2}]$ ist ein Unterring von $\mathbb{C}$.

b Seien $x = a + b\sqrt{-2}, y = c + d\sqrt{-2} \in R$ mit $y \neq 0$ vorgegeben. Wir müssen Elemente $q, r \in R$ finden mit $x = qy + r$ und $d(r) < d(y)$ oder $r = 0$. Dazu berechnen wir zunächst in $\mathbb{C}$

$$\frac{x}{y} = \frac{a + b\sqrt{-2}}{c + d\sqrt{-2}} = \frac{(a + b\sqrt{-2})(c - d\sqrt{-2})}{(c + d\sqrt{-2})(c - d\sqrt{-2})} = \frac{(ac + 2bd) + (bc - ad)\sqrt{-2}}{c^2 + 2d^2}.$$

Durch Auf- oder Abrunden erhalten wir nun ganze Zahlen s, t mit

$$\left| s - \frac{(ac + 2bd)}{c^2 + 2d^2} \right| \leq \frac{1}{2} \quad \text{und} \quad \left| t - \frac{bc - ad}{c^2 + 2d^2} \right| \leq \frac{1}{2}.$$

Setze dann $q = s + t\sqrt{-2}$ und $r = x - qy$, so gilt offensichtlich die erste geforderte Gleichung und außerdem $r = 0$ oder

$$\frac{d(r)}{d(y)} = \frac{|x - qy|^2}{|y|^2} = \left| \frac{x}{y} - q \right|^2 \leq \left(\frac{1}{2} \right)^2 + 2 \left(\frac{1}{2} \right)^2 = \frac{3}{4} < 1$$

und damit $d(r) < d(y)$, wie gewünscht.

c Laut Teil **b** ist R ein euklidischer, also insbesondere faktorieller, Ring. Daher ist die gesuchte Zerlegung eindeutig bis auf Multiplikation mit Einheiten. Wir bestimmen also in einem ersten Schritt eine konkrete Zerlegung und dann die Menge der Einheiten, um die restlichen zu erhalten.

Seien $x = a_1 + b_1 \sqrt{-2}$ und $y = a_2 + b_2 \sqrt{-2}$ irreduzible Elemente aus R mit $8 - \sqrt{-2} = xy$. Wegen $d(8 - \sqrt{-2}) = 64 + 2 = 66$ sind $d(x)$ und $d(y)$ Teiler von 66. Beispielsweise überlegt man sich

$$11 = 9 + 2 = 3^2 + \sqrt{2}^2 = d(3 + \sqrt{-2})$$

und macht den Ansatz $x = 3 + \sqrt{-2}$.

Die Bedingung $xy = 8 - \sqrt{-2}$ liefert dann die Gleichungen

$$3a_2 - 2b_2 = 8 \quad \text{und} \quad 3b_2 + a_2 = -1,$$

aus denen man $a_2 = 2$ und $b_2 = -1$ gewinnt. Tatsächlich ist dann auch $8 - \sqrt{-2} = (3 + \sqrt{-2})(2 - \sqrt{-2})$. Da $d(3 + \sqrt{-2}) = 11$ eine Primzahl ist, muss $3 + \sqrt{-2}$ irreduzibel sein. Den zweiten Faktor kann man dagegen noch weiter in $-\sqrt{-2}(1 + \sqrt{-2})$ zerlegen, wobei dies nun ebenfalls eine Faktorisierung in irreduzible Elemente ist, da die Faktoren Primzahlen als Norm haben. Wir erhalten deshalb

$$8 - \sqrt{-2} = -\sqrt{-2}(1 + \sqrt{-2})(3 + \sqrt{-2}).$$

Zur Bestimmung der Einheiten in R: Sei $z \in R^\times$ eine Einheit, dann gilt

$$z \cdot z^{-1} = 1 \quad \Rightarrow \quad |z|^2 \cdot |z^{-1}|^2 = |z \cdot z^{-1}|^2 = 1.$$

Also ist $N(z) = |z|^2$ eine invertierbare reelle Zahl. Schreibe $z = c + d\sqrt{-2}$, dann ist $N(z) = c^2 + 2d^2$, also eine positive ganze und invertierbare Zahl. Es bleibt daher nur $N(z) = 1$.

Angenommen, $d \neq 0$, dann ist $d^2 \geq 1$ und wir haben

$$1 = N(z) = c^2 + 2d^2 \geq 0 + 2 \cdot 1 = 2,$$

was unsinnig ist. Es folgt $d = 0$, d.h. $z = c \in \mathbb{Z}$ und $N(z) = a^2$ impliziert $z \in \{\pm 1\}$. Dies zeigt $R^\times = \{\pm 1\}$. Zusätzlich zu der Zerlegung oben gibt es daher noch die Zerlegungen

$$8 - \sqrt{-2} = \sqrt{-2}(-1 - \sqrt{-2})(3 + \sqrt{-2})$$
$$8 - \sqrt{-2} = \sqrt{-2}(1 + \sqrt{-2})(-3 - \sqrt{-2})$$
$$8 - \sqrt{-2} = -\sqrt{-2}(-1 - \sqrt{-2})(-3 - \sqrt{-2}).$$

Aufgabe (Herbst 2012, T1A4)

Sei $R = \mathbb{Z}\left[\frac{1+\sqrt{-7}}{2}\right] \subseteq \mathbb{C}$ gegeben. Sie dürfen ohne Beweis verwenden, dass R bezüglich der Normfunktion

$$N : R \to \mathbb{N}_0, \quad z \mapsto z\bar{z},$$

ein euklidischer Ring ist.

a Bestimmen Sie alle Einheiten von R.

b Zerlegen Sie 3, 5 und 7 in Primfaktoren in R.

Lösungsvorschlag zur Aufgabe (Herbst 2012, T1A4)

a Sei $\omega = \frac{1+\sqrt{-7}}{2}$ und $x = a + b\omega$ eine Einheit in R. Dann gibt es ein Inverses $x^{-1} \in R$, sodass $xx^{-1} = 1$ gilt und wir haben, dass notwendigerweise $1 = N(1) = N(x)N(x^{-1})$ gelten muss. Da der Wertebereich der Normfunktion laut Angabe die natürlichen Zahlen sind, folgt daraus sogar

$$1 = N(x) = x\overline{x} = \left(a + \tfrac{b}{2}\right)^2 + \left(\tfrac{b}{2}\sqrt{7}\right)^2 = a^2 + ab + 2b^2.$$

Fassen wir diese Gleichung als quadratische Gleichung in a auf, so können wir die Lösungen

$$a_{\pm} = \frac{-b \pm \sqrt{b^2 - 4(2b^2 - 1)}}{2} = -\frac{b}{2} \pm \frac{1}{2}\sqrt{-7b^2 + 4}$$

hinschreiben. Da wir nach einer ganzzahligen Lösung suchen, muss

$$-7b^2 + 4 \geq 0 \quad \Leftrightarrow \quad 4 \geq 7b^2$$

erfüllt sein. Ist $b \neq 0$, so ist $b^2 \geq 1$ und die Ungleichung ist bereits nicht mehr erfüllt. Also muss $b = 0$ sein und der Term oben reduziert sich zu $a_{\pm} = \pm 1$. Dass umgekehrt ± 1 Einheiten sind, ist klar. Also ist $R^{\times} = \{\pm 1\}$.

b Die Primfaktorzerlegung von 7 ist natürlich $-\sqrt{-7}^2$. Dazu bemerke man, dass

$$\sqrt{-7} = 2\omega - 1 \quad \in \mathbb{Z}[\omega].$$

Da $N(\sqrt{-7}) = 7$ eine Primzahl ist, ist $\sqrt{-7}$ irreduzibel in R. Laut Angabe handelt es sich bei R um einen euklidischen Ring, deshalb ist $\sqrt{-7}$ dort auch prim.

Die Primzahlen 3 und 5 bleiben dagegen prim. Um dies zu zeigen, gibt es zwei verschiedene Möglichkeiten, die wir an jeweils einer der beiden Zahlen illustrieren.

1. Möglichkeit: Angenommen, es gäbe Zahlen $\alpha = a_1 + a_2\omega, \beta = b_1 + b_2\omega \in R$ mit $\alpha\beta = 3$. Dann folgt wegen der Multiplikativität der Normabbildung

$$9 = N(3) = N(\alpha\beta) = N(\alpha)N(\beta),$$

also sind $N(\alpha)$ und $N(\beta)$ Teiler von 9. Im Fall, dass $N(\alpha)$ oder $N(\beta)$ gleich 1 ist, ist α oder β laut Teil **a** eine Einheit. Eine echte Zerlegung erhalten wir also nur für den Fall $N(\alpha) = N(\beta) = 3$. Die Mitternachtsformel liefert

$$a^2 + ab + 2b^2 = 3 \Leftrightarrow a_{1,2} = \frac{-b \pm \sqrt{b^2 - 4(2b^2 - 3)}}{2} = -\frac{b}{2} \pm \frac{1}{2}\sqrt{-7b^2 + 12}.$$

Ganz analog zu Teil **a** ist diese Zahl überhaupt nur für $|b| \leq 1$ reell. Für $|b| = 1$ ist der Radikand 5, und für $b = 0$ gleich 12, sodass die Gleichung keine ganzzahlige Lösung besitzt und 3 irreduzibel ist.

2. Möglichkeit: Man bemerkt, dass $\omega^2 - \omega + 2 = 0$ erfüllt ist. Analog zu Aufgabe H10T1A3 **c** (Seite 87) erhält man deshalb einen Isomorphismus

$$\mathbb{Z}[\omega]\big/(5) \cong \mathbb{F}_5[X]\big/(X^2 - X + 2).$$

Da $X^2 - X + 2$ in $\mathbb{F}_5$ keine Nullstellen hat und somit irreduzibel ist, ist der Ring $\mathbb{Z}[\omega]/(5)$ ein Integritätsbereich (sogar ein Körper), also ist 5 ein Primelement.

Aufgabe (Frühjahr 2012, T1A3)

Die Teilmenge

$$R = \{q \in \mathbb{Q} \mid \exists a, b \in \mathbb{Z} : q = \tfrac{a}{b} \text{ und } 2 \nmid b \text{ und } 3 \nmid b\}$$

des Körpers der rationalen Zahlen ist ein Unterring, der die ganzen Zahlen enthält.

a Bestimmen Sie die Einheitengruppe $R^\times$.

b Zeigen Sie, dass 2 und 3 Primelemente von R sind.

c Zeigen Sie, dass jedes Primelement zu 2 oder zu 3 assoziiert ist.

Hinweis Zwei Elemente $x, y \in R$ sind zueinander *assoziiert*, wenn es eine Einheit u gibt mit $x = u \cdot y$.

Lösungsvorschlag zur Aufgabe (Frühjahr 2012, T1A3)

a Wir behaupten, dass $R^\times = \{\tfrac{a}{b} \in R \mid 2 \nmid a, \ 3 \nmid a\}$ ist. Sei dazu $\tfrac{a}{b} \in R^\times$ vorgegeben. Es gibt dann $\tfrac{c}{d} \in R$, sodass

$$\frac{a}{b} \cdot \frac{c}{d} = 1 \quad \Leftrightarrow \quad ac = bd.$$

Nach Definition von R werden b und d weder von 2 noch 3 geteilt. Also haben wir $2, 3 \nmid ac$ und es folgt $2, 3 \nmid a$ und $2, 3 \nmid c$. Setzen wir umgekehrt voraus, dass $\tfrac{a}{b} \in R$ mit $2 \nmid a$ und $3 \nmid a$, so ist $\tfrac{b}{a} \in R$ und wegen $\tfrac{a}{b} \cdot \tfrac{b}{a} = 1$ ist $\tfrac{a}{b}$ eine Einheit.

b Sei $p \in \{2,3\}$ und $\frac{a}{b} \in R$. Es liegt $\frac{a}{b}$ genau dann in pR, wenn $p \mid a$. Ist nämlich $\frac{a}{b} = p \cdot \frac{c}{d}$, so bedeutet dies $ad = pcb$. Wegen $p \nmid d$ folgt $p \mid a$, da p eine Primzahl ist. Für die umgekehrte Richtung sei $\frac{a}{b} \in R$ mit $p \mid a$ vorgegeben. Schreibe $a = p \cdot c$, dann ist $\frac{a}{b} = p \cdot \frac{c}{b}$ und $\frac{c}{b}$ liegt in R, da $p \nmid b$.

Wir zeigen nun, dass R/pR ein Körper ist. Sei dazu $\alpha \in R/pR$ mit $\alpha \neq 0$ vorgegeben. Es gibt $\frac{a}{b} \in R$ derart, dass $\alpha = \frac{a}{b} + pR$ und die Bedingung $\alpha \neq 0$ bedeutet $\frac{a}{b} \notin pR$. Nach dem oben Bewiesenen also $p \nmid a$. Außerdem dürfen wir $q \nmid a$ annehmen, wobei $q \in \{2,3\}$ mit $q \neq p$ die jeweils andere Primzahl ist, da $\frac{q}{1}$ nach dem Lemma von Bézout ohnehin in R/pR invertierbar ist. Nach Teil **a** heißt das $\frac{a}{b} \in R^\times$, setze also $\beta = \frac{b}{a} + pR$, dann ist $\alpha \cdot \beta = 1 + pR$. Dies zeigt, dass R/pR ein Körper ist. Es folgt, dass pR ein maximales Ideal ist, also insbesondere ein Primideal und somit p ein Primelement ist.

Alternative: Dass R/pR ein Körper ist erhält man auch, wenn man den Isomorphismus $R/pR \cong \mathbb{Z}/p\mathbb{Z}$ nachrechnet (hierzu verwende man das Argument aus Aufgabe F19T3A1 auf Seite 535).

c Sei $q \in R$ ein Primelement, dann ist $qR \subseteq R$ ein Primideal. Betrachte die Menge $qR \cap \mathbb{Z}$, welche wiederum ein Primideal ist, wie man leicht zeigt. Die Primideale von $\mathbb{Z}$ sind genau die Ideale $p\mathbb{Z}$ mit einer Primzahl p und (0). Schreibe $q = \frac{a}{b}$, dann ist $a = b \cdot \frac{a}{b} \in qR \cap \mathbb{Z}$, sodass $qR \cap \mathbb{Z} \neq (0)$.

Also ist $qR \cap \mathbb{Z} = p\mathbb{Z}$ für eine Primzahl p. Wäre $p \notin \{2,3\}$, so würde qR mit p nach Teil **a** eine Einheit in R enthalten, sodass $qR = R$. Dies steht im Widerspruch zu $qR \subsetneq R$ prim. Also ist $p \in \{2,3\}$ und aus $p \in qR \cap \mathbb{Z} \subseteq qR$ folgt $pR \subseteq qR$. Nach Teil **b** ist das Ideal pR maximal, also muss sogar $pR = qR$ sein. Da p und q das gleiche Ideal erzeugen, müssen sie assoziiert zueinander sein.

Zum Abschluss eine Aufgabe, in der nochmal (fast) alle Begriffe dieses Abschnitts auftreten.

Aufgabe (Frühjahr 2000, T1A3)

Bestimmen Sie die Anzahl der Ideale, der Primideale, der Einheiten, der Nullteiler und der nilpotenten Elemente im Ring $R = \mathbb{Z}/2000\mathbb{Z}$.

Lösungsvorschlag zur Aufgabe (Frühjahr 2000, T1A3)

Ideale: Nach Satz 2.13 haben wir eine bijektive Korrespondenz zwischen den Idealen in R und den Idealen in $\mathbb{Z}$, die das Ideal $2000\mathbb{Z}$ enthalten. Da $\mathbb{Z}$ ein Hauptidealring ist, genügt es also, alle $a \in \mathbb{Z}$ zu bestimmen, für die

$$2000\mathbb{Z} \subseteq a\mathbb{Z} \quad \Leftrightarrow \quad a \mid 2000 = 2^4 \cdot 5^3$$

gilt. Es gibt $5 \cdot 4$ Möglichkeiten für die Wahl der Exponenten in der Primfaktorzerlegung von a, also ist die gesuchte Anzahl 20.

Primideale: Die oben beschriebene Korrespondenz bildet Primideale auf Primideale ab, d.h. die Primideale in R entsprechen in eindeutiger Weise den Primteilern 2 und 5 von 2000. Es gibt folglich zwei verschiedene Primideale in R.

Einheiten: Die Anzahl der Einheiten lässt sich mithilfe der Euler'schen φ-Funktion berechnen:

$$\varphi(2000) = \varphi(2^4 \cdot 5^3) = \varphi(2^4) \cdot \varphi(5^3) = 2^3 \cdot 4 \cdot 5^2 = 800$$

Nullteiler: Wir weisen zunächst folgende Äquivalenz nach: $\overline{0} \neq \overline{x} \in R$ ist ein Nullteiler genau dann, wenn $\mathrm{ggT}(x, 2000) \neq 1$.

„$\Leftarrow$": Sei $y = \frac{2000}{\mathrm{ggT}(x,2000)}$, dann ist $0 < y < 2000$, d.h. $\overline{y} \neq \overline{0}$. Sei $x = k \cdot \mathrm{ggT}(x, 2000)$ für ein $k \in \mathbb{Z}$, dann ist

$$\overline{y} \cdot \overline{x} = \overline{\frac{2000}{\mathrm{ggT}(x,2000)} \cdot k \cdot \mathrm{ggT}(x, 2000)} = \overline{2000k} = \overline{0}$$

also ist $\overline{x}$ ein Nullteiler.

„$\Rightarrow$": Nach Voraussetzung ist $\overline{x}$ Nullteiler, d.h. es gibt ein $\overline{0} \neq \overline{y} \in R$, sodass

$$\overline{x} \cdot \overline{y} = \overline{0} \quad \Leftrightarrow \quad 2000 \mid xy.$$

Da $\overline{y} \neq \overline{0}$, teilt 2000 nicht y, sodass mindestens einer der Primfaktoren von 2000 in x auftaucht und somit $\mathrm{ggT}(2000, x) \neq 1$ gilt.

Die Anzahl der Nullteiler ist also durch die Anzahl derjenigen natürlichen Zahlen kleiner gleich 2000 gegeben, die nicht teilerfremd zu 2000 sind. Diese lässt sich mithilfe der Euler'schen φ-Funktion zu

$$2000 - \varphi(2000) = 2000 - 800 = 1200$$

bestimmen.

Alternative: Verwende, dass in einem endlichen kommutativen Ring jedes Element entweder ein Nullteiler oder eine Einheit ist (vgl. Aufgabe F10T3A2 auf Seite 75).

nilpotente Elemente: Wir zeigen zunächst: Es gibt genau dann ein $n \in \mathbb{N}$ mit $\overline{x}^n = \overline{0}$, wenn $10 \mid x$.

„$\Rightarrow$": Es gelte $\overline{x}^n = \overline{0}$, dann folgt $2000 \mid x^n$ und die Primfaktoren 2 und 5 müssen jeweils bereits x teilen. Also $10 \mid x$.

„$\Leftarrow$": Sei umgekehrt $x = 10k$, dann ist

$$x^4 = (10k)^4 = 10^4 \cdot k^4 = 2000 \cdot (5k^4) \equiv 0 \mod 2000$$

d. h. $\overline{x}^4 = \overline{0}$ und $\overline{x}$ ist nilpotent.

Wir haben damit gezeigt, dass die nilpotenten Elemente in R gerade durch

$$\overline{0}, \overline{10}, \overline{20}, \dots, \overline{1990}$$

gegeben sind. Die gesuchte Anzahl ist daher 200.

2.2. Rechnen in Restklassenringen

Sei R ein Ring und $\mathfrak{a} \subseteq R$ ein Ideal. Wir wollen analog zur Konstruktion der Faktorgruppen aus der Gruppentheorie nun auf der Menge $R/\mathfrak{a} = \{r + \mathfrak{a} \mid r \in R\}$ eine Ringstruktur definieren. Wie dort sind dabei zwei Nebenklassen $x + \mathfrak{a}$ und $y + \mathfrak{a}$ genau dann gleich, wenn $x - y \in \mathfrak{a}$ gilt. Man schreibt dann auch

$$x \equiv y \mod \mathfrak{a}.$$

Im Fall $R = \mathbb{Z}$ ist jedes Ideal ein Hauptideal, also $\mathfrak{a} = (a)$ für ein $a \in \mathbb{Z}$, sodass wir zusätzlich folgende Charakterisierungen erhalten

$$x \equiv y \mod a \quad \Leftrightarrow \quad x - y \in (a) \quad \Leftrightarrow \quad a \mid x - y.$$

Der „einfachste" Repräsentant der Nebenklasse $x + (a)$ ist somit der Rest bei Division von x durch a, weshalb man bei solchen Ringen auch von *Restklassenringen* oder *Faktorringen* spricht.

Mittels folgender Definitionen für Addition bzw. Multiplikation

$$(x + \mathfrak{a}) + (y + \mathfrak{a}) = (x + y) + \mathfrak{a}$$
$$(x + \mathfrak{a}) \cdot (y + \mathfrak{a}) = (x \cdot y) + \mathfrak{a}$$

ist auf $R/\mathfrak{a}$ eine Ringstruktur definiert. Diese Verknüpfungen sind wohldefiniert, hängen also nicht von der Wahl des Repräsentanten einer Nebenklasse ab.

> **Tipp: Wahl von Repräsentanten**
>
> Durch geschickte Wahl des Repräsentanten einer Nebenklasse kann man sich das Leben sehr viel einfacher machen. Beispielsweise liefern im Restklassenring $\mathbb{Z}/12\mathbb{Z}$ die Rechnungen
>
> $$11^2 \cdot 13 = 121 \cdot 13 = 1573 = 131 \cdot 12 + 1 \equiv 1 \quad \text{mod } 12$$
>
> $$11^2 \cdot 13 \equiv (-1)^2 \cdot 1 \equiv 1 \quad \text{mod } 12$$
>
> beide das gleiche Ergebnis, die zweite ist jedoch deutlich einfacher auszuführen.

Aufgabe (Frühjahr 2015, T1A2)

Sei $m \geq 3$ eine ungerade ganze Zahl. Zeigen Sie die folgende Kongruenz:

$$1^m + 2^m + 3^m + \cdots + (m-3)^m + (m-2)^m + (m-1)^m \equiv 0 \quad \text{mod } m$$

> **Lösungsvorschlag zur Aufgabe (Frühjahr 2015, T1A2)**
>
> Es ist $m - 1 \equiv -1 \bmod m$ und, da m ungerade ist, ist $(-1)^m = -1$. Also gilt:
>
> $$\begin{aligned}
> & 1^m + 2^m + 3^m + \ldots + (m-3)^m + (m-2)^m + (m-1)^m \equiv \\
> \equiv\ & 1^m + 2^m + 3^m + \ldots + (-3)^m + (-2)^m + (-1)^m \equiv \\
> \equiv\ & 1\ + 2^m + 3^m + \ldots + (-1) \cdot 3^m + (-1) \cdot 2^m + (-1) \equiv \\
> \equiv\ & 0 \quad \text{mod } m
> \end{aligned}$$
>
> Man beachte dabei, dass die „Paarbildung" aufgeht, da m ungerade ist.

Aufgabe (Frühjahr 2011, T1A3)

Sei p eine ungerade Primzahl. Zeigen Sie, dass

$$2^2 \cdot 4^2 \cdot \ldots \cdot (p-3)^2 \cdot (p-1)^2 \equiv (-1)^{\frac{1}{2}(p+1)} \pmod{p}.$$

Hinweis Ohne Beweis darf der Wilson'sche Satz verwendet werden: Eine natürliche Zahl $n \geq 2$ ist genau dann eine Primzahl, wenn $(n-1)! + 1$ durch n teilbar ist.

Lösungsvorschlag zur Aufgabe (Frühjahr 2011, T1A3)

Wir sortieren zunächst die Faktoren um:

$$2^2 \cdot 4^2 \cdot \ldots \cdot (p-3)^2 \cdot (p-1)^2 =$$
$$= (p-1) \cdot 2 \cdot (p-3) \cdot \ldots \cdot 4 \cdot (p-3) \cdot 2 \cdot (p-1) \equiv$$
$$\equiv \quad (-1) \cdot 2 \cdot \quad (-3) \cdot \ldots \cdot (-(p-4)) \cdot (p-3) \cdot (-(p-2)) \cdot (p-1) \quad \mathrm{mod}\ p$$

Von den insgesamt $p-1$ Faktoren hat nun genau die Hälfte ein negatives Vorzeichen. Sammeln wir diese, steht dort

$$(-1)^{\frac{p-1}{2}} \cdot 1 \cdot 2 \cdot 3 \cdot \ldots \cdot (p-4) \cdot (p-3) \cdot (p-2) \cdot (p-1) = (-1)^{\frac{p-1}{2}} \cdot (p-1)!$$

und nach dem Satz von Wilson ist $(p-1)! \equiv -1 \bmod p$, sodass also insgesamt gilt:

$$2^2 \cdot 4^2 \cdot \ldots \cdot (p-3)^2 \cdot (p-1)^2 \equiv (-1)^{\frac{p-1}{2}} \cdot (-1) = (-1)^{\frac{p+1}{2}} \quad \mathrm{mod}\ p.$$

Aufgabe (Frühjahr 2014, T2A1)

Es seien die Polynome $p(X) = X^{500} - 2X^{301} + 1$ und $q(X) = X^2 - 1$ in $\mathbb{Q}[X]$ gegeben. Berechnen Sie den Rest der Division von $p(X)$ durch $q(X)$.

Lösungsvorschlag zur Aufgabe (Frühjahr 2014, T2A1)

Wir rechnen im Restklassenring $\mathbb{Q}[X]/(q)$. Dort ist $X^2 \equiv 1 \bmod q$, d. h. es ist

$$p(X) = (X^2)^{250} - 2X \cdot (X^2)^{150} + 1 \equiv 1^{250} - 2X \cdot 1^{150} + 1 \equiv -2X + 2 \quad \mathrm{mod}\ q$$

und Rest der Division von $p(X)$ durch $q(X)$ ist also $-2X + 2$.

Aufgabe (Frühjahr 2012, T3A3)

Für welche $a, b \in \mathbb{Q}$ ist das Polynom $(X-1)^2$ ein Teiler von $f(X) := aX^{30} + bX^{15} + 1$?

Lösungsvorschlag zur Aufgabe (Frühjahr 2012, T3A3)

Wir beweisen folgende Behauptung:

$$aX^{30} + bX^{15} + 1 \equiv 0 \quad \mathrm{mod}\ (X-1)^2 \quad \Leftrightarrow \quad a = 1 \text{ und } b = -2$$

„$\Leftarrow$": Rechnen wir modulo $X - 1$, so ist $X \equiv 1 \bmod (X - 1)$. Also auch $X^{15} - 1 \equiv 1 - 1 \equiv 0 \bmod (X - 1)$. Daraus folgt

$$X^{30} - 2X^{15} + 1 = (X^{15} - 1)^2 \equiv 0 \quad \bmod (X - 1)^2.$$

„$\Rightarrow$": Setzen wir nun $f \equiv 0 \bmod (X - 1)^2$ voraus, so hat f insbesondere eine Nullstelle bei 1, sodass

$$0 = f(1) = a + b + 1 \quad \Leftrightarrow \quad a + b = -1 \tag{$\star$}$$

Da 1 nach Voraussetzung jedoch sogar eine doppelte Nullstelle ist, muss für die formale Ableitung f' gelten:

$$0 = f'(1) = 30a + 15b = 15a + 15(a + b) \overset{(\star)}{=} 15a - 15 \quad \Leftrightarrow \quad a = 1.$$

Einsetzen in $(\star)$ liefert dann $b = -2$.

Für Aufgaben im Stile der folgenden Aufgaben gibt es leider kein Vorgehen, das immer zielführend ist, sondern man muss jeweils die konkrete Form der vorgegebenen Gleichung ausnutzen. Meist ist es jedoch hilfreich, die Gleichung über einem Faktorring $\mathbb{Z}/n\mathbb{Z}$ zu betrachten. Man beachte in diesem Zusammenhang auch die im Abschnitt über Quadrate behandelten Methoden.

Aufgabe (Frühjahr 2015, T2A1)

Man bestimme alle Paare von Primzahlen p, q mit $p^2 - 2q^2 = 1$.

Lösungsvorschlag zur Aufgabe (Frühjahr 2015, T2A1)

Es ist

$$p^2 - 2q^2 = 1 \quad \Leftrightarrow \quad p^2 = 2q^2 + 1,$$

also ist p^2 ungerade und p muss ebenfalls ungerade sein, sodass $p \equiv 1 \bmod 4$ oder $p \equiv 3 \bmod 4$. In beiden Fällen folgt $p^2 \equiv 1 \bmod 4$ und somit

$$2q^2 = p^2 - 1 \equiv 0 \quad \bmod 4.$$

Das bedeutet $4 \mid 2q^2$, sodass q^2 gerade sein muss. Also ist $q = 2$ und Einsetzen ergibt

$$p^2 = 2 \cdot 2^2 + 1 = 9 \quad \Leftrightarrow \quad p = 3.$$

Aufgabe (Herbst 2015, T3A1)

Seien $x, y, z \in \mathbb{Z}$ mit $x^2 + y^2 = z^2$. Zeigen Sie, dass das Produkt xyz durch 60 teilbar ist.

Lösungsvorschlag zur Aufgabe (Herbst 2015, T3A1)

Wir gehen schrittweise vor.

1. Schritt: $3 \mid xyz$

Modulo 3 gibt es die Quadrate

$$0 \equiv 0^2 \mod 3 \quad \text{und} \quad 1 \equiv 1^2 \equiv 2^2 \mod 3.$$

Wegen $1 + 1 \not\equiv 1 \mod 3$ kann nicht $x \equiv y \equiv z \equiv 1 \mod 3$ sein und mindestens eines der x^2, y^2, z^2 muss durch 3 teilbar sein. Da 3 prim ist, ist bereits eines der x, y, z durch 3 teilbar.

2. Schritt: $5 \mid xyz$

Wie im ersten Schritt findet man mittels Ausprobieren, dass $0, 1$ und -1 die Quadrate modulo 5 sind. Ist $x \not\equiv 0 \not\equiv y \mod 5$, so ist die einzig mögliche Kombination aus x^2 und y^2, die ein Quadrat ergibt,

$$z^2 = x^2 + y^2 \equiv 1 - 1 \equiv 0 \mod 5.$$

Es folgt, dass mindestens eines der x^2, y^2, z^2 durch 5 teilbar ist, und, da 5 eine Primzahl ist, muss bereits eines der x, y, z durch 5 teilbar sein.

3. Schritt: $4 \mid xyz$

Da 4 keine Primzahl ist, kann daraus, dass 4 eines der Quadrate teilt, nicht gefolgert werden, dass 4 auch eine der Zahlen selbst teilt. Deshalb betrachten wir die Gleichung modulo 8. Hier gibt es die Quadrate $0, 1$ und 4. Ist eines der x^2, y^2, z^2 kongruent zu 0 modulo 8, so tritt der Primteiler 2 in einer der drei Zahlen mindestens zweimal auf, d. h. xyz ist durch 4 teilbar. Ist keines der x^2, y^2, z^2 durch 8 teilbar, so handelt es sich um keine Lösung von $x^2 + y^2 = z^2$:

$$
\begin{aligned}
1 + 1 &= 2 & &\text{ist kein Quadrat modulo 8,} \\
1 + 4 &= 5 & &\text{ist kein Quadrat modulo 8,} \\
4 + 4 &\equiv 0 \mod 8 & &\text{wurde bereits behandelt.}
\end{aligned}
$$

Insgesamt wurde also gezeigt, dass das Produkt xyz durch $3 \cdot 5 \cdot 4 = 60$ teilbar ist.

Aufgabe (Herbst 2015, T1A1)

Bestimmen Sie sämtliche Lösungen der Gleichung $x^6 - 2x + 4 = 0$ im Ring $\mathbb{Z}/64\mathbb{Z}$.
Hinweis Führen Sie eine Fallunterscheidung je nach Bild von x in $\mathbb{Z}/2\mathbb{Z}$ durch und beachten Sie, dass $64 = 2^6$.

Lösungsvorschlag zur Aufgabe (Herbst 2015, T1A1)

Sei $\alpha \in \mathbb{Z}$ eine Lösung von $x^6 - 2x + 4 \equiv 0 \bmod 64$. Es ist dann $\alpha^6 \equiv 2\alpha - 4 \bmod 64$, d.h. es gibt ein $l \in \mathbb{Z}$ mit

$$\alpha^6 = 2\alpha - 4 + 64l.$$

Insbesondere $2 \mid \alpha^6$ und da 2 prim ist, muss 2 bereits ein Teiler von α sein. Es gibt also ein $\beta \in \mathbb{Z}$ mit $\alpha = 2\beta$ und es folgt:

$$(2\beta)^6 - 2(2\beta) + 4 = 64\beta^6 - 4\beta + 4 \equiv -4(\beta - 1) \equiv 0 \quad \bmod 64$$

Es muss daher $\beta - 1$ ein Vielfaches von 16 sein. Sei $k \in \mathbb{Z}$, sodass

$$\beta - 1 = 16k \quad \Leftrightarrow \quad \alpha = 32k + 2.$$

In $\mathbb{Z}/64\mathbb{Z}$ erhalten wir die möglichen Lösungen $\overline{2}$ und $\overline{34}$. Tatsächlich gilt

$$\overline{2}^6 - \overline{2} \cdot \overline{2} + \overline{4} = \overline{4} - \overline{4} = 0,$$

$$\overline{34}^6 - \overline{2} \cdot \overline{34} + \overline{4} = \overline{4} - \overline{4} = 0.$$

Also handelt es sich bei $\overline{2}$ und $\overline{34}$ um sämtliche Lösungen der angegebenen Gleichung.

Anleitung: erweiterter euklidischer Algorithmus

Sei R ein euklidischer Ring mit Höhenfunktion $|\cdot| : R \setminus \{0\} \to \mathbb{N}$. Der *euklidische Algorithmus* ist ein Verfahren, mit dem der größte gemeinsame Teiler d zweier Elemente $a, b \in R$ sowie Elemente $x, y \in R$ mit $ax + by = d$ bestimmt werden können.

(1) Starte mit den folgenden beiden Zeilen:

1	–	a	1	0
2	–	b	0	1

(2) Dividiere nun in jedem Schritt a_{k-1} durch a_k mit Rest, d.h. finde r_k und q_{k+1}, sodass $a_{k-1} = q_{k+1}a_k + r_k$ und $|r_k| < |a_k|$ gilt, und führe die beiden Zeilen aus (1) gemäß dem folgenden Schema weiter:

$$
\begin{array}{c|cccc}
k-1 & q_{k-1} & a_{k-1} & x_{k-1} & y_{k-1} \\
k & q_k & a_k & x_k & y_k \\
k+1 & q_{k+1} & r_k & x_{k-1} - q_{k+1}x_k & y_{k-1} - q_{k+1}y_k
\end{array}
$$

(3) Die letzten beiden Zeilen werden folgendermaßen aussehen:

$$
\begin{array}{c|cccc}
l-1 & q_{l-1} & a_{l-1} & x_{l-1} & y_{l-1} \\
l & q_l & 0 & - & -
\end{array}
$$

Setze dann $d = a_{l-1}$ sowie $x = x_{l-1}$ und $y = y_{l-1}$.

Beispiel 2.11. Wir illustrieren den Algorithmus für $a = 19$ und $b = 17$.

$$
\begin{array}{c|cccc}
1 & - & 19 & 1 & 0 \\
2 & - & 17 & 0 & 1 \\
3 & 1 & 2 & 1 & -1 \\
4 & 8 & 1 & -8 & 9 \\
5 & 2 & 0 & - & -
\end{array}
$$

Daraus folgt $\mathrm{ggT}(19,17) = 1 = 9 \cdot 17 - 8 \cdot 19$.　∎

Während in diesem Beispiel bereits klar war, dass die beiden Zahlen teilerfremd sind, sind die Koeffizienten der letzten Gleichung oft dennoch nützlich. Eine unmittelbare Anwendung ist die Berechnung von Inversen in Restklassenringen.

Anleitung: Berechnen von multiplikativen Inversen

Sei R ein euklidischer Ring, beispielsweise $\mathbb{Z}$ oder $K[X]$ für einen Körper K, und $(p) \subseteq R$ ein Ideal. Wir berechnen das multiplikative Inverse in $R/(p)$ eines Elements $q \in R$, das invertierbar mod p ist.

(1) Bestimme mithilfe des euklidischen Algorithmus $x, y \in R$ mit

$$
xp + yq = 1.
$$

(2) Modulo (p) ergibt sich wegen $p = 0 + (p)$ dann

$$
yq + (p) = 1 + (p) \quad \Leftrightarrow \quad (q + (p))^{-1} = y + (p).
$$

An dieser Stelle schieben wir noch den allgegenwärtigen Homomorphiesatz ein, diesmal für Ringe:

Satz 2.12 (Homomorphiesatz). Sei $\phi\colon R \to S$ ein Homomorphismus von Ringen und $\mathfrak{a} \subseteq R$ ein Ideal mit $\mathfrak{a} \subseteq \ker \varphi$. Dann gibt es einen eindeutigen Ringhomomorphismus $\overline{\phi}\colon R/\mathfrak{a} \to S$, sodass nebenstehendes Diagramm kommutiert und Folgendes erfüllt ist:

$$\begin{array}{ccc} R & \xrightarrow{\ \phi\ } & S \\ {\scriptstyle \pi}\downarrow & \nearrow{\scriptstyle \exists!\overline{\phi}} & \\ R/\mathfrak{a} & & \end{array}$$

(1) $\overline{\phi}$ ist genau dann injektiv, wenn $\ker \phi = \mathfrak{a}$,

(2) $\overline{\phi}$ ist genau dann surjektiv, wenn ϕ surjektiv ist.

Insbesondere induziert ϕ einen Isomorphismus $R/\ker \phi \cong \operatorname{im} \phi$.

Aufgabe (Frühjahr 2015, T1A4)

Sei J das von $X^3 - 7$ erzeugte Ideal in $\mathbb{Q}[X]$.

a Beweisen Sie, dass $\mathbb{Q}[X]/J$ ein Körper ist, und bestimmen Sie den Grad der Körpererweiterung $\mathbb{Q}[X]/J \supseteq \mathbb{Q}$.

b Bestimmen Sie ein Polynom $P \in \mathbb{Q}[X]$, für das $P + J$ multiplikatives Inverses von $(X^2 + 1) + J$ in $\mathbb{Q}[X]/J$ ist.

Lösungsvorschlag zur Aufgabe (Frühjahr 2015, T1A4)

a Das Polynom $X^3 - 7$ ist irreduzibel nach dem Eisensteinkriterium mit $p = 7$ und damit ein Primelement, da $\mathbb{Q}[X]$ als Polynomring über einem Körper ein Hauptidealring ist. Folglich ist J ein Primideal. In einem Hauptidealring ist jedes Primideal bereits maximal (vgl. Aussage (5) auf Seite 88), sodass J ein maximales Ideal und $\mathbb{Q}[X]/J$ ein Körper ist.

Sei nun $\alpha \in \mathbb{C}$ eine Nullstelle von $X^3 - 7$. Wir zeigen im Folgenden mit dem Homomorphiesatz, dass $\mathbb{Q}[X]/(J)$ isomorph zum Körper $\mathbb{Q}(\alpha)$ ist. Da $X^3 - 7$ normiert und irreduzibel über $\mathbb{Q}$ ist, ist $X^3 - 7$ das Minimalpolynom von α über $\mathbb{Q}$ und die Erweiterung $\mathbb{Q}(\alpha)|\mathbb{Q}$ hat den Grad 3. Betrachte den Einsetzungshomomorphismus

$$\varphi\colon \mathbb{Q}[X] \to \mathbb{Q}(\alpha), \quad f \mapsto f(\alpha).$$

$$\begin{array}{ccc} \mathbb{Q}[X] & \xrightarrow{\ \varphi\ } & \mathbb{Q}(\alpha) \\ \downarrow & \nearrow{\scriptstyle \overline{\varphi}}^{\sim} & \\ \mathbb{Q}[X]/J & & \end{array}$$

Sei $f \in J$ vorgegeben, d.h. $f = g \cdot (X^3 - 7)$ für ein $g \in \mathbb{Q}[X]$. Da α Nullstelle von $X^3 - 7$ ist, ist dann auch $f(\alpha) = 0$, sodass $f \in \ker \varphi$. Ist umgekehrt $f \in \ker \varphi$, so gilt $f(\alpha) = 0$.

Nun ist $X^3 - 7$ das Minimalpolynom von α über $\mathbb{Q}$ und muss daher f teilen, sodass $f \in J$. Insgesamt haben wir $\ker \varphi = J$.

Dass φ surjektiv ist, folgt daraus, dass $\mathbb{Q}(\alpha)$ eine $\mathbb{Q}$-Basis der Form $\{1, \alpha, \alpha^2\}$ hat und somit jedes Element $\beta \in \mathbb{Q}(\alpha)$ eine Darstellung der Form $\beta = a_0 + a_1\alpha + a_2\alpha^2 = f(\alpha)$ für $f = a_0 + a_1 X + a_2 X^2 \in \mathbb{Q}[X]$ besitzt.

Der Homomorphiesatz liefert nun $\mathbb{Q}[X]/J \cong \mathbb{Q}(\alpha)$ und der gesuchte Körpererweiterungsgrad ist der Grad des Minimalpolynoms von α über $\mathbb{Q}$, also 3.

b Das „Kochrezept" hierzu wurde im Kasten auf Seite 101 dargestellt: Aus dem euklidischen Algorithmus bekommt man

$$(X - 7) \cdot (X^3 - 7) + (-X^2 + 7X + 1) \cdot (X^2 + 1) = 50$$

und modulo J erhält man daraus

$$(X^2 + 1) \cdot \frac{1}{50}(-X^2 + 7X + 1) + J = 1 + J.$$

Ein Polynom mit der gesuchten Eigenschaft ist also $\frac{1}{50}(-X^2 + 7X + 1)$.

Satz 2.13 (Korrespondenzsatz für Ringe). Sei R ein Ring, $\mathfrak{a} \subseteq R$ ein Ideal und $\pi \colon R \to R/\mathfrak{a}$ der kanonische Epimorphismus. Dann sind durch

$$\{ \text{Ideale } \mathfrak{b} \text{ von } R \text{ mit } \mathfrak{a} \subseteq \mathfrak{b} \} \; \underset{\longleftarrow}{\overset{\longrightarrow}{\rule{4cm}{0pt}}} \; \{ \text{Ideale } \overline{\mathfrak{b}} \text{ von } R/\mathfrak{a} \}$$

$$\mathfrak{b} \longmapsto \pi(\mathfrak{b})$$

$$\pi^{-1}(\overline{\mathfrak{b}}) \longleftarrow\!\shortmid \overline{\mathfrak{b}}$$

zueinander inverse Bijektionen gegeben. Dabei werden Primideale auf Primideale abgebildet.

2.3. Chinesischer Restsatz und simultane Kongruenzen

Es gibt mehrere mathematische Aussagen unterschiedlicher Allgemeinheit, die als Chinesischer Restsatz bekannt sind. Wir formulieren zunächst die allgemeine Aussage und betrachten anschließend den wichtigen Spezialfall für die ganzen Zahlen.

Satz 2.14 (Chinesischer Restsatz). Sei R ein Ring und seien $\mathfrak{a}_1, \ldots, \mathfrak{a}_n \subseteq R$ Ideale mit $\mathfrak{a}_i + \mathfrak{a}_j = R$ für $i, j \in \{1, \ldots, n\}$ mit $i \neq j$. Dann ist die Abbildung

$$R / \bigcap_{i=1}^n \mathfrak{a}_i \longrightarrow R / \mathfrak{a}_1 \times \cdots \times R / \mathfrak{a}_n,$$

$$a + \bigcap_{i=1}^n \mathfrak{a}_i \mapsto (a + \mathfrak{a}_1, \ldots, a + \mathfrak{a}_n)$$

ein Isomorphismus von Ringen.

Zwei Ideale $\mathfrak{a}_1, \mathfrak{a}_2 \subseteq R$ für die die Bedingung $\mathfrak{a}_1 + \mathfrak{a}_2 = R$ aus dem Chinesischen Restsatz gilt, nennt man auch *relativ prim* oder *koprim* zueinander. Wir merken außerdem an, dass für zueinander koprime Ideale $\mathfrak{a}_1$ und $\mathfrak{a}_2$ die Beziehung $\mathfrak{a}_1 \cap \mathfrak{a}_2 = \mathfrak{a}_1 \cdot \mathfrak{a}_2$ gilt.

Aufgabe (Herbst 2014, T2A1)

Es sei R ein kommutativer Ring mit Eins. Ein Element $e \in R$ ist *idempotent* genau dann, wenn $e^2 = e$ ist (zum Beispiel sind 0 und 1 idempotent). Zeigen Sie:

a Wenn e idempotent ist, dann ist auch $1 - e$ idempotent, und $e \cdot (1 - e) = 0$.

b Ist e idempotent, dann sind die Ideale eR und $(1 - e)R$ relativ prim.

c Genau dann ist R isomorph zu einem direkten Produkt von zwei Ringen, die beide keine Nullringe sind, wenn es in R ein idempotentes Element $e \notin \{0, 1\}$ gibt.

Lösungsvorschlag zur Aufgabe (Herbst 2014, T2A1)

a Man berechnet:

$$(1 - e)^2 = 1^2 - 2 \cdot 1 \cdot e + e^2 = 1 - 2e + e = 1 - e$$
$$e \cdot (1 - e) = e - e^2 = e - e = 0$$

b Es ist $1 = e + (1 - e) \in eR + (1 - e)R$, also ist $eR + (1 - e)R = R$, was gerade bedeutet, dass die Ideale eR und $(1 - e)R$ relativ prim zueinander sind. (Beachte, dass diese Aussage unabhängig davon ist, ob e idempotent ist.)

c „$\Leftarrow$": Unter Verwendung von Teil **a** ist

$$eR \cdot (1 - e)R = e(1 - e)R = (0).$$

Nach Teil **b** sind die Ideale eR und $(1 - e)R$ koprim zueinander, sodass wir den Chinesischen Restsatz anwenden können:

$$R \cong R/(0) = R/eR \cdot (1-e)R \cong R/eR \times R/(1-e)R$$

Angenommen, es ist $R/eR = \{0\}$, dann müsste $eR = R$ sein. Insbesondere gäbe es ein $r \in R$ mit $er = 1$, also wäre e eine Einheit und könnte gekürzt werden, sodass aus der Gleichung $e^2 = e$ dann $e = 1$ folgt. Dies steht aber im Widerspruch zu $e \neq 1$.

Genauso zeigt man, dass die Annahme $R/(1-e)R = \{0\}$ auf den Widerspruch $e = 0$ führt.

„$\Rightarrow$": Setzen wir nun umgekehrt voraus, dass es Ringe $A, B \neq 0$ und einen Isomorphismus

$$\varphi: R \to A \times B$$

gibt. Setze $e = \varphi^{-1}(1,0)$, dann gilt

$$e^2 = \left(\varphi^{-1}(1,0) \right)^2 = \varphi^{-1}(1^2, 0^2) = \varphi^{-1}(1,0) = e,$$

also ist e idempotent. Da φ^{-1} bijektiv ist, ist außerdem

$$0 = \varphi^{-1}(0,0) \neq \varphi^{-1}(1,0) = e$$

$$1 = \varphi^{-1}(1,1) \neq \varphi^{-1}(1,0) = e,$$

wobei in der zweiten Zeile verwendet wurde, dass $(1,1)$ das Einselement in $A \times B$ ist und deshalb $\varphi^{-1}(1,1) = 1$ gelten muss.

Aufgabe (Herbst 2013, T1A4)

Wir betrachten den Ring $R = \mathbb{Q}[X]/(X^{10} - 1)$.

a Bestimmen Sie ein kartesisches Produkt von Körpern, das zu R isomorph ist.

Hinweis Der chinesische Restsatz kann hilfreich sein.

b Wie viele Ideale besitzt R?

Lösungsvorschlag zur Aufgabe (Herbst 2013, T1A4)

a Sei Φ_n jeweils das n-te Kreisteilungspolynom, dann gilt laut Satz 3.17 (2)

$$X^{10} - 1 = \prod_{d|10} \Phi_d = \Phi_1 \cdot \Phi_2 \cdot \Phi_5 \cdot \Phi_{10}.$$

Da die Kreisteilungspolynome irreduzibel über $\mathbb{Q}$ (und damit insbesondere teilerfremd) sind, erhalten wir aus dem Chinesischen Restsatz

$$R = \mathbb{Q}[X]/(X^{10} - 1) = \mathbb{Q}[X]/(\Phi_1 \cdot \Phi_2 \cdot \Phi_5 \cdot \Phi_{10}) \cong$$
$$\cong \mathbb{Q}[X]/(\Phi_1) \times \mathbb{Q}[X]/(\Phi_2) \times \mathbb{Q}[X]/(\Phi_5) \times \mathbb{Q}[X]/(\Phi_{10}).$$

Dies ist ein Produkt von Körpern, da die Kreisteilungspolynome über $\mathbb{Q}$ wie bereits erwähnt irreduzibel sind, sodass der Aufgabenstellung eigentlich bereits Genüge getan ist. Mithilfe des Einsetzungshomomorphismus $X \mapsto \zeta_n$ für eine primitive n-te Einheitswurzel folgt noch

$$R \cong \mathbb{Q} \times \mathbb{Q} \times \mathbb{Q}(\zeta_5) \times \mathbb{Q}(\zeta_{10}).$$

b Wir behandeln die Fragestellung in etwas größerer Allgemeinheit. Sei $R = \prod_{i=1}^{n} K_i$ ein Produkt von Körpern K_i. Betrachte für $i \in \{1, \ldots, n\}$ die Abbildung

$$\pi_i \colon R \to K_i, \quad (a_1, \ldots, a_n) \mapsto a_i,$$

welche offensichtlich ein Epimorphismus ist. Ist nun $\mathfrak{a} \subseteq R$ ein Ideal, so ist deshalb auch $\pi_i(\mathfrak{a}) \subseteq K_i$ ein Ideal. Weiter haben wir

$$\mathfrak{a} = \pi_1(\mathfrak{a}) \times \ldots \times \pi_n(\mathfrak{a}). \tag{$\star$}$$

Die Körper K_i besitzen jeweils nur die Ideale (0) und K_i: Ist nämlich $I \subseteq K_i$ ein Ideal und $r \in I$ mit $r \neq 0$, so gilt auch $r^{-1} r = 1 \in I$, also ist $I = K_i$. Somit kann man an $(\star)$ ablesen, dass R genau 2^n Ideale besitzt. In unserem Fall sind das nach Teil **a** also $2^4 = 16$ Ideale.

Da es sich bei $\mathbb{Z}$ um einen Hauptidealring handelt, lässt sich im Spezialfall $R = \mathbb{Z}$ die Voraussetzung des Chinesischen Restsatzes als

$$(a) + (b) = \mathbb{Z} \quad \Leftrightarrow \quad \mathrm{ggT}(a, b) = 1$$

umformulieren. Sind nämlich a und b zwei teilerfremde ganze Zahlen, so gibt es nach dem *Lemma von Bézout* Zahlen $x, y \in \mathbb{Z}$, sodass

$$ax + by = 1 \tag{$\star$}$$

und folglich $(a) + (b) = (1)$. Umgekehrt folgt auch aus $1 \in (a) + (b)$ die Existenz einer Gleichung $(\star)$. Ein gemeinsamer Teiler von a, b muss daher auch ein Teiler von 1 sein, weswegen $\mathrm{ggT}(a, b) = 1$ sein muss.

Zusammenfassend gilt für $\mathbb{Z}$ der Chinesische Restsatz in der folgenden Formulierung:[1]

---

[1] Der Satz ist außerdem gültig, wenn man $\mathbb{Z}$ durch einen Polynomring $K[X]$ und die teilerfremden Zahlen durch teilerfremde Polynome ersetzt.

Satz 2.15 (Chinesischer Restsatz für $\mathbb{Z}$). Seien $n_1, \ldots, n_k \in \mathbb{Z}$ paarweise teilerfremd. Setze $n = \prod_{i=1}^{k} n_i$, dann ist die Abbildung

$$\mathbb{Z}/n\mathbb{Z} \to \mathbb{Z}/n_1\mathbb{Z} \times \cdots \times \mathbb{Z}/n_k\mathbb{Z}, \quad a + n\mathbb{Z} \mapsto (a + n_1\mathbb{Z}, \ldots, a + n_k\mathbb{Z})$$

ein Isomorphismus.

Der Chinesische Restsatz lässt sich nun auf Systeme simultaner Kongruenzen anwenden, d.h. auf Systeme der Form

$$a \equiv a_1 \quad \mathrm{mod}\ n_1$$
$$\vdots$$
$$a \equiv a_k \quad \mathrm{mod}\ n_k$$

mit $a_i, n_i \in \mathbb{Z}$ für $1 \leq i \leq k$ und ein $k \in \mathbb{N}$. Sind die n_i paarweise teilerfremd, so gehört nach dem Chinesischen Restsatz zu dem Element

$$(a_1, \ldots, a_k) \in \mathbb{Z}/n_1\mathbb{Z} \times \cdots \times \mathbb{Z}/n_k\mathbb{Z}$$

genau ein Urbild in $\mathbb{Z}/(\prod_{i=1}^{k} n_i)\mathbb{Z}$, also eine bis auf Vielfache von $\prod_{i=1}^{k} n_i$ eindeutige Lösung des Systems von Kongruenzen.

Zu erwähnen bleibt noch der Fall, dass die n_i nicht paarweise teilerfremd sind, denn in diesem Fall kann der Chinesische Restsatz nicht ohne Weiteres angewendet werden. Jedoch können die n_i selbst in teilerfremde Faktoren $p_{ij}^{v_{ij}}$ zerlegt werden. Auf diese Weise kann eine Kongruenz mod n_i mithilfe des Chinesischen Restsatzes in Kongruenzen mod $p_{ij}^{v_{ij}}$ zerlegt werden. Tritt nun einer dieser Faktoren in mehreren n_i auf, so können die zugehörigen Kongruenzen auf Widerspruchsfreiheit geprüft werden. Sind die Kongruenzen konsistent, so sollte man nur diejenige für die höchste auftretende Potenz des jeweiligen Faktors beibehalten.

Beispiele 2.16. $\boxed{\text{a}}$ Das System

$$a \equiv 0 \quad \mathrm{mod}\ 9$$
$$a \equiv 1 \quad \mathrm{mod}\ 15$$

ist äquivalent zum System

$$a \equiv 0 \quad \mathrm{mod}\ 9$$
$$a \equiv 1 \quad \mathrm{mod}\ 3$$
$$a \equiv 1 \quad \mathrm{mod}\ 5$$

und kann daher keine Lösung haben, denn aus der ersten Kongruenz folgt insbesondere $3 \mid a$, d.h. $a \equiv 0 \bmod 3$.

b Das System

$$a \equiv 0 \quad \text{mod } 9$$
$$a \equiv 0 \quad \text{mod } 15$$

ist äquivalent zum System

$$a \equiv 0 \quad \text{mod } 9$$
$$a \equiv 0 \quad \text{mod } 3$$
$$a \equiv 0 \quad \text{mod } 5$$

und da aus $9 \mid a$ schon $3 \mid a$ folgt, ist die zweite Kongruenz redundant. ∎

Wir sehen uns nun zwei Methoden an, solche Systeme von Kongruenzen zu lösen.

Anleitung: Lösen simultaner Kongruenzen I

Gegeben sei ein System $a \equiv a_i \bmod n_i$ für $i \in \{1, \ldots, l\}$.

(1) Stelle sicher, dass die n_i teilerfremd sind.

(2) Löse zunächst die ersten beiden Kongruenzen: Da n_1 und n_2 teilerfremd sind, gibt es $x, y \in \mathbb{Z}$, sodass

$$xn_1 + yn_2 = 1. \qquad (\star)$$

Diese Zahlen x und y können mithilfe des erweiterten euklidischen Algorithmus (Seite 100) bestimmt werden. Sei nun

$$\phi \colon \mathbb{Z}/{n_1 n_2}\mathbb{Z} \to \mathbb{Z}/{n_1}\mathbb{Z} \times \mathbb{Z}/{n_2}\mathbb{Z}, \quad \overline{a} \mapsto (\overline{a}, \overline{a})$$

der Isomorphismus aus dem Chinesischen Restsatz. Aus $(\star)$ folgt

$$\phi(\overline{xn_1}) = (\overline{0}, \overline{1}) \quad \text{und} \quad \phi(\overline{yn_2}) = (\overline{1}, \overline{0}).$$

Setze also $z_2 = a_1 y n_2 + a_2 x n_1$, so ist

$$\phi(\overline{z_2}) = \phi(\overline{a_1 y n_2} + \overline{a_2 x n_1}) = \overline{a}_1 \cdot \phi(\overline{y n_2}) + \overline{a}_2 \cdot \phi(\overline{x n_1}) = (\overline{a}_1, \overline{a}_2).$$

(3) Gehe nun induktiv vor: Eine Lösung z_{m-1} der ersten $m-1$ Kongruenzen sei bereits konstruiert. Setze $M = \prod_{i=1}^{m-1} n_i$, dann sind M und n_m teilerfremd und eine Lösung z_m des Systems

$$z_m \equiv z_{m-1} \bmod M \quad \text{und} \quad z_m \equiv a_m \bmod n_m$$

kann wie in (2) bestimmt werden. Da $n_i \mid M$ für $i \in \{1, \ldots, m-1\}$, ist dann $z_m \equiv z_{m-1} \equiv a_i \bmod n_i$. Insgesamt ist damit z_m eine Lösung der ersten m Kongruenzen.

(4) Überprüfe, dass $a = z_l$ eine Lösung des ursprünglichen Systems ist.

Aufgabe (Frühjahr 2011, T2A1)

Bestimmen Sie alle ganzzahligen Lösungen des folgenden Systems:

$$x \equiv 1 \quad \mathrm{mod}\ 2$$
$$x \equiv 2 \quad \mathrm{mod}\ 3$$
$$x \equiv 3 \quad \mathrm{mod}\ 5$$

Lösungsvorschlag zur Aufgabe (Frühjahr 2011, T2A1)

Wir lösen zunächst die ersten beiden Kongruenzen: Sei $\phi \colon \mathbb{Z}/6\mathbb{Z} \to \mathbb{Z}/2\mathbb{Z} \times \mathbb{Z}/3\mathbb{Z}$ der Isomorphismus aus dem Chinesischen Restsatz. Aus der Gleichung

$$(-1) \cdot 2 + 1 \cdot 3 = 1$$

folgt

$$\phi(-\overline{2}) = (-\overline{2}, \overline{1} - \overline{3}) = (\overline{0}, \overline{1}) \quad \text{und} \quad \phi(\overline{3}) = (\overline{1} + \overline{2}, \overline{3}) = (\overline{1}, \overline{0}).$$

Daraus erhält man

$$\phi(-\overline{1}) = \phi(\overline{1} \cdot \overline{3} + \overline{2} \cdot (-\overline{2})) = (\overline{1}, \overline{0}) + \overline{2} \cdot (\overline{0}, \overline{1}) = (\overline{1}, \overline{2}).$$

Also ist -1 eine Lösung der ersten beiden Kongruenzen. Betrachte nun das System

$$x \equiv -1 \quad \mathrm{mod}\ 6,$$
$$x \equiv 3 \quad \mathrm{mod}\ 5.$$

Ist $\psi \colon \mathbb{Z}/30\mathbb{Z} \to \mathbb{Z}/6\mathbb{Z} \times \mathbb{Z}/5\mathbb{Z}$ der Isomorphismus aus dem Chinesischen Restsatz, so folgt aus

$$1 \cdot 6 + (-1) \cdot 5 = 1,$$

dass $\psi(\overline{6}) = (\overline{0}, \overline{1})$ und $\psi(-\overline{5}) = (\overline{1}, \overline{0})$. Daraus erhält man, dass

$$\psi(\overline{23}) = \psi(-\overline{1} \cdot (-\overline{5}) + \overline{3} \cdot \overline{6}) = -(\overline{1}, \overline{0}) + \overline{3} \cdot (\overline{0}, \overline{1}) = (-\overline{1}, \overline{3}).$$

Also ist 23 eine Lösung des neuen Systems von Kongruenzen und man überprüft unmittelbar, dass 23 auch eine Lösung des ursprünglichen Systems aus der Aufgabenstellung ist. Diese Lösung ist eindeutig modulo $2 \cdot 3 \cdot 5$, d. h. die Menge aller ganzzahligen Lösungen ist durch $23 + 30\mathbb{Z}$ gegeben.

Aufgabe (Herbst 2014, T1A5)

Bestimmen Sie die kleinste natürliche Zahl, die bei Division durch n den Rest $n - 1$ hat, für alle $n \in \{2, 3, 4, 5, 6\}$.

Lösungsvorschlag zur Aufgabe (Herbst 2014, T1A5)

Die Aufgabenstellung lässt sich auch so formulieren, dass das System

$$a \equiv 1 \quad \mod 2$$
$$a \equiv 2 \quad \mod 3$$
$$a \equiv 3 \quad \mod 4$$
$$a \equiv 4 \quad \mod 5$$
$$a \equiv 5 \quad \mod 6$$

gelöst werden soll. Diese Kongruenzen sind jedoch nicht unabhängig voneinander, denn beispielsweise gilt laut dem Chinesischem Restsatz, dass

$$a \equiv 5 \quad \mod 2 \cdot 3 \quad \Leftrightarrow \quad a \equiv 5 \equiv 1 \quad \mod 2 \quad \text{und} \quad a \equiv 5 \equiv 2 \quad \mod 3,$$

wobei die rechten beiden Kongruenzen gerade den ersten beiden Zeilen des Systems entsprechen. Außerdem folgt aus $4 \mid (a - 3)$ insbesondere, dass $2 \mid (a - 3)$, d. h.

$$a \equiv 3 \quad \mod 4 \quad \Rightarrow \quad a \equiv 3 \equiv 1 \quad \mod 2$$

Es genügt also, das überschaubarere System

$$a \equiv 2 \quad \mod 3$$
$$a \equiv 3 \quad \mod 4$$
$$a \equiv 4 \quad \mod 5$$

zu lösen. Sei $\phi \colon \mathbb{Z}/12\mathbb{Z} \to \mathbb{Z}/3\mathbb{Z} \times \mathbb{Z}/4\mathbb{Z}$ der Isomorphismus aus dem Chinesischen Restsatz. Aus der Gleichung

$$(-1) \cdot 3 + 1 \cdot 4 = 1$$

folgt $\phi(-\overline{3}) = (\overline{0}, \overline{1})$ und $\phi(\overline{4}) = (\overline{1}, \overline{0})$. In der Konsequenz also auch

$$\phi(-\overline{1}) = \phi(\overline{2} \cdot \overline{4} + \overline{3} \cdot (-\overline{3})) = (\overline{2}, \overline{3}).$$

Also ist -1 eine Lösung der ersten beiden Kongruenzen. Als Nächstes lösen wir das System

$$a \equiv -1 \quad \mod 12,$$
$$a \equiv 4 \quad \mod 5.$$

Sei dazu $\psi\colon \mathbb{Z}/60\mathbb{Z} \to \mathbb{Z}/12\mathbb{Z} \times \mathbb{Z}/5\mathbb{Z}$ der Isomorphismus aus dem Chinesischen Restsatz. Aus der Gleichung

$$(-2) \cdot 12 + 5 \cdot 5 = 1$$

folgt $\psi(\overline{25}) = (\overline{1}, \overline{0})$ und $\psi(\overline{-24}) = (\overline{0}, \overline{1})$. Folglich ist auch

$$\psi(-\overline{1}) = \psi(-\overline{121}) = \psi(-\overline{1} \cdot \overline{25} + \overline{4} \cdot (-\overline{24})) = (-\overline{1}, \overline{4}).$$

Man überprüft unmittelbar, dass -1 eine Lösung der ursprünglichen Kongruenzen und somit $-1 + 60\mathbb{Z}$ die Menge aller Lösungen ist. Die kleinste *natürliche* Zahl in dieser Menge ist 59.

Anleitung: Lösen simultaner Kongruenzen II

Gegeben sei ein System $a \equiv a_i \bmod n_i$ für $i \in \{1, \ldots, l\}$.

(1) Stelle sicher, dass die n_i paarweise teilerfremd sind.

(2) Setze $n_i' = \prod_{j \neq i} n_j$.

(3) Berechne für jedes n_i' ein Inverses m_i modulo n_i, d.h. ein Element m_i mit $n_i' \cdot m_i \equiv 1 \bmod n_i$ (z.B. mit dem Verfahren auf Seite 101).

(4) Setze $a = \sum_{i=1}^{l} a_i n_i' m_i$ und überprüfe, dass a tatsächlich eine Lösung des Systems ist.

Die explizite Umkehrabbildung zum Isomorphismus aus dem Chinesischen Restsatz ist dann

$$\mathbb{Z}/n_1\mathbb{Z} \times \cdots \times \mathbb{Z}/n_l\mathbb{Z} \longrightarrow \mathbb{Z}\big/\prod_{i=1}^{l} n_i\mathbb{Z}, \quad (\overline{a}_1, \ldots, \overline{a}_l) \mapsto \sum_{i=1}^{l} \overline{a}_i \overline{n}_i' \overline{m}_i$$

Aufgabe (Herbst 2012, T1A5)

a Die Anzahl der Tänzer in einem Ballsaal liegt zwischen 100 und 200. Stellt man sie in 11-er Reihen auf, so bleibt ein Tänzer allein. Stellt man sie dagegen in 5-er Reihen auf, so bleiben drei übrig. Und stellt man sie in 3-er Reihen auf, so bleiben zwei Tänzer allein. Wieviele Tänzer sind es genau?

b Geben Sie explizit einen Ringisomorphismus

$$\varphi\colon \mathbb{Z}/57\mathbb{Z} \to \mathbb{Z}/3\mathbb{Z} \times \mathbb{Z}/19\mathbb{Z}$$

und seine Umkehrung φ^{-1} an.

Lösungsvorschlag zur Aufgabe (Herbst 2012, T1A5)

a Zu lösen ist das System

$$a \equiv 1 \quad \mathrm{mod}\ 11$$
$$a \equiv 3 \quad \mathrm{mod}\ 5$$
$$a \equiv 2 \quad \mathrm{mod}\ 3.$$

Wir verwenden das neue Verfahren und berechnen zunächst die n_i':

$$n_1' = 15 \qquad n_2' = 33 \qquad n_3' = 55$$

Als Nächstes bestimmen wir die m_i:

$$15 \cdot 3 \equiv 4 \cdot 3 = 12 \equiv 1 \quad \mathrm{mod}\ 11 \qquad \Rightarrow \qquad m_1 = 3$$
$$33 \cdot 2 \equiv 3 \cdot 2 \equiv 1 \quad \mathrm{mod}\ 5 \qquad \Rightarrow \qquad m_2 = 2$$
$$55 \equiv 1 \quad \mathrm{mod}\ 3 \qquad \Rightarrow \qquad m_3 = 1$$

Also setzen wir

$$a = 1 \cdot 15 \cdot 3 + 3 \cdot 33 \cdot 2 + 2 \cdot 55 \cdot 1 = 353.$$

Diese Lösung ist eindeutig modulo $3 \cdot 5 \cdot 11 = 165$, also ist $353 - 165 = 188$ die gesuchte Lösung im Bereich zwischen 100 und 200 und entspricht der Zahl der Tänzer.

b Der gefragte Ringisomorphismus ist

$$\varphi \colon \mathbb{Z}/57\mathbb{Z} \to \mathbb{Z}/3\mathbb{Z} \times \mathbb{Z}/19\mathbb{Z}, \quad x + 57\mathbb{Z} \mapsto (x + 3\mathbb{Z}, x + 19\mathbb{Z}).$$

Zur Konstruktion von φ^{-1} gehen wir wie oben vor. Hier ist $n_1' = 19$ und $n_2' = 3$. Weiter ist $m_1 = 1$ und $m_2 = 13$, denn

$$19 \equiv 1 \quad \mathrm{mod}\ 3 \quad \text{und} \quad 3 \cdot 13 = 39 \equiv 1 \quad \mathrm{mod}\ 19.$$

Also ist

$$\varphi^{-1} \colon \mathbb{Z}/3\mathbb{Z} \times \mathbb{Z}/19\mathbb{Z} \to \mathbb{Z}/57\mathbb{Z}, \quad (x + 3\mathbb{Z}, y + 19\mathbb{Z}) \mapsto 19x + 39y + 57\mathbb{Z}$$

ein Kandidat für die Umkehrabbildung. Zum Test:

$$(\varphi \circ \varphi^{-1})(x + 3\mathbb{Z}, y + 19\mathbb{Z}) = \varphi(19x + 39y + 57\mathbb{Z}) =$$
$$= (19x + 3\mathbb{Z}, 39y + 19\mathbb{Z}) = (x + 3\mathbb{Z}, y + 19\mathbb{Z})$$

$$(\varphi^{-1} \circ \varphi)(z + 57\mathbb{Z}) = \varphi^{-1}(z + 3\mathbb{Z}, z + 19\mathbb{Z}) = (19z + 39z + 57\mathbb{Z}) =$$
$$= (58z + 57\mathbb{Z}) = (z + 57\mathbb{Z})$$

Aufgabe (Frühjahr 2005, T3A3)

Geben Sie explizit einen Ringisomorphismus

$$\varphi \colon \mathbb{Z}/1000\mathbb{Z} \longrightarrow \mathbb{Z}/8\mathbb{Z} \times \mathbb{Z}/125\mathbb{Z}$$

und seine Umkehrung φ^{-1} an.

Lösungsvorschlag zur Aufgabe (Frühjahr 2005, T3A3)

Der gefragte Isomorphismus ist der Homomorphismus aus dem Chinesischen Restsatz:

$$\varphi \colon \mathbb{Z}/1000\mathbb{Z} \longrightarrow \mathbb{Z}/8\mathbb{Z} \times \mathbb{Z}/125\mathbb{Z}, \quad a + 1000\mathbb{Z} \mapsto (a + 8\mathbb{Z}, a + 125\mathbb{Z})$$

Zur Bestimmung der Umkehrabbildung:

$$n_1' = 125 \qquad n_2' = 8$$
$$125 \cdot 5 = 25^2 \equiv 1^2 \equiv 1 \quad \mod 8 \quad \Rightarrow \quad m_1 = 5$$
$$8 \cdot 47 = 376 \equiv 1 \quad \mod 125 \quad \Rightarrow \quad m_2 = 47$$

Also bekommen wir als Kandidat für die inverse Abbildung

$$\varphi^{-1} \colon \mathbb{Z}/8\mathbb{Z} \times \mathbb{Z}/125\mathbb{Z} \to \mathbb{Z}/1000\mathbb{Z},$$
$$(a_1 + 8\mathbb{Z}, a_2 + 125\mathbb{Z}) \mapsto 625a_1 + 376a_2 + 1000\mathbb{Z}$$

und man überprüft, dass tatsächlich $\varphi \circ \varphi^{-1} = \mathrm{id}$ sowie $\varphi^{-1} \circ \varphi = \mathrm{id}$ gilt.

Aufgabe (Herbst 2001, T2A2)

Betrachtet sei folgendes System von zwei Kongruenzen in $\mathbb{Q}[X]$:

$$f \equiv X - 1 \quad \mod X^2 - 1$$
$$f \equiv X + 1 \quad \mod X^2 + X + 1.$$

Bestimmen Sie eine konkrete Lösung und die Menge aller Lösungen des Systems.

Lösungsvorschlag zur Aufgabe (Herbst 2001, T2A2)

Wir bemerken zunächst, dass die Polynome $X^2 - 1$ und $X^2 + X + 1$ teilerfremd sind, denn die Zerlegung von $X^2 - 1$ in irreduzible Faktoren ist

$$X^2 - 1 = (X - 1)(X + 1)$$

und da $X^2 + X + 1$ keine Nullstelle bei ± 1 hat, kann keiner dieser Faktoren ein Teiler sein. Wir können also wie gewohnt mit dem Chinesischen Restsatz arbeiten.

Hier ist $n_1' = X^2 + X + 1$ und $n_2' = X^2 - 1$.
Aus dem euklidischen Algorithmus erhält man

$$1 = \tfrac{1}{3}(X - 1)(X^2 - 1) - \tfrac{1}{3}(X - 2)(X^2 + X + 1),$$

also ist $m_1 = -\tfrac{1}{3}(X - 2)$ und $m_2 = \tfrac{1}{3}(X - 1)$. Damit erhalten wir als konkrete Lösung

$$f = (X - 1)(X^2 + X + 1)(-\tfrac{1}{3})(X - 2) + (X + 1)(X^2 - 1)\tfrac{1}{3}(X - 1) =$$
$$= \tfrac{1}{3}(2X^3 - 2X^2 + X - 1)$$

und die Lösungsmenge des Systems ist $f + \mathfrak{a}$ mit dem Ideal

$$\mathfrak{a} = (X^2 - 1) \cap (X^2 + X + 1) = (X^2 - 1) \cdot (X^2 + X + 1) = (X^4 + X^3 - X - 1).$$

Aufgabe (Frühjahr 2012, T1A4)

Gegeben ist das Polynom $P = X^2 + 3 \cdot X + 1 \in \mathbb{Z}[X]$. Bestimmen Sie

a die Nullstellen von P modulo 5,
b die Nullstellen von P modulo 11,
c die Nullstellen von P modulo 11^2,
d die Nullstellen von P modulo 605.

Lösungsvorschlag zur Aufgabe (Frühjahr 2012, T1A4)

a Hier kann man einfach durchprobieren:

$$0^2 + 3 \cdot 0 + 1 \equiv 1 \quad \mathrm{mod}\ 5$$
$$1^2 + 3 \cdot 1 + 1 = 5 \equiv 0 \quad \mathrm{mod}\ 5$$

$$2^2 + 3 \cdot 2 + 1 = 11 \equiv 1 \quad \mathrm{mod}\ 5$$
$$3^2 + 3 \cdot 3 + 1 = 19 \equiv 4 \quad \mathrm{mod}\ 5$$
$$4^2 + 3 \cdot 4 + 1 \equiv (-1)^2 + 3 \cdot (-1) + 1 = -1 \equiv 4 \quad \mathrm{mod}\ 5$$

Also ist 1 die einzige Nullstelle von P modulo 5.

b Auch hier probiert man durch und sieht, dass 2 und 6 die Nullstellen von P modulo 11 sind.

c Ist a eine Nullstelle modulo 11^2, so ist a insbesondere Nullstelle modulo 11. Das bedeutet unter Verwendung von Teil **b**:

$$a = 2 + k \cdot 11 \quad \text{oder} \quad a = 6 + k \cdot 11$$

für ein $k \in \mathbb{Z}$. Da es genügt, a modulo 11^2 eindeutig zu bestimmen, können wir $0 \leq k \leq 10$ annehmen. Einsetzen liefert nun

$$P(2 + 11k) = (2 + 11k)^2 + 3 \cdot (2 + 11k) + 1 = 4 + 44k + 121k^2 + 6 + 33k + 1$$
$$= 121k^2 + 77k + 11 \equiv 77k + 11 \equiv 11(7k + 1) \quad \mathrm{mod}\ 11^2.$$

Weiterhin ist nun

$$11(7k + 1) \equiv 0 \quad \mathrm{mod}\ 11^2 \quad \Leftrightarrow \quad 7k + 1 \equiv 0 \quad \mathrm{mod}\ 11.$$

Durch Testen der Werte $0 \leq k \leq 10$ überzeugt man sich schnell davon, dass die einzige Lösung dieser Gleichung $k = 3$ ist und zu $a = 2 + 3 \cdot 11 = 35$ führt. Ebenso verfährt man im zweiten Fall:

$$P(6 + k \cdot 11) = (6 + 11k)^2 + 3 \cdot (6 + 11k) + 1$$
$$= 36 + 132k + 121k^2 + 18 + 33k + 1 = 121k^2 + 165k + 55$$
$$\equiv 165k + 55 = 11 \cdot (15k + 5) \quad \mathrm{mod}\ 11^2$$

Und betrachtet wiederum

$$11 \cdot (15k + 5) \equiv 0 \quad \mathrm{mod}\ 11^2 \quad \Leftrightarrow \quad 15k + 5 \equiv 0 \quad \mathrm{mod}\ 11$$
$$\Leftrightarrow \quad 3k + 1 \equiv 0 \quad \mathrm{mod}\ 11.$$

Die einzige Lösungen dieser Gleichung im relevanten Bereich ist $k = 7$ mit der zugehörigen Nullstelle $a = 83$.
Insgesamt haben wir modulo 11^2 die Nullstellen 35 und 83 gefunden.

d Nach dem Chinesischen Restsatz haben wir den Isomorphismus

$$\varphi \colon \mathbb{Z}/605\mathbb{Z} \to \mathbb{Z}/5\mathbb{Z} \times \mathbb{Z}/11^2\mathbb{Z}, \quad a + 605\mathbb{Z} \mapsto (a + 5\mathbb{Z}, a + 11^2\mathbb{Z}).$$

Da $\bar{a} \in \mathbb{Z}/605\mathbb{Z}$ genau dann eine Nullstelle von P ist, wenn $\varphi(\bar{a})$ eine Nullstelle von P in $\mathbb{Z}/5\mathbb{Z} \times \mathbb{Z}/11^2\mathbb{Z}$ ist, genügt es also nach den Teilen a und c, die Urbilder von $(1, 35)$ und $(1, 83)$ unter φ zu konstruieren.

Wir befolgen nun das Kochrezept von Seite 108. Es gilt

$$(-24) \cdot 5 + 121 = 1$$

und somit $\varphi(121) = (1, 0)$ und $\varphi(-120) = (0, 1)$. Damit erhalten wir

$$(1, 35) = \varphi(121 - 35 \cdot 120) = \varphi(-4079) = \varphi(156),$$

$$(1, 83) = \varphi(121 - 83 \cdot 120) = \varphi(-9839) = \varphi(446).$$

Damit sind die Nullstellen von P modulo 605 durch 156 und 446 gegeben.

Aufgabe (Herbst 2012, T3A4)

Wie viele Lösungen hat die Gleichung

$$X^2 + 46X + 1 \equiv 0$$

in $\mathbb{Z}/2012\mathbb{Z}$?

Hinweis 503 ist eine Primzahl.

Lösungsvorschlag zur Aufgabe (Herbst 2012, T3A4)

Nach dem Chinesischen Restsatz gibt es einen Isomorphismus

$$\mathbb{Z}/2012\mathbb{Z} \xrightarrow{\simeq} \mathbb{Z}/4\mathbb{Z} \times \mathbb{Z}/503\mathbb{Z},$$

sodass sich die Lösungen der Gleichung in $\mathbb{Z}/2012\mathbb{Z}$ als Kombinationen der Lösungen in $\mathbb{Z}/4\mathbb{Z}$ bzw. $\mathbb{Z}/503\mathbb{Z}$ ergeben. In $\mathbb{Z}/4\mathbb{Z}$ gilt

$$X^2 + 46X + 1 \equiv 0 \quad \text{mod } 4 \quad \Leftrightarrow \quad X^2 + 2X + 1 \equiv 0 \quad \text{mod } 4.$$

Durch Ausprobieren[2] findet man die Lösungen 1 und -1. Betrachten wir nun die Gleichung über $\mathbb{Z}/503\mathbb{Z}$:

$$X^2 + 46X + 1 \equiv 0 \quad \text{mod } 503 \quad \Leftrightarrow \quad (X + 23)^2 - 23^2 + 1 \equiv 0 \quad \text{mod } 503$$

$$\Leftrightarrow \quad (X + 23)^2 \equiv 528 \equiv 25 \quad \text{mod } 503$$

Da 503 laut Angabe eine Primzahl ist, handelt es sich bei $\mathbb{Z}/503\mathbb{Z}$ um einen Körper. In einem Körper kann ein Element a höchstens zwei Wurzeln haben, denn das Polynom $X^2 - a$ hat höchstens zwei Nullstellen. Also dürfen wir aus obiger Kongruenz tatsächlich

$$X + 23 \equiv \pm 5 \quad \mod 503$$

schließen. Damit hat $X^2 + 46X + 1$ die Nullstellen

$$(1, -18), (-1, -18), (1, -28), (-1, -28) \in \mathbb{Z}/4\mathbb{Z} \times \mathbb{Z}/503\mathbb{Z} \cong \mathbb{Z}/2012\mathbb{Z},$$

d. h. vier an der Zahl.

2.4. Quadrate und Legendre-Symbol

Sei p eine Primzahl und $q = p^n$ für ein $n \in \mathbb{N}$. Wir interessieren uns dafür, wie viele Quadrate es in der Einheitengruppe $\mathbb{F}_q^\times$ gibt, d. h. Elemente der Form a^2 für ein $a \in \mathbb{F}_q$. Um diese Frage zu beantworten, betrachten wir den Homomorphismus

$$\tau : \mathbb{F}_q^\times \to \mathbb{F}_q^\times, \quad a \mapsto a^2,$$

dessen Bild genau die Menge der Quadrate ist, welche wir fortan als $\mathcal{Q}$ bezeichnen. Nach dem Homomorphiesatz gilt $\mathcal{Q} = \operatorname{im} \tau \cong \mathbb{F}_q^\times / \ker \tau$.

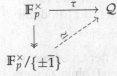

Die Elemente im Kern von τ sind genau die Nullstellen von $X^2 - \overline{1}$, folglich kann es höchstens zwei solche Elemente geben. Für $p = 2$ ist das nur $\overline{1}$, für ungerade Primzahlen sind das $\pm\overline{1}$, denn dann ist $\overline{1} \neq -\overline{1}$.

Zusammenfassend können wir festhalten, dass für $p = 2$

$$|\mathcal{Q}| = \left| \mathbb{F}_q^\times / \{\overline{1}\} \right| = |\mathbb{F}_q^\times| = q - 1$$

und für ungerades p

$$|\mathcal{Q}| = \left| \mathbb{F}_q^\times / \{\overline{1}, -\overline{1}\} \right| = \frac{q-1}{2}$$

gilt. Falls nicht nur nach der Anzahl der Quadrate in der Einheitengruppe, sondern in $\mathbb{F}_q$ gefragt ist, so müssen wir noch das Quadrat 0 mitzählen und erhalten die Anzahlen q bzw. $\frac{q+1}{2}$. Insbesondere ist für gerades q jedes Element in $\mathbb{F}_q$ ein Quadrat.

---

2 Man wäre an dieser Stelle vielleicht versucht, $X^2 + 2X + 1 = (X + 1)^2$ zu schreiben und daraus zu schließen, dass -1 einzige (doppelte) Nullstelle ist. Allerdings ist $\mathbb{Z}/4\mathbb{Z}$ nicht nullteilerfrei und Einsetzen von 1 liefert $2 \cdot 2 = 4 \equiv 0 \mod 4$, also ebenfalls eine Lösung.

Aufgabe (Herbst 2014, T3A2)

Wie viele Quadrate gibt es im Ring $\mathbb{Z}/2014\mathbb{Z}$?

Lösungsvorschlag zur Aufgabe (Herbst 2014, T3A2)

Nach dem Chinesischen Restsatz gilt

$$\mathbb{Z}/2014\mathbb{Z} \cong \mathbb{Z}/2\mathbb{Z} \times \mathbb{Z}/19\mathbb{Z} \times \mathbb{Z}/53\mathbb{Z},$$

sodass es genügt, die Quadrate auf der rechten Seite zu zählen. Auf der rechten Seite haben die Quadrate die Form (a^2, b^2, c^2), also ist die gesuchte Anzahl die Zahl aller Kombinationen von Quadraten aus $\mathbb{Z}/2\mathbb{Z}, \mathbb{Z}/19\mathbb{Z}$ und $\mathbb{Z}/53\mathbb{Z}$.

Da 2, 19 und 53 jeweils Primzahlen sind, handelt es sich bei den genannten Ringen um Körper, sodass wir wie oben skizziert vorgehen können: In $\mathbb{Z}/2\mathbb{Z}$ ist klar, dass sowohl $\overline{0}$ als $\overline{1}$ Quadrate sind. Sei daher p eine ungerade Primzahl. Betrachte den Homomorphismus

$$\tau : \mathbb{F}_p^\times \to \mathcal{Q}, \quad a \mapsto a^2,$$

wobei $\mathcal{Q}$ die Menge der Quadrate in $\mathbb{F}_p^\times$ bezeichnet. Da $p \geq 3$ ist, ist $\overline{1} \neq -\overline{1}$ und somit sind $\overline{1}$ und $-\overline{1}$ zwei verschiedene Elemente im Kern von τ. Andererseits ist jedes $a \in \ker \tau$ eine Nullstelle von $X^2 - \overline{1}$, wovon es im Körper $\mathbb{F}_p$ nur höchstens zwei geben kann. Dies zeigt $\ker \tau = \{\pm \overline{1}\}$ und der Homomorphiesatz liefert $\mathcal{Q} \cong \mathbb{F}_p^\times / \{\pm \overline{1}\}$. Insbesondere gilt $|\mathcal{Q}| = \frac{p-1}{2}$.

In unserem Fall können wir uns jedoch nicht mit der Anzahl der Quadrate in der Einheitengruppe $\mathbb{F}_p^\times$ begnügen, sondern wir müssen noch 0 hinzuzählen, um die Anzahl der Quadrate in $\mathbb{F}_p$ zu erhalten.

Insgesamt ergibt sich die gesuchte Zahl an möglichen Kombinationen in unserem Fall als

$$2 \cdot \frac{19+1}{2} \cdot \frac{53+1}{2} = 2 \cdot 10 \cdot 27 = 540.$$

Aufgabe (Herbst 2013, T2A4)

Sei K ein endlicher Körper. Sei $a \in K$. Zeigen Sie, dass es Elemente $x, y \in K$ gibt, so dass $x^2 + y^2 = a$ gilt.

Hinweis Wie viele Quadrate gibt es in K?

Lösungsvorschlag zur Aufgabe (Herbst 2013, T2A4)

Sei $|K| = q$ und $Q = \{\alpha^2 \mid \alpha \in K\}$ die Menge der Quadrate in K. Wie oben bestimmt man $|Q|$.

Für gerades q ist $K = Q$, d. h. a ist ein Quadrat und es gibt $x \in K$ mit $a = x^2 = x^2 + 0^2$. Also ist $(x, 0)$ eine Lösung der Gleichung in der Aufgabenstellung.

Sei nun q ungerade. Wir zeigen, dass für ein $x \in K$ das Element $a - x^2$ ein Quadrat ist. Nehmen wir an, das ist nicht der Fall. Dann gilt $a - x^2 \neq y^2$ für beliebige $x, y \in K$, also sind die Mengen $a - Q$ und Q disjunkt. Wir zeigen nun, dass durch $K \to K : \alpha \mapsto a - \alpha$ eine Bijektion gegeben ist. Für den Nachweis der Injektivität seien $\alpha, \beta \in K$ vorgegeben mit $a - \alpha = a - \beta$. Es folgt $\alpha = \beta$. Als Abbildung zwischen endlichen, gleichmächtigen Mengen ist diese Abbildung damit bereits bijektiv. Es folgt $|a - Q| = |Q|$. Laut unserer Annahme ist $(a - Q) \cap Q = \varnothing$, also

$$|(a - Q) \cup Q| = |a - Q| + |Q| = \frac{q+1}{2} + \frac{q+1}{2} = q + 1 > q = |K|.$$

Dies kann jedoch nicht sein, da die Menge in K enthalten ist. Folglich war die Annahme falsch und es gibt $x^2, y^2 \in Q$, sodass

$$a - x^2 = y^2 \quad \in (a - Q) \cap Q \quad \Leftrightarrow \quad a = x^2 + y^2.$$

Aufgabe (Frühjahr 2008, T1A5)

a Bestimmen Sie die Anzahl der Zahlen $a \in \mathbb{N}$, so dass

$$1 \leq a < 42$$
$$x^2 \equiv a \mod 42 \text{ für ein } x \in \mathbb{Z}.$$

b Welche Einheiten des Rings $\mathbb{Z}/42\mathbb{Z}$ kommen als quadratische Reste vor?

Lösungsvorschlag zur Aufgabe (Frühjahr 2008, T1A5)

a Nach dem Chinesischen Restsatz ist

$$\mathbb{Z}/42\mathbb{Z} \cong \mathbb{Z}/2\mathbb{Z} \times \mathbb{Z}/3\mathbb{Z} \times \mathbb{Z}/7\mathbb{Z}$$

und es genügt, die Quadrate auf der rechten Seite zu zählen. Wir haben bereits gesehen, dass die Anzahl der Quadrate in einem Körper mit q Elementen für ungerades q genau $\frac{q+1}{2}$ beträgt und für gerades q gleich q

ist. Also gibt es auf der rechten Seite

$$2 \cdot 2 \cdot 4 = 16$$

Quadrate. Allerdings sollen wir laut Aufgabenstellung das Quadrat 0 nicht mitzählen, sodass die gesuchte Anzahl 15 ist.

b In $(\mathbb{Z}/2\mathbb{Z})^\times = \{\bar{1}\}$ und $(\mathbb{Z}/3\mathbb{Z})^\times = \{\bar{1}, \bar{2}\}$ ist $\bar{1}$ jeweils das einzige Quadrat. In $(\mathbb{Z}/7\mathbb{Z})^\times$ gibt es die Quadrate $\bar{1}, \bar{2}, \bar{4}$. Gesucht sind nun also die Urbilder von $(\bar{1}, \bar{1}, \bar{1}), (\bar{1}, \bar{1}, \bar{2})$ und $(\bar{1}, \bar{1}, \bar{4})$. Für das erste Element ist das einfach $\bar{1}$, für die anderen beiden sind die Urbilder nach dem auf Seite 111 beschriebenen Verfahren durch

$$21 \cdot 1 \cdot 1 + 14 \cdot (-1) \cdot 1 + 6 \cdot (-1) \cdot 2 \equiv -5 \equiv 37 \quad \mathrm{mod}\ 42$$

$$21 \cdot 1 \cdot 1 + 14 \cdot (-1) \cdot 1 + 6 \cdot (-1) \cdot 4 \equiv -17 \equiv 25 \quad \mathrm{mod}\ 42$$

gegeben. Also sind die in $(\mathbb{Z}/42\mathbb{Z})^\times$ auftretenden Quadrate $\bar{1}, \bar{25}$ und $\bar{37}$.

Das Legendre-Symbol

Es sei p eine ungerade Primzahl. Ist $a \in \mathbb{F}_p^\times$ ein Quadrat, d.h. $a = b^2$ für ein $b \in \mathbb{F}_p^\times$, so gilt wegen $|\mathbb{F}_p^\times| = p - 1$, dass

$$a^{\frac{p-1}{2}} = (b^2)^{\frac{p-1}{2}} = b^{p-1} = 1.$$

Folglich ist jedes Quadrat eine Nullstelle des Polynoms $X^{\frac{p-1}{2}} - 1$. Dieses Polynom kann höchstens $\frac{p-1}{2}$ Nullstellen in $\mathbb{F}_p^\times$ haben. Da dies genau der Anzahl der Quadrate in $\mathbb{F}_p^\times$ entspricht, sind die Nullstellen von $X^{\frac{p-1}{2}} - 1$ also genau die Quadrate. Eine äquivalente Formulierung wäre, dass $a \in \mathbb{F}_p^\times$ genau dann ein Quadrat ist, wenn $a^{\frac{p-1}{2}} = 1$ gilt.[3]

Ist a kein Quadrat, so ist immer noch $a^{p-1} = 1$, sodass $a^{\frac{p-1}{2}} = -1$ erfüllt sein muss. Wir haben daher mit

$$\mathbb{F}_p^\times \to \{\pm 1\}, \quad a \mapsto a^{\frac{p-1}{2}}$$

einen Homomorphismus gefunden, der uns sagt, ob ein Element ein Quadrat ist oder nicht. Dies übertragen wir nun auf die Ringe $\mathbb{Z}/p\mathbb{Z}$. Dazu sagen wir, eine Zahl $a \in \mathbb{Z}$ ist ein **quadratischer Rest modulo** p, falls es ein $x \in \mathbb{Z}$ mit $x^2 \equiv a$ mod p gibt. Andernfalls heißt a ein **quadratischer Nicht-Rest modulo** p.

---

3   Man spricht hierbei vom *Euler-Kriterium*.

Definition 2.17. Für eine Primzahl $p \in \mathbb{Z}$ und $a \in \mathbb{Z}$ ist das *Legendre-Symbol* definiert als

$$\left(\frac{a}{p}\right) = \begin{cases} 1 & \text{falls } x^2 \equiv a \text{ mod } p \text{ lösbar ist und } a \not\equiv 0 \text{ mod } p, \\ -1 & \text{falls } x^2 \equiv a \text{ mod } p \text{ nicht lösbar ist,} \\ 0 & \text{falls } a \equiv 0 \text{ mod } p. \end{cases}$$

Aus der gruppentheoretischen Interpretation des Legendre-Symbols zu Beginn ergibt sich unmittelbar das folgende Ergebnis.

Proposition 2.18 (Rechenregeln für das Legendre-Symbol). Sei p eine ungerade Primzahl und $a, b \in \mathbb{Z}$. Es gelten die folgenden Rechenregeln:

(1) $a \equiv b \text{ mod } p \Rightarrow \left(\frac{a}{p}\right) = \left(\frac{b}{p}\right)$

(2) $\left(\frac{a}{p}\right) \equiv a^{\frac{p-1}{2}} \text{ mod } p$

(3) $\left(\frac{ab}{p}\right) = \left(\frac{a}{p}\right)\left(\frac{b}{p}\right)$

Dass das Legendre-Symbol effizient berechenbar ist, beruht jedoch v. a. auf dem *Quadratischen Reziprozitätsgesetz*. Dieses wurde erstmals von Gauß bewiesen und gehört zu den bedeutendsten Resultaten der Zahlentheorie.

Satz 2.19 (Quadratisches Reziprozitätsgesetz). Seien $p \neq q$ ungerade Primzahlen. Dann gilt

$$\left(\frac{p}{q}\right) = (-1)^{\frac{p-1}{2} \cdot \frac{q-1}{2}} \cdot \left(\frac{q}{p}\right).$$

Im Quadratischen Reziprozitätsgesetz hatten wir den Fall $p = 2$ ausgeschlossen – eine Lücke, die der folgende Satz behebt.

Proposition 2.20 (Ergänzungssätze). Sei p eine ungerade Primzahl. Dann gelten:

$$\left(\frac{-1}{p}\right) = (-1)^{\frac{p-1}{2}} = \begin{cases} 1 & \text{falls } p \equiv 1 \text{ mod } 4, \\ -1 & \text{falls } p \equiv 3 \text{ mod } 4. \end{cases}$$

$$\left(\frac{2}{p}\right) = (-1)^{\frac{p^2-1}{8}} = \begin{cases} 1 & \text{falls } p \equiv \pm 1 \text{ mod } 8, \\ -1 & \text{falls } p \equiv \pm 3 \text{ mod } 8. \end{cases}$$

Wir haben nun alle Rechenregeln beisammen, um Legendre-Symbole effizient berechnen zu können.

Anleitung: Berechnung von Legendre-Symbolen

Sei p eine Primzahl und $n \in \mathbb{Z}$.

(1) Zerlege n in Primfaktoren, d. h. finde eine Darstellung $n = \pm \prod_{i=1}^{m} q_i^{v_i}$ mit Primzahlen q_i und natürlichen Zahlen v_i.

(2) Nach Proposition 2.18 (3) ist dann

$$\left(\frac{n}{p}\right) = \left(\frac{\pm 1}{p}\right) \cdot \prod_{i=1}^{m} \left(\frac{q_i}{p}\right)^{v_i}.$$

Es genügt dabei, die Exponenten v_i modulo 2 zu reduzieren, denn gerade Exponenten liefern $(\pm 1)^2$ und damit keinen Beitrag (vgl. Beispiel 2.21).

(3) Die einzelnen Faktoren $\left(\frac{q_i}{p}\right)$ berechnet man, indem man das Quadratische Reziprozitätsgesetz 2.19 anwendet und anschließend den „Zähler" mittels Proposition 2.18 (1) reduziert. Dies wiederholt man so lange, bis man Proposition 2.20 oder das Euler-Kriterium 2.18 (2) anwenden kann.

Beispiel 2.21. Wir illustrieren die oben beschriebene Vorgehensweise:

$$\left(\frac{12}{29}\right) = \left(\frac{2^2 \cdot 3}{29}\right) \overset{2.18(3)}{=} \left(\frac{2}{29}\right)^2 \cdot \left(\frac{3}{29}\right) = (\pm 1)^2 \cdot \left(\frac{3}{29}\right) =$$

$$= \left(\frac{3}{29}\right) \overset{2.19}{=} (-1)^{14} \cdot \left(\frac{29}{3}\right) \overset{2.18(1)}{=} \left(\frac{-1}{3}\right) \overset{2.20}{=} (-1)^{\frac{3-1}{2}} = -1 \qquad \blacksquare$$

Aufgabe (Frühjahr 2006, T2A2)

Für welche Primzahlen $p = 10n + k$ mit $n \geq 0$ und $k \in \{1, 3, 7, 9\}$ ist 5 ein quadratischer Rest, für welche ein quadratischer Nicht-Rest?

Lösungsvorschlag zur Aufgabe (Frühjahr 2006, T2A2)

Wir berechnen das zugehörige Legendre-Symbol:

$$\left(\frac{5}{p}\right) \overset{2.19}{=} (-1)^{2 \cdot \frac{p-1}{2}} \cdot \left(\frac{p}{5}\right) = \left(\frac{10n + k}{5}\right) \overset{2.18(1)}{=} \left(\frac{k}{5}\right)$$

Also genügt es zu prüfen, ob jeweils $k \in \{1, 3, 7, 9\}$ ein Quadrat modulo 5 ist.

Dazu berechnen wir

$$\left(\frac{1}{5}\right) = 1,$$

$$\left(\frac{3}{5}\right) = (-1)^2 \cdot \left(\frac{5}{3}\right) = \left(\frac{-1}{3}\right) \overset{2.20}{=} -1,$$

$$\left(\frac{7}{5}\right) = \left(\frac{2}{5}\right) \overset{2.20}{=} (-1)^{\frac{24}{8}} = -1,$$

$$\left(\frac{9}{5}\right) = \left(\frac{3}{5}\right)^2 = (\pm 1)^2 = 1.$$

Folglich ist 5 ein quadratischer Rest modulo Primzahlen der Form $10n + 1$ sowie $10n + 9$ und ein quadratischer Nicht-Rest modulo Primzahlen der Form $10n + 3$ sowie $10n + 7$.

Aufgabe (Frühjahr 2011, T3A1)

Zeigen Sie: Eine ungerade Primzahl p ist Teiler einer Zahl $n^2 + 1$ mit $n \in \mathbb{N}$ genau dann, wenn $p \equiv 1 \pmod 4$ gilt.

Lösungsvorschlag zur Aufgabe (Frühjahr 2011, T3A1)

Es gelten die Äquivalenzen

$$p \mid (n^2 + 1) \quad \Leftrightarrow \quad n^2 + 1 \equiv 0 \mod p \quad \Leftrightarrow \quad n^2 \equiv -1 \mod p,$$

also genügt es zu zeigen, dass $p \equiv 1 \mod 4$ genau dann gilt, wenn -1 ein Quadrat modulo p ist. Letzteres ist genau dann erfüllt, wenn für das Legendre-Symbol gilt, dass

$$\left(\frac{-1}{p}\right) = 1 \quad \overset{2.20(1)}{\Leftrightarrow} \quad (-1)^{\frac{p-1}{2}} = 1.$$

Die letzte Gleichung ist genau dann erfüllt, wenn $\frac{p-1}{2}$ eine gerade Zahl ist, d. h. für

$$2 \mid \tfrac{p-1}{2} \quad \Leftrightarrow \quad 4 \mid (p-1) \quad \Leftrightarrow \quad p - 1 \equiv 0 \mod 4 \quad \Leftrightarrow \quad p \equiv 1 \mod 4.$$

Anleitung: Nicht-Lösbarkeit quadratischer Gleichungen

Eine Anwendung des Legendre-Symbols besteht darin, die Existenz einer ganzzahligen Lösung einer Gleichung der Form

$$x^2 + ny^k = a$$

für gewisse Zahlen $n, a \in \mathbb{Z}$ und $k \in \mathbb{N}_0$ auszuschließen. Dazu geht man folgendermaßen vor:

(1) Wähle einen Primteiler p von n und reduziere obige Gleichung modulo p. Man erhält, dass

$$x^2 \equiv a \mod p,$$

d. h. a ist ein quadratischer Rest modulo p.

(2) Berechne das Legendre-Symbol $\left(\frac{a}{p}\right)$. Ist das Ergebnis -1, so hat man einen Widerspruch gefunden und es kann keine ganzzahlige Lösung geben.

Aufgabe (Frühjahr 2005, T3A4)

Hat die Gleichung

$$x^2 + 91y = 5$$

eine ganzzahlige Lösung? Begründen Sie Ihre Antwort.

Lösungsvorschlag zur Aufgabe (Frühjahr 2005, T3A4)

Nehmen wir an, dass es eine Lösung $(x, y) \in \mathbb{Z}^2$ gibt. Wir bemerken $91 = 7 \cdot 13$, sodass dann insbesondere

$$5 \equiv x^2 \mod 7$$

erfüllt ist, d. h. 5 ist ein Quadrat modulo 7. Dementsprechend müsste auch das zugehörige Legendre-Symbol 1 sein. Dieses berechnet sich jedoch zu

$$\left(\frac{5}{7}\right) = (-1)^{2 \cdot 3} \left(\frac{7}{5}\right) = \left(\frac{2}{5}\right) \overset{2.20}{=} (-1)^{\frac{24}{8}} = -1.$$

Also ist 5 doch kein Quadrat modulo 7 und die Annahme, dass es eine ganzzahlige Lösung gibt, muss falsch gewesen sein.

Aufgabe (Frühjahr 2013, T1A1)

Sei

$$S = \left\{ n \in \mathbb{Z} \mid \text{ es gibt } x, y \in \mathbb{Z} \text{ mit } n = x^2 - 23y^2 \right\}.$$

Zeigen Sie folgende Aussagen:

a Die Primzahl 97 ist kein Element von S.

Hinweis Sie können zum Beispiel das Quadratische Reziprozitätsgesetz verwenden.

b Sind $a, b \in S$, dann ist auch $a \cdot b \in S$.

Lösungsvorschlag zur Aufgabe (Frühjahr 2013, T1A1)

a Angenommen, es ist $97 \in S$. Dann gibt es $x, y \in \mathbb{Z}$ mit $97 = x^2 - 23y^2$, sodass insbesondere $97 \equiv x^2 \bmod 23$. Also ist 97 ein quadratischer Rest modulo 23. Andererseits berechnet sich das entsprechende Legendre-Symbol zu

$$\left(\frac{97}{23}\right) = \left(\frac{5}{23}\right) = (-1)^{2 \cdot 11} \cdot \left(\frac{23}{5}\right) = \left(\frac{3}{5}\right),$$

wobei wir im ersten Schritt $97 \equiv 5 \bmod 23$ und im zweiten Schritt das Quadratische Reziprozitätsgesetz verwendet haben. Für das letzte Symbol gilt weiter

$$\left(\frac{3}{5}\right) \equiv 3^{\frac{5-1}{2}} = 3^2 = 9 \equiv -1 \quad \bmod 5,$$

d. h. insgesamt $\left(\frac{97}{23}\right) = -1$, sodass 97 kein quadratischer Rest modulo 23 ist – Widerspruch.

b Seien beliebige Elemente $a = x^2 - 23y^2$ und $b = u^2 - 23v^2$ aus S vorgegeben. Die Rechnung

$$
\begin{aligned}
a \cdot b &= (x^2 - 23y^2) \cdot (u^2 - 23v^2) = \\
&= (x - \sqrt{23}y)(x + \sqrt{23}y)(u - \sqrt{23}v)(u + \sqrt{23}v) = \\
&= (x - \sqrt{23}y)(u - \sqrt{23}v)(x + \sqrt{23}y)(u + \sqrt{23}v) = \\
&= \left((ux + 23vy) - \sqrt{23}(yu + vx)\right)\left((ux + 23vy) + \sqrt{23}(yu + vx)\right) = \\
&= (ux + 23vy)^2 - 23(yu + vx)^2
\end{aligned}
$$

zeigt dann, dass $ab \in S$.

Aufgabe (Herbst 2012, T1A2)

Gibt es ein $x \in \mathbb{Z}$ so, dass die Gleichung

$$x^{101} - (x+1)^{101} + x^2 - 47 \equiv 0 \mod 101$$

erfüllt ist?

Lösungsvorschlag zur Aufgabe (Herbst 2012, T1A2)

Nehmen wir an, es gibt ein solches $x \in \mathbb{Z}$. Es ist 101 eine Primzahl, sodass $\mathbb{Z}/101\mathbb{Z}$ ein Körper ist. Laut dem *freshman's dream* (vgl. Seite 202) gilt also $(a+b)^{101} = a^{101} + b^{101}$ für beliebige $a, b \in \mathbb{Z}/101\mathbb{Z}$ und somit

$$0 \equiv x^{101} - (x+1)^{101} + x^2 - 47 \equiv x^{101} - x^{101} - 1^{101} + x^2 - 47 \equiv$$
$$\equiv x^2 - 48 \mod 101.$$

(Alternativ kann man auch verwenden, dass in einem endlichen Körper $\mathbb{F}_q$ mit q Elementen für alle $a \in \mathbb{F}_q$ auch $a^q = a$ gilt, um auf das gleiche Ergebnis zu kommen).

Die neu erhaltene Gleichung zeigt, dass 48 ein quadratischer Rest modulo 101 ist. Allerdings berechnet sich das zugehörige Legendre-Symbol zu

$$\left(\frac{48}{101}\right) = \left(\frac{2^4 \cdot 3}{101}\right) = \left(\frac{2}{101}\right)^4 \cdot \left(\frac{3}{101}\right) = (\pm 1)^4 \cdot \left(\frac{3}{101}\right) =$$
$$= \left(\frac{3}{101}\right) \overset{2.19}{=} (-1)^{50} \cdot \left(\frac{101}{3}\right) = \left(\frac{-1}{3}\right) \overset{2.20}{=} -1.$$

Die Rechnung zeigt, dass 48 kein quadratischer Rest modulo 48 ist – Widerspruch.

Aufgabe (Herbst 2004, T3A2)

[a] Sei p eine Primzahl und $a, b \in \mathbb{Z}$ mit $p \nmid a$. Zeigen Sie, dass die Kongruenz

$$x^2 - ay^2 \equiv b \mod p$$

eine Lösung in ganzen Zahlen $x, y \in \mathbb{Z}$ hat.

Hinweis Zählen Sie die Elemente der Form $ay^2 + b$ in $\mathbb{F}_p$.

[b] Beweisen Sie, dass die Gleichung

$$x^2 - 43y^2 = 29$$

keine Lösung in ganzen Zahlen $x, y \in \mathbb{Z}$ hat.

Lösungsvorschlag zur Aufgabe (Herbst 2004, T3A2)

a Sei zunächst $p = 2$. Wegen $p \nmid a$ ist dann $a \equiv 1 \bmod 2$ und die Kongruenz wird zu

$$x^2 - y^2 \equiv b \quad \bmod 2.$$

Für $b \equiv 0 \bmod 2$ ist $(x, y) = (0, 0)$ eine Lösung und für $b \equiv 1 \bmod 2$ ist $(x, y) = (1, 0)$ eine Lösung. In beiden Fällen existiert also eine Lösung. Sei daher im Weiteren p eine ungerade Primzahl. Betrachte

$$\mathcal{Q} = \{\overline{\alpha}^2 \mid \overline{\alpha} \in \mathbb{F}_p\}.$$

Es ist dann $|\mathcal{Q}| = \frac{p+1}{2}$. Die Abbildung

$$\tau_{\overline{a}, \overline{b}} : \mathbb{F}_p \to \mathbb{F}_p, \quad \overline{\alpha} \mapsto \overline{a}\overline{\alpha} + \overline{b}$$

ist eine Bijektion: Als Abbildung zwischen zwei endlichen, gleichmächtigen Mengen genügt es, Injektivität zu prüfen. Seien daher $\overline{\alpha}, \overline{\beta}$ mit $\tau_{\overline{a}, \overline{b}}(\overline{\alpha}) = \tau_{\overline{a}, \overline{b}}(\overline{\beta})$ vorgegeben. Dann gilt

$$\overline{a}\overline{\alpha} + \overline{b} = \overline{a}\overline{\beta} + \overline{b} \quad \Leftrightarrow \quad \overline{a}\overline{\alpha} = \overline{a}\overline{\beta} \quad \Leftrightarrow \quad \overline{\alpha} = \overline{\beta},$$

wobei im letzten Schritt einging, dass wegen $p \nmid a$ auch $\overline{a} \in \mathbb{F}_p^{\times}$ gilt. Folglich ist $\tau_{\overline{a}, \overline{b}}$ eine Bijektion, sodass

$$\frac{p+1}{2} = |\mathcal{Q}| = |\tau_{\overline{a}, \overline{b}}(\mathcal{Q})| = |\{\overline{a}\overline{\alpha}^2 + \overline{b} \mid \overline{\alpha} \in \mathbb{F}_p\}|.$$

Angenommen, es ist $\mathcal{Q} \cap \tau_{\overline{a}, \overline{b}}(\mathcal{Q}) = \emptyset$. Dann ist

$$|\mathcal{Q} \cup \tau_{\overline{a}, \overline{b}}(\mathcal{Q})| = |\mathcal{Q}| + |\tau_{\overline{a}, \overline{b}}(\mathcal{Q})| = \frac{p+1}{2} + \frac{p+1}{2} = p + 1 > p = |\mathbb{F}_p|,$$

was offensichtlich ein Widerspruch ist. Der Schnitt der beiden Mengen kann daher nicht leer sein, d. h. es gibt $\overline{x}, \overline{y} \in \mathbb{F}_p$ mit

$$\overline{x}^2 = \overline{a}\overline{y}^2 + \overline{b} \quad \Leftrightarrow \quad \overline{x}^2 - \overline{a}\overline{y}^2 = \overline{b}.$$

Fassen wir die letzte Gleichung statt als Gleichung in $\mathbb{F}_p$ als Kongruenz ganzer Zahlen x, y, a, b auf, so ergibt sich die Behauptung.

b Wir bemerken zunächst, dass 43 eine Primzahl ist. Gäbe es eine Lösung $(x, y) \in \mathbb{Z}^2$ der angegebenen Gleichung, so wäre wegen

$$x^2 \equiv 29 \quad \bmod 43$$

die Zahl 29 ein quadratischer Rest modulo 43. Folgende Rechnung für das Legendre-Symbol

$$\left(\frac{29}{43}\right) = (-1)^{14 \cdot 21} \cdot \left(\frac{43}{29}\right) = \left(\frac{14}{29}\right) = \left(\frac{2}{29}\right) \cdot \left(\frac{7}{29}\right) =$$

$$= (-1) \cdot (-1)^{3 \cdot 14} \cdot \left(\frac{29}{7}\right) = -\left(\frac{1}{7}\right) = -1$$

zeigt jedoch, dass 29 kein Quadrat modulo 43 ist.

2.5. Irreduzibilität von Polynomen

Sei R ein Integritätsbereich und $R[X]$ der Polynomring über R (der dann wiederum ein Integritätsbereich ist). Wir erinnern zunächst daran, dass ein Polynom $f \neq 0$ aus $R[X]$ *irreduzibel* heißt, wenn f keine Einheit ist und für jede Zerlegung von f in Polynome $f = g \cdot h$ folgt, dass g oder h eine Einheit ist.

Polynome über Körpern.   Wir betrachten zunächst den Fall, dass $f \in K[X]$ ein Polynom von Grad ≤ 3 ist, wobei $K[X]$ der Polynomring über einem Körper K ist. Die Einheiten in $K[X]$ sind genau die Elemente aus $K^{\times} = K \setminus \{0_K\}$. Ist f also reduzibel, so müssten die Faktoren $g, h \in K[X]$ einer Zerlegung $f = gh$ mindestens Grad 1 haben. Aufgrund der Formel $\operatorname{grad}(gh) = \operatorname{grad} g + \operatorname{grad} h$ muss einer der beiden Faktoren zudem genau Grad 1 haben. Dieser Faktor liefert als Linearfaktor somit eine Nullstelle im Grundkörper. Dies zeigt, dass jedes reduzible Polynom von Grad 3 oder kleiner mindestens eine Nullstelle in K hat und begründet damit das folgende Lemma.

> **Lemma 2.22.** Sei $K[X]$ der Polynomring über einem Körper K. Ist $f \in K[X]$ ein Polynom von Grad 3 oder 2, so ist f genau dann irreduzibel, wenn es in K keine Nullstellen besitzt.

Für Polynome höheren Grades ist diese Aussage falsch, da diese beispielsweise auch quadratische Faktoren enthalten können, die keine Nullstellen liefern. Ein Beispiel hierfür ist das Polynom $(X^2 + 1)^2$, das über $\mathbb{R}$ keine Nullstellen besitzt, aber offensichtlich in zwei quadratische Faktoren zerfällt.

Wenn es um die Suche rationaler Nullstellen ganzzahliger Polynome geht, ist die Situation besonders komfortabel (vgl. dazu auch F11T2A2, Seite 139):

Lemma 2.23 (Rationale Nullstellen). Sei $f = \sum_{i=0}^{n} a_i X^i$ ein Polynom in $\mathbb{Z}[X]$. Dann gilt für jede vollständig gekürzte Nullstelle $\frac{p}{q} \in \mathbb{Q}$

$$q \mid a_n \quad \text{und} \quad p \mid a_0.$$

Polynome über Ringen und Quotientenkörpern. Man beachte, dass aus der Irreduzibilität eines Polynoms in $\mathbb{Q}[X]$ im Allgemeinen *nicht* folgt, dass das Polynom auch in $\mathbb{Z}[X]$ irreduzibel ist. Als Gegenbeispiel betrachte $f = 4X + 2$. Das Polynom ist in $\mathbb{Q}[X]$ irreduzibel, weil dort jedes Element aus $\mathbb{Q}^\times$ eine Einheit ist und somit jedes Polynom von Grad 1 irreduzibel ist. In $\mathbb{Z}[X]$ ist jedoch $f = 2(2X + 1)$ eine Zerlegung in zwei Nicht-Einheiten.

Obige Aussage wird dagegen richtig, wenn wir zusätzlich voraussetzen, dass das untersuchte Polynom teilerfremde Koeffizienten hat. Man bezeichnet es dann als *primitiv*. Beispielsweise sind normierte Polynome stets primitiv. Ein Ergebnis von Gauß lautet, dass das Produkt zweier primitiver Polynome wieder primitiv ist.

Einen grundlegenden Zusammenhang zwischen dem Polynomring über R und seinem Quotientenkörper liefert der folgende Satz.

Satz 2.24 (Gauß). Sei R ein Ring, K sein Quotientenkörper.

(1) Jedes nicht-konstante Polynom $f \in R[X]$, das in $R[X]$ irreduzibel ist, ist auch in $K[X]$ irreduzibel.

(2) Ist f primitiv, so ist f genau dann in $R[X]$ irreduzibel, wenn es in $K[X]$ irreduzibel ist.

In diesem Zusammenhang ebenfalls nützlich:

Lemma 2.25. Sei R ein faktorieller Ring mit Quotientenkörper K und seien $f, g, h \in K[X]$ normierte Polynome mit $f = gh$. Ist $f \in R[X]$, dann gilt auch $g, h \in R[X]$.

Polynome in mehreren Variablen. Ist R ein faktorieller Ring, so bezeichnet $R[X, Y] = R[X][Y]$ den Polynomring über R in den beiden Variablen X und Y. Die Elemente von $R[X, Y]$ können als Polynome in Y aufgefasst werden, deren Koeffizienten wiederum Polynome in X sind. Dabei können die Rollen von X und Y genauso gut vertauscht werden.

Falls R faktoriell ist, so ist auch der Polynomring $R[X, Y]$ nach Aussage (4) auf Seite 88 faktoriell, sodass die nachfolgenden Kriterien auch für diesen gelten.

Zwei Kriterien für Irreduzibilität

Satz 2.26 (Eisensteinkriterium). Sei R ein faktorieller Ring, K sein Quotientenkörper und $f = \sum_{k=0}^{n} a_k X^k$ ein Polynom in $R[X]$ vom Grad > 0. Gibt es ein Primelement $p \in R$ mit

$$p \nmid a_n, \quad p \mid a_i \text{ für } i \in \{0, \ldots, n-1\}, \quad p^2 \nmid a_0,$$

so ist f in $K[X]$ irreduzibel.

Satz 2.27 (Reduktionskriterium). Sei R ein faktorieller Ring mit Quotientenkörper K, $p \in R$ ein Primelement und $f = \sum_{k=0}^{n} a_k x^k \in R[X]$ ein nicht-konstantes Polynom, dessen höchster Koeffizient nicht von p geteilt wird. Weiter sei $\pi : R \to R/(p)$ der kanonische Epimorphismus. Ist $\pi(f) = \sum_{k=0}^{n} \pi(a_k) x^k$ irreduzibel in $R/(p)[X]$, so ist f irreduzibel in $K[X]$.

Am häufigsten wendet man das Reduktionskriterium für $R = \mathbb{Z}$ und eine Primzahl p an. Für die Untersuchung der Irreduzibilität in $\mathbb{Z}/p\mathbb{Z}[X]$ ist zudem Lemma 2.22 nützlich, denn ob ein Polynom eine Nullstelle in $\mathbb{Z}/p\mathbb{Z}$ besitzt, lässt sich einfach durch Einsetzen aller Elemente feststellen. Dies führt dazu, dass man die irreduziblen (und normierten) Polynome kleinen Grades zumindest in den Fällen $p \in \{2, 3\}$ direkt auflisten kann.

Aufgabe (Herbst 2012, T3A5)

Zerlegen Sie das Polynom $f = X^5 - 7X^3 + 503X^2 + 12X - 2012$ in $\mathbb{Q}[X]$ in irreduzible Faktoren!

Lösungsvorschlag zur Aufgabe (Herbst 2012, T3A5)

Wir gehen naiv an diese Aufgabe heran und untersuchen f zunächst auf rationale Nullstellen: Da f normiert ist, müssen diese Teiler des konstanten Terms sein. Es gilt $2012 = 2^2 \cdot 503$. Wir sehen nun

$$2^5 - 7 \cdot 2^3 + 503 \cdot 2^2 + 12 \cdot 2 - 2012 = 32 - 56 + 2012 - 24 - 2012 = 0.$$

Somit ist 2 eine Nullstelle des Polynoms. Zudem ist wegen

$$f(-2) = -32 + 56 + 2012 - 24 - 2012 = 0$$

auch -2 eine Nullstelle des Polynoms. Dementsprechend berechnen wir nun

$$
\begin{array}{l}
(\quad X^5 - 7X^3 + 503X^2 + 12X - 2012) : (X^2 - 4) = X^3 - 3X + 503 \\
\underline{-X^5 + 4X^3} \\
\qquad -3X^3 + 503X^2 + 12X \\
\qquad \underline{3X^3 \qquad\qquad - 12X} \\
\qquad\qquad\qquad 503X^2 \qquad\quad - 2012 \\
\qquad\qquad\qquad \underline{-503X^2 \qquad\quad + 2012} \\
\qquad\qquad\qquad\qquad\qquad\qquad 0
\end{array}
$$

Somit gilt

$$X^5 - 7X^3 + 503X^2 + 12X - 2012 = (X + 2)(X - 2)(X^3 - 3X + 503).$$

Die ersten beiden Faktoren sind als Polynome von Grad 1 irreduzibel in $\mathbb{Q}[X]$. Für den letzten Faktor genügt es zu zeigen, dass dieser keine Nullstellen hat. Wiederum kommen dafür aber nur ± 503 sowie ± 1 in Betracht. Es gilt

$$503^3 - 3 \cdot 503 + 503 = 503^3 - 2 \cdot 503 = 503(503^2 - 2) \neq 0,$$
$$(-503)^3 - 3(-503) + 503 = -503^3 + 4 \cdot 503 = 503(4 - 503^2) \neq 0,$$
$$1^3 - 3 \cdot 1 + 503 = 501 \neq 0,$$
$$(-1)^3 - 3 \cdot (-1) + 503 = 505 \neq 0.$$

Somit ist das Polynom $X^3 - 3X + 503$ über $\mathbb{Q}$ nullstellenfrei und damit irreduzibel.

Anleitung: Irreduzibilität mittels Koeffizientenvergleich

Sei $f \in K[X]$ ein Polynom von Grad 4 oder höher. Um die Irreduzibilität von f zu zeigen, genügt es nicht, die Nullstellenfreiheit von f über K nachzuweisen, da hier auch quadratische Faktoren infrage kommen können.

(1) Prüfe zunächst, ob f Nullstellen hat. Wenn ja, so ist das Polynom in jedem Fall reduzibel (eine Zerlegung erhält man dann mittels Polynomdivision bzw. Ausklammern). Wenn nein, so enthält eine Zerlegung von f zumindest keinen Linearfaktor.

(2) Bestimme mittels Gradargumenten alle restlichen Möglichkeiten, welche Grade Teiler von f haben könnten.

(3) Leite aus den Kombinationen aus (2) jeweils Gleichungen für die Koeffizienten der Faktoren in einer Zerlegung ab.

(4) Aus dem Gleichungssystem aus (3) ergibt sich optimalerweise ein Widerspruch, sodass eine derartige Zerlegung nicht möglich (und f letzten Endes irreduzibel) ist, oder aber eine Lösung, die eine Zerlegung in Faktoren liefert.

Aufgabe (Herbst 2003, T2A5)

Zeigen Sie die Irreduzibilität der folgenden Polynome über $\mathbb{Z}$:

a $f = X^p + pX - 1$ für jede Primzahl p

b $f = X^4 - 42X^2 + 1$

Lösungsvorschlag zur Aufgabe (Herbst 2003, T2A5)

a Für diese Teilaufgabe kommt ein interessanter Trick zum Zuge. Ist $f(X) \in \mathbb{Q}[X]$ ein Polynom, sodass $f(X + c)$ für ein $c \in \mathbb{Q}$ irreduzibel ist, so ist auch $f(X)$ irreduzibel. Nehmen wir nämlich an, dass f reduzibel wäre, es also es eine Zerlegung der Form $f(X) = g(X)h(X)$ gibt. Dann wäre aber $f(X + c) = g(X + c)h(X + c)$ eine Zerlegung von $f(X + c)$ in Polynome, die keine Einheiten sind – Widerspruch. Also folgt aus der Irreduzibilität von $f(X + 1)$ auch, dass $f(X)$ irreduzibel ist.

Unter Verwendung des binomischen Lehrsatzes gilt nun

$$f(X + 1) = (X + 1)^p + p(X + 1) - 1 = \sum_{k=0}^{p} \binom{p}{k} X^k + pX + p - 1 =$$

$$= X^p + \sum_{k=1}^{p-1} \binom{p}{k} X^k + pX + p.$$

Wir wenden nun das Eisensteinkriterium an: Es gilt

$$\binom{p}{k} = \frac{p!}{k!(p - k)!},$$

sodass für $1 \leq k < p$ der Faktor p im Zähler einmal, im Nenner nicht vorkommt. Da p eine Primzahl ist, folgt daraus $p \mid \binom{p}{k}$. Somit teilt p den Leitkoeffizienten von $f(X + 1)$ nicht, alle anderen Koeffizienten einmal und den konstanten Term nicht doppelt. Gemäß dem Eisensteinkriterium ist $f(X + 1)$ irreduzibel in $\mathbb{Q}[X]$ und laut der Vorbemerkung gilt dies auch für $f(X)$. Da f primitiv ist, folgt, dass es auch über $\mathbb{Z}$ irreduzibel ist.

b Man prüft zunächst leicht, dass ± 1 keine Nullstellen von f sind. Damit kommt nur eine Zerlegung von f in zwei Polynome von Grad 2 in Betracht. Wegen Lemma 2.25 können wir voraussetzen, dass diese normiert sind. Es muss also eine Zerlegung der Form

$$X^4 - 42X^2 + 1 = (X^2 + aX + b)(X^2 + cX + d) =$$

$$= X^4 + (a + c)X^3 + (ac + b + d)X^2 + (ad + bc)X + bd$$

mit $a, b, c, d \in \mathbb{Z}$ geben. Koeffizientenvergleich liefert die Gleichungen

$$a + c = 0, \quad ac + b + d = -42, \quad ad + bc = 0, \quad bd = 1.$$

Die erste Gleichung impliziert $c = -a$. Aus der letzten Gleichung folgt $b = \pm 1$ und daraus $b = d = 1$ oder $b = d = -1$. Im ersten Fall wird die zweite Gleichung zu

$$-a^2 = -44 \quad \Leftrightarrow \quad a^2 = 44 \quad \Rightarrow a \notin \mathbb{Z}.$$

Im zweiten Fall folgt analog

$$-a^2 = -40 \quad \Leftrightarrow \quad a^2 = 40 \quad \Rightarrow a \notin \mathbb{Z}.$$

Somit zerfällt f auch nicht in zwei Polynome von Grad 2 und muss daher über $\mathbb{Z}$ irreduzibel sein.

Aufgabe (Frühjahr 2013, T3A4)

a Sei $\mathbb{F}_3$ der Körper mit drei Elementen. Man bestimme alle normierten, irreduziblen Polynome von Grad ≤ 2 in $\mathbb{F}_3[X]$.

b Ist $X^4 + 9X^2 - 2X + 2$ in $\mathbb{Q}[X]$ irreduzibel?

Lösungsvorschlag zur Aufgabe (Frühjahr 2013, T3A4)

a Alle normierten Polynome von Grad 1 sind irreduzibel. Dies sind in $\mathbb{F}_3[X]$ die Polynome

$$X, \quad X+1, \quad X+2.$$

Für die Polynome von Grad 2 verwenden wir, dass diese genau dann irreduzibel sind, wenn sie nullstellenfrei über $\mathbb{F}_3$ sind. Die folgende Liste zeigt alle normierten Polynome von Grad 2, wobei die eingeklammerten eine Nullstelle haben:

$$(X^2), \quad X^2+1, \quad (X^2+2), \quad (X^2+X), \quad (X^2+X+1), \quad X^2+X+2,$$
$$(X^2+2X), \quad (X^2+2X+1), \quad X^2+2X+2.$$

b Wir verwenden Reduktion modulo 3. Das zugehörige Bild des Polynoms f ist

$$\overline{f} = X^4 + X + 2 \in \mathbb{F}_3[X].$$

Dieses hat in $\mathbb{F}_3[X]$ keine Nullstelle. Somit muss eine Zerlegung einen irreduziblen quadratischen Faktor enthalten. Wegen des konstanten Terms kommen aus der Auflistung in Teil a nur zwei Kombinationen in Betracht. Für diese gilt

$$(X^2+1)(X^2+X+2) = X^4 + X^3 + X + 2 \neq \overline{f}$$

und

$$(X^2 + 1)(X^2 + 2X + 2) = X^4 + 2X^3 + 2X + 2 \neq \overline{f}.$$

Somit enthält $\overline{f}$ auch keinen quadratischen Faktor und ist damit irreduzibel in $\mathbb{F}_3[X]$. Mit dem Reduktionskriterium 2.27 folgt, dass f in $\mathbb{Q}[X]$ irreduzibel ist.

Aufgabe (Frühjahr 2005, T1A4)

Untersuchen Sie (mit Beweis) auf Irreduzibilität:

a $f(X) = X^4 - X^3 - 9X^2 + 4X + 2$ und $g(X) = X^4 + 2X^3 + X^2 + 1$ in $\mathbb{Q}[X]$.

b $f(X,Y) = Y^6 + XY^5 + 2X^2Y^2 - X^3Y + X^2 + X$ in $\mathbb{Q}[X,Y]$.

Lösungsvorschlag zur Aufgabe (Frühjahr 2005, T1A4)

a Das Polynom f ist primitiv. Es genügt daher, die Irreduzibilität über $\mathbb{Z}$ zu untersuchen. Man sieht schnell, dass keiner der Teiler $\pm 1, \pm 2$ des konstanten Gliedes 2 eine Nullstelle von f ist, sodass f über $\mathbb{Z}$ nullstellenfrei ist und keinen Linearfaktor enthält. Damit kommt nur eine Zerlegung in zwei Polynome von Grad 2 infrage. Da f normiert ist, können wir annehmen, dass dies auch für die beiden Faktoren gilt. Wir machen also den Ansatz

$$X^4 - X^3 - 9X^2 + 4X + 2 = (X^2 + aX + b)(X^2 + cX + d)$$

für $a,b,c,d \in \mathbb{Z}$. Aus der Gleichung $bd = 2$ folgt $b \in \{\pm 1, \pm 2\}$. Die weiteren Gleichungen aus dem Koeffizientenvergleich sind

$$a + c = -1, \quad ac + b + d = -9, \quad ad + bc = 4.$$

Für $b = -1$ folgt zunächst $d = -2$. Die erste Gleichung impliziert zudem $a = -1 - c$. Setzt man beides in die zweite Gleichung ein, so erhält man

$$-1 - 2 + (-1 - c)c = -9 \quad \Leftrightarrow \quad -c^2 - c - 3 = -9$$

$$\Leftrightarrow \quad c^2 + c - 6 = 0 \quad \Leftrightarrow \quad c \in \{2, -3\}.$$

Im Fall $c = 2$ folgt dann $a = -3$. Die dritte Gleichung ist aufgrund von $-3 \cdot (-2) + (-1) \cdot 2 = 4$ ebenfalls erfüllt. Wir haben somit die Zerlegung

$$f(X) = (X^2 - 3X - 1)(X^2 + 2X - 2)$$

gefunden. Insbesondere ist f über $\mathbb{Q}$ *nicht* irreduzibel.

Das Polynom g hingegen ist irreduzibel, wie wir mit dem Reduktionskriterium zeigen. Reduktion modulo 2 liefert das Polynom $X^4 + X^2 + 1$, das leider nicht irreduzibel ist. Reduktion modulo 3 jedoch ergibt das Polynom

$$\overline{g} = X^4 + \overline{2}X^3 + X^2 + \overline{1} \in \mathbb{F}_3[X],$$

das zumindest keine Nullstellen in $\mathbb{F}_3$ hat, wie man leicht nachrechnet. Nun zeigt man, dass die normierten irreduziblen Polynome von Grad 2 in $\mathbb{F}_3[X]$ genau

$$X^2 + 1, \quad X^2 + X - 1, \quad X^2 - X - 1$$

sind. Es müsste also $\overline{g}$ das Produkt zweier dieser Polynome sein. Da $\overline{g}$ das konstante Glied $+1$ hat, kommen nur 4 Möglichkeiten in Betracht, die wir ausschließen:

$$(X^2 + 1)(X^2 + 1) = X^4 + 2X^2 + 1$$
$$(X^2 + X - 1)(X^2 + X - 1) = X^4 + 2X^3 + 2X^2 + X + 1$$
$$(X^2 - X - 1)(X^2 - X - 1) = X^4 + X^3 + 2X^2 + 2X + 1$$
$$(X^2 + X - 1)(X^2 - X - 1) = X^4 + 1$$

Somit ist $\overline{g}$ in $\mathbb{F}_3[X]$ irreduzibel, und damit ist laut dem Reduktionskriterium 2.27 auch g in $\mathbb{Q}[X]$ irreduzibel.

b Wir fassen f als Polynom in der Variablen Y und mit Koeffizienten aus dem Ring $\mathbb{Q}[X]$ auf. Das Element X ist in $\mathbb{Q}[X]$ ein Primelement, da $\mathbb{Q}[X]/(X) \cong \mathbb{Q}$ ein Integritätsbereich und (X) folglich ein Primideal ist. Ferner gilt

$$X \nmid 1, \quad X \mid X, \quad X \mid 2X^2, \quad X \mid -X^3, \quad X \mid (X^2 + X), \quad X^2 \nmid (X^2 + X).$$

Somit sind alle Voraussetzungen des Eisensteinkriteriums erfüllt und f ist über dem Quotientenkörper $\mathbb{Q}(X)$ irreduzibel. Als normiertes und somit primitives Polynom ist f auch irreduzibel in $\mathbb{Q}[X][Y] = \mathbb{Q}[X, Y]$.

Aufgabe (Frühjahr 2002, T2A1)

Sei $f = a_4 X^4 + a_3 X^3 + a_2 X^2 + a_1 X + a_0$ ein Polynom mit ganzzahligen Koeffizienten. Seien alle a_i ungerade. Man zeige, dass f irreduzibel über $\mathbb{Q}$ ist.

Lösungsvorschlag zur Aufgabe (Frühjahr 2002, T2A1)

Es ist $a_0 \equiv a_1 \equiv a_2 \equiv a_3 \equiv a_4 \equiv 1 \bmod 2$, da die Koeffizienten nach Voraussetzung ungerade sind.

Wir zeigen, dass das Polynom

$$\overline{f} = X^4 + X^3 + X^2 + X + \overline{1} \quad \in \mathbb{F}_2[X],$$

welches die Reduktion von f modulo 2 ist, irreduzibel in $\mathbb{F}_2[X]$ ist. Die Irreduzibilität von f in $\mathbb{Q}$ folgt dann aus dem Reduktionskriterium.

Es ist $\overline{f}(\overline{0}) = \overline{1} = \overline{f}(\overline{1})$, also hat $\overline{f}$ keine Nullstelle in $\mathbb{F}_2$. Zu überprüfen bleibt, ob $\overline{f}$ einen irreduziblen Teiler von Grad 2 hat. In $\mathbb{F}_2[X]$ gibt es nur ein irreduzibles Polynom von Grad 2, nämlich $X^2 + X + \overline{1}$. Es ist

$$(X^2 + X + \overline{1})^2 = X^4 + X^2 + \overline{1} \neq f,$$

sodass also $\overline{f}$ auch nicht das Quadrat von $X^2 + X + \overline{1}$ ist. Damit hat $\overline{f}$ keinen Teiler von Grad 2 und ist irreduzibel.

Aufgabe (Herbst 2011, T3A5)

Untersuchen Sie die folgenden Polynome auf Irreduzibilität. Hierbei ist $\mathbb{F}_2$ der endliche Körper mit 2 Elementen.

a $X^5 + X^2 + 1$ in $\mathbb{F}_2[X]$

b $X^5 + X^2 Y^3 + X^3 + Y^3 + X^2 + 1$ in $\mathbb{Q}[X, Y]$

Lösungsvorschlag zur Aufgabe (Herbst 2011, T3A5)

a Man sieht unmittelbar, dass das Polynom, das wir im Folgenden als f bezeichnen, keine Nullstelle in $\mathbb{F}_2$ hat. Daher kommt nur eine Zerlegung der Form

$$X^5 + X^2 + 1 = (X^3 + aX^2 + bX + c)(X^2 + dX + e) =$$
$$= X^5 + (a + d)X^4 + (ad + b + f)X^3 + (ae + bd + c)X^2 + (be + cd)X + ce$$

für $a, b, c, d, e \in \mathbb{F}_2$ infrage. Aus $ce = 1$ folgt $c = e = 1$ (beachte $1 = -1$ in $\mathbb{F}_2$). Daraus folgt $b + d = 0$, also $b = d$. Aus der Gleichung für den Term vierten Grades folgt zudem $a = d = b$. Nehmen wir nun $b = 0$ an. Dann folgt $a = b = d = 0$. Jedoch ist

$$(X^3 + 1)(X^2 + 1) = X^5 + X^3 + X^2 + 1 \neq f.$$

Im Fall $b = 1$ erhält man $a = b = d = 1$ und

$$(X^3 + X^2 + X + 1)(X^2 + X + 1) = X^5 + X^3 + X^2 + 1 \neq f.$$

Damit ist auch eine solche Zerlegung nicht möglich und das Polynom f ist irreduzibel.

b Es ist

$$X^5 + X^2 Y^3 + X^3 + Y^3 + X^2 + 1 = X^3(X^2 + 1) + (X^2 + 1)Y^3 + X^2 + 1 =$$
$$= (X^2 + 1)(X^3 + Y^3 + 1).$$

Da $\mathbb{Q}$ ein Integritätsbereich ist, gilt $\mathbb{Q}[X, Y]^\times = \mathbb{Q}^\times$ und die Einheiten sind Elemente aus $\mathbb{Q}$. Keiner der beiden Faktoren ist also eine Einheit und das angegebene Polynom ist damit nicht irreduzibel.

Aufgabe (Frühjahr 2006, T1A2)

Sei $f(X, Y) = X^{17} + Y^{41}(X^3 + X + 1) - Y \in \mathbb{C}[X, Y]$.

a Man zeige, dass f als Polynom in X über dem Koeffizientenring $\mathbb{C}[Y]$ irreduzibel ist.

Hinweis Eisensteinkriterium.

b Man zeige, dass f ein irreduzibles Element im Ring $\mathbb{C}[X, Y]$ ist.

Lösungsvorschlag zur Aufgabe (Frühjahr 2006, T1A2)

a Es ist

$$f(X, Y) = X^{17} + Y^{41}X^3 + Y^{41}X + (Y^{41} - Y).$$

Wie in früheren Aufgaben zeigt man, dass Y in $\mathbb{C}[Y]$ ein Primelement ist. Wegen

$$Y \nmid 1, \quad Y \mid Y^{41}, \quad Y \mid Y^{41} - Y, \quad Y^2 \nmid Y^{41} - Y.$$

ist f als Polynom in X über $\mathbb{C}(Y)$ irreduzibel. Als normiertes Polynom ist f primitiv, sodass f auch irreduzibel über $\mathbb{C}[Y]$ ist.

b Diese Aufgabe ist seltsam: Teil **a** besagt gerade, dass f ein irreduzibles Element in $\mathbb{C}[Y][X]$ ist. Wegen $\mathbb{C}[X, Y] = \mathbb{C}[Y][X]$ ist das jedoch bereits die Aussage.

Aufgabe (Frühjahr 2008, T2A4)

Sei $a \in \mathbb{Z}$ beliebig. Zeigen Sie: Es gibt unendlich viele ganze $b \in \mathbb{Z}$, so dass das Polynom $f(X) = X^3 + aX + b \in \mathbb{Q}[X]$ irreduzibel ist.

Lösungsvorschlag zur Aufgabe (Frühjahr 2008, T2A4)

Beschäftigen wir uns zunächst mit dem Fall $a \notin \{0, \pm 1\}$. Dann besitzt a einen Primteiler p. Wähle nun eine andere Primzahl q, sodass $q \neq p$. Dann sind alle Polynome der Form

$$X^3 + aX + pq^n$$

für $n \in \mathbb{N}$ wegen

$$p \nmid 1, \quad p \mid a, \quad p \mid pq^n, \quad p^2 \nmid pq^n$$

nach dem Eisensteinkriterium irreduzibel.

Im Fall $a = 0$ verfährt man analog, hier funktioniert $b = pq^n$ für beliebige, verschiedene Primzahlen p, q. In jedem Fall gibt es, da die Zahlen der Form pq^n für $n \in \mathbb{N}$ verschieden sind, unendlich viele solcher Elemente.

Betrachten wir noch den Fall $a = \pm 1$. Hier greifen wir auf das Reduktionskriterium zurück und zeigen, dass f irreduzibel ist, solange b ungerade ist. Das Bild von f in $\mathbb{F}_2[X]$ lautet dann

$$\overline{f} = X^3 + X + \overline{1}.$$

Wegen $\overline{f}(\overline{0}) = \overline{f}(\overline{1}) = \overline{1}$ ist $\overline{f}$ als nullstellenfreies Polynom dritten Grades irreduzibel in $\mathbb{F}_2[X]$ und somit in $\mathbb{Q}[X]$. Da es unendlich viele ungerade Zahlen gibt, folgt auch hier die Aussage.

Aufgabe (Frühjahr 2010, T1A3)

Sei $\mathbb{F}_2$ der Körper mit zwei Elementen und sei $K = \mathbb{F}_2[X]/(X^2 + X + 1)$.

a Zeigen Sie, dass K ein Körper ist.

b Sei $f(X) \in \mathbb{F}_2[X]$ ein normiertes Polynom von Grad ≤ 5 mit $f(0) \neq 0, f(1) \neq 0$ und $f(a) \neq 0$, wobei $a \in K$ eine Nullstelle von $X^2 + X + 1$ ist. Zeigen Sie, dass $f(X)$ irreduzibel ist.

c Zeigen Sie, dass $X^5 + 5X^4 + 3X^3 + X + 1$ in $\mathbb{Q}[X]$ irreduzibel ist.

Lösungsvorschlag zur Aufgabe (Frühjahr 2010, T1A3)

a Es genügt, zu zeigen, dass $(X^2 + X + 1)$ ein maximales Ideal ist. Da $\mathbb{F}_2[X]$ ein Hauptidealring ist, ist dies ist genau dann der Fall, wenn das Polynom $g = X^2 + X + 1$ in $\mathbb{F}_2[X]$ irreduzibel ist. Tatsächlich ist $g(0) = g(1) = 1 \neq 0$, sodass g keine Nullstellen in $\mathbb{F}_2$ hat und damit als Polynom vom Grad ≤ 3 irreduzibel ist.

b Laut Voraussetzung besitzt f keine Nullstelle in $\mathbb{F}_2$, sodass f in ein Polynom von Grad 2 und eines von Grad 3 zerfallen müsste, falls es reduzibel wäre. Wir können annehmen, dass beide Faktoren irreduzibel sind (sonst gäbe es eine Zerlegung mit einem Linearfaktor, was wir bereits ausgeschlossen haben).

Wie in Aufgabe F13T3A4 auf Seite 133 zeigt man nun, dass $X^2 + X + 1$ das einzige normierte irreduzible Polynom von Grad 2 in $\mathbb{F}_2[X]$. Wäre f also reduzibel, so müsste insbesondere $X^2 + X + 1$ ein Teiler von f sein. Damit wäre jede Nullstelle dieses Faktors auch eine Nullstelle von f. Weil aber laut Angabe $f(a) \neq 0$ für eine Nullstelle von $X^2 + X + 1$ gilt, ist dies nicht der Fall. Somit muss f irreduzibel sein.

c Wir wenden das Reduktionskriterium und Teil **b** an. Dazu bemerken wir zunächst, dass das Bild des angegebenen Polynoms in $\mathbb{F}_2[X]$ durch

$$h = X^5 + X^4 + X^3 + X + 1$$

gegeben ist. Die erste Voraussetzung zeigt man durch einfaches Nachrechnen: $h(1) = h(0) = 1 \neq 0$. Sei nun $a \in K$ eine Nullstelle von $X^2 + X + 1$. Dann gilt $a^2 + a + 1 = 0$. Wir erhalten

$$h(a) = a^5 + a^4 + a^3 + a + 1 = a^3(a^2 + a + 1) + a + 1 = a + 1.$$

Aus $h(a) = 0$ würde somit aber $a = -1 = 1$ folgen, was wir jedoch bereits ausgeschlossen hatten. Somit ist $h(a) \neq 0$ für eine Nullstelle a von $X^2 + X + 1$ und mit Teil **b** folgt die Irreduzibilität von h in $\mathbb{F}_2[X]$. Aus dem Reduktionskriterium folgt daraus wiederum, dass das angegebene Polynom in $\mathbb{Q}[X]$ irreduzibel ist.

Aufgabe (Frühjahr 2011, T2A2)

a Sei $P = \sum_{i=0}^{n} a_i X^i \in \mathbb{Z}[X]$ ein Polynom mit $a_n \neq 0$. Zeigen Sie: Ist $\frac{p}{q}$ eine rationale Nullstelle von P, und sind p und q teilerfremde ganze Zahlen, dann gilt $q \mid a_n$ und $p \mid a_0$.

b Bestimmen Sie die rationalen Nullstellen und deren Vielfachheiten von

$$P = X^4 - 2X^3 + 3X^2 - 4X + 2$$

und zerlegen Sie P in irreduzible reelle Polynome.

c Sei $Q_a = X^3 + 2X + a$. Bestimmen Sie alle $a \in \mathbb{R}$, sodass P und Q_a teilerfremd in $\mathbb{R}[X]$ sind.

Lösungsvorschlag zur Aufgabe (Frühjahr 2011, T2A2)

a Ist $\frac{p}{q}$ eine rationale Nullstelle von P, so gilt

$$\sum_{i=0}^{n} a_i \left(\frac{p}{q} \right)^i = 0 \quad \Leftrightarrow \quad \sum_{i=0}^{n} a_i p^i q^{n-i} = 0,$$

wobei wir die Gleichung im zweiten Schritt mit q^n multipliziert haben. Reduzieren wir die letzte Gleichung modulo p (bzw. modulo q), so erhalten wir

$$a_0 q^n \equiv 0 \mod p \quad \text{bzw.} \quad a_n p^n \equiv 0 \mod q$$

und damit $p \mid a_0 q^n$. Da p und q teilerfremd sind, folgt hieraus $p \mid a_0$. Analog erhält man aus der zweiten Kongruenz $q \mid a_n$.

b Laut Teil **a** kommen als Nullstellen nur Teiler von 2, also $\pm 1, \pm 2$, infrage. Eine schnelle Rechnung zeigt

$$P(1) = 1 - 2 + 3 - 4 + 2 = 0, \qquad P(-1) = 1 + 2 + 3 + 4 + 2 \neq 0,$$
$$P(2) = 16 - 16 + 12 - 8 + 2 \neq 0, \quad P(-2) = 16 + 16 + 12 + 8 + 2 \neq 0.$$

Um zu überprüfen, ob 1 eine doppelte Nullstelle ist, berechnen wir die erste Ableitung

$$P' = 4X^3 - 6X^2 + 6X - 4, \quad P'(1) = 4 - 6 + 6 - 4 = 0.$$

Somit ist 1 tatsächlich eine doppelte Nullstelle. Polynomdivision liefert nun

$$
\begin{array}{l}
(X^4 - 2X^3 + 3X^2 - 4X + 2) : (X^2 - 2X + 1) = X^2 + 2 \\
\underline{-X^4 + 2X^3 - X^2} \\
\quad 2X^2 - 4X + 2 \\
\quad \underline{-2X^2 + 4X - 2} \\
\quad 0
\end{array}
$$

Damit erhalten wir für P die Zerlegung

$$P = (X - 1)^2(X^2 + 2). \tag{$\star$}$$

Der doppelte Linearfaktor ist als Polynom vom Grad 1 irreduzibel. Für die Irreduzibilität des hinteren Faktors genügt es zu bemerken, dass dieser vom Grad 2 und über $\mathbb{R}$ wegen $x^2 + 2 \geq 2$ für alle $x \in \mathbb{R}$ nullstellenfrei ist. Somit ist $(\star)$ die Zerlegung von P in irreduzible Faktoren.

c Wir untersuchen für jeden der irreduziblen Faktoren von P einzeln, wann dieser das Polynom Q_a teilt. Zunächst gilt

$$Q_a = X^3 + 2X + a \equiv 1 + 2 + a \equiv a + 3 \mod (X - 1).$$

Nun gilt $(X - 1) \mid Q_a$ genau dann, wenn $a + 3 = 0$. Analog ist

$$Q_a = X^3 + 2X + a \equiv -2X + 2X + a \equiv a \mod (X^2 + 2)$$

und somit gilt $(X^2 + 2) \mid Q_a$ genau dann, wenn $a = 0$. Insgesamt sind die Polynome für alle $\mathbb{R} \setminus \{-3, 0\}$ teilerfremd.

Aufgabe (Frühjahr 2007, T2A3)

Sei $R[X]$ der Polynomring über einem faktoriellen Ring R. Beweisen Sie das sogenannte Gauß'sche Lemma:

Seien $0 \neq f, g \in R[X]$. Sind f und g primitiv, so auch ihr Produkt fg. (Ein Polynom $f \neq 0$ heißt primitiv, wenn seine Koeffizienten teilerfremd sind.)

Lösungsvorschlag zur Aufgabe (Frühjahr 2007, T2A3)

Nehmen wir an, es gibt einen gemeinsamen, echten Teiler der Koeffizienten von fg. Dann werden diese von einem Primelement p in R geteilt. Da $(p) \subseteq R$ ein Primideal ist, handelt es sich bei $R/(p)$ um einen Integritätsbereich. Nun betrachten wir den Homomorphismus

$$\phi \colon R[X] \to R/(p)[X], \quad \sum_{k=0}^{n} a_k X^k \mapsto \overline{a_k} X^k,$$

wobei $\overline{a_k}$ die Nebenklasse $a_k + (p)$ bezeichnet. Mit $R/(p)$ ist auch $R/(p)[X]$ ein Integritätsbereich. Nun gilt aber $\phi(f), \phi(g) \neq 0$, da jeweils mindestens einer der Koeffizienten nicht durch p teilbar, also nicht kongruent zu 0 mod p ist. Zugleich gilt aber $\phi(f)\phi(g) = \phi(fg) = 0$, da in diesem Polynom alle Koeffizienten kongruent zu 0 mod p sind. Damit handelt es sich bei $\phi(f)$ aber um einen Nullteiler $\neq 0$. Dies ist in einem Integritätsbereich nicht möglich.

Aufgabe (Frühjahr 2015, T2A3)

Sei p eine Primzahl und $a \in \mathbb{Z}$ keine p-te Potenz in $\mathbb{Z}$. Man zeige, dass das Polynom $X^p - a$ über $\mathbb{Q}$ irreduzibel ist.

Hinweis Betrachte die Nullstellen von $X^p - a$ in $\mathbb{C}$ und untersuche den konstanten Term eines echten Teilers von $X^p - a$ auf Ganzzahligkeit.

Lösungsvorschlag zur Aufgabe (Frühjahr 2015, T2A3)

Als primitives Polynom ist $X^p - a$ nach Proposition 2.24 genau dann irreduzibel über $\mathbb{Q}$, wenn es bereits über $\mathbb{Z}$ irreduzibel ist. Wir nehmen nun deshalb an, dass es einen echten Teiler f von $X^p - a$ in $\mathbb{Z}[X]$ gibt und betrachten den konstanten Term $c \in \mathbb{Z}$ dieses Teilers.

Sei ζ eine primitive p-te Einheitswurzel. Die Nullstellen von $X^p - a$ in $\mathbb{C}$ sind gerade $\zeta^i \sqrt[p]{a}$ mit $1 \leq i \leq p$, d.h.

$$X^p - a = \prod_{i=1}^{p} (X - \zeta^i \sqrt[p]{a})$$

und der Teiler f ist das Produkt von k dieser Faktoren für ein $1 \leq k < p$. Es gibt deshalb eine k-elementige Teilmenge $I \subsetneq \{1, \dots, p\}$, sodass

$$f = \prod_{i \in I} (X - \zeta^i \sqrt[p]{a}).$$

Dies bedeutet für den konstanten Term gerade $c = (-1)^k \prod_{i \in I} \zeta^i \sqrt[p]{a}$. Nun ist

$$|c| = \left| \prod_{i \in I} \zeta^i \sqrt[p]{a} \right| = \prod_{i \in I} |\zeta^i| \cdot |\sqrt[p]{a}| = |\sqrt[p]{a}|^{|I|} = \sqrt[p]{|a|^{|I|}} = \sqrt[p]{|a|^k}$$

und damit dies eine ganze Zahl ergibt, muss a^k eine p-te Potenz sein. Wir zeigen, dass dass nicht möglich ist.

Wäre die Vielfachheit aller Primfaktoren in der Primfaktorzerlegung von a ein ganzzahliges Vielfaches von p, so wäre a eine p-te Potenz. Da Letzteres laut Angabe nicht der Fall ist, gibt es einen Primfaktor q von a, dessen Vielfachheit $\nu_q(a)$ in der Primfaktorzerlegung von a nicht von p geteilt wird. Da hingegen a^k eine p-te Potenz ist, muss die Vielfachheit von q in der Zerlegung von a^k ein Vielfaches von p sein. Nun ist die Vielfachheit des Faktors q in a^k gerade $k \cdot \nu_q(a)$. Da die Primzahl p jedoch $\nu_q(a)$ nicht teilt, muss $p \mid k$ gelten und wir haben einen Widerspruch zu $1 \leq k < p$. Also muss die Annahme, dass $X^p - a$ über $\mathbb{Z}$ zerfällt, falsch gewesen sein.

Aufgabe (Frühjahr 2017, T3A5)

Sei K ein endlicher Körper mit q Elementen. Man zeige, dass das Polynom $X^2 + X + 1$ genau dann irreduzibel über K ist, wenn $q \equiv -1 \bmod 3$.

Lösungsvorschlag zur Aufgabe (Frühjahr 2017, T3A5)

Sei $f = X^2 + X + 1 \in \mathbb{F}_q[X]$. Ist q eine Potenz von 3, ist char $K = 3$, sodass $f(1) = 0$. Insbesondere ist f nicht irreduzibel über $\mathbb{F}_q$ für char $K = 3$ bzw. $q \equiv 0 \bmod 3$.

Für char $K \neq 3$ hat man $f(1) = 3 \neq 0$, sodass 1 in diesem Fall keine Nullstelle von f ist. Inspiriert von Satz 3.17 (2) hat man jedoch die Gleichung

$$X^3 - 1 = (X - 1)(X^2 + X + 1),$$

denn f ist das dritte Kreisteilungspolynom. Ist f also reduzibel, so gibt es eine Nullstelle $a \in \mathbb{F}_q$ von f, für die somit $a^3 = 1$ gelten muss. Daraus folgt, dass die Ordnung von a in $\mathbb{F}_q^\times$ ein Teiler von 3 ist. Wegen $a \neq 1$ muss tatsächlich ord $a = 3$ sein.

Ist umgekehrt $a \in \mathbb{F}_q^\times$ ein Element der Ordnung 3, so gilt

$$0 = a^3 - 1 = (a - 1)(a^2 + a + 1)$$

und wegen $a \neq 1$ ist $f(a) = 0$. Wir haben also gezeigt, dass f genau dann reduzibel über $\mathbb{F}_q$ ist, wenn es ein Element der Ordnung 3 in $\mathbb{F}_q^\times$ gibt. Da $\mathbb{F}_q^\times$ eine zyklische Gruppe ist, ist dies genau dann der Fall, wenn 3 die Gruppenordnung $q - 1$ teilt, was

$$q - 1 \equiv 0 \bmod 3 \quad \Leftrightarrow \quad q \equiv 1 \bmod 3$$

bedeutet. Zusammenfassend:

„$\Rightarrow$": Sei f irreduzibel über $\mathbb{F}_q$, dann muss $q \not\equiv 0 \bmod 3$, denn sonst hätte f, wie ganz zu Beginn gesehen, die Nullstelle 1 und wäre somit reduzibel. Wäre $q \equiv 1 \bmod 3$, so wäre f nach der Äquivalenz oben ebenfalls reduzibel. Es bleibt daher nur $q \equiv -1 \bmod 3$.

„$\Leftarrow$": Sei umgekehrt $q \equiv -1 \bmod 3$, dann ist insbesondere char $K \neq 3$ und die Äquivalenz oben liefert, dass f irreduzibel über $\mathbb{F}_q$ ist.

3. Algebra: Körper- und Galois-Theorie

3.1. Algebraische Körpererweiterungen

Eine *Körpererweiterung* $L|K$ ist ein Paar von Körpern K bzw. L mit $K \subseteq L$. Ein *Zwischenkörper* dieser Erweiterung ist ein Körper M mit $K \subseteq M \subseteq L$.

Definition 3.1. Sei $L|K$ eine Körpererweiterung.

(1) Die Dimension von L als K-Vektorraum wird *Grad* von L über K genannt und mit $[L : K]$ bezeichnet.

(2) Falls $[L : K]$ endlich bzw. unendlich ist, so heißt $L|K$ endliche bzw. unendliche Körpererweiterung.

Lemma 3.2 (Gradformel). Es sei $L|K$ eine Körpererweiterung und M ein Zwischenkörper. Dann gilt

$$[L : K] = [L : M] \cdot [M : K].$$

Insbesondere ist $L|K$ genau dann endlich, wenn die Erweiterungen $L|M$ und $M|K$ beide endlich sind.

Definition 3.3. Sei $L|K$ eine Körpererweiterung.

(1) Ein Element $\alpha \in L$ heißt *algebraisch* über K, wenn es ein Polynom $f \in K[X]$ mit $f(\alpha) = 0$ gibt und andernfalls *transzendent* über K.

(2) Ist jedes Element aus L algebraisch über K, so heißt $L|K$ algebraische Körpererweiterung.

Aufgabe (Frühjahr 2003, T1A3)

Sei K eine algebraische Erweiterung des Körpers k und R ein Ring mit $k \subset R \subset K$. Folgt dann, dass R ein Körper ist?

Lösungsvorschlag zur Aufgabe (Frühjahr 2003, T1A3)

Wir zeigen, dass R tatsächlich bereits ein Körper sein muss. Sei $r \in R$ ein Element mit $r \neq 0$. Es ist dann r invertierbar in K, d.h. $r^{-1} \in K$ und da $K|k$ algebraisch ist, gibt es eine Gleichung

$$r^{-n} + a_{n-1}r^{-n+1} + \ldots + a_1 r^{-1} + a_0 = 0$$

© Der/die Autor(en), exklusiv lizenziert durch
Springer-Verlag GmbH, DE, ein Teil von Springer Nature 2021
D. Bullach und J. Funk, *Vorbereitungskurs Staatsexamen Mathematik*,
https://doi.org/10.1007/978-3-662-62904-8_3

mit Koeffizienten a_i aus k. Multiplizieren mit r^{n-1} liefert dann

$$r^{-1} + a_{n-1} + \ldots + a_1 r^{n-2} + a_0 r^{n-1} = 0.$$

$$\Leftrightarrow \quad r^{-1} = -(a_{n-1} + \ldots + a_1 r^{n-2} + a_0 r^{n-1}) \quad \in R$$

Also sind alle Elemente aus $R \setminus \{0\}$ invertierbar in R und R ist ein Körper.

Die nächste Aussage lässt sich umgangssprachlich als „algebraisch über algebraisch ist algebraisch" zusammenfassen.

Proposition 3.4. Sei $L|K$ eine Körpererweiterung und M ein Zwischenkörper. Ist $\alpha \in L$ algebraisch über M und $M|K$ algebraisch, so ist α auch algebraisch über K. Somit ist $L|K$ genau dann algebraisch, wenn $L|M$ und $M|K$ algebraisch sind.

Dass $\alpha \in L$ algebraisch über K ist, ist äquivalent dazu, dass der Einsetzungshomomorphismus

$$\varphi_\alpha \colon K[X] \to L, \quad f \mapsto f(\alpha)$$

nicht injektiv ist. Da $K[X]$ ein Hauptidealring ist, gibt es ein nicht-konstantes Polynom $f \in K[X]$ mit $\ker \varphi_\alpha = (f)$. Stellen wir zusätzlich die Forderung, dass f ein normiertes Polynom ist, so ist dieses eindeutig mit dieser Eigenschaft. Wir bezeichnen es als *Minimalpolynom* von α über K.

Anhand dieser Definition des Minimalpolynoms sieht man sofort, dass jedes Polynom $g \in K[X]$ mit $g(\alpha) = 0$ vom Minimalpolynom von α über K geteilt wird.

Proposition 3.5. Sei $L|K$ eine Körpererweiterung, $\alpha \in L$ algebraisch über K und $f \in K[X]$ ein Polynom. Dann sind äquivalent:

(1) f ist das Minimalpolynom von α über K,

(2) f ist ein normiertes und irreduzibles Polynom mit $f(\alpha) = 0$,

(3) f ist normiert und das Polynom minimalen Grades mit $f(\alpha) = 0$,

(4) f ist normiert und erzeugt den Kern des Einsetzungshomomorphismus $\varphi_\alpha \colon K[X] \to L$.

Eine wichtige Klasse von Erweiterungen sind die *einfachen* Erweiterungen, also Erweiterungen $L|K$, bei denen es ein $\alpha \in L$ mit $L = K(\alpha)$ gibt. In Aufgabe F03T1A3 auf Seite 144 haben wir gesehen, dass $K[\alpha] = K(\alpha)$ gilt, falls α algebraisch über K ist und, dass $K(\alpha)$ bereits von $1, \alpha, \ldots, \alpha^{n-1}$ über K erzeugt wird, wobei n den Grad des Minimalpolynoms von α über K bezeichnet. Wären $1, \alpha, \ldots, \alpha^{n-1}$ über K linear abhängig, so gäbe es $a_0, \ldots, a_{n-1} \in K$, die nicht alle 0 sind, mit

$$a_0 + a_1 \alpha + \ldots + a_{n-1} \alpha^{n-1} = 0.$$

In diesem Fall wäre dann $f = \sum_{i=0}^{n-1} a_i X^i$ ein Polynom von Grad $\leq n - 1$, das α als Nullstelle hat. Dies ist ein Widerspruch dazu, dass n als Grad des Minimalpolynoms von α über K der minimale Grad ist, den ein Polynom aus $K[X]$ mit Nullstelle α haben kann.

Wir haben daher gezeigt, dass $\{1, \alpha, \ldots, \alpha^{n-1}\}$ eine K-Basis von $K(\alpha)$ ist. Es folgt

$$[K(\alpha) : K] = n.$$

Außerdem impliziert Proposition 3.5 (4), dass die Abbildung

$$K[X]\big/(f) \to K(\alpha), \quad g + (f) \mapsto g(\alpha)$$

ein Isomorphisms ist, falls f das Minimalpolynom von α über K bezeichnet.

Proposition 3.6. Sei $L|K$ eine Körpererweiterung. Dann sind gleichwertig:

(1) $L|K$ ist eine endliche Erweiterung,

(2) $L|K$ ist endlich erzeugt und algebraisch,

(3) L wird über K von endlich vielen algebraischen Elementen erzeugt.

Aufgabe (Herbst 2014, T1A3)

Es sei $K \subseteq L$ eine Körpererweiterung, und es seien $\alpha, \beta \in L$, so dass $\alpha + \beta$ und $\alpha\beta$ beide algebraisch sind. Zeigen Sie, dass dann auch α und β algebraisch über K sind.

Lösungsvorschlag zur Aufgabe (Herbst 2014, T1A3)

α und β sind jeweils Nullstellen des Polynoms

$$(X - \alpha)(X - \beta) = X^2 - (\alpha + \beta)X + \alpha\beta \quad \in K(\alpha + \beta, \alpha\beta)[X]$$

und damit algebraisch über $K(\alpha + \beta, \alpha\beta)$. Nach Proposition 3.6 ist die Erweiterung $K(\alpha + \beta, \alpha\beta)|K$ algebraisch, weswegen nach Proposition 3.4 die Elemente α und β auch algebraisch über K sind.

Anleitung: Berechnung von Körpererweiterungsgraden

In vielen Aufgaben wird es nötig sein, Körpererweiterungsgrade zu bestimmen. Wir sammeln hier deshalb einige in diesem Zusammenhang häufig verwendeten Techniken.

(1) Der Körpererweiterungsgrad $[K(\alpha) : K]$ mit einem über K algebraischen Element α entspricht dem Grad des Minimalpolynoms von α über K.

(2) Erweiterungsgrade der Form $[K(\alpha, \beta) : K]$ können eventuell schrittweise bestimmt werden: Die Grade $n = [K(\alpha) : K]$ und $m = [K(\beta) : K]$ lassen sich nach (1) bestimmen und sind nach der Gradformel aus Lemma 3.2 jeweils Teiler von $[K(\alpha, \beta) : K]$, sodass dieser größer oder gleich dem kgV (n, m) sein muss.

Andererseits ist das Minimalpolynom von β über $K(\alpha)$ ein Teiler des Minimalpolynoms von β über K, sodass $[K(\alpha)(\beta) : K(\alpha)] = [K(\alpha, \beta) : K(\alpha)]$ höchstens gleich $m = [K(\beta) : K]$ ist. Die Gradformel beschert uns somit die Abschätzung $[K(\alpha, \beta) : K] \leq n \cdot m$.

Falls n und m teilerfremd sind, liefern uns diese beiden Abschätzungen sofort $[K(\alpha, \beta) : K] = n \cdot m$. Andernfalls kann man versuchen, das Minimalpolynom von α über $K(\beta)$ bzw. von β über $K(\alpha)$ genauer zu bestimmen.

(3) Möchte man an einer gewissen Stelle $\mathbb{Q}(\alpha) = L$ (also $[L : \mathbb{Q}(\alpha)] = 1$) ausschließen, so bietet sich oft folgendes Argument an: Ist $\alpha \in \mathbb{R}$, so ist auch $\mathbb{Q}(\alpha) \subseteq \mathbb{R}$. Falls also $L \not\subseteq \mathbb{R}$ ist, hat man bereits einen Widerspruch erhalten.

Aufgabe (Herbst 2015, T2A4)

Sei $L|K$ eine Körpererweiterung und seien $\alpha, \beta \in L$ algebraisch über K. Sei f das Minimalpolynom von α über K und g das Minimalpolynom von β über K. Zeigen Sie, dass f irreduzibel über $K(\beta)$ ist genau dann, wenn g irreduzibel über $K(\alpha)$ ist.

Lösungsvorschlag zur Aufgabe (Herbst 2015, T2A4)

Sei $n = \operatorname{grad} f = [K(\alpha) : K]$ und $m = \operatorname{grad} g = [K(\beta) : K]$.

„$\Rightarrow$": Nach Voraussetzung ist f irreduzibel über $K(\beta)$ und somit das Minimalpolynom von α über $K(\beta)$, sodass $[K(\alpha, \beta) : K(\beta)] = n$ gilt. Daher erhält man unter Verwendung der Gradformel aus Lemma 3.2

$$[K(\alpha, \beta) : K(\alpha)] = \frac{[K(\alpha, \beta) : K]}{[K(\alpha) : K]} = \frac{[K(\alpha, \beta) : K(\beta)] \cdot [K(\beta) : K]}{[K(\alpha) : K]} = \frac{n \cdot m}{n} = m.$$

Das bedeutet, dass das Minimalpolynom von β über $K(\alpha)$ den Grad m haben muss. Da dies genau der Grad von g ist und g normiert ist, handelt es sich bei g um eben jenes Minimalpolynom. Insbesondere ist g irreduzibel über $K(\alpha)$.

„$\Leftarrow$": Vollkommen analog.

Aufgabe (Frühjahr 2015, T3A4)

Im Folgenden ist jeweils $L|K$ eine Körpererweiterung und ein Element $\alpha \in L$ gegeben. Bestimmen Sie jeweils das Minimalpolynom von α über dem Grundkörper K (mit Nachweis!).

a $K = \mathbb{Q}, L = \mathbb{C}$ und $\alpha = \sqrt{2} + \sqrt{3}$.

b $K = \mathbb{F}_3, L = \overline{\mathbb{F}}_3$ ein algebraischer Abschluss von $\mathbb{F}_3$ und α eine Nullstelle von $X^6 + 1$.

c $K = \mathbb{Q}(\zeta + \zeta^{-1}), L = \mathbb{Q}(\zeta)$ und $\alpha = \zeta \in \mathbb{C}$ eine primitive p-te Einheitswurzel, wobei $p \geq 3$ eine Primzahl bezeichne.

Lösungsvorschlag zur Aufgabe (Frühjahr 2015, T3A4)

a Wir berechnen zunächst

$$\alpha = \sqrt{2} + \sqrt{3} \quad \Rightarrow \quad \alpha^2 = 2 + 2\sqrt{6} + 3 \quad \Rightarrow \quad \alpha^2 - 5 = 2\sqrt{6}$$
$$\Rightarrow \quad \alpha^4 - 10\alpha^2 + 25 = 24 \quad \Rightarrow \quad \alpha^4 - 10\alpha^2 + 1 = 0$$

und wissen somit, dass $f = X^4 - 10X^2 + 1$ zumindest ein normiertes Polynom ist, das α als Nullstelle besitzt. Es bleibt zu zeigen, dass dieses irreduzibel über $\mathbb{Q}$ ist.

Nach Lemma 2.23 wäre eine rationale Nullstelle ganzzahlig und ein Teiler von 1. Man überprüft jedoch unmittelbar, dass ± 1 keine Nullstellen von f ist. Wäre f dennoch reduzibel über $\mathbb{Q}$, so müsste f in zwei quadratische Polynome zerfallen. Wegen Lemma 2.25 können wir sogar annehmen, dass diese beiden Faktoren in $\mathbb{Z}[X]$ liegen. Es gäbe also eine Darstellung der Form

$$X^4 - 10X^2 + 1 = (X^2 + aX + b)(X^2 + cX + d) =$$
$$= X^4 + (a + c)X^3 + (ac + b + d)X^2 + (ad + bc)X + bd.$$

Koeffizientenvergleich liefert die Gleichungen

$$a + c = 0, \quad ac + b + d = -10, \quad ad + bc = 0, \quad bd = 1.$$

Die letzte Gleichung impliziert über $\mathbb{Z}$ bereits $(b, d) \in \{\pm(1,1)\}$, die erste bedeutet $a = -c$. Setzen wir beides in die zweite Gleichung ein, so erhalten wir

$$b + d - a^2 = -10 \quad \Leftrightarrow \quad a^2 = 10 + b + d$$

und damit $a^2 \in \{8, 12\}$. Da jedoch keine dieser Zahlen ein Quadrat in $\mathbb{Z}$ ist, lässt sich die Gleichung nicht lösen. Damit ist f irreduzibel über $\mathbb{Q}$ und somit das Minimalpolynom von α.

b Im Ring $\mathbb{F}_3[X]$ gilt (vgl. Seite 202)

$$\left(X^2 + \overline{1}\right)^3 = X^6 + \overline{1}.$$

Somit ist α bereits eine Nullstelle von $g = X^2 + 1$. Da g keine Nullstellen in $\mathbb{F}_3$ besitzt, ist es dort irreduzibel und somit das Minimalpolynom zu α über $\mathbb{F}_3$.

c ζ ist eine Nullstelle von

$$g = (X - \zeta)(X - \zeta^{-1}) = X^2 - (\zeta + \zeta^{-1})X + 1 \quad \in \mathbb{Q}(\zeta + \zeta^{-1})[X].$$

Das Minimalpolynom f von ζ über K muss daher ein Teiler von g sein, weswegen $[L : K] = \operatorname{grad} f \leq 2$ gilt. Wäre $\operatorname{grad} f = 1$, so wäre $[L : K] = 1$, d.h. $L = K$. Allerdings liegt für $p \geq 3$ jede primitive p-te Einheitswurzel nicht in $\mathbb{R}$, denn

$$\zeta^p = 1 \quad \Rightarrow \quad |\zeta|^p = 1 \quad \Rightarrow \quad |\zeta| = 1$$

hat über $\mathbb{R}$ nur die Lösungen ± 1. Im Gegensatz dazu ist $\zeta + \zeta^{-1}$ immer reell: Aus $1 = |\zeta|^2 = \zeta \cdot \overline{\zeta}$ folgt $\zeta^{-1} = \overline{\zeta}$ und somit

$$\overline{\zeta + \overline{\zeta}} = \zeta + \overline{\zeta}.$$

Also ist $\zeta + \overline{\zeta}$ invariant unter komplexer Konjugation und muss in $\mathbb{R}$ liegen. Daher ist K ein Teilkörper der reellen Zahlen. Wäre $L = K$, so wäre auch $\zeta \in K \subseteq \mathbb{R}$ im Widerspruch zu $\zeta \notin \mathbb{R}$.

Insgesamt haben wir gezeigt, dass $\operatorname{grad} f = 1$ nicht möglich ist, sodass $\operatorname{grad} f = 2$ sein muss. Es sind f und g also normierte Polynome gleichen Grades, weswegen $f \mid g$ sogar den Schluss $f = g$ zulässt.

3.2. Normale und separable Erweiterungen

Jeder Körper K besitzt einen Erweiterungskörper $\overline{K}$ mit der Eigenschaft, dass die Erweiterung $\overline{K}|K$ algebraisch ist und jedes nicht-konstante Polynom aus $K[X]$ über $\overline{K}$ in Linearfaktoren zerfällt. Ein solcher Erweiterungskörper heißt *algebraischer Abschluss* von K.

Um ein einzelnes nicht-konstantes Polynom $f \in K[X]$ zu untersuchen ist es dagegen zielführender, sich den *kleinsten* Erweiterungskörper von K anzusehen, über dem f in Linearfaktoren zerfällt. Dieser heißt Zerfällungskörper von f über K und ist ein deutlich handhabbareres Objekt als der algebraische Abschluss $\overline{K}$ von K.

Definition 3.7. Sei K ein Körper und $f \in K[X]$ ein nicht-konstantes Polynom. Ein Erweiterungskörper L von K wird **Zerfällungskörper** von f über K genannt, falls

(1) f über L in Linearfaktoren zerfällt, d. h. es gibt $\alpha_1, \ldots, \alpha_n \in L$ und $c \in K^\times$ mit

$$f = c \prod_{i=1}^{n} (X - \alpha_i),$$

(2) L über K von Nullstellen von f erzeugt wird.

Fixiert man einen algebraischen Abschluss $\overline{K}$ von K, so lässt sich ein Zerfällungskörper von f über K leicht angeben. Sind nämlich $\alpha_1, \ldots, \alpha_n \in \overline{K}$ die Nullstellen von f, dann ist

$$L = K(\alpha_1, \ldots, \alpha_n)$$

der eindeutige Zerfällungskörper von f über K in $\overline{K}$. Verändert man die Wahl des algebraischen Abschlusses, so erhält man mittels der beschriebenen Konstruktion einen weiteren Zerfällungskörper von f über K, der jedoch zu L isomorph ist. Da jeder Zerfällungskörper von f über K in einem algebraischen Abschluss von K liegt, hat jeder Zerfällungskörper von f diese Form.

Aufgabe (Frühjahr 2007, T3A5)

Gegeben sei das Polynom $f = X^4 - 3 \in \mathbb{Q}[X]$.

a Beweisen Sie, dass $L = \mathbb{Q}(\sqrt[4]{3}, i)$ Zerfällungskörper von f ist.

b Bestimmen Sie den Grad der Körpererweiterung $L|\mathbb{Q}$.

c Beweisen Sie: $a = \sqrt[4]{3} + i$ ist ein primitives Element von L über $\mathbb{Q}$.

Lösungsvorschlag zur Aufgabe (Frühjahr 2007, T3A5)

a Die Nullstellen von f sind durch die Elemente $\pm\sqrt[4]{3}, \pm i\sqrt[4]{3}$ gegeben. Wir zeigen $L = \mathbb{Q}(\sqrt[4]{3}, i\sqrt[4]{3})$. Die Inklusion „$\supseteq$" ist klar. Für die andere Richtung bemerke, dass laut Definition $\sqrt[4]{3} \in L$ und außerdem $i = \frac{i\sqrt[4]{3}}{\sqrt[4]{3}} \in \mathbb{Q}(\sqrt[4]{3}, i\sqrt[4]{3})$ gilt.

b Bei f handelt es sich um ein normiertes Polynom, das $f(\sqrt[4]{3}) = 0$ erfüllt und laut dem Eisensteinkriterium 2.26 irreduzibel ist. Also ist f das Minimalpolynom von $\sqrt[4]{3}$ über $\mathbb{Q}$ und es gilt $[\mathbb{Q}(\sqrt[4]{3}) : \mathbb{Q}] = \operatorname{grad} f = 4$.

Weiter ist $g = X^2 + 1$ das Minimalpolynom von i über $\mathbb{Q}(\sqrt[4]{3})$: Das Polynom g ist normiert und hat i als Nullstelle. Da $\mathbb{Q}(\sqrt[4]{3})$ ein Teilkörper der reellen Zahlen ist, hat g über diesem keine Nullstellen, ist wegen grad $g = 2$ also irreduzibel. Es folgt aus der Gradformel 3.2

$$[L : \mathbb{Q}] = [L : \mathbb{Q}(\sqrt[4]{3})] \cdot [\mathbb{Q}(\sqrt[4]{3}) : \mathbb{Q}] = 2 \cdot 4 = 8.$$

c Wir zeigen $\mathbb{Q}(\sqrt[4]{3}, i) = \mathbb{Q}(\sqrt[4]{3} + i)$.

Die Inklusion „$\supseteq$" ist klar. Für „$\subseteq$" berechnen wir zunächst mit $a = \sqrt[4]{3} + i$:

$$(a - i)^4 = 3 \quad \Leftrightarrow \quad a^4 - 4a^3 i + 6a^2 i^2 - 4a i^3 + i^4 = 3$$
$$\Leftrightarrow \quad a^4 - 4a^3 i - 6a^2 + 4ai + 1 = 3 \quad \Leftrightarrow \quad -4a^3 i + 4ai = -a^4 + 6a^2 + 2.$$

Es gilt $-4a^3 + 4a = 4a(-a^2 + 1) = 4a(1 + a)(1 - a) \neq 0$ und somit erhalten wir

$$i = \frac{-a^4 + 6a^2 + 2}{-4a^3 + 4a} \in \mathbb{Q}(a) = \mathbb{Q}(\sqrt[4]{3} + i).$$

Daraus folgt natürlich $\sqrt[4]{3} = a - i \in \mathbb{Q}(a)$ und damit insgesamt die gewünschte Gleichung.

Aufgabe (Herbst 2002, T1A3)

a Zerlegen Sie das Polynom $f := X^6 + 4X^4 + 4X^2 + 3 \in \mathbb{Q}[X]$ in irreduzible Faktoren.

b Bestimmen Sie den Zerfällungskörper Z von f über $\mathbb{Q}$ und $[Z : \mathbb{Q}]$.

Lösungsvorschlag zur Aufgabe (Herbst 2002, T1A3)

a Da nur gerade Potenzen von X in f auftreten, klammern wir zunächst X^2 aus:

$$f = X^6 + X^4 + X^2 + 3X^4 + 3X^2 + 3 =$$
$$= X^2 \left(X^4 + X^2 + 1 \right) + 3 \left(X^4 + X^2 + 1 \right) = (X^2 + 3)(X^4 + X^2 + 1)$$

Den zweiten Faktor zerlegen wir noch mittels quadratischer Ergänzung und der dritten binomischen Formel:

$$X^4 + X^2 + 1 = X^4 + 2X^2 + 1 - X^2 = (X^2 + 1)^2 - X^2 =$$
$$= (X^2 + X + 1)(X^2 - X + 1).$$

Somit gilt insgesamt

$$f = (X^2 + 3)(X^2 + X + 1)(X^2 - X + 1).$$

Wir zeigen noch, dass diese drei Faktoren tatsächlich irreduzibel sind: Für den ersten Faktor folgt dies aus dem Eisensteinkriterium mit $p = 3$. Da die anderen beiden (ebenfalls) Grad zwei haben, genügt es hier zu zeigen, dass diese keine rationale Nullstellen haben. Dafür kämen laut Lemma 2.23 nur Teiler des konstanten Gliedes infrage, da es sich jeweils um ein normiertes Polynom mit ganzzahligen Koeffizienten handelt. Man überprüft jedoch leicht, dass weder im zweiten noch im dritten Faktor ± 1 eine Nullstelle ist.

b Wir berechnen zunächst alle Nullstellen von f. Unter Zuhilfenahme der Mitternachtsformel ergeben sich die Nullstellen

$$\{\alpha_1, \dots, \alpha_6\} = \left\{ \pm \sqrt{-3}, \ \frac{-1 \pm \sqrt{-3}}{2}, \ \frac{1 \pm \sqrt{-3}}{2} \right\}.$$

Alle Nullstellen lassen sich durch rationale Operationen aus der ersten darstellen, somit gilt $\mathbb{Q}(\alpha_1, \alpha_2, \alpha_3, \alpha_4, \alpha_5, \alpha_6) = \mathbb{Q}(\alpha_1)$. Daraus folgt, dass

$$Z = \mathbb{Q}(\sqrt{-3}) = \mathbb{Q}(i\sqrt{3})$$

ein Zerfällungskörper von f ist.

Um dessen Erweiterungsgrad über $\mathbb{Q}$ zu bestimmen, bestimmen wir das Minimalpolynom von $i\sqrt{3}$ über $\mathbb{Q}$. Mit $X^2 + 3$ ist zumindest ein normiertes Polynom gefunden, das $i\sqrt{3}$ als Nullstelle hat. Laut dem Eisensteinkriterium ist dieses außerdem irreduzibel. Es folgt

$$\cdot \qquad [Z : \mathbb{Q}] = \mathrm{grad}(X^2 + 3) = 2.$$

Aufgabe (Herbst 2001, T3A4)

Sei $\alpha = \sqrt{2 + \sqrt[3]{2}} \in \mathbb{R}$ die positive Quadratwurzel von $2 + \sqrt[3]{2}$.

a Bestimmen Sie das Minimalpolynom f von α über $\mathbb{Q}$ und den Grad $[\mathbb{Q}(\alpha) : \mathbb{Q}]$.

b Geben Sie alle Nullstellen von f in $\mathbb{C}$ an. Ist $\mathbb{Q}(\alpha)$ ein Zerfällungskörper von f?

Lösungsvorschlag zur Aufgabe (Herbst 2001, T3A4)

a Wir berechnen:

$$\alpha = \sqrt{2 + \sqrt[3]{2}} \quad \Rightarrow \quad \alpha^2 - 2 = \sqrt[3]{2} \quad \Rightarrow \quad (\alpha^2 - 2)^3 = 2$$
$$\Leftrightarrow \quad \alpha^6 - 6\alpha^4 + 12\alpha^2 - 8 = 2 \quad \Leftrightarrow \quad \alpha^6 - 6\alpha^4 + 12\alpha^2 - 10 = 0$$

Somit ist $f = X^6 - 6X^4 + 12X^2 - 10$ ein normiertes Polynom mit α als Nullstelle. Zudem ist dieses nach dem Eisensteinkriterium mit $p = 2$ irreduzibel, also das Minimalpolynom von α über $\mathbb{Q}$. Daraus folgt

$$[\mathbb{Q}(\alpha) : \mathbb{Q}] = \operatorname{grad} f = 6.$$

b Ist β eine Nullstelle von f, so gilt gemäß der Äquivalenzen aus Teil **a**, dass $(\beta^2 - 2)^3 = 2$. Deshalb muss gelten, dass

$$\beta^2 - 2 = \sqrt[3]{2} \quad \text{oder} \quad \beta^2 - 2 = \zeta\sqrt[3]{2} \quad \text{oder} \quad \beta^2 - 2 = \zeta^2\sqrt[3]{2},$$

wobei ζ eine primitive dritte Einheitswurzel bezeichnet. Man erhält die Lösungen

$$\{\beta_1, \ldots, \beta_6\} = \left\{ \pm\sqrt{2 + \sqrt[3]{2}}, \ \pm\sqrt{2 + \zeta\sqrt[3]{2}}, \ \pm\sqrt{2 + \zeta^2\sqrt[3]{2}} \right\}.$$

Somit haben wir 6 verschiedene Nullstellen von f gefunden, wegen $\operatorname{grad} f = 6$ kann es keine weiteren geben.

$\mathbb{Q}(\alpha)$ ist *kein* Zerfällungskörper von f. Wäre dies der Fall, so müsste $\mathbb{Q}(\alpha)$ alle Nullstellen von f enthalten. Es gilt aber $\beta_3 \in \mathbb{C} \setminus \mathbb{R}$ und $\mathbb{Q}(\alpha) \subseteq \mathbb{R}$.

Normale Erweiterungen

Definition 3.8. Eine algebraische Körpererweiterung $L|K$ heißt *normal*, wenn sie eine der folgenden, äquivalenten Bedingungen erfüllt:

(1) Jedes irreduzible Polynom aus $K[X]$, das in L eine Nullstelle besitzt, zerfällt über L bereits in Linearfaktoren.

(2) Es gibt ein nicht-konstantes Polynom $f \in K[X]$, sodass L der Zerfällungskörper von f über K ist.

(3) Für einen algebraischen Abschluss $\overline{L}$ von L gilt die Gleichung $\operatorname{Hom}_K(L, \overline{L})$ $= \operatorname{Aut}_K(L)$, d. h. jeder K-Homomorphismus[1] $L \to \overline{L}$ beschränkt sich zu einem K-Automorphismus von L.

---

[1] vgl. Seite 160 für die Definition eines K-Homomorphismus.

Ist $L|K$ eine Körpererweiterung mit $[L : K] = 2$, so ist sie stets normal. Um dies zu sehen, betrachte ein irreduzibles Polynom f mit Nullstelle $\alpha \in L$. Es ist dann

$$\operatorname{grad} f = [K(\alpha) : K] \le [L : K] = 2.$$

Da es eine Nullstelle $\alpha \in L$ gibt, haben wir über L auch eine Darstellung $f = (X - \alpha) \cdot g$ für ein Polynom $g \in L[X]$. Aus Gradgründen ist g konstant oder ein Linearfaktor, sodass wir Bedingung (1) aus Definition 3.8 nachgewiesen haben.

In der Gruppentheorie hatten wir eine ganz ähnliche Aussage (siehe Seite 8): Ist G eine Gruppe und U eine Untergruppe mit $(G : U) = 2$, so ist U ein Normalteiler von G. Diese Analogie zur Aussage oben ist kein Zufall, sondern lässt sich mithilfe der Galois-Theorie erklären (siehe Satz 3.20).

Beispiele 3.9. a Die Erweiterung $\mathbb{Q}(\sqrt[4]{2})|\mathbb{Q}$ ist nicht normal, denn das irreduzible Polynom $X^4 - 2$ hat in $\mathbb{Q}(\sqrt[4]{2})$ eine Nullstelle. Da aber auch $i\sqrt[4]{2}$ eine Nullstelle ist, die nicht im reellen Körper $\mathbb{Q}(\sqrt[4]{2})$ liegt, zerfällt $X^4 - 2$ über $\mathbb{Q}(\sqrt[4]{2})$ nicht in Linearfaktoren.

b Ist ζ_3 eine dritte Einheitswurzel, so ist die Erweiterung $\mathbb{Q}(\zeta_3, \sqrt[3]{2})|\mathbb{Q}$ normal, denn der Körper $\mathbb{Q}(\zeta_3, \sqrt[3]{2})$ ist der Zerfällungskörper von $X^3 - 2$ über $\mathbb{Q}$. ∎

Separabilität

Definition 3.10. Sei $L|K$ eine Körpererweiterung.

(1) Ein nicht-konstantes Polynom $f \in K[X]$ heißt *separabel*, wenn f in einem algebraischen Abschluss von K nur einfache Nullstellen hat.

(2) Ein Element $a \in L$ heißt *separabel* über K, wenn a algebraisch und sein Minimalpolynom über K separabel im Sinne von Teil (1) ist.

(3) Die gesamte Körpererweiterung $L|K$ heißt *separabel*, wenn jedes Element aus L separabel über K ist.

Ob ein Polynom $f \in K[X]$ separabel ist, lässt sich besonders einfach anhand seiner *formalen Ableitung* fest stellen. Für $f = \sum_{i=0}^{n} a_i X^i$ meint man damit das Polynom $f' = \sum_{i=1}^{n} a_i i X^{i-1}$.

Lemma 3.11. Sei K ein Körper.

(1) Ein Element $\alpha \in \overline{K}$ ist genau dann mehrfache Nullstelle eines Polynoms $f \in K[X]$, wenn $f(\alpha) = f'(\alpha) = 0$.

(2) Ein nicht-konstantes Polynom $f \in K[X]$ ist genau dann separabel, wenn f und f' teilerfremd sind.

(3) Ein irreduzibles Polynom $f \in K[X]$ ist genau dann separabel, wenn $f' \neq 0$.

Falls K ein Körper der Charakteristik 0 ist, so ist $f' \neq 0$ für jedes nicht-konstante Polynom $f \in K[X]$ automatisch erfüllt. Dies zeigt bereits die Hälfte der nächsten Aussage.

Proposition 3.12. Jede algebraische Körpererweiterung eines Körpers der Charakteristik 0 und jede algebraische Erweiterung eines endlichen Körpers ist separabel.

Man spricht bei Körpern, deren Erweiterungen stets separabel sind, auch von *vollkommenen* oder *perfekten Körpern*. Da es sich bei der Mehrzahl der geläufigen Körper um perfekte Körper handelt, wird man nicht-separablen Erweiterungen nur selten begegnen. Eine bekannte Ausnahme bildet die Erweiterung aus unten stehender Aufgabe F14T1A5.

Proposition 3.13. Eine Körpererweiterung $L|K$ ist genau dann separabel, wenn für jeden Zwischenkörper M der Erweiterung auch die Erweiterungen $L|M$ und $M|K$ separabel sind.

Aufgabe (Frühjahr 2014, T1A5)

Es seien p eine Primzahl, $\mathbb{F}_p$ der Körper mit p Elementen und $\mathbb{F}_p(t)$ der Quotientenkörper des Polynomrings $\mathbb{F}_p[t]$. Wie üblich sei $\mathbb{F}_p(t^p)$ der kleinste Teilkörper, der t^p enthält.

a Zeigen Sie, dass das Polynom $X^p - t^p \in \mathbb{F}_p(t^p)[X]$ irreduzibel ist.

b Zeigen Sie, dass die Körpererweiterung $\mathbb{F}_p(t)|\mathbb{F}_p(t^p)$ endlich und normal, aber nicht separabel ist.

Lösungsvorschlag zur Aufgabe (Frühjahr 2014, T1A5)

a Wir wenden das Eisensteinkriterium an. Im Ring $\mathbb{F}_p[t^p]$ ist das Element t^p ein Primelement: Betrachte den Homomorphismus $\phi : \mathbb{F}_p[t^p] \to \mathbb{F}_p$ mit $\phi(t^p) = 0$ und $\phi_{|\mathbb{F}_p} = \mathrm{id}$. Es ist klar, dass ϕ surjektiv ist und der Kern durch das Ideal (t^p) gegeben ist. Mit dem Homomorphiesatz für Ringe folgt die Isomorphie

$$\mathbb{F}_p[t^p]\big/_{(t^p)} \cong \mathbb{F}_p.$$

Weil $\mathbb{F}_p$ ein Körper ist, ist das Ideal (t^p) ein maximales, also insbesondere ein Primideal. Daraus folgt, dass das Element t^p prim ist. Nun gilt $t^p \nmid 1, t^p \mid t^p$ und $t^{2p} \nmid t^p$, also ist das angegebene Polynom irreduzibel in $\mathbb{F}_p(t^p)[X]$ nach dem Eisensteinkriterium.

b Es ist klar, dass $\mathbb{F}_p(t) = \mathbb{F}_p(t^p)(t)$ gilt. Der Grad der Erweiterung ist also der Grad des Minimalpolynoms von t über $\mathbb{F}_p(t^p)$. Laut Teil **a** ist $f = X^p - t^p$ ein über $\mathbb{F}_p(t^p)$ irreduzibles Polynom, ferner gilt $f(t) = t^p - t^p = 0$ und f ist normiert. Wir erhalten

$$[\mathbb{F}_p(t) : \mathbb{F}_p(t^p)] = \operatorname{grad} f = p < \infty,$$

was die Endlichkeit der Erweiterung beweist.

Um zu zeigen, dass die Erweiterung normal ist, weisen wir nach, dass $\mathbb{F}_p(t)$ der Zerfällungskörper von f ist. Der *freshman's dream* gibt

$$(X^p - t^p) = (X - t)^p,$$

sodass f über $\mathbb{F}_p(t)$ in Linearfaktoren zerfällt. Die Erweiterung wird zudem von der einzigen Nullstelle t über $\mathbb{F}_p(t^p)$ erzeugt. Damit ist $\mathbb{F}_p(t)$ Zerfällungskörper von f und die Erweiterung folglich normal.

Das Element t ist eine p-fache Nullstelle seines Minimalpolynoms, sodass das Minimalpolynom von t und damit die gesamte Erweiterung nicht separabel ist.

Aufgabe (Herbst 2012, T2A2)

Sei $n \in \mathbb{N}_0$ eine natürliche Zahl. Zeigen Sie, dass das Polynom $f(X) = \sum_{k=0}^{n} \frac{1}{k!} X^k$ keine mehrfachen Nullstellen in den komplexen Zahlen besitzt.

Lösungsvorschlag zur Aufgabe (Herbst 2012, T2A2)

Angenommen, es gibt eine mehrfache Nullstelle $\alpha \in \mathbb{C}$, d.h. $f(\alpha) = 0$ und $f'(\alpha) = 0$ nach Lemma 3.11 (1). Dann wäre auch

$$0 = f'(\alpha) = \sum_{k=1}^{n} \frac{k}{k!} \alpha^{k-1} = \sum_{k=1}^{n} \frac{1}{(k-1)!} \alpha^{k-1} = \sum_{k=0}^{n-1} \frac{1}{k!} \alpha^k = f(\alpha) - \frac{1}{n!} \alpha^n = -\frac{1}{n!} \alpha^n$$

$$\Leftrightarrow \quad \alpha = 0$$

Andererseits ist $f(0) = \sum_{k=0}^{n} \frac{1}{k!} 0^k = 1 \neq 0$. Also kann es eine solche Nullstelle nicht geben.

Aufgabe (Herbst 2010, T1A5)

Sei $K|k$ eine Körpererweiterung und $0 \neq \alpha \in K$ mit $K = k[\alpha]$. Weiter sei eine Potenz α^e (e eine positive ganze Zahl) von α in k enthalten. Sei n die minimale positive ganze Zahl mit $\alpha^n \in k$.

Zeigen Sie:

a Ist $\alpha^m \in k$ für ein $m > 0$, so ist m ein Vielfaches von n.

b Ist $K|k$ eine separable Erweiterung, so ist die Charakteristik von k kein Teiler von n.

Lösungsvorschlag zur Aufgabe (Herbst 2010, T1A5)

a Da n minimal ist, können wir $m \geq n$ annehmen und Division mit Rest durch n durchführen. Das bedeutet, wir finden nicht-negative ganze Zahlen k, r mit $m = k \cdot n + r$ und $r < n$. Es ist nun also

$$\alpha^m = \alpha^{kn} \cdot \alpha^r \quad \Leftrightarrow \quad \alpha^r = \alpha^m \cdot \left((\alpha^n)^k\right)^{-1} \in k.$$

Falls $r \neq 0$, so ist ist dies ein Widerspruch zur Minimalität von n. Folglich muss $m = kn$ sein, d.h. m ist Vielfaches von n.

b Sei $K|k$ separabel und $\operatorname{char} k = p$ ein Teiler von n. Es gibt also ein $l \in \mathbb{Z}$ mit $n = l \cdot p$. Jede Zwischenerweiterung einer separablen Körpererweiterung ist nach Proposition 3.13 separabel, sodass auch $k(\alpha^l)|k$ separabel sein muss. Dies ist gleichbedeutend dazu, dass α^l separabel über k sein muss, d.h. das Minimalpolynom f von α^l über k hat nur einfache Nullstellen (in einem algebraischen Abschluss von k). Betrachte nun das Polynom $X^p - \alpha^n \in k[X]$, welches sich in $k(\alpha^l)[X]$ mithilfe des *freshman's dream* folgendermaßen zerlegen lässt:

$$X^p - \alpha^n = X^p - \alpha^{l \cdot p} = (X - \alpha^l)^p$$

Das Minimalpolynom f von α^l teilt $X^p - \alpha^n$, setzt sich also aus den Faktoren $X - \alpha^l$ zusammen. Die einzige Möglichkeit, dass f nur einfache Nullstellen hat, ist also $f = X - \alpha^l$. Dies bedeutet aber, dass $\alpha^l \in k$, was ein Widerspruch zur Minimalität von n ist. Es kann daher α^l nicht separabel über k sein, sodass auch $K|k$ nicht separabel sein kann.

Der Widerspruch zeigt, dass $\operatorname{char} k$ kein Teiler von n sein kann.

Aufgabe (Herbst 2000, T1A2)

Seien a, b, c positive natürliche Zahlen. Man zeige:

a Das Polynom $X^a + Y^b$ ist im Polynomring $\mathbb{C}[X, Y]$ durch kein Quadrat eines Primpolynoms teilbar.

b Das Polynom $X^a + Y^b + Z^c$ ist irreduzibel in $\mathbb{C}[X, Y, Z]$.

Lösungsvorschlag zur Aufgabe (Herbst 2000, T1A2)

a Wir fassen $f = X^a + Y^b$ als Polynom in der Unbestimmten Y mit Koeffizienten in $\mathbb{C}[X]$ auf und nehmen an, f hat einen mehrfachen irreduziblen Faktor in $\mathbb{C}[X, Y]$. Dann hat f insbesondere einen mehrfachen Faktor in $\mathbb{C}(X)[Y]$ und somit eine mehrfache Nullstelle in einem algebraischen Abschluss $\overline{\mathbb{C}(X)}$. Sei also $\alpha \in \overline{\mathbb{C}(X)}$ eine mehrfache Nullstelle von f, dann muss

$$f'(\alpha) = b\alpha^{b-1} = 0$$

gelten. Ist $b = 1$, so ist dies schon ein Widerspruch. Ist $b > 1$, so muss wegen char $\mathbb{C} = 0$ bereits $\alpha = 0$ sein. Jedoch ist $f(0) = X^a \neq 0$. Folglich kann f keinen mehrfachen Faktor haben.

b Sei P ein beliebiger Primfaktor von $X^a + Y^b$. Da das Polynom $X^a + Y^b$ nach Teil **a** keinen doppelten irreduziblen Faktor hat, wird es insbesondere nicht zweifach von P geteilt. Somit liefert das Eisensteinkriterium 2.26, dass das Polynom

$$g = Z^c + (X^a + Y^b) \quad \in \mathbb{C}(X, Y)[Z]$$

irreduzibel ist. Da g primitiv ist, ist g nach dem Satz von Gauß 2.24 auch in $\mathbb{C}[X, Y, Z]$ irreduzibel.

Endliche separable Erweiterungen sind auch deshalb besonders schön, weil sie stets einfach sind, wie der nächste Satz zeigt.

Satz 3.14 (Satz vom primitiven Element). Sei $L|K$ eine endliche, separable Körpererweiterung. Dann existiert ein primitives Element der Erweiterung $L|K$, d. h. ein Element $\alpha \in L$ mit $L = K(\alpha)$.

Der Beweis des Satzes vom primitiven Element liefert sogar einen Ansatz für die Berechnung eines solchen primitiven Elements. Für eine Körpererweiterung $K(\alpha, \beta)$ lässt sich durch den Ansatz $\gamma = a\alpha + b\beta$ für geeignete $a, b \in K^\times$ stets ein Element mit $K(\alpha, \beta) = K(\gamma)$ finden – hin und wieder sind jedoch andere Ansätze, wie z. B. $\gamma = \alpha\beta$, einfacher umzusetzen.

Aufgabe (Frühjahr 2000, T2A3)

a Man bestimme ein primitives Element für die Körpererweiterung $\mathbb{Q}(\sqrt[3]{2}, \sqrt[4]{5})|\mathbb{Q}$.

b Seien X und Y Unbestimmte über dem Körper $\mathbb{F}_p$ mit p Elementen. Man zeige: Die Körpererweiterung $\mathbb{F}_p(X, Y)|\mathbb{F}_p(X^p, Y^p)$ besitzt kein primitives Element.

Lösungsvorschlag zur Aufgabe (Frühjahr 2000, T2A3)

a Sei $\alpha = \sqrt[3]{2} \cdot \sqrt[4]{5}$. Wir zeigen, dass $\mathbb{Q}(\alpha) = \mathbb{Q}(\sqrt[3]{2}, \sqrt[4]{5})$ gilt. Die Inklusion „$\subseteq$" ist klar. Für die andere Richtung betrachte

$$\alpha^4 = 2 \cdot \sqrt[3]{2} \cdot 5 = 10\sqrt[3]{2}.$$

Damit ist $\sqrt[3]{2} = \frac{1}{10}\alpha^4 \in \mathbb{Q}(\alpha)$ und es folgt $\sqrt[4]{5} = \frac{\alpha}{\sqrt[3]{2}} \in \mathbb{Q}(\alpha)$. Insgesamt haben wir damit Gleichheit.

b Das Polynom $T^p - X^p \in \mathbb{F}_p(X^p, Y^p)[T]$ ist irreduzibel nach Eisenstein mit X^p (vgl. Aufgabe F14T1A5 auf Seite 155), daher ist $[\mathbb{F}_p(X^p, Y^p)(X) : \mathbb{F}_p(X^p, Y^p)] = p$. Genauso ist $T^p - Y^p \in \mathbb{F}_p(X, Y^p)[T]$ nach Eisenstein irreduzibel, sodass $[\mathbb{F}_p(X^p, Y^p)(X, Y) : \mathbb{F}_p(X^p, Y^p)(X)] = p$. Nach der Gradformel folgt

$$[\mathbb{F}_p(X^p, Y^p)(X, Y) : \mathbb{F}_p(X^p, Y^p)] = p^2.$$

Angenommen, es gibt ein primitives Element $\alpha \in \mathbb{F}_p(X, Y)$, dann müsste das Minimalpolynom von α (in $\mathbb{F}_p(X^p, Y^p)[T]$) Grad p^2 haben. Schreiben wir andererseits

$$\alpha = \sum_{i=0}^{n} \sum_{j=0}^{m} a_{ij} X^i Y^j,$$

so sieht man, dass bereits

$$\alpha^p = \left(\sum_{i=0}^{n} \sum_{j=0}^{m} a_{ij} X^i Y^j \right)^p = \sum_{i=0}^{n} \sum_{j=0}^{m} a_{ij}^p (X^i)^p (Y^j)^p \quad \in \mathbb{F}_p(X^p, Y^p)$$

gilt. Das Polynom $T^p - \alpha^p$ liegt also in $\mathbb{F}_p(X^p, Y^p)[T]$ und hat α als Nullstelle, sodass das Minimalpolynom von α ein Teiler dieses Polynoms ist und folglich höchstens Grad p haben kann.

Sei $\sigma: K \to K'$ ein Körperhomomorphismus und $f = \sum_{i=0}^{n} a_i X^i \in K[X]$ ein Polynom mit Nullstelle $\alpha \in K$. Es gilt dann

$$0 = \sigma(0) = \sigma(f(\alpha)) = \sigma\left(\sum_{i=0}^{n} a_i \alpha^i \right) = \sum_{i=0}^{n} \sigma(a_i)\sigma(\alpha)^i,$$

d. h. $\sigma(\alpha)$ ist Nullstelle des Polynoms $f^\sigma = \sum_{i=0}^{n} \sigma(a_i) X^i \in K'[X]$. Wenn wir im Folgenden versuchen, den Homomorphismus σ auf einen Erweiterungskörper L von K fortzusetzen, so muss sich diese Eigenschaft natürlich auf eine eventuelle Fortsetzung übertragen. Tatsächlich gilt in gewisser Weise sogar die Umkehrung.

Satz 3.15 (Fortsetzungssatz). Sei $L|K$ ein Körper, $\alpha \in L$ mit Minimalpolynom $f \in K[X]$ und $\sigma: K \to L'$ ein Körperhomomorphismus mit einem weiteren Körper L'. Dann gilt:

$$
\begin{array}{ccc}
L & & L' \\
| & & | \\
| & & | \\
K(\alpha) & \xdashrightarrow{\;\tau\;} & \sigma(K)(\beta) \\
| & & | \\
| & & | \\
K & \xrightarrow{\;\sigma\;} & \sigma(K)
\end{array}
$$

(1) Ist $\tau: K(\alpha) \to L'$ eine Fortsetzung von σ, d. h. $\tau_{|K} = \sigma$, so ist $\tau(\alpha)$ eine Nullstelle von f^{σ}.

(2) Ist $\beta \in L'$ eine Nullstelle von f^{σ}, so gibt es einen Homomorphismus $\tau: K(\alpha) \to L'$ mit $\tau(\alpha) = \beta$ und $\tau_{|K} = \sigma$.

Wichtigster Spezialfall der in Satz 3.15 beschriebenen Konstruktion sind Fortsetzungen der Identität id_K, welche auch als *K-Homomorphismen* bezeichnet werden. Die Menge der K-Homomorphismen von L nach L' bezeichnen wir als $\mathrm{Hom}_K(L, L')$. Entsprechend ist dann $\mathrm{Aut}_K(L)$ die Menge der *K-Automorphismen*, also der bijektiven K-Homomorphismen von L nach L.

Aufgabe (Frühjahr 2001, T3A1)

$K|\mathbb{Q}$ sei eine endliche Körpererweiterung vom Grad n. Zeigen Sie, dass es genau n verschiedene Körpermonomorphismen von K nach $\mathbb{C}$ gibt und dass die Anzahl s derjenigen mit nicht-reellem Bild gerade ist. Mit $n = r + s$ weisen Sie $r = 0$ oder $s = 0$ für den Fall nach, dass $K|\mathbb{Q}$ galoissch ist, und geben Sie Beispiele für beide Fälle.

Lösungsvorschlag zur Aufgabe (Frühjahr 2001, T3A1)

Die Erweiterung $K|\mathbb{Q}$ ist endlich (laut Angabe) und separabel, da $\mathbb{Q}$ wegen char $\mathbb{Q} = 0$ nach Proposition 3.13 ein perfekter Körper ist. Nach dem Satz vom primitiven Element existiert somit ein $\alpha \in K$ mit $K = \mathbb{Q}(\alpha)$. Ist f das Minimalpolynom von α, so gilt grad $f = [K : \mathbb{Q}] = n$. Das Minimalpolynom von α ist separabel, hat also n verschiedene Nullstellen $\alpha_1, \ldots, \alpha_n$ in $\mathbb{C}$. Der Fortsetzungssatz 3.15 liefert somit n verschiedene $\mathbb{Q}$-Homomorphismen

$$\tau_i : K \to \mathbb{C} \quad \text{mit} \quad \tau_i(\alpha) = \alpha_i$$

für $i \in \{1, \ldots, n\}$. Da jeder Homomorphismus von Körpern injektiv ist, handelt es sich dabei um Körpermonomorphismen.

Wir zeigen noch, dass es keine weiteren gibt. Sei dazu $\rho : K \to \mathbb{C}$ ein beliebiger Körperhomomorphismus. Aus $\rho(1) = 1$ folgert man leicht per Induktion $\rho(m) = m$ für $m \in \mathbb{Z}$ und daraus wiederum $\rho(q) = q$ für $q \in \mathbb{Q}$. Es handelt sich bei ρ also in jedem Fall um einen $\mathbb{Q}$-Homomorphismus. Laut dem Fortsetzungssatz 3.15 (1) ist $\beta = \rho(\alpha)$ eine Nullstelle von f, stimmt also mit einem α_i für $i \in \{1, \ldots, n\}$ überein. Da ρ durch das Bild von α bereits eindeutig bestimmt ist, folgt $\rho = \tau_i$.

Das Bild von τ_i ist genau $\mathbb{Q}(\alpha_i)$ für $i \in \{1, \ldots, n\}$. Ist also $\alpha_i \in \mathbb{R}$, so ist auch das Bild $\tau_i(K)$ eine Teilmenge von $\mathbb{R}$, wohingegen Nullstellen $\alpha_i \in \mathbb{C} \setminus \mathbb{R}$ auch ein Bild $\tau_i(K) \not\subseteq \mathbb{R}$ liefern. Da f ein Polynom mit reellen Koeffizienten ist, treten nicht-reelle Nullstellen in komplex-konjugierten Paaren auf. Insbesondere ist also die Anzahl der nicht-reellen Nullstellen und somit auch der Homomorphismen mit nicht-reellem Bild gerade.

Nehmen wir nun an, die Erweiterung $K|\mathbb{Q}$ ist galoissch, also insbesondere normal. Aus Definition 3.8 (iii) folgt, dass jedes τ_i ein $\mathbb{Q}$-Automorphismus ist, also gilt $K = \tau_i(K)$ für $i \in \{1, \ldots, n\}$. Gilt $K \subseteq \mathbb{R}$, so folgt $\tau_i(K) \subseteq \mathbb{R}$ für alle $i \in \{1, \ldots, n\}$ und $s = 0$. Andernfalls gilt $\tau_i(K) \not\subseteq \mathbb{R}$ für alle $i \in \{1, \ldots, n\}$, und damit $r = 0$.

Gemäß dem eben Bewiesenen ist $\mathbb{Q}(\sqrt{2})|\mathbb{Q}$ ein Beispiel für den Fall $s = 0$ und $\mathbb{Q}(i)|\mathbb{Q}$ ein Beispiel für $r = 0$ (beides lässt sich auch leicht nachrechnen).

3.3. Einheitswurzeln

Gegenstand unserer Untersuchungen in diesem Abschnitt sind die Nullstellen des Polynoms $X^n - 1$ in einem Körper K für ein $n \in \mathbb{N}$. Man prüft leicht nach, dass diese eine Gruppe bilden, die wir mit $\mu_n(K)$ bezeichnen und die Gruppe der n-ten *Einheitswurzeln* von K nennen.

Falls K algebraisch abgeschlossen ist, so hat das Polynom $X^n - 1$ genau n Nullstellen in K. Ist char K kein Teiler von n, so ist das Polynom separabel und die Nullstellen sind zudem alle verschieden. Verbunden mit der Tatsache, dass jede endliche Untergruppe der Einheitengruppe eines Körpers zyklisch ist, haben wir bewiesen:

Proposition 3.16. Sei $n \in \mathbb{N}$ und $\overline{K}$ ein algebraisch abgeschlossener Körper, dann ist $\mu_n(\overline{K})$ eine zyklische Gruppe. Im Fall char $\overline{K} \nmid n$ (also insbesondere, wenn char $\overline{K} = 0$) hat $\mu_n(\overline{K})$ die Ordnung n.

Ein Erzeuger von $\mu_n(\overline{K})$ heißt *primitive n-te Einheitswurzel*. Im Fall $\overline{K} = \mathbb{C}$ kann man auf kanonische Weise eine solche primitive n-te Einheitswurzel angeben, nämlich $\xi_n = e^{2\pi i/n}$.

Veranschaulicht man sich die n-ten Einheitswurzeln von $\mathbb{C}$ graphisch in der Gauß'schen Zahlenebene, so liegen diese in regelmäßigen Abständen über den Einheitskreis verteilt. Man spricht deshalb bei $\mathbb{Q}(\mu_n(\mathbb{C})) = \mathbb{Q}(\xi_n)$ vom n-ten *Kreisteilungskörper* oder auch *zyklotomischen Körper*. Das Minimalpolynom von ξ_n heißt entsprechend n-tes *Kreisteilungspolynom* und wird mit Φ_n bezeichnet.

Satz 3.17. Sei $n \in \mathbb{N}$ und Φ_n das n-te Kreisteilungspolynom.

(1) Φ_n ist ein Polynom von Grad $\varphi(n)$ mit ganzzahligen Koeffizienten.

(2) Es gilt die Formel $X^n - 1 = \prod_{d|n} \Phi_d$.

Die Aussage in Satz 3.17 (2) erweist sich als äußerst nützlich für die Berechnung von Kreisteilungspolynomen. Beispielsweise sieht man unmittelbar $\Phi_1 = X - 1$ und falls p eine Primzahl ist, so ist unter Verwendung der Partialsummen der geometrischen Reihe

$$X^p - 1 = \Phi_p \cdot \Phi_1 \quad \Leftrightarrow \quad \Phi_p = \frac{X^p - 1}{X - 1} = X^{p-1} + \ldots + X + 1.$$

Aufgabe (Frühjahr 2000, T3A3)

Sei $\zeta = e^{\frac{2\pi i}{5}}$.

a Zeigen Sie, dass $\alpha = \zeta + \zeta^{-1}$ einer normierten quadratischen Gleichung mit Koeffizienten aus $\mathbb{Z}$ genügt.

b Stellen Sie α^{-1} als Polynom in α dar und zeigen Sie $0 < \alpha < 1$.

Lösungsvorschlag zur Aufgabe (Frühjahr 2000, T3A3)

a Zunächst folgt aus $\zeta^5 = 1$, dass $\zeta^{-1} = \zeta^4$ und $\zeta^{-2} = \zeta^3$. Außerdem gilt

$$\Phi_5(\zeta) = 1 + \zeta + \zeta^2 + \zeta^3 + \zeta^4 = 0,$$

wobei Φ_5 das fünfte Kreisteilungspolynom bezeichnet. Es gilt nun

$$\alpha^2 = \zeta^2 + \zeta^{-2} + 2 = \zeta^2 + \zeta^3 + 2 = -(\zeta + \zeta^4 + 1) + 2 = -\alpha + 1$$

$$\Leftrightarrow \quad \alpha^2 + \alpha - 1 = 0.$$

b Nach Aufgabenteil **a** gilt

$$1 = \alpha^2 + \alpha = \alpha \cdot (\alpha + 1),$$

d.h. $\alpha^{-1} = \alpha + 1$. Unter Benutzung der Euler-Identität gilt

$$\alpha = \zeta + \zeta^{-1} = \cos\left(\frac{2\pi}{5}\right) + i\sin\left(\frac{2\pi}{5}\right) + \cos\left(-\frac{2\pi}{5}\right) + i\sin\left(-\frac{2\pi}{5}\right) =$$

$$= 2\cos\left(\frac{2\pi}{5}\right).$$

Da die cos-Funktion auf dem Intervall $[0, \frac{\pi}{2}]$ streng monoton fallend ist, folgt aus

$$\frac{\pi}{3} = \frac{2\pi}{6} < \frac{2\pi}{5} < \frac{2\pi}{4} = \frac{\pi}{2},$$

dass auch die Ungleichung

$$\tfrac{1}{2} = \cos(\tfrac{2\pi}{6}) > \cos(\tfrac{2\pi}{5}) > \cos(\tfrac{\pi}{2}) = 0$$

erfüllt ist.

Aufgabe (Herbst 2003, T1A2)

Beweisen Sie

$$\cos \frac{2\pi}{5} = \frac{\sqrt{5} - 1}{4}.$$

Lösungsvorschlag zur Aufgabe (Herbst 2003, T1A2)

Sei $\alpha = \cos \frac{2\pi}{5}$ und $\zeta = e^{2\pi i/5}$, dann ist $\cos \frac{2\pi}{5} = \frac{1}{2}(\zeta + \zeta^{-1})$. Man berechnet nun ähnlich wie in der vorhergehenden Aufgabe

$$\alpha^2 = \tfrac{1}{4}(\zeta^2 + \zeta^{-2} + 2) = \tfrac{1}{4}(\zeta^2 + \zeta^3 + 2) = -\tfrac{1}{4}(\zeta + \zeta^4 + 1 - 2) = -\tfrac{1}{4}(2\alpha - 1)$$

$$\Leftrightarrow \quad 4\alpha^2 + 2\alpha - 1 = 0.$$

Die Lösungen dieser quadratischen Gleichung sind nach der Mitternachtsformel

$$\frac{-2 \pm \sqrt{4 + 16}}{2 \cdot 4} = \frac{-1 \pm \sqrt{5}}{4}.$$

Wegen $\cos \frac{2\pi}{5} = \cos 72° > 0$ ist dann $\cos \frac{2\pi}{5} = \frac{-1 + \sqrt{5}}{4}$.

Aufgabe (Herbst 2010, T2A4)

Für $1 \leq m \in \mathbb{N}$ betrachte man das Polynom $f_m = X^{2m} + X^m + 1 \in \mathbb{Z}[X]$. Zeigen Sie:

a Jede komplexe Nullstelle von f_m ist eine Einheitswurzel.

b f_m ist genau dann irreduzibel über $\mathbb{Q}$, wenn $m = 3^k$ für ein $k \in \mathbb{N}_0$ gilt.

Lösungsvorschlag zur Aufgabe (Herbst 2010, T2A4)

a Nach der Formel oben ist $X^2 + X + 1$ das dritte Kreisteilungspolynom, deshalb gilt laut Satz 3.17 (2):

$$X^3 - 1 = \prod_{d|3} \Phi_d = (X - 1)(X^2 + X + 1)$$

Dabei bezeichnet jeweils Φ_d das d-te Kreisteilungspolynom. Einsetzen von X^m liefert

$$X^{3m} - 1 = (X^m - 1) \cdot (X^{2m} + X^m + 1).$$

Dies zeigt, dass jede Nullstelle von $X^{2m} + X^m + 1$ auch eine Nullstelle von $X^{3m} - 1$ und damit eine Einheitswurzel ist.

b Obige Polynomgleichung kann umgeschrieben werden zu:

$$\prod_{d|3m} \Phi_d = X^{3m} - 1 = (X^{2m} + X^m + 1)(X^m - 1) = (X^{2m} + X^m + 1) \cdot \prod_{d|m} \Phi_d$$

Jeder Teiler von m ist insbesondere ein Teiler von $3m$, deshalb können die entsprechenden Kreisteilungspolynome gekürzt werden:

$$(X^{2m} + X^m + 1) = \prod_{\substack{d|3m \\ d \nmid m}} \Phi_d$$

Das Polynom $f_m = X^{2m} + X^m + 1$ ist also genau dann irreduzibel, wenn das rechte Produkt nur aus einem Polynom besteht. (Denn Kreisteilungspolynome sind stets irreduzibel über $\mathbb{Q}$.) Äquivalent dazu ist, dass es genau eine Zahl d gibt mit $d \mid 3m$ und $d \nmid m$.

Falls $m = 3^k$ für ein $k \in \mathbb{N}_0$ gilt, so ist $3m = 3^{k+1}$ und nur $d = 3^{k+1}$ erfüllt beide Bedingungen.

Falls m keine Potenz von 3 ist, können wir $m = l \cdot 3^k$ mit $3 \nmid l$ und $k \in \mathbb{N}_0$ schreiben. Es gilt nun

$$3^{k+1} \mid 3 \cdot (l3^k), \quad 3^{k+1} \nmid (l3^k), \quad l3^{k+1} \mid 3(l3^k), \quad l3^{k+1} \nmid (l3^k).$$

Falls $l \neq 1$ ist, gibt es also mindestens zwei verschiedene Zahlen d mit $d \mid 3m$ und $d \nmid m$.

Aufgabe (Herbst 2012, T2A3)

Seien p eine Primzahl und ζ eine primitive p-te Einheitswurzel in $\mathbb{C}$. Sei $R = \mathbb{Z}[\zeta]$ der von ζ erzeugte Unterring von $\mathbb{C}$. Sei $a \in \mathbb{Z}$ eine ganze Zahl. Zeigen Sie, dass

$$\mathbb{Z}\big/\big(\textstyle\sum_{l=0}^{p-1} a^l\big) \to R\big/(a-\zeta), \quad n + \left(\sum_{l=0}^{p-1} a^l\right) \mapsto n + (a-\zeta)$$

ein wohldefinierter Ringisomorphismus ist und folgern Sie daraus, dass $2 - \zeta$ genau dann ein Primelement in R ist, wenn $2^p - 1$ eine Primzahl ist.

Lösungsvorschlag zur Aufgabe (Herbst 2012, T2A3)

Sei Φ_p das p−te Kreisteilungspolynom und definiere die Abbildung

$$\pi \colon \mathbb{Z} \to R\big/(a-\zeta), \quad n \mapsto n + (a-\zeta).$$

Diese Abbildung ist ein Homomorphismus mit $(\Phi_p(a)) \subseteq \ker \pi$, denn es gilt $a \equiv \zeta \bmod (a-\zeta)$ und somit

$$\pi(\Phi_p(a)) = \Phi_p(a) + (a-\zeta) = \Phi_p(\zeta) + (a-\zeta) = 0 + (a-\zeta).$$

Nach dem Homomorphiesatz 2.12 induziert π einen wohldefinierten Homomorphismus $\overline{\pi} \colon \mathbb{Z}/(\Phi_p(a)) \to R/(a - \zeta)$, das ist genau die Abbildung aus der Angabe.

Um zu zeigen, dass $\overline{\pi}$ bijektiv ist, geben wir die Umkehrabbildung an. Jedes Element in R ist ein Polynom in ζ, wegen $\Phi_p(\zeta) = 0$ erzeugen bereits die Potenzen $1, \zeta, \ldots, \zeta^{p-2}$ den Ring R über $\mathbb{Z}$. Betrachte nun die Abbildung

$$\varphi \colon R \to \mathbb{Z}\big/\Phi_p(a)\mathbb{Z}, \quad \sum_{i=0}^{p-2} c_i \zeta^i \mapsto \sum_{i=0}^{p-2} c_i a^i + (\Phi_p(a)),$$

welche ein Homomorphismus mit $\varphi(a - \zeta) = a - a + (\Phi_p(a)) = 0 + (\Phi_p(a))$ ist, d. h. $(a - \zeta) \subseteq \ker \varphi$. Nach dem Homomorphiesatz 2.12 induziert deshalb auch φ einen Homomorphismus $\overline{\varphi} \colon R/(a - \zeta) \to \mathbb{Z}/\Phi_p(a)\mathbb{Z}$.

Man überprüft nun, dass $\overline{\pi} \circ \overline{\varphi} = \mathrm{id}$ sowie $\overline{\varphi} \circ \overline{\pi} = \mathrm{id}$ erfüllt ist. Dies zeigt, dass $\overline{\pi}$ eine Umkehrabbildung besitzt und daher ein Isomorphismus ist.

Nun ist $a - \zeta$ genau dann ein Primelement in R, wenn $(a - \zeta)$ ein Primideal ist, was wiederum genau dann der Fall ist, wenn $R/(a - \zeta) \cong \mathbb{Z}/(\Phi_p(a))$ ein Integritätsbereich ist. Letzteres ist genau dann der Fall, wenn $\Phi_p(a)$ eine

Primzahl ist. Unter Verwendung der geometrischen Reihe ist

$$\Phi_p(2) = \sum_{l=0}^{p-1} 2^l = \frac{2^p - 1}{2 - 1} = 2^p - 1.$$

Aufgabe (Frühjahr 2013, T3A5)

Für $n \in \mathbb{N}$ bezeichne $\zeta_n := e^{2\pi i/n}$ und $k_n := \mathrm{kgV}\{1, \ldots, n\}$ das kleinste gemeinsame Vielfache der Zahlen $1, \ldots, n$. Zeigen Sie, für alle $n \in \mathbb{N}$, die folgenden Formeln über die Grade von Körpererweiterungen:

a $[\mathbb{Q}(\zeta_1, \ldots, \zeta_n) : \mathbb{Q}] = \varphi(k_n)$, wobei φ die Euler'sche φ-Funktion bezeichnet.

b $[\mathbb{Q}(\sqrt[1]{2}, \ldots, \sqrt[n]{2}) : \mathbb{Q}] = k_n$.

Lösungsvorschlag zur Aufgabe (Frühjahr 2013, T3A5)

a Es genügt nach Satz 3.17 (1) zu zeigen, dass $\mathbb{Q}(\zeta_1, \ldots, \zeta_n) = \mathbb{Q}(\zeta_{k_n})$. Zunächst ist jedes ζ_s für $s \in \{1, \ldots, n\}$ auch eine k_n-te Einheitswurzel, da wegen $s \mid k_n$ auch $\zeta_s^{k_n} = 1$ gilt. Also ist schon mal $\mathbb{Q}(\zeta_1, \ldots, \zeta_n) \subseteq \mathbb{Q}(\zeta_{k_n})$. Sei nun $\mu_{k_n} \subseteq \mathbb{C}$ die Gruppe der k_n-ten Einheitswurzeln. Betrachte die Untergruppe

$$U = \langle \zeta_1, \ldots, \zeta_n \rangle \subseteq \mu_{k_n}.$$

Da $\langle \zeta_s \rangle \subseteq U$ für alle $s \in \{1, \ldots, n\}$ gilt, ist jedes solche s nach dem Satz von Lagrange ein Teiler von $|U|$. Somit ist $|U|$ ein Vielfaches von $1, \ldots, n$ und muss die Abschätzung $|U| \geq k_n$ erfüllen. Wegen $U \subseteq \mu_{k_n}$ muss bereits $|U| = k_n$ und damit $U = \mu_{k_n}$ sein. Insbesondere ist $\zeta_{k_n} \in U \subseteq \mathbb{Q}(\zeta_1, \ldots, \zeta_n)$. Insgesamt haben wir $\mathbb{Q}(\zeta_1, \ldots, \zeta_n) = \mathbb{Q}(\zeta_{k_n})$, wie erhofft.

b Das Polynom $f_m = X^m - 2$ ist für jedes $m \in \mathbb{N}$ nach dem Eisensteinkriterium irreduzibel und deshalb das Minimalpolynom von $\sqrt[m]{2}$, sodass $[\mathbb{Q}(\sqrt[m]{2}) : \mathbb{Q}] = m$ gilt. Sei $s \in \{1, \ldots, n\}$. Aus der Gradformel folgt, dass $s = [\mathbb{Q}(\sqrt[s]{2}) : \mathbb{Q}]$ ein Teiler von $[\mathbb{Q}(\sqrt{2}, \ldots, \sqrt[n]{2}) : \mathbb{Q}]$ ist. Also muss schon mal $[\mathbb{Q}(\sqrt{2}, \ldots, \sqrt[n]{2}) : \mathbb{Q}] \geq k_n$ sein. Sei $k_n = s \cdot l$, dann ist

$$\sqrt[s]{2} = 2^{\frac{1}{s}} = 2^{\frac{l}{ls}} = 2^{\frac{l}{k_n}} = \left(\sqrt[k_n]{2} \right)^l \in \mathbb{Q}(\sqrt[k_n]{2}).$$

Daraus folgt $\mathbb{Q}(\sqrt{2}, \ldots, \sqrt[n]{2}) \subseteq \mathbb{Q}(\sqrt[k_n]{2})$, sodass

$$[\mathbb{Q}(\sqrt{2}, \ldots, \sqrt[n]{2}) : \mathbb{Q}] \leq [\mathbb{Q}(\sqrt[k_n]{2}) : \mathbb{Q}] = k_n.$$

Beide Abschätzungen zusammen ergeben $[\mathbb{Q}(\sqrt{2}, \ldots, \sqrt[n]{2}) : \mathbb{Q}] = k_n$.

Galois-Theorie der Kreisteilungskörper

Die Kreisteilungskörper haben eine besonders schöne Galois-Theorie, weswegen der Leser ihnen im entsprechenden Abschnitt wieder begegnen wird. Wir formulieren das entsprechende Resultat der Vollständigkeit wegen an dieser Stelle, während die Anwendung zum größten Teil in den Aufgaben im Abschnitt über Galois-Theorie zu finden sein wird.

Satz 3.18. Sei $n \in \mathbb{N}$ und ζ_n eine primitive n-te Einheitswurzel. Dann ist $\mathbb{Q}(\zeta_n)|\mathbb{Q}$ eine Galois-Erweiterung und die Abbildung

$$(\mathbb{Z}/n\mathbb{Z})^{\times} \longrightarrow G_{\mathbb{Q}(\zeta_n)|\mathbb{Q}}, \quad \bar{r} \mapsto \{\zeta_n \mapsto \zeta_n^r\}$$

ist ein Isomorphismus von Gruppen. Beachte dazu auch Proposition 2.8.

Aufgabe (Herbst 2000, T3A4)

Sei $n > 2$ eine ganze Zahl und φ die Euler'sche φ-Funktion.

a Zeigen Sie, dass $\mathbb{Q}(\cos\frac{2\pi}{n})|\mathbb{Q}$ eine Galoiserweiterung vom Grad $\frac{\varphi(n)}{2}$ ist.

b Bestimmen Sie das neunte Kreisteilungspolynom über $\mathbb{Q}$.

c Bestimmen Sie das Minimalpolynom von $\cos\frac{2\pi}{9}$ über $\mathbb{Q}$.

Lösungsvorschlag zur Aufgabe (Herbst 2000, T3A4)

a Sei $\zeta_n = e^{2\pi i/n} = \cos\frac{2\pi}{n} + i\sin\frac{2\pi}{n}$. Dann ist $\cos\frac{2\pi}{n} = \frac{1}{2}(\zeta_n + \overline{\zeta_n})$ und es gilt

$$1 = |\zeta_n|^2 = \zeta_n \cdot \overline{\zeta_n} \quad \Leftrightarrow \quad \overline{\zeta_n} = \zeta_n^{-1}.$$

Sei $\alpha = \cos\frac{2\pi}{n}$, dann haben wir also

$$\zeta_n \alpha = \frac{1}{2} \cdot \zeta_n \cdot (\zeta_n + \zeta_n^{-1}) = \frac{1}{2}(\zeta_n^2 + 1) \quad \Leftrightarrow \quad \zeta_n^2 - 2\alpha\zeta_n + 1 = 0.$$

Also ist das Minimalpolynom von ζ_n über $\mathbb{Q}(\alpha)$ höchstens von Grad 2, sodass $[\mathbb{Q}(\zeta_n) : \mathbb{Q}(\alpha)] \leq 2$. Gleichzeitig muss jedoch $\mathbb{Q}(\zeta_n) \neq \mathbb{Q}(\alpha)$ sein, denn wegen $\alpha = \cos\frac{2\pi}{n} \in \mathbb{R}$ muss auch $\mathbb{Q}(\alpha) \subseteq \mathbb{R}$ gelten. Wäre auch $\mathbb{Q}(\zeta_n) \subseteq \mathbb{R}$, so müsste insbesondere $\zeta_n \in \mathbb{R}$ sein. Wegen $|\zeta_n| = 1$ hieße das $\zeta_n \in \{\pm 1\}$, was wegen $n > 2$ nicht der Fall ist. Also ist $[\mathbb{Q}(\zeta_n) : \mathbb{Q}(\alpha)] = 2$ und die Gradformel liefert

$$[\mathbb{Q}(\alpha) : \mathbb{Q}] = \frac{[\mathbb{Q}(\zeta_n) : \mathbb{Q}]}{[\mathbb{Q}(\zeta_n) : \mathbb{Q}(\alpha)]} = \frac{\varphi(n)}{2}.$$

Die Erweiterung $\mathbb{Q}(\zeta_n)|\mathbb{Q}$ ist nach Satz 3.18 galoissch und hat eine abelsche Galois-Gruppe, sodass jede Untergruppe ein Normalteiler ist. Nach dem Hauptsatz der Galois-Theorie 3.20 ist daher jede Zwischenerweiterung galoissch, insbesondere also die Erweiterung $\mathbb{Q}(\alpha)|\mathbb{Q}$.

b Unter Verwendung der Formel aus Satz 3.17 haben wir

$$X^9 - 1 = \Phi_9 \cdot \Phi_3 \cdot \Phi_1 = \Phi_9 \cdot (X^3 - 1)$$

$$\Leftrightarrow \quad \Phi_9 = \frac{X^9 - 1}{X^3 - 1} = \frac{(X^3)^3 - 1}{X^3 - 1} = \Phi_3(X^3) = X^6 + X^3 + 1.$$

c Sei wieder $\alpha = \cos \frac{2\pi}{9}$, dann wissen wir aus Teil **a**, dass das Minimal-polynom von α den Grad $\frac{\varphi(9)}{2} = \frac{6}{2} = 3$ haben muss und die Gleichung $\alpha = \frac{1}{2}(\zeta_9 + \zeta_9^{-1})$ gilt. Nach Teil **b** ist außerdem $\zeta_9^6 + \zeta_9^3 + 1 = 0$. Wir berechnen daher

$$\alpha^3 = \frac{1}{8}(\zeta_9^2 + \zeta_9^{-2} + 2)(\zeta_9 + \zeta_9^{-1}) = \frac{1}{8}(\zeta_9^3 + \zeta_9^{-1} + 2\zeta_9 + \zeta_9 + \zeta_9^{-3} + 2\zeta_9^{-1})$$

$$= \frac{1}{8}(\zeta_9^3 + \zeta_9^6 + 3\zeta_9 + 3\zeta_9^{-1}) = \frac{1}{8}(-1 + 6\alpha).$$

Durch Umstellen dieser Gleichung erhält man $\alpha^3 - \frac{3}{4}\alpha + \frac{1}{8} = 0$. Da das Polynom $X^3 - \frac{3}{4}X - \frac{1}{8}$ normiert ist, α als Nullstelle hat und den richtigen Grad besitzt, muss es das Minimalpolynom von α über $\mathbb{Q}$ sein.

Aufgabe (Frühjahr 2013, T1A2)

Sei $f = X^2 - 2 \in \mathbb{Q}[X]$. Sei weiter $f_0 = X$ und für $n \geq 1$ sei $f_n = f_{n-1}(f) = f(f_{n-1})$ das n-fach iterierte Polynom f, also

$$f_1 = X^2 - 2, \quad f_2 = (X^2 - 2)^2 - 2, \quad f_3 = ((X^2 - 2)^2 - 2)^2 - 2 \quad \text{usw.}$$

Zeigen Sie:

a Alle Polynome f_n sind irreduzibel.

b Sei $z_n = e^{\pi i / 2^{n+1}}$ eine primitive 2^{n+2}-te Einheitswurzel. Für k ungerade ist $2 \cos \frac{k\pi}{2^{n+1}} = z_n^k + z_n^{-k}$ eine Nullstelle von f_n.

c Die Galois-Gruppe von f_2 über $\mathbb{Q}$ ist abelsch.

Lösungsvorschlag zur Aufgabe (Frühjahr 2013, T1A2)

a Das Polynom $f_0 = X$ ist irreduzibel. Für $f_1 = X^2 - 2$ folgt die Irreduzibilität aus dem Eisensteinkriterium mit $p = 2$. Dieses verweden wir auch für die weiteren Folgenglieder, weshalb wir folgende Aussage beweisen:

Behauptung: Für $n \geq 2$ hat f_n die Form $f_n = g_n + 2$, wobei g_n ein Polynom mit verschwindendem konstanten Koeffizienten ist. Zudem ist $f_n \equiv X^{2^n} \bmod 2$.

Induktionsanfang: Wegen

$$f_2 = (X^2 - 2)^2 - 2 = X^4 - 2X^2 - 4 + 2 = X^4 - 2X^2 + 2.$$

sind beide Aussagen für $n = 2$ erfüllt.

Induktionsschritt: Nehmen wir an, für n ist die Aussage bewiesen. Es ist dann $f_n = g_n + 2$ für ein Polynom g_n wie oben und $f_n \equiv X^{2^n} \bmod 2$. Daraus folgt

$$f_{n+1} = f(f_n) = f(g_n + 2) = (g_n + 2)^2 - 2 = g_n^2 + 4g_n + 2.$$

Bei $g_{n+1} = g_n^2 + 4g_n$ handelt es sich um ein Polynom mit konstantem Glied 0, sodass die erste Behauptung erfüllt ist. Weiterhin erhalten wir

$$f_{n+1} \equiv f_n^2 - 2 \equiv \left(X^{2^n}\right)^2 \equiv X^{2^{n+1}} \quad \bmod 2.$$

Damit ist f_n für jedes $n \geq 2$ ein Eisenstein-Polynom mit $p = 2$ und daher irreduzibel über $\mathbb{Q}$.

b Wir beweisen die Aussage nun per vollständiger Induktion über n.

Induktionsanfang: Es gilt $z_1^2 = z_0 = e^{\pi i/2} = i$, daher berechnet sich für ungerades k

$$f_1(z_1^k + z_1^{-k}) = (z_1^k + z_1^{-k})^2 - 2 = z_1^{2k} + z_1^{-2k} + 2 \cdot z_n^k \cdot z_n^{-k} - 2 =$$

$$= i^k + i^{-k} + 2 - 2 = i^k + \left(\frac{1}{i}\right)^k = i^k + (-i)^k = i^k - i^k = 0.$$

Induktionsschritt:

$$f_{n+1}(z_{n+1}^k + z_{n+1}^{-k}) = f_n(f((z_{n+1}^k + z_{n+1}^{-k}))) = f_n\left((z_{n+1}^k + z_{n+1}^{-k})^2 - 2\right) =$$

$$= f_n\left((z_{n+1}^2)^k + (z_{n+1}^2)^{-k} + 2 \cdot z_{n+1}^k \cdot z_{n+1}^{-k} - 2\right) = f_n\left(z_n^k + z_n^{-k} + 2 - 2\right) =$$

$$= f_n(z_n^k + z_n^{-k}) \stackrel{(I.V.)}{=} 0.$$

Dabei haben verwendet, dass für $n \in \mathbb{N}$ gilt:

$$z_{n+1}^2 = \left(e^{\pi i/2^{n+2}}\right)^2 = e^{2\pi i/2^{n+1}} = z_n$$

c Das Polynom f_2 hat Grad 4 und nach Teil **b** sind durch

$$2\cos(\tfrac{\pi}{8}), \quad 2\cos(\tfrac{3\pi}{8}), \quad 2\cos(\tfrac{5\pi}{8}), \quad 2\cos(\tfrac{7\pi}{8})$$

vier verschiedene Nullstellen von f_2 gegeben. Diese liegen außerdem alle in $\mathbb{Q}(z_2)$, also liegt auch der Zerfällungskörper von f_2 in $\mathbb{Q}(z_2)$ und die Galois-Gruppe von f_2 ist nach Proposition 3.22 eine Faktorgruppe von $G_{\mathbb{Q}(z_2)|\mathbb{Q}}$. Die Galois-Gruppe der zyklotomischen Erweiterung $\mathbb{Q}(z_2)|\mathbb{Q}$ ist laut Satz 3.18 isomorph zu $\mathbb{Z}/16\mathbb{Z}^\times$, also abelsch (aber laut Proposition 2.8 (3) nicht zyklisch. Da jede Faktorgruppe einer abelschen Gruppe wieder abelsch ist, ist daher $\mathrm{Gal}(f)$ abelsch.

3.4. Galois-Theorie

Evariste Galois ist sicherlich eine der bedeutendsten Personen für die Mathematik gewesen. Bevor er im Alter von nur 20 Jahren bei einem Pistolenduell starb, ist es ihm gelungen, den Grundstein der Theorie zu legen, die heute ihm zu Ehren seinen Namen trägt.

Der Grundgedanke der Galois-Theorie besteht darin, einer Körpererweiterung $L|K$ die Gruppe ihrer K-Automorphismen $\mathrm{Aut}_K(L)$ zuzuordnen, d. h. die Gruppe der bijektiven Körperhomomorphismen $\sigma \colon L \to L$ mit $\sigma_{|K} = \mathrm{id}_K$. Auf diese Weise ist es möglich, Fragestellungen der Körpertheorie mithilfe von Methoden der Gruppentheorie zu beantworten.

> **Definition 3.19.** Eine Körpererweiterung $L|K$ heißt *galoissch* oder *Galois-Erweiterung*, falls sie normal und separabel ist. In diesem Fall heißt $G_{L|K} := \mathrm{Aut}_K(L)$ dann *Galois-Gruppe* von $L|K$.

Das Erstaunliche ist nun, dass die Forderungen, die wir an eine Galois-Erweiterung gestellt haben, dazu führen, dass sich viele ihrer Eigenschaften in ihrer Galois-Gruppe widerspiegeln.

Die Voraussetzung, dass eine Galois-Erweiterung $L|K$ normal ist, stellt sicher, dass $\mathrm{Aut}_K(L) = \mathrm{Hom}_K(L, \overline{L})$ gilt (vgl. Definition 3.8). Für einen endlichen separablen Erweiterungskörper von K ist die Zahl seiner K-Homomorphismen in einen algebraischen Abschluss durch den Erweiterungsgrad über K gegeben. Setzt man dies zusammen, so erhält man

$$|G_{L|K}| = [L : K].$$

Ferner können wir einer Untergruppe $H \subseteq G_{L|K}$ einen Körper zuordnen, nämlich den sogenannten *Fixkörper*

$$L^H = \{a \in L \mid \sigma(a) = a \text{ für alle } \sigma \in H\}$$

von H. Auch hier besteht ein Zusammenhang zwischen Erweiterungsgrad und Gruppenordnung. Es gilt nämlich

$$(G_{L|K} : H) = [L^H : K].$$

Wir sind nun in der Lage, das Hauptresultat der Galois-Theorie zu formulieren.

Satz 3.20 (Hauptsatz der Galois-Theorie). Sei $L|K$ eine endliche Galois-Erweiterung mit Galois-Gruppe $G = G_{L|K}$. Dann sind durch

$$\{ \text{ Untergruppen von } G \} \rightleftarrows \{ \text{ Zwischenkörper von } L|K \}$$

$$H \longmapsto L^H$$

$$G_{L|M} \longleftarrow M$$

zueinander inverse, inklusionsumkehrende Bijektionen gegeben. Dabei ist $L^H|K$ genau dann normal (und damit galoissch), wenn $H \trianglelefteq G$ ein Normalteiler ist.

Es sei an dieser Stelle betont, dass der Hauptsatz in der obigen Formulierung allein für *endliche* Erweiterungen gültig ist. Es gibt zwar eine Verallgemeinerung auf den Fall unendlicher Körpererweiterungen, doch diese geht deutlich über den im Staatsexamen verlangten Stoff hinaus.

Als Zusammenfassung und Merkhilfe der bisherigen Ergebnisse stellen wir exemplarisch das Körper- bzw. Gruppendiagramm einer Galois-Erweiterung $L|K$ mit genau zwei Zwischenkörpern M, N nebeneinander. Nach dem Hauptsatz der Galois-Theorie 3.20 besitzt die Galois-Gruppe $G_{L|K}$ zwei Untergruppen A, B sowie die triviale Untergruppe $\{\mathrm{id}_L\}$. Die Beziehung zwischen den Untergruppen und Zwischenkörpern ist wie folgt:

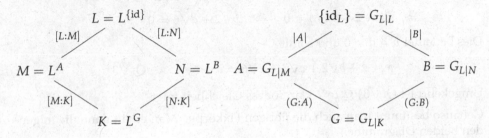

Beispiel 3.21. Wir geben an dieser Stelle ein illustrierendes Beispiel und betrachten dazu die Erweiterung $L|\mathbb{Q}$ mit $L = \mathbb{Q}(\sqrt{2}, \sqrt{3})$.

L ist Zerfällungskörper des Polynoms $(X^2 - 2)(X^2 - 3) \in \mathbb{Q}[X]$, sodass $L|\mathbb{Q}$ normal ist. Außerdem hat $\mathbb{Q}$ Charakteristik 0, folglich ist jede algebraische Erweiterung von $\mathbb{Q}$ separabel. Insbesondere trifft dies auf $L|\mathbb{Q}$ zu, sodass es sich hierbei um eine Galois-Erweiterung handelt. Weiterhin überzeugt man sich leicht davon, dass $[L : \mathbb{Q}] = 4$ ist, wir es also mit einer endlichen Galois-Erweiterung zu tun haben.

Um nun die Galois-Gruppe dieser Erweiterung explizit bestimmen zu können, greifen wir etwas vor und verwenden die Vorgehensweise auf Seite 180. Ein $\mathbb{Q}$-Automorphismus von L muss nämlich $\sqrt{2}$ auf eine Nullstelle von $X^2 - 2$ und $\sqrt{3}$ auf eine Nullstelle von $X^2 - 3$ abbilden. Diese Überlegung liefert die Abbildungsvorschriften

$$\mathrm{id}_L, \quad \sigma = \begin{cases} \sqrt{2} \mapsto -\sqrt{2} \\ \sqrt{3} \mapsto \sqrt{3} \end{cases} \quad \tau = \begin{cases} \sqrt{2} \mapsto \sqrt{2} \\ \sqrt{3} \mapsto -\sqrt{3} \end{cases} \quad \sigma\tau = \begin{cases} \sqrt{2} \mapsto -\sqrt{2} \\ \sqrt{3} \mapsto -\sqrt{3} \end{cases}$$

von denen wir noch zeigen müssen, dass sie $\mathbb{Q}$-Automorphismen σ, τ und $\sigma\tau$ von L definieren. Dazu verwenden wir den Fortsetzungssatz 3.15, welcher im ersten Schritt die Existenz der beiden Homomorphismen

$$\mathrm{id}_{\mathbb{Q}(\sqrt{2})} : \mathbb{Q}(\sqrt{2}) \to \mathbb{Q}(\sqrt{2}) \quad \text{und} \quad \mathbb{Q}(\sqrt{2}) \to \mathbb{Q}(\sqrt{2}), \quad a + b\sqrt{2} \mapsto a - b\sqrt{2}$$

als Fortsetzung von $\mathrm{id}_{\mathbb{Q}}$ sicherstellt. Durch eine zweite Fortsetzung dieser beiden Homomorphismen auf $L = \mathbb{Q}(\sqrt{2}, \sqrt{3})$ bekommt man die oben beschriebenen Abbildungen $\mathrm{id}_L, \sigma, \tau, \sigma\tau$. Die Galois-Gruppe $G_{L|\mathbb{Q}}$ hat wegen $[L : \mathbb{Q}] = 4$ genau vier Elemente, sodass dies bereits alle sind.

Zur Bestimmung der Fixkörper geht man folgendermaßen vor: Sei $\alpha \in L$ beliebig vorgegeben. Da $\{1, \sqrt{2}, \sqrt{3}, \sqrt{6}\}$ eine $\mathbb{Q}$-Basis von L ist, gibt es $a, b, c, d \in \mathbb{Q}$, sodass

$$\alpha = a + b\sqrt{2} + c\sqrt{3} + d\sqrt{6}$$

gilt. Also ist unter Verwendung der $\mathbb{Q}$-Linearität von σ:

$$\begin{aligned} \alpha \in L^{\langle \sigma \rangle} \quad &\Leftrightarrow \quad \sigma(\alpha) = \alpha \quad \Leftrightarrow \quad \sigma(a + b\sqrt{2} + c\sqrt{3} + d\sqrt{6}) = a + b\sqrt{2} + c\sqrt{3} + d\sqrt{6} \\ &\Leftrightarrow \quad a + b(-\sqrt{2}) + c\sqrt{3} + d(-\sqrt{6}) = a + b\sqrt{2} + c\sqrt{3} + d\sqrt{6} \\ &\Leftrightarrow \quad 2(b\sqrt{2} + d\sqrt{6}) = 0 \quad \Leftrightarrow \quad b\sqrt{2} + d\sqrt{6} = 0 \end{aligned}$$

Dies bedeutet $b = d = 0$ und somit

$$\alpha = a + b\sqrt{2} + c\sqrt{3} + d\sqrt{6} = a + c\sqrt{3} \quad \in \mathbb{Q}(\sqrt{3})$$

Umgekehrt ist $\mathbb{Q}(\sqrt{3}) \subseteq L^{\langle \sigma \rangle}$ klar, sodass Gleichheit folgt.

Genauso bestimmt man auch die übrigen Fixkörper. Man erhält dann die folgenden beiden Diagramme:

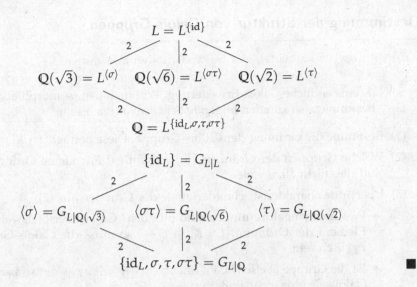

Neben dem Hauptsatz könnten auch die folgenden Resultate hilfreich sein.

Proposition 3.22. Sei $L|K$ eine endliche Galois-Erweiterung und E ein Zwischenkörper, sodass auch $E|K$ galoissch ist. Die Einschränkungsabbildung

$$G_{L|K} \to G_{E|K}, \quad \sigma \mapsto \sigma_{|E}$$

ist ein surjektiver Gruppenhomomorphismus mit Kern $G_{L|E}$ und induziert daher laut dem Homomorphiesatz einen Isomorphismus

$$G_{E|K} \xrightarrow{\cong} G_{L|K}/G_{L|E}.$$

Für die nächste Aussage sei daran erinnert, dass das *Kompositum* zweier Zwischenkörper E, E' einer Körpererweiterung $L|K$ als $E \cdot E' = E(E') = E'(E)$ definiert ist. Beispielsweise ist $Q(\sqrt{2}) \cdot Q(\sqrt{3}) = Q(\sqrt{2}, \sqrt{3})$.

Proposition 3.23. Sei $L|K$ eine Körpererweiterung mit Zwischenkörpern E, E', sodass $E|K$ und $E'|K$ endliche Galois-Erweiterungen sind. Dann gilt:

(1) Die Erweiterung $E \cdot E'|K$ ist endlich sowie galoissch und die Abbildung

$$G_{EE'|E} \to G_{E'|E \cap E'}, \quad \sigma \mapsto \sigma_{|E'}$$

ist ein Isomorphismus.

(2) Der Homomorphismus

$$G_{EE'|K} \to G_{E|K} \times G_{E'|K}, \quad \sigma \mapsto (\sigma_{|E}, \sigma_{|E'})$$

ist injektiv. Gilt $E \cap E' = K$, so ist er sogar ein Isomorphismus.

Bestimmung der Struktur von Galois-Gruppen

Anleitung: Isomorphietyp von Galois-Gruppen bestimmen

Sei $L|K$ eine endliche Galois-Erweiterung. Will man den Isomorphietyp von $G_{L|K}$ bestimmen, so könnten folgende Schritte hilfreich sein:

(1) Bestimme die Ordnung der Galois-Gruppe. Diese beträgt $[L : K]$.

(2) Welche Gruppen der Ordnung $[L : K]$ gibt es? Für kleine Ordnungen sind dies nicht allzu viele.

(3) Überprüfe charakteristische Merkmale der Gruppen aus (2):

- Welche Elementordnungen sind möglich? Gibt es beispielsweise ein Element der Ordnung $[L : K]$ in $G_{L|K}$, so muss die Galois-Gruppe zyklisch sein.

- Ist die Gruppe abelsch? Gibt es $\sigma, \tau \in G_{L|K}$ mit $\sigma\tau \neq \tau\sigma$, so kann die Galois-Gruppe nicht abelsch sein.

- Welche Normalteiler hat die Gruppe? In einer abelschen Gruppe ist jede Untergruppe ein Normalteiler. Wäre $G_{L|K}$ abelsch, so müsste also jede Zwischenerweiterung $M|K$ normal sein.

- Welche Untergruppenstruktur hat die Gruppe? Eine zyklische Gruppe hat z. B. zu jedem Teiler d der Gruppenordnung genau eine Untergruppe von Index d. Nach dem Hauptsatz der Galois-Theorie bedeutet dies, dass es genau einen Erweiterungskörper M von K mit $[M : K] = d$ geben müsste, falls $G_{L|K}$ zyklisch ist.

Aufgabe (Frühjahr 2015, T1A5)

Sei $f \in \mathbb{Q}[X]$ ein irreduzibles Polynom vom Grad $n \geq 1$ und sei K ein Zerfällungskörper von f. Sei weiterhin $G = G_{K|\mathbb{Q}}$ die zugehörige Galois-Gruppe.

a Beweisen Sie: Falls G eine abelsche Gruppe ist, hat sie die Ordnung n.

b Sei $K = \mathbb{Q}(\sqrt{2}, i)$, wobei $i \in \mathbb{C}$ die imaginäre Einheit mit $i^2 = -1$ ist. Bestimmen Sie ein irreduzibles Polynom $f \in \mathbb{Q}[X]$, dessen Zerfällungskörper K ist. Beweisen Sie, dass $G = G_{K|\mathbb{Q}}$ abelsch, aber nicht zyklisch ist.

Lösungsvorschlag zur Aufgabe (Frühjahr 2015, T1A5)

a Sei $\alpha \in K$ eine Nullstelle von f. Da f nach Voraussetzung irreduzibel ist, ist f (evtl. nach Normierung) das Minimalpolynom von α, sodass $[\mathbb{Q}(\alpha) : \mathbb{Q}] = n$ gilt. Weiter ist G abelsch, sodass jede Untergruppe von

G ein Normalteiler ist und deshalb nach dem Hauptsatz der Galois-Theorie 3.20 jede Zwischenerweiterung galoissch ist. Insbesondere ist somit $\mathbb{Q}(\alpha)|\mathbb{Q}$ eine normale Erweiterung.

Weil f nach Konstruktion eine Nullstelle in $\mathbb{Q}(\alpha)$ besitzt, müssen bereits alle Nullstellen von f in $\mathbb{Q}(\alpha)$ liegen. Nun wird K über $\mathbb{Q}$ von den Nullstellen von f erzeugt, also muss $K \subseteq \mathbb{Q}(\alpha)$ gelten. Wegen $\alpha \in K$ ist auch die umgekehrte Inklusion klar, also gilt $K = \mathbb{Q}(\alpha)$ und

$$|G| = [K : \mathbb{Q}] = [\mathbb{Q}(\alpha) : \mathbb{Q}] = n.$$

b Wir zeigen zunächst $K = \mathbb{Q}(\sqrt{2} + i)$. Die Inklusion „$\supseteq$" ist klar, für „$\subseteq$" bemerken wir, dass

$$\tfrac{1}{2}(\sqrt{2} + i)^2 - \tfrac{1}{2} = \tfrac{1}{2}(2 + 2i\sqrt{2} - 1 - 1) = i\sqrt{2} \quad \in \mathbb{Q}(\sqrt{2} + i)$$

gilt und somit auch

$$i\sqrt{2}(\sqrt{2} + i) = 2i - \sqrt{2} \quad \in \mathbb{Q}(\sqrt{2} + i).$$

Es folgt

$$\tfrac{1}{3}[(\sqrt{2} + i) + (2i - \sqrt{2})] = i \quad \in \mathbb{Q}(\sqrt{2} + i)$$

und $(\sqrt{2} + i) - i = \sqrt{2} \in \mathbb{Q}(\sqrt{2} + i)$, woraus die gewünschte Gleichheit folgt.

Sei $\alpha = \sqrt{2} + i$. Wir bestimmen das zugehörige Minimalpolynom. Es gilt

$$\alpha - i = \sqrt{2} \quad \Rightarrow \quad \alpha^2 - 2i\alpha - 1 = 2 \quad \Leftrightarrow \quad \alpha^2 - 3 = 2i\alpha$$
$$\Rightarrow \quad \alpha^4 - 6\alpha^2 + 9 = -4\alpha^2 \quad \Leftrightarrow \quad \alpha^4 - 2\alpha^2 + 9 = 0,$$

also ist $f = X^4 - 2X^2 + 9 \in \mathbb{Q}[X]$ ein normiertes Polynom mit α als Nullstelle. Außerdem hat f auch minimalen Grad mit dieser Eigenschaft, denn wegen $\mathbb{Q}(\sqrt{2}) \subseteq K$ muss $[\mathbb{Q}(\sqrt{2}) : \mathbb{Q}]$ den Erweiterungsgrad $[K : \mathbb{Q}]$ teilen. Ersterer stimmt mit dem Grad von $X^2 - 2$ überein, da dieses Polynom irreduzibel nach Eisenstein und normiert ist und $\sqrt{2}$ als Nullstelle hat, d. h. das Minimalpolynom von $\sqrt{2}$ über $\mathbb{Q}$ ist.

Wegen $i \notin \mathbb{Q}(\sqrt{2}) \subseteq \mathbb{R}$ ist außerdem $\mathbb{Q}(\sqrt{2}) \subsetneq K$, wir haben also gezeigt, dass $[K : \mathbb{Q}]$ eine gerade Zahl echt größer 2 ist. Damit muss das Minimalpolynom von α mindestens Grad 4 haben. Da f Grad 4 hat und alle weiteren Bedingungen erfüllt, ist dieser Grad genau 4 und f ist das gesuchte Minimalpolynom.

Die Nullstellen von f sind $\pm i \pm \sqrt{2}$, also zerfällt f über K in Linearfaktoren. Wir haben zudem oben gezeigt, dass K über $\mathbb{Q}$ von einer Nullstelle von f erzeugt wird, daher ist K tatsächlich der Zerfällungskörper von f über $\mathbb{Q}$.

G ist eine Gruppe der Ordnung $[K : \mathbb{Q}] = 4$, sodass G als Gruppe von Primzahlquadratordnung abelsch sein muss. Allerdings kann G nicht zyklisch sein, denn in diesem Fall gäbe es nur eine Untergruppe der Ordnung 2 (und damit von Index 2), sodass es nur eine quadratische Zwischenerweiterung von $K|\mathbb{Q}$ geben würde. Mit $\mathbb{Q}(\sqrt{2})$ und $\mathbb{Q}(i)$ gibt es aber mindestens zwei verschiedene solcher quadratischer Zwischenkörper.

Aufgabe (Herbst 2015, T2A5)

Sei $\zeta = \sqrt{2 + \sqrt{2}} \in \mathbb{R}$.

a Berechnen Sie das Minimalpolynom m von ζ über $\mathbb{Q}$.

b Zeigen Sie, dass die Körpererweiterung $\mathbb{Q}(\sqrt{2 + \sqrt{2}})|\mathbb{Q}$ galoissch ist und berechnen Sie die Galois-Gruppe.

Lösungsvorschlag zur Aufgabe (Herbst 2015, T2A5)

a Wir berechnen

$$\zeta^2 = 2 + \sqrt{2} \quad \Rightarrow \quad (\zeta^2 - 2)^2 = 2 \quad \Leftrightarrow \quad \zeta^4 - 4\zeta^2 + 2 = 0,$$

also ist $m = X^4 - 4X^2 + 2 \in \mathbb{Q}[X]$ ein normiertes Polynom mit Nullstelle ζ. Laut dem Eisensteinkriterium, angewandt mit $p = 2$, ist m irreduzibel über $\mathbb{Q}$, also das Minimalpolynom von ζ über $\mathbb{Q}$.

b Mittels Substitution bestimmt man die Nullstellen von m als $\zeta, -\zeta, \omega, -\omega$, wobei $\omega = \sqrt{2 - \sqrt{2}} \in \mathbb{R}$. Der Zerfällungskörper von m ist dann $\mathbb{Q}(\zeta, -\zeta, \omega, -\omega)$. Wir zeigen nun $\mathbb{Q}(\zeta, -\zeta, \omega, -\omega) = \mathbb{Q}(\zeta)$. Die Inklusion „$\supseteq$" ist dabei klar. Für die umgekehrte Inklusion suchen wir nach einer Relation zwischen ζ und ω. Wir berechnen daher

$$\omega\zeta = \sqrt{(2 - \sqrt{2})(2 + \sqrt{2})} = \sqrt{2}$$

und schließen daraus $\omega = \frac{\sqrt{2}}{\zeta}$. Wegen $\sqrt{2} = \zeta^2 - 2 \in \mathbb{Q}(\zeta)$ gilt somit auch $\omega \in \mathbb{Q}(\zeta)$. Dies zeigt „$\subseteq$". Damit ist $\mathbb{Q}(\zeta)$ der Zerfällungskörper von m über $\mathbb{Q}$ und die Erweiterung $\mathbb{Q}(\zeta)|\mathbb{Q}$ ist normal. Da $\mathbb{Q}$ ein perfekter Körper ist, ist sie auch separabel, insgesamt also galoissch.

Es gilt nun

$$|G_{Q(\xi)|Q}| = [Q(\xi) : Q] = \operatorname{grad} m = 4,$$

also ist $G_{Q(\xi)|Q}$ als Gruppe von Primzahlquadratordnung abelsch und somit isomorph zu $\mathbb{Z}/4\mathbb{Z}$ oder zu $\mathbb{Z}/2\mathbb{Z} \times \mathbb{Z}/2\mathbb{Z}$. Wir zeigen nun, dass die Galois-Gruppe ein Element der Ordnung 4 enthält und somit zyklisch ist. Betrachte dazu den Q-Automorphismus

$$\sigma : Q(\xi) \to Q(\xi) \quad \text{mit} \quad \sigma(\xi) = \omega.$$

Dass es diesen Automorphismus σ gibt, wird vom Fortsetzungssatz 3.15 sicher gestellt. Man berechnet nun

$$\sigma(\omega) = \sigma\left(\frac{\sqrt{2}}{\xi}\right) = \sigma\left(\frac{\xi^2 - 2}{\xi}\right) = \frac{\sigma(\xi)^2 - 2}{\sigma(\xi)} = \frac{\omega^2 - 2}{\omega} =$$

$$= \frac{(2 - \sqrt{2}) - 2}{\sqrt{2 - \sqrt{2}}} = -\sqrt{2} \cdot \frac{\sqrt{2 + \sqrt{2}}}{\sqrt{(2 - \sqrt{2})(2 + \sqrt{2})}} = -\sqrt{2}\frac{\xi}{\sqrt{2}} = -\xi.$$

Also ist $\sigma^2(\xi) = \sigma(\omega) = -\xi$ und es muss $\sigma^2 \neq \operatorname{id}_{Q(\xi)}$ sein. Dies zeigt, dass die Ordnung von σ größer als 2 sein muss. Da die Ordnung von σ zudem ein Teiler der Gruppenordnung 4 sein muss, folgt bereits ord $\sigma = 4$. Folglich erzeugt σ die Galois-Gruppe, d. h.

$$G_{Q(\xi)|Q} = \langle \sigma \rangle \cong \mathbb{Z}/4\mathbb{Z}.$$

Aufgabe (Frühjahr 2012, T3A2)

Sei $p \neq 2$ eine Primzahl, $\zeta := \exp(2\pi i/p) \in \mathbb{C}$ und $\sqrt[p]{p} \in \mathbb{R}_{>0}$. Weiter sei L der Zerfällungskörper des Polynoms $f = X^p - p$ in $\mathbb{C}$ und M der Zerfällungskörper des Polynoms $g = X^{p^2} - 1$ in $\mathbb{C}$. Zeigen Sie:

a $L = Q(\zeta, \sqrt[p]{p})$.

b $[L : Q] = [M : Q]$.

c Die Galois-Gruppe $G_{L|Q}$ ist nicht abelsch.

d Die Körper L und M sind nicht isomorph.

Lösungsvorschlag zur Aufgabe (Frühjahr 2012, T3A2)

a ζ ist eine primitive p-te Einheitswurzel, also sind durch $\zeta^k \sqrt[p]{p}$ für $0 \leq k \leq p-1$ verschiedene Nullstellen von f gegeben. Dies sind genau p Nullstellen, sodass dies bereits alle sein müssen und L von diesen über $\mathbb{Q}$ erzeugt wird:

$$L = \mathbb{Q}(\sqrt[p]{p}, \zeta \sqrt[p]{p}, \dots, \zeta^{p-1} \sqrt[p]{p}).$$

Es folgt insbesondere $\mathbb{Q}(\zeta, \sqrt[p]{p}) \subseteq L$. Da der Körper $\mathbb{Q}(\zeta, \sqrt[p]{p})$ auch die übrigen Nullstellen von f enthält, bekommt man dadurch auch die umgekehrte Inklusion, d. h. $L = \mathbb{Q}(\zeta, \sqrt[p]{p})$.

b Die Nullstellen von g sind gerade die p^2-ten Einheitswurzeln. Sei ξ eine primitive p^2-te Einheitswurzel, dann ist also $M = \mathbb{Q}(\xi)$ und $[M : \mathbb{Q}]$ ist der Grad des p^2-ten Kreisteilungspolynoms:

$$[M : \mathbb{Q}] = \varphi(p^2) = p \cdot (p-1)$$

f ist irreduzibel nach dem Eisensteinkriterium, sodass f das Minimalpolynom von $\sqrt[p]{p}$ über $\mathbb{Q}$ ist und $[\mathbb{Q}(\sqrt[p]{p}) : \mathbb{Q}] = p$ folgt. Das Minimalpolynom von ζ über $\mathbb{Q}(\sqrt[p]{p})$ ist ein Teiler des p-ten Kreisteilungspolynoms Φ_p, d. h. $[L : \mathbb{Q}(\sqrt[p]{p})] \leq \varphi(p) = p-1$, sodass $[L : \mathbb{Q}] \leq p \cdot (p-1)$. Aus $[\mathbb{Q}(\zeta) : \mathbb{Q}] = \varphi(p) = p-1$ und den Inklusionen $\mathbb{Q}(\zeta) \subseteq L$ sowie $\mathbb{Q}(\sqrt[p]{p}) \subseteq L$ folgt nach der Gradformel, dass sowohl p als auch $p-1$ Teiler von $[L : \mathbb{Q}]$ sind. Da p und $p-1$ teilerfremd sind, ist $\mathrm{kgV}(p, p-1) = p \cdot (p-1)$ und es muss $[L : \mathbb{Q}] = p \cdot (p-1)$ sein.

Insbesondere ist damit gezeigt:

$$[L : \mathbb{Q}] = p \cdot (p-1) = [M : \mathbb{Q}].$$

c Angenommen, $G_{L|\mathbb{Q}}$ ist abelsch. Dann wäre jede Untergruppe ein Normalteiler, d. h. jede Zwischenerweiterung von $L|\mathbb{Q}$ wäre normal. Insbesondere würde dies für $K = \mathbb{Q}(\sqrt[p]{p})$ zutreffen. Allerdings hat das irreduzible Polynom $f = X^p - p$ eine Nullstelle in K, nämlich $\sqrt[p]{p}$, ohne dass f über K vollständig in Linearfaktoren zerfällt. Tatsächlich ist $\zeta \sqrt[p]{p}$ eine Nullstelle von f, die wegen $\zeta = \cos(2\pi/p) + i\sin(2\pi/p) \notin \mathbb{R}$ (beachte, dass $p \nmid 2$ bedeutet, dass $\frac{2\pi}{p} \notin \pi\mathbb{Z}$) nicht reell ist und somit auch nicht in $K \subseteq \mathbb{R}$ liegen kann. Folglich ist $K|\mathbb{Q}$ keine normale Erweiterung und $G_{L|\mathbb{Q}}$ kann nicht abelsch sein.

d Nach Satz 3.18 ist $G_{M|\mathbb{Q}} \cong (\mathbb{Z}/p^2\mathbb{Z})^\times$, insbesondere ist $G_{M|\mathbb{Q}}$ abelsch. Gäbe es nun einen Isomorphismus $\phi \colon M \to L$, so wäre auch die Abbildung

$$\phi^* \colon G_{L|\mathbb{Q}} \to G_{M|\mathbb{Q}}, \quad \sigma \to \phi^{-1} \circ \sigma \circ \phi$$

ein Isomorphismus. Denn zunächst folgt aus $\phi(1) = 1$ induktiv, dass $\phi_{|\mathbb{Z}} = \text{id}_{\mathbb{Z}}$ und somit auch $\phi_{|\mathbb{Q}} = \text{id}_{\mathbb{Q}}$. Also bildet ϕ^* tatsächlich nach $G_{M|\mathbb{Q}}$ ab. Weiterhin folgt aus $\phi^{-1}\sigma\phi = \text{id}_M$ durch Multiplizieren mit ϕ bzw. ϕ^{-1} bereits $\sigma = \text{id}_L$, d. h. $\ker \phi^* = \{\text{id}_L\}$ und ϕ^* ist injektiv. Da die beiden Galois-Gruppen die gleiche Ordnung haben, folgt daraus auch die Surjektivität. Die Überprüfung der Homomorphismus-Eigenschaft ist reine Routine.

Wir haben somit einen Widerspruch erhalten, denn die abelsche Gruppe $G_{M|\mathbb{Q}}$ kann unmöglich zur nicht-abelschen Gruppe $G_{L|\mathbb{Q}}$ isomorph sein. Folglich können auch L und M nicht isomorph sein.

Aufgabe (Herbst 2013, T3A1)

Sei $r \geq 1$. Die komplexen Zahlen $\alpha_1, \alpha_2, \ldots, \alpha_r$ seien alle algebraisch von Grad 2 über $\mathbb{Q}$. Setze $K = \mathbb{Q}(\alpha_1, \ldots, \alpha_r)$. Zeigen Sie, dass K eine Galois-Erweiterung von $\mathbb{Q}$ ist. Sei $G = G_{K|\mathbb{Q}}$ und C_2 eine Gruppe der Ordnung 2. Geben Sie einen natürlichen injektiven Gruppenhomomorphismus $G \to C_2^r$ an.

Lösungsvorschlag zur Aufgabe (Herbst 2013, T3A1)

Sei f_i jeweils das Minimalpolynom von α_i. Setze $f = \prod_{i=1}^r f_i$, dann ist K der Zerfällungskörper von f: Jedes f_i zerfällt in $\mathbb{Q}(\alpha_i) \subseteq K$ in Linearfaktoren, da f_i ein Polynom von Grad 2 ist und Nullstelle α_i hat. Folglich zerfällt f in K. Weiter wird K über $\mathbb{Q}$ von den Nullstellen von f erzeugt, sodass es sich um den Zerfällungskörper handeln muss.

Außerdem ist $\mathbb{Q}$ als Körper der Charakteristik 0 perfekt, sodass $K|\mathbb{Q}$ auch separabel und somit galoissch ist.

Die Erweiterungen $\mathbb{Q}(\alpha_i)|\mathbb{Q}$ sind als Erweiterungen von Grad 2 automatisch normal und damit ebenfalls galoissch. Ist $\sigma \in G_{K|\mathbb{Q}}$, so ist daher $\sigma_{|\mathbb{Q}(\alpha_i)}$ ein Automorphismus von $\mathbb{Q}(\alpha_i)$ und wir haben eine wohldefinierte Abbildung

$$\varphi \colon G_{K|\mathbb{Q}} \to G_{\mathbb{Q}(\alpha_1)|\mathbb{Q}} \times \cdots \times G_{\mathbb{Q}(\alpha_r)|\mathbb{Q}}, \quad \sigma \mapsto (\sigma_{|\mathbb{Q}(\alpha_1)}, \ldots, \sigma_{|\mathbb{Q}(\alpha_r)}).$$

Diese Abbildung ist ein Gruppenhomomorphismus und injektiv, denn ist $\sigma \in \ker \varphi$, so bedeutet dies insbesondere $\sigma(\alpha_i) = \alpha_i$. Da die α_i den Körper K als $\mathbb{Q}$-Vektorraum erzeugen, ist jede $\mathbb{Q}$-lineare Abbildung $K \to K$ bereits durch die Bilder der α_i festgelegt. Im vorliegenden Fall bedeutet das gerade $\sigma = \text{id}_K$, d. h. φ ist injektiv.

Da es bis auf Isomorphie nur eine Gruppe der Ordnung 2 gibt und $|G_{\mathbb{Q}(\alpha_i)|\mathbb{Q}}| = [\mathbb{Q}(\alpha_i) : \mathbb{Q}] = \deg f_i = 2$ gilt, haben wir $G_{\mathbb{Q}(\alpha_i)|\mathbb{Q}} \cong C_2$. Also induziert φ

einen injektiven Homomorphismus

$$\phi\colon G_{K|\mathbb{Q}} \xrightarrow{\varphi} G_{\mathbb{Q}(\alpha_1)|\mathbb{Q}} \times \cdots \times G_{\mathbb{Q}(\alpha_r)|\mathbb{Q}} \xrightarrow{\cong} C_2^r.$$

Alternative: Induktion über r. Nutze im Induktionsschritt Proposition 3.23.

Explizite Bestimmung einer Galois-Gruppe

Sei $L|K$ eine endliche Galois-Erweiterung und $f = \sum_{k=0}^n a_k X^k \in K[X]$ ein (nicht zwangsläufig irreduzibles) Polynom, das eine Nullstelle α in L hat. Ist $\sigma \in G_{L|K}$, so gilt

$$f(\sigma(\alpha)) = \sum_{k=0}^n a_k \sigma(\alpha)^k = \sigma\Big(\sum_{k=0}^n a_k \alpha^k\Big) = \sigma(f(\alpha)) = \sigma(0) = 0,$$

d. h. σ bildet jede Nullstelle von f wieder auf eine Nullstelle von f ab. Umgekehrt muss auch das Urbild jeder Nullstelle wieder eine Nullstelle sein, denn da σ ein K-Automorphismus ist, trifft dies auch auf σ^{-1} zu, sodass auch $\sigma^{-1}(\alpha)$ eine Nullstelle von f ist.

Dies hilft nun dabei, K-Automorphismen explizit zu bestimmen.

Anleitung: Explizite Bestimmung von K-Automorphismen

Sei $L|K$ eine endliche Galois-Erweiterung und seien $\alpha_1, \ldots, \alpha_n \in L$ derart, dass $L = K(\alpha_1, \ldots, \alpha_n)$. Will man $G_{L|K}$ explizit bestimmen, kann man beispielsweise folgendermaßen vorgehen:

(1) Finde Polynome $f_1, \ldots, f_n$ möglichst kleinen Grades, die $\alpha_1, \ldots, \alpha_n$ als Nullstelle haben.

Nach dem Satz vom primitiven Element 3.14 gibt es *ein* $\beta \in L$ mit $L = K(\beta)$, sodass es genügen würde, das Minimalpolynom von β zu bestimmen. Sowohl β als auch dessen Minimalpolynom zu finden, kann sich jedoch im konkreten Fall als sehr schwierig herausstellen.

(2) Die Nullstellen eines f_i müssen wieder auf Nullstellen von f_i abgebildet werden. Dies liefert Bedingungen an die Bilder der $\alpha_1, \ldots, \alpha_n$ unter einem K-Automorphismus.

(3) Jede Relation zwischen den $\alpha_1, \ldots, \alpha_n$ kann weiter helfen.

(4) Da $\alpha_1, \ldots, \alpha_n$ Erzeuger von L als K-Vektorraum sind, ist jedes $\sigma \in G_{L|K}$ bereits durch $\sigma(\alpha_1), \ldots, \sigma(\alpha_n)$ eindeutig festgelegt.

(5) Begründe, z. B. mithilfe des Fortsetzungssatzes 3.15, dass es zu den gefundenen Abbildungsvorschriften tatsächlich K-Homomorphismen gibt.

Aufgabe (Frühjahr 2010, T3A5)

Das Polynom

$$f = X^4 - 2aX^2 + b \in \mathbb{Q}[X]$$

sei irreduzibel, und L bezeichne seinen Zerfällungskörper in $\mathbb{C}$. Ferner sei

$$K := \mathbb{Q}(\sqrt{a^2 - b}).$$

Beweisen Sie:

a Ist $[L : \mathbb{Q}] = 4$, so ist $\sqrt{b} \in K$.

b Ist $\sqrt{b} \in \mathbb{Q}$, so ist $G_{L|\mathbb{Q}} \cong \mathbb{Z}/2\mathbb{Z} \times \mathbb{Z}/2\mathbb{Z}$.

c Ist $\sqrt{b} \in K \setminus \mathbb{Q}$, so ist $G_{L|\mathbb{Q}} \cong \mathbb{Z}/4\mathbb{Z}$.

d $\sqrt{2} + \sqrt{3}$ ist ein primitives Element der Körpererweiterung $\mathbb{Q}(\sqrt{2}, \sqrt{3})/\mathbb{Q}$.

e Welche Struktur hat die Galois-Gruppe $G_{\mathbb{Q}(\sqrt{2},\sqrt{3})|\mathbb{Q}}$?

Lösungsvorschlag zur Aufgabe (Frühjahr 2010, T3A5)

a Die Nullstellen von f berechnen sich (mittels Substitution und Mitternachtsformel) zu

$$\sqrt{a + \sqrt{a^2 - b}}, \quad -\sqrt{a + \sqrt{a^2 - b}}, \quad \sqrt{a - \sqrt{a^2 - b}}, \quad -\sqrt{a - \sqrt{a^2 - b}}.$$

Sei $\xi = \sqrt{a + \sqrt{a^2 - b}}$ und $\omega = \sqrt{a - \sqrt{a^2 - b}}$, dann ist f sowohl das Minimalpolynom von ξ als auch von ω, da f nach Voraussetzung irreduzibel ist. Es folgt

$$[\mathbb{Q}(\xi) : \mathbb{Q}] = 4 \quad \text{und} \quad [\mathbb{Q}(\omega) : \mathbb{Q}] = 4.$$

Wegen $\omega, \xi \in L$ ist $\mathbb{Q}(\xi) \subseteq L$ und $\mathbb{Q}(\omega) \subseteq L$. Zusammen mit $[L : \mathbb{Q}] = 4$ und obigen Erweiterungsgraden liefert die Gradformel $[L : \mathbb{Q}(\xi)] = 1 = [L : \mathbb{Q}(\omega)]$, d.h. $L = \mathbb{Q}(\xi) = \mathbb{Q}(\omega)$.

Wegen $\xi^2 - a = \sqrt{a^2 - b} \in L$ ist auf jeden Fall $K \subseteq L$. Weiter ist

$$\xi^2 \omega^2 = (a + \sqrt{a^2 - b})(a - \sqrt{a^2 - b}) = a^2 - (a^2 - b) = b,$$

sodass $\xi\omega = \pm\sqrt{b}$ in L liegt. Um $\sqrt{b} \in K$ zu zeigen, zeigen wir, dass jedes $\sigma \in G_{L|K}$ auch $\sqrt{b}$ fixiert. Sei also $\sigma \in G_{L|K}$, d.h. es gelte $\sigma(\sqrt{a^2 - b}) = \sqrt{a^2 - b}$. Dann folgt

$$\sigma(\xi)^2 = \sigma(\xi^2) = \sigma(a + \sqrt{a^2 - b}) = a + \sqrt{a^2 - b} = \xi^2$$

und analog

$$\sigma(\omega)^2 = \sigma(\omega^2) = \sigma(a - \sqrt{a^2 - b}) = a - \sqrt{a^2 - b} = \omega^2.$$

Also ist $\sigma(\xi) = \pm\xi$. und $\sigma(\omega) = \pm\omega$. Da ξ die Erweiterung $L|\mathbb{Q}$ erzeugt, ist σ durch Angabe von $\sigma(\xi)$ bereits eindeutig festgelegt, sprich: Ist $\sigma(\xi) = \xi$, so ist $\sigma = \mathrm{id}_L$. Ist andererseits $\sigma(\xi) = -\xi$, so kann nicht $\sigma(\omega) = \omega$ gelten, denn ω erzeugt ebenfalls die Erweiterung $L|\mathbb{Q}$, sodass aus $\sigma(\omega) = \omega$ ebenfalls $\sigma = \mathrm{id}_L$ folgen würde. Es muss daher $\sigma(\omega) = -\omega$ sein. In beiden Fällen folgt

$$\sigma(\sqrt{b}) = \sigma(\pm\xi\omega) = \pm\sigma(\xi)\sigma(\omega) = \pm\xi\omega = \sqrt{b}.$$

Also liegt $\sqrt{b}$ im Fixkörper $L^{G_{L|K}} = K$.

Wir werden in den Aufgabenteilen b und c brauchen, dass die in Teil a behauptete Aussage sogar eine Äquivalenz ist. Gilt nämlich $\sqrt{b} \in K$, so ist

$$\xi\omega = \pm\sqrt{b} \quad \Leftrightarrow \quad \omega = \pm\sqrt{b}\xi^{-1} \quad \in \mathbb{Q}(\xi).$$

Also wird auch in diesem Fall L bereits von ξ allein erzeugt und es gilt $[L : \mathbb{Q}] = [\mathbb{Q}(\xi) : \mathbb{Q}] = \mathrm{grad} f = 4$.

b Sei $\sigma \in G_{L|\mathbb{Q}}$. Wir zeigen $\sigma^2 = \mathrm{id}_L$, denn das bedeutet, dass jedes Element in $G_{L|\mathbb{Q}}$ höchstens Ordnung 2 hat. Da wir in Teil a bereits gesehen haben, dass

$$|G_{L|\mathbb{Q}}| = [L : \mathbb{Q}] = 4$$

beträgt und es nur zwei Gruppen der Ordnung 4, nämlich $\mathbb{Z}/4\mathbb{Z}$ und $\mathbb{Z}/2\mathbb{Z} \times \mathbb{Z}/2\mathbb{Z}$, gibt, muss dann $G_{L|\mathbb{Q}} \cong \mathbb{Z}/2\mathbb{Z} \times \mathbb{Z}/2\mathbb{Z}$ sein.

Da σ eine Nullstelle von f wieder auf eine Nullstelle abbilden muss, ist $\sigma(\xi) \in \{\xi, -\xi, \omega, -\omega\}$. Durch Angabe von $\sigma(\xi)$ wird σ bereits eindeutig festgelegt, also folgt aus $\sigma(\xi) = \xi$ und $\sigma(\xi) = -\xi$ jeweils, dass $\sigma^2 = \mathrm{id}_L$ erfüllt ist.

Nach Voraussetzung ist $\sqrt{b} \in \mathbb{Q}$, also ist $\sigma(\sqrt{b}) = \sqrt{b}$ und es folgt

$$\omega\xi = \pm\sqrt{b} = \sigma(\pm\sqrt{b}) = \sigma(\omega\xi) = \sigma(\omega)\sigma(\xi)$$

Falls $\sigma(\xi) = \omega$, so muss also $\sigma(\omega) = \xi$ sein, sodass

$$\sigma^2(\xi) = \sigma(\omega) = \xi \quad \Rightarrow \quad \sigma^2 = \mathrm{id}_L.$$

Vollkommen analog folgt aus $\sigma(\xi) = -\omega$, dass $\sigma(\omega) = -\xi$ und

$$\sigma^2(\xi) = \sigma(-\omega) = -\sigma(\omega) = \xi \quad \Rightarrow \quad \sigma^2 = \mathrm{id}_L.$$

Es gibt daher kein Element der Ordnung 4 in $G_{L|Q}$, weshalb diese nicht zyklisch sein kann.

c Falls $\sqrt{b} \notin \mathbb{Q}$, so muss es ein $\sigma \in G_{L|Q}$ geben mit $\sigma(\sqrt{b}) \neq \sqrt{b}$. Wir haben bereits gesehen, dass sowohl aus $\sigma(\xi) = \xi$ als auch aus $\sigma(\xi) = -\xi$ folgt, dass $\sigma(\sqrt{b}) = \sqrt{b}$. Die verbleibenden Möglichkeiten für $\sigma(\xi)$ sind $\pm \omega$. Sei also $\varepsilon \in \{+1, -1\}$ mit $\sigma(\xi) = \varepsilon \omega$. Dann folgt aus

$$\xi \omega = \pm \sqrt{b} \neq \sigma(\pm \sqrt{b}) = \sigma(\xi)\sigma(\omega) = \varepsilon \omega \sigma(\omega),$$

dass $\sigma(\omega) \neq \varepsilon \xi$. Andererseits ist $\sigma(\omega) \neq \omega$ und $\sigma(\omega) \neq -\omega$, denn da auch ω die Erweiterung $L|\mathbb{Q}$ erzeugt, würde sonst wie in Teil **a** $\sigma(\xi) = \xi$ bzw. $\sigma(\xi) = -\xi$ folgen. Es bleibt also nur noch $\sigma(\omega) = -\varepsilon \xi$. Dies bedeutet

$$\sigma(\xi) = \varepsilon \omega, \quad \sigma^2(\xi) = -\varepsilon^2 \xi = -\xi, \quad \sigma^3(\xi) = -\varepsilon \omega, \quad \sigma^4(\xi) = \varepsilon^2 \xi = \xi$$

und somit beträgt die Ordnung von σ vier. Da dies der Gruppenordnung von $G_{L|Q}$ entspricht, ist σ ein Erzeuger von $G_{L|Q}$ und es folgt $G_{L|Q} \cong \mathbb{Z}/4\mathbb{Z}$.

d Die Inklusion $\mathbb{Q}(\sqrt{2} + \sqrt{3}) \subseteq \mathbb{Q}(\sqrt{2}, \sqrt{3})$ ist klar. Für die umgekehrte Inklusion bemerken wir, dass

$$\tfrac{1}{2}[(\sqrt{2} + \sqrt{3})^2 - 5] = \tfrac{1}{2}[(2 + 2\sqrt{6} + 3) - 5] = \sqrt{6} \quad \in \mathbb{Q}(\sqrt{2} + \sqrt{3})$$

und somit

$$\sqrt{6} \cdot (\sqrt{2} + \sqrt{3}) - 2(\sqrt{2} + \sqrt{3}) = 2\sqrt{3} + 3\sqrt{2} - 2(\sqrt{2} + \sqrt{3})$$
$$= \sqrt{2} \in \mathbb{Q}(\sqrt{2} + \sqrt{3}).$$

Es folgt $\sqrt{3} = (\sqrt{2} + \sqrt{3}) - \sqrt{2} \in \mathbb{Q}(\sqrt{2} + \sqrt{3})$. Dies zeigt $\mathbb{Q}(\sqrt{2}, \sqrt{3}) \subseteq \mathbb{Q}(\sqrt{2} + \sqrt{3})$, insgesamt also Gleichheit.

e Sei $\alpha = \sqrt{2} + \sqrt{3}$. Wir berechnen das Minimalpolynom von α:

$$\alpha^2 = 2 + 2\sqrt{6} + 3 \quad \Rightarrow \quad (\alpha^2 - 5)^2 = 4 \cdot 6 \quad \Leftrightarrow \quad \alpha^4 - 10\alpha^2 + 25 = 24$$
$$\Leftrightarrow \quad \alpha^4 - 10\alpha^2 + 1 = 0$$

Also ist $f = X^4 - 10X^2 + 1$ zumindest ein normiertes Polynom mit Nullstelle α. Um zu zeigen, dass f das Minimalpolynom von α ist, weisen wir $[\mathbb{Q}(\alpha) : \mathbb{Q}] = 4 = \mathrm{grad}\, f$ nach. Die Abschätzung „$\leq$" folgt daraus, dass das Minimalpolynom von α ein Teiler von f ist, also höchstens Grad 4 hat. Unter Verwendung von Teil **d** gilt

$$\mathbb{Q}(\sqrt{2}) \subsetneq \mathbb{Q}(\alpha) \quad \text{und} \quad \mathbb{Q}(\sqrt{3}) \subsetneq \mathbb{Q}(\alpha).$$

Da $\mathbb{Q}(\sqrt{2})$ und $\mathbb{Q}(\sqrt{3})$ quadratische Erweiterungen von $\mathbb{Q}$ sind, ist $[\mathbb{Q}(\alpha) : \mathbb{Q}] > 2$. Außerdem ist $[\mathbb{Q}(\sqrt{2}) : \mathbb{Q}] = 2$ nach der Gradformel sogar ein Teiler von $[\mathbb{Q}(\alpha) : \mathbb{Q}]$. Dies zeigt $[\mathbb{Q}(\alpha) : \mathbb{Q}] \geq 4$. Somit ist f tatsächlich das Minimalpolynom von α.

Zu zeigen bleibt, dass $\mathbb{Q}(\sqrt{2}, \sqrt{3})$ der Zerfällungskörper von f ist. Es ist $\mathbb{Q}(\sqrt{2}, \sqrt{3})$ auf jeden Fall der Zerfällungskörper von $(X^2 - 2)(X^2 - 2)$, also ist die Erweiterung $\mathbb{Q}(\sqrt{2}, \sqrt{3})|\mathbb{Q}$ normal. Da f eine Nullstelle in $\mathbb{Q}(\sqrt{2}, \sqrt{3}) = \mathbb{Q}(\sqrt{2} + \sqrt{3})$ besitzt, müssen dort schon alle Nullstellen liegen. Daraus folgt bereits, dass $\mathbb{Q}(\sqrt{2}, \sqrt{3})$ der Zerfällungskörper von f über $\mathbb{Q}$ ist.

Es sind nun alle Voraussetzungen von Teil **a** erfüllt. Wegen $\sqrt{1} = 1 \in \mathbb{Q}$, folgt also aus Teil **b**, dass $G_{\mathbb{Q}(\sqrt{2}, \sqrt{3})|\mathbb{Q}} \cong \mathbb{Z}/2\mathbb{Z} \times \mathbb{Z}/2\mathbb{Z}$.

Die Galois-Gruppe eines Polynoms

Es sei K ein Körper und $f \in K[X]$ ein nicht-konstantes und separables Polynom. Falls char $(K) = 0$, so ist diese Voraussetzung beispielsweise für jedes irreduzible Polynom erfüllt. Sei weiter L der Zerfällungskörper von f, dann ist $L|K$ eine Galois-Erweiterung. Die Galois-Gruppe $G_{L|K}$ heißt auch *Galois-Gruppe von* f und wird oft als $\mathrm{Gal}(f)$ notiert.

Wir haben bereits gesehen, dass ein Element σ der Galois-Gruppe die Nullstellen eines Polynoms wieder auf Nullstellen abbildet. Da der Zerfällungskörper L von den Nullstellen von f über K erzeugt wird, ist σ durch seine Wirkung auf diesen Nullstellen bereits eindeutig festgelegt. Es liegt daher nahe, σ als Permutation der Nullstellen aufzufassen.

Satz 3.24. Sei K ein Körper, $f \in K[X]$ ein separables Polynom von Grad $n > 0$ sowie L der Zerfällungskörper von f über K. Sind $\alpha_1, \dots, \alpha_n \in L$ die Nullstellen von f, so definiert

$$G_{L|K} \to \mathrm{Per}(\{\alpha_1, \dots, \alpha_n\}) \cong S_n, \quad \sigma \mapsto \sigma_{|\{\alpha_1, \dots, \alpha_n\}}$$

einen injektiven Gruppenhomomorphismus. Insbesondere lässt sich $G_{L|K}$ als Untergruppe der symmetrischen Gruppe S_n auffassen.

Aufgabe (Herbst 2011, T2A4)

Sei $\alpha \in \mathbb{C}$ eine Nullstelle des Polynoms $f = X^3 - 3X + 1 \in \mathbb{Q}[X]$. Zeigen Sie:

a Das Polynom f ist irreduzibel über $\mathbb{Q}$.

b Zeigen Sie, dass auch $\alpha^2 - 2$ eine Nullstelle von f ist. Folgern Sie, dass $\mathbb{Q}(\alpha)$ der Zerfällungskörper von f über $\mathbb{Q}$ ist und dass die Galois-Gruppe von f über $\mathbb{Q}$ isomorph zu $\mathbb{Z}/3\mathbb{Z}$ ist.

c Es gilt $\mathbb{Q}(\alpha) \subseteq \mathbb{R}$.

Lösungsvorschlag zur Aufgabe (Herbst 2011, T2A4)

a Da f ein Polynom mit ganzzahligen Koeffizienten ist, genügt es nach dem Satz von Gauß 2.24, die Irreduzibilität in $\mathbb{Z}[X]$ nachzuweisen. Als Polynom von Grad 3 ist f dort genau dann irreduzibel, wenn es keine ganzzahlige Nullstelle hat. Eine solche Nullstelle müsste den konstanten Koeffizienten von f teilen, kann also nur -1 oder $+1$ sein. Jedoch ist

$$f(1) = -1 \neq 0 \quad \text{und} \quad f(-1) = 3 \neq 0.$$

Also gibt es keine ganzzahlige Nullstelle und f ist irreduzibel in $\mathbb{Z}[X]$.

b Wir berechnen mithilfe des binomischen Lehrsatzes und $\alpha^3 = 3\alpha - 1$:

$$
\begin{aligned}
f(\alpha^2 - 2) &= (\alpha^2 - 2)^3 - 3(\alpha^2 - 2) + 1 = \\
&= \alpha^6 - 3 \cdot 2 \cdot \alpha^4 + 3 \cdot 4 \cdot \alpha^2 - 8 - 3\alpha^2 + 6 + 1 = \\
&= (3\alpha - 1)^2 - 6\alpha(3\alpha - 1) + 12\alpha^2 - 3\alpha^2 - 1 \\
&= 9\alpha^2 - 6\alpha + 1 - 18\alpha^2 + 6\alpha + 9\alpha^2 - 1 = 0
\end{aligned}
$$

Angenommen, es wäre $\alpha^2 - 2 = \alpha$, dann wäre $X^2 - X - 2$ ein Polynom von kleinerem Grad als f, das α als Nullstelle hat. Jedoch ist f das Minimalpolynom von α über $\mathbb{Q}$, sodass das nicht sein kann. Somit hat f bereits zwei verschiedene Nullstellen in $\mathbb{Q}(\alpha)$ und muss dort in Linearfaktoren zerfallen. Sei $\beta \in \mathbb{Q}(\alpha)$ die dritte Nullstelle von f, dann ist $\mathbb{Q}(\alpha) = \mathbb{Q}(\alpha, \alpha^2 - 2, \beta)$, also handelt es sich bei $\mathbb{Q}(\alpha)$ um den Zerfällungskörper von f.

Daraus folgt insbesondere, dass $\mathbb{Q}(\alpha)|\mathbb{Q}$ eine normale Erweiterung ist. Wegen $\text{char}\,\mathbb{Q} = 0$ ist sie auch separabel, also galoissch. Es gilt weiter

$$|G_{\mathbb{Q}(\alpha)|\mathbb{Q}}| = [\mathbb{Q}(\alpha) : \mathbb{Q}] = \text{grad}\, f = 3$$

und da jede Gruppe von Primzahlordnung zyklisch ist, folgt $G_{\mathbb{Q}(\alpha)|\mathbb{Q}} \cong \mathbb{Z}/3\mathbb{Z}$.

c Nehmen wir an, es gibt ein $w \in \mathbb{Q}(\alpha)$ mit $w \notin \mathbb{R}$. Betrachte die komplexe Konjugation

$$\iota \colon \mathbb{Q}(\alpha) \to \mathbb{C}, \quad x \mapsto \overline{x}.$$

Da $\mathbb{Q}(\alpha)|\mathbb{Q}$ laut Teil **b** eine normale Erweiterung ist, beschränkt sich ι zu einem Automorphismus von $\mathbb{Q}(\alpha)$, d. h. $\iota \in G_{\mathbb{Q}(\alpha)|\mathbb{Q}}$. Wegen $w \notin \mathbb{R}$ ist außerdem $\iota(w) = \overline{w} \neq w$, sodass ord $\iota > 1$. Jedoch ist

$$\iota^2(v) = \iota(\overline{v}) = v \quad \text{für alle } v \in \mathbb{Q}(\alpha).$$

Also folgt ord $\iota = 2$. Da Elementordnungen die Gruppenordnung teilen müssen, muss 2 ein Teiler von $|G_{\mathbb{Q}(\alpha)|\mathbb{Q}}| = 3$ sein. Widerspruch.

Aufgabe (Herbst 2003, T2A2)

Sei K ein Teilkörper von $\mathbb{C}$, der über $\mathbb{Q}$ von endlichem Grad n ist. Zeigen Sie: Ist n ungerade und K normal über $\mathbb{Q}$, so gilt $K \subseteq \mathbb{R}$.

Lösungsvorschlag zur Aufgabe (Herbst 2003, T2A2)

Da $K|\mathbb{Q}$ nach Voraussetzung normal ist, beschränkt sich die komplexe Konjugation zu einem $\mathbb{Q}$-Automorphismus von K, welchen wir mit ι bezeichnen. Weiterhin ist $\mathbb{Q}$ ein perfekter Körper, sodass $K|\mathbb{Q}$ auch separabel, d. h. eine endliche Galois-Erweiterung ist. Für den Fixkörper $K^{\langle \iota \rangle} = K \cap \mathbb{R}$ der komplexen Konjugation gilt somit gemäß Galoistheorie

$$[K : K \cap \mathbb{R}] = |G_{K|K \cap \mathbb{R}}| = |\langle \iota \rangle| = \mathrm{ord}(\iota).$$

Sei n ungerade und nehmen wir $K \not\subseteq \mathbb{R}$ an, so gibt es ein nicht-reelles Element $x + iy \in K$ und es ist $\iota(x + iy) = x - iy \neq x + iy$, d. h. die Ordnung von ι kann nicht 1 sein. Da andererseits für jedes $u + iv \in \mathbb{C}$ gilt, dass

$$\iota^2(u + iv) = \iota(u - iv) = u + iv,$$

ist $\iota^2 = \mathrm{id}$, was gerade $\mathrm{ord}(\iota) = 2$ bedeutet. Somit haben wir $[K : K \cap \mathbb{R}] = 2$ und nach der Gradformel teilt 2 den Erweiterungsgrad $[K : \mathbb{Q}] = n -$ Widerspruch dazu, dass n ungerade ist. Also muss $K \subseteq \mathbb{R}$ gelten.

Aufgabe (Herbst 2013, T1A5)

Es sei $f = X^3 + X - 1 \in \mathbb{Q}[X]$, weiter sei $a \in \mathbb{C}$ eine Nullstelle von f.

a Zeigen Sie: f ist irreduzibel.

b Geben Sie den Grad $[L : \mathbb{Q}]$ des Zerfällungskörpers L von f über $\mathbb{Q}$ an.

c Geben Sie den Isomorphietyp der Galois-Gruppe $G_{L|\mathbb{Q}}$ an.

d Geben Sie $\lambda_1, \lambda_2, \lambda_3 \in \mathbb{Q}$ an mit

$$a^4 - 2a^3 = \lambda_1 \cdot 1 + \lambda_2 \cdot a + \lambda_3 \cdot a^2.$$

Lösungsvorschlag zur Aufgabe (Herbst 2013, T1A5)

a Das reduzierte Polynom $\overline{f} = X^3 + X + \overline{1} \in \mathbb{F}_2[X]$ hat keine Nullstellen in $\mathbb{F}_2$ und ist daher laut Lemma 2.22 als Polynom dritten Grades über diesem Körper irreduzibel. Nach dem Reduktionskriterium 2.27 ist dann auch $f \in \mathbb{Q}[X]$ irreduzibel.

b Wegen $f(0) = -1 < 0$ und $f(1) = 1 > 0$ hat f laut dem Zwischenwertsatz eine reelle Nullstelle $b \in\ ]0,1[$. Diese ist die einzige reelle Nullstelle, denn die Ableitung $f' = 3X^2 + 1$ hat keine reelle Nullstelle, während zwischen zwei Nullstellen von f nach dem Satz von Rolle 5.2 jeweils eine Nullstelle von f' liegen muss. Damit hat f noch eine nicht-reelle Nullstelle $a \in \mathbb{C} \setminus \mathbb{R}$. Da f ein Polynom mit reellen Koeffizienten ist, ist somit auch $\overline{a}$ eine (d.h. die dritte verbleibende) Nullstelle von f.

f ist irreduzibel und normiert, ist also das Minimalpolynom von b über $\mathbb{Q}$, d.h. $[\mathbb{Q}(b) : \mathbb{Q}] = 3$. Allerdings ist $\mathbb{Q}(b) \subseteq \mathbb{R}$, sodass $a, \overline{a} \notin \mathbb{Q}(b)$.

Schreibe $f = (X - b) \cdot g$ für ein Polynom $g \in \mathbb{Q}(b)[X]$. Das Polynom g muss irreduzibel sein, da es sonst wegen grad $g = 2$ in Linearfaktoren zerfällen würde, was gerade $a \in \mathbb{Q}(b)$ bedeuten würde. Also ist g das Minimalpolynom von a bzw. $\overline{a}$ über $\mathbb{Q}(b)$ und wir haben $[\mathbb{Q}(a, b) : \mathbb{Q}(b)] = 2$. Da $L = \mathbb{Q}(a, b)$ der Zerfällungskörper von f ist, erhalten wir aus der Gradformel

$$[L : \mathbb{Q}] = [L : \mathbb{Q}(b)] \cdot [\mathbb{Q}(b) : \mathbb{Q}] = 2 \cdot 3 = 6.$$

c Wegen grad $f = 3$ gibt es nach Satz 3.24 einen injektiven Homomorphismus $G_{L|\mathbb{Q}} \hookrightarrow S_3$. Da $|G_{L|\mathbb{Q}}| = [L : \mathbb{Q}] = 6 = |S_3|$ gilt, ist dieser Homomorphismus bereits ein Isomorphismus.

d Aus $f(a) = 0$ folgt $a^3 = 1 - a$ und somit

$$a^4 - 2a^3 = a(1 - a) - 2(1 - a) = a - a^2 - 2 + 2a = -a^2 + 3a - 2.$$

Aufgabe (Frühjahr 2014, T2A4)

Seien $a, b \in \mathbb{Q}$ und sei K der Zerfällungskörper des Polynoms

$$P = X^3 + aX + b \in \mathbb{Q}[X].$$

Wir nehmen an, dass P keine Nullstellen in $\mathbb{Q}$ hat. Zeigen Sie:

[a] P ist irreduzibel in $\mathbb{Q}[X]$ und hat keine mehrfachen Nullstellen in K.

[b] Die Galois-Gruppe $G := G_{K|\mathbb{Q}}$ ist eine Untergruppe von S_3.

[c] G hat entweder 3 oder 6 Elemente.

[d] Sei $\delta = (\alpha_1 - \alpha_2)(\alpha_2 - \alpha_3)(\alpha_3 - \alpha_1)$, wobei $\alpha_1, \alpha_2, \alpha_3$ die Nullstellen von P sind. Dann gilt für $\sigma \in G$ stets $\sigma(\delta) = \delta$ oder $\sigma(\delta) = -\delta$.

[e] Gilt $\sigma(\delta) = \delta$ für alle $\sigma \in G$, dann ist G zyklisch und hat Ordnung 3. Anderenfalls ist $G = S_3$.

Lösungsvorschlag zur Aufgabe (Frühjahr 2014, T2A4)

[a] Das Polynom $P(X)$ hat laut Angabe keine Nullstellen in $\mathbb{Q}$, weshalb die Irreduzibilität bereits mit Lemma 2.22 daraus folgt, dass $P(X)$ den Grad 3 hat. Weiterhin ist jedes irreduzible Polynom aus $\mathbb{Q}[X]$ separabel über $\mathbb{Q}$, weil $\mathbb{Q}$ ein perfekter Körper ist. Dies bedeutet, dass P keine mehrfachen Nullstellen in einem algebraischen Abschluss von $\mathbb{Q}$ besitzt und somit insbesondere auch keine mehrfachen Nullstellen in K hat.

[b] Der Zerfällungskörper von $P(X)$ wird über $\mathbb{Q}$ von den Nullstellen $\alpha_1, \alpha_2, \alpha_3$ erzeugt, d.h. $K = \mathbb{Q}(\alpha_1, \alpha_2, \alpha_3)$. Also wird jedes Element σ der Galois-Gruppe G bereits durch seine Wirkung auf die $\alpha_1, \alpha_2, \alpha_3$ eindeutig festgelegt. Weiterhin gilt

$$P(\sigma(\alpha_i)) = \sigma(\alpha_i^3) + a\sigma(\alpha_i) + b = \sigma(\alpha_i)^3 + \sigma(a\alpha_i) + \sigma(b) =$$
$$= \sigma(P(\alpha_i)) = \sigma(0) = 0$$

für jedes $i \in \{1, \dots, 3\}$. Also bildet jedes σ die Menge der Nullstellen von $P(X)$ in sich selbst ab. Anders ausgedrückt: σ *permutiert* die drei Nullstellen von $P(X)$ und wir können daher σ als Element von S_3 auffassen.

[c] $P(X)$ ist als normiertes und irreduzibles Polynom das Minimalpolynom von α_1, sodass also

$$[\mathbb{Q}(\alpha_1) : \mathbb{Q}] = \mathrm{grad}(P(X)) = 3.$$

Nach der Gradformel ist folglich 3 ein Teiler von $[K : \mathbb{Q}]$. Für die Galois-Erweiterung $K|\mathbb{Q}$ ist außerdem $[K : \mathbb{Q}] = |G|$. Nach Teil [b] können wir G als Untergruppe von S_3 auffassen und nach dem Satz von Lagrange teilt also $|G|$ die Ordnung $|S_3| = 6$. Es folgt nun

$$3 \text{ teilt } |G| \text{ und } |G| \text{ teilt } 6 \quad \Rightarrow \quad |G| \in \{3, 6\}.$$

d Jedes $\sigma \in G$ vertauscht nur die Reihenfolge der $\alpha_1, \alpha_2, \alpha_3$, also wird δ bis auf das Vorzeichen festgehalten.

e Gibt es ein $\sigma \in G$ mit $\sigma(\delta) = -\delta$, so kann σ nicht Ordnung 1 haben. Wegen $\sigma^3(\delta) = -\delta$ ist auch Ordnung 3 unmöglich. Da Elementordnungen die Gruppenordnung teilen müssen, kann G nicht Ordnung 3 haben und nach Teil **c** muss somit $|G| = 6$ sein. Wegen $|S_3| = 6$ folgt bereits $G = S_3$.

Betrachten wir nun den Fall $\sigma(\delta) = \delta$ für alle $\sigma \in G$. Angenommen, es gäbe ein Element der Ordnung 2 in G. Die Elemente der Ordnung 2 in S_3 sind genau die Permutationen $(1\,2), (1\,3), (2\,3)$. Für diese gilt jedoch

$$(1\,2)\delta = (\alpha_2 - \alpha_1)(\alpha_1 - \alpha_3)(\alpha_3 - \alpha_2) = -\delta$$
$$(1\,3)\delta = (\alpha_3 - \alpha_2)(\alpha_2 - \alpha_1)(\alpha_1 - \alpha_3) = -\delta$$
$$(2\,3)\delta = (\alpha_1 - \alpha_3)(\alpha_3 - \alpha_2)(\alpha_2 - \alpha_1) = -\delta$$

Also liegt nach Voraussetzung kein Element der Ordnung 2 in G und G kann nicht S_3 sein. Nach **c** hat daher G genau 3 Elemente und ist als Gruppe von Primzahlordnung zyklisch.

Aufgabe (Frühjahr 2011, T2A4)

Bestimmen Sie zwei irreduzible Polynome $f, g \in \mathbb{Q}[X]$, so dass die Galois-Gruppen $\mathrm{Gal}(f)$ und $\mathrm{Gal}(g)$ gleich viele Elemente haben, aber nicht isomorph sind.

Lösungsvorschlag zur Aufgabe (Frühjahr 2011, T2A4)

Hier gibt es viele Möglichkeiten, solche zwei Polynome anzugeben. Wir führen den Beweis für die kleinstmögliche Ordnung solcher Galois-Gruppen, nämlich 4 (für kleinere Ordnungen gibt es nämlich nur die zyklischen Gruppen dieser Ordnung).

Wir bestimmen zunächst das Minimalpolynom von $\alpha = \sqrt{2} + i$:

$$\alpha - i = \sqrt{2} \quad \Rightarrow \quad \alpha^2 - 2i\alpha - 1 = 2 \quad \Leftrightarrow \quad \alpha^2 - 3 = 2i\alpha$$
$$\Rightarrow \quad \alpha^4 - 6\alpha^2 + 9 = -4\alpha^2 \quad \Leftrightarrow \quad \alpha^4 - 2\alpha^2 + 9 = 0$$

Damit ist $f = X^4 - 2X^2 + 9$ ein normiertes Polynom aus $\mathbb{Q}[X]$, das α als Nullstelle hat. Zum Nachweis, dass f das Minimalpolynom von α über $\mathbb{Q}$ ist,

ist noch $4 = \operatorname{grad} f = [\mathbb{Q}(\alpha) : \mathbb{Q}]$ zu zeigen. Da das Minimalpolynom von α über $\mathbb{Q}$ ein Teiler von f ist, gilt schon mal $[\mathbb{Q}(\alpha) : \mathbb{Q}] \leq 4$.

Für „$\geq$" zeigt man zuerst $\sqrt{2}, i \in \mathbb{Q}(\alpha)$. Diese Gleichung haben wir in Aufgabe F15T1A5 auf Seite 174 bereits nachgerechnet. Also ist wegen $i \notin \mathbb{Q}(\sqrt{2}) \subseteq \mathbb{R}$ und $\sqrt{2}, i \in \mathbb{Q}(\sqrt{2} + i)$ der Körper $\mathbb{Q}(\sqrt{2})$ ein *echter* Teilkörper von $\mathbb{Q}(\alpha)$. Folglich muss

$$[\mathbb{Q}(\alpha) : \mathbb{Q}] > [\mathbb{Q}(\sqrt{2}) : \mathbb{Q}] = 2$$

gelten. Dabei haben wir benutzt, dass das Minimalpolynom von $\sqrt{2}$ über $\mathbb{Q}$ durch $X^2 - 2$ gegeben ist. Laut Gradformel ist $[\mathbb{Q}(\sqrt{2}) : \mathbb{Q}] = 2$ sogar ein Teiler von $[\mathbb{Q}(\alpha) : \mathbb{Q}]$. Dies zeigt $[\mathbb{Q}(\alpha) : \mathbb{Q}] \geq 4$.

Wir haben nachgewiesen, dass f das Minimalpolynom von α über $\mathbb{Q}$, d.h. insbesondere irreduzibel über $\mathbb{Q}$ ist. Sei L der Zerfällungskörper von f. Dann ist auf jeden Fall $\mathbb{Q}(\alpha) \subseteq L$. Wir haben oben gesehen, dass $i, \sqrt{2} \in \mathbb{Q}(\alpha)$, also liegen auch die anderen Nullstellen von f, nämlich $-\alpha, \overline{\alpha}$ und $-\overline{\alpha}$, in $\mathbb{Q}(\alpha)$. Es folgt $L = \mathbb{Q}(\alpha)$.

Als Konsequenz ist $L|\mathbb{Q}$ eine normale Erweiterung, wegen char $\mathbb{Q} = 0$ sogar galoissch. Die zugehörige Galois-Gruppe hat Ordnung 4, ist also abelsch. Wäre sie zyklisch, gäbe es genau einen quadratischen Zwischenkörper, der zu der einzigen Untergruppe von $G_{L|\mathbb{Q}}$ von Index 2 korrespondiert. Allerdings sind $\mathbb{Q}(i), \mathbb{Q}(\sqrt{2})$ mindestens zwei verschiedene quadratische Zwischenerweiterungen.

Es ist nun verhältnismäßig einfach, eine zyklische Galois-Erweiterung von Grad 4 anzugeben: Betrachte das fünfte Kreisteilungspolynom

$$\Phi_5 = X^4 + X^3 + X^2 + X + 1 \quad \in \mathbb{Q}[X].$$

Bekanntlich ist dieses irreduzibel über $\mathbb{Q}$ und hat Zerfällungskörper $\mathbb{Q}(\xi_5)$ mit einer fünften primitiven Einheitswurzel $\xi_5 \in \mathbb{C}$. Außerdem ist

$$G_{\mathbb{Q}(\xi_5)|\mathbb{Q}} \cong (\mathbb{Z}/5\mathbb{Z})^\times \cong \mathbb{Z}/4\mathbb{Z}$$

zyklisch. Insbesondere $|G_{\mathbb{Q}(\alpha)|\mathbb{Q}}| = 4 = |G_{\mathbb{Q}(\xi_5)|\mathbb{Q}}|$, aber $G_{\mathbb{Q}(\alpha)|\mathbb{Q}} \not\cong G_{\mathbb{Q}(\xi_5)|\mathbb{Q}}$.

Aufgabe (Frühjahr 2003, T1A4)

Sei f ein Polynom vom Grad n mit Koeffizienten in einem Körper k. Der Zerfällungskörper K von f über k habe den Grad $n!$ über k. Zeigen Sie, dass f irreduzibel ist, und dass die Galois-Gruppe von f über k die symmetrische Gruppe S_n ist.

Lösungsvorschlag zur Aufgabe (Frühjahr 2003, T1A4)

Für $n = 1$ ist die Behauptung klar, sei also $n \geq 2$. Angenommen, f ist reduzibel. Wir zeigen durch vollständige Induktion über r: Sind $\alpha_1, \ldots, \alpha_n \in K$ die (nicht notwendigerweise verschiedenen) Nullstellen von f, so ist $[k(\alpha_1, \ldots, \alpha_r) : k] < \frac{n!}{(n-r)!}$ für jedes $r \in \{1, \ldots, n\}$.

Induktionsanfang $r = 1$: Da f nach Voraussetzung reduzibel ist, ist das Minimalpolynom von α_1 über k ein echter Teiler von f und daher echt kleineren Grades als f. Somit ist $[k(\alpha_1) : k] < n = \frac{n!}{(n-1)!}$. Setzen wir die Aussage also für ein r als bereits bewiesen voraus.

Induktionsschritt $r \mapsto r + 1$: Über $k(\alpha_1, \ldots, \alpha_r)$ kann man f schreiben als

$$f = g \cdot \prod_{i=1}^{r} (X - \alpha_i)$$

mit einem Polynom $g \in k(\alpha_1, \ldots, \alpha_r)[X]$. Es ist dann α_{r+1} eine Nullstelle von g (ob α_{r+1} bereits unter den ersten r Nullstellen auftaucht, spielt dabei keine Rolle). Folglich ist das Minimalpolynom von α_{r+1} über $k(\alpha_1, \ldots, \alpha_r)$ ein Teiler von g und hat höchstens Grad $n - r$. Unter Verwendung der Gradformel und der Induktionsvoraussetzung erhalten wir dann wie gewünscht

$$[k(\alpha_1, \ldots, \alpha_{r+1}) : k] = [k(\alpha_1, \ldots, \alpha_{r+1}) : k(\alpha_1, \ldots, \alpha_r)] \cdot [k(\alpha_1, \ldots, \alpha_r) : k] <$$
$$< (n - r) \cdot \frac{n!}{(n-r)!} = \frac{n!}{(n-(r+1))!}.$$

Aus der damit bewiesenen Behauptung folgt nun $[K : k] = [k(\alpha_1, \ldots \alpha_n) : k] < n!$ im Widerspruch zur Voraussetzung. Somit muss f irreduzibel sein.

Elemente der Galois-Gruppe $G_{K|k}$ permutieren die Nullstellen $\{\alpha_1, \ldots, \alpha_n\}$, können also nach Satz 3.24 als Elemente von S_n aufgefasst werden. Da S_n und $G_{K|k}$ die gleiche Gruppenordnung haben, muss es sich bei $G_{K|k}$ also bereits um die volle S_n handeln.

Primitive Elemente

Wir erinnern an dieser Stelle daran, dass ein *primitives Element* einer Körpererweiterung $L|K$ ein Element $\alpha \in L$ ist, für das $L = K(\alpha)$ gilt.

Aufgabe (Frühjahr 2015, T3A5)

Sei $E|K$ eine Galois-Erweiterung mit zyklischer Galois-Gruppe und $[E : K] = p^n$ für eine Primzahl p und $n \geq 1$. Weiter sei $K \subset F \subset E$ ein Zwischenkörper mit $[F : K] = p^{n-1}$. Zeigen Sie: Jedes Element von $E \setminus F$ ist ein primitives Element von E über K.

Lösungsvorschlag zur Aufgabe (Frühjahr 2015, T3A5)

Da die Galois-Gruppe $G_{E|K}$ zyklisch ist, gibt es zu jeder Potenz p^i mit $0 \leq i \leq n$ genau eine Untergruppe $U_i \subseteq G_{E|K}$ mit $|U_i| = p^i$. Jede dieser Untergruppen enthält genau diejenigen Elemente aus $G_{E|K}$, deren Ordnung ein Teiler von p^i ist. Man erhält also eine aufsteigende Kette

$$\{\mathrm{id}_E\} = U_0 \subseteq U_1 \subseteq \ldots \subseteq U_n = G_{E|K},$$

die nach dem Hauptsatz der Galoistheorie zu der eindeutigen absteigenden Kette der Zwischenerweiterungen von $E|K$ korrespondiert:

$$E = K_n \supseteq K_{n-1} \supseteq \ldots \supseteq K_1 \supseteq K_0 = K$$

Wichtig festzustellen ist dabei, dass jeder Zwischenkörper von $E|K$ mit einem der K_i übereinstimmt. Sei also nun $\alpha \in E \setminus F$. Es kann dann $K(\alpha)$ nicht in F liegen, wegen der Kettenanordnung muss also F ein echter Teilkörper von $K(\alpha)$ sein. Da aber der Erweiterungsgrad $[K(\alpha) : F]$ ein Teiler von $[E : F] = p$ sein muss und 1 ausgeschlossen ist, muss $[K(\alpha) : F] = p$ sein. Aus der Gradformel folgt dann

$$[E : K(\alpha)] = \frac{[E : F]}{[K(\alpha) : F]} = \frac{p}{p} = 1 \quad \Leftrightarrow \quad E = K(\alpha).$$

Aufgabe (Herbst 2013, T2A3)

a) Zeigen Sie, dass die alternierende Gruppe A_4 keine Untergruppe der Ordnung 6 besitzt.

b) Sei K ein Körper, der eine galoissche Erweiterung mit Galois-Gruppe A_4 besitzt. Zeigen Sie, dass eine endliche Körpererweiterung $K \subseteq F$ mit $[F : K] = 4$ existiert, sodass $F = K(\alpha)$ für alle $\alpha \in F \setminus K$ gilt.

Lösungsvorschlag zur Aufgabe (Herbst 2013, T2A3)

a) Angenommen, es gibt eine Untergruppe $N \subseteq A_4$ mit $|N| = 6$. Nach dem Satz von Lagrange ist dann $(A_4 : N) = 2$, sodass N ein Normalteiler von A_4 und A_4/N eine Gruppe der Ordnung 2 ist. Für alle $\sigma \in A_4$ gilt daher

$$(\sigma N)^2 = N \quad \Leftrightarrow \quad \sigma^2 N = N \quad \Leftrightarrow \quad \sigma^2 \in N.$$

Insbesondere also

$$(1\,2\,3)^2 = (1\,3\,2) \in N \quad (2\,3\,4)^2 = (2\,4\,3) \in N \quad (1\,4\,2)^2 = (1\,2\,4) \in N.$$

Jedes dieser Elemente erzeugt eine andere Untergruppe der Ordnung 3. Wir zählen nun Elemente (vgl. Seite 41) und sehen, dass N mindestens

$$3 \cdot 2 + 1 = 7$$

Elemente enthalten müsste. Widerspruch.

b Sei L der Erweiterungskörper mit Galois-Gruppe A_4 aus der Angabe. Es gibt mindestens eine Untergruppe U der Ordnung 3 in A_4, beispielsweise $U = \langle (1\ 2\ 3) \rangle$. Nach dem Hauptsatz der Galoistheorie ist dann der zugehörige Fixkörper L^U ein Zwischenkörper von $L|K$ mit

$$[L^U : K] = (A_4 : U) = \frac{12}{3} = 4.$$

Sei nun $\alpha \in L^U \setminus K$. Der Erweiterungsgrad $[K(\alpha) : K]$ ist dann ein Teiler von $[L^U : K] = 4$. Wegen $\alpha \notin K$ ist $K \subsetneq K(\alpha)$ und somit $[K(\alpha) : K] > 1$. Nehmen wir an, es ist $[K(\alpha) : K] = 2$. Nach der Gradformel folgt

$$[L : K(\alpha)] = \frac{[L : K]}{[K(\alpha) : K]} = \frac{12}{2} = 6.$$

Damit ist $G_{L|K(\alpha)}$ eine Untergruppe der Ordnung 6 von A_4. Nach Teil **a** gibt es eine solche Untergruppe jedoch nicht. Es kann deshalb unmöglich $[K(\alpha) : K] = 2$ sein, und es verbleibt nur noch $[K(\alpha) : K] = 4$. Dies bedeutet $[L^U : K(\alpha)] = 1$, d.h. $L^U = K(\alpha)$. Wir haben insgesamt nachgewiesen, dass L^U die gewünschte Eigenschaft besitzt.

Aufgabe (Frühjahr 2014, T1A2)

Es sei $L \supseteq K$ eine endliche Galois-Erweiterung. Zeigen Sie, dass für $\alpha \in L$ folgende Aussagen äquivalent sind:

a Es gilt $L = K(\alpha)$.

b Für alle $g \in G_{L|K}$ mit $g \neq \mathrm{id}_L$ gilt $g(\alpha) \neq \alpha$.

Lösungsvorschlag zur Aufgabe (Frühjahr 2014, T1A2)

„**a** $\Rightarrow$ **b**": Sei $L = K(\alpha)$ und $[K(\alpha) : K] = n$, dann ist durch $1, \alpha, \dots, \alpha^{n-1}$ eine K-Basis von L gegeben, sodass jedes Element $g \in G_{L|K}$ bereits durch seine Wirkung auf α eindeutig festgelegt ist. Also folgt aus $g \neq \mathrm{id}_L$ auch $g(\alpha) \neq \mathrm{id}_L(\alpha) = \alpha$.

„$\boxed{\text{b}} \Rightarrow \boxed{\text{a}}$" Wegen $\alpha \in L$ ist $K(\alpha) \subseteq L$ und nach dem Hauptsatz der Galois-Theorie ist $K(\alpha)$ der Fixkörper einer Untergruppe von $G_{L|K}$. Nach Voraussetzung wird aber α nur von id_L fixiert, sodass also $K(\alpha)$ der Fixkörper von $\{\mathrm{id}_L\}$ sein muss. Da auch L diese Eigenschaft besitzt und die Zuordnung eindeutig ist, folgt daraus $L = K(\alpha)$.

Aufgabe (Frühjahr 2013, T2A5)

Sei $L|K$ eine endliche, galoissche Körpererweiterung. Sei $L' \supseteq K$ eine beliebige weitere Körpererweiterung von K. Zeigen Sie: Gibt es genau einen Körperhomomorphismus[2] $\phi: L \to L'$ mit $\phi_{|K} = \mathrm{id}_K$, so ist schon $K = L$.

Lösungsvorschlag zur Aufgabe (Frühjahr 2013, T2A5)

Angenommen, es ist $K \neq L$, dann ist insbesondere $|G_{L|K}| = [L : K] \geq 2$. Wir können deshalb $\sigma, \tau \in G_{L|K}$ mit $\sigma \neq \tau$ wählen. Dann sind

$$\phi \circ \sigma: L \to L' \quad \text{und} \quad \phi \circ \tau: L \to L'$$

Homomorphismen mit $(\phi \circ \sigma)_{|K} = \mathrm{id}_K$ und $(\phi \circ \tau)_{|K} = \mathrm{id}_K$. Außerdem sind diese beiden Abbildungen verschieden, denn wäre für alle $x \in L$ die Gleichung

$$(\phi \circ \sigma)(x) = (\phi \circ \tau)(x) \quad \Leftrightarrow \quad \phi(\sigma(x)) = \phi(\tau(x))$$

erfüllt, so würde $\sigma(x) = \tau(x)$ für alle $x \in L$ folgen, da ϕ als Homomorphismus von Körpern injektiv ist. Dies bedeutet $\sigma = \tau$ – im Widerspruch zu $\sigma \neq \tau$. Also gibt es mehr als einen K-Homomorphismus $L \to L'$. Wir erhalten einen Widerspruch, weswegen die Annahme $K \neq L$ falsch gewesen sein muss.

Galois-Theorie und Sylowsätze

Aufgabe (Frühjahr 2004, T1A3)

Sei k ein Körper, der keine Galois-Erweiterung vom Grad 3 hat. Kann k dann eine Galois-Erweiterung vom Grad 225 haben?

---

[2] Die Originalaufgabe sprach von einem Ringhomomorphismus. Jeder Ringhomomorphismus zwischen zwei Körpern ist jedoch laut Definition ein Körperhomomorphismus.

Lösungsvorschlag zur Aufgabe (Frühjahr 2004, T1A3)

Angenommen, es gibt eine Galois-Erweiterung $K|k$ von Grad 225. Sei G die zugehörige Galois-Gruppe, welche die Ordnung $225 = 15^2 = 3^2 \cdot 5^2$ hat. Für die Anzahl ν_5 der 5-Sylowgruppen gilt

$$\nu_5 \mid 9 \quad \text{und} \quad \nu_5 \equiv 1 \mod 5 \quad \Rightarrow \quad \nu_5 = 1.$$

Sei P_5 die einzige 5-Sylowgruppe, dann ist diese ein Normalteiler von G. Folglich ist $K^{P_5}|k$ eine Galois-Erweiterung von Grad $(G : P_5) = 9$. Sei $H = G_{K^{P_5}|k}$ die zugehörige Galois-Gruppe, dann besitzt diese nach Satz 1.26 eine Untergruppe U der Ordnung 3. Außerdem ist H als Gruppe von Primzahlquadratordnung abelsch, sodass U auch ein Normalteiler von H ist. Es folgt, dass $(K^{P_5})^U|k$ eine Galois-Erweiterung von Grad $(H : U) = 3$ ist. Widerspruch.

Aufgabe (Herbst 2012, T2A4)

Sei p eine Primzahl. Sei K ein Körper der Charakteristik 0.

a Sei E eine (endliche) galoissche Körpererweiterung von K. Zeigen Sie, dass $E|K$ einen Zwischenkörper $F|K$ besitzt, so dass der Grad $[E : F]$ eine p-Potenz ist und der Grad $[F : K]$ nicht von p geteilt wird. (Die Zahl 1 ist eine p-Potenz für jede Primzahl p.)

b Besitze K die Eigenschaft, dass der Grad $[L : K]$ jeder nicht trivialen endlichen Körpererweiterung $L|K$ von p geteilt wird. Zeigen Sie, dass dann der Grad einer jeden endlichen Körpererweiterung über K eine p-Potenz ist.

Lösungsvorschlag zur Aufgabe (Herbst 2012, T2A4)

a Sei $[E : K] = n$. Die Galois-Gruppe $G_{E|K}$ hat dann ebenfalls Ordnung n. Schreibe $n = m \cdot p^r$ mit $m \in \mathbb{N}$, $r \in \mathbb{N}_0$ und $p \nmid m$, dann gibt es nach Satz 1.26 eine p-Sylowgruppe $H \subseteq G_{E|K}$, d.h. eine Untergruppe mit $|H| = p^r$. Setze $F = E^H$, dann gilt

$$[E : F] = |G_{E|E^H}| = |H| = p^r \quad \text{und} \quad [F : K] = \frac{[E : K]}{[E : F]} = \frac{n}{p^r} = m,$$

wie gewünscht.

b Angenommen, es gibt einen Erweiterungskörper L von K, sodass $[L : K]$ keine p-Potenz ist. Wir betrachten eine normale Hülle $N|L$ von L. Deren Erweiterungsgrad ist ein Vielfaches von $[L : K]$, hat also die Form $p^r m$ mit $r \in \mathbb{N}_0$ und $m \in \mathbb{N}$, $m \neq 1$ und $p \nmid m$. Da $N|K$ eine normale und separable Erweiterung ist (wegen char $K = 0$ ist K perfekt), gibt es dann mit Teil a einen (nicht-trivialen) Zwischenkörper $F \subseteq N$ mit $[N : F] = p^r$ und $[F : K] = m$. Wegen $m \neq 1$ ist die Erweiterung $F|K$ nicht-trivial, hat aber auch einen Grad, der nicht von p geteilt wird. Widerspruch zur Voraussetzung.

Aufgabe (Herbst 2014, T1A1)

Es seien $L \supseteq K$ eine endliche Galois-Erweiterung und p eine Primzahl, die den Körpergrad $[L : K]$ teilt.

a Zeigen Sie, dass es einen Zwischenkörper $K \subseteq Z \subseteq L$ gibt, so dass

$$[L : Z] = p^m \quad \text{und} \quad p \nmid [Z : K]$$

für ein $m \in \mathbb{N}$ gilt.

b Bestimmen Sie im Fall $K = \mathbb{Q}, L = \mathbb{Q}(\zeta_7)$ mit einer primitiven siebten Einheitswurzel ζ_7 und $p = 3$ einen solchen Zwischenkörper, indem Sie ein primitives Element α dafür angeben.

Lösungsvorschlag zur Aufgabe (Herbst 2014, T1A1)

a Sei $G_{L|K}$ die Galois-Gruppe von $L|K$ und $[L : K] = k \cdot p^m$ mit $k, m \in \mathbb{N}$ und $p \nmid k$. Es hat $G_{L|K}$ Ordnung $[L : K]$, also gibt es laut Satz 1.26 eine Untergruppe $H \subseteq G_{L|K}$ mit $|H| = p^m$. Sei L^H der Fixkörper von H, dann gilt

$$[L : L^H] = |G_{L|L^H}| = |H| = p^m \quad \text{und} \quad [L^H : K] = (G_{L|K} : H) = \frac{kp^m}{p^m} = k.$$

Setze also $Z = L^H$.

b Es ist $[L : K] = \varphi(7) = 6$, also ist ein Körper $Z \subseteq L$ mit

$$[L : Z] = 3 \quad \text{und} \quad [Z : \mathbb{Q}] = 2$$

gesucht. Wir suchen daher nach einer Untergruppe $H \subseteq G_{L|K}$ mit $|H| = 3$. Dazu verwenden wir den bekannten Isomorphismus (vgl. auch die nachfolgende Aufgabe)

$$G_{L|K} \to (\mathbb{Z}/7\mathbb{Z})^\times \cong \mathbb{Z}/6\mathbb{Z}, \quad \tau_k \colon \{\zeta \mapsto \zeta^k\} \mapsto \bar{k}.$$

$\mathbb{Z}/6\mathbb{Z}$ ist eine zyklische Gruppe, besitzt also genau eine solche Untergruppe der Ordnung 3. Man sieht anhand von

$$\overline{2} \neq \overline{0}, \quad \overline{2} + \overline{2} \neq \overline{0}, \quad \overline{2} + \overline{2} + \overline{2} = \overline{0}$$

schnell ein, dass $\overline{2}$ Ordnung 3 in $\mathbb{Z}/6\mathbb{Z}$ hat. Setze also $H = \langle \tau_2 \rangle$, wobei τ_2 durch $\zeta \mapsto \zeta^2$ festgelegt ist. Wir suchen nun nach dem Fixkörper L^H. Dazu wählen wir $\zeta, \ldots, \zeta^6$ als K-Basis von L und ein beliebiges Element

$$\beta = a_1 \zeta + a_2 \zeta^2 + a_3 \zeta^3 + a_4 \zeta^4 + a_5 \zeta^5 + a_6 \zeta^6 \quad \in L^H.$$

Die Forderung $\tau_2(\beta) = \beta$ liefert

$$a_1 \zeta^2 + a_2 \zeta^4 + a_3 \zeta^6 + a_4 \zeta^8 + a_5 \zeta^{10} + a_6 \zeta^{12}$$
$$= a_1 \zeta + a_2 \zeta^2 + a_3 \zeta^3 + a_4 \zeta^4 + a_5 \zeta^5 + a_6 \zeta^6.$$

Unter Verwendung von $\zeta^7 = 1$ liefert Koeffizientenvergleich, dass

$$a_1 = a_2, \quad a_2 = a_4, \quad a_3 = a_6, \quad a_4 = a_1, \quad a_5 = a_3, \quad a_6 = a_5$$
$$\Leftrightarrow \quad a_1 = a_2 = a_4 \quad \text{und} \quad a_3 = a_5 = a_6,$$

also vereinfacht sich obige Darstellung zu

$$\beta = a_1(\zeta + \zeta^2 + \zeta^4) + a_3(\zeta^3 + \zeta^5 + \zeta^6).$$

Nun bemerken wir noch

$$(\zeta + \zeta^2 + \zeta^4)^2 = (\zeta + \zeta^2)^2 + 2(\zeta + \zeta^2)\zeta^4 + \zeta^8 =$$
$$= \zeta^2 + 2\zeta^3 + \zeta^4 + 2\zeta^5 + 2\zeta^6 + \zeta =$$
$$= \Phi_7(\zeta) - 1 + \zeta^3 + \zeta^5 + \zeta^6 =$$
$$= \zeta^3 + \zeta^5 + \zeta^6 - 1,$$

wobei $\Phi_7 = X^6 + \ldots + X + 1$ das siebte Kreisteilungspolynom bezeichnet. Sei $\alpha = \zeta + \zeta^2 + \zeta^4$, dann haben wir $\zeta^3 + \zeta^5 + \zeta^6 = \alpha^2 + 1$ und somit $\beta \in \mathbb{Q}(\alpha)$ nachgewiesen. Da β beliebig aus L^H gewählt war, folgt $L^H \subseteq \mathbb{Q}(\alpha)$. Umgekehrt ist $\tau_2(\alpha) = \alpha$ klar, also gilt auch $\mathbb{Q}(\alpha) \subseteq L^H$ und es folgt $L^H = \mathbb{Q}(\alpha)$.

Aufgabe (Herbst 2015, T3A4)

Es sei $p \geq 3$ eine Primzahl und $a \in \mathbb{Q}$ eine rationale Zahl, so dass $X^p - a$ irreduzibel über $\mathbb{Q}$ ist. Ferner sei $\xi \in \mathbb{C}$ eine primitive p-te Einheitswurzel, $\alpha \in \mathbb{C}$ eine beliebige Nullstelle von $X^p - a$ und $Z := \mathbb{Q}(\alpha, \xi)$.

a Zeigen Sie, dass Z ein Zerfällungskörper von $X^p - a$ ist und $[Z : \mathbb{Q}] = p(p-1)$ gilt.

b Zeigen Sie, dass $G_{Z|\mathbb{Q}}$ eine p-Sylowgruppe H besitzt, die ein Normalteiler ist, und dass

$$G_{Z|\mathbb{Q}}/H \simeq \left(\mathbb{Z}/p\mathbb{Z}\right)^{\times} = \mathbb{Z}/p\mathbb{Z} \setminus \{0\}$$

gilt.

c Bestimmen Sie einen Gruppenisomorphismus $G_{Z|\mathbb{Q}(\alpha)} \xrightarrow{\simeq} (\mathbb{Z}/p\mathbb{Z})^{\times}$.

d Zeigen Sie, dass $G_{Z|\mathbb{Q}}$ mehr als eine 2-Sylowgruppe besitzt.

Lösungsvorschlag zur Aufgabe (Herbst 2015, T3A4)

a Sei M ein Zerfällungskörper von $X^p - a$. Da α Nullstelle von $X^p - a$ ist, ist auf jeden Fall $\alpha \in M$. Daher muss auch $\alpha^{-1} \in M$ sein. Weiterhin ist $\alpha\xi$ eine Nullstelle von $X^p - a$ und liegt deshalb ebenfalls in M. Außerdem ist $\xi = \alpha^{-1} \cdot \alpha\xi \in M$, sodass $Z = \mathbb{Q}(\alpha, \xi) \subseteq M$. Da $X^p - a$ über $\mathbb{Q}(\alpha, \xi)$ bereits vollständig in Linearfaktoren zerfällt, ist umgekehrt auch $M \subseteq \mathbb{Q}(\alpha, \xi)$ und wir erhalten Gleichheit $Z = M$.

Wegen $\mathbb{Q}(\alpha) \subseteq Z$ und $\mathbb{Q}(\xi) \subseteq Z$ wird nun der Grad $[Z : \mathbb{Q}]$ von

$$[\mathbb{Q}(\alpha) : \mathbb{Q}] = \mathrm{grad}(X^p - a) = p \quad \text{und} \quad [\mathbb{Q}(\xi) : \mathbb{Q}] = \varphi(p) = p - 1$$

geteilt. Wegen $\mathrm{ggT}(p, p-1) = 1$ ist also $[Z : \mathbb{Q}]$ ein Vielfaches von $p \cdot (p-1)$. Andererseits ist das Minimalpolynom von α über $\mathbb{Q}(\xi)$ ein Teiler von $X^p - a$, hat folglich höchstens Grad p. Somit ist

$$[Z : \mathbb{Q}] = [\mathbb{Q}(\xi)(\alpha) : \mathbb{Q}(\xi)] \cdot [\mathbb{Q}(\xi) : \mathbb{Q}] \leq p \cdot (p-1)$$

und es muss bereits $[Z : \mathbb{Q}] = p \cdot (p-1)$ sein.

b Sei $G = G_{Z|\mathbb{Q}}$. Laut dem Sylowsatz 1.27 (3) gilt für die Anzahl ν_p der p-Sylowgruppen von G:

$$\nu_p \equiv 1 \mod p \quad \text{und} \quad \nu_p \mid (p-1).$$

Aus der zweiten Bedingung folgt insbesondere $\nu_p \leq (p-1)$, sodass nur $\nu_p = 1$ beide Bedingungen erfüllt. Sei H die p-Sylowgruppe von G, dann ist H als einzige p-Sylowgruppe insbesondere ein Normalteiler von G. Laut dem Hauptsatz der Galois-Theorie 3.20 korrespondiert H zu einem eindeutigen (!) Zwischenkörper K von $Z|\mathbb{Q}$ mit $G_{Z|K} = H$. Insbesondere ist $[Z : K] = |H| = p$ und da nach Teil **a** die Gleichung

$$[Z : \mathbb{Q}(\xi)] = \frac{[Z : \mathbb{Q}]}{[\mathbb{Q}(\xi) : \mathbb{Q}]} = \frac{p(p-1)}{p-1} = p$$

erfüllt ist, muss $K = \mathbb{Q}(\xi)$ sein. Die Galois-Theorie (genauer Proposition 3.22) liefert uns nun weiterhin

$$G_{Z|\mathbb{Q}}/G_{Z|\mathbb{Q}(\xi))} \cong G_{\mathbb{Q}(\xi)|\mathbb{Q}} \cong \left(\mathbb{Z}/p\mathbb{Z}\right)^{\times},$$

wobei die letzte Isomorphie aus Satz 3.18 stammt.

c Da die Erweiterung $Z|\mathbb{Q}$ von α und ξ erzeugt wird, ist jedes $\sigma \in G_{Z|\mathbb{Q}(\alpha)}$ durch das Bild von ξ eindeutig festgelegt, da laut Definition $\sigma(\alpha) = \alpha$ gelten muss. Das Minimalpolynom von ξ über $\mathbb{Q}(\alpha)$ ist ein Teiler des p-ten Kreisteilungspolynoms Φ_p. Wegen

$$[\mathbb{Q}(\alpha)(\xi) : \mathbb{Q}(\alpha)] = \frac{[Z : \mathbb{Q}]}{[\mathbb{Q}(\alpha) : \mathbb{Q}]} = \frac{p(p-1)}{p} = p - 1 = \mathrm{grad}\ \Phi_p$$

ist Φ_p bereits das Minimalpolynom von ξ über $\mathbb{Q}(\alpha)$. Jedes $\sigma \in G_{Z|\mathbb{Q}(\alpha)}$ bildet nun ξ auf eine andere Nullstelle von Φ_p ab, also eine andere p-te Einheitswurzel. Da die Gruppe der p-ten Einheitswurzeln von ξ erzeugt wird, gibt es ein $k \in \{1, \ldots, p\}$ mit $\sigma(\xi) = \xi^k$. Betrachte nun die Abbildung

$$\psi : \left(\mathbb{Z}/p\mathbb{Z}\right)^{\times} \to G_{Z|\mathbb{Q}(\alpha)}, \quad \bar{r} \mapsto \{\xi \mapsto \xi^r\},$$

dabei bezeichnen wir mit $\{\xi \mapsto \xi^r\}$ diejenige eindeutig bestimmte Abbildung $\sigma \in G_{Z|\mathbb{Q}(\alpha)}$ mit $\sigma(\xi) = \xi^r$. Man beachte, dass ψ wegen $\xi^p = 1$ wohldefiniert ist. Wir rechnen nun nach, dass es sich bei ψ um einen Homomorphismus handelt:

$$\psi(\bar{l} \cdot \bar{k}) = \psi(\overline{lk}) = \{\xi \mapsto \xi^{lk}\} = \{\xi \mapsto \xi^k \mapsto (\xi^k)^l\} = \psi(\bar{l}) \circ \psi(\bar{k}).$$

Liegt weiterhin $\bar{k}$ im Kern von ψ, so ist $\psi(\bar{k}) = \mathrm{id}_Z = \{\xi \mapsto \xi^1\}$, sodass $\bar{k} = \bar{1}$. Folglich ist ψ injektiv und als Abbildung zwischen zwei gleichmächtigen (endlichen) Mengen auch surjektiv. Somit ist ψ ein Isomorphismus.

d Sei $r \in \mathbb{N}$ maximal mit $2^r \mid p(p-1)$. Da p ungerade ist, muss $(p-1)$ von 2^r geteilt werden. Insbesondere ist also 2^r ein Teiler der Ordnung von $G_{Z|\mathbb{Q}(\alpha)}$. Da diese Gruppe nach Teil **c** zyklisch ist, gibt es eine Untergruppe S von $G_{Z|\mathbb{Q}(\alpha)}$ mit $|S| = 2^r$.

Wenn wir annehmen, dass es genau eine 2-Sylowgruppe in $G_{Z|\mathbb{Q}}$ gibt, dann muss S diese einzige 2-Sylowgruppe sein, denn es ist $S \subseteq G_{Z|\mathbb{Q}(\alpha)} \subseteq G_{Z|\mathbb{Q}}$ und S hat die richtige Ordnung.

Laut Galoiskorrespondenz gilt für den Fixkörper dann $\mathbb{Q}(\alpha) \subseteq Z^S$, d.h. $\alpha \in Z^S$ und $X^p - a$ hat eine Nullstelle in Z^S. Weiterhin ist die Erweiterung $Z^S|\mathbb{Q}$ normal, denn S ist als einzige 2-Sylowgruppe Normalteiler in $\text{Gal}(Z|\mathbb{Q})$. Es müsste also $X^p - a$ über Z^S vollständig in Linearfaktoren zerfallen. Da Z als Zerfällungskörper der kleinste Körper mit dieser Eigenschaft ist, müsste $Z = Z^S$ sein. Dies ist jedoch ein Widerspruch zu $[Z : Z^S] = 2^r \neq 1$. Folglich muss unsere Annahme, dass es nur eine 2-Sylowgruppe gibt, falsch gewesen sein.

Aufgabe (Frühjahr 2012, T3A5)

Sei $L|K$ eine endliche Galois-Erweiterung, $G := G_{L|K}$ die zugehörige Galois-Gruppe, $\alpha \in L$ und f das (normierte) Minimalpolynom von α über K. Zeigen Sie, dass gilt:

$$f^{[L:K(\alpha)]} = \prod_{\sigma \in G}(X - \sigma(\alpha)).$$

Lösungsvorschlag zur Aufgabe (Frühjahr 2012, T3A5)

Sei $\sigma \in G$. Wir betrachten ein Element ρ der Nebenklasse $\sigma G_{L|K(\alpha)}$: Es ist $\rho = \sigma\tau$ für $\tau \in G_{L|K(\alpha)}$ und daher $\rho(\alpha) = \sigma(\tau(\alpha)) = \sigma(\alpha)$. Also folgt

$$(X - \sigma(\alpha))^{|G_{L|K(\alpha)}|} = \prod_{\rho \in \sigma G_{L|K(\alpha)}}(X - \rho(\alpha)).$$

Sei nun $\sigma_1, \ldots, \sigma_n$ ein Repräsentantensystem von $G/G_{L|K(\alpha)}$, dann sind die $\sigma_i(\alpha)$ nach obiger Überlegung paarweise verschieden: Wäre $\sigma_i(\alpha) = \sigma_j(\alpha)$ für gewisse $i \neq j$, so gäben σ_i und σ_j eingeschränkt auf $K(\alpha)$ die gleiche Abbildung, sodass $(\sigma_i\sigma_j^{-1})_{|K(\alpha)} = \text{id}_{K(\alpha)}$. Dies bedeutet $\sigma_i\sigma_j^{-1} \in G_{L|K(\alpha)}$, also $\sigma_i G_{L|K(\alpha)} = \sigma_j G_{L|K(\alpha)}$ – im Widerspruch dazu, dass σ_i und σ_j Repräsentanten verschiedener Nebenklassen sind.

Da weiterhin jedes $\sigma_i(\alpha)$ eine Nullstelle von f sein muss, haben wir

$$n = (G : G_{L|K(\alpha)}) = \frac{[L : K]}{[L : K(\alpha)]} = [K(\alpha) : K]$$

verschiedene Nullstellen von f gefunden. Wegen $\text{grad} f = [K(\alpha) : K]$ müssen das bereits alle sein und wir erhalten:

$$f(X)^{[L:K(\alpha)]} = \left(\prod_{i=1}^{n}(X - \sigma_i(\alpha))\right)^{[L:K(\alpha)]} = \prod_{i=1}^{n}(X - \sigma_i(\alpha))^{[L:K(\alpha)]}$$

$$\prod_{i=1}^{n}\prod_{\rho \in \sigma_i G_{L|K(\alpha)}}(X - \rho(\alpha)) = \prod_{\sigma \in G}(X - \sigma(\alpha))$$

3.5. Endliche Körper

Bevor wir uns den bereits in der Überschrift angekündigten endlichen Körpern widmen, kehren wir kurz zurück in die Ringtheorie, um den Begriff der Charakteristik nachträglich einzuführen. Sei dazu R ein Ring mit Einselement 1_R. Durch die Zuordnung

$$\varphi \colon \mathbb{Z} \to R, \quad n \mapsto n \cdot 1_R$$

ist ein Ringhomomorphismus gegeben. Da $\mathbb{Z}$ ein Hauptidealring ist, gibt es ein $n \in \mathbb{Z}$ mit $\ker \varphi = n\mathbb{Z}$, welches als *Charakteristik* von R bezeichnet und als char $R = n$ notiert wird. Nach dem Homomorphiesatz ist im $\varphi \cong \mathbb{Z}/n\mathbb{Z}$. Ist nun R ein Integritätsbereich, so gilt dies auch für im φ, also muss in diesem Fall n eine Primzahl oder 0 sein.

Falls $R = K$ ein endlicher Körper ist, so wäre im $\varphi \cong \mathbb{Z}$ natürlich unsinnig, denn dann würde R eine unendliche Menge enthalten. Dies bedeutet, dass ein endlicher Körper nur Charakteristik p für eine Primzahl p haben kann und $\mathbb{Z}/p\mathbb{Z}$ enthält. Es gilt sogar der stärkere Zusammenhang:

> **Satz 3.25** (Existenz und Eindeutigkeit endlicher Körper). (1) Ist p eine Primzahl und $n \in \mathbb{N}$, so gibt es einen Körper der Ordnung p^n, den wir als $\mathbb{F}_{p^n}$ bezeichnen.
>
> (2) Ist K ein Körper der Ordnung $|K| = q$ und $p = $ char K, so gibt es $n \in \mathbb{N}$ mit $q = p^n$ und $K \cong \mathbb{F}_{p^n}$.

Für das Verständnis endlicher Körper ist hilfreich, dass $\mathbb{F}_q^\times$ immer eine zyklische Gruppe ist. Insbesondere gilt $a^{q-1} = 1$ bzw. $a^q = a$ für alle $a \in \mathbb{F}_q^\times$. Letztere Gleichung gilt sogar für 0, sodass jedes $a \in \mathbb{F}_q$ eine Nullstelle des Polynoms $X^q - X$ ist. Umgekehrt kann $X^q - X$ nur höchstens q Nullstellen in $\mathbb{F}_q$ haben, also ist $\mathbb{F}_q$ gerade die Nullstellenmenge von $X^q - X$ und der Zerfällungskörper von $X^q - X$ über $\mathbb{F}_p$.

Im Zusammenhang mit endlichen Körpern ist außerdem der *Frobenius-Homomorphismus* wichtig, nämlich die Abbildung

$$\mathbb{F}_{p^n} \to \mathbb{F}_{p^n}, \quad a \mapsto a^p.$$

Dem aufmerksamen Leser wird aufgefallen sein, dass daraus, dass diese Abbildung ein Homomorphismus ist,

$$(a + b)^{p^r} = a^{p^r} + b^{p^r} \quad \text{für alle } a, b \in \mathbb{F}_{p^n} \text{ und } r \in \mathbb{N}$$

folgt. Da dies die Form der binomischen Formel ist, von deren Gültigkeit wir alle träumen, ist diese Formel auch als *freshman's dream* bekannt.

Aufgabe (Frühjahr 2003, T3A2)

Sei K ein Körper mit vier Elementen. Bestimmen Sie eine Additions- und eine Multiplikationstafel von K.

Lösungsvorschlag zur Aufgabe (Frühjahr 2003, T3A2)

Da K ein Körper ist, gibt es auf jeden Fall ein Einselement 1 und ein Nullelement 0 in K. Wegen $|K| = 2^2$ muss char $K = 2$ sein, sodass $2a = 0$ bzw. $a = -a$ für alle $a \in K$ gelten muss. Sei $\alpha \in K \setminus \{0, 1\}$, dann stimmt $\alpha + 1$ mit keinem der Elemente in $\{0, 1, \alpha\}$ überein, sodass $K = \{0, 1, \alpha, \alpha + 1\}$ gilt. Mit diesem Wissen lässt sich die Additionstabelle von K vollständig ausfüllen:

$+$	0	1	α	$\alpha + 1$
0	0	1	α	$\alpha + 1$
1	1	0	$\alpha + 1$	α
α	α	$\alpha + 1$	0	1
$\alpha + 1$	$\alpha + 1$	α	1	0

Ein Großteil der Multiplikationstafel ergibt sich bereits aus den Relationen $0 \cdot x = 0$ sowie $1 \cdot x = x$ für alle $x \in K$. Für die restlichen verwenden wir, dass K die Nullstellenmenge von $X^4 - X = X(X - 1)(X^2 + X + 1)$ ist. Ein $\alpha \neq 0, 1$ muss daher $\alpha^2 + \alpha + 1 = 0$ erfüllen, also $\alpha^2 = \alpha + 1$ und $\alpha(\alpha + 1) = 1$. Zuletzt bemerken wir $(\alpha + 1)^2 = \alpha^2 + 1 = \alpha$ und bekommen:

$\cdot$	0	1	α	$\alpha + 1$
0	0	0	0	0
1	0	1	α	$\alpha + 1$
α	0	α	$\alpha + 1$	1
$\alpha + 1$	0	$\alpha + 1$	1	α

Aufgabe (Frühjahr 2015, T2A5)

Sei p eine Primzahl und $q = p^n, n > 0$. Weiter sei K ein Körper der Charakteristik p. Zeigen Sie, dass die Nullstellen des Polynoms $f(X) = X^q - X$ einen Unterkörper von K bilden.

Lösungsvorschlag zur Aufgabe (Frühjahr 2015, T2A5)

Sei $N = \{a \in K \mid f(a) = 0\}$. Zu zeigen ist für $a, b \in N$, dass

(i) $1 \in N$, (ii) $a - b \in N$, (iii) $ab \in N$, (iv) $a^{-1} \in N$ (falls $a \neq 0$).

(i): Es gilt $f(1) = 1^{p^n} - 1 = 0$ und somit $1 \in N$.

(ii): Seien $a, b \in N$, dann gilt unter Verwendung des *freshman's dream*

$$f(a - b) = (a - b)^{p^n} - (a - b) = a^{p^n} - b^{p^n} - a + b = f(a) - f(b) = 0.$$

(iii): Hier erhalten wir aus $f(a) = 0$, dass $a^q = a$ bzw. $b^q = b$, sodass

$$f(ab) = (ab)^{p^n} - ab = a^{p^n} b^{p^n} - ab = ab - ab = 0.$$

(iv): Unter der Annahme $a \neq 0$ folgt aus $a^{p^n} = a$ die Gleichung

$$1 = a^{p^n - 1} = aa^{p^n - 2} \quad \Leftrightarrow \quad a^{-1} = a^{p^n - 2}.$$

Da N laut (iii) unter Produktbildung abgeschlossen ist, gilt $a^{-1} = a^{p^n - 2} \in N$.

Nun wollen wir uns noch mit den Zwischenkörpern einer Erweiterung $\mathbb{F}_{p^n} | \mathbb{F}_p$ beschäftigen. Folgende Proposition gibt zunächst Aufschluss über die „Schachtelung" der oben konstruierten Körper.

Proposition 3.26. Seien p eine Primzahl, $\overline{\mathbb{F}}_p$ ein algebraischer Abschluss von $\mathbb{F}_p$ und $n, m \in \mathbb{N}$. Es gilt

$$\mathbb{F}_{p^m} \subseteq \mathbb{F}_{p^n} \quad \Leftrightarrow \quad m \mid n$$

und $[\mathbb{F}_{p^n} : \mathbb{F}_p] = n$.

Der bezüglich Inklusion kleinste Körper in $\mathbb{F}_{p^n}$ ist demzufolge $\mathbb{F}_p$. Allgemein spricht man bei dem kleinsten Teilkörper eines Körpers K vom **Primkörper** von K, welcher gerade der Schnitt aller Unterkörper von K ist.

Aufgabe (Herbst 2003, T2A3)

Es seien p und q Primzahlen. Warum zerfällt das Polynom

$$f = X^{p^q} - X$$

über dem Körper $\mathbb{F}_p$ mit p Elementen in p verschiedene Faktoren vom Grad 1 und in $\frac{p^q - p}{q}$ verschiedene irreduzible Faktoren von Grad q?

Hinweis Die Faktoren müssen nicht angegeben werden! Zum Einstieg in die Aufgabe überlege man, dass die Nullstellen von f einen Körper bilden.

Lösungsvorschlag zur Aufgabe (Herbst 2003, T2A3)

Der Beweis des Hinweises ist gerade die vorangegangene Aufgabe. Wir dort bezeichnen wir mit N die Menge der Nullstellen von f.

Ferner ist $f' = -1$, also $\mathrm{ggT}(f, f') = 1$ und das Polynom f ist separabel, hat also p^q verschiedene Nullstellen. Insgesamt ist N damit ein Erweiterungskörper von $\mathbb{F}_p$ mit p^q Elementen.

Ist $a \in N$, so folgt aus $f(a) = 0$, dass das Minimalpolynom von a über $\mathbb{F}_p$ ein Teiler von f ist. Ist umgekehrt $g \in \mathbb{F}_p[X]$ ein irreduzibler (normierter) Teiler von f und $a \in N$ mit $g(a) = 0$, so ist g Minimalpolynom von a über $\mathbb{F}_p$. Zusammenfassend: Die irreduziblen Faktoren von f sind genau die Minimalpolynome der Elemente aus N.

Für die p Elemente in $\mathbb{F}_p$ haben die zugehörigen Minimalpolynome Grad 1, wir erhalten also p Faktoren von f mit Grad 1.

Für die Erweiterung $N|\mathbb{F}_p$ gilt nach Proposition 3.26, dass $[N : \mathbb{F}_p] = q$. Da q eine Primzahl ist, gibt es deshalb keine echten Zwischenkörper von $N|\mathbb{F}_p$. Ist $a \in N \setminus \mathbb{F}_p$, so muss daher bereits $\mathbb{F}_p(a) = N$ gelten und das Minimalpolynom von a über $\mathbb{F}_p$ hat den Grad q. Es gibt $p^q - p$ solcher Elemente, von denen jeweils q Elemente das gleiche Minimalpolynom haben, denn $\mathbb{F}_p$ ist als endlicher Körper perfekt, sodass jedes irreduzible Polynom aus $\mathbb{F}_p[X]$ separabel ist und deshalb nur einfache Nullstellen hat. Also hat f noch $\frac{p^q - p}{q}$ irreduzible Faktoren von Grad q.

Aufgabe (Herbst 2013, T2A1)

a Zeigen Sie, dass das Polynom $f = X^4 + X + 1 \in \mathbb{F}_2[X]$ irreduzibel ist.

b Sei α eine Nullstelle des Polynoms f aus Teilaufgabe **a** in einem algebraischen Abschluss $\overline{\mathbb{F}}_2$ von $\mathbb{F}_2$. Zeigen Sie, dass $\mathbb{F}_2(\alpha) = \mathbb{F}_{16}$ gilt, dass $\alpha \in \mathbb{F}_{16}^\times$ gilt, und dass α ein Erzeuger der multiplikativen Gruppe $\mathbb{F}_{16}^\times$ von $\mathbb{F}_{16}$ ist.

Lösungsvorschlag zur Aufgabe (Herbst 2013, T2A1)

a Das Polynom f hat keine Nullstellen in $\mathbb{F}_2$. Wäre es dennoch reduzibel, müsste es in zwei irreduzible Polynome von Grad 2 zerfallen. Allerdings ist $X^2 + X + 1$ das einzige solche Polynom in $\mathbb{F}_2[X]$, was man entweder weiß oder wie in Aufgabe F13T3A4 auf Seite 133 zeigt. Wegen

$$(X^2 + X + 1)^2 = X^4 + X^2 + 1 \neq f$$

ist f daher irreduzibel.

b Das Polynom f ist irreduzibel, normiert, hat α als Nullstelle und ist somit das Minimalpolynom von α über $\mathbb{F}_2$. Es folgt $[\mathbb{F}_2(\alpha) : \mathbb{F}_2] = 4$, d.h. $|\mathbb{F}_2(\alpha)| = 2^4$. Da es bis auf Isomorphie nur einen Körper mit 16 Elementen gibt, muss bereits $\mathbb{F}_2(\alpha) = \mathbb{F}_{16}$ gelten.

Es ist $f(0) = 1$, sodass $\alpha \neq 0$ gelten muss. Dies bedeutet gerade $\alpha \in \mathbb{F}_{16}^{\times}$. Damit α ein Erzeuger von $\mathbb{F}_{16}^{\times}$ ist, muss α Ordnung $|\mathbb{F}_{16}^{\times}| = 15$ haben. Dazu genügt es nachzuweisen, dass $\alpha^{\frac{15}{3}} = \alpha^5 \neq 1$ und $\alpha^{\frac{15}{5}} = \alpha^3 \neq 1$ gilt. Man berechnet:

$$\alpha^5 = \alpha \cdot \alpha^4 = \alpha \cdot (-\alpha - 1) = -\alpha^2 - \alpha.$$

Wäre $\alpha^5 = 1$, so hieße das $\alpha^2 + \alpha + 1 = 0$ und α wäre eine Nullstelle von $X^2 + X + 1$. Als Minimalpolynom von α ist jedoch f das Polynom kleinsten Grades, das α als Nullstelle hat. Genauso würde aus $\alpha^3 = 1$ folgen, dass $X^3 - 1$ Nullstelle α hat – nach dem gleichen Argument ebenfalls ein Widerspruch.

Aufgabe (Frühjahr 2008, T1A4)

Sei E ein endlicher Körper mit 81 Elementen.

a Wie viele Untergruppen besitzt die multiplikative Gruppe $E^{\times}$?

b Sei F Primkörper von E. Wie viele Elemente $z \in E$ mit $E = F(z)$ gibt es?

Lösungsvorschlag zur Aufgabe (Frühjahr 2008, T1A4)

a Die Gruppe $E^{\times}$ ist eine zyklische Gruppe der Ordnung $|E| - 1 = 80$. Sie besitzt also für jeden Teiler ihrer Ordnung genau eine Untergruppe. Wegen $80 = 2^4 \cdot 5$ sind dies $5 \cdot 2 = 10$ an der Zahl.

b Wegen $81 = 3^4$ ist $E \cong \mathbb{F}_{3^4}$ und die Kette aller Zwischenkörper ist

$$\mathbb{F}_3 \subseteq \mathbb{F}_{3^2} \subseteq \mathbb{F}_{3^4}.$$

Sei nun $\alpha \in \mathbb{F}_{3^4}$, dann ist $\mathbb{F}_3(\alpha) \in \{\mathbb{F}_3, \mathbb{F}_{3^2}, \mathbb{F}_{3^4}\}$. Falls $\alpha \in \mathbb{F}_{3^2}$, so ist $\mathbb{F}_3(\alpha) \subseteq \mathbb{F}_{3^2}$, also insbesondere $\mathbb{F}_3(\alpha) \neq \mathbb{F}_{3^4}$. Um $\mathbb{F}_3(\alpha) = \mathbb{F}_{3^4}$ zu erreichen, muss daher auf jeden Fall $\alpha \in \mathbb{F}_{3^4} \setminus \mathbb{F}_{3^2}$ sein.

Ist umgekehrt $\alpha \in \mathbb{F}_{3^4} \setminus \mathbb{F}_{3^2}$, so würde aus $\mathbb{F}_3(\alpha) = \mathbb{F}_3$ oder $\mathbb{F}_3(\alpha) = \mathbb{F}_{3^2}$ folgen, dass $\alpha \in \mathbb{F}_{3^2}$. Da wir von oben alle Teilkörper von $\mathbb{F}_{3^4}$ kennen, bleibt nur $\mathbb{F}_3(\alpha) = \mathbb{F}_{3^4}$.

Die gesuchte Anzahl an primitiven Elementen ist daher

$$|\mathbb{F}_{3^4} \setminus \mathbb{F}_{3^2}| = 81 - 9 = 72.$$

Aufgabe (Herbst 2000, T1A3)

Sei $K = \mathbb{F}_{2^{2000}}$ der Körper mit 2^{2000} Elementen.

a Wie viele Teilkörper besitzt K?

b Wie viele erzeugende Elemente hat die Erweiterung $K|\mathbb{F}_2$?

Hinweis Die bei der Berechnung auftretenden Potenzen von 2 müssen nicht „ausgerechnet" werden.

Lösungsvorschlag zur Aufgabe (Herbst 2000, T1A3)

a Die Zahl 2000 hat die Primfaktorzerlegung $2^4 \cdot 5^3$ und somit $5 \cdot 4 = 20$ Teiler. Dies ist laut Proposition 3.26 die Anzahl der Teilkörper.

b Für ein Element $\alpha \in K$ gilt $K = \mathbb{F}_2(\alpha)$ genau dann, wenn α in keinem echten Teilkörper der Erweiterung enthalten ist. Ist nämlich $\alpha \in \mathbb{F}_{2^d}$ für $d < 2000$, so ist auch $\mathbb{F}_2(\alpha) \subseteq \mathbb{F}_{2^d}$ und damit insbesondere $\mathbb{F}_2(\alpha) \neq K$. Umgekehrt bedeutet $\mathbb{F}_2(\alpha) \neq K$, dass $\mathbb{F}_2(\alpha)$ ein echter Zwischenkörper ist und insbesondere α in einem solchen liegt.

Damit ist die Anzahl der erzeugenden Elemente gegeben durch

$$\left| \mathbb{F}_{2^{2000}} \setminus \bigcup_{\substack{d|2000 \\ d<2000}} \mathbb{F}_{2^d} \right|.$$

Ist nun d ein echter Teiler von $2000 = 2^4 \cdot 5^3$, dann ist $d = 2^k \cdot 5^l$ mit $k \leq 4, l \leq 3$ und $(k,l) \neq (4,3)$. Ist $k \leq 3$, so ist d ein Teiler von $2^3 \cdot 5^3 = 1000$ und ist $l \leq 2$, so ist d ein Teiler von $2^4 \cdot 5^2 = 400$. Im ersten Fall ist $\mathbb{F}_{2^d} \subseteq \mathbb{F}_{2^{1000}}$, im zweiten Fall $\mathbb{F}_{2^d} \subseteq \mathbb{F}_{2^{400}}$. Die Anzahl der primitiven Elemente ist daher durch

$$|\mathbb{F}_{2^{2000}} \setminus (\mathbb{F}_{2^{1000}} \cup \mathbb{F}_{2^{400}})| = |\mathbb{F}_{2^{2000}}| - |\mathbb{F}_{2^{1000}} \cup \mathbb{F}_{2^{400}}| =$$
$$= 2^{2000} - |\mathbb{F}_{2^{1000}}| - |\mathbb{F}_{2^{400}}| + |\mathbb{F}_{2^{1000}} \cap \mathbb{F}_{2^{400}}| =$$
$$= 2^{2000} - 2^{1000} - 2^{400} + |\mathbb{F}_{2^{1000}} \cap \mathbb{F}_{2^{400}}|$$

gegeben. Sei $a \in \mathbb{F}_{2^{1000}} \cap \mathbb{F}_{2^{400}}$, dann ist $\mathbb{F}_2(a) = \mathbb{F}_{2^d}$ für ein $d \in \mathbb{N}_0$ mit $d \mid 1000$ und $d \mid 400$, also $d \mid \text{ggT}(400, 1000) = 200$. Folglich ist $\mathbb{F}_{2^d}$, und damit auch a, im Körper $\mathbb{F}_{2^{200}}$ enthalten. Umgekehrt ist natürlich $\mathbb{F}_{2^{200}} \subseteq \mathbb{F}_{2^{1000}} \cap \mathbb{F}_{2^{400}}$. Wir erhalten daher für die gesuchte Anzahl

$$2^{2000} - 2^{1000} - 2^{400} + 2^{200}.$$

Aufgabe (Herbst 2010, T3A5)

Sei $P = X^4 + X + 2 \in \mathbb{F}_3[X]$ und $K = \mathbb{F}_3[X]/(P)$. Weiter sei α das Bild von X in K.

a Zeigen Sie, dass K ein Körper mit 81 Elementen ist.

b Bestimmen Sie explizit alle Teilkörper von K. Hierbei heißt „explizit": Die Angabe einer $\mathbb{F}_3$-Basis, wobei die Basiselemente Polynome in α vom Grad ≤ 3 sind.

Hinweis Betrachten Sie $\alpha^{10} \in K$.

Lösungsvorschlag zur Aufgabe (Herbst 2010, T3A5)

a Wir zeigen, dass P irreduzibel ist. Zunächst sieht man durch Einsetzen, dass P keine Nullstelle in $\mathbb{F}_3$ hat. Wäre P dennoch irreduzibel, so müsste P in zwei Polynome von Grad 2 zerfallen. Nun sind die Polynome zweiten Grades in $\mathbb{F}_3[X]$ aber nur (vgl. Aufgabe F13T3A4 auf Seite 133)

$$X^2 + 1, \quad X^2 + X + 2, \quad X^2 + 2X + 2.$$

Da der konstante Term von P gleich 2 ist, kommen nur Produkte infrage, die das erste Polynom einmal als Faktor enthalten. Durchrechnen dieser Möglichkeiten zeigt, dass keines der Produkte P ergibt. Somit ist P irreduzibel.

Als Polynomring über einem Körper ist $\mathbb{F}_3[X]$ ein Hauptidealring. P ist als irreduzibles Element daher auch prim, sodass (P) ein Primideal und damit bereits ein maximales Ideal ist. Dies wiederum bedeutet, dass K ein Körper ist.

Wir zeigen mit dem Homomorphiesatz, dass $K \cong \mathbb{F}_3(\beta)$ gilt, wobei $\beta \in \overline{\mathbb{F}}_3$ eine Nullstelle von P ist. P ist dann als normiertes, irreduzibles Polynom zugleich das Minimalpolynom von β über $\mathbb{F}_3$ und es ist $[\mathbb{F}_3(\beta) : \mathbb{F}_3] = 4$. Definiere nun den Einsetzungshomomorphismus

$$\phi \colon \mathbb{F}_3[X] \to \mathbb{F}_3(\beta), \quad g \mapsto g(\beta).$$

Wegen $[\mathbb{F}_3(\beta) : \mathbb{F}_3] = 4$ wissen wir, dass $1, \beta, \beta^2$ und β^3 eine $\mathbb{F}_3$-Basis von $\mathbb{F}_3(\beta)$ bilden. Also hat jedes Element aus $\mathbb{F}_3(\beta)$ eine Darstellung als $a_0 + a_1\beta + a_2\beta^2 + a_3\beta^3$ mit $a_0, a_1, a_2, a_3 \in \mathbb{F}_3$ und ist damit das Bild von $f = a_0 + a_1 X + a_2 X^2 + a_3 X^3$. Dies zeigt, dass ϕ surjektiv ist.

Wir zeigen weiter $\ker \phi = (P)$. Die Richtung „$\supseteq$" ist klar, da $P(\beta) = 0$. Ist umgekehrt $g \in \ker \phi$, d.h. $g(\beta) = 0$, dann wird g vom Minimalpolynom von β geteilt, sodass $g \in (P)$.

Nach dem Homomorphiesatz induziert ϕ somit einen Isomorphismus $K \cong \mathbb{F}_3(\beta)$. Wegen $[\mathbb{F}_3(\beta) : \mathbb{F}_3] = \operatorname{grad} P = 4$ hat K damit $3^4 = 81$ Elemente.

b Wir bestimmen zunächst die Anzahl der Teilkörper: Nach Teil **a** ist K isomorph zu einem Erweiterungskörper von Grad 4 über $\mathbb{F}_3$, also zu $\mathbb{F}_{3^4}$. Diese Erweiterung hat genau einen echten Zwischenkörper vom Grad 2 (nämlich $\mathbb{F}_{3^2}$), sodass auch K neben den trivialen Teilkörpern nur einen Teilkörper von Erweiterungsgrad 2 besitzt.

Dem Hinweis folgend betrachten wir zunächst $\alpha^{10} = X^{10} + (P)$ und vermuten, dass α^{10} bereits die gesuchte Erweiterung zweiten Grades erzeugt. Dazu muss das Minimalpolynom von α^{10} über $\mathbb{F}_3$ Grad 2 haben, weswegen wir den Ansatz $f = X^2 + aX + b$ mit $a, b \in \mathbb{F}_3$ für das Minimalpolynom machen und a und b so bestimmen, dass $f(\alpha) = 0$ gilt. Unter wiederholter Ausnutzung von $\alpha^4 = 1 - \alpha$ und dem *freshman's dream* bekommen wir:

$$\alpha^{20} + a\alpha^{10} + b = (1 - \alpha)^5 + a\alpha^2(1 - \alpha)^2 + b =$$
$$= (1 - \alpha)^2(1 - \alpha)^3 + a\alpha^2 - 2a\alpha^3 + a\alpha^4 + b =$$
$$= 1 - \alpha^3 - 2\alpha + 2\alpha^4 + \alpha^2 - \alpha^5 + a\alpha^2 - 2a\alpha^3 + a - a\alpha + b =$$
$$= (a - 1)\alpha^2 + (a - 1)\alpha^3 + (1 - a)\alpha + (a + b).$$

Aus $f(\alpha) = 0$ erhält man daher mittels Koeffizientenvergleich $a = 1$ und $b = -1$. Somit ist $f = X^2 + X - 1$ ein normiertes Polynom, das α^{10} als Nullstelle hat, außerdem ist es irreduzibel über $\mathbb{F}_3$, da dort nullstellenfrei. Somit ist $\mathbb{F}_3(\alpha^{10})$ tatsächlich der eindeutige Zwischenkörper von K von Grad 2 über $\mathbb{F}_3$.

Laut Aufgabenstellung müssen wir α^{10} noch als Polynom in α von Grad höchstens 3 ausdrücken. Dies erledigen wir mittels der folgenden Rechnung:

$$\alpha^{10} = \alpha^2(1 - \alpha)^2 = \alpha^2 - 2\alpha^3 + (1 - \alpha) = \alpha^3 + \alpha^2 - \alpha + 1.$$

Die zugehörige $\mathbb{F}_3$-Basis des Zwischenkörpers von Grad 2 ist nun $\{1, \alpha^3 + \alpha^2 - \alpha + 1\}$. Der triviale Teilkörper $\mathbb{F}_3$ hat die Basis $\{1\}$, der Teilkörper K hat als vierdimensionaler $\mathbb{F}_3$-Vektorraum die Basis $\{1, \alpha, \alpha^2, \alpha^3\}$.

Aufgabe (Herbst 2000, T2A3)

a Sei $p \neq 2$ eine Primzahl. Zeigen Sie, dass der Körper $\mathbb{F}_{p^2}$ mit p^2 Elementen eine primitive 8-te Einheitswurzel enthält.

b Zeigen Sie, dass das Polynom $X^4 + 1$ über $\mathbb{Q}$ irreduzibel und über jedem endlichen Körper reduzibel ist.

Lösungsvorschlag zur Aufgabe (Herbst 2000, T2A3)

a Sei $K = \mathbb{F}_{p^2}$ der angegebene Körper und $K^\times$ seine Einheitengruppe. Wir wissen, dass $K^\times$ zyklisch von Ordnung $p^2 - 1$ ist. Wenn wir zeigen könnten, dass 8 ein Teiler von $p^2 - 1$ ist, so ist die Aussage wahr: Da $K^\times$ zyklisch ist, existiert dann eine Untergruppe dieser Ordnung und diese Untergruppe ist wiederum zyklisch. Ihr Erzeuger ist also eine primitive 8-te Einheitswurzel.

Wir zeigen daher nun $8 \mid (p^2 - 1)$. Da p ungerade ist, ist p kongruent zu $1, 3, 5$ oder 7 modulo 8. In jedem der Fälle ist

$$1 \equiv 3^2 \equiv 5^2 \equiv 7^2 \mod 8,$$

also $p^2 - 1 \equiv 0 \mod 8$.

b *Irreduzibilität über* $\mathbb{Q}$: Sei $\zeta \in \mathbb{C}$ eine primitive achte Einheitswurzel, dann ist $\zeta^4 = -1$, denn aus $(\zeta^4)^2 = \zeta^8 = 1$ folgt $\zeta^4 \in \{\pm 1\}$ und $\zeta^4 = 1$ würde $\operatorname{ord} \zeta = 8$ widersprechen. Dies zeigt, dass ζ eine Nullstelle von $X^4 + 1$ ist. Das achte Kreisteilungspolynom Φ_8 hat den Grad $\varphi(8) = 4$. Da dies dem Grad von $X^4 + 1$ entspricht und beide Polynome normiert sind, folgt $\Phi_8 = X^4 + 1$. Insbesondere ist $X^4 + 1$ irreduzibel über $\mathbb{Q}$.

Reduzibilität über endlichen Körpern: Ziel ist nun, Teil **a** anzuwenden. Betrachten wir zunächst den Fall $\operatorname{char} K = 2$. In diesem Fall erhalten wir mittels *freshman's dream* die Zerlegung

$$X^4 + 1 = (X^2 + 1)^2 = (X + 1)^4.$$

Ist anderseits $\operatorname{char} K = p \neq 2$, so existiert laut Teil **a** im Körper $\mathbb{F}_{p^2}$ eine primitive achte Einheitswurzel ζ. Wie oben sieht man, dass $\zeta^4 = -1$ und somit ζ eine Nullstelle des angegebenen Polynoms sein muss.

Angenommen, das Polynom $X^4 + 1$ wäre irreduzibel über $\mathbb{F}_p$, dann wäre es das Minimalpolynom von ζ über $\mathbb{F}_p$ und wir bekämen

$$4 = [\mathbb{F}_p(\zeta) : \mathbb{F}_p] \leq [\mathbb{F}_{p^2} : \mathbb{F}_p] = 2,$$

was unmöglich sein kann.

Galois-Theorie endlicher Körper

Endliche Erweiterungen endlicher Körper sind stets galoissch: Als Erweiterungen über einem endlichen (und damit perfekten) Körper sind sie separabel und als Zerfällungskörper eines Polynoms der Form $X^q - X$ für eine Primzahlpotenz q auch normal.

Die Galois-Theorie endlicher Körper ist besonders einfach, wie der nächste Satz zeigt.

> **Satz 3.27.** Sei K ein endlicher Körper mit $q = p^n$ Elementen und $L|K$ eine endliche Körpererweiterung. Die Galois-Gruppe $G_{L|K}$ wird vom relativen *Frobenius-Homomorphismus* erzeugt, d. h.
>
> $$G_{L|K} = \langle \varphi \rangle \quad \text{für} \quad \varphi \colon L \to L, \ \alpha \mapsto \alpha^q.$$
>
> Insbesondere ist dies eine zyklische Gruppe der Ordnung $[L : K]$.

Aufgabe (Frühjahr 2013, T2A4)

Sei $K = \mathbb{F}_5(\alpha)$ mit $\alpha^4 = 3$.

a Zeigen Sie, dass $K|\mathbb{F}_5$ eine Galois-Erweiterung ist und bestimmen Sie die Galois-Gruppe dieser Erweiterung.

b Bestimmen Sie den Verband der Zwischenkörper von K über $\mathbb{F}_5$, d. h. alle Zwischenkörper geordnet nach Inklusionen.

c Bestimmen Sie die Anzahl der primitiven Elemente der Erweiterung K über $\mathbb{F}_5$.

Lösungsvorschlag zur Aufgabe (Frühjahr 2013, T2A4)

a Wegen $\alpha^4 - 3 = 0$ ist α algebraisch über $\mathbb{F}_5$ und K somit eine endliche Erweiterung von $\mathbb{F}_5$. Insbesondere ist K selbst endlich und Zerfällungskörper des Polynoms $X^{5^n} - X$ mit $n = [K : \mathbb{F}_5]$ über $\mathbb{F}_5$.

Weiter ist $\mathbb{F}_5$ als endlicher Körper perfekt, sodass $K|\mathbb{F}_5$ auch separabel ist. Insgesamt ist damit $K|\mathbb{F}_5$ galoissch.

Die Galois-Gruppe ist laut Satz 3.27 durch $G_{K|\mathbb{F}_5} = \langle \varphi \rangle \cong \mathbb{Z}/n\mathbb{Z}$ gegeben, wobei

$$\varphi \colon K \to K, \quad a \mapsto a^5$$

der Frobenius-Homomorphismus ist. Wir bestimmen noch $n = [K : \mathbb{F}_5]$:

Das Element α ist Nullstelle des Polynoms $f = X^4 - 3$. Dieses hat in $\mathbb{F}_5$ keine Nullstelle, wie Einsetzen zeigt. Angenommen, es zerfällt in zwei irreduzible quadratische Polynome $X^2 + bX + c$ und $X^2 + dX + e$ mit $b, c, d, e \in \mathbb{F}_5$. Wir erhalten

$$X^4 - 3 = (X^2 + bX + c)(X^2 + dX + e)$$
$$= X^4 + (b+d)X^3 + (bd + c + e)X^2 + (cd + be)X + ce$$

und damit die Gleichungen

(I) $b + d = 0$,   (II) $bd + c + e = 0$,   (III) $cd + be = 0$,   (IV) $ce = 3$.

Die erste Gleichung liefert $b = -d$, Einsetzen in (III) ergibt

$$cd - ed = 0 \quad \Leftrightarrow \quad d(c - e) = 0 \quad \Leftrightarrow \quad d = 0 \text{ oder } c = e.$$

Der Fall $c = e$ liefert mit Gleichung (IV) $c^2 = 3$. Da es ist in $\mathbb{F}_5$ jedoch nur die Quadrate 0,1 und 4 gibt, ist das nicht möglich. Im Fall $d = 0$ erhalten wir aus Gleichung (II) $c = -e$ und damit mit (IV) $c^2 = -3 = 2$. Auch das ist in $\mathbb{F}_5$ unmöglich. Damit enthält f auch keinen quadratischen Faktor, ist also irreduzibel über $\mathbb{F}_5$ und das Minimalpolynom von α über $\mathbb{F}_3$, sodass $n = [K : \mathbb{F}_5] = 4$.

b Aus $[K : \mathbb{F}_5] = 4$ folgt $|K| = 5^4$ und Satz 3.25 liefert $K \cong \mathbb{F}_{5^4}$. Nach Proposition 3.26 ist der Verband der Zwischenkörper daher

$$\mathbb{F}_5 \subseteq \mathbb{F}_{5^2} \subseteq \mathbb{F}_{5^4} = K.$$

c Die primitiven Elemente sind wie in früheren Aufgaben genau die Elemente von $K \setminus \mathbb{F}_{5^2}$. Ihre Anzahl berechnet sich also zu

$$|\mathbb{F}_{5^4}| - |\mathbb{F}_{5^2}| = 5^4 - 5^2 = 600.$$

Aufgabe (Herbst 2003, T1A4)

Sei K ein Körper mit 81 Elementen, sei G die Gruppe aller Automorphismen von K. Bestimmen Sie:

a die Länge der Bahnen der Operation von G auf K, sowie

b die Anzahl der Bahnen gegebener Länge.

Lösungsvorschlag zur Aufgabe (Herbst 2003, T1A4)

a Der Primkörper von K hat 3 Elemente, wir bezeichnen ihn mit F. Ferner hat die Erweiterung $K|F$ laut Proposition 3.26 genau einen Zwischenkörper M vom Grad 2, also mit $3^2 = 9$ Elementen.

Betrachten wir nun die Automorphismen-Gruppe G. Ist $\sigma \in G$ ein Automorphismus, so muss laut der Definition von Körperhomomorphismen $\sigma(1) = 1$ sowie $\sigma(0) = 0$ gelten. Weiter folgt $\sigma(2) = \sigma(1+1) = 1 + 1 = 2$. Damit hält jeder Automorphismus den Primkörper P elementweise fest. Die Gruppe G ist also genau die Gruppe der F-Automorphismen, die Galois-Gruppe $G_{K|F}$ (beachte, dass die Erweiterung, wie in der Einleitung dieses Abschnitts erläutert, galoissch ist). Laut Satz 3.27 wird G daher vom Frobenius-Automorphismus $\varphi \colon K \to K$, $\alpha \to \alpha^3$ erzeugt. In unserem Fall ist $G_{K|F}$ eine Gruppe der Ordnung $[K : F] = 4$, also

$$G = \langle \varphi \rangle = \left\{ \mathrm{id}, \varphi, \varphi^2, \varphi^3 \right\}.$$

Wir bestimmen nun die einzelnen Bahnen für Elemente $\alpha \in K$.

1. Fall: $\alpha \in F$. Da die Elemente von G allesamt F-Automorphismen sind, ist hier $G(\alpha) = \{\alpha\}$, wir erhalten hier 3 Bahnen der Länge 1 (also 3 Fixpunkte).

2. Fall: $\alpha \in M \setminus F$. Dann gilt $\alpha^9 = \alpha$ und somit

$$\mathrm{id}(\alpha) = \alpha, \quad \varphi(\alpha) = \alpha^3, \quad \varphi^2(\alpha) = \left(\alpha^3\right)^3 = \alpha^9 = \alpha, \quad \varphi^3(\alpha) = \alpha^3.$$

Dabei ist $\alpha^3 \neq \alpha$, denn andernfalls wäre α Nullstelle von $X^3 - X$ und müsste bereits in $\mathbb{F}_3$ liegen. Damit erhalten wir die zweielementige Bahn $G(\alpha) = \{\alpha, \alpha^3\}$.

3. Fall: $\alpha \in K \setminus M$. Dann sind die Elemente $\alpha, \alpha^3, \alpha^9, \alpha^{27}$ alle verschieden und wir erhalten die vierelementige Bahn $G(\alpha) = \{\alpha, \alpha^3, \alpha^9, \alpha^{27}\}$.

Damit treten die Bahnlängen 1, 2 und 4 auf.

b Wir haben bereits festgestellt, dass es genau 3 einelementige Bahnen gibt. Die zweielementigen Bahnen sind genau die Bahnen der Elemente aus $\mathbb{F}_{3^2} \setminus \mathbb{F}_3$. Diese Menge enthält $9 - 3 = 6$ Elemente. Jeweils zwei davon liegen in der selben Bahn, sodass wir 3 Bahnen der Länge 2 erhalten. Die vierelementigen Bahnen sind die Bahnen der Elemente aus $\mathbb{F}_{3^4} \setminus \mathbb{F}_{3^2}$, dies sind $81 - 9 = 72$ Stück. Damit erhalten wir in diesem Fall $\frac{72}{4} = 18$ Bahnen der Länge 4.

4. Lineare Algebra

4.1. Vektorräume und Basen

Zentral für die Lineare Algebra ist der Begriff des *K-Vektorraums*, wobei K einen Körper bezeichnet. Dabei handelt es sich um eine nicht-leere Menge V, sodass $(V, +)$ eine abelsche Gruppe ist, die zusätzlich mit einer Skalarmultiplikation $\cdot : K \times V \to V$ ausgestattet ist, für die die Distributivgesetze gelten.

Genauer: Für alle $\lambda, \mu \in K$ sowie $v, w \in V$ gilt

(i) $\lambda \cdot (\mu \cdot v) = (\lambda \cdot \mu) \cdot v$,

(ii) $(\lambda + \mu) \cdot v = \lambda \cdot v + \mu \cdot v$,

(iii) $\lambda \cdot (v + w) = \lambda \cdot v + \lambda \cdot w$,

(iv) $1 \cdot v = v$.

Jeder Vektorraum besitzt eine *Basis* B, welche äquivalent charakterisiert werden kann als

(1) linear unabhängiges Erzeugendensystem,

(2) minimales Erzeugendensystem,

(3) maximale linear unabhängige Menge,

(4) jeder Vektor besitzt eine eindeutige Darstellung als Linearkombination von Vektoren aus B.

Dabei sind (2) und (3) nur für den Fall einer endlichen Basis gedacht.

Eine Basis ist nicht eindeutig, jedoch ist es ihre Mächtigkeit. Diese Zahl wird als *Dimension* bezeichnet und als $\dim_K V$ notiert.

Die Existenz einer Basis ist nun der Ausgangspunkt für die Entwicklung der weiteren Theorie: Beispielsweise stiftet die Wahl einer Basis im Fall $\dim_K V = n$ einen Isomorphismus $V \cong K^n$, der durch die Koordinatenabbildung gegeben ist. Insbesondere sind alle Vektorräume gleicher (endlicher) Dimension isomorph.

Weiterhin ermöglicht die Wahl einer Basis die Identifizierung von linearen Abbildungen und Matrizen. Seien dazu V und W Vektorräume der Dimension n bzw. m mit Basen $B = \{v_1, \ldots, v_n\}$ und $B' = \{w_1, \ldots, w_m\}$. Jede lineare Abbildung $L \colon V \to W$ ist durch die Bilder der Basisvektoren aus B bereits eindeutig bestimmt, sodass die gesamte Information über die lineare Abbildung bereits in der Matrix $(a_{ij}) \in \mathcal{M}_{m \times n}(K)$ mit

$$L(v_j) = \sum_{i=1}^{m} a_{ij} w_i$$

© Der/die Autor(en), exklusiv lizenziert durch
Springer-Verlag GmbH, DE, ein Teil von Springer Nature 2021
D. Bullach und J. Funk, *Vorbereitungskurs Staatsexamen Mathematik*,
https://doi.org/10.1007/978-3-662-62904-8_4

hinterlegt ist. Diese sogenannte *Darstellungsmatrix* hängt offensichtlich von der Wahl der Basen ab und wird als $[L]_{B,B'}$ notiert. Umgekehrt kann man einer Matrix $A \in \mathcal{M}_{m \times n}(K)$ durch $\phi_A^{B,B'} : V \to W, v \mapsto Av$ eine lineare Abbildung zuordnen. Auf diese Weise erhalten wir zueinander inverse Vektorraumisomorphismen

$$\mathcal{M}_{m \times n}(K) \xrightleftharpoons{\hspace{4cm}} \mathrm{Hom}_K(V,W)$$

$$A \longmapsto \phi_A^{B,B'}$$

$$[L]_{B,B'} \longleftarrow\!\!\shortmid L$$

Falls die gewählten Basen nicht explizit angegeben sind, werden wir stillschweigend voraussetzen, dass dies die jeweiligen Standardbasen sind und dies auch in der Notation entsprechend unterdrücken.

Anleitung: Abzählen von Basen

In den nächsten Aufgaben wird es wiederholt nötig sein, die Anzahl der Basen bzw. Untervektorräume eines Vektorraums über einem endlichen Körper $\mathbb{F}_q$ zu bestimmen. Sei dazu nun $V \cong \mathbb{F}_q^n$ ein $\mathbb{F}_q$-Vektorraum der Dimension n.

(1) Der erste Vektor v_1 einer Basis ist ein beliebiger Vektor aus $\mathbb{F}_q^n \setminus \{0\}$, denn der Nullvektor ist zu jedem Vektor linear abhängig. Es gibt hier also $|\mathbb{F}_q^n \setminus \{0\}| = q^n - 1$ Möglichkeiten der Wahl.

(2) Ist der k-te Basisvektor v_k bereits gewählt, so kann v_{k+1} aus allen Vektoren gewählt werden, die zu den bisher gewählten Basisvektoren linear unabhängig sind. Man kann also aus $\mathbb{F}_q^n \setminus \langle v_1, \ldots, v_k \rangle$ wählen. Als Vektorraum der Dimension k ist $\langle v_1, \ldots, v_k \rangle \cong \mathbb{F}_q^k$, daher haben wir $|\mathbb{F}_q^n \setminus \langle v_1, \ldots, v_k \rangle| = q^n - q^k$ Wahlmöglichkeiten.

(3) Die Anzahl der möglichen Basen ist nun durch das Produkt gegeben und beträgt

$$(q^n - 1) \cdot (q^n - q) \cdot \ldots \cdot (q^n - q^{n-1}).$$

(4) Was ist nun für $m \leq n$ die Anzahl der m-dimensionalen Untervektorräume von V? Wie in den Schritten (1) und (2) beschrieben kann man

$$(q^n - 1) \cdot (q^n - q) \cdot \ldots \cdot (q^n - q^{m-1})$$

Basen der Länge m wählen. Allerdings werden diese Basen im Allgemeinen keine unterschiedlichen Vektorräume erzeugen, denn nach der gleichen Argumentation besitzt ein m-dimensionaler Vektorraum

$$(q^m - 1) \cdot (q^m - q) \cdot \ldots \cdot (q^m - q^{m-1})$$

viele Basen. Dies entspricht also der Zahl der Basen, die jeweils den gleichen Untervektorraum erzeugen. Somit ist die Zahl der m-dimensionalen Vektorräume gleich

$$\frac{(q^n - 1) \cdot (q^n - q) \cdot \ldots \cdot (q^n - q^{m-1})}{(q^m - 1) \cdot (q^m - q) \cdot \ldots \cdot (q^m - q^{m-1})}.$$

Aufgabe (Herbst 2015, T1A2)

Sei $\mathbb{F}_q$ der endliche Körper mit q Elementen.

a Zeigen Sie, dass für $n \geq 1$ die Anzahl der eindimensionalen $\mathbb{F}_q$-Untervektorräume von $\mathbb{F}_q^n$ gleich $\frac{q^n-1}{q-1}$ ist.

b Zeigen Sie, dass die Anzahl der zweidimensionalen Untervektorräume von $\mathbb{F}_q^3$ gleich der Anzahl der eindimensionalen Untervektorräume von $\mathbb{F}_q^3$ ist.

c Wie viele Zerlegungen von $\mathbb{F}_q^3$ in direkte Summen von $\mathbb{F}_q$-Untervektorräumen $V_1 \oplus V_2$ gibt es mit $\dim_{\mathbb{F}_q}(V_1) = 2$?

Lösungsvorschlag zur Aufgabe (Herbst 2015, T1A2)

a Jeder eindimensionale Vektorraum von $\mathbb{F}^n$ hat die Form $\langle v \rangle$ für ein $v \in \mathbb{F}_q^n$. Dieser Vektor v kann ein beliebiger Vektor aus $\mathbb{F}_q^n \setminus \{0\}$ sein, d. h. für dessen Wahl gibt es $q^n - 1$ Möglichkeiten. Allerdings erzeugen zwei solche Vektoren v und w genau dann den gleichen Untervektorraum, wenn sie linear abhängig sind:

$$\langle v \rangle = \langle w \rangle \quad \Leftrightarrow \quad \exists \lambda \in \mathbb{F}_q^{\times} : w = \lambda v.$$

Wegen $|\mathbb{F}_q^{\times}| = q - 1$ ergibt sich für die Anzahl der verschiedenen eindimensionalen Untervektorräume von $\mathbb{F}_q^n$ daher $\frac{q^n-1}{q-1}$.

b Die Anzahl der verschiedenen zweidimensionalen Untervektorräume von $\mathbb{F}_q^3$ entspricht in Analogie zu Teil **a** der Anzahl der linear unabhängigen Mengen $\{v, w\}$ mit Vektoren $v, w \in \mathbb{F}_q^3$. Für die Wahl des ersten Vektors v gibt es $q^3 - 1$ Möglichkeiten, für den zweiten Vektor w dann $q^3 - q = |\mathbb{F}_q^3 \setminus \langle v \rangle|$ Möglichkeiten. Insgesamt also $(q^3 - 1)(q^3 - q)$ viele.

In einem zweidimensionalen $\mathbb{F}_q$-Vektorraum lassen sich nach der gleichen Argumentation jedoch $(q^2 - 1)(q^2 - q)$ Basen wählen, sodass die gesuchte Anzahl

$$\frac{(q^3 - 1)(q^3 - q)}{(q^2 - 1)(q^2 - q)} = \frac{(q^3 - 1)q}{q^2 - q} = \frac{q^3 - 1}{q - 1}$$

ist. Dies entspricht genau der Anzahl der eindimensionalen Untervektorräume aus Teil a.

c Nach Teil b gibt es $\frac{q^3 - 1}{q - 1}$ Möglichkeiten für die Wahl von V_1. Für die Wahl von $v \in \mathbb{F}_q^3$ mit $V_2 = \langle v \rangle$ kommen dann prinzipiell $q^3 - q^2 = |\mathbb{F}_q^3 \setminus V_1|$ viele Vektoren infrage. Allerdings erzeugen davon wiederum $q - 1$ viele den gleichen Untervektorraum, sodass es nur $\frac{q^3 - q^2}{q - 1} = q^2$ verschiedene Untervektorräume V_2 gibt. Die Anzahl der Zerlegungen $\mathbb{F}_q^3 = V_1 \oplus V_2$ berechnet sich dann zu $\frac{q^3 - 1}{q - 1} \cdot q^2$.

Aufgabe (Frühjahr 2013, T2A2)

Sei $q > 1$ eine Potenz einer Primzahl p, und sei $\mathbb{F}_q$ ein Körper mit q Elementen. Sei n eine natürliche Zahl, und sei $G = \mathrm{GL}_n(\mathbb{F}_q)$ die Gruppe der invertierbaren $(n \times n)$-Matrizen über $\mathbb{F}_q$.

a Zeigen Sie, dass die Gruppe G von Ordnung

$$q^{\binom{n}{2}}(q^n - 1) \cdot (q^{n-1} - 1) \cdot \ldots \cdot (q - 1)$$

ist.

b Zeigen Sie, dass die oberen Dreiecksmatrizen mit charakteristischem Polynom $(X - 1)^n$ eine Sylowsche p-Untergruppe von $GL_n(\mathbb{F}_q)$ bilden.

Lösungsvorschlag zur Aufgabe (Frühjahr 2013, T2A2)

a Eine Matrix $A \in \mathcal{M}_n(\mathbb{F}_q)$ ist genau dann invertierbar, wenn ihre Spalten linear unabhängig sind. Wir bestimmen daher die Anzahl der Möglichkeiten, n linear unabhängige Vektoren $v_1, \ldots, v_n \in \mathbb{F}_q^n$ zu wählen.

Der erste Vektor kann beliebig aus $\mathbb{F}_q^n \setminus \{0\}$ gewählt werden, d. h. hier gibt es $q^n - 1$ Möglichkeiten der Wahl. Der zweite Vektor kann beliebig aus $\mathbb{F}_q^n \setminus \langle v_1 \rangle$ gewählt werden, sodass hier $q^n - q$ Vektoren zur Wahl stehen. Dieses Vorgehen setzt man fort und erhält als Produkt dieser jeweiligen

Wahlmöglichkeiten

$$(q^n - 1) \cdot (q^n - q) \cdot \ldots \cdot (q^n - q^{n-1}) =$$
$$= (q^n - 1) \cdot q(q^{n-1} - 1) \cdot \ldots \cdot q^{n-1}(q - 1) =$$
$$= q^{\sum_{k=1}^{n-1} k}(q^n - 1) \cdot (q^{n-1} - 1) \cdot \ldots \cdot (q - 1).$$

Wir zeigen noch, dass $\sum_{k=1}^{n-1} k = \binom{n}{2}$ gilt: Für $n = 1$ ist per Konvention $\binom{1}{2} = 0 = \sum_{k=1}^{0} k$. Für $n \geq 2$ gilt unter Verwendung der Summenformel für die ersten n natürlichen Zahlen („kleiner Gauß")

$$\sum_{k=1}^{n-1} k = \frac{n(n-1)}{2} = \frac{n!}{2! \cdot (n-2)!} = \binom{n}{2}.$$

b Sei $A = (a_{ij}) \in G$ eine obere Dreiecksmatrix. Da die Determinante einer Dreiecksmatrix durch das Produkt der Diagonaleinträge gegeben ist, gilt für das charakteristische Polynom von A die Äquivalenz

$$\chi_A = \det(X \cdot \mathrm{id}_{\mathbb{F}_q^3} - A) = (X - 1)^n \quad \Leftrightarrow \quad \prod_{i=1}^{n}(X - a_{ii}) = (X - 1)^n$$

$$\Leftrightarrow \quad \forall i \in \{1, \ldots, n\} : a_{ii} = 1,$$

also müssen wir zeigen, dass die Menge

$$U = \{(a_{ij}) \in G \mid a_{ii} = 1 \text{ für } i \in \{1, \ldots, n\}, a_{ij} = 0 \text{ für } i > j\}$$

aller oberen Dreiecksmatrizen mit 1 auf der Diagonalen eine p-Sylow-gruppe von G ist. Dass die Einheitsmatrix in U liegt, ist klar. Seien nun $A = (a_{ij})$ und $B = (b_{ij})$ aus U und $AB = (c_{ij})$. Dann gilt

$$c_{ij} = \sum_{k=1}^{n} a_{ik} b_{kj}$$

und folglich $c_{ii} = \sum_{k=1}^{n} a_{ik} b_{ki} = a_{ii} b_{ii} = 1$ für alle $i \in \{1, \ldots, n\}$, da $a_{ik} = 0$ für $i > k$ und $b_{ki} = 0$ für $i < k$. Also sind schon mal alle Diagonaleinträge von AB gleich 1. Weiterhin gilt für $i > j$, dass $c_{ij} = 0$, denn es ist $a_{ik} = 0$ für $i > k$ und $b_{kj} = 0$ für $k > j$, sodass ein Summand nur ungleich 0 ist, falls $i \leq k \leq j$ ist. Für $i > j$ ist dies jedoch unmöglich. Also handelt es sich bei AB auch um eine obere Dreiecksmatrix.

Da $\mathrm{GL}_n(\mathbb{F}_q)$ eine endliche Gruppe ist, gibt es nach Proposition 1.6 ein $m \in \mathbb{N}$ mit $\mathbb{E}_n = A^m = A \cdot A^{m-1}$. Also ist $A^{-1} = A^{m-1}$ und nach dem oben Gezeigten liegt daher auch die Inverse von A in U.

Nun bestimmen wir noch die Ordnung von U. In der ersten Spalte einer Matrix aus U sind bereits alle Einträge festgelegt (nämlich $(1, 0, \dots)$), in der zweiten Spalte ist ein Eintrag frei wählbar, in der dritten zwei usw. Insgesamt also

$$q \cdot q^2 \cdot \ldots \cdot q^{n-1} = q^{\sum_{k=1}^{n-1} k} = q^{\binom{n}{2}}$$

viele. Da $|G| = q^{\binom{n}{2}} \prod_{k=1}^{n}(q^k - 1)$ ist und keiner der Faktoren des Produkts von p geteilt wird, ist U eine maximale p-Gruppe, d.h. eine p-Sylowgruppe.

Aufgabe (Frühjahr 2013, T1A3)

Sei $G = SL_2(\mathbb{F}_7) = \{A \in GL_2(\mathbb{F}_7) \mid \det(A) = 1\}$ und $H = \{\left(\begin{smallmatrix} 1 & a \\ 0 & 1 \end{smallmatrix}\right) \mid a \in \mathbb{F}_7\}$.

a Zeigen Sie, dass H eine Untergruppe der Ordnung 7 von G ist.

b Zeigen Sie, dass $SL_2(\mathbb{F}_7)$ Ordnung 336 hat.

c Wie viele Untergruppen der Ordnung 7 gibt es in G?

Lösungsvorschlag zur Aufgabe (Frühjahr 2013, T1A3)

a Dass die Einheitsmatrix in H liegt, ist klar. Seien nun

$$A = \begin{pmatrix} 1 & a \\ 0 & 1 \end{pmatrix} \in H \quad \text{und} \quad B = \begin{pmatrix} 1 & b \\ 0 & 1 \end{pmatrix} \in H$$

vorgegeben. Dann ist

$$AB = \begin{pmatrix} 1 & a \\ 0 & 1 \end{pmatrix} \begin{pmatrix} 1 & b \\ 0 & 1 \end{pmatrix} = \begin{pmatrix} 1 & a+b \\ 0 & 1 \end{pmatrix} \in H$$

und

$$A^{-1} = \begin{pmatrix} 1 & -a \\ 0 & 1 \end{pmatrix} \in H,$$

also handelt es sich bei H um eine Untergruppe von G. Dass H Ordnung 7 hat, folgt direkt aus $|\mathbb{F}_7| = 7$.

b Betrachte die Determinantenabbildung

$$\det \colon GL_2(\mathbb{F}_7) \to \mathbb{F}_7^\times,$$

welche ein Gruppenhomomorphismus und surjektiv ist, denn für beliebiges $a \in \mathbb{F}_7^\times$ ist beispielsweise $\left(\begin{smallmatrix} 1 & 0 \\ 0 & a \end{smallmatrix}\right)$ ein Urbild. Der Kern der Determinantenabbildung ist gerade $SL_2(\mathbb{F}_7)$, also gibt es nach dem Homomorphiesatz einen Isomorphismus

$$GL_2(\mathbb{F}_7)/_{SL_2(\mathbb{F}_7)} \cong \mathbb{F}_7^\times$$

und der Satz von Lagrange liefert

$$\frac{|GL_2(\mathbb{F}_7)|}{|SL_2(\mathbb{F}_7)|} = |\mathbb{F}_7^\times| \quad \Leftrightarrow \quad |SL_2(\mathbb{F}_7)| = \frac{|GL_2(\mathbb{F}_7)|}{|\mathbb{F}_7^\times|} = \frac{|GL_2(\mathbb{F}_7)|}{6}.$$

Wir müssen also nur noch die Zahl aller invertierbaren Matrizen $|GL_2(\mathbb{F}_7)|$ bestimmen. Eine Matrix $A \in \mathcal{M}_2(\mathbb{F}_7)$ ist genau dann invertierbar, wenn ihre Spalten linear unabhängig sind. Es genügt daher, die Anzahl linear unabhängiger Mengen $\{v, w\}$ mit $v, w \in \mathbb{F}_7^2$ zu ermitteln.

Für die Wahl des ersten Vektors v gibt es nur die Einschränkung $v \neq 0$, also gibt es hier $|\mathbb{F}_7^2 \setminus \{(0,0)\}| = 7^2 - 1 = 48$ Wahlmöglichkeiten. Der zweite Vektor w kann beliebig aus $\mathbb{F}_7^2 \setminus \langle v \rangle$ gewählt werden, das sind $7^2 - 7 = 42$ potentielle Vektoren. Wir erhalten daher insgesamt

$$|SL_2(\mathbb{F}_7)| = \frac{|GL_2(\mathbb{F}_7)|}{6} = \frac{48 \cdot 42}{6} = 8 \cdot 42 = 336.$$

c Es ist $336 = 2^4 \cdot 3 \cdot 7$, also ist nach der Anzahl der 7-Sylowgruppen ν_7 gefragt. Für diese gilt laut den Sylowsätzen

$$\nu_7 \mid 2^4 \cdot 3 \quad \Rightarrow \quad \nu_7 \in \{1, 2, 3, 4, 6, 8, 12, 16, 24, 48\}.$$

Die einzigen Zahlen aus der Liste, die zusätzlich kongruent zu 1 mod 7 sind, sind 1 und 8. Angenommen, es ist $\nu_7 = 1$. In Teil **a** haben wir gezeigt, dass H eine Untergruppe der Ordnung 7 ist, diese muss damit die einzige 7-Sylowgruppe sein. Außerdem wäre H als einzige 7-Sylowgruppe ein Normalteiler von G, sodass für jedes $A \in G$ und $B \in H$ dann $A^{-1}BA \in H$ erfüllt sein muss. Jedoch gilt für

$$A = \begin{pmatrix} 1 & 0 \\ 1 & 1 \end{pmatrix} \quad \text{und} \quad B = \begin{pmatrix} 1 & 1 \\ 0 & 1 \end{pmatrix},$$

dass das Produkt

$$A^{-1}BA = \begin{pmatrix} 1 & 0 \\ -1 & 1 \end{pmatrix} \cdot \begin{pmatrix} 1 & 1 \\ 0 & 1 \end{pmatrix} \cdot \begin{pmatrix} 1 & 0 \\ 1 & 1 \end{pmatrix} = \begin{pmatrix} 1 & 0 \\ -1 & 1 \end{pmatrix} \cdot \begin{pmatrix} 2 & 1 \\ 1 & 1 \end{pmatrix} = \begin{pmatrix} 2 & 1 \\ -1 & 0 \end{pmatrix}$$

offensichtlich nicht in H liegt. Damit kann H kein Normalteiler sein und es muss $\nu_7 \neq 1$ gelten. Es folgt $\nu_7 = 8$.

Aufgabe (Herbst 2012, T1A1)

Sei p eine Primzahl und $q = p^l$ für ein $l > 0$ ($l \in \mathbb{N}$). Sei $\mathbb{F}_q$ der endliche Körper mit q Elementen.

a Zeigen Sie, dass die Gruppe $G = \mathrm{SL}_2(\mathbb{F}_q)$ der 2×2-Matrizen mit Einträgen in $\mathbb{F}_q$ und Determinante 1 die Ordnung $q(q^2 - 1)$ hat.

Wir betrachten nun die Untergruppen

$$B = \left\{ \begin{pmatrix} a & b \\ 0 & a^{-1} \end{pmatrix} \in \mathrm{SL}_2(\mathbb{F}_q) \mid a \in \mathbb{F}_q^\times, b \in \mathbb{F}_q \right\}$$

und

$$N^- = \left\{ \begin{pmatrix} 1 & 0 \\ a & 1 \end{pmatrix} \in \mathrm{SL}_2(\mathbb{F}_q) \mid a \in \mathbb{F}_q \right\}$$

von G.

a Sei $\Omega = G/B$ die Menge der Linksnebenklassen von G bzgl. B. Bestimmen Sie die Ordnungen von N^- und B und die Anzahl $|\Omega|$ der Elemente aus Ω.

b Die Gruppe N^- operiert auf Ω durch Multiplikation von links. Zeigen Sie, dass diese Operation einen Fixpunkt besitzt.

Lösungsvorschlag zur Aufgabe (Herbst 2012, T1A1)

a Wir betrachten die Determinantenabbildung $\det \colon \mathrm{GL}_2(\mathbb{F}_q) \to \mathbb{F}_q^\times$, welche ein surjektiver Gruppenhomomorphismus ist und als Kern gerade $G = \mathrm{SL}_2(\mathbb{F}_q)$ hat. Folglich gilt unter Verwendung des Homomorphiesatzes und des Satzes von Lagrange

$$\left| \mathrm{GL}_2(\mathbb{F}_q) \big/ G \right| = |\mathbb{F}_q^\times| \quad \Leftrightarrow \quad |G| = \frac{|\mathrm{GL}_2(\mathbb{F}_q)|}{|\mathbb{F}_q^\times|} = \frac{|\mathrm{GL}_2(\mathbb{F}_q)|}{q - 1}.$$

Wir bestimmen daher nun $|\mathrm{GL}_2(\mathbb{F}_q)|$. Da eine Matrix $A \in \mathcal{M}_2(\mathbb{F}_q)$ genau dann invertierbar ist, wenn ihre Spalten $\mathbb{F}_q$-linear unabhängig sind, zählen wir dafür die Möglichkeiten, eine Menge $\{v, w\}$ zweier linear unabhängiger Vektoren $v, w \in \mathbb{F}_q^2$ zu kreieren. Für die Wahl des ersten Vektors v stehen $|\mathbb{F}_q^2 \setminus \{(0,0)\}| = q^2 - 1$ Vektoren zur Wahl, für den zweiten Vektor kann man aus $|\mathbb{F}_q^2 \setminus \langle v \rangle| = q^2 - q$ möglichen Vektoren wählen. Wir erhalten daher

$$|G| = \frac{|\mathrm{GL}_2(\mathbb{F}_q)|}{q - 1} = \frac{(q^2 - 1)(q^2 - q)}{q - 1} = (q^2 - 1)q.$$

b Es ist $|N^-| = |\mathbb{F}_q| = q$ und $|B| = |\mathbb{F}_q^\times| \cdot |\mathbb{F}_q| = (q-1) \cdot q$, also ist

$$|\Omega| = \frac{|G|}{|B|} = \frac{q(q^2-1)}{q(q-1)} = q + 1.$$

c Hier brauchen wir die Bahnengleichung 1.18. Diese hat im vorliegenden Fall die Form

$$|\Omega| = |F| + \sum_{x \in R} (N^- : \text{Stab}_{N^-}(x)),$$

wobei F die Fixpunktmenge der Operation und R ein Repräsentantensystem der Bahnen von Länge > 1 bezeichnet. Nehmen wir an, es gilt $F = \varnothing$. Die auftretenden Summanden $(N^- : \text{Stab}_{N^-}(x))$ sind jeweils Teiler von $|N^-| = q$ und müssen daher Vielfache von p sein (da die Bahnenlängen nach Annahme alle echt größer 1 sind). Dies bedeutet aber, dass in

$$q + 1 = |\Omega| = \sum_{x \in R} (N^- : \text{Stab}_{N^-}(x))$$

die rechte Seite von p geteilt wird, während dies für die linke nicht der Fall ist. Wir erhalten einen Widerspruch, weswegen die Annahme $F = \varnothing$ falsch gewesen sein muss und es einen Fixpunkt $\omega \in F$ gibt.

Aufgabe (Frühjahr 2011, T2A3)

Sei $V := \mathbb{F}_2^2$ der zweidimensionale Vektorraum über dem Körper $\mathbb{F}_2$ mit zwei Elementen. Sei

$$G := \{v \mapsto Av + b \mid A \in \text{GL}_2(\mathbb{F}_2), b \in V\}$$

die Gruppe der affinen Abbildungen von V.

a Geben Sie alle Matrizen in $\text{GL}_2(\mathbb{F}_2)$ an.

b Zeigen Sie die folgenden Isomorphismen: $G \cong S_4$, $\text{GL}_2(\mathbb{F}_2) \cong S_3$. (Hierbei bedeutet S_m die symmetrische Gruppe vom Grad m.)

Lösungsvorschlag zur Aufgabe (Frühjahr 2011, T2A3)

a Eine Matrix $A \in \mathcal{M}_2(\mathbb{F}_2)$ ist genau dann invertierbar und liegt somit in $\text{GL}_2(\mathbb{F}_2)$, wenn ihre Spalten linear unabhängig sind. Wir wählen daher zunächst einen Vektor für die erste Spalte v aus

$$\mathbb{F}_2^2 \setminus \{(0,0)\} = \left\{ \begin{pmatrix} 1 \\ 0 \end{pmatrix}, \begin{pmatrix} 0 \\ 1 \end{pmatrix}, \begin{pmatrix} 1 \\ 1 \end{pmatrix} \right\}.$$

Für die zweite Spalte können wir nur einen Vektor aus $\mathbb{F}_2^2 \setminus \langle v \rangle$ wählen, wegen $\langle v \rangle = \{\lambda v \mid \lambda \in \mathbb{F}_2\} = \{(0,0), v\}$ stehen hier jeweils die anderen beiden Vektoren aus $\mathbb{F}_2^2 \setminus \{(0,0)\}$ zur Wahl. Diese Überlegungen liefern

$$\mathrm{GL}_2(\mathbb{F}_2) = \left\{ \begin{pmatrix} 1 & 0 \\ 0 & 1 \end{pmatrix}, \begin{pmatrix} 1 & 1 \\ 0 & 1 \end{pmatrix}, \begin{pmatrix} 0 & 1 \\ 1 & 0 \end{pmatrix}, \begin{pmatrix} 0 & 1 \\ 1 & 1 \end{pmatrix}, \begin{pmatrix} 1 & 1 \\ 1 & 0 \end{pmatrix}, \begin{pmatrix} 1 & 0 \\ 1 & 1 \end{pmatrix} \right\}.$$

b Sei $\tau \in G$ eine affine Abbildung, d. h. es gibt $A \in \mathrm{GL}_2(\mathbb{F}_2)$ und $b \in \mathbb{F}_2^2$, sodass $\tau(v) = Av + b$ für alle $v \in \mathbb{F}_2^2$ erfüllt ist. Dann ist τ eine bijektive Abbildung, denn sind $v, w \in \mathbb{F}_2^2$ Vektoren mit $\tau(v) = \tau(w)$, so folgt

$$Av + b = Aw + b \quad \Leftrightarrow \quad Av = Aw$$
$$\Leftrightarrow \quad A^{-1}Av = A^{-1}Aw \quad \Leftrightarrow \quad v = w,$$

sodass τ injektiv ist. Für beliebiges $v \in \mathbb{F}_2^2$ kann man $w = A^{-1}(v - b)$ setzen und erhält

$$\tau(w) = A(A^{-1}(v - b)) + b = (v - b) + b = v,$$

also ist τ auch surjektiv. Wir haben damit $\tau \in \mathrm{Per}(\mathbb{F}_2^2)$ gezeigt. Da τ beliebig aus G gewählt war, ist $G \subseteq \mathrm{Per}(\mathbb{F}_2^2)$ und wegen $|\mathbb{F}_2^2| = 4$ ist $\mathrm{Per}(\mathbb{F}_2^2) \cong S_4$. Außerdem gilt $|G| = 24$, denn für die Wahl von A in $v \mapsto Av + b$ gibt es nach Teil **a** 6 Möglichkeiten und für b gibt es $|\mathbb{F}_2^2| = 4$ Möglichkeiten. Also ist $|G| = 6 \cdot 4 = 24 = |S_4|$ und zusammen mit $G \subseteq \mathrm{Per}(\mathbb{F}_2^2) \cong S_4$ haben wir $G \cong S_4$.

Um die Isomorphie $\mathrm{GL}_2(\mathbb{F}_2) \cong S_3$ zu zeigen, ordnen wir jeder Matrix $A \in U = \mathrm{GL}_2(\mathbb{F}_2)$ eine Abbildung auf $X = \mathbb{F}_2^2 \setminus \{(0,0)\}$ mittels

$$U \to \mathrm{Per}(X), \quad A \mapsto \phi_A, \qquad \text{wobei } \phi_A \colon X \to X, \, v \mapsto Av$$

zu. Diese Abbildung ist wohldefiniert, denn weil $A \in U$ invertierbar ist, ist $\ker A = \{(0,0)\}$, sodass $Av \neq (0,0)$, falls $v \neq (0,0)$. Man zeigt auch leicht, dass es sich um einen Homomorphismus handelt. Außerdem ist diese Abbildung injektiv, denn aus $\phi_A = \phi_B$ folgt insbesondere, dass

$$A \begin{pmatrix} 1 \\ 0 \end{pmatrix} = B \begin{pmatrix} 1 \\ 0 \end{pmatrix},$$

was bedeutet, dass die erste Spalte von A und B übereinstimmt. Durch Einsetzen von $(0,1)$ sieht man analog, dass die zweite Spalte von A und B übereinstimmt, d. h. es gilt $A = B$.

Wir haben also eine Einbettung $U \hookrightarrow \mathrm{Per}(X) \cong S_3$. Wegen $|U| = 6 = |S_3|$ ist diese bereits ein Isomorphismus.

4.2. Diagonalisierbarkeit

Sei V ein K-Vektorraum der Dimension n. Sieht man Endomorphismen von V als gleich an, wenn sie durch einen Basiswechsel ineinander überführt werden können, so wird dies auf der Seite der Matrizen durch eine Äquivalenzrelation auf $A \in \mathcal{M}_n(K)$ repräsentiert, die durch

$$A \sim B \quad : \Leftrightarrow \quad \exists T \in \mathrm{GL}_n(K) : A = T^{-1}BT$$

definiert ist. Zwei Matrizen nennen wir *ähnlich*, falls sie in der gleichen Äquivalenzklasse dieser Relation liegen. Es liegt auf der Hand, dass es in vielen Situationen nützlich ist, einen möglichst einfachen Vertreter der jeweiligen Äquivalenzklasse zu wählen. Wann dies möglich ist und was in diesem Zusammenhang „möglichst einfach" bedeutet, wird in diesem und im folgenden Abschnitt entwickelt.

Die Theorie kann äquivalent für Matrizen bzw. für Endomorphismen formuliert werden, da die Definitionen und Resultate weder von der Wahl einer Basis im Falle von Endomorphismen noch von der Wahl eines Vertreters der jeweiligen Äquivalenzklasse von Matrizen abhängen werden. Wir beschränken uns daher darauf, eine Formulierung zu geben, und hoffen, dass der Leser nicht verwirrt sein möge, falls doch ein Wechsel zwischen diesen Formulierungen stattfinden sollte.

Eigenräume

Definition 4.1. Sei V ein K-Vektorraum und $A \in \mathcal{M}_n(K)$ eine Matrix.

(1) Ein Skalar $\lambda \in K$ heißt *Eigenwert* von A, falls es einen Vektor $v \in V$ mit $v \neq 0$ und $Av = \lambda v$ gibt. In diesem Fall heißt v dann *Eigenvektor* von A.

(2) Der Untervektorraum aller Eigenvektoren (zusammen mit dem Nullvektor) zu einem Eigenwert $\lambda \in K$ notieren wir als

$$\mathrm{Eig}(A, \lambda) = \{v \in V \mid Av = \lambda v\} \cup \{0\}$$

und nennen ihn den *Eigenraum* von A zum Eigenwert λ.

Sei $\lambda \in K$ ein Eigenwert der $n \times n$-Matrix A. Man sieht unmittelbar, dass

$$\mathrm{Eig}(A, \lambda) = \{v \in V \mid Av - \lambda v = 0\} = \ker(A - \lambda \mathbb{E}_n)$$

gilt. Da es einen Eigenvektor $v \neq 0$ zum Eigenwert λ gibt, bedeutet dies, dass $\ker(A - \lambda \mathbb{E}_n) \neq 0$ ist. Folglich ist $(A - \lambda \mathbb{E}_n)$ nicht invertierbar und es folgt $\det(A - \lambda \mathbb{E}_n) = 0$.

Ist umgekehrt $\lambda \in K$ ein Skalar, sodass $\det(A - \lambda \mathbb{E}_n) = 0$ gilt, so ist $\ker(A - \lambda \mathbb{E}_n) \neq 0$. Es gibt also einen Vektor $v \neq 0$ in $\ker(A - \lambda \mathbb{E}_n)$, sodass λ ein Eigenwert und v ein Eigenvektor von A ist. Dies gibt Anlass zur nächsten Definition.

Definition 4.2. Sei V ein endlich-dimensionaler K-Vektorraum und $A \in \mathcal{M}_n(K)$ eine Matrix, dann heißt

$$\chi_A = \det(A - X \cdot \mathbb{E}_n) \quad \in K[X]$$

das *charakteristische Polynom* von A.

Ähnliche Matrizen haben das gleiche charakteristische Polynom und alle Begriffe lassen sich entsprechend für Endomorphismen $L\colon V \to V$ definieren, indem man die entsprechende Definition für die Darstellungsmatrix $[L]$ von L verwendet.

Oben haben wir gezeigt:

$$\lambda \in K \text{ ist Eigenwert von } A \quad \Leftrightarrow \quad \chi_A(\lambda) = 0$$

Aufgabe (Frühjahr 2014, T1A4)

Seien A, B komplexe $(n \times n)$-Matrizen mit $AB = BA$.

a Man zeige, dass B jeden Eigenraum von A invariant lässt, d. h.:
Für jeden Eigenraum U von A gilt $Bu \in U$ für alle $u \in U$.

b Man zeige, dass A und B einen gemeinsamen Eigenvektor haben, d. h.:
Es gibt $0 \neq v \in \mathbb{C}^n$ und $\lambda, \mu \in \mathbb{C}$ mit $Av = \lambda v, Bv = \mu v$.

c Man zeige anhand eines Beispiels, dass die Aussage aus **b** ohne die Voraussetzung $AB = BA$ im Allgemeinen nicht gilt.

Lösungsvorschlag zur Aufgabe (Frühjahr 2014, T1A4)

a Sei $u \in U$ ein Eigenvektor von A zum Eigenwert λ. Dann gilt

$$A(Bu) = (AB)u = (BA)u = B(Au) = B(\lambda u) = \lambda(Bu),$$

d. h. Bu ist ebenfalls ein Eigenvektor zum Eigenwert λ.

b Nach Teil **a** gilt $B(U) \subseteq U$, d. h. wir können die Einschränkung $B_{|U}\colon U \to U$ betrachten. Da U wiederum ein $\mathbb{C}$-Vektorraum ist, zerfällt das charakteristische Polynom von $B_{|U}$ in Linearfaktoren und es gibt einen Eigenvektor $v \in U$ von $B_{|U}$. Dieser ist insbesondere ein Eigenvektor von B und nach Definition von U auch ein Eigenvektor von A.

c Betrachte die komplexen 2×2-Matrizen

$$A = \begin{pmatrix} 1 & 0 \\ 0 & 0 \end{pmatrix} \quad \text{und} \quad B = \begin{pmatrix} 0 & 1 \\ 1 & 0 \end{pmatrix}.$$

Es gilt

$$AB = \begin{pmatrix} 1 & 0 \\ 0 & 0 \end{pmatrix} \begin{pmatrix} 0 & 1 \\ 1 & 0 \end{pmatrix} = \begin{pmatrix} 0 & 1 \\ 0 & 0 \end{pmatrix} \neq \begin{pmatrix} 0 & 0 \\ 1 & 0 \end{pmatrix} = \begin{pmatrix} 0 & 1 \\ 1 & 0 \end{pmatrix} \begin{pmatrix} 1 & 0 \\ 0 & 0 \end{pmatrix} = BA$$

und man überprüft schnell, dass die Eigenwerte von A durch 1 und 0 gegeben sind. Die zugehörigen Eigenräume sind $\mathrm{Eig}(A,1) = \langle (1,0) \rangle$ und $\mathrm{Eig}(A,0) = \langle (0,1) \rangle$. Jedoch sieht man anhand von

$$B \begin{pmatrix} x \\ 0 \end{pmatrix} = \begin{pmatrix} 0 \\ x \end{pmatrix} \quad \text{und} \quad B \begin{pmatrix} 0 \\ x \end{pmatrix} = \begin{pmatrix} x \\ 0 \end{pmatrix}$$

für beliebiges $x \in \mathbb{C}^\times$, dass kein Eigenvektor von A ein Eigenvektor von B ist.

Diagonalisierbarkeit

Unser erstes Ziel besteht darin, Matrizen zu charakterisieren, die zu einer Matrix in Diagonalgestalt ähnlich sind. Das bedeutet, dass es eine Basis B gibt, bezüglich derer die Matrix M die Form

$$[M]_B = \begin{pmatrix} \lambda_1 & 0 & \cdots & \cdots & 0 \\ 0 & & \ddots & & \vdots \\ \vdots & \ddots & \ddots & \ddots & \vdots \\ \vdots & & \ddots & \ddots & 0 \\ 0 & \cdots & \cdots & 0 & \lambda_n \end{pmatrix}$$

besitzt. Ist $B = \{v_1, \ldots, v_n\}$, so bedeutet obige Gestalt, dass $Mv_i = \lambda_i v_i$ für $i \in \{1, \ldots, n\}$ gilt. Also hat $[M]_B$ genau dann Diagonalgestalt, wenn B eine Basis aus Eigenvektoren ist. Sind λ_i die zugehörigen Eigenwerte, so ist dies äquivalent zu

$$K^n \cong \bigoplus_{i=1}^n \mathrm{Eig}(M, \lambda_i).$$

Definition 4.3. Es seien K ein Körper, $n \in \mathbb{N}$, $M \in \mathcal{M}_n(K)$ und $\lambda_1, \ldots, \lambda_m \in K$ die verschiedenen Eigenwerte von M.

(1) Ist $\chi_M = \prod_{i=1}^m (X - \lambda_i)^{\nu(M, \lambda_i)}$ eine Zerlegung des charakteristischen Polynoms über $K[X]$ in Linearfaktoren, so heißt $\nu(M, \lambda_i)$ die *algebraische Vielfachheit* des Eigenwerts λ_i. Sie entspricht der Vielfachheit der Nullstelle λ_i von χ_M.

(2) Die *geometrische Vielfachheit* eines Eigenwerts λ_i ist $\dim_K \mathrm{Eig}(M, \lambda_i)$.

Wir bewegen uns nun weiter in Richtung einer Basis aus Eigenvektoren.

Lemma 4.4. Sei K ein Körper, $n \in \mathbb{N}$ und $M \in \mathcal{M}_n(K)$.

(1) Eigenvektoren zu verschiedenen Eigenwerten sind linear unabhängig.

(2) Für jeden Eigenwert $\lambda \in K$ von A gilt

$$1 \leq \dim_K \mathrm{Eig}(M, \lambda) \leq \nu(M, \lambda).$$

Satz 4.5. Sei K ein Körper, $n \in \mathbb{N}$ und $M \in \mathcal{M}_n(K)$. Dann sind gleichwertig:

(1) M ist diagonalisierbar.

(2) Es gibt eine Basis von K^n aus Eigenvektoren von M.

(3) Das charakteristische Polynom χ_M zerfällt in Linearfaktoren und für jeden Eigenwert $\lambda \in K$ von M gilt $\nu(M, \lambda) = \dim_K \mathrm{Eig}(M, \lambda)$.

Aufgabe (Herbst 2016, T2A3)

Im Folgenden sei K jeweils der angegebene Körper. Entscheiden Sie jeweils, ob die Matrix A über K diagonalisierbar ist, und begründen Sie Ihre Antwort.

a $A = \begin{pmatrix} 2 & 1 & 0 \\ 0 & 2 & 0 \\ 0 & 0 & 2 \end{pmatrix}$, $K = \mathbb{C}$ **b** $A = \begin{pmatrix} 0 & 1 \\ -1 & 0 \end{pmatrix}$, $K = \mathbb{R}$

c $A = \begin{pmatrix} 0 & 1 \\ -1 & 0 \end{pmatrix}$, $K = \mathbb{F}_5$ **d** $A = \begin{pmatrix} X+1 & 1 \\ X-1 & 2X-1 \end{pmatrix}$, $K = \mathbb{R}(X)$.

Lösungsvorschlag zur Aufgabe (Herbst 2016, T2A3)

a Möchte man Satz 4.5 direkt anwenden, so zeigt man, dass der einzige Eigenwert 2 die algebraische Vielfachheit 3, aber die geometrische Vielfachheit 2 hat. Somit ist A nicht über $\mathbb{C}$ diagonalisierbar.

Schneller geht es mit Wissen aus Abschnitt 4.3: Die Matrix A liegt in Jordan-Normalform vor. Wäre A diagonalisierbar, müsste sie daher bereits Diagonalgestalt haben, denn die Jordan-Normalform ist bis auf Reihenfolge der Jordanblöcke eindeutig. Aus diesem Grund ist A nicht diagonalisierbar über $\mathbb{C}$.

b Das charakteristische Polynom ist hier $\chi_A = X^2 + 1$ und da dieses über $\mathbb{R}$ nicht in Linearfaktoren zerfällt, ist A *nicht* diagonalisierbar.

c Auch hier ist das charakteristische Polynom natürlich $\chi_A = X^2 + \bar{1}$. Jedoch erhalten wir hier die Zerlegung $\chi_A = (X - \bar{2})(X - \bar{3})$, so dass χ_A in Linearfaktoren zerfällt. Ferner ist die geometrische Vielfachheit kleiner oder gleich der algebraischen und größer gleich 1. Da die algebraische

Vielfachheit beider Eigenwerte 1 ist, muss auch die geometrische jeweils 1 betragen. Die Matrix *ist* somit diagonalisierbar.

[d] Das charakteristische Polynom (mit der Variable Y) lautet hier

$$\chi_A(Y) = (X + 1 - Y)(2X - 1 - Y) - (X - 1) = Y^2 - 3XY + 2X^2 =$$
$$= (Y - X)(Y - 2X).$$

Damit hat auch hier χ_A zwei verschiedene, einfache Nullstellen und A ist nach dem gleichem Argument wie in Teil [c] diagonalisierbar.

Aufgabe (Frühjahr 2017, T1A5)

Es seien p eine Primzahl, $\overline{\mathbb{F}}_p$ ein algebraischer Abschluss des endlichen Körpers $\mathbb{F}_p$ mit p Elementen. Für $r \in \mathbb{N}$ bezeichne $\mathbb{F}_{p^r} \subseteq \overline{\mathbb{F}}_p$ den Zwischenkörper mit p^r Elementen. Zeigen Sie

[a] Ist $n \in \mathbb{N}$ und A eine $(n \times n)$-Matrix mit Koeffizienten in $\mathbb{F}_p$, sodass das charakteristische Polynom χ_A von A irreduzibel über $\mathbb{F}_p$ ist, so ist A über dem Körper $\mathbb{F}_{p^n}$ diagonalisierbar.

[b] Für $p = 5$ ist die Matrix

$$A = \begin{pmatrix} -1 & 3 & -1 \\ 0 & 0 & 1 \\ 1 & 0 & 0 \end{pmatrix}$$

nicht über $\mathbb{F}_{125}$ diagonalisierbar, aber über $\mathbb{F}_{25}$.

Lösungsvorschlag zur Aufgabe (Frühjhar 2017, T1A5)

[a] Sei $a \in \overline{\mathbb{F}}_p$ eine Nullstelle von χ_A, dann ist χ_A als irreduzibles und normiertes Polynom das Minimalpolynom von a über $\mathbb{F}_p$. Es folgt

$$[\mathbb{F}_p(a) : \mathbb{F}_p] = \operatorname{grad} \chi_A = n,$$

sodass $\mathbb{F}_p(a) = \mathbb{F}_{p^n}$. Aus dem Kapitel über endliche Körper ist bekannt, dass $\mathbb{F}_{p^n} | \mathbb{F}_p$ eine normale Erweiterung ist, daher folgt aus $a \in \mathbb{F}_{p^n}$ für die Nullstelle a von χ_A, dass χ_A über $\mathbb{F}_{p^n}$ in Linearfaktoren zerfällt. Zudem ist die Erweiterung $\mathbb{F}_{p^n} | \mathbb{F}_p$ nach Proposition 3.12 separabel, weswegen χ_A nur einfache Nullstellen in $\mathbb{F}_{p^n}$ hat. Da die geometrische Vielfachheit jeweils höchstens gleich der algebraischen Vielfachheit ist, müssen sie in diesem Fall bereits gleich sein und alle Voraussetzungen dafür, dass A diagonalisierbar über $\mathbb{F}_{p^n}$ ist, sind erfüllt.

b Wir berechnen zunächst das charakteristische Polynom von A:

$$\chi_A = \det \begin{pmatrix} -1 - X & 3 & -1 \\ 0 & -X & 1 \\ 1 & 0 & -X \end{pmatrix} =$$
$$= -X^2(X + 1) + 3 - X = -X^3 - X^2 - X + 3.$$

Man sieht, dass 1 eine Nullstelle dieses Polynoms ist. Mittels Polynomdivision gewinnt man

$$\chi_A = -(X - 1)(X^2 + 2X + 3).$$

Der zweite Faktor hat in $\mathbb{F}_5$ keine Nullstellen und ist deswegen in $\mathbb{F}_5[X]$ irreduzibel. Nehmen wir an, A ist über $\mathbb{F}_{125}$ diagonalisierbar. Dann zerfällt χ_A über $\mathbb{F}_{125}$ in Linearfaktoren. Sei $a \in \mathbb{F}_{125}$ eine Nullstelle des zweiten Faktors. Es gilt dann für den Zwischenkörper $\mathbb{F}_5(a)$

$$[\mathbb{F}_5(a) : \mathbb{F}_5] = 2 \quad \text{teilt} \quad 3 = [\mathbb{F}_{125} : \mathbb{F}_5],$$

was einen Widerspruch bedeutet. Andererseits zerfällt χ_A über $\mathbb{F}_{25}$ in Linearfaktoren: Sei $a \in \overline{\mathbb{F}}_5$ eine Nullstelle des zweiten Faktors. Dann ist $\mathbb{F}_5(a)$ ein Körper mit 25 Elementen, also ist $\mathbb{F}_5(a) = \mathbb{F}_{25}$. Da Erweiterungen vom Grad 2 stets normal sind, zerfällt also der zweite Faktor (und damit χ_A) über $\mathbb{F}_{25}$ in Linearfaktoren.

Das charakteristische Polynom χ_A hat keine doppelten Nullstellen, denn im zweiten Faktor tritt 1 nicht als Nullstelle auf und da $\mathbb{F}_{25}|\mathbb{F}_5$ separabel ist, ist auch a keine doppelte Nullstelle. Aus analoger Argumentation wie in Teil **a** stimmen also für alle Eigenwerte die algebraische und geometrische Vielfachheit überein und A ist über $\mathbb{F}_{25}$ diagonalisierbar.

Anleitung: Matrizen diagonalisieren

Sei $A \in \mathcal{M}_n(K)$ eine Matrix.

(1) Prüfe, ob die Bedingung (3) aus Satz 4.5 erfüllt ist.

(2) Bestimme Basen aller Eigenräume.

(3) Schreibe die Vektoren dieser Basen als Spalten in eine Matrix T. Dann hat $T^{-1}AT$ Diagonalgestalt.

Aufgabe (Frühjahr 2011, T1A1)

Sei $K = \mathbb{Q}(\sqrt[3]{5})$. Geben Sie eine Basis von K über $\mathbb{Q}$ und die Darstellungsmatrix des Endomorphismus

$$K \to K, \quad x \mapsto \sqrt[3]{5} \cdot x$$

bezüglich dieser Basis an. Begründen Sie, warum diese Matrix über $\mathbb{Q}$ nicht diagonalisierbar ist.

Lösungsvorschlag zur Aufgabe (Frühjahr 2011, T1A1)

Das Polynom $f = X^3 - 5$ ist normiert, irreduzibel über $\mathbb{Q}$ nach dem Eisensteinkriterium und hat $\sqrt[3]{5}$ als Nullstelle. Folglich ist f das Minimalpolynom von $\sqrt[3]{5}$ über $\mathbb{Q}$, sodass $\dim_{\mathbb{Q}} K = [K : \mathbb{Q}] = 3$ gilt und eine $\mathbb{Q}$-Basis von K durch $\{1, \sqrt[3]{5}, \sqrt[3]{5}^2\}$ gegeben ist. Wegen

$$\sqrt[3]{5} \cdot 1 = \sqrt[3]{5} = 0 \cdot 1 + 1 \cdot \sqrt[3]{5} + 0 \cdot \sqrt[3]{5}^2$$
$$\sqrt[3]{5} \cdot \sqrt[3]{5} = \sqrt[3]{5}^2 = 0 \cdot 1 + 0 \cdot \sqrt[3]{5} + 1 \cdot \sqrt[3]{5}^2$$
$$\sqrt[3]{5} \cdot \sqrt[3]{5}^2 = 5 = 5 \cdot 1 + 0 \cdot \sqrt[3]{5} + 0 \cdot \sqrt[3]{5}^2$$

ist die Darstellungsmatrix des angegebenen Endomorphismus

$$A = \begin{pmatrix} 0 & 0 & 5 \\ 1 & 0 & 0 \\ 0 & 1 & 0 \end{pmatrix}.$$

Das charakteristische Polynom dieser Matrix ist f. Wie bereits erwähnt, ist f irreduzibel über $\mathbb{Q}$ und zerfällt dort daher nicht in Linearfaktoren. Nach Satz 4.5 ist diese Matrix deshalb nicht diagonalisierbar über $\mathbb{Q}$.

Aufgabe (Herbst 2015, T3A3)

Betrachten Sie das Polynom $f(X) = X^2 + X + 1 \in \mathbb{F}_5[X]$.

a Zeigen Sie, dass $K := \mathbb{F}_5[X]/(f(X))$ ein Körper mit 25 Elementen ist.

b Bestimmen Sie ein Element $w \in K$ mit $w^2 = 2$.

c Zeigen Sie, dass die Matrix

$$A := \begin{pmatrix} 1 & 2 \\ 3 & 4 \end{pmatrix} \in M(2 \times 2, \mathbb{F}_5)$$

über K diagonalisierbar ist.

Lösungsvorschlag zur Aufgabe (Herbst 2015, T3A3)

a Sei α eine Nullstelle von f in einem algebraischen Abschluss $\overline{\mathbb{F}}_5$. Dann hat der Einsetzungshomomorphismus

$$\phi\colon \mathbb{F}_5[X] \to \mathbb{F}_5[\alpha], \quad g(X) \mapsto g(\alpha)$$

Kern $\ker\phi = (f) \subseteq \mathbb{F}_5[X]$: Die Inklusion „$\supseteq$" ist klar, sei daher $g \in \ker\phi$. Man überzeugt sich schnell davon, dass f keine Nullstelle in $\mathbb{F}_5$ besitzt. Wegen $\deg f = 2$ ist daher f irreduzibel über $\mathbb{F}_5$. Da f normiert ist, handelt es sich bei f um das Minimalpolynom von α über $\mathbb{F}_5$. Nun haben wir vorausgesetzt, dass

$$\phi(g) = g(\alpha) = 0$$

ist. Es folgt $f \mid g$, d. h. $g \in (f)$. Aus dem Homomorphiesatz folgt, dass

$$K = \mathbb{F}_5[X] \big/ (f) \cong \mathbb{F}_5[\alpha] = \mathbb{F}_5(\alpha)$$

ein Körper ist und wegen

$$[\mathbb{F}_5(\alpha) : \mathbb{F}_5] = \deg f = 2$$

handelt es sich bei K um einen zweidimensionalen $\mathbb{F}_5$-Vektorraum. Also ist $K \cong \mathbb{F}_5^2$, weswegen $|K| = 5^2 = 25$ ist.

b Die Quadrate in $\mathbb{F}_5$ sind $0, 1$ und -1, also gibt es kein solches Element w in $\mathbb{F}_5$ und wir müssen in K suchen.

Eine Basis von K als $\mathbb{F}_5$-Vektorraum ist durch $\{1, \overline{X}\}$ gegeben. Es wird daher $a, b \in \mathbb{F}_5$ mit $w = a + b\overline{X}$ geben. Wir machen nun den Ansatz

$$2 = (a + b\overline{X})^2 \quad \Leftrightarrow \quad 2 = a^2 + 2ab\overline{X} + b^2\overline{X}^2 \quad \Leftrightarrow$$
$$2 = a^2 + 2ab\overline{X} + b^2(-\overline{X} - 1) \quad \Leftrightarrow \quad 2 = (a^2 - b^2) + (2ab - b^2)\overline{X},$$

wobei die Relation $f(\overline{X}) = 0$ verwendet wurde. Aus der linearen Unabhängigkeit von 1 und $\overline{X}$ erhalten wir weiter die Gleichungen

$$2 = a^2 - b^2 \quad \text{und} \quad 0 = 2ab - b^2.$$

Aus der zweiten Gleichung folgt $0 = b(2a - b)$. Da K ein Integritätsbereich ist, muss $b = 0$ oder $2a - b = 0$ sein. Ersteres würde bedeuten, dass $2 = a^2$, doch so ein Element a gibt es – wie eingangs bemerkt – in $\mathbb{F}_5$ nicht. Also muss $2a - b = 0 \Leftrightarrow b = 2a$ gelten.

Die Quadrate in $\mathbb{F}_5$ sind $0, 1$ und -1. Die einzige Kombination dieser Zahlen, die $2 = a^2 - b^2$ erfüllt, ist

$$a^2 = 1 \quad \Rightarrow \quad a \in \{1, -1\} \quad \text{und} \quad b^2 = -1 \quad \Rightarrow \quad b \in \{2, 3\}.$$

Wir erhalten somit unter Berücksichtigung der Bedingung $b = 2a$ die beiden Lösungen $(a, b) \in \{(1, 2), (-1, 3)\}$. Tatsächlich gilt

$$(1 + 2\overline{X})^2 = 1 + 4\overline{X} + 4\overline{X}^2 = -3 + 4(1 + \overline{X} + \overline{X}^2) = 2 + 4f(\overline{X}) = 2,$$

$$(-1 + 3\overline{X})^2 = (-1 - 2\overline{X})^2 = (-1)^2 \cdot (1 + 2\overline{X})^2 = 2.$$

c Wir berechnen zunächst das charakteristische Polynom von A:

$$\chi_A = \det(A - X\mathbb{E}_2) = \det \begin{pmatrix} 1 - X & 2 \\ 3 & 4 - X \end{pmatrix} = (1 - X)(4 - X) - 6 =$$

$$= X^2 - (1 + 4)X + 4 - 1 = X^2 + 3$$

Für das Element w aus Teil a gilt

$$\chi_A(w) = w^2 + 3 = 5 = 0,$$

also ist $\chi_A = (X - w)(X + w)$. Somit zerfällt das charakteristische Polynom von A über K in Linearfaktoren. Die algebraische Vielfachheit der beiden Eigenwerte ist 1 und da nach Lemma 4.4 (2) die geometrische Vielfachheit kleiner gleich der algebraischen Vielfachheit ist, muss auch diese 1 sein. Insgesamt sind damit die Voraussetzungen von Satz 4.5 erfüllt und A ist diagonalisierbar über K.

4.3. Jordan-Normalform

Die Bedingungen aus Satz 4.5 für Diagonalisierbarkeit bedeuten eine tatsächliche Einschränkung und sind im Allgemeinen nicht erfüllt. Wir entwickeln daher nun die Theorie einer allgemeineren Normalform, die bereits unter schwächeren Voraussetzungen angenommen werden kann.

Sei K ein Körper. Es ist $\mathcal{M}_n(K) \cong K^{n^2}$ ein K-Vektorraum der Dimension n^2. Dies bedeutet, dass für eine Matrix $A \in \mathcal{M}_n(K)$ die Potenzen $A^0 = \mathbb{E}_n, A^1, \ldots, A^{n^2}$ linear abhängig sein müssen. Es gibt folglich $a_0, \ldots, a_{n^2-1} \in K$ mit

$$A^{n^2} + a_{n^2-1}A^{n^2-1} + \ldots + a_1 A + a_0 \mathbb{E}_n = 0.$$

Betrachte nun den Einsetzungshomomorphismus

$$\varphi_A\colon K[X] \to \mathcal{M}_n(K), \quad f = \sum_{i=0}^{m} a_i X^i \mapsto f(A) = \sum_{i=0}^{m} a_i A^i,$$

dann haben wir eben ker $\dot\varphi_A \neq 0$ gesehen. Es handelt sich bei ker $\varphi_A \subseteq K[X]$ um ein Ideal und da $K[X]$ ein euklidischer Ring und somit ein Hauptidealring ist, gibt es ein eindeutig bestimmtes normiertes Polynom minimalen Grades $\mu_A \in K[X]$, sodass ker $\varphi_A = (\mu_A)$. Dieses Polynom heißt **Minimalpolynom** von A.

Im Gegensatz zum aus der Körpertheorie bekannten Minimalpolynom eines algebraischen Elements ist das Minimalpolynom einer Matrix im Allgemeinen *nicht* irreduzibel. Es gibt jedoch eine Verbindung der beiden Begriffe: Ist $L|K$ eine endliche Körpererweiterung und $a \in L$, so ist das Minimalpolynom des K-Vektorraumhomomorphismus $L \to L, x \mapsto ax$ (bzw. dessen Darstellungsmatrix in unserer Definition) genau das körpertheoretische Minimalpolynom von a über K (vgl. dazu auch Aufgabe F11T1A1 auf Seite).

> **Satz 4.6** (Cayley-Hamilton). Sei $n \in \mathbb{N}$, K ein Körper und sei $A \in \mathcal{M}_n(K)$ mit charakteristischem Polynom χ_A und Minimalpolynom μ_A. Dann gilt $\chi_A(A) = 0$, d.h. $\mu_A \mid \chi_A$.

Wir versuchen nun, den Zusammenhang zur bisherigen Theorie herzustellen. Sei $\mu_A = \sum_{i=0}^{m} a_i X^i \in K[X]$ das Minimalpolynom von A. Wegen $\mu_A \mid \chi_A$ ist jede Nullstelle $\lambda \in K$ von μ_A eine Nullstelle von χ_A, d.h. λ ist ein Eigenwert von A. Ist umgekehrt $\lambda \in K$ ein Eigenwert von A und $v \neq 0$ ein zugehöriger Eigenvektor, so gilt

$$0 = \mu_A(A)v = \left(\sum_{i=0}^{m} a_i A^i\right) v = \sum_{i=0}^{m} a_i A^i v = \sum_{i=0}^{m} a_i \lambda^i v = \mu_A(\lambda)v,$$

also ist λ eine Nullstelle von μ_A. Wir haben also gezeigt:

$$\lambda \in K \text{ ist Eigenwert von } A \quad \Leftrightarrow \quad \mu_A(\lambda) = 0$$

Aufgabe (Herbst 2010, T2A5)

Sei $A \in \mathcal{M}_{n,n}(\mathbb{Z})$ eine ganzzahlige $n \times n$-Matrix mit $A^p = \mathbb{E}_n$ für eine Primzahl p und $n \in \mathbb{N}$. Zeigen Sie, dass $\det(A - \mathbb{E}_n)$ ganzzahlig und durch p teilbar ist. ($\mathbb{E}_n$ bezeichnet die Einheitsmatrix.)

Lösungsvorschlag zur Aufgabe (Herbst 2010, T2A5)

Dass $\det(A - \mathbb{E}_n)$ ganzzahlig ist, ist klar, denn die Determinante ist ein Polynom in den Koeffizienten von $A - \mathbb{E}_n$ und diese sind nach Voraussetzung ganzzahlig.

Betrachten wir zunächst den Fall, dass 1 ein Eigenwert von A ist. In diesem Fall ist 1 eine Nullstelle des charakteristischen Polynoms χ_A, sodass

$$\det(A - \mathbb{E}_n) = \chi_A(1) = 0$$

auf jeden Fall durch p teilbar ist. Setzen wir daher nun voraus, dass 1 kein Eigenwert von A ist. Aus der Voraussetzung $A^p = \mathbb{E}_n$ folgt, dass $A^p - \mathbb{E}_n = 0$, d. h. A ist Nullstelle des Polynoms $X^p - 1$. Das Minimalpolynom μ_A von A ist somit ein Teiler von $X^p - 1$. Die Zerlegung in irreduzible Faktoren von $X^p - 1$ über $\mathbb{Z}$ ist nach Satz 3.17

$$X^p - 1 = \prod_{m \mid p} \Phi_m = \Phi_1 \cdot \Phi_p = (X - 1) \cdot (X^{p-1} + \ldots + X + 1),$$

wobei Φ_m jeweils das m-te Kreisteilungspolynom bezeichnet. Nach Annahme ist 1 kein Eigenwert von A, sodass $\mu_A(1) \neq 0$. Also ist $X - 1$ kein Teiler von μ_A und es muss $\mu_A = \Phi_p$ gelten. Nach dem Satz von Cayley-Hamilton 4.6 ist μ_A ein Teiler von χ_A, d. h. es gibt ein Polynom $g \in \mathbb{Q}[X]$ mit $\chi_A = g \cdot \mu_A$. Da χ_A und μ_A beides primitive Polynome sind, folgt aus dem Lemma von Gauß sogar $g \in \mathbb{Z}[X]$ (vgl. hierzu Lemma 2.25). Also haben wir auch in $\mathbb{Z}$ die Gleichung

$$\det(A - \mathbb{E}_n) = \chi_A(1) = g(1) \cdot \mu_A(1) = g(1) \cdot \Phi_p(1) =$$
$$= g(1) \cdot (1^{p-1} + \ldots + 1^1 + 1) = g(1) \cdot p$$

und $\det(A - \mathbb{E}_n)$ wird von p geteilt.

Aufgabe (Herbst 2016, T1A2)

Seien p eine Primzahl und $k \leq p - 2$. Zeigen Sie, dass die Einheitsmatrix $\mathbb{E}_k$ die einzige Matrix $A \in \mathrm{GL}_k(\mathbb{Q})$ mit der Eigenschaft $A^p = \mathbb{E}_k$ ist.

Lösungsvorschlag zur Aufgabe (Herbst 2016, T1A2)

Es ist klar, dass die Einheitsmatrix die geforderte Eigenschaft besitzt. Sei also $A \in \mathrm{GL}_k(\mathbb{Q})$ eine weitere Matrix mit $A^k = \mathbb{E}_k$. Dann ist A eine Nullstelle des Polynoms $X^p - 1$ und das Minimalpolynom von A muss ein Teiler dieses Polynoms sein.

Sei Φ_n jeweils das n-te Kreisteilungspolynom, dann ist

$$X^p - 1 = \Phi_1 \cdot \Phi_p$$

die eindeutige Zerlegung in irreduzible normierte Faktoren. Das Minimal-polynom von A kann jedoch nicht von Φ_p geteilt werden: Als $k \times k$-Matrix hat das charakteristische Polynom von A Grad k. Laut dem Satz von Cayley-Hamilton ist das Minimalpolynom von A ein Teiler des charakteristischen Polynoms von A, hat also insbesondere maximal Grad k, während hingegen

$$\operatorname{grad} \Phi_p = \varphi(p) = p - 1 > p - 2 > k$$

gilt. Damit muss $\Phi_1 = X - 1$ das Minimalpolynom von A sein und wir erhalten

$$\Phi_1(A) = 0 \quad \Leftrightarrow \quad A - \mathbb{E}_k = 0 \quad \Leftrightarrow \quad A = \mathbb{E}_k.$$

Sei $\mu_A = \prod_{i=0}^{m}(X - \lambda_i)^{n_i}$ eine Zerlegung von μ_A über $K[X]$ mit paarweise ver-schiedenen Eigenwerten $\lambda_i \in K$ für $i \in \{1, \ldots, m\}$. Nach Definition ist $\mu_A(A)$ die Nullmatrix, d. h. $\ker \mu_A(A) = K^n$. Man kann nun weiter zeigen, dass

$$K^n = \ker \mu_A(A) = \bigoplus_{i=0}^{m} \ker(A - \lambda_i \mathbb{E}_n)^{n_i}.$$

Sind alle $n_i = 1$, so entspricht dies genau einer Zerlegung in Eigenräume. Wir haben also gezeigt:

Proposition 4.7. Sei K ein Körper, $n \in \mathbb{N}$ und $M \in \mathcal{M}_n(K)$. Dann sind die folgenden Aussagen gleichwertig:

(1) A ist diagonalisierbar,

(2) das Minimalpolynom μ_A von A zerfällt in Linearfaktoren und hat nur einfache Nullstellen.

Aufgabe (Frühjahr 2012, T3A1)

In der Gruppe $G := \mathrm{GL}_4(\mathbb{C})$ betrachten wir die Teilmenge

$$M := \left\{ B \in \mathrm{GL}_4(\mathbb{C}) \mid B^2 = \mathbb{E}_4 \right\}.$$

a Zeigen Sie, dass alle Matrizen $B \in M$ diagonalisierbar sind.

b Zeigen Sie, dass die Operation $G \times M \to M$, $(A, B) \mapsto ABA^{-1}$ von G auf M durch Konjugation wohldefiniert ist und die Menge M in genau 5 disjunkte Bahnen zerlegt.

Lösungsvorschlag zur Aufgabe (Frühjahr 2012, T3A1)

a Sei $B \in M$. Wegen $B^2 - \mathbb{E}_4 = 0$ ist das Minimalpolynom μ_B ein Teiler von $X^2 - 1 = (X - 1)(X + 1)$. Insbesondere hat μ_B nur einfache Nullstellen und zerfällt in Linearfaktoren. Nach Proposition 4.7 ist B daher diagonalisierbar.

b *Wohldefiniertheit:* Zu zeigen ist, dass $A \cdot B \in M$ für $A \in G, B \in M$. Es gilt

$$(A \cdot B)^2 = \left(ABA^{-1}\right)^2 = ABA^{-1}ABA^{-1} = AB^2A^{-1} = A\mathbb{E}_4 A^{-1} = \mathbb{E}_4$$

und somit $A \cdot B \in M$. Dass es sich bei der Abbildung um eine Operation handelt, ist klar.

Bahnen: Die Bahnen der Operation sind genau die Mengen (Äquivalenzklassen) aller Matrizen, die jeweils zueinander ähnlich sind. Nach Teil **a** ist jede Matrix B aus M diagonalisierbar und wegen $\mu_B | (X^2 - 1)$ kann B nur die Eigenwerte 1 oder -1 haben. Damit ist B zu einer der Matrizen aus

$$R = \left\{ \mathbb{E}_4, \begin{pmatrix} -1 & 0 & 0 & 0 \\ 0 & 1 & 0 & 0 \\ 0 & 0 & 1 & 0 \\ 0 & 0 & 0 & 1 \end{pmatrix}, \begin{pmatrix} -1 & 0 & 0 & 0 \\ 0 & -1 & 0 & 0 \\ 0 & 0 & 1 & 0 \\ 0 & 0 & 0 & 1 \end{pmatrix}, \right.$$
$$\left. \begin{pmatrix} -1 & 0 & 0 & 0 \\ 0 & -1 & 0 & 0 \\ 0 & 0 & -1 & 0 \\ 0 & 0 & 0 & 1 \end{pmatrix}, \begin{pmatrix} -1 & 0 & 0 & 0 \\ 0 & -1 & 0 & 0 \\ 0 & 0 & -1 & 0 \\ 0 & 0 & 0 & -1 \end{pmatrix} \right\}$$

ähnlich. Diese Matrizen sind jedoch nicht zueinander ähnlich, da sie verschiedene charakteristische Polynome haben. Also ist R tatsächlich ein Repräsentantensystem der Bahnen.

Falls μ_A mehrfache Nullstellen hat, so tauchen in der Zerlegung des Vektorraums K^n von oben Räume der Form $\ker(A - \lambda_i \mathbb{E}_n)^{n_i}$ auf, welche wir als Nächstes in den Griff bekommen wollen.

Definition 4.8. Sei K ein Körper, $n \in \mathbb{N}$ und $A \in \mathcal{M}_n(K)$. Ist $\lambda \in K$ ein Eigenwert von A, so nennen wir

$$\text{Eig}^i(A, \lambda) = \ker(A - \lambda \mathbb{E}_n)^i$$

den *verallgemeinerten Eigenraum i-ter Stufe* von A zum Eigenwert λ.

Wir sind nun so weit, die Jordan-Normalform zu formulieren. Dabei ist ein *Jordankästchen* (auch *Jordanblock*) der Größe m zum Eigenwert λ eine Matrix der Form

$$J(\lambda, m) = \begin{pmatrix} \lambda & 1 & 0 & \cdots & 0 \\ 0 & & & \ddots & \vdots \\ \vdots & \ddots & & & 0 \\ \vdots & & \ddots & & 1 \\ 0 & \cdots & \cdots & 0 & \lambda \end{pmatrix} \in \mathcal{M}_m(K)$$

und man sagt, eine Matrix A liegt in *Jordan-Normalform* vor, falls A die Form

$$A = \begin{pmatrix} J(\lambda_1, m_1) & & 0 \\ & \ddots & \\ 0 & & J(\lambda_r, m_r) \end{pmatrix}$$

besitzt.

Satz 4.9. Sei $A \in \mathcal{M}_n(K)$ eine Matrix, deren charakteristisches Polynom in Linearfaktoren zerfällt. Dann ist A ähnlich zu einer Matrix in Jordan-Normalform.

Proposition 4.10. Sei $A \in \mathcal{M}_n(K)$ eine Matrix, deren charakteristisches Polynom in Linearfaktoren zerfällt und $T \in \mathrm{GL}_n(K)$ eine Matrix, sodass $B = T^{-1}AT$ in Jordan-Normalform ist.

(1) Die Zahl der Jordankästchen zum Eigenwert λ in B entspricht $\dim_K \mathrm{Eig}(A, \lambda)$.

(2) Die Größe des größten Jordankästchen zum Eigenwert λ in B entspricht der Vielfachheit der Nullstelle λ von μ_A.

(3) Die Anzahl der Jordankästchen der Größe m zum Eigenwert λ in B ist

$$2 \dim_K \mathrm{Eig}^m(A, \lambda) - \dim_K \mathrm{Eig}^{m+1}(A, \lambda) - \dim_K \mathrm{Eig}^{m-1}(A, \lambda).$$

Aufgabe (Frühjahr 2010, T2A2)

a Sei G eine endliche Gruppe und sei H eine echte Untergruppe von G (d.h. $H \neq G$). Zeigen Sie:

$$G \neq \bigcup_{x \in G} xHx^{-1}.$$

b Sei $G := \mathrm{GL}(2, \mathbb{C})$ die Gruppe der invertierbaren komplexen 2×2-Matrizen und sei $H < G$ die Untergruppe der oberen Dreiecksmatrizen, d.h.

$$H := \left\{ \begin{pmatrix} a & b \\ c & d \end{pmatrix} \in G \mid c = 0 \right\}.$$

Zeigen Sie:

$$G = \bigcup_{x \in G} xHx^{-1}.$$

Lösungsvorschlag zur Aufgabe (Frühjahr 2010, T2A2)

a Betrachte für vorgegebenes $x \in G$ die Abbildung

$$\tau_x \colon G \to G, \quad g \mapsto gx.$$

Diese ist injektiv, denn sind $g, h \in G$ Elemente mit $\tau_x(g) = \tau_x(h)$, so gilt

$$\tau_x(g) = \tau_x(h) \quad \Leftrightarrow \quad gx = hx \quad \Leftrightarrow \quad gxx^{-1} = hxx^{-1} \quad \Leftrightarrow \quad g = h.$$

Außerdem ist τ_x surjektiv, denn ist $g \in G$ beliebig, so ist $\tau_x(gx^{-1}) = gx^{-1}x = g$. Dies bedeutet einerseits

$$|xHx^{-1}| = |\tau_x(xHx^{-1})| = |xH| = |H|$$

für beliebiges $x \in G$ und andererseits, dass τ_x eine Bijektion

$$\{xHx^{-1} | x \in G\} \to G/H, \quad xHx^{-1} \mapsto \tau_x(xHx^{-1}) = xH$$

induziert. Als Konsequenz gibt es genau $|G/H| = (G : H)$ verschiedene Untergruppen der Form xHx^{-1}. Diese Untergruppen sind jedoch nicht disjunkt, denn sie enthalten zumindest alle das Neutralelement $1 = x \cdot 1 \cdot x^{-1}$. Zählen wir also nur die *verschiedenen* Elemente in der Vereinigung, so kommen wir auf

$$\left| \bigcup_{x \in G} xHx^{-1} \right| = |\{1\}| + \left| \bigcup_{x \in G} xHx^{-1} \setminus \{1\} \right| \leq 1 + (G : H) \cdot (|H| - 1) =$$
$$= 1 + (G : H)|H| - (G : H) = |G| + 1 - (G : H).$$

Da H eine echte Untergruppe ist, ist $|H| < |G|$ und somit $(G : H) = \frac{|G|}{|H|} > 1$. Eingesetzt in obige Abschätzung ergibt dies

$$\left| \bigcup_{x \in G} xHx^{-1} \right| \leq |G| + 1 - (G : H) < |G|.$$

Folglich kann unmöglich $G = \bigcup_{x \in G} xHx^{-1}$ gelten.

b Die Inklusion „$\supseteq$" ist klar, sei daher $A \in G$ beliebig vorgegeben. Da wir über $\mathbb{C}$ arbeiten, zerfällt das charakteristische Polynom von A auf jeden Fall in Linearfaktoren. Nach Satz 4.9 ist daher A ähnlich zu einer Matrix in

Jordan-Normalform B, d. h. es gibt eine Matrix $T \in G$, sodass $B = T^{-1}AT$ in Jordan-Normalform ist. Insbesondere ist B eine obere Dreiecksmatrix, sodass

$$T^{-1}AT = B \quad \Leftrightarrow \quad A = TBT^{-1}.$$

Insbesondere also $A \in THT^{-1} \subseteq \bigcup_{x \in G} xHx^{-1}$.

Aufgabe (Frühjahr 2015, T1A1)

Sei $\mathbb{F}_2$ der endliche Körper mit genau zwei Elementen 0 und 1. Auf dem dreidimensionalen $\mathbb{F}_2$-Vektorraum $(\mathbb{F}_2)^3$ betrachten wir den Endomorphismus

$$\phi\colon (\mathbb{F}_2)^3 \to (\mathbb{F}_2)^3, \quad (x_1, x_2, x_3) \mapsto (x_3, x_2, x_1).$$

a Bestimmen Sie das charakteristische Polynom von ϕ. Bestimmen Sie alle Eigenwerte von ϕ in $\mathbb{F}_2$. Bestimmen Sie für jeden Eigenwert von ϕ in $\mathbb{F}_2$ eine Basis des zugehörigen Eigenraums.

b Gibt es eine Basis von $(\mathbb{F}_2)^3$, bezüglich derer ϕ eine Jordan'sche Normalform hat? Begründen Sie Ihre Antwort. Wenn ja, bestimmen Sie die Jordan'sche Normalform von ϕ.

Lösungsvorschlag zur Aufgabe (Frühjahr 2015, T1A1)

a Die Darstellungsmatrix von ϕ bezüglich der Standardbasis $B = \{(1,0,0), (0,1,0), (0,0,1)\}$ ist

$$[\phi]_B = \begin{pmatrix} 0 & 0 & 1 \\ 0 & 1 & 0 \\ 1 & 0 & 0 \end{pmatrix}.$$

Somit berechnet sich das charakteristische Polynom von ϕ zu

$$\chi_\phi = \det \begin{pmatrix} -X & 0 & 1 \\ 0 & 1-X & 0 \\ 1 & 0 & -X \end{pmatrix} = X^2(1-X) - (1-X) =$$

$$= (1-X)(X^2 - 1) = (X-1)(X-1)^2 = (X-1)^3.$$

Also hat ϕ nur den Eigenwert 1 in $\mathbb{F}_2$. Der zugehörige Eigenraum ist

$$\text{Eig}(\phi, 1) = \ker(\phi - \text{id}_{\mathbb{F}_2^3}) = \ker \begin{pmatrix} 1 & 0 & 1 \\ 0 & 0 & 0 \\ 1 & 0 & 1 \end{pmatrix} = \left\langle \begin{pmatrix} 1 \\ 0 \\ -1 \end{pmatrix}, \begin{pmatrix} 0 \\ 1 \\ 0 \end{pmatrix} \right\rangle.$$

b Da χ_ϕ nach Teil **a** in Linearfaktoren zerfällt, ist $[\phi]_B$ nach Satz 4.9 zu einer Matrix in Jordan-Normalform ähnlich, d. h. es gibt eine Basis B' von $\mathbb{F}_2^3$, bezüglich der ϕ Jordan-Normalform hat.

Wegen $\dim \mathrm{Eig}(\phi, 1) = 2$ gibt es nach Proposition 4.10 (1) zwei Jordankästchen in $[\phi]_{B'}$. Die einzige Möglichkeit ist also, dass $[\phi]_{B'}$ ein Jordankästchen der Größe 1 und eines der Größe 2 hat. Somit ist

$$[\phi]_{B'} = \begin{pmatrix} 1 & 0 & 0 \\ 0 & 1 & 1 \\ 0 & 0 & 1 \end{pmatrix}$$

bis auf Vertauschung der beiden Jordankästchen.

Aufgabe (Herbst 2014, T2A5)

Die reelle (6×6)-Matrix A habe den sechsfachen Eigenwert 1 mit der geometrischen Vielfachheit 3. Es gelte weiterhin $A = E_6 + N$ mit der Einheitsmatrix E_6 und einer nilpotenten Matrix N mit Nilpotenzindex 3, d. h. $N^3 = 0$, aber $N^2 \neq 0$. Bestimmen Sie die Jordan-Normalform von A.

Lösungsvorschlag zur Aufgabe (Herbst 2014, T2A5)

Laut Angabe ist das charakteristische Polynom $\chi_A = (X - 1)^6$, sodass auch das Minimalpolynom von A eine Potenz von $(X - 1)$ sein muss. Weiter ist

$$(A - \mathbb{E}_6)^3 = N^3 = 0 \quad \text{und} \quad (A - \mathbb{E}_6)^2 = N^2 \neq 0,$$

d. h. das Minimalpolynom von A ist $\mu_A = (X - 1)^3$ und das größte Jordankästchen von A hat nach Proposition 4.10 (2) Größe 3. Weiter hat der Eigenwert 1 laut Angabe die geometrische Vielfachheit 3, es gibt also 3 Jordankästchen. Da A eine (6×6)-Matrix ist, muss es jeweils ein Jordankästchen der Größe 3, 2 und 1 geben. Wir erhalten somit

$$A \sim \begin{pmatrix} 1 & 0 & 0 & 0 & 0 & 0 \\ 0 & 1 & 1 & 0 & 0 & 0 \\ 0 & 0 & 1 & 0 & 0 & 0 \\ 0 & 0 & 0 & 1 & 1 & 0 \\ 0 & 0 & 0 & 0 & 1 & 1 \\ 0 & 0 & 0 & 0 & 0 & 1 \end{pmatrix}.$$

Aufgabe (Herbst 2013, T1A3)

Sei $A = \begin{pmatrix} \lambda & 1 \\ 0 & \lambda \end{pmatrix}$ eine Matrix über den komplexen Zahlen, hierbei gelte $\lambda \neq 0$.
Man zeige, dass für alle $k \geq 1$ die Matrix A^k die Jordansche Normalform
$\begin{pmatrix} \lambda^k & 1 \\ 0 & \lambda^k \end{pmatrix}$ hat.

Lösungsvorschlag zur Aufgabe (Herbst 2013, T1A3)

Wir zeigen zunächst per Induktion über k, dass

$$A^k = \begin{pmatrix} \lambda^k & k\lambda^{k-1} \\ 0 & \lambda^k \end{pmatrix} \qquad \text{für alle } k \in \mathbb{N}$$

gilt. Im Fall $k = 1$ ist die Behauptung erfüllt. Setzen wir die Aussage daher für ein k als bereits bewiesen voraus. Dann ist

$$A^{k+1} = A^k \cdot A = \begin{pmatrix} \lambda^k & k\lambda^{k-1} \\ 0 & \lambda^k \end{pmatrix} \cdot \begin{pmatrix} \lambda & 1 \\ 0 & \lambda \end{pmatrix} = \begin{pmatrix} \lambda^{k+1} & (k+1)\lambda^k \\ 0 & \lambda^{k+1} \end{pmatrix}.$$

Dies schließt den Induktionsbeweis ab. Nun ist das charakteristische Polynom von A^k gegeben durch

$$\chi_{A^k} = \det(A^k - X\mathbb{E}_2) = (\lambda^k - X)^2 = (X - \lambda^k)^2,$$

sodass λ^k der einzige Eigenwert von A^k ist. Wegen $\lambda \neq 0$ ist

$$A^k - \lambda^k \mathbb{E}_2 = \begin{pmatrix} 0 & k\lambda^{k-1} \\ 0 & 0 \end{pmatrix} \neq 0$$

und damit ist χ_{A^k} gleichzeitig auch das Minimalpolynom von A^k. Nach Proposition 4.10 hat die Jordan-Normalform von A^k ein Jordankästchen der Größe 2 zum Eigenwert λ^k. Da A^k eine (2×2)-Matrix ist, entspricht dies bereits der Jordan-Normalform. Wir haben damit gezeigt:

$$A^k \sim \begin{pmatrix} \lambda^k & 1 \\ 0 & \lambda^k \end{pmatrix}$$

Anleitung: Bestimmung der Jordan-Normalform

Sei K ein Körper und $A \in \mathcal{M}_n(K)$ eine Matrix. Gesucht ist eine Basis B, sodass A bezüglich B Jordan-Normalform hat. Interessanterweise ist dieser Basiswechsel nie in den Algebra-Aufgaben verlangt, aber bisweilen beim Lösen Linearer Differentialgleichungen vonnöten.

(1) Prüfe, ob das charakteristische Polynom von A in Linearfaktoren zerfällt. In diesem Fall kann A nach Satz 4.9 auf Jordan-Normalform gebracht werden.

(2) Bestimme die Jordan-Normalform mittels Proposition 4.10, also zu jedem der (nicht unbedingt verschiedenen) Eigenwerte $\lambda_1, \ldots, \lambda_m$ die Anzahl $s(\lambda_i)$ der zugehörigen Jordankästchen sowie deren jeweilige Größe $k_j(\lambda_i)$.

(3) Man frühstückt die Jordankästchen nun der Reihe nach ab. Wähle für das erste Kästchen einen Vektor $v_{k_1(\lambda_1)} \in \mathrm{Eig}^{k_1(\lambda_1)}(\lambda_1) \setminus \mathrm{Eig}^{k_1(\lambda_1)-1}(\lambda_1)$.

(4) Man arbeitet rückwärts, indem man $v_{k_1(\lambda_1)-s} = (A - \lambda_1 \mathbb{E}_n)v_{k_1(\lambda_1)-s+1}$ für $s \in \{1, \ldots, k_1(\lambda_1) - 1\}$ setzt.

(5) Verfahre in der gleichen Weise mit den anderen Jordankästchen zum Eigenwert λ_1, d. h. wähle einen Vektor $v_{k_1(\lambda_1)+k_2(\lambda_1)}$ aus $\mathrm{Eig}^{k_1(\lambda_1)}(A, \lambda_1) \setminus \langle \mathrm{Eig}^{k_1(\lambda_1)-1}(A, \lambda_1), M \rangle$, wobei M die Menge der schon bestimmten Vektoren ist und setze dann $v_{k_1(\lambda_1)+k_2(\lambda_1)-s} = (A - \lambda_1 \mathbb{E}_n)v_{k_2(\lambda_1)-s+1}$ für $s \in \{1, \ldots, k_2(\lambda_1) - 1\}$ usw.

(6) Gehe zum nächsten Eigenwert, indem (3)-(5) für den neuen Eigenwert durchgeführt werden.

(7) Schreibe die Vektoren $v_1, \ldots, v_n$ als Spalten in die Transformationsmatrix T. Die Matrix $T^{-1}AT$ ist dann in Jordan-Normalform.

Beispiel 4.11. Zur Illustration der oben beschriebenen Vorgehensweise bestimmen wir die Jordan-Normalform samt Transformationsmatrizen für die Matrix

$$A = \begin{pmatrix} -1 & 1 & -1 \\ 0 & 0 & -1 \\ 1 & -1 & -1 \end{pmatrix}.$$

Diese Matrix taucht in der Aufgabe F16T3A5 des Analysis Examens (Seite 429) auf und muss dort auf Jordan-Normalform gebracht werden, um e^{tA} berechnen zu können.

(1): Zunächst bestimmen wir das charakteristische Polynom von A:

$$\chi_A = \det \begin{pmatrix} -1-X & 1 & -1 \\ 0 & -X & -1 \\ 1 & -1 & -1-X \end{pmatrix} = -X(1+X)^2 - 1 - X + (1+X) =$$

$$= -X(X+1)^2$$

Die Eigenwerte sind also 0 und -1, außerdem zerfällt das charakteristische Polynom in Linearfaktoren, sodass die Matrix A zu einer Matrix in Jordan-Normalform ähnlich ist.

(2): Der Eigenwert 0 hat algebraische Vielfachheit 1 und damit nach Lemma 4.4 (2) auch geometrische Vielfachheit 1. Das heißt, dass es einen Jordanblock der Größe 1 zum Eigenwert 0 gibt. Um zu bestimmen, wie viele Jordanblöcke es zum Eigenwert -1 gibt, berechnen wir den zugehörigen Eigenraum:

$$\mathrm{Eig}(A,-1) = \ker \begin{pmatrix} 0 & 1 & -1 \\ 0 & 1 & -1 \\ 1 & -1 & 0 \end{pmatrix} = \ker \begin{pmatrix} 0 & 0 & 0 \\ 0 & 1 & -1 \\ 1 & -1 & 0 \end{pmatrix} = \left\langle \begin{pmatrix} 1 \\ 1 \\ 1 \end{pmatrix} \right\rangle$$

Also hat $\mathrm{Eig}(A,-1)$ Dimension 1, sodass es einen Jordanblock zum Eigenwert -1 gibt. Dieser muss dann notwendigerweise die Größe 2 haben. Wir erwarten also, dass A zur Matrix

$$\begin{pmatrix} -1 & 1 & 0 \\ 0 & -1 & 0 \\ 0 & 0 & 0 \end{pmatrix}$$

ähnlich ist.

(3): Der Jordanblock zum Eigenwert -1 hat Größe 2, daher müssen wir einen Vektor $v_2 \in \mathrm{Eig}^2(A,-1) \setminus \mathrm{Eig}(A,-1)$ wählen. Dazu berechnen wir zunächst

$$\mathrm{Eig}^2(A,-1) = \ker \begin{pmatrix} 0 & 1 & -1 \\ 0 & 1 & -1 \\ 1 & -1 & 0 \end{pmatrix}^2 = \ker \begin{pmatrix} -1 & 2 & -1 \\ -1 & 2 & -1 \\ 0 & 0 & 0 \end{pmatrix} = \left\langle \begin{pmatrix} 1 \\ 1 \\ 1 \end{pmatrix}, \begin{pmatrix} 1 \\ 0 \\ -1 \end{pmatrix} \right\rangle.$$

Setze also $v_2 = (1,0,-1)$.

(4) Den Vektor v_1 berechnet man folgendermaßen:

$$v_1 = (A-(-1)\mathbb{E}_3)v_2 = \begin{pmatrix} 0 & 1 & -1 \\ 0 & 1 & -1 \\ 1 & -1 & 0 \end{pmatrix} \cdot \begin{pmatrix} 1 \\ 0 \\ -1 \end{pmatrix} = \begin{pmatrix} 1 \\ 1 \\ 1 \end{pmatrix}$$

(5) Dieser Schritt entfällt, da es nur einen Jordanblock zum Eigenwert -1 gibt.

(6): Für den Jordanblock zum Eigenwert 0 brauchen wir noch einen entsprechenden Eigenvektor, also einen Vektor aus

$$\ker A = \ker \begin{pmatrix} -1 & 1 & -1 \\ 0 & 0 & -1 \\ 1 & -1 & -1 \end{pmatrix} = \ker \begin{pmatrix} -1 & 1 & -1 \\ 0 & 0 & 1 \\ 0 & 0 & -2 \end{pmatrix} = \left\langle \begin{pmatrix} 1 \\ 1 \\ 0 \end{pmatrix} \right\rangle.$$

Setze also $v_3 = (1, 1, 0)$.

(7) Die Transformationsmatrix mit ihrer Inversen lautet in unserem Fall nun

$$T = \begin{pmatrix} 1 & 1 & 1 \\ 1 & 0 & 1 \\ 1 & -1 & 0 \end{pmatrix} \qquad T^{-1} = \begin{pmatrix} 1 & -1 & 1 \\ 1 & -1 & 0 \\ -1 & 2 & -1 \end{pmatrix}.$$

∎

5. Analysis reeller Variablen

5.1. Analysis einer reellen Variablen

Wir erinnern an die beiden wichtigsten Begriffe der Analysis einer reellen Variablen:

Definition 5.1. Sei $U \subseteq \mathbb{R}$ und $f \colon U \to \mathbb{R}$ eine Abbildung.

(1) Die Funktion f heißt *stetig* in $a \in U$, wenn für jede Folge $(x_n)_{n \in \mathbb{N}}$ in U mit $\lim_{n \to \infty} x_n = a$ auch $\lim_{n \to \infty} f(x_n) = f(a)$ gilt.

(2) Die Funktion f heißt *differenzierbar* in $a \in U$, wenn der Grenzwert

$$\lim_{h \to 0} \frac{f(a+h) - f(a)}{h}$$

existiert. Ist dies der Fall, so bezeichnen wir ihn als Ableitung $f'(a)$.

In Aufgaben zur Galois-Theorie wird gelegentlich der folgende Satz benötigt.

Satz 5.2 (Rolle). Sei $f \colon [a,b] \to \mathbb{R}$ eine stetige Funktion, die auf $]a,b[$ differenzierbar ist. Gilt $f(a) = f(b)$, so existiert ein $x_0 \in (a,b)$ mit $f'(x_0) = 0$.

Zu der folgenden Definition der Konvergenz von Funktionenfolgen sei auch auf den entsprechenden Abschnitt im Teil zur Funktionentheorie verwiesen (vgl. Seite 283).

Definition 5.3. Sei $U \subseteq \mathbb{R}$, $f \colon U \to \mathbb{R}$ eine Funktion und $(f_n)_{n \in \mathbb{N}}$ eine Folge von Funktionen $f_n \colon U \to \mathbb{R}$.

(1) Man sagt, f_n *konvergiert punktweise* gegen f, wenn es für jedes $x \in U$ und jedes $\varepsilon > 0$ ein $N \in \mathbb{N}$ gibt, sodass

$$|f_n(x) - f(x)| < \varepsilon \quad \text{für alle } n \geq N \text{ gilt.}$$

(2) Die Folge f_n *konvergiert gleichmäßig* gegen f, wenn es für jedes $\varepsilon > 0$ ein $N \in \mathbb{N}$ gibt, sodass

$$|f_n(x) - f(x)| < \varepsilon \quad \text{für alle } n \geq N \text{ und } x \in U \text{ gilt.}$$

© Der/die Autor(en), exklusiv lizenziert durch
Springer-Verlag GmbH, DE, ein Teil von Springer Nature 2021
D. Bullach und J. Funk, *Vorbereitungskurs Staatsexamen Mathematik*,
https://doi.org/10.1007/978-3-662-62904-8_5

Der Unterschied der beiden Arten von Konvergenz besteht also darin, dass bei (1) N von x abhängen darf, während bei (2) die Ungleichung für *alle* $x \in U$ gelten muss. Diese Definitionen übertragen sich direkt auf komplexwertige Funktionenfolgen.

Eine wichtige Aussage in Verbindung mit Funktionenfolgen ist, dass sich bei gleichmäßig konvergenten Folgen Integration und Grenzwertbildung vertauschen lassen, d.h. es gilt für $a, b \in U$ und integrierbare f_n die Gleichung

$$\lim_{n \to \infty} \int_a^b f_n(x)\, dx = \int_a^b \lim_{n \to \infty} f_n(x)\, dx = \int_a^b f(x)\, dx.$$

Falls die f_n jeweils stetig sind und gleichmäßig gegen f konvergieren, so muss außerdem f ebenfalls stetig sein.

Aufgabe (Frühjahr 2016, T1A5)

a Für $n \in \mathbb{N}$ sei $f_n \colon [0, \infty[\to \mathbb{R}$, $f_n(x) := \frac{x}{n^2} e^{-\frac{x}{n}}$. Zeigen Sie, dass die Folge $(f_n)_{n \in \mathbb{N}}$ auf $[0, \infty[$ gleichmäßig gegen 0 konvergiert, und bestimmen Sie

$$\lim_{n \to \infty} \int_0^\infty f_n(x)\, dx.$$

b Sei $f \colon [0, 1] \to \mathbb{R}$ stetig mit $f(0) = 0$. Bestimmen Sie

$$\lim_{n \to \infty} \int_0^1 f(x^n)\, dx.$$

Lösungsvorschlag zur Aufgabe (Frühjahr 2016, T1A5)

a Betrachte zunächst für $n \in \mathbb{N}$ die Ableitung

$$f_n'(x) = \frac{1}{n^2} e^{-\frac{x}{n}} + \frac{x}{n^2} \cdot \left(\frac{-1}{n} \right) e^{-\frac{x}{n}} = \frac{1}{n^2} e^{-\frac{x}{n}} \left(1 - \frac{x}{n} \right).$$

Die Ableitung verschwindet also genau dann, wenn $x = n$ gilt, und hat dort einen Vorzeichenwechsel von $+$ nach $-$. Folglich besitzt f_n ein globales Maximum bei n und es gilt für alle $x \in \mathbb{R}_0^+$ unter Verwendung von $f_n(x) \geq 0$, dass

$$|f_n(x)| = f_n(x) \leq f_n(n) = \frac{n}{n^2} e^{-\frac{n}{n}} = \frac{1}{ne}.$$

Für ein vorgegebenes $\varepsilon > 0$ wähle nun $N \in \mathbb{N}$ so groß, dass $N > \frac{1}{\varepsilon e}$, dann gilt für alle $n \geq N$ und $x \in [0, \infty[$, dass

$$|f_n(x)| \leq \frac{1}{ne} \leq \frac{1}{Ne} < \frac{\varepsilon e}{e} = \varepsilon.$$

Dies zeigt die gleichmäßige Konvergenz der Folge $(f_n)_{n \in \mathbb{N}}$ auf $[0, \infty[$ gegen 0. Da es sich bei dem gesuchten Integral um ein uneigentliches

Integral handelt, lassen sich Grenzwertübergang und Integration nicht ohne Weiteres vertauschen. Wir berechnen stattdessen mittels partieller Integration eine Stammfunktion:

$$\int \frac{x}{n^2} e^{-x/n} \, dx = \frac{-x}{n} e^{-x/n} - \int \frac{-1}{n} e^{-x/n} \, dx = -\frac{1}{n}(x+n)e^{-x/n}.$$

Daraus ergibt sich für $n \in \mathbb{N}$

$$\int_0^\infty f_n(x) \, dx = \lim_{R \to \infty} \int_0^R f_n(x) \, dx = \lim_{R \to \infty} 1 - \frac{1}{n}(R+n)e^{-R/n} = 1.$$

Somit ist der gesuchte Grenzwert $\lim_{n \to \infty} \int f_n(x) \, dx = \lim_{n \to \infty} 1 = 1$.

b Ist $0 \le q < 1$, so konvergiert $\sum_{k=0}^\infty q^n$ als geometrische Reihe, also muss $(q^n)_{n \in \mathbb{N}}$ gegen 0 konvergieren. Aufgrund der Stetigkeit von f folgt, dass

$$\lim_{n \to \infty} f(q^n) = f\left(\lim_{n \to \infty} q^n\right) = f(0) = 0.$$

Das bedeutet, die Folge $(f(x^n))_{n \in \mathbb{N}}$ konvergiert auf $[0, 1[$, und damit fast überall auf $[0, 1]$, punktweise gegen 0.

Die Folge $f(x^n)$ konvergiert im Allgemeinen jedoch nicht gleichmäßig auf $[0, 1[$ gegen 0, weshalb wir hier nicht analog zu Teil **a** argumentieren können. Wir verwenden daher den Satz über majorisierte Konvergenz. Dieser besagt, dass sich Grenzwertbildung und Integration auch dann vertauschen lassen, wenn die Funktionenfolge f_n fast überall punktweise gegen f konvergiert, und es eine integrierbare positive Funktion g gibt, so dass $|f(x)| \le g(x)$ für $x \in I$ gilt.

Die erste Voraussetzung haben wir bereits gezeigt. Zusätzlich ist f als stetige Funktion auf dem kompakten Intervall $[0, 1]$ beschränkt, d. h. es gibt ein $c \in \mathbb{R}$, sodass $|f(x)| \le c$ für alle $x \in [0, 1]$ gilt. Wegen $x^n \in [0, 1]$ für alle $x \in [0, 1]$ ist insbesondere auch $|f(x^n)| \le c$ für alle $n \in \mathbb{N}$, also auch $|f(x)| \le c$. Damit folgt mit dem eben zitierten Satz

$$\lim_{n \to \infty} \int_0^1 f(x^n) \, dx = \int_0^1 \lim_{n \to \infty} f(x^n) \, dx = \int_0^1 0 \, dx = 0.$$

Aufgabe (Herbst 2010, T1A1)

Finden Sie heraus, ob die folgenden Aussagen über $f \colon [0, 1] \to \mathbb{R}$ wahr oder falsch sind. Bei wahren Aussagen geben Sie eine kurze Begründung, bei falschen Aussagen ein Gegenbeispiel an:

a Ist f differenzierbar, so ist f' stetig.

b Ist f differenzierbar, so ist f' beschränkt.

c Ist f stetig, so nimmt f auf jedem abgeschlossenen Teilintervall $[a, b] \subseteq [0, 1]$ alle Werte zwischen $f(a)$ und $f(b)$ an.

d Nimmt f auf jedem abgeschlossenen Teilintervall $[a, b] \subseteq [0, 1]$ alle Werte zwischen $f(a)$ und $f(b)$ an, so ist f stetig.

e Ist f stetig, so besitzt f eine Stammfunktion.

f ist f stetig, so ist f integrierbar.

Lösungsvorschlag zur Aufgabe (Herbst 2010, T1A1)

a *Falsch.* Ein Gegenbeispiel ist durch

$$f: [0, 1] \to \mathbb{R}, \quad x \mapsto \begin{cases} x^2 \sin\left(\frac{1}{x^2}\right), & \text{falls } x \neq 0 \\ 0 & \text{falls } x = 0 \end{cases}$$

gegeben. Wir bestimmen die Ableitung. Für $x > 0$ berechnet sich die Ableitung mittels Ketten- und Produktregel zu

$$2x \sin\left(\frac{1}{x^2}\right) + x^2 \cos\left(\frac{1}{x^2}\right) \frac{-2}{x^3} = 2x \sin\left(\frac{1}{x^2}\right) - \frac{2}{x} \cos\left(\frac{1}{x^2}\right).$$

Um zu zeigen, dass f im Ursprung differenzierbar ist, verwenden wir die Definition der Differenzierbarkeit sowie $|\sin x| \leq 1$ für alle $x \in \mathbb{R}$ und erhalten

$$|f'(0)| = \lim_{h \to 0} \left| \frac{f(h) - f(0)}{h} \right| = \lim_{h \to 0} \left| \frac{h^2 \sin\left(\frac{1}{h^2}\right)}{h} \right| =$$

$$= \lim_{h \to 0} \left| h \sin\left(\frac{1}{h^2}\right) \right| \leq \lim_{h \to 0} |h| = 0.$$

Damit ist f auf ganz $[0, 1]$ differenzierbar mit Ableitung

$$f'(x) = \begin{cases} 2x \sin\left(\frac{1}{x^2}\right) - \frac{2}{x} \cos\left(\frac{1}{x^2}\right), & \text{falls } x \neq 0 \\ 0 & \text{falls } x = 0. \end{cases}$$

Wir zeigen, dass f' in 0 nicht stetig ist: Betrachte dazu die Folge $(x_n)_{n \in \mathbb{N}}$

mit $x_n = \frac{1}{\sqrt{2\pi n}}$. Für diese gilt $\lim_{n\to\infty} x_n = 0$, aber wegen $x_n \neq 0$

$$\lim_{n\to\infty} f'(x_n) = \lim_{n\to\infty} \left(\frac{2}{\sqrt{2\pi n}} \sin(2\pi n) - 2\sqrt{2\pi n} \cos(2\pi n) \right) =$$
$$\lim_{n\to\infty} -2\sqrt{2\pi n} = -\infty,$$

sodass f' in 0 nicht stetig ist.

b *Falsch.* Dies zeigt ebenso unser Beispiel aus Teil **a**.

c *Richtig.* Sei nämlich c ein Wert zwischen $f(a)$ und $f(b)$. Laut dem Zwischenwertsatz gibt es dann ein $\tilde{c} \in [a,b]$ mit $f(\tilde{c}) = c$.

d *Falsch.* Man überlegt zunächst, dass eine Funktion, die einen Sprungpunkt hat, die angegebene Eigenschaft (die man, wie wir im Folgenden, als *Zwischenwerteigenschaft* bezeichnet) nicht erfüllt, sodass wir eine etwas kompliziertere Funktion betrachten müssen. Sei also

$$f \colon [0,1] \to \mathbb{R}, \quad x \mapsto \begin{cases} \sin\left(\frac{1}{x}\right) & \text{falls } x \neq 0, \\ 0 & \text{falls } x = 0. \end{cases}$$

Für Intervalle I, die nicht 0 enthalten, ist die Einschränkung $f_{|I}$ als Verkettung stetiger Funktionen selbst stetig, sodass dort laut Teil **c** die Zwischenwert-Eigenschaft erfüllt ist. Für das Intervall $[0,0] = \{0\}$ ist die Aussage klar. Sei nun $J = [0,b]$ ein Intervall und sei c ein Wert zwischen $f(0)$ und $f(b)$. Dann liegt dieser insbesondere im Intervall $[-1,1]$. Betrachte nun die Punkte $c_k = \frac{2}{4k\pi+\pi}$ und $d_k = \frac{2}{4k\pi-\pi}$. Wegen $\lim_{k\to\infty} c_k = \lim_{k\to\infty} d_k = 0$ können wir k so wählen, dass $c_k, d_k \in J$ gilt. Es gilt ferner für dieses k

$$f(c_k) = \sin\left(2k\pi + \frac{\pi}{2}\right) = 1 \quad \text{und} \quad f(d_k) = \sin\left(2k\pi - \frac{\pi}{2}\right) = -1.$$

Wiederum ist f wegen $c_k, d_k \neq 0$ auf dem Intervall $[c_k, d_k]$ stetig, sodass dort laut dem Zwischenwertsatz insbesondere der Wert c angenommen wird.

Jedoch ist die Funktion f nicht stetig. Das beweist schon die oben angeführte Folge c_k, für diese gilt nämlich

$$\lim_{k\to\infty} f(c_k) = \lim_{k\to\infty} 1 = 1 \neq 0 = f(0) = f\left(\lim_{k\to\infty} c_k\right).$$

e *Richtig.* Ist nämlich f stetig, so existiert die Integralfunktion

$$F\colon [0,1] \to \mathbb{R}, \quad x \mapsto \int_0^x f(t)\, \mathrm{d}t$$

und für diese gilt laut dem Hauptsatz der Differential- und Integralrechnung $F' = f$, sodass F eine Stammfunktion zu f ist.

f *Richtig.* Jede stetige Funktion, die auf einer beschränkten Menge definiert ist, ist integrierbar.

5.2. Analysis mehrerer reeller Variablen

Differentialrechnung im Mehrdimensionalen

Eine Ableitung für reellwertige Funktionen mehrerer Variablen lässt sich dadurch definieren, dass man die Funktion nur entlang einer Geraden betrachtet und so eine Funktion in einer reeller Variablen erhält, auf die dann Definition 5.1 angewendet werden kann. Die folgende Definition präzisiert dies.

Definition 5.4. Sei $n \in \mathbb{N}$, $U \subseteq \mathbb{R}^n$ eine offene Teilmenge, $a \in U, v \in \mathbb{R}^n$ und $f\colon U \to \mathbb{R}$ eine Funktion. Sei weiter $\phi\colon I \to \mathbb{R}^n$ definiert durch $\phi(t) = a + tv$ (wobei $I \subseteq \mathbb{R}$ so gewählt ist, dass $\phi(I) \subseteq U$). Ist die Verkettung $f \circ \phi$ in 0 differenzierbar, so bezeichnet man

$$\partial_v f(a) = (f \circ \phi)'(0) = \lim_{t \to 0} \frac{f(a + tv) - f(a)}{t}$$

als *Richtungsableitung* von f in Richtung v.

Im Fall, dass v ein Einheitsvektor ist, spricht man von den *partiellen Ableitungen*. Der Begriff der partiellen Ableitung entspricht nicht der natürlichen Verallgemeinerung der Differenzierbarkeit auf höhere Dimensionen: Im Eindimensionalen besteht die Grundidee der Differenzierbarkeit darin, Funktionen mittels ihrer Tangenten, also durch affin-lineare Funktionen, anzunähern. Die Definition der totalen Differenzierbarkeit überträgt diese Idee und liefert so einen Differenzierbarkeitsbegriff, der die gewohnten Eigenschaften aus der Analysis I besitzt. Beispielsweise ist jede total differenzierbare Funktion auch stetig, während dies auf eine überall partiell differenzierbare Funktion nicht zutreffen muss.

Definition 5.5. Seien $n, m \in \mathbb{N}$, $U \subseteq \mathbb{R}^n$ offen und $f\colon U \to \mathbb{R}^m$ eine Funktion. Man nennt f in $a \in U$ *(total) differenzierbar*, wenn es eine lineare Abbildung $L\colon \mathbb{R}^n \to \mathbb{R}^m$ und eine Abbildung $q\colon U_a = \{x \in \mathbb{R}^n \mid a + x \in U\} \to \mathbb{R}^m$ gibt, sodass für alle $h \in U_a$

$$f(a + h) = f(a) + L(h) + q(h) \quad \text{und} \quad \lim_{h \to 0} \frac{q(h)}{\|h\|} = 0$$

gilt. Die Abbildung L nennt man *Ableitung von f an der Stelle a* und bezeichnet sie mit $f'(a)$.

Die Ableitung einer differenzierbaren Funktion in mehreren Variablen wird üblicherweise in Form der Darstellungsmatrix der linearen Abbildung L angegeben. Diese hat die Gestalt

$$(Df)(a) = \begin{pmatrix} \partial_{x_1} f_1(a) & \cdots & \partial_{x_n} f_1(a) \\ \vdots & \ddots & \vdots \\ \partial_{x_1} f_m(a) & \cdots & \partial_{x_n} f_m(a) \end{pmatrix}.$$

Dabei bezeichnet $\partial_{x_i} f_i$ jeweils die partielle Ableitung der j-Komponentenfunktion von f nach der i-ten Variable. Bei reellwertigen Funktionen $f\colon U \to \mathbb{R}$ schreibt man diese *Jacobi-Matrix*, die dann nur aus einer Zeile besteht, häufig auch als Spaltenvektor und bezeichnet diesen als den *Gradienten* ∇f von f.

Zwischen den partiellen Ableitungen und der totalen Differenzierbarkeit besteht folgender Zusammenhang:

Satz 5.6 (Schwarz). Sei $U \subseteq \mathbb{R}^n$ offen und $f\colon U \to \mathbb{R}$ eine Abbildung. Existieren die k-ten partiellen Ableitungen von f und sind diese stetig, so ist f eine k-mal total differenzierbare Abbildung und es gilt

$$\partial_{x_i} \partial_{x_j} f(a) = \partial_{x_j} \partial_{x_i} f(a) \quad \text{für } a \in U \text{ und } i, j \in \{1, \ldots, n\}.$$

Ist $f\colon U \to \mathbb{R}$ eine zweimal stetig partiell differenzierbare Funkion, so definieren wir zusätzlich die *Hesse-Matrix* als

$$(\mathcal{H}f)(a) = \begin{pmatrix} \partial_{x_1} \partial_{x_1} f(a) & \cdots & \partial_{x_1} \partial_{x_n} f(a) \\ \vdots & \ddots & \vdots \\ \partial_{x_n} \partial_{x_1} f(a) & \cdots & \partial_{x_n} \partial_{x_n} f(a) \end{pmatrix}.$$

Eine Folgerung aus dem Satz von Schwarz ist, dass die Hesse-Matrix stets eine symmetrische Matrix ist.

Aufgabe (Herbst 2013, T1A3)

Sei $f\colon \mathbb{R}^2 \to \mathbb{R}$ definiert durch

$$f(x,y) := \begin{cases} 0 & \text{für } y \le 0 \text{ oder } y \ge x^2, \\ 1 & \text{für } 0 < y < x^2. \end{cases}$$

Beweisen Sie, dass f in $(0,0)$ unstetig ist, aber dort sämtliche Richtungsableitungen existieren.

Lösungsvorschlag zur Aufgabe (Herbst 2013, T1A3)

Unstetigkeit: Definiere die Folge $(x_n, y_n)_{n \in \mathbb{N}}$ durch $(x_n, y_n) = (\frac{1}{n}, \frac{1}{2n^2})$. Es gilt dann $\lim_{n \to \infty}(x_n, y_n) = (0,0)$. Außerdem gilt für alle $n \in \mathbb{N}$ die Ungleichung $0 < \frac{1}{2n^2} < \frac{1}{n^2}$ und somit ist $f(x_n, y_n) = 1$ für alle $n \in \mathbb{N}$. Folglich ist

$$\lim_{n \to \infty} f(x_n, y_n) = \lim_{n \to \infty} 1 = 1 \ne 0 = f\left(\lim_{n \to \infty}(x_n, y_n) \right).$$

Dies beweist, dass f in $(0,0)$ nicht stetig ist.

Existenz aller Richtungsableitungen: Sei $v = (v_x, v_y) \in \mathbb{R}^2$ ein Vektor. Wir unterscheiden drei Fälle.

1. Fall: $v_x = 0$. Für $t \in \mathbb{R}$ gilt hier entweder $tv_y \le 0$ oder $tv_y > 0 = tv_x$, also $f(0, tv_y) = 0$ und damit

$$\lim_{t \to 0} \frac{f(tv_x, tv_y) - f(0,0)}{t} = \lim_{t \to 0} \frac{f(0, tv_y)}{t} = \lim_{t \to 0} \frac{0}{t} = 0.$$

2. Fall: $v_y = 0$. Hier erhalten wir

$$\lim_{t \to 0} \frac{f(tv_x, tv_y) - f(0,0)}{t} = \lim_{t \to 0} \frac{f(tv_x, 0)}{t} = \lim_{t \to 0} \frac{0}{t} = 0.$$

3. Fall: $v_x \ne 0, v_y \ne 0$. Die Abbildung $\phi(t) = t \cdot (v_x, v_y)$ definiert eine Gerade in $\mathbb{R}^2$. Für Punkte $(x,y) \ne (0,0)$ auf dieser Geraden gilt

$$\frac{y}{x} = \frac{tv_y}{tv_x} \quad \Leftrightarrow \quad y = \frac{v_y}{v_x} \cdot x$$

und auch für $(0,0)$ ist diese Gleichung gültig. Wir berechnen die Schnittpunkte der Geraden mit $y = x^2$.

$$x^2 = \frac{v_y}{v_x} x \quad \Leftrightarrow \quad x\left(x - \frac{v_y}{v_x}\right) = 0 \quad \Leftrightarrow \quad x = 0 \quad \text{oder} \quad x = \frac{v_y}{v_x}$$

Nehmen wir zunächst an, dass $\frac{v_y}{v_x} > 0$. Betrachte nun den Punkt $x_0 = \frac{v_y}{2v_x}$. Einsetzen
in die Geradengleichung liefert den y-Wert
$y_0 = \frac{v_y^2}{2v_x^2}$. Zugleich ist $x_0^2 = \frac{v_y^2}{4v_x^2} < y_0$ und
daher $f(x_0, y_0) = 0$. Da Gerade und Parabel
stetig sind und keinen weiteren Schnittpunkt
haben, folgt $y \geq x^2$ für alle $x \in \,]0; \frac{v_y}{v_x}[$.

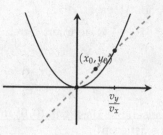

Weiter gilt laut Definition von f aber auch im Fall $x \in \,]-\frac{v_y}{v_x}; 0]$, dass $f(x,y) = 0$. Für genügend kleines t gilt daher $f(tv_x, tv_y) = 0$ und es folgt

$$\lim_{t \to 0} \frac{f(tv_x, tv_y) - f(0,0)}{t} = \lim_{t \to 0} \frac{0}{t} = 0.$$

Im Fall $\frac{v_y}{v_x} < 0$ verfährt man analog – hier ändern sich nur die zugehörigen
Intervalle.

Damit haben wir schlussendlich gezeigt, dass alle Richtungsableitungen 0
sind, insbesondere also existieren.

Aufgabe (Frühjahr 2017, T1A4)

a Bestimmen Sie die Ableitung der Funktion

$$f \colon \mathbb{R} \to \mathbb{R}, \quad x \mapsto f(x) = \int_0^{\sin x} e^{t^2} \, \mathrm{d}t.$$

b Bestimmen Sie die Ableitung der Funktion

$$g \colon \mathbb{R} \to \mathbb{R}, \quad z \mapsto \int_0^{\sin z} \sqrt{t^4 + 3z^2} \, \mathrm{d}t$$

am Punkt $z = \pi$.

In beiden Aufgabenteilen muss klar ersichtlich sein, wie Sie zu Ihrem Ergebnis
kommen.

Lösungsvorschlag zur Aufgabe (Frühjahr 2017, T1A4

a Laut dem Hauptsatz der Differential- und Integralrechnung gilt

$$\frac{\mathrm{d}}{\mathrm{d}x} \int_0^x e^{t^2} \, \mathrm{d}t = e^{x^2}.$$

Mit der Kettenregel folgt daraus

$$f'(x) = e^{\sin^2(x)} \cdot \cos x.$$

b Definiere zunächst die Funktion

$$\hat{g}(y,z)\colon \mathbb{R}^2 \to \mathbb{R}, \quad (y,z) \mapsto \int_0^{\sin z} \sqrt{t^4 + 3y^2}\, dy,$$

dann gilt nach der Kettenregel:

$$g'(z) = \frac{\mathrm{d}}{\mathrm{d}z}\hat{g}(z,z) = (\nabla \hat{g}) \cdot \begin{pmatrix} 1 \\ 1 \end{pmatrix}.$$

Wie berechnen daher (wie in Teil **a**):

$$\partial_z \hat{g}(y,z) = \frac{\mathrm{d}}{\mathrm{d}z} \int_0^{\sin z} \sqrt{t^4 + 3y^2}\, dt = \sqrt{\sin^4(z) + 3y^2} \cdot \cos z$$

Um $\partial_y \hat{g}(y,z)$ berechnen zu können, wenden wir zunächst den Satz über die Differenzierbarkeit von Parameterintegralen an: Es gilt

$$\partial_y \sqrt{t^4 + 3y^2} = \frac{3y}{\sqrt{t^4 + 3y^2}},$$

also ist die Funktion $(y,t) \mapsto \sqrt{t^4 + 3y^2}$ für $t \neq 0$ stetig partiell differenzierbar nach y, außerdem stetig in t. Da wir uns am Ende für die Ableitung von g an der Stelle $z = \pi$ interessieren, können wir uns außerdem auf $y \in [3,4]$ beschränken. In diesem Fall ist nämlich

$$\partial_y \sqrt{t^4 + 3y^2} = \frac{3y}{\sqrt{t^4 + 3y^2}} \leq \frac{12}{\sqrt{0 + 27}},$$

d.h. der Integrand besitzt integrierbare Majorante. Wir können nun Ableitung und Integration vertauschen:

$$\partial_y \hat{g}(y,z) = \partial_y \int_0^{\sin z} \sqrt{t^4 + 3y^2}\, dt = \int_0^{\sin z} \partial_y \sqrt{t^4 + 3y^2}\, dt.$$

Wertet man $\partial_y \hat{g}(y,z)$ an der Stelle (π,π) aus, erhält man auf jeden Fall 0, da von 0 bis 0 integriert wird. Insgesamt folgt:

$$g'(\pi) = \partial_z \hat{g}(\pi,\pi) + (\partial_y \hat{g})(\pi,\pi) = \sqrt{\sin^4(\pi) + 3\pi^2} \cdot \cos \pi = -\pi\sqrt{3}.$$

Anleitung: Bestimmung lokaler Extrema

Gegeben sei eine zweimal differenzierbare Funktion $f \colon U \subseteq \mathbb{R}^n \to \mathbb{R}$, deren lokale Extremstellen gefunden werden sollen.

(1) Berechne den Gradienten von f durch Bestimmung aller partiellen Ableitungen.

(2) Berechne die *kritischen Punkte* von f. Dies sind diejenigen Punkte, an denen der Gradient mit dem Nullvektor übereinstimmt.

(3) Berechne die Hesse-Matrix $(\mathcal{H}f)(a)$ für jeden kritischen Punkt $a \in U$ und bestimme ihre Definitheit:

  (a) Ist $(\mathcal{H}f)(a)$ negativ definit, so handelt es sich um ein isoliertes lokales Maximum.

  (b) Ist $(\mathcal{H}f)(a)$ positiv definit, so handelt es sich um ein isoliertes lokales Minimum.

  (c) Ist $(\mathcal{H}f)(a)$ indefinit, so liegt ein Sattelpunkt (und damit kein Extremum) vor.

Zur Bestimmung der Definitheit der Hesse-Matrix ist folgender Zusammenhang hilfreich:

Proposition 5.7. Sei $A \in \mathcal{M}_n(\mathbb{R})$ eine symmetrische Matrix. Sind alle Eigenwerte von A positiv (bzw. negativ), so ist A positiv (bzw. negativ) definit. Existieren positive und negative Eigenwerte, so ist A indefinit.

Aufgabe (Frühjahr 2011, T3A3)

Sei
$$g \colon \mathbb{R}^2 \to \mathbb{R}, \quad g(x,y) = x^3 + 3xy^2 - 3xy$$

Bestimmen Sie alle kritischen Punkte von g und entscheiden Sie jeweils, ob es sich um ein (striktes) lokales Maximum oder Minimum oder um einen Sattelpunkt handelt.[1]

Lösungsvorschlag zur Aufgabe (Frühjahr 2011, T3A3)

Wir berechnen zunächst den Gradienten von g:
$$(\nabla g)(x,y) = \begin{pmatrix} 3x^2 + 3y^2 - 3y \\ 6xy - 3x \end{pmatrix}$$

---

1 Teil b der originalen Aufgabe beschäftigte sich mit der Stabilität von Ruhelagen in einem Differentialgleichungssystem. Wir haben an dieser Stelle darauf verzichtet.

Die kritischen Punkte ergeben sich aus dem Gleichungssystem

$$\begin{array}{rcl} 3x^2 + 3y^2 - 3y &=& 0 \\ 6xy - 3x &=& 0 \end{array} \quad\Leftrightarrow\quad \begin{array}{rcl} 3x^2 + 3y^2 - 3y &=& 0 \\ 3x(2y - 1) &=& 0 \end{array}$$

Die zweite Gleichung liefert $x = 0$ oder $y = \frac{1}{2}$. Im ersten Fall ergibt sich

$$3y^2 - 3y = 0 \quad\Leftrightarrow\quad 3y(y - 1) = 0 \quad\Leftrightarrow\quad y = 0 \text{ oder } y = 1.$$

Im zweiten erhalten wir

$$3x^2 + \frac{3}{4} - \frac{3}{2} = 0 \quad\Leftrightarrow\quad 3x^2 = \frac{3}{4} \quad\Leftrightarrow\quad x = \pm\frac{1}{2}.$$

Somit sind die kritischen Punkte $(0,0), (0,1), (\frac{1}{2}, \frac{1}{2})$ und $(-\frac{1}{2}, \frac{1}{2})$. Bestimmen wir nun die Hesse-Matrix von g:

$$(\mathcal{H}g)(x,y) = \begin{pmatrix} 6x & 6y - 3 \\ 6y - 3 & 6x \end{pmatrix}$$

Einsetzen der Punkte liefert

$$(\mathcal{H}g)(0,0) = \begin{pmatrix} 0 & -3 \\ -3 & 0 \end{pmatrix} \qquad (\mathcal{H}g)(0,1) = \begin{pmatrix} 0 & 3 \\ 3 & 0 \end{pmatrix}$$
$$(\mathcal{H}g)\left(\tfrac{1}{2}, \tfrac{1}{2}\right) = \begin{pmatrix} 3 & 0 \\ 0 & 3 \end{pmatrix} \qquad (\mathcal{H}g)\left(-\tfrac{1}{2}, \tfrac{1}{2}\right) = \begin{pmatrix} -3 & 0 \\ 0 & -3 \end{pmatrix}$$

Die Hesse-Matrix von $(\frac{1}{2}, \frac{1}{2})$ hat doppelten Eigenwert 3, ist also positiv definit. Die Hesse-Matrix von $(-\frac{1}{2}, \frac{1}{2})$ hat doppelten Eigenwert -3, ist also negativ definit. Für die ersten beiden Matrizen ergibt sich in beiden Fällen das charakteristische Polynom

$$\chi = X^2 - 9 = (X + 3)(X - 3),$$

sodass diese einen positiven und einen negativen Eigenwert haben, also indefinit sind. Damit handelt es sich bei $(0,0)$ und $(0,1)$ um Sattelpunkte, bei $(\frac{1}{2}, \frac{1}{2})$ um ein isoliertes lokales Minimum und bei $(-\frac{1}{2}, \frac{1}{2})$ um ein isoliertes lokales Maximum.

Aufgabe (Frühjahr 2014, T3A1)

Es sei

$$u: \mathbb{R}^2 \to \mathbb{R}, \quad u(x,y) = \left(x^2 + 2y^2\right) \cos(x + y),$$

und $D = \{(x,y) \in \mathbb{R}^2 \mid x^2 + y^2 < \frac{1}{2}\}$. $\overline{D}$ bezeichne den Abschluss dieser Menge.

a Berechnen Sie den Gradienten ∇u auf $\mathbb{R}^2$.

b Zeigen Sie, dass u auf $\overline{D}$ Maximum und Minimum annimmt, und bestimmen Sie das Minimum.

Hinweis Teil a wird hierzu nicht benötigt.

c Wir identifizieren $\mathbb{R}^2$ mit $\mathbb{C}$. Gibt es eine holomorphe Funktion $f \colon D \to \mathbb{C}$ mit $u = \operatorname{Re} f$?

Lösungsvorschlag zur Aufgabe (Frühjahr 2014, T3A1)

a Durch Berechnung der partiellen Ableitungen erhält man

$$(\nabla u)(x,y) = \begin{pmatrix} 2x\cos(x+y) - (x^2 + 2y^2)\sin(x+y) \\ 4y\cos(x+y) - (x^2 + 2y^2)\sin(x+y) \end{pmatrix}.$$

b Die Menge $\overline{D}$ ist im Ball $B_1(0)$ enthalten und damit beschränkt, laut Definition auch abgeschlossen. Als abgeschlossene und beschränkte Teilmenge des $\mathbb{R}^2$ ist $\overline{D}$ somit kompakt. Da die Funktion u stetig ist, nimmt diese also auf $\overline{D}$ Minimum und Maximum an.

Wir zeigen, dass 0 das Minimum von u auf $\overline{D}$ ist. Es gilt zunächst $u(0,0) = 0$. Sei $(x,y) \in \overline{D}$ ein beliebiger weiterer Punkt mit $(x,y) \neq (0,0)$. Es gilt für diesen $x^2, y^2 \leq x^2 + y^2 \leq \frac{1}{2}$ und somit $|x|, |y| \leq \frac{1}{\sqrt{2}} = \frac{\sqrt{2}}{2}$. Daraus folgt für $(x,y) \in \overline{D} \setminus \{(0,0)\}$

$$|x+y| \leq |x| + |y| \leq \sqrt{2} < \frac{\pi}{2}.$$

Somit gilt $x + y \in \left]-\frac{\pi}{2}; \frac{\pi}{2}\right[$. Da die Kosinusfunktion auf diesem Intervall positiv ist, folgt

$$u(x,y) = (x^2 + y^2)\cos(x+y) > 0 \cdot 0 = 0 = u(0,0).$$

Und damit ist $0 = u(0,0)$ das Minimum von f auf $\overline{D}$.

c Um Satz 6.6 anzuwenden, prüfen wir, ob es sich bei u um eine harmonische Funktion handelt. Die zweiten partiellen Ableitungen von u sind

$$\partial_x^2 u(x,y) = 2\cos(x+y) - 4x\sin(x+y) - (x^2 + 2y^2)\cos(x+y),$$
$$\partial_y^2 u(x,y) = 4\cos(x+y) - 8y\sin(x+y) - (x^2 + 2y^2)\cos(x+y).$$

Wir sehen

$$\Delta u(x,y) = \partial_x^2 u(x,y) + \partial_y^2 u(x,y) \neq 0.$$

Somit ist u keine harmonische Funktion und kann nicht Realteil einer holomorphen Funktion sein.

Aufgabe (Herbst 2015, T2A1)

Wir betrachten die Funktion

$$f\colon D = \{(x,y) \in \mathbb{R}^2 \mid x \le 0, y < 0\} \cup \{(0,0)\} \to \mathbb{R},$$
$$f(x,y) = (y+1)e^x - e^y.$$

a Geben Sie an, welche Punkte in $\mathbb{R}^2$ innere Punkte oder Randpunkte von D sind. Ist D offen oder abgeschlossen? Begründen Sie Ihrer Antwort.

b Bestimmen Sie Gradienten und Hesse-Matrix von f in allen inneren Punkte von D.

c Welcher Punkt im Inneren von D ist eine lokale Extremstelle und von welchem Typ ist er? Begründen Sie Ihre Antwort.

d Welcher Randpunkt ist eine lokale Extremstelle von f? Begründen Sie Ihre Antwort.

Lösungsvorschlag zur Aufgabe (Herbst 2015, T2A1)

a Die inneren Punkte von D sind gegeben durch die Menge

$$D^\circ = \{(x,y) \in \mathbb{R}^2 \mid x < 0, y < 0\},$$

Die Randpunkte sind

$$\partial D = \{(x,0) \in \mathbb{R}^2 \mid x \le 0\} \cup \{(0,y) \in \mathbb{R}^2 \mid y < 0\}.$$

Wäre D offen, so müsste $D = D^\circ$ gelten, d. h. jeder Punkt müsste ein innerer Punkt sein. Wegen $(0,0) \in D, (0,0) \notin D^\circ$ ist dies nicht der Fall. Damit D abgeschlossen ist, müsste $D = D \cup \partial D$ gelten. Wegen $(-1,0) \in \partial D, (-1,0) \notin D$ ist auch dies nicht der Fall, sodass D weder offen noch abgeschlossen ist.

b Es gilt für $(x,y) \in D^\circ$

$$(\nabla f)(x,y) = \begin{pmatrix} (y+1)e^x \\ e^x - e^y \end{pmatrix} \quad \text{und} \quad (\mathcal{H}f)(x,y) = \begin{pmatrix} (y+1)e^x & e^x \\ e^x & -e^y \end{pmatrix}.$$

c Wir berechnen zuerst die kritischen Punkte:

$$(\nabla f)(x,y) = \begin{pmatrix} 0 \\ 0 \end{pmatrix} \quad \Leftrightarrow \quad \begin{aligned} (y+1)e^x &= 0 \\ e^x - e^y &= 0 \end{aligned}$$

Wegen $e^x > 0$ für $x \in \mathbb{R}$ folgt aus der ersten Gleichung $y = -1$. Einsetzen in die zweite Gleichung ergibt wegen der Injektivität der Exponentialfunktion

$$e^x - e^{-1} = 0 \quad \Leftrightarrow \quad e^x = e^{-1} \quad \Leftrightarrow \quad x = -1.$$

Der einzige kritische Punkt ist somit $(-1, -1) \in D$. Die Hesse-Matrix an dieser Stelle ist

$$(\mathcal{H}f)(-1, -1) = \begin{pmatrix} 0 & e^{-1} \\ e^{-1} & -e^{-1} \end{pmatrix}.$$

Wir überprüfen, ob diese (semi-)definit oder indefinit ist, indem wir das charakteristische Polynom χ sowie die Eigenwerte ausrechnen:

$$\chi = -X(-e^{-1} - X) - e^{-2} = X^2 + e^{-1}X - e^{-2}.$$

Die Nullstellen sind

$$x_{1,2} = \frac{-e^{-1} \pm \sqrt{e^{-2} + 4e^{-2}}}{2} = \frac{-e^{-1} \pm \sqrt{5e^{-2}}}{2} = \frac{1}{2}\left(-e^{-1} \pm \sqrt{5}e^{-1}\right).$$

Offensichtlich ist von diesen Nullstellen eine positiv, die andere negativ. Die Matrix $(\mathcal{H}f)(-1, -1)$ ist somit indefinit und der zugehörige Punkt ist ein Sattelpunkt und somit *kein* Extremum. Also besitzt f in keinem inneren Punkt ein Extremum.

d Aufgrund der Definition von D kommen nur Randpunkte der Form $(0, y)$ in Betracht. Ist nun $(0, y)$ ein lokales Extremum von f, so muss es sich dabei insbesondere um ein lokales Extremum der Funktion

$$f_x \colon \mathbb{R}_0^- \to \mathbb{R}, \quad y \mapsto y + 1 - e^y$$

handeln. Ist $y < 0$, so muss dazu die Ableitung $f_x'(y) = 1 - e^y$ verschwinden. Es gilt aber für $y < 0$, dass $e^y < 1$ und somit $f_x'(y) \neq 0$ ist. Somit kommt nur der Punkt $y = 0$ infrage. Dieser ist tatsächlich ein Randextremum: Es gilt $f(0, 0) = 0$. Wir zeigen zunächst, dass $y + 1 \leq e^y$ für alle $y \in \mathbb{R}$ gilt. Betrachte dazu die Funktion $g \colon \mathbb{R} \to \mathbb{R}, y \mapsto e^y - y - 1$. Es gilt $g(0) = 0$. Gäbe es eine weitere Nullstelle y', so hätte die Ableitung g' eine Nullstelle zwischen 0 und y'. Jedoch ist

$$g'(y) = e^y - 1 = 0 \quad \Leftrightarrow \quad y = 0.$$

Also hat g keine weitere Nullstelle und es gilt $g(y) \leq 0$ oder $g(y) \geq 0$ für alle $y \in \mathbb{R}$. Wegen $g(1) = e - 2 > 0$ ist Letzteres der Fall und es folgt für $y \in \mathbb{R}$ $e^y \geq y + 1$. Dabei ist die Ungleichung für $y \neq 0$ strikt. Damit ist nun für $(x, y) \in D \setminus \{(0, 0)\}$

$$f(x, y) = (y + 1)e^x - e^y < e^y e^x - e^y = e^y(e^x - 1) \leq 0.$$

Aufgabe (Herbst 2013, T2A3)

Welche der folgenden Aussagen sind richtig, welche falsch? Begründen Sie Ihre Antwort.

a Sei $f \in C^2(\mathbb{R}^2; \mathbb{R})$ und in $x_0 \in \mathbb{R}^2$ gelten $\nabla f(x_0) = 0$ und $D^2 f(x_0) = 0$. Dann hat f kein lokales Extremum in x_0.

b Betrachten Sie das Vektorfeld $F(x) = (e^{x_1}, e^{x_2}, e^{x_3})^T$ auf $\mathbb{R}^3$. Das Kurvenintegral über F ist wegunabhängig.

c Die holomorphe Funktion $f: \mathbb{C} \to \mathbb{C}$ sei beschränkt längs der Gerade $\{z \in \mathbb{C} \mid z = t(1+i), t \in \mathbb{R}\}$. Dann ist f konstant.

Lösungsvorschlag zur Aufgabe (Herbst 2013, T2A3)

a *Falsch.* Betrachte die beliebig oft differenzierbare Funktion

$$f: \mathbb{R}^2 \to \mathbb{R}, \quad (x,y) \mapsto x^4 + y^4.$$

Für diese gilt

$$(\nabla f)(x,y) = \begin{pmatrix} 4x^3 \\ 4y^3 \end{pmatrix} \quad \text{und} \quad (\mathcal{H}f)(x,y) = \begin{pmatrix} 12x^2 & 0 \\ 0 & 12y^2 \end{pmatrix}.$$

Somit erhalten wir

$$(\nabla f)(0,0) = \begin{pmatrix} 0 \\ 0 \end{pmatrix} \quad \text{und} \quad (\mathcal{H}f)(0,0) = \begin{pmatrix} 0 & 0 \\ 0 & 0 \end{pmatrix}.$$

Dennoch ist $(0,0)$ ein globales (und damit insbesondere lokales) Extremum. Es gilt gilt nämlich $f(0,0) = 0$ und für $(x,y) \neq (0,0)$ gilt $f(x,y) = x^4 + y^4 > 0 = f(0,0)$.

b *Richtig.* Bei dem Vektorfeld handelt es sich um das Gradientenfeld von

$$G: \mathbb{R}^3 \to \mathbb{R}, \quad \begin{pmatrix} x_1 \\ x_2 \\ x_3 \end{pmatrix} \mapsto e^{x_1} + e^{x_2} + e^{x_3},$$

d. h. es gilt $(\nabla G)(x_1, x_2, x_3) = F(x_1, x_2, x_3)$. Wir erhalten mit der Kettenregel für einen beliebigen Weg $\gamma: [a,b] \to \mathbb{R}^3$

$$(G \circ \gamma)'(t) = (\nabla G)(\gamma(t)) \cdot \gamma'(t) = \langle F(\gamma(t)), \gamma'(t) \rangle$$

und somit

$$\int_\gamma \langle F, \mathrm{d}s \rangle = \int_a^b \langle (F \circ \gamma)(t), \gamma'(t) \rangle \; \mathrm{d}t = \int_a^b (G \circ \gamma)'(t) \; \mathrm{d}t =$$

$$= \Big[(G \circ \gamma)(t) \Big]_a^b = (G \circ \gamma)(b) - (G \circ \gamma)(a) =$$

$$= G(\gamma(b)) - G(\gamma(a)).$$

Dies beweist, dass der Wert des Integrals nur vom Anfangs- und Endpunkt $\gamma(a)$ bzw. $\gamma(b)$ und nicht vom Verlauf der Kurve abhängt.

[c] *Falsch.* Sei G die Menge aus der Angabe. Betrachte die Funktion

$$f \colon \mathbb{C} \to \mathbb{C}, \quad z \mapsto \sin\left[\tfrac{1}{2}(1 - i)z \right]$$

Diese ist aufgrund der Kettenregel auf ganz $\mathbb{C}$ holomorph. Zugleich gilt jedoch für $t \in \mathbb{R}$

$$\sin\left[\tfrac{1}{2}(1 - i)(1 + i)t \right] = \sin t \in [-1, 1].$$

Somit ist $f_{|G}$ beschränkt, wegen

$$f\left(\tfrac{\pi}{2} + \tfrac{\pi}{2} i \right) = \sin\left(\tfrac{\pi}{2} \right) = 1 \neq 0 = f(0) = 0$$

ist f jedoch nicht konstant.

Aufgabe (Frühjahr 2012, T2A3)

Sei $f \colon \mathbb{R}^2 \to \mathbb{R}$ zweimal stetig differenzierbar. Beweisen oder widerlegen Sie folgende Aussagen:

[a] $\lim_{|x| \to \infty} f(x) = 0 \Rightarrow f$ nimmt Maximum oder Minimum an.

[b] f beschränkt $\Rightarrow f$ nimmt Maximum oder Minimum an.

[c] f beschränkt und $\Delta f = \frac{\partial^2 f}{\partial x_1^2} + \frac{\partial^2 f}{\partial x_2^2} = 0 \Rightarrow f$ nimmt Maximum und Minimum an.

Hinweis Bei Teil [c] hilft Funktionentheorie.

Lösungsvorschlag zur Aufgabe (Frühjahr 2012, T2A3)

[a] *Richtig.* Im Fall $f \equiv 0$ ist die Aussage klar. Andernfalls existiert ein Punkt $u \in \mathbb{R}^2$ mit $f(u) = c \in \mathbb{R}^\times$. Wegen $\lim_{|x| \to \infty} f(x) = 0$ existiert außerdem ein $K > 0$, sodass $|f(x)| < |c|$ für alle $x \in \mathbb{R}^2$ mit $|x| > K$. Nun ist der

abgeschlossene Ball $\overline{B}_K(0) = \{x \in \mathbb{R}^2 \mid \|x\| \leq K\}$ kompakt, also nimmt $|f|$ als stetige Funktion dort ein Maximum an. Es gibt also einen Punkt $v \in \overline{B}_K(0)$ mit $f(v) = \max\{|f(x)| \mid x \in \overline{B}_K(0)\}$. Für alle $x \in \mathbb{R}^2 \setminus \overline{B}_K(0)$ gilt zudem

$$|f(v)| \geq |c| > |f(x)|.$$

Somit handelt es sich bei $f(v)$ um ein globales Maximum oder ein globales Minimum.

b *Falsch.* Betrachte die Funktion

$$f \colon \mathbb{R}^2 \to \mathbb{R}, \quad (x,y) \mapsto \arctan(x + y).$$

Aus der Gleichung $\arctan(\mathbb{R}) = \left]-\frac{\pi}{2}; \frac{\pi}{2}\right[$ folgt $f(\mathbb{R}^2) = \left]-\frac{\pi}{2}; \frac{\pi}{2}\right[$. Damit ist $\frac{\pi}{2}$ zwar ein Supremum der Wertemenge von f, jedoch nimmt f kein Maximum an.

c *Richtig.* Die Funktion f ist wegen $\Delta f = 0$ harmonisch. Identifizieren wir also $\mathbb{R}^2$ mit $\mathbb{C}$, so existiert deshalb eine holomorphe Funktion $h \colon \mathbb{C} \to \mathbb{C}$ mit $\operatorname{Re} h = f$. Da $\operatorname{Re} h$ beschränkt ist, ist das Bild der Funktion h ein Streifen in der komplexen Ebene. Damit muss h laut dem Kleinen Satz von Picard bereits konstant sein. Es gibt also $\alpha, \beta \in \mathbb{R}$ mit $h(z) = \alpha + i\beta$ für alle $z \in \mathbb{C}$. Daraus folgt $f(x,y) = \alpha$ für alle $(x,y) \in \mathbb{R}^2$. Somit ist α zugleich Minimum und Maximum der Funktion f.

Extrema unter Nebenbedingungen

Definition 5.8. Eine Teilmenge $M \subseteq \mathbb{R}^n$ wird d-dimensionale ***Untermannigfaltigkeit*** genannt, wenn es für jeden Punkt $a \in M$ eine offene Umgebung U_a und $n - d$ stetig differenzierbare Funktionen $\varphi_1, \dots, \varphi_{n-d} \colon U_a \to \mathbb{R}$ gibt, so dass gilt

(1) $U_a \cap M = \{x \in U_a \mid \varphi_1(x) = \dots = \varphi_{n-d}(x) = 0\}$.

(2) $\dim\langle \nabla \varphi_1(x), \dots, \nabla \varphi_{n-d}(x)\rangle = n - d$ für alle $x \in U_a \cap M$. (Die Gradienten von $\varphi_1, \dots, \varphi_{n-d}$ sind also linear unabhängig.)

Satz 5.9 (Extrema unter Nebenbedingungen). Seien alle Bezeichnungen so wie in der vorangegangenen Definition und $f \colon U \to \mathbb{R}$ eine stetig differenzierbare Funktion auf einer offenen Menge $U \subseteq \mathbb{R}^n$. Ist $a \in U \cap M$ ein lokales Extremum von f auf der Untermannigfaltigkeit M, so gibt es reelle Zahlen $\lambda_1, \dots, \lambda_{n-d} \in \mathbb{R}$ (sog. ***Lagrange-Multiplikatoren***), sodass die Gleichung

$$(\nabla f)(a) = \sum_{i=1}^{n-d} \lambda_i (\nabla \varphi_i)(a) \quad \text{erfüllt ist.}$$

Aufgabe (Herbst 2015, T3A5)

Gegeben sei der Ellipsenrand $E \subset \mathbb{R}^2$ durch

$$(x,y) \in E \quad \Leftrightarrow \quad x^2 + 2y^2 = 2$$

sowie die Funktion $f\colon \mathbb{R}^2 \to \mathbb{R}$ durch $f(x,y) = x^3 - 3y^4$.

Begründen Sie, warum f sein Maximum und Minimum auf E annimmt. Bestimmen Sie sodann den maximalen sowie den minimalen Wert, den $f(x,y)$ unter der Nebenbedingung $(x,y) \in E$ annimmt und diejenigen Stellen, an denen das globale Maximum und das globale Minimum angenommen wird.

Lösungsvorschlag zur Aufgabe (Herbst 2015, T3A5)

Um zu zeigen, dass Minimum und Maximum existieren, bemerken wir zunächst, dass f als Polynom stetig ist. Außerdem ist E kompakt: Es gilt $E \subseteq B_2(0) = \{(x,y) \in \mathbb{R}^2 \mid x^2 + y^2 < 4\}$, denn aus $(x,y) \in E$ folgt insbesondere

$$x^2 + y^2 \leq x^2 + 2y^2 = 2 < 2^2.$$

Somit ist E beschränkt. Als Urbild der abgeschlossenen Menge $\{2\}$ unter der stetigen Abbildung $(x,y) \mapsto x^2 + 2y^2$ ist die Menge auch abgeschlossen, und somit insgesamt kompakt. Als stetige Funktion nimmt f daher laut dem Maximumsprinzip auf der kompakten Menge E Minimum und Maximum an.

Bei E handelt es sich um eine eindimensionale Untermannigfaltigkeit. Ist nämlich $a \in E$, so definieren wir als offene Umgebung $U = \mathbb{R}^2$. Es gilt dann

$$U \cap E = \{(x,y) \in U \mid \varphi(x,y) := x^2 + 2y^2 - 2 = 0\} \quad \text{mit} \quad \nabla\varphi(x,y) = \begin{pmatrix} 2x \\ 4y \end{pmatrix}.$$

Der Gradient $(\nabla\varphi)(x)$ verschwindet für kein $(x,y) \in E$, da $(0,0) \notin E$.

Laut dem Satz über Extrema unter Nebenbedingungen 5.9 ist es eine notwendige Bedingung für die Existenz eines lokalen Extremums, dass eine reelle Zahl λ existiert, sodass

$$(\nabla f)(x,y) = \lambda(\nabla\varphi)(x,y)$$

gilt.

Konkret ergibt sich:

$$\begin{pmatrix} 3x^2 \\ -12y^3 \end{pmatrix} = \lambda \cdot \begin{pmatrix} 2x \\ 4y \end{pmatrix} \quad \Leftrightarrow \quad \begin{matrix} 3x^2 = 2\lambda x \\ -12y^3 = 4\lambda y \end{matrix} \quad \Leftrightarrow \quad \begin{matrix} x(3x - 2\lambda) = 0 \\ 4y(-3y^2 - \lambda) = 0 \end{matrix}$$

Aus der ersten Gleichung ergibt sich $x = 0$ oder $\lambda = \frac{3}{2}x$.

1. *Fall:* Im Fall $x = 0$ folgt aufgrund der Definition der Menge E, dass $2y^2 = 2 \Leftrightarrow y = \pm 1$ gilt. Für $(x, y) = (0, \pm 1)$ ist auch die zweite Gleichung erfüllt, sofern man $\lambda = -3$ setzt.

2. *Fall:* Im Fall $\lambda = \frac{3}{2}x$ ergibt sich die Gleichung

$$4y\left(-3y^2 - \frac{3}{2}x\right) = 0 \quad \Leftrightarrow \quad y = 0 \quad \text{oder} \quad 3y^2 = -\frac{3}{2}x$$

Im ersten Fall erhalten wir aus der Gleichung von E, dass $x^2 = 2$, also $x = \pm\sqrt{2}$ ist. Im zweiten Fall würde folgen $2y^2 = -x$ und wiederum liefert Einsetzen in die Gleichung von E und Mitternachtsformel

$$x^2 - x = 2 \quad \Leftrightarrow \quad x^2 - x - 2 = 0 \quad \Leftrightarrow \quad x \in \{2, -1\}.$$

Im ersten Fall erhalten wir wegen der Gleichung $2y^2 = -x$ den Widerspruch $2y^2 = -2$. Für $x = -1$ liefert diese Gleichung

$$2y^2 = 1 \quad \Leftrightarrow \quad y = \pm\frac{1}{\sqrt{2}}.$$

Die zu untersuchenden Punkte sind also

$$(0, 1), \quad (0, -1), \quad (\sqrt{2}, 0), \quad (-\sqrt{2}, 0), \left(-1, \frac{1}{\sqrt{2}}\right), \left(-1, -\frac{1}{\sqrt{2}}\right).$$

Wir berechnen die Funktionswerte an diesen Stellen

$$f(0, 1) = -3 \qquad\qquad f(0, -1) = -3$$
$$f(\sqrt{2}, 0) = 2\sqrt{2} \qquad\qquad f(-\sqrt{2}, 0) = -2\sqrt{2}$$
$$f(-1, \tfrac{1}{\sqrt{2}}) = -\frac{7}{4} \qquad\qquad f(-1, -\tfrac{1}{\sqrt{2}}) = -\frac{7}{4}.$$

Die Funktion f nimmt daher jeweils das Minimum -3 an der Stelle $(0, 1)$ bzw. $(0, -1)$ und das Maximum $2\sqrt{2}$ bei $(\sqrt{2}, 0)$ an.

Integralrechnung

Zur Berechnung von mehrdimensionalen Integralen sind zwei Sätze besonders hilfreich: Mithilfe des Satzes von Fubini lässt sich die Integration schrittweise über die einzelnen Koordinaten ausführen (vgl. die folgende Aufgabe). Für komplexere Mengen bietet es sich an, den Integrationsbereich zu transformieren. Dies ist mittels des Transformationssatzes möglich.

> **Satz 5.10** (Transformationssatz). Es sei $M \subseteq \mathbb{R}^n$ eine offene Menge und $\phi\colon M \to \phi(M)$ ein Diffeomorphismus (d.h. eine bijektive stetig differenzierbare Abbildung mit stetig differenzierbarer Umkehrabbildung). Dann ist eine Funktion f auf $\phi(M)$ genau dann integrierbar, wenn $x \mapsto (f \circ \phi)(x)|\det \phi'(x)|$ auf M integrierbar ist und es gilt:
>
> $$\int_{\phi(M)} f(x)\,\mathrm{d}x = \int_M (f \circ \phi)(x)|\det \phi'(x)|\,\mathrm{d}x.$$

Zum Beweis der Diffeomorphismus-Eigenschaft ist folgende Proposition nützlich.

Proposition 5.11. Seien $U, V \subseteq \mathbb{R}^n$ offen und $f\colon U \to V$ bijektiv. Falls f stetig differenzierbar ist und die Jacobi-Matrix $(Df)(a)$ für jedes $a \in U$ invertierbar ist, so ist f ein Diffeomorphismus.

Ferner ist das Volumen einer Menge B definiert als

$$\mathrm{vol}\,B = \int_B 1\,\mathrm{d}x.$$

Aufgabe (Frühjahr 2010, T3A3)

Man bestimme das Volumen des Bereichs

$$B = \{(x,y,z) \in \mathbb{R}^3 \mid x \geq 0, y \geq 0, z \geq 0, x + 2y + 3z \leq 1\}.$$

> **Lösungsvorschlag zur Aufgabe (Frühjahr 2010, T3A3)**
>
> Ein Punkt (x,y,z) liegt genau dann in B, wenn die drei Ungleichungen
>
> $$0 \leq x \leq 1, \quad 0 \leq y \leq \tfrac{1}{2}(1-x) \quad \text{und} \quad 0 \leq z \leq \tfrac{1}{3}(1-x-2y)$$
>
> erfüllt sind. Dies liefert die Grenzen der Integration.

Wir berechnen also

$$\int_B 1 \, d(x,y,z) = \int_0^1 \int_0^{\frac{1}{2}-\frac{x}{2}} \int_0^{\frac{1}{3}(1-x-2y)} 1 \, d(x,y,z) =$$

$$= \int_0^1 \int_0^{\frac{1}{2}-\frac{x}{2}} \frac{1}{3}(1-x-2y) \, d(x,y) =$$

$$= \frac{1}{3} \int_0^1 \left[y - xy - y^2 \right]_{y=0}^{y=\frac{1}{2}-\frac{x}{2}} =$$

$$= \frac{1}{3} \int_0^1 \frac{1}{2} - \frac{x}{2} - x\left(\frac{1}{2} - \frac{x}{2}\right) - \left(\frac{1}{2} - \frac{x}{2}\right)^2 \, dx =$$

$$= \frac{1}{3} \int_0^1 \frac{1}{2} - \frac{x}{2} - \frac{x}{2} + \frac{x^2}{2} - \frac{1}{4} + \frac{x}{2} - \frac{x^2}{4} \, dx =$$

$$= \frac{1}{3} \cdot \frac{1}{2} \int_0^1 \frac{1}{2} - x + \frac{1}{2}x^2 \, dx =$$

$$= \frac{1}{6} \left[\frac{1}{2}x - \frac{1}{2}x^2 + \frac{1}{6}x^3 \right]_{x=0}^{x=1} = \frac{1}{6} \cdot \left(\frac{1}{2} - \frac{1}{2} + \frac{1}{6} \right) = \frac{1}{36}.$$

Aufgabe (Herbst 2016, T1A4)

Wir betrachten die Funktion

$$F \colon \mathbb{R}^2 \to \mathbb{R}^2,$$
$$\begin{pmatrix} x \\ y \end{pmatrix} \mapsto \begin{pmatrix} e^x \cos(y + x^3) \\ e^x \sin(y + x^3) \end{pmatrix}$$

a Zeigen Sie, dass F beliebig oft differenzierbar ist.

b Berechnen Sie die Jacobi-Matrix DF.

c Berechnen die den Flächeninhalt der Menge

$$\Omega := \{ F(x,y) \mid 0 \le y \le x \le 1 \} \subseteq \mathbb{R}^2.$$

Lösungsvorschlag zur Aufgabe Herbst 2016, T1A4)

a Die Komponentenfunktionen von F entstehen durch punktweise Addition und Multiplikation der beliebig oft differenzierbaren Abbildungen $(x,y) \mapsto x$ bzw. $(x,y) \mapsto y$ sowie durch Verkettung mit Exponential- bzw. Sinus-/ Kosinusfunktion, die ebenfalls beliebig oft differenzierbar sind. Also sind die Komponenten und damit auch die Funktion F selbst beliebig oft differenzierbar.

b Es gilt

$$(DF)(x,y) = \begin{pmatrix} e^x \cos(y+x^3) - 3e^x \sin(y+x^3)x^2 & -e^x \sin(y+x^3) \\ e^x \sin(y+x^3) + 3e^x \cos(y+x^3)x^2 & e^x \cos(y+x^3) \end{pmatrix}.$$

c Sei $\Delta = \{(x,y) \mid 0 \le y \le x \le 1\} \subseteq \mathbb{R}^2$. Es gilt $\Omega = F(\Delta)$. Außerdem ist $F_{|\Delta}$ injektiv, denn aus $F(x,y) = F(x',y')$ folgt wegen $e^x = |F(x,y)| = |F(x',y')| = e^{x'}$ sofort $x = x'$. Die Bedingung $\cos(y+x^3) = \cos(y'+x'^3)$ liefert weiter

$$y \equiv y' \mod 2\pi$$

und aufgrund der Definition von Δ bedeutet dies $y = y'$. Nach einer nicht allzu aufwendigen Rechnung sieht man zudem

$$\det(DF)(x,y) = e^{2x} \ne 0.$$

Also ist $F_{|\Delta} \colon \Delta \to \Omega$ ein Diffeomorphismus und mit dem Transformationssatz erhalten wir

$$\mathrm{vol}(\Omega) = \int_\Omega 1 \, \mathrm{d}(x,y) = \int_\Delta |\det(DF)(x,y)| \, \mathrm{d}(x,y) =$$
$$= \int_0^1 \int_0^x e^{2x} \, \mathrm{d}y \, \mathrm{d}x = \int_0^1 \left[ye^{2x}\right]_{y=0}^{y=x} \mathrm{d}x = \int_0^1 xe^{2x} \, \mathrm{d}x.$$

Mittels partieller Integration erhalten wir schlussendlich

$$\int_0^1 xe^{2x} \, \mathrm{d}x = \left[\tfrac{1}{2}xe^{2x}\right]_0^1 - \int_0^1 \tfrac{1}{2}e^{2x} \, \mathrm{d}x = \left[\tfrac{1}{2}xe^{2x}\right]_0^1 - \left[\tfrac{1}{4}e^{2x}\right]_0^1 =$$
$$= \tfrac{1}{2}e^2 - \tfrac{1}{4}e^2 + \tfrac{1}{4} = \tfrac{1}{4}(e^2 + 1).$$

6. Analysis: Funktionentheorie

6.1. Komplexe Differenzierbarkeit

Nachdem sich das vorangegangene Kapitel um die Differenzierbarkeit von Funktionen reeller Variablen gedreht hat, erarbeiten wir in diesem Abschnitt den Begriff der komplexen Differenzierbarkeit. Hierzu bieten sich dem Mathematiker zwei Wege an: einerseits lassen sich die komplexen Zahlen als zweidimensionaler $\mathbb{R}$-Vektorraum auffassen, sodass wir die Methoden der Analysis zweier reeller Variablen anwenden können, andererseits lässt sich der in Definition 5.1 (2) angegebene Differentialquotient auch direkt auf komplexwertige Funktionen übertragen.

Reelle Differenzierbarkeit

Ist $f : \mathbb{C} \to \mathbb{C}$ eine komplexe Funktion, so lässt sich diese durch die Zuordnung

$$(x, y) \mapsto (\operatorname{Re} f(x + iy), \operatorname{Im} f(x + iy))$$

als Funktion $\mathbb{R}^2 \to \mathbb{R}^2$ auffassen. Wir können dann die Definition 5.5 der Differenzierbarkeit aus der Analysis mehrerer reeller Variablen verwenden.

Definition 6.1. Sei $U \subseteq \mathbb{C}$ eine offene, nicht-leere Teilmenge und $f : U \to \mathbb{C}$ eine Abbildung. Man bezeichnet f als *reell differenzierbar*, wenn f differenzierbar im Sinne von Definition 5.5 ist. Dies ist genau dann der Fall, wenn sämtliche partiellen Ableitungen von Real- und Imaginärteil existieren und stetig sind.

Beispiel 6.2. Sei $\iota : \mathbb{C} \to \mathbb{C} : z \mapsto \bar{z}$ die komplexe Konjugation, dann ist $\iota(x + iy) = x - iy$. Man erhält als Jacobi-Matrix der Funktion in $z = x + iy \in \mathbb{C}$

$$(D\iota)(x, y) = \begin{pmatrix} \partial_x \operatorname{Re} \iota(z) & \partial_y \operatorname{Re} \iota(z) \\ \partial_x \operatorname{Im} \iota(z) & \partial_y \operatorname{Im} \iota(z) \end{pmatrix} = \begin{pmatrix} 1 & 0 \\ 0 & -1 \end{pmatrix}.$$

Da alle Einträge in dieser Matrix konstant, also insbesondere stetig, sind, ist ι in jedem Punkt reell differenzierbar. ∎

© Der/die Autor(en), exklusiv lizenziert durch
Springer-Verlag GmbH, DE, ein Teil von Springer Nature 2021
D. Bullach und J. Funk, *Vorbereitungskurs Staatsexamen Mathematik*,
https://doi.org/10.1007/978-3-662-62904-8_6

Komplexe Differenzierbarkeit

Definition 6.3. Sei $U \subseteq \mathbb{C}$ offen und $f : U \to \mathbb{C}$ eine Abbildung. Man bezeichnet f als *komplex differenzierbar* in $z_0 \in U$, wenn der Grenzwert

$$\lim_{z \to z_0} \frac{f(z) - f(z_0)}{z - z_0}$$

existiert und nennt diesen die *Ableitung* von f in z_0, notiert als $f'(z_0)$.

Den Zusammenhang der beiden Differenzierbarkeitsbegriffe liefert folgender Satz.

Satz 6.4. Sei $a \in U$, $f : U \to \mathbb{C}$ eine Abbildung und $f = \operatorname{Re} f + i \operatorname{Im} f$ ihre Zerlegung in Real- und Imaginärteil. Folgende Aussagen sind äquivalent:

(1) f ist in a komplex differenzierbar.

(2) f ist in a reell differenzierbar und es gelten die *Cauchy-Riemannschen Differentialgleichungen*

$$\partial_x \operatorname{Re} f(a) = \partial_y \operatorname{Im} f(a) \quad \text{und} \quad \partial_y \operatorname{Re} f(a) = -\partial_x \operatorname{Im} f(a).$$

Eine komplex differenzierbare Funktion wird auch *holomorph* genannt. Die Jacobi-Matrix aus Beispiel 6.2 zeigt also, dass die komplexe Konjugation *nicht* holomorph ist, weil hier $\partial_x \operatorname{Re} \iota(z) \neq \partial_y \operatorname{Im} \iota(z)$ für alle $z \in \mathbb{C}$ ist.

Aufgabe (Frühjahr 2002, T2A1)

Gegeben seien die Funktionen

$$u : \mathbb{R}^2 \to \mathbb{R}, \quad u(x,y) = e^{-y}(x \cos x - y \sin x)$$

$$v : \mathbb{R}^2 \to \mathbb{R}, \quad v(x,y) = e^{-y}(y \cos x + x \sin x)$$

a Zeigen Sie, dass diese Funktionen die Cauchy-Riemannschen Differentialgleichungen erfüllen, und, dass deswegen die Funktion

$$f(z) = u(x,y) + iv(x,y), \quad z = x + iy \in \mathbb{C}$$

holomorph ist.

b Zeigen Sie für $z = iy$ mit $y \in \mathbb{R}$, dass

$$f(z) = ze^{iz},$$

und folgern Sie daraus $f(z) = ze^{iz}$ für alle $z \in \mathbb{C}$.

Lösungsvorschlag zur Aufgabe (Frühjahr 2002, T2A1)

a Man berechnet mithilfe der Produktregel die partiellen Ableitungen und erhält

$$\partial_x u(x,y) = \quad e^{-y}\cos x - e^{-y}x\sin x - e^{-y}y\cos x$$
$$\partial_y u(x,y) = -e^{-y}x\cos x + e^{-y}y\sin x - \quad e^{-y}\sin x$$
$$\partial_x v(x,y) = -e^{-y}y\sin x + \quad e^{-y}\sin x + e^{-y}x\cos x$$
$$\partial_y v(x,y) = -e^{-y}y\cos x + \quad e^{-y}\cos x - e^{-y}x\sin x$$

Alle diese Ableitungen sind als punktweise Verknüpfung stetiger Funktionen stetig; somit ist f laut Satz 5.6 zumindest reell differenzierbar. Man sieht außerdem unmittelbar, dass die Cauchy-Riemannschen Differentialgleichungen für ein beliebiges $z = x + iy \in \mathbb{C}$ erfüllt sind.

b Sei $z = iy$. Wir erhalten mit $iz = i^2 y = -y$

$$f(z) = u(0,y) + iv(0,y) = iye^{-y} = ze^{iz}.$$

Der zweite Teil der Behauptung folgt nun aus dem Identitätssatz 6.19. Sei dazu $g(z) = ze^{iz}$ für $z \in \mathbb{C}$. Wie eben gezeigt, stimmen die Funktionen f und g auf der Menge $i\mathbb{R} = \{iy \mid y \in \mathbb{R}\}$ überein. Diese Menge besitzt den Häufungspunkt 0 (vgl. hierzu den Abschnitt zum Identitätssatz). Ferner sind beide Funktionen komplex differenzierbar (für f haben wir dies in Teil **a** gezeigt, für g folgt die Aussage aus der Produkt- und Kettenregel) und auf dem Gebiet $\mathbb{C}$ definiert. Somit gilt für alle $z \in \mathbb{C}$ nach dem Identitätssatz

$$f(z) = g(z) = ze^{iz}.$$

Holomorphe und harmonische Funktionen

Die Cauchy-Riemannschen Differentialgleichungen liefern ein Kriterium dafür, wann eine Funktion Realteil einer komplex differenzierbaren Funktion ist. In diesem Zusammenhang ist die folgende Definition wichtig:

Definition 6.5. Eine *harmonische* Funktion ist eine zweimal stetig differenzierbare Funktion $u: \mathbb{R}^2 \to \mathbb{R}$, die die sogenannte *Laplace'sche Differentialgleichung*[1]

$$\Delta u(x,y) = \partial_x^2 u(x,y) + \partial_y^2 u(x,y) = 0$$

für alle $(x,y) \in \mathbb{R}^2$ erfüllt.

---

1 Das Symbol Δ in der Formel steht für den Laplace'schen Differentialoperator, $\Delta = \partial_x^2 + \partial_y^2$.

Aufgabe (Herbst 2001, T3A1)

a Geben Sie ein Beispiel einer stetigen Funktion $f\colon \mathbb{C} \to \mathbb{C}$, die nur im Nullpunkt komplex differenzierbar ist (mit Begründung).

b Zeigen Sie, dass Real- und Imaginärteil einer holomorphen Funktion harmonisch sind.

Lösungsvorschlag zur Aufgabe (Herbst 2001, T3A1)

a Wir setzen $f(z) = |z|^2$. Es gilt dann $f(x + iy) = x^2 + y^2$ und wir erhalten in einem Punkt $z = x + iy$ als partielle Ableitungen des Real- und Imaginärteils

$$\partial_x \operatorname{Re} f(z) = 2x \qquad \partial_y \operatorname{Re} f(z) = 2y$$

$$\partial_y \operatorname{Im} f(z) = 0 \qquad \partial_x \operatorname{Im} f(z) = 0.$$

Da alle diese Ableitungen als Polynome stetig sind, ist f zumindest reell differenzierbar, insbesondere also stetig.

Die Funktion f ist in z genau dann komplex differenzierbar, wenn die Cauchy-Riemannschen Differentialgleichungen gelten. Dies ist nach den obigen Rechnungen genau dann der Fall, wenn

$$2x = 0 \quad \text{und} \quad 2y = 0 \quad \Leftrightarrow \quad x = y = 0.$$

Somit ist f nur im Nullpunkt komplex differenzierbar, aber überall stetig.

b Sei f eine holomorphe Funktion, $u(x, y) = \operatorname{Re} f(x + iy)$ und $v(x, y) = \operatorname{Im} f(x + iy)$. Unter Verwendung der Cauchy-Riemannschen Differentialgleichungen erhalten wir für $a \in \mathbb{R}^2$ die Gleichheit

$$\partial_x^2 u(a) = \partial_x \partial_x u(a) = \partial_x \partial_y v(a) \quad \text{und} \quad \partial_y^2 u(a) = \partial_y \partial_y u(a) = -\partial_y \partial_x v(a).$$

Da f als holomorphe Funktion unendlich oft differenzierbar ist (siehe (1) auf Seite 280), sind diese Ableitungen wiederum stetig differenzierbar. Damit folgt aus dem Satz von Schwarz, dass die partiellen Ableitungen vertauschbar sind und man erhält

$$\Delta u(a) = \partial_x^2 u(a) + \partial_y^2 u(a) = \partial_x \partial_y v(a) - \partial_x \partial_y v(a) = 0.$$

Somit ist u harmonisch. Die Rechnung für v verläuft völlig analog.

Aufgabe (Frühjahr 2010, T1A4)

[a] Zeigen Sie, dass Real- und Imaginärteile holomorpher Funktionen harmonisch sind.

[b] Gibt es eine holomorphe Funktion $f\colon u+iv\colon \mathbb{C} \to \mathbb{C}$, deren Realteil $u(x+iy) = x^2+y^2$ ist? Beweisen Sie ihre Antwort.

Lösungsvorschlag zur Aufgabe (Frühjahr 2010, T1A4)

[a] Siehe Aufgabe H01T3A1 [b] auf Seite 270.

[b] Wir berechnen die zweiten Ableitungen von u nach x und y. Es gilt

$$\partial_x^2\left(x^2+y^2\right) = \partial_x\left(2x\right) = 2, \qquad \partial_y^2\left(x^2+y^2\right) = \partial_y\left(2y\right) = 2$$

und somit folgt für alle $(x,y) \in \mathbb{R}^2$

$$\Delta u(x,y) = 2+2 = 4 \neq 0.$$

Damit ist u keine harmonische Funktion und die ist Antwort negativ.

Wir halten dieses Ergebnis sowie die Tatsache, dass unter gewissen Voraussetzungen auch die Umkehrung gilt, noch in einer Proposition fest.

Proposition 6.6. (1) Ist $U \subseteq \mathbb{C}$ offen und $f\colon U \to \mathbb{C}$ eine komplex differenzierbare Funktion, so sind $\operatorname{Re} f$ und $\operatorname{Im} f$ harmonische Funktionen.

(2) Ist umgekehrt $G \subseteq \mathbb{R}^2$ ein einfach zusammenhängendes Gebiet[2] und $u\colon G \to \mathbb{R}$ eine harmonische Funktion, so existiert eine holomorphe Funktion $f\colon \widehat{G} \to \mathbb{C}$ mit $\operatorname{Re} f(x+iy) = u(x,y)$. Hierbei bezeichnet $\widehat{G}$ das Bild von G in $\mathbb{C}$.

Aufgabe (Herbst 2011, T2A1)

[a] Sei $G \subseteq \mathbb{C}$ offen, $f\colon G \to \mathbb{C}$ holomorph und $G_\star = \{z \in \mathbb{C} \mid \overline{z} \in G\}$. Zeigen Sie, dass die Funktion

$$f_\star\colon G_\star \to \mathbb{C}, \quad f_\star(z) = \overline{f(\overline{z})}$$

ebenfalls holomorph ist.

[b] Für welche $a,b \in \mathbb{R}$ ist die Funktion $u\colon \mathbb{R}^2 \to \mathbb{R}, u(x,y) = ax^2 + by^2$ der Realteil einer holomorphen Funktion $f\colon \mathbb{C} \to \mathbb{C}$?

---

2 siehe Proposition 6.29 für den Begriff des einfach zusammenhängenden Gebiets

Lösungsvorschlag zur Aufgabe (Herbst 2011, T2A1)

a Aufgrund der Holomorphie ist f insbesondere reell differenzierbar. Auch für die komplexe Konjugation $\iota : z \mapsto \bar{z}$ haben wir dies bereits gesehen. Aus der Kettenregel für differenzierbare Abbildungen in zwei reellen Variablen folgt somit, dass $f_\star$ zumindest reell differenzierbar ist. Zur Untersuchung der Gültigkeit der Cauchy-Riemannschen Differentialgleichungen bestimmen wir die Jacobi-Matrix von $f_\star = \iota \circ f \circ \iota$. Es gilt

$$D(\iota \circ f \circ \iota)(z) = (D\iota)((f \circ \iota)(z)) \cdot D(f \circ \iota)(z) =$$
$$= (D\iota)((f \circ \iota)(z)) \cdot (Df)(\iota(z)) \cdot (D\iota)(z)$$

Eine schnelle Rechnung oder ein Blick in Beispiel 6.2 liefert nun

$$D(\iota \circ f \circ \iota)(z) = \begin{pmatrix} 1 & 0 \\ 0 & -1 \end{pmatrix} \cdot \begin{pmatrix} \partial_x \operatorname{Re} f(\bar{z}) & \partial_y \operatorname{Re} f(\bar{z}) \\ \partial_x \operatorname{Im} f(\bar{z}) & \partial_y \operatorname{Im} f(\bar{z}) \end{pmatrix} \cdot \begin{pmatrix} 1 & 0 \\ 0 & -1 \end{pmatrix} =$$
$$= \begin{pmatrix} \partial_x \operatorname{Re} f(\bar{z}) & -\partial_y \operatorname{Re} f(\bar{z}) \\ -\partial_x \operatorname{Im} f(\bar{z}) & \partial_y \operatorname{Im} f(\bar{z}) \end{pmatrix}.$$

Prüfen wir nun, ob die Cauchy-Riemannschen-Differentialgleichungen erfüllt sind. Für $z \in G_\star$ ist

$$\partial_x \operatorname{Re} f_\star(z) = \partial_x \operatorname{Re} f(\bar{z}) \overset{(\star)}{=} \partial_y \operatorname{Im} f(\bar{z}) = \partial_y \operatorname{Im} f_\star(z)$$

$$\partial_x \operatorname{Im} f_\star(z) = -\partial_x \operatorname{Im} f(\bar{z}) \overset{(\star)}{=} \partial_y \operatorname{Re} f(\bar{z}) = -\partial_y \operatorname{Re} f_\star(z)$$

Hierbei wurde an den mit $(\star)$ markierten Stellen verwendet, dass $\bar{z} \in G$ und deshalb f in $\bar{z}$ holomorph ist. Tatsächlich erfüllt $f_\star$ damit die Cauchy-Riemannschen Differentialgleichungen und ist holomorph.

b Gesucht sind die Paare $(a, b) \in \mathbb{R}^2$, für die u eine harmonische Funktion definiert. Wir berechnen die doppelten partiellen Ableitungen und erhalten

$$\partial_x^2 \left(ax^2 + by^2 \right) = \partial_x(2ax) = 2a \quad \text{und} \quad \partial_y^2 \left(ax^2 + by^2 \right) = \partial_x(2by) = 2b.$$

Die Laplace'sche Differentialgleichung wird zu

$$\Delta u(x, y) = 0 \quad \Leftrightarrow \quad 2a + 2b = 0 \quad \Leftrightarrow \quad a = -b.$$

Da $\mathbb{C}$ ein einfach zusammenhängendes Gebiet ist, ist u genau dann der Realteil einer holomorphen Funktion, wenn $a = -b$.

> **Anleitung: Konstruktion einer holomorphen Funktion aus ihrem Realteil**
>
> Sei $u\colon \mathbb{R}^2 \to \mathbb{R}$ eine differenzierbare Funktion. Wir wollen eine holomorphe Funktion $f\colon \mathbb{C} \to \mathbb{C}$ konstruieren, sodass $f(x+iy) = u(x,y) + iv(x,y)$ für eine Funktion $v\colon \mathbb{R}^2 \to \mathbb{R}$ mit dem Anfangswert $v(x_0, y_0) = v_0$.
>
> (1) Überprüfe ggf. zunächst mit Proposition 6.6, ob u überhaupt Realteil einer holomorphen Funktion sein kann.
>
> (2) Gemäß den Cauchy-Riemannschen Differentialgleichungen gilt nun
>
> $$\partial_x u(x,y) = \partial_y v(x,y) \quad \text{und} \quad \partial_y u(x,y) = -\partial_x v(x,y).$$
>
> Durch Integration erhält man
>
> $$v(x,y) = \int_{y_0}^{y} \partial_x u(x, \tilde{y}) \, d\tilde{y} + v(x, y_0) \tag{1}$$
>
> und
>
> $$v(x,y) = -\int_{x_0}^{x} \partial_y u(\tilde{x}, y) \, d\tilde{x} + v(x_0, y). \tag{2}$$
>
> (3) Werte den Ausdruck (2) bei (x, y_0) aus und setze in (1) ein *oder* werte (1) bei (x_0, y) aus und setze in (2) ein.

Aufgabe (Frühjahr 2013, T2A1)

a Für welche $a, b \in \mathbb{R}$ ist das Polynom $u(x,y) = x^2 + 2axy + by^2$ der Realteil einer holomorphen Funktion auf $\mathbb{C}$?

b Bestimmen Sie für jedes solche Paar (a, b) den Imaginärteil aller zugehörigen holomorphen Funktionen.

> **Lösungsvorschlag zur Aufgabe (Frühjahr 2013, T2A1)**
>
> **a** Es muss dafür die Laplace'sche Differentialgleichung gelten. Wir berechnen wie früher die zweiten partiellen Ableitungen und erhalten
>
> $$\Delta u(x,y) = 0 \quad \Leftrightarrow \quad 2 + 2b = 0 \quad \Leftrightarrow \quad b = -1.$$
>
> Da $\mathbb{R}^2$ ein einfach zusammenhängendes Gebiet ist, liefert Proposition 6.6 (2), dass die Abbildung u für alle Paare der Form $(a, -1)$ mit $a \in \mathbb{R}$ der Realteil einer holomorphen Funktion ist.

b Sei $f = u + iv$ eine holomorphe Funktion mit der Funktion u als Realteil, außerdem sei $v(0,0) = v_0$. Für den Imaginärteil v erhält man aufgrund der Cauchy-Riemannschen Differentialgleichungen

$$\partial_y v(x,y) = \partial_x u(x,y) = 2x + 2ay.$$

Wir integrieren nach y und erhalten

$$v(x,y) = \int_0^y 2x + 2a\widetilde{y}\, d\widetilde{y} = 2xy + ay^2 + v(x,0) \tag{1}$$

Mittels der zweiten Differentialgleichung erhalten wir weiter

$$\partial_x v(x,y) = -\partial_y u(x,y) = -(2ax - 2y).$$

Wiederum liefert Integration, diesmal nach x

$$v(x,y) = \int_0^x -(2a\widetilde{x} - 2ay)\, d\widetilde{x} = -ax^2 + 2xy + v(0,y). \tag{2}$$

Wertet man (1) nun bei $(0,y)$ aus und setzt das Ergebnis in (2) ein, so erhält man

$$v(x,y) = (-ax^2 + 2xy) + (ay^2 + v(0,0)) = -ax^2 + 2xy + ay^2 + v_0.$$

Aufgabe (Herbst 2014, T3A2)

Auf $\mathbb{R}^2$ sei die reellwertige Funktion $(x,y) \mapsto u(x,y) = (x - y)(x + y + 1)$ gegeben.

a Zeigen Sie, dass $u \colon \mathbb{R}^2 \to \mathbb{R}$ harmonisch ist.

b Bestimmen Sie alle Funktionen $v \colon \mathbb{R}^2 \to \mathbb{R}, (x,y) \mapsto v(x,y)$, sodass $f = u + iv$ holomorph ist und geben Sie f als Funktion von $z = x + iy \in \mathbb{C}$ an.

Lösungsvorschlag zur Aufgabe (Herbst 2014, T3A2)

a Wir vereinfachen zuerst die Funktion und erhalten

$$u(x,y) = x^2 + x - y^2 - y$$

Wie zuvor berechnet man routiniert

$$\Delta u(x,y) = \partial_x^2 u(x,y) + \partial_y^2 u(x,y) = 2 - 2 = 0.$$

Damit ist u eine harmonische Funktion.

b Es sei $v(0,0) = v_0$. Durch die erste der Cauchy-Riemannschen Differentialgleichungen erhalten wir

$$\partial_y v(x,y) = \partial_x u(x,y) = 2x + 1$$

und Integration nach y liefert

$$v(x,y) = 2xy + y + v(x,0).$$

Weiter gilt mit der zweiten Differentialgleichung

$$\partial_x v(x,y) = -\partial_y u(x,y) = -(-2y - 1) = 2y + 1,$$

sodass man daraus durch Integration nach x dann

$$v(x,y) = 2yx + x + v(0,y)$$

bekommt. Der erste Ausdruck liefert $v(0,y) = y + v(0,0)$, was eingesetzt in den zweiten

$$v(x,y) = 2yx + x + y + v_0$$

ergibt und damit

$$f(x + iy) = u(x,y) + iv(x,y) = (x - y)(x + y + 1) + i(x + 2xy + y + v_0) =$$
$$= x^2 + x - y - y^2 + ix + 2ixy + iy + iv_0.$$

Wir rechnen die Abbildung direkt aus, was in diesem Fall relativ entspannt möglich ist. Eine Alternative besteht in der Verwendung des Identitätssatzes (vgl. den Kasten auf Seite 300). Für $z = x + iy$ gilt:

$$\begin{aligned} f(z) &= x^2 + 2ixy + i^2y^2 &+& ix - y &+& x + iy &+& iv_0 = \\ &= (x + iy)^2 &+& i(x + iy) &+& (x + iy) &+& iv_0 = \\ &= z^2 &+& iz &+& z &+& iv_0. \end{aligned}$$

6.2. Potenz- und Laurentreihen

Der Übergang vom bekannten Begriff der *reellen* Potenzreihe zur *komplexen* Potenzreihe ist nahezu nahtlos – die Definitionen unterscheiden sich tatsächlich nur gering. Wir werden daher auch auf die bekannten Methoden im Umgang mit Reihen, insbesondere die Konvergenzkriterien, zurückgreifen.

Definition 6.7. Sei $(a_n)_{n \in \mathbb{N}_0}$ eine Folge komplexer Zahlen. Eine *Potenzreihe* mit Entwicklungspunkt $a \in \mathbb{C}$ ist eine Reihe der Form

$$\sum_{n=0}^{\infty} a_n(z - a)^n.$$

Besonders interessant sind natürlich diejenigen Reihen, denen sich ein endlicher Wert zuordnen lässt. Falls der Grenzwert $\lim_{k \to \infty} \sum_{n=0}^{k} a_n$ der Partialsummen einer Reihe der Form $\sum_{n=0}^{\infty} a_n$ existiert, so heißt diese *konvergent*.

Absolute Konvergenz liegt vor, wenn die zugehörige Reihe der Beträge $\sum_{n=0}^{\infty} |a_n|$ konvergiert. Absolute Konvergenz impliziert Konvergenz im ersten Sinne (das sieht man z. B. mit der Dreiecksungleichung des komplexen Absolutbetrags).

Die wohl einfachste – und für Anwendungen zugleich bedeutendste – Potenzreihe ist die sogenannte *geometrische Reihe*, gegeben durch

$$\sum_{n=0}^{\infty} z^n \qquad \text{mit Partialsummen} \qquad \sum_{n=0}^{m} z^n = \frac{1 - z^{m+1}}{1 - z}.$$

Mithilfe der Formel der Partialsummen auf der rechten Seite sieht man unmittelbar, dass die geometrische Reihe für $|z| < 1$ konvergiert und erhält den Grenzwert

$$\sum_{n=0}^{\infty} z^n = \frac{1}{1 - z}.$$

Im Fall $|z| \geq 1$ bilden die Summanden keine Nullfolge, die Reihe divergiert also. Die Menge der Punkte, in denen die geometrische Reihe konvergiert, ist somit genau die offene Kreisscheibe $B_1(0) = \{z \in \mathbb{C} \mid |z| < 1\}$.

Mit beliebigen Potenzreihen verhält es sich ähnlich wie mit der geometrischen Reihe: Ist $\sum_{n=0}^{\infty} a_n(z - a)^n$ eine Potenzreihe (mit Entwicklungspunkt $a \in \mathbb{C}$) und konvergiert die Reihe in $w \in \mathbb{C}$ mit $w \neq a$, so konvergiert sie auch in allen Punkten mit $|z - a| < |w - a|$. Dies führt zur Definition des *Konvergenzradius*.

Proposition 6.8. Sei $\sum_{n=0}^{\infty} a_n(z - a)^n$ eine Potenzreihe. Dann existiert eine eindeutig bestimmte Zahl $r \in \mathbb{R}_0^+$, sodass die Reihe auf der Kreisscheibe $B_r(a) = \{z \in \mathbb{C} \mid |z - a| < r\}$ konvergiert und auf $\{z \in \mathbb{C} \mid |z - a| > r\}$ divergiert. Man bezeichnet diese Zahl r als *Konvergenzradius* und $B_r(a)$ als *Konvergenzkreisscheibe*.

Auf dem Rand der Konvergenzkreisscheibe kann keine Aussage darüber getroffen werden, ob die Reihe dort konvergiert oder nicht. Hier gibt es Beispiele, die zeigen, dass in einem Punkt auf dem Rand der Konvergenzkreisscheibe sowohl Konvergenz als auch Divergenz auftreten kann.

Der Konvergenzradius kann mithilfe folgender beider Formeln direkt aus der Folge $(a_n)_{n \in \mathbb{N}_0}$ berechnet werden. Diese ergeben sich aus dem Wurzel- bzw. Quotientenkriterium für reelle Reihen.

Proposition 6.9. Sei $\sum_{n=0}^{\infty} a_n(z-a)^n$ eine Potenzreihe und r der Konvergenz-radius der Reihe.

(1) Sei $L = \limsup_{n\to\infty} \sqrt[n]{|a_n|}$, dann gilt die sogenannte *Formel von Cauchy-Hadamard*:

$$r = \begin{cases} 0 & \text{falls } L = +\infty, \\ \frac{1}{L} & \text{falls } L \in]0, \infty[, \\ \infty & \text{falls } L = 0. \end{cases}$$

(2) Existiert ein $N \in \mathbb{N}$, sodass $a_n \neq 0$ für $n > N$, so gilt alternativ

$$r = \lim_{n\to\infty} \left| \frac{a_n}{a_{n+1}} \right|.$$

Aufgabe (Herbst 2005, T2A1)

Beweisen Sie, dass die Potenzreihe

$$\sum_{n=0}^{\infty} \frac{(2n)!}{2^n(n!)^2} z^n$$

den Konvergenzradius $\frac{1}{2}$ hat.

Lösungsvorschlag zur Aufgabe (Herbst 2005, T2A1)

Die Formel von Cauchy-Hadamard liefert nur schwer das gewünschte Ergebnis. Stattdessen betrachten wir den Grenzwert aus Proposition 6.9 (2). Dieser ist wegen $a_n \neq 0$ für alle $n \in \mathbb{N}$ definiert und man erhält

$$\frac{a_n}{a_{n+1}} = \frac{(2n)!}{2^n(n!)^2} \cdot \frac{2^{n+1}[(n+1)!]^2}{(2n+2)!} = \frac{2(n+1)^2}{(2n+2)(2n+1)} =$$

$$= \frac{(n+1)^2}{(n+1)(2n+1)} = \frac{n+1}{2n+1}.$$

Der Konvergenzradius ist somit

$$r = \lim_{n\to\infty} \left| \frac{a_n}{a_{n+1}} \right| = \frac{1}{2}.$$

Aufgabe (Herbst 2008, T3A4)

Die Koeffizienten der Potenzreihe $F(z) = \sum_{n=0}^{\infty} c_n z^n$ seien durch die Rekursionsformel

$$c_n = \sum_{k=1}^{n-1} c_k c_{n-k} \quad \text{für } n \geq 2$$

und die Anfangsbedingungen $c_0 = 0, c_1 = 1$ definiert.

a Zeigen Sie: $F(z) = z + F(z)^2$

b Bestimmen Sie den Konvergenzradius von $F(z)$.

Hinweis Benutzen Sie Teil **a**.

Lösungsvorschlag zur Aufgabe (Herbst 2008, T3A4)

a Wir hantieren etwas mit Summen und erhalten unter Verwendung des Cauchy-Produkts für Reihen (siehe (3) auf Seite 281), dass

$$F(z) - F(z)^2 = \sum_{n=0}^{\infty} c_n z^n - \left(\sum_{n=0}^{\infty} c_n z^n \right)^2 = \sum_{n=0}^{\infty} c_n z^n - \sum_{n=0}^{\infty} \left(\sum_{k=0}^{n} c_k c_{n-k} \right) z^n.$$

Durch Einsetzen der Anfangsbedingung $c_0 = 0$ sehen wir nun, dass in der Reihe $\sum_{k=0}^{n} c_k c_{n-k}$ sowohl der erste als auch der letzte Summand jeweils 0 ist, wir erhalten also für $n \geq 2$

$$\sum_{k=0}^{n} c_k c_{n-k} = \sum_{k=1}^{n-1} c_k c_{n-k}.$$

Im Fall $n = 0$ ist die Summe leer, im Fall $n = 1$ erhalten wir $\sum_{k=0}^{1} c_k c_{1-k} = c_0 c_1 + c_1 c_0 = 0$.

Zudem ist wegen der zweiten Anfangsbedingung sowie der Rekursionsformel

$$\sum_{n=0}^{\infty} c_n z^n = 0 + 1z + \sum_{n=2}^{\infty} c_n z^n = z + \sum_{n=2}^{\infty} \left(\sum_{k=1}^{n-1} c_k c_{n-k} \right) z^n.$$

Die obige Differenz wird damit insgesamt zu

$$\sum_{n=0}^{\infty} c_n z^n - \sum_{n=0}^{\infty} \left(\sum_{k=0}^{n} c_k c_{n-k} \right) z^n =$$

$$= z + \sum_{n=2}^{\infty} \left(\sum_{k=1}^{n-1} c_k c_{n-k} \right) z^n - \sum_{n=2}^{\infty} \left(\sum_{k=1}^{n-1} c_k c_{n-k} \right) z^n = z.$$

Wir haben also

$$F(z) - F(z)^2 = z \quad \Leftrightarrow \quad F(z) = z + F(z)^2.$$

b Sei $r \in [0, \infty[$ der Konvergenzradius von $F(z)$. Angenommen, es wäre $r > \frac{1}{4}$, dann gäbe es $\varepsilon > 0$, sodass $\omega = \frac{1}{4} + \varepsilon$ noch im Konvergenzkreis liegt. Da ω und die Koeffizienten c_n von $F(z)$ jeweils positive reelle Zahlen sind, müsste dann auch $F(\omega)$ eine positive reelle Zahl sein. Aus Teil **a** wissen wir jedoch, dass $F(\omega) = \omega + F(\omega)^2$ und Auflösen dieser quadratischen Gleichung liefert

$$F(\omega) = \tfrac{1}{2} \pm \tfrac{1}{2}\sqrt{1 - 4\omega} = \tfrac{1}{2} \pm \tfrac{1}{2}\sqrt{-4\varepsilon},$$

was eindeutig in $\mathbb{C} \setminus \mathbb{R}$ liegt. Folglich muss für den Konvergenzradius die Abschätzung $r \leq \frac{1}{4}$ gelten.

Um zu sehen, dass $F(z)$ für $|z| < \frac{1}{4}$ tatsächlich konvergiert, beweisen wir zunächst mittels vollständiger Induktion über n, dass $c_n \leq \binom{2n}{n}$ für $n \geq 1$ gilt.

Der Fall $n = 1$ ist klar, für den Induktionsschritt verwenden wir die Formel von *Vandermonde*

$$\binom{l+m}{r} = \sum_{k=0}^{r} \binom{l}{k}\binom{m}{r-k}, \qquad (\star)$$

welche auch in der Formelsammlung steht. Setzen wir nun die Aussage für ein n als bereits bewiesen voraus, so haben wir

$$c_{n+1} = \sum_{k=1}^{n} c_k c_{n+1-k} \leq \sum_{k=1}^{n} \binom{2k}{k}\binom{2(n+1-k)}{n+1-k} \leq$$

$$\leq \sum_{k=0}^{n+1} \binom{2k}{k}\binom{2(n+1-k)}{n+1-k} \overset{(\star)}{=} \binom{2(n+1)}{n+1},$$

was den Induktionsbeweis abschließt. Können wir nun zeigen, dass $\sum_{n=0}^{\infty} \binom{2n}{n} z^n$ für $|z| < \frac{1}{4}$ konvergiert, so handelt es sich nach der eben bewiesenen Behauptung dabei um eine konvergente Majorante für $F(z)$ in diesem Bereich. Dazu verwenden wir Proposition 6.9 (2):

$$\lim_{n \to \infty} \frac{(2n)!}{n! \cdot n!} \cdot \frac{(n+1)! \cdot (n+1)!}{(2n+2)!} = \lim_{n \to \infty} \frac{(n+1) \cdot (n+1)}{(2n+2) \cdot (2n+1)} = \tfrac{1}{2} \cdot \tfrac{1}{2} = \tfrac{1}{4}.$$

Dies zeigt $r \geq \frac{1}{4}$ für den Konvergenzradius r von $F(z)$, also insgesamt $r = \frac{1}{4}$.

Die besondere Bedeutung der Potenzreihen für die Funktionentheorie liegt in der folgenden Aussage begründet.

Satz 6.10. Sei $U \subseteq \mathbb{C}$ offen. Eine Funktion $f \colon U \to \mathbb{C}$ ist genau dann holomorph auf U, wenn sich f in jedem Punkt von U als in einer Umgebung dieses Punktes konvergente Potenzreihe darstellen lässt, d.h. für jedes $a \in U$ gibt es eine komplexe Folge $(a_n)_{n \in \mathbb{N}_0}$ und ein $r > 0$, sodass

$$f(z) = \sum_{n=0}^{\infty} a_n (z-a)^n \quad \text{für alle } z \in B_r(a)$$

gilt und r der Konvergenzradius dieser Reihe ist. Die Folge $(a_n)_{n \in \mathbb{N}}$ lässt sich

(1) mittels *Taylorentwicklung* von f bestimmen, d.h. es gilt

$$a_n = \frac{1}{n!} f^{(n)}(a) \quad \text{für alle } n \in \mathbb{N}_0.$$

(2) mithilfe der *Cauchy-Integralformel* bestimmen, d.h. es gilt

$$a_n = \frac{1}{2\pi i} \int_{\partial B_r(a)} \frac{f(w)}{(w-a)^{n+1}} \, dw \quad \text{für alle } n \in \mathbb{N}_0$$

für $r > 0$ mit $B_r(a) \subseteq U$.

Funktionen, die sich lokal als Potenzreihen schreiben lassen, werden als *analytisch* bezeichnet. Der Satz besagt somit, dass kein Unterschied zwischen Funktionen $f \colon \mathbb{C} \to \mathbb{C}$ besteht, die holomorph bzw. analytisch sind.

Rechenregeln für Potenzreihen

(1) *Gliedweises Differenzieren:* Sei $\sum_{n=0}^{\infty} a_n (z-a)^n$ eine Potenzreihe mit Konvergenzradius r. Dann ist die Funktion

$$f \colon B_r(a) \to \mathbb{C}, \quad z \mapsto \sum_{n=0}^{\infty} a_n (z-a)^n$$

komplex differenzierbar und die Ableitung ist durch

$$f' \colon B_r(a) \to \mathbb{C}, \quad z \mapsto \sum_{n=1}^{\infty} n a_n (z-a)^{n-1}$$

gegeben. Außerdem haben die Potenzreihe und ihre formale Ableitung den gleichen Konvergenzradius und zusammen mit Satz 6.10 ergibt sich, dass jede holomorphe Funktion unendlich oft differenzierbar ist.

(2) *Koeffizientenvergleich:* Wenn die Potenzreihen

$$\sum_{n=0}^{\infty} a_n(z-a)^n \quad \text{und} \quad \sum_{n=0}^{\infty} b_n(z-a)^n$$

in einer Umgebung $B_r(a)$ von a konvergieren und dort

$$\sum_{n=0}^{\infty} a_n(z-a)^n = \sum_{n=0}^{\infty} b_n(z-a)^n \quad \text{für alle } z \in B_r(a)$$

gilt, so ist $a_n = b_n$ für alle $n \in \mathbb{N}_0$.

(3) *Produkt von Potenzreihen:* Seien

$$\sum_{n=0}^{\infty} a_n(z-a)^n \quad \text{und} \quad \sum_{n=0}^{\infty} b_n(z-a)^n$$

Potenzreihen mit Konvergenzradius $r > 0$. Dann ist

$$\left(\sum_{n=0}^{\infty} a_n(z-a)^n\right) \cdot \left(\sum_{n=0}^{\infty} b_n(z-a)^n\right) = \sum_{n=0}^{\infty} c_n(z-a)^n \quad \text{mit} \quad c_n = \sum_{k=0}^{n} a_k b_{n-k}$$

für alle $z \in B_r(a)$ und die rechte Reihe konvergiert für diese z auch. Man spricht hierbei vom *Cauchy-Produkt* von Reihen.

Aufgabe (Frühjahr 2008, T2A5)

Bestimmen Sie eine Potenzreihe $f(z) = \sum_{n=0}^{\infty} a_n z^n$ mit folgenden Eigenschaften (für z aus einer Umgebung von 0 aus $\mathbb{C}$):

$$\begin{cases} z f''(z) - f(z) = z^2 + z - 1 \\ f(0) = 1, f'(0) = 1. \end{cases}$$

Berechnen Sie zunächst a_0 und a_1 aus den Anfangswerten und a_2 und a_3 durch (formalen) Koeffizientenvergleich. Lesen Sie dann eine Rekursionsformel für a_n ($n \geq 4$) aus der Differentialgleichung ab. Geben Sie schließlich die a_n explizit an und berechnen Sie den Konvergenzradius der Reihe.

Lösungsvorschlag zur Aufgabe (Frühjahr 2008, T2A5)

Zunächst gilt nach Satz 6.10 (1), dass

$$a_0 = f(0) = 1 \quad \text{und} \quad a_1 = f'(0) = 1.$$

Die erste bzw. zweite formale Ableitung von f ist

$$f'(z) = \sum_{n=1}^{\infty} n a_n z^{n-1} \quad \text{und} \quad f''(z) = \sum_{n=2}^{\infty} n(n-1) a_n z^{n-2}.$$

Somit wird die linke Seite der Differentialgleichung zu

$$zf''(z) - f(z) = z \sum_{n=2}^{\infty} n(n-1) a_n z^{n-2} - \sum_{n=0}^{\infty} a_n z^n =$$

$$= \sum_{n=2}^{\infty} n(n-1) a_n z^{n-1} - \sum_{n=0}^{\infty} a_n z^n =$$

$$= \sum_{n=1}^{\infty} (n+1) n a_{n+1} z^n - \sum_{n=0}^{\infty} a_n z^n =$$

$$= \sum_{n=0}^{\infty} \left(n(n+1) a_{n+1} - a_n \right) z^n.$$

Durch Koeffizientenvergleich mit $z^2 + z - 1$ (das ist (2) auf Seite 281) folgt

$$-1 = -a_0$$
$$1 = 2a_2 - a_1$$
$$1 = 6a_3 - a_2$$
$$0 = n(n+1) a_{n+1} - a_n \quad \text{für } n \geq 3$$

Einsetzen von $a_1 = 1$ in die zweite Gleichung ergibt $a_2 = 1$. Setzt man dies wiederum in die dritte Gleichung ein, bekommt man $a_3 = \frac{1}{3}$. Die in der Aufgabenstellung gefragte Rekursionsformel ergibt sich aus der vierten Gleichung, diese lautet umformuliert nämlich

$$a_n = \frac{1}{n(n-1)} a_{n-1} \quad \text{für } n \geq 4.$$

Intuitiv wird sich der Vorfaktor $\frac{1}{n(n-1)}$ zu einer Fakultät aufmultiplizieren, die jedoch erst bei $n = 4$ beginnt. Wir behaupten deshalb nun

$$a_n = \frac{3!}{n!} \cdot \frac{2!}{(n-1)!} \cdot a_3 = \frac{4}{n!(n-1)!} \quad \text{für } n \geq 4$$

und beweisen dies per Induktion über n. Der Induktionsanfang ist mit

$$a_4 = \frac{1}{4 \cdot 3} \cdot a_3 = \frac{1}{4 \cdot 3 \cdot 3} = \frac{2 \cdot 2}{(4 \cdot 3 \cdot 2) \cdot (3 \cdot 2)} = \frac{4}{4! \cdot 3!}$$

erledigt. Setzen wir daher die Aussage für ein n als bereits bewiesen voraus. Es ist nun

$$a_{n+1} = \frac{1}{(n+1)n}a_n = \frac{1}{(n+1)n} \cdot \frac{4}{n!(n-1)!} = \frac{4}{(n+1)!n!}.$$

Dies schließt den Induktionsbeweis ab. Zur Berechnung des Konvergenzradius verwenden wir Proposition 6.9 (2), denn für $n \geq 4$ ist

$$\frac{a_n}{a_{n+1}} = \frac{4}{n!(n-1)!} \cdot \frac{(n+1)!n!}{4} = (n+1)n$$

und da wir endlich viele Folgenglieder bei der Berechnung des Grenzwerts außer Acht lassen können, ergibt sich für den Konvergenzradius

$$r = \lim_{n \to \infty} \left| \frac{a_n}{a_{n+1}} \right| = \lim_{n \to \infty} (n+1)n = \infty.$$

Gleichmäßige Konvergenz von Funktionenfolgen

Satz 6.11 (Weierstraß'sches Majorantenkriterium). Sei $D \subseteq \mathbb{C}$ und $(f_n)_{n \in \mathbb{N}}$ eine Folge von Funktionen $D \to \mathbb{C}$. Weiter sei $(M_n)_{n \in \mathbb{N}}$ eine Folge nichtnegativer reeller Zahlen, sodass

(1) $|f_n(z)| \leq M_n$ für alle $z \in D$ und $n \in \mathbb{N}$ gilt,

(2) die Reihe $\sum_{n=0}^{\infty} M_n$ konvergiert.

Dann konvergiert die Reihe $\sum_{n=0}^{\infty} f_n(z)$ absolut und gleichmäßig auf D.

Ist $f(z) = \sum_{n=0}^{\infty} f_n(z)$ eine gleichmäßig konvergente Reihe stetiger Funktionen $f_n \colon D \to \mathbb{C}$, so ist f stetig. Daraus folgt, dass für eine konvergente Folge $(a_k)_{k \in \mathbb{N}}$ die Gleichung

$$\lim_{k \to \infty} \sum_{n=0}^{\infty} f_n(a_k) = \sum_{n=0}^{\infty} \lim_{k \to \infty} f_n(a_k)$$

gilt.

Aufgabe (Frühjahr 2007, T2A1)

Sei $\varepsilon > 0$. Zeigen Sie, dass die Reihe

$$f(z) := \sum_{n=1}^{\infty} e^{in^2 z}$$

für $\operatorname{Im} z \geq \varepsilon$ gleichmäßig konvergiert, und berechnen Sie $\lim_{y \to \infty} f(iy)$.

Lösungsvorschlag zur Aufgabe (Frühjahr 2007, T2A1)

Unter Verwendung der für alle $z \in \mathbb{C}$ gültigen Formel $|e^z| = e^{\operatorname{Re} z}$ erhalten wir für z wie in der Angabe

$$\left| e^{in^2 z} \right| = e^{\operatorname{Re}(in^2 z)} = e^{-n^2 \operatorname{Im} z} \leq e^{-n^2 \varepsilon}.$$

Weiter ist $e^{-\varepsilon} < e^0 = 1$, sodass

$$\sum_{n=0}^{\infty} \left(e^{-\varepsilon} \right)^{n^2} \leq \sum_{n=0}^{\infty} \left(e^{-\varepsilon} \right)^n < \infty.$$

Dabei folgt die erste Abschätzung daraus, dass die linke Reihe eine Teilreihe der rechten Reihe ist, und die zweite Abschätzung ist eine Folgerung daraus, dass die geometrische Reihe eine konvergente Majorante der rechten Reihe ist.

Aus der gleichmäßigen Konvergenz folgt, dass Grenzwertbildung und Reihenbildung vertauscht werden dürfen, d. h. es ist

$$\lim_{y \to \infty} f(iy) = \lim_{y \to \infty} \sum_{n=1}^{\infty} e^{-n^2 y} = \sum_{n=1}^{\infty} \lim_{y \to \infty} e^{-n^2 y} = \sum_{n=0}^{\infty} 0 = 0.$$

Aufgabe (Herbst 2014, T1A2)

a Definieren Sie den Begriff der gleichmäßigen Konvergenz für Folgen und Reihen von komplexwertigen Funktionen auf einer Teilmenge von $\mathbb{C}$.

b Es sei $\mathbb{E} := \{z \in \mathbb{C} : |z| < 1\}$ und $f \colon \mathbb{E} \to \mathbb{C}$ sei holomorph mit $f(0) = 0$.

(i) Zeigen Sie, dass die Reihe $\sum_{n=1}^{\infty} f(z^n)$ auf jeder in $\mathbb{E}$ enthaltenen kompakten Menge gleichmäßig konvergiert.

(ii) Zeigen Sie, dass die Reihe $\sum_{n=1}^{\infty} f(z^n)$ i. A. nicht gleichmäßig auf $\mathbb{E}$ konvergiert.

Lösungsvorschlag zur Aufgabe (Herbst 2014, T1A2)

a Für die Definition der gleichmäßigen Konvergenz einer Folge $(f_n)_{n \in \mathbb{N}}$ siehe Definition 5.3. Die Reihe $\sum_{n=0}^{\infty} f_n$ heißt dann entsprechend gleichmäßig konvergent, wenn die Folge $(S_n)_{n \in \mathbb{N}}$ von Partialsummen

$$S_n = \sum_{k=0}^{n} f_k$$

lokal gleichmäßig konvergent im Sinne von 5.3 ist.

b (i): Da f holomorph auf $\mathbb{E}$ ist, können wir f dort in eine Potenzreihe entwickeln, d.h. es gibt eine Folge $(a_k)_{k \in \mathbb{N}_0}$ komplexer Zahlen, sodass

$$f(z) = \sum_{k=0}^{\infty} a_k z^k \quad \text{für alle } z \in \mathbb{E}$$

gilt. Wegen $f(0) = 0$ ist dabei $a_0 = 0$. Sei $s \in \mathbb{N}$ minimal mit $a_s \neq 0$, dann ist $f(z) = z^s \sum_{k=s}^{\infty} a_k z^{k-s}$ und durch $h(z) = \sum_{k=s}^{\infty} a_k z^{k-s}$ ist wiederum eine stetige Funktion definiert. Insbesondere gilt $f(z^n) = z^{sn} h(z^n)$.

Sei nun $D \subseteq \mathbb{E}$ eine kompakte Teilmenge, dann nimmt h auf D nach dem Maximumsprinzip ein Maximum an, d.h. es gibt ein $C > 0$, sodass

$$|f(z^n)| = |z^{sn} h(z^n)| \leq |z^{sn}| \cdot C \quad \text{für alle } z \in D$$

erfüllt ist. Genauso lässt sich $|z|^s$ auf D durch ein $q > 0$ abschätzen (denn $z \mapsto z^s$ definiert ja genauso eine holomorphe Funktion, die ein Maximum auf D annehmen muss). Damit ist also $|f(z^n)| \leq q^n C$ für alle $z \in D$ und $n \in \mathbb{N}$.

Wegen $D \subseteq \mathbb{E}$ muss außerdem $q < 1$ sein, sodass $\sum_{n=0}^{\infty} q^n C$ als geometrische Reihe konvergiert. Nach Satz 6.11 konvergiert die Reihe $\sum_{n=1}^{\infty} f(z^n)$ auf D dann gleichmäßig.

(ii): Betrachte $f \colon \mathbb{E} \to \mathbb{C}, z \mapsto z$. Angenommen, die Reihe $\sum_{n=1}^{\infty} z^n$ konvergiert gleichmäßig auf $\mathbb{E}$. Da besagte Reihe (punktweise) gegen $\frac{1}{1-z} - 1$ konvergiert und aus gleichmäßiger Konvergenz insbesondere punktweise Konvergenz resultiert, folgt in Verbindung mit der Eindeutigkeit des Grenzwerts, dass $\sum_{n=1}^{\infty} z^n$ gleichmäßig gegen $\frac{1}{1-z} - 1$ konvergieren muss. Genauer gesagt: Die Folge der Partialsummen $S_n = \sum_{k=0}^{n} z^k$ konvergiert gleichmäßig gegen $\frac{1}{1-z} - 1$. Unter Verwendung der Formel für die Partialsummen der geometrischen Reihe ist nun

$$\delta_n(z) := \left| \frac{1}{1-z} - 1 - S_n \right| = \left| \frac{1}{1-z} - 1 - \left(\frac{1 - z^{n+1}}{1-z} - 1 \right) \right| = \left| \frac{z^{n+1}}{1-z} \right|.$$

Es müsste nun für jedes $\varepsilon > 0$ ein $N \in \mathbb{N}$ geben, sodass $\delta_n(z) < \varepsilon$ für $n \geq N$ und alle $z \in \mathbb{E}$ gilt. Wegen $\lim_{z \to 1} \delta_n(z) = \lim_{z \to 1} \frac{z^{n+1}}{1-z} = \infty$ können wir jedoch immer $z \in \mathbb{E}$ wählen, sodass $\delta_n(z) > \varepsilon$. Daher kann $\sum_{n=1}^{\infty} z^n$ nicht gleichmäßig auf $\mathbb{E}$ konvergieren.

Laurentreihen

Wir haben uns bisher ausschließlich mit holomorphen Funktionen befasst und diese innerhalb von Kreisgebieten $B_r(a)$ in Reihen entwickelt. Besitzt eine Funktion Singularitäten in einem solchen Kreisgebiet, so kann man versuchen, diese Singularitäten „auszuschneiden". Möglicherweise ist die Funktion dann zumindest noch auf einem Ringgebiet der Form

$$K_{r,R}(a) = \{z \in \mathbb{C} \mid r < |z - a| < R\}$$

holomorph. Für diesen Fall gibt es ebenfalls eine Reihenentwicklung, die die bekannte Potenzreihendarstellung verallgemeinert.

Satz 6.12 (Laurentzerlegung). Seien $a \in \mathbb{C}$ und $0 \leq r < R \leq \infty$ reelle Zahlen, wobei auch $r = 0$ und $R = \infty$ zugelassen sind. Ist $f \colon K_{r,R}(a) \to \mathbb{C}$ holomorph, so gibt es eindeutig festgelegte holomorphe Funktionen

$$f_h \colon K_{r,\infty}(a) \to \mathbb{C} \quad \text{und} \quad f_n \colon B_R(a) \to \mathbb{C}$$

mit $f = f_h + f_n$ auf $K_{r,R}(a) = B_R(a) \cap K_{r,\infty}(a)$ und $\lim_{|z|\to\infty} |f_h(z)| = 0$. Man nennt f_h den **Haupt-** und f_n den **Nebenteil** von f.

Wir betrachten nun eine Laurentzerlegung einer Funktion $f \colon K_{r,R}(a) \to \mathbb{C}$, wobei wir der Einfachheit wegen $a = 0$ setzen. Da f_n auf $B_R(0)$ holomorph ist, gibt es eine komplexe Folge $(a_k)_{k\in\mathbb{N}_0}$, sodass $f_n(z) = \sum_{k=0}^{\infty} a_k z^k$ für alle $z \in B_R(0)$ erfüllt ist. Der Hauptteil ist für alle $z \in \mathbb{C}$ mit $|z| > r$ holomorph, also ist $z \mapsto f_h(\frac{1}{z})$ auf $B_{\frac{1}{r}}(0)$ holomorph, sodass es eine Darstellung

$$f_h\left(\frac{1}{z}\right) = \sum_{k=0}^{\infty} b_k z^k \quad \text{für } z \in B_{\frac{1}{r}}(0)$$

gibt. Wegen $\lim_{|z|\to\infty} |f_h(z)| = 0$ ist dabei $b_0 = 0$. Nun gilt also

$$f_h(z) = \sum_{k=1}^{\infty} b_k \left(\frac{1}{z}\right)^k$$

und wir finden für $z \in K_{r,R}(0)$ die Darstellung

$$f(z) = f_n(z) + f_h(z) = \sum_{k=0}^{\infty} a_k z^k + \sum_{k=1}^{\infty} b_k \left(\frac{1}{z}\right)^k = \sum_{k=-\infty}^{\infty} a_k z^k,$$

wobei wir $a_k = b_k$ für $k < 0$ setzen.

Proposition 6.13 (Laurententwicklung). Eine auf $K_{r,R}(a)$ holomorphe Funktion besitzt eine auf dem gesamten Definitionsbereich gültige Reihenentwicklung der Form

$$f(z) = \sum_{k=-\infty}^{\infty} a_k (z-a)^k,$$

welche *Laurentreihe* von f genannt wird. Dabei konvergiert die Teilsumme von $k = -\infty$ bis $k = -1$ lokal gleichmäßig absolut gegen den Hauptteil und die Teilsumme von $k = 0$ bis $k = \infty$ lokal gleichmäßig absolut gegen den Nebenteil von f. Für die Koeffizienten gilt

$$a_k = \frac{1}{2\pi i} \int_{\partial B_\rho(a)} \frac{f(\omega)}{(\omega-a)^{k+1}} \, d\omega$$

mit einem $r < \rho < R$ und $k \in \mathbb{Z}$.

Man überprüft unmittelbar, dass man im Spezialfall einer holomorphen Funktion $B_R(a)$ die bekannte Potenzreihenentwicklung zurückgewinnt. Außerdem folgt direkt aus der Formel zur Bestimmung der Koeffizienten die Gleichung[3]

$$a_{-1} = \frac{1}{2\pi i} \int_{\partial B_\rho(a)} f(\omega) \, d\omega = \operatorname{Res}(f; a).$$

Anleitung: Laurententwicklungen bestimmen

Zur Bestimmung von Laurentreihen vermeidet man, wenn möglich, die Bestimmung der Koeffizienten über die Formel aus Satz 6.13, sondern versucht, auf bereits bekannte Potenzreihenentwicklungen zurückzugreifen. Dazu sollte man die folgenden Reihen (mit Entwicklungspunkt 0) parat haben:

Geometrische Reihe: $\dfrac{1}{1-z} = \displaystyle\sum_{n=0}^{\infty} z^n$ für $|z| < 1$,

Exponentialreihe: $\exp(z) = \displaystyle\sum_{n=0}^{\infty} \dfrac{1}{n!} z^n$ für $z \in \mathbb{C}$,

Sinusreihe: $\sin(z) = \displaystyle\sum_{n=0}^{\infty} (-1)^n \dfrac{z^{2n+1}}{(2n+1)!}$ für $z \in \mathbb{C}$,

Kosinusreihe: $\cos(z) = \displaystyle\sum_{n=0}^{\infty} (-1)^n \dfrac{z^{2n}}{(2n)!}$ für $z \in \mathbb{C}$.

---

3 Die Definition des Residuums $\operatorname{Res}(f; a)$ ist auf Seite 326 zu finden.

Um diese bekannten Reihendarstellung verwenden zu können, könnte außerdem hilfreich sein:

- *„Freund und Feind"*: Entwickelt man um z_0 und enthält der Funktionsterm bereits den Faktor $(z - z_0)$ („Freund"), so entwickelt man zunächst den anderen Faktor („Feind") in eine Reihe $\sum_{k=0}^{\infty} a_n(z - z_0)^n$ und kann dann den ersten Linearfaktor einfach mit der Reihe multiplizieren.

- *Partialbruchzerlegung:* Bei einer Funktion mit Polen, z. B. $\frac{1}{(z-a_1)(z-a_2)}$ kann man den Ansatz

$$\frac{1}{(z - a_1)(z - a_2)} = \frac{A}{z - a_1} + \frac{B}{z - a_2} = \frac{z(A + B) - (a_2 A + a_1 B)}{(z - a_1)(z - a_2)}$$

  machen und die Koeffizienten $A, B \in \mathbb{C}$ aus den Gleichungen $A + B = 0$ und $a_2 A + a_1 B = -1$ bestimmen. Genauso verfährt man im Fall mehrerer Pole.

- Bei Polen höherer Ordnung kann gliedweises Differenzieren viel Arbeit ersparen, denn es ist

$$\frac{\mathrm{d}^n}{\mathrm{d}z^n} \left(\frac{1}{z - a} \right) = \frac{(-1)^n n!}{(z - a)^{n+1}}$$

- Für die Entwicklung in Ringgebieten $K_{r,R}(a)$ ist es häufig nützlich, die geometrische Reihe für das Argument $\frac{1}{r(z-a)}$ anzubringen, denn für $z \in K_{r,R}(a)$ ist $\left| \frac{1}{r(z-a)} \right| < 1$.

Aufgabe (Herbst 2010, T2A3)

Man bestimme die Laurententwicklung von $f(z) = \frac{z}{(z-1)(z-2)}$ in der Kreisscheibe $\{z \in \mathbb{C} \mid |z| < 1\}$ und in den Kreisringen $\{z \in \mathbb{C} \mid 1 < |z| < 2\}$ und $\{z \in \mathbb{C} \mid 2 < |z|\}$.

Hinweis Man verwende Partialbruchzerlegung.

Lösungsvorschlag zur Aufgabe (Herbst 2010, T2A3)

Dem Hinweis folgend verwenden wir zunächst Partialbruchzerlegung. Dazu machen wir den Ansatz

$$\frac{z}{(z - 1)(z - 2)} = \frac{A}{z - 1} + \frac{B}{z - 2} = \frac{z(A + B) - (B + 2A)}{(z - 1)(z - 2)}$$

und finden die Gleichungen $-(B + 2A) = 0$ sowie $A + B = 1$. Als Lösung erhält man $B = 2$ und $A = -1$. Also ist

$$f(z) = \frac{z}{(z-1)(z-2)} = \frac{-1}{z-1} + \frac{2}{z-2}.$$

Für $z \in B_1(0)$ gilt $|z| < 1$ bzw. $|z/2| < 1$, also können wir die geometrische Reihe verwenden und erhalten die dort gültige Reihendarstellung

$$\frac{-1}{z-1} + \frac{2}{z-2} = \frac{1}{1-z} - \frac{1}{1-\frac{z}{2}} = \sum_{k=0}^{\infty} z^k - \sum_{k=0}^{\infty} \left(\frac{z}{2}\right)^k = \sum_{k=0}^{\infty} (1 - 2^{-k}) z^k.$$

Ist nun $z \in \mathbb{C}$ mit $1 < |z| < 2$, so ist immerhin $|z/2| < 1$ und $|1/z| < 1$, d.h. die geometrische Reihe liefert uns hier

$$\frac{-1}{z-1} + \frac{2}{z-2} = -\frac{1}{z}\frac{1}{1-\frac{1}{z}} - \frac{1}{1-\frac{z}{2}} = -\frac{1}{z}\sum_{k=0}^{\infty} z^{-k} - \sum_{k=0}^{\infty} 2^{-k} z^k =$$

$$= -\sum_{k=0}^{\infty} z^{-(k+1)} - \sum_{k=0}^{\infty} 2^{-k} z^k = -\sum_{k=1}^{\infty} z^{-k} - \sum_{k=0}^{\infty} 2^{-k} z^k.$$

Im Fall $|z| > 2$ haben wir $|1/z| < \frac{1}{2}$ und $|2/z| < 1$, auch hier verwenden wir die geometrische Reihe:

$$\frac{-1}{z-1} + \frac{2}{z-2} = -\frac{1}{z}\frac{1}{1-\frac{1}{z}} + \frac{2}{z}\frac{1}{1-\frac{2}{z}} = -\frac{1}{z}\sum_{k=0}^{\infty} z^{-k} + \frac{2}{z}\sum_{k=0}^{\infty} 2^k z^{-k} =$$

$$= -\sum_{k=0}^{\infty} z^{-(k+1)} + \sum_{k=0}^{\infty} 2^{k+1} z^{-(k+1)} = -\sum_{k=1}^{\infty} z^{-k} + \sum_{k=1}^{\infty} 2^k z^{-k} = \sum_{k=1}^{\infty} (-1 + 2^k) z^{-k}.$$

Aufgabe (Herbst 2012, T3A5)

Mit $z_0 = 1 + i$ sei folgende rationale Funktion definiert:

$$f(z) = \frac{1}{(z-1)(z_0 - z)^3} \quad (z \in \mathbb{C} \setminus \{1, z_0\}).$$

Bestimmen Sie (am einfachsten mithilfe der geometrischen Reihe) jeweils die Laurentreihen von f um $z = z_0$ bzw. um $z = 1$ mit ihren maximalen Konvergenzringen. Geben Sie jeweils die Hauptteile der Reihen an.

Lösungsvorschlag zur Aufgabe (Herbst 2012, T3A5)

Wir bestimmen zunächst die Laurentreihe um $z = 1$. Es ist

$$\frac{1}{z_0 - z} = \frac{1}{1 + i - z} = \frac{1}{i - (z-1)} = \frac{1}{i} \cdot \frac{1}{1 - \frac{z-1}{i}} =$$

$$= -i \cdot \sum_{k=0}^{\infty} \left(\frac{z-1}{i}\right)^k = \sum_{k=0}^{\infty} (-i)^{k+1} (z-1)^k,$$

wobei wir freimütig $\left|\frac{z-1}{i}\right| < 1$ vorausgesetzt haben, um im letzten Schritt die geometrische Reihe zu erhalten. Bemerke nun, dass

$$\frac{d}{dz}\left(\frac{1}{z_0 - z}\right) = \frac{1}{(z_0 - z)^2} \quad \text{und} \quad \frac{d^2}{dz^2}\left(\frac{1}{z_0 - z}\right) = \frac{2}{(z_0 - z)^3}.$$

Nun können wir gliedweises Differenzieren verwenden (vgl. (1) auf Seite 280):

$$\frac{1}{(z_0 - z)^3} = \frac{1}{2}\frac{d^2}{dz^2}\sum_{k=0}^{\infty} (-i)^{k+1}(z-1)^k = \frac{1}{2}\sum_{k=2}^{\infty} (-i)^{k+1} \cdot k(k-1) \cdot (z-1)^{k-2}.$$

Wir erhalten also

$$\frac{1}{(z-1)(z_0 - z)^3} = \frac{1}{2}\sum_{k=2}^{\infty} (-i)^{k+1} \cdot k(k-1) \cdot (z-1)^{k-3} =$$

$$= \frac{1}{2}\sum_{k=-1}^{\infty} (-i)^{k+4}(k+3)(k+2)(z-1)^k =$$

$$= \sum_{k=-1}^{\infty} \frac{1}{2}(-i)^k(k+3)(k+2)(z-1)^k.$$

Der Hauptteil dieser Reihe ist $\frac{2 \cdot 1}{2 \cdot (-i)} \cdot \frac{1}{z-1} = \frac{i}{z-1}$ und der Konvergenzradius des Nebenteils ist nach Proposition 6.9 (2)

$$\lim_{k \to \infty} \frac{\frac{1}{2}(k+3)(k+2)}{\frac{1}{2}(k+4)(k+3)} = 1.$$

Da der Hauptteil auf $\mathbb{C} \setminus \{1\}$ konvergiert, ist der maximale Konvergenzring $B_1(1) \setminus \{1\} = K_{0,1}(1)$.

Zur Bestimmung der Laurentreihe im Fall $z = z_0$ verfahren wir genauso:

$$\frac{1}{(z-1)(z_0-z)^3} = (z_0-z)^{-3} \cdot \frac{1}{(z_0-1)-(z_0-z)} =$$

$$= (z_0-z)^{-3} \cdot \frac{1}{i} \cdot \frac{1}{1-\frac{z_0-z}{i}} =$$

$$= -i(z_0-z)^{-3} \cdot \sum_{k=0}^{\infty} \left(\frac{z_0-z}{i}\right)^k = -i \sum_{k=0}^{\infty} (-i)^k (z_0-z)^{k-3} =$$

$$= \sum_{k=-3}^{\infty} (-i) \cdot (-i)^{k+3} \cdot (z-z_0)^k = \sum_{k=-3}^{\infty} (-i)^k (z-z_0)^k$$

Auch hier ist der Konvergenzradius 1 und der Hauptteil dieser Reihe ist $\frac{-i}{(z-z_0)^3} + \frac{-1}{(z-z_0)^2} + \frac{i}{(z-z_0)}$. Der maximale Konvergenzring ist daher $B_1(z_0) \setminus \{z_0\} = K_{0,1}(z_0)$.

Aufgabe (Frühjahr 2007, T1A4)

Geben Sie die Laurententwicklung für $f(z) = \frac{1}{z^2+1}$ in den folgenden Ringgebieten an:

$$R := \{z \in \mathbb{C} \mid 0 < |z-i| < 2\} \quad \text{und} \quad \tilde{R} := \{z \in \mathbb{C} \mid |z| > 1\}.$$

Lösungsvorschlag zur Aufgabe (Frühjahr 2007, T1A4)

Wegen $z^2 + 1 = (z-i)(z+i)$ enthält der Nenner im ersten Fall den „Freund" $(z-i)$. Wir entwickeln daher zunächst den „Feind":

$$\frac{1}{z+i} = \frac{1}{(z-i)+2i} = \frac{1}{2i} \cdot \frac{1}{1-(-\frac{z-i}{2i})} = \frac{1}{2i} \sum_{k=0}^{\infty} \left(-\frac{z-i}{2i}\right)^k.$$

Dabei haben wir im letzten Schritt verwendet, dass wegen $|z-i| < 2$ die Ungleichung $|\frac{z-i}{2i}| < 1$ gilt und die geometrische Reihe angewendet werden kann. Nun erhalten wir

$$f(z) = (z-i)^{-1} \frac{1}{2i} \sum_{k=0}^{\infty} \left(-\frac{z-i}{2i}\right)^k = \frac{1}{2i} \sum_{k=0}^{\infty} \left(-\frac{1}{2i}\right)^k (z-i)^{k-1} =$$

$$= \frac{1}{2i} \sum_{k=-1}^{\infty} \left(\frac{i}{2}\right)^{k+1} (z-i)^k = \frac{1}{4} \sum_{k=-1}^{\infty} \left(\frac{i}{2}\right)^k (z-i)^k.$$

Für die zweite Laurententwicklung müssen wir um 0 entwickeln.

Dazu bemerken wir, dass für $z \in \widetilde{R}$ die Ungleichung $|1/z^2| < 1$ erfüllt ist. Somit liefert die geometrische Reihe hier

$$f(z) = \frac{1}{z^2} \cdot \frac{1}{1 - (\frac{-1}{z^2})} = \frac{1}{z^2} \cdot \sum_{k=0}^{\infty} \left(\frac{-1}{z^2} \right)^k = \sum_{k=0}^{\infty} (-1)^k z^{-(2k+2)} = \sum_{k=1}^{\infty} (-1)^{k-1} z^{-2k}.$$

Klassifikation von Singularitäten anhand von Laurentreihen

Definition 6.14. Sei $U \subseteq \mathbb{C}$ offen und $f \colon U \to \mathbb{C}$ eine holomorphe Funktion. Dann werden die Punkte in $\mathbb{C} \setminus U$ als *Singularitäten* von f bezeichnet. Eine Singularität $a \in \mathbb{C} \setminus U$ heißt *isolierte Singularität*, falls es eine offene Umgebung $V \subseteq \mathbb{C}$ gibt, sodass $(\mathbb{C} \setminus U) \cap V = \{a\}$ erfüllt ist.

Eine isolierte Singularität a nennt man

(1) *hebbar*, wenn auf $U \cup \{a\}$ eine *holomorphe Fortsetzung* von f existiert, d. h. eine holomorphe Funktion $\hat{f} \colon U \cup \{a\} \to \mathbb{C}$ mit $\hat{f}(z) = f(z)$ für $z \in U$,

(2) eine *Polstelle* der Ordnung n, falls $\lim_{z \to a} |(z - a)^k f(z)| = \infty$ für alle $k \in \{0, 1, \ldots, n-1\}$ ist und $\lim_{z \to a}(z - a)^n f(z)$ existiert,

(3) eine *wesentliche Singularität*, wenn sie weder hebbar noch eine Polstelle ist.

Sind alle Singularitäten von f isoliert und nicht-wesentlich, so heißt f *meromorph*.

Ein weiteres nützliches Kriterium dafür, dass $\frac{f}{g}$ einen Pol der Ordnung k in a hat, ist, dass es eine offene Umgebung $V \subseteq \mathbb{C}$ von a gibt, sodass $f \colon V \to \mathbb{C}$ und $g \colon V \to \mathbb{C}$ holomorph sind, $f(a) \neq 0$, $g(z) \neq 0$ für $z \in V \setminus \{a\}$ und g eine Nullstelle der Ordnung k in a hat. Letzteres bedeutet, dass $g(z) = (z - a)^k h(z)$ für alle $z \in V$ und $h(a) \neq 0$.

Satz 6.15 (Riemannscher Hebbarkeitssatz). Eine isolierte Singularität a einer holomorphen Funktion f ist genau dann hebbar, wenn f in einer punktierten Umgebung von a beschränkt ist.

Unter einer punktierten Umgebung verstehen wird dabei eine Menge der Form $U \setminus \{a\}$, wobei $U \subseteq \mathbb{C}$ eine offene Umgebung von a ist. Die Laurentreihenentwicklung einer meromorphen Funktion um die fragliche Singularität erlaubt es, deren Typ direkt anhand der Koeffizienten zu bestimmen.

Satz 6.16. Sei $U \subseteq \mathbb{C}$ und $f\colon U \to \mathbb{C}$ eine holomorphe Funktion mit isolierter Singularität $a \in \mathbb{C} \setminus U$ und auf dem Kreisring $K_{r,R}(a) \subseteq U$ gültiger Laurententwicklung

$$f(z) = \sum_{k=-\infty}^{\infty} a_k (z-a)^k.$$

(1) Die Singularität a ist genau dann hebbar, wenn $a_k = 0$ für alle $k < 0$ gilt.

(2) a ist eine Polstelle der Ordnung n dann und nur dann, wenn $a_{-n} \neq 0$ und $a_k = 0$ für alle $k < -n$ gilt.

(3) Genau dann ist a eine wesentliche Singularität, wenn $a_k \neq 0$ für unendlich viele $k \leq 0$ erfüllt ist.

Den nächsten Satz könnte man so zusammenfassen, dass Funktionen in der Nähe von wesentlichen Singularitäten „verrückt spielen".

Satz 6.17 (Casorati-Weierstraß). Sei $f\colon U \to \mathbb{C}$ eine holomorphe Funktion mit einer wesentlichen Singularität in $a \in \mathbb{C}$. Dann ist das Bild jeder offenen Umgebung von a dicht in $\mathbb{C}$.

Dies liefert eine weitere Möglichkeit, wesentliche Singularitäten zu klassifizieren:

Proposition 6.18. Die isolierte Singularität a einer holomorphen Funktion $f\colon U \to \mathbb{C}$ ist genau dann wesentlich, wenn zwei konvergente Folgen $(u_n)_{n\in\mathbb{N}}$, $(v_n)_{n\in\mathbb{N}}$ mit $\lim_{n\to\infty} u_n = \lim_{n\to\infty} v_n = a$ existieren, deren Bildfolgen gegen verschiedene Werte konvergieren, also $\lim_{n\to\infty} f(u_n) \neq \lim_{n\to\infty} f(v_n)$.

Wäre die Singularität a hebbar, so müssten nämlich beide Bildfolgen gegen den Wert der holomorphen Fortsetzung konvergieren. Wäre a hingegen ein Pol, so müssten beide Bildfolgen divergieren. Umgekehrt kann die Existenz solcher Folgen aus dem Satz von Casorati-Weierstraß gefolgert werden, da in einer immer kleiner werdenden Umgebung von a Werte gewählt werden können, die einem beliebig vorgegebenen Wert beliebig nahe kommen.

Aufgabe (Herbst 2015, T3A2)

a Geben Sie die Definitionen für die Begriffe „isolierte Singularität", „hebbare Singularität", „Polstelle" sowie „wesentliche Singularität" an.

b Bestimmen Sie Lage und Art aller isolierten Singularitäten der Funktion $h\colon \mathcal{D} \to \mathbb{C}$ gegeben durch

$$h(z) = \frac{z}{z-2} \exp\left(\sin\left(\frac{z-1}{z^2-z}\right)\right),$$

wobei $\mathcal{D} \subseteq \mathbb{C}$ den maximal möglichen Definitionsbereich der Funktion bezeichnet.

Lösungsvorschlag zur Aufgabe (Herbst 2015, T3A2)

a Siehe Definition 6.14.

b Es gilt

$$\lim_{z \to 2} |h(z)| = \infty, \qquad \lim_{z \to 2}(z-2)h(z) = 2\exp(\sin(\tfrac{1}{2})),$$

also handelt es sich bei $z = 2$ um eine Polstelle erster Ordnung. Weiter ist

$$\lim_{z \to 1} h(z) = \lim_{z \to 1} \frac{z}{z-2} \exp\left(\sin\left(\frac{z-1}{z(z-1)}\right)\right) =$$

$$= \lim_{z \to 1} \frac{z}{z-2} \exp\left(\sin\left(\frac{1}{z}\right)\right) = -\exp\sin 1 \in \mathbb{C},$$

sodass in 1 eine hebbare Singularität vorliegt. Nun fehlt nur noch die Klassifikation der Singularität in 0. Betrachte dazu die Folgen $(u_n)_{n\in\mathbb{N}}, (v_n)_{n\in\mathbb{N}}$ mit $u_n = \frac{1}{n\pi}$ und $v_n = \frac{2}{\pi+4n\pi}$. Es gilt $\lim_{n\to\infty} u_n = \lim_{n\to\infty} v_n = 0$ und

$$\lim_{n\to\infty} \frac{1}{u_n - 2} \exp\left(\sin\left(\frac{1}{u_n}\frac{u_n-1}{u_n-1}\right)\right) = \lim_{n\to\infty} \frac{\exp\left(\sin\left(n\pi\right)\right)}{u_n - 2} =$$

$$= \lim_{n\to\infty} \frac{1}{u_n - 2} = -\frac{1}{2}.$$

Außerdem

$$\lim_{n\to\infty} \frac{1}{v_n - 2} \exp\left(\sin\left(\frac{1}{v_n}\frac{v_n-1}{v_n-1}\right)\right) = \lim_{n\to\infty} \frac{\exp\left(\sin\left(\frac{\pi}{2}\right)\right)}{v_n - 2} =$$

$$= \lim_{n\to\infty} \frac{e}{v_n - 2} = -\frac{e}{2}.$$

Also hat die Funktion $g\colon \mathbb{C} \setminus \{0\} \to \mathbb{C}, z \mapsto \frac{1}{z-2}\exp(\sin(\frac{z-1}{z^2-z}))$ eine wesentliche Singularität bei 0. Eine Laurentreihendarstellung um 0 von g mit Koeffizienten a_k erfüllt also $a_k \neq 0$ für unendlich viele $k < 0$. Bezeichnet b_n die Koeffizienten der Laurentreihenentwicklung von h, so ist

$$h(z) = \sum_{k=-\infty}^{\infty} b_k z^k = z \sum_{k=-\infty}^{\infty} a_k z^k = \sum_{k=-\infty}^{\infty} a_{k-1} z^k$$

Daraus folgt $b_k = a_{k-1}$ für alle $k \in \mathbb{Z}$ und somit muss auch h unendliche viele negative Koeffizienten besitzen, also eine wesentliche Singularität bei 0 haben.

Aufgabe (Herbst 2008, T1A1)

Bestimmen Sie für die folgenden Funktionen f im Punkt a die Art der Singularität von f in a. Geben Sie bei hebbaren Singularitäten den Grenzwert von f in a, bei Polen den Hauptteil und bei wesentlichen Singularitäten das Residuum an.

a $f\colon \mathbb{C}\setminus\{\pm i\} \to \mathbb{C}, \quad f(z) = \dfrac{z^3 - 5z + 6i}{z^2 + 1}, \quad a = i,$

b $f\colon \mathbb{C}\setminus 2\pi i\mathbb{Z} \to \mathbb{C}, \quad f(z) = \dfrac{1}{\exp(z) - 1}, \quad a = 2\pi i,$

c $f\colon \mathbb{C}^\times \to \mathbb{C}, \quad f(z) = \cos\left(\dfrac{1}{z}\right), \quad a = 0,$

Lösungsvorschlag zur Aufgabe (Herbst 2008, T1A1)

a Wir bemerken, dass

$$i^3 - 5i + 6i = -i - 5i + 6i = 0$$

gilt, sodass man aus dem Polynom $z^3 - 5z + 6i$ den Faktor $(z - i)$ heraus-faktorisieren kann. Dazu sieht man entweder

$$z^3 - 5z + 6i = z^3 + z - 6z + 6i = z(z^2 + 1) - 6(z - i) =$$
$$= z(z + i)(z - i) - 6(z - i) = (z - i)(z(z + i) - 6)$$

oder man führt einfach eine Polynomdivision durch. Folglich ist

$$\lim_{z \to i} f(z) = \lim_{z \to i} \frac{z^3 - 5z + 6i}{z^2 + 1} = \lim_{z \to i} \frac{z(z + i) - 6}{z + i} = \frac{2i^2 - 6}{2i} = \frac{-4}{i} = 4i,$$

sodass es sich bei i um eine hebbare Singularität von f handelt.

b Aufgrund der Periodizität der Exponentialfunktion können wir genauso gut $a = 0$ betrachten. Es ist

$$e^z - 1 = \sum_{k=0}^{\infty} \frac{z^k}{k!} - 1 = \sum_{k=1}^{\infty} \frac{z^k}{k!} = z\sum_{k=1}^{\infty} \frac{z^{k-1}}{k!} = z\sum_{k=0}^{\infty} \frac{z^k}{(k+1)!}$$

und für die letzte Summe $g(z) = \sum_{k=0}^{\infty} \frac{z^k}{(k+1)!}$ gilt $g(0) = 1$. Somit hat $f(z) = \frac{1}{e^z - 1} = \frac{1}{zg(z)}$ bei 0 einen Pol erster Ordnung. Der Hauptteil bei 0 ist $\frac{1}{z} \cdot g(0) = \frac{1}{z}$, somit ist der Hauptteil bei $2\pi i$ aufgrund der angesprochenen Periodizität durch $\frac{1}{(z - 2\pi i)}$ gegeben.

c Hier verwenden wir die Kosinusreihe und erhalten

$$\cos\left(\frac{1}{z}\right) = \sum_{k=0}^{\infty} (-1)^k \frac{(\frac{1}{z})^{2k}}{(2k)!} = \sum_{k=-\infty}^{0} (-1)^k \frac{z^{2k}}{(-2k)!}.$$

Da für alle geraden $k < 0$ der jeweilige Koeffizient $a_k = (-1)^{k/2} \frac{1}{(-k)!} \neq 0$ ist, ist 0 eine wesentliche Singularität von f. Allerdings taucht der Summand z^{-1} nicht auf (nur gerade Exponenten), sodass wir für das zugehörige Residuum erhalten:

$$\operatorname{Res}(f; 0) = a_{-1} = 0$$

Aufgabe (Frühjahr 2009, T2A5)

Bestimmen Sie Formeln zur rekursiven Berechnung der Koeffizienten der Laurentreihe um $z = 0$ für die Funktion

$$f(z) = \frac{1}{e^z - 1}$$

und berechnen Sie die drei ersten Koeffizienten (die von $z^{-1}, 1, z$) explizit.

Lösungsvorschlag zur Aufgabe (Frühjahr 2009, T2A5)

Zunächst sehen wir, dass

$$e^z - 1 = \sum_{k=0}^{\infty} \frac{z^k}{k!} - 1 = \sum_{k=1}^{\infty} \frac{z^k}{k!} = z \sum_{k=1}^{\infty} \frac{z^{k-1}}{k!} = z \sum_{k=0}^{\infty} \frac{z^k}{(k+1)!}$$

gilt. Wertet man die letzte Summe $g(z) = \sum_{k=0}^{\infty} \frac{z^k}{(k+1)!}$ bei 0 aus, so erhält man $g(0) = 1$. Somit hat $f(z) = \frac{1}{e^z - 1} = \frac{1}{zg(z)}$ bei 0 einen Pol erster Ordnung. Wir machen daher den Ansatz $f(z) = \sum_{k=-1}^{\infty} a_k z^k$, dann muss unter Verwendung der Exponentialreihe gelten:

$$1 = f(z) \cdot (e^z - 1) = \left(\sum_{k=-1}^{\infty} a_k z^k\right) \cdot \left(\sum_{k=1}^{\infty} \frac{1}{k!} z^k\right) = \sum_{k=0}^{\infty} \left(\sum_{n=1}^{k+1} a_{k-n} \frac{1}{n!}\right) z^k$$

Koeffizientenvergleich ergibt daher

$$1 = \sum_{n=1}^{1} \frac{a_{-n}}{n!} = a_{-1} \quad \text{und} \quad 0 = \sum_{n=1}^{k+1} \frac{a_{k-n}}{n!} \text{ für } k > 0,$$

wobei wir das Produkt von Reihen auf Seite 281 verwendet haben.

Für $k = 1$ bzw. $k = 2$ ergibt die rechte Gleichung

$$0 = \frac{a_{1-1}}{1!} + \frac{a_{1-2}}{2!} = a_0 + \frac{a_{-1}}{2} \quad \Leftrightarrow \quad a_0 = -\frac{1}{2}a_{-1} = -\frac{1}{2},$$

$$0 = \frac{a_{2-1}}{1!} + \frac{a_{2-2}}{2!} + \frac{a_{2-3}}{3!} = a_1 + \frac{1}{2}a_0 + \frac{1}{6}a_{-1}$$

$$\Leftrightarrow \quad a_1 = -\frac{1}{2}a_0 - \frac{1}{6}a_{-1} = \frac{1}{4} - \frac{1}{6} = \frac{1}{12}.$$

Die Rekursionformel für die übrigen Koeffizienten bestimmt sich aus

$$0 = \sum_{n=1}^{k+1} \frac{a_{k-n}}{n!} \quad \Leftrightarrow \quad a_{k-1} = -\sum_{n=2}^{k+1} \frac{a_{k-n}}{n!} = -\sum_{n=-1}^{k-2} \frac{a_n}{(k-n)!}$$

zu

$$a_k = -\sum_{n=-1}^{k-1} \frac{a_n}{(k+1-n)!} \quad \text{für } k > 1.$$

6.3. Identitätssatz

Der Identitätssatz ist einer der Sätze, die verdeutlichen, dass der Begriff der Holomorphie wesentlich stärker als der der reellen Differenzierbarkeit ist. Er besagt, dass Funktionen, die nur auf einer kleinen Menge übereinstimmen, bereits auf ihrem gesamten Definitionsbereich identisch sind. Wir geben zunächst eine explizite Formulierung des Satzes.

Satz 6.19 (Identitätssatz). Sei $G \subseteq \mathbb{C}$ ein Gebiet und seien $f, g \colon G \to \mathbb{C}$ holomorphe Abbildungen. Folgende Aussagen sind äquivalent:

(1) Es gilt $f_{|N} = g_{|N}$ für eine Menge $N \subseteq G$, die einen Häufungspunkt in G besitzt.

(2) Es gibt einen Punkt $a \in G$ mit $f^{(n)}(a) = g^{(n)}(a)$ für $n \in \mathbb{N}_0$.

(3) $f = g$.

Ein *Gebiet* ist dabei eine nicht-leere, offene und zusammenhängende Teilmenge von $\mathbb{C}$. Man beachte, dass der Satz falsch wird, wenn die Funktionen nicht auf einer solchen Menge definiert sind (vgl. Aufgabe H06T3A2 auf Seite 307).

Einen Punkt $a \in G$ nennt man *Häufungspunkt* der Menge N, wenn in jeder offenen Umgebung V von a mindestens ein Punkt von N ungleich a liegt. Man weist dies in der Regel nach, indem man eine Folge $(z_n)_{n \in \mathbb{N}}$ mit $z_n \in N$, aber $z_n \neq a$ für fast alle $n \in \mathbb{N}$ angibt, die gegen a konvergiert. Dann liegen nach Definition der Konvergenz sogar unendlich viele Punkte von N in jeder Umgebung von a. In einer offenen Menge ist jeder Punkt ein Häufungspunkt.

Eng verwandt zum Häufungspunkt einer *Menge* ist der Begriff des Häufungspunkts einer *Folge*, welcher der Grenzwert einer Teilfolge ist. Diese beiden Begriffe sollten jedoch nicht verwechselt werden.

Zum Identitätssatz findet man mehrere äquivalente Formulierungen. Hin und wieder wird bei (1) auch die vermeintlich stärkere Forderung gestellt, dass N eine *nicht-diskrete* Teilmenge ist, also eine Menge, die selbst einen Häufungspunkt enthält (man beachte den Unterschied zum Satz oben, bei dem der Häufungspunkt nur im Gebiet, auf dem f und g definiert sind, liegen muss). Tatsächlich sind beide Formulierungen äquivalent: Sei nämlich N eine Menge mit Häufungspunkt $a \in G$, $f_{|N} = g_{|N}$ und $(z_n)_{n \in \mathbb{N}}$ eine Folge wie im letzten Absatz. Aufgrund der Stetigkeit von f und g erhält man dann auch

$$f(a) = f\left(\lim_{n \to \infty} z_n\right) = \lim_{n \to \infty} f(z_n) = \lim_{n \to \infty} g(z_n) = g\left(\lim_{n \to \infty} z_n\right) = g(a),$$

sodass f und g sogar auf der Menge $N \cup \{a\}$ übereinstimmen, die den Häufungspunkt a enthält.

Aufgabe (Frühjahr 2004, T1A2)

Sei $f : \mathbb{C} \setminus \{-i\} \to \mathbb{C}$ definiert durch

$$f(z) := \sin\left(\frac{1}{1 - iz}\right)$$

a Zeigen Sie, dass f holomorph ist und Nullstellen in den Punkten $-i + i\frac{1}{k\pi}$ mit $k \in \mathbb{N}$ besitzt, aber nicht identisch null ist.

b Warum widerspricht das Ergebnis aus **a** nicht dem Identitätssatz?

c Bestimmen Sie den Konvergenzradius der Potenzreihenentwicklung von f um 0.

Lösungsvorschlag zur Aufgabe (Frühjahr 2004, T1A2)

a Die Abbildung $z \mapsto 1 - iz$ ist als Polynom auf ganz $\mathbb{C}$ holomorph, zudem gilt $1 - iz \neq 0$ für $z \neq -i$, sodass nach der Quotientenregel auch die Abbildung $z \mapsto \frac{1}{1 - iz}$ auf $\mathbb{C} \setminus \{-i\}$ holomorph ist. Da die Sinusfunktion auf ganz $\mathbb{C}$ holomorph ist, folgt mit der Kettenregel die Holomorphie von f.

Wir berechnen für $k \in \mathbb{N}$:

$$f\left(-i + \frac{i}{k\pi}\right) = \sin\left(\frac{1}{1 - i(-i + \frac{i}{k\pi})}\right) = \sin\left(\frac{1}{1 - 1 + \frac{1}{k\pi}}\right) = \sin(k\pi) = 0.$$

Um zu zeigen, dass f nicht die Nullabbildung ist, betrachte

$$f\left(-i + \frac{2i}{\pi}\right) = \sin\left(\frac{1}{1 - i(-i + \frac{2i}{\pi})}\right) = \sin\left(\frac{1}{\frac{2}{\pi}}\right) = \sin\left(\frac{\pi}{2}\right) = 1 \neq 0.$$

b Die Menge $\mathbb{C} \setminus \{-i\}$ ist ein Gebiet und die Funktionen f sowie $z \mapsto 0$ sind holomorph. Sie stimmen auf der Menge $N = \{-i + \frac{i}{k\pi} \mid k \in \mathbb{N}\}$ überein. Das Problem ist der Häufungspunkt der Menge: N hat nur den Häufungspunkt $-i$, dieser ist nicht im Definitionsbereich von f enthalten, sodass nicht alle Voraussetzungen des Identitätssatzes erfüllt sind.

c Sei $r \geq 0$ der Konvergenzradius der Potenzreihenentwicklung von f um 0. Wäre $r > 1$, so würde $-i$ in der Konvergenzkreisscheibe $B_r(0)$ liegen, sodass besagte Potenzreihe eine holomorphe Fortsetzung von f auf $B_r(0)$ wäre. Da jedoch der Grenzwert

$$\lim_{k \to \infty} f\left(-i + i\frac{1}{\frac{\pi}{2} + k\pi}\right) = \lim_{k \to \infty} \sin(\frac{\pi}{2} + k\pi) = \lim_{k \to \infty} (-1)^k$$

nicht existiert, kann die Singularität bei $-i$ nicht hebbar sein. Also muss $r \leq 1$ gelten.

Andererseits liegt $B_1(0)$ vollständig im Definitionsbereich von f, sodass sich f dort nach Satz 6.10 in eine Potenzreihe entwickeln lässt. Zusammen ergibt das, dass der Konvergenzradius der Potenzreihenentwicklung von f um 0 gerade 1 betragen muss.

Aufgabe (Herbst 2014, T1A1)

Es sei $G \subseteq \mathbb{C}$ ein nicht-leeres Gebiet und $f, g \colon G \to \mathbb{C}$ seien holomorph mit $f' = gf$.

Zeigen Sie: Hat f eine Nullstelle in G, so ist $f(z) = 0$ für alle $z \in G$.

Lösungsvorschlag zur Aufgabe (Herbst 2014, T1A1)

Sei $a \in G$ eine Nullstelle von f. Wir beweisen per Induktion über n die Gleichung

$$f^{(n)}(a) = 0 \quad \text{für alle } n \in \mathbb{N}_0. \tag{$\star$}$$

Induktionsanfang: Für $n = 0$ gilt $f(a) = 0$, da a Nullstelle von f ist.

Induktionsschritt: Nehmen wir an, dass $f^{(n)}(a) = 0$ für $n \in \mathbb{N}_0$ bereits bewiesen ist. Es folgt:

$$f^{(n+1)}(a) = (gf)^{(n)}(a) = \sum_{k=0}^{n} \binom{n}{k} g^{(k)} f^{(n-k)}(a) \overset{(I.V.)}{=} 0.$$

Hierbei haben wir an der Stelle (I.V.) die Induktionsvoraussetzung $f^{(n-k)}(a) = 0$ für $k \in \{0, \dots, n\}$ und bei der zweiten Umformung die sogenannte *Leibniz'sche Regel* verwendet. Letztere ist eine Verallgemeinerung der Produktregel, die sich gegebenenfalls via Induktion beweisen ließe oder aus der Formelsammlung entnommen werden kann.

Insgesamt folgt damit ($\star$). Definieren wir nun $h \colon G \to \mathbb{C}$, $z \mapsto 0$, so gilt

$$h^{(n)}(a) = 0 = f^{(n)}(a) \quad \text{für alle } n \in \mathbb{N}_0.$$

Da G ein Gebiet ist und f sowie h beide holomorph sind, sind die Voraussetzungen in (2) des Identitätssatzes erfüllt und wir erhalten

$$f(z) = h(z) = 0 \quad \text{für alle } z \in G.$$

Holomorphe Abbildungen als Funktion von z

Einige Aufgaben fordern, eine Abbildung, die als Term der Variablen x sowie y gegeben ist, als Funktion von $z = x + iy$ auszudrücken. Anstatt dies explizit zu berechnen, bietet sich folgendes Vorgehen an:

Anleitung: Funktionen in Abhängigkeit von z angeben

Sei $f \colon G \to \mathbb{C}$ eine holomorphe Funktion wie eben beschrieben, wobei G ein Gebiet ist.

(1) Berechne $f(x)$ für ein reelles $x \in \mathbb{R}$ (oder $f(iy)$ mit $y \in \mathbb{R}$). Definiere die entsprechende komplexe Funktion $g(z)$ durch Ersetzen von x (bzw. iy) mit z.

(2) Aufgrund ihrer Konstruktion stimmen f und g auf der Menge $\mathbb{R}$ (bzw. $i\mathbb{R}$) überein. Zeige, dass diese einen Häufungspunkt in der Definitionsmenge G hat.

(3) Folgere mit dem Identitätssatz, dass f auf dem gesamten Gebiet durch den Term von g gegeben ist.

Aufgabe (Herbst 2003, T3A1)

Bestimmen Sie diejenige holomorphe Abbildung $f \colon \mathbb{C} \to \mathbb{C}$, die die harmonische Funktion $u(x,y) = x^3 y - xy^3$ als Realteil hat und die Bedingung $f(0) = 3i$ erfüllt. Drücken Sie f als Funktion der komplexen Variablen $z = x + iy$ aus.

Lösungsvorschlag zur Aufgabe (Herbst 2003, T3A1)

Wir verwenden die Cauchy-Riemannschen Differentialgleichungen. Dazu bestimmen wir zunächst die partiellen Ableitungen von $\operatorname{Re} f = u$ und erhalten

$$\partial_x u(x,y) = 3x^2 y - y^3 \quad \text{bzw.} \quad \partial_y u(x,y) = x^3 - 3xy^2$$

Bezeichnen wir den Imaginärteil der Funktion f mit v, so muss $\partial_y v = \partial_x u$ und $\partial_x v = -\partial_y u$ gelten. Wir integrieren also $\partial_x u$ nach y (bzw. $-\partial_y u$ nach x) und erhalten

$$v(x,y) = v(x,0) + \int_0^y \partial_x u(x,\tilde{y}) \, \mathrm{d}\tilde{y} = v(x,0) + \tfrac{3}{2} x^2 y^2 - \tfrac{1}{4} y^4$$

$$v(x,y) = v(0,y) + \int_0^x -\partial_y u(\tilde{x},y) \, \mathrm{d}\tilde{x} = v(0,y) - \left(\tfrac{1}{4} x^4 - \tfrac{3}{2} x^2 y^2 \right)$$

Aus der zweiten Gleichung folgt

$$v(x,0) = -\tfrac{1}{4} x^4 + v(0,0) = -\tfrac{1}{4} + 3$$

unter Verwendung der Anfangsbedingung $f(0) = 3i$. Zusammensetzen liefert dann

$$v(x,y) = -\tfrac{1}{4} x^4 + \tfrac{3}{2} x^2 y^2 - \tfrac{1}{4} y^4 + 3$$

Wir erhalten somit insgesamt die holomorphe Funktion f, gegeben durch

$$f(x+iy) = u(x,y) + iv(x,y) = x^3 y - xy^3 + i \left(-\tfrac{1}{4} x^4 + \tfrac{3}{2} x^2 y^2 - \tfrac{1}{4} y^4 + 3 \right).$$

Um f in Abhängigkeit von $z \in \mathbb{C}$ zu schreiben, verwenden wir nun den Identitätssatz. Dazu bestimmen wir zunächst die Gestalt von f für reelle Zahlen. Für $x \in \mathbb{R}$ gilt

$$f(x) = i \left(-\tfrac{1}{4} x^4 + 3 \right) = -\tfrac{i}{4} x^4 + 3i.$$

Betrachten wir also die Funktion $g \colon \mathbb{C} \to \mathbb{C}$, $z \mapsto -\tfrac{i}{4} z^4 + 3i$. Wir haben bereits gesehen, dass $f_{|\mathbb{R}} = g_{|\mathbb{R}}$ gilt. Wir zeigen noch, dass $\mathbb{R}$ einen Häufungspunkt in $\mathbb{C}$ besitzt. Sei dazu die Folge $(z_n)_{n \in \mathbb{N}}$ definiert durch $z_n = \tfrac{1}{n}$. Es gilt $z_n \neq 0$ für $n \in \mathbb{N}$ und $\lim_{n \to \infty} z_n = 0$. Somit hat $\mathbb{R}$ einen Häufungspunkt bei

0. Die Definitionsmenge $\mathbb{C}$ von f und g ist offen und zusammenhängend, also ein Gebiet. Mit dem Identitätssatz erhalten wir $f = g$, also gilt

$$f(z) = g(z) = -\frac{i}{4}z^4 + 3i \quad \text{für alle } z \in \mathbb{C}.$$

Existenz von Funktionen

In den folgenden Aufgaben ist nach der Existenz einer holomorphen Funktion gefragt, die gewissen Bedingungen erfüllt. Oft lässt sich die Funktion auf einer Art Schmierzettel-Rechnung rekonstruieren (vgl. die erste Aufgabe), sodass ggf. weitere Voraussetzungen explizit überprüft werden können.

Aufgabe (Herbst 2010, T1A5)

a Formulieren Sie den Identitätssatz für holomorphe Funktionen.

b Für $r > \frac{1}{2}$ sei $D_r := \{z \in \mathbb{C} : |z| < r\}$. Für welche r gibt es eine holomorphe Funktion $f : D_r \to \mathbb{C}$ mit $f\left(\frac{1}{n}\right) = \frac{1}{n-1}$ für $n = 2, 3, 4, \ldots$?

Vorüberlegung auf dem Schmierzettel

Es ist klar, dass die Lösung von Teil **b** auf den Identitätssatz hinauslaufen wird. Überlegen wir aber erst, wie eine solche Funktion aussehen könnte: hierzu setzen wir $\xi = \frac{1}{n}$, also $n = \frac{1}{\xi}$ und erhalten

$$f(\xi) = f\left(\frac{1}{n}\right) = \frac{1}{n-1} = \frac{1}{\frac{1}{\xi} - 1} = \frac{\xi}{1 - \xi}.$$

Es handelt sich also um $f(z) = \frac{z}{1-z}$. Daraus geht hervor, dass sich eine solche Funktion nur für $r \leq 1$ definieren lässt.

Lösungsvorschlag zur Aufgabe (Herbst 2010, T1A5)

a Siehe Satz 6.19.

b Wir betrachten zunächst den Fall $r \in \left]\frac{1}{2}; 1\right]$ und behaupten, dass es in diesem Fall eine holomorphe Funktion gibt, die die gewünschte Eigenschaft besitzt. Dazu setzen wir

$$f_r : D_r \to \mathbb{C}, \quad z \mapsto \frac{z}{1-z}.$$

Die Funktion f ist auf dem angegebenen Definitionsbereich als Quotient zweier holomorpher Funktionen holomorph, da der Nenner auf D_r nicht verschwindet. Zudem gilt für $n \geq 2$

$$f_r\left(\frac{1}{n}\right) = \frac{\frac{1}{n}}{1 - \frac{1}{n}} = \frac{1}{n-1}, \qquad (\star)$$

wie gefordert.

Kommen wir zu $r > 1$. Nehmen wir an, dass eine auf D_r definierte holomorphe Funktion g existiert, die die angegebenen Bedingungen erfüllt. Wir zeigen, dass diese auf D_1 mit der soeben definierten Funktion f_1 übereinstimmen muss.

Zunächst definiert D_1 eine Kreisscheibe in $\mathbb{C}$ und ist somit offen und zusammenhängend, d.h. ein Gebiet. Weiter gilt gemäß $(\star)$, dass

$$f_1(z) = g(z) \quad \text{für } z \in N = \left\{\frac{1}{n} \mid n \in \mathbb{N}, n \geq 2\right\}.$$

Die Menge N besitzt einen Häufungspunkt bei 0. Es ist nämlich $z_n = \frac{1}{n}$ für $n \geq 2$ eine Folge mit $z_n \in N, z_n \neq 0$ und $\lim_{n \to \infty} = 0$. Dieser liegt in D_1, sodass sich der Identitätssatz anwenden lässt. Es folgt $g_{|D_1} = f_1$.

Es gilt aber für die Folge $y_n = 1 - \frac{1}{n}$ für $n \in \mathbb{N}$ wegen $y_n \in D_1$

$$\lim_{n \to \infty} g(y_n) = \lim_{n \to \infty} f_1(y_n) = \lim_{n \to \infty} n - 1 = \infty.$$

Damit muss g in 1 eine nicht-hebbare Singularität haben – Widerspruch zur Holomorphie auf D_r. Für $r > 1$ existiert also keine Funktion mit der geforderten Eigenschaft.

Aufgabe (Herbst 2011, T3A2)

Sei $\Omega \subset \mathbb{C}$ ein Gebiet mit $0 \in \Omega$. Untersuchen Sie, ob es holomorphe Funktionen $f, g, h \colon \Omega \to \mathbb{C}$ mit den folgenden Eigenschaften gibt:

a $f\left(\frac{1}{n^{2011}}\right) = 0$ für alle $n \in \mathbb{N}$ mit $\frac{1}{n^{2011}} \in \Omega$, aber $f \not\equiv 0$.

b $g^{(k)}(0) = (k!)^2$ für alle $k \in \mathbb{N}_0 := \{0, 1, 2, \ldots\}$.

c $h\left(\frac{1}{2n}\right) = h\left(\frac{1}{2n-1}\right) = \frac{1}{n}$ für alle $n \in \mathbb{N}$ mit $\frac{1}{2n}, \frac{1}{2n-1} \in \Omega$.

Lösungsvorschlag zur Aufgabe (Herbst 2011, T3A2)

a Wir zeigen, dass es eine solche Funktion *nicht* gibt, da aus der angegebenen Bedingung bereits folgt, dass f konstant 0 ist. Setze dazu $\tilde{f} : \Omega \to \mathbb{C}, z \mapsto 0$ und

$$N = \left\{ \frac{1}{n^{2011}} \ \middle| \ n \in \mathbb{N} \right\}.$$

Laut Voraussetzung stimmen f und $\tilde{f}$ auf ganz $N \cap \Omega$ überein. Da Ω eine offene Menge ist, also insbesondere eine offene Umgebung der 0 enthält, liegt die Folge $(z_n)_{n \in \mathbb{N}} = (\frac{1}{n^{2011}})_{n \in \mathbb{N}}$ wegen $\lim_{n \to \infty} z_n = 0$ ab einem genügend großen Index in Ω. Sie erfüllt zudem $z_n \neq 0$ für alle $n \in \mathbb{N}$, sodass 0 ein Häufungspunkt von N ist, der in Ω liegt. Laut dem Identitätssatz folgt

$$f(z) = \tilde{f}(z) = 0 \text{ für } z \in \Omega.$$

b Nehmen wir an, eine solche Funktion existiert. Laut Satz 6.10 (1) besitzt g eine Darstellung als Potenzreihe der Form

$$g(z) = \sum_{k=0}^{\infty} \frac{g^{(k)}(0)}{k!} z^k = \sum_{k=0}^{\infty} k! z^k.$$

Wir berechnen den Konvergenzradius r dieser Reihe mit der Formel aus dem Quotientenkriterium und erhalten

$$r = \lim_{n \to \infty} \left| \frac{a_n}{a_{n+1}} \right| = \lim_{n \to \infty} \left| \frac{n!}{(n+1)!} \right| = \lim_{n \to \infty} \left| \frac{1}{n+1} \right| = 0.$$

Somit konvergiert die obige Potenzreihe auf keiner Umgebung von 0, sodass eine solche Funktion g in 0 nicht holomorph ist.

c Auch hier zeigen wir, dass eine solche Funktion nicht existiert. Sei dazu h eine Funktion, die die erste Bedingung $h(\frac{1}{2n}) = \frac{1}{n}$ erfüllt. Wir setzen $\tilde{h} : \Omega \to \mathbb{C}, z \mapsto 2z$ und bemerken, dass wegen

$$\tilde{h}\left(\frac{1}{2n}\right) = \frac{1}{n} = h\left(\frac{1}{2n}\right)$$

die Funktionen h und $\tilde{h}$ auf der Menge

$$N = \left\{ \frac{1}{2n} \ \middle| \ n \in \mathbb{N} \right\} \cap \Omega$$

übereinstimmen. Die Menge N hat einen Häufungspunkt bei 0 (es gilt $z_n \neq 0$ und $\lim_{n \to \infty} z_n = 0$ für die Folge $(z_n)_{n \in \mathbb{N}} = (\frac{1}{2n})_{n \in \mathbb{N}}$). Dieser liegt in Ω und beide Funktionen sind auf dem Gebiet Ω definiert. Der Identitätssatz liefert somit

$$h(z) = 2z \quad \text{für } z \in \Omega.$$

Sei $n \in \mathbb{N}$ ausreichend groß gewählt, sodass $\frac{1}{2n} \in \Omega$ gilt. Aus der zweiten Bedingung erhalten wir dann

$$\frac{1}{n} = h\left(\frac{1}{2n-1}\right) = \frac{2}{2n-1} \quad \Rightarrow \quad 2n-1 = 2n \quad \Leftrightarrow \quad -1 = 0,$$

was Unsinn ist. Somit existiert keine Funktion $h\colon \Omega \to \mathbb{C}$, die *beide* Bedingungen erfüllt.

Aufgabe (Herbst 2011, T2A2)

Beantworten Sie die folgenden zwei Fragen zur Funktionentheorie jeweils mit einer kurzen Begründung.

a Sei $f\colon \mathbb{C} \to \mathbb{C}$ holomorph mit $f^{(n)}(0) = n$ für alle $n \in \mathbb{N}_0$. Welchen Wert besitzt das Kurvenintegral $\frac{1}{2\pi i} \int_{|z-1|=R} \frac{f(z)}{z-1} \, dz$ für $R > 0$, wobei $|z-1| = R$ den positiv durchlaufenen Kreis um 1 mit Radius R bezeichnet?

b Gibt es eine holomorphe Funktion $f\colon \mathbb{C} \to \mathbb{C}$ mit $f\left(\frac{1}{n}\right) = \frac{n}{2n-1}$ für alle $n \in \mathbb{N}$?

Lösungsvorschlag zur Aufgabe (Herbst 2011, T2A2)

a Laut der Cauchy-Integralformel 6.30 gilt

$$\frac{1}{2\pi i} \int\limits_{|z-1|=R} \frac{f(z)}{z-1} \, dz = f(1).$$

Scheinbar genügt es nun, den Wert $f(1)$ zu bestimmen – was leider schwieriger als erwartet ist, da wir f nicht explizit angegeben haben. Wir „rekonstruieren" diese mithilfe ihrer Reihenentwicklung um 0:

$$f(z) = \sum_{n=0}^{\infty} \frac{f^{(n)}(0)}{n!} z^n = \sum_{n=0}^{\infty} \frac{n}{n!} z^n = \sum_{n=1}^{\infty} \frac{z^n}{(n-1)!} =$$

$$= z \sum_{n=1}^{\infty} \frac{z^{n-1}}{(n-1)!} = z \sum_{n=0}^{\infty} \frac{z^n}{n!} = z \exp z.$$

Damit ist der Wert des Integrals $f(1) = \exp(1) = e$.

b Nehmen wir an, eine solche Funktion existiert. Sei $B_2(0) = \{z \in \mathbb{C} \mid |z| < 2\}$. Wir betrachten die Funktion

$$g\colon B_2(0) \to \mathbb{C}, \quad z \mapsto \frac{1}{2-z}.$$

und zeigen mit dem Identitätssatz, dass die Einschränkung von f auf $B_2(0)$ mit g übereinstimmen muss. Zunächst ist $B_2(0)$ ein Gebiet. Setze außerdem $N = \left\{ \frac{1}{n} \mid n \in \mathbb{N} \right\}$. Wie zuvor zeigt man, dass N einen Häufungspunkt bei 0 hat. Es gilt außerdem

$$g\left(\frac{1}{n}\right) = \frac{1}{2 - \frac{1}{n}} = \frac{n}{2n-1} = f\left(\frac{1}{n}\right).$$

Mit dem Identitätssatz folgt

$$f(z) = g(z) \quad \text{für } z \in B_2(0).$$

Betrachte nun aber die Folge $(y_n)_{n \in \mathbb{N}}$ gegeben durch $y_n = 2 - \frac{1}{n}$. Es gilt $y_n \in B_2(0)$ für alle $n \in \mathbb{N}$. Zudem ist

$$\lim_{n \to \infty} f(y_n) = \lim_{n \to \infty} g(y_n) = \lim_{n \to \infty} n = \infty,$$

sodass f bei 2 eine nicht hebbare Singularität haben muss. Damit existiert keine auf $\mathbb{C}$ definierte holomorphe Funktion, die die geforderte Bedingung erfüllt.

Aufgabe (Frühjahr 2001, T3A1)

Es bezeichne $\mathbb{E} := \{z \in \mathbb{C} \mid |z| < 1\}$ die komplexe Einheitskreisscheibe. Sei $f\colon \mathbb{E} \to \mathbb{C}$ eine holomorphe Funktion mit der Eigenschaft $f(z) = f(z^2)$ für alle $z \in \mathbb{E}$. Zeigen Sie, dass f konstant ist.

Lösungsvorschlag zur Aufgabe (Frühjahr 2001, T3A1)

Um den Identitätssatz anzuwenden, definieren wir zunächst eine konstante Funktion. Sei dazu $\omega \in \mathbb{E} \setminus \{0\}$ beliebig. Wir setzen

$$g : \mathbb{E} \to \mathbb{C}, \quad z \mapsto c := f(\omega).$$

Es gilt nun $f\left(\omega^{2^n}\right) = f(\omega)$ für $n \in \mathbb{N}$. Wir beweisen dies durch vollständige Induktion. Für $n = 1$ ist dies die Voraussetzung an f. Ist die Gleichung für

$n \in \mathbb{N}$ bewiesen, so gilt wegen $|\omega^2| = |\omega|^2 < 1$ auch $\omega^2 \in \mathbb{E}$. Daher ist

$$f\left(\omega^{2^{n+1}}\right) = f\left(\left[\omega^{2^n}\right]^2\right) = f\left(\omega^{2^n}\right) \overset{(I.V.)}{=} f(\omega),$$

wobei an der Stelle $(I.V.)$ die Induktionsvoraussetzung verwendet wurde. Somit stimmen f und g auf der Menge $N = \{\omega^{2^n} \mid n \in \mathbb{N}\}$ überein. Wir zeigen, dass diese einen Häufungspunkt in $\mathbb{E}$ hat. Sei dazu die Folge $(z_n)_{n \in \mathbb{N}}$ gegeben durch $z_n = \omega^{2^n}$. Es gilt $z_n \neq 0$ für alle $n \in \mathbb{N}$, sowie $\lim_{n \to \infty} z_n = 0$ wegen $|\omega| < 1$, also ist $0 \in \mathbb{E}$ ein Häufungspunkt der Menge N. Da $\mathbb{E}$ ein Gebiet ist, folgt mit dem Identitätssatz

$$f(z) = g(z) = c \quad \text{für } z \in \mathbb{E}.$$

Aufgabe (Herbst 2006, T3A2)

Sei $U \subseteq \mathbb{C}$ eine offene Teilmenge. Zeigen Sie unter Verwendung des Identitätssatzes, dass U genau dann zusammenhängend ist, wenn für je zwei holomorphe Funktionen $f, g \colon U \to \mathbb{C}$ die Implikation gilt:

$$f \cdot g \equiv 0 \quad \Rightarrow \quad f \equiv 0 \text{ oder } g \equiv 0$$

Lösungsvorschlag zur Aufgabe (Herbst 2006, T3A2)

„$\Rightarrow$": Nehmen wir zunächst an, dass U zusammenhängend, also ein Gebiet ist. Seien $f, g \colon U \to \mathbb{C}$ holomorphe Funktionen mit $f \cdot g \equiv 0$.

Angenommen, f ist nicht die Nullfunktion. Dann gibt es ein $a \in U$ mit $f(a) \neq 0$ und, da f stetig ist, gibt es eine offene Umgebung U_a von a mit $f(u) \neq 0$ für $u \in U_a$. Wegen $(fg)(u) = f(u)g(u) = 0$ muss jedoch $g(u) = 0$ für $u \in U_a$ gelten. Damit stimmt g auf einer offenen Teilmenge von U mit der konstanten Funktion $U \to \mathbb{C}$, $z \mapsto 0$ überein. Da jeder Punkt einer offenen Menge ein Häufungspunkt ist, folgt mit dem Identitätssatz $g \equiv 0$.

„$\Leftarrow$": Wir führen einen indirekten Beweis. Nehmen wir also an, dass U nicht zusammenhängend ist. Dann gibt es in U offene, disjunkte und nicht-leere Teilmengen $U_1, U_2 \subseteq U$ mit

$$U = U_1 \cup U_2.$$

Wir definieren die beiden Funktionen $f, g \colon U \to \mathbb{C}$ mit

$$f(z) = \begin{cases} 1 & \text{falls } z \in U_1, \\ 0 & \text{falls } z \in U_2 \end{cases} \quad \text{und} \quad g(z) = \begin{cases} 0 & \text{falls } z \in U_1, \\ 1 & \text{falls } z \in U_2. \end{cases}$$

Da U_1 und U_2 disjunkt sind, sind diese Abbildungen wohldefiniert. Zudem sind sie holomorph, da es für jedes $z \in U$ eine offene Umgebung gibt, auf der die Funktionen durch eine konstante Abbildung gegeben sind (d. h. dort insbesondere eine Darstellung als Potenzreihe besitzen). Zudem ist $f \cdot g \equiv 0$. Es gilt nämlich für beliebiges $z \in U$, dass

$$(fg)(z) = \begin{cases} f(z)g(z) = 1 \cdot 0 = 0 & \text{falls } z \in U_1, \\ f(z)g(z) = 0 \cdot 1 = 0 & \text{falls } z \in U_2. \end{cases}$$

Jedoch ist weder $f \equiv 0$ noch $g \equiv 0$, da keine der Teilmengen U_1, U_2 leer ist. Ist also U nicht zusammenhängend, so ist die Implikation falsch. Die Aussage folgt durch Kontraposition.

6.4. Wichtige Sätze der Funktionentheorie

In diesem Kapitel geben wir einen Überblick nützlicher Sätze der Funktionentheorie, die im Folgenden regelmäßig auftauchen werden.

Ganze Funktionen

Eine *ganze Funktion* ist eine holomorphe Funktion, die auf der gesamten Menge der komplexen Zahlen definiert ist. Wie die beiden nächsten Sätze zeigen, erlauben diese beiden Eigenschaften bereits eine recht genaue Beschreibung einer solchen Funktion.

Satz 6.20 (Liouville). Sei $f \colon \mathbb{C} \to \mathbb{C}$ eine ganze Funktion. Ist f beschränkt, d. h. gibt es ein $M \in \mathbb{R}^+$ mit $|f(z)| \leq M$ für alle $z \in \mathbb{C}$, so ist f konstant.

Eine noch weitreichendere Aussage macht der kleine Satz von Picard – er gibt explizit an, wie das Bild einer ganzen Funktion aussehen kann.

Satz 6.21 (Kleiner Satz von Picard). Sei $f \colon \mathbb{C} \to \mathbb{C}$ eine holomorphe Funktion. Dann gilt eine der folgenden Aussagen:

(1) $f(\mathbb{C}) = \mathbb{C}$,

(2) $f(\mathbb{C}) = \mathbb{C} \setminus \{a\}$ für ein $a \in \mathbb{C}$ oder

(3) $f(\mathbb{C}) = \{a\}$ für ein $a \in \mathbb{C}$, also f ist konstant.

Anleitung: Anwendungen des Satzes von Liouville

Um den Satz von Liouville anwenden zu können, sind gelegentlich folgende „Vorbereitungen" hilfreich:

(1) Sind aus dem Definitionsbereich nur einzelne Punkte ausgenommen, so lässt sich mit dem Riemann'schen Hebbarkeitssatz argumentieren, dass die Funktion eine holomorphe Fortsetzung auf $\mathbb{C}$ hat, die beschränkt ist und auf die somit der Satz von Liouville angewendet werden kann.

(2) Abschätzungen für den Realteil (bzw. Imaginärteil) einer ganzen Funktion f lassen sich verwenden, indem man die Funktion e^f (bzw. e^{-if}) betrachtet: Für diese gilt nämlich wegen $|e^{ix}| = 1$ für $x \in \mathbb{R}$, dass

$$\left| e^{f(z)} \right| = \left| e^{\operatorname{Re} f(z) + i \operatorname{Im} f(z)} \right| = \left| e^{\operatorname{Re} f(z)} \right| \cdot \left| e^{i \operatorname{Im} f(z)} \right| = e^{\operatorname{Re} f(z)}.$$

Ist also $\operatorname{Re} f$ beschränkt, so gilt dies auch für die ganze Funktion e^f.

Aufgabe (Herbst 2014, T3A5)

Für die holomorphen Funktionen $f \colon \mathbb{C} \to \mathbb{C}$ und $g \colon \mathbb{C} \to \mathbb{C}$ gelte $|f(z)| \leq |g(z)|$ für alle $z \in \mathbb{C}$. Zeigen Sie: Es gibt ein $\lambda \in \mathbb{C}$ mit $|\lambda| \leq 1$, sodass $f(z) = \lambda g(z)$ für alle $z \in \mathbb{C}$.

Lösungsvorschlag zur Aufgabe (Herbst 2014, T3A5)

Sei $N = \{ z \in \mathbb{C} \mid g(z) = 0 \}$ die Nullstellenmenge von g. Nehmen wir zunächst an, dass N eine nicht-diskrete Menge ist. Dann ist laut dem Identitätssatz $g(z) = 0$ für alle $z \in \mathbb{C}$ und die Ungleichung aus der Angabe impliziert $f(z) = 0$ für alle $z \in \mathbb{C}$. In diesem Fall ist die geforderte Ungleichung also sogar für beliebige $\lambda \in \mathbb{C}$ erfüllt.

Betrachten wir nun den Fall, dass N diskret ist. Zunächst gilt für alle $z \notin N$ die Ungleichung

$$|f(z)| \leq |g(z)| \quad \Leftrightarrow \quad \left| \frac{f(z)}{g(z)} \right| \leq 1.$$

Da N diskret ist, sind alle Singularitäten von $\frac{f}{g}$ isoliert. Darüber hinaus bleibt die Funktion wegen der Ungleichung in jeder Umgebung einer solchen Singularität beschränkt. Damit sind laut dem Riemannschen Hebbarkeitssatz alle Singularitäten hebbar, d. h. die Abbildung $\frac{f}{g}$ besitzt eine holomorphe Fortsetzung $h \colon \mathbb{C} \to \mathbb{C}$ mit $|h(z)| \leq 1$. Als ganze und beschränkte Funktion ist h laut dem Satz von Liouville konstant. Folglich gibt es ein $\lambda \in \mathbb{C}$ mit $|\lambda| \leq 1$, sodass

$$\frac{f(z)}{g(z)} = \lambda \quad \Leftrightarrow \quad f(z) = \lambda g(z)$$

für alle $z \notin N$ erfüllt ist. Für die Punkte $z \in N$ folgt wie oben $f(z) = \lambda g(z) = 0$, sodass auch in diesem Fall die Gleichung gültig ist.

Aufgabe (Herbst 2010, T3A2)

Sei

$$A = \{0\} \cup \left\{ \frac{1}{n} \;\middle|\; n \in \mathbb{N} \right\}.$$

Zeigen Sie: Jede auf ganz $\mathbb{C} \setminus A$ definierte, beschränkte, holomorphe Funktion ist konstant.

Lösungsvorschlag zur Aufgabe (Herbst 2010, T3A2)

Sei f eine auf $\mathbb{C} \setminus A$ definierte, beschränke und holomorphe Funktion. Betrachten wir zunächst die Singularitäten von f an den Stellen $\frac{1}{n}$ für $n \in \mathbb{N}$, welche isolierte Singularitäten sind.

Da f beschränkt ist, sind diese laut dem Riemannschen Hebbarkeitssatz hebbar und wir erhalten eine holomorphe Fortsetzung $\tilde{f} \colon \mathbb{C} \setminus \{0\} \to \mathbb{C}$. Für diese ist nun 0 eine isolierte Singularität (beachte, dass das für f noch nicht der Fall war), sodass wir aus dem gleichen Argument eine holomorphe Fortsetzung $\hat{f} \colon \mathbb{C} \to \mathbb{C}$ erhalten, die beschränkt und damit laut dem Satz von Liouville 6.20 konstant ist. Damit muss aber insbesondere f konstant sein.

Der Satz von der Gebietstreue

Gemäß der topologischen Definition von Stetigkeit ist das *Urbild* einer offenen Menge unter einer stetigen Abbildung stets wieder offen. Jedoch muss das *Bild* einer offenen Menge im Allgemeinen nicht wieder offen sein. Beispielsweise ist im Fall der stetigen Abbildung

$$f \colon \mathbb{R} \to \mathbb{R}, \quad x \mapsto x^2,$$

die Menge $f(\mathbb{R}) = [0, \infty[$ abgeschlossen. Anders ist die Situation für holomorphe Funktionen:

Satz 6.22 (Gebietstreue). Es sei $D \subseteq \mathbb{C}$ und $f \colon D \to \mathbb{C}$ eine nicht-konstante holomorphe Funktion. Ist $G \subseteq D$ ein Gebiet, so ist auch $f(G)$ ein Gebiet.

Aufgabe (Frühjahr 2011, T3A4)

a Sei $U = \{z \in \mathbb{C} \mid |z| < 2\}$ und $f: U \to \mathbb{C}$ holomorph mit $f(0) = 0$ und $f(1) = 1$. Zeigen Sie, dass es ein $z \in U$ gibt mit $f(z) \in \mathbb{R}$ und $f(z) > 1$.

b Bleibt die Aussage in **a** richtig, wenn man

 (i) auf die Voraussetzung $f(0) = 0$ verzichtet,

 (ii) U durch eine beliebige offene Teilmenge von $\mathbb{C}$ mit $0 \in U$ und $1 \in U$ ersetzt?

Lösungsvorschlag zur Aufgabe (Frühjahr 2011, T3A4)

a Die Menge U ist ein Gebiet und wegen $f(0) \neq f(1)$ ist f nicht konstant, sodass aufgrund der Gebietstreue auch die Bildmenge $f(U)$ ein Gebiet, insbesondere also offen, ist. Wegen $f(1) = 1$ gilt $1 \in f(U)$, und damit muss eine Umgebung $B_\varepsilon(1)$ für ein $\varepsilon > 0$ in $f(U)$ enthalten sein. Insbesondere gilt $1 + \frac{\varepsilon}{2} \in f(U)$, also gibt es ein $z \in U$ mit $f(z) = 1 + \frac{\varepsilon}{2}$.

b (i) *Nein.* Die anderen Voraussetzungen werden beispielsweise von der konstanten Funktion $z \mapsto 1$ erfüllt, jedoch gibt es für diese kein $z \in U$, sodass $f(z) > 1$.

(ii) *Nein.* Definiere beispielsweise $U = B_{\frac{1}{2}}(1) \cup B_{\frac{1}{2}}(0)$. Wegen $B_{\frac{1}{2}}(1) \cap B_{\frac{1}{2}}(0) = \varnothing$ ist die Funktion

$$f: U \to \mathbb{C}, \quad z \mapsto \begin{cases} 0 & \text{falls } z \in B_{\frac{1}{2}}(0) \\ 1 & \text{falls } z \in B_{\frac{1}{2}}(1) \end{cases}$$

wohldefiniert und holomorph mit $f(0) = 0$, $f(1) = 1$. Zugleich gilt auch hier $f(z) \leq 1$ für alle $z \in U$.

Aufgabe (Herbst 2007, T2A2)

a Formulieren Sie den Satz von Liouville und beweisen Sie ihn mithilfe der Koeffizientenabschätzung von Cauchy.

b Sei $f: \mathbb{C} \to \mathbb{C}$ holomorph und sei $(a, b) \in \mathbb{R}^2$ mit $(a, b) \neq (0, 0)$. Zeigen Sie: Ist die Funktion $a \operatorname{Re} f + b \operatorname{Im} f: \mathbb{C} \to \mathbb{R}$ nach oben beschränkt, so ist f konstant.

Lösungsvorschlag zur Aufgabe (Herbst 2007, T2A2)

a Für die Formulierung des Satzes siehe Satz 6.20.

Sei nun $f: \mathbb{C} \to \mathbb{C}$ eine ganze Funktion und $M \in \mathbb{R}^+$ mit $|f(z)| \leq M$ für

$z \in \mathbb{C}$. Außerdem sei $\sum_{n=0}^{\infty} a_n z^n$ die Potenzreihenentwicklung von f um 0. Laut Satz 6.10 (2) gilt für die Koeffizienten

$$a_n = \frac{1}{2\pi i} \int_{\partial B_r(0)} \frac{f(w)}{w^{n+1}}\, dw \quad \text{für } r \in \mathbb{R}^+.$$

Nun erhalten wir für $r > 0$ jedoch

$$|a_n| = \left| \frac{1}{2\pi i} \int_{\partial B_r(0)} \frac{f(w)}{w^{n+1}}\, dw \right| = \frac{1}{2\pi} \left| \int_0^{2\pi} \frac{f(re^{it})}{(re^{it})^{n+1}} \cdot ire^{it}\, dt \right|$$

$$\leq \frac{1}{2\pi} \int \frac{|f(re^{it})|}{r^{n+1}} r\, dt \leq \frac{1}{2\pi} \int_0^{2\pi} \frac{M}{r^n}\, dt = \frac{M}{r^n}.$$

Da es sich bei f um eine ganze Funktion handelt, liegt für beliebiges $r > 0$ der Ball $B_r(0)$ im Definitionsbereich. Wir können somit den Grenzübergang $r \to \infty$ durchführen und erhalten für $n \geq 1$, dass

$$|a_n| = \lim_{r \to \infty} \frac{M}{r^n} = 0.$$

Somit erhalten wir $f(z) = a_0$. Insbesondere ist f konstant.

b Bemerke zunächst, dass für $z \in \mathbb{C}$ die Gleichung

$$(a - ib)f(z) = (a - ib)(\operatorname{Re} f(z) + i \operatorname{Im} f(z)) =$$
$$= (a \operatorname{Re} f(z) + b \operatorname{Im} f(z)) + i(-b \operatorname{Re} f(z) + a \operatorname{Im} f(z))$$

gilt. Daraus folgt, dass $|e^{(a-ib)f(z)}| = e^{a \operatorname{Re} f(z) + b \operatorname{Im} f(z)}$. Nach Voraussetzung ist nun die ganze Funktion $e^{(a-ib)f}$ beschränkt, sodass diese nach dem Satz von Liouville 6.20 konstant ist.

Angenommen, die Funktion f wäre nicht konstant. Wegen $a - ib \neq 0$ ist dann auch $(a - ib)f$ eine nicht-konstante Funktion, sodass $(a - ib)f(\mathbb{C})$ nach dem Satz von der Gebietstreue 6.22 ein Gebiet ist. Eine weitere Anwendung des Satzes von der Gebietstreue liefert dann, dass auch $\exp((a - ib)f(\mathbb{C}))$ ein Gebiet ist. Dies ist jedoch ein Widerspruch dazu, dass die Funktion $e^{(a-ib)f}$ konstant ist.

Aufgabe (Herbst 2012, T2A2)

a Sei $f\colon \mathbb{C} \to \mathbb{C}$ eine ganze Funktion mit der Eigenschaft, dass $|f(z)| \geq \pi$ für alle $z \in \mathbb{C}$ gilt. Zeigen Sie, dass $f(z) = f(\pi)$ für alle $z \in \mathbb{C}$ gilt.

b Sei $f\colon \mathbb{C} \to \mathbb{C}$ eine ganze Funktion mit der Eigenschaft, dass $f(z+1) = f(z) = f(z+i)$ für alle $z \in \mathbb{C}$. Zeigen Sie, dass f konstant ist.

Lösungsvorschlag zur Aufgabe (Herbst 2012, T2A2)

a Wir bemerken beweisen, dass f konstant ist.

1. Möglichkeit: Die brutale Holzhammermethode geht folgendermaßen: Zumindest die beiden Punkte 0 und 1 liegen nicht im Bild $f(\mathbb{C})$. Laut dem Kleinen Satz von Picard muss f damit bereits konstant sein.

2. Möglichkeit: Die Funktion f hat wegen $|f(z)| \geq \pi$ für $z \in \mathbb{C}$ keine Nullstellen. Betrachte also die Abbildung $g = \frac{1}{f}$, die ebenfalls ganz ist. Diese erfüllt nun $|g(z)| \leq \frac{1}{\pi}$, ist also beschränkt. Laut dem Satz von Liouville 6.20 ist g – und damit auch f – konstant.

b Aufgrund der Periodizitätsbedingung in der Angabe lassen sich sämtliche Funktionswerte auf solche im Bereich $Q = \{a + ib \mid a, b \in [0,1]\} \subseteq \mathbb{C}$ zurückführen. Wir behaupten daher $f(\mathbb{C}) = f(Q)$.

Die Inklusion „$\supseteq$" ist klar. Für die andere sei $x + iy \in \mathbb{C}$ beliebig. Sei $x_0 = \lfloor x \rfloor$ die zu x nächstkleinere ganze Zahl, $y_0 = \lfloor y \rfloor$ die zu y nächstkleinere ganze Zahl. Dann gilt $x - x_0 \in [0,1]$ und $y - y_0 \in [0,1]$. Durch wiederholte Anwendung der Relation oben erhält man nun

$$f(x + iy) = f(x - 1 + iy) = \ldots = f(x - x_0 + iy) =$$
$$= f(x - x_0 + i(y - 1)) = \ldots = f(x - x_0 + i(y - y_0)) \quad \in f(Q)$$

und damit die behauptete Gleichung.

Da Q kompakt ist, ist auch $f(Q)$ kompakt, also beschränkt und abgeschlossen. Wäre f nicht-konstant, so müsste $f(\mathbb{C}) = f(Q)$ nach dem Satz von der Gebietstreue 6.22 allerdings offen sein. Da $\mathbb{C}$ zusammenhängend ist, sind die einzigen Teilmengen von $\mathbb{C}$, die offen und abgeschlossen sind, die leere Menge und $\mathbb{C}$ selbst. Jedoch ist $f(\mathbb{C}) \neq \emptyset$ wegen $f(0) \in f(\mathbb{C})$ und $f(\mathbb{C}) = \mathbb{C}$ ist nicht möglich, da $\mathbb{C}$ nicht beschränkt ist.

Der Widerspruch zeigt, dass f konstant sein muss.

Maximum- und Minimumprinzip

Satz 6.23 (Maximum- und Minimumprinzip). Sei G ein Gebiet und $f \colon G \to \mathbb{C}$ eine holomorphe Funktion.

(1) Nimmt $|f|$ auf G ein Maximum an, d. h. gibt es ein $a \in G$ mit $|f(a)| \geq |f(z)|$ für alle $z \in G$, so ist f konstant.

(2) Ist f eine nicht-konstante holomorphe Funktion und besitzt f in $a \in G$ ein Betragsminimum, so ist bereits $f(a) = 0$.

Aufgabe (Herbst 2013, T1A1)

Konstruieren Sie jeweils eine nicht-konstante holomorphe Funktion $f\colon \mathbb{C} \to \mathbb{C}$ mit den angegeben Eigenschaften oder begründen Sie, warum es eine solche Funktion nicht geben kann.

a f bildet $\mathbb{C}$ auf die offene Kreisscheibe $D = \{u + iv \mid (u-1)^2 + v^2 < 4\}$ ab.

b $f(z) = 0$ gilt genau für $z = k$ mit $k \in \mathbb{Z}$.

c f erfüllt $f(0) = 2$ und $|f(z)| \leq 1$ für $|z| = 1$.

Lösungsvorschlag zur Aufgabe (Herbst 2013, T1A1)

a Eine solche Funktion kann nicht existieren. Sie wäre eine ganze Funktion, deren Bild durch $f(\mathbb{C}) = D = B_2(1)$ gegeben ist. Damit ist das Bild der Funktion beschränkt und laut dem Satz von Liouville 6.20 ist f konstant.

b Betrachten wir $f\colon \mathbb{C} \to \mathbb{C}$ mit $f(z) = \sin(\pi z)$. Es handelt sich dabei als Verkettung holomorpher Funktionen um eine holomorphe Abbildung. Zudem ist

$$f(k) = \sin(k\pi) = 0$$

für $k \in \mathbb{Z}$. Andererseits gilt

$$\sin(z) = 0 \quad \Leftrightarrow \quad \frac{1}{2i}\left(e^{iz} - e^{-iz}\right) = 0 \quad \Leftrightarrow \quad e^{iz} = e^{-iz}$$

$$\Leftrightarrow \quad e^{2iz} = 1 \quad \Leftrightarrow \quad z = k\pi \text{ für ein } k \in \mathbb{Z}.$$

Damit hat auch jede Nullstelle von f die Form $z = k$ für $k \in \mathbb{Z}$, die Nullstellen sind also *genau* von der vorgegebenen Form.

c Angenommen, es gibt eine nicht-konstante Funktion f mit dieser Eigenschaft. Wäre f auf der offenen Einheitskreisscheibe $\mathbb{E}$ konstant, so wäre f nach dem Identitätssatz auf dem gesamten Definitionsbereich konstant. Wir dürfen daher annehmen, dass f auf $\mathbb{E}$ nicht konstant ist.

Die Funktion $|f|$ nimmt als stetige Funktion ein Maximum auf der kompakten Menge $\overline{\mathbb{E}}$ an. Sei $z_0 \in \overline{\mathbb{E}}$ mit $|f(z_0)| = \max_{z \in \overline{\mathbb{E}}} |f(z)|$. Würde z_0 in $\mathbb{E}$ liegen, so wäre $|f(z_0)|$ ein Maximum von f auf $\mathbb{E}$, sodass f nach dem Maximumsprinzip 6.23 konstant auf $\mathbb{E}$ wäre. Folglich muss $z_0 \in \overline{\mathbb{E}} \setminus \mathbb{E} = \partial \mathbb{E}$ gelten.

Wegen $|f(0)| = 2 > |f(z_0)|$ für $z_0 \in \partial \mathbb{E}$ kann jedoch auch das nicht sein. Der Widerspruch zeigt, dass es eine derartige Funktion nicht geben kann.

Das verwendete Argument im Teil $\boxed{c}$ der letzten Aufgabe lässt sich verallgemeinern:

Proposition 6.24 (Maximum- und Minimumprinzip für beschränkte Gebiete).
Sei $G \subseteq \mathbb{C}$ ein beschränktes Gebiet, $f: \overline{G} \to \mathbb{C}$ eine stetige und auf G holomorphe Funktion. Dann gilt:

(1) $|f|$ nimmt auf dem Rand ∂G ein Maximum an, d.h. es gibt ein $a \in \partial G$ mit $|f(a)| \geq |f(z)|$ für alle $z \in \overline{G}$.

(2) f hat in G eine Nullstelle oder $|f|$ nimmt auf ∂G ein Minimum an.

Aufgabe (Frühjahr 2001, T3A2)

$\boxed{a}$ Formulieren Sie das Maximum- und Minimumprinzip für holomorphe Funktionen.

$\boxed{b}$ Es sei $f: \overline{\mathbb{E}} \to \mathbb{C}$ eine stetige und auf $\mathbb{E}$ holomorphe Funktion, die in $\overline{\mathbb{E}}$ keine Nullstelle besitzt und deren Betrag auf $\partial \mathbb{E}$ konstant ist. Beweisen Sie, dass f konstant ist.

$\boxed{c}$ Es sei $f: \overline{\mathbb{E}} \to \mathbb{C}$ eine stetige und auf $\mathbb{E}$ holomorphe Funktion, deren Realteil auf $\partial \mathbb{E}$ konstant ist. Beweisen Sie, dass f konstant ist.

Lösungsvorschlag zur Aufgabe (Frühjahr 2001, T3A2)

$\boxed{a}$ Siehe Satz 6.23.

$\boxed{b}$ Sei $c \in \mathbb{R}^+$ der Wert, der von $|f|$ auf dem Rand angenommen wird. Nach dem Maximumprinzip für beschränkte Gebiete gilt $|f(z)| \leq c$ für $z \in \mathbb{E}$. Da f keine Nullstelle auf $\mathbb{E}$ hat, können wir auch das Minimumprinzip für beschränkte Gebiete anwenden und erhalten ebenso $|f(z)| \geq c$ für $z \in \mathbb{E}$. Damit erhalten wir $|f(z)| = c$ für $z \in \mathbb{E}$. Insbesondere ist $0 \in \mathbb{E}$ ein Betragsmaximum, also ist f konstant laut dem Maximumprinzip in Satz 6.23 (1).

$\boxed{c}$ Sei $c \in \mathbb{R}$ mit $\operatorname{Re} f(z) = c$ für $z \in \partial \mathbb{E}$. Betrachte die auf $\mathbb{E}$ holomorphe und auf $\overline{\mathbb{E}}$ stetige Funktion $g(z) = e^{f(z)}$. Für $z \in \partial \mathbb{E}$ gilt

$$\left| e^{f(z)} \right| = e^{\operatorname{Re} f(z)} = e^c.$$

Damit ist $|g|$ konstant auf $\partial \mathbb{E}$, also ist g laut Teil $\boxed{b}$ konstant. Wie in Aufgabe H07T2A2 auf Seite 311 folgert man hieraus, dass auch f konstant sein muss.

Aufgabe (Frühjahr 2011, T2A2)

Sei G ein beschränktes nicht-leeres Gebiet in $\mathbb{C}$ und seien $f, g \colon \overline{G} \to \mathbb{C}$ stetige Funktionen, deren Einschränkungen auf G holomorph sind. Zeigen Sie: Gilt $|f(z)| = |g(z)|$ für alle $z \in \partial G$ und haben f und g keine Nullstellen in $\overline{G}$, so gibt es ein $\lambda \in \mathbb{C}$ mit $|\lambda| = 1$, sodass $f = \lambda g$.

Lösungsvorschlag zur Aufgabe (Frühjahr 2011, T2A2)

Da f und g auf $\overline{G}$ keine Nullstellen haben, können wir die holomorphen Funktionen $\frac{f}{g}$ und $\frac{g}{f}$ betrachten. Aus dem Maximumprinzip für beschränkte Gebiete 6.24 und $|f(z)| = |g(z)|$ für $z \in \partial G$ folgt, dass $\left| \frac{f(z)}{g(z)} \right| \leq 1$ und $\left| \frac{g(z)}{f(z)} \right| \leq 1$ für alle $z \in G$. Das bedeutet aber $\left| \frac{f(z)}{g(z)} \right| = 1$ für alle $z \in G$.

Damit ist jeder Punkt im Inneren von G ein lokales Maximum und die Funktion $\frac{f}{g}$ ist laut dem Maximumprinzip konstant. Also ist $\frac{f}{g} = \lambda$ für ein $\lambda \in \mathbb{C}$. Wegen $\left| \frac{f(z)}{g(z)} \right| = 1$ muss diese Konstante $|\lambda| = 1$ erfüllen und wir erhalten wir gewünscht $f = \lambda g$.

Aufgabe (Herbst 2012, T1A1)

Sei $G \subseteq \mathbb{C}$ ein Gebiet, $f \colon G \to \mathbb{C}$ eine holomorphe Funktion und $(z_n)_n$ eine Folge in G mit paarweise verschiedenen Gliedern. Entscheiden Sie, ob die folgenden Aussagen richtig oder falsch sind. Bei richtigen Aussagen verweisen sie auf einen passenden Satz der Funktionentheorie, bei falschen geben Sie ein Gegenbeispiel.

a Ist $f(z_n) = 0$ für alle n, so ist $f(z) = 0$.

b Hat $(z_n)_n$ einen Häufungspunkt und gilt $f(z_n) = 0$ für alle n, so ist $f(z) \equiv 0$.

c Hat $(z_n)_n$ einen Häufungspunkt in G und gilt $f(z_n) = 0$ für alle n, so ist $f(z) \equiv 0$.

d Ist f auf G beschränkt, so ist f konstant.

e Ist $G = \mathbb{C} \setminus \{0\}$ und f auf G beschränkt, so ist f konstant.

f Ist $G = \mathbb{C}$ und f auf G beschränkt, so ist f konstant.

Lösungsvorschlag zur Aufgabe (Herbst 2012, T1A1)

a *Falsch.* Ein Gegenbeispiel ist $f \colon \mathbb{C} \to \mathbb{C}$, $z \mapsto \sin z$ mit der Folge $z_n = n\pi$. Es gilt $f(z_n) = 0$ für $n \in \mathbb{N}$, aber wegen $f(\frac{\pi}{2}) = 1$ ist $f \not\equiv 0$.

b *Falsch.* Betrachte dazu $G = \mathbb{C} \setminus \{0\}$ sowie die Funktion $f \colon G \to \mathbb{C}$, $z \mapsto$

$\sin \frac{1}{z}$ mit der Folge $z_n = \frac{1}{n\pi}$. Es gilt dann

$$f(z_n) = \sin(n\pi) = 0.$$

Ferner ist $\lim_{n \to \infty} z_n = 0$ und die Glieder der Folge sind paarweise verschieden, sodass $(z_n)_n$ bei 0 einen Häufungspunkt hat. Dennoch ist $f \not\equiv 0$, denn $f(\frac{2}{\pi}) = \sin(\frac{\pi}{2}) = 1 \neq 0$.

c *Richtig.* Hier können wir endlich auf den Identitätssatz verweisen, denn aus der Tatsache, dass $(z_n)_n$ paarweise verschiedene Folgenglieder und einen Häufungspunkt in G hat, folgt insbesondere, dass die Menge $N = \{z_n \mid f(z_n) = 0\}$ einen Häufungspunkt in G hat.

d *Falsch.* Betrachte dazu das Gebiet $G = \{z \in \mathbb{C} \mid |z| < 1\}$ und die Funktion $f: G \to \mathbb{C}$, $z \mapsto z$. Es gilt für alle $z \in G$

$$|f(z)| = |z| < 1,$$

also ist f auf G beschränkt. Wegen $f(0) = 0 \neq \frac{1}{2} = f(\frac{1}{2})$ ist f aber nicht konstant.

e *Richtig.* Die Funktion f ist auf einer Umgebung von 0 beschränkt, sodass es sich hierbei laut dem Riemannschen Hebbarkeitssatz um eine hebbare Singularität von f handelt und eine holomorphe Fortsetzung $\tilde{f}: \mathbb{C} \to \mathbb{C}$ existiert. Diese ist beschränkt, also laut dem Satz von Liouville konstant und damit ist auch f konstant.

f *Richtig.* Dies ist genau die Aussage des Satzes von Liouville 6.20.

Aufgabe (Frühjahr 2012, T1A2)

Fragen zur Funktionentheorie:

a Gibt es eine holomorphe Funktion $f: \{z \in \mathbb{C} : |z| < 2\} \to \mathbb{C}$, sodass $f(\frac{1}{2}) = 2$ ist und $|f(z)| = 1$ für alle $z \in \mathbb{C}$ mit $|z| = 1$ gilt?

b Gibt es eine holomorphe Funktion $g: \mathbb{C} \to \mathbb{C}$, sodass für alle $x + iy \in \mathbb{C}$ gilt: $(\operatorname{Im} g)(x + iy) = x^2 - y^2$?

c Gibt es eine offene Umgebung $U \subseteq \mathbb{C}$ von 0 und eine holomorphe Funktion $h: U \to \mathbb{C}$, sodass $h^{(n)}(0) = (-1)^n (2n)!$ für alle $n \in \mathbb{N}_0$ gilt?

Lösungsvorschlag zur Aufgabe (Frühjahr 2012, T1A2)

a *Nein.* Kurz lässt sich dies mit dem Maximumprinzip für beschränkte Gebiete begründen (Proposition 6.24). Wir führen hier das dahinter liegende Argument nochmals aus: Wir betrachten dazu die Einschränkung von $|f|$

auf die abgeschlossene Einheitskreisscheibe $\overline{\mathbb{E}}$. Diese ist stetig und auf $\mathbb{E}$ holomorph. Da $\overline{\mathbb{E}}$ abgeschlossen und beschränkt ist, muss $|f|$ dort ein Maximum annehmen.

Nehmen wir nun an, dass dieses Maximum im Inneren des Einheitskreises liegt. Dann wäre $f_{|\mathbb{E}}$ laut dem Maximumprinzip konstant. Zusammen mit der ersten Bedingung der Angabe folgt dann $f(z) = 2$ für $z \in \mathbb{E}$. Aufgrund der Stetigkeit folgt damit auch für $a \in \partial\mathbb{E}$, dass

$$f(a) = f(\lim_{z \to a} z) = \lim_{z \to a} f(z) = \lim_{z \to a} 2 = 2$$

im Widerspruch zur Bedingung $|f(z)| = 1$ für $z \in \partial\mathbb{E}$. Somit muss also das Maximum auf dem Kreisrand $\partial\mathbb{E}$ liegen. Daraus erhalten wir jedoch einen Widerspruch zu

$$\left| f\left(\tfrac{1}{2}\right) \right| = 2 > 1 = |f(z)|$$

für beliebiges $z \in \partial\mathbb{E}$. Eine Funktion, die die angegebenen Forderungen erfüllt, kann also nicht existieren.

b *Ja.* Da $\mathbb{C}$ ein einfach zusammenhängendes Gebiet ist, genügt es laut Proposition 6.6, zu überprüfen, ob die angegebene Funktion harmonisch ist. Wir berechnen

$$\partial_x \operatorname{Im} g = 2x, \quad \partial_x^2 \operatorname{Im} g = 2 \quad \text{sowie} \quad \partial_y \operatorname{Im} g = -2y, \quad \partial_y^2 \operatorname{Im} g = -2$$

und erhalten damit tatsächlich $\Delta(\operatorname{Im} g) = 0$. Damit ist $\operatorname{Im} g$ harmonisch und es existiert eine solche Funktion.[4]

c *Nein.* Angenommen, eine solche holomorphe Funktion existiert. Betrachten wir eine Potenzreihenentwicklung von h mit Entwicklungspunkt 0. Diese hat gemäß Satz 6.10 (1) die Form

$$h(z) = \sum_{n=0}^{\infty} \frac{h^{(n)}(0)}{n!} z^n = \sum_{n=0}^{\infty} \frac{(-1)^n (2n)!}{n!} z^n.$$

Wir untersuchen den Konvergenzradius r dieser Reihe. Wegen $\frac{(-1)^n (2n)!}{n!} \neq 0$ für $n \in \mathbb{N}$ können wir die Formel aus Proposition 6.9 (2) verwenden:

$$r = \lim_{n \to \infty} \frac{(2n)!}{n!} \cdot \frac{(n+1)!}{(2n+2)!} = \lim_{n \to \infty} \frac{n+1}{(2n+2)(2n+1)} = 0$$

Damit konvergiert die Reihe leider auf keiner Umgebung der 0. Eine gesuchte Umgebung U existiert also nicht.

4　Für Neugierige: Es handelt sich um Funktionen der Form $g(z) = iz^2 + c$ für $c \in \mathbb{R}$.

Aufgabe (Frühjahr 2010, T2A1)

Sei $f \colon \mathbb{C} \to \mathbb{C}$ eine ganze Funktion. Entscheiden Sie, ob die folgenden Behauptungen wahr sind. Begründen Sie Ihre Antwort jeweils mit einem *kurzen* Beweis oder einem Gegenbeispiel.

a Wenn $f(z) \in \mathbb{R}$ für alle $z \in \mathbb{C}$, dann ist f konstant.

b Wenn $f(\frac{1}{n}) = \frac{i}{n}$ ist für alle $n \in \mathbb{N}$, dann ist $f(z) = iz$ für alle $z \in \mathbb{C}$.

c Wenn f eine nicht-konstante Polynomfunktion ist, dann gibt es eine stückweise stetig differenzierbare Kurve $\gamma \colon [0,1] \to \mathbb{C}$ mit $\int_\gamma f(z)\,\mathrm{d}z = 2\pi i$.

d Die Funktion $\frac{1}{f}$ hat in 0 keinen Pol.

e Die Funktion $r \mapsto \int_{|z|=r} f(z)\,\mathrm{d}z$ ist konstant auf $]0, \infty[$.

f Die Potenzreihe $\sum_{n=0}^{\infty} \frac{1}{n!} f^{(n)}(1)(z-1)^n$ konvergiert für alle $z \in \mathbb{C}$.

Lösungsvorschlag zur Aufgabe (Frühjahr 2010, T2A1)

a *Richtig.* Es gilt $\operatorname{Im} f(z) = 0$ für alle $z \in \mathbb{C}$ und somit auch $\partial_x \operatorname{Im} f = \partial_y \operatorname{Im} f = 0$. Mit den Cauchy-Riemann-Differentialgleichungen erhalten wir

$$\partial_x \operatorname{Re} f = \partial_y \operatorname{Im} f = 0 \quad \text{und} \quad \partial_y \operatorname{Re} f = -\partial_x \operatorname{Im} f = 0.$$

Somit ist auch $\operatorname{Re} f$ konstant und wir erhalten $f(z) = a$ für ein $a \in \mathbb{R}$.

Alternative: Das Bild $f(\mathbb{C})$ müsste ein Gebiet sein. Eine Teilmenge von $\mathbb{R}$ ist jedoch nie offen in $\mathbb{C}$.

b *Richtig.* Die Menge $N = \{\frac{1}{n} \mid n \in \mathbb{N}\}$ hat einen Häufungspunkt bei Null, da die Folge $\frac{1}{n}$ aus paarweise verschiedenen Gliedern besteht und $\lim_{n \to \infty} \frac{1}{n} = 0$ erfüllt. Dieser Häufungspunkt liegt (natürlich) in $\mathbb{C}$, einem Gebiet. Auf N stimmen die holomorphen Funktionen f und $z \mapsto iz$ überein und mit dem Identitätssatz 6.19 folgt $f(z) = iz$ für alle $z \in \mathbb{C}$.

c *Richtig.* Wir konstruieren eine Kurve γ, die die Anforderungen erfüllt. Als Polynomfunktion besitzt f eine Stammfunktion F. Damit ist das angegebene Integral wegunabhängig und es gilt $\int_\gamma f(z)\,\mathrm{d}z = F(\gamma(1)) - F(\gamma(0))$. Wir können o. B. d. A. annehmen, dass $F(0) = 0$ gilt (ansonsten könnten wir die Stammfunktion F durch die Stammfunktion $F(z) - F(0)$ ersetzen).

Nun ist $F(z) - 2\pi i$ ein Polynom vom Grad ≥ 2, da f nicht-konstant ist, und hat damit laut dem Fundamentalsatz der Algebra genau zwei Nullstellen. Ist z_0 eine dieser Nullstellen, so gilt $F(z_0) - 2\pi i = 0$, also

$F(z_0) = 2\pi i$. Wir setzen $\gamma(t) = tz_0$ für $t \in [0,1]$. Dann gilt

$$\int_\gamma f(z)\,\mathrm{d}z = F(\gamma(1)) - F(\gamma(0)) = F(z_0) - F(0) = 2\pi i.$$

d *Falsch.* Betrachte die ganze Funktion $f(z) = z$. Dann hat die Funktion $\frac{1}{f}$ wegen

$$\lim_{z\to 0}\left|\frac{1}{z}\right| = \infty \quad \text{und} \quad \lim_{z\to 0} z\cdot\frac{1}{z} = 1$$

einen Pol erster Ordnung in 0.

e *Richtig.* Sei $r \in\ ]0,\infty[$. Da f auf ganz $\mathbb{C}$ holomorph ist, gilt laut dem Cauchy-Integralsatz 6.28

$$\int_{|z|=r} f(z)\,\mathrm{d}z = 0.$$

Insbesondere ist die in der Aufgabenstellung angegebene Zuordnung damit konstant.

f *Richtig.* Es handelt sich bei der angegebene Reihe um die Potenzreihenentwicklung zum Entwicklungspunkt 1. Da f eine ganze Funktion ist, also keine Singularitäten hat, hat diese den Konvergenzradius ∞.

Aufgabe (Frühjahr 2012, T2A2)

Bestimmen Sie alle holomorphen Funktionen $f, g, h\colon \mathbb{C} \to \mathbb{C}$ mit der Eigenschaft

a $f(z) = -f(\overline{z}), z \in \mathbb{C}$, bzw.
b $\operatorname{Re} g(z) = \sin(\operatorname{Im} g(z)), z \in \mathbb{C}$, und $g(0) = 2\pi i$, bzw.
c $h'(z) = z^2 h(z), z \in \mathbb{C}$.

Lösungsvorschlag zur Aufgabe (Frühjahr 2012, T2A2)

a Wir zeigen, dass dies nur für die Nullfunktion möglich ist. Sei dazu $x \in \mathbb{R}$ beliebig. Wir erhalten hier

$$f(x) = -f(\overline{x}) = -f(x) \quad \Leftrightarrow \quad f(x) = 0.$$

Somit stimmt f auf der reellen Achse mit der Funktion $z \mapsto 0$ überein. Bereits in anderen Aufgaben hatten wir gesehen, dass $\mathbb{R}$ einen Häufungspunkt bei der 0 hat. Somit folgt laut dem Identitätssatz $f(z) = 0$ für alle $z \in \mathbb{C}$.

b Es gilt aufgrund der Gleichung aus der Angabe für $z \in \mathbb{C}$

$$|\operatorname{Re} g(z)| = |\sin(\operatorname{Im} g(z))| \leq 1.$$

Somit ist der Realteil von g beschränkt. Damit ist die Funktion $e^{g(z)}$ eine ganze und beschränkte Funktion, was wiederum impliziert, dass e^g und damit auch g konstant ist. Zusammen mit der Bedingung $g(0) = 2\pi i$ ergibt sich $g(z) = 2\pi i$ für alle $z \in \mathbb{C}$. Tatsächlich erfüllt diese auch

$$\operatorname{Re} g(z) = 0 = \sin(2\pi) = \sin(\operatorname{Im} g(z)).$$

c Sei $h(z) = \sum_{n=0}^{\infty} a_n z^n$ die Potenzreihendarstellung von h um 0. Laut Angabe gilt dann

$$h'(z) = \sum_{n=1}^{\infty} a_n n z^{n-1} = \sum_{n=0}^{\infty} a_n z^{n+2} = z^2 h(z).$$

Koeffizientenvergleich der beiden Reihen ergibt

$$a_1 = 0, \quad a_2 = 0, \quad na_n = a_{(n-1)-2} = a_{n-3} \quad \text{für } n \geq 3.$$

Mittels Induktion zeigen wir nun, dass

$$a_{3k} = \frac{a_0}{3^k \cdot k!}, \quad a_{3k+1} = 0, \quad a_{3k+2} = 0$$

für alle $k \in \mathbb{N}_0$ gilt. Der Induktionsanfang wurde bereits oben erledigt, setzen wir daher die Aussage für ein k als bereits bewiesen voraus. Dann ist

$$a_{3(k+1)+1} \overset{(\star)}{=} \frac{a_{3k+1}}{3(k+1)+1} \overset{(I.V.)}{=} 0, \qquad a_{3(k+1)+2} \overset{(\star)}{=} \frac{a_{3k+2}}{3(k+1)+2} \overset{(I.V.)}{=} 0,$$

wobei an der Stelle $(\star)$ die Rekursionsformel und an der Stelle $(I.V.)$ die Induktionsvoraussetzung angewendet wurde. Außerdem erhält man

$$a_{3(k+1)} = \frac{a_{3k}}{3(k+1)} \overset{(I.V.)}{=} \frac{a_0}{3^{k+1} \cdot (k+1)!}.$$

Folglich ist

$$h(z) = \sum_{n=0}^{\infty} a_n z^n = \sum_{k=0}^{\infty} a_{3k} z^{3k} = \sum_{k=0}^{\infty} \frac{a_0}{k!} \left(\frac{z^3}{3}\right)^k = a_0 \exp(z^3/3).$$

Aufgabe (Herbst 2007, T3A1)

Drei Kurzaufgaben zur Funktionentheorie:

a Begründen Sie, dass die Funktion $f(z) = \frac{1}{z^2-2z+2}$ eine konvergente Potenzreihenentwicklung um $z = 0$ besitzt und geben Sie deren Konvergenzradius an.

b Bestimmen Sie alle holomorphen Funktionen $f: \mathbb{C} \setminus \{0\} \to \mathbb{C}$ mit $|f(z)| \geq \frac{1}{|z|}$ für alle $z \neq 0$.

c Bestimmen Sie alle ganzen Funktionen $f: \mathbb{C} \to \mathbb{C}$ mit $f \circ f = f$.

Lösungsvorschlag zur Aufgabe (Herbst 2007, T3A1)

a Die Nullstellen des Nenners von f erhalten wir durch die Rechnung

$$z^2 - 2z + 2 = 0 \quad \Leftrightarrow \quad z = \frac{2 \pm \sqrt{4-8}}{2} = 1 \pm i.$$

Die Funktion ist also laut der Quotientenregel holomorph auf $\mathbb{C} \setminus \{1 \pm i\}$. Wegen $|1 + i| = \sqrt{2}$ liegt insbesondere der Ball $B_{\sqrt{2}}(0)$ im Definitionsbereich. Auf diesem Bereich besitzt die Reihe nach dem Entwicklungssatz 6.10 eine Darstellung als konvergente Potenzreihe (insbesondere ist der Konvergenzradius $\geq \sqrt{2}$). Zugleich kann der Radius nicht größer als $\sqrt{2}$ sein, da die Reihe wegen $\lim_{z \to 1+i} |f(z)| = \infty$ bei $1 + i$ eine nicht-hebbare Singularität besitzt.

b Wegen $|f(z)| \geq \frac{1}{|z|} > 0$ hat f keine Nullstellen. Wegen

$$|f(z)| \geq \frac{1}{|z|} \quad \Leftrightarrow \quad \left| \frac{1}{zf(z)} \right| \leq 1$$

ist die holomorphe Funktion $g: \mathbb{C} \setminus \{0\} \to \mathbb{C}, z \mapsto \frac{1}{zf(z)}$ nach oben beschränkt. Ferner ist 0 eine hebbare Singularität, da g in einer Umgebung der 0 beschränkt bleibt. Betrachten wir also die holomorphe Fortsetzung $\tilde{g}: \mathbb{C} \to \mathbb{C}$. Diese ist laut dem Satz von Liouville 6.20 konstant. Damit ist $g(z) = c$ für ein $c \in \mathbb{C}$ mit $|c| \leq 1$. Dies wiederum ergibt

$$g(z) = c \quad \Leftrightarrow \quad \frac{1}{zf(z)} = c \quad \Leftrightarrow \quad f(z) = \frac{1}{cz}$$

für $|c| \leq 1$.

c Zunächst bemerken wir, dass natürlich jede konstante Funktion die angegebene Gleichung erfüllt. Nehmen wir an, dass f nicht konstant ist. Wir zeigen, dass f dann bereits die Identitätsabbildung $\mathrm{id}: z \mapsto z$ sein muss.

Aufgrund der Gebietstreue muss $G = f(\mathbb{C})$ wiederum ein Gebiet sein. Sei $w_0 \in G$ beliebig und $v_0 \in \mathbb{C}$ mit $f(v_0) = w_0$. Dann gilt

$$f(w_0) = f(f(v_0)) = f(v_0) = w_0.$$

Somit stimmen f und id auf dem Gebiet G überein. Als offene Menge enthält G einen Häufungspunkt, sodass mit dem Identitätssatz 6.19 folgt, dass $f(z) = z$ für alle $z \in \mathbb{C}$. Die geforderte Gleichung $f \circ f = f$ wird also nur von konstanten Funktionen und der Identität erfüllt.

6.5. Integralrechnung im Komplexen

Anders als für zwei reelle Zahlen gibt es verschiedene Verbindungswege zwischen zwei komplexen Zahlen $a, b \in \mathbb{C}$. Möchte man nun „von a nach b" integrieren, so muss man daher zusätzlich einen Integrationsweg angeben, d. h. eine Kurve, die die beiden Punkte verbindet und entlang derer das Integral berechnet werden soll.

Definition 6.25. Eine *Kurve* ist eine stetig differenzierbare Abbildung $\gamma\colon [a, b] \to U$, wobei $U \subseteq \mathbb{C}$ und $[a, b] \subseteq \mathbb{R}$. Das Bild im γ wird auch als *Spur* von γ bezeichnet. Das *Kurvenintegral* einer Funktion $f\colon U \to \mathbb{C}$ entlang der Kurve γ ist definiert als

$$\int_\gamma f(z)\,\mathrm{d}z = \int_a^b (f \circ \gamma)(t)\gamma'(t)\,\mathrm{d}t.$$

Glücklicherweise ist es nur selten nötig, derartige Integrale zu Fuß zu berechnen, da verschiedene Sätze dies erleichtern. Wir führen nun zunächst den Begriff der Windungszahl einer Kurve ein und geben anschließend ein Beispiel für die explizite Berechnung anhand ihrer Definition.

Definition 6.26. Sei $\gamma\colon [a, b] \to \mathbb{C}$ eine geschlossene Kurve und $z_0 \in \mathbb{C} \setminus \mathrm{im}\,\gamma$. Die *Windungszahl* (auch *Umlaufzahl*) von γ in z_0 ist definiert als

$$n(\gamma, z_0) = \frac{1}{2\pi i} \int_\gamma \frac{1}{z - z_0}\,\mathrm{d}z.$$

Beispiel 6.27. Sei $a \in \mathbb{C}$ und $r > 0$ sowie $n \in \mathbb{N}$. Betrachte die Kurve

$$\gamma_n\colon [0, 2\pi] \to \mathbb{C}, \quad t \mapsto a + re^{int},$$

welche den n-mal gegen den Uhrzeigersinn durchlaufenen Kreis $\partial B_r(a)$ parametrisiert, weswegen auch oft $\int_{\partial B_r(a)} f\,\mathrm{d}z$ für $\int_{\gamma_1} f\,\mathrm{d}z$ geschrieben wird. Die Umlaufzahl von γ in a ist dann

$$n(\gamma, a) = \frac{1}{2\pi i} \int_\gamma \frac{1}{z - a}\,\mathrm{d}z = \frac{1}{2\pi i} \int_0^{2\pi} \frac{1}{re^{int}} \cdot rine^{int}\,\mathrm{d}t = \frac{1}{2\pi i} \int_0^{2\pi} ni\,\mathrm{d}t = n,$$

was auch dem Ergebnis entspricht, das wir von dem anschaulichen Konzept einer Windungszahl erwarten würden.   ■

Die Berechnung der Windungszahl gestaltet sich meist deutlich schwieriger als in Beispiel 6.27, deshalb könnten folgende Ergebnisse hilfreich sein:

(1) Die Windungszahl einer geschlossenen Kurve ist stets ganzzahlig.

(2) Die Windungszahl ist auf Zusammenhangskomponenten von $\mathbb{C} \setminus \mathrm{Spur}\,\gamma$ konstant.

Cauchy-Integralsatz und Cauchy-Integralformel

Satz 6.28 (Cauchy-Integralsatz). Sei G ein einfach zusammenhängendes Gebiet, $f \colon G \to \mathbb{C}$ eine holomorphe Funktion. Dann gilt für jede geschlossene, in G verlaufende Kurve γ

$$\int_\gamma f(z)\,\mathrm{d}z = 0.$$

Für den Begriff „einfach zusammenhängend" existiert eine Vielzahl von äquivalenten Definitionen, der folgende Satz listet die wichtigsten auf.

Proposition 6.29. Sei $G \subseteq \mathbb{C}$ ein Gebiet. Dann sind äquivalent:

(1) G ist einfach zusammenhängend.

(2) G ist (homotop) einfach zusammenhängend, d.h. jede geschlossene Kurve ist nullhomotop in G, lässt sich also stetig auf einen Punkt zusammenziehen.

(3) $\mathbb{C} \setminus G$ besitzt keine beschränkte Zusammenhangskomponente.

(4) Für jede holomorphe Funktion $f \colon G \to \mathbb{C}$ und jede geschlossene Kurve γ gilt der Cauchy-Integralsatz wie in Satz 6.28 formuliert.

(5) Jede holomorphe Funktion $f \colon G \to \mathbb{C}$ besitzt eine Stammfunktion.

Punktierte Mengen wie $\mathbb{C} \setminus \{0\}$ sind also nicht einfach zusammenhängend. Dagegen sind Sterngebiete und geschlitzte Ebenen Beispiele für einfach zusammenhängende Mengen.

Satz 6.30 (Cauchy-Integralformel). Sei $U \subseteq \mathbb{C}$ offen und $f \colon U \to \mathbb{C}$ holomorph. Ist $\overline{B_r(a)} \subseteq U$, so gilt für jeden Punkt $w \in B_r(a)$ und jedes $n \in \mathbb{N}$

$$\frac{1}{n!} f^{(n)}(w) = \frac{1}{2\pi i} \int_{\partial B_r(a)} \frac{f(z)}{(z-w)^{n+1}}\,\mathrm{d}z.$$

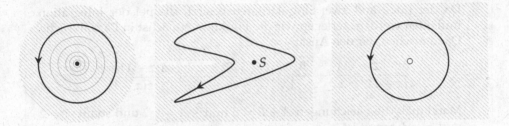

Abbildung 6.1: Der Ball links ist einfach zusammenhängend, da sich eine beliebige Kurve auf einen Punkt zusammenziehen lässt. Gleiches gilt für die geschlitzte Ebene (diese ist sternförmig, da jeder Punkt der Menge geradlinig mit S verbunden werden kann). Die punktierte Ebene rechts ist nicht einfach zusammenhängend: die eingezeichnete Kurve kann nicht auf einen Punkt in der Menge zusammengezogen werden, ohne sie „über das Loch zu ziehen" und die Menge dabei zu verlassen.

Die Cauchy-Integralformel gilt außerdem in der folgenden, allgemeineren Version:

Satz 6.31 (verallgemeinerte Cauchy-Integralformel). Sei $U \subseteq \mathbb{C}$ offen, $f : U \to \mathbb{C}$ holomorph, γ eine geschlossene Kurve, die in U nullhomolog ist, und $w \in \mathbb{C} \setminus \mathrm{im}\, \gamma$ sowie $n \in \mathbb{N}$. Dann gilt

$$\frac{n(\gamma, w)}{n!} f^{(n)}(w) = \frac{1}{2\pi i} \int_\gamma \frac{f(z)}{(z-w)^{n+1}}\, dz.$$

Aufgabe (Frühjahr 2012, T3A1)

Berechnen Sie die folgenden Integrale, wobei $\gamma(t) = 2e^{it}$ für $t \in [0, 2\pi]$.

$\boxed{a}$ $\displaystyle \int_\gamma \frac{z}{(9 - z^2)(z + i)}\, dz,$ $\qquad$ $\boxed{b}$ $\displaystyle \int_\gamma \frac{5z - 2}{z(z - 1)}\, dz,$ $\qquad$ $\boxed{c}$ $\displaystyle \int_\gamma \frac{e^{-z}}{(z - 1)^2}\, dz.$

Lösungsvorschlag zur Aufgabe (Frühjahr 2012, T3A1)

$\boxed{a}$ Wir schreiben die Funktion als

$$\frac{z}{(9 - z^2)(z + i)} = \frac{\frac{z}{9 - z^2}}{z + i} = \frac{g(z)}{z + i},$$

wobei die Funktion $g : \mathbb{C} \setminus \{3, -3\} \to \mathbb{C}$, $z \mapsto \frac{z}{9 - z^2}$ laut der Quotientenregel holomorph auf $B_3(0)$ ist. Wir erhalten mit der Cauchy-Integralformel

$$\int_\gamma \frac{z}{(9 - z^2)(z + i)}\, dz = \int_\gamma \frac{g(z)}{z - (-i)}\, dz = 2\pi i\, g(-i) =$$

$$= 2\pi i \frac{-i}{9 - (-i)^2} = 2\pi i \frac{-i}{10} = \frac{2\pi}{10} = \frac{\pi}{5}.$$

b Da der Integrand zwei Singularitäten besitzt, die bei der Integration umlaufen werden, zerlegen wir die Funktion zunächst in Partialbrüche. Dazu machen wir den Ansatz

$$\frac{5z-2}{z(z-1)} = \frac{A}{z} + \frac{B}{z-1} \quad \Leftrightarrow \quad \frac{5z-2}{z(z-1)} = \frac{A(z-1)+Bz}{z(z-1)}.$$

Man erhält die Gleichungen $A + B = 5$ und $-A = -2$ und somit $A = 2$ und $B = 3$. Somit ist

$$\frac{5z-2}{z(z-1)} = \frac{2}{z} + \frac{3}{z-1}.$$

Die Zähler sind als konstante Funktionen holomorph auf ganz $\mathbb{C}$, also liefert die Cauchy-Integralformel

$$\int_\gamma \frac{5z-2}{z(z-1)}\, dz = \int_\gamma \left(\frac{2}{z} + \frac{3}{z-1}\right)\, dz = \int_\gamma \frac{2}{z}\, dz + \int_\gamma \frac{3}{z-1}\, dz =$$
$$= 2\pi i \cdot 2 + 2\pi i \cdot 3 = 10\pi i.$$

c Die Funktion $g \colon \mathbb{C} \to \mathbb{C}$, $z \mapsto e^{-z}$ ist holomorph mit $g'(z) = -e^{-z}$. Mit der Cauchy-Integralformel 6.30 für $n = 1$ erhält man also

$$\int_\gamma \frac{e^{-z}}{(z-1)^2}\, dz = \int_\gamma \frac{g(z)}{(z-1)^2}\, dz = 2\pi i g'(1) = 2\pi i (-e^{-1}) = -\frac{2\pi i}{e}.$$

Der Residuensatz

Bereits bei der Cauchy-Integralformel sowie dem Cauchy-Integralsatz deutet sich an, dass der Wert eines Integrals über eine geschlossene Kurve nur vom Verhalten des Integranden in unmittelbarer Nähe seiner Singularitäten abhängt. Diese Idee liegt dem Begriff des Residuums zu Grunde.

Definition 6.32. Sei $U \subseteq \mathbb{C}$ offen und $f \colon U \to \mathbb{C}$ eine holomorphe Funktion, die in $a \in \mathbb{C}$ eine isolierte Singularität hat. Das **Residuum** von f an der Stelle a ist definiert als

$$\mathrm{Res}\,(f; a) = \frac{1}{2\pi i} \int_{\partial B_\varepsilon(a)} f(z)\, dz,$$

wobei der Radius $\varepsilon > 0$ des Integrationsweges so klein zu wählen ist, dass a die einzige Singularität in der Menge $B_\varepsilon(a)$ ist (nur dann ist das Residuum wohldefiniert).

Wir leiten eine Reihe von Möglichkeiten her, solche Residuen zu berechnen.

Residuen und Laurentreihen. Sei $a \in \mathbb{C}$ und $f \colon \mathbb{C} \setminus \{a\} \to \mathbb{C}$ eine holomorphe Funktion. Außerdem sei $f(z) = \sum_{k=-\infty}^{\infty} a_k(z-a)^k$ die auf $K_{r,R}(a)$ gültige Laurentreihenentwicklung von f um a. Es gilt dann

$$\operatorname{Res}(f;a) = \frac{1}{2\pi i} \int_{\partial B_{r+\varepsilon}(a)} f(\omega)\, \mathrm{d}\omega = \frac{1}{2\pi i} \int_{\partial B_{r+\varepsilon}(a)} \frac{a_{-1}}{z-a}\, \mathrm{d}z \stackrel{6.30}{=} a_{-1},$$

denn die Terme $\frac{1}{(z-a)^k}$ besitzen für $k \neq 1$ Stammfunktionen und liefern daher keinen Beitrag zum Integral.

Im allgemeineren Fall, dass f mehrere isolierte Singularitäten besitzt und sich mehr als eine davon in $B_r(a)$ befindet, so ist ist durch den Koeffizienten a_{-1} entsprechend eine Summe von Residuen gegeben. Um dies zu verstehen, benötigt man jedoch bereits den Residuensatz 6.33.

Polstellen. Eine weitere Möglichkeit für den Fall, dass f in a einen Pol n-ter Ordnung hat, ergibt sich mit der Cauchy-Integralformel. Es existiert dann nämlich eine holomorphe Funktion $g \colon U \to \mathbb{C}$ mit $f(z) = (z-a)^{-n} g(z)$ und somit gilt

$$\operatorname{Res}(f;a) = \frac{1}{2\pi i} \int\limits_{\partial B_\varepsilon(a)} f(z)\, \mathrm{d}z = \frac{1}{2\pi i} \int\limits_{\partial B_\varepsilon(a)} \frac{g(z)}{(z-a)^n}\, \mathrm{d}z =$$

$$= \frac{1}{2\pi i} \cdot \frac{2\pi i}{(n-1)!} \cdot g^{(n-1)}(a) = \frac{g^{(n-1)}(a)}{(n-1)!}.$$

Spezialfall: Pole erster Ordnung. Zuletzt betrachten wir eine Funktion f der Form $f = g/h$ wobei g in a keine, h in a eine Nullstelle erster Ordnung hat. Es gilt dann $h(z) = (z-a)\tilde{h}(z)$ für eine holomorphe Funktion $\tilde{h}$ mit $\tilde{h}(a) \neq 0$. Weiter ist $\frac{g}{h}$ holomorph auf $\overline{B_\varepsilon(a)}$ und es folgt mit der Cauchy-Integralformel

$$\operatorname{Res}(f;a) = \frac{1}{2\pi i} \int_{\partial B_\varepsilon(a)} \frac{g(z)}{h(z)}\, \mathrm{d}z = \frac{1}{2\pi i} \int_{\partial B_\varepsilon(a)} \frac{g(z)}{(z-a)\tilde{h}(z)}\, \mathrm{d}z \stackrel{6.30}{=}$$

$$= \frac{2\pi i}{2\pi i} \cdot \frac{g(a)}{\tilde{h}(a)} = \frac{g(a)}{\tilde{h}(a)} = \lim_{z \to a}(z-a)\frac{g(z)}{h(z)}.$$

Man erhält ferner unter Verwendung der Produktregel

$$h'(z) = (z-a)\tilde{h}'(z) + \tilde{h}(z)$$

und damit $\tilde{h}(a) = h'(a)$, also mit obiger Formel auch $\operatorname{Res}(f;a) = \frac{g(a)}{h'(a)}$.

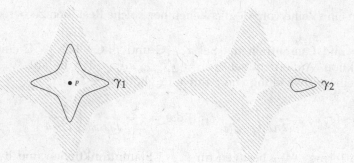

Abbildung 6.2: Die Kurve γ_1 ist in der schraffierten Menge nicht nullhomolog, da die Umlaufzahl des Punktes P, der nicht in der Menge liegt, 1 ist. Die Kurve γ_2 hingegen ist nullhomolog.

Anleitung: Berechnung von Residuen

Gegeben sei eine Funktion $f \colon U \to \mathbb{C}$, die in $a \in \mathbb{C}$ eine isolierte Singularität hat. Zur Berechnung des Residuums unterscheide folgende Fälle:

(1) Ist a eine hebbare Singularität, so verschwindet der Hauptteil der Laurentreihe von f um a und es gilt $\mathrm{Res}\,(f; a) = a_{-1} = 0$.

(2) Ist a ein einfacher Pol, gilt also $f = g/h$, wobei h in a eine Nullstelle erster Ordnung hat, so ist

$$\mathrm{Res}\,(f; a) = \frac{g(a)}{h'(a)} = \lim_{z \to a}(z - a)f(z).$$

(3) Ist a ein Pol n-ter Ordnung, so gilt

$$\mathrm{Res}\,(f; a) = \frac{g^{(n-1)}(a)}{(n - 1)!} \quad \text{mit} \quad g(z) = (z - a)^n f(z).$$

(4) Ist a eine wesentliche Singularität, so entwickle f in eine Laurentreihe. Es genügt natürlich, dabei nur den Koeffizienten a_{-1} zu bestimmen.

Bevor wir den Residuensatz formulieren, führen wir noch einen Begriff ein. Einen Weg γ nennt man **nullhomolog** in U, wenn $\mathrm{n}(\gamma, z) = 0$ für alle $z \in \mathbb{C} \setminus U$ gilt. Anschaulich bedeutet dies, dass das Gebiet, das von γ umrandet wird, vollständig in U liegt. Im Fall $U = \mathbb{C}$ ist dies offensichtlich stets der Fall.

Satz 6.33 (Residuensatz). Sei $U \subseteq \mathbb{C}$ offen und $S \subseteq U$ eine Menge, die keinen Häufungspunkt in U besitzt. Die Funktion $f : U \setminus S \to \mathbb{C}$ sei holomorph. Dann gilt für jeden geschlossenen, in U nullhomologen Weg $\gamma : [a, b] \to U \setminus S$

$$\int_\gamma f(z)\, \mathrm{d}z = 2\pi i \sum_{z \in S} \mathrm{n}(\gamma, z) \operatorname{Res}(f; z).$$

Ist f eine holomorphe Funktion, die nur endlich viele isolierte Singularitäten $a_0, \dots, a_n$ hat, so lässt sich im Residuensatz $S = \{a_0, \dots, a_n\}$ und $U = (\mathbb{C} \setminus S) \cup S = \mathbb{C}$ setzen. Da in $\mathbb{C}$ jeder Weg nullhomolog ist, reduzieren sich die Anforderungen somit auf den Nachweis, dass $\gamma(t) \in U \setminus S$ für $t \in [a, b]$ erfüllt ist.

Aufgabe (Frühjahr 2007, T2A2)

Welche Werte kann das Integral

$$\int_\gamma \frac{\mathrm{d}z}{z(z - 1)}$$

annehmen, wenn γ alle geschlossenen Integrationswege in $\mathbb{C} \setminus \{0, 1\}$ durchläuft?

Lösungsvorschlag zur Aufgabe (Frühjahr 2007, T2A2)

Die Abbildung $f : \mathbb{C} \setminus \{0, 1\}$, $z \mapsto \frac{1}{z(z-1)}$ ist holomorph laut der Quotientenregel. Wir wenden den Residuensatz auf $U = \mathbb{C}$ und $S = \{0, 1\}$ an. Da jeder Weg in $\mathbb{C}$ nullhomolog ist, sind bereits alle Voraussetzungen des Residuensatzes erfüllt und wir erhalten

$$\int_\gamma \frac{1}{z(z - 1)}\, \mathrm{d}z = 2\pi i \Big(\mathrm{n}(\gamma, 1) \operatorname{Res}(f; 1) + \mathrm{n}(\gamma, 0) \operatorname{Res}(f; 0) \Big).$$

Berechnen wir also die entsprechenden Residuen. Es ist klar, dass es sich bei 0 und 1 um Pole erster Ordnung handelt. Mit Formel (2) von Seite 328 ergibt sich

$$\operatorname{Res}(f; 0) = \lim_{z \to 0} z \frac{1}{z(z - 1)} = -1 \quad \text{und} \quad \operatorname{Res}(f; 1) = \lim_{z \to 1} (z - 1) \frac{1}{z(z - 1)} = 1.$$

Somit gilt

$$\int_\gamma f(z)\, \mathrm{d}z = 2\pi i \Big(\mathrm{n}(\gamma, 1) - \mathrm{n}(\gamma, 0) \Big).$$

Insbesondere sind die Werte ganzzahlige Vielfachen von $2\pi i$. Alle diese Werte werden auch angenommen, denn ist $k \in \mathbb{Z}$, so hat der Weg $\gamma : [0, 1] \to \mathbb{C}$, $t \mapsto \frac{1}{2} e^{2\pi i k t}$ die Umlaufzahlen $\mathrm{n}(\gamma, 0) = k$, $\mathrm{n}(\gamma, 1) = 0$ und erfüllt $|\gamma(t)| = \frac{1}{2}$, also $\gamma(t) \notin \{0, 1\}$ für $t \in [0, 1]$.

Aufgabe (Frühjahr 2014, T2A3)

Berechnen Sie für $\gamma\colon [0,2\pi] \to \mathbb{C},\ t \mapsto 2e^{2it}$ und für $\eta\colon [0,2\pi] \to \mathbb{C},\ t \mapsto i + e^{-it}$ die Kurvenintegrale:

$$\boxed{a} \ \int_\gamma \frac{e^{iz^2}-1}{z^2}\,dz \qquad \boxed{b} \ \int_\eta \frac{e^z}{(z-i)^3}\,dz \qquad \boxed{c} \ \int_\gamma e^{\frac{1}{z}}\,dz.$$

Lösungsvorschlag zur Aufgabe (Frühjahr 2014, T2A3)

Die Wege γ und η beschreiben die Kreisränder $\partial B_2(0)$ (bzw. $\partial B_1(i)$), wobei bei letzterem das Integral im Uhrzeigersinn, also in negativer Richtung, durchlaufen wird.

$\boxed{a}$ Die Singularität des Integranden ist $0 \in B_2(0)$. Wir können die verallgemeinerte Cauchy-Integralformel anwenden: die Funktion $g(z) = e^{iz^2} - 1$ ist auf $\mathbb{C}$ holomorph mit $g'(z) = 2ize^{iz^2}$. Wir erhalten also

$$\int_\gamma \frac{e^{iz}-1}{z^2}\,dz = \frac{2\pi i}{1!} \cdot \mathrm{n}(\gamma,0) \cdot g'(0) = 0.$$

$\boxed{b}$ Bei der Singularität handelt es sich um einen dreifachen Pol bei $i \in B_1(i)$. Wir verwenden den Residuensatz und bezeichnen den Integranden als f. Es gilt für $g(z) = (z-i)^3 f(z) = e^z$, dass

$$\mathrm{Res}\,(f;i) = \frac{1}{2!}g''(i) = \frac{1}{2}e^i.$$

Nun berechnen wir noch die Umlaufzahl. Hier gilt

$$\mathrm{n}(\eta,i) = \frac{1}{2\pi i}\int_\eta \frac{1}{z-i}\,dz = \frac{1}{2\pi i}\int_0^{2\pi} \frac{1}{i+e^{-it}-i}\cdot(-i)e^{-it}\,dt$$

$$= \frac{-i}{2\pi i}\int_0^{2\pi}\frac{e^{-it}}{e^{-it}}\,dt = \frac{-1}{2\pi}\int_0^{2\pi} 1\,dt = -1.$$

Wir erhalten insgesamt

$$\int_\eta f(z)\,dz = 2\pi i \cdot \mathrm{n}(\eta,i)\,\mathrm{Res}\,(f;i) = 2\pi i\cdot(-1)\cdot\frac{1}{2}e^i = -\pi ie^i.$$

$\boxed{c}$ Wie man vielleicht inzwischen weiß, hat die Abbildung $f\colon \mathbb{C}\setminus\{0\} \to \mathbb{C}, z \mapsto \exp\left(\frac{1}{z}\right)$ bei 0 eine wesentliche Singularität. Wir entwickeln die

Funktion daher zunächst in eine Laurentreihe:

$$\exp\left(\frac{1}{z}\right) = \sum_{k=0}^{\infty} \frac{1}{k!}\left(\frac{1}{z}\right)^k = \sum_{k=0}^{\infty} \frac{1}{k!} z^{-k}.$$

Der Koeffizient der (-1)-ten Potenz ist 1, dementsprechend gilt $\operatorname{Res}(f; 0) = 1$. Für die Umlaufzahl erhalten wir

$$n(\gamma, 0) = \frac{1}{2\pi i} \int_{\gamma} \frac{1}{z}\, dz = \frac{1}{2\pi i} \int_{0}^{2\pi} \frac{1}{2e^{2it}} \cdot 4ie^{2it}\, dt = \frac{1}{2\pi} \int_{0}^{2\pi} 2\, dt = 2.$$

Nun ist f auf $U = \mathbb{C} \setminus \{0\}$ holomorph, die geschlossene Kurve γ ist in $U \cup \{0\} = \mathbb{C}$ nullhomolog und erfüllt $\gamma(t) \neq 0$ für $t \in [0, 2\pi]$. Der Residuensatz liefert also

$$\int_{\gamma} f(z)\, dz = 2\pi i \cdot n(\gamma, 0) \cdot \operatorname{Res}(f; 0) = 2\pi i \cdot 2 \cdot 1 = 4\pi i.$$

Aufgabe (Herbst 2014, T2A2)

a Bestimmen Sie die Laurentreihenentwicklung mit Entwicklungspunkt $z_0 = 0$ von

$$f(z) = \frac{1}{(z-1)(z+1)} + \frac{\sin z}{z^2}$$

im Gebiet $\{z \in \mathbb{C} \mid 0 < |z| < 1\}$.

b Bestimmen Sie alle isolierten Singularitäten von f und deren Typ.

c Berechnen Sie

$$\int_{|z-1|=\frac{3}{2}} f(z)\, dz.$$

Lösungsvorschlag zur Aufgabe (Herbst 2014, T2A2)

a Der Übersichtlichkeit halber betrachten wir die Summanden getrennt und erhalten zunächst mit der geometrischen Reihe (beachte $|z| < 1$)

$$\frac{1}{(z-1)(z+1)} = \frac{-1}{1-z^2} = -\sum_{k=0}^{\infty} z^{2k}.$$

Die Sinusreihe liefert weiter

$$\frac{\sin z}{z^2} = z^{-2} \sin z = z^{-2} \sum_{k=0}^{\infty} (-1)^k \frac{z^{2k+1}}{(2k+1)!} = \sum_{k=0}^{\infty} (-1)^k \frac{z^{2k-1}}{(2k+1)!}.$$

Damit ist insgesamt

$$f(z) = \sum_{k=0}^{\infty} \left(-z^{2k} + (-1)^k \frac{z^{2k-1}}{(2k+1)!} \right).$$

b Die Funktion ist an den Stellen ± 1 und 0 nicht definiert. Offensichtlich sind dies alles isolierte Singularitäten. Weiter gilt

$$\lim_{z \to 1} |f(z)| = \infty, \; \lim_{z \to 1}(z-1)f(z) = \lim_{z \to 1} \left(\frac{1}{z+1} + \frac{(z-1)\sin z}{z^2} \right) = \frac{1}{2}.$$

Analog folgt

$$\lim_{z \to -1} |f(z)| = \infty, \; \lim_{z \to -1}(z+1)f(z) = \lim_{z \to -1} \left(\frac{1}{z-1} + \frac{(z+1)\sin z}{z^2} \right) = -\frac{1}{2}.$$

Somit sind 1 und -1 Pole 1. Ordnung. Für $z_0 = 0$ zeigt die obige Laurentreihe, deren Koeffizienten wir mit $(a_n)_{n \in \mathbb{Z}}$ bezeichnen, dass $a_{-1} = 1 \neq 0$ und $a_k = 0$ für $k < -1$ gilt, sodass die Funktion auch dort einen Pol 1. Ordnung hat.

c Die beiden Singularitäten 1 und 0 liegen im Bereich $B_{\frac{3}{2}}(1)$. Wir werden den Residuensatz verwenden. Dazu bemerken wir zunächst, dass unter Verwendung der Formeln (2) und (4) aus dem Kasten auf Seite 328 gilt

$$\text{Res}\,(f; 1) = \lim_{z \to 1}(z-1)f(z) = \tfrac{1}{2}, \quad \text{Res}\,(f; 0) = a_{-1} = 1.$$

Laut Definition des Kurvenintegrals werden diese beiden Nullstellen einmal umlaufen; die Funktion ist auf $U = \mathbb{C} \setminus \{\pm 1, 0\}$ holomorph und γ ist (natürlich) nullhomolog in $U \cup \{\pm 1, 0\} = \mathbb{C}$. Der Residuensatz ist also anwendbar und liefert uns das Ergebnis

$$\int\limits_{|z-1|=\frac{3}{2}} f(z)\, \mathrm{d}z = 2\pi i \left(\tfrac{1}{2} + 1 \right) = 3\pi i.$$

Aufgabe (Herbst 2013, T1A2)

Zwei Funktionen f und g seien in einer Umgebung eines Punktes $z_0 \in \mathbb{C}$ holomorph und es gelte $f(z_0) \neq 0, g(z_0) = 0$ und $g'(z_0) \neq 0$. Beweisen Sie, dass dann

$$\text{Res}\left(\frac{f}{g}; z_0 \right) = \frac{f(z_0)}{g'(z_0)}$$

ist. Berechnen Sie unter Benutzung dieses Ergebnisses das Integral

$$I = \int\limits_{|z|=1} \frac{e^z}{\sin z}\, \mathrm{d}z.$$

Lösungsvorschlag zur Aufgabe (Herbst 2013, T1A2)

Sei $g(z) = \sum_{n=0}^{\infty} a_n(z - z_0)^n$ die Potenzreihenentwicklung von g in genannter Umgebung von z_0. Laut Angabe ist $a_0 = g(z_0) = 0$ und $a_1 = g'(z_0) \neq 0$. Somit ist

$$g(z) = \sum_{n=1}^{\infty} a_n(z - z_0)^n = (z - z_0) \sum_{n=0}^{\infty} a_{n+1}(z - z_0)^n.$$

Setze $\tilde{g}(z) = \sum_{n=0}^{\infty} a_{n+1}(z - z_0)^n$, dann ist $g(z) = (z - z_0)\tilde{g}(z)$ und $\tilde{g}(z_0) = a_1 \neq 0$.

Es gilt laut Definition für hinreichend kleines $\varepsilon > 0$

$$\operatorname{Res}\left(\frac{f}{g}; z_0\right) = \frac{1}{2\pi i} \int_{\partial B_\varepsilon(z_0)} \frac{f(z)}{g(z)} \, dz.$$

Daher erhalten wir mit der Cauchy-Integralformel

$$\frac{1}{2\pi i} \int_{\partial B_\varepsilon(z_0)} \frac{f(z)}{g(z)} \, dz = \frac{1}{2\pi i} \int_{\partial B_\varepsilon(z_0)} \frac{f(z)}{(z - z_0)\tilde{g}(z)} \, dz = \frac{f(z_0)}{\tilde{g}(z_0)}.$$

Wir sind fertig, wenn wir $\tilde{g}(z_0) = g'(z_0)$ zeigen können. Laut der Produktregel gilt

$$g'(z) = (z - z_0)\tilde{g}'(z) + \tilde{g}(z) \quad \text{also } g'(z_0) = \tilde{g}(z_0).$$

Für den zweiten Teil der Aufgabe überprüfen wir zunächst die Voraussetzungen der soeben bewiesenen Aussage. Wir setzen dazu $f(z) = e^z$ und $g(z) = \sin z$. Es gilt

$$f(0) = 1 \neq 0, \quad g(0) = \sin 0 = 0, \quad g'(0) = \cos 0 = 1 \neq 0$$

und die beiden Funktionen sind auf ganz $\mathbb{C}$ holomorph. Damit erhalten wir

$$\operatorname{Res}\left(\frac{f}{g}; 0\right) = \frac{f(0)}{g'(0)} = \frac{1}{1} = 1.$$

Zudem sind die Nullstellen der Sinusfunktion gegeben durch $k\pi$ für $k \in \mathbb{Z}$. Ist aber $k \neq 0$, so folgt $|k\pi| > |3k| > 1$ und $k\pi \notin B_1(0)$. Die einzige Singularität, die vom Integrationsweg umlaufen wird, ist damit 0 und der Residuensatz liefert

$$\int_{|z|=1} \frac{e^z}{\sin z} \, dz = 2\pi i(1 \cdot 1) = 2\pi i.$$

Aufgabe (Frühjahr 2004, T1A1)

a Bestimmen Sie die Art der Singularität der folgenden beiden Funktionen $f, g : \mathbb{C} \setminus \{0\} \to \mathbb{C}$ im Nullpunkt:

$$f(z) = \frac{1}{z^2} \sin\left(z^2\right), \qquad g(z) = z \cos \frac{1}{z}.$$

b Berechnen Sie das Integral

$$\int_\gamma g(z) \, dz$$

über den positiv orientierten Rand γ des Rechtecks mit den Eckpunkten $1 - i, 1 + 3i, -4 + 3i, -4 - i$.

Lösungsvorschlag zur Aufgabe (Frühjahr 2004, T1A1)

a Wir berechnen die Reihendarstellung der Funktionen um $z_0 = 0$. Es gilt

$$f(z) = \frac{1}{z^2} \sin\left(z^2\right) = z^{-2} \sum_{k=0}^{\infty} (-1)^k \frac{(z^2)^{2k+1}}{(2k+1)!} = \sum_{k=0}^{\infty} (-1)^k \frac{z^{4k}}{(2k+1)!}.$$

Somit verschwindet der Hauptteil der Laurentreihendarstellung und 0 ist eine hebbare Singularität der Funktion.

Für die zweite Funktion erhalten wir

$$g(z) = z \cos \frac{1}{z} = z \sum_{k=0}^{\infty} (-1)^k \frac{z^{-2k}}{(2k)!} = \sum_{k=0}^{\infty} (-1)^k \frac{z^{-2k+1}}{(2k)!}.$$

Da in dieser Reihe unendlich viele Potenzen von z mit negativem Exponenten als Summand auftreten, handelt es sich bei 0 um eine wesentliche Singularität der Funktion g.

b Der Weg ist nullhomolog in $\mathbb{C}$. Damit gilt laut dem Residuensatz

$$\int_\gamma g(z) \, dz = 2\pi i \cdot \mathrm{n}(\gamma, 0) \cdot \mathrm{Res}\,(g; 0).$$

In der Reihendarstellung aus Teil **a** erhalten wir den Koeffizienten von z^{-1} für $k = 1$. Es ist also

$$\mathrm{Res}\,(g; 0) = -\frac{1}{2!} = -\frac{1}{2}.$$

Da der Weg positiv orientiert ist, also $\mathrm{n}(\gamma, 0) = 1$ gilt, folgt

$$\int_\gamma g(z) \, dz = -\pi i.$$

Komplexe Stammfunktionen

In der reellen Analysis besitzt laut dem Hauptsatz der Differential- und Integralrechnung jede stetige Funktion $f \colon I \to \mathbb{R}$ eine Stammfunktion, nämlich

$$F(x) = \int_a^x f(t)\, \mathrm{d}t$$

für ein beliebiges $a \in I$. Die Situation im Komplexen ist schwieriger: Sei $U \subseteq \mathbb{C}$ offen und $f \colon U \to \mathbb{C}$ stetig. Nehmen wir zunächst an, dass f eine Stammfunktion F besitzt. Ist dann $\gamma \colon [a,b] \to \mathbb{C}$ eine Kurve, so gilt

$$\int_\gamma f(z)\, \mathrm{d}z = F(\gamma(b)) - F(\gamma(a)).$$

Insbesondere muss das Integral über jeden geschlossenen Weg verschwinden. Es stellt sich heraus, dass auch die Umkehrung dieser Aussage gilt: Falls das Kurvenintegral über jeden geschlossenen Weg verschwindet, so kann man nämlich zeigen, dass für ein festes $z_0 \in U$ das Integral

$$F(z) = \int_{z_0}^z f(\xi)\, \mathrm{d}\xi.$$

unabhängig vom gewählten Weg zwischen z_0 und z ist und F daher eine wohldefinierte Funktion mit $F' = f$ ist. Wir halten dies im folgenden Satz fest.

Satz 6.34 (Existenz komplexer Stammfunktionen). Sei $U \subseteq \mathbb{C}$ ein Gebiet und $f \colon U \to \mathbb{C}$ eine stetige Funktion. Dann sind äquivalent:

(1) f besitzt eine Stammfunktion.

(2) Das Integral von f über jede in U verlaufende geschlossene Kurve verschwindet.

(3) Das Integral von f über jede in U verlaufende Kurve hängt nur vom Wert von f im Anfangs- und Endpunkt der Kurve ab.

Aufgabe (Herbst 2019, T2A3)

Auf dem Gebiet

$$\Omega = \{z = x + iy \in \mathbb{C} : -\pi < y < 2\pi\}, \quad (x, y \in \mathbb{R})$$

betrachten wir die meromorphe Funktion

$$f(z) := \frac{1}{z \sinh(z)}, \quad \text{wobei} \quad \sinh(z) = \frac{e^z - e^{-z}}{2}$$

ist.

a Bestimmen Sie alle Singularitäten von f in Ω und deren Typ.

b Berechnen Sie die Residuen von f in allen Polstellen.

c Besitzt die Funktion f eine Stammfunktion in Ω?

d Bestimmen Sie ein $c \in \mathbb{C}$, sodass die Funktion $g(z) = f(z) + c\frac{1}{z-i\pi}$ auf Ω eine Stammfunktion besitzt.

Lösungsvorschlag zur Aufgabe (Herbst 2019, T2A3)

a Wir bestimmen zunächst die Nullstellen des Sinus hyperbolicus: es ist

$$\sinh(z) = 0 \quad \Leftrightarrow \quad e^z = e^{-z} \quad \Leftrightarrow \quad e^{2z} = 1 \quad \Leftrightarrow \quad z = \pi i k \quad (k \in \mathbb{Z}).$$

Somit liegen in Ω nur die beiden Nullstellen 0 und πi. Es ist zudem

$$\sinh'(z) = \frac{e^z + e^{-z}}{2} = \cosh(z).$$

und damit

$$\sinh'(0) = 1, \quad \sinh'(\pi i) = \frac{-1 + (-1)}{2} = -1,$$

also sind beides einfache Nullstellen von $\sinh$. Damit ist 0 eine Polstelle zweiter Ordnung, πi eine Nullstelle erster Ordnung von f.

b Mit der bekannten Regel ist

$$\operatorname{Res}(f; \pi i) = \frac{1}{f'(\pi i)} = \frac{1}{\sinh(\pi i) + \pi i \cosh(\pi i)} = -\frac{1}{\pi i}.$$

Für die Berechnung des zweiten Residuums bestimmen wir den Koeffizienten von z^{-1} in einer Laurentreihenentwicklung $\sum_{k=-2}^{\infty} a_k z^k$ von f um 0. Zunächst ist

$$z \sinh z = \frac{1}{2} z \left(\sum_{k=0}^{\infty} \frac{z^k}{k!} - \sum_{k=0}^{\infty} \frac{(-z)^k}{k!} \right) =$$

$$= \sum_{k=0}^{\infty} \frac{z^{k+1} \left(1 - (-1)^k \right)}{2k!} = \frac{z^2}{1!} + \frac{z^4}{3!} + \frac{z^6}{5!} + \ldots =$$

$$= \sum_{k=1}^{\infty} \frac{d_k z^k}{(k-1)!}, \quad d_k = \frac{1}{2} \left(1 + (-1)^k \right).$$

Nun ist $f(z)z\sinh z = 1$, also

$$\left(\sum_{k=-2}^{\infty} a_k z^k\right) \cdot \left(\sum_{k=1}^{\infty} \frac{d_k z^k}{k!}\right) = 1.$$

Vergleich des Koeffizienten von z auf beiden Seiten der Gleichung ergibt

$$a_{-2}d_3 + a_{-1}d_2 + a_0 \cdot d_1 = 0.$$

Wegen $d_3 = 0 = d_1$ folgt $a_{-1} = 0$, also $\operatorname{Res}(f; 0) = 0$.

c Nein. Sei $\gamma \colon [0,1] \to \Omega$ eine Kurve, die jede der Singularitäten genau einmal umläuft. Dann ist laut dem Residuensatz

$$\int_\gamma f(z)\,\mathrm{d}z = 2\pi i\left(0 + \frac{1}{\pi i}\right) = 2 \neq 0.$$

Damit kann f laut Satz 6.34 auf Ω keine Stammfunktion haben.

d Wir wählen c so, dass alle Residuen von g verschwinden. Die Funktion $z \mapsto \frac{c}{z-i\pi}$ hat nur die einfache Polstelle πi mit Residuum c, also setzen wir $c = \frac{1}{\pi i}$. Definieren wir $g \colon \Omega \setminus \{0, \pi i\} \to \mathbb{C}$ durch $g(z) = f(z) + \frac{c}{z-i\pi}$, so gilt für jede geschlossene Kurve $\gamma \colon [0,1] \to \Omega \setminus \{0, \pi i\}$ laut dem Residuensatz

$$\int_\gamma g(z)\,\mathrm{d}z = \frac{1}{2\pi i}(\mathrm{n}(\gamma, 0)\operatorname{Res}(g; 0) + \mathrm{n}(\gamma, \pi i)\operatorname{Res}(g; \pi i))$$

$$= \frac{1}{2\pi i}(\mathrm{n}(\gamma, 0)\operatorname{Res}(f; 0) + \mathrm{n}(\gamma, \pi i)(\operatorname{Res}(f; \pi i) + c))$$

$$= \frac{1}{2\pi i}(0 + 0) = 0.$$

Laut Satz 6.34 besitzt g deshalb eine Stammfunktion auf $\Omega \setminus \{0, \pi i\}$.

Berechnung reeller Integrale mittels Residuensatz

In diesem Abschnitt entwickeln wir das *Residuenkalkül*, welches die Anwendung komplexer Methoden zur Berechnung bestimmter reeller Integrale meint. Diese Integrale können meist nicht durch die Angabe einer Stammfunktion berechnet werden, sodass man auf andere Verfahren angewiesen ist.

Proposition 6.35. Seien p und q Polynome mit $\operatorname{grad} q \geq \operatorname{grad} p + 2$. Außerdem setzen wir voraus, dass q keine reellen Nullstellen hat. Dann existiert das uneigentliche Riemann-Integral

$$\int_{-\infty}^{\infty} \frac{p(x)}{q(x)}\,\mathrm{d}x.$$

Anleitung: Reelle Integrale und Residuensatz I (rationale Funktionen)

Gegeben sei ein Integral der Form

$$\int_{-\infty}^{\infty} \frac{p(x)}{q(x)} \, dx,$$

wobei p und q Polynome mit $\operatorname{grad} q \geq \operatorname{grad} p + 2$ sind und q nullstellen-frei über $\mathbb{R}$ ist. Ziel ist die Berechnung des Wertes des Integrals, das laut Proposition 6.35 existiert.

(1) Bestimme die komplexen Nullstellen des Nenners und deren Vielfach-heit. Gib sodann die komplexe Funktion $f(z) = \frac{p(z)}{q(z)}$ mit zugehörigem Definitionsbereich an.

(2) Definiere für $R > 0$ den Weg $\gamma_1 * \gamma_2$ als Konkatenation der beiden Wege

$$\gamma_1 \colon [-R, R] \to \mathbb{C}, \quad t \mapsto t, \quad \text{und} \quad \gamma_2 \colon [0, \pi] \to \mathbb{C}, \quad t \mapsto Re^{it}.$$

(3) Gib die Menge S der Polstellen an, die vom Weg $\gamma_1 * \gamma_2$ umlaufen werden, und berechne die Residuen von f an diesen Stellen.

(4) Mit dem Residuensatz ist nun

$$\lim_{R \to \infty} \int_{\gamma_1} f(z) \, dz + \lim_{R \to \infty} \int_{\gamma_2} f(z) \, dz = \lim_{R \to \infty} \int_{\gamma_1 * \gamma_2} f(z) \, dz =$$

$$= 2\pi i \sum_{z \in S} \operatorname{n}(\gamma_1 * \gamma_2, z) \operatorname{Res}(f; z),$$

wobei die Summe über die relevanten Polstellen gebildet wird.

(5) Zeige zu guter Letzt mittels geeigneter Abschätzungen, dass der Grenz-wert $\lim_{R \to \infty} \int_{\gamma_2} f(z) \, dz = 0$ ist. Dazu verwende die Definition des Kurvenintegrals aus Definition 6.25 sowie Abschätzungen folgender Art:

(a) Für integrierbare Funktionen gilt $\left| \int f(z) \, dz \right| \leq \int |f(z)| \, dz$.

(b) Die (gewöhnliche) Dreiecksungleichung

$$|x + y| \leq |x| + |y| \tag{$\triangle$}$$

(c) Die umgekehrte Dreiecksungleichung

$$|x - y| \geq ||x| - |y|| \quad \text{bzw.} \quad |x + y| = |x - (-y)| \geq ||x| - |y|| \tag{∇}$$

> Erhalte dann eine von R abhängige Abschätzung des Integranden. Die Multiplikation mit der Länge des Integrationswegs ergibt dann eine Abschätzung des gesamten Integrals, die für $R \to \infty$ gegen 0 geht.
>
> (6) Übrig bleibt
>
> $$\int_{-\infty}^{\infty} f(z)\, dz = \lim_{R \to \infty} \int_{\gamma_1} f(z)\, dz = 2\pi i \sum_{z \in S} n(\gamma_1 * \gamma_2, z)\, \text{Res}\,(f; z).$$

Aufgabe (Frühjahr 2014, T3A3)

a Berechnen Sie das Integral

$$\int_0^{\infty} \frac{r^2}{1 + r^4}\, dr.$$

b Berechnen Sie das Integral

$$\int_{\mathbb{R}^3} \frac{dx}{1 + |x|^4}.$$

Dabei bezeichnet $|x| := \sqrt{x_1^2 + x_2^2 + x_3^2}$ die euklidische Norm von $x \in \mathbb{R}^3$.

Lösungsvorschlag zur Aufgabe (Frühjahr 2014, T3A3)

a Das Integral existiert laut Proposition 6.35, da der Grad des Nennerpolynoms um zwei größer als der des Zählerpolynoms ist und der Nenner keine reellen Nullstellen besitzt. Ferner ist der Integrand als gerade Funktion achsensymmetrisch zur y-Achse, also gilt

$$\int_0^{\infty} \frac{r^2}{1 + r^4}\, dr = \frac{1}{2} \int_{-\infty}^{\infty} \frac{r^2}{1 + r^4}\, dr.$$

Wir bestimmen zunächst die komplexen Nullstellen des Nenners. Für $k \in \mathbb{Z}$ gilt

$$z^4 + 1 = 0 \quad \Leftrightarrow \quad z^4 = -1 = e^{i\pi + 2k\pi i} \quad \Leftrightarrow \quad z \in \left\{ e^{\frac{i\pi}{4}}, e^{\frac{3i\pi}{4}}, e^{\frac{5i\pi}{4}}, e^{\frac{7i\pi}{4}} \right\} = D$$

Sei nun $R > 1$. Wir betrachten die holomorphe Funktion $f : \mathbb{C} \setminus D \to \mathbb{C}$, $z \mapsto \frac{z^2}{1 + z^4}$ sowie die beiden Wege

$$\gamma_1 : [-R, R] \to \mathbb{C}, \quad t \to t \quad \text{und} \quad \gamma_2 : [0, \pi] \to \mathbb{C}, \quad t \mapsto Re^{it}.$$

Die Konkatenation $\gamma_1 * \gamma_2$ liefert einen Weg, der in der oberen Halbebene verläuft. Wegen $R > 1$ umläuft dieser alle Pole von f, die positiven Imaginärteil haben. Dies sind $e^{\frac{i\pi}{4}}$ und $e^{\frac{3i\pi}{4}}$. Berechnen wir die Residuen an den entsprechenden Stellen: Da die Singularitäten jeweils einfache Nullstellen des Nennerpolynoms sind, können wir (2) von Seite 328 anwenden. Die Ableitung des Nenners ist gegeben durch $4z^3$. Dementsprechend ist

$$\text{Res}\left(f; e^{\frac{i\pi}{4}}\right) = \frac{\left(e^{\frac{i\pi}{4}}\right)^2}{4\left(e^{\frac{i\pi}{4}}\right)^3} = \frac{1}{4e^{\frac{i\pi}{4}}} = \frac{1}{4}e^{-\frac{i\pi}{4}}$$

sowie

$$\text{Res}\left(f; e^{\frac{3i\pi}{4}}\right) = \frac{\left(e^{\frac{3i\pi}{4}}\right)^2}{4\left(e^{\frac{3i\pi}{4}}\right)^3} = \frac{1}{4e^{\frac{3i\pi}{4}}} = \frac{1}{4}e^{-\frac{3i\pi}{4}}.$$

Bereits jetzt liefert uns der Residuensatz

$$\int_{\gamma_1 * \gamma_2} f(z)\, dz = 2\pi i \left(\frac{1}{4}e^{-\frac{i\pi}{4}} + \frac{1}{4}e^{-3\frac{i\pi}{4}}\right) =$$

$$= \frac{1}{2}\pi i \left[\cos\left(-\frac{\pi}{4}\right) + i\sin\left(-\frac{\pi}{4}\right) + \cos\left(-\frac{3\pi}{4}\right) + i\sin\left(-\frac{3\pi}{4}\right)\right] =$$

$$= \frac{1}{2}\pi i \left[\cos\left(\frac{\pi}{4}\right) - i\sin\left(\frac{\pi}{4}\right) - \cos\left(\frac{\pi}{4}\right) - i\sin\left(\frac{\pi}{4}\right)\right] =$$

$$= \frac{1}{2}\pi i \left[-2i\sin\left(\frac{\pi}{4}\right)\right] = \pi\sin\left(\frac{\pi}{4}\right) = \frac{\pi}{\sqrt{2}}.$$

Als Nächstes zeigen wir

$$\lim_{R\to\infty} \int_{\gamma_2} f(z)\, dz = 0.$$

Es gilt für $R > 1$ wegen $|e^{it}| = 1$ für $t \in \mathbb{R}$, dass

$$\left|\int_{\gamma_2} f(z)\, dz\right| = \left|\int_0^\pi \frac{R^2(e^{it})^2}{1 + R^4(e^{it})^4} Rie^{it}\, dt\right| \le \int_0^\pi \frac{|R^2(e^{it})^2|}{|1 + R^4(e^{it})^4|} |Rie^{it}|\, dt \overset{(\nabla)}{\le}$$

$$\int_0^\pi \frac{R^3}{|1 - |R^4||(e^{it})^4||}\, dt = \int_0^\pi \frac{R^3}{|1 - R^4|}\, dt = \frac{\pi R^3}{R^4 - 1}.$$

Wir sehen

$$\lim_{R\to\infty}\left|\int_{\gamma_2} f(z)\,dz\right| \le \lim_{R\to\infty} \frac{\pi R^3}{R^4-1} = 0 \quad\Rightarrow\quad \lim_{R\to\infty}\int_{\gamma_2} f(z)\,dz = 0.$$

Damit folgt aber schließlich für das zu bestimmende Integral

$$\frac{1}{2}\int_{-\infty}^{\infty} \frac{r^2}{1+r^4}\,dr = \frac{1}{2}\lim_{R\to\infty}\int_{\gamma_1*\gamma_2} f(z)\,dz - \frac{1}{2}\lim_{R\to\infty}\int_{\gamma_2} f(z)\,dz =$$

$$= \frac{\pi}{2\sqrt{2}} - \frac{1}{2}\cdot 0 = \frac{\pi}{2\sqrt{2}}.$$

b Wir verwenden hier den Transformationssatz mit der Kugelkoordinaten-abbildung. Sei $M = [0,\infty[\,\times\,]0,\pi[\,\times\,[0,2\pi[$ und

$$\phi: M \to \mathbb{R}^3, \quad (r,\vartheta,\varphi) \mapsto (r\sin\vartheta\cos\varphi, r\sin\vartheta\sin\varphi, r\cos\vartheta).$$

Bekanntlich ist ϕ ein Diffeomorphismus mit $|\det(D\phi)(r,\vartheta,\varphi)| = r^2\sin\vartheta$ (Formelsammlung [Rot91, S. 69 und 73]). Nun gilt

$$\frac{1}{1+|\phi(r,\vartheta,\varphi)|^4} = \frac{1}{1+(r^2\sin^2\vartheta\cos^2\varphi + r^2\sin^2\vartheta\sin^2\varphi + r^2\cos^2\vartheta)^2} =$$

$$= \frac{1}{1+r^4(\sin^2\vartheta(\cos^2\varphi + \sin^2\varphi) + \cos^2\vartheta)^2} =$$

$$= \frac{1}{1+r^4(\sin^2\vartheta + \cos^2\vartheta)^2} = \frac{1}{1+r^4}.$$

Wir erhalten

$$\int_{\mathbb{R}^3} \frac{1}{1+|x|^4}\,dx = \int_M \frac{|\det\phi'(r,\vartheta,\varphi)|}{1+|\phi(r,\vartheta,\varphi)|^4}\,d(r,\vartheta,\varphi) =$$

$$= \int_0^\infty\int_0^\pi\int_0^{2\pi} \frac{r^2\sin\vartheta}{1+r^4}\,d\varphi\,d\vartheta\,dr = \int_0^\infty\int_0^\pi 2\pi\frac{r^2\sin\vartheta}{1+r^4}\,d\vartheta\,dr =$$

$$= 2\pi\int_0^\infty \frac{r^2}{1+r^4}\int_0^\pi \sin\vartheta\,d\vartheta\,dr = 4\pi\int_0^\infty \frac{r^2}{1+r^4}\,dr \stackrel{\boxed{a}}{=} \frac{2\pi^2}{\sqrt{2}}.$$

Dabei haben wir in der letzten Zeile

$$\int_0^\pi \sin\vartheta\,d\vartheta = [-\cos\vartheta]_0^\pi = 2$$

verwendet.

Aufgabe (Frühjahr 2013, T1A3)

a Bestimmen Sie Lage und Ordnung der Pole der meromorphen Funktion

$$f(z) = \frac{1}{1 + 2z^2 + z^4}.$$

b Berechnen Sie

$$\int_{-\infty}^{\infty} \frac{1}{1 + 2x^2 + x^4}\, dx$$

mithilfe des Residuensatzes.

c Geben Sie die Laurentreihe in einem der Pole an.

Lösungsvorschlag zur Aufgabe (Frühjahr 2013, T1A3)

a Es gilt

$$f(z) = \frac{1}{1 + 2z^2 + z^4} = \frac{1}{(z^2 + 1)^2} = \frac{1}{(z - i)^2 (z + i)^2}.$$

Somit hat f in i und $-i$ jeweils einen Pol zweiter Ordnung.

b Das Integral existiert, da der Nenner keine reellen Nullstellen hat und der Nennergrad um mehr als 2 größer als der Zählergrad ist. Wir definieren die beiden Wege $\gamma_1 \colon [-R, R] \to \mathbb{C}$, $t \mapsto t$ und $\gamma_2 \colon [0, \pi] \to \mathbb{C}$, $t \mapsto Re^{it}$. Die von $\gamma_1 * \gamma_2$ umlaufene Polstelle ist i. Das Residuum berechnet sich für $g(z) = (z - i)^2 f(z) = \frac{1}{(z+i)^2}$ mit $g'(z) = \frac{-2(z+i)}{(z+i)^4}$ zu

$$\operatorname{Res}(f; i) = \frac{1}{1!} g'(i) = \frac{-2 \cdot 2i}{(2i)^4} = \frac{-4i}{16} = \frac{-i}{4}.$$

Und damit ist laut dem Residuensatz

$$\int_{\gamma_1 * \gamma_2} f(z)\, dz = 2\pi i \cdot \frac{-i}{4} = \frac{\pi}{2}.$$

Sei nun $R > 1$. Wir erhalten

$$\left| \int_{\gamma_2} f(z)\, dz \right| = \left| \int_{\gamma} \frac{1}{(z^2 + 1)^2}\, dz \right| \leq \int_0^{\pi} \frac{|Re^{it}|}{|R^2 e^{2it} + 1|^2}\, dt$$

$$\overset{(\nabla)}{\leq} \int_0^{\pi} \frac{R}{|R^2 - 1|^2}\, dt = \frac{\pi R}{(R^2 - 1)^2}.$$

Somit gilt

$$\lim_{R\to\infty} \left| \int_{\gamma_2} f(z)\, dz \right| \leq \lim_{R\to\infty} \frac{\pi R}{(R^2-1)^2} = 0 \quad \Rightarrow \quad \lim_{R\to\infty} \int_{\gamma_2} f(z)\, dz = 0.$$

Dies wiederum bedeutet

$$\int_{-\infty}^{\infty} \frac{1}{1+2x^2+x^4}\, dx = \lim_{R\to\infty} \int_{\gamma_1} f(z)\, dz = \frac{\pi}{2}.$$

c Da die Funktion symmetrisch ist, macht es von der Schwierigkeit her keinen Unterschied, welcher Pol verwendet wird. Wir wählen $z_0 = i$. Mit der Zerlegung aus Teil a gilt zunächst

$$f(z) = (z-i)^{-2} \frac{1}{(z+i)^2}.$$

Um den hinteren Teil in eine Reihe der Form $\sum_{k=0}^{\infty} a_k(z-i)^k$ zu entwickeln, verwenden wir zunächst die geometrische Reihe:

$$\frac{1}{z+i} = \frac{1}{z-i+i+i} = \frac{1}{(z-i)+2i} = \frac{1}{2i}\frac{1}{1-\frac{(-z+i)}{2i}}$$

$$= \frac{1}{2i}\sum_{k=0}^{\infty}\left(\frac{-z+i}{2i}\right)^k = \frac{1}{2i}\sum_{k=0}^{\infty}\left(\frac{-1}{2i}\right)^k(z-i)^k$$

$$= \frac{1}{2i}\sum_{k=0}^{\infty}\left(\frac{i}{2}\right)^k(z-i)^k$$

Nun gilt mittels gliedweisem Differenzieren

$$\frac{1}{(z+i)^2} = -\frac{d}{dz}\left(\frac{1}{z+i}\right) = -\frac{1}{2i}\sum_{k=1}^{\infty} k\left(\frac{i}{2}\right)^k(z-i)^{k-1}.$$

Somit erhalten wir insgesamt

$$f(z) = -\frac{1}{2i}(z-i)^{-2}\sum_{k=1}^{\infty} k\left(\frac{i}{2}\right)^k(z-i)^{k-1} = -\frac{1}{2i}\sum_{k=1}^{\infty} k\left(\frac{i}{2}\right)^k(z-i)^{k-3}$$

$$= -\frac{1}{2i}\sum_{k=-2}^{\infty}(k+3)\left(\frac{i}{2}\right)^{k+3}(z-i)^k$$

$$= \frac{1}{16}\sum_{k=-2}^{\infty}(k+3)\left(\frac{i}{2}\right)^k(z-i)^k.$$

Anleitung: Reelle Integrale und Residuensatz II (Funktionen mit Sinus oder Kosinus)

Gegeben sei ein Integral (i. d. R. von 0 bis 2π) über eine von Sinus- und Kosinusfunktionen abhängige gebrochene Funktion, deren Nenner keine reelle Nullstelle besitzt.

(1) Ersetze Sinus oder Kosinus mittels einer der Identitäten

$$\cos t = \frac{1}{2}\left(e^{it} + e^{-it}\right) \quad \text{oder} \quad \sin t = \frac{1}{2i}\left(e^{it} - e^{-it}\right).$$

(2) Ergänze im Integral den Faktor $\frac{\gamma'(t)}{i\gamma(t)} = \frac{ie^{it}}{ie^{it}} = 1$, wobei γ der Weg $\gamma\colon [0, 2\pi] \to \mathbb{C},\ t \mapsto e^{it}$ ist.

(3) Laut der Definition des Kurvenintegrals (vgl. 6.25) lässt sich das Integral nun in ein Kurvenintegral über den Rand des Einheitskreises umschreiben. Bestimme die zugehörige Funktion im Integranden.

(4) Ermittle mittels des Residuensatzes den Wert dieses Integrals.

Aufgabe (Herbst 2010, T1A4)

Zeigen Sie mithilfe des Residuensatzes, dass

$$I := \int_{0}^{2\pi} \frac{dt}{5 + 3\cos t} = \frac{\pi}{2}$$

ist.

Lösungsvorschlag zur Aufgabe (Herbst 2010, T1A4)

Wegen $|\cos t| \leq 1$ hat die Funktion $f\colon [0, 2\pi] \to \mathbb{R},\ t \mapsto \frac{1}{5 + 3\cos t}$ keine Polstellen und ist somit als stetige Funktion auf einem beschränkten Intervall integrierbar.

Wir verwenden die Identität $\cos t = \frac{1}{2}\left(e^{it} + e^{-it}\right)$ und erhalten

$$\int_{0}^{2\pi} \frac{1}{5 + 3\cos t}\, dt = \int_{0}^{2\pi} \frac{1}{5 + \frac{3}{2}\left(e^{it} + e^{-it}\right)}\, dt = \int_{0}^{2\pi} \frac{1}{5 + \frac{3}{2}\left(e^{it} + e^{-it}\right)} \cdot \frac{ie^{it}}{ie^{it}}\, dt.$$

Mit der Kurve $\gamma\colon [0, 2\pi] \to \mathbb{C},\ t \mapsto e^{it}$ wird die letzte Gleichung zu

$$\int_0^{2\pi} \frac{1}{5 + \frac{3}{2}\left(\gamma(t) + \frac{1}{\gamma(t)}\right)} \cdot \frac{\gamma'(t)}{i\gamma(t)}\ \mathrm{d}t = \int_0^{2\pi} \frac{-i\gamma'(t)}{5\gamma(t) + \frac{3}{2}\left(\gamma(t)^2 + 1\right)}\ \mathrm{d}t$$

$$= \int_\gamma \frac{-i}{5z + \frac{3}{2}\left(z^2 + 1\right)}\ \mathrm{d}z.$$

Die Nullstellen des Nenners bestimmt man mittels

$$\frac{3}{2}z^2 + 5z + \frac{3}{2} = 0 \quad\Leftrightarrow\quad z = \frac{-5 \pm \sqrt{5^2 - 4 \cdot \frac{3}{2} \cdot \frac{3}{2}}}{3} = \frac{-5 \pm 4}{3}.$$

Damit sind die Nullstellen des Nenners -3 und $-\frac{1}{3}$. Diese sind somit einfache Polstellen der Funktion

$$f\colon \mathbb{C} \setminus \left\{-3, -\frac{1}{3}\right\} \to \mathbb{C}, \quad z \mapsto \frac{-i}{5z + \frac{3}{2}\left(z^2 + 1\right)}.$$

Da $\mathrm{n}(\gamma, -3) = 0$ ist ergibt sich mit dem Residuensatz

$$I = \int_\gamma \frac{-i}{5z + \frac{3}{2}\left(z^2 + 1\right)}\ \mathrm{d}z = 2\pi i \cdot \mathrm{n}\left(\gamma, -\frac{1}{3}\right) \cdot \mathrm{Res}\left(f; -\frac{1}{3}\right).$$

Wir berechnen das nötige Residuum und benutzen dazu die Ableitung $3z + 5$ des Nenners:

$$\mathrm{Res}\left(f; -\frac{1}{3}\right) = \frac{-i}{3 \cdot \left(-\frac{1}{3}\right) + 5} = \frac{-i}{4}$$

und somit

$$I = 2\pi i \cdot \frac{-i}{4} = \frac{\pi}{2}.$$

Aufgabe (Frühjahr 2003, T2A3)

Berechnen Sie für $a \in \mathbb{R}, a > 1$ das Integral

$$\int_0^{2\pi} \frac{\mathrm{d}\varphi}{a + \cos\varphi}.$$

Lösungsvorschlag zur Aufgabe (Frühjahr 2003, T2A3)

Auch hier sei zunächst bemerkt, dass das Integral existiert, da der Nenner keine Nullstellen hat.

Mittels $\cos t = \frac{1}{2} \left(e^{it} + e^{-it} \right)$ erhalten wir für die Kurve $\gamma : [0, 2\pi] \to \mathbb{C}$, $t \mapsto e^{it}$

$$\int_0^{2\pi} \frac{1}{a + \cos \varphi} \, d\varphi = \int_0^{2\pi} \frac{1}{a + \frac{1}{2}\left(e^{it} + e^{-it}\right)} \, dt = \int_0^{2\pi} \frac{2}{2a + \left(e^{it} + e^{-it}\right)} \cdot \frac{ie^{it}}{ie^{it}} \, dt =$$

$$= \int_0^{2\pi} \frac{2}{2a + \left(\gamma(t) + \gamma(t)^{-1}\right)} \cdot \frac{\gamma'(t)}{i\gamma(t)} \, dt = \int_0^{2\pi} \frac{-2i\gamma'(t)}{2a\gamma(t) + \left(\gamma(t)^2 + 1\right)} \, dt =$$

$$= \int_\gamma \frac{-2i}{2za + z^2 + 1} \, dz.$$

Untersuchen wir den Nenner des Integranden auf Nullstellen!

$$z^2 + 2az + 1 = 0 \quad \Leftrightarrow \quad z = \frac{-2a \pm \sqrt{4a^2 - 4}}{2} = -a \pm \sqrt{a^2 - 1}.$$

Beide Polstellen sind wegen $a^2 - 1 > 0$ reell (beachte $a > 1$). Wegen

$$z_1 = -a - \sqrt{a^2 - 1} < -a < -1$$

ist aber $z_1 \notin B_1(0)$. Zumindest z_2 liegt jedoch in $B_1(0)$: Wegen $\sqrt{a^2 - 1} < \sqrt{a^2} = a$ ist $z_2 < -a + a = 0$. Ferner ist

$$-a + \sqrt{a^2 - 1} > -1 \quad \Leftrightarrow \quad \sqrt{a^2 - 1} > a - 1 \quad \Leftrightarrow \quad a^2 - 1 > a^2 - 2a + 1$$

$$\Leftrightarrow \quad a > 1$$

und die letzte Gleichung gilt laut Voraussetzung. Insgesamt gilt $-1 < z_2 < 0$ und damit $z_2 \in B_1(0)$. Der Residuensatz liefert sodann

$$\int_\gamma \frac{-2i}{2za + z^2 + 1} \, dz = 2\pi i \cdot \mathrm{n}(\gamma, z_2) \cdot \mathrm{Res}\,(f; z_2).$$

Berechnen wir noch das fragliche Residuum! Hier gilt unter Verwendung der Nenner-Ableitung $2z + 2a = 2(z + a)$, dass

$$\mathrm{Res}\,(f; z_2) = \frac{-2i}{2(z_2 + a)} = \frac{-i}{\sqrt{a^2 - 1}}.$$

Und somit erhalten wir

$$\int_0^{2\pi} \frac{d\varphi}{a + \cos \varphi} = 2\pi i \cdot \frac{-i}{\sqrt{a^2 - 1}} = \frac{2\pi}{\sqrt{a^2 - 1}}.$$

> **Anleitung: Reelle Integrale und Residuensatz III (Sinus- und Kosinusfunktion und rationale Funktion)**
>
> Seien p und q Polynome mit $\operatorname{grad} q \geq \operatorname{grad} p + 1$, und $q(x) \neq 0$ für $x \in \mathbb{R}$. Berechnet werden soll ein Integral der Form
>
> $$\int\limits_{-\infty}^{\infty} \sin x \, \frac{p(x)}{q(x)} \, \mathrm{d}x \quad \text{oder} \quad \int\limits_{-\infty}^{\infty} \cos x \, \frac{p(x)}{q(x)} \, \mathrm{d}x.$$
>
> (1) Bei dem Integral handelt es sich um den Real- oder Imaginärteil des Integrals
>
> $$\int\limits_{-\infty}^{\infty} e^{ix} \frac{p(x)}{q(x)} \, \mathrm{d}x = \lim_{R \to \infty} \int_{\gamma_R} e^{iz} \frac{p(z)}{q(z)} \, \mathrm{d}z$$
>
> für den Weg $\gamma_R \colon [-R, R] \to \mathbb{C}, \ t \mapsto t$.
>
> (2) Gib einen Weg δ_R an, sodass $\gamma_R * \delta_R$ ein geschlossener Weg ist. Ist $\operatorname{grad} q \geq \operatorname{grad} p + 2$, so tut es der bereits bekannte Halbbogen. Ansonsten liefert ein Rechteckweg bessere Abschätzungen in (4).
>
> (3) Berechne das Integral
>
> $$\lim_{R \to \infty} \int\limits_{\gamma_R * \delta_R} e^{iz} \frac{p(z)}{q(z)} \, \mathrm{d}z$$
>
> mit dem Residuensatz.
>
> (4) Zeige, dass der Integralwert des Weges δ_R aus (2) für $R \to \infty$ gegen 0 konvergiert. Der Wert des gesuchten Integrals stimmt somit mit dem Real- bzw. Imaginärteil des Ergebnisses aus (3) überein.

Aufgabe (Herbst 2013, T3A3)

Sei $a > 0$ und sei $f \colon \mathbb{R} \to \mathbb{R}, \ x \mapsto \frac{\cos x}{a^2 + x^2}$.

a Zeigen Sie: $\int_{-\infty}^{\infty} |f(x)| \, \mathrm{d}x < \infty$.

b Beweisen Sie mithilfe des Residuensatzes:

$$\int\limits_{-\infty}^{\infty} \frac{\cos x}{a^2 + x^2} \, \mathrm{d}x = \frac{\pi}{a} e^{-a}.$$

Lösungsvorschlag zur Aufgabe (Herbst 2013, T3A3)

a Wir geben eine integrierbare Majorante an. Betrachte dazu die Abschätzung

$$\int_{-\infty}^{\infty} \left| \frac{\cos x}{a^2 + x^2} \right| \, dx \leq \int_{-\infty}^{\infty} \frac{1}{a^2 + x^2} \, dx.$$

Das Integral auf der rechten Seite existiert, da die Differenz zwischen Zähler- und Nennergrad 2 beträgt und der Nenner keine reellen Nullstellen hat.

b Zunächst gilt für den Weg $\gamma_R \colon [-R, R] \to \mathbb{C}$, $t \mapsto t$

$$\int_{-\infty}^{\infty} \frac{\cos x}{a^2 + x^2} \, dx = \mathrm{Re} \int_{-\infty}^{\infty} \frac{e^{it}}{a^2 + t^2} \, dt = \lim_{R \to \infty} \mathrm{Re} \int_{\gamma_R} \frac{e^{iz}}{z^2 + a^2} \, dz.$$

Für die Nullstellen des Nenners gilt

$$z^2 + a^2 = 0 \quad \Leftrightarrow \quad (z - ia)(z + ia) = 0 \quad \Leftrightarrow \quad z = \pm ia.$$

Betrachten wir also im Folgenden die holomorphe Funktion

$$f \colon \mathbb{C} \setminus \{\pm ia\} \to \mathbb{C}, \quad z \mapsto \frac{e^{iz}}{z^2 + a^2}$$

sowie den Weg $\delta \colon [0, \pi] \to \mathbb{C}$, $t \mapsto R e^{it}$. Die einzige von $\gamma_R * \delta$ umlaufene Polstelle ist $+ia$. Das zugehörige Residuum berechnet sich zu

$$\mathrm{Res}\,(f; ia) = \frac{e^{i(ia)}}{2(ia)} = \frac{e^{-a}}{2ia}.$$

Mit dem Residuensatz folgt nun

$$\int_{\gamma_R * \delta} \frac{e^{iz}}{z^2 + a^2} \, dz = 2\pi i \frac{e^{-a}}{2ia} = \frac{\pi}{a} e^{-a}.$$

Wir schätzen nun das Integral über δ ab. Hier ergibt sich für $R > a$

$$\left| \int_{\delta} \frac{e^{iz}}{z^2 + a^2} \, dz \right| \leq \int_{\delta} \left| \frac{e^{iz}}{z^2 + a^2} \right| \, dz = \int_{0}^{\pi} \frac{|\exp(iRe^{it})|}{|R^2 e^{2it} + a^2|} \left| iRe^{it} \right| \, dt$$

$$\overset{(\triangledown)}{\leq} \int_{0}^{\pi} \frac{R}{|R^2 - a^2|} \, dt = \frac{\pi R}{R^2 - a^2}.$$

Dabei haben wir für die vorletzte Abschätzung die für $t \in [0, \pi]$ gültige Gleichung

$$| \exp(iRe^{it})| = |\exp(iR(\cos t + i \sin t))| = |\exp(iR \cos t) \exp(-R \sin t)|$$
$$= |\exp(-R \sin t)| \leq 1$$

verwendet. Damit ergibt sich aber

$$\lim_{R \to \infty} \left| \int_{\delta_R} f(z) \, dz \right| \leq \lim_{R \to \infty} \frac{\pi R}{R^2 - a^2} = 0 \quad \Rightarrow \quad \lim_{R \to \infty} \int_{\delta_R} f(z) \, dz = 0$$

und somit

$$\lim_{R \to \infty} \int_{-R}^{R} \frac{\cos t}{t^2 + a^2} \, dt = \operatorname{Re} \lim_{R \to \infty} \int_{\gamma_R} \frac{e^{iz}}{z^2 + a^2} \, dz = \operatorname{Re} \lim_{R \to \infty} \int_{\gamma_R * \delta_R} \frac{e^{iz}}{z^2 + a^2} \, dz$$

$$= \operatorname{Re} \frac{\pi}{a} e^{-a} = \frac{\pi}{a} e^{-a}$$

Aufgabe (Herbst 2013, T2A2)

Benutzen Sie den Residuensatz, um das uneigentliche reelle Integral

$$\int_{0}^{\infty} \frac{x \sin x}{x^2 + c^2} \, dx$$

für $c \in \mathbb{R}, c \neq 0$, zu berechnen. Geben Sie insbesondere Integrationspfade explizit an und weisen Sie nach, dass die Werte der entsprechenden Kurvenintegrale gegen das gesuchte Integral konvergieren.

Lösungsvorschlag zur Aufgabe (Herbst 2013, T2A2)

Der Integrand ist achsensymmetrisch zur y-Achse. Es gilt daher

$$\int_{0}^{\infty} \frac{x \sin x}{x^2 + c^2} \, dx = \tfrac{1}{2} \operatorname{Im} \int_{-\infty}^{\infty} \frac{x e^{ix}}{x^2 + c^2} \, dx = \tfrac{1}{2} \lim_{r \to \infty} \operatorname{Im} \int_{\gamma_r} \frac{z e^{iz}}{z^2 + c^2} \, dz$$

für den Weg $\gamma_r : [-r, r] \to \mathbb{C}$, $t \mapsto t$. Die Nullstellen des Nenners im Komplexen sind gegeben durch $\pm ic$, sodass wir im Folgenden die Funktion

$$f : \mathbb{C} \setminus \{\pm ic\} \to \mathbb{C}, \quad z \mapsto \frac{z e^{iz}}{z^2 + c^2}$$

betrachten. Als Integrationspfad wählen wir das geschlossene Rechteck mit den Ecken $r, r + ir, -r + ir, -r$, wobei $r \in \mathbb{R}^+$ so gewählt sei, dass $r > c$ gilt. Bezeichnen wir diesen Weg mit Γ, so ist $n(\Gamma, ic) = 1$ und $n(\Gamma, -ic) = 0$. Wir berechnen also nur das benötigte Residuum

$$\operatorname{Res}(f; ic) = \frac{ice^{i^2 c}}{2ic} = \frac{e^{-c}}{2}.$$

Es folgt

$$\int_\gamma f(z)\, dz = 2\pi i \frac{e^{-c}}{2} = \frac{\pi i}{e^c}.$$

Kommen wir zur Abschätzung der Integrale.

Vertikale Wege: Definiere $\gamma_1 \colon [0, r] \to \mathbb{C},\ t \mapsto r + it$, dann gilt

$$\left| \int_{\gamma_1} f(z)\, dz \right| \leq \int_0^r \frac{|r + it||e^{i(r+it)}|}{|(r+it)^2 + c^2|} \cdot |i|\, dt \overset{(\Delta)}{\leq} \int_0^r \frac{2re^{-t}}{r^2}\, dt$$

Dabei haben wir in der letzten Abschätzung im Nenner die Abschätzung

$$|(r+it)^2 + c^2| = |r + it + ic| \cdot |r + it - ic| = |r + i(t+c)| \cdot |r + i(t-c)| \geq r^2$$

verwendet. Nach Integration erhalten wir

$$\int_0^r \frac{2re^{-t}}{r^2}\, dt \leq \frac{2}{r} \left[-e^{-t} \right]_0^r = \frac{2}{r} \left(1 - e^{-r} \right) \overset{r \to \infty}{\longrightarrow} 0.$$

Für den Weg $\gamma_3 \colon [0, r] \to \mathbb{C},\ t \mapsto -r + i(r - t)$ ergibt sich analog der Grenzwert 0.

Horizontaler Weg: Definiere $\gamma_2 \colon [-r, r] \to \mathbb{C},\ t \mapsto -t + ir$, dann haben wir

$$\left| \int_{\gamma_2} f(z)\, dz \right| \leq \int_{-r}^r \frac{|-t + ir| \cdot |e^{i(-t+ir)}|}{|(-t+ir)^2 + c^2|}\, dt$$

$$\overset{(\Delta,\star)}{\leq} \int_{-r}^r \frac{2re^{-r}}{r^2 - c^2}\, dt = \frac{4r^2 e^{-r}}{r^2 - c^2} \overset{r \to \infty}{\longrightarrow} 0,$$

wobei wir die zu oben ähnliche Abschätzung

$$|(-t + ir)^2 + c^2| = |-t + i(r+c)| \cdot |-t + i(r-c)| \geq (r+c)(r-c) = r^2 - c^2$$

verwendet haben. Somit gilt insgesamt

$$\lim_{r \to \infty} \int_{\gamma_1 * \gamma_2 * \gamma_3} f(z)\, dz = 0.$$

Dies bedeutet

$$\int_0^\infty \frac{x \sin x}{x^2 + c^2} \, dx = \frac{1}{2} \operatorname{Im} \int_\Gamma \frac{z e^{iz}}{z^2 + c^2} \, dz = \frac{\pi}{2 e^c}.$$

Zuletzt betrachten wir noch eine Möglichkeit, reelle Integrale zu berechnen, die nicht entlang der gesamten reellen Achse verlaufen. Diese Möglichkeit hat den Vorteil, dass nur ein Residuum betrachtet werden muss.

Anleitung: Berechnung von reellen Integralen IV (Pizzastück)

Zu berechnen ist ein Integral der Form

$$I = \int_0^\infty f(x) \, dx.$$

Anstatt eines Halbkreises lässt sich hier ein Kreissektor als Weg wählen.

(1) Bestimme die Singularitäten der Funktion in Polarkoordinaten. Bezeichne mit $z_0 = r_0 e^{i\theta}$ die Singularität mit kleinstem Winkel θ.

(2) Definiere den Weg $\Gamma_R = \gamma_1 * \gamma_2 * \gamma_3$ durch

$$\gamma_1 \colon [0, R] \to \mathbb{C}, t \mapsto t,$$
$$\gamma_2 \colon [0, 2\theta] \to \mathbb{C}, t \mapsto R e^{it},$$
$$\gamma_3 \colon [0, R] \to \mathbb{C}, t \mapsto (R - t) e^{2i\theta}.$$

(3) Das Integral über γ_3 lässt sich durch die Substitution $t \mapsto R - t$ in ein Vielfaches des Integrals über γ_1 überführen. Das Integral über γ_2 geht für $R \to \infty$ gegen 0. Es gilt somit für ein $c \in \mathbb{C}$

$$\int_{\Gamma_R} f(z) \, dz = \lim_{R \to \infty} \int_{\gamma_1} f(z) \, dz + \lim_{R \to \infty} c \int_{\gamma_1} f(z) \, dz = (1 + c) I.$$

(4) Bestimme das Residuum $\operatorname{Res}(f; z_0)$ und mit dem Residuensatz das Integral über Γ_R.

(5) Löse die so entstandene Gleichung nach I auf. Dabei ist es oft sinnvoll, von den Beziehungen

$$\sin z = \frac{1}{2i} \left(e^{iz} - e^{-iz} \right) \quad \text{und} \quad \cos z = \frac{1}{2} \left(e^{iz} + e^{-iz} \right).$$

Aufgabe (Frühjahr 2011, T2A3)

Zeigen Sie, dass für alle $n \in \mathbb{N} = \{1, 2, \dots\}$ gilt:

$$\int_{-\infty}^{\infty} \frac{1}{1 + x^{2n}} \, dx = \frac{\pi}{n \sin(\frac{\pi}{2n})}.$$

Lösungsvorschlag zur Aufgabe (Frühjahr 2011, T2A3)

Sei $f(z) = \frac{1}{1+z^{2n}}$. Der Nenner des Integranden hat keine reelle Nullstelle und sein Grad ist um zwei größer als der des Zählers. Somit existiert das Integral. Aufgrund der Symmetrie des Integranden gilt

$$\int_{-\infty}^{\infty} \frac{1}{1 + x^{2n}} \, dx = 2 \int_{0}^{\infty} \frac{1}{1 + x^{2n}} \, dx,$$

wobei wir das Integral auf der rechten Seite fortan als I bezeichnen. Ist $e^{i\theta}$ eine Nullstelle des Nenners, so gilt

$$z^{2n} = -1 \quad \Leftrightarrow \quad e^{2in\theta} = e^{i\pi} \quad \Leftrightarrow \quad 2in\theta = i\pi + 2k\pi i \quad (k \in \mathbb{Z})$$

also haben die Nullstellen die Form $z = e^{\frac{\pi i + 2k\pi i}{2n}}$ für $k \in \{0, \dots, 2n-1\}$. Wir betrachten also die Singularität $z_0 = e^{\pi i/2n}$ und den Weg Γ_R definiert durch die Stücke

$$\gamma_1 \colon [0, R] \to \mathbb{C}, t \mapsto t, \quad \gamma_2 \colon [0, \tfrac{2\pi}{2n}] \to \mathbb{C}, t \mapsto Re^{it},$$

$$\gamma_3 \colon [0, R] \to \mathbb{C}, t \mapsto (R-t)e^{2i\pi/2n}.$$

Nun gilt mit der Substitution $t \mapsto R - t$

$$\int_{\gamma_3} \frac{1}{1 + z^{2n}} \, dz = \int_{0}^{R} \frac{1}{1 + (R-t)^{2n}e^{2\pi i}} \cdot (-e^{2\pi i/2n}) \, dt =$$

$$= -e^{2\pi i/2n} \int_{R}^{0} \frac{-1}{1 + t^{2n}} \, dt = -e^{2\pi i/2n} \int_{0}^{R} \frac{1}{1 + t^{2n}} \, dt.$$

Somit ist $\lim_{R \to \infty} \int_{\gamma_1} f(z) \, dz = -e^{2\pi i/2n} I$. Außerdem gilt für $R > 1$

$$\left| \int_{\gamma_2} \frac{1}{1 + z^{2n}} \, dz \right| \leq \int_{0}^{2\pi/2n} \left| \frac{R}{1 + R^{2n}e^{2nit}} \right| \, dt \overset{(\nabla)}{\leq} \int_{0}^{2\pi/2n} \frac{R}{R^{2n} - 1} \, dt$$

$$= \frac{2\pi R}{2n(R^{2n} - 1)} \xrightarrow{R \to \infty} 0.$$

Nun ist z_0 eine Polstelle erster Ordnung von f, dementsprechend ist

$$\text{Res}\,(f; z_0) = \frac{1}{2ne^{(\pi i/2n)(2n-1)}} = \frac{1}{-2ne^{-\pi i/2n}}.$$

Damit erhalten wir mit dem Residuensatz für $R > 1$

$$\int_{\Gamma_R} \frac{1}{1+z^2}\,\mathrm{d}z = 2\pi i n(\Gamma_R, z_0)\,\text{Res}\,(f; z_0) = \frac{-\pi i}{ne^{-\pi i/2n}}.$$

Damit ist, da das Integral über γ_2 für $R \to \infty$ verschwindet,

$$(1 - e^{2\pi i/2n})I = \lim_{R\to\infty}\left(\int_{\gamma_1} f(z)\,\mathrm{d}z + \int_{\gamma_3} f(z)\,\mathrm{d}z\right) = \frac{-\pi i}{ne^{-\pi i/2n}}.$$

Unter Verwendung von $e^{iz} - e^{-iz} = 2i\sin z$ folgt daraus

$$I = \frac{-\pi i}{ne^{-\pi i/2n}(1 - e^{2\pi i/2n})} = \frac{-\pi i}{-n(e^{\pi i/2n} - e^{-\pi i/2n})} = \frac{\pi i}{2in\sin(\frac{\pi}{2n})}.$$

Insgesamt erhalten wir

$$\int_{-\infty}^{\infty} \frac{1}{1+x^{2n}}\,\mathrm{d}x = 2\frac{\pi i}{2in\sin(\frac{\pi}{2n})} = \frac{\pi}{n\sin(\frac{\pi}{2n})}.$$

6.6. Der Satz von Rouché

Das vorrangige Ziel dieses Abschnitts wird es sein, Nullstellen holomorpher Funktionen zu zählen. Dabei ist der Satz von Rouché hilfreich, der eine Folgerung aus dem Residuensatz ist. Qualitativ macht er folgende Aussage: Verändern wir eine holomorphe Funktion f um eine verhältnismäßig kleine Störfunktion g, d. h. $|g(z)| < |f(z)|$ für Punkte z einer bestimmten Menge, so kann sich zwar die Lage der Nullstellen verändern, nicht jedoch ihre Anzahl.

Satz 6.36 (Rouché). Sei $U \subseteq \mathbb{C}$ eine nicht-leere offene Teilmenge, $f, g\colon U \to \mathbb{C}$ seien holomorphe Funktionen. Weiter sei $\gamma\colon [a, b] \to U$ eine in U nullhomologe geschlossene Kurve, die jeden Punkt in ihrem Inneren genau einmal umläuft, und es gelte

$$|g(z)| < |f(z)| \quad \text{für alle } z \in \text{Spur } \gamma.$$

Dann haben f und $f + g$

(1) auf Spur γ keine Nullstelle,

(2) im Inneren der Kurve γ gleich viele Nullstellen (mit Vielfachheit gezählt).

Anleitung: Zählen von Nullstellen in Kreis- und Ringgebieten

Für reelle Zahlen $r, R > 0$ und $a \in \mathbb{C}$ definieren wir $B_r(a) = \{z \in \mathbb{C} \mid |z - a| < r\}$ und $K_{r,R}(a) = \{z \in \mathbb{C} \mid r < |z - a| < R\}$. Gegeben sei eine holomorphe Funktion $p \colon B_r(a) \to \mathbb{C}$.

(1) Finde eine Zerlegung $p = f + g$ mit holomorphen Funktionen $f, g \colon B_r(a) \to \mathbb{C}$, sodass

$$|g(z)| < |f(z)| \quad \text{für alle } z \in \partial B_r(a)$$

gilt. Diese Zerlegung sollte so gewählt werden, dass sich die Nullstellen von f leicht bestimmen lassen.

- Dabei wählt man f meist so, dass sich $|f(z)|$ für $z \in \partial B_r(a)$ direkt angeben lässt, z. B. ein Monom $c_n z^n$ im Fall $a = 0$ für ein Polynom. Andernfalls kann man versuchen, mithilfe der umgekehrten Dreiecksungleichung eine untere Schranke für $|f(z)|$ anzugeben.

- Anschließend kann man $|g(z)|$ mithilfe der Dreiecksungleichung nach oben abschätzen. Mit etwas Glück ist diese kleiner als die untere Schranke für $|f(z)|$, d. h. man bekommt $|g(z)| < |f(z)|$ für $z \in \partial B_r(a)$.

(2) Parametrisiere $\partial B_r(a)$ durch $\gamma \colon [0, 2\pi] \to \mathbb{C}, t \mapsto r e^{it} + a$ und zeige, dass γ die Voraussetzungen des Satzes von Rouché erfüllt.

(3) Nach dem Satz von Rouché hat p auf $B_r(a)$ genauso viele Nullstellen wie f.

(4) Ist nach der Anzahl der Nullstellen in einem Ringgebiet $K_{r,R}(a)$ gefragt, bestimme die Anzahl der Nullstellen in $B_r(a)$ und $B_R(a)$ wie in (1)–(3). Nach Satz 6.36 (1) hat p auf $\partial B_r(a)$ keine Nullstellen, d. h. die Anzahl der Nullstellen in $K_{r,R}(a) = B_R(a) \setminus \overline{B_r(a)}$ ist die Differenz der bestimmten Anzahlen.

(5) Bei Polynomen ist es außerdem hilfreich, im Hinterkopf zu behalten, dass die Anzahl der Nullstellen in $\mathbb{C}$ gleich dem Grad ist (Fundamentalsatz der Algebra). Hat man also beispielsweise alle Nullstellen in $B_r(a)$ lokalisiert, so kann außerhalb keine mehr zu finden sein.

Aufgabe (Herbst 2003, T2A1)

Wie viele Nullstellen hat die Gleichung $z^4 - 5z + 1 = 0$

a im Kreisgebiet $\{z \mid |z| < 1\}$,

b im Ringgebiet $\{z \mid 1 < |z| < 2\}$,

c im Außengebiet $\{z \mid |z| > 2\}$?

Lösungsvorschlag zur Aufgabe (Herbst 2003, T2A1)

a Sei $B_1(0) = \{z \in \mathbb{C} \mid |z| < 1\}$. Wir definieren

$$\gamma_1 \colon [0, 2\pi] \to \mathbb{C}, \quad t \mapsto e^{it}$$

und berechnen an dieser Stelle einmal ausführlich die Windungszahl an jedem Punkt. Da $\mathbb{C} \setminus \overline{B_1(0)}$ unbeschränkt ist, verschwindet die Windungszahl dort. Da die Windungszahl auf jeder Zusammenhangskomponente von $\mathbb{C} \setminus \mathrm{Spur}(\gamma_1)$ konstant ist, genügt es, die Windungszahl von γ_1 um 0 zu berechnen, um sie für alle Punkte in $B_1(0)$ zu bestimmen. Diese ist

$$n(\gamma_1, 0) = \frac{1}{2\pi i} \int_{\gamma_1} \frac{1}{z}\, dz = \frac{1}{2\pi i} \int_0^{2\pi} \frac{\gamma_1'(t)}{\gamma_1(t)}\, dt = \frac{1}{2\pi i} \int_0^{2\pi} \frac{ie^{it}}{e^{it}}\, dt =$$

$$= \frac{1}{2\pi i} \int_0^{2\pi} i\, dt = \frac{2\pi i}{2\pi i} = 1.$$

Insgesamt ist damit

$$n(\gamma_1, a) = \frac{1}{2\pi i} \int_{\gamma_1} \frac{1}{z - a}\, dz = \begin{cases} 1 & \text{für } a \in B_1(0), \\ 0 & \text{für } a \in \mathbb{C} \setminus \overline{B_1(0)} \end{cases}$$

d. h. γ_1 ist nullhomolog in der offenen Menge $\mathbb{C}$ und umläuft jeden Punkt in seinem Inneren genau einmal, wobei das Innere gerade $B_1(0)$ ist. Seien nun weiter

$$f \colon \mathbb{C} \to \mathbb{C}, \quad z \mapsto -5z \quad \text{und} \quad g \colon \mathbb{C} \to \mathbb{C}, \quad z \mapsto z^4 + 1,$$

dann gilt $|f(z)| = 5|z| = 5$ für alle $z \in \partial B_1(0)$ und

$$|g(z)| = |z^4 + 1| \leq |z^4| + 1 = 1 + 1 = 2 \quad \text{für alle } z \in \partial B_1(0).$$

Insbesondere also $|g(z)| < |f(z)|$ für alle $z \in \partial B_1(0) = \mathrm{Spur}\, \gamma_1$. Nach dem Satz von Rouché 6.36 (2) haben daher f und $f + g$ in $B_1(0)$ gleich viele Nullstellen. Da f nur die einfache Nullstelle 0 in $B_1(0)$ hat, hat also $f(z) + g(z) = z^4 - 5z + 1$ ebenfalls nur eine Nullstelle in $B_1(0)$.

b Nach Satz 6.36 (1) hat $f + g$ keine Nullstelle auf $\partial B_1(0)$, also können wir die Anzahl der Nullstellen von $f + g$ auf $B_2(0) = \{z \in \mathbb{C} \mid |z| < 2\}$ bestimmen und die Anzahl der Nullstellen in $B_1(0)$ aus Teil **a** abziehen, um die Anzahl der Nullstellen im angegebenen Ringgebiet zu erhalten.

Definiere

$$\gamma_2 \colon [0, 2\pi] \to \mathbb{C}, \quad t \mapsto 2e^{it},$$

dann ist γ_2 ebenfalls nullhomolog in $\mathbb{C}$ und umläuft jeden Punkt in seinem Inneren genau einmal. Betrachte nun

$$h\colon \mathbb{C} \to \mathbb{C}, \quad z \mapsto z^4 \quad \text{und} \quad k\colon \mathbb{C} \to \mathbb{C}, \quad z \mapsto -5z + 1,$$

dann gilt $|h(z)| = |z^4| = 2^4 = 16$ für alle $z \in$ Spur γ_2 und

$$|k(z)| = |-5z + 1| \leq 5|z| + 1 = 10 + 1 = 11 \quad \text{für alle } z \in \text{Spur } \gamma_2,$$

insbesondere also $|k(z)| < |h(z)|$ für alle $z \in$ Spur $\gamma_2 = \partial B_2(0)$. Da h eine vierfache Nullstelle in 0 hat, hat nach dem Satz von Rouché auch $(h + k)(z) = z^4 - 5z + 1$ vier Nullstellen in $B_2(0)$.

Die Anzahl der Nullstellen im Ringgebiet $\{z \in \mathbb{C} \mid 1 < |z| < 2\}$ beträgt nach obiger Argumentation dann $4 - 1 = 3$.

c Da $z^4 - 5z + 1$ ein Polynom von Grad 4 ist, hat es genau vier Nullstellen in $\mathbb{C}$. In **b** haben wir gesehen, dass diese bereits in $B_2(0)$ liegen, also gibt es im Außengebiet $\{z \in \mathbb{C} \mid |z| > 2\}$ keine weiteren Nullstellen.

Aufgabe (Herbst 2014, T2A3)

Es sei $h\colon \mathbb{C} \to \mathbb{C}$ holomorph mit $|h(z)| \leq 2$ für alle $|z| = 2$ und $f\colon \mathbb{C} \to \mathbb{C}$ sei definiert durch

$$f(z) = h(z)^3 + 4z^2 - z + 1 \quad \text{für alle } z \in \mathbb{C}.$$

a Bestimmen Sie die Zahl der Nullstellen (gezählt mit Vielfachheit) von f im Gebiet $\{z \in \mathbb{C} \mid |z| < 2\}$.

b Sei nun $h(z) = \frac{z}{2}$ für alle $z \in \mathbb{C}$. Bestimmen Sie die Zahl der Nullstellen von f in $\{z \in \mathbb{C} \mid 1 < |z| < 2\}$.

Lösungsvorschlag zur Aufgabe (Herbst 2014, T2A3)

a Sei $B_2(0) = \{z \in \mathbb{C} \mid |z| < 2\}$. Wir verwenden die umgekehrte Dreiecksungleichung:

$$|4z^2 - z| \geq \left||4z^2| - |z|\right| = |4 \cdot 2^2 - 2| = 14 \quad \text{für alle } z \in \partial B_2(0)$$

Weiter ist $|h(z)^3 + 1| \leq |h(z)|^3 + 1 \leq 2^3 + 1 = 9$ für alle $z \in \partial B_2(0)$. Es gilt also $|h(z)^3 + 1| < |4z^2 - z|$ für alle $z \in \partial B_2(0)$. Nach dem Satz von Rouché hat f daher in $B_2(0)$ genauso viele Nullstellen wie das Polynom $4z^2 - z = 4z(z - \frac{1}{4})$ dort hat, nämlich 2.

[b] Für $z \in \partial B_2(0)$ gilt $|\frac{z}{2}| = \frac{2}{2} = 1 \leq 2$, also besitzt f in $B_2(0)$ nach Teil [a] zwei Nullstellen. Wir bestimmen nun die Zahl der Nullstellen von f in $\overline{B_1(0)}$, dann ist die gesuchte Anzahl die Differenz.

Für $z \in \partial B_1(0)$ gilt $|4z^2| = 4$, außerdem

$$|\tfrac{1}{8}z^3 - z + 1| \leq |\tfrac{1}{8}z^3| + |z| + 1 = \tfrac{1}{8} + 1 + 1 < 4,$$

d. h. $|\frac{1}{8}z^3 - z + 1| < |4z^2|$ für alle $z \in \partial B_1(0)$. Nach dem Satz von Rouché hat f daher in $B_1(0)$ genauso viele Nullstellen wie das Polynom $4z^2$. Das sind zwei. Da f in $B_2(0)$ ebenfalls nur zwei Nullstellen besitzt, kann es keine Nullstelle im Ringgebiet $\{z \in \mathbb{C} \mid 1 < |z| < 2\}$ geben.

Aufgabe (Frühjahr 2015, T1A1)

In dieser Aufgabe bezeichne $B_r(a) := \{z \in \mathbb{C} \mid |z - a| < r\}$ den offenen Ball von Radius $r > 0$ um $a \in \mathbb{C}$. Ferner sei $f \colon \mathbb{C} \to \mathbb{C}$ durch $f(z) := 6z^6 - 2z^2 + 1$ gegeben.

[a] Formulieren Sie den Satz von Rouché für ganze Funktionen.

[b] Zeigen Sie, dass $B_4(1) \subseteq f(B_1(0)) \subseteq B_8(1)$ gilt.

Hinweis Für den Nachweis der ersten Inklusion könnte der in [a] formulierte Satz hilfreich sein.

[c] Entscheiden Sie mit Beweis, ob $f(B_1(0)) \cap \mathbb{R} = f(B_1(0) \cap \mathbb{R})$ gilt.

Lösungsvorschlag zur Aufgabe (Frühjahr 2015, T1A1)

[a] Siehe Satz 6.36. Um eine Formulierung für ganze Funktionen zu erhalten, setze $U = \mathbb{C}$. Außerdem kann dann die Bedingung weggelassen werden, dass der Weg nullhomolog ist.

[b] Wir zeigen zunächst die zweite Inklusion. Sei $z \in B_1(0)$, dann gilt

$$|f(z) - 1| = |6z^6 - 2z^2| \leq 6|z|^6 + 2|z|^2 < 6 + 2 = 8,$$

d. h. $f(z) \in B_8(1)$. Sei nun $w \in B_4(1)$. Um die erste Inklusion zu zeigen, müssen wir $z_0 \in B_1(0)$ finden, sodass $f(z_0) = w$ gilt. Dazu definieren wir

$$g \colon \mathbb{C} \to \mathbb{C}, \quad z \mapsto 6z^6 \quad \text{und} \quad h \colon \mathbb{C} \to \mathbb{C}, \quad z \mapsto -2z^2 + 1 - w$$

Wegen $w \in B_4(1)$ gilt für alle $z \in \partial B_1(0)$, dass

$$|h(z)| = |-2z^2 + 1 - w| \leq 2|z|^2 + |1 - w| = 2 + |1 - w| < 2 + 4 = 6.$$

Außerdem ist $|g(z)| = |6z^6| = 6$ für alle $z \in \partial B_1(0)$. Also $|h(z)| < |g(z)|$ für alle $z \in \partial B_1(0)$. Da g mit 0 eine sechsfache Nullstelle in $B_1(0)$ hat, hat $g + h$ nach dem Satz von Rouché ebenfalls sechs Nullstellen in $B_1(0)$. Es gibt also $z_0 \in B_1(0)$, sodass

$$(g + h)(z_0) = 0 \quad \Leftrightarrow \quad 6z_0^6 - 2z_0^2 + 1 - w = 0$$
$$\Leftrightarrow \quad 6z_0^6 - 2z_0^2 + 1 = w \quad \Leftrightarrow \quad f(z_0) = w.$$

c Wir widerlegen die Aussage. Sei $x \in B_1(0) \cap \mathbb{R} = {]}{-}1, 1{[}$, dann ist $6x^6 + 1 \geq 0$, sodass

$$f(x) = 6x^6 - 2x^2 + 1 \geq -2x^2 \geq -2$$

Also kann $-\frac{5}{2}$ nicht in $f(B_1(0) \cap \mathbb{R})$ liegen. Wegen

$$-\frac{5}{2} \in B_4(1) \cap \mathbb{R} \overset{\textbf{b}}{\subseteq} f(B_1(0)) \cap \mathbb{R}$$

ist daher $f(B_1(0)) \cap \mathbb{R} \not\subseteq f(B_1(0) \cap \mathbb{R})$.

Anleitung: Imaginärteil von Nullstellen

Manchmal ist nicht nur die Anzahl der Nullstellen einer holomorphen Funktion f gefragt, sondern auch, wie viele davon reell sind bzw. positiven Imaginärteil haben.

(1) Die Existenz einer reellen Nullstelle kann man häufig mit dem Zwischenwertsatz beantworten, indem man diesen auf die Einschränkung $f_{|\mathbb{R}}$ anwendet. Auch weitere Hilfsmittel aus der reellen Analysis wie die Betrachtung der Ableitung oder der Satz von Rolle können hilfreich sein.

(2) Echt-komplexe Nullstellen treten bei Polynomen mit reellen Koeffizienten immer in komplex-konjugierten Paaren auf. Ist nämlich $w \in \mathbb{C} \setminus \mathbb{R}$ eine Nullstelle des Polynoms f, so ist

$$f(\overline{w}) = \overline{f(w)} = 0,$$

d. h. auch $\overline{w}$ ist eine Nullstelle von f. Insbesondere ist die Zahl der Nullstellen mit positivem Imaginärteil gleich der der Nullstellen mit negativem Imaginärteil.

Aufgabe (Frühjahr 2013, T1A2)

Bestimmen Sie mithilfe des Satzes von Rouché die Anzahl der Nullstellen der Funktion $f(z) = e^z + 3z^5$ in der offenen Kreisscheibe $E = \{z \in \mathbb{C} \mid |z| < 1\}$. Zeigen Sie weiter, dass genau zwei dieser Nullstellen positiven Imaginärteil haben und eine Nullstelle in $\mathbb{R}$ liegt.

Lösungsvorschlag zur Aufgabe (Frühjahr 2013, T1A2)

Sei

$$\gamma \colon [0, 2\pi] \to \mathbb{C}, \quad t \mapsto e^{it},$$

dann ist γ nullhomolog in $\mathbb{C}$ und umläuft jeden Punkt in E genau einmal. Definiere weiter

$$g \colon \mathbb{C} \to \mathbb{C}, \quad z \mapsto 3z^5,$$

dann gilt für alle $z \in \operatorname{Spur} \gamma$, dass $|g(z)| = 3|z|^5 = 3$. Außerdem ist

$$|\exp(z)| = |e^z| = |e^{i\operatorname{Im}(z) + \operatorname{Re}(z)}| = |e^{i\operatorname{Im}(z)}| \cdot |e^{\operatorname{Re}(z)}| = 1 \cdot |e^{\operatorname{Re}(z)}|$$

und für $z \in \partial B_1(0)$ folgt aus $|z| = 1$ insbesondere, dass $\operatorname{Re} z \leq 1$ und die Monotonie der reellen Exponentialfunktion liefert $e^{\operatorname{Re} z} \leq e < 3$. Zusammen also

$$|\exp(z)| < 3 = |g(z)| \quad \text{für alle } z \in \partial B_1(0).$$

Nach dem Satz von Rouché haben daher $f = \exp + g$ und g gleich viele Nullstellen in $B_1(0)$. Da g eine fünffache Nullstelle bei 0 hat, sind dies fünf.

Nehmen wir an, f besitzt eine doppelte Nullstelle $\omega \in \mathbb{C}$. Für eine solche Nullstelle müsste auch die erste Ableitung verschwinden, d.h.

$$f(\omega) = f'(\omega) = 0 \;\Rightarrow\; f(\omega) - f'(\omega) = 0 \;\Leftrightarrow\; e^\omega + 3\omega^5 - e^\omega - 15\omega^4 = 0$$
$$\Leftrightarrow\; 3\omega^4(\omega - 5) = 0 \;\Leftrightarrow\; \omega \in \{0, 5\}.$$

Einsetzen zeigt jedoch, dass weder 0 noch 5 eine Nullstelle von f ist. Folglich hat f nur einfache Nullstellen, sodass diese insbesondere verschieden sein müssen.

Betrachte die Einschränkung $f_{|\mathbb{R}} : \mathbb{R} \to \mathbb{R}$ auf die reelle Achse. Wegen

$$f_{|\mathbb{R}}(-1) = \tfrac{1}{e} - 3 < 1 - 3 = -2 < 0 \quad \text{und} \quad f_{|\mathbb{R}}(0) = 1 + 0 = 1 > 0$$

besitzt f nach dem Zwischenwertsatz mindestens eine reelle Nullstelle in $]-1, 0[$. Da $f'_{|\mathbb{R}} = e^x + 15x^4$ für alle $x \in \mathbb{R}$ positiv ist, ist $f_{|\mathbb{R}}$ streng monoton steigend und kann daher nur eine reelle Nullstelle haben.

Sei nun $\omega \in \mathbb{C}$ eine Nullstelle von f. Für das komplex konjugierte $\overline{\omega}$ gilt

$$e^{\overline{\omega}} = e^{\operatorname{Re} \omega} \cdot e^{-i \operatorname{Im} \omega} =$$
$$= e^{\operatorname{Re} \omega} \cdot (\cos(-\operatorname{Im} \omega) + i \sin(-\operatorname{Im} \omega)) =$$
$$= e^{\operatorname{Re} \omega} \cdot (\cos(\operatorname{Im} \omega) - i \sin(\operatorname{Im} \omega)) = e^{\operatorname{Re} \omega} \cdot \overline{e^{i \operatorname{Im}\omega}} =$$
$$= \overline{e^{\operatorname{Re} \omega} \cdot e^{i \operatorname{Im} \omega}} =$$
$$= \overline{e^{\omega}}.$$

Also ist auch

$$0 = \overline{0} = \overline{f(\omega)} = \overline{e^{\omega} + 3\omega^5} = e^{\overline{\omega}} + 3\overline{\omega}^5 = f(\overline{\omega}).$$

Das bedeutet, dass für jede Nullstelle von f auch das jeweilige komplex Konjugierte eine Nullstelle ist. Als Folge müssen die vier echt-komplexen Nullstellen in ein Paar Nullstellen mit positivem Imaginärteil und ein Paar mit negativem Imaginärteil zerfallen.

Der Beweis des Satzes von Rouché beruht im Wesentlichen darauf, dass sich die Anzahl der Nullstellen einer holomorphen Funktion durch Auswertung eines Integrals bestimmen lassen. Dieses Integral kann gelegentlich auch direkt zur Bestimmung der Nullstellenanzahl benutzt werden.

Proposition 6.37 (Null- und Polstellen zählendes Integral). Sei $U \subseteq \mathbb{C}$ ein Gebiet und γ ein in U geschlossener und nullhomologer Weg. Weiter sei $f \colon U \to \mathbb{C}$ meromorph und nicht die Nullfunktion. Falls auf der Spur von γ keine Null- oder Polstellen von f liegen, so gilt

$$\frac{1}{2\pi i} \int_{\gamma} \frac{f'(z)}{f(z)} \, dz = \sum_{a \in N} \mathrm{n}(\gamma, a) \omega(f, a) + \sum_{a \in P} \mathrm{n}(\gamma, a) \omega(f, a),$$

wobei N die Nullstellenmenge, P die Polstellenmenge und $\omega(f, \cdot)$ die Null- bzw. Polstellenordnung von f in a bezeichnet, d. h. es gilt $\omega(f, a) = k$, falls a eine k-fache Nullstelle, und $\omega(f, b) = -m$, falls b ein Pol m-ter Ordnung von f ist.

Diese Aussage wird auch als *Argumentprinzip* bezeichnet. Im Fall, dass f holomorph auf U ist und γ jeden Punkt in seinem Inneren einmal umläuft, erhält man so also die Anzahl der Nullstellen im Gebiet, das von γ umrandet wird.

Aufgabe (Herbst 2015, T1A3)

Beweisen Sie, dass jedes Polynom mit komplexen Koeffizienten vom Grad $n \geq 1$, $p(z) = a_0 + a_1 z + \ldots + a_{n-1} z^{n-1} + z^n$, genau n Nullstellen in $\mathbb{C}$ besitzt (mit Vielfachheit gezählt) mithilfe

a des Satzes von Rouché,

b des Null- und Polstellen zählenden Integrals, indem Sie den Quotienten

$$\frac{p'(z)}{p(z)} =: \frac{n}{z}(1 + g(z))$$

betrachten und die so definierte Funktion g geeignet abschätzen.

Lösungsvorschlag zur Aufgabe (Herbst 2015, T1A3)

a Sei $r > 1$ eine reelle Zahl und $z \in \partial B_r(0)$, dann gilt die Abschätzung

$$|p(z) - z^n| = \left| \sum_{k=0}^{n-1} a_k z^k \right| \leq \sum_{k=0}^{n-1} |a_k| \cdot |z|^k = \sum_{k=0}^{n-1} |a_k| \cdot r^k < r^{n-1} \sum_{k=0}^{n-1} |a_k| = r^{n-1} C$$

mit $C = \sum_{k=0}^{n-1} |a_k|$. Wählt man also $r > C$, so gilt

$$|p(z) - z^n| < r^{n-1} C < r^n = |z|^n.$$

Nach dem Satz von Rouché hat daher $p(z) = (p(z) - z^n) + z^n$ in $B_r(0)$ genauso viele Nullstellen (mit Vielfachheit gezählt) wie das Polynom z^n. Da z^n eine n-fache Nullstelle in 0 hat, sind das genau n. Da r beliebig groß gewählt werden kann, hat $p(z)$ genau n Nullstellen in $\mathbb{C}$.

b Es ist

$$p'(z) = a_1 + 2a_2 z + \ldots + (n-1) a_{n-1} z^{n-2} + n z^{n-1}$$

und somit

$$\frac{p'(z)}{p(z)} = \frac{a_1 + 2a_2 z + \ldots + (n-1)a_{n-1} z^{n-2} + n z^{n-1}}{a_0 + a_1 z + \ldots + a_{n-1} z^{n-1} + z^n} =$$

$$= \frac{n}{z} \left(\frac{a_1 z + 2a_2 z^2 + \ldots + (n-1)a_{n-1} z^{n-1} + n z^n}{n a_0 + n a_1 z + \ldots + n a_{n-1} z^{n-1} + n z^n} \right) =$$

$$= \frac{n}{z} \left(1 + \frac{-n a_0 - (n-1)a_1 z - (n-2)a_2 z^2 - \ldots - a_{n-1} z^{n-1}}{n a_0 + n a_1 z + \ldots + n a_{n-1} z^{n-1} + n z^n} \right) =$$

$$= \frac{n}{z} \cdot (1 + g(z)).$$

Da der Grad des Polynoms im Nenner von $g(z)$ höher als der Grad des Polynoms im Zähler ist, gilt $\lim_{|z| \to \infty} g(z) = 0$. Somit ist

$$\lim_{r \to \infty} \left| \int_{\partial B_r(0)} \frac{ng(z)}{z} \, dz \right| \leq \lim_{r \to \infty} 2\pi r \cdot n \cdot \max_{z \in \partial B_r(0)} \left| \frac{g(z)}{z} \right| =$$

$$= \lim_{r \to \infty} 2\pi r \cdot n \cdot \frac{1}{r} \cdot \max_{z \in \partial B_r(0)} |g(z)| =$$

$$= 2\pi n \lim_{r \to \infty} \max_{z \in \partial B_r(0)} |g(z)| = 0.$$

Da p keine Polstellen hat, erhalten wir die Anzahl der Nullstellen durch

$$\lim_{r \to \infty} \frac{1}{2\pi i} \int_{\partial B_r(0)} \frac{p'(z)}{p(z)} \, dz = \lim_{r \to \infty} \frac{1}{2\pi i} \int_{\partial B_r(0)} \frac{n}{z} \cdot (1 + g(z)) \, dz =$$

$$= \frac{1}{2\pi i} \lim_{r \to \infty} \left(\int_{\partial B_r(0)} \frac{n}{z} \, dz + \int_{\partial B_r(0)} \frac{ng(z)}{z} \, dz \right) =$$

$$= \frac{1}{2\pi i} \lim_{r \to \infty} \int_{\partial B_r(0)} \frac{n}{z} \, dz =$$

$$= \frac{1}{2\pi i} \lim_{r \to \infty} 2\pi i \cdot n = n.$$

Dabei wurde im vorletzten Schritt die Cauchy-Integralformel verwendet.

Aufgabe (Frühjahr 2015, T3A3)

Schreibe $K_r(0) = \{z \in \mathbb{C} \mid |z| < r\}$ und $\mathbb{D} = K_1(0)$. Es seien f und g holomorph auf $K_2(0)$ und $f(\zeta) \neq 0$ für alle $\zeta \in \partial \mathbb{D}$ und für jedes $\zeta \in \partial \mathbb{D}$ sei $g(\zeta)/f(\zeta)$ reell und positiv. Zeigen Sie, dass f und g in $\mathbb{D}$ dieselbe Anzahl von Nullstellen (mit Vielfachheiten gezählt) besitzen.[5]

Lösungsvorschlag zur Aufgabe (Frühjahr 2015, T3A3)

Da nach Voraussetzung $f(z) \neq 0$ und $\frac{g(z)}{f(z)}$ für alle $z \in \partial \mathbb{D}$ reell und positiv ist, gilt für eben diese $z \in \partial \mathbb{D}$ die Abschätzung

$$|f(z) + g(z)| = \left| f(z) \left(1 + \frac{g(z)}{f(z)} \right) \right| = |f(z)| \cdot \left(1 + \frac{g(z)}{f(z)} \right) > |f(z)|.$$

Nach dem Satz von Rouché haben daher $f + g$ und $g = (f + g) + (-f)$ gleich viele Nullstellen in $\mathbb{D}$. Zu zeigen bleibt nun, dass auch f genauso viele Nullstellen wie $f + g$ in $\mathbb{D}$ hat.

Sei wiederum $z \in \partial \mathbb{D}$. Da g/f auf $\partial \mathbb{D}$ positiv ist, gilt $g(z) \neq 0$. Außerdem ist auch $\frac{f(z)}{g(z)}$ für alle $z \in \partial \mathbb{D}$ reell und positiv, daher folgt

$$|f(z) + g(z)| = \left| g(z)(1 + \frac{f(z)}{g(z)}) \right| = |g(z)| \cdot \left(1 + \frac{f(z)}{g(z)} \right) > |g(z)|.$$

Nach dem Satz von Rouché haben $f + g$ und $(f + g) + (-g) = f$ also gleiche viele Nullstellen in $\mathbb{D}$.

Aufgabe (Herbst 2011, T1A3)

a Es sei $P(z) := \sum_{k=0}^{n} a_k z^k$ mit $a_n \neq 0$ ein Polynom vom Grad $n \geq 1$ und $m \in \{1, \ldots, n\}$. Für ein $r > 0$ gelte

$$\sum_{k=0}^{n} |a_k| \cdot r^k < 2|a_m| \cdot r^m.$$

Zeigen Sie, dass P genau m Nullstellen im offenen Ball $B_r(0)$ und genau $n - m$ Nullstellen in $\mathbb{C} \setminus \overline{B_r(0)}$ hat (jeweils mit Vielfachheiten gezählt). Belegen Sie durch ein Beispiel, dass dies im Allgemeinen falsch ist, wenn man nur $\sum_{k=0}^{n} |a_k| \cdot r^k \leq 2|a_m| \cdot r^m$ voraussetzt.

b Zeigen Sie, dass

$$\int_{|z|=2} \frac{1}{z^5 + 12z^2 + i} \, dz = \int_{|z|=1} \frac{1}{z^5 + 12z^2 + i} \, dz$$

gilt.

Hinweis Wenden Sie **a** an.

Lösungsvorschlag zur Aufgabe (Herbst 2011, T1A3)

a Die Voraussetzungen führen dazu, dass für alle $z \in \partial B_r(0)$ die Abschätzung

$$|P(z) - a_m z^m| = \left| \sum_{\substack{k=0 \\ k \neq m}}^{n} a_k z^k \right| \overset{(\triangle)}{\leq} \sum_{\substack{k=0 \\ k \neq m}}^{n} |a_k||z|^k = \sum_{k=0}^{n} |a_k| r^k - |a_m| r^m <$$

$$< 2|a_m| r^m - |a_m| r^m = |a_m| r^m$$

gilt. Also können wir den Satz von Rouché anwenden und erhalten, dass $P(z)$ genauso viele Nullstellen in $B_r(0)$ hat wie $a_m z^m$. Das sind m viele.

Da $P(z)$ als Polynom von Grad n genau n Nullstellen in $\mathbb{C}$ besitzt und nach Satz 6.36 (1) keine davon auf $\partial B_r(0)$ liegt, müssen $n - m$ davon in $\mathbb{C} \setminus \overline{B_r(0)}$ liegen.

Als Gegenbeispiel für den zweiten Teil der Aufgabe betrachten wir das Polynom $P(z) = z^2 + z$. Für $r = 1$ gilt dann

$$1^2 + 1 = 2 \leq 2 \cdot 1^2,$$

d. h. falls die Behauptung wahr wäre, müsste P zwei Nullstellen in $B_1(0)$ haben. Allerdings liegt nur eine Nullstelle von $P(z) = z(z + 1)$ in $B_1(0)$.

b Wir verwenden Teil **a** . Eine geeignete Abschätzung der obigen Form erhält man für $m = 2$ und $r = 1$ bzw. $r = 2$. Es ist nämlich

$$1^5 + 12 \cdot 1^2 + |i| = 14 < 24 = 2 \cdot 12 \cdot 1^2 \quad \text{und}$$

$$2^5 + 12 \cdot 2^2 + |i| = 81 < 96 = 2 \cdot 12 \cdot 2^2,$$

also hat das Polynom $z^5 + 12z^2 + i$ in $B_1(0)$ und $B_2(0)$ jeweils zwei Nullstellen (mit Vielfachheit gezählt). Seien $a_1, a_2 \in B_1(0)$ diese (möglicherweise gleichen) Nullstellen, dann entsprechen diese den Polstellen der Funktion

$$f : B_2(0) \setminus \{a_1, a_2\} \to \mathbb{C}, \quad z \mapsto \frac{1}{z^5 + 12z^2 + i}.$$

Falls $a_1 \neq a_2$, so ist nach dem Residuensatz

$$\int_{|z|=2} f(z) \, \mathrm{d}z = 2\pi i \cdot \operatorname{Res}(f; a_1) + 2\pi i \cdot \operatorname{Res}(f; a_2) = \int_{|z|=1} f(z) \, \mathrm{d}z$$

und falls $a_1 = a_2$, so ist

$$\int_{|z|=2} f(z) \, \mathrm{d}z = 2\pi i \cdot \operatorname{Res}(f; a_1) = \int_{|z|=1} f(z) \, \mathrm{d}z.$$

In jedem Fall also $\int_{|z|=2} f(z) \, \mathrm{d}z = \int_{|z|=1} f(z) \, \mathrm{d}z$.

6.7. Biholomorphe Abbildungen

Bijektive Abbildungen, die holomorph sind und eine holomorphe Umkehrfunktion haben, werden als *biholomorph* (gelegentlich auch als *konform*) bezeichnet. Während in der reellen Analysis die Umkehrfunktion einer differenzierbaren Funktion nicht unbedingt selbst differenzierbar sein muss, gilt im Komplexen:

Proposition 6.38. Seien $U, V \subseteq \mathbb{C}$ offen und $f : U \to V$ eine Abbildung. Ist f bijektiv und holomorph, so ist auch die Umkehrfunktion f^{-1} eine holomorphe Funktion. Insbesondere ist f biholomorph.

Vielfältige Fragen über die Existenz biholomorpher Abbildungen lassen sich mit dem folgenden Satz beantworten. Dabei bezeichnet $\mathbb{E} = \{z \in \mathbb{C} \mid |z| < 1\}$ – wie im gesamten Abschnitt – die Einheitskreisscheibe.

> **Satz 6.39** (Riemann'scher Abbildungssatz). Sei $G \subsetneq \mathbb{C}$ ein einfach zusammenhängendes Gebiet. Dann existiert eine biholomorphe Abbildung $G \to \mathbb{E}$.

Der Begriff des einfachen Zusammenhangs spielt in der Funktionentheorie allgemein eine zentrale Rolle, wir verweisen hierzu auf Proposition 6.29. Da das Bild einer einfach zusammenhängenden Menge unter einer biholomorphen Abbildung wieder einfach zusammenhängend ist, gilt auch die Umkehrung von Satz 6.39, d. h. es existiert genau dann eine biholomorphe Abbildung $G \to \mathbb{E}$, wenn $G \subsetneq \mathbb{C}$ einfach zusammenhängend ist.

Aufgabe (Frühjahr 2014, T2A5)

Entscheiden Sie, bei welchem der drei Paare von offenen Teilmengen von $\mathbb{C}$ es eine biholomorphe Abbildung zwischen den beiden Mengen gibt.

a $\mathbb{C} \setminus \{2\}$ und $\mathbb{E} := \{z \in \mathbb{C} \mid |z| < 1\}$,

b $\mathbb{C} \setminus \,]-\infty; 0]$ und $\mathbb{H} := \{z \in \mathbb{C} \mid \operatorname{Re}(z) > 0\}$,

c $\mathbb{S} := \{z \in \mathbb{C} \mid -1 < \operatorname{Im}(z) < 1\}$ und $\mathbb{C}$.

> **Lösungsvorschlag zur Aufgabe (Frühjahr 2014, T2A5)**
>
> **a** Eine solche Abbildung existiert *nicht*. Als offene Kreisscheibe um 0 mit Radius 1 ist $\mathbb{E}$ ein einfach zusammenhängendes Gebiet. Ist nun $f: \mathbb{C} \setminus \{2\} \to \mathbb{E}$ eine biholomorphe Abbildung, so müsste auch $f^{-1}(\mathbb{E}) = \mathbb{C} \setminus \{2\}$ einfach zusammenhängend sein. Dies ist nicht der Fall, denn es gilt $\mathbb{C} \setminus (\mathbb{C} \setminus \{2\}) = \{2\}$ und somit hat $\mathbb{C} \setminus (\mathbb{C} \setminus \{2\})$ eine beschränkte Zusammenhangskomponente.
>
> *Alternative:* Unter Verwendung des Riemannschen Hebbarkeitssatzes und des Satzes von Liouville lässt sich zeigen, dass f konstant ist, vgl. hierzu Teil **b** der nächsten Aufgabe (H06T3A1).
>
> **b** Eine solche Abbildung *existiert*. Es gilt $\mathbb{C} \setminus (\mathbb{C} \setminus \,]-\infty; 0]) = \,]-\infty; 0]$, sodass die linke Menge genau eine unbeschränkte Zusammenhangskomponente hat und damit einfach zusammenhängend ist. Gleiches gilt für die Menge $\mathbb{H}$, wie man analog zeigt. Damit gibt es laut dem Riemannschen Abbildungssatz 6.39 biholomorphe Abbildungen $f: \mathbb{C} \setminus \,]-\infty; 0] \to \mathbb{E}$ und $g: \mathbb{H} \to \mathbb{E}$. Die Abbildung $g^{-1} \circ f: \mathbb{C} \setminus \,]-\infty; 0] \to \mathbb{H}$ ist wiederum biholomorph als Verkettung biholomorpher Abbildungen.

c Eine solche Abbildung existiert *nicht*. Angenommen, es gäbe eine biholomorphe Abbildung $f\colon S \to \mathbb{C}$. Dann wäre die Abbildung $f^{-1}\colon \mathbb{C} \to S$ eine ganze Abbildung mit $f^{-1}(\mathbb{C}) = S$. Die Punkte $2i$ und $3i$ liegen wegen $\mathrm{Im}\,2i, \mathrm{Im}\,3i > 1$ nicht in S, sodass f^{-1} laut dem Kleinen Satz von Picard 6.21 konstant ist – Widerspruch zur Bijektivität.

Alternative: Statt Verwendung des Satzes von Picard lässt sich der Satz von Liouville auf $e^{if^{-1}}$ anwenden, um zu zeigen dass f konstant ist.

Aufgabe (Herbst 2006, T3A1)

Sei $\mathbb{D} = \{z \in \mathbb{C} \mid |z| < 1\}$. Sind die folgenden Aussagen wahr oder falsch? Geben Sie jeweils eine kurze Begründung an!

a Es gibt eine biholomorphe Abbildung $f\colon \mathbb{C} \to \mathbb{D}$.

b Es gibt eine biholomorphe Abbildung $f\colon \mathbb{C} \setminus \{0\} \to \mathbb{D} \setminus \{0\}$.

c Es gibt eine biholomorphe Abbildung $f\colon \mathbb{C} \setminus [1, \infty) \to \mathbb{D}$.

Lösungsvorschlag zur Aufgabe (Herbst 2006, T3A1)

a *Falsch.* Die Abbildung f wäre eine ganze Funktion, die für $z \in \mathbb{C}$ die Abschätzung $|f(z)| < 1$ erfüllt, also wäre f nach dem Satz von Liouville konstant. Damit kann f aber weder injektiv noch surjektiv sein.

b *Falsch.* Die Menge $U = B_{\frac{1}{2}}(0) \setminus \{0\}$ ist eine offene, punktierte Umgebung von 0. Wegen $f(U) \subseteq \mathbb{D} \setminus \{0\}$ ist das Bild von U unter f beschränkt. Die Singularität 0 ist laut dem Riemannschen Hebbarkeitssatz also hebbar und es existiert eine holomorphe Fortsetzung $\tilde{f}\colon \mathbb{C} \to \overline{\mathbb{D}}$. Analog zu Teil **a** folgt nun, dass eine solche Funktion konstant sein muss. Damit ist aber auch f konstant – Widerspruch zur Biholomorphie.

c *Richtig.* Die Menge $\mathbb{C} \setminus [1, \infty[$ ist ein einfach zusammenhängendes Gebiet. Die einzige Zusammenhangskomponente von $\mathbb{C} \setminus (\mathbb{C} \setminus [1, \infty[)$ ist nämlich $[1, \infty[$ und damit unbeschränkt. Somit garantiert der Riemannsche Abbildungssatz die Existenz einer solchen Funktion.

Riemann'sche Zahlenkugel und Möbiustransformationen

Die komplexen Zahlen sind mittels stereographischer Projektion homöomorph zu einer Kugel ohne einen Punkt (vgl. Abbildung 6.3). Gelegentlich ist es von Vorteil, $\mathbb{C}$ um diesen ausgesparten Punkt künstlich zu erweitern, welchen man dann als „∞" bezeichnet. Aus den komplexen Zahlen wird so die *Riemann'sche Zahlenkugel* $\widehat{\mathbb{C}} = \mathbb{C} \cup \{\infty\}$.

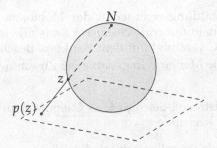

Abbildung 6.3: Um einen Punkt z auf der Kugel mittels stereographischer Projektion in die Gauß'sche Ebene abzubilden, zeichne die Gerade durch z und den Nordpol N der Kugel. Der Schnittpunkt dieser Gerade mit der Ebene ist der Bildpunkt $p(z)$.

Definition 6.40. Seien $a, b, c, d \in \mathbb{C}$ mit $ad - bc \neq 0$, so definieren wir für $c \neq 0$ die Abbildung

$$\varphi_{a,b,c,d} : \widehat{\mathbb{C}} \to \widehat{\mathbb{C}}, \quad z \mapsto \begin{cases} \frac{az+b}{cz+d} & \text{für } z \in \mathbb{C} \setminus \left\{-\frac{d}{c}\right\}, \\ \infty & \text{für } z = -\frac{d}{c}, \\ \frac{a}{c} & \text{für } z = \infty, \end{cases}$$

und für $c = 0$ setzen wir

$$\varphi_{a,b,0,d} : \widehat{\mathbb{C}} \to \widehat{\mathbb{C}}, \quad z \mapsto \begin{cases} \frac{az+b}{d} & \text{für } z \in \mathbb{C}, \\ \infty & \text{für } z = \infty. \end{cases}$$

Die so entstandene Abbildung nennt man *Möbiustransformation*.

Die Bedingung $ad - bc \neq 0$ stellt sicher, dass Zähler und Nenner nicht zugleich null sind. Zudem kann dadurch eine Zuordnung

$$\mathrm{GL}_2(\mathbb{C}) \to \left\{ \varphi_{a,b,c,d} \mid a, b, c, d \in \mathbb{C}, ad - bc \neq 0 \right\}, \quad \begin{pmatrix} a & b \\ c & d \end{pmatrix} \mapsto \varphi_{a,b,c,d}$$

definiert werden. Diese ist ein surjektiver Homomorphismus, insbesondere entspricht die Verkettung zweier Möbiustransformationen der Multiplikation der zugehörigen Matrizen. Dabei definieren zwei Matrizen genau dann die gleiche Abbildung, wenn sie skalare Vielfache voneinander sind.

Proposition 6.41. Die Möbiustranformationen sind genau die biholomorphen Abbildungen von $\widehat{\mathbb{C}}$ nach $\widehat{\mathbb{C}}$.

Eine wesentliche Abbildungseigenschaft der Möbiustransformationen ist die *Kreistreue*. Eine sogenannte *verallgemeinerte Kreislinie* ist eine Kreislinie in $\mathbb{C}$ oder eine Gerade in $\mathbb{C}$ vereinigt mit dem Punkt ∞. Beachte, dass eine verallgemeinerte Kreislinie die Menge $\widehat{\mathbb{C}}$ in genau zwei Zusammenhangskomponenten teilt.

Proposition 6.42 (Kreistreue). Seien $\varphi\colon \widehat{\mathbb{C}} \to \widehat{\mathbb{C}}$ eine Möbiustransformation, $L \subseteq \widehat{\mathbb{C}}$ eine verallgemeinerte Kreislinie.

(1) Das Bild $\varphi(L)$ ist eine verallgemeinerte Kreislinie.

(2) Seien K_1, K_2 die beiden Zusammenhangskomponenten von $\widehat{\mathbb{C}} \setminus L$ und M_1, M_2 die Zusammenhangskomponenten von $\widehat{\mathbb{C}} \setminus \varphi(L)$. Gilt $\varphi(a) \in M_1$ für ein $a \in K_1$, so ist

$$\varphi(K_1) = M_1 \quad \text{und} \quad \varphi(K_2) = M_2.$$

Aufgabe (Frühjahr 2009, T1A1)

Gegeben sei die Funktion $f(z) = \frac{z+1}{2z}, z \in \mathbb{C} \setminus \{0\}$.

a Man bestimme das Bild der Einheitskreislinie unter f.

b Man bestimme das Bild der punktierten offenen Kreisscheibe $\{z \in \mathbb{C} \mid 0 < |z| < 1\}$ unter f.

Lösungsvorschlag zur Aufgabe (Frühjahr 2009, T1A1)

a Man berechnet für die Randpunkte $i, \pm 1$ die Bilder

$$f(-1) = 0, \quad f(1) = 1 \quad \text{und} \quad f(i) = \frac{i+1}{2i} = \frac{1}{2} - \frac{1}{2}i$$

und sieht (am besten anhand einer Skizze), dass die Bilder den Kreis $\partial B_{\frac{1}{2}}(\frac{1}{2})$ definieren. Allgemein gilt für beliebiges $z \in \mathbb{C}$ mit $|z| = 1$

$$\left| \frac{z+1}{2z} - \frac{1}{2} \right| = \left| \frac{1}{2z} \right| = \frac{1}{2|z|} = \frac{1}{2}.$$

Dies beweist $f(\partial \mathbb{E}) \subseteq \partial B_{\frac{1}{2}}(\frac{1}{2})$. Gleichheit folgt daraus, dass Möbius-Transformationen Kreislinien auf Kreislinien abbilden. (Ansonsten würde die inverse Möbiustransformation $\partial B_{\frac{1}{2}}(\frac{1}{2})$ auf eine Menge abbilden, die keine Kreislinie ist.)

[b] Die Abbildung f ist die Einschränkung der Möbius-Transformation

$$\varphi\colon \widehat{\mathbb{C}} \to \widehat{\mathbb{C}}, \quad z \mapsto \begin{cases} \frac{z+1}{2z} & \text{falls } z \in \mathbb{C} \setminus \{0\}, \\ \frac{1}{2} & \text{falls } z = \infty, \\ \infty & \text{falls } z = 0 \end{cases}$$

auf $\mathbb{C} \setminus \{0\}$. Diese bildet die Menge $\{z \in \mathbb{C} \mid |z| < 1\}$ auf eine der beiden Zusammenhangskomponenten von $\widehat{\mathbb{C}} \setminus \partial B_{\frac{1}{2}}(\frac{1}{2})$ ab. Dabei handelt es sich um

$$\left\{ z \in \mathbb{C} \mid \left|z - \tfrac{1}{2}\right| > \tfrac{1}{2} \right\} \cup \{\infty\} \quad \text{und} \left\{ z \in \mathbb{C} \mid \left|z - \tfrac{1}{2}\right| < \tfrac{1}{2} \right\}.$$

Wegen $\varphi(0) = \infty$ muss es sich bei $\varphi(\mathbb{E})$ laut Proposition 6.42 (2) um die linke Menge handeln. Die Einschränkung auf $\mathbb{C} \setminus \{0\}$ erfüllt somit

$$f(\mathbb{E}) = \varphi_{|\mathbb{C}\setminus\{0\}}(\mathbb{E}) = \left\{ z \in \mathbb{C} \mid \left|z - \tfrac{1}{2}\right| > \tfrac{1}{2} \right\}.$$

Aufgabe (Frühjahr 2003, T1A5)

Sei $\widehat{\mathbb{C}} = \mathbb{C} \cup \{\infty\}$ die kompaktifizierte komplexe Ebene, und sei $f\colon \widehat{\mathbb{C}} \to \widehat{\mathbb{C}}$ die durch $w = f(z) := z/(z - i)$ gegebene gebrochen-lineare Funktion.

[a] Bestimmen Sie die Fixpunkte von f, die Umkehrabbildung f^{-1} und die Bilder bzw. Urbilder von $0, 1, i$ und ∞.

[b] Skizzieren Sie das Bild der rechten Halbebene $\mathbb{H}_1 = \{z \in \mathbb{C} \mid \operatorname{Re} z \geq 0\}$, der oberen Halbebene $\mathbb{H}_2 = \{z \in \mathbb{C} \mid \operatorname{Im} z \geq 0\}$, und des offenen Einheitskreises $\mathbb{E} = \{z \in \mathbb{C} \mid |z| < 1\}$.

Lösungsvorschlag zur Aufgabe (Frühjahr 2003, T1A5)

[a] *Fixpunkte*: Wir lösen die Gleichung $f(z) = z$. Es gilt für $z \neq i$

$$\frac{z}{z - i} = z \quad \Leftrightarrow \quad z = z^2 - iz \quad \Leftrightarrow \quad z^2 - (i+1)z = 0 \quad \Leftrightarrow \quad z(z - (i+1)) = 0$$

und wir erhalten die beiden Fixpunkte $z_1 = 0$ und $z_2 = i + 1$.

Bilder: Es gilt

$$f(0) = 0, \quad f(i) = \infty, \quad f(\infty) = 1,$$
$$f(1) = \frac{1}{1 - i} = \frac{1 + i}{(1 - i)(1 + i)} = \frac{1}{2} + \frac{1}{2}i.$$

Urbilder: Die meisten Urbilder lassen sich direkt aus den Bildern ablesen. Dementsprechend ist

$$f^{-1}(0) = 0, \quad f^{-1}(1) = \infty, \quad \text{und} \quad f^{-1}(\infty) = i.$$

Das Urbild von i berechnet man explizit oder man verwendet die Umkehrfunktion (siehe gleich) mit $f^{-1}(i) = \frac{1}{2} + \frac{1}{2}i$.

Bestimmung von f^{-1}: Sei $w \neq 1$, dann ist

$$\frac{z}{z-i} = w \quad \Leftrightarrow \quad z = w(z-i) \quad \Leftrightarrow \quad (1-w)z = -iw$$

$$\Leftrightarrow \quad z = \frac{-iw}{1-w} = \frac{w}{-iw+i}.$$

Die beiden nötigen Sonderfälle haben wir bereits bei den Urbildern abgehandelt und erhalten so

$$f^{-1} \colon \widehat{\mathbb{C}} \to \widehat{\mathbb{C}}, \quad z \mapsto \begin{cases} \frac{z}{-iz+i} & \text{für } z \in \mathbb{C} \setminus \{1\}, \\ \infty & \text{für } z = 1, \\ i & \text{für } z = \infty. \end{cases}$$

Alternative: Man verwendet Matrizenkalkül. Der angegebenen Möbiustransformation lässt sich wie auf Seite 367 beschrieben die Matrix

$$A = \begin{pmatrix} 1 & 0 \\ 1 & -i \end{pmatrix} \quad \text{mit} \quad A^{-1} = \frac{1}{-i} \begin{pmatrix} -i & 0 \\ -1 & 1 \end{pmatrix} = \begin{pmatrix} 1 & 0 \\ -i & i \end{pmatrix}$$

zuordnen. Die Umkehrfunktion von f ist damit durch $\varphi_{1,0,-i,i}$ gegeben.

b Sehen wir uns jeweils an, was auf dem Rand der betroffenen Mengen geschieht. Alle Ränder sind Kreise oder Geraden, sodass auch deren Bilder wieder Kreise oder Geraden sind. Da diese durch drei Punkte eindeutig bestimmt sind, genügt die Berechnung dreier willkürlicher Punkte.

1. Fall: Für die Elemente $0, i$ und $-i$ des Randes der rechten Halbebene gilt

$$f(0) \overset{\text{a}}{=} 0, \quad f(i) \overset{\text{a}}{=} \infty \quad \text{und} \quad f(-i) = \frac{-i}{-2i} = \frac{1}{2}.$$

Damit muss es sich bei $f(\partial \mathbb{H}_1)$ um die reelle Achse handeln. Tatsächlich gilt für beliebiges iy mit $y \in \mathbb{R}$

$$\operatorname{Im} f(iy) = \operatorname{Im} \frac{iy}{iy-i} = \operatorname{Im} \frac{y}{y-1} = 0.$$

Aufgrund von Proposition 6.42 (2) muss damit f die Menge $\mathbb{H}_1$ auf die obere oder untere Halbebene abbilden. Aus Teil **a** ist die Gleichung $f(1) = \frac{1}{2} + \frac{1}{2}i$ bekannt, sodass es sich bei $f(\mathbb{H}_1)$ um die obere Halbebene $\mathbb{H}_2$ handeln muss.

2. Fall: Für die Elemente $0, 1$ und -1 des Randes der oberen Halbebene gilt

$$f(0) \overset{a}{=} 0, \quad f(1) \overset{a}{=} \frac{1}{2} + \frac{1}{2}i \quad \text{und} \quad f(-1) = \frac{-1}{-1-i} = \frac{1}{2} - \frac{1}{2}i.$$

Eine kurze Skizze legt nahe, dass alle diese Punkte auf dem Kreis um $\frac{1}{2}$ mit Radius $\frac{1}{2}$ liegen. Sei also $x \in \mathbb{R}$, dann ist

$$\left| f(x) - \frac{1}{2} \right| = \left| \frac{x}{x-i} - \frac{1}{2} \right| = \left| \frac{2x - (x-i)}{2(x-i)} \right| = \left| \frac{x+i}{2(x-i)} \right| = \frac{\sqrt{x^2+1}}{2\sqrt{x^2+1}} = \frac{1}{2}.$$

Damit gilt $f(\partial \mathbb{H}_2) = \partial B_{\frac{1}{2}}(\frac{1}{2})$. Wegen $f(i) = \infty \in \widehat{\mathbb{C}} \setminus B_{\frac{1}{2}}(\frac{1}{2})$ gilt damit $f(\mathbb{H}_2) = \widehat{\mathbb{C}} \setminus B_{\frac{1}{2}}(\frac{1}{2})$.

3. Fall: Für die Elemente $1, i$ und $-i$ der Einheitskreislinie gilt

$$f(1) \overset{a}{=} \frac{1}{2} + \frac{1}{2}i, \quad f(i) \overset{a}{=} \infty \quad \text{und} \quad f(-i) \overset{b}{=} \frac{1}{2}.$$

Aufgrund des zweiten Wertes muss es sich bei $f(\mathbb{E})$ um eine Gerade handeln, nämlich $\{z \in \mathbb{C} \mid \operatorname{Re} z = \frac{1}{2}\}$. Dies kann man für $z \in \partial \mathbb{E}$, also $|z| = 1$, explizit nachrechnen:

$$\operatorname{Re} f(z) = \operatorname{Re} \frac{x+iy}{x+iy-i} = \operatorname{Re} \frac{x+iy}{x+i(y-1)} = \operatorname{Re} \frac{(x+iy)(x-i(y-1))}{x^2+(y-1)^2} =$$

$$= \frac{x^2 + y^2 - y}{x^2 + y^2 - 2y + 1} = \frac{1-y}{2-2y} = \frac{1}{2}$$

Wegen $f(0) = 0$ folgt $f(\mathbb{E}) = \{z \in \mathbb{C} \mid \operatorname{Re} z < \frac{1}{2}\}$.

Die verlangten Skizzen sehen dementsprechend wie folgt aus:

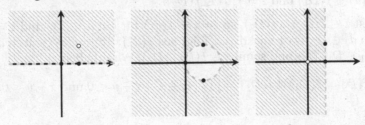

In der Zeichnung finden sich neben den Rändern der Bereiche (gestrichelt) auch die berechneten Punkte auf den Rändern bzw. in den Mengen.

Aufgabe (Frühjahr 2004, T2A1)

Sei D der Durchschnitt der beiden offenen Kreisscheiben $D_1 = \{z \in \mathbb{C} \mid |z - i| < 1\}$ und $D_2 = \{z \in \mathbb{C} \mid |z - 1| < 1\}$. Bestimmen Sie das Bild von D unter der Möbiustransformation

$$f(z) = \frac{z}{z - (1 + i)}.$$

Lösungsvorschlag zur Aufgabe (Frühjahr 2004, T2A1)

Wir berechnen zunächst das Bild unter den beiden Kreisscheiben. Die drei Punkte $0, -1 + i, 1 + i$ liegen auf ∂D_1. Wegen $f(1 + i) = \infty$ ergibt das Bild auf jeden Fall eine Gerade. Für die weiteren Punkte gilt

$$f(0) = 0 \quad \text{und} \quad f(-1 + i) = \frac{-1 + i}{-2} = \frac{1}{2} - \frac{1}{2}i.$$

Es muss sich also um die Gerade $\{x + iy \in \mathbb{C} \mid x + y = 0\}$ handeln.

Ebenso verfahren wir für den zweiten Kreis: Es sind $1 + i, 1 - i, 0$ Elemente von ∂D_2. Für diese gilt

$$f(1 + i) = \infty, \quad f(0) = 0 \quad \text{und} \quad f(1 - i) = \frac{1 - i}{-2i} = \frac{i + 1}{2} = \frac{1}{2} + \frac{1}{2}i.$$

Wir sehen, dass es sich bei der Bildmenge $f(\partial D_2)$ um die Gerade $\{x + iy \in \mathbb{C} \mid x - y = 0\}$ handelt.

Wir behaupten nun

$$f(D_1 \cap D_2) = f(D_1) \cap f(D_2).$$

„$\subseteq$": Ist $z \in f(D_1 \cap D_2)$, so ist $z = f(d)$ für ein $d \in D_1 \cap D_2$, also insbesondere $z = f(d) \in f(D_1)$ und $z = f(d) \in f(D_2)$.

„$\supseteq$": Ist $z \in f(D_1) \cap f(D_2)$, so ist $z = f(d_1)$ für ein $d_1 \in D_1$ und $z = f(d_2)$ für ein $d_2 \in D_2$. Da f injektiv ist, folgt aus $f(d_1) = z = f(d_2)$ jedoch $d_1 = d_2$, also $d_1 \in D_1 \cap D_2$ und somit $z \in f(D_1 \cap D_2)$. Wir erhalten

$$f(D) = f(D_1) \cap f(D_2) = \{x + iy \in \mathbb{C} \mid x + y < 0 \text{ und } x - y < 0\}.$$

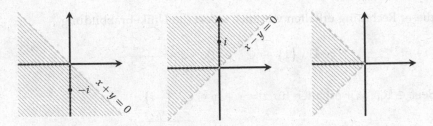

(Die Abbildung zeigt schraffiert die Bildmengen $f(D_1)$, $f(D_2)$ und $f(D)$. Sie war nicht verlangt.)

Aufgabe (Frühjahr 2007, T2A3)

Betrachten Sie die Möbiustransformation

$$f(z) = \frac{z-i}{z+i}.$$

a Zeigen Sie, dass $f\colon \mathbb{C}\setminus\{-i\} \to \mathbb{C}\setminus\{1\}$ biholomorph ist, und bestimmen Sie die Umkehrabbildung $g(z)$.

b Beschreiben und skizzieren Sie die Höhenlinien $|f(z)| = \text{const}$ von f.

Lösungsvorschlag zur Aufgabe (Frühjahr 2007, T2A3)

a Gemäß Proposition 6.38 genügt es zu zeigen, dass f bijektiv und holomorph ist. Die Holomorphie auf $\mathbb{C}\setminus\{-i\}$ folgt aus der Quotientenregel.

Injektivität: Seien $z_1, z_2 \in \mathbb{C}$ mit $f(z_1) = f(z_2)$. Wir erhalten

$$\frac{z_1-i}{z_1+i} = \frac{z_2-i}{z_2+i} \quad\Leftrightarrow\quad (z_1-i)(z_2+i) = (z_1+i)(z_2-i) \quad\Leftrightarrow$$

$$iz_1 - iz_2 = iz_2 - iz_1 \quad\Leftrightarrow\quad 2iz_1 = 2iz_2 \quad\Leftrightarrow\quad z_1 = z_2.$$

Surjektivität: Sei $w \in \mathbb{C}\setminus\{1\}$ vorgegeben. Wir suchen ein $z \in \mathbb{C}\setminus\{-i\}$ mit $f(z) = w$. Es gilt

$$\frac{z-i}{z+i} = w \quad\Leftrightarrow\quad z-i = w(z+i) \quad\Leftrightarrow\quad z - wz = (w+1)i$$

$$\Leftrightarrow\quad z = \frac{(w+1)i}{1-w}.$$

Aus der Annahme $z = -i$ folgt nach kurzer Rechnung der Widerspruch $i = -i$, also ist $z \in \mathbb{C}\setminus\{-i\}$ und damit tatsächlich ein Urbild zu w. Aus dieser Rechnung erhalten wir auch sofort die Umkehrabbildung

$$g\colon \mathbb{C} \setminus \{1\} \to \mathbb{C} \setminus \{-i\}, \quad z \mapsto \frac{iz + i}{-z + 1}.$$

b Sei $c \in \mathbb{R}_0^+$. Wir erhalten für $z = x + iy \in \mathbb{C} \setminus \{-i\}$

$$\left| \frac{z - i}{z + i} \right| = c \quad \Leftrightarrow \quad \sqrt{\frac{x^2 + (y - 1)^2}{x^2 + (y + 1)^2}} = c$$

$$\Leftrightarrow \quad x^2 + y^2 - 2y + 1 = c^2 x^2 + c^2 y^2 + 2c^2 y + c^2$$

$$\Leftrightarrow \quad (1 - c^2)x^2 + (1 - c^2)y^2 - 2(1 + c^2)y + 1 - c^2 = 0.$$

Im Fall $c \neq 1$ können wir durch $(1 - c^2)$ teilen und erhalten so mit der Abkürzung $\gamma_c = \frac{1 + c^2}{1 - c^2}$ und mittel quadratischer Ergänzung

$$0 = x^2 + y^2 - 2y\gamma_c + 1 = x^2 + (y - \gamma_c)^2 - \gamma_c^2 + 1 \quad \Leftrightarrow$$

$$\Leftrightarrow \quad x^2 + (y - \gamma_c)^2 = \gamma_c^2 - 1 \quad \Leftrightarrow \quad |z - i\gamma_c| = \sqrt{\gamma_c^2 - 1}.$$

Für den letzten Schritt sei bemerkt, dass aus $|1 - c^2| \leq |1 + c^2|$ folgt, dass $\gamma_c^2 \geq 1$. Die Höhenlinien für c sind in diesem Fall also Kreise um $i\gamma_c$ mit Radius $\sqrt{\gamma_c^2 - 1}$.

Für den Fall $c = 1$ wird die obige Gleichung zu

$$-4y = 0 \quad \Leftrightarrow \quad y = 0.$$

Die zugehörige Höhenlinie im Fall $c = 1$ ist also die reelle Achse.

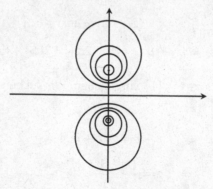

Die Abbildung zeigt die Höhenlinien für $c \in \{2, 3, 4, 10, 20, 100\}$ (unten), $c \in \left\{\frac{1}{100}, \frac{1}{4}, \frac{1}{3}, \frac{1}{2}, 1\right\}$ (oben) sowie für $c = 1$ (reelle Achse).

Konstruktion biholomorpher Abbildungen

In Aufgabe F03T1A5 **a** haben wir gesehen, dass die Bestimmung von Fixpunkten von Möbiustransformationen auf eine quadratische Gleichung führt. Eine Möbiustransformation hat also maximal zwei Fixpunkte oder ist bereits die Identität. Daraus folgt auch, dass eine Möbiustransformation bereits durch die Bilder von drei Punkten eindeutig bestimmt ist: Sind nämlich für $j \in \{1,2,3\}$ Punkte $z_j, w_j \in \widehat{\mathbb{C}}$ gegeben und σ, τ Transformationen mit $\sigma(z_j) = \tau(z_j) = w_j$ für $j \in \{1,2,3\}$, so wäre $\sigma \circ \tau^{-1}$ eine Möbiustransformation mit $(\sigma \circ \tau^{-1})(w_j) = w_j$, woraus $\sigma \circ \tau^{-1} = \mathrm{id}$, also $\sigma = \tau$ folgt.

Doppelverhältnisse und Möbiustransformationen. Seien vier verschiedene komplexe Zahlen $z, z_1, z_2, z_3 \in \mathbb{C}$ vorgegeben. Wir definieren ihr sogenanntes *Doppelverhältnis* als

$$DV(z, z_1, z_2, z_3) = \frac{z - z_1}{z - z_3} \cdot \frac{z_2 - z_3}{z_2 - z_1}.$$

Mittels entsprechender Grenzwertbildung lässt sich diese Definition auch auf den Fall ausdehnen, dass eines der Elemente ∞ ist. Es gilt beispielsweise

$$DV(z, z_1, z_2, \infty) = \lim_{|z_3| \to \infty} \frac{z - z_1}{z - z_3} \cdot \frac{z_2 - z_3}{z_2 - z_1} = \lim_{|z_3| \to \infty} \frac{z_2 - z_3}{z - z_3} \cdot \frac{z - z_1}{z_2 - z_1} = \frac{z - z_1}{z_2 - z_1}.$$

Eine wesentliche Bedeutung für die Theorie der Möbiustransformationen bekommt das Doppelverhältnis dadurch, dass das Doppelverhältnis von vier Punkten in $\widehat{\mathbb{C}}$ mit dem Doppelverhältnis der zugehörigen Bilder unter einer Möbiustransformation übereinstimmt – dies liefert einen Ansatz zur Bestimmung einer solchen Transformation durch drei vorgegebene Funktionswerte.

Anleitung: Möbiustransformation durch drei Punkte

Seien für $j \in \{1,2,3\}$ Werte $z_j, w_j \in \widehat{\mathbb{C}}$ gegeben. Gesucht ist eine Möbiustransformation $\widehat{\mathbb{C}} \to \widehat{\mathbb{C}}$ mit $f(z_j) = w_j$.

(1) Löse die Doppelverhältnisgleichung

$$\frac{z - z_1}{z - z_3} \cdot \frac{z_2 - z_3}{z_2 - z_1} = \frac{w - w_1}{w - w_3} \cdot \frac{w_2 - w_3}{w_2 - w_1}$$

   nach w auf.

(2) Setze $f(z) = w$. Definiere dann noch das Bild der Nennernullstelle und für ∞ gemäß Definition 6.40.

Aufgabe (Herbst 2001, T3A2)

Es seien folgende Punkte in der komplexen Ebene $\mathbb{C}$ gegeben:

$$z_1 = 0, \; z_2 = i, \; z_3 = -i \quad \text{sowie} \quad w_1 = -i/2, \; w_2 = i, \; w_3 = -i.$$

a Bestimmen Sie die Möbiustransformation mit $f(z_i) = w_i$ für $i = 1, 2, 3$.

b Bestimmen Sie das Bild des Einheitskreises und seines Randes unter f.

c Bestimmen Sie die zu f inverse Abbildung.

Lösungsvorschlag zur Aufgabe (Herbst 2001, T3A2)

a Wir erhalten die Doppelverhältnis-Gleichung

$$\frac{z}{z+i} \cdot \frac{i+i}{i} = \frac{w+\frac{i}{2}}{w+i} \cdot \frac{i+i}{i+\frac{i}{2}} \quad \Leftrightarrow \quad \frac{2z}{z+i} = \frac{w+\frac{i}{2}}{w+i} \cdot \frac{4}{3}$$

und lösen diese nach w auf:

$$\frac{z}{z+i} = \frac{2w+i}{3w+3i} \quad \Leftrightarrow \quad 3zw + 3iz = (z+i)((2w+i)$$

$$\Leftrightarrow \quad wz - 2iw = -2iz - 1$$

$$\Leftrightarrow \quad w = \frac{-2iz-1}{z-2i} = \frac{2z-i}{iz+2}$$

Der Nenner ist für $z = 2i$ nicht definiert, hier ist der Funktionswert ∞. Für $z = \infty$ erhalten wir andererseits den Wert $\frac{2}{i} = -2i$. Also ist

$$f = \varphi_{2,-i,i,2} : \widehat{\mathbb{C}} \to \widehat{\mathbb{C}}, \quad z \mapsto \begin{cases} \frac{2z-i}{iz+2} & \text{falls } z \in \mathbb{C} \setminus \{2i\}, \\ \infty & \text{falls } z = 2i \\ -2i, & \text{falls } z = \infty. \end{cases}$$

Man überprüft unmittelbar, dass diese die geforderten Gleichungen erfüllt.

b Aus der Angabe folgt bereits $i, -i \in f(\partial\mathbb{E})$. Wir bestimmen noch ein drittes Element:

$$f(1) = \frac{2-i}{i+2} = \frac{(2-i)(2-i)}{5} = \frac{3}{5} - \frac{4}{5}i.$$

Wegen $|\frac{3}{5} - \frac{4}{5}i| = 1$ liegt auch dieser Punkt auf dem Rand des Einheitskreises. Tatsächlich gilt für beliebiges $z = x + iy \in \mathbb{C}$ mit $|z| = x^2 + y^2 = 1$, dass

$$\left|\frac{2z-i}{iz+2}\right| = \left|\frac{2(x+iy)-i}{i(x+iy)+2}\right| = \left|\frac{2x+(2y-1)i}{(-y+2)+ix}\right| = \frac{\sqrt{4x^2+4y^2-4y+1}}{\sqrt{y^2-4y+4+x^2}} =$$

$$= \frac{\sqrt{-4y+5}}{\sqrt{-4y+5}} = 1.$$

Dies beweist $f(\partial\mathbb{E}) = \partial\mathbb{E}$ (wobei die Inklusion „$\supseteq$" wiederum aus der Kreistreue von Möbiustransformationen folgt). Die Einheitskreisscheibe wird somit entweder auf $\mathbb{E}$ oder auf $\widehat{\mathbb{C}} \setminus \overline{\mathbb{E}}$ abgebildet. Wegen $f(0) = -\frac{i}{2} \in \mathbb{E}$ ist ersteres der Fall.

c Wiederum könnte man das selbe Verfahren wie in Teil **a** anwenden und dabei nur Bild- und Urbildwerte vertauschen. Alternativ betrachtet man die Matrix

$$A = \begin{pmatrix} 2 & -i \\ i & 2 \end{pmatrix} \quad \text{mit} \quad A^{-1} = \frac{1}{3}\begin{pmatrix} 2 & i \\ -i & 2 \end{pmatrix}.$$

Da sich der Faktor $\frac{1}{3}$ in der Möbiustransformation kürzt, ist die inverse Abbildung gegeben durch

$$f^{-1}(z) = \varphi_{2,i,-i,2}(z) = \begin{cases} \frac{2z+i}{-iz+2} & \text{für } z \in \mathbb{C} \setminus \{-2i\} \\ \infty & \text{für } z = -2i, \\ 2i & \text{für } z = \infty. \end{cases}$$

Anleitung: Konstruktion von Möbiustransformationen

Gegeben seien zwei Gebiete G_1, G_2, die biholomorph aufeinander abgebildet werden sollen. Wir gehen davon aus, dass die Ränder von G_1 und G_2 verallgemeinerte Kreislinien sind.

(1) Wähle drei Punkte auf dem Rand von G_1 und drei Punkte auf dem Rand von G_2. Die Reihenfolge der drei Punkte gibt dabei intuitiv einen Umlaufsinn der Kreislinie vor. Beachte, dass die Möbiustransformation die Mengen aufeinander abbildet, die bezüglich dieser Orientierung jeweils links (bzw. rechts) von der jeweilige Kreislinie liegen.

Tipp: Mutige sparen sich Rechenarbeit, indem sie, wo möglich, den Punkt ∞ verwenden.

(2) Bestimme die Möbiustransformation, die die Punkte aus (1) paarweise aufeinander abbildet (vgl. hierzu Seite 375).

(3) Überprüfe für einen Punkt aus G_1, dass dieser von der Möbiustransformation aus (2) nach G_2 abgebildet wird. Dies sollte der Fall sein, wenn die Punkte so wie in (1) gewählt sind (ansonsten tausche dort zwei Punkte). Die Einschränkung der Möbiustransformation eine Abbildung mit der gewünschten Eigenschaft.

Aufgabe (Frühjahr 2006, T2A1)

a Formulieren Sie den Riemann'schen Abbildungssatz.

b Finden Sie eine Funktion der Form $z \mapsto \frac{az+b}{cz+d}$, die die rechte Halbebene

$$H = \{z \in \mathbb{C} \mid \mathrm{Re}(z) > 0\}$$

biholomorph auf die offene Einheitskreisscheibe

$$D = \{z \in \mathbb{C} \mid |z| < 1\}$$

abbildet (mit Beweis).

Lösungsvorschlag zur Aufgabe (Frühjahr 2006, T2A1)

a Siehe Satz 6.39.

b Wir konstruieren eine Möbiustransformation, die ∂H auf ∂D abbildet. Dazu bestimmen wir $f : \widehat{\mathbb{C}} \to \widehat{\mathbb{C}}$ mit

$$f(0) = 1 \qquad f(i) = -i \qquad f(\infty) = -1.$$

Beachte, dass bei dieser Wahl die imaginäre Achse ∂H von unten nach oben und der Einheitskreis ∂D im Uhrzeigersinn durchlaufen werden, sodass H und D bezogen auf diesen Durchlaufsinn jeweils rechts von ∂H bzw. ∂D liegen. Wir gehen wie oben beschrieben vor und lösen zunächst

$$DV(z, 0, i, \infty) = \frac{w-1}{w+1} \cdot \frac{-i+1}{-i-1} \quad \Leftrightarrow \quad \frac{z}{i} = \frac{w-1}{w+1} \cdot i \quad \Leftrightarrow \quad z = -\frac{w-1}{w+1}$$

$$\Leftrightarrow \quad zw + z = -w + 1 \quad \Leftrightarrow \quad zw + w = -z + 1 \quad \Leftrightarrow \quad w = \frac{-z+1}{z+1}.$$

Wir definieren dementsprechend die Möbiustransformation

$$f : \widehat{\mathbb{C}} \to \widehat{\mathbb{C}}, \quad z \mapsto \begin{cases} \frac{-z+1}{z+1} & \text{für } z \in \mathbb{C} \setminus \{-1\} \\ \infty & \text{für } z = -1 \\ -1 & \text{für } z = \infty \end{cases}$$

Zunächst betrachten wir, was im Grenzfall $z = iy$ für $y \in \mathbb{R}$ geschieht:

$$|f(z)| = \left| \frac{-iy+1}{iy+1} \right| = \frac{\sqrt{1+y^2}}{\sqrt{1+y^2}} = 1$$

Zusammen mit der Definition im Fall $z = \infty$ ergibt sich

$$f\left(i\mathbb{R} \cup \{\infty\} \right) \subseteq \{z \in \mathbb{C} \mid |z| = 1\}$$

Somit bildet die Möbiustransformation f die verallgemeinerte Kreislinie $i\mathbb{R} \cup \{\infty\}$ auf die Einheitskreislinie ab. Damit bildet f auch die Zusammenhangskomponenten der jeweiligen Komplemente aufeinander ab. Wegen $f(1) = 0 \in D$ muss $f(H) = D$ gelten. Die Einschränkung $f_{|H}$ liefert also eine biholomorphe Abbildung, wie sie gewünscht war.

Aufgabe (Herbst 2010, T2A1)

Gegeben sei die Möbiustransformation $h(z) = \frac{1}{z-1}$. Sei $\mathbb{E} \subseteq \mathbb{C}$ die offene Einheitskreisscheibe und $K \subseteq \mathbb{C}$ die abgeschlossene Kreisscheibe $\{z \in \mathbb{C} \mid |z - \frac{1}{2}| \leq \frac{1}{2}\}$. Mit $\partial\mathbb{E}$ und ∂K werde der Rand von $\mathbb{E}$ bzw. K bezeichnet.

a Man zeige, dass $h(\partial\mathbb{E})$ und $h(\partial K)$ parallele Geraden sind.

b Man gebe die Gerade $h(\partial\mathbb{E})$ und $h(\partial K)$ jeweils explizit in der Form $ax + by = c$ an, wobei x und y Real- bzw. Imaginärteil von $z \in \mathbb{C}$ sind.

c Man bestimme $h(\mathbb{E} \setminus K)$ explizit durch Ungleichungen der Form $ax + by \gtrless c$ und skizziere die Menge $\mathbb{E} \setminus K$ und $h(\mathbb{E} \setminus K)$.

Lösungsvorschlag zur Aufgabe (Herbst 2010, T2A1)

a Eine Möbiustransformation muss jede Kreislinie entweder auf eine Gerade oder auf eine Kreislinie abbilden. Wir setzen drei Punkte aus $\partial\mathbb{E}$ ein und erhalten

$$h(-1) = -\frac{1}{2}, \quad h(i) = \frac{1}{i-1} = -\frac{1}{2} - \frac{1}{2}i, \quad h(-i) = \frac{1}{-i-1} = -\frac{1}{2} + \frac{1}{2}i.$$

Wir sehen, dass der Realteil aller Zahlen im Bild von $\partial\mathbb{E}$ gleich $-\frac{1}{2}$ ist, dann folgt aus der Kreistreue, dass $h(\partial\mathbb{E}) = \{z \in \mathbb{C} \mid \operatorname{Re} z = -\frac{1}{2}\}$ (wie in früherer Aufgaben könnte man dies explizit nachrechnen).

Analog verfahren wir mit dem zweiten Kreis:

$$h(0) = -1, \quad h\left(\frac{1}{2} + \frac{1}{2}i\right) = -1 - i, \quad \text{und} \quad h\left(\frac{1}{2} - \frac{1}{2}i\right) = -1 + i.$$

Es handelt sich also hier um die Gerade der Punkte mit Realteil -1.

Damit haben wir gezeigt, dass es sich bei beiden Bildern um Geraden handelt, die parallel zur imaginären Achse verlaufen.

b Wir haben beide Gleichungen in Teil **a** bereits hergeleitet:

$$h(\partial \mathbb{E}) = \{x + iy \in \mathbb{C} \mid 2x = -1\} \quad \text{und} \quad h(\partial K) = \{x + iy \in \mathbb{C} \mid x = -1\}.$$

c Wir zeigen zunächst

$$h(\mathbb{E} \setminus K) = h(\mathbb{E}) \setminus h(K).$$

„$\subseteq$": Sei $w \in h(\mathbb{E} \setminus K)$, also $w = h(z)$ für ein $z \in \mathbb{E}$, $z \notin K$. Dann ist w jedenfalls auch Element von $h(\mathbb{E})$. Angenommen, es wäre $w = h(\hat{z})$ für ein $\hat{z} \in K$. Dann wäre aufgrund der Injektivität von h aber $z = \hat{z} \in K$ – Widerspruch. Also ist w in der rechten Menge enthalten.

Wir bestimmen die Bilder $h(\mathbb{E})$ und $h(K)$. Da diese wieder Zusammenhangskomponenten von $\mathbb{C} \setminus h(\partial \mathbb{E})$ bzw. $\mathbb{C} \setminus h(\partial K)$ sein müssen, kommt für die erste Menge nur $\{z \in \mathbb{C} \mid \mathrm{Re}\, z > -\frac{1}{2}\}$ oder $\{z \in \mathbb{C} \mid \mathrm{Re}\, z < -\frac{1}{2}\}$ infrage. Wegen $h(0) = -1$ muss es sich bei $h(\mathbb{E})$ um die zweite Menge handeln.

Eine analoge Überlegung liefert wegen $h(\frac{1}{2}) = -2$ die Gleichung $h(K) = \{z \in \mathbb{C} \mid \mathrm{Re}\, z < -1\}$. Wir erhalten damit

$$h(\mathbb{E} \setminus K) = \left\{x + iy \in \mathbb{C} \mid x > -1 \text{ und } x < -\tfrac{1}{2}\right\}.$$

„$\supseteq$": Sei $w \in h(\mathbb{E}) \setminus h(K)$, also $w = h(z)$ für ein $z \in \mathbb{E}$, aber $h(\hat{z}) \neq w$ für alle $\hat{z} \in K$. Dann gilt insbesondere $z \notin K$, also ist $w = h(z) \in h(\mathbb{E} \setminus K)$.

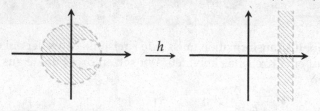

Übersicht: Wichtige biholomorphe Abbildungen

Je nach Form der gegebenen Mengen, die biholomorph aufeinander abgebildet werden sollen, bieten sich verschiedene Abbildungen an:

(1) Kreise und Halbebenen (also verallgemeinerte Kreislinien) lassen sich mittels Möbiustransformationen aufeinander abbilden.

(2) Die Exponentialfunktion kann dazu genutzt werden, Streifen der Form $\{z \in \mathbb{C} \mid a < \operatorname{Im} z < b\}$ auf die Sektoren $\{re^{i\theta} \mid r \in \mathbb{R}^{\times}, a < \theta < b\}$ abzubilden.

(3) Mithilfe der Abbildung $z \mapsto z^2$ kann ein Quadrant auf eine Halbebene oder eine Halbebene auf eine geschlitzte Ebene abgebildet werden (allgemein gilt: Abbildungen der Form $z \mapsto z^n$ ver-n-fachen den „Öffnungswinkel").

(4) Drehungen um den Winkel θ (gegen den Uhrzeigersinn) lassen sich durch Multiplikation mit der Konstanten $e^{i\theta}$ erreichen.

(5) Manchmal ist es nötig, die Einheitskreisscheibe auf sich selbst abzubilden, um eine bestimmte Anfangsbedingung zu erfüllen. Die biholomorphen Abbildungen $\varphi \colon \mathbb{E} \to \mathbb{E}$ mit $\varphi(a) = 0$ für ein $a \in \mathbb{E}$ sind genau die Abbildungen

$$\varphi(z) = \zeta \frac{z - a}{\bar{a}z - 1}, \quad \text{wobei } a \in \mathbb{E},\ \zeta \in \partial\mathbb{E}.$$

Im Fall $\varphi(0) = 0$ vereinfachen sich diese Abbildungen zu $z \mapsto \zeta z$.

Aufgabe (Herbst 2018, T1A4)

In dieser Aufgabe bezeichne $H = \{z \in \mathbb{C} : \operatorname{Im}(z) > 0\}$ die obere Halbebene und $S = \{z \in \mathbb{C} : 0 < \operatorname{Re}(z) < 1\}$ einen Streifen in $\mathbb{C}$.

a Geben Sie (mit Begründung) eine holomorphe, bijektive Abbildung $g \colon S \to H$ an.

b Bestimmen Sie eine holomorphe, bijektive Abbildung $f \colon S \to S$ mit $f(\frac{1}{2}) = \frac{1}{4}$.

Lösungsvorschlag zur Aufgabe (Herbst 2018, T1A4)

a Wir konstruieren eine Abbildung wie folgt:

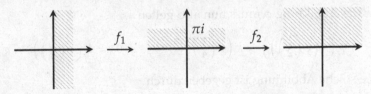

Die Abbildungen

$$f_1 \colon S \to \{z \in \mathbb{C} : 0 < \operatorname{Im} z < \pi\}, \quad z \mapsto i\pi z,$$
$$f_2 \colon \{z \in \mathbb{C} : 0 < \operatorname{Im} z < \pi\} \to H, \quad z \mapsto \exp z$$

sind holomorph und bijektiv. Das ist im ersten Fall klar, und folgt im zweiten Fall daraus, dass für eine komplexe Zahl $z = x + iy$ der Wert der komplexen Exponentialfunktion in z durch $e^z = e^x \cdot e^{iy}$ gegeben ist und die reelle Exponentialfunktion eine Bijektion $\mathbb{R} \to \mathbb{R}_{>0}$ definiert. In anderen Worten: schreibt man einen Punkt in H in Polarkoordinaten, so kann man ihn eindeutig in der Form $e^x \cdot e^{iy}$ mit $x + iy \in \{z \in \mathbb{C} : 0 < \operatorname{Im} z < \pi\}$ schreiben.

Die Abbildung

$$g = f_2 \circ f_1 \colon S \to H, \quad z \mapsto \exp(i\pi z)$$

leistet also das Gewünschte.

b Sei g die Abbildung aus Teil **a** und $k \colon H \to \mathbb{E}$ sowie $\phi \colon \mathbb{E} \to \mathbb{E}$ weitere biholomorphe Abbildungen. Dann ist

$$f = g^{-1} \circ k^{-1} \circ \phi \circ k \circ g$$

eine biholomorphe Abbildung $S \to S$. Wenn wir es noch schaffen, dass

$$(\phi \circ k \circ g)\left(\frac{1}{2}\right) = (k \circ g)\left(\frac{1}{4}\right)$$

gilt, dann ist auch $f(\frac{1}{2}) = \frac{1}{4}$. Bleibt nur noch, solche Abbildungen zu konstruieren. Die Abbildung k konstruiert als Möbiustransformation, die die reelle Achse auf die Kreislinie $\partial\mathbb{E}$ abbildet. Wir wählen $k(0) = -1$, $k(1) = -i$ und $k(-1) = i$ und erhalten die Doppelverhältnisgleichung

$$\frac{z-0}{z+1} \cdot \frac{1+1}{1-0} = \frac{k(z)+1}{k(z)-i} \cdot \frac{-i-i}{-i+1} \quad \Leftrightarrow \quad \frac{2z}{z+1} = \frac{k(z)+1}{k(z)-i} \cdot (1-i).$$

Auflösen der Gleichung ergibt

$$k \colon H \to \mathbb{E}, \quad z \mapsto \frac{z-i}{z+i}.$$

Für die Abbildung ϕ muss nun also gelten

$$\phi\left(k\left(g\left(\tfrac{1}{2}\right)\right)\right) = k\left(g\left(\tfrac{1}{4}\right)\right) \quad \Leftrightarrow \quad \phi(0) = k\left(g\left(\tfrac{1}{4}\right)\right) =: a.$$

Eine solche Abbildung ist gegeben durch

$$\phi \colon \mathbb{E} \to \mathbb{E}, \quad z \mapsto \frac{z-a}{\bar{a}z - 1}.$$

Damit leistet die Abbildung f von oben das Gewünschte.

Aufgabe (Frühjahr 2015, T1A2)

Es sei $Q = \{z \in \mathbb{C} \mid \mathrm{Re}(z) < 0 \text{ und } \mathrm{Im}(z) > 0\}$ der offene zweite Quadrant der komplexen Zahlenebene. Bestimmen Sie mit Begründung alle Abbildungen $f \colon Q \to \mathbb{C}$, die Q biholomorph auf die offene Einheitskreisscheibe $\mathbb{E} = \{z \in \mathbb{C} \mid |z| < 1\}$ abbilden mit $f(-1 + i) = 0$.

Lösungsvorschlag zur Aufgabe (Frühjahr 2015, T1A2)

Sei $f \colon Q \to \mathbb{E}$ eine biholomorphe Abbildung mit $f(-1 + i) = 0$ und $g \colon Q \to \mathbb{E}$ eine weitere biholomorphe Abbildung mit $g(-1 + i) = 0$. Dann ist

$$g \circ f^{-1} \colon \mathbb{E} \to \mathbb{E}$$

ebenfalls eine biholomorphe Abbildung mit $(g \circ f^{-1})(0) = 0$. Abbildungen dieser Art sind vollständig bekannt, es gibt nämlich ein $\xi \in \mathbb{C}$ mit $|\xi| = 1$, sodass

$$(g \circ f^{-1})(w) = g(f^{-1}(w)) = \xi w \quad \text{für alle } w \in \mathbb{E}.$$

Aufgrund der Bijektivität von f folgt daraus für $w = f(z)$ die Gleichung $g(z) = \xi f(z)$ für alle $z \in Q$. Wir bestimmen nun also solch eine Abbildung f, dann ist die Menge aller biholomorphen Abbildungen $g \colon Q \to \mathbb{E}$ mit $g(-1 + i) = 0$ gegeben durch

$$\{g \colon Q \to \mathbb{E} \mid \exists \xi \in \partial \mathbb{E} : \forall z \in Q : g(z) = \xi f(z)\}.$$

Zur Konstruktion der Abbildung f gehen wir in mehreren Schritten vor, wie die folgende Abbildung veranschaulicht.

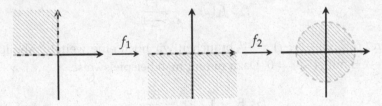

Um zunächst den zweiten Quadranten auf die untere Halbebene $\mathbb{H} = \{z \in \mathbb{C} \mid \mathrm{Im}\, z < 0\}$ abzubilden, bemerken wir, dass für $z = x + iy \in Q$ gilt, dass

$$z^2 = x^2 - y^2 + i2xy.$$

Wegen $x < 0$ und $y > 0$ ist somit $\mathrm{Im}\, z^2 = 2xy < 0$ und z^2 liegt in $\mathbb{H}$. Wir zeigen nun, dass

$$f_1 \colon Q \to \mathbb{H}, \quad z \mapsto z^2$$

eine biholomorphe Abbildung ist. Die Holomorphie ist als Polynomfunktion klar. Für die *Injektivität* betrachte $z_1, z_2 \in Q$ mit $g_1(z_1) = g_1(z_2)$. Es folgt

$$z_1^2 = z_2^2 \quad \Leftrightarrow \quad z_1^2 - z_2^2 = 0 \quad \Leftrightarrow \quad (z_1 + z_2)(z_1 - z_2) = 0$$

Nehmen wir an, es wäre $z_1 + z_2 = 0$, also $z_1 = -z_2$. Wegen $z_1 \in Q$ würde aber folgen $\operatorname{Re} z_2 = -\operatorname{Re} z_1 > 0$, also $z_2 \notin Q$ – Widerspruch. Also muss $z_1 = z_2$ gelten.

Für die *Surjektivität* sei $w \in \mathbb{H}$ vorgegeben. Schreibe $w = re^{i\varphi}$ mit $r = |w|$ und $\varphi \in \,]\pi; 2\pi[$. Dann gilt wegen $\cos x < 0$ und $\sin x > 0$ für $x \in \,]\frac{\pi}{2}, \pi[$

$$\operatorname{Re} \sqrt{r} e^{i\frac{\varphi}{2}} = \sqrt{r} \cdot \cos\left(\frac{\varphi}{2}\right) < 0 \quad \text{und} \quad \operatorname{Im} \sqrt{r} e^{i\frac{\varphi}{2}} = \sqrt{r} \cdot \sin\left(\frac{\varphi}{2}\right) > 0$$

sowie $\left(\sqrt{r} e^{\frac{\varphi}{2}}\right)^2 = re^{i\varphi} = w$. Also ist $\sqrt{r} e^{\frac{\varphi}{2}}$ ein Urbild von w in Q.

Im nächsten Schritt bilden wir nun $\mathbb{H}$ auf $\mathbb{E}$ ab. Dafür bestimmt man beispielsweise aus den Punkten

$$z_1 = -1, \quad z_2 = 0, \quad z_3 = 1, \quad w_1 = -1, \quad w_2 = i, \quad w_3 = 1$$

mithilfe des Doppelverhältnisses die Möbiustransformation

$$f_2 \colon \mathbb{H} \to \mathbb{E}, \quad z \mapsto \frac{z+i}{iz+1}.$$

Als Komposition ergibt sich dann

$$f_2 \circ f_1(z) = \frac{z^2+i}{iz^2+1}.$$

Wegen $(f_2 \circ f_1)(-1+i) = \frac{-i}{3}$ brauchen wir noch eine weitere Abbildung $f_3 \colon \mathbb{E} \to \mathbb{E}$ mit $g(\frac{-i}{3}) = 0$. Dazu nimmt man beispielsweise

$$f_3 \colon \mathbb{E} \to \mathbb{E}, \quad z \mapsto \frac{3z+i}{iz-3}.$$

Um $f_3 \circ f_2$ zu bestimmen, verwenden wir Matrizenkalkül: Wegen

$$\begin{pmatrix} 3 & i \\ i & -3 \end{pmatrix} \cdot \begin{pmatrix} 1 & i \\ i & 1 \end{pmatrix} = \begin{pmatrix} 2 & 4i \\ -2i & -4 \end{pmatrix} = 2 \cdot \begin{pmatrix} 1 & 2i \\ -i & -2 \end{pmatrix}$$

ist $(f_3 \circ f_2)(z) = \frac{z+2i}{-iz-2}$. Insgesamt erhalten wir daher

$$f(z) = (f_3 \circ f_2 \circ f_1)(z) = \frac{z^2+2i}{-iz^2-2}.$$

7. Analysis: Differentialgleichungen

Definition 7.1. Seien $n, m \in \mathbb{N}$ natürliche Zahlen, $D \subseteq \mathbb{R} \times \mathbb{R}^{nm}$ eine Menge und $f\colon D \to \mathbb{R}^m$ eine Funktion. Eine Gleichung der Form

$$x^{(n)} = f\big(t, x, x', \ldots, x^{(n-1)}\big)$$

heißt m-dimensionale *explizite gewöhnliche Differentialgleichung* n-ter Ordnung. Eine Lösung dieser Gleichung ist eine n-mal differenzierbare Funktion $\lambda\colon I \to \mathbb{R}^m$ mit einem Intervall $I \subseteq \mathbb{R}$, die $(t, \lambda(t), \lambda'(t), \ldots, \lambda^{(n-1)}(t)) \in D$ und

$$f\big(t, \lambda(t), \lambda'(t), \ldots, \lambda^{(n-1)}(t)\big) = \lambda^{(n)}(t) \quad \text{für alle } t \in I \text{ erfüllt.}$$

Wird neben der eigentlichen Differentialgleichung noch gefordert, dass

$$x(t_0) = x_0,\ x'(t_0) = x_1,\ \ldots,\ x^{(n-1)}(t_0) = x_{n-1}$$

für Werte $(t_0, x_0, \ldots, x_{n-1}) \in D$ erfüllt sein soll, so spricht man von einem *Anfangswertproblem*. Eine Lösung $\lambda\colon I \to \mathbb{R}^m$ muss dann noch $t_0 \in I$ und $\lambda^{(k)}(t_0) = x_k$ für $k \in \{0, \ldots, n-1\}$ erfüllen.

Ein wichtiger Spezialfall dieser Definition sind Gleichungen, bei denen die Funktion f nicht von t abhängt. Solche Gleichungen bezeichnet man als *autonom*.

7.1. Elementare Lösungsmethoden skalarer Differentialgleichungen

Wir beschreiben in diesem Abschnitt gängige Methoden, skalare Differentialgleichungen zu lösen. Leider werden sehr selten Aufgaben gestellt, die sich auf das reine Lösen beschränken, weshalb wir etwas im Stoff vorgreifen müssen und Sätze über die Existenz und Eindeutigkeit solcher Lösungen anwenden werden.

© Der/die Autor(en), exklusiv lizenziert durch
Springer-Verlag GmbH, DE, ein Teil von Springer Nature 2021
D. Bullach und J. Funk, *Vorbereitungskurs Staatsexamen Mathematik*,
https://doi.org/10.1007/978-3-662-62904-8_7

Differentialgleichungen mit getrennten Variablen

Satz 7.2 (Trennen der Variablen). Seien $I, J \subseteq \mathbb{R}$ offene Intervalle, $t_0 \in I, x_0 \in J$ und $g \colon I \to \mathbb{R}$ sowie $h \colon J \to \mathbb{R}$ stetig. Dann hat das Anfangswertproblem

$$x' = g(t)h(x), \quad x(t_0) = x_0$$

(1) im Fall $h(x_0) = 0$ zumindest die konstante Lösung $\lambda \colon I \to \mathbb{R}, t \mapsto x_0$.

(2) im Fall $h(x_0) \neq 0$ lokal eine eindeutige Lösung, d. h. es gibt ein offenes Intervall $I' \subseteq I$ mit $t_0 \in I'$, sodass es auf I' eine eindeutige Lösung λ gibt. Diese lässt sich durch Auflösen von

$$\int_{x_0}^{\lambda(t)} \frac{1}{h(x)} \, dx = \int_{t_0}^{t} g(\tau) \, d\tau$$

nach $\lambda(t)$ bestimmen.

Aufgabe (Herbst 2013, T3A1)

Gegeben sei die parameterabhängige Differentialgleichung

$$\dot{x} = x^\alpha \quad \text{mit} \quad x(0) = 1.$$

Bestimmen Sie die maximalen Lösungen dieser Differentialgleichung für $\alpha = 1$ und $\alpha = 2$.

Lösungsvorschlag zur Aufgabe (Herbst 2013, T3A1)

Wir bestimmen zunächst eine Lösung λ zum Parameter $\alpha = 1$ mittels Trennen der Variablen:

$$\int_{1}^{\lambda(t)} \frac{1}{x} \, dx = \int_{0}^{t} 1 \, d\tau \quad \Leftrightarrow \quad \ln \lambda(t) = t \quad \Leftrightarrow \quad \lambda(t) = e^{t}.$$

Da diese Lösung bereits auf ganz $\mathbb{R}$ definiert ist, kann sie nicht weiter fortgesetzt werden und ist deshalb maximal (Eindeutigkeit war nicht zu zeigen).

Ebenso verfahren wir im Fall $\alpha = 2$:

$$\int_{1}^{\mu(t)} \frac{1}{x^2} \, dx = \int_{0}^{t} 1 \, d\tau \quad \Leftrightarrow \quad -\frac{1}{\mu(t)} + 1 = t \quad \Leftrightarrow \quad \mu(t) = \frac{1}{1-t}.$$

Diese Lösung ist auf $\mathbb{R} \setminus \{1\}$ definiert. Da 0 im Definitionsintervall I liegen soll, wählen wir $I = \,]-\infty, 1[$. Die untere Grenze dieses Intervalls ist $-\infty$ und außerdem haben wir

$$\lim_{t \to 1} |\mu(t)| = \infty,$$

also handelt es sich bei $\mu \colon I \to \mathbb{R}$ um die maximale Lösung des obigen Anfangswertproblems (vgl. Satz 7.13).

Aufgabe (Herbst 2013, T2A4)

Betrachten Sie die Differentialgleichung

$$y' = t^2 \sqrt{1 + 2y}.$$

a Geben Sie die Lösung der zugehörigen Anfangswertaufgabe mit Anfangswert $y(0) = 0$ auf dem Intervall $[0, \infty)$ an. Warum ist sie dort eindeutig?

b Betrachten Sie die o. g. Differentialgleichung zum Anfangswert $y(0) = -1/2$. Geben Sie zwei verschiedene Lösungen dieser Anfangswertaufgabe explizit an.

Lösungsvorschlag zur Aufgabe (Herbst 2013, T2A4)

a Wir lösen das Anfangswertproblem mittels Trennen der Variablen:

$$\int_0^{\lambda(t)} \frac{1}{\sqrt{1 + 2y}}\, dy = \int_0^t \tau^2\, d\tau \quad \Leftrightarrow \quad \left[\sqrt{1 + 2y}\right]_0^{\lambda(t)} = \left[\tfrac{1}{3}\tau^3\right]_0^t$$

$$\Leftrightarrow \quad \sqrt{1 + 2\lambda(t)} - 1 = \tfrac{1}{3}t^3 \quad \Leftrightarrow \quad \lambda(t) = \tfrac{1}{2}\left((\tfrac{1}{3}t^3 + 1)^2 - 1\right).$$

Wir überprüfen durch Einsetzen in die Gleichung, ob wir tatsächlich eine Lösung gefunden haben. Für $t \in [0, \infty[$ gilt

$$t^2 \sqrt{1 + 2\lambda(t)} = t^2 \sqrt{1 + (\tfrac{1}{3}t^3 + 1)^2 - 1} = t^2 \cdot (\tfrac{1}{3}t^3 + 1) =$$

$$= \left((\tfrac{1}{3}t^3 + 1) \cdot t^2\right) = \lambda'(t).$$

Die Lösung ist auf $[0, \infty[$ definiert und dort eindeutig, denn die partielle Ableitung der rechten Seite der Differentialgleichung nach y ist

$$\partial_y t^2 \sqrt{1 + 2y} = \frac{t^2}{\sqrt{1 + 2y}}.$$

Diese existiert auf dem Intervall $\left]-\tfrac{1}{2}, \infty\right[$ und ist dort stetig, sodass die rechte Seite der Gleichung dort nach Proposition 7.10 lokal Lipschitz-stetig bezüglich y ist. Also genügt die Differentialgleichung den Voraussetzungen des Globalen Existenz- und Eindeutigkeitssatzes 7.12, sodass es insbesondere auf $[0, \infty[$ eine eindeutige maximale Lösung gibt. Da λ auf diesem Intervall definiert ist, muss es sich bei λ um diese eindeutige maximale Lösung handeln.

b Wiederum bestimmen wir eine Lösung mittels Trennen der Variablen:

$$\int_{-\frac{1}{2}}^{\lambda(t)} \frac{1}{\sqrt{1+2y}} \, dy = \int_0^t \tau^2 \, d\tau \quad \Leftrightarrow \quad \sqrt{1+2\lambda(t)} = \frac{1}{3}t^3$$

$$\Leftrightarrow \quad \lambda(t) = \frac{1}{2}(\frac{1}{9}t^6 - 1.)$$

Wir überprüfen kurz, ob wir auch tatsächlich eine Lösung gefunden haben:

$$t^2 \sqrt{1 + 2\lambda(t)} = t^2 \sqrt{1 + \frac{1}{9}t^6 - 1} = t^2 \cdot \frac{1}{3}t^3 = \frac{1}{3}t^3 \cdot t^2 = \lambda'(t).$$

Da der zweite Faktor der rechten Seite der Differentialgleichung jedoch bei $y = -\frac{1}{2}$ verschwindet, gibt es eine weitere Lösung zum Anfangswert $y(0) = -\frac{1}{2}$, nämlich

$$\mu\colon \mathbb{R} \to \mathbb{R}, \quad t \mapsto -\frac{1}{2},$$

denn es gilt für ein beliebiges $t \in \mathbb{R}$, dass

$$\mu'(t) = 0 = t^2 \sqrt{1 + \mu(t)}.$$

Aufgabe (Frühjahr 2015, T3A1)

Seien $f, g\colon \mathbb{R} \to \mathbb{R}$ stetig. Wir betrachten das Anfangswertproblem

$$\dot{x}(t) = g(t)f(x(t)), \quad x(t_0) = x_0, \tag{1}$$

wobei $t_0, x_0 \in \mathbb{R}$.

a Geben Sie ein Beispiel eines Anfangswertproblems der Form (1) an, sowie ein zugehöriges Intervall, so dass es zwei verschiedene Lösungen besitzt.

b Wir nehmen nun zusätzlich an, dass $f, g\colon \mathbb{R} \to (0, \infty)$. Zeigen Sie, dass das Problem (1) dann lokal eindeutig lösbar ist.

Hinweis Es sind hier Existenz und Eindeutigkeit zu zeigen.

Lösungsvorschlag zur Aufgabe (Frühjahr 2015, T3A1)

a Etwas vorausschauend auf den Globalen Existenz- und Eindeutigkeitssatz 7.12 wissen wir, dass Funktionen zu wählen sind, sodass die rechte Seite nicht lokal Lipschitz-stetig ist.

Wir wählen daher $g\colon \mathbb{R} \to \mathbb{R}, t \mapsto 1$ sowie $f\colon \mathbb{R} \to \mathbb{R}, x \mapsto \sqrt{|x|}$ und betrachten das Anfangswertproblem

$$\dot{x}(t) = \sqrt{|x(t)|}, \quad x(0) = 0.$$

Eine erste Lösung bekommen wir mit $\lambda_1\colon \mathbb{R} \to \mathbb{R}, t \mapsto 0$, eine andere bestimmen wir mittels Trennen der Variablen:

$$\int_0^{\lambda_2(t)} \frac{1}{\sqrt{|x|}}\, dx = \int_0^t 1\, d\tau \quad \Leftrightarrow \quad \pm 2\sqrt{|\lambda_2(t)|} = t \quad \Leftrightarrow \quad \lambda_2(t) = \pm\tfrac{1}{4}t^2$$

Dabei haben wir für die erste Äquivalenz das Integral

$$\int_0^y \frac{1}{\sqrt{|x|}}\, dx = \pm 2\sqrt{|y|} = \begin{cases} 2\sqrt{y} & \text{falls } y \geq 0, \\ -2\sqrt{-y} & \text{falls } y < 0 \end{cases}$$

verwendet. Dies liefert eine weitere Lösung

$$\lambda_2 \colon \mathbb{R} \to \mathbb{R}, \quad t \mapsto \begin{cases} \tfrac{1}{4}t^2 & \text{für } t \geq 0 \\ -\tfrac{1}{4}t^2 & \text{für } t \leq 0. \end{cases}$$

Wir überprüfen noch, dass λ in 0 tatsächlich differenzierbar ist:

$$\lim_{\omega \to 0} \frac{\lambda(\omega) - \lambda(0)}{\omega} = \lim_{\omega \to 0} \frac{\operatorname{sgn}(\omega)\tfrac{1}{4}\omega^2}{\operatorname{sgn}(\omega)|\omega|} = \lim_{\omega \to 0} \tfrac{1}{4}|\omega| = 0.$$

Man kann nun die Ableitung als $\lambda'(x) = \tfrac{1}{2}|x|$ schreiben, somit ist auch

$$\sqrt{|\lambda(x)|} = \sqrt{\tfrac{1}{4}x^2} = \tfrac{1}{2}|x| = \lambda'(x)$$

für alle $x \in U$ wie erwünscht erfüllt.

b Hierzu müssen wir Satz 7.2 (2) (teilweise) beweisen. Definiere dazu

$$G\colon \mathbb{R} \to \mathbb{R}, \quad t \mapsto \int_{t_0}^t g(\tau)\, d\tau \quad \text{und} \quad F\colon \mathbb{R} \to \mathbb{R}, \quad x \mapsto \int_{x_0}^x \frac{1}{f(\omega)}\, d\omega.$$

Wegen $F'(x) = \frac{1}{f(x)} > 0$ für alle $x \in \mathbb{R}$ ist F auf ganz $\mathbb{R}$ streng monoton steigend, deshalb injektiv und auf ganz $\mathbb{R}$ umkehrbar. Sei $V = F(\mathbb{R})$, dann existiert also die Umkehrabbildung $F^{-1}\colon V \to \mathbb{R}$ und ist stetig differenzierbar. Wegen $0 \in G(\mathbb{R}) \cap F(\mathbb{R})$ ist $G^{-1}(V) \neq \varnothing$ und offen, sodass wir ein Intervall $I \subseteq G^{-1}(V)$ wählen können. Definiere nun

$$\lambda\colon I \to \mathbb{R}, \quad t \mapsto F^{-1}(G(t)),$$

dann ist λ stetig differenzierbar und unter Verwendung der Umkehrregel bekommt man

$$\lambda'(t) = (F^{-1})'(G(t)) \cdot G'(t) = \frac{1}{F'(F^{-1}(G(t)))} g(t) = g(t) \cdot f(\lambda(t)),$$

sowie $\lambda(t_0) = F^{-1}(G(t_0)) = F^{-1}(0) = x_0$, d.h. λ ist eine Lösung von (1). Diese Lösung ist eindeutig auf I, denn ist $\mu\colon I \to \mathbb{R}$ eine weitere Lösung von (1), so folgt mit Substitution:

$$G(t) = \int_{t_0}^{t} g(\tau)\, d\tau = \int_{t_0}^{t} \frac{\mu'(\tau)}{f(\mu(\tau))}\, d\tau = \int_{x_0}^{\mu(t)} \frac{1}{f(\omega)}\, d\omega = F(\mu(t)).$$

Weil F auf seinem gesamten Definitionsbereich umkehrbar ist, bedeutet das

$$\mu(t) = F^{-1}(G(t)) = \lambda(t).$$

Exakte Differentialgleichungen

Definition 7.3. Sei $G \subseteq \mathbb{R}^2$ ein Gebiet und $f, g\colon G \to \mathbb{R}$ stetig. Die Differentialgleichung
$$f(t, x) + g(t, x)x' = 0$$
heißt *exakt*, falls es eine stetig differenzierbare Funktion $F\colon G \to \mathbb{R}$ gibt, sodass
$$\partial_t F(t, x) = f(t, x) \quad \text{und} \quad \partial_x F(t, x) = g(t, x)$$
für alle $(t, x) \in G$ erfüllt ist. Eine solche Funktion F heißt *Stammfunktion* der Differentialgleichung.

Man sieht einer Differentialgleichung meist nicht an, ob sie exakt ist. Glücklicherweise gibt uns die nächste Proposition dafür ein praktikables Kriterium an die Hand.

Proposition 7.4 (Exaktheitstest). Sei $G \subseteq \mathbb{R}^2$ ein einfach zusammenhängendes Gebiet und seien $f, g\colon G \to \mathbb{R}$ stetig differenzierbar. Die Differentialgleichung

$$f(t,x) + g(t,x)x' = 0$$

ist genau dann exakt auf G, wenn die *Integrabilitätsbedingung*

$$\partial_x f(t,x) = \partial_t g(t,x)$$

für alle $(t,x) \in G$ erfüllt ist.

Lässt man in 7.4 die Forderung fallen, dass G einfach zusammenhängend ist, so liefert die Integrabilitätsbedingung zumindest noch eine notwendige Bedingung. Existiert nämlich eine Stammfunktion F, so gilt nach dem Satz von Schwarz

$$\partial_x f(t,x) = \partial_x(\partial_t F(t,x)) = \partial_t(\partial_x F(t,x)) = \partial_t g(t,x).$$

Aus dem nächsten Satz geht hervor, auf welche Weise sich die Lösung einer exakten Differentialgleichung aus ihrer Stammfunktion bestimmen lässt.

Satz 7.5 (Bedeutung einer Stammfunktion für die Lösungsbestimmung). Sei $G \subseteq \mathbb{R}^2$ ein Gebiet, $I \subseteq \mathbb{R}$ ein (nicht-leeres) Intervall, $f\colon G \to \mathbb{R}$ und $g\colon G \to \mathbb{R}$ stetig. Für eine exakte Differentialgleichung

$$f(t,x) + g(t,x)x' = 0$$

mit Stammfunktion F sind äquivalent:

(1) $\lambda\colon I \to \mathbb{R}$ ist eine Lösung dieser Differentialgleichung,

(2) $\lambda\colon I \to \mathbb{R}$ ist eine stetig differenzierbare Funktion mit $(t, \lambda(t)) \in G$ und für alle $t \in I$ ist $F(t, \lambda(t))$ konstant.

Anleitung: Lösungsverfahren für exakte Differentialgleichungen

Sei $G \subseteq \mathbb{R}^2$ ein einfach zusammenhängendes Gebiet, $f, g\colon G \to \mathbb{R}$ stetig differenzierbar und $(\tau, \xi) \in G$. Wir betrachten das Anfangswertproblem

$$f(t,x) + \dot{g}(t,x)x' = 0, \quad x(\tau) = \xi.$$

(1) Prüfe mittels Proposition 7.4, ob die Differentialgleichung exakt ist.

(2) Bestimmung einer Stammfunktion:

  (i) Sei $(t_0, x_0) \in G$. Integration liefert

$$F(t,x) = \int_{t_0}^{t} f(\tilde{t},x)\, d\tilde{t} + F(t_0,x) \quad \text{und} \quad F(t,x) = \int_{x_0}^{x} g(t,\tilde{x})\, d\tilde{x} + F(t,x_0).$$

(ii) Werte die erste Gleichung bei x_0 aus und setze in die zweite ein, oder werte die zweite Gleichung bei t_0 aus und setze anschließend in die erste ein.

(iii) Die Konstante $F(t_0, x_0)$ kann frei gewählt werden, denn sie verändert die relevanten Eigenschaften der Stammfunktion nicht.

(3) Löse nun

$$F(t, \lambda(t)) = F(\tau, \xi)$$

nach der Funktion $\lambda(t)$ auf und bestimme ihren Definitionsbereich. Nach Satz 7.5 ist λ dann eine Lösung des Anfangswertproblems.

Leider sind die meisten Differentialgleichungen nicht exakt. Man kann jedoch versuchen, sie „exakt zu machen".

Definition 7.6. Sei $G \subseteq \mathbb{R}^2$ ein Gebiet und seien $f, g \colon G \to \mathbb{R}$ stetig partiell differenzierbar. Gibt es für die Differentialgleichung

$$f(t, x) + g(t, x)x' = 0$$

eine stetig differenzierbare Funktion $m \colon G \to \mathbb{R} \setminus \{0\}$, sodass die Gleichung

$$m(t, x)f(t, x) + m(t, x)g(t, x)x' = 0$$

exakt ist, so heißt m ein *integrierender Faktor* oder *Euler'scher Multiplikator* dieser Differentialgleichung.

Da ein integrierender Faktor nach Definition nie den Wert 0 annimmt, ist eine Funktion genau dann eine Lösung der ursprünglichen Differentialgleichung, wenn sie eine der neuen exakten ist. Es stellt sich nun die Frage, wann und wie man einen solchen integrierenden Faktor findet. Leider können wir dazu kein allgemein gültiges Rezept anbieten, sondern nur eine Vorgehensweise skizzieren, die in den meisten Fällen zum Ziel führt.

Sei G ein einfach zusammenhängendes Gebiet. Nach Proposition 7.4 ist $m(t, x)$ genau dann ein integrierender Faktor, wenn

$$\partial_x(m(t, x)f(t, x)) = \partial_t(m(t, x)g(t, x))$$

erfüllt ist. Nach der Produktregel ist diese Gleichung äquivalent zu

$$\partial_x m(t, x)f(t, x) + m(t, x)\partial_x f(t, x) = \partial_t m(t, x)g(t, x) + m(t, x)\partial_t g(t, x)$$
$$\Leftrightarrow \quad g(t, x)\partial_t m(t, x) - f(t, x)\partial_x m(t, x) = m(t, x)[\partial_x f(t, x) - \partial_t g(t, x)].$$

Macht man den Ansatz $m = M(u)$, dass die Funktion m also als Verkettung zweier anderer Funktionen $u \colon G \to D \subseteq \mathbb{R}$ und $M \colon D \to \mathbb{R}$ entsteht, so wird diese Gleichung unter Verwendung der Kettenregel zu

$$g(t, x)M'(u)\partial_t u - f(t, x)M'(u)\partial_x u = M(u)[\partial_x f(t, x) - \partial_t g(t, x)].$$

Auflösen dieser Gleichung ergibt dann

$$\frac{M'(u)}{M(u)} = \frac{\partial_x f(t,x) - \partial_t g(t,x)}{g(t,x)\partial_t u - f(t,x)\partial_x u}.$$

Falls man Glück hat und die rechte Seite nur von u abhängt, so ist dies eine Differentialgleichung für M mit getrennten Variablen, die sich lösen lässt. Wir beschreiben die Vorgehensweise nochmals konkret:

Anleitung: Bestimmung eines integrierenden Faktors

Sei $G \subseteq \mathbb{R}^2$ ein einfach zusammenhängendes Gebiet und seien $f, g \colon G \to \mathbb{R}$ stetig partiell differenzierbar. Gesucht ist ein integrierender Faktor $m(t,x)$ von

$$f(t,x) + g(t,x)x' = 0.$$

(1) Wähle eine Funktion $u(t,x)$ und berechne

$$H(t,x) = \frac{\partial_x f(t,x) - \partial_t g(t,x)}{g(t,x)\partial_t u(t,x) - f(t,x)\partial_x u(t,x)}.$$

Gängige Ansätze für $u(t,x)$ sind

$$u(t,x) = t, \qquad u(t,x) = x, \qquad u(t,x) = t \pm x, \qquad u(t,x) = tx.$$

(2) Falls $H(t,x)$ für den gewählten Ansatz für u eine Funktion ausschließlich in u ist, so berechne $M(u) = e^{\int H(u)\,du}$. Es ist dann durch

$$m(t,x) = M(u(t,x))$$

ein integrierender Faktor obiger Differentialgleichung gegeben.

Aufgabe (Frühjahr 2011, T2A4)

Gegeben sei die Differentialgleichung

$$e^{-t}(t+x) - e^{-t}(x-t)x' = 0.$$

a Untersuchen Sie, ob die Differentialgleichung exakt ist oder ob wenigstens ein integrierender Faktor existiert

b Bestimmen Sie jeweils die maximal fortgesetzte Lösung der Differentialgleichung, die der folgenden Anfangsbedingung genügt:

(i) $x(1) = 0$

(ii) $x(-1) = 1$

Lösungsvorschlag zur Aufgabe (Frühjahr 2011, T2A4)

a Die Differentialgleichung ist auf dem einfach zusammenhängenden Gebiet $\mathbb{R}^2$ definiert. Wir überprüfen die Integrabilitätsbedingung:

$$\partial_x(e^{-t}(t+x)) = e^{-t} \neq e^{-t}(x-t) + e^{-t} = \partial_t(-e^{-t}(x-t))$$

Damit ist die Differentialgleichung nach Proposition 7.4 nicht exakt. Wir versuchen nun, einen integrierenden Faktor mit dem oben beschriebenen Verfahren zu finden und machen dazu den Ansatz $u(t,x) = t$. Es ist dann

$$H(t,x) = \frac{e^{-t} - e^{-t}(x-t) - e^{-t}}{-e^{-t}(x-t)} = \frac{-e^{-t}(x-t)}{-e^{-t}(x-t)} = 1$$

eine konstante Funktion in u. Wir berechnen daher

$$M(u) = e^{\int 1\,du} = e^u \quad \text{sowie} \quad m(t,x) = M(u(t,x)) = e^t$$

und erhalten nach Multiplikation mit $m(t,x)$ die neue Gleichung

$$(t+x) - (x-t)x' = 0. \tag{$\star$}$$

Die Integrabilitätsbedingung zeigt, dass diese tatsächlich exakt ist.

b Um eine Stammfunktion für ($\star$) zu bestimmen, berechnen wir

$$F(t,x) = F(0,x) + \int_0^t (\tau + x)\,d\tau = F(0,x) + \tfrac{1}{2}t^2 + xt$$

$$F(t,x) = F(t,0) + \int_0^x (-\omega + t)\,d\omega = F(t,0) - \tfrac{1}{2}x^2 + tx.$$

Aus der ersten Gleichung erhält man $F(t,0) = F(0,0) + \tfrac{1}{2}t^2$ und Einsetzen in die zweite liefert:

$$F(t,x) = F(0,0) + \tfrac{1}{2}t^2 - \tfrac{1}{2}x^2 + tx$$

Wir setzen der Einfachheit wegen $F(0,0) = 0$.

(i): Wir suchen eine Funktion λ, für die

$$F(t,\lambda(t)) = F(1,0) \quad \Leftrightarrow \quad \tfrac{1}{2}t^2 + t\lambda(t) - \tfrac{1}{2}\lambda(t)^2 = \tfrac{1}{2}$$
$$\Leftrightarrow \quad -\lambda(t)^2 + 2t\lambda(t) + t^2 - 1 = 0$$

gilt. Die Mitternachtsformel liefert

$$\lambda(t) = t \pm \sqrt{2t^2 - 1}$$

und aus der Bedingung $\lambda(1) = 0$ folgt, dass $\lambda(t) = t - \sqrt{2t^2 - 1}$ sein muss. Diese Funktion ist auf dem Intervall $I = \left]\frac{1}{2}\sqrt{2}, +\infty\right[$ stetig differenzierbar, also ist nach Satz 7.5 durch

$$\lambda: I \to \mathbb{R}, \quad t \mapsto t - \sqrt{2t^2 - 1}$$

eine Lösung gegeben. Wegen

$$\lim_{t \searrow \frac{1}{2}\sqrt{2}} \lambda'(t) = \lim_{t \searrow \frac{1}{2}\sqrt{2}} 1 - \frac{2t}{\sqrt{2t^2 - 1}} = -\infty$$

lässt sich diese nicht stetig differenzierbar fortsetzen.

(ii): Wiederum fordern wir für eine Lösung μ, dass

$$F(t, \mu(t)) = F(-1, 1) \quad \Leftrightarrow \quad \tfrac{1}{2}t^2 + t\mu(t) - \tfrac{1}{2}\mu(t)^2 = \tfrac{1}{2} - 1 - \tfrac{1}{2}$$

$$\Leftrightarrow \quad -\mu(t)^2 + 2t\mu(t) + t^2 + 2 = 0$$

gilt und bekommen aus der Mitternachtsformel

$$\mu(t) = t \pm \sqrt{2t^2 + 2}.$$

Wegen $\mu(-1) = 1$ muss $\mu(t) = t + \sqrt{2t^2 + 2}$ sein und nach Satz 7.5 handelt es sich bei $\mu: \mathbb{R} \to \mathbb{R}, t \mapsto t + \sqrt{2t^2 + 2}$ um eine Lösung der Differentialgleichung, die auf ganz $\mathbb{R}$ definiert, also maximal fortgesetzt ist.

Aufgabe (Frühjahr 2015, T1A4)

Bestimmen Sie eine reelle Lösung $y: I \to \mathbb{R}$ des Anfangswertproblems

$$y(x)y'(x) + y(x)^2 + 2x + 5 = 0, \quad y(-4) = -2.$$

Wie groß kann das Intervall I maximal gewählt werden?

Hinweis Eine Möglichkeit der Lösung besteht darin, zunächst einen integrierenden Faktor $m: \mathbb{R} \to \left]0; \infty\right[$ zu bestimmen, welcher nur von der Variablen x abhängt. Wir bezeichnen hierbei m als integrierenden Faktor, wenn die Differentialgleichung nach Multiplikation mit m exakt wird.

Lösungsvorschlag zur Aufgabe (Frühjahr 2015, T1A4)

Nachdem man geprüft hat, dass die Differentialgleichung nicht exakt ist, folgen wir dem oben beschrieben Verfahren und machen den Ansatz $u(x, y) = x$.

Dann ist

$$H(x,y) = \frac{2y - 0}{y} = 2$$

eine konstante Funktion in u. Integration liefert

$$M(u) = e^{\int 2\,du} = e^{2u}.$$

Wir multiplizieren die Gleichung also mit

$$m(x,y) = M(u(x,y)) = e^{2x}$$

und erhalten

$$e^{2x}y(x)y'(x) + e^{2x}\left(y(x)^2 + 2x + 5\right) = 0$$

Diese Differentialgleichung ist exakt, denn der Definitionsbereich ist einfach zusammenhängend und es gilt

$$\partial_y(e^{2x}(y^2 + 2x + 5)) = e^{2x}\cdot(2y) = 2e^{2x}\cdot y = \partial_x(e^{2x}y).$$

Als Nächstes bestimmen wir eine Stammfunktion der Differentialgleichung. Dazu berechnen wir

$$F(x,y) = F(0,y) + \int_0^x e^{2\tau}(y^2 + 2\tau + 5)\,d\tau =$$

$$= F(0,y) + \tfrac{1}{2}e^{2x}(y^2 + 5) - \tfrac{1}{2}(y^2 + 5) + e^{2x}x - \tfrac{1}{2}e^{2x} + \tfrac{1}{2},$$

$$F(x,y) = F(x,0) + \int_0^y e^{2x}\omega\,d\omega = F(x,0) + \tfrac{1}{2}y^2e^{2x},$$

wobei wir partielle Integration für die Berechnung von

$$\int 2xe^{2x}\,dx = e^{2x}x - \int e^{2x}\,dx = e^{2x}x - \tfrac{1}{2}e^{2x}$$

verwendet haben. Die zweite Gleichung gibt $F(0,y) = F(0,0) + \tfrac{1}{2}y^2$ und eingesetzt erhalten wir

$$F(x,y) = F(0,0) + \tfrac{1}{2}e^{2x}(y^2 + 2x + 4) - 2.$$

Wir setzen $F(0,0) = 2$, dann bekommen wir

$$F(x,y) = \tfrac{1}{2}e^{2x}(y^2 + 2x + 4)$$

als Stammfunktion obiger Differentialgleichung. Wir suchen nun ein maximales Intervall $I \subseteq \mathbb{R}$ und eine Funktion $\lambda \colon I \to \mathbb{R}$ mit

$$F(x, \lambda(x)) = F(-4, -2) \Leftrightarrow \tfrac{1}{2} e^{2x} (\lambda(x)^2 + 2x + 4) = \tfrac{1}{2} e^{-8} (4 + (-8) + 4) = 0$$
$$\Leftrightarrow \lambda(x)^2 + 2x + 4 = 0 \Leftrightarrow \lambda(x) = \pm\sqrt{-2x - 4}.$$

Aus der Anfangswertbedingung $\lambda(-4) = -2$ folgt, dass $\lambda(x) = -\sqrt{-2(x+2)}$ sein muss. Das maximale Existenzintervall dieser Lösung ist $I = {]-\infty, -2[}$, denn die linke Seite ist bereits unendlich und wie oben zeigt man, dass der Grenzwert $\lim_{x \to -2} \lambda'(x)$ nicht existiert.

Variation der Konstanten

Betrachte das Anfangswertproblem

$$x'(t) = a(t)x(t) + b(t), \quad x(\tau) = \xi,$$

wobei I ein offenes Intervall mit $\tau \in I$, $\xi \in \mathbb{R}$ und $a, b \colon I \to \mathbb{R}$ stetige Abbildungen sind. Im Fall, dass $b(t) = 0$ für alle $t \in I$ gilt, spricht man von einer *homogenen* linearen Differentialgleichung und verifiziert durch direktes Nachrechnen, dass

$$\lambda_h(t) = \xi e^{\int_\tau^t a(s)\,\mathrm{d}s}$$

eine auf I definierte Lösung des Problems ist. Um die inhomogene Differentialgleichung zu lösen, verwendet man die Lösungsmethode der *Variation der Konstanten*, d.h. man macht den Ansatz $\lambda(t) = c(t)\lambda_h(t)$ für eine Funktion $c(t)$ mit $c(\tau) = 1$. Einsetzen in die Differentialgleichung ergibt

$$c'(t)\xi e^{\int_\tau^t a(s)\,\mathrm{d}s} + c(t)\xi e^{\int_\tau^t a(s)\,\mathrm{d}s} a(t) = a(t)c(t)\xi e^{\int_\tau^t a(s)\,\mathrm{d}s} + b(t)$$

und Auflösen liefert

$$c'(t)e^{\int_\tau^t a(s)\,\mathrm{d}s}\xi = b(t) \quad \cdot \quad \Leftrightarrow \quad \xi c'(t) = b(t)e^{-\int_\tau^t a(s)\,\mathrm{d}s}.$$

Die zugehörige Integralgleichung lautet unter Berücksichtigung von $c(\tau) = 1$:

$$\xi c(t) = \xi + \int_\tau^t e^{-\int_\tau^s a(r)\,\mathrm{d}r} b(s)\,\mathrm{d}s.$$

Eine Lösung des Anfangswertproblems ist daher

$$\lambda \colon I \to \mathbb{R}, \quad t \mapsto \xi e^{\int_\tau^t a(s)\,\mathrm{d}s} + e^{\int_\tau^t a(s)\,\mathrm{d}s} \int_\tau^t e^{-\int_\tau^s a(r)\,\mathrm{d}r} b(s)\,\mathrm{d}s. \tag{1}$$

Variablentransformation

Manchmal lassen sich Differentialgleichungen, die sich mit den bisher besprochenen Verfahren nicht lösen lassen, durch eine Transformation in eine lösbare
Form bringen. Dazu führt man eine neue Variable ein und drückt die Differentialgleichung in der neuen Variable aus. Anstelle einer theoretischen Formulierung
erläutern wir lediglich die pragmatische Vorgehensweise.

Anleitung: Variablentransformation

Gegeben sei ein Anfangswertproblem der Form

$$x' = f(t, x), \quad x(t_0) = x_0.$$

(1) Führe eine neue Variable $u(t)$ ein. Bestimme ihre Ableitung, setze dann
$x'(t) = f(t, x)$ ein und drücke die rechte Seite durch $u(t)$ aus. Bestimme
zudem den neuen Anfangswert $u(t_0)$.

(2) Bestimme eine Lösung μ des so erhaltenen Anfangswertproblems.

(3) Eine Lösung λ der ursprünglichen Gleichung erhält man durch Rück-
transformation, also durch Auflösen der Gleichung für $u(t)$ nach $x(t) = \lambda(t)$.

(4) Überprüfe, dass λ eine Lösung der ursprünglichen Differentialgleichung
$x' = f(t, x)$ ist, und bestimme das Existenzintervall.

Beispiele 7.7. **a** *Homogene Differentialgleichungen*[1]: Gilt für die Differentialgleichung $x' = f(t, x)$ die Gleichung $f(\sigma t, \sigma x) = f(t, x)$ für $\sigma \in \mathbb{R}^\times$, so ergibt die
Substitution $u(t) = \frac{x(t)}{t}$ die Differentialgleichung

$$u'(t) = \frac{f(1, u) - u}{t},$$

die sich mittels Trennen der Variablen lösen lässt.

b Eine Differentialgleichung der Form $x' = g(\alpha t + \beta x + \gamma)$ lässt sich mithilfe der
Substitution $y = \alpha t + \beta x + \gamma$ zu

$$y' = \alpha + \beta g(y)$$

transformieren.   ∎

---

1 Beachte auch die unterschiedliche Verwendung des Begriffs „homogen" im Zusammenhang mit
linearen (Differential-)Gleichungssystemen, siehe dazu Seite 419.

Aufgabe (Herbst 2008, T1A4)

Lösen Sie die folgenden Anfangswertprobleme und geben Sie jeweils den maximalen Definitionsbereich der Lösung an:

a $y' = \dfrac{y^2 - t^2}{2ty}$, $y\left(\dfrac{1}{2}\right) = \dfrac{1}{2}$,   **b** $y' - \dfrac{t}{t^2-1}y = \sqrt{t^2-1}$, $y(\sqrt{2}) = \sqrt{2}$.

Lösungsvorschlag zur Aufgabe (Herbst 2008, T1A4)

a Wir bemerken, dass die Differentialgleichung wegen

$$\frac{(\sigma y)^2 - (\sigma t)^2}{2(\sigma t)(\sigma y)} = \frac{\sigma^2(y^2 - t^2)}{\sigma^2(2yt)} = \frac{y^2 - t^2}{2yt}$$

für $\sigma \neq 0$ homogen im Sinne von Beispiel 7.7 **a** ist. Wir führen deshalb die Substitution $u(t) = \frac{y(t)}{t}$ durch und erhalten die Differentialgleichung

$$u' = \frac{y't - y}{t^2} = \frac{\frac{y^2 - t^2}{2y} - y}{t^2} = \frac{y^2 - t^2 - 2y^2}{2yt^2} =$$

$$= \frac{-y^2 - t^2}{2yt^2} = -\frac{t^2(u^2 + 1)}{2yt^2} = -\frac{u^2 + 1}{2ut}.$$

Der neue Startwert ist dann

$$u\left(\frac{1}{2}\right) = \frac{y\left(\frac{1}{2}\right)}{\frac{1}{2}} = 1.$$

Nun können wir eine Lösung der neuen Differentialgleichung durch Trennen der Variablen bestimmen:

$$\int_1^{\mu(t)} \frac{2u}{u^2 + 1}\, du = -\int_{\frac{1}{2}}^t \frac{1}{\tau}\, d\tau \quad \Leftrightarrow \quad \ln(\mu(t)^2 + 1) - \ln 2 = -\ln t + \ln \frac{1}{2}$$

$$\Leftrightarrow \quad \ln(\mu(t)^2 + 1) = -\ln t \quad \Leftrightarrow \quad \mu(t)^2 + 1 = \frac{1}{t} \quad \Leftrightarrow \quad \mu(t) = \pm\sqrt{\frac{1}{t} - 1}.$$

Aufgrund der Anfangsbedingung kommt nur die positive Lösung infrage. Eine Lösung λ der ursprünglichen Differentialgleichung ergibt sich aus

$$\mu(t) = \frac{\lambda(t)}{t} \quad \Leftrightarrow \quad \lambda(t) = t\sqrt{\frac{1}{t} - 1}.$$

Die Lösung λ ist auf $]0, 1[$ definiert und wegen

$$\lim_{t \searrow 0} |\lambda(t)| = 0 \quad \text{und} \quad \lim_{t \nearrow 1} |\lambda(t)| = 0$$

ist diese auch maximal, denn sie kann auf beiden Seiten nicht stetig differenzierbar fortgesetzt werden (beachte den Definitionsbereich $\mathbb{R}^+ \times \mathbb{R}^+$).

b Wir bestimmen die Lösung mittels Variation der Konstanten. Dazu berechnen wir zunächst

$$\int_{\sqrt{2}}^{t} \frac{s}{s^2 - 1} \, ds = \left[\frac{1}{2} \ln(s^2 - 1) \right]_{\sqrt{2}}^{t} = \frac{1}{2} \ln(t^2 - 1) = \ln \sqrt{t^2 - 1}$$

und setzen dies nun in die Lösungsformel (1) aus dem Abschnitt über Variation der Konstanten ein:

$$\lambda(t) = e^{\ln \sqrt{t^2-1}} \sqrt{2} + e^{\ln \sqrt{t^2-1}} \int_{\sqrt{2}}^{t} e^{-\ln \sqrt{s^2-1}} \sqrt{s^2 - 1} \, ds =$$

$$= \sqrt{t^2 - 1} \sqrt{2} + \sqrt{t^2 - 1} \int_{\sqrt{2}}^{t} \frac{1}{\sqrt{s^2 - 1}} \cdot \sqrt{s^2 - 1} \, ds =$$

$$= \sqrt{t^2 - 1} \sqrt{2} + \sqrt{t^2 - 1} \int_{\sqrt{2}}^{t} 1 \, ds =$$

$$= \sqrt{t^2 - 1} \sqrt{2} + (t - \sqrt{2}) \sqrt{t^2 - 1} = t \sqrt{t^2 - 1}.$$

Diese Lösung ist auf $\mathbb{R} \setminus \,]-1, 1[$ definiert. Da das Lösungsintervall I den Startwert $\sqrt{2}$ enthalten soll, wählen wir $I = \,]1, \infty[$. Dabei handelt es sich auch schon um das maximale Existenzintervall, denn die rechte Grenze ist unendlich und an der linken ist die Differentialgleichung selbst ebenfalls nicht definiert.

7.2. Existenz- und Eindeutigkeitssätze

Hat man eine Differentialgleichung gelöst, so fragt man sich oft, ob es sich bei dieser Lösung um die einzige handelt. Ist man dagegen nicht in der Lage, eine Lösung anzugeben, so wäre von Interesse, ob es überhaupt eine Lösung gibt. Wir sind somit in der Existenz- und Eindeutigkeitstheorie gelandet.

Satz 7.8 (Peano). Sei $D \subseteq \mathbb{R}^{n+1}$ offen und $f \colon D \to \mathbb{R}^n$ eine stetige Funktion. Dann besitzt jedes Anfangswertproblem der Form

$$x' = f(t, x), \quad x(\tau) = \xi, \quad \text{für } (\tau, \xi) \in D$$

eine lokale Lösung, d.h. es gibt ein $\varepsilon > 0$, sodass das Anfangswertproblem auf dem Intervall $[\tau - \varepsilon, \tau + \varepsilon]$ mindestens eine Lösung besitzt.

Bereits im vorigen Abschnitt sind uns Differentialgleichungen begegnet, bei denen unter den Voraussetzungen des Satzes von Peano mehrere Lösungen existieren. (Gewöhnliche) Stetigkeit allein reicht als Bedingung daher nicht aus, um Eindeutigkeit zu erreichen. Wir benötigen daher einen stärkeren Begriff von Stetigkeit.

Definition 7.9. Sei $D \subseteq \mathbb{R} \times \mathbb{R}^n$ eine Teilmenge und $f: D \to \mathbb{R}^n, (t,x) \mapsto f(t,x)$ eine Funktion.

(1) Gibt es eine *Lipschitzkonstante*, d. h. eine Konstante $L > 0$ mit

$$\|f(t,x) - f(t,y)\| \leq L\|x - y\| \quad \text{für alle } (t,x), (t,y) \in D,$$

so heißt f *global Lipschitz-stetig bzgl. x* auf D.

(2) Gibt es für jedes Paar $(t,x) \in D$ eine Umgebung U, sodass $f_{|U \cap D}$ global Lipschitz-stetig ist, so heißt f *lokal Lipschitz-stetig bzgl. x* auf D.

Um eine Intuition für Lipschitz-Stetigkeit zu bekommen, bietet es sich an, den einfacheren Fall einer von t unabhängigen Funktion $f: \mathbb{R} \to \mathbb{R}$ zu betrachten. In diesem Fall ist f genau dann global Lipschitz-stetig, wenn es eine Konstante $L > 0$ gibt, sodass für alle $x,y \in \mathbb{R}$ mit $x \neq y$ der Differenzenquotient beschränkt ist:

$$\frac{|f(x) - f(y)|}{|x - y|} \leq \frac{L|x - y|}{|x - y|} = L$$

Anschaulich bedeutet das, dass die Steigung der Sekanten zwischen den Punkten $(x, (f(x))$ und $(y, f(y))$ beschränkt ist. Insbesondere ist im Grenzfall die Steigung der Tangenten beschränkt, d. h. falls f differenzierbar ist, so muss die Ableitung beschränkt sein. Diese Überlegung legt bereits nahe, dass es nicht viele Funktionen geben wird, die *global* Lipschitz-stetig sind.

Der praktische Nachweis der lokalen Lipschitz-Bedingung lässt sich meist wiederum mithilfe der Ableitung führen, wie man leicht am obigen Beispiel sieht. Ist nämlich f' stetig, so ist f' nach dem Maximumsprinzip auf jedem abgeschlossenen Intervall beschränkt. Da es für jedes Paar $x,y \in \mathbb{R}$ mit $x \neq y$ nach dem Mittelwertsatz ein $z \in]x,y[$ mit

$$\frac{f(x) - f(y)}{x - y} = f'(z)$$

gibt, ist also auch die Steigung der Sekanten zwischen zwei Punkten des Graphen f lokal beschränkt und f ist lokal Lipschitz-stetig. Die nächste Proposition behandelt dies in voller Allgemeinheit.

Proposition 7.10 (Differenzierbarkeit und Lipschitz-Stetigkeit). Sei $D \subseteq \mathbb{R} \times \mathbb{R}^n$ ein Gebiet und $f: D \to \mathbb{R}^n, (t,x) \mapsto f(t,x)$ stetig partiell differenzierbar nach x. Dann ist f lokal Lipschitz-stetig bzgl. x auf D.

Als Ergebnis der bisherigen Vorarbeit können wir nun den folgenden Satz ernten.

Satz 7.11 (Picard-Lindelöf, qualitative Fassung). Sei $D \subseteq \mathbb{R} \times \mathbb{R}^n$ offen und $f \colon D \to \mathbb{R}^n$, $(t,x) \mapsto f(t,x)$ eine stetige und bzgl. x lokal Lipschitz-stetige Funktion. Dann besitzt für $(\tau, \xi) \in D$ das Anfangswertproblem

$$x' = f(t,x), \quad x(\tau) = \xi$$

eine eindeutig bestimmte lokale Lösung, d. h. es gibt ein $\varepsilon > 0$, sodass das Anfangswertproblem auf dem Intervall $[\tau - \varepsilon, \tau + \varepsilon]$ genau eine Lösung besitzt.

Aufgabe (Frühjahr 2004, T1A4)

Welche der drei Differentialgleichungen

$$\boxed{\text{a}} \ \ y' = |y|, \qquad \boxed{\text{b}} \ \ y' = \sqrt{|y|}, \qquad \boxed{\text{c}} \ \ y' = y^2$$

besitzen eine Lösung bzw. eine eindeutig bestimmte Lösung φ mit $\varphi(0) = 0$?

Lösungsvorschlag zur Aufgabe (Frühjahr 2004, T1A4)

$\boxed{\text{a}}$ Die Betragsfunktion ist global Lipschitz-stetig mit Lipschitzkonstante 1, denn aus der umgekehrten Dreiecksungleichung folgt für alle $x,y \in \mathbb{R}$, dass

$$\big||x| - |y|\big| \leq |x - y|$$

erfüllt ist. Insbesondere ist $f \colon \mathbb{R}^2 \to \mathbb{R}, (x,y) \mapsto |y|$ eine stetige und bzgl. y lokal Lipschitz-stetige Funktion, die auf einem Gebiet definiert ist. Der Satz von Picard-Lindelöf 7.11 gewährleistet daher die Existenz einer lokal eindeutigen Lösung von $y' = f(x,y)$ zum Anfangswert $y(0) = 0$.

$\boxed{\text{b}}$ Die Funktion $g \colon \mathbb{R}^2 \to \mathbb{R}, (x,y) \mapsto \sqrt{|y|}$ ist auf dem gesamten Definitionsbereich stetig und hat einen offenen Definitionsbereich, also können wir nach dem Satz von Peano 7.8 zumindest sicher sein, dass $y' = g(x,y)$ eine lokale Lösung zum Anfangswert $y(0) = 0$ hat. Allerdings ist diese nie eindeutig, denn in jeder Umgebung $U \subseteq \mathbb{R}$ von 0 haben wir sowohl die Nulllösung

$$v \colon U \to \mathbb{R}, \quad x \mapsto 0,$$

als auch eine weitere Lösung, die man durch Trennen der Variablen bekommt (vgl. dazu Aufgabe F15T3A1 auf Seite 388):

$$\lambda \colon U \to \mathbb{R}, \quad x \mapsto \begin{cases} \frac{1}{4}x^2 & \text{für } x \geq 0, \\ -\frac{1}{4}x^2 & \text{für } x \leq 0. \end{cases}$$

c Definiere $h\colon \mathbb{R}^2 \to \mathbb{R}, (x,y) \mapsto y^2$, dann ist $\partial_y h(x,y) = 2y$ auf ganz $\mathbb{R}^2$ stetig, d. h. h ist eine auf dem gesamten Definitionsbereich (einem Gebiet) partiell stetig nach y differenzierbare Funktion und somit nach Proposition 7.10 dort lokal Lipschitz-stetig. Der Satz von Picard-Lindelöf 7.11 stellt daher die Existenz einer eindeutigen lokalen Lösung von $y' = h(x,y)$ zum Anfangswert $y(0) = 0$ sicher.

Der Beweis des Satzes von Picard-Lindelöf liefert außerdem ein Iterationsverfahren zur Lösung von Anfangswertproblemen.

Anleitung: Picard-Iteration

Seien $a, b \in \mathbb{R}$ mit $a < b$ und $f\colon [a,b] \times \mathbb{R}^n \to \mathbb{R}$, $(t,x) \mapsto f(t,x)$ eine stetige und global Lipschitz-stetige Funktion. Wir betrachten das Anfangswertproblem

$$x' = f(t,x), \quad x(\tau) = \xi \quad \text{mit } (\tau, \xi) \in [a,b] \times \mathbb{R}^n.$$

(1) Definiere einen Integraloperator $T\colon \mathcal{C}([a,b], \mathbb{R}^n) \to \mathcal{C}([a,b], \mathbb{R}^n)$ durch

$$(Tg)(t) := \xi + \int_\tau^t f(s, g(s)) \, ds.$$

(2) Man kann nun zeigen, dass es sich bei dem Integraloperator T um eine Kontraktion handelt, sodass dieser nach dem Banach'schen Fixpunktsatz genau einen Fixpunkt $\lambda_\infty \in \mathcal{C}([a,b], \mathbb{R}^n)$ besitzt. Dieser Fixpunkt ist eine Lösung des obigen Anfangswertproblems (siehe F13T2A5).

(3) Wir definieren induktiv die Funktionenfolge $(\lambda_k)_{k \in \mathbb{N}_0}$ durch

$$\lambda_0(t) = \xi, \quad \lambda_{k+1} = (T\lambda_k)(t).$$

Laut (2) konvergiert diese gegen die Lösung λ_∞.

Aufgabe (Frühjahr 2013, T2A5)

Eine Version des Banach'schen Fixpunktsatzes lautet: *Seien (X,d) metrischer Raum, $\varnothing \neq A \subset X$ und $T\colon A \to X$ mit*

(1) $T(A) \subset A$ (2) A *abgeschlossen*   (3) T *Kontraktion*   (4) (X,d) *vollständig.*

Dann besitzt T genau einen Fixpunkt.

a Erklären Sie die in der Formulierung des Satzes auftretenden Voraussetzungen

   (i) T ist eine Kontraktion

   (ii) der metrische Raum (X, d) ist vollständig.

b Beweisen Sie die Eindeutigkeit des Fixpunktes.

Seien $D \subset \mathbb{R} \times \mathbb{R}^n$ offen, $f \colon D \to \mathbb{R}^n$ und $(t_0, x_0) \in D$. Im Folgenden betrachten wir das Anfangswertproblem

$$x' = f(t, x), \quad x(t_0) = x_0.$$

c Formulieren Sie die Picard-Lindelöf Bedingung an f, d.h. die Voraussetzungen an f, unter denen mit dem Satz von Picard-Lindelöf auf die (lokale) Existenz und Eindeutigkeit einer Lösung des Anfangswertproblems geschlossen werden kann.

d Erläutern Sie kurz, wie man die Existenz einer Lösung des Anfangswertproblems unter der Voraussetzung der Picard-Lindelöf Bedingung aus dem Banach'schen Fixpunktsatz schließen kann. Gehen Sie hierbei insbesondere darauf ein, wie das Anfangswertproblem in eine äquivalente Fixpunktgleichung umformuliert werden kann und warum die Picard-Lindelöf Bedingung den Nachweis der Kontraktionseigenschaft ermöglicht.

Lösungsvorschlag zur Aufgabe (Frühjahr 2013, T2A5)

a (i): Die Abbildung T heißt **Kontraktion**, falls es eine Konstante $\Theta \in\ ]0, 1[$ gibt, sodass für alle $x, y \in A$ die Abschätzung

$$d\left(T(x), T(y)\right) \leq \Theta d(x, y)$$

erfüllt ist.

(ii): Ein metrischer Raum (X, d) wird **vollständig** genannt, wenn jede Cauchy-Folge in (X, d) konvergiert.

b Seien $a, b \in A$ Fixpunkte von T, d.h. es gelte $T(a) = a$ und $T(b) = b$. Dann gilt

$$d(a, b) = d(T(a), T(b)) \leq \Theta d(a, b).$$

Wäre $d(a, b) \neq 0$, so könnten wir den Term rechts und links kürzen und bekämen $1 \leq \Theta$. Dies ist ein Widerspruch zu $\Theta \in\ ]0, 1[$. Also gilt $d(a, b) = 0$ und nach der Definition einer Metrik folgt daraus $a = b$.

c Die Funktion f muss stetig und lokal Lipschitz-stetig bezüglich x sein (vgl. Satz 7.11). Letzteres bedeutet, dass es für jedes $(t, x) \in D$ eine Umgebung $U \subseteq D$ von (t, x) und eine Konstante $L > 0$ gibt, sodass dort

$$\|f(t, x_1) - f(t, x_2)\| \leq L\|x_1 - x_2\| \quad \text{für alle } (t, x_1), (t, x_2) \in U$$

erfüllt ist (vgl. Definition 7.9).

d Sei $\lambda \colon [a, b] \to \mathbb{R}$ eine Lösung des Anfangswertproblems. Definiere einen Integraloperator

$$T \colon \mathcal{C}([a, b], \mathbb{R}^n) \to \mathcal{C}([a, b], \mathbb{R}^n), \quad g \mapsto x_0 + \int_{t_0}^{t} f(s, g(s)) \, \mathrm{d}s,$$

dann gilt

$$T(\lambda)(t) = x_0 + \int_{t_0}^{t} f(s, \lambda(s)) \, \mathrm{d}s = x_0 + \int_{t_0}^{t} \lambda'(s) \, \mathrm{d}s =$$
$$= x_0 + \lambda(t) - \lambda(t_0) = x_0 + \lambda(t) - x_0 = \lambda(t),$$

d. h. λ ist ein Fixpunkt von T. Ist umgekehrt $\mu \colon [a, b] \to \mathbb{R}$ ein Fixpunkt von T, so gilt

$$\mu'(t) = (T(\mu))'(t) = \frac{\mathrm{d}}{\mathrm{d}t} \left(x_0 + \int_{t_0}^{t} f(s, \mu(s)) \, \mathrm{d}s \right) = f(t, \mu(t))$$

und

$$\mu(t_0) = (T(\mu))(t_0) = x_0 + \int_{t_0}^{t_0} f(s, \mu(s)) \, \mathrm{d}s = x_0,$$

also ist μ eine Lösung des Anfangswertproblems. Wir haben damit gezeigt, dass die Lösungen des Anfangswertproblems genau die Fixpunkte des Operators T sind. Wir wollen nun den Banach'schen Fixpunktsatz auf T anwenden. Dazu müssen wir zunächst prüfen, ob es sich bei T um eine Kontraktion handelt.

Sei nun f lokal Lipschitz-stetig bzgl. x, d. h. a und b seien so gewählt, dass es eine Konstante $L > 0$ mit

$$\|f(t, x) - f(t, y)\| \leq L\|x - y\| \quad \text{für alle } (t, x), (t, y) \in [a, b] \times D'$$

gibt, wobei $[a, b] \times D' \subseteq D$ ist. Dann ist die Einschränkung von f auf $[a, b] \times D'$ global Lipschitz-stetig und wir befinden uns in der Situation aus der Anleitung vor dieser Aufgabe.

Verwenden wir die Supremumsnorm

$$\|g\|_\infty = \sup_{t\in[a,b]} \|g(t)\|,$$

so gilt nun für zwei Funktionen $g, h \in \mathcal{C}([a,b],\mathbb{R}^n)$, dass

$$\|T(g) - T(h)\|_\infty = \sup_{t\in[a,b]} \left\| \int_{t_0}^t f(s,g(s)) - f(s,h(s)) \, ds \right\|.$$

Das darin auftretende Integral können wir wie folgt weiter abschätzen:

$$\left\| \int_{t_0}^t f(s,g(s)) - f(s,h(s)) \, ds \right\| \leq \int_{t_0}^t \|f(s,g(s)) - f(s,h(s))\| \, ds$$

$$\leq |t - t_0| \cdot \sup_{s\in[t_0,t]} \|f(s,g(s)) - f(s,h(s))\|$$

$$\leq |t - t_0| \cdot L \cdot \sup_{s\in[t_0,t]} \|g(s) - h(s)\|$$

$$\leq L \cdot (b - a) \cdot \|g - h\|_\infty$$

Die Abschätzung schreibt sich also insgesamt als

$$\|T(g) - T(h)\|_\infty \leq L(b - a)\|g - h\|_\infty.$$

Verkleinert man nun ggf. $[a,b]$, sodass $(b - a) < \frac{1}{L}$ gilt, so haben wir eine Konstante $\Theta = L(b - a) < 1$ mit

$$\|T(g) - T(h)\|_\infty \leq \Theta\|g - h\|_\infty$$

gefunden und T ist eine Kontraktion. Da es sich bei $(\mathcal{C}([a,b],\mathbb{R}), \|\cdot\|_\infty)$ um einen vollständigen metrischen Raum handelt, gibt es nach dem Banach'schen Fixpunktsatz einen eindeutigen Fixpunkt, d. h. eine eindeutige Lösung $\lambda\colon [a,b] \to \mathbb{R}$.

Aufgabe (Frühjahr 2015, T2A4)

Man löse das Anfangswertproblem

$$x' = x + t, \quad x(0) = -1$$

a mit der Methode der Variation der Konstanten,

b mittels der Picard-Lindelöf-Iteration $(\alpha_n)_{n\in\mathbb{N}_0}$, beginnend mit $\alpha_0(t) \equiv -1$.

Lösungsvorschlag zur Aufgabe (Frühjahr 2015, T2A4)

a Die Lösungsformel der Variation der Konstanten lautet hier

$$\lambda(t) = (-1)e^{\int_0^t 1 ds} + e^{\int_0^t 1 ds} \int_0^t e^{-\int_0^s 1 dr} \cdot s \, ds = -e^t + e^t \int_0^t se^{-s} \, ds.$$

Wir berechnen nun das Integral mittels partieller Integration:

$$\int_0^t se^{-s} \, ds = \left[-se^{-s}\right]_0^t - \int_0^t -e^{-s} \, ds = -te^{-t} - \left[e^{-s}\right]_0^t = -te^{-t} - e^{-t} + 1.$$

Also ergibt sich als Lösung die Abbildung $\lambda \colon \mathbb{R} \to \mathbb{R}$ mit

$$\lambda(t) = -e^t + e^t(-te^{-t} - e^{-t} + 1) = -t - 1.$$

b Wir sehen uns zunächst an, was in den ersten Schritten der Picard-Lindelöf-Iteration hier passiert:

$$\alpha_0(t) = -1,$$

$$\alpha_1(t) = -1 + \int_0^t (-1 + s) \, ds = -1 - t + \frac{1}{2}t^2,$$

$$\alpha_2(t) = -1 + \int_0^t \left(-1 + \frac{1}{2}s^2\right) \, ds = -1 - t + \frac{1}{6}t^3.$$

Dies gibt Anlass zu der Vermutung, dass $\alpha_n(t) = -1 - t + \frac{1}{(n+1)!}t^{n+1}$ ist. Dies beweisen wir nun mittels vollständiger Induktion. Den Induktionsanfang haben wir bereits erledigt, widmen wir uns also dem Induktionsschritt:

$$\alpha_{n+1}(t) = -1 + \int_0^t \alpha_n(s) + s \, ds \stackrel{(I.V.)}{=} -1 + \int_0^t -1 + \frac{1}{(n+1)!}s^{n+1} \, ds =$$

$$= -1 - t + \frac{1}{(n+2)!}t^{n+2}.$$

Um zu sehen, dass $(\alpha_n)_{n\in\mathbb{N}_0}$ gegen die Lösungsfunktion aus Teil **a** konvergiert, müssen wir zeigen, dass die Folge $(\frac{1}{n!}t^n)_{n\in\mathbb{N}}$ für festes (aber beliebiges) t gegen 0 konvergiert. Dazu bemerken wir, dass die Exponentialreihe $\sum_{n=0}^\infty \frac{1}{n!}t^n$ konvergiert und daher $(\frac{1}{n!}t^n)_{n\in\mathbb{N}}$ eine Nullfolge sein muss.

Insgesamt haben wir also $\lim_{n\to\infty} \alpha_n(t) = -1 - t = \lambda(t)$ für beliebiges $t \in \mathbb{R}$ nachgewiesen.

Aufgabe (Herbst 2015, T2A3)

Betrachten Sie das Anfangswertproblem

$$y' = y^2, \quad y(0) = 1. \tag{3}$$

a Wir betrachten die Picard-Iteration mit der Startfunktion $y_0(x) = 1$. Zeigen Sie durch vollständige Induktion, dass die n-te Iterierte die Gestalt

$$y_n(x) = 1 + x + \ldots + x^n + x^{n+1} r_n(x)$$

besitzt, wobei r_n ein Polynom ist. Finden Sie damit eine Potenzreihe, die (3) löst.

b In welchem Intervall $I \subseteq \mathbb{R}$ konvergiert diese Reihe?

c Bestimmen Sie die maximale Lösung des Anfangswertproblems (3). Auf welchem Intervall ist sie definiert?

Lösungsvorschlag zur Aufgabe (Herbst 2015, T2A3)

a Für $n = 0$ ist die Behauptung offensichtlich mit $r_0 = 0$ erfüllt. Setzen wir die Aussage daher für ein n als bereits bewiesen voraus. Es ist dann

$$y_{n+1}(x) = 1 + \int_0^x y_n^2(s) \, ds = 1 + \int_0^x (1 + s + \ldots + s^{n+1} r_n(s))^2 \, ds.$$

Um das Integral berechnen zu können, zeigen wir zunächst folgende Hilfsbehauptung per Induktion:

$$(1 + x + \ldots + x^k)^2 = 1 + 2x + \ldots + (k+1)x^k + kx^{k+1} + (k-1)x^{k+2} + \ldots + x^{2k}$$

Für $k = 0$ ist die Behauptung wahr. Gehen wir zum Induktionsschritt über.

$$(1 + \ldots + x^{k+1})^2 = (1 + \ldots + x^k)^2 + 2(1 + \ldots + x^k)x^{k+1} + x^{2(k+1)} =$$

$$\overset{(I.V.)}{=} \left(1 + \ldots + (k+1)x^k + kx^{k+1} + (k-1)x^{k+2} + \ldots + x^{2k} \right) +$$

$$+ 2(1 + \ldots + x^k)x^{k+1} + x^{2(k+1)} =$$

$$= 1 + \ldots + (k+1)x^k + (k+2)x^{k+1} + (k+1)x^{k+2} + \ldots + 2x^{2k+1} + x^{2(k+1)}$$

Damit ist die Behauptung bewiesen. Der Einfachheit halber fassen wir die höheren Terme zu einem Polynom p_k zusammen und schreiben nur

$$(1 + \ldots + x^k)^2 = 1 + 2x + \ldots + kx^{k-1} + p_k x^k.$$

Für obiges Integral ergibt sich nun

$$\int_0^x (1+s+\ldots+s^{n+1}r_n(s))^2 \, ds =$$

$$= \int_0^x (1+s+\ldots+s^n)^2 + 2(1+s+\ldots+s^n)r_n s^{n+1} + r_n^2 s^{2(n+1)} \, ds$$

$$= \int_0^x \left(1+2s+\ldots+(n+1)s^n + p_{n+1}s^{n+1}\right) +$$

$$+ s^{n+1}\left(2r_n(1+\ldots+s^n)+r_n^2 s^{n+1}\right) \, ds$$

$$= x+\ldots+x^{n+1} + \int_0^x p_{n+1}s^{n+1} + s^{n+1}\left(2r_n(1+\ldots+s^n)+r_n^2 s^{n+1}\right) \, ds.$$

Das letzte Integral ergibt ein Polynom, dessen Monome alle mindestens Grad $n+2$ haben. Wir kürzen diesen Term daher einfach mit $r_{n+1}x^{n+2}$ ab und erhalten

$$y_{n+1}(x) = 1 + \int_0^x y_n^2(s) \, ds = 1 + x + x^2 + \ldots + x^{n+1} + r_{n+1}x^{n+2}.$$

Damit ist die erste Aussage bewiesen.

Ignoriert man für einen Moment den Term $r_n x^{n+1}$, so sieht der Ausdruck verdächtig nach der geometrischen Reihe aus. Setzen wir $y(x) = \sum_{i=0}^\infty x^i$, so gilt für $|x| < 1$, dass $y(x) = \frac{1}{1-x}$ ist, und somit tatsächlich

$$y'(x) = \frac{0-1\cdot(-1)}{(1-x)^2} = \left(\frac{1}{1-x}\right)^2 = y(x)^2.$$

b Die geometrische Reihe konvergiert für $x \in \,]-1,1[$.

c Wir zeigen, dass $\lambda\colon \,]-\infty,1[\, \to \mathbb{R}, x \mapsto \frac{1}{1-x}$ die maximale Lösung des Anfangswertproblems ist. Dazu greifen wir etwas vor und verwenden bereits die nachfolgenden Sätze.

Zunächst ist $f\colon \mathbb{R}^2 \to \mathbb{R}, (x,y) \mapsto y^2$ eine auf einem Gebiet definierte und bezüglich y stetig differenzierbare Funktion. Diese ist nach Proposition 7.10 lokal Lipschitz-stetig, sodass es nach dem Globalen Existenz- und Eindeutigkeitssatz 7.12 eine eindeutige maximale Lösung des Anfangs-wertproblems $y' = f(x,y)$ mit $y(0) = 1$ gibt.

Bedingung (1) (i) von Satz 7.13 wird von λ bereits erfüllt, also brauchen wir nur das Verhalten von λ an der oberen Grenze betrachten:

$$\lim_{x \nearrow 1} |\lambda(x)| = \lim_{x \nearrow 1} \frac{1}{|1-x|} = \infty$$

Also ist (2) (ii) erfüllt und es handelt sich bei λ um die maximale Lösung.

Der Satz von Picard-Lindelöf liefert in der qualitativen Fassung lediglich die Existenz und Eindeutigkeit einer lokalen Lösung. Diese existiert im konkreten Fall jedoch oft sogar auf einem größeren Intervall oder kann fortgesetzt werden. Da dies aus Sicht des Theoretikers unbefriedigend ist, verfeinern wir die Aussage des Satzes von Picard-Lindelöf.

Satz 7.12 (Globaler Existenz- und Eindeutigkeitssatz). Sei $D \subseteq \mathbb{R} \times \mathbb{R}^n$ ein Gebiet und $f: D \to \mathbb{R}^n$, $(t,x) \mapsto f(t,x)$ eine stetige und bzgl. x lokal Lipschitz-stetige Funktion. Dann gibt es für jedes $(\tau, \xi) \in D$ ein eindeutig bestimmtes Intervall $I = \,]a,b[$ mit $\tau \in I$, sodass

(1) das Anfangswertproblem

$$x'(t) = f(t,x), \quad x(\tau) = \xi,$$

auf dem Lösungsintervall I genau eine Lösung $\lambda: I \to \mathbb{R}^n$ besitzt,

(2) jede weitere Lösung $\mu: J \to \mathbb{R}^n$ des Anfangswertproblems eine Einschränkung der Lösung λ aus (1) ist und $J \subseteq I$ gilt.

Die Lösungsfunktion aus (1) heißt *maximale Lösung* des Anfangswertproblems und wird gelegentlich mit $\lambda_{(\tau,\xi)}$ bezeichnet.

Die Lösungskurven zweier maximaler Lösungen sind immer disjunkt oder bereits gleich: Seien $\lambda: I \to \mathbb{R}^n$ und $\mu: J \to \mathbb{R}^n$ zwei maximale Lösungen einer Differentialgleichung $x' = f(t,x)$, die die Voraussetzungen des Globalen Existenz- und Eindeutigkeitssatzes erfüllt. Gibt es ein $t_0 \in I \cap J$ mit $\lambda(t_0) = \mu(t_0)$, so sind λ und μ beide Lösungen des Anfangswertproblems

$$x' = f(t,x), \quad x(t_0) = \lambda(t_0) = \mu(t_0)$$

und aus der Eindeutigkeitsaussage folgt $\lambda = \mu$.

Neben der Existenz einer maximalen Lösung ist natürlich von Interesse, wie man diese erkennt. Hier hilft das Randverhalten weiter.

Satz 7.13 (Randverhalten maximaler Lösungen). Sei $D \subseteq \mathbb{R} \times \mathbb{R}^n$ ein Gebiet und $f: D \to \mathbb{R}^n$, $(t,x) \mapsto f(t,x)$ eine stetige und bzgl. x lokal Lipschitz-stetige Funktion. Zu $(\tau, \xi) \in D$ sei $\lambda: \,]a,b[\to \mathbb{R}^n$ eine Lösung des Anfangswertproblems

$$x' = f(t,x), \quad x(\tau) = \xi.$$

λ ist genau dann die maximale Lösung des Anfangswertproblems, wenn jeweils eine der Bedingungen aus (1) und (2) erfüllt ist:

(1)   (i) $a = -\infty$,

    (ii) $a > -\infty$ und $\limsup_{t \searrow a} \|\lambda(t)\| = \infty$,

    (iii) $a > -\infty$, $\partial D \neq \varnothing$ und $\lim_{t \searrow a} \mathrm{dist}\,(\partial D, (t, \lambda(t))) = 0$.

(2) (i) $b = \infty$,

   (ii) $b < \infty$ und $\limsup_{t \nearrow b} \|\lambda(t)\| = \infty$,

   (iii) $b < \infty$, $\partial D \neq \varnothing$ und $\lim_{t \nearrow b} \mathrm{dist}\,(\partial D, (t, \lambda(t))) = 0$.

Die in der Formulierung des Satzes verwendete *Abstandsfunktion* einer Menge $M \subseteq \mathbb{R}^n$ ist dabei definiert als

$$\mathrm{dist}(M, p) = \inf_{m \in M} \|p - m\| \quad \text{für } p \in \mathbb{R}^n.$$

Aufgabe (Herbst 2012, T3A2)

a Formulieren Sie den Existenz- und Eindeutigkeitssatz von Picard-Lindelöf.

b Sei $\alpha \in \mathbb{R}, \alpha > 0$. Zeigen Sie, dass das Anfangswertproblem

$$y' = |y|^\alpha, \quad y(0) = 0$$

genau im Fall $\alpha \geq 1$ eine eindeutige Lösung auf $[0, \infty)$ besitzt.

Lösungsvorschlag zur Aufgabe (Herbst 2012, T3A2)

a Siehe Satz 7.11.

b Wir definieren $f_\alpha \colon \mathbb{R}^2 \to \mathbb{R}, (t, y) \mapsto |y|^\alpha$ und zeigen, dass diese Funktion für $\alpha \geq 1$ die Voraussetzungen des Globalen Existenz- und Eindeutigkeitssatzes erfüllt. Dass $\mathbb{R}^2$ ein Gebiet und f_α stetig ist, ist klar. Zu zeigen bleibt die (lokale) Lipschitz-Stetigkeit.

Sei zunächst $\alpha = 1$. Hier lässt sich globale Lipschitz-Stetigkeit anhand der Definition zeigen, denn für alle $x, y \in \mathbb{R}$ gilt aufgrund der umgekehrten Dreiecksungleichung die Abschätzung

$$\big| |x| - |y| \big| \leq |x - y| = 1 \cdot |x - y|.$$

Sei nun $\alpha > 1$. Die stetige Differenzierbarkeit nach y von $f \colon \mathbb{R}^2 \to \mathbb{R}$, $(t, y) \mapsto |y|^\alpha$ für $y \neq 0$ ist klar, da die Funktion dort mit $(t, y) \mapsto y^\alpha$ bzw. $(t, y) \mapsto (-y)^\alpha$ übereinstimmt. Die Differenzierbarkeit in 0 überprüfen wir anhand der Definition:

$$\lim_{h \to 0} \frac{f_\alpha(0 + h) - f_\alpha(0)}{h} = \lim_{h \to 0} \frac{|h|^\alpha}{h} = \lim_{h \to 0} \mathrm{sgn}(h) |h|^{\alpha - 1}$$

Wegen $\alpha > 1$ ist $\alpha - 1 > 0$, sodass der Ausdruck $|h|^{\alpha - 1}$ für $h = 0$ definiert ist. Somit ist

$$\lim_{h \to 0} \mathrm{sgn}(h) |h|^{\alpha - 1} = 0$$

und f_α ist auch in 0 differenzierbar mit $\partial_y f_\alpha(0) = 0$. Insgesamt ist damit

$$\partial_y f_\alpha \colon \mathbb{R}^2 \to \mathbb{R}, \quad (t,y) \mapsto \begin{cases} \alpha y^{\alpha-1} & \text{für } y > 0, \\ 0 & \text{für } y = 0, \\ \alpha(-y)^{\alpha-1} & \text{für } y < 0. \end{cases}$$

Diese Abbildung lässt sich als $\partial_y f_\alpha(t,y) = \alpha|y|^{\alpha-1}$ schreiben und ist damit als Komposition stetiger Funktionen selbst ebenfalls stetig. Somit ist f_α für $\alpha > 1$ stetig partiell nach y differenzierbar und daher nach Proposition 7.10 lokal Lipschitz-stetig.

Der Globale Existenz- und Eindeutigkeitssatz liefert dann für $\alpha \geq 1$ eine eindeutige maximale Lösung $\lambda\colon I \to \mathbb{R}$ von $y' = f_\alpha(t,y)$ zum Anfangswert $y(0) = 0$ auf einem Definitionsintervall $I \subseteq \mathbb{R}$ mit $0 \in I$.

Betrachte die Nullfunktion $\nu\colon \mathbb{R} \to \mathbb{R}, t \mapsto 0$. Diese ist offensichtlich eine Lösung des besagten Anfangswertproblems und erfüllt zudem (1) (i) und (2) (i) von Satz 7.13, sodass es sich bei ν um die eindeutige maximale Lösung handelt. Nach dem Globalen Existenz- und Eindeutigkeitssatz 7.12 (2) ist jede Lösung auf $[0, \infty[$ eine Einschränkung von ν und somit insbesondere eindeutig.

Im Fall $\alpha < 1$ ist die Nullfunktion ebenfalls eine Lösung des Anfangswertproblems. Eine zweite Lösung bekommen wir hier jedoch durch Trennen der Variablen (der Einfachheit wegen für $y \geq 0$):

$$\int_0^{\lambda(t)} y^{-\alpha}\, dy = \int_0^t 1\, d\tau \quad \Leftrightarrow \quad \left[\tfrac{1}{1-\alpha}y^{1-\alpha}\right]_0^{\lambda(t)} = t \quad \Leftrightarrow \quad \tfrac{1}{1-\alpha}\lambda(t)^{1-\alpha} = t$$

Man beachte dabei, dass wegen $1 - \alpha > 0$ das Einsetzen der Integrationsgrenze 0 möglich ist. Auflösen der Gleichung liefert nun

$$\lambda(t) = \sqrt[1-\alpha]{(1-\alpha)t}$$

und diese Funktion ist für $t \in [0, \infty[$ tatsächlich eine Lösung des Anfangswertproblems, denn dort ist $\lambda(t) = |\lambda(t)|$ und somit

$$\lambda'(t) = \tfrac{1}{1-\alpha} \cdot ((1-\alpha)t)^{\frac{1}{1-\alpha}-1} \cdot (1-\alpha) = ((1-\alpha)t)^{\frac{1-1+\alpha}{1-\alpha}} = \lambda(t)^\alpha = |\lambda(t)|^\alpha$$

sowie $\lambda(0) = 0$.

Anleitung: Abschätzungen maximaler Lösungen

Gegeben sei eine Differentialgleichung $x' = f(t, x)$, die die Voraussetzungen des Globalen Existenz- und Eindeutigkeitssatzes erfüllt. Gesucht sind eine obere bzw. untere Schranke für eine maximale Lösung $\lambda \colon I \to \mathbb{R}$ zum Anfangswert $\lambda(\tau) = \xi$, da direkt danach gefragt ist oder man den Fall (1) (ii) bzw. (2) (ii) im Satz über das Randverhalten maximaler Lösungen 7.13 ausschließen möchte.

(1) Bestimme die stationären Lösungen der Differentialgleichung: Jede Nullstelle x_0 mit $f(t, x_0) = 0$ liefert eine konstante Lösung

$$\mu \colon \mathbb{R} \to \mathbb{R}, \quad t \mapsto x_0,$$

die die eindeutige maximale Lösung zum Anfangswert $x(0) = x_0$ ist, da sie auf ganz $\mathbb{R}$ definiert ist.

(2) Ist $\lambda(\tau) = \xi < x_0$, so muss $\lambda(t) < x_0$ für alle $t \in I$ gelten: Gäbe es nämlich $t_1 \in I$ mit $\lambda(t_1) \geq x_0$, so würde man nach dem Zwischenwertsatz ein $t_2 \in I$ finden, sodass $\lambda(t_2) = x_0 = \mu(t_2)$. Da die Graphen maximaler Lösungen entweder disjunkt oder gleich sind, würde daraus bereits $\lambda(t) = \mu(t)$ für *alle* $t \in I$ folgen, was ein Widerspruch zu $\lambda(\tau) < x_0$ ist.

Genauso kann man aus $\lambda(\tau) = \xi > x_0$ auch $\lambda(t) > x_0$ für alle $t \in I$ folgern.

(3) Hilfreich kann es außerdem sein, $f(t, \lambda(t))$ abzuschätzen, denn es gilt laut dem Hauptsatz der Differential- und Integralrechnung

$$\lambda(t) - \lambda(\tau) = \int_\tau^t \lambda'(s)\,\mathrm{d}s = \int_\tau^t f(s, \lambda(s))\,\mathrm{d}s$$

und aus $m \leq f(t, \lambda(t)) \leq M$ für alle $t \in I$ folgt

$$(t - \tau)m = \int_\tau^t m\,\mathrm{d}s \leq \int_\tau^t f(s, \lambda(s))\,\mathrm{d}s \leq \int_\tau^t M\,\mathrm{d}s = (t - \tau)M$$

bzw. $|f(t, \lambda(t))| \leq C$ für alle $t \in I$ liefert die Abschätzung

$$\left| \int_\tau^t f(s, \lambda(s))\,\mathrm{d}s \right| \leq \int_\tau^t |f(s, \lambda(s))|\,\mathrm{d}s \leq |t - \tau| \cdot C.$$

Aufgabe (Frühjahr 2012, T1A5)

Für $\zeta \in \mathbb{R}$ sei das Anfangswertproblem

$$x' = \arctan(x), \quad x(0) = \zeta$$

gegeben. Beweisen Sie die folgenden Aussagen:

a Das Anfangswertproblem besitzt genau eine maximale Lösung $\lambda_\zeta \colon I_\zeta \to \mathbb{R}$.

b λ_ζ besitzt genau dann eine Nullstelle, wenn $\zeta = 0$ ist.

c Für alle $t \in I_\zeta$ gilt:

$$\zeta - \frac{\pi}{2}|t| \leq \lambda_\zeta(t) \leq \zeta + \frac{\pi}{2}|t|.$$

d $I_\zeta = \mathbb{R}$.

Lösungsvorschlag zur Aufgabe (Frühjahr 2012, T1A5)

a Definiere $f \colon \mathbb{R}^2 \to \mathbb{R}, (t, x) \mapsto \arctan(x)$, dann ist die Funktion f auf einem Gebiet definiert und bekanntlich stetig. Weiterhin ist

$$\partial_x f(t, x) = \frac{1}{1 + x^2},$$

sodass f auf dem gesamten Definitionsbereich stetig partiell differenzierbar nach x ist. Nach Proposition 7.10 ist daher f lokal Lipschitz-stetig und nach dem Globalen Existenz- und Eindeutigkeitssatz 7.12 gibt es eine eindeutige maximale Lösung des Anfangswertproblems $x' = f(t, x)$ mit $x(0) = \zeta$ und Definitionsintervall I_ζ.

b Es ist $\tan 0 = \frac{\sin 0}{\cos 0} = 0$, d. h. $\arctan 0 = 0$. Folglich ist die Nullfunktion $\nu \colon \mathbb{R} \to \mathbb{R}, t \mapsto 0$ eine Lösung der Differentialgleichung. Da sie auf ganz $\mathbb{R}$ definiert ist, handelt es sich bei ihr nach dem Satz über das Randverhalten maximaler Lösungen (Satz 7.13) um die eindeutige maximale Lösung zum Anfangswert $x(0) = 0$.

Hat λ_ζ eine Nullstelle t_0, so bedeutet dies, dass sich die Lösungskurven von λ_ζ und ν in dieser Nullstelle schneiden. Nun ist aber ν eine maximale Lösung der Gleichung zur Anfangsbedingung $x(0) = 0$ und somit müssen laut dem Globalen Existenz- und Eindeutigkeitssatz λ_ζ und ν identisch sein. Insbesondere ist $\zeta = \lambda_\zeta(0) = 0$.

c Es gilt

$$|\lambda_\zeta'(t)| = |\arctan \lambda_\zeta(t)| \leq \frac{\pi}{2} \quad \text{für alle } t \in I_\zeta,$$

also ist auch

$$|\lambda_\xi(t) - \lambda_\xi(0)| = \left| \int_0^t \lambda'_\xi(s) \, ds \right| \leq \left| \int_0^t \frac{\pi}{2} \, ds \right| = |t| \cdot \frac{\pi}{2}$$

und umformuliert ergibt dies mit $\lambda_\xi(0) = \xi$

$$\xi - \frac{\pi}{2}|t| \leq \lambda_\xi(t) \leq \xi + \frac{\pi}{2}|t| \quad \text{für alle } t \in I_\xi.$$

d Wir gehen die Bedingungen aus Satz 7.13 durch. Da der Rand von $\mathbb{R}^2$ leer ist, kann weder (1) (iii) noch (2) (iii) erfüllt sein. Hat I_ξ eine endliche untere Grenze a, so gilt unter Verwendung von Teil **c** :

$$\lim_{t \to a} |\lambda_\xi(t)| \leq \lim_{t \to a} \left| \xi \pm \frac{\pi}{2}|t| \right| = \left| \xi \pm \frac{\pi}{2}|a| \right| < \infty.$$

Also kann (1) (ii) und analog (2) (ii) unmöglich eintreten. Es bleibt daher nur noch (1) (i) und (2) (i), d. h. $I_\xi = \mathbb{R}$.

Aufgabe (Frühjahr 2012, T2A4)

Gegeben sei das Anfangswertproblem

$$\dot{x} = x(x - 2)e^{\cos x}, \quad x(0) = 1.$$

Zeigen Sie:

a Das Anfangswertproblem hat eine eindeutige maximale Lösung $x: I \to \mathbb{R}$ auf einem offenen Intervall $I \subseteq \mathbb{R}$. Welche stationären Lösungen hat die Differentialgleichung?

b Die maximale Lösung x aus **a** existiert auf ganz $\mathbb{R}$ und ist monoton fallend und beschränkt.

c Die Grenzwerte $\lim\limits_{t \to \pm\infty} x(t)$ existieren in $\mathbb{R}$. Bestimmen Sie diese Grenzwerte.

Lösungsvorschlag zur Aufgabe (Frühjahr 2012, T2A4)

a Definiere $f: \mathbb{R}^2 \to \mathbb{R}, (t, x) \mapsto x(x - 2)e^{\cos x}$, dann ist f auf einem Gebiet definiert und stetig, außerdem gilt

$$\partial_x f(t, x) = (x - 2)e^{\cos x} + xe^{\cos x} - x(x - 2)e^{\cos x} \sin x.$$

Somit ist f auf dem ganzen Definitionsbereich stetig partiell differenzierbar nach x. Mit Proposition 7.10 und dem Globalen Existenz- und

Eindeutigkeitssatz 7.12 folgt die Existenz einer eindeutigen maximalen Lösung $x\colon I \to \mathbb{R}$.

Die stationären Lösungen der Differentialgleichung sind durch die Nullstellen von f gegeben. Da der Faktor $e^{\cos x}$ stets positiv ist, sind dies also

$$\mu_1\colon \mathbb{R} \to \mathbb{R}, \quad t \mapsto 0 \quad \text{und} \quad \mu_2\colon \mathbb{R} \to \mathbb{R}, \quad t \mapsto 2.$$

b Die stationären Lösungen aus Teil **a** sind auf ganz $\mathbb{R}$ definiert und daher maximale Lösungen. Wegen der Anfangswertbedingung $x(0) = 1$ stimmt x weder mit μ_0 noch mit μ_2 überein. Da sich die Graphen verschiedener maximaler Lösungen nicht schneiden können, bedeutet das, dass $0 < x(t) < 2$ für alle $t \in I$ gelten muss. Da der Rand von $\mathbb{R}^2$ zudem leer ist, ist das einzig mögliche Randverhalten von x in Satz 7.13 dann (1) (i) und (2) (i), d. h. $I = \mathbb{R}$. Die beiden Schranken von $x(t)$ liefern weiterhin $x(t) - 2 < 0$ und $x(t) > 0$ für alle $t \in \mathbb{R}$, d. h.

$$x'(t) = x(t)(x(t) - 2)e^{\cos x(t)} < 0$$

für alle $t \in \mathbb{R}$. Dies bedeutet gerade, dass x auf ganz $\mathbb{R}$ monoton fallend ist.

c Die Grenzwerte existieren, da x nach Teil **b** beschränkt und monoton fallend ist. Nehmen wir an, es gibt eine untere Schranke $c > 0$, sodass $x(t) \geq c$ für alle $t \in \mathbb{R}$. Da x außerdem monoton fallend ist, haben wir $x(t) - 2 \leq x(0) - 2 = -1$ für alle $t \geq 0$ und daher die Abschätzung

$$x'(t) = x(t)(x(t) - 2)e^{\cos x(t)} \leq -x(t)e \leq -ce.$$

Für alle $t \geq 0$ ist daher

$$x(t) = x(0) + \int_0^t x'(s)\, ds \; \leq \; 1 - tce \xrightarrow{t \to \infty} -\infty,$$

d. h. x ist nach unten nicht beschränkt. Widerspruch zu **b**. Auf die gleiche Weise führt man die Annahme, dass es eine obere Schranke $d < 2$ mit $x(t) \geq d$ für alle $t \in \mathbb{R}$ gibt, zum Widerspruch. Wir erhalten daher aufgrund der Monotonie

$$\lim_{t \to \infty} x(t) = 0 \quad \text{und} \quad \lim_{t \to -\infty} x(t) = 2.$$

Im Unterschied zu den bisher vorgestellten Existenz- und Eindeutigkeitssätzen zeichnet sich der folgende – und letzte – dadurch aus, dass er neben der Existenz einer maximalen Lösung auch das Definitionsintervall dieser maximalen Lösung explizit angibt.

Satz 7.14 (Existenz- und Eindeutigkeitssatz bei linear beschränkter rechter Seite). Seien $a, b \in \mathbb{R} \cup \{\pm\infty\}$ mit $a < b$ und $f \colon]a, b[\times \mathbb{R}^n \to \mathbb{R}^n, (t, x) \mapsto f(t, x)$ eine stetige und bezüglich x lokal Lipschitz-stetige Funktion, die *linear beschränkt* ist, d. h. eine Abschätzung der Form

$$\|f(t, x)\| \leq \rho(t) \|x\| + \sigma(t) \quad \text{für alle } (t, x) \in]a, b[\times \mathbb{R}^n$$

mit stetigen Funktionen $\rho, \sigma \colon]a, b[\to [0, +\infty[$ erfüllt. Dann existiert für jedes $(\tau, \zeta) \in D$ eine eindeutige maximale Lösung $\lambda_{(\tau, \zeta)}$ des Anfangswertproblems

$$x' = f(t, x), \quad x(\tau) = \zeta$$

auf dem ganzen Intervall $]a, b[$.

Aufgabe (Herbst 2010, T3A3)

Sei

$$f(t, x) := \frac{t^2}{(e^x - x)^2}.$$

a Zeigen Sie, dass $e^x \neq x$ für alle $x \in \mathbb{R}$ ist, also dass f auf ganz $\mathbb{R}^2$ definiert ist.

b Zeigen Sie, dass das Anfangswertproblem

$$\dot{x}(t) = f(t, x), \quad x(0) = 0,$$

eine auf ganz $\mathbb{R}$ definierte Lösung hat.

Lösungsvorschlag zur Aufgabe (Herbst 2010, T3A3)

a Lösungen der Gleichung $e^x = x$ sind genau die Nullstellen der Funktion

$$g \colon \mathbb{R} \to \mathbb{R}, \quad x \mapsto e^x - x.$$

Es ist $g'(0) = e^0 - 1 = 0$ und $g''(0) = e^0 = 1 > 0$, also hat g ein Minimum an der Stelle 0. Wegen $g''(x) = e^x > 0$ für alle $x \in \mathbb{R}$ ist dies ein globales Minimum. Es gilt also $g(x) \geq g(0) = 1$ für alle $x \in \mathbb{R}$. Damit kann g keine Nullstelle haben und es ist $e^x \neq x$ für alle $x \in \mathbb{R}$.

b Nach Teil **a** ist $f(t, x)$ auf ganz $\mathbb{R}^2$ definiert und dort stetig. Gleiches gilt für

$$\partial_x f(t, x) = \frac{-2t^2 (e^x - x)(e^x - 1)}{(e^x - x)^4},$$

sodass $f(t, x)$ nach Proposition 7.10 auf dem gesamten Definitionsbereich lokal Lipschitz-stetig ist. In Teil a haben wir gezeigt, dass $e^x - x \geq 1$ für alle $x \in \mathbb{R}$ gilt. Folglich ist

$$f(t,x) = \frac{t^2}{(e^x - x)^2} \leq t^2 = 0 \cdot |x| + t^2$$

für alle $(t,x) \in \mathbb{R}^2$. Somit ist $f(t,x)$ linear beschränkt auf ganz $\mathbb{R}^2$, sodass das Anfangswertproblem $x' = f(t,x), x(0) = 0$ nach Satz 7.14 eine eindeutige maximale und auf ganz $\mathbb{R}$ definierte Lösung besitzt.

Aufgabe (Frühjahr 2014, T2A1)

Es sei $f\colon \mathbb{R} \times \mathbb{R} \to \mathbb{R}, (t,x) \mapsto \frac{xt}{\sqrt{x^2+1}}$. Zeigen Sie:

a Das Anfangswertproblem

$$x' = f(t,x), \quad x(0) = 1$$

hat eine eindeutige Lösung $\lambda\colon I \to \mathbb{R}$.

b Für das maximale Lösungsintervall gilt: $I = \mathbb{R}$.

c Für alle $t \geq 0$ ist $\lambda(t) \in [1, 1 + \frac{t^2}{2}]$.

Lösungsvorschlag zur Aufgabe (Frühjahr 2014, T2A1)

a Bei $\mathbb{R} \times \mathbb{R}$ handelt es sich um ein Gebiet. Außerdem ist f auf dem gesamten Definitionsbereich stetig und da

$$\partial_x f(t,x) = \frac{t\sqrt{x^2+1} - xt \cdot \frac{2x}{2\sqrt{x^2+1}}}{x^2+1}$$

auf ganz $\mathbb{R} \times \mathbb{R}$ definiert und stetig ist, ist f nach Proposition 7.10 auf dem gesamten Definitionsbereich lokal Lipschitz-stetig. Der Globale Existenz- und Eindeutigkeitssatz 7.12 gewährleistet daher die Existenz einer eindeutigen maximalen Lösung $\lambda\colon I \to \mathbb{R}$ auf einem Definitionsintervall $I \subseteq \mathbb{R}$ mit $0 \in I$.

b Für alle $x \in \mathbb{R}$ gilt $x^2 + 1 \geq 1$, also

$$|f(t,x)| = \left| \frac{xt}{\sqrt{x^2+1}} \right| \leq |xt| = |t| \cdot |x|.$$

Damit ist $f(t,x)$ linear beschränkt auf ganz $\mathbb{R}$ und nach Satz 7.14 ist λ auf ganz $\mathbb{R}$ definiert.

[c] Die Nullfunktion $v\colon \mathbb{R} \to \mathbb{R}, t \mapsto 0$ ist eine Lösung zum Anfangswert $x(0) = 0$. Diese erfüllt (1) (i) und (2) (i) von 7.13, ist also die maximale Lösung zu diesem Anfangswert.

Angenommen, es gibt ein $t \in I$ mit $\lambda(t) \leq 0$. Wegen $\lambda(0) = 1 > 0$ gibt es dann laut Zwischenwertsatz ein $\tau \in [t, 0[$ mit $\lambda(\tau) = 0$. Dies bedeutet aber, dass sich die Lösungskurven der beiden maximalen Lösungen v und λ schneiden, was unmöglich ist. Also ist $\lambda(t) \geq 0$ für alle $t \in I$. Für $t \geq 0$ folgt daraus

$$\lambda'(t) = \frac{\lambda(t)t}{\sqrt{\lambda(t)^2 + 1}} \geq 0,$$

d. h. λ ist auf $[0, \infty[$ monoton steigend und es muss $\lambda(t) \geq \lambda(0) = 1$ für alle $t \geq 0$ gelten. Weiterhin gilt

$$\lambda'(t) = f(t, \lambda(t)) = \frac{\lambda(t)t}{\sqrt{\lambda^2(t) + 1}} \leq \frac{\lambda(t)t}{\sqrt{\lambda(t)^2}} = t.$$

Integrieren beider Seiten ergibt

$$\lambda(t) - \lambda(0) = \int_0^t \lambda'(s)\,\mathrm{d}s \leq \int_0^t s\,\mathrm{d}s = \tfrac{1}{2}t^2 \quad \Leftrightarrow \quad \lambda(t) \leq 1 + \tfrac{1}{2}t^2.$$

Insgesamt haben wir $1 \leq \lambda(t) \leq 1 + \tfrac{1}{2}t^2$ für alle $t \geq 0$ nachgewiesen.

7.3. Lineare Systeme von Differentialgleichungen

In diesem Abschnitt[2] beschäftigen wir uns mit Differentialgleichungen der Form

$$x'(t) = A(t)x(t) + g(t), \quad t \in I, \tag{$\star$}$$

wobei I ein Intervall, $A(t)$ eine $(n \times n)$-Matrix mit stetig von t abhängigen Einträgen und g eine stetige Funktion ist. Im Fall $g \equiv 0$ bezeichnet man solche Gleichungen als *homogene lineare Gleichungen*, ansonsten als *inhomogen*. Eine Lösung x ist dabei eine vektorwertige Funktion, d. h. eine Abbildung $\lambda\colon I \to \mathbb{R}^n$ für ein geeignetes Intervall $I \subseteq \mathbb{R}$.

Eine Gleichung der Form $(\star)$ besitzt stets eine eindeutige Lösung. Dies folgt aus dem Globalen Existenz- und Eindeutigkeitssatz bei linear beschränkter rechter Seite (Satz 7.14). Der Definitionsbereich der Gleichung ist $I \times \mathbb{R}^n$ und damit ein Gebiet. Betrachte die Funktion $f(t, x) = A(t)x + g(t)$. Ist $t \in I$, so gilt für eine beliebige Norm $\|\cdot\|$ und zugehörige induzierte Matrixnorm $\|\|\cdot\|\|$, dass

$$\|f(t, x)\| = \|A(t)x + g(t)\| \overset{(\triangle)}{\leq} \|A(t)x\| + \|g(t)\| \leq \|\|A(t)\|\| \cdot \|x\| + \|g(t)\|.$$

---

2 Mehrere Aufgaben werden grundlegende Ergebnisse aus der Stabilitätstheorie benötigen. Wir verweisen dazu insbesondere auf Satz 7.29.

Die Zuordnungen $t \mapsto |||A(t)|||$ und $t \mapsto ||g(t)||$ sind stetig, da $A(t)$ und $g(t)$ stetig von t abhängen und die Norm ebenfalls eine stetige Abbildung definiert. Die i-te Komponente der Funktion f ist gegeben durch $f_i(t, x) = \sum_{j=1}^{n} a_{ij}(t) x_j + g_i(t)$ und ist stetig differenzierbar nach x_i, da die Einträge $a_{ij}(t)$ stetig von t abhängen. Damit ist f laut Proposition 7.10 lokal Lipschitz-stetig bezüglich x und alle Voraussetzungen von Satz 7.14 sind erfüllt. Es folgt die Existenz einer eindeutigen maximalen Lösung auf ganz I.

Eine grundlegende Erkenntnis für die Theorie solcher Systeme ist das *Superpositionsprinzip* für homogene Differentialgleichungen: Sind μ_1 und μ_2 Lösungen einer homogenen Gleichung der Form $(\star)$, so sind auch $\mu_1 + \mu_2$ und $\lambda \mu_1$ für $\lambda \in \mathbb{R}$ Lösungen der Gleichungen, wie man unmittelbar nachrechnet.

Satz 7.15 (Lösungsraum linearer Differentialgleichungen). Sei $n \in \mathbb{N}$, $I \subseteq \mathbb{R}$ ein Intervall und $A \colon I \to \mathcal{M}_n(\mathbb{R})$ sowie $g \colon I \to \mathbb{R}^n$ stetige Abbildungen.

(1) Die Lösungsmenge $\mathcal{L}$ des homogenen Systems $x'(t) = A(t)x(t)$ wird mit der punktweisen Addition und skalaren Multiplikation zu einem n-dimensionalen Vektorraum.

(2) Die Lösungsmenge des inhomogenen Systems $x'(t) = A(t)x(t) + g(t)$ bildet einen affinen Raum, hat also die Struktur

$$\mu_p + \mathcal{L},$$

wobei μ_p eine spezielle (sog. *partikuläre* Lösung) des inhomogenen Systems und $\mathcal{L}$ der n-dimensionale Lösungsraum des homogenen Systems aus (1) ist.

Von besonderem Interesse ist natürlich die Angabe einer Basis des Lösungsraumes, d.h. die Angabe von n Funktionen, die linear unabhängig sind und den gesamten Lösungsraum erzeugen. Eine solche Basis wird *Fundamentalsystem* der Differentialgleichung genannt. Häufig schreibt man ihre Elemente als Spalten in eine Matrix, die dann als *Fundamentalmatrix* bezeichnet wird.

Satz 7.16. Sei $k \in \mathbb{N}$ und seien $\mu_1, \ldots, \mu_k$ Lösungen eines homogenen Systems von Differentialgleichungen. Dann sind äquivalent:

(1) Die Funktionen $\mu_1, \ldots, \mu_k$ sind linear unabhängig.

(2) Die Vektoren $\mu_1(t), \ldots, \mu_k(t)$ sind für *jedes* $t \in I$ linear unabhängig.

(3) Die Vektoren $\mu_1(t), \ldots, \mu_k(t)$ sind für *ein* $t \in I$ linear unabhängig.

Eine einfache Möglichkeit, die lineare Unabhängigkeit von Lösungen zu prüfen, bietet die *Wronski-Determinante*. Diese ist für die Lösungen $\mu_1, \ldots, \mu_n$ eines Systems der Form $(\star)$ definiert als

$$\omega(t) = \det\left(\mu_1(t) \mid \ldots \mid \mu_n(t)\right).$$

Ist $\omega(t) \neq 0$ für ein $t \in I$, so sind die Vektoren $\mu_1(t), \ldots, \mu_n(t)$ und deshalb laut Satz 7.16 auch die Lösungen selbst linear unabhängig.

Systeme mit konstanten Koeffizienten

In den meisten Fällen sind im Staatsexamen alle auftretenden Koeffizienten eines Systems konstant. Hier kann ein explizites Rechenschema zur Bestimmung einer Fundamentalmatrix angegeben werden. Wir betrachten im Folgenden für eine $(n \times n)$-Matrix A ein System der Form

$$x' = Ax + g(t),$$

wobei wie zuvor $g \colon \mathbb{R} \to \mathbb{R}^n$ eine stetige Abbildung bezeichnet.

Eine zentrale Rolle werden die Eigenwerte von A spielen. Um deren Bedeutung zu verstehen, sei $\lambda \in \mathbb{R}$ ein Eigenwert von A und v ein zugehöriger Eigenvektor. Für $\mu(t) = e^{\lambda t} v$ und $t \in \mathbb{R}$ berechnet man

$$\mu'(t) = \lambda e^{\lambda t} v = (\lambda v) e^{\lambda t} = A v e^{\lambda t} = A \mu(t)$$

und sieht, dass μ eine Lösung der homogenen Differentialgleichung ist. Im Fall, dass A diagonalisierbar ist, liefert dies bereits ein erstes Verfahren zur Berechnung einer Fundamentalmatrix.

Anleitung: Bestimmung von Fundamentalmatrizen I (diagonalisierbares A)

Gegeben sei eine diagonalisierbare $(n \times n)$-Matrix A und die Differentialgleichung $x' = Ax$, für die ein Fundamentalsystem bestimmt werden soll.

(1) Berechne die Eigenwerte von A und Basen für die zugehörigen Eigenräume. Da A diagonalisierbar ist, ergeben sich so insgesamt n linear unabhängige Eigenvektoren.

(2) Definiere für jeden Eigenwert λ von A die Funktionen

$$e^{\lambda t} v_1, \quad \ldots, \quad e^{\lambda t} v_k,$$

wobei $v_1, \ldots, v_k$ linear unabhängige Eigenvektoren zum Eigenwert λ sind (k ist also die geometrische, und zugleich algebraische, Vielfachheit von λ).

(3) Man erhält so insgesamt n verschiedene Lösungen der Gleichung. Ferner sind die Spalten der Wronski-Matrix an der Stelle $t = 0$ durch die Eigenvektoren gegeben. Da diese linear unabhängig sind, ist $\omega(0) \neq 0$ und die Funktionen bilden ein Fundamentalsystem.

Aufgabe (Frühjahr 2007, T2A5)

Gegeben sei das Differentialgleichungssystem $\dot{x} = A(\alpha)x$ auf $\mathbb{R}^2$ mit

$$A(\alpha) = \begin{pmatrix} \alpha + 2 & 1 \\ -2 & \alpha - 1 \end{pmatrix}, \quad \alpha \in \mathbb{R}.$$

a Bestimmen Sie in Abhängigkeit von $\alpha \in \mathbb{R}$ ein Fundamentalsystem des Systems.

b Geben Sie jeweils die Menge aller $\alpha \in \mathbb{R}$ an, sodass $(0,0)$ ein stabiler bzw. asymptotisch stabiler Gleichgewichtspunkt des Systems $\dot{x} = A(\alpha)x$ ist.

Lösungsvorschlag zur Aufgabe (Frühjahr 2007, T2A5)

a Das charakteristische Polynom ist

$$\chi_{A(a)} = (\alpha + 2 - X)(\alpha - 1 - X) + 2 = \alpha^2 + \alpha - 2\alpha X - X + X^2 =$$
$$= \alpha(\alpha + 1 - X) - X(\alpha + 1 - X) = (\alpha - X)(\alpha + 1 - X).$$

Damit hat $A(\alpha)$ die beiden verschiedenen Eigenwerte α und $\alpha + 1$. Berechnen wir die zugehörigen Eigenräume:

$$\mathrm{Eig}(A, \alpha) = \ker \begin{pmatrix} 2 & 1 \\ -2 & -1 \end{pmatrix} = \ker \begin{pmatrix} 2 & 1 \\ 0 & 0 \end{pmatrix} = \left\langle \begin{pmatrix} 1 \\ -2 \end{pmatrix} \right\rangle,$$

$$\mathrm{Eig}(A, \alpha + 1) = \ker \begin{pmatrix} 1 & 1 \\ -2 & -2 \end{pmatrix} = \ker \begin{pmatrix} 1 & 1 \\ 0 & 0 \end{pmatrix} = \left\langle \begin{pmatrix} 1 \\ -1 \end{pmatrix} \right\rangle$$

Da geometrische und algebraische Vielfachheit bei beiden Eigenwerten jeweils 1 sind, ist A diagonalisierbar und wir behaupten, dass durch $\{\mu_1, \mu_2\}$ mit

$$\mu_1(t) = e^{\alpha t} \begin{pmatrix} 1 \\ -2 \end{pmatrix} = \begin{pmatrix} e^{\alpha t} \\ -2e^{\alpha t} \end{pmatrix}, \quad \mu_2(t) = e^{(\alpha + 1)t} \begin{pmatrix} 1 \\ -1 \end{pmatrix} = \begin{pmatrix} e^{(\alpha + 1)t} \\ -e^{(\alpha + 1)t} \end{pmatrix}$$

ein Fundamentalsystem gegeben ist. Wir weisen dies noch explizit nach. Zunächst gilt

$$\mu_1'(t) = \begin{pmatrix} \alpha e^{\alpha t} \\ -2\alpha e^{\alpha t} \end{pmatrix} = \begin{pmatrix} \alpha + 2 & 1 \\ -2 & \alpha - 1 \end{pmatrix} \begin{pmatrix} e^{\alpha t} \\ -2e^{\alpha t} \end{pmatrix} \quad \text{und}$$

$$\mu_2'(t) = \begin{pmatrix} (\alpha + 1)e^{(\alpha + 1)t} \\ -(\alpha + 1)e^{(\alpha + 1)t} \end{pmatrix} = \begin{pmatrix} \alpha + 2 & 1 \\ -2 & \alpha - 1 \end{pmatrix} \begin{pmatrix} e^{(\alpha + 1)t} \\ -e^{(\alpha + 1)t} \end{pmatrix}.$$

Somit sind die Funktionen μ_1 und μ_2 Lösungen der Differentialgleichung. Ferner sind sie wegen

$$\omega(0) = \det \begin{pmatrix} e^{\alpha \cdot 0} & e^{(\alpha+1)\cdot 0} \\ -2e^{\alpha \cdot 0} & -e^{(\alpha+1)\cdot 0} \end{pmatrix} = \det \begin{pmatrix} 1 & 1 \\ -2 & -1 \end{pmatrix} = 1 \neq 0$$

linear unabhängig und bilden damit ein Fundamentalsystem des Systems.

b Wir verwenden Satz 7.29. Im Fall $\alpha > -1$ ist mindestens einer der Eigenwerte von $A(\alpha)$ positiv, und $(0,0)$ somit eine instabile Ruhelage. Im Fall $\alpha < -1$ sind beide Eigenwerte reell und negativ, also ist $(0,0)$ hier asymptotisch stabil. Bleibt der Fall $\alpha = -1$. Hier ist ein Eigenwert negativ, der andere 0. Da für letzteren aber algebraische und geometrische Vielfachheit übereinstimmen, handelt es sich dann bei $(0,0)$ um eine stabile Ruhelage.

Im Gros der Fälle wird A jedoch nicht diagonalisierbar sein. Das Problem liegt dann darin, dass „zu wenige" linear unabhängige Eigenvektoren zur Verfügung stehen, also das Vorgehen aus dem obigen Kasten nicht n Funktionen liefert. Auch in diesem Fall lässt sich jedoch ein allgemeines Schema angeben.

Anleitung: Bestimmen von Fundamentalmatrizen II (nicht-diagonalisierbares A)

Gegeben sei eine nicht-diagonalisierbare $(n \times n)$-Matrix A und die Differentialgleichung $x' = Ax$, für die ein Fundamentalsystem bestimmt werden soll.

(1) Berechne die Eigenwerte von A.

(2) Bestimme für jeden Eigenwert gemäß dem Vorgehen der Anleitung auf Seite 241 verallgemeinerte Eigenvektoren und durch Rückwärtseinsetzen entsprechende „Ketten" von (verallgemeinerten) Eigenvektoren.

(3) Für jede solche Kette $v_k, \ldots, v_1$ beginnend mit einem verallgemeinerten Eigenvektor v_k der Stufe k zum Eigenwert λ und endend mit dem Eigenvektor v_1 definiere

$$e^{\lambda t}v_1, \quad (v_2 + tv_1)e^{\lambda t}, \quad \ldots, \quad e^{\lambda t}\left(v_k + \ldots + \frac{t^{k-1}}{(k-1)!}v_1\right).$$

(4) Die Wronski-Matrix an der Stelle $t = 0$ besteht aus (verallgemeinerten) Eigenvektoren, ist also invertierbar und die Funktionen bilden somit ein Fundamentalsystem.

Aufgabe (Herbst 2003, T1A3)

Bestimmen Sie ein Fundamentalsystem zu $y' = Ay$ mit

$$A = \begin{pmatrix} 1 & 1 & 1 \\ -1 & 0 & 1 \\ 1 & 1 & 0 \end{pmatrix}.$$

Lösungsvorschlag zur Aufgabe (Herbst 2003, T1A3)

Mit der Sarrus-Regel erhält man das charakteristische Polynom

$$\chi_A = (1 - X)(-X)^2 + 1 - 1 - (-X) - (1 - X) - X =$$
$$= (1 - X)X^2 - (1 - X) = (1 - X)(X^2 - 1) = -(X - 1)^2(X + 1).$$

Somit hat A die Eigenwerte $\lambda_1 = 1$ (mit algebraischer Vielfachheit 2) und $\lambda_2 = -1$ (mit algebraischer Vielfachheit 1).

Für den Eigenraum zum Eigenwert λ_1 erhalten wir

$$\operatorname{Eig}(A, 1) = \ker \begin{pmatrix} 0 & 1 & 1 \\ -1 & -1 & 1 \\ 1 & 1 & -1 \end{pmatrix} = \ker \begin{pmatrix} 1 & 0 & -2 \\ 0 & 1 & 1 \\ 0 & 0 & 0 \end{pmatrix} = \left\langle \begin{pmatrix} 2 \\ -1 \\ 1 \end{pmatrix} \right\rangle.$$

Analog ergibt sich

$$\operatorname{Eig}(A, -1) = \ker \begin{pmatrix} 2 & 1 & 1 \\ -1 & 1 & 1 \\ 1 & 1 & 1 \end{pmatrix} = \ker \begin{pmatrix} 1 & 0 & 0 \\ 0 & 1 & 1 \\ 0 & 0 & 0 \end{pmatrix} = \left\langle \begin{pmatrix} 0 \\ -1 \\ 1 \end{pmatrix} \right\rangle.$$

Damit hat der Eigenwert 1 geometrische Vielfachheit 1, diese stimmt nicht mit der algebraischen überein und A ist laut Satz 4.5 (3) nicht diagonalisierbar. Wir berechnen den verallgemeinerten Eigenraum zweiter Stufe zum Eigenwert 1

$$\operatorname{Eig}^2(A, 1) = \ker(A - 1 \cdot \mathbb{E}_3)^2 = \ker \begin{pmatrix} 0 & 1 & 1 \\ -1 & -1 & 1 \\ 1 & 1 & -1 \end{pmatrix} \begin{pmatrix} 0 & 1 & 1 \\ -1 & -1 & 1 \\ 1 & 1 & -1 \end{pmatrix} =$$

$$= \ker \begin{pmatrix} 0 & 0 & 0 \\ 2 & 1 & -3 \\ -2 & -1 & 3 \end{pmatrix} = \ker \begin{pmatrix} 2 & 1 & -3 \\ 0 & 0 & 0 \\ 0 & 0 & 0 \end{pmatrix} = \left\langle \begin{pmatrix} -1 \\ 2 \\ 0 \end{pmatrix}, \begin{pmatrix} 3 \\ 0 \\ 2 \end{pmatrix} \right\rangle.$$

Der erste Vektor liegt nicht in $\operatorname{Eig}(A, 1)$, sodass wir diesen als verallgemeinerten Eigenvektor verwenden und den zugehörigen Eigenvektor berechnen:

$$\begin{pmatrix} 0 & 1 & 1 \\ -1 & -1 & 1 \\ 1 & 1 & -1 \end{pmatrix} \begin{pmatrix} -1 \\ 2 \\ 0 \end{pmatrix} = \begin{pmatrix} 2 \\ -1 \\ 1 \end{pmatrix} \in \text{Eig}(A,1)$$

Damit sind wir in der Lage, ein Fundamentalsystem anzugeben. Wir definieren dazu die drei Abbildungen

$$\begin{pmatrix} 0 \\ -e^{-t} \\ e^{-t} \end{pmatrix}, \quad \begin{pmatrix} 2e^{t} \\ -e^{t} \\ e^{t} \end{pmatrix}, \quad \text{und} \quad \left[\begin{pmatrix} -1 \\ 2 \\ 0 \end{pmatrix} + t \begin{pmatrix} 2 \\ -1 \\ 1 \end{pmatrix} \right] e^{t} = \begin{pmatrix} (2t-1)e^{t} \\ (-t+2)e^{t} \\ te^{t} \end{pmatrix}.$$

Diese Abbildungen sind Lösungen der Gleichung, was man unmittelbar nachrechnet, und linear unabhängig laut Satz 7.16, denn es ist

$$\omega(0) = \det \begin{pmatrix} 0 & 2 & -1 \\ -1 & -1 & 2 \\ 1 & 1 & 0 \end{pmatrix} = 4 \neq 0.$$

Aufgabe (Frühjahr 2012, T3A5)

Gegeben sei die Matrix

$$A = \begin{pmatrix} 1 & -1 & 1 \\ 1 & -1 & 0 \\ 1 & 0 & -1 \end{pmatrix}.$$

Man bestimme ein Fundamentalsystem des homogenen Differentialgleichungssystems $x' = Ax$.

Lösungsvorschlag zur Aufgabe (Frühjahr 2012, T3A5)

Da diese Aufgabe völlig analog zur vorhergehenden verläuft, skizzieren wir hier nur die Zwischenergebnisse kurz.

Mittels des charakteristischen Polynoms $\chi_A = -(X-1)(X+1)^2$ erhält man die Eigenwerte $\lambda_1 = 1$ (einfach) und $\lambda_2 = -1$ (doppelt). Die zugehörigen Eigenräume berechnen sich zu

$$\text{Eig}(A,1) = \left\langle \begin{pmatrix} 2 \\ 1 \\ 1 \end{pmatrix} \right\rangle \quad \text{und} \quad \text{Eig}(A,-1) = \left\langle \begin{pmatrix} 0 \\ 1 \\ 1 \end{pmatrix} \right\rangle.$$

Den benötigten verallgemeinerten Eigenraum bestimmt man als

$$\operatorname{Eig}^2(A,-1) = \left\langle \begin{pmatrix} 1 \\ 2 \\ 0 \end{pmatrix}, \begin{pmatrix} 1 \\ 0 \\ -2 \end{pmatrix} \right\rangle.$$

Man verwendet (beispielsweise) den ersten erzeugenden Vektor des verallgemeinerten Eigenraums und erhält $(A + \mathbb{E}_3)(1,2,0) = (0,1,1)$. Ein Fundamentalsystem ist nun gegeben durch

$$e^t \begin{pmatrix} 2 \\ 1 \\ 1 \end{pmatrix}, \quad e^{-t} \begin{pmatrix} 0 \\ 1 \\ 1 \end{pmatrix}, \quad \text{und} \quad e^{-t} \left[\begin{pmatrix} 1 \\ 2 \\ 0 \end{pmatrix} + t \begin{pmatrix} 0 \\ 1 \\ 1 \end{pmatrix} \right] = e^{-t} \begin{pmatrix} 1 \\ 2+t \\ t \end{pmatrix},$$

wie man wie zuvor überprüft.

Aufgabe (Frühjahr 2005, T1A3)

Bestimmen Sie ein Fundamentalsystem von Lösungen zu

$$\frac{\mathrm{d}}{\mathrm{d}t} \begin{pmatrix} x \\ y \\ z \end{pmatrix} = \begin{pmatrix} 1 & 1 & -1 \\ 0 & -1 & 2 \\ -2 & -1 & 1 \end{pmatrix} \begin{pmatrix} x \\ y \\ z \end{pmatrix}.$$

Welche Lösungen bleiben für $t \to +\infty$ beschränkt?

Lösungsvorschlag zur Aufgabe (Frühjahr 2005, T1A3)

Das charakteristische Polynom der Koeffizientenmatrix A ist

$$\chi_A = -(X+1)(X-1)^2.$$

Damit ergeben sich -1 als einfacher und $+1$ als doppelter Eigenwert. Die Eigenräume sind

$$\operatorname{Eig}(A,+1) = \left\langle \begin{pmatrix} -1 \\ 2 \\ 2 \end{pmatrix} \right\rangle \quad \text{und} \quad \operatorname{Eig}(A,-1) = \left\langle \begin{pmatrix} 1 \\ -2 \\ 0 \end{pmatrix} \right\rangle.$$

Somit ist A nicht diagonalisierbar. Man erhält jedoch für den verallgemeinerten Eigenraum zum Eigenwert 1

$$\ker(A - \mathbb{E}_3)^2 = \ker \begin{pmatrix} 2 & -1 & 2 \\ -4 & 2 & -4 \\ 0 & 0 & 0 \end{pmatrix} = \left\langle \begin{pmatrix} 1 \\ 2 \\ 0 \end{pmatrix}, \begin{pmatrix} -1 \\ 0 \\ 1 \end{pmatrix} \right\rangle.$$

Wir berechnen ferner $(A - \mathbb{E}_3)(-1, 0, 1) = (-1, 2, 2) \in \mathrm{Eig}(A, +1)$ und behaupten nun, dass $\{\mu_1, \mu_2, \mu_3\}$ mit

$$\mu_1(t) = e^{-t} \begin{pmatrix} 1 \\ -2 \\ 0 \end{pmatrix}, \quad \mu_2(t) = e^t \begin{pmatrix} -1 \\ 2 \\ 2 \end{pmatrix}, \quad \text{und}$$

$$\mu_3(t) = e^t \left[\begin{pmatrix} -1 \\ 0 \\ 1 \end{pmatrix} + t \begin{pmatrix} -1 \\ 2 \\ 2 \end{pmatrix} \right] = e^t \begin{pmatrix} -1 - t \\ 2t \\ 1 + 2t \end{pmatrix}$$

ein Fundamentalsystem ist.

Alle Lösungen der Differentialgleichung sind Linearkombinationen dieser Lösungen. Da die letzten beiden für $t \to \infty$ divergieren, kommen als beschränkte Lösungen nur Lösungen der Form $c\mu_1$ für $c \in \mathbb{R}$ infrage.

Eine Systematisierung der beiden bisher vorgestellten Methoden ist das sogenannte Matrix-Exponential . Dies ist für eine Matrix A definiert als

$$e^A = \sum_{k=0}^{\infty} \frac{A^k}{k!}.$$

Wir fassen einige wichtige Rechenregeln für das Matrix-Exponential der Gestalt e^{tA} für ein $t \in \mathbb{R}$ zusammen, von denen viele direkte Analogien zum skalaren Fall sind.

Proposition 7.17. Seien $A, B \in \mathcal{M}_n(\mathbb{R})$ und $t \in \mathbb{R}$.

(1) Es ist $e^{0 \cdot A} = \mathbb{E}_n$ und $\left(e^{tA}\right)^{-1} = e^{-tA}$.

(2) Gilt $AB = BA$, so ist $e^{tA} e^{tB} = e^{t(A+B)}$.

(3) Es ist $\frac{\mathrm{d}}{\mathrm{d}t} e^{tA} = A e^{tA}$.

(4) Gilt $B = TAT^{-1}$ für eine invertierbare Matrix T, so ist $e^{tB} = T e^{tA} T^{-1}$.

(5) Für Diagonalmatrizen und Jordan-Blöcke der Größe ν gelten

$$e^{t \begin{pmatrix} \lambda_1 & \cdots & 0 \\ \vdots & \ddots & \vdots \\ 0 & \cdots & \lambda_n \end{pmatrix}} = \begin{pmatrix} e^{t\lambda_1} & \cdots & 0 \\ \vdots & \ddots & \vdots \\ 0 & \cdots & e^{t\lambda_n} \end{pmatrix}$$

bzw.

$$e^t \begin{pmatrix} \lambda & 1 & & 0 \\ & \ddots & \ddots & \\ & & \ddots & 1 \\ 0 & & & \lambda \end{pmatrix} = \begin{pmatrix} e^{\lambda t} & te^{\lambda t} & \frac{t^2}{2!}e^{\lambda t} & \cdots & \frac{t^{\nu-1}}{(\nu-1)!}e^{\lambda t} \\ & \ddots & \ddots & & \vdots \\ & & \ddots & \ddots & \frac{t^2}{2!}e^{\lambda t} \\ & & & \ddots & te^{\lambda t} \\ 0 & & & & e^{\lambda t} \end{pmatrix}$$

Anleitung: Bestimmung des Matrix-Exponentials

Sei A eine reelle $(n \times n)$-Matrix, für die e^{tA} bestimmt werden soll.

(1) Berechne die Eigenwerte und zugehörigen Eigenräume von A und prüfe mit Satz 4.5, ob A diagonalisierbar ist.

    (a) Falls ja, berechne eine Transformationsmatrix T, sodass $D = T^{-1}AT$ eine Diagonalmatrix ist.

    (b) Falls nein, so kann A auf jeden Fall über $\mathbb{C}$ in Jordan-Normalform gebracht werden. Bestimme also eine Transformationsmatrix T, sodass $J = T^{-1}AT$ in Jordan-Normalform vorliegt.

    Für die beiden Verfahren sei auf die Kästen auf Seite 228 bzw. Seite 241 verwiesen.

(2) Berechne mit Proposition 7.17 (5) die Matrizen e^{tJ} bzw. e^{tD}.

(3) Verwende Proposition 7.17 (4), um e^{tA} auszurechnen.

Für jedes $\tau \in \mathbb{R}$ bezeichnet man diejenige Fundamentalmatrix, die an der Stelle τ mit der Einheitsmatrix $\mathbb{E}_n$ übereinstimmt, als ***Übergangsmatrix*** und notiert sie als $\Lambda(t, \tau)$. Es gilt für eine beliebige Fundamentalmatrix $\Phi(t)$ die Formel

$$\Lambda(t, \tau) = \Phi(t)\Phi(\tau)^{-1}.$$

Ist $\Phi(t) = e^{tA}$, so vereinfacht sich der Ausdruck entsprechend zu

$$\Lambda(t, \tau) = e^{tA}e^{-\tau A} = e^{(t-\tau)A}.$$

Damit sind wir in der Lage, eine einfache Formel zur Lösung von Anfangswertproblemen anzugeben.

Anleitung: Lösen von Anfangswertproblemen

Gegeben seien ein Intervall $I \subseteq \mathbb{R}$, $\tau \in I, \xi \in \mathbb{R}^n$, $A \in \mathcal{M}_n(\mathbb{R})$, eine stetige Abbildung $g \colon I \to \mathbb{R}^n$ sowie das Anfangswertproblem

$$\dot{x} = Ax + g(t), \quad x(\tau) = \xi.$$

(1) Berechne eine Fundamentalmatrix $\Phi(t)$ für die homogene Differentialgleichung $\dot{x} = Ax$.

(2) Berechne die Übergangsmatrix $\Lambda(t, \tau) = \Phi(t)\Phi(\tau)^{-1}$.

Im Fall einer inhomogenen Gleichung muss zudem die allgemeine Übergangsmatrix $\Lambda(t, s)$ für $s \in I$ bestimmt werden.

(3) Die Lösung des homogenen Anfangswertproblems ist gegeben durch

$$\mu(t) = \Lambda(t, \tau)\xi \quad \text{für } t \in I.$$

(4) Die Lösung des inhomogenen Anfangswertproblems erhält man durch *Variation der Konstanten*:

$$\mu(t) = \Phi(t) \left[\Phi^{-1}(\tau)\xi + \int_\tau^t \Phi^{-1}(s)g(s)\, ds \right] = \Lambda(t, \tau)\xi + \int_\tau^t \Lambda(t, s)g(s)\, ds.$$

Das Integral über den Vektor $\Phi^{-1}(s)g(s)$ (bzw. $\Lambda(t, s)g(s)$) ist dabei komponentenweise zu berechnen.

Es sei an dieser Stelle erwähnt, dass die Berechnung eines Fundamentalsystem durch Angabe von e^{tA} aufwendiger ist als die bisher besprochenen Vorgehensweisen – jedoch kann hier die Inverse der Fundamentalmatrix einfach als $e^{(-t)A}$ angegeben werden. Als **Faustregel**: Handelt es sich um eine homogene Differentialgleichung, so ist die Angabe eines Fundamentalsystems mittels des Vorgehens auf Seite 423 schneller, bei inhomogenen Systemen ist es vorteilhafter, e^{tA} wie eben dargestellt zu berechnen.

Aufgabe (Frühjahr 2016, T3A5)

Es seien

$$A = \begin{pmatrix} -1 & 1 & -1 \\ 0 & 0 & -1 \\ 1 & -1 & -1 \end{pmatrix}, \quad b = \begin{pmatrix} 1 \\ 0 \\ 0 \end{pmatrix}.$$

a Bestimmen Sie die Fundamentalmatrix e^{At} zu $\dot{x} = Ax$.

b Bestimmen Sie die Lösung von $\dot{x} = Ax$ zum Anfangswert $x(1) = b$.

c Zeigen Sie, dass die Ruhelage $(0, 0, 0)$ stabil ist.

Lösungsvorschlag zur Aufgabe (Frühjahr 2016, T3A5)

a Auf Seite 241 ist ausführlich beschrieben, wie man die Jordan-Normalform von A sowie die zugehörigen Transformationsmatrizen T und T^{-1} bestimmt. Es ergab sich für $J = T^{-1}AT$ die Darstellung

$$
\begin{pmatrix} -1 & 1 & 0 \\ 0 & -1 & 0 \\ 0 & 0 & 0 \end{pmatrix} = \begin{pmatrix} 1 & -1 & 1 \\ 1 & -1 & 0 \\ -1 & 2 & -1 \end{pmatrix} \begin{pmatrix} -1 & 1 & -1 \\ 0 & 0 & -1 \\ 1 & -1 & -1 \end{pmatrix} \begin{pmatrix} 1 & 1 & 1 \\ 1 & 0 & 1 \\ 1 & -1 & 0 \end{pmatrix}
$$

und laut Proposition 7.17 gilt $e^{At} = e^{T(T^{-1}AT)T^{-1}} = Te^{Jt}T^{-1}$. Man berechnet also

$$
e^{At} = \begin{pmatrix} 1 & 1 & 1 \\ 1 & 0 & 1 \\ 1 & -1 & 0 \end{pmatrix} \cdot \begin{pmatrix} e^{-t} & te^{-t} & 0 \\ 0 & e^{-t} & 0 \\ 0 & 0 & 1 \end{pmatrix} \cdot \begin{pmatrix} 1 & -1 & 1 \\ 1 & -1 & 0 \\ -1 & 2 & -1 \end{pmatrix} =
$$

$$
= \begin{pmatrix} 1 & 1 & 1 \\ 1 & 0 & 1 \\ 1 & -1 & 0 \end{pmatrix} \cdot \begin{pmatrix} e^{-t}+te^{-t} & -e^{-t}-te^{-t} & e^{-t} \\ e^{-t} & -e^{-t} & 0 \\ -1 & 2 & -1 \end{pmatrix} =
$$

$$
= \begin{pmatrix} te^{-t}+2e^{-t}-1 & -te^{-t}-2e^{-t}+2 & e^{-t}-1 \\ te^{-t}+e^{-t}-1 & -te^{-t}-e^{-t}+2 & e^{-t}-1 \\ te^{-t} & -te^{-t} & e^{-t} \end{pmatrix}
$$

b Die gesuchte Lösung ist

$$
\lambda(t) = e^{(t-1)A} \begin{pmatrix} 1 \\ 0 \\ 0 \end{pmatrix} = \begin{pmatrix} (t-1)e^{-(t-1)}+2e^{-(t-1)}-1 \\ (t-1)e^{-(t-1)}+e^{-(t-1)}-1 \\ (t-1)e^{-(t-1)} \end{pmatrix} =
$$

$$
= \begin{pmatrix} te^{-(t-1)}+e^{-(t-1)}-1 \\ te^{-(t-1)}-1 \\ (t-1)e^{-(t-1)} \end{pmatrix} = e^{-(t-1)} \begin{pmatrix} t+1 \\ t \\ t-1 \end{pmatrix} + \begin{pmatrix} -1 \\ -1 \\ 0 \end{pmatrix}.
$$

c Die Eigenwerte von A wurden bereits in Teil **a** bestimmt, diese sind -1 und 0. Offensichtlich ist -1 negativ und da der Eigenwert 0 die algebraische Vielfachheit 1 hat, muss auch dessen geometrische Vielfachheit 1 sein. Nach dem Eigenwertkriterium für Stabilität linearer Systeme 7.29 sind dann alle Lösungen von $\dot{x} = Ax$ stabil.

Aufgabe (Frühjahr 2011, T3A1)

Seien

$$A = \begin{pmatrix} 0 & 0 & -1 \\ 0 & -1 & 0 \\ 1 & 0 & 2 \end{pmatrix}, \quad b: \mathbb{R} \to \mathbb{R}^3, \, b(t) = \begin{pmatrix} -t \\ e^{-t} \\ 1+t \end{pmatrix}.$$

a Berechnen Sie ein Fundamentalsystem für die Differentialgleichung $\dot{x} = Ax$.

b Berechnen Sie die maximale Lösung des Anfangswertproblems

$$\dot{x} = Ax + b(t), \quad x(0) = \begin{pmatrix} 1 \\ 3 \\ -2 \end{pmatrix}.$$

Lösungsvorschlag zur Aufgabe (Frühjahr 2011, T3A1)

a Wir berechnen e^{tA}. Aus dem charakteristischen Polynom $\chi_A = -(X + 1)(X - 1)^2$ ergeben sich die Eigenwerte $\lambda_1 = -1$ (einfach) und $\lambda_2 = 1$ (doppelt). Die zugehörigen Eigenräume sind gegeben durch

$$\text{Eig}(A, 1) = \left\langle \begin{pmatrix} 1 \\ 0 \\ -1 \end{pmatrix} \right\rangle \quad \text{und} \quad \text{Eig}(A, -1) = \left\langle \begin{pmatrix} 0 \\ 1 \\ 0 \end{pmatrix} \right\rangle.$$

Damit ist die Matrix wiederum nicht diagonalisierbar. Wir berechnen den verallgemeinerten Eigenraum zweiter Stufe und erhalten

$$\text{Eig}^2(A, 1) = \ker \begin{pmatrix} 0 & 0 & 0 \\ 0 & 4 & 0 \\ 0 & 0 & 0 \end{pmatrix} = \left\langle \begin{pmatrix} 1 \\ 0 \\ 0 \end{pmatrix}, \begin{pmatrix} 0 \\ 0 \\ 1 \end{pmatrix} \right\rangle.$$

Rückwärts-Einsetzen ergibt

$$(A - \mathbb{E}_3) \begin{pmatrix} 1 \\ 0 \\ 0 \end{pmatrix} = \begin{pmatrix} -1 \\ 0 \\ 1 \end{pmatrix} \in \text{Eig}(A, 1)$$

und damit die Transformationsmatrix

$$T = \begin{pmatrix} -1 & 1 & 0 \\ 0 & 0 & 1 \\ 1 & 0 & 0 \end{pmatrix} \quad \text{mit} \quad T^{-1} = \begin{pmatrix} 0 & 0 & 1 \\ 1 & 0 & 1 \\ 0 & 1 & 0 \end{pmatrix}.$$

Wie erwartet, liegt nun

$$J = T^{-1}AT = \begin{pmatrix} 0 & 0 & 1 \\ 1 & 0 & 1 \\ 0 & 1 & 0 \end{pmatrix} \begin{pmatrix} 0 & 0 & -1 \\ 0 & -1 & 0 \\ 1 & 0 & 2 \end{pmatrix} \begin{pmatrix} -1 & 1 & 0 \\ 0 & 0 & 1 \\ 1 & 0 & 0 \end{pmatrix} = \begin{pmatrix} 1 & 1 & 0 \\ 0 & 1 & 0 \\ 0 & 0 & -1 \end{pmatrix}$$

in Jordan-Normalform vor. Somit ergibt sich mit Proposition 7.17 (4):

$$\Phi(t) = e^{tA} = \begin{pmatrix} -1 & 1 & 0 \\ 0 & 0 & 1 \\ 1 & 0 & 0 \end{pmatrix} \begin{pmatrix} e^t & te^t & 0 \\ 0 & e^t & 0 \\ 0 & 0 & e^{-t} \end{pmatrix} \begin{pmatrix} 0 & 0 & 1 \\ 1 & 0 & 1 \\ 0 & 1 & 0 \end{pmatrix} =$$

$$= \begin{pmatrix} -1 & 1 & 0 \\ 0 & 0 & 1 \\ 1 & 0 & 0 \end{pmatrix} \begin{pmatrix} te^t & 0 & e^t + te^t \\ e^t & 0 & e^t \\ 0 & e^{-t} & 0 \end{pmatrix} = \begin{pmatrix} e^t - te^t & 0 & -te^t \\ 0 & e^{-t} & 0 \\ te^t & 0 & e^t + te^t \end{pmatrix}.$$

b Hier ist Variation der Konstanten anzuwenden. Wir nutzen die Formel

$$\mu(t) = \Phi(t) \left[\Phi^{-1}(0) \begin{pmatrix} 1 \\ 3 \\ -2 \end{pmatrix} + \int_0^t \Phi^{-1}(s) \begin{pmatrix} -s \\ e^{-s} \\ 1+s \end{pmatrix} ds \right].$$

Mit $\Phi^{-1}(s) = \left(e^{sA}\right)^{-1} = e^{-sA}$ ergibt sich für das hintere Integral

$$\int_0^t \begin{pmatrix} e^{-s} + se^{-s} & 0 & se^{-s} \\ 0 & e^s & 0 \\ -se^{-s} & 0 & e^{-s} - se^{-s} \end{pmatrix} \begin{pmatrix} -s \\ e^{-s} \\ 1+s \end{pmatrix} ds =$$

$$= \int_0^t \begin{pmatrix} 0 \\ 1 \\ e^{-s} \end{pmatrix} ds = \begin{pmatrix} 0 \\ t \\ -e^{-t} + 1 \end{pmatrix}.$$

Damit erhält man für die gesamte Lösung mit $\Phi^{-1}(0) = \mathbb{E}_3$:

$$\mu(t) = \begin{pmatrix} e^t - te^t & 0 & -te^t \\ 0 & e^{-t} & 0 \\ te^t & 0 & e^t + te^t \end{pmatrix} \begin{pmatrix} 1 \\ t+3 \\ -e^{-t} - 1 \end{pmatrix} = \begin{pmatrix} e^t + t \\ (t+3)e^{-t} \\ -e^t - t - 1 \end{pmatrix}.$$

Das sollten wir aber nun überprüfen. Es gilt $\mu(0) = (1, 3, -2)$ und

$$\mu'(t) = \begin{pmatrix} e^t + 1 \\ e^{-t} - (t+3)e^{-t} \\ -e^t - 1 \end{pmatrix} = \begin{pmatrix} 0 & 0 & -1 \\ 0 & -1 & 0 \\ 1 & 0 & 2 \end{pmatrix} \begin{pmatrix} e^t + t \\ (t+3)e^{-t} \\ -e^t - t - 1 \end{pmatrix} + \begin{pmatrix} -t \\ e^{-t} \\ 1+t \end{pmatrix}$$

#passt. Da der Definitionsbereich $\mathbb{R}$ ist, ist diese Lösung maximal.

Aufgabe (Herbst 2015, T1A4)

Es sei $A: \mathbb{R} \to \mathbb{R}^{n \times n}$ eine stetige, matrixwertige Funktion. Betrachten Sie die zugehörige Differentialgleichung

$$\dot{x} = A(t)x. \tag{1}$$

a Es seien $x_1(t), \ldots, x_n(t), t \in \mathbb{R}$, Lösungen von (1). Ferner seien für ein $t_0 \in \mathbb{R}$ die Vektoren $x_1(t_0), \ldots, x_n(t_0)$ im $\mathbb{R}^n$ linear unabhängig. Zeigen Sie, dass dann für alle $t_1 \in \mathbb{R}$ die Vektoren $x_1(t_1), \ldots, x_n(t_1)$ im $\mathbb{R}^n$ linear unabhängig sind.

Hinweis Benutzen Sie das Superpositionsprinzip für lineare homogene Differentialgleichungen oder benutzen Sie die Differentialgleichung für Wronski-Determinanten.

b Erklären Sie die Begriffe Fundamentalmatrix und Übergangsmatrix (auch Transitionsmatrix oder Hauptfundamentalmatrix genannt). Wie erhält man aus a eine Fundamentalmatrix und wie lässt sich die Lösung von (1) mit Anfangswert $x(t_0) = x_0 \in \mathbb{R}^n, t_0 \in \mathbb{R}$, mithilfe der Übergangsmatrix ausdrücken?

c Zeigen Sie: Sind $\Phi_1(t), \Phi_2(t), t \in \mathbb{R}$, Fundamentalmatrizen, so existiert eine Matrix $C \in \mathbb{R}^{n \times n}$ mit

$$\Phi_1(t) = \Phi_2(t)C, \quad t \in \mathbb{R}.$$

Lösungsvorschlag zur Aufgabe (Herbst 2015, T1A4)

a Seien $a_1, \ldots, a_n \in \mathbb{R}$ so, dass

$$a_1 x_1(t_1) + \ldots + a_n x_n(t_1) = 0$$

erfüllt ist. Nach dem Superpositionsprinzip für lineare homogene Differentialgleichungen ist dann auch

$$\mu(t) = a_1 x_1(t) + \ldots + a_n x_n(t)$$

eine Lösung von $\dot{x} = A(t)x$. Als lineare Differentialgleichung besitzt diese Differentialgleichung zu jedem Anfangswert eine eindeutige maximale Lösung. Wegen

$$\mu(t_1) = a_1 x_1(t_1) + \ldots + a_n x_n(t_1) = 0$$

hat die Lösungskurve von $\mu(t)$ einen gemeinsamen Punkt mit der Nulllösung $\nu: \mathbb{R} \to \mathbb{R}^n$. Da es sich bei letzterer um die eindeutige maximale Lösung zum Anfangswert $x(t_1) = 0$ handelt, folgt $\mu = \nu$ auf dem Definitionsbereich von μ. Insbesondere gilt

$$\mu(t_0) = a_1 x_1(t_0) + \ldots + a_n x_n(t_0) = 0.$$

Da die Vektoren $x_1(t_0), \ldots, x_n(t_0)$ nach Voraussetzung linear unabhängig sind, folgt $a_1 = \ldots = a_n = 0$. Dies bedeutet gerade, dass auch die Vektoren $x_1(t_1), \ldots, x_n(t_1)$ linear unabhängig sind.

b Eine $(n \times n)$-Matrix $\Phi(t)$, deren Spalten aus linear unabhängigen Lösungen einer n-dimensionalen Differentialgleichung nennt man *Fundamentalmatrix*. Die Matrix $\Lambda(t, \tau) = \Phi(t)\Phi^{-1}(\tau)$ nennt man in diesem Fall *Übergangsmatrix*. Die Lösung von (1) zum Anfangswert $x(t_0) = x_0$ schreibt sich dann als

$$\lambda_{(t_0, x_0)}(t) = \Lambda(t, t_0)x_0.$$

c Nach Teil **b** gilt

$$\lambda_{(t_0, x_0)} = \Phi_1(t)\Phi_1^{-1}(t_0)x_0 = \Phi_2(t)\Phi_2^{-1}(t_0)x_0$$

für alle $x_0 \in \mathbb{R}^n$ und $t_0, t \in \mathbb{R}$. Daher folgt

$$\Phi_1(t)\Phi_1^{-1}(t_0) = \Phi_2(t)\Phi_2^{-1}(t_0) \quad \Leftrightarrow \quad \Phi_1(t) = \Phi_2(t)\Phi_2^{-1}(t_0)\Phi_1(t_0).$$

Setze also $C = \Phi_2^{-1}(t_0)\Phi_1(t_0)$.

Komplexe Eigenwerte

In aller Regel wird man darauf abzielen, reelle Lösungen anzugeben, sollte das angegebene System reell sein. Ein Problem ist das, wenn Eigenwerte (und damit auch die zugehörigen Eigenvektoren) komplex sind. In jedem Fall müssen komplexe Eigenwerte reeller Matrizen als komplex-konjugierte Paare auftreten, sodass auch die zugehörigen Lösungen im Fundamentalsystem komplex-konjugiert zueinander sind. Nun gilt aber für eine beliebige komplexe Zahl $z \in \mathbb{C}$

$$\operatorname{Re} z = \tfrac{1}{2}z + \tfrac{1}{2}\bar{z} \quad \text{und} \quad \operatorname{Im} z = \tfrac{1}{2i}z - \tfrac{1}{2i}\bar{z}.$$

Damit sind auch Real- und Imaginärteil einer solchen Lösung wieder (reelle!) Lösungen der DGL. Anstatt des komplex-konjugierten Paares kann im Fundamentalsystem also schlicht der Real- und Imaginärteil *einer* der Lösungen verwendet werden. Die folgenden Aufgaben demonstrieren dies.

Aufgabe (Herbst 2012, T1A2)

Sei

$$A = \begin{pmatrix} 1 & -1 \\ 1 & 1 \end{pmatrix} \in M(2 \times 2, \mathbb{R}).$$

Geben sie ein Fundamentalsystem reeller Lösungen des linearen Gleichungssystems

$$\dot{y} = Ay$$

an und untersuchen Sie, ob es stabile Lösungen besitzt. Berechnen Sie auch die Lösung, die der Anfangsbedingung $y(0) = (2,0)^T$ genügt, und begründen Sie, warum diese Lösung eindeutig ist.

Lösungsvorschlag zur Aufgabe (Herbst 2012, T1A2)

Es gilt

$$\chi_A = (1 - X)^2 + 1 = X^2 - 2X + 2.$$

Die Nullstellen sind gegeben durch

$$\lambda_{1,2} = \frac{2 \pm \sqrt{-4}}{2} = 1 \pm i.$$

Berechnen wir einen zugehörigen Eigenraum:

$$\mathrm{Eig}(A, 1 + i) = \ker \begin{pmatrix} -i & -1 \\ 1 & -i \end{pmatrix} = \ker \begin{pmatrix} 1 & -i \\ 0 & 0 \end{pmatrix} = \left\langle \begin{pmatrix} 1 \\ -i \end{pmatrix} \right\rangle.$$

Eine Lösung ist nun die Funktion $\mu(t) = \begin{pmatrix} 1 \\ -i \end{pmatrix} e^{(1+i)t}$, die wir gemäß der Bemerkung oben in Real- und Imaginärteil zerlegen:

$$\mu(t) = \begin{pmatrix} 1 \\ -i \end{pmatrix} e^{(1+i)t} = \begin{pmatrix} 1 \\ -i \end{pmatrix} e^t e^{it} = \begin{pmatrix} 1 \\ -i \end{pmatrix} e^t (\cos t + i \sin t) =$$

$$= \begin{pmatrix} e^t \cos t \\ e^t \sin t \end{pmatrix} + i \begin{pmatrix} e^t \sin t \\ -e^t \cos t \end{pmatrix}.$$

Wir zeigen nun, dass es sich dabei wirklich um ein Fundamentalsystem handelt: Zunächst gilt

$$\frac{d}{dt} \begin{pmatrix} e^t \cos t \\ e^t \sin t \end{pmatrix} = \begin{pmatrix} -e^t \sin t + e^t \cos t \\ e^t \cos t + e^t \sin t \end{pmatrix} = \begin{pmatrix} 1 & -1 \\ 1 & 1 \end{pmatrix} \begin{pmatrix} e^t \cos t \\ e^t \sin t \end{pmatrix}$$

und

$$\frac{d}{dt}\begin{pmatrix} e^t \sin t \\ -e^t \cos t \end{pmatrix} = \begin{pmatrix} e^t \cos t + e^t \sin t \\ e^t \sin t - e^t \cos t \end{pmatrix} = \begin{pmatrix} 1 & -1 \\ 1 & 1 \end{pmatrix} \begin{pmatrix} e^t \sin t \\ -e^t \cos t \end{pmatrix}.$$

Zum Nachweis, dass die beiden Lösungen linear unabhängig sind, berechnen wir die Wronski-Determinante:

$$\omega(0) = \det(\mu_1(0) \mid \mu_2(0)) = \det \begin{pmatrix} 1 & 0 \\ 0 & -1 \end{pmatrix} = -1 \neq 0$$

Voller Stolz präsentieren wir also das reelle Fundamentalsystem

$$\left\{ \begin{pmatrix} e^t \cos t \\ e^t \sin t \end{pmatrix}, \begin{pmatrix} e^t \sin t \\ -e^t \cos t \end{pmatrix} \right\}.$$

Um das Anfangswertproblem zu lösen, verwenden wir die Formel (3) aus dem Kasten auf Seite 429 und erhalten

$$\lambda(t) = \Phi(t)\Phi^{-1}(0) \begin{pmatrix} 2 \\ 0 \end{pmatrix} = \begin{pmatrix} e^t \cos t & e^t \sin t \\ e^t \sin t & -e^t \cos t \end{pmatrix} \begin{pmatrix} 1 & 0 \\ 0 & -1 \end{pmatrix} \begin{pmatrix} 2 \\ 0 \end{pmatrix} =$$

$$= \begin{pmatrix} e^t \cos t & e^t \sin t \\ e^t \sin t & -e^t \cos t \end{pmatrix} \begin{pmatrix} 2 \\ 0 \end{pmatrix} = \begin{pmatrix} 2e^t \cos t \\ 2e^t \sin t \end{pmatrix}.$$

Dass diese Lösung der geforderten Anfangsbedingung entspricht, sieht man unmittelbar.

Es handelt sich bei $\dot{y} = Ay$ um eine Differentialgleichung mit linear beschränkter rechter Seite: Die Zuordnung $x \mapsto Ax$ ist als lineare Abbildung stetig differenzierbar (und damit Lipschitz-stetig) und es gilt für eine beliebige Norm $\|\cdot\|$ mit induzierter Matrixnorm $\|\|\cdot\|\|$, dass

$$\|Ay\| \leq \|\|A\|\| \cdot \|y\|.$$

Damit existiert für jedes Anfangswertproblem eine eindeutige, auf ganz $\mathbb{R}$ definierte Lösung.

Da die Eigenwerte positiven Realteil besitzen, sind sämtliche Lösungen instabil laut Satz 7.29.

Aufgabe (Herbst 2011, T1A4)

Berechnen Sie die Lösung des Anfangswertproblems

$$\dot{x}(t) = \begin{pmatrix} 0 & -1 & 1 \\ 1 & 0 & 3 \\ 0 & 0 & -1 \end{pmatrix} x(t) + \begin{pmatrix} -4 \\ -2 \\ 2 \end{pmatrix} e^t, \quad x(0) = \begin{pmatrix} 1 \\ 1 \\ 1 \end{pmatrix}.$$

Lösungsvorschlag zur Aufgabe (Herbst 2011, T1A4)

Diese Aufgabe wird auf Variation der Konstanten hinauslaufen. Dazu berechnen wir zunächst ein Fundamentalsystem der homogenen Differentialgleichung. Die Koeffizientenmatrix A hat das charakteristische Polynom

$$\det \begin{pmatrix} -X & -1 & 1 \\ 1 & -X & 3 \\ 0 & 0 & -1-X \end{pmatrix} = -X^2(X+1) - (X+1) = -(X+1)(X^2+1).$$

und die Eigenwerte $\lambda_1 = -1$ sowie $\lambda_{2,3} = \pm i$. Weiter mit den Eigenräumen:

$$\mathrm{Eig}(A,-1) = \left\langle \begin{pmatrix} -2 \\ -1 \\ 1 \end{pmatrix} \right\rangle \quad \text{und} \quad \mathrm{Eig}(A,i) = \left\langle \begin{pmatrix} i \\ 1 \\ 0 \end{pmatrix} \right\rangle.$$

Für λ_2 erhalten wir eine komplexe Lösung, die wir wie zuvor zerlegen

$$e^{it} \begin{pmatrix} i \\ 1 \\ 0 \end{pmatrix} = (\cos t + i \sin t) \begin{pmatrix} i \\ 1 \\ 0 \end{pmatrix} = \begin{pmatrix} -\sin t \\ \cos t \\ 0 \end{pmatrix} + i \begin{pmatrix} \cos t \\ \sin t \\ 0 \end{pmatrix}.$$

und damit die Fundamentalmatrix

$$\Phi(t) = \begin{pmatrix} -2e^{-t} & -\sin t & \cos t \\ -e^{-t} & \cos t & \sin t \\ e^{-t} & 0 & 0 \end{pmatrix}.$$

erhalten. Eine etwas langwierige, aber wenig aufregende, Rechnung liefert

$$\Phi^{-1}(t) = \begin{pmatrix} 0 & 0 & e^t \\ -\sin t & \cos t & -2\sin t + \cos t \\ \cos t & \sin t & 2\cos t + \sin t \end{pmatrix}.$$

Schlussendlich setzen wir in die Formel aus der Variation der Konstanten ein:

$$\mu(t) = \Phi(t) \left[\Phi^{-1}(0) \begin{pmatrix} 1 \\ 1 \\ 1 \end{pmatrix} + \int_0^t e^s \Phi^{-1}(s) \begin{pmatrix} -4 \\ -2 \\ 2 \end{pmatrix} ds \right] =$$

$$= \begin{pmatrix} -2e^{-t} & -\sin t & \cos t \\ -e^{-t} & \cos t & \sin t \\ e^{-t} & 0 & 0 \end{pmatrix} \left[\begin{pmatrix} 0 & 0 & 1 \\ 0 & 1 & 1 \\ 1 & 0 & 2 \end{pmatrix} \begin{pmatrix} 1 \\ 1 \\ 1 \end{pmatrix} + \int_0^t \begin{pmatrix} 2e^{2s} \\ 0 \\ 0 \end{pmatrix} ds \right] =$$

und weiter

$$\mu(t) = \begin{pmatrix} -2e^{-t} & -\sin t & \cos t \\ -e^{-t} & \cos t & \sin t \\ e^{-t} & 0 & 0 \end{pmatrix} \left[\begin{pmatrix} 1 \\ 2 \\ 3 \end{pmatrix} + \begin{pmatrix} [e^{2s}]_0^t \\ 0 \\ 0 \end{pmatrix} \right] =$$

$$= \begin{pmatrix} -2e^{-t} & -\sin t & \cos t \\ -e^{-t} & \cos t & \sin t \\ e^{-t} & 0 & 0 \end{pmatrix} \begin{pmatrix} e^{2t} \\ 2 \\ 3 \end{pmatrix} = \begin{pmatrix} -2e^t - 2\sin t + 3\cos t \\ -e^t + 2\cos t + 3\sin t \\ e^t \end{pmatrix}$$

Nicht-konstante Koeffizienten

Im Fall, dass die Einträge der Matrix $A(t)$ tatsächlich von t abhängen, sind die bisher verwendeten Methoden nicht mehr zielführend. Oftmals besteht ein Lösungsansatz darin, die beiden Gleichungen getrennt von einander zu lösen (was z. B. möglich ist, wenn es sich um Dreiecksmatrizen handelt).

Aufgabe (Frühjahr 2014, T2A2)

Gegeben sei die matrixwertige Funktion $A: {]-1,1[} \to \mathbb{R}^{2 \times 2}, t \mapsto \begin{pmatrix} 2t & t \\ 0 & \frac{2t}{t^2-1} \end{pmatrix}$.
Zeigen Sie, dass das Anfangswertproblem

$$x'(t) = A(t)x(t), \quad x(0) = \begin{pmatrix} 2 \\ 1 \end{pmatrix}$$

eine eindeutige maximale Lösung besitzt und berechnen Sie diese.

Lösungsvorschlag zur Aufgabe (Frühjahr 2014, T2A2)

Die Existenz und Eindeutigkeit der Lösung folgt aus dem Globalen Existenz- und Eindeutigkeitssatz für Differentialgleichungen mit linear beschränkter rechter Seite. Sei dazu $\| \cdot \|$ eine Norm und $\||\cdot\||$ die induzierte Matrixnorm. Dann definiert $t \mapsto \||A(t)\||$ eine stetige Zuordnung (als Verkettung zweier stetiger Abbildungen) und es gilt

$$\|x'(t)\| \leq \||A(t)|\| \cdot \|x(t)\|.$$

Da ferner die DGL auf dem Gebiet $]-1,1[\times\mathbb{R}^2$ definiert ist und die Abbildung $(t,x) \mapsto A(t)x$ stetig differenzierbar ist, sind alle Voraussetzungen des Satzes erfüllt. Die Lösung des gegebenen Anfangswertproblems ist also eindeutig und existiert auf ganz $]-1,1[$.

Der wesentliche Schritt bei der expliziten Lösung besteht darin, zu erkennen, dass die Gleichung für $x_2(t)$ unabhängig von $x_1(t)$ ist. Wir können uns also zunächst ganz dieser Gleichung mittels Trennen der Variablen widmen:

$$x_2'(t) = \frac{2t}{t^2-1}x_2(t) \quad \Leftrightarrow \quad \int_1^{\mu(t)} \frac{1}{x}\,dx = \int_0^t \frac{2\tau}{\tau^2-1}\,d\tau$$

$$[\ln|x|]_1^{\mu(t)} = [\ln|\tau^2-1|]_0^t \quad \Leftrightarrow \quad \ln|\mu(t)| = \ln|t^2-1| \quad \Leftrightarrow \quad \mu(t) = \pm(t^2-1).$$

Unter Berücksichtigung der Anfangswertbedingung $x_2(0) = 1$ erhält man die Lösung $x_2 \colon]-1,1[\to \mathbb{R},\ t \mapsto 1-t^2$. Für die erste Gleichung ist nun noch

$$x_1'(t) = 2tx_1(t) + tx_2(t) = 2tx_1(t) + t - t^3.$$

zu lösen. Hierfür verwenden wir die Formel der Variation der Konstanten für den eindimensionalen Fall (Seite 397) mit der Anfangsbedingung $x_1(0) = 2$:

$$x_1(t) = 2e^{\int_0^t 2s\,ds} + e^{\int_0^t 2s\,ds} \int_0^t e^{-\int_0^s 2r\,dr}(s-s^3)\,ds =$$

$$= 2e^{t^2} + e^{t^2} \int_0^t e^{-s^2}(s-s^3)\,ds = 2e^{t^2} + e^{t^2}\left(\int_0^t se^{-s^2}\,ds - \int_0^t s^3 e^{-s^2}\,ds\right).$$

Die beiden Integrale berechnen wir, indem wir beim zweiten Integral partielle Integration auf die Faktoren s^2 und se^{-s^2} anwenden:

$$\int_0^t se^{-s^2}\,ds - \int_0^t s^2 se^{-s^2}\,ds = \int_0^t se^{-s^2}\,ds - \left[-\tfrac{1}{2}s^2 e^{-s^2}\right]_0^t - \int_0^t se^{-s^2}\,ds = \tfrac{1}{2}t^2 e^{-t^2}.$$

Damit erhalten wir als Lösung für die erste Komponente

$$x_1(t) = 2e^{t^2} + \tfrac{1}{2}e^{t^2}t^2 e^{-t^2} = 2e^{t^2} + \tfrac{1}{2}t^2.$$

Und eine kurze Rechnung zeigt leicht, dass die Gleichungen

$$x_1'(t) = 4te^{t^2} + t = 2tx_1(t) + tx_2(t)$$

sowie $x_1(0) = 2$ erfüllt sind, und x_1 damit die gesuchte Lösung ist. Insgesamt ist damit die Lösung des Systems gegeben durch

$$\mu: \;]-1, 1[\; \to \mathbb{R}^2, \quad t \mapsto \begin{pmatrix} 2e^{t^2} + \frac{1}{2}t^2 \\ 1 - t^2 \end{pmatrix}.$$

Phasenportraits linearer Differentialgleichungen

Die Veranschaulichung der Lösungen von ebenen (d. h. zweidimensionalen) Systemen stellt uns vor ein Problem: Die Graphen solcher Lösungen sind Teilmengen des $\mathbb{R}^3$ und daher nur schwer zu skizzieren. Eine Möglichkeit, dieses Problem zu umgehen, bietet das Konzept der *Trajektorien*. Dabei handelt es sich um die Bildmengen einer Lösung. Diese verlaufen nur im $\mathbb{R}^2$, da die t-Komponente nicht erfasst wird. Ein *Phasenportrait* enthält alle Trajektorien eines Systems (dieses bilden stets eine Zerlegung der Definitionsmenge des Systems).

Beispiel 7.18. Wir illustrieren das Vorgehen beim Skizzieren eines solchen Phasenportraits zunächst anhand der linearen Differentialgleichung

$$\dot{x} = Ax = \begin{pmatrix} 1 & 1 \\ 4 & -2 \end{pmatrix} x$$

und raten dazu, die im Text nur geschilderten Schritte explizit auszuführen. Als charakteristisches Polynom erhält man $\chi_A = X^2 + X - 6$ mit den Eigenwerten $\lambda_1 = 2$ und $\lambda_2 = -3$. Als zugehörige Eigenvektoren berechnet man $v_1 = (1, 1)$ und $v_2 = (-1, 4)$. Die beiden Lösungen

$$\mu_1(t) = \begin{pmatrix} 1 \\ 1 \end{pmatrix} e^{2t} \quad \text{und} \quad \mu_2(t) = \begin{pmatrix} -1 \\ 4 \end{pmatrix} e^{-3t}$$

bilden dann ein Fundamentalsystem von Lösungen der Gleichung. Da 0 kein Eigenwert der Matrix ist, ist A invertierbar und $(0, 0)$ ist die einzige Ruhelage. Die Trajektorie von μ_1 ist

$$\{\mu_1(t) \mid t \in \mathbb{R}\} = \{v_1 e^{2t} \mid t \in \mathbb{R}\} = \{\lambda v_1 \mid \lambda \in \mathbb{R}^+\}.$$

Es handelt sich also um eine *Halbgerade* mit Richtungsvektor v_1. Die Lösung $-\mu_1$ liefert die komplementäre Halbgerade. Ebenso bildet auch die Lösung μ_2 eine Halbgerade im Phasenportrait (mit Richtungsvektor v_2). Für $t \to \infty$ strebt die Lösung μ_2 gegen den Ursprung, die Lösung μ_1 von ihm weg. Dies ermöglicht es, die Trajektorien mit entsprechenden Pfeile zu versehen.

Ist nun eine beliebige Lösung vorgegeben, so hat diese die Gestalt

$$a \begin{pmatrix} 1 \\ 1 \end{pmatrix} e^{2t} + b \begin{pmatrix} -1 \\ 4 \end{pmatrix} e^{-3t}$$

für geeignete $a, b \in \mathbb{R}$. Wir betrachten wiederum das Grenzverhalten: Für $t \to \infty$ verschwindet der hintere Summand, wir nähern uns also der Richtung des ersten Eigenvektors an, während für $t \to -\infty$ der vordere Summand verschwindet und wir uns der Richtung des zweiten Eigenvektors annähern. Insgesamt erhalten wir ein Phasenportrait, das in Abbildung 7.1 rechts oben steht und *Sattel* genannt wird. ∎

Für lineare Systeme lassen sich die auftretenden Phasenportraits anhand der Eigenwerte des charakteristischen Polynoms vollständig klassifizieren. Abbildung 7.1 (Seite 444) zeigt diese Übersicht. In der folgenden Aufgaben illustrieren wir noch, wie man auf einige der Phasenportraits kommt.

Aufgabe (Herbst 2001, T2A1)

Skizzieren Sie die Phasenportraits der ebenen autonomen Systeme $\dot{x} = Ax$ für die drei Matrizen

$$\boxed{a}\; A = \begin{pmatrix} 1 & 0 \\ 0 & 2 \end{pmatrix}, \quad \boxed{b}\; A = \begin{pmatrix} 0 & 1 \\ 1 & 0 \end{pmatrix}, \quad \boxed{c}\; A = \begin{pmatrix} 1 & 0 \\ 0 & 0 \end{pmatrix}.$$

Lösungsvorschlag zur Aufgabe (Herbst 2001, T2A1)

$\boxed{a}$ Da A in Diagonalform vorliegt, sind die Eigenwerte 1 und 2, mit den Einheitsvektoren e_1 bzw. e_2 als Eigenvektoren. Alle Lösungen haben damit die Form

$$a \begin{pmatrix} 1 \\ 0 \end{pmatrix} e^t + b \begin{pmatrix} 0 \\ 1 \end{pmatrix} e^{2t}$$

für $a, b \in \mathbb{R}$. Setzt man einen der beiden Parameter gleich 0, so erhält man als Trajektorien die beiden Koordinatenachsen, die beide für $t \to \infty$ vom Ursprung weglaufen. Beliebige Lösungen laufen für $t \to -\infty$ zum Ursprung hin, da der hintere Summand „schneller" gegen 0 strebt, geschieht dies parallel zum Vektor e_1, für $t \to \infty$ hat der hintere Summand dagegen den stärkeren Einfluss und die Kurven verlaufen zunehmend parallel zu e_2 (im Englischen dies die sogenannte „fast eigendirection"). Man erhält somit eine *Quelle*.

$\boxed{b}$ Das charakteristische Polynom $X^2 - 1$ liefert die Eigenwerte ± 1 und man berechnet die Eigenvektoren $v_1 = (1, 1)$ sowie $v_2 = (-1, 1)$. Die allgemeine Lösung hat somit die Form

$$a \begin{pmatrix} 1 \\ 1 \end{pmatrix} e^t + b \begin{pmatrix} -1 \\ 1 \end{pmatrix} e^{-t}$$

mit Parametern $a, b \in \mathbb{R}$. Setzen wir $b = 0$, so erhält man wie im Beispiel oben zwei Halbgeraden entlang des Vektors $(1, 1)$, die für $t \to \infty$ vom

Ursprung weglaufen. Für $a = 0$ ergeben sich entsprechend zwei Halbgeraden entlang $(-1,1)$, die auf den Ursprung zulaufen. Für allgemeine
Lösungen stellen wir fest, dass diese sich für beliebige Wahl der Parameter
für $t \to \infty$ der Richtung v_1 nähern, da hier der zweite Teil verschwindet,
und für $t \to -\infty$ parallel zu v_2 verlaufen. Damit erhält man einen *Sattel*.

c Die Matrix A liegt wiederum in Diagonalform vor, mit Eigenwerten 1
und 0 und Eigenvektoren e_1 bzw. e_2. Da der zweite Eigenwert 0 ist, sind
jedoch alle Vielfachen von e_2 zugleich Ruhelagen der Gleichung, sodass
die y-Achse aus Ruhelagen besteht. Die allgemeine Lösung lautet dementsprechend

$$a \begin{pmatrix} 1 \\ 0 \end{pmatrix} e^t + b \begin{pmatrix} 0 \\ 1 \end{pmatrix}.$$

Diese Trajektorien bilden verschobene Halbgeraden mit den Richtungsvektor $(1,0)$ und verlaufen somit parallel zur x-Ache und für $t \to -\infty$ auf
den Punkt $(0,b)$ zu, für $t \to \infty$ von ihm weg. Es handelt sich somit um
Linienquellen.

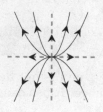 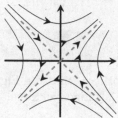 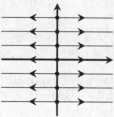

Aufgabe (Herbst 2010, T3A4)

Bestimmen Sie alle Lösungen von

$$\dot{x} = 8x + 10y$$
$$\dot{y} = -5x - 6y$$

und skizzieren Sie das Phasenportrait.

Lösungsvorschlag zur Aufgabe (Herbst 2010, T3A4)

Die angegebenen Gleichungen sind

$$\begin{pmatrix} \dot{x} \\ \dot{y} \end{pmatrix} = \begin{pmatrix} 8 & 10 \\ -5 & -6 \end{pmatrix} \begin{pmatrix} x \\ y \end{pmatrix}.$$

Sei A die Koeffizientenmatrix. Wir berechnen ein Fundamentalsystem von Lösungen. Dazu beobachten wir zunächst, dass das charakteristische Polynom

hier gegeben ist durch

$$\chi_A = \det \begin{pmatrix} 8-X & 10 \\ -5 & -6-X \end{pmatrix} = X^2 - 2X + 2.$$

Mit der Mitternachtsformel erhält man die Eigenwerte $1 \pm i$. Wir berechnen nun zunächst eine komplexe Lösung des Systems und dazu einen der Eigenräume:

$$\text{Eig}(A, 1+i) = \ker \begin{pmatrix} 7-i & 10 \\ -5 & -7-i \end{pmatrix} = \ker \begin{pmatrix} (7-i)(7+i) & 10(7+i) \\ -5 & -7-i \end{pmatrix} =$$

$$= \ker \begin{pmatrix} 50 & 70+10i \\ 5 & 7+i \end{pmatrix} = \ker \begin{pmatrix} 5 & 7+i \\ 0 & 0 \end{pmatrix} = \left\langle \begin{pmatrix} 7+i \\ -5 \end{pmatrix} \right\rangle$$

Eine (komplexe) Lösung ist nun gegeben durch

$$\lambda(t) = \begin{pmatrix} 7+i \\ -5 \end{pmatrix} e^{(1+i)t}.$$

Der Real- und Imaginärteil dieser Funktion sind dann reelle Lösungen der Gleichung. Wir berechnen diese explizit:

$$\lambda(t) = \begin{pmatrix} 7+i \\ -5 \end{pmatrix} e^{(1+i)t} = \begin{pmatrix} 7+i \\ -5 \end{pmatrix} e^t \cdot (\cos t + i \sin t) =$$

$$= \begin{pmatrix} 7e^t \cos t - e^t \sin t \\ -5e^t \cos t \end{pmatrix} + i \begin{pmatrix} 7e^t \sin t + e^t \cos t \\ -5e^t \sin t. \end{pmatrix}$$

Definieren wir den Realteil als μ_1 und den Imaginärteil als μ_2, so ist schnell nachgerechnet, dass diese tatsächlich Lösungen der ursprünglichen Gleichungen sind. Für die Wronski-Determinante an der Stelle 0 ergibt sich

$$\omega(0) = \det \begin{pmatrix} 7 & 1 \\ -5 & 0 \end{pmatrix} = 5 \neq 0,$$

sodass die Lösungen linear unabhängig sind und damit ein Fundamentalsystem bilden. Alle Lösungen der Differentialgleichung haben also die Form $a\mu_1 + b\mu_2$ mit $a, b \in \mathbb{R}$.

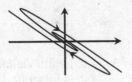

Zum Phasenportrait: Da A invertierbar ist, ist die einzige Ruhelage $(0,0)$. Beide Eigenwerte hatten positiven Realteil, sodass es sich um eine instabile Ruhelage handelt. Anhand der Terme der Lösungen (oder mithilfe der Klassifizierung auf Seite 444) erkennt man, dass es sich um einen instabilen Strudel handelt.

Senke (bzw. Quelle)
$\lambda_1, \lambda_2 < 0$
(instabile Quelle, falls $\lambda_1, \lambda_2 > 0$)

Sattel
$\lambda_1 < 0 < \lambda_2$
(immer instabil)

Stern
$\lambda_1 = \lambda_2 < 0$, geom. Vielfachheit 2
(instabil, falls $\lambda_1 = \lambda_2 > 0$)

Eintangentialer Knoten
$\lambda_1 = \lambda_2 < 0$, geom. Vielfachheit 1
(instabil, falls $\lambda_1 = \lambda_2 > 0$)

Wirbel
$\lambda_1, \lambda_2 \notin \mathbb{R}$,
$\mathrm{Re}\,\lambda_1, \lambda_2 = 0$

Strudel
$\lambda_1, \lambda_2 \notin \mathbb{R}$, $\mathrm{Re}\,\lambda_1, \lambda_2 < 0$
(instabil, falls $\mathrm{Re}\,\lambda_1, \lambda_2 > 0$)

Liniensenken
$\lambda_1 = 0, \lambda_2 < 0$
(instabile Linienquellen, falls $\lambda_2 > 0$)

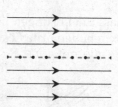

$\lambda_1 = \lambda_2 = 0$, geom. Vielfachheit 1
(stets instabil)

Abbildung 7.1: Klassifizierung der Ruhelagen der Linearen Differentialgleichung $\dot{x} = Ax$ anhand der (ggf. komplexen) Eigenwerte λ_1, λ_2 des charakteristischen Polynoms χ_A. Gestrichelte Linien zeigen in Richtung der Eigenvektoren.

7.4. Skalare Differentialgleichungen höherer Ordnung

Lineare Gleichungen höherer Ordnung mit konstanten Koeffizienten

Die Theorie der linearen Differentialgleichungen höherer Ordnung, also von Gleichungen der Form

$$y^{(n)} + a_{n-1}y^{(n-1)} + \ldots + a_1 y' + a_0 y = 0,$$

ist eng mit der Theorie von Linearen Systemen von Differentialgleichungen verbunden. Um dies zu sehen, führen wir die neuen Variablen

$$u_0 = y, \quad u_1 = y', \quad \ldots, \quad u_{n-1} = y^{(n-1)}$$

ein. Die obige Gleichung ist dann äquivalent zum System

$$
\begin{array}{ccccc}
u_0' & = & y' & = & u_1 \\
\vdots & = & \vdots & = & \vdots \\
u_{n-2}' & = & y^{(n-1)} & = & u_{n-1} \\
u_{n-1}' & = & y^{(n)} & = & -a_{n-1}u_{n-1} - \ldots - a_0 u_0,
\end{array}
$$

welches auch als

$$
\begin{pmatrix} u_0' \\ \vdots \\ u_{n-2}' \\ u_{n-1}' \end{pmatrix}
=
\begin{pmatrix}
0 & 1 & \cdots & 0 \\
\vdots & \vdots & & \vdots \\
0 & 0 & \cdots & 1 \\
-a_0 & -a_1 & \cdots & -a_{n-1}
\end{pmatrix}
\begin{pmatrix} u_0 \\ \vdots \\ u_{n-2} \\ u_{n-1} \end{pmatrix}
$$

geschrieben werden kann. Zwischen den Lösungen der ursprünglicher Gleichung und entstandenem System besteht nun folgender Zusammenhang: Ist μ eine Lösung der ursprünglichen Gleichung, so definiert $(\mu, \mu', \ldots, \mu^{(n-1)})$ eine Lösung des Systems. Ist umgekehrt $(\lambda_0, \ldots, \lambda_{n-1})$ eine Lösung des Systems, so ist λ_0 eine Lösung der ursprünglichen Gleichung.

Aufgrund dieser Korrespondenz lassen sich viele Begriffe aus der Theorie Linearer Systeme direkt übertragen. Beispielsweise bildet auch die Lösungsmenge einer Gleichung n-ter Ordnung einen n-dimensionalen Vektorraum $\mathcal{L}$, dessen Basis ebenfalls als *Fundamentalsystem* bezeichnet wird. Im Fall von inhomogenen Gleichungen hat die Lösungsmenge die Form $\mathcal{L} + \mu_p$, wobei $\mathcal{L}$ die Lösungsmenge des zugehörigen homogenen Systems und μ_p eine *partikuläre* Lösung ist.

Hat die Gleichung konstante Koeffizienten, so kann ein Fundamentalsystem mittels des *charakteristischen Polynoms* der Differentialgleichung angegeben werden. Dies ist das Polynom

$$\chi = X^n + a_{n-1}X^{n-1} + \ldots + a_1 X + a_0.$$

Dabei handelt es sich um das charakteristische Polynom der Koeffizientenmatrix von oben.

Satz 7.19 (Fundamentalsystem). Gegeben sei eine homogene lineare Differentialgleichung n-ter Ordnung mit charakteristischem Polynom χ. Ist ρ eine k-fache reelle Nullstelle von χ, so sind die k Funktionen

$$e^{\rho t}, \quad te^{\rho t}, \quad \ldots, \quad t^{k-1}e^{\rho t}$$

linear unabhängige Lösungen der Differentialgleichung. Ist $\rho + i\sigma$ mit $\sigma \neq 0$ (und damit auch $\rho - i\sigma$) eine m-fache komplexe Nullstelle der Gleichung, so sind die $2m$ Funktionen

$$e^{\rho t} \cos \sigma t, \quad te^{\rho t} \cos \sigma t, \quad \ldots, \quad t^{m-1}e^{\rho t} \cos \sigma t,$$

$$e^{\rho t} \sin \sigma t, \quad te^{\rho t} \sin \sigma t, \quad \ldots, \quad t^{m-1}e^{\rho t} \sin \sigma t$$

linear unabhängige Lösungen. Indem man sämtliche Nullstellen von χ durchgeht, erhält man so n linear unabhängige Lösungen, also ein Fundamentalsystem der Gleichung.

Aufgabe (Frühjahr 2008, T2A2)

a Bestimmen Sie alle reellen Lösungen des Differentialgleichungssystems

$$y_1'' = 3y_2, \quad y_2'' = 27y_1,$$

indem Sie zunächst eine der beiden unbekannten Funktionen eliminieren.

b Schreiben Sie das System aus **a** um in ein System $u' = Au$ erster Ordnung mit einer (4×4)-Matrix A.

c Geben Sie vier Funktion $\mathbb{R} \to \mathbb{R}^4$ an, die denselben Vektorraum aufspannen wie die Spalten von e^{xA}.

Hinweis Dabei bereitet es zu viel Mühe, e^{xA} auszurechnen.

Lösungsvorschlag zur Aufgabe (Frühjahr 2008, T2A2)

a Aus der ersten Gleichung folgt $y_2 = \frac{1}{3}y_1''$ und somit durch Einsetzen in die zweite

$$27y_1 = y_2'' = \frac{1}{3}y_1^{(4)} \quad \Leftrightarrow \quad y_1^{(4)} - 81y_1 = 0.$$

Damit haben wir nun eine lineare Differentialgleichung höherer Ordnung erhalten, die das charakteristische Polynom

$$X^4 - 81 = (X^2 - 9)(X^2 + 9) = (X + 3)(X - 3)(X + 3i)(X - 3i)$$

hat. Ein Fundamentalsystem ist nach Satz 7.19 dann gegeben durch

$$\{e^{3x}, e^{-3x}, \sin(3x), \cos(3x)\}.$$

Einsetzen in die Gleichung oben liefert nun die jeweils zugehörige Lösung für y_2:

$$\left\{ \begin{pmatrix} e^{3x} \\ 3e^{3x} \end{pmatrix}, \begin{pmatrix} e^{-3x} \\ 3e^{-3x} \end{pmatrix}, \begin{pmatrix} \sin(3x) \\ -3\sin(3x) \end{pmatrix}, \begin{pmatrix} \cos(3x) \\ -3\cos(3x) \end{pmatrix} \right\}.$$

b Wir definieren die Variablen $u_1 = y_1, u_2 = y_1', u_3 = y_2, u_4 = y_2'$. Es gilt dann natürlich $u_1' = u_2$ und $u_3' = u_4$. Ferner liefern die Gleichungen

$$u_2' = y_1'' = 3y_2 = 3u_3 \quad \text{und} \quad u_4' = y_2'' = 27y_1 = 27u_1.$$

Das äquivalente System lautet also

$$u' = \begin{pmatrix} 0 & 1 & 0 & 0 \\ 0 & 0 & 3 & 0 \\ 0 & 0 & 0 & 1 \\ 27 & 0 & 0 & 0 \end{pmatrix} \begin{pmatrix} u_1 \\ u_2 \\ u_3 \\ u_4 \end{pmatrix}.$$

c Der Vektorraum, der von den Spalten von e^{xA} aufgespannt wird, ist genau der Lösungsraum des in Teil **b** definierten linearen Systems. Nun besteht zwischen den Lösungen des Systems aus Teil **a** und denjenigen des Systems aus Teil **b** eine bijektive Korrespondenz mittels

$$(y_1, y_2) \mapsto (y_1, y_1', y_2, y_2')$$

(vgl. die Definition von u). Diese liefert aus dem in Teil **a** bestimmten Fundamentalsystem das Fundamentalsystem

$$\begin{pmatrix} e^{3x} \\ 3e^{3x} \\ 3e^{3x} \\ 9e^{3x} \end{pmatrix}, \begin{pmatrix} e^{-3x} \\ -3e^{-3x} \\ 3e^{-3x} \\ -9e^{-3x} \end{pmatrix}, \begin{pmatrix} \sin(3x) \\ 3\cos(3x) \\ -3\sin(3x) \\ 9\cos(3x) \end{pmatrix}, \begin{pmatrix} \cos(3x) \\ -3\sin(3x) \\ -3\cos(3x) \\ 9\cos(3x) \end{pmatrix}.$$

Aufgabe (Frühjahr 2009, T3A2)

Bestimmen Sie die maximale Lösung des Anfangswertproblems

$$\ddot{x} = x + 3y$$
$$\dot{y} = \dot{x}$$
$$x(0) = 5, \quad \dot{x}(0) = 0, \quad y(0) = 1.$$

Lösungsvorschlag zur Aufgabe (Frühjahr 2009, T3A2)

Wir formen das System zunächst in ein System um, das nur Ableitungen erster Ordnung enthält. Dafür definieren wir $u_1 = x, u_2 = \dot{x}, u_3 = y$. Dann ist das angegebene System äquivalent zu

$$\begin{pmatrix} \dot{u}_1 \\ \dot{u}_2 \\ \dot{u}_3 \end{pmatrix} = \begin{pmatrix} 0 & 1 & 0 \\ 1 & 0 & 3 \\ 0 & 1 & 0 \end{pmatrix} \begin{pmatrix} u_1 \\ u_2 \\ u_3 \end{pmatrix}$$

mit der Anfangswertbedingung $u(0) = (5,0,1)$. Das lineare System erster Ordnung lösen wir, indem wir zunächst das charakteristische Polynom der Koeffzientenmatrix A bestimmen:

$$\chi_A = \det \begin{pmatrix} -X & 1 & 0 \\ 1 & -X & 3 \\ 0 & 1 & -X \end{pmatrix} = -X^3 + 4X = -X(X^2 - 4).$$

Damit haben wir die drei verschiedenen Eigenwerte $\lambda_1 = 0, \lambda_{2,3} = \pm 2$. Die entsprechenden Eigenräume sind

$$\text{Eig}(A,0) = \left\langle \begin{pmatrix} -3 \\ 0 \\ 1 \end{pmatrix} \right\rangle, \ \text{Eig}(A,2) = \left\langle \begin{pmatrix} 1 \\ 2 \\ 1 \end{pmatrix} \right\rangle, \ \text{Eig}(A,-2) = \left\langle \begin{pmatrix} 1 \\ -2 \\ 1 \end{pmatrix} \right\rangle.$$

Also ist

$$\Phi(t) = \begin{pmatrix} -3 & e^{2t} & e^{-2t} \\ 0 & 2e^{2t} & -2e^{-2t} \\ 1 & e^{2t} & e^{-2t} \end{pmatrix}$$

eine Fundamentalmatrix des Systems. Um die Lösung anzugeben, berechnet man zunächst

$$\Phi(0)^{-1} = \begin{pmatrix} -3 & 1 & 1 \\ 0 & 2 & -2 \\ 1 & 1 & 1 \end{pmatrix}^{-1} = \frac{1}{8} \begin{pmatrix} -2 & 0 & 2 \\ 1 & 2 & 3 \\ 1 & -2 & 3 \end{pmatrix}$$

und weiter mit der Formel aus der Variation der Konstanten

$$\mu(t) = \Phi(t)\Phi(0)^{-1} \begin{pmatrix} 5 \\ 0 \\ 1 \end{pmatrix} = \begin{pmatrix} -3 & e^{2t} & e^{-2t} \\ 0 & 2e^{2t} & -2e^{-2t} \\ 1 & e^{2t} & e^{-2t} \end{pmatrix} \frac{1}{8} \begin{pmatrix} -2 & 0 & 2 \\ 1 & 2 & 3 \\ 1 & -2 & 3 \end{pmatrix} \begin{pmatrix} 5 \\ 0 \\ 1 \end{pmatrix} =$$

$$= \begin{pmatrix} -3 & e^{2t} & e^{-2t} \\ 0 & 2e^{2t} & -2e^{-2t} \\ 1 & e^{2t} & e^{-2t} \end{pmatrix} \begin{pmatrix} -1 \\ 1 \\ 1 \end{pmatrix} = \begin{pmatrix} 3 + e^{2t} + e^{-2t} \\ 2e^{2t} - 2e^{-2t} \\ -1 + e^{2t} + e^{-2t} \end{pmatrix}.$$

Re-Substitution ergibt damit die Lösung

$$\begin{pmatrix} x(t) \\ y(t) \end{pmatrix} = \begin{pmatrix} 3 + e^{2t} + e^{-2t} \\ -1 + e^{2t} + e^{-2t} \end{pmatrix}.$$

Wir überprüfen dies. Wegen

$$\dot{x} = 2e^{2t} - 2e^{-2t}, \quad \ddot{x} = 4e^{2t} + 4e^{-2t}, \quad \dot{y} = 2e^{2t} - 2e^{-2t}$$

gelten sowohl $\dot{x} = \dot{y}$ als auch $\ddot{x} = x + 3y$ und mit

$$x(0) = 5, \quad \dot{x}(0) = 0, \quad y(0) = 1$$

ist auch die Anfangswertbedingung erfüllt.

Aufgabe (Herbst 2010, T2A5)

Man berechne die allgemeine Lösung der Differentialgleichung

$$x'' + 2x' + 4x = \sin t.$$

Hinweis Eine partikuläre Lösung ergibt sich aus dem Ansatz $x(t) = a \cos t + b \sin t$.

Lösungsvorschlag zur Aufgabe (Herbst 2010, T2A5)

Das charakteristische Polynom dieser Differentialgleichung lautet

$$X^2 + 2X + 4.$$

Dessen Nullstellen berechnen sich zu

$$\lambda_{1,2} = \frac{-2 \pm \sqrt{-12}}{2} = -1 \pm i\sqrt{3}.$$

Laut Satz 7.19 erhält man das Fundamentalsystem

$$\left\{ e^{-t} \cos(\sqrt{3}t), e^{-t} \sin(\sqrt{3}t) \right\}.$$

Um eine partikuläre Lösung zu finden, folgen wir dem Hinweis und berechnen zunächst die beiden nötigen Ableitungen

$$x'(t) = -a \sin t + b \cos t \quad \text{und} \quad x''(t) = -a \cos t - b \sin t.$$

Einsetzen in die Ausgangsgleichung liefert nun

$$(-a\cos t - b\sin t) + 2(-a\sin t + b\cos t) + 4(a\cos t + b\sin t) = \sin t \quad \Leftrightarrow$$
$$(3a + 2b)\cos t + (3b - 2a)\sin t = \sin t \quad \Leftrightarrow \quad 3a + 2b = 0 \text{ und } 3b - 2a = 1.$$

Aus dem letzten Gleichungssystem ergibt sich $b = -\frac{3}{2}a$ und damit

$$-\frac{9}{2}a - 2a = 1 \quad \Leftrightarrow \quad -\frac{13}{2}a = 1 \quad \Leftrightarrow \quad a = -\frac{2}{13}$$

Dies wiederum bedeutet $b = \frac{3}{13}$. Die allgemeine Lösung der DGL lautet somit

$$\mu(t) = ae^{-t}\cos(\sqrt{3}t) + be^{-t}\sin(\sqrt{3}t) - \frac{2}{13}\cos t + \frac{3}{13}\sin t$$

mit $a, b \in \mathbb{R}$.

Neben der Angabe von Fundamentalsystemen beschäftigen wir uns – wie zuvor – nun noch mit dem Lösen von Anfangswertproblemen. Aufgrund der Strukturähnlichkeit zur linearen Differentialgleichungssystemen ist es keine Überraschung, dass uns dabei erneut die Variation der Konstanten begegnet.

Proposition 7.20 (Variation der Konstanten). Gegeben sei eine Differentialgleichung

$$y^{(n)} + a_{n-1}y^{(n-1)} + \ldots + a_1 y' + a_0 y + b = 0$$

mit Anfangswerten $y(t_0) = y_0, y'(t_0) = y_1, \ldots, y^{(n-1)}(t_0) = y_{n-1}$. Die Lösung dieses Anfangswertproblems ist

$$(\mu_1(t), \ldots, \mu_n(t))\left[W(t_0)^{-1} \begin{pmatrix} y_0 \\ \vdots \\ y_{n-1} \end{pmatrix} + \int_{t_0}^{t} W^{-1}(s) \begin{pmatrix} 0 \\ \vdots \\ 0 \\ b(s) \end{pmatrix} ds \right].$$

Hierbei ist $\mu_1, \ldots, \mu_n$ ein Fundamentalsystem der homogenen Differentialgleichung und

$$W(t) = \begin{pmatrix} \mu_1(t) & \cdots & \mu_n(t) \\ \vdots & & \vdots \\ \mu_1^{(n-1)}(t) & \cdots & \mu_n^{(n-1)}(t) \end{pmatrix}$$

ist die sogenannte **Wronski-Matrix**.

Alternativ zu diesem Lösungsverfahren kann es manchmal einfacher sein, zuerst die allgemeine Lösung einer Differentialgleichung zu bestimmen, um dann die Parameter dem Anfangswertproblem entsprechend zu bestimmen. Hierzu benötigen wir für inhomogene Gleichungen ein Vorgehen, mit dem sich eine partikulären Lösung bestimmen lässt:

Anleitung: Finden partikulärer Lösungen

Es sei eine Differentialgleichung höherer Ordnung sowie ein zugehöriges Fundamentalsystem gegeben. Eine partikuläre Lösung kann oft mithilfe eines Ansatzes aus der folgenden Tabelle bestimmt werden.

	Rechte Seite der DGL	Parameter	Ansatz
(1)	$e^{\alpha t}$	α	$Ct^k e^{\alpha t}$
(2)	$p_l(t)e^{\alpha t}$	α	$t^k r_l(t)e^{\alpha t}$
(3)	$A\sin(\beta t) + B\cos(\beta t)$	$\pm\beta i$	$t^k(C\sin(\beta t) + D\cos(\beta t))$
(4)	$(p_l(t)\sin(\beta t)+$ $+q_l(t)\cos(\beta t))e^{\alpha t}$	$\alpha \pm i\beta$	$t^k(r_l(t)\sin(\beta t)+$ $+s_l(t)\cos(\beta t))e^{\alpha t}$

(1) Falls das konkrete α Nullstelle des charakteristischen Polynoms ist, so bezeichnet k die Vielfachheit der Nullstelle (man spricht dann davon, dass *Resonanz* vorliegt). Andernfalls setze $k = 0$.

Hinweis Dabei sind im Ansatz (3) bzw. (4) stets sin und cos zu verwenden, auch wenn nur eine der beiden Funktionen in der Gleichung auftritt. Die Symbole p_l, q_l, r_l und s_l bezeichnen jeweils Polynome vom Grad l.

(2) Bestimme nun für den gewählten Ansatz alle auftretenden Ableitungen.

(3) Setze diese in die ursprüngliche Differentialgleichung ein, um die Unbestimmten im Ansatz zu berechnen.

Beispiel 7.21. Wir illustrieren das Vorgehen an der Gleichung

$$x'' + 2x' + 4x = \sin t$$

aus Aufgabe H10T2A5 (wo der Ansatz aber angegeben war). Es handelt sich um (3) in der Tabelle mit $\beta = 1$. Das charakteristische Polynom ist $X^2 + 2X + 4$. Da $\pm i$ keine Nullstellen des charakteristischen Polynoms sind (wie man schnell überprüft), haben wir $k = 0$ und ein geeigneter Ansatz ist

$$C\sin t + D\cos t.$$ ∎

Aufgabe (Herbst 2004, T2A3)

Bestimmen Sie die allgemeine Lösung der inhomogenen linearen Differentialgleichung $y'' - 4y' - 5y = f$ für

$$\boxed{a}\ f(t) = 8e^t, \qquad \boxed{b}\ 6e^{-t}.$$

Lösungsvorschlag zur Aufgabe (Herbst 2004, T2A3)

Wir geben zunächst ein Fundamentalsystem der homogenen Differentialgleichung an. Diese hat das charakteristische Polynom

$$X^2 - 4X - 5 = (X - 5)(X + 1).$$

Damit ist $\{e^{5t}, e^{-t}\}$ ein solches Fundamentalsystem.

$\boxed{a}$ Arbeiten wir mit der Tabelle, so liegt hier Zeile (1) mit $\alpha = 1$ vor. Da 1 keine Nullstelle des charakteristischen Polynoms ist, machen wir den Ansatz $y_p(t) = Ce^t$ mit zu bestimmendem $C \in \mathbb{R}$. Es ist

$$y_p'(t) = y_p''(t) = Ce^t.$$

Einsetzen in die Gleichung liefert

$$Ce^t - 4Ce^t - 5Ce^t = 8e^t \quad \Leftrightarrow \quad -8Ce^t = 8e^t.$$

Wir setzen also $C = -1$ und erhalten die partikuläre Lösung $y_p(t) = -e^t$. Die allgemeine Lösung ist damit

$$y(t) = ae^{5t} + be^{-t} - e^t \quad \text{mit} \quad a, b \in \mathbb{R}.$$

$\boxed{b}$ Hier ist $\alpha = -1$ und es handelt sich dabei um eine einfache Nullstelle des charakteristischen Polynoms, sodass wir hier den Ansatz $y_p(t) = Cte^{-t}$ machen. Die Ableitungen lauten

$$y_p'(t) = Ce^{-t} - Cte^{-t}, \quad y_p''(t) = -2Ce^{-t} + Cte^{-t}.$$

Einsetzen in die Gleichung liefert

$$-2Ce^{-t} + Cte^{-t} - 4(Ce^{-t} - Cte^{-t}) - 5Cte^{-t} = 6e^{-t} \quad \Leftrightarrow \quad -6Ce^{-t} = 6e^{-t}.$$

Diesmal wählen wir also $C = -1$ und erhalten die partikuläre Lösung $y_p(t) = -te^{-t}$. Die allgemeine Lösung lautet daher

$$y(t) = ae^{5t} + be^{-t} - te^{-t} \quad \text{mit} \quad a, b \in \mathbb{R}.$$

Aufgabe (Herbst 2015, T2A2)

Betrachten Sie die Differentialgleichung

$$y''' - 2y'' + y' = e^{2x}.$$

a Bestimmen Sie ein Fundamentalsystem für die zugehörige homogene Differentialgleichung.

b Bestimmen Sie mit einem geeigneten Ansatz eine spezielle Lösung der inhomogenen Gleichung und geben Sie damit die allgemeine Lösung an.

c Bestimmen Sie die Lösung des zugehörigen Anfangswertproblems mit

$$y(0) = y'(0) = y''(0) = 0.$$

Lösungsvorschlag zur Aufgabe (Herbst 2015, T2A2)

a Das charakteristische Polynom der homogenen Differentialgleichung lautet

$$\chi = X^3 - 2X^2 + X = X(X^2 - 2X + 1) = X(X - 1)^2.$$

Ein Fundamentalsystem ist daher

$$\{e^{0x}, e^x, xe^x\} = \{1,\ e^x,\ xe^x\}.$$

b Wiederum liegt Fall (1) der Tabelle auf Seite 451 vor, diesmal mit $\alpha = 2$. Da 2 keine Nullstelle des charakteristischen Polynom ist, machen wir also den Ansatz $y_p(x) = Ce^{2x}$ für ein zu bestimmendes $C \in \mathbb{R}$. Es gilt

$$y_p'(x) = 2Ce^{2x}, \quad y_p''(x) = 4Ce^{2x}, \quad y_p'''(x) = 8Ce^{2x}.$$

Eingesetzt in die Gleichung ergibt dies

$$8Ce^{2x} - 8Ce^{2x} + 2Ce^{2x} = e^{2x} \quad \Leftrightarrow \quad 2Ce^{2x} = e^{2x} \quad \Leftrightarrow \quad C = \tfrac{1}{2}.$$

Damit ist $y_p(x) = \tfrac{1}{2}e^{2x}$ eine partikuläre Lösung und die allgemeine Lösung des Systems ist gegeben durch

$$y(x) = a + be^x + cxe^x + \tfrac{1}{2}e^{2x} \quad \text{mit} \quad a, b, c \in \mathbb{R}.$$

c Es sind nur noch die Parameter der allgemeinen Lösung geeignet zu wählen, deshalb bestimmen wir zunächst die ersten beiden Ableitungen der allgemeinen Lösung:

$$y'(x) = be^x + cxe^x + ce^x + e^{2x}, \quad y''(x) = be^x + cxe^x + 2ce^x + 2e^{2x}.$$

Einsetzen der Anfangswerte ergibt die Gleichungen

$$\text{(I) } a + b + \tfrac{1}{2} = 0, \quad \text{(II) } b + c + 1 = 0, \quad \text{(III) } b + 2c + 2 = 0.$$

Subtrahiert man die zweite Gleichung von der dritten, so erhält man sofort $c = -1$, dies liefert $b = 0$ und damit $a = -\tfrac{1}{2}$, also insgesamt

$$y(x) = -\tfrac{1}{2} - x e^x + \tfrac{1}{2} e^{2x}.$$

Aufgabe (Herbst 2012, T3A1)

Bestimmen Sie jeweils für $\omega_0 = 1$ und $\omega_0 = \sqrt{2}$ die allgemeine reelle Lösung der Differentialgleichung

$$\ddot{y} + 2y = 2 \cos \omega_0 t.$$

Lösungsvorschlag zur Aufgabe (Herbst 2012, T3A1)

Wir betrachten zunächst die homogene Differentialgleichung $\ddot{y} + 2y = 0$ mit charakteristischem Polynom

$$X^2 + 2 = (X + i\sqrt{2})(X - i\sqrt{2}).$$

Dies liefert uns gemäß Satz 7.19 das Fundamentalsystem

$$\left\{ \sin \sqrt{2} t, \ \cos \sqrt{2} t \right\}.$$

Für $\omega_0 = 1$ ist $i\omega_0$ keine Nullstelle des charakteristischen Polynoms, sodass keine Resonanz vorliegt. Ein möglicher Ansatz ist somit

$$\mu_p(t) = C \sin t + D \cos t.$$

Für die zweite Ableitung erhält man $\mu_p''(t) = -C \sin t - D \cos t$. Einsetzen in die Ausgangsgleichung liefert dann die Gleichung

$$-C \sin t - D \cos t + 2C \sin t + 2D \cos t = 2 \cos t \quad \Leftrightarrow \quad C \sin t + D \cos t = 2 \cos t.$$

Durch Wahl von $C = 0$ und $D = 2$ erhalten wir die partikuläre Lösung $\mu(t) = 2 \cos t$.

Es ergibt sich somit die allgemeine Lösung

$$a \sin(\sqrt{2} t) + b \cos(\sqrt{2} t) + 2 \cos t \quad \text{für} \quad a, b \in \mathbb{R}.$$

Für $\omega_0 = \sqrt{2}$ ist $i\sqrt{2}$ eine einfache Nullstelle des charakteristischen Polynoms. Wir verwenden daher den Ansatz

$$\mu_p(t) = Ct \sin \sqrt{2}t + Dt \cos \sqrt{2}t.$$

Zunächst berechnet man

$$\mu_p'(t) = (C - \sqrt{2}Dt) \sin \sqrt{2}t + (D + \sqrt{2}Ct) \cos \sqrt{2}t,$$

$$\mu_p''(t) = (2\sqrt{2}C - 2Dt) \cos \sqrt{2}t - (2\sqrt{2}D + 2Ct) \sin \sqrt{2}t.$$

Einsetzen in die Differentialgleichung liefert

$$2\sqrt{2}C \cos \sqrt{2}t + 2\sqrt{2}D \sin \sqrt{2}t = 2 \cos \sqrt{2}t.$$

Da $D = 0$ und $C = \frac{\sqrt{2}}{2}$ diese Gleichung lösen, ist die allgemeine Lösung im Fall $\omega_0 = \sqrt{2}$ gegeben durch

$$a \sin(\sqrt{2}t) + b \cos(\sqrt{2}t) + \frac{\sqrt{2}}{2}t \sin \sqrt{2}t \quad \text{für} \quad a, b \in \mathbb{R}.$$

Nicht-konstante Koeffizienten

Im Fall, dass die Koeffizienten der Differentialgleichung nicht konstant sind, sondern von t (bzw. x) abhängen, lässt sich die Gleichung manchmal mit einer Substitution in eine Form bringen, die sich mit den bereits behandelten Methoden lösen lässt.

Aufgabe (Frühjahr 2013, T2A4)

a Bestimmen Sie alle reellen Lösungen der Differentialgleichung

$$u'' = -u' - \frac{5}{2}u.$$

b Gegeben sei die Differentialgleichung

$$xy''(x) + \frac{1 + \sqrt{x}}{2}y'(x) + \frac{5}{8}y(x) = 0 \quad \text{für } x > 0.$$

Durch die Substitution $y(t^2) = u(t)$ $(t > 0)$ geht die Differentialgleichung in eine lineare Differentialgleichung mit konstanten Koeffizienten über. Wie lautet diese? Geben Sie die allgemeine reelle Lösung der ursprünglichen Differentialgleichung an.

Lösungsvorschlag zur Aufgabe (Frühjahr 2013, T2A4)

a Das charakteristische Polynom der Gleichung lautet $X^2 + X + \frac{5}{2}$ und hat die Nullstellen $-\frac{1}{2} \pm \frac{3}{2}i$. Ein Fundamentalsystem ist deshalb

$$e^{-\frac{1}{2}t} \sin\left(\frac{3}{2}t\right), \ e^{-\frac{1}{2}t} \cos\left(\frac{3}{2}t\right).$$

b Es gilt

$$u'(t) = \frac{d}{dt}y(t^2) = 2ty'(t^2), \quad u''(t) = \frac{d}{dt}(2ty'(t^2)) = 4t^2y''(t^2) + 2y'(t^2).$$

Aus der Differentialgleichung erhalten wir nun für $x = t^2$ den Ausdruck

$$t^2y''(t^2) = -\frac{1 + \sqrt{t^2}}{2}y'(t^2) - \frac{5}{8}y(t^2)$$

und dadurch

$$u''(t) = 4\left(-\frac{1 + \sqrt{t^2}}{2}y'(t^2) - \frac{5}{8}y(t^2)\right) + 2y'(t^2) =$$

$$= -2y'(t^2) - 2ty'(t^2)^2 - \frac{5}{2}y(t^2) + 2y'(t^2) =$$

$$= -u'(t) - \frac{5}{2}u(t).$$

Dies ist genau die Differentialgleichung aus Teil **a** mit dem dort angegebenen Fundamentalsystem. Die allgemeine Lösung der ursprünglichen Gleichung lautet dementsprechend

$$y(x) = u(\sqrt{x}) = ae^{-\frac{1}{2}\sqrt{x}} \sin\left(\frac{3}{2}\sqrt{x}\right) + be^{-\frac{1}{2}\sqrt{x}} \cos\left(\frac{3}{2}\sqrt{x}\right), \text{ für } a, b \in \mathbb{R}.$$

Aufgabe (Herbst 2011, T3A1)

Bestimmen Sie für die Differentialgleichung

$$y'' + \frac{4}{x}y' - \frac{10}{x^2}y = 0$$

alle reellen Lösungen $y(x)$ auf dem Intervall $]0, \infty[$. Benutzen Sie dazu die Substitution $y(x) = z(\ln x)$ mit $z: \mathbb{R} \to \mathbb{R}$ oder eine andere Methode Ihrer Wahl.

Lösungsvorschlag zur Aufgabe (Herbst 2011, T3A1)

Sei y eine Lösung. Für die angegebene Substitution erhält man dann

$$y'(x) = z'(\ln x) \cdot \frac{1}{x}, \quad y''(x) = z''(\ln x) \cdot \frac{1}{x^2} - z'(\ln x)\frac{1}{x^2}.$$

Durch Einsetzen in die Differentialgleichung folgt

$$z''(\ln x) \cdot \frac{1}{x^2} - z'(\ln x)\frac{1}{x^2} + \frac{4}{x}z'(\ln x) \cdot \frac{1}{x} - \frac{10}{x^2}z(\ln x) = 0.$$

Multiplizieren mit x^2 ergibt

$$z''(\ln x) + 3z'(\ln x) - 10z(\ln x) = 0.$$

Nun hat die Gleichung

$$z'' + 3z' - 10z = 0$$

das charakteristische Polynom $X^2 + 3X - 10 = (X-2)(X+5)$ mit den Nullstellen 2 und -5, sodass $\{e^{2x}, e^{-5x}\}$ ein Fundamentalsystem der Gleichung bildet. Damit hat jede Lösung der Gleichung die Form

$$y(x) = z(\ln x) = ae^{2\ln x} + be^{-5\ln x} = ax^2 + bx^{-5} \quad \text{für } a,b \in \mathbb{R}.$$

Umgekehrt sieht man leicht, dass alle solche Funktionen auch Lösungen der Differentialgleichung sind.

7.5. Ebene autonome Systeme

Dieser Abschnitt behandelt zweidimensionale (oder ebene) Systeme von Differentialgleichungen erster Ordnung. Die linearen Systeme bieten hier nichts wirklich Neues, denn sie lassen sich mit den Methoden aus Abschnitt 7.3 abhandeln. Für nicht-lineare Systeme ergeben sich jedoch einige neue Ansätze. Im gesamten Abschnitt beschäftigen wir uns mit einem auf einer Menge $D \subseteq \mathbb{R}^2$ gegebenen Differentialgleichungssystem der Form

$$\dot{x} = f(x,y), \quad \dot{y} = g(x,y) \tag{2}$$

mit stetigen Funktionen $f, g \colon D \to \mathbb{R}$, sodass $(x,y) \mapsto (f(x,y), g(x,y))$ Lipschitzstetig ist.

Erhaltungsgrößen und hamiltonsche Systeme

Definition 7.22. Gegeben sei ein System der Form (2). Eine Funktion $E\colon D \to \mathbb{R}$, die für $(x, y) \in D$ die Gleichung

$$\partial_x E(x, y) \cdot f(x, y) + \partial_y E(x, y) \cdot g(x, y) = 0$$

erfüllt, heißt *Erstes Integral* oder *Erhaltungsgröße* des Systems.

Ist E eine Erhaltungsgröße und $\mu\colon I \to \mathbb{R}^2$ eine Lösung der Differentialgleichung, so gilt

$$\frac{\mathrm{d}}{\mathrm{d}t} E(\mu(t)) = \langle \nabla E(\mu(t)),\ \mu'(t) \rangle = \left\langle \begin{pmatrix} \partial_x E(\mu(t)) \\ \partial_y E(\mu(t)) \end{pmatrix},\ \begin{pmatrix} f(\mu(t)) \\ g(\mu(t)) \end{pmatrix} \right\rangle = 0,$$

also ist E konstant entlang der Trajektorie von μ, was den Namen Erhaltungsgröße erklärt.

Ein Spezialfall von Definition 7.22 sind sogenannte hamiltonsche Systeme.

Definition 7.23. Gegeben sei ein System der Form (2). Eine *Hamilton-Funktion* des Systems ist eine differenzierbare Funktion $H\colon D \to \mathbb{R}$ mit

$$\partial_x H(x, y) = -g(x, y) \quad \text{und} \quad \partial_y H(x, y) = f(x, y) \quad \text{für } (x, y) \in D.$$

Leider sind ebene Systeme im Allgemeinen nicht hamiltonsch – die folgende Proposition liefert hierzu ein Kriterium.

Proposition 7.24 (Integrabilitätsbedingung für hamiltonsche Systeme). Sei ein System der Form (2) gegeben, dessen Definitionsmenge D ein einfach zusammenhängendes Gebiet ist. Es existiert genau dann eine Hamilton-Funktion für das System, wenn für alle $(x, y) \in D$ die Gleichung

$$\partial_x f(x, y) + \partial_y g(x, y) = 0$$

erfüllt ist.

Aufgabe (Herbst 2010, T2A3)

Für das Differentialgleichungssystem

$$\begin{pmatrix} \dot{x}_1 \\ \dot{x}_2 \end{pmatrix} = \begin{pmatrix} x_2 \\ x_1 \end{pmatrix}$$

bestimme man ein nicht-konstantes Erstes Integral, d. h. eine nicht-konstante Funktion $E\colon \mathbb{R}^2 \to \mathbb{R}$, die längs der Lösungskurven $(x_1(t),\ x_2(t))$ konstant ist.

Lösungsvorschlag zur Aufgabe (Herbst 2010, T2A3)

Das System ist auf dem einfach zusammenhängenden Gebiet $\mathbb{R}^2$ definiert. Die Integrabilitätsbedingung lautet

$$\partial_{x_1}(x_2) + \partial_{x_2}(x_1) = 0 + 0 = 0,$$

also ist das System hamiltonsch. Wir bestimmen eine Hamiltonfunktion H (denn diese ist stets ein Erstes Integral). H muss die Gleichungen

$$\partial_{x_1} H(x_1, x_2) = -x_1 \quad \text{und} \quad \partial_{x_2} H(x_1, x_2) = x_2$$

erfüllen. Wir integrieren diese beiden Gleichungen zunächst nach x_1 bzw. x_2 und erhalten:

$$H(x_1, x_2) = \int_0^{x_1} -\tilde{x}_1 \, d\tilde{x}_1 + H(0, x_2) = -\tfrac{1}{2}x_1^2 + H(0, x_2),$$

$$H(x_1, x_2) = \int_0^{x_2} \tilde{x}_2 \, d\tilde{x}_2 + H(x_1, 0) = \tfrac{1}{2}x_2^2 + H(x_1, 0)$$

Aus der ersten Gleichung folgt $H(x_1, 0) = -\tfrac{1}{2}x_1^2 + H(0,0)$, also

$$H(x_1, x_2) = \tfrac{1}{2}x_2^2 - \tfrac{1}{2}x_1^2 + H(0,0).$$

Die Konstante $H(0,0)$ spielt dabei keine Rolle, wir setzen daher $H(0,0) = 0$.

Für eine Trajektorie $(x_1(t), x_2(t))$ gilt nun

$$\frac{d}{dt} H(x_1(t), x_2(t)) = \frac{d}{dt}\left(\tfrac{1}{2}x_2(t)^2 - \tfrac{1}{2}x_1(t)^2\right) =$$
$$= x_2(t)\dot{x}_2(t) - x_1(t)\dot{x}_1(t) = x_2(t)x_1(t) - x_1(t)x_2(t) = 0.$$

Also ist H längs der Lösungskurven konstant.

Aufgabe (Frühjahr 2005, T1A2)

Gegeben sei das gewöhnliche Differentialgleichungssystem[3]

$$\dot{x} = y, \quad \dot{y} = -x + x^2.$$

Bestimmen Sie ein erstes Integral des Systems.

---

3 Die ursprüngliche Aufgabenstellung enthielt auch die Frage nach Ruhelagen, deren Linearisierung und die Stabilität der Linearisierung. Da dies jedoch wenig Spannendes bringt, haben wir sie hier unterlassen. Für Interessierte: Die Ruhelagen sind $(0,0)$ und $(1,0)$ – die Linearisierung der ersten Ruhelage ist stabil, die zweite instabil.

Lösungsvorschlag zur Aufgabe (Frühjahr 2005, T1A2)

Wir untersuchen zunächst, ob das System hamiltonsch ist. Der Definitionsbereich ist $\mathbb{R}^2$, also einfach zusammenhängend. Die Integrabilitätsbedingung ist hier wegen

$$\partial_x(y) + \partial_y(-x + x^2) = 0 + 0 = 0.$$

erfüllt. Wir bestimmen eine Hamiltonfunktion nun durch doppelte Integration:

$$H(x,y) = \int_0^x \tilde{x} - \tilde{x}^2 \, d\tilde{x} + H(0,y) = -\tfrac{1}{3}x^3 + \tfrac{1}{2}x^2 + H(0,y)$$

$$H(x,y) = \int_0^y \tilde{y} \, d\tilde{y} = \tfrac{1}{2}y^2 + H(x,0)$$

Auswerten der ersten Gleichung bei $y = 0$ und Einsetzen in die zweite liefert

$$H(x,y) = -\tfrac{1}{3}x^3 + \tfrac{1}{2}x^2 + \tfrac{1}{2}y^2 + H(0,0)$$

mit einer frei wählbaren Konstante $H(0,0)$.

Aufgabe (Frühjahr 2016, T2A2)

Zeigen Sie, dass das Differentialgleichungssystem erster Ordnung

$$\frac{dx}{dt} = y, \quad \frac{dy}{dt} = -\sin(x)$$

auf dem Phasenraum $\mathbb{R}^2$

a für alle Anfangswerte $z_0 = (x_0, y_0) \in \mathbb{R}^2$ eine eindeutige Lösung $\phi_{z_0} : \mathbb{R} \to \mathbb{R}^2$ besitzt.

b Zeigen Sie, dass die Funktion $F : \mathbb{R}^2 \to \mathbb{R}, F(x,y) = y^2/2 - \cos(x)$ eine Erhaltungsgröße ist, also entlang der Lösungskurven ϕ_{z_0} konstant ist.

c Bestimmen Sie, ob die Gleichgewichtslage $0 \in \mathbb{R}^2$ stabil oder sogar asymptotisch stabil ist.

Lösungsvorschlag zur Aufgabe (Frühjahr 2016, T2A2)

a Definiere die Funktion

$$f : \mathbb{R}^3 \to \mathbb{R}^2, \quad (t,x,y) \mapsto (y, -\sin(x)).$$

Diese ist lokal Lipschitz-stetig bezüglich der zweiten Komponente, da

$$\partial_{(x,y)}f(t,x,y) = \begin{pmatrix} 0 & 1 \\ -\cos x & 0 \end{pmatrix}$$

stetige Einträge hat und deshalb stetig ist. Außerdem gilt für alle $(t,x,y) \in \mathbb{R}^3$ die Abschätzung

$$\|f(t,x,y)\| = \|(y,-\sin x)\| \overset{(\triangle)}{\leq} \|(y,0)\| + \|(0,-\sin x)\| =$$
$$= \sqrt{y^2} + \sqrt{\sin(x)^2} \leq \sqrt{x^2+y^2} + 1 = \|(x,y)\| + 1.$$

Dies zeigt, dass f linear beschränkt ist, sodass das gegebene Differentialgleichungssystem eine auf ganz $\mathbb{R}$ definierte eindeutige Lösung ϕ_{z_0}: $\mathbb{R} \to \mathbb{R}^2$ zum Anfangswert $z_0 = (x_0, y_0) \in \mathbb{R}^2$ besitzt.

b Man berechnet

$$\nabla F(x,y) = \begin{pmatrix} \sin x \\ y \end{pmatrix}.$$

Sei $\phi_{z_0}(t)$ eine Lösung der Differentialgleichung, so gilt

$$\frac{\mathrm{d}}{\mathrm{d}t}F(\phi_{z_0}(t)) = \langle \nabla F(\phi_{z_0}(t)), \phi'_{z_0}(t) \rangle = \left\langle \begin{pmatrix} \sin x(t) \\ y(t) \end{pmatrix}, \begin{pmatrix} y(t) \\ -\sin x(t) \end{pmatrix} \right\rangle = 0.$$

c Betrachte die Funktion

$$H: D \to \mathbb{R}, \quad (x,y) \mapsto \tfrac{1}{2}y^2 - \cos x + 1,$$

wobei die Menge D definiert ist als

$$D = \left\{ (x,y) \in \mathbb{R}^2 \mid -\pi < x < \pi \right\}.$$

Diese ist eine Lyapunov-Funktion für die gegebene Differentialgleichung, denn wie in Teil b ist $\langle \nabla H(x,y), f(t,x,y) \rangle = 0$ und es gilt

$$H(x,y) = \tfrac{1}{2}y^2 - \cos x + 1 \geq \tfrac{1}{2}y^2 - 1 + 1 \geq \tfrac{1}{2}y^2 \geq 0.$$

Dabei gilt $H(x,y) = 0$ genau dann, wenn $(x,y) = (0,0)$, denn ist $y \neq 0$, so ist auf jeden Fall $H(x,y) \geq \tfrac{1}{2}y^2 > 0$, und ist $y = 0$, so ist

$$H(x,0) = 0 \quad \Leftrightarrow \quad -\cos x - 1 = 0 \quad \Leftrightarrow \quad \cos x = 1 \quad \Leftrightarrow \quad x \in 2\pi\mathbb{Z}.$$

Da wir unsere Betrachtungen auf den Streifen D beschränkt haben, muss in diesem Fall $x = 0$ sein. Insgesamt zeigt dies, dass $(0,0)$ ein stabiles

Gleichgewicht ist. Jedoch kann $(0,0)$ kein asymptotisch stabiles Gleichgewicht sein, denn für eine Lösung $\lambda\colon \mathbb{R} \to \mathbb{R}^2$ mit $\lim_{t\to\infty} \lambda(t) = 0$ muss wegen der Stetigkeit von F auch $\lim_{t\to\infty} F(\lambda(t)) = F(0,0) = -1$ gelten. Nach Teil **b** ist F konstant entlang jeder Trajektorie, daher kann dies nur erfüllt sein, wenn λ bereits die konstante Nulllösung ist.

Das Phasenportrait sieht folgendermaßen aus:

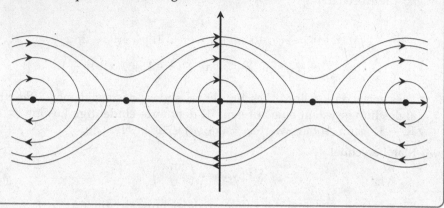

Anleitung: Phasenportraits mittels Erhaltungsgröße

Gegeben sei ein ebenes autonomen System

$$\begin{pmatrix} \dot{x} \\ \dot{y} \end{pmatrix} = f(x,y)$$

mit Erstem Integral E, dessen Phasenportrait skizziert werden soll.

(1) Bestimme die Ruhelagen der Differentialgleichung, d.h. alle Punkte (x_0, y_0) mit $f(x_0, y_0) = (0,0)$.

(2) Da Erste Integrale entlang der Lösungskurven konstant sind, erfüllen Lösungen $(x(t), y(t))$, die auf die Ruhelage zu bzw. von ihr weglaufen, die Gleichung

$$E(x(t), y(t)) = E(x_0, y_0).$$

Vereinfache diese Gleichung und zeichne die entsprechenden Niveaumengen in ein Koordinatensystem ein.

(3) Der Tangentialvektor im Punkt (x, y) einer Trajektorie ist jeweils durch $f(x, y)$ gegeben. Auf diese Weise lassen sich Richtungspfeile bestimmen.

(4) Die Trajektorien der übrigen Lösungen nähern sich (bei nicht allzu verrückten Systemen) den soeben bestimmten Trajektorien an.

Aufgabe (Frühjahr 2004, T3A5)

Betrachtet wird das autonome Differentialgleichungssystem im $\mathbb{R}^2$

$$\dot{x} = x$$
$$\dot{y} = x^2 - y.$$

a Zeigen Sie, dass das System genau einen Gleichgewichtspunkt besitzt, und untersuchen Sie dessen Stabilität.

b Bestimmen Sie eine Funktion $\varphi\colon \mathbb{R}^2 \to \mathbb{R}$, sodass die Phasenkurven des Systems auf den Niveaumengen $\{(x,y) \in \mathbb{R}^2 \mid \varphi(x,y) - c = 0\}$ mit $c \in \mathbb{R}$ liegen.

c Skizzieren Sie das Phasenporträt, hierin insbesondere die Lösungskurven (mit Richtungspfeilen), die auf den Gleichgewichtspunkt zu bzw. von ihm weg laufen. Von welchem Typ (Knoten, Sattel usw.) ist der Gleichgewichtspunkt?

Lösungsvorschlag zur Aufgabe (Frühjahr 2004, T3A5)

a Die Ruhelagen sind genau die Nullstellen der rechten Seite und bestimmen sich daher aus

$$x = 0, \quad x^2 - y = 0.$$

Die einzige Ruhelage ist damit $(0,0)$. Bezeichnet f die rechte Seite der Gleichung, so ist

$$(Df)(x,y) = \begin{pmatrix} 1 & 0 \\ 2x & -1 \end{pmatrix} \quad \text{und} \quad (Df)(0,0) = \begin{pmatrix} 1 & 0 \\ 0 & -1 \end{pmatrix}.$$

Die Matrix $(Df)(0,0)$ hat die Eigenwerte 1 und -1, damit ist $(0,0)$ nach Satz 7.30 eine instabile Ruhelage.

b Die Integrabilitätsbedingung lautet hier

$$\partial_x(x) + \partial_y(x^2 - y) = 1 - 1 = 0,$$

sodass wir uns auf die Suche nach einer Hamilton-Funktion machen können. Man erhält durch doppelte Integration oder etwas Überlegen

$$H(x,y) = -\frac{1}{3}x^3 + xy.$$

Wie wir gesehen haben, ist eine Hamilton-Funktion auf Lösungskurven konstant, sodass $\varphi = H$ die gewünscht Eigenschaft besitzt.

c *1. Schritt: Ruhelagen.* Siehe Teil **a**.

2. Schritt: Lösungen, die auf Ruhelagen zulaufen. Für jede Lösung $(x(t), y(t))$, die auf die Ruhelage $(0,0)$ zu bzw. von ihr weg läuft, gilt

$$H(x(t), y(t)) = H(0,0) = 0.$$

Solche Lösungen sind also in der Menge $M = \{(x, y) \in \mathbb{R} \mid H(x, y) = 0\}$ enthalten. Nun haben wir

$$H(x, y) = 0 \quad \Leftrightarrow \quad x\left(-\tfrac{1}{3}x^2 + y\right) = 0 \quad \Leftrightarrow \quad x = 0 \quad \text{oder} \quad y = \tfrac{1}{3}x^2,$$

also ist M die Vereinigung der y-Achse und der Parabel mit der Gleichung $y = \tfrac{1}{3}x^2$.

In den Punkten $(0, y)$ mit $y \in \mathbb{R}$ gilt $\dot{x} = 0, \dot{y} = -y$. Auf der positiven y-Achse zeigen die Pfeile damit nach unten, auf der negativen nach oben.

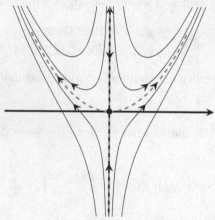

Auf der Parabel haben wir $\dot{y} = \tfrac{2}{3}x^2 > 0$. Im I. Quadranten (also $x > 0$) ist damit $\dot{x} > 0$ und $\dot{y} > 0$, also zeigen die Pfeile nach „rechts oben", im II. Quadranten zeigen sie wegen $x < 0$ nach „links oben". Die restlichen Kurven zeichnet man nun so ein, dass sie sich der Form der auf $(0,0)$ zulaufenden Ruhelagen annähern. Auf diese Weise erhält man nebenstehendes Phasenportrait.

Aufgabe (Frühjahr 2009, T3A3)

Gegeben sei die skalare Differentialgleichung zweiter Ordnung

$$\ddot{x} = 2x - 4x^3.$$

a Bestimmen Sie alle stationären Lösungen dieser Differentialgleichung.

b Bestimmen Sie eine Erhaltungsgröße (ein erstes Integral) für diese Differentialgleichung.

c Zeigen Sie, dass alle maximalen Lösungen der Gleichung auf ganz $\mathbb{R}$ existieren.

d Skizzieren Sie das Phasenportrait für diese Differentialgleichung. Begründen Sie mit dessen Hilfe, welche der stationären Punkte stabil, welche instabil sind. Besitzt die Differentialgleichung nicht konstante, periodische Lösungen?

Lösungsvorschlag zur Aufgabe (Frühjahr 2009, T3A3)

a Ist $\mu(t) \equiv \zeta_0$ eine stationäre Lösung, so muss $\ddot{\mu}(t) = 0$ gelten. Also muss ζ_0 eine Nullstelle der rechten Seite der Gleichung sein. Nun ist

$$2x - 4x^3 = 0 \quad \Leftrightarrow \quad -2x(2x^2 - 1) = 0 \quad \Leftrightarrow \quad x \in \left\{0, \frac{1}{\sqrt{2}}, -\frac{1}{\sqrt{2}}\right\}.$$

Die stationären Lösungen sind also die konstanten Abbildungen

$$\mathbb{R} \to \mathbb{R}, \ t \mapsto 0, \qquad \mathbb{R} \to \mathbb{R}, \ t \mapsto \frac{1}{\sqrt{2}}, \qquad \mathbb{R} \to \mathbb{R}, \ t \mapsto -\frac{1}{\sqrt{2}}.$$

b Das äquivalente, zweidimensionale System erster Ordnung lautet

$$\dot{x} = y, \quad \dot{y} = 2x - 4x^3.$$

Wegen

$$\partial_x(y) + \partial_y(2x - 4x^3) = 0 + 0 = 0$$

ist die Gleichung hamiltonsch. Ohne große Mühe berechnet man die Hamilton-Funktion

$$H(x, y) = \tfrac{1}{2}y^2 - x^2 + x^4.$$

Diese ist eine Erhaltungsgröße in dem Sinne, dass für eine Lösung λ der Differentialgleichung zweiter Ordnung $H(\lambda(t), \lambda'(t))$ konstant ist.

c Sei $\lambda \colon I \to \mathbb{R}^2$ mit $I =]a, b[$ eine maximale Lösung und $t_0 = \frac{a+b}{2}$. Setze $c = H(\lambda(t_0))$, dann gilt für alle $t \in I$ die Gleichung $c = H(\lambda(t))$. Es folgt:

$$c = H(\lambda_1(t), \lambda_2(t)) = \tfrac{1}{2}\lambda_2(t)^2 - \lambda_1(t)^2 + \lambda_1(t)^4 =$$

$$= \tfrac{1}{2}\lambda_2(t)^2 + \lambda_1(t)^2 + (1 - \lambda_1(t)^2)^2 - 1 \geq$$

$$\geq \tfrac{1}{2}\left(\lambda_2(t)^2 + \lambda_1(t)^2\right) - 1$$

Folglich ist $\|\lambda(t)\|^2 \leq 2(1 + c)$ für alle $t \in I$. Da der Rand des Definitionsbereichs der Differentialgleichung leer und λ beschränkt ist, muss λ nach Satz 7.13 auf ganz $\mathbb{R}$ definiert sein.

d Das Phasenporträt muss aufgrund der Struktur der Differentialgleichung sowohl symmetrisch bezüglich der x-Achse als auch bezüglich der y-Achse sein: Ist $\lambda(t) = (\lambda_1(t), \lambda_2(t))$ nämlich eine Lösung des ebenen Systems, so überprüft man, dass auch durch

$$\mathbb{R} \to \mathbb{R}, \quad t \mapsto (-\lambda_1(t), \lambda_2(t)) \quad \text{sowie} \quad \mathbb{R} \to \mathbb{R}, \quad t \mapsto (\lambda_1(t), -\lambda_2(t))$$

Lösungen des Systems gegeben sind. Es genügt daher, den Verlauf der Trajektorien im I. Quadranten näher zu untersuchen.

Als Nächstes bestimmen wir die Niveaumengen von H im I. Quadranten. Für vorgegebenes $c \in \mathbb{R}$ gilt

$$H(x,y) = c \quad \Leftrightarrow \quad \tfrac{1}{2}y^2 - x^2 + x^4 = c \quad \Leftrightarrow \quad y = \pm\sqrt{2x^2 - 2x^4 + 2c}.$$

Wir berechnen noch den Schnittpunkt mit der x-Achse:

$$-2x^4 + 2x^2 + 2c = 0 \quad \Leftrightarrow \quad x^2 = \tfrac{1}{2} \pm \tfrac{1}{2}\sqrt{1 + 4c}.$$

Man kann nun ein paar Werte für c einsetzen, die erhaltenen Schnittpunkte im Koordinatensystem eintragen und in etwa „wurzelförmig" miteinander verbinden. Spiegelt man das ganze an der x-Achse sowie an der y-Achse, sollte in etwa folgendes dabei herauskommen:

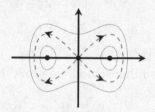

Die Ruhelagen $\pm\frac{1}{\sqrt{2}}$ werden von benachbarten periodischen Trajektorien umlaufen, diese sind also stabil. Im ersten Quadranten ist $\dot{x} = y > 0$, außerdem ist für kleines x auch $\dot{y} = 2x - 4x^3 > 0$, sodass die Pfeile im I. Quadranten in der Nähe von $(0,0)$ vom Ursprung wegzeigen müssen. Aufgrund der Symmetrie tun sie das dann überall, sodass $(0,0)$ eine instabile Ruhelage ist.

Polarkoordinaten

Gelegentlich kommt es vor, dass die Aufgabenstellung die Transformation einer Differentialgleichung in Polarkoordinaten verlangt. Ein Punkt $(x(t),\, y(t)) \in \mathbb{R}^2$ in kartesischen Koordinaten hat in Polarkoordinaten die Form

$$(x(t),\, y(t)) = (r(t) \cos\theta(t),\, r(t) \sin\theta(t)),$$

wobei $r(t) = \|(x(t), y(t))\|$ und $\theta(t) = \arctan\frac{y(t)}{x(t)}$, falls $x(t) \neq 0$. Die Variablentransformation kann dann wie im Kasten auf Seite 398 beschrieben durchgeführt werden.

Aufgabe (Frühjahr 2006, T1A4)

Auf $\mathbb{R}^2 \setminus \{(0,0)\}$ sei folgendes Vektorfeld gegeben

$$f \begin{pmatrix} x \\ y \end{pmatrix} = \begin{pmatrix} -y \\ x \end{pmatrix} + (1 - \sqrt{x^2 + y^2}) \begin{pmatrix} x \\ y \end{pmatrix}.$$

Für alle Lösungen $\alpha \colon]a, \infty[\ \to \ \mathbb{R}^2 \setminus \{(0,0)\}$ der Differentialgleichung $\begin{pmatrix} x' \\ y' \end{pmatrix} = f \begin{pmatrix} x \\ y \end{pmatrix}$ zeige man: $\lim_{t \to +\infty} \|\alpha(t)\| = 1$.

Hinweis Man leite zunächst eine Differentialgleichung her, der die Funktion $r(t) = \|\alpha(t)\|$ genügt.

Lösungsvorschlag zur Aufgabe (Frühjahr 2006, T1A4)

Sei $\alpha(t)$ eine Lösung der Gleichung zu einem Anfangswert $\alpha(t_0) = (\xi_1, \xi_2)$ mit $(\xi_1, \xi_2) \neq (0,0)$. Wegen

$$\|\alpha(t)\| = \sqrt{x^2(t) + y^2(t)}$$

handelt es sich bei $r(t)$ um die eben eingeführte Radius-Funktion. Für diese gilt

$$r'(t) = \frac{2x(t)x'(t) + 2y(t)y'(t)}{2\sqrt{x^2(t) + y^2(t)}} = \frac{1}{r(t)} \cdot [x(t)x'(t) + y(t)y'(t)].$$

Setzen wir die Differentialgleichung ein, so erhalten wir

$$r'(t) = \frac{1}{r(t)} [x(t)(-y(t) + (1 - r(t))x(t) + y(t)(x(t) + (1 - r(t))y(t)] =$$

$$= \frac{(1 - r(t))(x^2(t) + y^2(t))}{r(t)} = \frac{(1 - r(t))r^2(t)}{r(t)} = (1 - r(t))r(t).$$

Diese Differentialgleichung erfüllt die Voraussetzungen des Globalen Existenz- und Eindeutigkeitssatzes 7.12, sodass $\|\alpha(t)\|$ eine Einschränkung von ρ ist. Es genügt daher $\lim_{t \to \infty} r(t) = 1$ nachzuweisen.

Nun hat die Differentialgleichung hat die Ruhelagen 0 und 1. Da α den Bildbereich $\mathbb{R}^2 \setminus \{(0,0)\}$ hat, ist $r_0 \neq 0$. Falls $r_0 = 1$, so erhalten wir die konstante Lösung $r(t) \equiv 1$. Falls $r_0 < 1$, so ist $r(t)$ durch 1 nach oben beschränkt und monoton steigend, also konvergent. Wir behaupten, dass dieser Grenzwert 1 ist: Angenommen, es ist $\lim_{t \to \infty} r(t) = c < 1$. Dann erhalten wir $r(t) < c$ für alle $t \in \mathbb{R}$ und

$$r(t) = r_0 + \int_{t_0}^{t} r'(\tau)\, \mathrm{d}\tau = r_0 + \int_{t_0}^{t} r(\tau)(1 - r(\tau))\, \mathrm{d}\tau \geq$$

$$\geq r_0 + \int_{t_0}^{t} r_0(1 - c)\, \mathrm{d}\tau = r_0 + t(r_0(1 - c)) \overset{t \to \infty}{\longrightarrow} \infty.$$

Dies widerspricht der Beschränktheit von r. Somit muss $\lim_{t \to \infty} r(t) = 1$ gelten. Analog geht man im Fall $r_0 > 1$ vor, in dem die Lösung streng monoton fallend ist.

Alternative: In diesem Fall lässt sich die Differentialgleichung mittels Trennen der Variablen und Partialbruchzerlegung auch explizit lösen. Man erhält

$$r(t) = \frac{e^{t + C(t_0, r_0)}}{1 + e^{t + C(t_0, r_0)}} \quad \text{bzw.} \quad r(t) = \frac{e^{t + C(t_0, r_0)}}{e^{t + C(t_0, r_0)} - 1}$$

für $r_0 < 1$ bzw. $r_0 > 1$ und kann den Grenzwert dann direkt berechnen.

Das Phasenportrait der Gleichung sieht wie folgt aus:

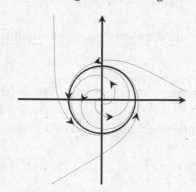

7.6. Stabilitätsuntersuchungen

Differentialgleichungen können sich sehr schnell als zu schwierig herausstellen, um sie explizit zu lösen. In solchen Situationen ist man daran interessiert, zumindest qualitative Aussagen über das Verhalten von Lösungen einer solchen Differentialgleichung zu machen. Eine natürliche Fragestellung ist dabei, wie sich eine kleine Änderung des Startwertes auf die zugehörige Lösung auswirkt.

Wir benennen nun zunächst die in dieser Situation auftretenden Formen des Verhaltens von Lösungen. Zur Veranschaulichung der Begriffe sei auf die Abbildungen 7.2 und 7.3 auf Seite 470 verwiesen.

Definition 7.25. Sei $n \in \mathbb{N}$, $V \subseteq \mathbb{R} \times \mathbb{R}^n$ offen und zusammenhängend, $f \colon V \to \mathbb{R}^n$ stetig sowie lokal Lipschitz-stetig bezüglich x. Eine Lösung

$$\mu \colon \,]a, \infty[\, \to \mathbb{R}^n \quad \text{von} \quad x' = f(t, x)$$

heißt

(1) **stabil**, falls es zu jedem $\varepsilon > 0$ und jedem $\tau > a$ ein $\delta > 0$ gibt, sodass für jeden Anfangswert $\xi \in \mathbb{R}^n$ mit $\|\xi - \mu(\tau)\| < \delta$ die maximale Lösung $\lambda(t)$ zum Anfangswert $\lambda(\tau) = \xi$ für alle $t \geq \tau$ existiert und die Abschätzung

$$\|\lambda(t) - \mu(t)\| < \varepsilon \quad \text{für alle } t \geq \tau$$

erfüllt. Ansonsten heißt μ **instabil**.

(2) **attraktiv**, wenn es zu jedem $\tau > a$ ein $\eta > 0$ gibt, sodass für jeden Anfangswert $\xi \in \mathbb{R}^n$ mit $\|\xi - \mu(\tau)\| < \eta$ die maximale Lösung $\lambda(t)$ zum Anfangswert $\lambda(\tau) = \xi$ für alle $t \geq \tau$ existiert und

$$\lim_{t \to \infty} \|\lambda(t) - \mu(t)\| = 0$$

erfüllt.

(3) **asymptotisch stabil**, falls μ stabil und attraktiv ist.

Proposition 7.26 (Attraktivität und Stabilität bei skalaren Differentialgleichungen). Sei $D \subseteq \mathbb{R}^2$ ein Gebiet und $f \colon D \to \mathbb{R}$ stetig und bezüglich x lokal Lipschitz-stetig. Ist eine Lösung von

$$x' = f(t, x)$$

attraktiv, so ist sie auch stabil, d. h. asymptotisch stabil.

Wir werden in Kürze sehen, dass auch für lineare Systeme eine entsprechende Aussage gilt.

Direkt anhand der Definition nachzuweisen, ob eine gegebene Lösung stabil bzw. attraktiv ist, ist recht mühsam. Glücklicherweise gibt es hier handlichere Kriterien, die das Leben eines Stabilitätstheoretikers sehr viel einfacher machen.

Stabilitätsuntersuchung linearer Differentialgleichungssysteme

Beschäftigt man sich mit linearen (Differential-)Gleichungssystemen, so lassen sich Aussagen über ein inhomogenes System oft auf das zugehörige homogene System zurückführen. Dies ist auch bei Stabilitätsfragen der Fall.

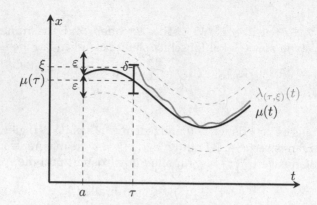

Abbildung 7.2: Illustration der Definition von Stabilität.[4]Eingezeichnet ist eine Lösung $\mu(t)$ sowie eine Lösung für einen leicht veränderten Anfangswert ζ. Die graue Lösung verläuft innerhalb eines ε-Schlauchs um $\mu(t)$.

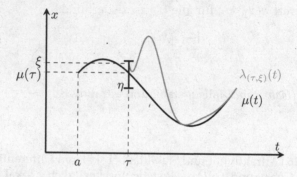

Abbildung 7.3: Illustration der Definition von Attraktivität.[5]Eingezeichnet ist eine Lösung $\mu(t)$ sowie eine Lösung für einen leicht veränderten Anfangswert ζ, die gegen $\mu(t)$ konvergiert.

Proposition 7.27 (Einheitliches Stabilitätsverhalten aller Lösungen). Es sei $n \in \mathbb{N}$ und $A\colon]a,\infty[\to \mathcal{M}_n(\mathbb{R})$ sowie $g\colon]a,\infty[\to \mathbb{R}^n$ seien stetig. Wir betrachten das inhomogene lineare Differentialgleichungssystem

$$x' = A(t) \cdot x(t) + g(t).$$

(1) Eine Lösung des inhomogenen Systems ist genau dann stabil bzw. attraktiv, wenn die Nulllösung des homogenen Differentialgleichungssystems

$$x' = A(t) \cdot x(t)$$

stabil bzw. attraktiv ist.

(2) Jede attraktive Lösung des inhomogenen Systems ist stabil, d. h. asymptotisch stabil.

---

4 Abbildung in Anlehnung an [Aul04, S. 312].
5 Abbildung in Anlehnung an [Aul04, S. 316].

Da also insbesondere das Stabilitätsverhalten *aller* Lösungen einer linearen Differentialgleichung gleich ist, können wir die jeweilige Eigenschaft der Differentialgleichung zuweisen und von einem stabilen, instabilen oder asymptotisch stabilen System sprechen. Wir formulieren nun ein erstes Kriterium für Stabilität bzw. Attraktivität.

Satz 7.28. Sei $n \in \mathbb{N}$, $A \colon {]a, \infty[} \to \mathcal{M}_n(\mathbb{R})$ stetig und $\Lambda(t, \tau)$ die Übergangsmatrix von $x' = A(t)x$. Alle Lösungen dieser Differentialgleichung sind genau dann

(1) stabil, falls es für alle $T_0 > a$ ein $\beta > 0$ gibt mit $\||\Lambda(t, T_0)\|| \leq \beta$ für alle $t \geq T_0$.

(2) attraktiv, wenn $\lim_{t \to \infty} \Lambda(t, T_0) = 0$ für jedes $T_0 > a$ gilt.

In beiden Fällen genügt es, die Bedingung für eine einzelne Anfangszeit $T_0 > a$ zu überprüfen.

Aufgabe (Herbst 2014, T2A4)

Gegeben sei das Differentialgleichungssystem

$$y'(t) = \begin{pmatrix} 0 & 0 & 0 \\ 1 & 0 & -1 \\ 0 & 0 & -1 \end{pmatrix} y(t).$$

a Bestimmen Sie ein Fundamentalsystem für dieses Differentialgleichungssystem.

b Bestimmen Sie die Lösung dieses Differentialgleichungssystems mit dem Anfangswert

$$y(0) = \begin{pmatrix} 1 \\ 2 \\ 1 \end{pmatrix}.$$

c Ist die Nulllösung für dieses Differentialgleichungssystem stabil?

Lösungsvorschlag zur Aufgabe (Herbst 2014, T2A4)

a Da es sich um ein lineares Differentialgleichungssystem handelt, ist ein Fundamentalsystem durch e^{tA} gegeben, wobei A obige Matrix bezeichnet. Um e^{tA} zu berechnen, zeigen wir zunächst per Induktion über n, dass $A^n = (-1)^n A^2$ für alle $n \geq 2$ gilt.

Der Induktionsanfang $n = 2$ ist unmittelbar klar, setzen wir die Aussage also für ein n als bereits bewiesen voraus. Nun gilt

$$A^2 = \begin{pmatrix} 0 & 0 & 0 \\ 1 & 0 & -1 \\ 0 & 0 & -1 \end{pmatrix} \begin{pmatrix} 0 & 0 & 0 \\ 1 & 0 & -1 \\ 0 & 0 & -1 \end{pmatrix} = \begin{pmatrix} 0 & 0 & 0 \\ 0 & 0 & 1 \\ 0 & 0 & 1 \end{pmatrix}$$

$$A^{n+1} = A^n \cdot A \overset{(I.V.)}{=} (-1)^n A^2 \cdot A = (-1)^n \begin{pmatrix} 0 & 0 & 0 \\ 0 & 0 & 1 \\ 0 & 0 & 1 \end{pmatrix} \begin{pmatrix} 0 & 0 & 0 \\ 1 & 0 & -1 \\ 0 & 0 & -1 \end{pmatrix} =$$

$$= (-1)^n \begin{pmatrix} 0 & 0 & 0 \\ 0 & 0 & -1 \\ 0 & 0 & -1 \end{pmatrix} = (-1)^n \cdot (-A^2) = (-1)^{n+1} A^2,$$

wobei an der Stelle $(I.V.)$ die Induktionsvoraussetzung verwendet wurde. Dies zeigt die Behauptung. Mithilfe der eben bewiesenen Aussage können wir berechnen:

$$e^{tA} = \sum_{k=0}^{\infty} \tfrac{1}{k!} A^k t^k = \mathbb{E} + At + \sum_{k=2}^{\infty} \tfrac{1}{k!} (-1)^k A^2 t^k =$$

$$= \mathbb{E} + At + A^2 \sum_{k=2}^{\infty} \tfrac{1}{k!} (-t)^k = \mathbb{E} + At + A^2 \cdot (e^{-t} + t - 1) =$$

$$= \begin{pmatrix} 1 & 0 & 0 \\ 0 & 1 & 0 \\ 0 & 0 & 1 \end{pmatrix} + \begin{pmatrix} 0 & 0 & 0 \\ t & 0 & -t \\ 0 & 0 & -t \end{pmatrix} + \begin{pmatrix} 0 & 0 & 0 \\ 0 & 0 & (e^{-t} + t - 1) \\ 0 & 0 & (e^{-t} + t - 1) \end{pmatrix} =$$

$$= \begin{pmatrix} 1 & 0 & 0 \\ t & 1 & e^{-t} - 1 \\ 0 & 0 & e^{-t} \end{pmatrix}$$

b Die Übergangsmatrix ist hier durch $\Lambda(t, \tau) = e^{(t-\tau)A}$ gegeben, in unserem Fall also $\Lambda(t, 0) = e^{(t-0)A} = e^{tA}$. Also ist die gesuchte Lösung zum Anfangswert $\xi = (1, 2, 1)$ gegeben durch

$$\lambda(t) = \Lambda(t, 0)\xi = \begin{pmatrix} 1 & 0 & 0 \\ t & 1 & e^{-t} - 1 \\ 0 & 0 & e^{-t} \end{pmatrix} \begin{pmatrix} 1 \\ 2 \\ 1 \end{pmatrix} =$$

$$= \begin{pmatrix} 1 \\ t + 2 + e^{-t} - 1 \\ e^{-t} \end{pmatrix} = \begin{pmatrix} 1 \\ e^{-t} + t + 1 \\ e^{-t} \end{pmatrix}$$

> **c** Sei $T_0 \in \mathbb{R}$. Wir verwenden die Spaltensummennorm und stellen fest, dass
>
> $$\lim_{t \to \infty} \|\| \Lambda(t, T_0) \|\|_1 \geq \lim_{t \to \infty} 1 + |t - T_0| = \infty.$$
>
> Also kann $\|\| \Lambda(t, T_0) \|\|_1$ für kein T_0 beschränkt sein und nach Satz 7.28 (1) ist die Nulllösung für dieses Differentialgleichungssystem nicht stabil.

Ein besonders praktikables Kriterium für Stabilität liefert der nächste Satz.

Satz 7.29 (Eigenwertbedingung für Stabilität). Sei $n \in \mathbb{N}$ und $A \in \mathcal{M}_n(\mathbb{R})$ mit Eigenwerten $\lambda_1, \ldots, \lambda_m \in \mathbb{C}$. Alle Lösungen von $x' = Ax$ sind genau dann

(1) stabil, wenn $\operatorname{Re} \lambda_1, \ldots, \operatorname{Re} \lambda_m \leq 0$ und für jedes $j \in \{1, \ldots, m\}$ mit $\operatorname{Re} \lambda_j = 0$ die algebraische und geometrische Vielfachheit von λ_j übereinstimmen.

(2) asymptotisch stabil, falls $\operatorname{Re} \lambda_1, \ldots, \operatorname{Re} \lambda_m < 0$.

Aufgabe (Frühjahr 2009, T2A2)

Es sei

$$A = \begin{pmatrix} -5 & 0 & 3 \\ 0 & -1 & 0 \\ 3 & 0 & -5 \end{pmatrix}.$$

a Zeigen Sie, dass die Ruhelage 0 für das System $x' = Ax$ asymptotisch stabil ist.

b Weiterhin sei $b : \mathbb{R} \to \mathbb{R}^3$ stetig. Zeigen Sie, dass jede Lösung y der Gleichung $y' = Ay + b(t)$ asymptotisch stabil ist, indem Sie zeigen, dass für zwei Lösungen y und $\tilde{y}$ immer gilt:

$$\lim_{t \to \infty} \| \tilde{y}(t) - y(t) \| = 0.$$

Lösungsvorschlag zur Aufgabe (Frühjahr 2009, T2A2)

a Wir berechnen das charakteristische Polynom von A:

$$\chi_A = \det \begin{pmatrix} -5 - X & 0 & 3 \\ 0 & -1 - X & 0 \\ 3 & 0 & -5 - X \end{pmatrix} = -(X + 5)^2 (X + 1) + 9(1 + X)$$

$$= -(X + 1)[X^2 + 10X + 25 - 9] = -(X + 1)[X(X + 2) + 8(X + 2)] =$$

$$= -(X + 1)(X + 2)(X + 8)$$

Die Eigenwerte von A sind also $-1, -2, -8$. Diese sind alle reell und negativ, also ist 0 nach 7.29 (2) eine asymptotisch stabile Ruhelage von $x' = Ax$.

b Sei $\Lambda(t, 0)$ die Übergangsmatrix von $x' = Ax$, dann hat jede Lösung y von $x' = Ax + b(t)$ die Form (vgl. den Kasten auf Seite 429)

$$y(t) = \Lambda(t, 0)y(0) + \int_0^t \Lambda(t, s)b(s)\, ds.$$

Es folgt

$$\|\tilde{y}(t) - y(t)\| = \|\Lambda(t, 0)[\tilde{y}(0) - y(0)]\| \leq \|\|\Lambda(t, 0)\|\| \cdot \|\tilde{y}(0) - y(0)\|.$$

Nach Teil a ist 0 eine asymptotisch stabile Ruhelage von $x' = Ax$, sodass nach Proposition 7.27 alle Lösungen von $x' = Ax$ asymptotisch stabil sind. Wir können daher Satz 7.28 (2) verwenden und erhalten

$$\lim_{t \to \infty} \|\tilde{y}(t) - y(t)\| \leq \|\tilde{y}(0) - y(0)\| \cdot \lim_{t \to \infty} \|\|\Lambda(t, 0)\|\| = 0.$$

Aufgabe (Frühjahr 2014, T1A2)

Betrachten Sie die folgende Differentialgleichung:

$$\begin{pmatrix} \dot{x} \\ \dot{y} \end{pmatrix} = \begin{pmatrix} -\frac{5}{4} & \frac{1}{4} \\ -\frac{1}{4} & -\frac{3}{4} \end{pmatrix} \begin{pmatrix} x \\ y \end{pmatrix}$$

a Bestimmen Sie die Stabilitätseigenschaften der Ruhelage $(0, 0)$.

b Skizzieren Sie das Phasenporträt.

Lösungsvorschlag zur Aufgabe (Frühjahr 2014, T1A2)

a Wir bestimmen zunächst das charakteristische Polynom der Koeffzienten-matrix:

$$\chi = \det \begin{pmatrix} -\frac{5}{4} - X & \frac{1}{4} \\ -\frac{1}{4} & -\frac{3}{4} - X \end{pmatrix} = X^2 + 2X + 1 = (X + 1)^2$$

χ hat eine doppelte Nullstelle bei -1, also hat diese Matrix nur den Eigenwert -1, welcher negativen Realteil hat. Nach Satz 7.29 ist deshalb $(0, 0)$ eine asymptotisch stabile Ruhelage.

b Es ist $(1, 1)$ ein Eigenvektor zum Eigenwert -1. Damit enthält das Phasen-portrait zwei Halbgeraden als Trajektorien, die $(1, 1)$ als Richtungsvektor haben und für $t \to \infty$ jeweils auf den Ursprung zulaufen.

Auch die anderen Lösungen streben für $t \to \infty$ gegen den Ursprung, wie man weiß oder Abbildung 7.1 entnimmt, handelt es sich zudem um einen eintangentialen Knoten, sodass wir nebenstehendes Phasenportrait erhalten.

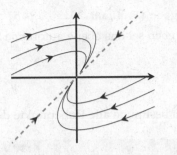

Stabilitätsuntersuchung von Ruhelagen

Während wir im vorigen Abschnitt noch Stabilität beliebiger Lösungen linearer Differentialgleichungen betrachtet haben, beschränken wir uns nun auf konstante Lösungen autonomer Systeme. Diese werden auch als *Ruhelagen* oder *stationäre Punkte* bezeichnet und bestimmen sich für eine Differentialgleichung $x' = g(x)$ als Nullstellen der Funktion $g(x)$.

Das Eigenwertkriterium 7.29 lässt sich ausschließlich auf lineare autonome Differentialgleichungen anwenden. Ist jedoch eine nicht-lineare Differentialgleichung $x' = g(x)$ gegeben, so können wir diese *linearisieren*. Ähnlich wie bei einer linearen Näherung einer Funktion als Gerade geschieht dies unter Zuhilfenahme der Ableitung. Konkret untersucht man dazu die einfachere Differentialgleichung $x' = (Dg)(\xi)x$ für eine Ruhelage ξ.

> **Satz 7.30** (Linearisierte asymptotische Stabilität). Sei $D \subseteq \mathbb{R}^n$ offen und zusammenhängend, $g \colon D \to \mathbb{R}^n$ eine stetig differenzierbare Funktion und $\xi \in D$ mit $g(\xi) = 0$. Es bezeichnen $\lambda_1, \ldots, \lambda_m \in \mathbb{C}$ die Eigenwerte der Jacobi-Matrix $(Dg)(\xi)$.
>
> (1) Gilt $\operatorname{Re} \lambda_1, \ldots, \operatorname{Re} \lambda_m < 0$, so ist ξ eine asymptotisch stabile Ruhelage der autonomen Differentialgleichung $x' = g(x)$.
>
> (2) Gibt es ein $j \in \{1, \ldots, m\}$ mit $\operatorname{Re} \lambda_j > 0$, so ist ξ eine instabile Ruhelage von $x' = g(x)$.

Beachte, dass anders als im linearen Fall keine Aussage mehr möglich ist, falls der Realteil eines Eigenwertes 0 ist – mit einer Methode, um dieses Problem zu umgehen, beschäftigen wir uns im nächsten Abschnitt.

Aufgabe (Frühjahr 2015, T2A5)

Gegeben sei das ebene autonome System

$$x' = -e^x - 2y + 1$$
$$y' = 2x - y.$$

Man bestimme alle Ruhepunkte des Systems und untersuche diese auf Stabilität.

Lösungsvorschlag zur Aufgabe (Frühjahr 2015, T2A5)

Sei $(x, y) \in \mathbb{R}^2$ eine Ruhelage des Systems. Dann muss gelten

$$-e^x - 2y + 1 = 0 \quad \text{und} \quad 2x - y = 0.$$

Aus der zweiten Gleichung folgt $y = 2x$, eingesetzt in die erste liefert das

$$-e^x - 4x + 1 = 0.$$

0 ist offensichtlich Lösung dieser Gleichung. Wir zeigen nun, dass es keine weitere geben kann. Nehmen wir an, es gibt $x_0 \in \mathbb{R}$ mit $x_0 \neq 0$ und

$$-e^{x_0} - 4x_0 + 1 = 0,$$

dann müsste die Ableitung der Funktion $x \mapsto -e^x \doteq 4x + 1$ nach dem Satz von Rolle eine Nullstelle zwischen 0 und x_0 haben. Die Ableitung ist jedoch

$$-e^x - 4 < 0 \quad \text{für alle } x \in \mathbb{R}.$$

Also haben wir gezeigt, dass die einzige Lösung obiger Gleichung $x = 0$ ist. Einsetzen in die zweite Gleichung liefert $y = 2 \cdot 0 = 0$. Also ist $(0, 0)$ die einzige Ruhelage des Systems.

Die Jacobi-Matrix des Systems lautet

$$\begin{pmatrix} -e^x & -2 \\ 2 & -1 \end{pmatrix}$$

und hat an der Stelle $(0, 0)$ das charakteristische Polynom

$$\det \begin{pmatrix} -1 - X & -2 \\ 2 & -1 - X \end{pmatrix} = (1 + X)^2 + 4 = X^2 + 2X + 5.$$

Die Eigenwerte der Jacobi-Matrix bei $(0,0)$ sind daher

$$\lambda_\pm = \frac{-2 \pm \sqrt{4 - 4 \cdot 5}}{2} = -1 \pm 2i.$$

Es gilt Re $\lambda_\pm = -1 < 0$, also ist $(0,0)$ eine asymptotisch stabile Ruhelage.

Aufgabe (Frühjahr 2012, T1A4)

Es sei $f : \mathbb{R}^2 \to \mathbb{R}^2$

$$\begin{pmatrix} x \\ y \end{pmatrix} \mapsto \begin{pmatrix} \sin(\pi(x^2 + y^2)) \\ x + \sqrt{3}y \end{pmatrix}$$

a Bestimmen Sie alle Ruhelösungen des ebenen autonomen Differentialgleichungssystems

$$\begin{pmatrix} x' \\ y' \end{pmatrix} = f \begin{pmatrix} x \\ y \end{pmatrix}$$

b Ist die Ruhelösung $(\frac{\sqrt{3}}{2}, -\frac{1}{2})$ stabil oder instabil?

Lösungsvorschlag zur Aufgabe (Frühjahr 2012, T1A4)

a Die Ruhelagen bestimmen sich als Nullstellen von f. Es gelte also

$$\sin(\pi(x^2 + y^2)) = 0 \quad \text{und } x + \sqrt{3}y = 0,$$

dann ist $x = -\sqrt{3}y$ und einsetzen in die erste Gleichung liefert

$$\sin(\pi(3y^2 + y^2)) = 0 \quad \Leftrightarrow \quad 4y^2\pi \in \pi\mathbb{Z}.$$

Es gibt folglich ein $k \in \mathbb{N}_0$, sodass

$$4y^2 = k \quad \Leftrightarrow \quad |y| = \tfrac{1}{2}\sqrt{k}$$

und folglich $x = -\sqrt{3}y = \mp\frac{1}{2}\sqrt{3k}$. Umgekehrt überzeugt man sich schnell davon, dass $(\mp\frac{1}{2}\sqrt{3k}, \pm\frac{1}{2}\sqrt{k})$ für jedes $k \in \mathbb{N}_0$ eine Nullstelle von f ist. Also ist die Menge der Ruhelösungen gegeben durch

$$\left\{ \left(-\tfrac{1}{2}\sqrt{3k}, \tfrac{1}{2}\sqrt{k}\right) \mid k \in \mathbb{N}_0 \right\} \cup \left\{ \left(\tfrac{1}{2}\sqrt{3k}, -\tfrac{1}{2}\sqrt{k}\right) \mid k \in \mathbb{N}_0 \right\}.$$

b Wir wollen linearisieren und berechnen daher zunächst die Jacobi-Matrix von f:

$$(Df)(x,y) = \begin{pmatrix} \cos(\pi(x^2+y^2)) \cdot 2\pi x & \cos(\pi(x^2+y^2)) \cdot 2\pi y \\ 1 & \sqrt{3} \end{pmatrix}$$

Es ist dann

$$(Df)\left(\tfrac{\sqrt{3}}{2}, -\tfrac{1}{2}\right) = \begin{pmatrix} \cos(\pi) \cdot \pi\sqrt{3} & \cos(\pi) \cdot \pi \cdot (-1) \\ 1 & \sqrt{3} \end{pmatrix} = \begin{pmatrix} -\pi\sqrt{3} & \pi \\ 1 & \sqrt{3} \end{pmatrix}$$

und das charakteristische Polynom dieser Matrix ist

$$\det \begin{pmatrix} -\pi\sqrt{3} - X & \pi \\ 1 & \sqrt{3} - X \end{pmatrix} = (X + \pi\sqrt{3})(X - \sqrt{3}) - \pi =$$

$$= X^2 + \sqrt{3}(\pi - 1)X - 4\pi.$$

Die Nullstellen dieses Polynoms sind gemäß der Mitternachtsformel:

$$\lambda_{\pm} = \tfrac{-\sqrt{3}}{2}(\pi - 1) \pm \tfrac{1}{2}\sqrt{3(\pi - 1)^2 + 16\pi}$$

Der Radikand ist nicht-negativ, also sind die Eigenwerte von $(Df)(\tfrac{\sqrt{3}}{2}, -\tfrac{1}{2})$ auf jeden Fall reell. Weiter gilt

$$\lambda_+ > 0 \quad \Leftrightarrow \quad \tfrac{\sqrt{3}}{2}(1 - \pi) + \tfrac{1}{2}\sqrt{3(1 - \pi)^2 + 16\pi} > 0 \quad \Leftrightarrow$$

$$\Leftrightarrow \quad \sqrt{3(1 - \pi)^2 + 16\pi} > -\sqrt{3}(1 - \pi) \quad \Leftrightarrow$$

$$\Leftrightarrow \quad 3(1 - \pi)^2 + 16\pi > 3(1 - \pi)^2 \quad \Leftrightarrow \quad 16\pi > 0$$

Die letzte Aussage ist offensichtlich wahr, also ist $\lambda_+ > 0$. Nach Satz 7.30 (2) ist deshalb $(\tfrac{\sqrt{3}}{2}, -\tfrac{1}{2})$ eine instabile Ruhelage.

Aufgabe (Herbst 2011, T2A5)

Die Gleichung des mathematischen Pendels mit Reibung lautet

$$y''(t) + \varepsilon y'(t) + \sin(y(t)) = 0, \quad t \geq 0,$$

wobei $\varepsilon > 0$.

a Überführen Sie diese Gleichung in das zugehörige System erster Ordnung der Form $v'(t) = f(v(t))$ für den Vektor $v = (y, y')$.

b Bestimmen Sie die kritischen Punkte des Systems aus a.

c Untersuchen Sie die kritischen Punkte auf Stabilität und Instabilität.

Lösungsvorschlag zur Aufgabe (Herbst 2011, T2A5)

a Schreibe $v_1 = y, v_2 = y'$, dann ist

$$v_1' = y' = v_2$$
$$v_2' = y'' = -\varepsilon y' - \sin y = -\varepsilon v_2 - \sin v_1$$

Setze also

$$f \colon \mathbb{R}^2 \to \mathbb{R}^2, \quad v = (v_1, v_2) \mapsto (v_2, -\varepsilon v_2 - \sin v_1).$$

b Die kritischen Punkte entsprechen den Lösungen der Nullstellengleichung $f(v_1, v_2) = (0,0)$. Die erste Komponente liefert sofort v_2 und für die zweite folgt daraus

$$-\varepsilon v_2 - \sin v_1 = 0 \quad \Leftrightarrow \quad \sin v_1 = 0 \quad \Leftrightarrow \quad v_1 \in \pi\mathbb{Z}.$$

Die kritischen Punkte sind also durch die Menge $\{(k\pi, 0) \mid k \in \mathbb{Z}\}$ gegeben.

c Wir berechnen zunächst die Jacobi-Matrix von f allgemein und an der Stelle $(v_1, v_2) = (k\pi, 0)$ für $k \in \mathbb{Z}$ und erhalten

$$(\mathrm{D}f)(v_1, v_2) = \begin{pmatrix} 0 & 1 \\ -\cos v_1 & -\varepsilon \end{pmatrix} \quad \text{bzw.} \quad (\mathrm{D}f)(k\pi, 0) = \begin{pmatrix} 0 & 1 \\ -\cos k\pi & -\varepsilon \end{pmatrix}.$$

Die zweite Matrix hat für $k \in \mathbb{Z}$ das charakteristische Polynom

$$\det \begin{pmatrix} -X & 1 \\ -\cos k\pi & -\varepsilon - X \end{pmatrix} = X(X + \varepsilon) + \cos k\pi = X^2 + \varepsilon X + (-1)^k.$$

Die Nullstellen dieses Polynoms sind

$$\lambda_{1,\pm} = -\tfrac{\varepsilon}{2} \pm \tfrac{1}{2}\sqrt{\varepsilon^2 + 4} \qquad \text{für ungerades } k,$$
$$\lambda_{2,\pm} = -\tfrac{\varepsilon}{2} \pm \tfrac{1}{2}\sqrt{\varepsilon^2 - 4} \qquad \text{für gerades } k.$$

Die Eigenwerte $\lambda_{1,\pm}$ sind auf jeden Fall reell. Außerdem ist

$$\lambda_{1,+} = -\tfrac{\varepsilon}{2} + \tfrac{1}{2}\sqrt{\varepsilon^2 + 4} > -\tfrac{\varepsilon}{2} + \tfrac{1}{2}\sqrt{\varepsilon^2} = -\tfrac{\varepsilon}{2} + \tfrac{\varepsilon}{2} = 0.$$

Also sind alle Ruhelagen der Form $(0, (k+1)\pi)$ nach Satz 7.30 instabil.

Für gerades k unterscheiden wir die Fälle $\varepsilon < 2$ und $\varepsilon \geq 2$. Falls $\varepsilon < 2$ ist, so ist $\varepsilon^2 - 4$ negativ, d.h. $\sqrt{\varepsilon^2 - 4}$ ist rein imaginär. Es folgt

$$\mathrm{Re}\,\lambda_{2,\pm} = -\frac{\varepsilon}{2} < 0.$$

Ist andererseits $\varepsilon \geq 2$, so ist $\sqrt{\varepsilon^2 - 4}$ reell und es gilt

$$\mathrm{Re}\,\lambda_{2,\pm} = -\frac{\varepsilon}{2} \pm \frac{1}{2}\sqrt{\varepsilon^2 - 4} \leq -\frac{\varepsilon}{2} + \frac{1}{2}\sqrt{\varepsilon^2 - 4} < -\frac{\varepsilon}{2} + \frac{1}{2}\sqrt{\varepsilon^2} = 0.$$

Also hat in beiden Fällen $(Df)(0, k\pi)$ für gerades k nur Eigenwerte mit negativem Realteil. Es handelt sich daher hierbei um asymptotisch stabile Ruhelagen.

Stabilitätsuntersuchung mittels Lyapunov-Funktionen

Unbefriedigend an Satz 7.30 ist, dass dieser keine Aussage mehr erlaubt, falls ein Eigenwert mit Realteil 0 auftritt. In solchen Fällen kann die *direkte Methode von Lyapunov* einen Ausweg bieten. Anstoß der Entwicklung dieser Methode war die Beobachtung Lyapunovs, dass physikalische Ruhelagen die Energie minimieren, woraufhin er nach einem Typ von Funktionen suchte, der das Konzept der physikalischen Energie verallgemeinert.

Definition 7.31. Sei $n \in \mathbb{N}$, $D \subseteq \mathbb{R}^n$ offen und zusammenhängend, $f: D \to \mathbb{R}^n$ lokal Lipschitz-stetig und $\langle \cdot, \cdot \rangle$ das Standardskalarprodukt auf $\mathbb{R}^n$. Eine stetig differenzierbare Funktion $V: D \to \mathbb{R}$ heißt *Lyapunov-Funktion* der Differentialgleichung $x' = f(x)$, falls

$$\langle \nabla V(x),\, f(x) \rangle \leq 0$$

für alle $x \in D$ erfüllt ist.

Eine Lyapunov-Funktion für eine vorgegebene Differentialgleichung $x' = f(x)$ zu finden, ist ein nicht-triviales Problem. Ist $f(x)$ skalar, d.h. $f: D \to \mathbb{R}$ eine stetige Funktion mit einem offenen Intervall $D \subseteq \mathbb{R}$, so ist dies jedoch recht entspannt möglich. Sei dazu $F(x)$ eine Stammfunktion von $f(x)$, dann gilt

$$-F'(x) \cdot f(x) = -[f(x)]^2 \leq 0$$

für alle $x \in D$. Folglich ist durch $V(x) = -F(x)$ eine Lyapunov-Funktion von $x' = f(x)$ gegeben.

Satz 7.32 (direkte Methode von Lyapunov). Sei $n \in \mathbb{N}$, $D \subseteq \mathbb{R}^n$ offen und zusammenhängend, $f: D \to \mathbb{R}^n$ lokal Lipschitz-stetig und $V: D \to \mathbb{R}$ eine Lyapunov-Funktion zu $x' = f(x)$. Sei weiter $\xi \in D$ mit $f(\xi) = 0$.

(1) Gilt $V(\xi) = 0$ und $V(x) > 0$ für alle $x \in D \setminus \{\xi\}$, so ist ξ eine stabile Ruhelage von $x' = f(x)$.

(2) Gilt $V(\xi) = 0$ und $V(x) > 0$ für alle $x \in D \setminus \{\xi\}$ sowie

$$\langle \nabla V(x),\, f(x) \rangle < 0 \quad \text{für alle } x \in D \setminus \{\xi\},$$

so ist ξ eine asymptotisch stabile Ruhelage von $x' = f(x)$.

(3) Gilt $V(\overset{*}{\xi}) = 0$ sowie

$$\langle \nabla V(x),\, f(x) \rangle < 0 \quad \text{für alle } x \in D \setminus \{\xi\}$$

und gibt es in jeder Umgebung U von ξ ein $u \in U$ mit $V(u) < 0$, so ist ξ eine instabile Ruhelage von $x' = f(x)$.

Aufgabe (Herbst 2011, T1A5)

Betrachten Sie die Differentialgleichung

$$\dot{x} = -3x + y + 2y^3, \qquad \dot{y} = -4x$$

und zeigen Sie die asymptotische Stabilität der Ruhelage $(x^*, y^*) = (0,0)$ sowohl durch Untersuchung der Linearisierung in (x^*, y^*) als auch durch Verwendung der Lyapunov-Funktion

$$V(x,y) = 4x^2 - 2xy + y^2 + y^4.$$

Lösungsvorschlag zur Aufgabe (Herbst 2011, T1A5)

Sei $g : \mathbb{R}^2 \to \mathbb{R}^2, (x,y) \mapsto (-3x + y + 2y^3, -4x)$, dann ist

$$(Dg)(x,y) = \begin{pmatrix} -3 & 1 + 6y^2 \\ -4 & 0 \end{pmatrix}.$$

Wir bestimmen nun die Eigenwerte von $(Dg)(0,0)$:

$$\chi = \det \begin{pmatrix} -3 - X & 1 \\ -4 & -X \end{pmatrix} = X(X + 3) + 4 = X^2 + 3X + 4$$

Die Nullstellen des charakteristischen Polynoms sind

$$\lambda_\pm = -\tfrac{3}{2} \pm \tfrac{1}{2}\sqrt{-7}.$$

Die Eigenwerte von $(Dg)(0,0)$ haben also beide Realteil $-\tfrac{3}{2} < 0$. Aus Satz 7.30 folgt daher, dass $(0,0)$ eine asymptotisch stabile Ruhelage ist.

Laut Aufgabenstellung ist durch $V(x,y) = 4x^2 - 2xy + y^2 + y^4$ eine Lyapunov-Funktion obiger Differentialgleichung gegeben. Wir überprüfen die Bedingungen aus Satz 7.32 (2). Es ist $V(0,0) = 0$ und

$$V(x,y) = 4x^2 - 2xy + y^2 + y^4 = 3x^2 + [x^2 - 2xy + y^2] + y^4 =$$
$$= 3x^2 + (x-y)^2 + y^4 > 0$$

für alle $(x,y) \in \mathbb{R}^2 \setminus \{(0,0)\}$, außerdem

$$\langle \nabla V(x,y), g(x) \rangle = \langle (8x - 2y, -2x + 2y + 4y^3),\ (-3x + y + 2y^2, -4x) \rangle =$$
$$= (8x - 2y)(-3x + y + 2y^3) + (-2x + 2y + 4y^3)(-4x) =$$
$$= -4x \cdot \left[(-2x + 2y + 4y^3) - 2(-3x + y + 2y^3) \right]$$
$$- 2y(-3x + y + 2y^3) =$$
$$= -4x \cdot 4x + 6xy - 2y^2 - 4y^4 =$$
$$= -7x^2 - (9x^2 - 6xy + y^2) - y^2 - 4y^4 =$$
$$= -7x^2 - (3x - y)^2 - y^2 - 4y^4 < 0$$

für alle $(x,y) \in \mathbb{R}^2 \setminus \{(0,0)\}$. Daher zeigt auch die direkte Methode von Lyapunov, dass es sich bei (0,0) um eine asymptotisch stabile Ruhelage handelt.

Aufgabe (Frühjahr 2014, T1A1)

Zeigen Sie die asymptotische Stabilität der Ruhelage $(0,0)$ der in $\mathbb{R}^2$ gegebenen Differentialgleichung

$$\dot{x} = -x^3 + y^5, \qquad \dot{y} = -xy^4 - y^3.$$

Führt Linearisierung zum Ziel?

Lösungsvorschlag zur Aufgabe (Frühjahr 2014, T1A1)

Sei $g : \mathbb{R}^2 \to \mathbb{R}^2,\ (x,y) \mapsto (-x^3 + y^5, -xy^4 - y^3)$, dann berechnet sich die Jacobi-Matrix zu

$$(Dg)(x,y) = \begin{pmatrix} -3x^2 & 5y^4 \\ -y^4 & -4xy^3 - 3y^2 \end{pmatrix}$$

und es ist $(Dg)(0,0)$ die Nullmatrix. Da die Nullmatrix den doppelten Eigenwert 0 hat, kann aus Satz 7.30 keine Aussage über die Stabilität der Ruhelage $(0,0)$ gewonnen werden. Wir versuchen daher stattdessen unser Glück mit der direkten Methode von Lyapunov.

Dazu bemerken wir zunächst, dass

$$x(-x^3 + y^5) + y(-xy^4 - y^3) = -x^4 + xy^5 - xy^5 - y^4 = -x^4 - y^4 \leq 0$$

für alle $(x,y) \in \mathbb{R}^2$ gilt. Also ist durch

$$V : \mathbb{R}^2 \to \mathbb{R}, (x,y) \mapsto \tfrac{1}{2}x^2 + \tfrac{1}{2}y^2$$

eine Lyapunov-Funktion unserer Differentialgleichung gegeben, denn es ist

$$\begin{aligned}
\langle \nabla V(x,y), g(x,y) \rangle &= \\
&= \left\langle \left(\partial_x(\tfrac{1}{2}x^2 + \tfrac{1}{2}y^2), \partial_y(\tfrac{1}{2}x^2 + \tfrac{1}{2}y^2) \right), (-x^3 + y^5, -xy^4 - y^3) \right\rangle \\
&= \langle (x,y), (-x^3 + y^5, -xy^4 - y^3) \rangle \\
&= x(-x^3 + y^5) + y(-xy^4 - y^3) \\
&= -x^4 - y^4 \leq 0
\end{aligned}$$

für alle $(x,y) \in \mathbb{R}^2$. Im Falle $(x,y) \neq (0,0)$ gilt die Ungleichung sogar strikt. Weiter haben wir $V(0,0) = 0$ und $V(x,y) = \tfrac{1}{2}x^2 + \tfrac{1}{2}y^2 > 0$ für alle Punkte $(x,y) \in \mathbb{R}^2 \setminus \{(0,0)\}$, sodass $(0,0)$ nach Satz 7.32 (2) eine asymptotisch stabile Ruhelage ist.

Übersicht: Stabilitätsuntersuchung

Es seien an dieser Stelle noch einmal die verschiedenen Methoden der Stabilitätsuntersuchung aufgelistet:

(1) Für Differentialgleichungen der Form $x' = A(t)x + g(t)$ mit einer zeitabhängigen Matrix A und einer stetigen Abbildung g liefert Satz 7.28 eine äquivalente Charakterisierung der Stabilität aller Lösungen anhand der Übergangsmatrix.

(2) Für eine zeitunabhängige Matrix A lässt sich die Stabilität aller Lösungen von $x' = Ax + g(t)$ nach Satz 7.29 vollständig anhand der Eigenwerte von A klassifizieren.

(3) Die Stabilitätseigenschaften einer *Ruhelage* ξ von $x' = g(x)$ lassen sich oft mittels Linearisierung (Satz 7.30) bestimmen, indem man die Eigenwerte von $(Dg)(\xi)$ bestimmt. Allerdings liefert diese Methode keine Aussage, falls es einen Eigenwert mit Realteil 0 gibt.

(4) Ist man in der Lage, eine Lyapunov-Funktion zu $x' = g(x)$ zu bestimmen, so kann man sein Glück mit der Direkten Methode von Lyapunov (Satz 7.32) versuchen.

Teil II

Prüfungsaufgaben

8. Algebra: Aufgabenlösungen nach Jahrgängen

Prüfungstermin: Frühjahr 2018

Thema Nr. 1
(Aufgabengruppe)

Aufgabe 1   → S. 491   (12 Punkte)

a Sei $P(X) = X^n + a_{n-1}X^{n-1} + \cdots + a_1 X + a_0 \in \mathbb{Z}[X]$ ein normiertes Polynom. Sei $\overline{P}(X) \in \mathbb{F}_3[X]$ das Polynom, das aus $P(X)$ durch Reduktion der Koeffizienten entsteht.

  (i) Sei $\overline{P}(X)$ irreduzibel in $\mathbb{F}_3[X]$. Zeigen Sie, dass $P(X)$ irreduzibel in $\mathbb{Z}[X]$ ist.

  (ii) Zeigen Sie anhand eines Beispiels, dass die Umkehrung der Aussage in (i) falsch ist.

b Zeigen Sie, dass das Polynom $X^3 + (3m-1)X + (3n+1)$ für alle $m, n \in \mathbb{Z}$ irreduzibel in $\mathbb{Z}[X]$ ist.

Aufgabe 2   → S. 491   (12 Punkte)

Sei R der Ring $\mathbb{F}_2[X]/\langle X^3 + 1 \rangle$.

a Bestimmen Sie die Anzahl der Elemente in R und geben Sie diese an.

b Finden Sie alle Einheiten in R.

c Finden Sie alle idempotenten Elemente in R (also alle $f \in R$ mit $f^2 = f$).

Aufgabe 3   → S. 493   (12 Punkte)

a Zeichnen Sie alle 5-ten und alle 10-ten komplexen Einheitswurzeln in der komplexen Zahlenebene und markieren Sie jeweils die primitiven Einheitswurzeln.

b Sei $p \geq 3$ prim und $\zeta \in \mathbb{C}$. Zeigen Sie:

© Der/die Autor(en), exklusiv lizenziert durch
Springer-Verlag GmbH, DE, ein Teil von Springer Nature 2021
D. Bullach und J. Funk, *Vorbereitungskurs Staatsexamen Mathematik*,
https://doi.org/10.1007/978-3-662-62904-8_8

   (i) Ist ζ eine p-te Einheitswurzel, so ist $-\zeta$ eine $2p$-te Einheitswurzel.

  (ii) Genau dann ist ζ eine primitive p-te Einheitswurzel, wenn $-\zeta$ eine primitive $2p$-te Einheitswurzel ist.

 (iii) Es ist $\Phi_{2p}(X) = \Phi_p(-X)$. (Mit $\Phi_n \in \mathbb{Z}[X]$ bezeichnen wir das n-te Kreisteilungspolynom.)

Aufgabe 4   → S. 494   (12 Punkte)

Gegeben sei das Polynom $P(X) = X^5 - 4X + 2 \in \mathbb{Q}[X]$. Weiter sei $Z \subseteq \mathbb{C}$ ein Zerfällungskörper von P über $\mathbb{Q}$. Zeigen Sie:

a P ist irreduzibel in $\mathbb{Q}[X]$.

b P hat genau drei reelle Nullstellen.

c Die Galois-Gruppe $G_{Z|\mathbb{Q}}$ enthält ein Element der Ordnung 5 und ein Element der Ordnung 2.

Aufgabe 5   → S. 494   (12 Punkte)

Es sei p eine ungerade Primzahl, und es sei $a \in \mathbb{Z}$. Zeigen Sie, dass folgende Aussagen äquivalent sind:

a Es gibt genau eine ganze Zahl $b \geq 0$ mit $a^2 + b^2 = (b+p)^2$.

b Es ist $a \equiv p \bmod 2p$.

Thema Nr. 2
(Aufgabengruppe)

Aufgabe 1   → S. 496   (12 Punkte)

a Definieren Sie den Begriff *Integritätsbereich*.

b Formulieren Sie den *Kleinen Satz von Fermat*.

c Sei $a \in \mathbb{Z}$ und $f = X^3 + aX^2 - (3+a)X + 1 \in \mathbb{Q}[X]$. Zeigen Sie, dass f keine Nullstelle in $\mathbb{Q}$ hat.

d Seien $P_1, P_2, \ldots, P_5 \in \mathbb{R}^2$ mit $P_j = (x_j, y_j)$ für $j \in \{1, \ldots, 5\}$. Zeigen Sie, dass $P_1, \ldots, P_5$ auf einem (möglicherweise entarteten) Kegelschnitt liegen, d. h. es gibt $a, b, c, d, e, f \in \mathbb{R}$, nicht alle null, mit

$$ax_j^2 + bx_jy_j + cy_j^2 + dx_j + ey_j + f = 0 \quad \text{für alle } j \in \{1, 2, 3, 4, 5\}.$$

Hinweis Betrachten Sie ein geeignetes lineares Gleichungssystem für die Koeffizienten a, b, c, d, e, f.

Aufgabe 2   → S. 496   (12 Punkte)

Sei $a \in \mathbb{Z}$ und $f = X^3 + aX^2 - (3+a)X + 1 \in \mathbb{Q}[X]$.

a Zeigen Sie: f ist irreduzibel.

b Sei $\alpha \in \mathbb{C}$ mit $f(\alpha) = 0$. Zeigen Sie, dass $f(\frac{1}{1-\alpha}) = 0$ ist.

c Zeigen Sie: $\mathbb{Q}(\alpha)$ ist eine galoissche Erweiterung von $\mathbb{Q}$.

Aufgabe 3   → S. 497   (12 Punkte)

Bestimmen Sie alle $a \in \mathbb{R}$, für die der Faktorring $R = \mathbb{R}[X]/\langle X^2 - a \rangle$

a ein Integritätsbereich ist,

b ein Körper ist,

c isomorph zum Produktring $\mathbb{R} \times \mathbb{R}$ ist.

Aufgabe 4   → S. 498   (12 Punkte)

a Bestimmen Sie alle ganzen Zahlen $n \geq 0$, für die $2^n + 3$ bzw. $2^n + 5$ durch $3, 5, 7$ bzw. 13 teilbar ist.

b Bestimmen Sie alle ganzen Zahlen $n \geq 0$ mit der Eigenschaft, dass sowohl $2^n + 3$ als auch $2^n + 5$ Primzahlen sind.

Aufgabe 5   → S. 500   (12 Punkte)

Das *Zentrum* einer (multiplikativ geschriebenen) Gruppe G ist die Untergruppe

$$Z(G) = \{z \in G \mid \forall g \in G : gz = zg\}.$$

a Zeigen Sie, dass $Z(G)$ ein Normalteiler von G ist.

b Sei D die Diedergruppe der Ordnung 12. Bestimmen Sie $Z(D)$.

c Bestimmen Sie die Struktur der Faktorgruppe $D/Z(D)$.

Thema Nr. 3
(Aufgabengruppe)

Aufgabe 1   → S. 502   (12 Punkte)

a Bestimmen Sie alle Nullteiler und alle Einheiten im Ring $\mathbb{Z}/12\mathbb{Z}$.

b Bestimmen Sie die Mächtigkeit des Kerns einer surjektiven linearen Abbildung

$$\Psi \colon \mathbb{F}_5^3 \to \mathbb{F}_5^2,$$

wobei $\mathbb{F}_5$ ein Körper mit 5 Elementen ist.

c Gegeben sei die Permutation $\varphi \in S_9$ mit folgender Wertetabelle:

k	1	2	3	4	5	6	7	8	9
$\varphi(k)$	5	9	6	8	4	2	1	7	3

Schreiben Sie φ als Produkt von elementfremden Zykeln, und bestimmen Sie die kleinste natürliche Zahl $k \geq 1$ mit $\varphi^k = \mathrm{id}$.

d Es sei U der Untervektorraum

$$U = \mathrm{span}\,(X - 1, X^2 - X, X^2 - 1, X^{10} + X^8, X^{10} - X^6)$$

von $V = \mathbb{R}[X]$ (der Vektorraum der Polynome über $\mathbb{R}$). Bestimmen Sie die Dimension von U.

Aufgabe 2   → S. 503   (12 Punkte)

In der Gruppe $\mathrm{GL}_2(\mathbb{Q})$ der invertierbaren Matrizen über $\mathbb{Q}$ wähle

$$A = \begin{pmatrix} 0 & -1 \\ 1 & 0 \end{pmatrix} \quad \text{und} \quad B = \begin{pmatrix} 0 & 1 \\ -1 & 1 \end{pmatrix}.$$

a Zeigen Sie, dass A und B endliche Ordnungen haben, und bestimmen Sie diese Ordnungen.

b Zeigen Sie, dass $C = AB$ keine endliche Ordnung hat.

Aufgabe 3   → S. 504   (12 Punkte)

Für eine endliche Gruppe G und eine Primzahl p, die die Ordnung von G teilt, bezeichnen wir mit n_p die Anzahl der p-Sylowgruppen in G.

a Es seien G eine endliche Gruppe und $p, q \in \mathbb{N}$ zwei verschiedene Primzahlen, die die Ordnung von G teilen. Angenommen, $n_p = n_q = 1$. Es seien H_1 die einzige p-Sylowgruppe und H_2 die einzige q-Sylowgruppe in G.
Zeigen Sie, dass die Elemente von H_1 und H_2 miteinander kommutieren, d. h. für alle $x \in H_1$ und für alle $y \in H_2$ gilt $xy = yx$.

b Es sei G eine Gruppe der Ordnung 12.

  (i) Zeigen Sie, dass nicht gleichzeitig $n_2 = 3$ und $n_3 = 4$ gelten kann.

  (ii) Zeigen Sie, dass im Fall $n_2 = n_3 = 1$ die Gruppe G abelsch ist und es bis auf Isomorphie genau zwei verschiedene Möglichkeiten für G gibt.

Aufgabe 4   → S. 505   (12 Punkte)

a Zeigen Sie, dass $R_1 := \mathbb{Q}[X]/(X^4 + 12X - 2)$ ein Integritätsbereich ist.

b Zeigen Sie, dass $R_2 := \mathbb{Z}[X]/(2, X^2 + X + 1)$ ein Körper ist. Wie viele Elemente besitzt dieser Körper?

Aufgabe 5   → S. 506   (12 Punkte)

Es sei $K = \mathbb{Q}(i) \subseteq \mathbb{C}$ und $\alpha = \sqrt[4]{7} \in \mathbb{R}$. Sei $L \subseteq \mathbb{C}$ der Zerfällungskörper des Polynoms $f = X^4 - 7 \in K[X]$ über dem Grundkörper K.

a Zeigen Sie, dass $L = K(\alpha)$ gilt.

b Bestimmen Sie die Grade der Körpererweiterungen $[L : \mathbb{Q}]$ und $[L : K]$ und begründen Sie Ihre Antworten.

c Zeigen Sie, dass die Körpererweiterung $L|K$ galoissch ist.

d Es sei $\sigma \in G_{L|K}$ mit $\sigma(\alpha) = i\alpha$. Bestimmen Sie damit $\sigma^2(\alpha)$ und folgern Sie, dass $G_{L|K} = \langle \sigma \rangle$ gilt.

Lösungen zu Thema Nr. 1

Lösungsvorschlag zur Aufgabe (Frühjahr 2018, T1A1)

a Die Idee bei (i) ist, dass die Abbildung

$$\theta \colon \mathbb{Z}[X] \to \mathbb{F}_3[X], \quad f \mapsto \overline{f}$$

ein Ringhomomorphismus ist (dies zeigt man leicht). Nehmen wir nun nämlich an, dass $P(X)$ reduzibel ist. Da $P(X)$ normiert ist, können wir $P(X) = f \cdot g$ für zwei ebenfalls normierte Polynome $f, g \in \mathbb{Z}[X]$ mit $f, g \notin \mathbb{Z}[X]^{\times} = \{\pm 1\}$ schreiben. Insbesondere müssen f und g also nicht-konstant sein. Somit gilt dann

$$\overline{P}(X) = \theta(P(X)) = \theta(f \cdot g) = \theta(f) \cdot \theta(g).$$

Da f und g normiert sind, müssen $\theta(f)$ und $\theta(g)$ ebenfalls nicht-konstant sein. Diese beiden Polynome sind also keine Einheiten in $\mathbb{F}_3[X]$ und die Produktdarstellung impliziert, dass $\overline{P}(X)$ ebenfalls reduzibel ist – im Widerspruch dazu, dass $\overline{P}(X)$ laut Voraussetzung irreduzibel ist.

Für (ii) betrachten wir das Polynom $P(X) = X^2 + 3$, das nach dem Eisensteinkriterium irreduzibel als Element von $\mathbb{Z}[X]$ ist, jedoch die reduzible Reduktion $\overline{P}(X) = X^2 = X \cdot X$ besitzt.

b Unter Verwendung von Teil **a** (i) genügt es zu zeigen, dass das Polynom $\overline{f} = X^3 - X + 1 \in \mathbb{F}_3[X]$ irreduzibel ist. Da dieses Polynom Grad 3 hat, müssen wir dazu nur überprüfen, ob es eine Nullstelle in $\mathbb{F}_3$ besitzt. Einsetzen zeigt, dass

$$\overline{f}(0) = 1 \neq 0 \qquad \overline{f}(1) = 1 \neq 0 \qquad \overline{f}(2) = 1 \neq 0$$

gilt, es also keine Nullstelle in $\mathbb{F}_3$ gibt und somit $\overline{f}$ irreduzibel ist.

Lösungsvorschlag zur Aufgabe (Frühjahr 2018, T1A2)

a Sei $a \in R$. Dann ist $a = f + (X^3 + 1)$ für ein Polynom $f \in \mathbb{F}_2[X]$. Division von f durch $X^3 + 1$ mit Rest liefert Polynome $g, r \in \mathbb{F}_2[X]$ mit grad $r < 3$ und $f = hf + r$. Also ist auch $a = r + (X^3 + 1)$. Dies zeigt, dass jede Nebenklasse $a \in R$ von einem Polynom von Grad < 3 repräsentiert wird. Nehmen wir an, dass zwei solche Polynome $r, r' \in \mathbb{F}_2[X]$ mit grad $r < 3$ und grad $r' < 3$ die gleiche Klasse repräsentieren. Dann teilt $X^3 - 1$ das Polynom $(r - r')$ und aus Gradgründen folgt daraus bereits $r - r' = 0$. Wir haben also gezeigt, dass R in Bijektion zur Menge der Polynome in

$\mathbb{F}_2[X]$ von Grad < 3 steht. Somit ist

$$R = \mathbb{F}_2[X]\big/(X^3 + 1) = \{[0], [1], [X], [X + 1], [X^2], [X^2 + 1],$$
$$[X^2 + X], [X^2 + X + 1]\}$$

und $|R| = 8$.

b Wir zeigen zunächst die Äquivalenz

$$f + (X^3 + 1) \in R^\times \quad \Leftrightarrow \quad \text{ggT}(f, X^3 + 1) = 1.$$

Für „$\Rightarrow$" sei das Inverse von $f + (X^3 + 1)$ durch $g + (X^3 + 1)$ gegeben. Dann haben wir

$$f \cdot g + (X^3 + 1) = 1 + (X^3 + 1),$$

sodass es $h \in \mathbb{F}_2[X]$ geben muss mit

$$f \cdot g + h \cdot (X^3 + 1) = 1.$$

Daran sieht man, dass ein gemeinsamer Teiler von f und $X^3 + 1$ auch 1 teilen muss. Zum Nachweis der Implikation „$\Leftarrow$" sei $\text{ggT}(f, X^3 + 1) = 1$ vorgegeben. Dann liefert das Lemma von Bézout Polynome $k, l \in \mathbb{F}_2[X]$ mit

$$kf + l(X^3 + 1) = 1.$$

Also ist durch $k + (X^3 + 1)$ ein multiplikatives Inverses von $f + (X^3 + 1)$ gegeben.

Um die Aufgabe zu lösen, müssen wir also nur in der expliziten Beschreibung von R aus Teil a alle Polynome aussortieren, die nicht teilerfremd zu $X^3 + 1 = (X + 1)(X^2 + X + 1)$ sind. Somit gelangt man zu

$$R^\times = \{[1], [X], [X^2]\}.$$

c Sei $f \in R$ idempotent und $g \in \mathbb{F}_2[X]$ ein Repräsentant von f von Grad ≤ 2. Wegen $f^2 = f$ gilt

$$g^2 \equiv g \mod (X^3 + 1) \quad \Leftrightarrow \quad g(g - 1) \equiv 0 \mod (X^3 + 1)$$
$$\Leftrightarrow \quad (X^3 + 1) \mid g(g - 1).$$

Nun ist $X^3 + 1 = (X + 1)(X^2 + X + 1)$ eine Zerlegung in irreduzible Faktoren (denn der zweite Faktor hat keine Nullstellen in $\mathbb{F}_2$). Aus $(X^3 + 1) \mid g(g - 1)$ folgt daher $X^2 + X + 1 \mid g$ oder $X^2 + X + 1 \mid g - 1$. Im ersten Fall folgt wegen $\text{grad } g \leq 2$ bereits $g = X^2 + X + 1$ oder $g = 0$. Im zweiten

Fall folgt ebenso $g - 1 = X^2 + X + 1$ bzw. $g = X^2 + X$ oder $g - 1 = 0$ bzw. $g = 1$. Die idempotenten Elemente von R sind also durch

$$\{[0], [1], [X^2 + X], [X^2 + X + 1]\}$$

explizit angegeben.

Lösungsvorschlag zur Aufgabe (Frühjahr 2018, T1A3)

a Das sollte in etwa folgendermaßen aussehen:

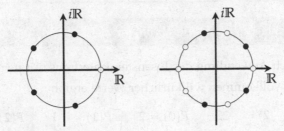

Links sind die fünften Einheitswurzeln zu sehen, rechts die zehnten. Die primitiven Einheitswurzeln sind dabei jeweils schwarz markiert.

b Um (i) zu zeigen, genügt die Rechnung

$$(-\zeta)^{2p} = (-1)^{2p} \cdot (\zeta^p)^2 = 1.$$

Für Teil (ii) nehmen wir nun zunächst an, dass ζ eine primitive p-te Einheitswurzel ist. Um zu zeigen, dass $-\zeta$ eine primitive $2p$-te Einheitswurzel ist, genügt es, $(-\zeta)^{2p/k} \neq 1$ für alle Teiler $k \neq 1$ von $2p$ zu zeigen. Es ist $(-\zeta)^p = (-1)^p \zeta^p = -1$, da laut Annahme p ungerade ist, und $(-\zeta)^2 = \zeta^2 \neq 1$, da ζ Ordnung $p \geq 3$ hat.

Setze nun umgekehrt voraus, dass $-\zeta$ eine $2p$-te Einheitswurzel ist. Dann gilt

$$(-\zeta^p)^2 = (-\zeta)^{2p} = 1 \quad \Leftrightarrow \quad -\zeta^p = 1 \text{ oder } -\zeta^p = -1.$$

Im ersten Fall hätten wir $(-\zeta)^p = (-1) \cdot (-1) = 1$ im Widerspruch dazu, dass $-\zeta$ eine primitive $2p$-te Einheitswurzel ist, also Ordnung $2p$ hat. Dies zeigt, dass ζ eine p-te Einheitswurzel ist. Da die Gruppe der p-ten Einheitswurzeln aus $p - 1$ primitiven Einheitswurzeln und 1 besteht, müssen wir nur noch $\zeta = 1$ ausschließen. In diesem Fall hätte jedoch $-\zeta = -1$ Ordnung 2 – erneuter Widerspruch dazu, dass $-\zeta$ eine primitive $2p$-te Einheitswurzel ist.

Für (iii) benutzen wir zunächst (zweimal) Satz 3.17 (2):

$$X^{2p} - 1 = \Phi_{2p} \cdot \Phi_p \cdot \Phi_2 \cdot \Phi_1 = \Phi_{2p} \cdot (X^p - 1) \cdot (X + 1).$$

Wegen $X^{2p} - 1 = (X^p - 1)(X^p + 1)$ erhalten wir also

$$\Phi_{2p} = \frac{X^p + 1}{X + 1} = \frac{(-X)^p - 1}{(-X) - 1} = \Phi_p(-X),$$

wobei man für den letzten Schritt eine ähnliche Rechnung zu oben verwendet (zu finden beispielsweise direkt nach Satz 3.17).

Lösungsvorschlag zur Aufgabe (Frühjahr 2018, T1A4)

a Folgt durch Anwendung des Eisensteinkriteriums mit $p = 2$.

b Einsetzen vollkommen willkürlicher Werte ergibt:

$$P(-2) = -22 \qquad P(0) = 2 \qquad P(1) = -1 \qquad P(2) = 26.$$

Durch Anwenden des Zwischenwertsatzes auf die stetige Funktion

$$f: \mathbb{R} \to \mathbb{R}, \quad x \mapsto P(x)$$

sehen wir also, dass das Polynom P in den reellen Intervallen $]-2, 0[$, $]0, 1[$ und $]1, 2[$ jeweils eine Nullstelle besitzen muss. Laut dem Satz von Rolle muss zwischen je zwei Nullstellen der Funktion f eine Nullstelle der Ableitung f' liegen. Hätte f (und damit P) also zusätzlich zu den drei bereits gefundenen reellen Nullstellen noch eine weitere, so müsste f' mindestens drei Nullstellen haben. Jedoch ist

$$f'(x) = x^4 - 4 = (x^2 - 2)(x^2 + 2)$$

für alle $x \in \mathbb{R}$ und hat daher nur die beiden reellen Nullstellen $\pm\sqrt{2}$.

c Sei $\tau: Z \to Z$ der von der komplexen Konjugation definierte Automorphismus. Sei $\alpha \in \mathbb{C} \setminus \mathbb{R}$ eine der beiden nicht-reellen Nullstellen von P, dann ist $\tau(\alpha) \neq \alpha$. Also ist $\tau \neq \mathrm{id}_Z$ und muss wegen $\tau \circ \tau = \mathrm{id}_Z$ Ordnung 2 haben.

Laut Teil **a** ist das Polynom P irreduzibel über $\mathbb{Q}$ und daher das Minimalpolynom von α über $\mathbb{Q}$. Es folgt, dass $[\mathbb{Q}(\alpha) : \mathbb{Q}] = \mathrm{grad}\, P = 5$ ein Teiler von $[Z : \mathbb{Q}]$ ist. Da die Ordnung der Galoisgruppe $G_{Z|\mathbb{Q}}$ von $Z|\mathbb{Q}$ gerade $[Z : \mathbb{Q}]$ ist, erhalten wir die Existenz eines Elements der Ordnung 5 in $G_{Z|\mathbb{Q}}$ somit durch Verweis auf Satz 1.26.

Lösungsvorschlag zur Aufgabe (Frühjahr 2018, T1A5)

Wir bemerken zunächst, dass aufgrund der binomischen Formel

$$a^2 + b^2 = (b + p)^2 \quad \Leftrightarrow \quad a^2 = 2bp + p^2 \quad \Leftrightarrow \quad b = \frac{a^2 - p^2}{2p}$$

ist, wobei die letzte Gleichheit in $\mathbb{Q}$ gilt. Es gibt also überhaupt nur ein rationales b mit der gewünschten Eigenschaft.

„$\boxed{b} \Rightarrow \boxed{a}$": Aufgrund der Vorbemerkung genügt zu zeigen, dass $\frac{a^2 - p^2}{2p}$ eine nicht-negative ganze Zahl ist. Für die Ganzzahligkeit ist zu überprüfen, dass $2p \mid (a^2 - p^2)$ bzw. dass $a^2 \equiv p^2 \equiv 0 \bmod 2p$. Dies folgt durch Quadrieren beider Seiten der Kongruenz in $\boxed{b}$.

Falls $a \geq p$, so ist klar, dass $a^2 - p^2 \geq 0$. Nehmen wir also an, dass $a < p$ gilt. Die Kongruenz in $\boxed{b}$ liefert dann

$$2p \mid (p - a) \quad \Rightarrow \quad 2p \leq |p - a| = p - a \quad \Leftrightarrow \quad p \leq -a.$$

Quadrieren der letzten Ungleichung ergibt dann $p^2 \leq a^2$, sodass auch in diesem Fall $0 \leq a^2 - p^2$.

„$\boxed{a} \Rightarrow \boxed{b}$": Wie wir in der Vorbemerkung bereits festgestellt haben, gilt in diesem Fall

$$\frac{a^2 - p^2}{2p} \in \mathbb{Z} \quad \Leftrightarrow \quad 2p \mid (a^2 - p^2) = (a - p)(a + p).$$

Da 2 und p beides Primzahlen sind, müssen sie jeweils einen der beiden Faktoren auf der rechten Seite teilen. Wir zeigen, dass sowohl 2 als auch p den Faktor $a - p$ teilen, was die gewünschte Kongruenz beweist. Falls $2 \mid (a - p)$ und $p \mid (a - p)$, so sind wir fertig.

Nehmen wir also zunächst $2 \mid (a + p)$ an. Dann ist auch

$$a - p = a + p - 2p \equiv 0 \quad \bmod 2,$$

also $2 \mid (a - p)$. Falls $p \mid (a + p)$, so folgt aus

$$a - p \equiv a \equiv a + p \quad \bmod p$$

ebenso $p \mid (a - p)$. Insgesamt gilt also $2p \mid (a - p)$, wie gewünscht.

Lösungen zu Thema Nr. 2

Lösungsvorschlag zur Aufgabe (Frühjahr 2018, T2A1)

a Siehe Definition 2.2 (3).

b Eine mögliche Formulierung ist: Sei p eine Primzahl und $n \in \mathbb{Z}$, dann gilt

$$n^p \equiv n \mod p.$$

c Laut Lemma 2.23 kommen als rationale Nullstellen von f nur ± 1 in Betracht. Einsetzen zeigt jedoch, dass

$$f(1) = 1 + a - (3 + a) + 1 = -1 \neq 0$$
$$f(-1) = -1 + a + (3 + a) + 1 = 2a + 3 \neq 0,$$

wobei wir in der letzten Zeile verwendet haben, dass aus $2a + 3 = 0$ die Gleichung $a = -\frac{3}{2}$ folgen würde. Letzteres widerspricht jedoch $a \in \mathbb{Z}$.

d Betrachte die Matrix $A \in \mathcal{M}_{5 \times 6}(\mathbb{R})$ gegeben durch

$$A = \begin{pmatrix} x_1^2 & x_1 y_1 & y_1^2 & x_1 & y_1 & 1 \\ x_2^2 & x_1 y_2 & y_2^2 & x_2 & y_2 & 1 \\ x_3^2 & x_1 y_3 & y_3^2 & x_3 & y_3 & 1 \\ x_4^2 & x_1 y_4 & y_4^2 & x_4 & y_4 & 1 \\ x_5^2 & x_1 y_5 & y_5^2 & x_5 & y_5 & 1 \end{pmatrix}.$$

Der Rangsatz besagt in dieser Situation, dass

$$6 = \dim_{\mathbb{R}} \ker A + \mathrm{rg}\, A, \qquad\qquad (\star)$$

wobei $\mathrm{rg}\, A$ den *Rang* von A bezeichnet. Da der Rang einer Matrix gleichzeitig dem Zeilenrang dieser Matrix entspricht, haben wir $\mathrm{rg}\, A \leq 5$. Aus $(\star)$ erhalten wir daher, dass $\dim_{\mathbb{R}} \ker A \geq 1$. Es gibt also insbesondere einen nicht-verschwindenden Vektor $(a, b, c, d, e, f) \in \ker A$. Schreibt man nun die Gleichung

$$A \cdot \begin{pmatrix} a \\ b \\ c \\ d \\ e \\ f \end{pmatrix} = 0$$

in Komponenten aus, so erhält man das System von Gleichungen aus der Aufgabenstellung.

Lösungsvorschlag zur Aufgabe (Frühjahr 2018, T2A2)

a Wir haben in Teil **c** der vorangehenden Aufgabe gezeigt, dass f keine rationalen Nullstellen hat. Lemma 2.22 zufolge ist dies äquivalent dazu, dass das Polynom f irreduzibel in $\mathbb{Q}[X]$ ist.

b Wir berechnen:

$$f(\tfrac{1}{1-\alpha}) = (1-\alpha)^{-3}(1 + a(1-\alpha) - (3+a)(1-\alpha)^2 + (1-\alpha^3)) =$$
$$= (1-\alpha)^{-3}(-1 + (3+a)\alpha - a\alpha^2 - \alpha^3) =$$
$$= -(1-\alpha)^{-3}f(\alpha) = 0.$$

c Als Nullstelle eines Polynoms mit rationalen Koeffizienten ist α algebraisch über $\mathbb{Q}$ und die Erweiterung $\mathbb{Q}(\alpha)|\mathbb{Q}$ daher ebenfalls algebraisch. Da $\mathbb{Q}$ ein Körper der Charakteristik null ist, ist $\mathbb{Q}(\alpha)$ zusätzlich separabel über $\mathbb{Q}$. Es genügt daher zu zeigen, dass die Erweiterung $\mathbb{Q}(\alpha)|\mathbb{Q}$ normal ist. Dazu überprüfen wir, dass $\mathbb{Q}(\alpha)$ mit dem Zerfällungskörper L von f über $\mathbb{Q}$ übereinstimmt. Sei $\beta \in \mathbb{C} \setminus \{\alpha, \tfrac{1}{1-\alpha}\}$ die dritte Nullstelle von f, dann ist laut Definition $L = \mathbb{Q}(\alpha, \tfrac{1}{1-\alpha}, \beta)$. Wegen $\alpha \in L$ ist die Inklusion $\mathbb{Q}(\alpha) \subseteq L$ klar. Umgekehrt gilt natürlich $\alpha, \tfrac{1}{1-\alpha} \in \mathbb{Q}(\alpha)$, und falls wir $\beta \in \mathbb{Q}(\alpha)$ nachweisen können, so folgt $L \subseteq \mathbb{Q}(\alpha)$.
Über $\mathbb{C}$ haben wir die Gleichung

$$(X - \alpha)(X - \tfrac{1}{1-\alpha})(X - \beta) = f,$$

daher liefert Koeffizientenvergleich $\alpha \cdot \tfrac{1}{1-\alpha} \cdot \beta = 1$, also $\beta = \tfrac{1-\alpha}{\alpha} \in \mathbb{Q}(\alpha)$.

Lösungsvorschlag zur Aufgabe (Frühjahr 2018, T2A3)

a Der Ring R ist genau dann ein Integritätsbereich, wenn das Ideal $(X^2 - a)$ ein Primideal ist, d. h. wenn $X^2 - a$ ein Primelement ist. Da $\mathbb{R}[X]$ ein faktorieller Ring ist, ist Letzteres wiederum gleichbedeutend dazu, dass $X^2 - a$ ein irreduzibles Polynom ist. Das ist genau dann der Fall, wenn das Polynom $X^2 - a$ keine Nullstelle in $\mathbb{R}$ besitzt. Dazu muss also a ein Nicht-Quadrat in $\mathbb{R}$ sein, sprich: $a < 0$.

b Der Ring R ist genau dann ein Körper, wenn das Ideal $(X^2 - a)$ maximal ist. In einem Hauptidealring (wie $\mathbb{R}[X]$) ist jedoch jedes Primideal (ungleich dem Nullideal) zugleich maximal, d. h. dies folgt bereits aus Teil **a**.

c Falls $R \cong \mathbb{R} \times \mathbb{R}$, so ist R insbesondere kein Integritätsbereich, und aus Teil **a** wissen wir, dass $a \geq 0$. Tatsächlich muss sogar $a > 0$ gelten, denn für $a = 0$ enthält der Ring R mit der Klasse $\overline{X}$ ein nilpotentes Element:

$$\overline{X}^2 = \overline{0} \quad \text{in } \mathbb{R}[X]/(X^2).$$

Der Ring $\mathbb{R} \times \mathbb{R}$ enthält hingegen keine nicht-trivialen nilpotenten Elemente (man spricht hierbei von einem *reduzierten* Ring): Sei $(x, y) \in \mathbb{R} \times \mathbb{R}$, dann gilt

$$(a, b)^n = (0, 0) \quad \Leftrightarrow \quad (a^n, b^n) = (0, 0) \quad \Leftrightarrow \quad a^n = 0 = b^n$$
$$\Leftrightarrow \quad a = 0 = b.$$

Folglich können $\mathbb{R} \times \mathbb{R}$ und $\mathbb{R}[X]/(X^2)$ nicht isomorph zueinander sein. Setzen wir nun umgekehrt voraus, dass $a > 0$, so ist a ein Quadrat in $\mathbb{R}$. Es gibt also ein $b \in \mathbb{R}^\times$ mit $a = b^2$ und $X^2 - a = (X - b)(X + b)$ ist eine Zerlegung in teilerfremde Polynome. Der Chinesische Restsatz liefert nun

$$\mathbb{R}[X]/(X^2 - a) = \mathbb{R}[X]/(X - b)(X + b)$$
$$\cong \mathbb{R}[X]/(X - b) \times \mathbb{R}[X]/(X + b)$$
$$\cong \mathbb{R} \times \mathbb{R},$$

wobei der letzte Isomorphismus von den entsprechenden Einsetzungshomomorphismen induziert ist.

Lösungsvorschlag zur Aufgabe (Frühjahr 2018, T2A4)

a Die Aufgabenstellung ist gleichbedeutend damit, alle $n \in \mathbb{N}_0$ zu bestimmen, sodass

$$2^n + 3 \equiv 0 \mod N \quad \text{bzw.} \quad 2^n + 5 \equiv 0 \mod N$$

für $N \in \{3, 5, 7, 13\}$.

Bemerke, dass die angegebenen Möglichkeiten für N allesamt Primzahlen sind, der Ring $\mathbb{Z}/N\mathbb{Z}$ ist daher für sämtliche Möglichkeiten ein Körper und 2 ist eine Einheit in $\mathbb{Z}/N\mathbb{Z}$. Es folgt für die erste Gleichung

$$2^n + 3 \equiv 0 \quad \mathrm{mod}\ 3 \quad \Leftrightarrow \quad 2^n \equiv 0 \quad \mathrm{mod}\ 3 \quad \Leftrightarrow \quad 2 \equiv 0 \quad \mathrm{mod}\ 3\ \not{}$$

$$2^n + 3 \equiv 0 \quad \mathrm{mod}\ 5 \quad \Leftrightarrow \quad 2^n \equiv 2 \quad \mathrm{mod}\ 5 \quad \Leftrightarrow \quad 2^{n-1} \equiv 1 \quad \mathrm{mod}\ 5$$

$$2^n + 3 \equiv 0 \quad \mathrm{mod}\ 7 \quad \Leftrightarrow \quad 2^n \equiv 2^2 \quad \mathrm{mod}\ 7 \quad \Leftrightarrow \quad 2^{n-2} \equiv 1 \quad \mathrm{mod}\ 7$$

$$2^n + 3 \equiv 0 \quad \mathrm{mod}\ 13 \quad \Leftrightarrow \quad 2^n \equiv 2 \cdot 5 \ \mathrm{mod}\ 13 \quad \Leftrightarrow \quad 2^{n-1} \equiv 5 \quad \mathrm{mod}\ 13$$

und für die zweite

$$2^n + 5 \equiv 0 \quad \mathrm{mod}\ 3 \quad \Leftrightarrow \quad 2^n \equiv 1 \quad \mathrm{mod}\ 3$$

$$2^n + 5 \equiv 0 \quad \mathrm{mod}\ 5 \quad \Leftrightarrow \quad 2^n \equiv 0 \quad \mathrm{mod}\ 5 \quad \Leftrightarrow \quad 2 \equiv 0 \quad \mathrm{mod}\ 5\ \not{}$$

$$2^n + 5 \equiv 0 \quad \mathrm{mod}\ 7 \quad \Leftrightarrow \quad 2^n \equiv 2 \quad \mathrm{mod}\ 7 \quad \Leftrightarrow \quad 2^{n-1} \equiv 1 \quad \mathrm{mod}\ 7$$

$$2^n + 5 \equiv 0 \quad \mathrm{mod}\ 13 \quad \Leftrightarrow \quad 2^n \equiv 2^3 \quad \mathrm{mod}\ 13 \quad \Leftrightarrow \quad 2^{n-3} \equiv 1 \quad \mathrm{mod}\ 13.$$

Wir sehen, dass die mit $\not{}$ gekennzeichneten Zeilen zu einem Widerspruch führen. In (fast) allen anderen Fällen genügt es nun, die Ordnung von 2 in $(\mathbb{Z}/N\mathbb{Z})^\times$ zu bestimmen, denn allgemein ist

$$a^k \equiv 1 \quad \mathrm{mod}\ N \quad \Leftrightarrow \quad \mathrm{ord}(a) \mid k$$

für alle $a \in \mathbb{Z}$, wobei $\mathrm{ord}(a)$ die Ordnung von a in $(\mathbb{Z}/N\mathbb{Z})^\times$ bezeichnet. Dazu ist es nötig, die Potenzen $2^k \bmod N$ zu berechnen:

k	1	2
$2^k \bmod 3$	2	1

k	1	2	3	4
$2^k \bmod 5$	2	4	3	1

k	1	2	3
$2^k \bmod 7$	2	4	1

k	1	2	3	4	5	6	7	8	9	10	11	12
$2^k \bmod 13$	2	4	8	3	6	12	11	9	5	10	7	1

Aus obigen Werten lesen wir ab, dass die gesuchten Ordnungen 2, 4, 3 und 12 sind. Daraus schließen wir für die erste Gleichung:

$$2^{n-2} \equiv 1 \quad \mathrm{mod}\ 7 \quad \Leftrightarrow \quad 3 \mid (n-2) \quad \Leftrightarrow \quad n \in 2 + 3\mathbb{Z}$$

$$2^{n-1} \equiv 1 \quad \mathrm{mod}\ 7 \quad \Leftrightarrow \quad 3 \mid (n-1) \quad \Leftrightarrow \quad n \in 1 + 3\mathbb{Z}$$

Und für die zweite:

$$2^n \equiv 1 \mod 3 \quad \Leftrightarrow \quad 2 \mid n \quad\quad \Leftrightarrow \quad n \in 2\mathbb{Z}$$
$$2^{n-1} \equiv 1 \mod 5 \quad \Leftrightarrow \quad 4 \mid (n-1) \quad \Leftrightarrow \quad n \in 1 + 4\mathbb{Z}$$
$$2^{n-3} \equiv 1 \mod 13 \quad \Leftrightarrow \quad 12 \mid (n-3) \quad \Leftrightarrow \quad n \in 3 + 12\mathbb{Z}$$

Außerdem können wir der Tabelle entnehmen, dass

$$2^{n-1} \equiv 5 \mod 13 \quad \Leftrightarrow \quad n - 1 \equiv 9 \mod 12 \quad \Leftrightarrow \quad n \in 10 + 12\mathbb{Z}.$$

b Zunächst bemerken wir, dass für $n = 0$ beide Zahlen keine Primzahlen sind, für $n = 1$ jedoch schon. Für $n = 2$ ist $2^n + 3 = 7$ eine Primzahl, wohingegen $2^n + 5 = 9$ keine ist. Im Fall $n = 3$ erhalten wir die Primzahlen $2^3 + 3 = 11$ und $2^3 + 5 = 13$.

Wir nehmen im Folgenden daher $n > 3$ an, insbesondere $2^n + 3 > 7$ und $2^n + 5 > 13$. Falls $2^n + 3$ und $2^n + 5$ beides Primzahlen sind, so sind diese insbesondere nicht durch 3, 5, 7 oder 13 teilbar. Laut Teil **a** ist dies äquivalent zu

$$n \not\equiv 1 \mod 4, \quad n \not\equiv 1 \mod 3, \quad n \not\equiv 2 \mod 3,$$
$$n \not\equiv 0 \mod 2, \quad n \not\equiv 3 \mod 12, \quad n \not\equiv 10 \mod 12.$$

Wir lesen zunächst ab, dass $n \equiv 0 \mod 3$ sein muss. Somit ist n kongruent zu 0, 3, 6 oder 9 mod 12. Der Fall $n \equiv 3 \mod 12$ ist laut Teil **a** ausgeschlossen, ebenso kann $n \equiv 9 \mod 12$ nicht gelten, da dies $n \equiv 1 \mod 4$ zur Folge hätte. Es bleibt also nur $n \equiv 0 \mod 12$ oder $n \equiv 6 \mod 12$. In diesen Fällen wäre n aber gerade, was der Bedingung $n \not\equiv 0 \mod 2$ widerspricht.

Die einzigen ganzen Zahlen n mit der Eigenschaft, dass sowohl $2^n + 3$ als auch $2^n + 5$ eine Primzahl ist, sind also $n = 1$ und $n = 3$.

Lösungsvorschlag zur Aufgabe (Frühjahr 2018, T2A5)

a Seien $g \in G$ und $z \in Z(G)$. Dann gilt

$$gzg^{-1} = zgg^{-1} = z \in Z(G).$$

Da $z \in Z(G)$ beliebig gewählt war, bedeutet dies $gZ(G)g^{-1} \subseteq Z(G)$ für alle $g \in G$. Somit ist $Z(G)$ ein Normalteiler von G.

b Wir verwenden die Notation aus Satz 1.37: Jedes Element in D lässt sich eindeutig als $\tau^l \sigma^k$ schreiben, wobei τ ein Element der Ordnung zwei, σ ein Element der Ordnung sechs, $l \in \{0, 1\}$ und $k \in \{1, 2, \ldots, 5\}$ ist.

Falls ein solches Element $\tau^l \sigma^k$ in Z enthalten ist, so muss insbesondere $(\tau^l \sigma^k)\sigma = \sigma(\tau^l \sigma^k)$ gelten. Für $l = 0$ ist dies stets erfüllt. Nehmen wir hingegen $l = 1$ an, dann haben wir unter Verwendung der Relation $\sigma\tau = \tau\sigma^5$

$$(\tau\sigma^k) \cdot \sigma = \sigma \cdot (\tau\sigma^k) \quad \Leftrightarrow \quad \tau\sigma^{k+1} = \tau\sigma^{k+5} \quad \Leftrightarrow \quad \sigma^4 = \mathrm{id}\,.$$

Dies widerspricht jedoch ord $\sigma = 6$. Also ist der Fall $l = 1$ ausgeschlossen.

Unser hypothetisches Mitglied σ^k des Zentrums muss außerdem mit τ vertauschen, d. h. wir haben wiederum mittels wiederholter Anwendung der obigen Relation die zusätzliche Bedingung

$$\tau\sigma^k = \sigma^k\tau \quad \Leftrightarrow \quad \tau\sigma^k = \sigma^{k-1}\tau\sigma^5 \quad \Leftrightarrow \quad \tau\sigma^k = \tau\sigma^{5k}.$$

Die Eindeutigkeit der Darstellung liefert nun die Kongruenz

$$5k \equiv k \mod 6 \quad \Leftrightarrow \quad 4k \equiv 0 \mod 6 \quad \Rightarrow \quad k \in \{0,3\}.$$

Somit bleiben uns nur noch die Elemente id und σ^3 als Kandidaten für das Zentrum übrig. Es ist klar, dass tatsächlich id $\in Z$. Wir zeigen nun, dass auch $\sigma^3 \in Z$: Sei $\tau^l \sigma^k \in D$ wieder ein beliebig vorgegebenes Element, dann müssen wir $\sigma^3(\tau^l \sigma^k) = (\tau^l \sigma^k)\sigma^3$ nachweisen. Im Fall $l = 0$ ist das klar. Andernfalls erhalten wir

$$\sigma^3 \cdot (\tau\sigma^k) = (\sigma^3\tau)\sigma^k = (\tau\sigma^{15})\sigma^k = (\tau\sigma^3)\sigma^k = \tau\sigma^{3+k} = (\tau\sigma^k) \cdot \sigma^3,$$

wie gewünscht.

c Wir haben in Teil **b** gesehen, dass Z eine Gruppe der Ordnung zwei ist. Folglich hat $D/Z(D)$ Ordnung 6. Da es bis auf Isomorphie nur zwei Gruppen der Ordnung sechs gibt (vgl. die Tabelle auf Seite 14), genügt es zu überprüfen, ob $D/Z(D)$ abelsch ist.

Angenommen, die Gruppe $D/Z(D)$ wäre abelsch. Dann müsste insbesondere die Gleichung

$$(\sigma Z(D)) \cdot (\tau Z(D)) = (\tau Z(D)) \cdot (\sigma Z(D)) \quad \Leftrightarrow \quad \sigma\tau Z(D) = \tau\sigma Z(D)$$

in $D/Z(D)$ gelten. Es gibt also ein $z \in Z(D)$, sodass $\sigma\tau = \tau\sigma z$. Wegen $\sigma\tau = \tau\sigma^5$ muss $z = \sigma^4$ sein. Laut **b** ist jedoch $\sigma^4 \notin Z(D)$, Widerspruch. Dies bedeutet, dass $D/Z(D)$ nicht-abelsch und somit isomorph zur symmetrischen Gruppe S_3 ist.

Lösungen zu Thema Nr. 3

a Bekanntlich ist

$$\left(\mathbb{Z}/12\mathbb{Z}\right)^{\times} = \{n + 12\mathbb{Z} \mid \mathrm{ggT}(n, 12) = 1\}$$
$$= \{1 + 12\mathbb{Z}, 5 + 12\mathbb{Z}, 7 + 12\mathbb{Z}, 11 + 12\mathbb{Z}\}.$$

Alle übrigen Elemente sind Nullteiler[1]: Sei $n + 12\mathbb{Z} \in \mathbb{Z}/12\mathbb{Z}$ ein Element mit $\mathrm{ggT}(n, 12) \neq 1$. Dann ist $d = \frac{12}{\mathrm{ggT}(12, n)} < 12$, d.h. $d + 12\mathbb{Z} \neq 0 + 12\mathbb{Z}$. Jedoch haben wir

$$(d + 12\mathbb{Z}) \cdot (n + 12\mathbb{Z}) = dn + 12\mathbb{Z} = 0 + 12\mathbb{Z},$$

da nach Konstruktion $12 \mid dn$. Also ist $n + 12\mathbb{Z}$ tatsächlich ein Nullteiler in $\mathbb{Z}/12\mathbb{Z}$.

b Da Ψ nach Voraussetzung surjektiv ist, haben wir $\mathrm{im}\,\Psi = \mathbb{F}_5^2$ und der Rangsatz liefert daher

$$3 = \dim_{\mathbb{F}_5} \mathbb{F}_5^3 = \dim_{\mathbb{F}_5} \mathrm{im}\,\Psi + \dim_{\mathbb{F}_5} \ker\Psi = 2 + \dim_{\mathbb{F}_5} \ker\Psi.$$

Wir erhalten $\dim_{\mathbb{F}_5} \ker\Psi = 1$, also ist $\ker\Psi$ ein eindimensionaler $\mathbb{F}_5$-Vektorraum. Insbesondere gilt $\ker\Psi \cong \mathbb{F}_5$ als Vektorräume und somit $|\ker\Psi| = 5$.

c Wir haben

$$\varphi = \begin{pmatrix} 1 & 2 & 3 & 4 & 5 & 6 & 7 & 8 & 9 \\ 5 & 9 & 6 & 8 & 4 & 2 & 1 & 7 & 3 \end{pmatrix} = (1\,5\,4\,8\,7) \circ (2\,9\,3\,6).$$

Laut Proposition 1.34 (2) hat φ daher die Ordnung $\mathrm{ggT}(5, 4) = 20$.

d Bemerke zunächst, dass

$$X^2 - X = (X^2 - 1) - (X - 1).$$

Wir können also das Polynom $X^2 - X$ in der Liste der Erzeuger ohne Verluste weglassen. Wir überprüfen nun als Nächstes, dass wir dadurch eine minimale Liste an Erzeugern erhalten, d.h. dass die Menge

$$B = \{X - 1, X^2 - 1, X^{10} + X^8, X^{10} - X^6\} \subseteq \mathbb{R}[X]$$

---

1   Allgemein gilt: In einem endlichen Ring ist jedes Element entweder Einheit oder Nullteiler. Das kann man mit der Methode aus dem Kasten auf Seite 74 zeigen, vgl. auch Aufgabe F10T3A2 auf Seite 75.

$\mathbb{R}$-linear unabhängig ist. Sei dazu $(a,b,c,d) \in \mathbb{R}^4$ mit

$$0 = a(X-1) + b(X^2-1) + c(X^{10}+X^8) + d(X^{10}-X^6)$$
$$= (-a-b) + aX + bX^2 - dX^6 + cX^8 + (c+d)X^{10}.$$

Mittels Koeffizientenvergleich erkennen wir, dass $a = b = c = d = 0$. Also ist B eine Basis von U und wir haben $\dim_\mathbb{R} U = |B| = 4$.

Lösungsvorschlag zur Aufgabe (Frühjahr 2018, T3A2)

a Wir berechnen:

$$A^2 = \begin{pmatrix} 0 & -1 \\ 1 & 0 \end{pmatrix} \cdot \begin{pmatrix} 0 & -1 \\ 1 & 0 \end{pmatrix} = \begin{pmatrix} -1 & 0 \\ 0 & -1 \end{pmatrix}$$

$$A^4 = \begin{pmatrix} -1 & 0 \\ 0 & -1 \end{pmatrix}^2 = \begin{pmatrix} 1 & 0 \\ 0 & 1 \end{pmatrix}$$

Aus der zweiten Gleichung folgt, dass die Ordnung von A ein Teiler von 4 ist, und wegen $A^2 \neq \mathbb{E}_2$ hat A die Ordnung vier. Genauso gehen wir für B vor:

$$B^2 = \begin{pmatrix} 0 & 1 \\ -1 & 1 \end{pmatrix} \cdot \begin{pmatrix} 0 & 1 \\ -1 & 1 \end{pmatrix} = \begin{pmatrix} -1 & 1 \\ -1 & 0 \end{pmatrix}$$

$$B^3 = \begin{pmatrix} -1 & 1 \\ -1 & 0 \end{pmatrix} \cdot \begin{pmatrix} 0 & 1 \\ -1 & 1 \end{pmatrix} = \begin{pmatrix} -1 & 0 \\ 0 & -1 \end{pmatrix}$$

Somit hat B wegen $B^6 = (B^3)^2 = \mathbb{E}_2$ und $B^3 \neq \mathbb{E}_2$ die Ordnung sechs.

b Es ist

$$C = AB = \begin{pmatrix} 0 & -1 \\ 1 & 0 \end{pmatrix} \cdot \begin{pmatrix} 1 & -1 \\ 0 & 1 \end{pmatrix} = \begin{pmatrix} 1 & -1 \\ 0 & 1 \end{pmatrix}.$$

Wir zeigen nun zunächst durch vollständige Induktion, dass für alle $n \in \mathbb{N}$ die folgende Gleichung gilt:

$$C^n = \begin{pmatrix} 1 & -n \\ 0 & 1 \end{pmatrix}$$

Insbesondere gibt es dann kein $n \in \mathbb{N}$, sodass C^n die Einheitsmatrix ist. Dies bedeutet gerade, dass C unendliche Ordnung hat.

Der Induktionsanfang ist bereits erledigt, gehen wir daher zum Induktionsschritt über. Sei die Behauptung für ein $n \in \mathbb{N}$ bereits bewiesen, dann haben wir, wie erhofft,

$$C^{n+1} = C^n \cdot C = \begin{pmatrix} 1 & -n \\ 0 & 1 \end{pmatrix} \cdot \begin{pmatrix} 1 & -1 \\ 0 & 1 \end{pmatrix} = \begin{pmatrix} 1 & -(n+1) \\ 0 & 1 \end{pmatrix}$$

Lösungsvorschlag zur Aufgabe (Frühjahr 2018, T3A3)

a Bemerke zunächst, dass die Annahme $n_p = 1 = n_q$ impliziert, dass sowohl H_1 als auch H_2 ein Normalteiler von G ist. Sind $x \in H_1$ und $y \in H_2$, so bedeutet das also $yx^{-1}y^{-1} \in H_1$ und $xyx^{-1} \in H_2$. Es folgt

$$xyx^{-1}y^{-1} = x(yx^{-1}y^{-1}) = (xyx^{-1})y^{-1} \in H_1 \cap H_2.$$

Da H_1 und H_2 jedoch teilerfremde Ordnungen haben, ist $H_1 \cap H_2 = \{1\}$. Somit haben wir

$$xyx^{-1}y^{-1} = 1 \quad \Leftrightarrow \quad xy = yx.$$

b (i): Dies ist ein klassischer Fall von Elementezählen: Die vier 3-Sylowgruppen sind zyklisch und enthalten zusammen $4 \cdot (3-1) = 8$ verschiedene Elemente der Ordnung 3. Sei P_2 eine beliebige 2-Sylowgruppe, dann hat P_2 die Ordnung 4 und kann kein Element der Ordnung 3 enthalten, macht also vier weitere Elemente. Laut Annahme haben wir aber noch eine 2-Sylowgruppe P_2' mit $P_2 \neq P_2'$. Dies bedeutet, es gibt mindestens ein Element in P_2', das nicht in P_2 enthalten ist. Addieren wir noch dieses eine Element, so haben wir nun insgesamt

$$8 + 4 + 1 = 13 > 12 = |G|$$

Elemente gefunden – Widerspruch.

(ii): Seien P_3 bzw. P_2 die einzige 3- bzw. 2-Sylowgruppe. Dann ist G inneres direktes Produkt von P_3 und P_4, sodass

$$G = P_3 \cdot P_2 \cong P_3 \times P_2.$$

Wegen $|P_3| = 3$ ist $P_3 \cong \mathbb{Z}/3\mathbb{Z}$. Für P_2 haben wir dagegen zwei Möglichkeiten: $|P_2| = 4$ ist ein Primzahlquadrat, also ist P_2 abelsch und der Hauptsatz liefert $P_2 \cong \mathbb{Z}/4\mathbb{Z}$ oder $\mathbb{Z}/2\mathbb{Z} \times \mathbb{Z}/2\mathbb{Z}$. Insgesamt also

$$G \cong \mathbb{Z}/12\mathbb{Z} \quad \text{oder} \quad G \cong \mathbb{Z}/6\mathbb{Z} \times \mathbb{Z}/2\mathbb{Z}.$$

Lösungsvorschlag zur Aufgabe (Frühjahr 2018, T3A4)

a R_1 ist genau dann ein Integritätsbereich, wenn $(X^4 + 12X - 2) \subseteq \mathbb{Q}[X]$ ein Primideal ist. Dies ist genau dann der Fall, wenn $X^4 - 12X - 2$ ein Primelement ist. Da es sich bei $\mathbb{Q}[X]$ um einen Hauptidealring handelt, ist Letzteres wiederum äquivalent dazu, dass das Polynom $X^4 - 12X - 2$ irreduzibel ist, was laut dem Eisensteinkriterium (mit $p = 2$) stimmt.

b Wir zeigen zunächst, dass die Abbildung

$$\theta \colon R_2 \to \mathbb{F}_2[X]\big/(X^2 + X + 1), \quad f + (2, X^2 + X + 1) \mapsto \overline{f} + (X^2 + X + 1)$$

ein Isomorphismus ist. Hierbei identifizieren wir $\mathbb{F}_2$ mit $\mathbb{Z}/2\mathbb{Z}$ und $\overline{f} \in \mathbb{F}_2[X]$ bezeichnet das Polynom, das aus f durch Reduktion der Koeffizienten modulo 2 hervorgeht.

Wohldefiniertheit: Seien $f, g \in \mathbb{Z}[X]$ zwei Polynome mit $f - g \in (2, X^2 + X + 1)$, d.h. es gibt $a, b \in \mathbb{Z}[X]$ mit

$$f - g = a \cdot 2 + b \cdot (X^2 + X + 1).$$

In diesem Fall haben wir

$$f - g \equiv b \cdot (X^2 + X + 1) \mod 2,$$

sodass also $\overline{f} - \overline{g} \in (X^2 + X + 1)$ in $\mathbb{F}_2[X]$ gilt. Dies bedeutet, dass $\theta(f) = \theta(g)$.

Surjektivität: Ist ein Element $\overline{f} + (X^2 + X + 1) \in \mathbb{F}_2[X]/(X^2 + X + 1)$ vorgegeben, dann können wir ein Polynom $f \in \mathbb{Z}[X]$ mit $f \equiv \overline{f} \bmod 2$ wählen. Nach Konstruktion ist nun $f + (2, X^2 + X + 1)$ ein Urbild von $\overline{f} + (X^2 + X + 1)$ unter θ.

Injektivität: Sei $f \in \mathbb{Z}[X]$ ein Polynom, sodass $f + (2, X^2 + X + 1)$ im Kern von θ liegt, d.h.

$$\overline{f} \in (X^2 + X + 1).$$

Anders ausgedrückt: Es gibt ein Polynom $b \in \mathbb{Z}[X]$, sodass

$$f \equiv b \cdot (X^2 + X + 1) \mod 2.$$

Dies wiederum bedeutet, dass es ein $a \in \mathbb{Z}[X]$ gibt mit

$$f = a \cdot 2 + b \cdot (X^2 + X + 1),$$

also $f \in (2, X^2 + X + 1)$. Dies zeigt Injektivität.

Dank des Isomorphismus θ genügt es zu zeigen, dass $\mathbb{F}_2[X]/(X^2 + X + 1)$ ein Körper ist. Dies ist genau dann der Fall, wenn $(X^2 + X + 1) \subseteq \mathbb{F}_2[X]$ ein maximales Ideal ist. In einem Hauptidealring (wie $\mathbb{F}_2[X]$) ist jedes Primideal maximal, die gleichen Argumente wie in Teil a also, dass dies äquivalent zur Irreduzibilität von $X^2 + X + 1$ in $\mathbb{F}_2[X]$ ist. Um Letzteres nachzuweisen, kann man einfach durch Einsetzen überprüfen, dass $X^2 + X + 1$ keine Nullstelle in $\mathbb{F}_2$ besitzt.

Ist $\alpha \in \overline{\mathbb{F}}_2$ eine Nullstelle von $X^2 + X + 1$ in einem algebraischen Abschluss von $\mathbb{F}_2$, dann ist $X^2 + X + 1$ nach Konstruktion das Minimalpolynom von α über $\mathbb{F}_2$. Der Einsetzungshomomorphismus stiftet dann einen Isomorphismus

$$\mathbb{F}_2[X]\big/(X^2 + X + 1) \cong \mathbb{F}_2(\alpha)$$

und wir haben $[\mathbb{F}_2(\alpha) : \mathbb{F}_2] = \mathrm{grad}\,(X^2 + X + 1) = 2$. Dies bedeutet, dass R_2 ein $\mathbb{F}_2$-Vektorraum von Dimension 2 ist und somit aus $2 \cdot 2 = 4$ Elementen besteht.

Lösungsvorschlag zur Aufgabe (Frühjahr 2018, T3A5)

a Die Nullstellen des Polynoms f sind durch $\{\alpha, -\alpha, i\alpha, -i\alpha\}$ gegeben. Laut Definition ist daher $L = K(\alpha, -\alpha, i\alpha, -i\alpha)$. Es ist klar, dass $K(\alpha) \subseteq L$. Umgekehrt enthält der Körper $K(\alpha)$ auch die Elemente $-\alpha, i\alpha$ und $-i\alpha$ (da $i \in K \subseteq K(\alpha)$). Somit ist auch $L \subseteq K(\alpha)$, sodass $L = K(\alpha)$ gelten muss.

b Das Polynom f ist laut dem Eisensteinkriterium (mit $p = 7$) irreduzibel in $\mathbb{Q}[X]$. Da es außerdem normiert ist, muss es das Minimalpolynom von f über $\mathbb{Q}$ sein. Es folgt, dass

$$[\mathbb{Q}(\alpha) : \mathbb{Q}] = \mathrm{grad}\,f = 4.$$

Das Minimalpolynom von i über $\mathbb{Q}(\alpha)$ ist ein Teiler von $X^2 + 1$, hat also Grad 1 oder 2. Im ersten Fall wäre es linear, d.h. es müsste $i \in \mathbb{Q}(\alpha)$ sein. Wegen $\alpha \in \mathbb{R}$ gilt jedoch $\mathbb{Q}(\alpha) \subseteq \mathbb{R}$ und $i \in \mathbb{Q}(\alpha)$ ist unmöglich. Besagtes Minimalpolynom hat daher Grad 2 und es gilt $[\mathbb{Q}(\alpha, i) : \mathbb{Q}(\alpha)] = 2$. Die Gradformel liefert wegen $L = \mathbb{Q}(\alpha, i)$ nun

$$[L : \mathbb{Q}] = [L : \mathbb{Q}(\alpha)] \cdot [\mathbb{Q}(\alpha) : \mathbb{Q}] = 2 \cdot 4 = 8,$$

beantwortet also den ersten Teil der Fragestellung. Für den zweiten Teil verwenden wir abermals die Gradformel und erhalten

$$[L : K] = \frac{[L : \mathbb{Q}]}{[K : \mathbb{Q}]} = \frac{4}{[K : \mathbb{Q}]}.$$

Das Polynom $X^2 + 1$ ist irreduzibel in $\mathbb{Q}[X]$, da es keine Nullstelle in $\mathbb{Q}$ besitzt. Daraus schließen wir, dass das Polynom $X^2 + 1$ das Minimalpolynom von i über $\mathbb{Q}$ ist und $[K : \mathbb{Q}] = 2$ gilt. Einsetzen in obige Formel ergibt dann

$$[L : K] = 4.$$

c L ist laut Definition der Zerfällungskörper des Polynoms f über K, nach Konstruktion ist die Erweiterung $L|K$ also bereits normal. Da K weiterhin Charakteristik 0 hat, ist diese Erweiterung auch separabel. Fazit: $L|K$ ist galoissch.

d Als Element von $G_{L|K}$ ist σ insbesondere K-linear, d. h. $\sigma(i\alpha) = i\sigma(\alpha) = -\alpha$. Es folgt

$$\sigma^2(\alpha) = \sigma(\sigma(\alpha)) = \sigma(i\alpha) = -\alpha \neq \alpha.$$

Dies bedeutet, dass sowohl $\sigma \neq \mathrm{id}_L$ als auch $\sigma^2 \neq \mathrm{id}_L$. Wegen $|G_{L|K}| = [L : K] = 4$ muss die Ordnung von σ aber ein Teiler von 4 sein. Das bedeutet gerade $\mathrm{ord}\,\sigma = 4$ und wir haben daher $G_{L|K} = \langle \sigma \rangle$.

Prüfungstermin: Herbst 2018

Thema Nr. 1
(Aufgabengruppe)

Aufgabe 1   → S. 513   (12 Punkte)

a Zeigen Sie, dass das Polynom $X^7 + 3X + 3 \in \mathbb{Q}[X]$ irreduzibel ist.

b Bestimmen Sie die Ordnung der Permutation $(12)(34)(567) \in S_7$.

c Sei G eine abelsche Gruppe und seien $a, b, c \in G$. Angenommen, a hat Ordnung 2, b hat Ordnung 4 und c hat Ordnung 6. Bestimmen Sie die Ordnung von abc.

d Bestimmen Sie alle Einheitswurzeln im Körper $\mathbb{Q}(\sqrt{3})$.

Aufgabe 2   → S. 513   (12 Punkte)

Sei G eine Gruppe.

a Sei $H \subseteq G$ eine Untergruppe von endlichem Index. Zeigen Sie, dass die Menge $\{gHg^{-1} \mid g \in G\}$ endlich ist.

b Es seien $n_1, n_2 \in \mathbb{N}$ und es seien $H_1, H_2 \subseteq G$ Untergruppen von G mit $(G : H_1) = n_1$ und $(G : H_2) = n_2$. Zeigen Sie, dass $(G : (H_1 \cap H_2)) \leq n_1 n_2$ ist.

c Sei $H \subseteq G$ eine Untergruppe von endlichem Index. Zeigen Sie, dass ein Normalteiler $N \subseteq G$ von endlichem Index existiert, für den $N \subseteq H$ gilt.

Aufgabe 3   → S. 514   (12 Punkte)

Sei p eine Primzahl, $q = p^n$ ($n \geq 1$) eine Primzahlpotenz und $\mathbb{F}_q$ der endliche Körper mit q Elementen.

a Zeigen Sie im Fall $p \neq 2$: $|\{x^2 \mid x \in \mathbb{F}_q\}| = \frac{q+1}{2}$.

b Sei $\alpha \in \mathbb{F}_q$ gegeben. Zeigen Sie, dass $x, y \in \mathbb{F}_q$ so existieren, dass $\alpha = x^2 + y^2$ gilt.
Hinweis Betrachten Sie den Schnitt der Mengen $\{\alpha - x^2 \in \mathbb{F}_q \mid x \in \mathbb{F}_q\}$ und $\{y^2 \in \mathbb{F}_q \mid y \in \mathbb{F}_q\}$.

Aufgabe 4 → S. 515 (12 Punkte)

Seien $p > 0$ eine Primzahl, $\mathbb{Q} \subseteq K$ eine Körpererweiterung vom Grad p, $\alpha \in K$ ein Element mit $K = \mathbb{Q}(\alpha)$, außerdem $\alpha_1 := \alpha, \ldots, \alpha_p \in \mathbb{C}$ die Konjugierten von α über $\mathbb{Q}$ und letztlich $E := \mathbb{Q}(\alpha_1, \ldots, \alpha_p)$ die normale Hülle von $K|\mathbb{Q}$.

a Zeigen Sie, z. B. durch Betrachten der Operation der Galoisgruppe auf den Nullstellen, dass die Galoisgruppe $G_{E|\mathbb{Q}}$ eine zyklische Untergruppe der Ordnung p enthält.

b Zeigen Sie: Gilt $\alpha_2 \in K$, so folgt $K = E$.

Aufgabe 5 → S. 515 (12 Punkte)

Sei $K = \{0, 1, a, b\}$ ein Körper mit vier Elementen (0 sei das Nullelement, 1 das Einselement).

a Stellen Sie die Additions- und die Multiplikationstabelle von K auf.

b Sei $f = X^4 + X + 1 \in K[X]$. Zeigen Sie, dass f reduzibel ist.

c Bestimmen Sie den Grad des Zerfällungskörpers von f über K.

Thema Nr. 2
(Aufgabengruppe)

Aufgabe 1 → S. 516 (12 Punkte)

a Man zeige, dass die beiden Zahlen $12n + 1$ und $30n + 2$ für alle $n \in \mathbb{Z}$ teilerfremd sind.

b Sei K ein Körper. Man zeige, dass der Polynomring $K[X]$ unendlich viele irreduzible Polynome enthält.
  Hinweis Man verwende z. B. die Idee in Euklids Beweis der Unendlichkeit der Primzahlmenge.

Aufgabe 2 → S. 517 (12 Punkte)

Sei $L|K$ eine Körpererweiterung. Seien $m, n \in \mathbb{N}$, sei A eine $m \times n$-Matrix mit Koeffizienten in K und sei $b \in K^m$. Zeigen Sie, dass das lineare Gleichungssystem $Ax = b$ genau dann eine Lösung $x \in K^n$ hat, wenn es eine Lösung $x \in L^n$ hat.

Aufgabe 3   → S. 517   (12 Punkte)

Sei $(G, +)$ eine abelsche Gruppe. Die *Torsion* $T(G)$ von G ist die Menge aller Elemente endlicher Ordnung von G. Die Gruppe G heißt *torsionsfrei*, falls gilt, dass $T(G) = \{0_G\}$, wobei 0_G das neutrale Element von G bezeichnet.

a Sei $(G, +)$ eine abelsche Gruppe. Zeigen Sie:

   (i) $T(G)$ ist eine Untergruppe von G.

   (ii) $G/T(G)$ ist torsionsfrei.

b Geben Sie eine unendliche abelsche Gruppe mit nicht-trivialer Torsion an.

Aufgabe 4   → S. 518   (12 Punkte)

Es seien p eine Primzahl und $\zeta \in \mathbb{C}$ eine primitive p-te Einheitswurzel. Es sei $\mathbb{Z}[\zeta]$ der Durchschnitt aller Teilringe von $\mathbb{C}$, die $\mathbb{Z}$ und ζ enthalten. Weiter seien $z_0, z_1, \ldots, z_{p-1} \in \mathbb{Z}$ und $x := z_0 + z_1\zeta + \cdots + z_{p-1}\zeta^{p-1} \in \mathbb{Q}(\zeta)$. Zeigen Sie:

a $\mathbb{Z}[\zeta] = \{y_0 + y_1\zeta + \cdots + y_{p-2}\zeta^{p-2} \mid y_0, \ldots, y_{p-2} \in \mathbb{Z}\} \subseteq \mathbb{Q}(\zeta)$.

b Ist $\frac{x}{p} \in \mathbb{Z}[\zeta]$, so gilt $z_0 \equiv \cdots \equiv z_{p-1} \bmod p$.

Aufgabe 5   → S. 519   (12 Punkte)

Sei p eine ungerade Primzahl und sei ζ eine primitive p-te Einheitswurzel. Zeigen Sie:

a Die Körpererweiterung $\mathbb{Q}(\zeta)|\mathbb{Q}$ hat genau einen Zwischenkörper Z von Grad 2 über $\mathbb{Q}$.

b Komplexe Konjugation induziert ein Element der Ordnung 2 in der Galoisgruppe $G_{\mathbb{Q}(\zeta)|\mathbb{Q}}$.

c Der Körper Z aus **a** ist genau dann ein Unterkörper von $\mathbb{R}$, wenn $p \equiv 1 \bmod 4$.

Thema Nr. 3
(Aufgabengruppe)

Aufgabe 1   → S. 520   (12 Punkte)

a Geben Sie die Definition einer *auflösbaren Gruppe* an.

b Sei $d \geq 1$ eine natürliche Zahl. Geben Sie eine Definition für das d-te *Kreisteilungspolynom* $\Phi_d(X)$ über den rationalen Zahlen an.

c Geben Sie eine Formulierung des *Satzes vom primitiven Element* an.

Aufgabe 2   → S. 520   (12 Punkte)

a Geben Sie ein normiertes Polynom mit rationalen Koeffizienten an, welches $\sqrt{2} + \sqrt{7}$ als Nullstelle hat.

b Mit S_n wollen wir die symmetrischen, mit A_n die alternierenden Gruppen bezeichnen. Begründen Sie, warum $A_3 \times A_3$ die einzige 3-Sylowgruppe von $S_3 \times S_3$ ist.

c Sei $f = X^2 + pX + q$ ein Polynom mit rationalen Koeffizienten. Was können Sie über die Galois-Gruppe von f sagen, wenn die Diskriminante $\Delta := p^2 - 4q$ ein Quadrat in den rationalen Zahlen ist?

Aufgabe 3   → S. 521   (12 Punkte)

Mit $\mathbb{Q}$ bezeichnen wir den Körper der rationalen Zahlen.
Sei f ein irreduzibles Polynom fünften Grades über den rationalen Zahlen, dessen Galois-Gruppe isomorph zur symmetrischen Gruppe S_5 ist. Mit L bezeichnen wir einen Zerfällungskörper von f über den rationalen Zahlen.

a Welchen Grad hat L über $\mathbb{Q}$? (Geben Sie eine kurze Begründung an.)

b Seien $x_1, \ldots, x_5$ die Nullstellen von f in L. Kann der Fall $x_i = x_j$ mit $i \neq j$ auftreten? (Geben Sie eine kurze Begründung an.)

c Für jedes $i \in \{0, \ldots, 5\}$ betrachten wir die Zwischenerweiterung definiert als $K_i = \mathbb{Q}(x_1, \ldots, x_i)$ (d.h. insbesondere $K_0 = \mathbb{Q}$) von L über $\mathbb{Q}$. Bestimmen Sie den Grad von K_{i+1} über K_i für $i \in \{0, \ldots, 4\}$.

d Geben Sie eine Begründung dafür an, warum f über $\mathbb{Q}$ nicht, dafür aber über K_1 auflösbar ist.

Aufgabe 4   → S. 521   (12 Punkte)

Zur Erinnerung: Eine komplexe Zahl heißt *algebraisch*, wenn sie Nullstelle eines Polynoms mit rationalen Koeffizienten ist.

a Sei $n \geq 1$ eine natürliche Zahl und sei $c \in \mathbb{C}^n$ ein nicht-verschwindender Vektor aus komplexen Zahlen. Zeigen Sie, dass eine komplexe Zahl z algebraisch ist, wenn eine rationale $n \times n$-Matrix A mit

$$z \cdot \begin{pmatrix} c_1 \\ \vdots \\ c_n \end{pmatrix} = A \cdot \begin{pmatrix} c_1 \\ \vdots \\ c_n \end{pmatrix}$$

existiert.

Hinweis Betrachten Sie das charakteristische Polynom von A.

b Seien x und y zwei algebraische Zahlen. Benutzen Sie die Aussage aus **a**, um zu zeigen, dass $z = x + y$ ebenfalls algebraisch ist.

Hinweis Betrachten Sie einen Vektor c, dessen Einträge von der Form $x^i y^j$ sind.

Aufgabe 5   · → S. 523   (12 Punkte)

a Sei $\mathbb{Z}$ der Ring der ganzen Zahlen. Zeigen Sie, dass der Ring $\mathbb{Z}[i]/(2)$ (wobei $i^2 = -1$) genau vier Elemente hat.

b Sei R ein kommutativer Ring mit 1. Sei weiter $t \in R$. Zeigen Sie, dass jedes Element im Quotientenring $R[X]/(tX - 1)$ kongruent zu einem Element der Form $aX^n \mod (tX - 1)$ ist, wobei $a \in R$ und $n \geq 1$ eine natürliche Zahl ist.

c Für einen kommutativen Ring R mit 1 wollen wir mit $\mathrm{Spec}(R)$ die Menge der Primideale von R bezeichnen. Sei $\phi \colon R \to S$ ein Ringhomomorphismus in einen weiteren kommutativen Ring mit 1. Geben Sie einen Beweis dafür an, dass

$$\phi^{-1} \colon \mathrm{Spec}(S) \to \mathrm{Spec}(R), \quad \mathfrak{p} \mapsto \phi^{-1}(\mathfrak{p})$$

eine wohldefinierte Abbildung ist.

Lösungen zu Thema Nr. 1

a Dies folgt aus dem Eisensteinkriterium mit $p = 3$.

b Da es sich um das Produkt disjunkter Zykel handelt, ist dessen Ordnung durch das kleinste gemeinsame Vielfache der Ordnungen der beteiligten Zykel gegeben:

$$\operatorname{ord}((12)(34)(567)) = \operatorname{kgV}(\operatorname{ord}(12), \operatorname{ord}(34), \operatorname{ord}(567))$$
$$= \operatorname{kgV}(2, 3) = 6.$$

c Da G abelsch ist, gilt

$$(abc)^{12} = a^{12}b^{12}c^{12} = e_G \cdot e_G \cdot e_G = e_G,$$

wobei e_G das Neutralelement in G bezeichnet. Um zu zeigen, dass abc Ordnung 12 hat, genügt es nun, $(abc)^{12/p} \neq e_G$ für jeden Primteiler p von 12 zu zeigen. Wäre dies nicht der Fall, so würden wir aus

$$(abc)^6 = a^6b^6c^6 = e_G \cdot (b^4 \cdot b^2) \cdot e_G = b^2$$
$$(abc)^4 = a^4b^4c^4 = e_G \cdot e_G \cdot c^4 = c^4$$

einen Widerspruch dazu erhalten, dass b Ordnung 4 und c Ordnung 6 hat.

d Zunächst stellen wir fest, dass wegen $\sqrt{3} \in \mathbb{R}$ auch $\mathbb{Q}(\sqrt{3}) \subseteq \mathbb{R}$ gilt. Sei nun $\zeta \in \mathbb{Q}(\sqrt{3})$ eine Einheitswurzel der Ordnung $n \in \mathbb{N}$. Wir zeigen nun, dass $\zeta = \pm 1$. Angenommen, es ist $|\zeta| \neq 1$. Falls $|\zeta| > 1$, so ist auch $|\zeta|^n > 1$ im Widerspruch dazu, dass ζ Ordnung n hat. Genauso führt man die Annahme $|\zeta| < 1$ zum Widerspruch. Wir haben also gezeigt, dass $\mathbb{Q}(\sqrt{3})$ höchstens die Einheitswurzeln $\{1, -1\}$ enthält. Da diese natürlich in $\mathbb{Q}(\sqrt{3})$ liegen, handelt es sich dabei bereits um sämtliche Einheitswurzeln in $\mathbb{Q}(\sqrt{3})$.

a Betrachte die Abbildung (von Mengen!)

$$\phi \colon G/H \to \{gHg^{-1} \mid g \in G\}, \quad gH \mapsto gHg^{-1}.$$

Diese Abbildung ist wohldefiniert, denn ist $g_1H = g_2H$, so bedeutet das

$g_1 = g_2h$ für ein $h \in H$ und es folgt

$$g_1Hg_1^{-1} = (g_2h)H(g_2h)^{-1} = g_2hHh^{-1}g_2^{-1} = g_2Hg_2^{-1}.$$

Offensichtlich ist ϕ außerdem surjektiv, sodass die Behauptung folgt.

b Ähnlich wie in Teil **a** zeigen wir, dass die Abbildung

$$G/_{H_1 \cap H_2} \to G/_{H_1} \times G/_{H_2}, \quad g(H_1 \cap H_2) \mapsto (gH_1, gH_2)$$

wohldefiniert und injektiv ist. Seien dazu $g_1, g_2 \in G$. Dann ist

$$g_1(H_1 \cap H_2) = g_2(H_1 \cap H_2) \quad \Leftrightarrow \quad g_1 = g_2h, \ h \in H_1 \cap H_2$$
$$\Leftrightarrow \quad g_1H_1 = g_2H_1 \text{ und } g_1H_2 = g_2H_2.$$

Die Richtung „$\Rightarrow$" zeigt nun die Wohldefiniertheit, die Richtung „$\Leftarrow$" die Injektivität der Abbildung. Insbesondere ist $G/H_1 \cap H_2$ höchstens so mächtig wie $G/H_1 \times G/H_2$.

c Wir lassen G mittels Linkstranslation auf G/H operieren, d. h. zeige zunächst, dass

$$G \times G/_H \to G/_H, \quad (g, bH) \mapsto gbH$$

eine Gruppenoperation definiert. Daraus erhält man dann einen Homomorphismus

$$\phi \colon G \to \mathrm{Aut}(G/_H).$$

Es gilt $\ker\phi \subseteq H$, denn $g \in \ker\phi$ bedeutet $gbH = bH$ für alle Nebenklassen $bH \in G/H$, also insbesondere $gH = H$. Letzteres erzwingt $g \in H$. Außerdem haben wir aus dem Homomorphiesatz

$$G/_{\ker\phi} \hookrightarrow \mathrm{Aut}(G/_H),$$

wobei mit G/H auch die rechte Menge und somit der Index $(G : \ker\phi)$ endlich ist. Der Normalteiler $N = \ker\phi$ besitzt also alle geforderten Eigenschaften.

Lösungsvorschlag zur Aufgabe (Herbst 2018, T1A3)

a Dies ist zu Beginn des Abschnitts 2.4 auf Seite 117 erläutert.

b Siehe die Lösung zu Aufgabe H13T2A4 auf Seite 118.

Lösungsvorschlag zur Aufgabe (Herbst 2018, T1A4)

a Laut Voraussetzung ist $[K : \mathbb{Q}] = p$, sodass $[E : \mathbb{Q}] = |G_{E|\mathbb{Q}}|$ von p geteilt wird. Das reicht eigentlich schon aus, um zu sagen, dass $G_{E|\mathbb{Q}}$ eine Untergruppe der Ordnung p besitzt (Nullter Sylowsatz).

b Wir fassen $G_{E|\mathbb{Q}}$ als Untergruppe von S_p auf. Die Elemente der Ordnung p in S_p sind genau die p-Zykel, also enthält $G_{E|\mathbb{Q}}$ nach Teil a einen p-Zykel, nennen wir ihn σ. Es gibt also ein $n \in \{1, \ldots, p-1\}$ mit

$$\sigma^n(\alpha_1) = \alpha_2$$

und somit ist $\sigma^n(K) \subseteq K$. Gleiches gilt dann für die Potenzen $(\sigma^n)^i$ mit $i \in \{1, \ldots, p-1\}$. Nun durchlaufen die Werte $(\sigma^n)^i(\alpha_1)$ aber die komplette Menge $\{\alpha_1, \ldots, \alpha_p\}$, somit müssen diese Nullstellen bereits alle in K liegen.

Lösungsvorschlag zur Aufgabe (Herbst 2018, T1A5)

a Siehe Aufgabe F03T3A2 auf Seite 202.

b Sei $a \in K$. Dann gilt $a^4 = a$ und somit $f(a) = a + a + 1 = 1$, da K Charakteristik 2 hat. Also hat f keine Nullstelle in f und es kommt nur eine Faktorisierung in zwei irreduzible quadratische Polynome aus $K[X]$ infrage. Man macht also den Ansatz

$$f = (X^2 + cX + d)(X^2 + eX + f) \doteq$$
$$= X^4 + (c+e)X^3 + (f+d+ce)X^2 + (cf+de)X + df.$$

Durch Koeffizientenvergleich sieht man direkt $c = e$ sowie $df = 1$. Mithilfe der Tabelle aus Teil a sieht man nun (abgesehen von Vertauschen) $d = f = 1$ oder $d = a, f = b$. Wir versuchen Letzteres, dann erhalten wir aus dem Koeffizienten vor X die Gleichung

$$1 = bc + ac = c(a+b) = c = e.$$

Tatsächlich ist dann wegen $a + b + 1 = 0$ auch die letzte Gleichung erfüllt, es gilt also

$$f = (X^2 + X + a)(X^2 + X + b).$$

c Sei $\alpha \in \overline{K}$ eine Nullstelle des ersten Faktors von f in einem algebraischen Abschluss $\overline{K}$ von K und $x \in K$. Aufgrund des *freshman's dream* ist

$$(\alpha + x)^4 + (\alpha + x) + 1 = (\alpha^4 + \alpha + 1) + (x^4 + x) = f(\alpha) + 2 \cdot x = 0,$$

wobei wir verwendet haben, dass $x^4 = x$ für alle $x \in K$ wegen $|K^\times| = 3$ gilt. Folglich haben wir mit der Menge $\alpha + K$ vier Nullstellen von f gefunden. Da f ein Polynom von Grad 4 ist, müssen dies bereits alle Nullstellen sein. Insbesondere sind diese in $K(\alpha)$ enthalten und $K(\alpha)$ ist der Zerfällungskörper von f in $\overline{K}$. Laut unserer Annahme ist $g = X^2 + X + a$ ein Polynom mit Nullstelle α. Da g normiert und irreduzibel ist, handelt es sich dabei sogar um das Minimalpolynom von α, also berechnet sich der gefragte Erweiterungsgrad zu

$$[K(\alpha) : K] = \deg g = 2.$$

Lösungen zu Thema Nr. 2

Lösungsvorschlag zur Aufgabe (Herbst 2018, T2A1)

a Angenommen, es gibt einen gemeinsamen Primteiler p von $12n + 1$ und $30n + 2$. Es folgt aus

$$(30n + 2) - 2 \cdot (12n + 1) = 6n,$$

dass $p \mid 6n$ gelten muss. Dies bedeutet jedoch

$$12n + 1 \equiv 1 \not\equiv 0 \mod p$$

im Widerspruch dazu, dass p ein Teiler von $12n + 1$ ist.

b Angenommen, die Menge S aller irreduziblen Polynome in $K[X]$ wäre endlich. Dann könnten wir das Polynom

$$F = 1 + \prod_{f \in S} f \quad \in K[X]$$

bilden. Wir behaupten nun, dass F von keinem Polynom in S geteilt wird. Gäbe es ein $f \in S$ mit $f \mid F$, so wäre jede Nullstelle $\alpha \in \overline{K}$ von f in einem algebraischen Abschluss $\overline{K}$ von K auch eine Nullstelle von F. Laut Konstruktion haben wir jedoch $F(\alpha) = 1 \neq 0$.

Daraus schließen wir nun zweierlei: Einerseits kann F nicht in S enthalten sein, muss also reduzibel sein, andererseits besitzt F keinen irreduziblen Teiler. Dies steht im Widerspruch dazu, dass $K[X]$ ein faktorieller Ring ist. Unsere Annahme, dass S endlich ist, muss daher falsch gewesen sein.

Lösungsvorschlag zur Aufgabe (Herbst 2018, T2A2)

Die Implikation „$\Rightarrow$" ist trivial. Es genügt also zu zeigen, dass die Existenz einer Lösung $x \in L^n$ bereits die Existenz einer Lösung $x \in K^n$ erzwingt.

Wir wenden auf die erweiterte Koeffizientenmatrix $(A|b)$ das Gauß-Verfahren an, wobei wir nur Umformungen in K zulassen. Dann liegt $(A|b)$ in Zeilenstufenform vor. Sei außerdem r der Rang der Matrix A. Es gibt nun zwei Szenarien:

(1) Falls $b_i = 0$ für $i > r$ ist, so liegt b im Spaltenraum der Matrix A und das Gleichungssystem lässt sich in K^n lösen. Eine solche Lösung ist natürlich zugleich eine Lösung in L^n.

(2) Andernfalls erhalten wir für ein $i > r$ den Widerspruch

$$0 = b_i \neq 0.$$

Das Gleichungssystem besitzt somit keine Lösung in K^n. Da sich dieser Widerspruch jedoch auch nicht in Luft auflöst, wenn wir nach Lösungen in L^n suchen, folgt daraus auch, dass das Gleichungssystem über L^n nicht lösbar ist. Dies steht jedoch im Widerspruch zur Annahme, dass eine Lösung in L^n existiert, also kann Fall (2) nicht eintreten.

Lösungsvorschlag zur Aufgabe (Herbst 2018, T2A3)

a Seien $a, b \in T(G)$ Elemente endlicher Ordnung. Dann gibt es $n, m \in \mathbb{N}$ mit $n \cdot a = 0_G$ und $m \cdot b = 0_G$. Es folgt, dass

$$(nm) \cdot (a - b) = m \cdot (na) - n \cdot (ma) = 0_G - 0_G = 0_G,$$

also ist auch $a - b \in T(G)$. Somit ist $T(G)$ tatsächlich eine Untergruppe von G. Zum Nachweis von (ii) sei nun eine Nebenklasse $a + T(G) \in T(G/T(G))$ vorgegeben. Dies bedeutet, dass es ein $n \in \mathbb{N}$ mit

$$n \cdot (a + T(G)) = T(G) \quad \Leftrightarrow \quad na \in T(G)$$

gibt. Daher hat na endliche Ordnung in G, d.h. es gibt ein $m \in \mathbb{N}$ mit $m \cdot (na) = 0_G$. Insbesondere ist $(mn) \cdot a = 0_G$ und somit hat a ebenfalls endliche Ordnung. Wir haben dadurch $a \in T(G)$ nachgewiesen, die Klasse $a + T(G)$ ist also trivial. Dies zeigt, dass $G/T(G)$ torsionsfrei ist.

b Das prototypische Beispiel für solch eine Gruppe ist $\mathbb{Q}/\mathbb{Z}$: Sei eine beliebige Klasse $\frac{r}{s} + \mathbb{Z}$ vorgegeben, dann ist $s \cdot (\frac{r}{s} + \mathbb{Z}) = r + \mathbb{Z} = \mathbb{Z}$. Also ist jedes Element in $\mathbb{Q}/\mathbb{Z}$ ein Torsionselement. Es genügt daher zu zeigen, dass $\mathbb{Q}/\mathbb{Z}$ unendliche Ordnung hat. Dazu zeigen wir, dass die Menge $\{\frac{1}{2^n} + \mathbb{Z} \mid n \in \mathbb{N}_0\}$ aus paarweise verschiedenen Elementen besteht. Seien $n < m$ vorgegeben, dann haben wir

$$\frac{1}{2^n} + \mathbb{Z} = \frac{1}{2^m} + \mathbb{Z} \quad \Leftrightarrow \quad \frac{1}{2^n} - \frac{1}{2^m} \in \mathbb{Z} \quad \Leftrightarrow \quad \frac{2^{m-n} - 1}{2^m} \in \mathbb{Z}$$
$$\Leftrightarrow \quad 2^m \mid (2^{m-n} - 1).$$

Da $2^{m-n} - 1$ eine ungerade ganze Zahl ist, ist letztere Teilbarkeitsrelation jedoch Unsinn.

Alternativlösung: Beispielsweise die abelsche Gruppe $\mathbb{R}^\times$ würde die Aufgabenstellung ebenfalls lösen.

Lösungsvorschlag zur Aufgabe (Herbst 2018, T2A4)

a Die Inklusion „$\supseteq$" ist klar, es genügt also, „$\subseteq$" zu zeigen. Dazu überprüfen wir, dass es sich bei der rechten Menge, nennen wir sie M, um einen Ring handelt, der ζ und $\mathbb{Z}$ enthält. Da $\mathbb{Z}[\zeta]$ laut Definition der (bezüglich Inklusion) kleinste Ring mit dieser Eigenschaft ist, folgt daraus dann die Behauptung. Die offensichtlichste Strategie für den Nachweis der Ringeigenschaft ist dabei, die Axiome eines Unterrings nachzuweisen. Wir vertrauen darauf, dass der Leser dies selbst zu bewerkstelligen vermag, und stellen hier stattdessen einen alternativen Lösungsweg vor, der vielleicht zunächst weniger naheliegend erscheint.

Betrachte dazu den Einsetzungshomomorphismus

$$\Theta \colon \mathbb{Z}[X] \to \mathbb{Z}[\xi], \quad f \mapsto f(\zeta).$$

Falls $f \in \ker \Theta$, so bedeutet das gerade $f(\zeta) = 0$. Da das p-te Kreisteilungspolynom Φ_p normiert ist, können wir f durch Φ_p mit Rest in $\mathbb{Z}[X]$ teilen und erhalten Polynome $g, r \in \mathbb{Z}[X]$ mit

$$f = g \cdot \Phi_p + r \quad \text{und} \quad \deg r < \deg \Phi_p = p - 1.$$

Angenommen, r ist nicht das Nullpolynom. Einsetzen von ζ liefert dann $r(\zeta) = 0$. Jedoch ist dies ein Widerspruch dazu, dass Φ_p als Minimalpolynom von ζ über $\mathbb{Q}$ das Polynom vom kleinsten Grad mit dieser Eigenschaft ist. Also ist $f = g \cdot \Phi_p$ und f liegt im von Φ_p in $\mathbb{Z}[X]$ erzeugten Ideal, sodass wir $\ker \Theta \subseteq (\Phi_p)$ haben. Die umgekehrte Inklusion ist klar, folglich gilt sogar Gleichheit. Der Homomorphiesatz liefert uns nun einen Isomorphismfus

$$\mathbb{Z}[X]\big/(\Phi_p) \xrightarrow{\sim} \operatorname{im}\Theta.$$

Wir behaupten, dass im $\Theta = M$ gilt. Insbesondere ist M dann ein Ring. Die Inklusion „$\supseteq$" ist klar, daher genügt es zu zeigen, dass jede Klasse $f + (\Phi_p)$ von einem Polynom von (höchstens) Grad $p - 2$ repräsentiert wird. Dazu bedienen wir uns abermals der Division mit Rest und erhalten Polynome $g, r \in \mathbb{Z}[X]$ mit

$$f = g \cdot \Phi_p + r \quad \text{und} \deg r < \deg \Phi_p = p - 1.$$

Insbesondere ist dann $f + (\Phi_p) = r + (\Phi_p)$.

b Auch diesen Aufgabenteil kann man durch eine explizite Rechnung lösen, wir verfolgen jedoch stattdessen den konzeptionellen Ansatz aus Teil **a** weiter. Wir haben $x = p \cdot \frac{x}{p}$, falls $\frac{x}{p} \in \mathbb{Z}[\zeta]$, so liegt x also im von p erzeugten Ideal $(p) \subseteq \mathbb{Z}[\zeta]$. Aufgrund des Isomorphismus aus Teil **a** können wir nun in $\mathbb{Z}[X]$ arbeiten und das Polynom $f = \sum_{i=0}^{p-1} z_i X^i \in \mathbb{Z}[X]$ betrachten (dieses erfüllt gerade $\Theta(f) = x$). Bemerke nun, dass die Abbildung

$$\mathbb{Z}[X] \to \mathbb{F}_p[X], \quad \sum_{i=0}^{n} a_i X^i \mapsto \sum_{i=0}^{n} \overline{a_i} X^i,$$

gegeben durch Reduktion der Koeffizienten mod p, einen Isomorphismus $\mathbb{Z}[X]/(p) \cong \mathbb{F}_p[X]$ induziert (vgl. Aufgabe H14T1A2 **b** auf Seite 78 für mehr Details). Die Relation zwischen den verschiedenen auftretenden Ringen wird durch das folgende kommutative Diagramm veranschaulicht:

$$
\begin{array}{ccc}
\mathbb{Z}[X] & \xrightarrow{\Theta} & \mathbb{Z}[\zeta] \cong \mathbb{Z}[X]/(\Phi_p) \\
\downarrow & & \downarrow \\
\mathbb{Z}[X]/(p) \cong \mathbb{F}_p[X] & \longrightarrow & \mathbb{Z}[X]/(p, \Phi_p)
\end{array}
$$

Laut Annahme gilt für das Polynom f von oben nun $f \equiv 0 \bmod (p, \Phi_p)$. Bezeichnen wir mit $\overline{f}$ das Polynom, das durch Reduktion der Koeffizienten von f mod p entsteht, so erhalten wir aufgrund des Diagramms $\overline{f} \equiv 0 \bmod (\Phi_p)$. Da $\overline{f}$ und Φ_p beide Grad $p - 1$ haben, folgt aus $\Phi_p \mid \overline{f}$ jedoch bereits, dass $\overline{f} = a\Phi_p$ für ein $a \in \mathbb{F}_p^\times$. Wegen $\Phi_p = X^{p-1} + \cdots + X + 1$ sind also alle Koeffizienten von f kongruent zu a mod p, insbesondere sind diese kongruent zueinander mod p, wie eingangs behauptet.

Lösungsvorschlag zur Aufgabe (Herbst 2018, T2A5)

a Wir wissen aus Satz 3.18, dass $\mathbb{Q}(\zeta)|\mathbb{Q}$ eine Galois-Erweiterung mit zyklischer Galois-Gruppe G von Ordnung $\varphi(p) = p - 1$ ist. Da p ungerade ist, gilt $2 \mid (p - 1)$, und somit gibt es genau eine Untergruppe $U \subseteq G$

mit $(G : U) = 2$. Laut dem Hauptsatz der Galois-Theorie ist dann durch $Z = \mathbb{Q}(\zeta)^U$ der eindeutige Zwischenkörper mit $[Z : \mathbb{Q}] = 2$ gegeben.

b Bezeichnen wir mit $\iota\colon \mathbb{Q}(\zeta) \to \mathbb{C}$ die komplexe Konjugation. Dann ist $\iota \in \mathrm{Hom}_{\mathbb{Q}}(\mathbb{Q}(\zeta), \mathbb{C})$ und weil $\mathbb{Q}(\zeta)|\mathbb{Q}$ eine normale Erweiterung ist, beschränkt sich ι zu einem Automorphismus. Letzteres bedeutet $\iota \in G$. Nun ist $\iota^2(x) = \iota(\iota(x)) = x$ für alle $x \in \mathbb{Q}(\zeta)$, also hat ι höchstens Ordnung 2 und es genügt zu zeigen, dass $\iota \neq \mathrm{id}_{\mathbb{Q}(\zeta)}$. Dazu bemerken wir, dass $\iota(\zeta) \neq \zeta$, weil $\zeta \notin \mathbb{R}$ (dies wiederum wegen $p \neq 2$).

c Es gilt genau dann $Z \subseteq \mathbb{R}$, wenn Z von ι fixiert wird. Da Z laut Teil **a** der Fixkörper von U ist, ist die äquivalent zu $\iota \in U$. Wir haben zudem in Teil **a** festgestellt, dass U die eindeutige Untergruppe von Index 2 ist, also $U = \{g \in G \mid g^{(p-1)/2} = \mathrm{id}_{\mathbb{Q}(\zeta)}\}$. Laut Teil **b** hat ι die Ordnung 2, es gilt also $\iota \in U$ genau dann, wenn $2 \mid \frac{p-1}{2}$. Letzteres ist wiederum gleichbedeutend mit $4 \mid p - 1$, also $p \equiv 1 \bmod 4$.

Lösungen zu Thema Nr. 3

Lösungsvorschlag zur Aufgabe (Herbst 2018, T3A1)

a Siehe Definition 1.29.

b Sei $\xi_d \in \overline{\mathbb{Q}}$ eine primitive d-te Einheitswurzel, wobei $\overline{\mathbb{Q}}$ einen algebraischen Abschluss von $\mathbb{Q}$ bezeichnet. Dann ist das d-te Kreisteilungspolynom das Minimalpolynom von ξ_d über $\mathbb{Q}$.

c Siehe Satz 3.14.

Lösungsvorschlag zur Aufgabe (Herbst 2018, T3A2)

a Sei $\alpha = \sqrt{2} + \sqrt{7}$. Wir berechnen:

$$\alpha^2 = 9 + 2\sqrt{14} \quad \Rightarrow \quad (\alpha^2 - 9)^2 = 4 \cdot 14 \quad \Leftrightarrow \quad \alpha^4 - 18\alpha^2 + 25 = 0$$

Laut Konstruktion ist also $f = X^4 - 18X^2 + 25$ ein Polynom in $\mathbb{Q}[X]$ mit $f(\alpha) = 0$.

b Zunächst ist $|A_3 \times A_3| = 3 \cdot 3 = 9$ die höchste Potenz von drei, die $|S_3 \times S_3| = 6 \cdot 6 = 36$ teilt, also handelt es sich bei $A_3 \times A_3$ um eine 3-Sylowgruppe von $S_3 \times S_3$. Da $A_3 \trianglelefteq S_3$ ein Normalteiler ist, ist auch $A_3 \times A_3 \trianglelefteq S_3 \times S_3$ ein Normalteiler. Insbesondere ist $A_3 \times A_3$ die einzige 3-Sylowgruppe von $S_3 \times S_3$.

c Nehmen wir an, dass $\Delta = \delta^2$ für ein $\delta \in \mathbb{Q}$ gilt. Die Nullstellen von f sind dann durch

$$\alpha_+ = \tfrac{1}{2}(\delta - p) \quad \text{und} \quad \alpha_- = \tfrac{1}{2}(\delta + p)$$

gegeben, also rational. Der Zerfällungskörper von f über $\mathbb{Q}$ ist daher $\mathbb{Q}$ selbst und die Galoisgruppe von f trivial.

Lösungsvorschlag zur Aufgabe (Herbst 2018, T3A3)

a $[L : \mathbb{Q}]$ stimmt mit der Ordnung der Galois-Gruppe $G_{L|\mathbb{Q}} \cong S_5$ überein, also ist $[L : \mathbb{Q}] = |S_5| = 5! = 120$.

b Da $\mathbb{Q}$ Charakteristik null hat, ist jedes irreduzible Polynom in $\mathbb{Q}[X]$ separabel (vgl. Lemma 3.11 und den auf das Lemma folgenden Kommentar). Dies bedeutet, dass die Nullstellen von f in L verschieden sein müssen.

c Sei $\sigma \in G_{L|\mathbb{Q}}$, dann ist $\sigma \in G_{L|K_i}$ genau dann, wenn σ den Körper K_i fixiert. Da $\sigma_{|K_i}$ bereits durch die Bilder der Erzeuger $x_1, \ldots, x_i$ eindeutig bestimmt ist, muss dazu also $\sigma(x_j) = x_j$ für $j \in \{1, \ldots, i\}$ gelten. Also ist $G_{L|K_i}$ genau das Bild von S_{5-i} in $G_{L|\mathbb{Q}} \cong S_5$ und es folgt

$$[K_{i+1} : K_i] = \frac{[L : K_i]}{[L : K_{i+1}]} = \frac{|G_{L|K_i}|}{|G_{L|K_{i+1}}|} = \frac{|S_{5-i}|}{|S_{5-i-1}|}$$
$$= \frac{(5-i)!}{(5-i-1)!} = 5 - i.$$

d Bekanntlich ist $S_5 \cong G_{L|\mathbb{Q}}$ nicht auflösbar, daher ist f nicht über $\mathbb{Q}$ auflösbar. Der Zerfällungskörper von f über K_1 ist ebenfalls L. Da $G_{L|K_1} \cong S_4$ auflösbar ist, ist also f über K_1 auflösbar.

Lösungsvorschlag zur Aufgabe (Herbst 2018, T3A4)

a Die angegebene Gleichung impliziert, dass c ein Eigenvektor von A zum Eigenwert z ist. Insbesondere ist z eine Nullstelle des charakteristischen Polynoms χ_A der Matrix A. Laut Angabe hat A weiterhin rationale Koeffizienten, daher ist $\chi_A \in \mathbb{Q}[X]$ und z somit algebraisch über $\mathbb{Q}$.

b Da x und y algebraisch sind, gibt es Polynome $f = \sum_{i=0}^{n} \alpha_i X^i$ und $g = \sum_{j=0}^{m} \beta_j X^j$ in $\mathbb{Q}[X]$ mit $f(x) = 0$ und $g(y) = 0$.

Wir folgen nun dem Hinweis und betrachten den Vektor mit den Einträgen $x^i y^j$ für $0 \le i \le n - 1$ und $0 \le j \le m - 1$. Damit das Ganze mehr wie ein Vektor aussieht, indizieren wir über die Menge $M = \{(i,j) \mid 0 \le i \le n - 1, 0 \le j \le m - 1\}$ und schreiben $c = (c_I)_{I \in M}$ für den Vektor mit den

$n \cdot m$ Einträgen $c_{(i,j)} = x^i y^j$. Die Aufgabenstellung verlangt nun nach einer Matrix $A = (a_{I,J})_{I,J}$, sodass die I-te Komponente des Vektors $A \cdot c$ jeweils durch

$$(A \cdot c)_I = \sum_{J \in M} a_{I,J} c_J = (x+y) c_I$$

gegeben ist. Falls $I = (i,j)$ mit $i \neq n-1$ und $j \neq m-1$, dann ist es einfach, einen entsprechenden Koeffizienten $a_{I,J}$ zu definieren: In diesem Fall ist nämlich

$$(x+y) \cdot c_I = (x+y) x^i y^j = x^{i+1} y^j + x^i y^{j+1} = c_{(i+1,j)} + c_{(i,j+1)},$$

also setzen wir

$$a_{I,J} = \delta_{(i+1,j),J} + \delta_{(i,j+1),J}$$

unter Verwendung des Kronecker-Deltas. Für den Fall $i = n-1$ und $j \neq m-1$ lösen wir die Gleichungen $f(x) y^j = 0$ nach $x^n y^j$ auf und erhalten (beachte $\alpha_n \neq 0$)

$$(x+y) \cdot c_{(n-1,j)} = x^n y^j + x^{n-1} y^j = -\alpha_n^{-1} \sum_{i=0}^{n-1} \alpha_i x^i y^j + c_{n-1,j+1}.$$

Entsprechend definieren wir also

$$a_{I,J} = -\alpha_n^{-1} \sum_{i=0}^{n-1} \alpha_i \delta_{(i,j),J} + \delta_{(n-1,j+1),J}.$$

Analog behandelt man den Fall $j = m-1$ und $i \neq n-1$ durch Auflösen der Gleichung $x^i g(y) = 0$ nach $x^i y^m$. Im verbleibenden Fall $i = n-1$ und $j = m-1$ kombinieren wir die beiden Ansätze und definieren

$$a_{I,J} = -\alpha_n^{-1} \sum_{i=0}^{n-1} \alpha_i \delta_{(i,j),J} - \beta_m^{-1} \sum_{j=0}^{m-1} \beta_j \delta_{(i,j),J}.$$

Die Matrix $A = (a_{I,J})_{I,J}$ hat nun die gewünschte Eigenschaft $(x+y) \cdot c = A \cdot c$, sodass die Behauptung aus Teil **a** folgt.

Lösungsvorschlag zur Aufgabe (Herbst 2018, T3A5)

a Sei $x + iy \in \mathbb{Z}[i]$. Dann hat die Reduktion modulo $2\mathbb{Z}[i]$ die Form $\overline{x} + i\overline{y}$, wobei $\overline{x}$ bzw. $\overline{y}$ die Klasse von x bzw. y in $\mathbb{Z}/2\mathbb{Z}$ bezeichnet. Also gilt

$$\mathbb{Z}[i]/(2) = \{[0], [1], [i], [1+i]\}$$

und es genügt zu zeigen, dass die Menge auf der rechten Seite aus paarweise verschiedenen Elementen besteht. Wir müssen also nachweisen, dass $1, i, 1+i \notin 2\mathbb{Z}[i]$. Wir führen den Beweis exemplarisch für $1 + i \notin 2\mathbb{Z}[i]$. Angenommen, es gibt ein $a + bi \in \mathbb{Z}[i]$ mit $1 + i = 2 \cdot (a + bi)$. Dann wäre

$$2 = |1 + i|^2 = |2|^2 \cdot |a + bi|^2 = 4 \cdot (a^2 + b^2)$$

im Widerspruch dazu, dass $4 \nmid 2$.

b Im Quotientenring $R[X]/(tX - 1)$ haben wir $tX \equiv 1 \mod (tX - 1)$, also auch $X^m \equiv t^l X^{l+m}$ für alle $l, m \in \mathbb{N}_0$. Es folgt für ein beliebiges Polynom $\sum_{i=0}^{n} a_i X^i$ die Kongruenz

$$\sum_{i=0}^{n} a_i X^i \equiv \sum_{i=0}^{n} a_i t^{n-i} X^n \equiv \left(\sum_{i=0}^{n} a_i t^{n-i} \right) X^n \mod (tX - 1).$$

c Es ist zu zeigen, dass $\phi^{-1}(\mathfrak{p})$ für jedes $\mathfrak{p} \in \operatorname{Spec} S$ ein Primideal von R ist. Seien dazu $x, y \in R$ mit $xy \in \phi^{-1}(\mathfrak{p})$ vorgegeben. Laut Definition ist dann $\phi(xy) = \phi(x)\phi(y) \in \mathfrak{p}$, also $\phi(x) \in \mathfrak{p}$ oder $\phi(y) \in \mathfrak{p}$, da $\mathfrak{p}$ laut Annahme ein Primideal ist. Also folgt $x \in \phi^{-1}(\mathfrak{p})$ oder $y \in \phi^{-1}(\mathfrak{p})$.

Prüfungstermin: Frühjahr 2019

Thema Nr. 1
(Aufgabengruppe)

Aufgabe 1   → S. 529   (12 Punkte)

a Bestimmen Sie das (multiplikative) Inverse von $\overline{47}$ im Restklassenring $\mathbb{Z}/112\mathbb{Z}$.

b Bestimmen Sie eine Zerlegung des Polynoms $2X^4 + 4X^3 + 4X^2 + 2X \in \mathbb{Z}[X]$ in irreduzible Faktoren aus $\mathbb{Z}[X]$.

c Geben Sie drei nicht-isomorphe Gruppen der Ordnung 12 an (mit Begründung).

d Zeigen Sie, dass jede Gruppe der Ordnung 95 zyklisch ist.

Aufgabe 2   → S. 529   (12 Punkte)

Es seien X die Menge der diagonalisierbaren 2×2-Matrizen über $\mathbb{R}$ und $G = GL_2(\mathbb{R})$ die Gruppe der invertierbaren 2×2-Matrizen über $\mathbb{R}$.

a Zeigen Sie, dass

$$\cdot : G \times X \to X, \quad (B, M) \mapsto BMB^{-1}$$

eine Operation ist.

b Ist die Operation aus Teil **a** transitiv? Begründen Sie Ihre Antwort.

c Geben Sie ein Repräsentantensystem für die Bahnen der Operation aus Teil **a** an.

Aufgabe 3   → S. 530   (12 Punkte)

Gegeben sind der Ring $R = \mathbb{Z}[\sqrt{-3}] = \{a + b\sqrt{-3} \mid a, b \in \mathbb{Z}\}$ und die multiplikative Funktion $N : R \to \mathbb{N}_0, N(a + b\sqrt{3}) = a^2 + 3b^2$. (Die Multiplikativität von N muss nicht begründet werden.)

a Bestimmen Sie die Einheitengruppe $R^\times$ von R.

b Zeigen Sie, dass jedes Element $a + b\sqrt{-3}$ mit $N(a + b\sqrt{-3}) = 4$ irreduzibel ist.

c Ist R ein faktorieller Ring? Begründen Sie Ihre Antwort.

Aufgabe 4 → S. 530 (12 Punkte)

Für ein Polynom $f(X) \in \mathbb{C}[X]$ bezeichne $f'(X)$ die Ableitung und $\deg(f)$ den Grad von $f(X)$. Ferner sei $n_0(f) \in \mathbb{N}_0$ die Anzahl der verschiedenen Nullstellen von $f(X)$ in $\mathbb{C}$ (also ohne Vielfachheiten gezählt). Zeigen Sie, dass für jedes Polynom $f(X) \in \mathbb{C}[X]$ mit $f(X) \neq 0$ die Gleichung

$$\deg(f) = \deg(\mathrm{ggT}(f, f')) + n_0(f)$$

gilt.

Aufgabe 5 → S. 531 (12 Punkte)

Es sei α eine reelle Zahl $\alpha := \sqrt[3]{2 + \sqrt{2}} \in \mathbb{R}$, und es sei ζ die dritte Einheitswurzel $\zeta := e^{\frac{2\pi i}{3}} \in \mathbb{C}$.

a Bestimmen Sie das Minimalpolynom f von α über $\mathbb{Q}$.

b Es sei $\beta = \sqrt[3]{2 - \sqrt{2}} \in \mathbb{R}$. Zeigen Sie, dass für den Zerfällungskörper $L \subseteq \mathbb{C}$ von f in $\mathbb{C}$ gilt $L = \mathbb{Q}(\alpha, \beta, \zeta)$.

c Zeigen Sie, dass die reelle Zahl $\sqrt[3]{2}$ in L liegt, und folgern Sie, dass die Galois-Gruppe $G_{L|\mathbb{Q}}$ einen Normalteiler von Index 6 besitzt.

Thema Nr. 2
(Aufgabengruppe)

Aufgabe 1 → S. 532 (12 Punkte)

Eine *Kruppe* ist ein Paar $(K, \cdot)$ bestehend aus einer Menge K und einer Abbildung $\cdot : K \times K \to K$, die die folgenden Eigenschaften besitzt:

(K1) Es gibt ein $e \in K$ mit

$$x \cdot e = x \text{ für alle } x \in K.$$

(K2) Die Verknüpfung „$\cdot$" ist assoziativ.

(K3) Für jedes $x \in K$ sind die folgenden Abbildungen injektiv:

$$\begin{array}{cc} K \to K & K \to K \\ y \mapsto x \cdot y & y \mapsto y \cdot x \end{array}$$

Sei nun $(K, \cdot)$ eine Kruppe.

a Zeigen Sie: $e \cdot x = x$ für alle $x \in K$.

b Zeigen Sie: Sind $x, y \in K$ mit $y \cdot x = x$, so folgt $y = e$.

c Zeigen Sie: ist K endlich, so ist $(K, \cdot)$ eine Gruppe.

d Ist $(\mathbb{N}_0, +)$ eine Kruppe? Begründen Sie Ihre Antwort.

Aufgabe 2 $\rightarrow$ S. 533   (12 Punkte)

Es sei $G \neq \{1_G\}$ eine endliche Gruppe, für welche die Automorphismengruppe $A = \mathrm{Aut}(G)$ transitiv auf $G \setminus \{1_G\}$ operiert. Das heißt, für alle $g, h \in G \setminus \{1_G\}$ gibt es ein $\alpha \in A$ mit $\alpha(g) = h$. Zeigen Sie:

a Es gibt eine Primzahl p, sodass $g^p = 1_G$ für alle $g \in G$ ist.

b $Z(G) \neq \{1_G\}$. (Hier ist $Z(G) = \{g \in G \mid xg = gx$ für alle $x \in G\}$ das Zentrum von G.)

c Die Gruppe G ist abelsch.

Aufgabe 3 $\rightarrow$ S. 533   (12 Punkte)

a Sei $m \geq 1$ eine ungerade ganze Zahl. Zeigen Sie, dass

$$1^m + 2^m + \ldots + (m-1)^m \equiv 0 \pmod{m}.$$

b Sei $m \in \mathbb{N}$ und seien $x_1, x_2 \ldots, x_m$ ganze Zahlen. Zeigen Sie, dass es eine nicht-leere Teilmenge $I \subseteq \{1, 2, \ldots, m\}$ gibt, sodass

$$\sum_{i \in I} x_i \equiv 0 \pmod{m}.$$

Hinweis **a** Betrachten Sie geeignete Paare von Summanden. **b** Betrachten Sie $x_1, x_1 + x_2, \ldots, x_1 + \ldots + x_m$.

Aufgabe 4 $\rightarrow$ S. 533   (12 Punkte)

Begründen Sie jeweils Ihre Antwort.

a Ist $\mathbb{Q}[X]/(X^5 - 2, X^6 + X^5 - 2X - 2)$ ein Körper?

b Ist $\mathbb{Z}[X]/(5, X^3 - 2X^2 + 4)$ ein Körper?

Aufgabe 5   → S. 534   (12 Punkte)

Sei $L|\mathbb{Q}$ eine endliche Galoiserweiterung mit $L \subseteq \mathbb{C}$ und $\mathrm{Gal}(L|\mathbb{Q}) \cong S_3 \times H$ mit $|H| = 88$, wobei S_3 die symmetrische Gruppe auf 3 Punkten bezeichnet.

a Zeigen Sie: Es gilt $L \cap \mathbb{Q}(\sqrt[5]{5}) = \mathbb{Q}$.

b Zeigen Sie: Es gibt einen Zwischenkörper K von $L|\mathbb{Q}$ mit $[K : \mathbb{Q}] = 8$, der ein Zerfällungskörper eines Polynoms in $\mathbb{Q}[X]$ vom Grad 8 ist.

Thema Nr. 3
(Aufgabengruppe)

Aufgabe 1   → S. 535   (12 Punkte)

Im Folgenden sei p eine Primzahl. Betrachten Sie den folgenden Teilring von $\mathbb{Q}$:

$$\mathbb{Z}_{(p)} = \left\{ \frac{b}{c} \in \mathbb{Q} : b, c \in \mathbb{Z}, p \nmid c \right\}.$$

(Sie müssen nicht nachprüfen, dass dies ein Teilring von $\mathbb{Q}$ ist.)

a Zeigen Sie, dass die folgende Abbildung ein Ringisomorphismus ist:

$$\varphi: \mathbb{Z}/p\mathbb{Z} \to \mathbb{Z}_{(p)}/p\mathbb{Z}_{(p)}, \quad a + p\mathbb{Z} \mapsto a + p\mathbb{Z}_{(p)}.$$

b Betrachten Sie den Fall $p = 5$. Für $x \in \mathbb{Z}_{(5)}$ schreiben wir zur Abkürzung $\overline{x} = x + 5\mathbb{Z}_{(5)}$. Bestimmen Sie die (eindeutig bestimmte) ganze Zahl $y \in \{0, \ldots, 4\}$ mit

$$\overline{y} = \frac{\overline{2}}{\overline{3}} + \frac{\overline{1}}{\overline{7}}.$$

Aufgabe 2   → S. 535   (12 Punkte)

Es sei G eine Gruppe. Für $g, x, y \in G$ sei

$$^{(x,y)}g = xgy^{-1} \tag{1}$$

a Zeigen Sie, dass (1) eine transitive Operation von $G \times G$ auf G definiert. Bestimmen Sie die Elemente des Stabilisators von 1_G in $G \times G$.

b Bestimmen Sie den Kern der obigen Operation von $G \times G$ auf G. Wann ist die Operation treu?

(Der Kern der Operation einer Gruppe H auf einer Menge X ist die Menge aller $h \in H$ mit $^{h}x = x$ für alle $x \in X$. Die Operation heißt treu, falls der Kern nur aus dem neutralen Element besteht.)

Aufgabe 3   → S. 536   (12 Punkte)

Sei $\zeta = \frac{1+i}{\sqrt{2}} \in \mathbb{C}$ (mit $i^2 = -1$) und seien $K = \mathbb{Q}(\zeta), L = \mathbb{Q}(\zeta, \sqrt[4]{2})$. Zeigen Sie:

a $\zeta^4 = -1$, und K ist der Zerfällungskörper von $X^4 + 1$ über $\mathbb{Q}$.

b $f(X) = X^4 + 2$ ist irreduzibel über $\mathbb{Q}$.

c L ist der Zerfällungskörper von f über $\mathbb{Q}$.

Aufgabe 4   → S. 537   (12 Punkte)

Sei $\mathbb{F}_{11} = \mathbb{Z}/11\mathbb{Z}$ der Körper mit elf Elementen.

a Zeigen Sie, dass die Restklassenringe $\mathbb{F}_{11}[X]/(X^2 + 1)$ und $\mathbb{F}_{11}[X]/(X^2 + X + 4)$ jeweils einen Körper (mit 121 Elementen) definieren.

b Bestimmen Sie konkret einen Isomorphismus

$$\mathbb{F}_{11}[X]\big/(X^2 + 1) \to \mathbb{F}_{11}[X]\big/(X^2 + X + 4)$$

durch Angabe des Bildes von $[X] \in \mathbb{F}_{11}[X]/(X^2 + 1)$.

Aufgabe 5   → S. 538   (12 Punkte)

Zeigen Sie, dass die Gruppen S_5 und $A_5 \times \mathbb{Z}/2\mathbb{Z}$ nicht isomorph sind. (Hier bezeichnet S_5 die symmetrische und A_5 die alternierende Gruppe auf 5 Elementen.)

Lösungen zu Thema Nr. 1

Lösungsvorschlag zur Aufgabe (Frühjahr 2019, T1A1)

a Mit dem erweiterten euklidischen Algorithmus erhält man

$$(-7) \cdot 112 + 31 \cdot 47 = 1 \quad \Rightarrow \quad 31 \cdot 47 \equiv 1 \mod 112.$$

Also ist das gesuchte Inverse $\overline{31}$.

b Man sieht direkt

$$2X^4 + 4X^3 + 4X^2 + 2X = 2 \cdot X \cdot \left(X^3 + 2X^2 + 2X + 2 \right).$$

Die beiden Faktoren 2 bzw. X sind irreduzibel, da $\mathbb{Z}[X]/(2) \cong \mathbb{F}_2[X]$ bzw. $\mathbb{Z}[X]/(X) \cong \mathbb{Z}$ Integritätsbereiche sind. Beim letzten Faktor folgt die Irreduzibilität aus dem Eisensteinkriterium (mit $p = 2$) und der Tatsache, dass das Polynom normiert ist.

c Seien

$$G_1 = \mathbb{Z}/12\mathbb{Z}, \quad G_2 = \mathbb{Z}/2\mathbb{Z} \times \mathbb{Z}/6\mathbb{Z} \quad \text{und} \quad G_3 = A_4,$$

wobei A_4 die alternierende Gruppe auf 4 Elementen bezeichnet. Die drei Gruppen sind nicht isomorph: G_1 ist zyklisch, G_2 abelsch, aber nicht zyklisch (die Ordnung jedes Elements ist ein Teiler von 6), und G_3 ist nicht einmal abelsch.

d Sei G eine Gruppe der Ordnung 95. Es ist $95 = 5 \cdot 19$. Mit dem Dritten Sylowsatz erkennt man leicht, dass es in G nur genau eine 5-Sylowgruppe P_5 und genau eine 19-Sylowgruppe P_{19} gibt. Beide Sylowgruppen sind daher Normalteiler von G. Da 5 und 19 teilerfremd sind, ist ihr Schnitt trivial und aus Ordnungsgründen folgt $G = P_5 P_{19}$. Wir haben somit gezeigt, dass G das innere direkte Produkt von P_5 und P_{19} ist. Da das innere direkte Produkt der zwei Untergruppen isomorph zu ihrem äußeren direkten Produkt und jede Gruppe von Primzahlordnung zyklisch ist, folgt

$$G \cong P_5 \times P_{19} \cong \mathbb{Z}/5\mathbb{Z} \times \mathbb{Z}/19\mathbb{Z} \cong \mathbb{Z}/95\mathbb{Z}.$$

Lösungsvorschlag zur Aufgabe (Frühjahr 2019, T1A2)

a Wir zeigen, dass die Operation wohldefiniert ist: Sei $B \in G, M \in X$. Da M diagonalisierbar ist, gibt es eine invertierbare Matrix T so, dass TMT^{-1} Diagonalform hat. Wegen $TB^{-1}(BMB^{-1})BT^{-1} = TMT^{-1}$ ist auch $B \cdot M$ ähnlich zu einer Diagonalmatrix, also diagonalisierbar. Der Nachweis der Operationseigenschaften ist dann reine Routine.

b Natürlich nicht. Wäre die Operation transitiv, so wäre X die einzige Bahn. Es ist jedoch $G(\mathbb{E}_2) = \{\mathbb{E}_2\} \neq X$.

c Die Bahn $G(M)$ einer Matrix $M \in X$ besteht genau aus den Matrizen, die zu M ähnlich sind. Da zwei diagonalisierbare Matrizen genau dann ähnlich zueinander sind, wenn sie die gleichen Eigenwerte haben, ist ein Repräsentantensystem gegeben durch

$$R = \left\{ \begin{pmatrix} \lambda_1 & 0 \\ 0 & \lambda_2 \end{pmatrix} \mid \lambda_1, \lambda_2 \in \mathbb{R}, \lambda_1 \geq \lambda_2 \right\}.$$

Lösungsvorschlag zur Aufgabe (Frühjahr 2019, T1A3)

a Ist $\alpha = a + b\sqrt{-3} \in R^\times$, so muss $N(\alpha)$ eine Einheit in $\mathbb{Z}$ sein, denn es ist

$$1 = N(1) = N(\alpha\alpha^{-1}) = N(\alpha)N(\alpha^{-1}).$$

Da N nach $\mathbb{N}_0$ abbildet, folgt daraus $N(\alpha) = a^2 + 3b^2 = 1$. Dies ist nur für $\alpha = \pm 1$ möglich, also ist $R^\times = \{\pm 1\}$.

b Sei α ein solches Element. Angenommen, es gäbe eine Zerlegung $\alpha = \beta\gamma$ mit $\beta, \gamma \in R \setminus R^\times$. Wegen $N(\beta)N(\gamma) = N(\alpha) = 4$ sind $N(\beta)$ und $N(\gamma)$ Teiler von 4, und da keiner der beiden Faktoren eine Einheit ist, folgt daraus $N(\beta) = N(\gamma) = 2$. Die Gleichung

$$a^2 + 3b^2 = 2$$

besitzt aber keine ganzzahlige Lösung, sodass dies nicht möglich ist.

c Der Ring R ist nicht faktoriell. Die Gleichung

$$4 = (1 + \sqrt{-3})(1 - \sqrt{-3}) = 2 \cdot 2$$

gibt zwei verschiedene Faktorisierungen von 4 in Elemente, die laut Teil b irreduzibel sind. Damit ist R nicht faktoriell.

Lösungsvorschlag zur Aufgabe (Frühjahr 2019, T1A4)

Da wir in dieser Aufgabe über $\mathbb{C}$ arbeiten, können wir f vollständig in der Form

$$f = a \cdot \prod_{i=1}^{m} (X - \alpha_i)^{n_i}$$

faktorisieren. Dabei ist $a \in \mathbb{C}^\times$ eine Konstante, $m = n_0(f)$ die Anzahl der verschiedenen Nullstellen von f und die α_i sind jeweils Nullstellen von f von

Vielfachheit n_i. Die Behauptung stimmt, falls $m = 0$, also können wir $m \geq 1$ annehmen, und die Ableitung von f berechnet sich mit der Produktregel zu

$$f' = a \cdot \sum_{j=1}^{m} n_j (X - \alpha_j)^{n_j - 1} \prod_{i \neq j} (X - \alpha_i)^{n_i}.$$

Folglich ist

$$\mathrm{ggT}(f, f') = \prod_{j=1}^{m} (X - \alpha_j)^{n_j - 1}.$$

Wir sehen also, dass

$$\deg \mathrm{ggT}(f, f') = \sum_{j=1}^{m} (n_j - 1) = \left(\sum_{j=1}^{m} n_j \right) - m = \deg f - n_0(f),$$

wie in der Aufgabenstellung behauptet.

Lösungsvorschlag zur Aufgabe (Frühjahr 2019, T1A5)

a Wir berechnen:

$$\alpha^3 = 2 + \sqrt{2} \quad \Rightarrow \quad \alpha^3 - 2 = \sqrt{2} \quad \Rightarrow \quad (\alpha^3 - 2)^2 = 2$$
$$\Leftrightarrow \quad \alpha^6 - 4\alpha^3 + 2 = 0.$$

Daher ist α eine Nullstelle des Polynoms $X^6 - 4X^3 + 2$. Da dieses Polynom normiert und nach dem Eisensteinkriterium mit $p = 2$ irreduzibel ist, muss es sich dabei um das Minimalpolynom f von α über $\mathbb{Q}$ handeln.

b Mittels Einsetzen sieht man $f(\beta) = 0$. Wir behaupten zunächst, dass die Nullstellenmenge N von f durch

$$N = \{ \zeta^k \alpha \mid 0 \leq k \leq 2 \} \cup \{ \zeta^k \beta \mid 0 \leq k \leq 2 \}$$

gegeben ist. Sei $\gamma \in N$. Dann ist γ^3 eine Nullstelle von $X^2 - 4X + 2$. Mit der Mitternachtsformel folgt

$$\gamma^3 \in \{ 2 + \sqrt{2}, 2 - \sqrt{2} \}.$$

Daraus folgt $\gamma = \zeta^k \sqrt[3]{2 \pm \sqrt{2}}$, wie behauptet. Wir müssen noch nachweisen, dass $\mathbb{Q}(N) = \mathbb{Q}(\alpha, \beta, \zeta)$ gilt. Dies ist aber aufgrund obiger expliziter Beschreibung der Menge N klar.

c Es gilt

$$\alpha \cdot \beta = \sqrt[3]{2 + \sqrt{2}} \cdot \sqrt[3]{2 - \sqrt{2}} = \sqrt[3]{(2 + \sqrt{2})(2 - \sqrt{2})} = \sqrt[3]{2} \quad \in L.$$

Folglich ist $M = \mathbb{Q}(\sqrt[3]{2}, \zeta)$ ein Zwischenkörper der Erweiterung $L|\mathbb{Q}$. Es genügt nun zu zeigen, dass $M|\mathbb{Q}$ eine normale Erweiterung von Grad 6 ist. Da M der Zerfällungskörper des Polynoms $X^3 - 2 \in \mathbb{Q}[X]$ ist, ist $M|\mathbb{Q}$ normal. Des Weiteren gilt

$$[\mathbb{Q}(\sqrt[3]{2}) : \mathbb{Q}] = 3 \quad \text{und} \quad [\mathbb{Q}(\zeta) : \mathbb{Q}] = 2,$$

denn die zugehörigen Minimalpolynome über $\mathbb{Q}$ sind $X^3 - 2$ bzw. $X^2 + X + 1$. Da diese Grade teilerfremd sind, folgt

$$[M : \mathbb{Q}] = [\mathbb{Q}(\sqrt[3]{2}) : \mathbb{Q}] \cdot [\mathbb{Q}(\zeta) : \mathbb{Q}] = 3 \cdot 2.$$

Lösungen zu Thema Nr. 2

Lösungsvorschlag zur Aufgabe (Frühjahr 2019, T2A1)

a Sei $x \in K$ beliebig. Laut (K1) gilt insbesondere $e \cdot e = e$. Da „$\cdot$" assoziativ ist, erhalten wir

$$e \cdot x = (e \cdot e) \cdot x = e \cdot (e \cdot x)$$

und da die Abbildung $y \mapsto e \cdot y$ laut K3 injektiv ist, folgt daraus $x = e \cdot x$.

b Unter Verwendung von Teil **a** gilt

$$y \cdot x = x = e \cdot x$$

und aufgrund der Injektivität der Abbildung $y \mapsto y \cdot x$ folgt daraus $y = e$.

c Wir wissen bereits, dass die Verknüpfung assoziativ ist. Aus (K1) und Teil **a** schließen wir, dass e ein Neutralelement bezüglich dieser Verknüpfung ist. Wir müssen also nur noch zeigen, dass jedes $x \in K$ ein Inverses besitzt. Da K endlich ist, sind die beiden Verknüpfungen aus (K3) sogar bijektiv. Insbesondere gibt es also ein $y \in K$, sodass $x \cdot y = e$. Außerdem ist

$$(y \cdot x) \cdot y = y \cdot (x \cdot y) = y \cdot e = y,$$

also folgt mit Teil **b** $y \cdot x = e$ und y ist das (beidseitige) Inverse zu x.

d Das Element $e = 0$ erfüllt (K1). (K2) ist klar und für beliebige $x, y_1, y_2 \in \mathbb{N}_0$ gilt

$$x + y_1 = x + y_2 \quad \Rightarrow \quad y_1 = y_2,$$

also ist die erste Abbildung in (K3) injektiv. Da „+" abelsch ist, ist die zweite Abbildung mit dieser identisch. Insgesamt ist $(\mathbb{N}_0, +)$ tatsächlich eine Kruppe.

Lösungsvorschlag zur Aufgabe (Frühjahr 2019, T2A2)

a Sei p eine Primzahl, die die Ordnung von G teilt. Laut dem Nullten Sylowsatz existiert in G eine Untergruppe der Ordnung p und da diese zyklisch ist, erhalten wir ein Element $g \in G$ der Ordnung p. Ist nun $h \in G \setminus \{1_G\}$, so gibt es laut Annahme einen Automorphismus $\alpha \in \mathrm{Aut}(G)$ mit $\alpha(g) = h$. Da Automorphismen die Elementordnung erhalten, hat auch h die Ordnung p. Es gilt somit $h^p = 1_G$ für alle $h \in G \setminus \{1_G\}$ und für 1_G ist die Gleichung trivial erfüllt.

b Aus Teil **a** folgt, dass G eine p-Gruppe ist, denn jeder andere Primteiler q der Ordnung von G würde mit der gleichen Argumentation ein Element der Ordnung q liefern – im Widerspruch dazu, dass alle Elemente von $G \setminus \{e_G\}$ Ordnung p haben. Deshalb hat G ein nicht-triviales Zentrum (vgl. Lemma 1.19 sowie die Bemerkungen danach).

c Laut Teil **b** existiert ein $g \in Z(G) \setminus \{1_G\}$. Sei ferner $h \in G$ beliebig und $\alpha \in A$ mit $\alpha(g) = h$. Es gilt für $x \in G$

$$hx = \alpha(g)\alpha\left(\alpha^{-1}(x)\right) = \alpha\left(g\alpha^{-1}(x)\right) = \alpha\left(\alpha^{-1}(x)g\right) = xh.$$

Daher ist $h \in Z(G)$ und da h beliebig gewählt war, haben wir $G \subseteq Z(G)$ gezeigt – G ist also abelsch.

Lösungsvorschlag zur Aufgabe (Frühjahr 2019, T2A3)

a Siehe Aufgabe F15T1A2 auf Seite 96.

b Schreibe $s_k = \sum_{i=1}^{k} x_i$ für $k \in \{1, \ldots, m\}$. Falls es $k, \ell \in \{1, \ldots, m\}$ mit $k < \ell$ und $s_k \equiv s_\ell \bmod m$, gibt, so setzen wir $I = \{k+1, \ldots, \ell\}$ und erhalten

$$\sum_{i=k+1}^{\ell} x_i = \sum_{i=1}^{\ell} x_i - \sum_{i=1}^{k} x_i \equiv 0 \mod m.$$

Andernfalls sind alle s_k verschieden modulo m. Da es jedoch nur m verschiedene Restklassen modulo m gibt, ist dann bereits $s_k \equiv 0 \bmod m$ für ein k und die Teilmenge $I = \{1, \ldots, k\}$ besitzt die gewünschte Eigenschaft.

Lösungsvorschlag zur Aufgabe (Frühjahr 2019, T2A4)

a Man sieht

$$X^6 + X^5 - 2X - 2 = (X+1)(X^5 - 2).$$

Also ist $(X^5 - 2, X^6 + X^5 - 2X - 2) = (X^5 - 2)$. Das Polynom $X^5 - 2$ ist laut dem Eisensteinkriterium irreduzibel, sodass dieses Ideal laut Proposition 2.10 ein Primideal ist. Da $\mathbb{Q}[X]$ ein Hauptidealring ist, ist es deshalb auch maximal und der angegebene Restklassenring ist tatsächlich ein Körper.

b Wir bemerken zunächst

$$\mathbb{Z}[X]\big/(5, X^3 - 2X^2 + 4) \cong \mathbb{F}_5[X]\big/(X^3 - 2X^2 + 4).$$

Wieder genügt es, zu untersuchen, ob $X^3 - 2X^2 + 4$ irreduzibel ist. Dies ist der Fall, da das Polynom keine Nullstellen in $\mathbb{F}_5$ hat. Mit der gleichen Argumentation wie in Teil **a** ist auch dieser Restklassenring ein Körper.

Lösungsvorschlag zur Aufgabe (Frühjahr 2019, T2A5)

a $L \cap \mathbb{Q}(\sqrt[5]{5})$ ist ein Zwischenkörper der beiden Erweiterungen $L|\mathbb{Q}$ und $\mathbb{Q}(\sqrt[5]{5})|\mathbb{Q}$. Laut der Gradformel muss $[L \cap \mathbb{Q}(\sqrt[5]{5}) : \mathbb{Q}]$ deshalb die Grade dieser beiden Erweiterungen teilen. Der erste ist $|\mathrm{Gal}(L|\mathbb{Q})| = 6 \cdot 88 = 2^4 \cdot 3 \cdot 11$, der zweite ist 5, denn $X^5 - 5$ ist das Minimalpolynom von $\sqrt[5]{5}$ über $\mathbb{Q}$. Da diese Grade teilerfremd sind, folgt bereits $[L \cap \mathbb{Q}(\sqrt[5]{5}) : \mathbb{Q}] = 1$, also $L \cap \mathbb{Q}(\sqrt[5]{5}) = \mathbb{Q}$.

b Wir zeigen zunächst, dass es genügt, einen Normalteiler N in $\mathrm{Gal}(L|\mathbb{Q})$ der Ordnung 66 zu finden. Laut dem Hauptsatz der Galoistheorie korrespondiert ein solcher Normalteiler zu einem Zwischenkörper K mit $[K : \mathbb{Q}] = (G : N) = 8$. Da die Erweiterung außerdem separabel ist, existiert laut dem Satz vom primitiven Element ein $\alpha \in L$ mit $K = \mathbb{Q}(\alpha)$. Ist $f \in \mathbb{Q}[X]$ das Minimalpolynom von α, so ist $\deg f = [K : \mathbb{Q}] = 8$. Da N ein Normalteiler ist, ist die Erweiterung normal, sodass mit der Nullstelle α auch alle anderen Nullstellen des irreduziblen Polynoms f in K liegen. Bei K handelt es sich also um den Zerfällungskörper von f, sodass K auch die zweite Eigenschaft besitzt.

Wir zeigen nun, dass ein solcher Normalteiler N existiert: Sei ν_{11} die Anzahl der 11-Sylowgruppen in H. Wegen $\nu_{11} \mid 8$ gilt $\nu_{11} \in \{1, 2, 4, 8\}$ und wegen $\nu_{11} \equiv 1 \bmod 11$ bleibt nur $\nu_{11} = 1$ übrig. Daher gibt es eine 11-Sylowgruppe P_{11}, die ein Normalteiler von H ist. Die Untergruppe $N = S_3 \times P_{11}$ ist dann ein Normalteiler von $\mathrm{Gal}(L|\mathbb{Q})$ der Ordnung 66.

Lösungen zu Thema Nr. 3

Lösungsvorschlag zur Aufgabe (Frühjahr 2019, T3A1)

a Wir betrachten den Ringhomomorphismus

$$\tilde\varphi \colon \mathbb{Z} \to \mathbb{Z}_{(p)}/p\mathbb{Z}_{(p)}, \quad a \mapsto \frac{a}{1} + p\mathbb{Z}_{(p)}$$

und zeigen, dass dieser surjektiv ist und $\ker \tilde\varphi = p\mathbb{Z}$ gilt. Dann induziert $\tilde\varphi$ den Isomorphismus φ.

Es ist klar, dass $p\mathbb{Z} \subseteq \ker \tilde\varphi$. Sei also nun umgekehrt $a \in \ker \tilde\varphi$ vorgegeben. Dann gibt es einen gekürzten Bruch $\frac{n}{m} \in \mathbb{Z}_{(p)}$, sodass $\frac{a}{1} = p \cdot \frac{n}{m}$ erfüllt ist, also $am = pn$. Wegen $\frac{n}{m} \in \mathbb{Z}_{(p)}$ haben wir $p \nmid m$, also muss $p \mid a$ gelten. Dies bedeutet gerade $a \in p\mathbb{Z}$.

Zum Zwecke des Surjektivitätsnachweises sei $\frac{a}{b} \in \mathbb{Z}_{(p)}$ ein beliebiges Element. Wegen $p \nmid b$ liefert uns das Lemma von Bézout eine Darstellung

$$xb + yp = 1$$

mit gewissen Zahlen $x, y \in \mathbb{Z}$. Es folgt, dass

$$\frac{a}{b} = \frac{a(xb+yp)}{b} = ax + p \cdot \frac{ay}{b}.$$

Insbesondere ist $\tilde\varphi(ax) = \frac{a}{b} + p\mathbb{Z}_{(p)}$.

b Wir haben $\frac{2}{3} + \frac{1}{7} = \frac{17}{21}$, somit folgt aus

$$1 \cdot 21 + (-4) \cdot 5 = 1$$

und der Rechnung in Teil **a**, dass $y = 2$ wegen $2 \equiv 17 \cdot 1$ die gesuchte Zahl ist.

Lösungsvorschlag zur Aufgabe (Frühjahr 2019, T3A2)

a Seien $g \in G$ sowie $(x_1, y_1), (x_2, y_2) \in G \times G$ beliebig. Es ist $^{(1_G, 1_G)}1_G = 1_G$ sowie

$$^{(x_1,y_1)}\left(^{(x_2,y_2)}g\right) = {}^{(x_1,y_1)}(x_2 g y_2^{-1}) = x_1 x_2 g y_2^{-1} y_1^{-1} = {}^{(x_1 x_2, y_1 y_2)}g.$$

Damit haben wir die definierenden Eigenschaften einer Operation nachgewiesen. Zudem ist $^{(g,1_G)}1_G = g$, also gilt $(G \times G)(1_G) = G$ und die Operation ist transitiv.

Außerdem gilt für $(x, y) \in G \times G$, dass

$$(x, y) \in \mathrm{Stab}_{G \times G}(1_G) \quad \Leftrightarrow \quad x 1_G y^{-1} = 1_G \quad \Leftrightarrow \quad x = y.$$

Also ist $\mathrm{Stab}_{G \times G}(1_G) = \{(x, y) \in G \times G \mid x = y\}$.

b Sei (x, y) ein Element im Kern der Operation, den wir mit K bezeichnen. Für $g = 1_G$ liefert die Bedingung $^{(x,y)}g = g$ zunächst $x = y$. Zudem gilt

$$^{(x,x)}g = g \text{ für alle } g \in G \quad \Leftrightarrow \quad x g x^{-1} = g \text{ für alle } g \in G$$
$$\Leftrightarrow \quad x g = g x \text{ für alle } g \in G \quad \Leftrightarrow \quad x \in Z(G).$$

Wir haben gezeigt:

$$K = \{(x, x) \in G \times G \mid x \in Z(G)\}$$

Die Operation ist folglich genau dann treu, wenn das Zentrum der Gruppe G trivial ist.

Lösungsvorschlag zur Aufgabe (Frühjahr 2019, T3A3)

a Wir berechnen zunächst

$$\zeta^2 = \left(\frac{i + 1}{\sqrt{2}} \right)^2 = i.$$

Daraus folgt $\zeta^4 = -1$.

Da K bereits von einer Nullstelle von $g = X^4 + 1$ erzeugt wird, müssen wir zum Nachweis, dass es sich dabei um den Zerfällungskörper von g handelt, nur noch zeigen, dass K alle Nullstellen von g enthält.

Wegen $i^4 = 1$ sind mit ζ auch $i\zeta, -\zeta$ und $-i\zeta$ Nullstellen von g. Da diese alle verschieden sind, haben wir bereits alle Nullstellen von g gefunden. Zudem haben wir schon gesehen, dass $i \in \mathbb{Q}(\zeta)$ ist, also sind diese allesamt in K enthalten.

b Dies folgt aus dem Eisensteinkriterium mit $p = 2$.

c Die Nullstellenmenge von f ist $\{\pm \zeta \sqrt[4]{2}, \pm i\zeta \sqrt[4]{2}\}$. Wir müssen also die folgende Gleichheit nachweisen:

$$L = \mathbb{Q}\left(\pm \zeta \sqrt[4]{2}, \pm i\zeta \sqrt[4]{2} \right).$$

Die Inklusion „⊆" ist klar. Bemerke nun zunächst, dass

$$i = \frac{i\zeta \sqrt[4]{2}}{\zeta \sqrt[4]{2}} \quad \text{und} \quad \sqrt{2} = -i(\zeta \sqrt[4]{2})^2$$

Elemente des Körpers auf der rechten Seite sind. Daraus folgt, dass auch $\zeta = \frac{1+i}{\sqrt{2}}$ und $\sqrt[4]{2} = \frac{\zeta \sqrt[4]{2}}{\zeta}$ in $\mathbb{Q}(\pm\zeta\sqrt[4]{2}, \pm i\zeta\sqrt[4]{2})$ liegen. Dies zeigt auch die andere Inklusion.

Lösungsvorschlag zur Aufgabe (Frühjahr 2019, T3A4)

a Sei allgemein $f \in \mathbb{F}_{11}[X]$ ein irreduzibles Polynom vom Grad n. Wir zeigen, dass dann $K = \mathbb{F}_{11}[X]/(f)$ ein Körper mit 11^n Elementen ist. Da f irreduzibel ist, ist (f) ein maximales Ideal und K ein Körper. Ein Repräsentantensystem der Restklassen in K ist gegeben durch

$$R = \{a_{n-1}X^{n-1} + \ldots + a_1 X + a_0 \mid a_i \in \mathbb{F}_{11}\}.$$

(Tatsächlich erhält man durch Division mit Rest jeweils einen Repräsentanten in R und aus Gradgründen sind keine zwei Elemente der Menge kongruent modulo f.) Daraus folgt $|K| = |R| = 11^n$.

Es genügt also zu zeigen, dass die beiden angegebenen Polynome irreduzibel über $\mathbb{F}_{11}$ sind. Durch Einsetzen der Elemente in $\mathbb{F}_{11}$ sieht man, dass beide Polynome nullstellenfrei sind. Da sie von Grad 2 sind, impliziert dies bereits ihre Irreduzibilität. Aus dem oben Gezeigten folgt, dass die angegebenen Restklassenringe Körper mit 121 Elementen sind.

b Sei ϕ der gesuchte Isomorphismus und $[Y] = \phi([X])$ das zu bestimmende Bild. Es gilt

$$[Y]^2 + 1 = \phi([X])^2 + 1 = \phi([X^2 + 1]) = \phi([0]) = [0].$$

Zudem wissen wir aus Teil **a**, dass wir für $[Y]$ einen Vertreter der Form $[Y] = [aX + b]$ wählen können. Wir versuchen zudem unser Glück mit $a = 1$. Dann brauchen wir (wir rechnen modulo $X^2 + X + 4$)

$$[X + b]^2 + 1 = 0 \quad \Leftrightarrow \quad [X^2 + 2bX + b^2 + 1] = [0] \quad \Leftrightarrow$$
$$\Leftrightarrow \quad [-X - 4 + 2bX + b^2 + 1] = [0] \quad \Leftrightarrow \quad [(2b-1)X + b^2 - 3] = [0].$$

Wir haben in **a** gesehen, dass die Elemente 1 und X zusammen eine $\mathbb{F}_{11}$-Basis von $\mathbb{F}_{11}[X]/(X^2 + X + 4)$ bilden. Daher können wir in der letzten Gleichung oben einen Koeffizientenvergleich vornehmen und erhalten

$2b - 1 = 0$ mit der einzigen Lösung $b = 6$. Das Bild von $[X]$ muss daher durch $[X + 6] \in \mathbb{F}_{11}[X]/(X^2 + X + 4)$ gegeben sein.

Lösungsvorschlag zur Aufgabe (Frühjahr 2019, T3A5)

Die Gruppe $A_5 \times \mathbb{Z}/2\mathbb{Z}$ hat mit $\{id\} \times \mathbb{Z}/2\mathbb{Z}$ einen Normalteiler der Ordnung 2, wie man schnell nachrechnet.

Sei nun $N = \{id, \tau\}$ eine Untergruppe von S_5 der Ordnung 2. Dann ist ord $\tau = 2$, sodass τ eine Transposition oder eine Doppeltransposition ist. In S_5 sind jeweils zwei Elemente des gleichen Zerlegungstyps konjugiert. Wäre N ein Normalteiler, so wäre $\sigma\tau\sigma^{-1} = \tau$ für alle $\sigma \in S_5$ und τ wäre deshalb die einzige Transposition (bzw. Doppeltransposition) in S_5 – Widerspruch. Es gibt daher in S_5 keinen Normalteiler der Ordnung 2 und die beiden Gruppen sind nicht isomorph.

Alternativlösung: Die möglichen Zerlegungstypen in A_5 sind $(1,1,1,1,1)$, $(1,2,2)$, $(3,1,1)$ und (5). Dies bedeutet, dass es in A_5 nur Elemente der Ordnungen 1, 2, 3 und 5 gibt. Da $\mathbb{Z}/2\mathbb{Z}$ nur Elemente der Ordnungen 1 und 2 enthält, besitzt $A_5 \times \mathbb{Z}/2\mathbb{Z}$ kein Element der Ordnung 4, während in S_5 mit den 4-Zykeln sehr wohl Elemente der Ordnung 4 vorkommen. Die beiden Gruppen können daher nicht isomorph zueinander sein.

Prüfungstermin: Herbst 2019

Thema Nr. 1
(Aufgabengruppe)

Aufgabe 1   → S. 543   (12 Punkte)

a Finden Sie alle rationalen Nullstellen des Polynoms $X^3 - 2X + 1 \in \mathbb{Q}[X]$.

b Zeigen Sie, dass das Polynom $X^5 + 18X^2 - 15 \in \mathbb{Q}[X]$ irreduzibel ist.

c Man zeige $1 + \sqrt{2} \in \mathbb{Q}(\sqrt{2} + \sqrt{3})$.

d Finden Sie i und k, sodass die Permutation

$$\begin{pmatrix} 1 & 2 & 3 & 4 & 5 & 6 & 7 & 8 & 9 \\ 1 & 2 & 7 & 4 & i & 5 & 6 & k & 9 \end{pmatrix}$$

gerade ist.

Aufgabe 2   → S. 543   (12 Punkte)

Es sei $f \in \mathbb{Q}[X]$ ein irreduzibles Polynom, das sowohl reelle als auch nicht-reelle Nullstellen hat. Man zeige, dass die Galoisgruppe von f über $\mathbb{Q}$ nicht abelsch ist.

Aufgabe 3   → S. 543   (12 Punkte)

Sei $L|K$ eine Körpererweiterung. Sei $\alpha \in L$ algebraisch über K und sei $F_\alpha \in K[X]$ das Minimalpolynom von α.

Zeigen Sie: Ist $\deg F_\alpha$ ungerade, so gilt $K(\alpha) = K(\alpha^2)$.

Aufgabe 4   → S. 544   (12 Punkte)

Sei G eine nicht-abelsche Gruppe der Ordnung $715 = 5 \cdot 11 \cdot 13$. Zeigen Sie:

a 5 ist die einzige Primzahl, für die die Anzahl der p-Sylowgruppen von G echt größer als 1 ist.

b Sei p die Primzahl aus Aufgabenteil a und sei P eine p-Sylowgruppe von G. Bestimmen Sie den Isomorphietyp des Normalisators von P:

$$N_G(P) = \{g \in G \mid ghg^{-1} \in P \text{ für alle } h \in P\}.$$

Aufgabe 5   → S. 544   (12 Punkte)

Es sei die Gleichung $X^2 + uX + v = 0$ mit $u, v \in \mathbb{F}_q$ betrachtet, wobei $\mathbb{F}_q$ der Körper mit q Elementen ist.

a Zeigen Sie für ungerades q: Die Gleichung ist genau dann lösbar über $\mathbb{F}_q$, wenn $u^2 - 4v$ ein Quadrat in $\mathbb{F}_q$ ist.

b Zeigen Sie für gerades q und $u \neq 0$: Die Gleichung ist genau dann lösbar über $\mathbb{F}_q$, wenn v/u^2 von der Form $z^2 + z$ für ein $z \in \mathbb{F}_q$ ist.

Thema Nr. 2
(Aufgabengruppe)

Aufgabe 1   → S. 545   (12 Punkte)

a Seien $k, \ell \in \mathbb{N}_0$ mit $k < \ell$. Betrachte die Polynome $X^{2^k} + 1$ und $X^{2^\ell} - 1$ aus $\mathbb{Q}[X]$. Man zeige, dass $X^{2^k} + 1$ ein Teiler von $X^{2^\ell} - 1$ ist.

b Für $m \in \mathbb{N}$ setze $n = 2^{2^m} + 1$. Man beweise, dass $2^{n-1} \equiv 1 \bmod n$.

Aufgabe 2   → S. 546   (12 Punkte)

Sei $f(X) \in \mathbb{Z}[X]$ ein Polynom mit ganzzahligen Koeffizienten.

a Man zeige für alle $a, c \in \mathbb{Z}$ und $n \in \mathbb{N}$: Aus $a \equiv c \pmod{n}$ folgt $f(a) \equiv f(c) \pmod{n}$.

b Man zeige: Sind $f(0)$ und $f(2019)$ ungerade, dann hat f keine ganzzahligen Nullstellen.

c Seien p und q zwei verschiedene Primzahlen. Man zeige: Gibt es ein $a \in \mathbb{Z}$, sodass $f(a)$ nicht durch p teilbar ist, und ein $b \in \mathbb{Z}$, sodass $f(b)$ nicht durch q teilbar ist, dann gibt es ein $c \in \mathbb{Z}$, sodass $f(c)$ weder durch p noch durch q teilbar ist.

Hinweis Man verwende den Chinesischen Restsatz.

Aufgabe 3   → S. 546   (12 Punkte)

Seien $a \in \mathbb{Q}, \beta \in \mathbb{R} \setminus \{0\}, i = \sqrt{-1}$ und $\gamma = a + \beta i$ algebraisch über $\mathbb{Q}$. Man zeige, dass $[\mathbb{Q}(\gamma) : \mathbb{Q}]$ gerade ist.

Aufgabe 4 → S. 547 (12 Punkte)

Seien S_3 die symmetrische Gruppe auf $\{1, 2, 3\}$ und $G = S_3 \times S_3$.

a Man zeige, dass G genau eine 3-Sylowgruppe hat.

b Man gebe drei verschiedene 2-Sylowgruppen P, Q und R von G an, sodass $|P \cap Q| = 1$ ist, aber $|P \cap R| > 1$ gilt.

Aufgabe 5 → S. 547 (12 Punkte)

Sei K ein Körper der Charakteristik $p \neq 0$, seien $a \in K$ und $f := X^p - X - a \in K[X]$. Zeigen Sie:

a Sind L ein Erweiterungskörper und $b \in L$ eine Nullstelle von f, dann ist auch $b + 1$ eine Nullstelle von f.

b Entweder hat $f := X^p - X - a \in K[X]$ eine Nullstelle in K oder f ist irreduzibel.

c Ist f irreduzibel, dann ist die Galoisgruppe von f eine zyklische Gruppe der Ordnung p.

Thema Nr. 3
(Aufgabengruppe)

Aufgabe 1 → S. 548 (12 Punkte)

Seien $a, b, c \in \mathbb{Z}$. Zeigen Sie:

a $\mathrm{ggT}(a, bc)$ teilt das Produkt $\mathrm{ggT}(a, b) \cdot \mathrm{ggT}(a, c)$.

b $\mathrm{ggT}(a, bc)$ kann verschieden sein von $\mathrm{ggT}(a, b) \cdot \mathrm{ggT}(a, c)$.

c $\mathrm{ggT}(a, bc) = \mathrm{ggT}(a, b) \cdot \mathrm{ggT}(a, c)$, falls b und c teilerfremd sind.

Aufgabe 2 → S. 549 (12 Punkte)

Sei H eine Untergruppe der (nicht notwendig endlichen) Gruppe G von endlichem Index $(G : H) = n \in \mathbb{N}$.

a Man zeige, dass es für alle $g \in G$ ein $j \in \mathbb{N}$ mit $1 \leq j \leq n$ und $g^j \in H$ gibt.
Hinweis Betrachte die Nebenklassen $g^i H, 0 \leq i \leq n$.

b Man zeige an einem Beispiel, dass in **a** nicht zusätzlich gefordert werden kann, dass j ein Teiler von n ist.

Aufgabe 3   → S. 549   (12 Punkte)

Sei G eine endliche Gruppe. Zeigen Sie:

a Falls eine Untergruppe $H \subseteq G$ mit Index $(G : H) = k \in \mathbb{N}$ existiert, so existiert auch ein Normalteiler $N \trianglelefteq G$ mit $N \subseteq H$, sodass die Teilbarkeitsrelationen

$$k \mid (G : N) \text{ und } (G : N) \mid k!$$

erfüllt sind.

Hinweis Operation der Gruppe auf der Menge der Linksnebenklassen von H in G durch Linksmultiplikation.

b Zeigen Sie, dass es keine einfache Gruppe der Ordnung 108 geben kann.

Aufgabe 4   → S. 550   (12 Punkte)

Es bezeichne p eine Primzahl und $\mathbb{F}_p$ einen Körper mit p Elementen. Zeigen Sie:

a Ist $g(X) \in \mathbb{F}_p[X]$ irreduzibel über $\mathbb{F}_p$ vom Grad $\deg g = m$, so ist die Teilbarkeitsrelation

$$g(X) \mid (X^{p^m} - X)$$

erfüllt.

b Genau dann ist $f(X) \in \mathbb{F}_p[X]$ irreduzibel über $\mathbb{F}_p$, wenn für jedes $m \in \mathbb{N}$ mit $1 \leq m \leq \frac{\deg f}{2}$ gilt, dass

$$\mathrm{ggT}\left(f(X), X^{p^m} - X\right) = 1.$$

Aufgabe 5   → S. 551   (12 Punkte)

Es seien $p \geq 3$ eine Primzahl und $\zeta \in \mathbb{C}$ eine primitive p-te Einheitswurzel.

a Sei $a \in \mathbb{N}$. Zeigen Sie, dass das Polynom $X^{a+1} - 1$ ein Teiler des Polynoms $X^{2a} - X^{a+1} - X^{a-1} + 1$ in $\mathbb{Q}[X]$ ist, und bestimmen Sie den Quotienten.

b Zeigen Sie, dass die Körpererweiterung $\mathbb{Q}(\zeta + \zeta^{-1})|\mathbb{Q}$ galoissch ist und dass $(\mathbb{Q}(\zeta + \zeta^{-1})|\mathbb{Q})$ zyklisch der Ordnung $\frac{p-1}{2}$ ist.

Lösungen zu Thema Nr. 1

Lösungsvorschlag zur Aufgabe (Herbst 2019, T1A1)

a Sei $\frac{p}{q} \in \mathbb{Q}$ eine vollständig gekürzte Nullstelle von $f = X^3 - 2X + 1$. Laut Lemma 2.23 muss dann $q \mid 1$ und $p \mid 1$ gelten. Somit kommen nur ± 1 in Betracht. Es ist nun

$$f(1) = 0 \quad \text{und} \quad f(-1) = 2 \neq 0.$$

Also ist 1 die einzige rationale Nullstelle von f.

b Folgt unmittelbar aus dem Eisensteinkriterium mit $p = 3$.

c Es ist $(\sqrt{2} + \sqrt{3})^2 = 5 + 2\sqrt{6}$, also $\sqrt{6} \in \mathbb{Q}(\sqrt{2} + \sqrt{3})$. Dies wiederum bedeutet $\sqrt{6}(\sqrt{2} + \sqrt{3}) = 2\sqrt{3} + 3\sqrt{2} \in \mathbb{Q}(\sqrt{2} + \sqrt{3})$. Wir erhalten schlussendlich

$$1 + \sqrt{2} = 1 + 3(\sqrt{2} + \sqrt{3}) - (2\sqrt{2} + 3\sqrt{3}) \in \mathbb{Q}(\sqrt{2} + \sqrt{3}).$$

d Wir bezeichnen die angegebene Permutation mit σ. Da jede Zahl $\{1, \ldots, 9\}$ genau einmal als Bild von σ auftreten muss, muss $i \in \{3, 8\}$ gelten. Man erhält für $i = 3$ (und somit $k = 8$) den 5-Zykel $\sigma = (3\ 7\ 6\ 5\ 8)$ und somit $\operatorname{sgn} \sigma = (-1)^{5-1} = +1$.

Lösungsvorschlag zur Aufgabe (Herbst 2019, T1A2)

Sei Z ein Zerfällungskörper von f über $\mathbb{Q}$ und $G = \operatorname{Gal}(f) = G_{Z|\mathbb{Q}}$ die Galoisgruppe von f über $\mathbb{Q}$. Sei weiter $\alpha \in \mathbb{R}$ eine reelle Nullstelle von f und $\beta \in \mathbb{C} \setminus \mathbb{R}$ eine nicht-reelle Nullstelle. Dann ist $\mathbb{Q}(\alpha)$ ein Teilkörper von Z, aber die Erweiterung $\mathbb{Q}(\alpha)|\mathbb{Q}$ ist nicht normal, denn f ist ein über $\mathbb{Q}$ irreduzibles Polynom, das wegen $\beta \notin \mathbb{Q}(\alpha)$ über $\mathbb{Q}(\alpha)$ nicht in Linearfaktoren zerfällt. Also ist die Untergruppe $G_{Z|\mathbb{Q}(\alpha)}$ von G kein Normalteiler. Da in einer abelschen Gruppe aber jede Untergruppe ein Normalteiler ist, kann G nicht abelsch sein.

Lösungsvorschlag zur Aufgabe (Herbst 2019, T1A3)

Die Inklusion $K(\alpha^2) \subseteq K(\alpha)$ ist klar. Also ist $K(\alpha^2)$ ein Zwischenkörper der Erweiterung $K(\alpha)|K$. Außerdem ist α eine Nullstelle des Polynoms

$$X^2 - \alpha^2 \in K(\alpha^2)[X],$$

sodass das Minimalpolynom von α über $K(\alpha^2)$ höchstens Grad 2 hat und folglich $[K(\alpha) : K(\alpha^2)] \in \{1,2\}$ gilt. Nehmen wir an, dass $[K(\alpha) : K(\alpha^2)] = 2$ ist. Dann folgt mit der Gradformel

$$[K(\alpha) : K] = [K(\alpha) : K(\alpha^2)] \cdot [K(\alpha^2) : K] = 2 \cdot [K(\alpha^2) : K]$$

im Widerspruch dazu, dass $[K(\alpha) : K] = \deg F_\alpha$ ungerade ist. Also ist $[K(\alpha^2) : K(\alpha)] = 1$, mit anderen Worten $K(\alpha^2) = K(\alpha)$.

Lösungsvorschlag zur Aufgabe (Herbst 2019, T1A4)

a Sei ν_p jeweils die Anzahl der p-Sylowgruppen. Dann ist aufgrund des dritten Sylowsatzes

$$\nu_5 \in \{1,11,13,143\}, \quad \nu_{11} \in \{1,5,13,65\}, \quad \nu_{13} \in \{1,5,11,55\}.$$

Wegen $\nu_p \equiv 1 \bmod p$ folgt $\nu_5 \in \{1,11\}$ und $\nu_{11} = \nu_{13} = 1$.

Nehmen wir nun an, dass $\nu_5 = 1$. Wir zeigen, dass dann G abelsch wäre: Sei dazu P_5, P_{11} und P_{13} die 5-, 11- bzw. 13-Sylowgruppe von G, die dann allesamt Normalteiler sind, und $U = P_5 P_{11}$ das Komplexprodukt von P_5 und P_{11}. Bei U handelt es sich dann um eine Untergruppe von G.

Wir zeigen, dass U das innere direkte Produkt von P_5 und P_{11} ist: $|P_5 \cap P_{11}|$ teilt 5 und 11, also ist $P_5 \cap P_{11} = \{e_G\}$. Zudem sind beide Untergruppen Normalteiler von G, also insbesondere von U, und $U = P_5 P_{11}$ gilt nach Definition. Ebenso zeigt man, dass G das innere direkte Produkt von U und P_{13} ist. Damit ist G isomorph zum äußeren direkten Produkt der p-Sylowgruppen,

$$G \cong P_5 \times P_{11} \times P_{13} \cong \mathbb{Z}/5\mathbb{Z} \times \mathbb{Z}/11\mathbb{Z} \times \mathbb{Z}/13\mathbb{Z},$$

und insbesondere G abelsch – Widerspruch.

b Wir zeigen zunächst $(G : N_G(P)) = \nu_p = 11$. Seien $g,h \in G$. Dann gilt

$$gPg^{-1} = hPh^{-1} \quad \Leftrightarrow \quad h^{-1}gPg^{-1}h = P \quad \Leftrightarrow$$
$$\Leftrightarrow \quad h^{-1}g \in N_G(P) \quad \Leftrightarrow \quad gN_G(P) = hN_G(P).$$

Damit stimmt die Anzahl der Konjugierten von P mit der Anzahl der Nebenklassen von $N_G(P)$ in G überein, also gilt $\nu_p = (G : N_G(P))$, wie behauptet. Es folgt, dass $N_G(P)$ die Ordnung 65 hat. Ein Routineargument zeigt nun, dass $N_G(P) \cong \mathbb{Z}/5\mathbb{Z} \times \mathbb{Z}/13\mathbb{Z}$ gilt (die 5- und 13-Sylowgruppen von $N_G(P)$ sind Normalteiler und man verfährt dann wie zuvor).

Lösungsvorschlag zur Aufgabe (Herbst 2019, T1A5)

a Da q ungerade ist, ist 2 invertierbar in $\mathbb{F}_q$ und wir erhalten für $z \in \mathbb{F}_q$ mittels quadratischer Ergänzung

$$0 = z^2 + uz + v = \left(z + \tfrac{1}{2}u\right)^2 - \tfrac{1}{4}u^2 + v \quad \Leftrightarrow$$

$$\Leftrightarrow \quad \left(z + \tfrac{1}{2}u\right)^2 = \tfrac{1}{4}u^2 - v \quad \Leftrightarrow \quad (2z + u)^2 = u^2 - 4v.$$

Existiert also ein z, das die ursprüngliche Gleichung löst, so ist gemäß der letzten Zeile $u^2 - 4v$ ein Quadrat. Ist umgekehrt $u^2 - 4v$ ein Quadrat, sagen wir $u^2 - 4v = w^2$ für $w \in \mathbb{F}_q$, so löst $\tfrac{1}{2}(w - u)$ die Gleichung.

b Hier haben wir für $z \in \mathbb{F}_q$, dass

$$v/u^2 = z^2 + z \quad \Leftrightarrow \quad v = u^2 z^2 + u^2 z \quad \Leftrightarrow \quad u^2 z^2 + u^2 z + v = 0 \quad \Leftrightarrow$$

$$\Leftrightarrow \quad (uz)^2 + u(uz) + v = 0.$$

Ist also v/u^2 von der angegebenen Form, so ist uz eine Lösung der Gleichung. Ist umgekehrt u' eine Lösung der Gleichung, so gilt $v/u^2 = z^2 + z$ für $z = u'/u$.

Lösungen zu Thema Nr. 2

Lösungsvorschlag zur Aufgabe (Herbst 2019, T2A1)

a Es gilt

$$X^{2^\ell} - 1 = X^{2^k \cdot 2^{\ell-k}} - 1 = \left(X^{2^k}\right)^{2^{\ell-k}} - 1 \equiv 1 - 1 \equiv 0 \mod (X^{2^k} - 1).$$

Mit anderen Worten, $X^{2^k} - 1$ teilt $X^{2^\ell} - 1$.

b Sei $m \in \mathbb{N}$, dann gilt $2^m > m$. Dann ist $n - 1 = 2^{2^m} = 2^m \cdot 2^{2^m - m}$ und somit

$$2^{n-1} = \left(2^{2^m}\right)^{2^{2^m - m}} \equiv (-1)^{2^{2^m - m}} \equiv 1 \mod n.$$

Lösungsvorschlag zur Aufgabe (Herbst 2019, T2A2)

a Es gilt in jedem Fall für alle $k \in \mathbb{Z}$ und $b \in \mathbb{Z}$

$$a^k \equiv c^k \mod n \quad \text{und} \quad ba \equiv bc \mod n$$

aufgrund der Wohldefiniertheit der Verknüpfungen $+$ und $\cdot$ auf $\mathbb{Z}/n\mathbb{Z}$. Damit erhalten wir für ein beliebiges Polynom $f(X) = \sum_{k=0}^m a_k X^k$ mit ganzzahligen Koeffizienten $a_k \in \mathbb{Z}$ für $0 \leq k \leq m$, dass

$$f(a) = \sum_{k=0}^m a_k a^k \equiv \sum_{k=0}^m a_k c^k = f(c) \mod n.$$

b Angenommen, $a \in \mathbb{Z}$ ist eine Nullstelle von f. Dann gilt entweder $a \equiv 0 \mod 2$ oder $a \equiv 2019 \mod 2$, je nachdem, ob a gerade oder ungerade ist. In jedem Fall erhalten wir, da $f(0)$ und $f(2019)$ beide ungerade sind, mit Teil **a**:

$$0 = f(a) \equiv 1 \mod 2,$$

ein Widerspruch.

c Sei $\phi \colon \mathbb{Z}/p\mathbb{Z} \times \mathbb{Z}/q\mathbb{Z} \to \mathbb{Z}/pq\mathbb{Z}$ der Isomorphismus aus dem Chinesischen Restsatz. Sei c ein Vertreter der Klasse $\phi^{-1}([a]_p, [b]_q) \in \mathbb{Z}/pq\mathbb{Z}$, d. h. c ist eine ganze Zahl mit

$$c \equiv a \mod p \quad \text{und} \quad c \equiv b \mod q.$$

Teil **a** liefert dann

$$f(c) \equiv f(a) \not\equiv 0 \mod p \quad \text{und} \quad f(c) \equiv f(b) \not\equiv 0 \mod q,$$

da $f(a)$ nicht durch p und $f(b)$ nicht durch q teilbar ist.

Lösungsvorschlag zur Aufgabe (Herbst 2019, T2A3)

Wegen $a \in \mathbb{Q}$ gilt zunächst $\mathbb{Q}(\gamma) = \mathbb{Q}(\beta i)$. Betrachte nun den Körper $\mathbb{Q}(\beta^2) \subseteq \mathbb{Q}(\gamma)$. Das Polynom

$$X^2 + \beta^2 \in \mathbb{Q}(\beta^2)[X]$$

hat βi als Nullstelle, weshalb $[\mathbb{Q}(\gamma) : \mathbb{Q}(\beta^2)] \in \{1, 2\}$ gilt. Wäre dieser Körpererweiterungsgrad 1, so wäre $\mathbb{Q}(\gamma) = \mathbb{Q}(\beta^2) \subseteq \mathbb{R}$ im Widerspruch zu $\beta i \in \mathbb{Q}(\gamma)$. Also gilt $[\mathbb{Q}(\gamma) : \mathbb{Q}(\beta^2)] = 2$ und wir erhalten

$$[\mathbb{Q}(\gamma) : \mathbb{Q}] = [\mathbb{Q}(\gamma) : \mathbb{Q}(\beta^2)][\mathbb{Q}(\beta^2) : \mathbb{Q}] = 2 \cdot [\mathbb{Q}(\beta^2) : \mathbb{Q}].$$

Insbesondere ist der gefragte Grad gerade.

Alternativ beweist man zunächst T1A3 und schließt mit Kontraposition.

Lösungsvorschlag zur Aufgabe (Herbst 2019, T2A4)

a Es ist $|G| = 36$. Eine 3-Sylowgruppe hat daher Ordnung 9. Sei nun $P_3 = A_3 \times A_3$. Dann ist $|P_3| = |A_3|^2 = 9$, also ist P_3 eine 3-Sylowgruppe von G. Wegen $A_3 \trianglelefteq S_3$ ist $P_3 \trianglelefteq G$, sodass P_3 die einzige 3-Sylowgruppe von G ist.

b Eine 2-Sylowgruppe in G hat Ordnung 4. Betrachte nun die Untergruppen

$$U = \langle (1\,2) \rangle \quad \text{und} \quad V = \langle (2\,3) \rangle$$

von S_3, die beide Ordnung 2 haben. Dann sind

$$P = U \times U, \quad Q = V \times V \text{ und } R = U \times V$$

2-Sylowgruppen von G, denn $|P| = |Q| = |R| = 4$. Zudem ist

$$P \cap Q = \{(\mathrm{id}, \mathrm{id})\} \quad \text{und} \quad P \cap R = U \times \{\mathrm{id}\}.$$

Lösungsvorschlag zur Aufgabe (Herbst 2019, T2A5)

a Sei $b \in L$ eine Nullstelle von f. Es gilt unter Verwendung des *freshman's dream*

$$f(b+1) = (b+1)^p - (b+1) - a = b^p - b - a = f(b) = 0.$$

b Wir schreiben f als Produkt von irreduziblen Faktoren, $f = \prod_{i=1}^r f_i$, und zeigen, dass alle Faktoren f_i den gleichen Grad haben. Seien dazu $i, j \in \{1, \dots, r\}$ und seien α_i, α_j Nullstellen von f_i bzw. f_j in einem algebraischen Abschluss von K, dann ist f_i bzw. f_j Minimalpolynom des jeweiligen Elements. Es gilt $K(\alpha_i) = K(\alpha_j)$: Laut Teil **a** sind auch die p verschiedenen Elemente $\alpha_i + 1, \alpha_i + 1 + 1, \dots$ Nullstellen von f. Da dies alle Nullstellen von f sind, ist α_j von der Form $\alpha_j = \alpha_i + a$ mit $a \in K$ und es folgt $K(\alpha_i) = K(\alpha_j)$. Das bedeutet

$$\operatorname{grad} f_i = [K(\alpha_i) : K] = [K(\alpha_j) : K] = \operatorname{grad} f_j.$$

Daraus erhalten wir

$$\operatorname{grad} f = \sum_{i=1}^{r} \operatorname{grad} f_i = r \cdot \operatorname{grad} f_1$$

und da p prim ist, bedeutet das entweder $r = 1$ oder $\operatorname{grad} f_1 = 1$. Im ersten Fall ist f irreduzibel, im zweiten Fall hat f einen Linearfaktor, also eine Nullstelle in K.

[c] Sei $b \in \overline{K}$ eine Nullstelle von f und $L = K(b)$. Dann liegen laut Teil [a] alle Nullstellen von f in L, also ist L ein Zerfällungskörper von f über K. Ferner ist f das Minimalpolynom von b und wir erhalten

$$|\operatorname{Gal}(f)| = |G_{L|K}| = [L : K] = \operatorname{grad} f = p,$$

also ist $\operatorname{Gal}(f)$ eine Gruppe der Ordnung p und deshalb zyklisch.

Lösungen zu Thema Nr. 3

Lösungsvorschlag zur Aufgabe (Herbst 2019, T3A1)

[a] Sei $d_1 = \operatorname{ggT}(a,b)$, $d_2 = \operatorname{ggT}(a,c)$ und $d = \operatorname{ggT}(a,bc)$. Wir wollen $d \mid d_1 d_2$ zeigen. Laut dem Lemma von Bézout existieren Zahlen $x_1, x_2, y_1, y_2 \in \mathbb{Z}$ mit $d_1 = x_1 a + y_1 b$ und $d_2 = x_2 a + y_2 c$. Nun gilt

$$d_1 d_2 = (x_1 a + y_1 b)(x_2 a + y_2 c) = x_1 x_2 a^2 + x_1 y_2 ac + y_1 x_2 ab + y_1 y_2 bc$$

und da d sowohl a als auch bc teilt, ist d ein Teiler dieses Produkts.

[b] Wir wählen $a = b = c = 2$. Dann ist

$$\operatorname{ggT}(2,4) = 2 \neq \operatorname{ggT}(2,2) \cdot \operatorname{ggT}(2,2) = 2 \cdot 2 = 4.$$

[c] Wegen Teil [a] genügt es $d_1 d_2 \mid d$ zu zeigen. Es gilt $d_1 \mid d$ und $d_2 \mid d$. Schreibe also $d = k d_1 = l d_2$ für $k, l \in \mathbb{Z}$. Die Zahlen d_1 und d_2 sind teilerfremd, denn jeder gemeinsame Teiler wäre auch ein gemeinsamer Teiler von b und c. Daher folgt in der Produktdarstellung von d bereits $d_1 \mid l$ und somit $d_1 d_2 \mid d$, wie behauptet.

Lösungsvorschlag zur Aufgabe (Herbst 2019, T3A2)

a Da es laut Voraussetzung nur n verschiedene Nebenklassen von H in G gibt, können die $n+1$ Nebenklassen $g^i H$ für $0 \leq i \leq n$ nicht alle verschieden sein. Es existieren also $i \neq k$ mit $g^k H = g^i H$, wobei wir o. B. d. A. $i < k$ annehmen können. Setze dann $j = k - i$, dann ist $1 \leq j \leq n$ und

$$g^k H = g^i H \quad \Leftrightarrow \quad g^j \in H.$$

b *Vorbemerkung:* Ist H sogar ein Normalteiler von G, so ist n die Ordnung der Faktorgruppe G/H und laut dem Kleinen Satz von Fermat gilt $g^n H = H$, also $g^n \in H$, für jedes $g \in G$. Auf diese Weise kann also kein Gegenbeispiel konstruiert werden, insbesondere darf G nicht abelsch sein.

Sei nun $G = S_3$ und $H = \langle (1\,2) \rangle$. Dann ist $(G : H) = 3$. Betrachten wir aber das Element $(1\,3) \in G$, so ist

$$(1\,3)^1 = (1\,3)^3 = (1\,3) \notin H.$$

Damit kann j in diesem Fall nicht als Teiler von $n = 3$ gewählt werden. (Es gilt aber $(1\,3)^2 = \mathrm{id} \in H$.)

Lösungsvorschlag zur Aufgabe (Herbst 2019, T3A3)

a Wir betrachten die Operation

$$G \times G/H \to G/H, \quad (g, xH) \mapsto (gx)H.$$

Man überprüft wie üblich, dass es sich dabei um eine Gruppenoperation handelt. Daraus erhalten wir einen Homomorphismus

$$\phi \colon G \to \mathrm{Per}\left(G/H\right), \quad g \mapsto \left\{ xH \mapsto (gx)H \right\}.$$

Sei $N = \ker \phi \trianglelefteq G$ und $n \in N$. Dann gilt für alle $x \in G$ die Gleichung $(nx)H = H$. Wenden wir dies auf $x = e_G$ an, so erhalten wir $nH = H$, also $n \in H$, was die Inklusion $N \subseteq H$ beweist. Weiter ist

$$(G : N) = (G : H) \cdot (H : N) = k \cdot (H : N),$$

also gilt $k \mid (G : N)$. Die Menge G/H hat die Kardinalität k, also ist $\mathrm{Per}\left(G/H\right) \cong S_k$, sodass die Gruppe G/N isomorph zu einer Untergruppe von S_k ist, aufgrund des Satzes von Lagrange also insbesondere $(G : N) \mid |S_k| = k!$ gilt.

b Sei G eine Gruppe der Ordnung $108 = 2^2 \cdot 3^3$ und H eine 3-Sylowgruppe von G. Es gilt $(G : H) = 4$, also existiert laut Teil **a** ein Normalteiler N von G, der die obigen Eigenschaften besitzt. Es bleibt zu zeigen, dass N nicht trivial ist. Angenommen, $N = \{e_G\}$. Dann wäre $(G : N) = |G|$ – im Widerspruch zu $(G : N) \mid 4! = 24 < 108$. Andererseits ist $N = G$ wegen $N \subseteq H \subsetneq G$ unmöglich. Also ist N ein nicht-trivialer Normalteiler und G nicht einfach.

Lösungsvorschlag zur Aufgabe (Herbst 2019, T3A4)

a Sei $\alpha \in \overline{\mathbb{F}}_p$ eine Nullstelle von $g(X)$, dann ist

$$[\mathbb{F}_p(\alpha) : \mathbb{F}_p] = \operatorname{grad} g(X) = m.$$

Damit ist $\mathbb{F}_p(\alpha) = \mathbb{F}_{p^m}$. Dieser Körper ist genau die Nullstellenmenge von $X^{p^m} - X$, insbesondere ist α eine Nullstelle dieses Polynoms. Folglich ist $g(X)$ als Minimalpolynom von α ein Teiler von $X^{p^m} - X$.

b „$\Rightarrow$": Angenommen, $f(X)$ ist irreduzibel. Dann kann $f(X)$ nur die Teiler 1 und $f(X)$ haben – also ist $\operatorname{ggT}(f(X), X^{p^m} - X) \in \{1, f(X)\}$. Nehmen wir also an, dass $f(X)$ ein Teiler von $X^{p^m} - X$ ist. Sei $\alpha \in \overline{\mathbb{F}}_p$ eine Nullstelle von $f(X)$, dann ist α also auch eine Nullstelle von $X^{p^m} - X$. Die Nullstellenmenge von $X^{p^m} - X$ ist gerade $\mathbb{F}_{p^m}$, also haben wir $\alpha \in \mathbb{F}_{p^m}$. Als irreduzibles Polynom ist $f(X)$, nach evtl. Normierung, das Minimalpolynom von α über $\mathbb{F}_p$. Somit erhalten wir, dass

$$\deg f(X) = [\mathbb{F}_p(\alpha) : \mathbb{F}_p] \quad \text{teilt} \quad [\mathbb{F}_{p^m} : \mathbb{F}_p] = m.$$

Dies ist wegen $m \leq \frac{1}{2}\deg f(X)$ jedoch unmöglich.

„$\Leftarrow$": Angenommen, $f(X)$ wäre nicht irreduzibel. Dann existiert ein irreduzibler Teiler $g(X)$ von $f(X)$ mit $1 \leq \operatorname{grad} g(X) < \operatorname{grad} f(X)$. Wir können annehmen, dass $\operatorname{grad} g(X) \leq \frac{\operatorname{grad} f}{2}$ gilt (ist das nicht der Fall, so schreibe $f(X) = g(X)h(X)$, dann ist $\operatorname{grad} g(X) + \operatorname{grad} h(X) = \operatorname{grad} f(X)$, also ist $\operatorname{grad} h \leq \frac{\operatorname{grad} f}{2}$ und wir könnten $g(X)$ durch $h(X)$ ersetzen). Aus Teil **a** folgt nun aber $g(X) \mid X^{p^m} - X$, also ist $g(X)$ ein gemeinsamer Teiler von $f(X)$ und $X^{p^m} - X$ und damit $\operatorname{ggT}(f(X), X^{p^m} - X) \neq 1$.

Lösungsvorschlag zur Aufgabe (Herbst 2019, T3A5)

a Man führt eine Polynomdivision durch und erhält

$$X^{2a} - X^{a+1} - X^{a-1} + 1 = (X^{a+1} - 1)(X^{a-1} - 1).$$

b Da $\mathbb{Q}$ ein perfekter Körper ist, ist die Erweiterung in jedem Fall separabel. Für den Rest betrachten wir zunächst die Erweiterung $\mathbb{Q}(\zeta)$. Diese Erweiterung ist bekanntlich galoissch und hat eine zu $\mathbb{Z}/(p-1)\mathbb{Z}$ isomorphe, also zyklische, Galoisgruppe. Da diese abelsch ist, sind auch alle Untergruppen Normalteiler und deshalb alle Teilerweiterungen normal. Insbesondere ist also $\mathbb{Q}(\zeta + \zeta^{-1})|\mathbb{Q}$ galoissch.

Wir zeigen nun, dass $[\mathbb{Q}(\zeta) : \mathbb{Q}(\zeta + \zeta^{-1})] = 2$. Zunächst gilt für das Polynom $f = X^2 - (\zeta + \zeta^{-1})X + 1$, dass

$$f(\zeta) = \zeta^2 - (\zeta + \zeta^{-1})\zeta + 1 = \zeta^2 - \zeta^2 - 1 + 1 = 0,$$

also hat das Minimalpolynom von ζ über $\mathbb{Q}(\zeta + \zeta^{-1})$ höchstens Grad 2. Es folgt, dass der Grad der Erweiterung $\mathbb{Q}(\zeta)|\mathbb{Q}(\zeta + \zeta^{-1})$ höchstens 2 beträgt. Andererseits ist $\zeta + \zeta^{-1} = \zeta + \overline{\zeta} \in \mathbb{R}$, also ist $\mathbb{Q}(\zeta) \neq \mathbb{Q}(\zeta + \zeta^{-1})$ und somit $[\mathbb{Q}(\zeta) : \mathbb{Q}(\zeta + \zeta^{-1})] \geq 2$, was insgesamt Gleichheit beweist. Folglich ist die Galoisgruppe $G_{\mathbb{Q}(\zeta + \zeta^{-1})|\mathbb{Q}}$ eine Gruppe der Ordnung

$$\left[\mathbb{Q}(\zeta + \zeta^{-1}) : \mathbb{Q}\right] = \frac{[\mathbb{Q}(\zeta) : \mathbb{Q}]}{[\mathbb{Q}(\zeta) : \mathbb{Q}(\zeta + \zeta^{-1})]} = \frac{p-1}{2}.$$

Als Quotient der zyklischen Gruppe $G_{\mathbb{Q}(\zeta)|\mathbb{Q}}$ ist $G_{\mathbb{Q}(\zeta + \zeta^{-1})|\mathbb{Q}}$ zudem zyklisch.

Prüfungstermin: Frühjahr 2020

Thema Nr. 1
(Aufgabengruppe)

Aufgabe 1   → S. 557   (12 Punkte)

Sei K ein Körper und $V = K^{2\times2}$ der K-Vektorraum der 2×2-Matrizen über K. Für $A, B \in K^{2\times2}$ betrachten wir die Abbildung $\Phi\colon V \to V, X \mapsto AXB$. Zeigen Sie:

a Φ ist ein Endomorphismus von V.

b $\mathrm{Spur}(\Phi) = \mathrm{Spur}(A) \cdot \mathrm{Spur}(B)$.

Aufgabe 2   → S. 558   (12 Punkte)

Seien $R = \mathbb{Z}/15\mathbb{Z}$ und $f\colon R \to R, x \mapsto 7x$.

a Zeigen Sie, dass f bijektiv und damit eine Permutation von R ist.

b Bestimmen Sie die Fixpunkte von f.

c Bestimmen Sie die Anzahl der Bahnen der Operation von $\langle f \rangle$ auf R. Hier steht $\langle f \rangle$ für die von f erzeugte Untergruppe der Gruppe der Permutationen von R.

Aufgabe 3   → S. 559   (12 Punkte)

a Geben Sie die Definition einer *auflösbaren Gruppe* an.

b Zeigen Sie: Jede Gruppe G der Ordnung 2020 ist auflösbar.

c Geben Sie zwei nicht-isomorphe abelsche und zwei nicht-isomorphe nicht-abelsche Gruppen der Ordnung 2020 an (mit Begründung).

Aufgabe 4   → S. 560   (12 Punkte)

Sei $\zeta \in \mathbb{C}$ eine primitive elfte Einheitswurzel und $K = \mathbb{Q}(\zeta)$.

a Zeigen Sie, dass K der Zerfällungskörper von $X^{11} - 1$ über $\mathbb{Q}$ ist, und geben Sie den Isomorphietyp der Galois-Gruppe $G_{K|\mathbb{Q}}$ an.

b Zeigen Sie: Es gibt eine galoissche Körpererweiterung $\mathbb{Q} \subseteq L$ mit $[L : \mathbb{Q}] = 5$.

Aufgabe 5   → S. 560   (12 Punkte)

Ein n-Tupel $(a_1, a_2, \ldots, a_n)$ von ganzen Zahlen heiße *hübsch*, wenn $a_i a_j + 2$ eine Quadratzahl ist für alle $1 \le i < j \le n$. Zeigen Sie:

a Es gibt hübsche Tripel.

b Wenn ein Quadrupel hübsch ist, dann ist keine der Zahlen a_j für $j \in \{1, \ldots, 4\}$ durch 4 teilbar.

c Es gibt keine hübschen Quadrupel.

Thema Nr. 2
(Aufgabengruppe)

Aufgabe 1   → S. 561   (12 Punkte)

Für $\lambda_1, \lambda_2, \lambda_3 \in \mathbb{C}$ seien a_0, a_1, a_2 die Koeffizienten des Polynoms

$$f(X) := (X - \lambda_1) \cdot (X - \lambda_2) \cdot (X - \lambda_3) = X^3 + a_2 X^2 + a_1 X + a_0 \in \mathbb{C}[X].$$

Ferner sei

$$A := \begin{pmatrix} 0 & 0 & -a_0 \\ 1 & 0 & -a_1 \\ 0 & 1 & -a_2 \end{pmatrix} \in \mathbb{C}^{3 \times 3}$$

die sogenannte Begleitmatrix zu den gegebenen Zahlen. Zeigen Sie:

a Die Eigenwerte von A sind $\lambda_1, \lambda_2, \lambda_3$.

b Die Jordan'sche Normalform von A hat für jeden Eigenwert λ genau ein Kästchen.

Aufgabe 2   → S. 562   (12 Punkte)

Zeigen Sie:

a Ist $n = dm$ mit ungeradem $m \in \mathbb{N}$, so gilt die Teilbarkeitsrelation $(X^d + 1) \mid (X^n + 1)$.

b Das Polynom $X^n + 1$ ist genau dann über $\mathbb{Q}$ irreduzibel, wenn $n = 2^k$ für ein $k \in \mathbb{N}_0$.

Aufgabe 3   → S. 562   (12 Punkte)

Seien p eine Primzahl und $\mathbb{F}_p \subseteq \mathbb{F}_{p^k}$ eine Körpererweiterung vom Grad k über dem Körper $\mathbb{F}_p$. Betrachten Sie die Gruppe $G := \mathrm{GL}_2(\mathbb{F}_{p^k})$ der invertierbaren 2×2-Matrizen über $\mathbb{F}_{p^k}$. Zeigen Sie:

a Die Teilmenge $N := \{A \in G \mid \det A \in \mathbb{F}_p\} \subseteq G$ ist ein Normalteiler.

b Der Index des Normalteilers N ist teilerfremd zu p.

c Die p-Sylowgruppen von G sind genau die p-Sylowgruppen von N.

Aufgabe 4   → S. 563   (12 Punkte)

a Sei $h\colon A \to G$ ein surjektiver Gruppenhomomorphismus einer abelschen Gruppe A in eine Gruppe G. Zeigen Sie, dass dann auch G abelsch ist.

b Sei p eine Primzahl, $p \neq 2$. Bestimmen Sie die Anzahl der Nullstellen des Polynoms $f(X) = X^2 + 2X + 1$ in $\mathbb{F}_{p^2}$ und in $\mathbb{Z}/p^2\mathbb{Z}$.

c Man zeige oder widerlege folgende Aussage: Für alle $a, b, c \in \mathbb{N}$ gilt

$$\mathrm{ggT}(a, b, c) \cdot \mathrm{kgV}(a, b, c) = abc.$$

Aufgabe 5   → S. 563   (12 Punkte)

Sei $L \subseteq \mathbb{C}$ der Zerfällungskörper von $X^8 - 2$. Sei ferner $\zeta = \exp(\frac{2\pi i}{8}) \in \mathbb{C}$. Zeigen Sie:

a Es gilt $\sqrt{2} \in \mathbb{Q}(\zeta)$.

b Die Körpererweiterung $\mathbb{Q} \subseteq L$ hat den Grad $[L : \mathbb{Q}] = 16$.

c Die Galoisgruppe $G = G_{L|\mathbb{Q}}$ ist nicht abelsch und hat einen Normalteiler N der Ordnung 4 mit $N \cong \mathbb{Z}/4\mathbb{Z}$.

Thema Nr. 3
(Aufgabengruppe)

Aufgabe 1 → S. 565											(12 Punkte)

Seien G und G' Gruppen und $f\colon G \to G'$ ein Gruppenhomomorphismus.

a Definieren Sie den Begriff *Normalteiler*.

b Sei K der Kern von f und sei $H \subseteq G$ eine Untergruppe. Zeigen Sie, dass

$$f^{-1}(f(H)) = HK = \{hk \mid h \in H, k \in K\}$$

ist.

c Sei G eine Gruppe und seien H und K Normalteiler in G mit der Eigenschaft $H \cap K = \{e_G\}$. Zeigen Sie, dass $kh = hk$ für alle $h \in H$ und $k \in K$ gilt.

d Geben Sie ein Beispiel (U, G) mit einer Gruppe G und einer Untergruppe U von G, die kein Normalteiler ist.

Aufgabe 2 → S. 566											(12 Punkte)

Berechnen Sie die letzten beiden Ziffern der Zahl

$$2018^{\left(2019^{2020}\right)}.$$

Gehen Sie dazu wie folgt vor:

a Berechnen Sie die Klasse von $2018^{\left(2019^{2020}\right)}$ in $\mathbb{Z}/25\mathbb{Z}$.

b Zeigen Sie, dass $[2018^{\left(2019^{2020}\right)}] = 0$ in $\mathbb{Z}/4\mathbb{Z}$ gilt.

c Schließen Sie die Berechnung mithilfe des Chinesischen Restsatzes ab.

Aufgabe 3 → S. 566											(12 Punkte)

Sei p eine Primzahl, $\mathbb{F}_p$ der Körper mit p Elementen und $V = \mathbb{F}_p^n$ für $n \in \mathbb{N}$. Weiter sei $G \leq \mathrm{GL}_n(\mathbb{F}_p)$ eine Gruppe, deren Ordnung eine Potenz von p ist. Man zeige, dass es einen Vektor $0 \neq v \in \mathbb{F}_p^n$ gibt mit $gv = v$ für alle $g \in G$. Hinweis $|V \setminus \{0\}|$ ist nicht durch p teilbar.

Aufgabe 4   → S. 567   (12 Punkte)

Seien K ein Körper und $L|K$ eine endliche Galoiserweiterung.

a Wir betrachten Zwischenkörper M und M' von $L|K$ und ein Element σ in $G_{L|K}$. Zeigen Sie die Äquivalenz der folgenden beiden Aussagen:

(i) $\sigma(M) = M'$.

(ii) $\sigma G_{L|M} \sigma^{-1} = G_{L|M'}$.

b Seien L der Zerfällungskörper eines irreduziblen Polynoms f in $K[x]$ und α und β Nullstellen von f in L. Zeigen Sie, dass die Galoisgruppen $G_{L|K(\alpha)}$ und $G_{L|K(\beta)}$ isomorph zueinander sind.

c Zeigen Sie, dass man in **b** die Voraussetzung, dass f irreduzibel ist, nicht weglassen kann.

Aufgabe 5   → S. 568   (12 Punkte)

Wir betrachten das Polynom $f_1 := x^5 + 10x + 5$ in $\mathbb{Q}[x]$ und definieren induktiv Polynome $f_n(x) := f_1(f_{n-1}(x))$ für n in $\mathbb{N}$ mit $n \geq 2$. Zeigen Sie, dass die Polynome f_n für alle n in $\mathbb{N}$ irreduzibel sind. Zeigen Sie dazu folgende Zwischenschritte durch Induktion nach n:

a Das Polynom f_n liegt in $\mathbb{Z}[x]$ und die Klasse von f_n in $\mathbb{Z}/5\mathbb{Z}[x]$ ist durch x^{5^n} gegeben.

b Zeigen Sie, dass die Klasse von $f_n(0)$ in $\mathbb{Z}/25\mathbb{Z}$ nicht verschwindet.

Lösungen zu Thema Nr. 1

Lösungsvorschlag zur Aufgabe (Frühjahr 2020, T1A1)

a Seien $\lambda \in K$ und $X, Y \in V$. Dann gilt

$$\Phi(\lambda X) = A(\lambda X)B = \lambda(AXB) = \lambda\Phi(X)$$
$$\Phi(X + Y) = A(X + Y)B = A(XB + YB) = AXB + AYB = \Phi(X) + \Phi(Y),$$

also ist Φ ein Endomorphismus von V.

b Per Definition ist die Spur von Φ die Spur der darstellenden Matrix von Φ, also die Summe der Einträge der Hauptdiagonalen dieser Matrix. Wir berechnen nun zunächst letztere bezüglich der Standardbasis von V gegeben durch die Elementarmatrizen $M^{(i,j)}$ für $(i,j) \in \{1,2\}^2$, d.h. durch die Matrizen

$$M^{(1,1)} = \begin{pmatrix} 1 & 0 \\ 0 & 0 \end{pmatrix} \quad M^{(1,2)} = \begin{pmatrix} 0 & 1 \\ 0 & 0 \end{pmatrix} \quad M^{(2,1)} = \begin{pmatrix} 0 & 0 \\ 1 & 0 \end{pmatrix}$$
$$M^{(2,2)} = \begin{pmatrix} 0 & 0 \\ 0 & 1 \end{pmatrix}.$$

Seien a_{kl} bzw. b_{kl} die Einträge von A bzw. B, dann berechnet man

$$\Phi(M^{(1,1)}) = \begin{pmatrix} a_{11}b_{11} & a_{11}b_{12} \\ a_{21}b_{11} & a_{21}b_{12} \end{pmatrix} =$$
$$= a_{11}b_{11}M^{(1,1)} + a_{11}b_{12}M^{(1,2)} + a_{21}b_{11}M^{(2,1)} + a_{21}b_{12}M^{(2,2)}$$
$$\Phi(M^{(1,2)}) = \begin{pmatrix} a_{11}b_{21} & a_{11}b_{22} \\ a_{21}b_{21} & a_{21}b_{22} \end{pmatrix} =$$
$$= a_{11}b_{21}M^{(1,1)} + a_{11}b_{22}M^{(1,2)} + a_{21}b_{21}M^{(2,1)} + a_{21}b_{22}M^{(2,2)}$$
$$\Phi(M^{(2,1)}) = \begin{pmatrix} a_{12}b_{11} & a_{12}b_{12} \\ a_{22}b_{11} & a_{22}b_{12} \end{pmatrix} =$$
$$= a_{12}b_{11}M^{(1,1)} + a_{12}b_{12}M^{(1,2)} + a_{22}b_{11}M^{(2,1)} + a_{22}b_{12}M^{(2,2)}$$
$$\Phi(M^{(2,2)}) = \begin{pmatrix} a_{12}b_{21} & a_{12}b_{22} \\ a_{22}b_{21} & a_{22}b_{22} \end{pmatrix} =$$
$$= a_{12}b_{21}M^{(1,1)} + a_{12}b_{22}M^{(1,2)} + a_{22}b_{21}M^{(2,1)} + a_{22}b_{22}M^{(2,2)}.$$

Die resultierende Darstellungsmatrix ist damit

$$[\Phi] = \begin{pmatrix} a_{11}b_{11} & a_{11}b_{21} & a_{12}b_{11} & a_{12}b_{21} \\ a_{11}b_{12} & a_{11}b_{22} & a_{12}b_{12} & a_{12}b_{22} \\ a_{21}b_{11} & a_{21}b_{21} & a_{22}b_{11} & a_{22}b_{21} \\ a_{21}b_{12} & a_{21}b_{22} & a_{22}b_{12} & a_{22}b_{22} \end{pmatrix}.$$

Für die Spur ergibt sich also

$$\text{Spur}(\Phi) = a_{11}b_{11} + a_{11}b_{22} + a_{22}b_{11} + a_{22}b_{22} = (a_{11} + a_{22})(b_{11} + b_{22})$$
$$= \text{Spur}(A) \cdot \text{Spur}(B).$$

Lösungsvorschlag zur Aufgabe (Frühjahr 2020, T1A2)

a Wegen $\text{ggT}(7, 15) = 1$ ist $\overline{7}$ eine Einheit in $\mathbb{Z}/15\mathbb{Z}$. Tatsächlich gilt $7 \cdot 13 \equiv 1 \mod 15$, also ist durch $g \colon R \to R, x \mapsto 13x$ eine Abbildung mit $f \circ g = \text{id}_R = g \circ f$ definiert. Es folgt, dass f bijektiv ist.

b Sei $\overline{x} = x + 15\mathbb{Z} \in R$, dann gilt

$$f(\overline{x}) = \overline{x} \quad \Leftrightarrow \quad 7\overline{x} = \overline{x} \quad \Leftrightarrow \quad 6\overline{x} = 0 \quad \Leftrightarrow \quad 15 \mid 6x \quad \Leftrightarrow \quad 5 \mid x.$$

Die Menge der Fixpunkte von f ist also durch $\{\overline{0}, \overline{5}, \overline{10}\}$ gegeben.

c Zunächst bemerken wir, dass wegen

$$7^2 \equiv 4 \mod 15, \quad 7^4 \equiv 16 \equiv 1 \mod 15$$

das Element $\overline{7}$ Ordnung vier in $R^\times$ hat. Also ist $f^4 = \text{id}_R$ und $\langle f \rangle = \{\text{id}_R, f, f^2, f^3\}$. Die Bahnengleichung liefert mit Teil **b**

$$|R| = |F| + \sum_{\overline{x} \in \Xi} (\langle f \rangle : \text{Stab}_{\langle f \rangle}(\overline{x})) \quad \Leftrightarrow \quad 15 = 3 + \sum_{\overline{x} \in \Xi} (\langle f \rangle : \text{Stab}_{\langle f \rangle}(\overline{x})),$$

wobei F die Fixpunktmenge der Operation und Ξ ein Repräsentantensystem der Menge aller $\overline{x} \in R$ bezeichnet, sodass die Bahn von $\overline{x}$ Länge > 1 hat.

Untersuchen wir die Stabilisatoren nun genauer. Sei dazu $\overline{x} = x + 15\mathbb{Z} \in R \setminus F$ und $f^i \in \text{Stab}_{\langle f \rangle}(\overline{x})$ für $i \in \{0, \ldots, 3\}$. Dann ist

$$f^i(\overline{x}) = \overline{x} \quad \Leftrightarrow \quad (7^i - 1)\overline{x} = \overline{x} \quad \Leftrightarrow \quad 15 \mid (7^i - 1)x \quad \Leftrightarrow \quad 5 \mid (7^i - 1)x.$$

Laut Annahme ist $\overline{x}$ kein Fixpunkt, also $5 \nmid x$ und somit $5 \mid 7^i - 1$. Man sieht nun, dass dies nur für $i = 0$ möglich ist. Also ist $\text{Stab}_{\langle f \rangle}(\overline{x}) = \{\text{id}_R\}$

für alle $\bar{x} \notin F$ und jeder der Indizes $(\langle f \rangle : \mathrm{Stab}_{\langle f \rangle}(\bar{x}))$ in der obigen Summe hat den Wert 4. Somit gibt es ingsesamt sechs Bahnen: drei Fixpunkte und drei Bahnen der Länge vier.

Lösungsvorschlag zur Aufgabe (Frühjahr 2020, T1A3)

a Siehe Definition 1.29.

b Zunächst bemerken wir $2020 = 2^2 \cdot 5 \cdot 101$. Sei ν_{101} die Anzahl der 101-Sylowgruppen von G, dann liefern die Sylowsätze $\nu_{101} \mid 2^2 \cdot 5$ und $\nu_{101} \equiv 1 \bmod 101$. Wegen $2^2 \cdot 5 < 101$ muss also $\nu_{101} = 1$ gelten. Dies bedeutet, dass die eindeutige 101-Sylowgruppe P_{101} ein Normalteiler von G ist. Wir können daher den Quotienten G/P_{101} betrachten, der eine Gruppe der Ordnung $2^2 \cdot 5$ ist. Da P_{101} als Gruppe von Primzahlordnung zyklisch, also insbesondere auflösbar, ist, genügt es laut Satz 1.30 zu zeigen, dass jede Gruppe der Ordnung 20 auflösbar ist.

Sei daher H eine Gruppe der Ordnung 20, dann können wir abermals die Sylowsätze heranziehen und erhalten $\nu_5 = 1$ für die Anzahl der 5-Sylowgruppen von H. Sei P_5 die eindeutige 5-Sylowgruppe von H, dann sind P_5 und H/P_5 beide abelsch, denn die erste Gruppe hat als Ordnung eine Primzahl und die letztere ein Primzahlquadrat. Beide Gruppen sind folglich auflösbar und nach Satz 1.30 ist H ebenfalls auflösbar.

c Die zwei abelschen Gruppen $\mathbb{Z}/2020\mathbb{Z}$ und $\mathbb{Z}/2\mathbb{Z} \times \mathbb{Z}/1010\mathbb{Z}$ sind nicht isomorph zueinander, denn die erste Gruppe ist zyklisch von Ordnung 2020, während die zweite Exponent 1010 hat. Zur Konstruktion zweier nicht-abelscher Beispiele verwenden wir geeignete semidirekte Produkte. Die Gruppe

$$\mathrm{Aut}\,(\mathbb{Z}/101\mathbb{Z}) \cong (\mathbb{Z}/101\mathbb{Z})^{\times}$$

ist zyklisch von Ordnung $\varphi(101) = 100$, besitzt also eindeutige Untergruppen der Ordnung vier und fünf. Wir können also nicht-triviale Homomorphismen

$$\phi_1 \colon \mathbb{Z}/4\mathbb{Z} \to \mathrm{Aut}\,(\mathbb{Z}/101\mathbb{Z}) \quad \text{und} \quad \phi_2 \colon \mathbb{Z}/5\mathbb{Z} \to \mathrm{Aut}\,(\mathbb{Z}/101\mathbb{Z})$$

finden und die nicht-abelschen semidirekten Produkte $\mathbb{Z}/101\mathbb{Z} \rtimes_{\phi_1} \mathbb{Z}/4\mathbb{Z}$ und $\mathbb{Z}/101\mathbb{Z} \rtimes_{\phi_2} \mathbb{Z}/5\mathbb{Z}$ konstruieren. Bemerke, dass in der ersten Gruppe die 4-Sylowgruppe (bzw. die 5-Sylowgruppe in der zweiten) kein Normalteiler sein kann, da sonst die Gruppe ein inneres direktes Produkt ihrer 101-Sylowgruppe und 4-Sylowgruppe (bzw. 5-Sylowgruppe) und somit abelsch wäre. Es folgt, dass auch in

$$\mathbb{Z}/5\mathbb{Z} \times (\mathbb{Z}/101\mathbb{Z} \rtimes_{\phi_1} \mathbb{Z}/4\mathbb{Z}) \quad \text{bzw.} \quad \mathbb{Z}/4\mathbb{Z} \times (\mathbb{Z}/101\mathbb{Z} \rtimes_{\phi_2} \mathbb{Z}/5\mathbb{Z})$$

die 4- bzw. 5-Sylowgruppe kein Normalteiler ist. Da jedoch umgekehrt in der ersten Gruppe die 5-Sylowgruppe und in der zweiten Gruppe die 4-Sylowgruppe durchaus ein Normalteiler ist, können diese beiden Gruppen der Ordnung 101 nicht isomorph zueinander sein.

Lösungsvorschlag zur Aufgabe (Frühjahr 2020, T1A4)

a Ist $\alpha \in \overline{\mathbb{Q}}$ eine elfte Einheitswurzel, wobei $\overline{\mathbb{Q}}$ einen algebraischen Abschluss von $\mathbb{Q}$ bezeichnet. Dann gilt $\alpha^{11} = 1$, d. h. α ist eine Nullstelle von $X^{11} - 1$. Dies bedeutet, dass jede elfte Einheitswurzel eine Nullstelle von $X^{11} - 1$ ist. Da die Gruppe der elften Einheitswurzeln $\mu_{11} \subseteq \overline{\mathbb{Q}}$ aus genau elf Elementen besteht und $X^{11} - 1$ Grad 11 hat, stimmt die Nullstellenmenge von $X^{11} - 1$ mit μ_{11} überein.

Der Zerfällungskörper von $X^{11} - 1$ ist per Definition nun durch $\mathbb{Q}(\mu_{11})$ gegeben, daher müssen wir $\mathbb{Q}(\mu_{11}) = \mathbb{Q}(\zeta)$ zeigen. Die Inklusion „$\supseteq$" ist wegen $\zeta \in \mu_{11}$ klar, die umgekehrte Inklusion folgt daraus, dass ζ als primitive elfte Einheitswurzel die Gruppe μ_{11} erzeugt und somit $\mathbb{Q}(\zeta)$ auch μ_{11} enthält.

Bekanntlich ist $G_{K|\mathbb{Q}} \cong (\mathbb{Z}/11\mathbb{Z})^{\times} \cong \mathbb{Z}/10\mathbb{Z}$, siehe Satz 3.18.

b Als zyklische Gruppe besitzt $G_{K|\mathbb{Q}}$ zu jedem Teiler d ihrer Gruppenordnung eine eindeutige Untergruppe der Ordnung d. Wegen $2 \mid 10$ gibt es also eine Untergruppe $H \subseteq G_{K|\mathbb{Q}}$ von Index $(G_{K|\mathbb{Q}} : H) = \frac{|G_{K|\mathbb{Q}}|}{|H|} = 5$. Laut dem Hauptsatz der Galois-Theorie 3.20 korrespondiert diese in eindeutiger Weise zu einem Zwischenkörper L von $K|\mathbb{Q}$ mit $[L : \mathbb{Q}] = 5$. Da $G_{K|\mathbb{Q}}$ außerdem abelsch ist, ist H zugleich ein Normalteiler und die Erweiterung $L|\mathbb{Q}$ daher galoissch.

Lösungsvorschlag zur Aufgabe (Frühjahr 2020, T1A5)

a Ein Tripel (a_1, a_2, a_3) ist laut Definition hübsch, falls die Zahlen

$$a_1 a_2 + 2, \quad a_1 a_3 + 2 \quad \text{und} \quad a_2 a_3 + 2$$

jeweils Quadratzahlen sind. Die kleinsten drei möglichen Quadratzahlen, nämlich 4, 9 sowie 16, liefern dann das hübsche Tripel $(1, 2, 7)$. Genauso findet man $(1, 7, 14)$. Insbesondere gibt es also hübsche Tripel.

b Die einzigen Quadrate in $\mathbb{Z}/4\mathbb{Z}$ sind $\overline{0}$ und $\overline{1}$. Falls $a_j \equiv 0 \bmod 4$ für ein $j \in \{1, \ldots, 4\}$, so kann also $a_i a_j + 2 \equiv 2 \bmod 4$ für $i \in \{1, \ldots, 4\} \setminus \{j\}$ kein Quadrat sein.

c Angenommen, es gibt ein hübsches Quadrupel $(a_1, \ldots, a_4)$. Wir zeigen per Widerspruch, dass dann ein $j \in \{1, \ldots, 4\}$ existiert, sodass a_j durch 4 teilbar ist. Laut Teil **b** kann dann $(a_1, \ldots, a_4)$ nicht hübsch sein.

Falls kein $a_j \equiv 0 \bmod 4$, so muss es $(i, j) \in \{1, \ldots, 4\}^2$ mit $i \neq j$ geben, sodass $a_i \equiv a_j \bmod 4$ (denn es gibt nur 3 verschiedene Nebenklassen $\neq 0$). Es folgt, dass $a_i a_j \equiv a_i^2 \bmod 4$, also $a_i a_j \equiv 0 \bmod 4$ oder $a_i a_j \equiv 1 \bmod 4$, da die einzigen Quadrate in $\mathbb{Z}/4\mathbb{Z}$ die Klassen $\bar{0}$ und $\bar{1}$ sind. Es folgt, dass die Klasse von $a_i a_j + 2$ in $\mathbb{Z}/4\mathbb{Z}$ entweder $\bar{2}$ oder $\bar{3}$ ist – dies sind jedoch beides keine Quadrate und wir erhalten einen Widerspruch dazu, dass das Tupel (a_1, a_2, a_3, a_4) hübsch ist.

Lösungen zu Thema Nr. 2

Lösungsvorschlag zur Aufgabe (Frühjahr 2020, T2A1)

a Wir berechnen das charakteristische Polynom der Matrix A:

$$\chi_A = \det(A - X \cdot \mathbb{E}) = \det \begin{pmatrix} -X & 0 & -a_0 \\ 1 & -X & -a_1 \\ 0 & 1 & -X - a_2 \end{pmatrix}$$
$$= -(X^3 + a_2 X^2 + a_1 X + a_0) = -(X - \lambda_1)(X - \lambda_2)(X - \lambda_3).$$

Die Nullstellen von χ_A (und damit die Eigenwerte von A) sind also genau λ_1, λ_2 und λ_3.

b Laut Proposition 4.10 (2) entspricht die Anzahl der Jordankästchen zum Eigenwert λ der Dimension von $\mathrm{Eig}(A, \lambda)$. Zur Berechnung des letzteren führen wir Zeilenumformungen an $A - \lambda \mathbb{E}_3$ durch:

$$\begin{pmatrix} -\lambda & 0 & -a_0 \\ 1 & -\lambda & -a_1 \\ 0 & 1 & -\lambda - a_2 \end{pmatrix} \mapsto \begin{pmatrix} 0 & -\lambda^2 & -a_0 - \lambda a_1 \\ 1 & -\lambda & -a_1 \\ 0 & 1 & -\lambda - a_2 \end{pmatrix}$$
$$\mapsto \begin{pmatrix} 0 & 0 & -\lambda^3 - a_2 \lambda^2 - a_1 \lambda - a_0 \\ 1 & -\lambda & -a_1 \\ 0 & 1 & -\lambda - a_2 \end{pmatrix} = \begin{pmatrix} 0 & 0 & \chi_A(\lambda) \\ 1 & -\lambda & -a_1 \\ 0 & 1 & -\lambda - a_2 \end{pmatrix}$$

Wegen $\chi_A(\lambda) = 0$ hat die letzte Matrix Rang 2, ihr Kern also Dimension 1. Es folgt $\dim_{\mathbb{C}} \mathrm{Eig}(A, \lambda) = 1$.

Lösungsvorschlag zur Aufgabe (Frühjahr 2020, T2A2)

a Es gilt $X^d \equiv -1 \mod (X^d + 1)$, also auch

$$X^n + 1 = X^{dm} + 1 \equiv (-1)^m + 1 \equiv 0 \quad \mod (X^d + 1),$$

da m laut Angabe ungerade ist.

b Ist $X^n + 1$ irreduzibel in $\mathbb{Q}[X]$, so kann n laut Teil **a** keinen ungeraden Teiler haben. Dies bedeutet, dass $n = 2^k$ für ein $k \in \mathbb{N}_0$ sein muss. Sei nun umgekehrt $n = 2^k$ und $\zeta \in \overline{\mathbb{Q}}$ eine primitive 2^{k+1}-te Einheitswurzel, wobei $\overline{\mathbb{Q}}$ einen algebraischen Abschluss von $\mathbb{Q}$ bezeichnet. Laut Definition ist dann $\zeta^{2^{k+1}} = 1$, also $\zeta^{2^k} = \pm 1$. Da ζ laut Annahme Ordnung 2^{k+1} hat, muss tatsächlich $\zeta^{2^k} = -1$ sein und ζ ist eine Nullstelle von $X^{2^k} + 1$. Es folgt, dass das Minimalpolynom von ζ über $\mathbb{Q}$ ein Teiler von $X^{2^k} + 1$ ist. Bei besagtem Minimalpolynom handelt es sich um das 2^{k+1}-te Kreisteilungspolynom $\Phi_{2^{k+1}}$, welches ein normiertes Polynom von Grad $\varphi(2^{k+1}) = 2^k$ ist. Da $X^{2^k} + 1$ ebenfalls normiert und von Grad 2^k ist, muss $X^{2^k} + 1 = \Phi_{2^{k+1}}$ gelten, also ist $X^{2^k} + 1$ insbesondere irreduzibel.

Lösungsvorschlag zur Aufgabe (Frühjahr 2020, T2A3)

a Zunächst bemerken wir, dass für $A \in G$ automatisch $\det A \neq 0$ gilt, da A invertierbar ist. Nun ist $\mathbb{F}_p^\times$ genau die Nullstellenmenge des Polynoms $X^{p-1} - 1$ in $\mathbb{F}_{p^k}$, also ist

$$N = \{A \in G \mid (\det A)^{p-1} = 1\} = \ker\left\{G \xrightarrow{\det} \mathbb{F}_{p^k}^\times \xrightarrow{(\cdot)^{p-1}} \mathbb{F}_{p^k}^\times\right\}.$$

Als Kern eines Gruppenhomomorphismus ist N daher ein Normalteiler von G.

b Laut dem Homomorphiesatz (und der Beschreibung von N aus Teil **a**) ist G/N isomorph zu einer Untergruppe von $\mathbb{F}_{p^k}^\times$. Wegen $|\mathbb{F}_{p^k}^\times| = p^k - 1$ ist $|G/N| = (G : N)$ also nicht durch p teilbar.

c Sei zunächst P eine p-Sylowgruppe von N, d. h. $|P|$ ist die maximale p-Potenz in $|N|$. Da $|G| = (G : N) \cdot |N|$ und $(G : N)$ laut Teil **b** teilerfremd zu p ist, ist somit $|P|$ gleichzeitig die maximale p-Potenz in $|G|$. Dies bedeutet, dass P auch eine p-Sylowgruppe von G ist.

Sei umgekehrt P eine beliebige p-Sylowgruppe von G und P' eine p-Sylowgruppe von N. Wie bereits gesehen, ist P' auch eine p-Sylowgruppe von G. Laut dem zweiten Sylowsatz existiert also ein $g \in G$ mit $P = $

$gP'g^{-1}$. Da aber P' eine Untergruppe von N und N ein Normalteiler von G ist, erhalten wir

$$P = gP'g^{-1} \subseteq gNg^{-1} = N.$$

Also ist P bereits eine p-Sylowgruppe von N.

Lösungsvorschlag zur Aufgabe (Frühjahr 2020, T2A4)

a Seien $x, y \in G$. Die Surjektivität der Abbildung h stellt sicher, dass wir $a, b \in A$ mit $h(a) = x$ und $h(b) = y$ finden können. Unter Verwendung der Homomorphismuseigenschaft gilt daher

$$x \cdot y = h(a) \cdot h(b) = h(ab) = h(ba) = h(b) \cdot h(a) = y \cdot x,$$

wobei wir verwendet haben, dass A eine abelsche Gruppe ist. Dies zeigt, dass G ebenfalls abelsch ist.

b Es gilt $f = (X + 1)^2$, also hat f im Körper $\mathbb{F}_{p^2}$ nur die doppelte Nullstelle -1. Anders verhält es sich im Ring $\mathbb{Z}/p^2\mathbb{Z}$, der kein Integritätsbereich ist. Ist $a \in \mathbb{Z}$ mit $f(a) \equiv 0 \bmod p^2$, so bedeutet dies

$$p^2 \mid (a+1)^2 \quad \Leftrightarrow \quad p \mid (a+1) \quad \Leftrightarrow \quad a \in -1 + p\mathbb{Z}.$$

In $\mathbb{Z}/p^2\mathbb{Z}$ hat f also die p Nullstellen $\{\overline{p-1}, \overline{2p-1}, \ldots, \overline{p^2-1}\}$.

c Die Aussage ist falsch: Wähle $a = b = c = 2$, dann ist

$$\mathrm{ggT}(2,2,2) \cdot \mathrm{kgV}(2,2,2) = 2 \cdot 2 \neq 2^3 = abc.$$

Lösungsvorschlag zur Aufgabe (Frühjahr 2020, T2A5)

a Der Körper $\mathbb{Q}(\xi)$ enthält die beiden Elemente

$$\xi = e^{2\pi i/8} = \frac{1+i}{\sqrt{2}} \quad \text{und} \quad \xi^2 = e^{2\pi i/4} = i,$$

also auch $\sqrt{2} = \xi^{-1} \cdot (1 + \xi^2)$.

b Offensichtlich ist $\sqrt[8]{2} \in \mathbb{R}$ eine Nullstelle von $X^8 - 2$. Da das Polynom $X^8 - 2$ normiert und laut dem Eisensteinkriterium außerdem irreduzibel über $\mathbb{Q}$ ist, handelt es sich dabei um das Minimalpolynom von $\sqrt[8]{2}$. Es folgt $[\mathbb{Q}(\sqrt[8]{2}) : \mathbb{Q}] = 8$. Wegen $i \notin \mathbb{R}$, wohingegen $\mathbb{Q}(\sqrt[8]{2}) \subseteq \mathbb{R}$, muss $[\mathbb{Q}(\sqrt[8]{2})(i) : \mathbb{Q}(\sqrt[8]{2})] > 1$ sein. Andererseits ist das Minimalpolynom von i über $\mathbb{Q}(\sqrt[8]{2})$ ein Teiler von $X^2 + 1$ und somit $[\mathbb{Q}(\sqrt[8]{2})(i) : \mathbb{Q}(\sqrt[8]{2})] \leq 2$.

Es folgt, dass in der letzten Ungleichung Gleichheit gelten muss und wir aufgrund der Gradformel

$$[\mathbb{Q}(\sqrt[8]{2})(i) : \mathbb{Q}] = [\mathbb{Q}(\sqrt[8]{2})(i) : \mathbb{Q}(\sqrt[8]{2})] \cdot [\mathbb{Q}(\sqrt[8]{2}) : \mathbb{Q}] = 2 \cdot 8 = 16$$

haben. Es genügt also, $L = \mathbb{Q}(\sqrt[8]{2})(i)$ nachzuweisen. Dazu bemerken wir zunächst, dass $\zeta = \frac{1+i}{\sqrt{2}} \in \mathbb{Q}(\sqrt[8]{2})(i)$. Sämtliche Nullstellen von $X^8 - 2$ sind nun durch $\{\zeta^n \sqrt[8]{2} \mid 1 \leq n \leq 8\}$ gegeben, also in $\mathbb{Q}(\sqrt[8]{2})(i)$ enthalten, sodass $L \subseteq \mathbb{Q}(\sqrt[8]{2})(i)$. Umgekehrt enthält L die beiden Nullstellen $\sqrt[8]{2}$ und $i\sqrt[8]{2}$, also auch i. Daraus folgt, dass $\mathbb{Q}(\sqrt[8]{2}, i) \subseteq L$ ebenfalls erfüllt ist.

[c] Die Erweiterung $L|\mathbb{Q}$ kann keine abelsche Galoisgruppe haben, denn sie enthält die nicht-normale Zwischenerweiterung $\mathbb{Q}(\sqrt[8]{2})|\mathbb{Q}$. Wäre $G_{L|\mathbb{Q}}$ nämlich abelsch, so wäre jede ihrer Untergruppen ein Normalteiler und nach dem Hauptsatz der Galoistheorie dann jede Zwischenerweiterung normal. Da das irreduzible Polynom $X^8 - 2$ in $\mathbb{Q}(\sqrt[8]{2})$ zwar eine Nullstelle besitzt, dort aber nicht in Linearfaktoren zerfällt, ist $\mathbb{Q}(\sqrt[8]{2})|\mathbb{Q}$ jedoch nicht normal. Laut Teil [a] ist $\mathbb{Q}(\sqrt{2}, i)$ ein Zwischenkörper von $L|\mathbb{Q}$. Die Erweiterung $\mathbb{Q}(\sqrt{2}, i)|\mathbb{Q}$ ist zudem normal, da es sich bei $\mathbb{Q}(\sqrt{2}, i)$ um den Zerfällungskörper von $(X^2 - 2)(X^2 + 1)$ über $\mathbb{Q}$ handelt. Die Galoisgruppe $G_{L|\mathbb{Q}(\sqrt{2},i)}$ ist folglich ein Normalteiler von $G_{L|\mathbb{Q}}$ von Index

$$(G_{L|\mathbb{Q}} : G_{L|\mathbb{Q}(\sqrt{2},i)}) = [\mathbb{Q}(\sqrt{2}, i) : \mathbb{Q}] = 4,$$

sodass $|G_{L|\mathbb{Q}(\sqrt{2},i)}| = \frac{16}{4} = 4$ gilt.

Um den Aufgabenteil abzuschließen, genügt es also, einen Automorphismus $\sigma \in G_{L|\mathbb{Q}(\sqrt{2},i)}$ der Ordnung vier aufzutreiben. Laut dem Fortsetzungssatz existiert ein $\mathbb{Q}$-Homomorphismus $\mathbb{Q}(\sqrt[8]{2}) \to \mathbb{Q}(i\sqrt[8]{2})$ mit $\sqrt[8]{2} \mapsto i\sqrt[8]{2}$. Aus Teil [a] folgt, dass $X^2 + 1$ auch über $\mathbb{Q}(\sqrt[8]{2})$ irreduzibel ist, sodass wir den Fortsetzungssatz erneut anwenden können und einen $\mathbb{Q}$-Automorphismus

$$\sigma : L \to L, \quad \left\{ \begin{array}{ccc} \sqrt[8]{2} & \mapsto & i\sqrt[8]{2}, \\ i & \mapsto & i \end{array} \right\}$$

erhalten. Wegen

$$\sigma(i) = i, \quad \sigma(\sqrt{2}) = \sigma(\sqrt[8]{2}^4) = (i\sqrt[8]{2})^4 = \sqrt{2}$$

ist σ sogar ein $\mathbb{Q}(\sqrt{2}, i)$-Automorphismus von L, also ein Element von $G_{L|\mathbb{Q}(\sqrt{2},i)}$. Zudem rechnet man leicht nach, dass $\sigma^4(\sqrt[8]{2}) = \sqrt[8]{2}$, sodass

$\sigma^4 = \mathrm{id}_L$, aber $\sigma^2(\sqrt[8]{2}) = -\sqrt[8]{2}$, also $\sigma^2 \neq \mathrm{id}_L$. Folglich hat σ Ordnung 4 und $G_{L|\mathbb{Q}(\sqrt{2},i)}$ ist zyklisch.

Lösungen zu Thema Nr. 3

Lösungsvorschlag zur Aufgabe (Frühjahr 2020, T3A1)

a Siehe Definition 1.8.

b Per Definition ist

$$f^{-1}(f(H)) = \{g \in G \mid f(g) \in f(H)\}.$$

Sei nun $hk \in HK$, wobei $h \in H$ und $k \in K$, dann gilt $f(hk) = f(h)f(k) = f(h)$, da K genau der Kern von f ist. Insbesondere also $f(hk) \in f(H)$ und somit $hk \in f^{-1}(f(H))$.

Zum Nachweis der umgekehrten Inklusion sei $g \in f^{-1}(f(H))$ vorgegeben, d.h. es gelte $f(g) \in f(H)$. Es gibt also ein $h \in H$ mit $f(g) = f(h)$, was gleichbedeutend zu $e_G = f(h)^{-1}f(g) = f(h^{-1}g)$ ist. Es folgt $h^{-1}g \in K = \ker f$, also gibt es ein $k \in K$ mit $g = hk$. Dies zeigt $g \in HK$.

c Sind $h \in H$ und $k \in K$ vorgegeben, so gilt laut der Normalteilereigenschaft

$$k^{-1}hk \in H \quad \text{und} \quad hkh^{-1} \in K,$$

also folgt $(k^{-1}hk)h^{-1} = k^{-1}(hkh^{-1}) \in H \cap K = \{e\}$, sodass

$$k^{-1}hkh^{-1} = e \quad \Leftrightarrow \quad hk = kh.$$

d Betrachte die Untergruppe $U = \langle (1\,2) \rangle$ der symmetrischen Gruppe $G = S_3$. Wäre dies ein Normalteiler, so müsste insbesondere $(1\,2\,3) \circ (1\,2) \circ (1\,2\,3)^{-1} \in \langle (1\,2) \rangle$ gelten. Jedoch ist $(1\,2\,3)^{-1} = (1\,3\,2)$ und somit

$$(1\,2\,3) \circ (1\,2) \circ (1\,2\,3)^{-1} = (1\,3) \circ (1\,3\,2) = (2\,3) \notin \langle (1\,2) \rangle.$$

Daher kann $\langle (1\,2) \rangle$ kein Normalteiler von S_3 sein.

Lösungsvorschlag zur Aufgabe (Frühjahr 2020, T3A2)

a Wegen $\mathrm{ggT}(2018, 25) = 1$ ist die Klasse von 2018 eine Einheit in $\mathbb{Z}/25\mathbb{Z}$, daher gilt $2018^{20} \equiv 1 \bmod 25$ (denn $(\mathbb{Z}/25\mathbb{Z})^\times$ hat Ordnung 20) und es genügt, die Klasse von 2019^{2020} in $\mathbb{Z}/20\mathbb{Z}$ zu bestimmen:

$$2019^{2020} \equiv (-1)^{2020} \equiv 1 \quad \bmod 20,$$

also ist $2018^{(2019^{2020})} \equiv 2018^1 \equiv 18 \bmod 25$.

b Die Behauptung ist äquivalent zu $4 \mid 2018^{(2019^{2020})}$. Weil 2018 gerade ist, genügt es zu bemerken, dass $2019^{2020} \geq 2$.

c Laut dem Chinesischen Restsatz haben wir den Isomorphismus

$$\mathbb{Z}/100\mathbb{Z} \xrightarrow{\sim} \mathbb{Z}/4\mathbb{Z} \times \mathbb{Z}/25\mathbb{Z}, \quad x \bmod 100 \mapsto (x \bmod 4, x \bmod 25).$$

Laut **a** und **b** suchen wir nach dem Urbild von $(\overline{0}, \overline{18})$ unter diesem Isomorphismus. Dieses lässt sich beispielsweise mittels des Rezepts auf Seite 108 bestimmen: Wir haben

$$(-6) \cdot 4 + 1 \cdot 25 = 1,$$

also ist das gesuchte Urbild die Klasse von $0 - 6 \cdot 4 \cdot 18 = -432$ in $\mathbb{Z}/100\mathbb{Z}$. Es folgt

$$2018^{(2019^{2020})} \equiv -432 \equiv 68 \quad \bmod 100,$$

d. h. die letzten beiden Stellen von $2018^{(2019^{2020})}$ sind 68.

Lösungsvorschlag zur Aufgabe (Frühjahr 2020, T3A3)

Ist $A \in G$ eine invertierbare Matrix, so ist $Av = 0$ für ein $v \in V$ genau dann, wenn $v = 0$. Daher ist

$$G \times V \setminus \{0\} \to V \setminus \{0\}, \quad (A, v) \mapsto A \cdot v$$

eine wohldefinierte Gruppenoperation und die Aufgabenstellung ist gleichbedeutend dazu, dass diese Operation einen Fixpunkt besitzt. Laut der Bahnengleichung haben wir

$$|V \setminus \{0\}| = |F| + \sum_{x \in R} (G : \mathrm{Stab}_G(x)),$$

wobei F die Fixpunktmenge der Operation und R ein Repräsentantensystem aller $x \in V \setminus \{0\}$ bezeichnet, sodass die Bahn $G(x)$ Länge > 1 hat. Da G laut Voraussetzung eine p-Potenz ist, haben wir $(G : \mathrm{Stab}_G(x)) \equiv 0 \bmod p$ für jedes solche $x \in R$. Reduzieren der Bahnengleichung mod p liefert also

$$|F| \equiv |V \setminus \{0\}| \not\equiv 0 \mod p,$$

wobei wir verwendet haben, dass $|V \setminus \{0\}|$ nicht durch p teilbar ist (der Hinweis). Insbesondere ist $|F| \neq 0$.

Lösungsvorschlag zur Aufgabe (Frühjahr 2020, T3A4)

a Laut dem Hauptsatz der Galois-Theorie ist die Aussage $\sigma(M) = M'$ äquivalent zu $G_{L|\sigma(M)} = G_{L|M'}$. Es genügt also, $G_{L|\sigma(M)} = \sigma G_{L|M} \sigma^{-1}$ zu zeigen.

Sei dazu $\tau \in G_{L|M}$ vorgegeben, dann definiert $\sigma \circ \tau \circ \sigma^{-1}$ ebenfalls ein Element von $G_{L|K}$ (da es sich um eine Verknüpfung in $G_{L|K}$ handelt). Um $\sigma \tau \sigma^{-1} \in G_{L|\sigma(M)}$ zu zeigen, müssen wir $(\sigma \tau \sigma^{-1})(x) = x$ für alle $x \in \sigma(M)$ nachweisen. Wir haben $\sigma^{-1}(x) \in M$, sodass $(\tau \sigma^{-1})(x) = \sigma^{-1}(x)$ wegen $\tau \in G_{L|M}$. Es folgt $(\sigma \tau \sigma^{-1})(x) = \sigma(\sigma^{-1}(x)) = x$, wie gewünscht. Dies zeigt $\sigma G_{L|M} \sigma^{-1} \subseteq G_{L|\sigma(M)}$.

Wiederholen wir obiges Argument für σ^{-1} anstatt σ und den Körper $\sigma(M)$ anstatt M, so zeigt dies

$$\sigma^{-1} G_{L|\sigma(M)} \sigma \subseteq G_{L|\sigma^{-1}\sigma(M)} = G_{L|M} \quad \Leftrightarrow \quad G_{L|\sigma(M)} \subseteq \sigma G_{L|M} \sigma^{-1}.$$

b Da f irreduzibel ist, handelt es sich (ggf. nach Normierung) dabei um das Minimalpolynom von α. Laut dem Fortsetzungssatz 3.15 existiert daher ein K-Homomorphismus $\sigma' \colon K(\alpha) \to L$ mit $\sigma'(\alpha) = \beta$, also $\sigma'(K(\alpha)) = K(\beta)$. Falls wir eine Fortsetzung $\sigma \in G_{L|K}$ von σ' konstruieren können, dann liefert Teil **a**, dass $G_{L|K(\alpha)}$ und $G_{L|K(\beta)}$ konjugiert zueinander sind. Insbesondere sind diese beiden Gruppen also isomorph zueinander.

Um nun besagte Fortsetzung zu konstruieren, bedienen wir uns abermals des Fortsetzungssatzes: Laut dem Satz vom primitiven Element ist zunächst $L = K(\alpha)(\gamma)$ für ein $\gamma \in L$. Der Fortsetzungssatz beschert uns daher einen Homomorphismus $\sigma \colon L \to L$ mit $\sigma_{|K(\alpha)} = \sigma'$, insbesondere ist $\sigma_{|K} = \mathrm{id}_K$. Da $L|K$ normal ist, folgt daraus $\sigma(L) = L$. Also ist $\sigma \in G_{L|K}$.

c Betrachte das Polynom $f = (X - 1) \cdot (X^2 + 1) \in \mathbb{Q}[X]$ und wähle die Nullstellen $\alpha = 1$ und $\beta = i$. Dann ist $\mathbb{Q}(\alpha) = \mathbb{Q}$ und $\mathbb{Q}(\beta) = \mathbb{Q}(i)$ und der Zerfällungskörper von f über $\mathbb{Q}$ ist $L = \mathbb{Q}(i)$. Wir haben

$$G_{L|\mathbb{Q}(\alpha)} = G_{\mathbb{Q}(i)|\mathbb{Q}} \cong \mathbb{Z}/2\mathbb{Z} \quad \text{und} \quad G_{L|\mathbb{Q}(\beta)} = G_{\mathbb{Q}(i)|\mathbb{Q}(i)} = \{\mathrm{id}_{\mathbb{Q}(i)}\},$$

die zwei Gruppen können also unmöglich isomorph zueinander sein.

Lösungsvorschlag zur Aufgabe (Frühjahr 2020, T3A5)

Wir zeigen zunächst die Zwischenschritte, wie in der Aufgabenstellung vorgeschlagen.

a Für $n = 1$ sind beide Behauptungen klar. Sei daher nun $n > 1$ und die Behauptung für $n - 1$ bereits bewiesen. Dann ist

$$f_n(x) = f_1(f_{n-1}(x)) = (f_{n-1}(x))^5 + 10 \cdot f_{n-1}(x) + 5$$

laut Induktionsvoraussetzung ein Polynom mit ganzzahligen Koeffizienten, sodass

$$f_n(x) \equiv (f_{n-1}(x))^5 \equiv (x^{5^{n-1}})^5 = x^{5^n} \quad \mod 5\mathbb{Z}[X].$$

b Es ist $f_1(0) = 5 \not\equiv 0 \mod 25$, dies zeigt den Induktionsanfang. Für den Induktionsschritt nehmen wir $f_n(0) \equiv 0 \mod 25$ an. Insbesondere wird dann

$$(f_{n-1}(0))^5 = f_n(0) - 10f_{n-1}(0) - 5 \qquad (\star)$$

von 5 geteilt. Da 5 eine Primzahl ist, folgt $5 \mid f_{n-1}(0)$. Also werden $(f_{n-1}(0))^5$ sowie $10f_{n-1}(0)$ beide von 25 geteilt und Reduktion obiger Gleichung $(\star)$ ergibt

$$0 \equiv -5 \quad \mod 25,$$

was Unsinn ist. Der Widerspruch zeigt, dass unsere Annahme $f_n(0) \equiv 0 \mod 25$ falsch gewesen sein muss.

Die Irreduzibilität von f_n für alle $n \in \mathbb{N}$ folgt nun aus **a** und **b** mittels des Eisensteinkriteriums für $p = 5$.

9. Analysis: Aufgabenlösungen nach Jahrgängen

Prüfungstermin: Herbst 2017

Thema Nr. 1
(Aufgabengruppe)

Aufgabe 1   → S. 576   (2+2+2 Punkte)

a Ist die Menge $A = \{z \in \mathbb{C} \mid |z| + \operatorname{Re}(z) \leq 1\}$ abgeschlossen in $\mathbb{C}$? Falls ja, bestimmen Sie, ob A kompakt ist.

b Bestimmen Sie den Konvergenzradius der Reihe

$$\sum_{n=1}^{\infty} \left(\frac{n-1}{n}\right)^{5n^2} z^n.$$

c Sei $\Omega \subseteq \mathbb{C}$ offen. Es seien $\mathcal{C}^1$-Funktionen $u\colon \Omega \to \mathbb{R}$ und $v\colon \Omega \to \mathbb{R}$ gegeben, die die Cauchy-Riemannschen Differentialgleichungen erfüllen. Überprüfen Sie, ob die Funktionen $g(x,y) = e^{u(x,y)}\cos(v(x,y))$ und $h(x,y) = e^{u(x,y)}\sin(v(x,y))$, für $x + iy \in \Omega$, die Cauchy-Riemannschen Differentialgleichungen erfüllen oder nicht.

Aufgabe 2   → S. 577   (2+4 Punkte)

a Bestimmen Sie die Ordnung der Nullstelle $z_0 = 0$ der Funktion

$$f(z) = 6\sin(z^3) + z^3(z^6 - 6).$$

b Sei $b > 0$. Zeigen Sie, dass gilt:

$$\int_0^{\infty} e^{-x^2}\cos(2bx)\,\mathrm{d}x = \frac{\sqrt{\pi}}{2}e^{-b^2}.$$

Sie dürfen ohne Beweis benutzen, dass $\int_{-\infty}^{\infty} e^{-t^2}\,\mathrm{d}t = \sqrt{\pi}$.

Hinweis Betrachten Sie das Kurvenintegral $\int_{\gamma_R} e^{-z^2}\,\mathrm{d}x$ für $R > 0$, wobei γ_R der Rand des Rechtecks mit den Eckpunkten $\pm R + 0i$ und $\pm R + bi$ ist.

© Der/die Autor(en), exklusiv lizenziert durch
Springer-Verlag GmbH, DE, ein Teil von Springer Nature 2021
D. Bullach und J. Funk, *Vorbereitungskurs Staatsexamen Mathematik*,
https://doi.org/10.1007/978-3-662-62904-8_9

Aufgabe 3   → S. 579   (1 + 1 + 1 + 1 + 1 + 1 Punkte)

Gegeben sei das ebene autonome System

$$x' = x^2 y + 3y =: f(x, y)$$
$$y' = -xy^2 - 3x =: g(x, y).$$

Man zeige:

a Der Nullpunkt ist die einzige Ruhelage des Systems.

b Das System ist ein Hamiltonsches System; d. h. es existiert eine stetig differenzierbare Funktion $H : \mathbb{R}^2 \to \mathbb{R}$ mit $\partial_x H = -g$ und $\partial_y H = f$.

c H ist konstant auf den Lösungen des Systems; d. h. für jede Lösung φ gilt $H \circ \varphi = \text{const.}$

d Jede Lösung φ ist beschränkt.

e Jede maximale (d. h. nicht fortsetzbare) Lösung φ ist auf ganz $\mathbb{R}$ definiert.

f Die Nulllösung ist stabil, aber nicht attraktiv.

Aufgabe 4   → S. 580   (2 + 2 + 2 Punkte)

Gegeben sei das Anfangswertproblem

$$x' = \frac{x^2}{1 + t^2}, \quad x(0) = c,$$

wobei $c > 0$ ein positiver Parameter ist.

a Man zeige: Ist I ein offenes Intervall mit $0 \in I$ und ist $\varphi : I \to \mathbb{R}$ eine Lösung des gegebenen Anfangswertproblems, so hat φ keine Nullstelle.

b Man finde ein offenes Intervall $I \ni 0$ und eine Lösung $\varphi_c : I \to \mathbb{R}$.

c Man setze φ_c zu einer maximalen Lösung $\widetilde{\varphi}_c : \,]t^-(c), \, t^+(c)[\, \to \mathbb{R}$ fort. Wie lauten die Entweichzeiten $t^-(c)$ und $t^+(c)$ und wie verhält sich $\widetilde{\varphi}_c(t)$ für $t \to t^-(c)$ und $t \to t^+(c)$?

Aufgabe 5   → S. 581   (1 + 3 + 2 Punkte)

Gegeben seien die offene Menge

$$M = \{(s, t, u) \mid 0 < s < t < 2\pi, \, 0 < u < 2\} \subseteq \mathbb{R}^3,$$

die Funktion

$$f : M \to \mathbb{R}^3, \quad f(s, t, u) = (us \cos t, \, us \sin t, \, us + ut),$$

der Wertebereich von f

$$G = \{f(s,t,u) \mid 0 < s < t < 2\pi,\ 0 < u < 2\} \subseteq \mathbb{R}^3$$

und die Schraubenfläche

$$S = \{f(s,t,1) \mid 0 < s < t < 2\pi\} \subseteq G.$$

a Zeigen Sie, dass $f \colon M \to G$ ein Diffeomorphismus ist, also stetig differenzierbar und bijektiv mit stetig differenzierbarer Umkehrabbildung.

b Berechnen Sie den Oberflächeninhalt der Schraubenfläche S.

c Berechnen Sie das Volumen des Gebiets G.

Thema Nr. 2
(Aufgabengruppe)

Aufgabe 1   → S. 583   (3 + 1 + 2 Punkte)

a *Dezimalziffern einer rationalen Zahl* $\frac{a}{b} \in [0,1[$: Gegeben seien zwei Zahlen $a \in \mathbb{N}_0$ und $b \in \mathbb{N}$ mit $a < b$. Die Folgen $(r_n)_{n \in \mathbb{N}_0}$ und $(z_n)_{n \in \mathbb{N}}$ werden wie folgt rekursiv definiert:

$$r_0 := a, \quad z_{n+1} := \left\lfloor \frac{10 r_n}{b} \right\rfloor, \quad r_{n+1} := 10 r_n - b z_{n+1} \quad \text{für } n \in \mathbb{N}_0.$$

Hierbei bezeichnet $\lfloor x \rfloor = \max\{k \in \mathbb{Z} \mid k \leq x\}$ den ganzzahligen Teil von $x \in \mathbb{R}$. Beweisen Sie mittels vollständiger Induktion, dass für alle $n \in \mathbb{N}_0$ gilt: $0 \leq r_n < b,\ r_n \in \mathbb{N}_0,\ z_{n+1} \in \{0,1,\ldots,9\}$ und

$$\frac{a}{b} = \sum_{k=1}^{n} \frac{z_k}{10^k} + \frac{r_n}{10^n b}.$$

b Beweisen Sie

$$\lim_{n \to \infty} \frac{1}{10^n} = 0,$$

indem Sie explizit die Definition der Konvergenz reeller Folgen nachprüfen.

c Zeigen Sie:

$$\lim_{n \to \infty} \sum_{k=1}^{n} \frac{z_k}{10^n} = \frac{a}{b}.$$

Aufgabe 2   → S. 585   (2 + 4 Punkte)

Es sei $u_0 > 0$. Betrachten Sie das Anfangswertproblem

$$\begin{cases} u(0) & = u_0, \\ u'(t) & = u(t)^{u(t)}, \quad t \geq 0. \end{cases}$$

a Man zeige, dass für jedes $u_0 > 0$ eine eindeutige maximale (nicht fortsetzbare) Lösung existiert.

b Man zeige für jedes $u_0 > 0$, dass die maximale Lösung nicht global auf $\mathbb{R}_0^+$ definiert ist.

Hinweis Betrachten Sie erst den Fall $u_0 > 1$.

Aufgabe 3   → S. 586   (1 + 3 + 2 Punkte)

a Formulieren Sie die Kettenregel für Funktionen mehrerer Veränderlicher.

b Von einer beliebig oft differenzierbaren Funktion $f : \mathbb{R}^2 \to \mathbb{R}$ sei bekannt:

$$f(0,0) = 0,$$
$$D_1 f(0,0) = 1, \qquad D_2 f(0,0) = 2.$$

Hierbei bezeichnet D_j den partiellen Ableitungsoperator nach der j-ten Koordinate. Auch sei eine weitere Funktion g wie folgt gegeben:

$$g : \mathbb{R} \to \mathbb{R}, \quad g(t) = f(f(t,t), f(-t,t^2)).$$

Berechnen Sie den Wert der Ableitung $g'(0)$.

c Bestimmen Sie den Wertebereich $W(f)$ der Funktion

$$f : \mathbb{R}^3 \to \mathbb{R}, \quad f(x_1, x_2, x_3) = (x_1, x_2, x_3) \begin{pmatrix} 3 & -1 & 1 \\ -1 & 1 & 0 \\ 1 & 0 & 1 \end{pmatrix} \begin{pmatrix} x_1 \\ x_2 \\ x_3 \end{pmatrix}.$$

Aufgabe 4   → S. 587   (6 Punkte)

Es seien $f, g : \mathbb{R} \to \mathbb{R}$ stetig differenzierbar. Bestimmen Sie ein Fundamentalsystem für das folgende Differentialgleichungssystem:

$$x'(t) = \begin{pmatrix} f'(t) & g'(t) \\ -g'(t) & f'(t) \end{pmatrix} x(t)$$

Begründen Sie Ihre Wahl.

Hinweis Die Matrix $\exp \begin{pmatrix} a & b \\ b & a \end{pmatrix}$ für $a, b \in \mathbb{R}$ kann hilfreich sein.

Aufgabe 5   → S. 589   (1 + 2 + 1 + 2 Punkte)

Im Folgenden bezeichnet $\mathbb{H}_+ := \{z \in \mathbb{C} \mid \operatorname{Im} z > 0\}$ bzw. $\mathbb{H}_- := \{z \in \mathbb{C} \mid \operatorname{Im} z < 0\}$ die offene obere bzw. untere Halbebene in $\mathbb{C}$, und $\overline{\mathbb{H}_+} = \mathbb{H}_+ \cup \mathbb{R}$ und $\overline{\mathbb{H}_-} = \mathbb{H}_- \cup \mathbb{R}$.

a Formulieren Sie eine Version des Satzes von Morera.

b Es sei $f : \mathbb{C} \to \mathbb{C}$ eine stetige Funktion, deren Einschränkungen $f_{|\mathbb{H}_+}$ und $f_{|\mathbb{H}_-}$ auf die offene bzw. untere Halbebene holomorph sind. Beweisen Sie, dass f holomorph ist.

c Formulieren Sie den Satz von Liouville für ganze holomorphe Funktionen.

d Gegeben seien vier beschränkte stetige Funktionen $G_+, H_+ : \overline{\mathbb{H}_+} \to \mathbb{C}$ und $G_-, H_- : \overline{\mathbb{H}_-} \to \mathbb{C}$, deren Einschränkungen $G_{+|\mathbb{H}_+}, H_{+|\mathbb{H}_+}$ und $G_{-|\mathbb{H}_-}, H_{-|\mathbb{H}_-}$ auf die obere bzw. untere offene Halbebene holomorph sind. Es gelte

$$G_+(x) - G_-(x) = H_+(x) - H_-(x) \quad \text{für alle } x \in \mathbb{R}.$$

Beweisen Sie, dass es eine Konstante $c \in \mathbb{C}$ gibt, sodass $G_+ = H_+ + c$ und $G_- = H_- + c$ gilt.

Thema Nr. 3
(Aufgabengruppe)

Aufgabe 1   → S. 591   (3 + 3 Punkte)

Es sei $\Omega = \mathbb{C} \setminus [-1, 1] = \mathbb{C} \setminus \{z \in \mathbb{C} \mid -1 \le \operatorname{Re}(z) \le 1, \operatorname{Im}(z) = 0\}$. Beweisen Sie die folgenden Aussagen:

a Auf Ω existiert keine holomorphe Logarithmusfunktion der Funktion $z \mapsto f(z) = \frac{1}{z^2-1}$, d.h. es gibt keine holomorphe Funktion $g : \Omega \to \mathbb{C}$ mit $e^{g(z)} = f(z)$ für alle $z \in \Omega$.

b Auf Ω existiert eine holomorphe Logarithmusfunktion der Funktion $z \mapsto h(z) = i\frac{z+1}{z-1}$, d.h. eine holomorphe Funktion $w : \Omega \to \mathbb{C}$ mit $e^{w(z)} = h(z)$ für alle $z \in \Omega$.

Aufgabe 2   → S. 592   (2 + 4 Punkte)

Betrachten Sie die Sinus-Cardinalis-Funktion

$$f(x) = \frac{\sin x}{x}$$

für $x \in \mathbb{R} \setminus \{0\}$.

a Zeigen Sie, dass f zu einer ganzen Funktion fortgesetzt werden kann.

b Zeigen Sie, dass die fortgesetzte Funktion über $\mathbb{R}$ uneigentlich Riemann-integrierbar, aber nicht absolut integrierbar ist.

Aufgabe 3   → S. 594   (1 + 1 + 1 + 3 Punkte)

Für $u_0 \in \mathbb{R}$ betrachte man das folgende Anfangswertproblem

$$\begin{cases} u(0) & = u_0, \\ u'(t) & = u(t) + \frac{1}{1+t} \qquad t \geq 0. \end{cases}$$

Zeigen Sie:

a Für jedes u_0 existiert eine eindeutige Lösung auf ganz $\mathbb{R}^+$.

b $\lim_{t \to +\infty} u(t) = +\infty$ für jedes $u_0 \geq 0$.

c Es existiert ein $u_0 < 0$, sodass $\lim_{t \to +\infty} u(t) = -\infty$.

d Es existiert ein $\alpha < 0$, sodass $\lim_{t \to \infty} u(t) = +\infty$ für jedes $u_0 > \alpha$, $\lim_{t \to \infty} u(t) = -\infty$ für jedes $u_0 < \alpha$, und $\lim_{t \to \infty} u(t) \in \mathbb{R}$ für $u_0 = \alpha$.

Aufgabe 4   → S. 595   (6 Punkte)

Sei $f \colon [0, \infty) \to [0, \infty)$ stetig mit $\int_0^\infty f(t)\, dt = \infty$, und sei $x \colon [0, \infty) \to \mathbb{R}$ eine Lösung der Differentialgleichung

$$\ddot{x} + f(t)x = 0 \quad \text{mit} \quad x(0) = 1.$$

Zeigen Sie: Die Lösung x besitzt unendlich viele Nullstellen, die keinen Häufungspunkt besitzen, in jeder Nullstelle hat x eine von null verschiedene Ableitung, und zwischen zwei benachbarten Nullstellen ist x entweder positiv und konkav, oder negativ und konvex.

Aufgabe 5   → S. 597 $(1+2+3$ Punkte$)$

Sei $f: \mathbb{C} \to \mathbb{C}, z \mapsto \sum_{k=0}^{\infty} a_k z^k$ holomorph.

a Stellen Sie für $k \in \mathbb{N}_0$ und $r > 0$ die Koeffizienten a_k der obigen Potenzreihe durch ein Wegintegral über $\{z \in \mathbb{C} \mid |z| = r\}$ dar. Folgern Sie daraus:

$$|a_k| \leq r^{-k} \max_{|z|=r} |f(z)|.$$

b Für ein $n \in \mathbb{N}_0$ gelte zusätzlich $\lim_{|z| \to \infty} \sup |z|^{-n} |f(z)| < \infty$. Zeigen Sie, dass f ein Polynom von Grad $\leq n$ ist.

c Für ein $n \in \mathbb{N}_0$ gelte nun zusätzlich $\lim_{|z| \to \infty} \inf |z|^{-n} |f(z)| > 0$. Zeigen Sie, dass f ein Polynom von Grad $\geq n$ ist.

Hinweis Untersuchen Sie $\frac{1}{f}$. Spalten Sie dazu zunächst mögliche Nullstellen von f ab.

Lösungen zu Thema Nr. 1

Lösungsvorschlag zur Aufgabe (Herbst 2017, T1A1)

a Laut Definition ist A das Urbild von $]-\infty, 1]$ unter der stetigen Abbildung

$$f \colon \mathbb{C} \cong \mathbb{R}^2 \to \mathbb{R}, \quad (x, y) \mapsto \sqrt{x^2 + y^2} + x.$$

Da $]-\infty, 1]$ eine abgeschlossene Teilmenge von $\mathbb{R}$ ist, ist A also ebenfalls abgeschlossen. Wäre A kompakt, so wäre auch $f(A) =]-\infty, 1]$ kompakt. Da jedoch $]-\infty, 1]$ unbeschränkt ist, ist Letzteres falsch.

b Hierzu verwenden wir die Formel von Cauchy-Hadamard 6.9 (1): Sei $n \geq 1$, dann ist

$$\left(\frac{n-1}{n}\right)^{5n^2/n} = \left(\frac{n-1}{n}\right)^{5n}.$$

Es gilt

$$\lim_{n \to \infty} \left(\frac{n-1}{n}\right)^{5n} = \lim_{n \to \infty} \left(1 - \frac{1}{n}\right)^{5n} = \left(\lim_{n \to \infty} \left(1 - \frac{1}{n}\right)^{n}\right)^5 = e^{-5}.$$

Somit beträgt der Konvergenzradius der angegebenen Potenzreihe e^5.

c Dazu berechnen wir:

$$\partial_x g(x, y) = (\partial_x u(x, y)) \cdot e^{u(x,y)} \cdot \cos(v(x, y)) - e^{u(x,y)} \sin(v(x, y)) \cdot (\partial_x v(x, y))$$
$$\partial_y g(x, y) = (\partial_y u(x, y)) \cdot e^{u(x,y)} \cdot \cos(v(x, y)) - e^{u(x,y)} \sin(v(x, y)) \cdot (\partial_y v(x, y))$$
$$\partial_x h(x, y) = (\partial_x u(x, y)) \cdot e^{u(x,y)} \cdot \sin(v(x, y)) + e^{u(x,y)} \cos(v(x, y)) \cdot (\partial_x v(x, y))$$
$$\partial_y h(x, y) = (\partial_y u(x, y)) \cdot e^{u(x,y)} \cdot \sin(v(x, y)) + e^{u(x,y)} \cos(v(x, y)) \cdot (\partial_y v(x, y))$$

Laut Annahme erfüllen u und v die Cauchy-Riemannschen Differentialgleichungen, d.h. es gilt

$$\partial_x u(x, y) = \partial_y v(x, y) \quad \text{und} \quad \partial_y u(x, y) = -\partial_x v(x, y).$$

Einsetzen in die obigen Ausdrücke ergibt

$$\partial_x g(x, y) = \partial_y v(x, y) \cdot e^{u(x,y)} \cdot \cos(v(x, y)) + e^{u(x,y)} \sin(v(x, y)) \cdot \partial_y u(x, y)$$
$$= \partial_y h(x, y),$$
$$\partial_y g(x, y) = -\partial_x v(x, y) \cdot e^{u(x,y)} \cdot \cos(v(x, y)) - e^{u(x,y)} \cdot \sin(v(x, y)) \cdot \partial_x u(x, y)$$
$$= -\partial_x h(x, y).$$

Fazit ist, dass g und h tatsächlich ebenfalls die Cauchy-Riemannschen Differentialgleichungen erfüllen.

Lösungsvorschlag zur Aufgabe (Herbst 2017, T1A2)

a Wir verwenden die Reihenentwicklung der Sinusfunktion:

$$f(z) = 6 \cdot \sum_{k=0}^{\infty} (-1)^k \frac{(z^3)^{2k+1}}{(2k+1)!} + z^3(z^6 - 6)$$

$$= 6z^3 \cdot \sum_{k=0}^{\infty} (-1)^k \frac{z^{6k}}{(2k+1)!} + z^3(z^6 - 6)$$

$$= z^3 \left(6 \cdot \sum_{k=0}^{\infty} (-1)^k \frac{z^{6k}}{(2k+1)!} + z^6 - 6 \right)$$

$$\overset{(\star)}{=} z^3 \left(6 \cdot \sum_{k=1}^{\infty} (-1)^k \frac{z^{6k}}{(2k+1)!} + z^6 \right)$$

$$= z^9 \cdot \left(6 \cdot \sum_{k=1}^{\infty} (-1)^k \frac{z^{6(k-1)}}{(2k+1)!} + 1 \right)$$

Hier wurde an der Stelle $(\star)$ verwendet, dass der konstante Term der Potenzreihe gerade 6 ist. Auch in der letzten Klammer kürzen sich die konstanten Terme, sodass wir erneut z^6 ausklammern können:

$$f(z) = z^{15} \cdot \left(6 \sum_{k=0}^{\infty} (-1)^k \frac{z^{6k}}{(2k+5)!} \right)$$

Wertet man die verbleibende Potenzreihe bei 0 aus (d. h. berechnet ihren konstanten Term), so erhält man $\frac{6}{5!} \neq 0$. Also ist z_0 eine Nullstelle von f der Ordnung 15.

b Da die Funktion $z \mapsto e^{-z^2}$ ganz ist, liefert der Cauchy-Integralsatz

$$\int_{\gamma_R} e^{-z^2} \, dz = 0.$$

Es gilt somit, dass

$$0 = \int_{-R}^{R} e^{-z^2} \, dz + \int_{R}^{R+bi} e^{-z^2} \, dz + \int_{R+bi}^{-R+bi} e^{-z^2} \, dz + \int_{-R+bi}^{-R} e^{-z^2} \, dz.$$

Für die beiden vertikalen Wege haben wir

$$\left| \int_R^{R+bi} e^{-z^2} \, dz + \int_{-R+bi}^{-R} e^{-z^2} \, dz \right| = \left| \int_0^b e^{-(R+it)^2} \, dt + \int_b^0 e^{-(-R+it)^2} \, dt \right|$$

$$= \left| \int_0^b e^{-(R+it)^2} - e^{-(-R+it)^2} \, dt \right|$$

$$\leq \int_0^b \left| e^{-R^2+t^2} \right| \cdot \left| e^{-2Rit} - e^{2Rit} \right| \, dt$$

$$\leq 2e^{-R^2+b^2} \int_0^b | \sin 2Rt | \, dt$$

$$\leq 2e^{-R^2+b^2} \cdot b.$$

Insbesondere ist der Beitrag dieser beiden Wege für $R \to \infty$ gleich 0 und wir erhalten

$$\lim_{R\to\infty} \int_{R+bi}^{-R+bi} e^{-z^2} \, dz = - \lim_{R\to\infty} \int_{-R}^{R} e^{-z^2} \, dz.$$

Für das dritte Integral in der Summe oben gilt:

$$\int_{R+bi}^{-R+bi} e^{-z^2} \, dz = \int_R^{-R} e^{-(t+ib)^2} \, dt = \int_R^{-R} e^{-t^2+b^2-2tib} \, dt$$

$$= -e^{b^2} \int_{-R}^{R} e^{-t^2} (\cos(2bt) - i\sin(2bt)) \, dt$$

Daher ist

$$\int_0^\infty e^{-t^2} \cos(2bt) \, dt = -\frac{1}{2} e^{-b^2} \, \mathrm{Re} \left(\lim_{R\to\infty} \int_{R+bi}^{-R+bi} e^{-z^2} \, dz \right)$$

$$= \frac{1}{2} e^{-b^2} \, \mathrm{Re} \left(\lim_{R\to\infty} \int_R^{-R} e^{-z^2} \, dz \right)$$

$$= \frac{1}{2} e^{-b^2} \int_{-\infty}^{\infty} e^{-t^2} \, dt$$

$$= \frac{1}{2} e^{-b^2} \sqrt{\pi}.$$

Lösungsvorschlag zur Aufgabe (Herbst 2017, T1A3)

a Sei $(x_0, y_0) \in \mathbb{R}^2$ eine Ruhelage des Systems, d.h. es gilt

$$0 = y_0(x_0^2 + 3)$$
$$0 = -x_0(y_0^2 + 3).$$

Unsere Annahme $x_0 \in \mathbb{R}$ stellt sicher, dass $x_0^2 + 3 \neq 0$, also folgt aus der ersten Gleichung $y_0 = 0$. Einsetzen in die zweite Gleichung liefert dann auch $x_0 = 0$.

b Man überprüft, dass die Funktion

$$H \colon \mathbb{R}^2 \to \mathbb{R}, \quad (x, y) \mapsto \tfrac{1}{2}x^2 y^2 + \tfrac{3}{2}y^2 + \tfrac{3}{2}x^2$$

die angegebenen Bedingungen erfüllt.

c Sei $\varphi = (\varphi_1, \varphi_2) \colon I \to \mathbb{R}^2$ eine Lösung des Systems, dann haben wir

$$\frac{\mathrm{d}}{\mathrm{d}t}(H \circ \varphi)(t) = (\nabla H)(\varphi(t)) \cdot \frac{\mathrm{d}}{\mathrm{d}t}\varphi(t)$$

$$= ((\partial_x H)(\varphi(t)) \quad (\partial_y H)(\varphi(t))) \cdot \begin{pmatrix} \varphi_1'(t) \\ \varphi_2'(t) \end{pmatrix}$$

$$= (-g(\varphi(t)) \quad f(\varphi(t))) \cdot \begin{pmatrix} \varphi_1'(t) \\ \varphi_2'(t) \end{pmatrix}$$

$$= (-\varphi_2'(t) \quad \varphi_1'(t)) \cdot \begin{pmatrix} \varphi_1'(t) \\ \varphi_2'(t) \end{pmatrix}$$

$$= -\varphi_2'(t) \cdot \varphi_1'(t) + \varphi_2'(t) \cdot \varphi_1'(t)$$

$$= 0.$$

Dies bedeutet gerade, dass $H \circ \varphi$ konstant ist.

d Sei $\varphi = (\varphi_1, \varphi_2) \colon I \to \mathbb{R}^2$ eine Lösung des Systems und $t_0 \in I$. Setze $c = H(\varphi(t_0))$. Dann haben wir für alle $t \in I$, dass

$$\|\varphi(t)\|^2 = \varphi_1(t)^2 + \varphi_2(t)^2 \leq \tfrac{1}{3}\varphi_1(t)^2 \varphi_2(t)^2 + \varphi_1(t)^2 + \varphi_2(t)^2$$

$$= \tfrac{2}{3}H(\varphi(t)) = \tfrac{2}{3}c,$$

wobei wir im letzten Schritt verwendet haben, dass H entlang Lösungen des Systems konstant ist. Obige Rechnung zeigt insbesondere, dass φ beschränkt ist.

e Die Funktion $(x,y) \mapsto (f(x,y),\ g(x,y))$ ist stetig differenzierbar, also auch lokal Lipschitz-stetig. Die Behauptung folgt daher aus dem Satz über das Randverhalten maximaler Lösungen 7.13: Da das System auf ganz $\mathbb{R}^2$ definiert ist (einem Gebiet ohne Rand), kommen die Bedingungen (1) (iii) sowie (2) (iii) nicht infrage. Die Bedingungen (1) (ii) sowie (2) (ii) sind ebenfalls unmöglich, weil jede Lösung laut Teil **d** beschränkt ist.

f Sei $\varepsilon > 0$. Da H stetig in $(0,0)$ und $H(0,0) = 0$ ist, können wir ein $\delta > 0$ wählen, sodass für alle $\xi \in \mathbb{R}^2$ mit $\|\xi\|^2 < \delta$ gilt, dass $H(\xi) < \varepsilon$. Sei $\mu \colon I \to \mathbb{R}^2$ die Lösung zum Anfangswert $\mu(t_0) = \xi$, dann haben wir in Teil **d** gesehen, dass

$$\|\mu(t)\|^2 \le \tfrac{2}{3} H(\xi) < \tfrac{2}{3}\varepsilon < \varepsilon.$$

Dies zeigt, dass die Nulllösung stabil ist. Jedoch ist die Nulllösung nicht attraktiv, denn $\lim_{t\to\infty} \|\mu(t)\| = 0$ würde implizieren, dass $\lim_{t\to\infty} \mu(t) = (0,0)$ und somit auch

$$\lim_{t\to\infty} H(\mu(t)) = H(\lim_{t\to\infty} \mu(t)) = H(0,0) = 0$$

im Widerspruch dazu, dass H entlang Lösungskurven konstant ist und H nur im Ursprung verschwindet.

Lösungsvorschlag zur Aufgabe (Herbst 2017, T1A4)

a Betrachte die konstante Funktion

$$\mu \colon \mathbb{R} \to \mathbb{R}, \quad t \mapsto 0.$$

Dann ist μ offensichtlich eine Lösung der gegebenen Differentialgleichung zum Anfangswert $x(0) = 0$. Da μ auf ganz $\mathbb{R}$ definiert ist, handelt es sich dabei um die maximale Lösung zu diesem Anfangswert. Man muss jetzt nur noch überprüfen, dass die Differentialgleichung die Anforderungen des Globalen Existenz- und Eindeutigkeitssatzes erfüllt, und erhält dann, dass aus $\varphi(t_0) = 0$ für ein t_0 folgen würde $\varphi(t) = \mu(t) = 0$ für alle $t \in I$. Wegen $\varphi(0) = c > 0$ ist das ein Widerspruch.

b Wir widmen uns mit diebischer Freude dem Trennen der Variablen:

$$\int_x^c \frac{1}{y^2}\,\mathrm{d}y = \int_t^0 \frac{1}{1+\tau^2}\,\mathrm{d}\tau \quad \Leftrightarrow \quad \left[\frac{-1}{y}\right]_x^c = [\arctan\tau]_t^0$$

$$\Leftrightarrow \quad \frac{1}{x} - \frac{1}{c} = -\arctan t \quad \Leftrightarrow \quad x = \left(\frac{1}{c} - \arctan t\right)^{-1},$$

wobei wir freizügig Teil **a** gebraucht haben.

Damit wählen wir als Definitionsintervall eine Umgebung von 0 auf der $0 \neq \arctan t \neq \frac{1}{c}$ für alle $t \in I$ und setzen

$$\varphi_c \colon I \to \mathbb{R}, \quad t \mapsto \left(\frac{1}{c} - \arctan t\right)^{-1}.$$

c Wegen $c > 0$ ist $\frac{1}{c} - \arctan t > 0$ für alle $t < 0$, also ist $t^-(c) = -\infty$. Falls $\frac{1}{c} \geq \frac{\pi}{2}$, so ist außerdem $\frac{1}{c} - \arctan t > 0$ für alle $t \geq 0$, sodass $t^-(c) = -\infty$ und $t^+(c) = +\infty$. Weiterhin ist

$$\lim_{t \to \infty} \widetilde{\varphi}_c(t) = \left(\frac{1}{c} - \frac{\pi}{2}\right)^{-1} = \frac{2c}{2 - c\pi}$$

$$\lim_{t \to -\infty} \widetilde{\varphi}_c(t) = \left(\frac{1}{c} + \frac{\pi}{2}\right)^{-1} = \frac{2c}{2 + c\pi}$$

Falls dagegen $\frac{1}{c} < \frac{\pi}{2}$, dann gibt es ein $t_0 \in \mathbb{R}$ mit $\arctan t_0 = \frac{1}{c}$, genauer gesagt: $t_0 = \tan \frac{1}{c}$. In diesem Fall gilt $t^+(c) = \tan \frac{1}{c}$ und wir bekommen

$$\lim_{t \nearrow t^+(c)} \widetilde{\varphi}_c(t) = +\infty.$$

Lösungsvorschlag zur Aufgabe (Herbst 2017, T1A5)

a Es genügt zu zeigen, dass f bijektiv, stetig differenzierbar und die totale Ableitung $(Df)(x)$ für jedes $x \in M$ invertierbar ist.

Laut Definition ist $G = f(M)$, also ist f trivialerweise surjektiv. Um Injektivität zu zeigen, nehmen wir an, es gibt $(s, t, u), (s', t', u') \in M$ mit $f(s, t, u) = f(s', t', u')$. Dies bedeutet

$$us \cos t = u's' \cos t', \quad us \sin t = u's' \sin t', \quad u(s + t) = u'(s' + t').$$

Aus den ersten beiden Gleichungen bekommen wir

$$(us)^2 = (us \cos t)^2 + (us \sin t)^2 = (u's' \cos t')^2 + (u's' \sin t')^2 = (u's')^2.$$

Da $u, s, u', s' > 0$, folgt $us = u's'$. Folglich erhalten wir aus den ersten beiden Gleichungen, dass $\cos t = \cos t'$ und $\sin t = \sin t'$, wegen $t, t' \in {]0, 2\pi[}$ also $t = t'$. Die dritte Gleichung ergibt dann $u = u'$, also auch $s = s'$.

Die totale Ableitung von f ist gegeben durch

$$(Df)(x) = \begin{pmatrix} u\cos t & -us\sin t & s\cos t \\ u\sin t & us\cos t & s\sin t \\ u & u & s+t \end{pmatrix}.$$

Da jeder einzelne Eintrag dieser Matrix stetig ist, ist f stetig (total) differenzierbar. Wir haben für $x = (u,s,t) \in M$ die Gleichung

$$\det(Df)(x) = su^2(s+t)\cos^2 t - u^2 s^2 \sin^2 t + su^2 \cos t \sin t$$
$$- u^2 s^2 \cos^2 t - su^2 \cos t \sin t + su^2(s+t)\sin^2 t$$
$$= su^2(s+t) - u^2 s^2 = su^2 t.$$

Wegen $u,s,t > 0$ ist also $\det(Df)(x) \neq 0$ für alle $x \in M$ und damit $(Df)(x)$ an jeder Stelle invertierbar.

b Sei $B = \{(s,t) \in \mathbb{R}^2 \mid 0 < s < t < 2\pi\}$ und definiere $g\colon B \to \mathbb{R}^3$ durch $g(s,t) = f(s,t,1)$. Dann wird S von g parametrisiert. Wir berechnen nun das zugehörige Flächenelement:

$$(\partial_s g)(s,t) \times (\partial_t g)(s,t) = \begin{pmatrix} \cos t \\ \sin t \\ 1 \end{pmatrix} \times \begin{pmatrix} -s\sin t \\ s\cos t \\ 1 \end{pmatrix} = \begin{pmatrix} \sin t - s\cos t \\ -s\sin t - \cos t \\ s \end{pmatrix}.$$

Somit ist $\|(\partial_s g)(s,t) \times (\partial_t g)(s,t)\| = \sqrt{1+2s^2}$. Den Oberflächeninhalt von S berechnet man daher zu

$$\operatorname{vol} S = \int_B \|(\partial_s g)(s,t) \times (\partial_t g)(s,t)\|\, ds\, dt = \int_{s=0}^{2\pi} \int_{t=s}^{2\pi} \sqrt{1+2s^2}\, dt\, ds$$
$$= \int_{s=0}^{2\pi} (2\pi - s)\sqrt{1+2s^2}\, ds$$
$$= 2\pi \int_0^{2\pi} \sqrt{1+2s^2}\, ds - \int_0^{2\pi} s\sqrt{1+2s^2}\, ds.$$

Für das zweite Integral behelfen wir uns der Substitution $u = 2s^2$ und erhalten

$$\int_0^{2\pi} s\sqrt{1+2s^2}\, ds = \int_0^{8\pi^2} \tfrac{1}{4}\sqrt{1+u}\, du = \left[\tfrac{1}{6}(1+u)^{\frac{3}{2}}\right]_0^{8\pi^2}$$
$$= \tfrac{1}{6}(1+8\pi^2)^{\frac{3}{2}} - \tfrac{1}{6}.$$

Für das erste Integral blicken wir in die Formelsammlung [Rot91, S. 145], Nr. 45 und erhalten

$$\int_0^{2\pi} \sqrt{1+2s^2}\, ds = \left[\frac{s}{2}\sqrt{1+2s^2} + \frac{\sqrt{2}}{4}\ln\left(\sqrt{2}s + \sqrt{1+2s^2}\right) \right]_0^{2\pi}$$

$$= \pi\sqrt{1+8\pi^2} + \frac{\sqrt{2}}{4}\ln(\sqrt{8}\pi + \sqrt{1+8\pi^2}).$$

Insgesamt ist somit

$$\text{vol}\, S = \frac{\sqrt{2}\pi}{2}\ln(\sqrt{8}\pi + \sqrt{1+8\pi^2}) + 2\pi^2\sqrt{1+8\pi^2} - \frac{1}{6}(1+8\pi^2)^{\frac{3}{2}} + \frac{1}{6}.$$

Anmerkung: Man könnte noch bemerken (vgl. [Rot91, S. 95]), dass

$$\ln\left(\sqrt{2}s + \sqrt{1+2s^2}\right) = \text{arcsinh}(\sqrt{2}s).$$

Das Ergebnis vereinfacht sich dadurch jedoch nur unmerklich.

c Hier verwenden wir den Transformationssatz:

$$\text{vol}\, G = \int_G 1\, dx = \int_{f(M)} 1\, dx = \int_M |\det(Df)(x)|\, dx =$$

$$= \int_{s=0}^{2\pi}\int_{t=s}^{2\pi}\int_{u=0}^{2} stu^2\, du\, dt\, ds = \left(\frac{1}{3}\cdot 2^3\right)\cdot\int_{s=0}^{2\pi}\int_{t=s}^{2\pi} st\, dt\, ds =$$

$$= \frac{8}{3}\int_0^{2\pi} s\left[\frac{1}{2}t^2\right]_s^{2\pi} ds = \frac{4}{3}\int_0^{2\pi} s(4\pi^2 - s^2)\, ds =$$

$$= \frac{4}{3}\left(4\pi^2\int_0^{2\pi} s\, ds - \int_0^{2\pi} s^3\, ds\right) = \frac{4}{3}\cdot(8\pi^4 - 4\pi^4) = \frac{16\pi^4}{3}.$$

Lösungen zu Thema Nr. 2

Lösungsvorschlag zur Aufgabe (Herbst 2017, T2A1)

a Zum Zwecke des Induktionsanfanges betrachten wir zunächst den Fall $n = 0$. Dann ist $r_0 = a$ und somit $0 \leq r_0 < b$ aufgrund der Voraussetzung $a < b$. Weiterhin ist $z_1 = \lfloor \frac{10a}{b} \rfloor$ wegen $\frac{10a}{b} < \frac{10b}{b} = 10$ eine ganze Zahl mit $0 \leq z_1 < 10$. Schließlich haben wir

$$\frac{a}{b} = \frac{r_0}{b} = \sum_{k=1}^{0} \frac{z_k}{10^k} + \frac{r_0}{10^0 b}.$$

Sei nun $n \geq 1$. Nach Induktionsvoraussetzung sind r_n und z_{n+1} ganze Zahlen mit $r_n < b$ und $z_{n+1} \leq 9$. Es gilt außerdem

$$\frac{10r_n}{b} - 1 < \left\lfloor \frac{10r_n}{b} \right\rfloor \leq \frac{10r_n}{b} \quad \Leftrightarrow \quad 10r_n - b < bz_{n+1} \leq 10r_n.$$

Für $r_{n+1} = 10r_n - bz_{n+1}$ erhalten wir also die Abschätzungen

$$0 = 10r_n - 10r_n \leq r_{n+1} < 10r_n - (10r_n - b) = b.$$

Die Behauptung $r_{n+1} \in \mathbb{N}_0$ ist klar laut Definition von r_{n+1}. Weiter ist z_{n+2} eine positive ganze Zahl mit

$$z_{n+2} = \left\lfloor \frac{10r_{n+1}}{b} \right\rfloor \leq \frac{10r_{n+1}}{b} < \frac{10b}{b} = 10.$$

Zuletzt erhalten wir

$$\sum_{k=1}^{n+1} \frac{z_k}{10^k} + \frac{r_{n+1}}{10^{n+1}b} = \sum_{k=1}^{n} \frac{z_k}{10^k} + \frac{z_{n+1}}{10^{n+1}} + \frac{10r_n - bz_{n+1}}{10^{n+1}b} =$$

$$= \sum_{k=1}^{n} \frac{z_k}{10^k} + \frac{bz_{n+1} + 10r_n - bz_{n+1}}{10^{n+1}b} =$$

$$= \sum_{k=1}^{n} \frac{z_k}{10^k} + \frac{r_n}{10^n} = \frac{a}{b},$$

wobei die letzte Gleichheit aus der Induktionsvoraussetzung folgt.

b Sei eine reelle Zahl $\varepsilon > 0$ beliebig vorgegeben. Wähle $N \in \mathbb{N}$ mit $N > \lg\frac{1}{\varepsilon}$, dann gilt

$$\left| \frac{1}{10^n} - 0 \right| = \frac{1}{10^n} \leq \frac{1}{10^N} < \frac{1}{1/\varepsilon} = \varepsilon$$

für alle $n \geq N$. Dies sollte der Aufgabenstellung Genüge tun.

c Unter Verwendung der Grenzwertsätze gilt:

$$\frac{a}{b} = \lim_{n \to \infty} \frac{a}{b} = \lim_{n \to \infty} \left(\sum_{k=1}^{n} \frac{z_k}{10^k} + \frac{r_n}{10^n b} \right)$$

$$= \lim_{n \to \infty} \left(\sum_{k=1}^{n} \frac{z_k}{10^k} \right) + \lim_{n \to \infty} \frac{r_n}{10^n b}.$$

Es ist daher ausreichend, die Gleichung $\lim\limits_{n\to\infty}\dfrac{r_n}{10^n b}=0$ zu zeigen. Wegen $0\le r_n< b$ für alle $n\in\mathbb{N}_0$ und $b>0$ haben wir

$$0\le\lim_{n\to\infty}\frac{r_n}{10^n b}\le\lim_{n\to\infty}\frac{b}{10^n b}=\lim_{n\to\infty}\frac{1}{10^n}\overset{\boxed{b}}{=}0.$$

Lösungsvorschlag zur Aufgabe (Herbst 2017, T2A2)

a Da die Funktion $f\colon\mathbb{R}\times\mathbb{R}^+\to\mathbb{R},(t,x)\mapsto x^x=\exp(x\log x)$ stetig partiell differenzierbar nach x ist, folgt aus dem Globalen Existenz- und Eindeutigkeitssatz die Existenz einer eindeutigen Lösung $\lambda\colon I\to\mathbb{R}$ zum Anfangswert $\lambda(0)=u_0$ auf einem maximalen Intervall $I=(a,b)$ mit $0\in I$. Die Einschränkung der Lösung auf $[0,b)$ ist dann eine maximale Lösung der Differentialgleichung im Sinne der Aufgabenstellung: Sei nämlich μ eine auf $[0,c)$ definierte Lösung mit $\mu(0)=u_0$, dann können wir μ und λ zu einer Lösung

$$v\colon(a,c)\to\mathbb{R},\quad t\mapsto\begin{cases}\mu(t)&t\ge 0,\\\lambda(t)&t\le 0\end{cases}$$

verkleben. Da es sich bei λ um die maximale Lösung zum Anfangswert u_0 handelt, muss $v=\lambda_{|(a,c)}$ gelten. Insbesondere ist μ die Einschränkung von $\lambda_{|[0,b)}$ auf das Intervall $[0,c)$.

b Für spätere Abschätzungen betrachten wir zunächst die Differentialgleichung

$$y'=y^\alpha,\quad y(0)=y_0>1$$

mit einem Parameter $\alpha>1$. Mittels Trennen der Variablen erhält man

$$\int_{y_0}^{y(t)}y^{-\alpha}\,dy=\int_0^t 1\,d\tau\quad\Leftrightarrow\quad\left[\frac{1}{1-\alpha}y^{1-\alpha}\right]_{y_0}^{y(t)}=t\quad\Leftrightarrow$$

$$y(t)^{1-\alpha}-y_0^{1-\alpha}=(1-\alpha)t\quad\Leftrightarrow\quad y(t)=\sqrt[1-\alpha]{(1-\alpha)t+y_0^{1-\alpha}}.$$

Für den Definitionsbereich dieser Lösung berechnen wir (beachte $1-\alpha<0$)

$$(1-\alpha)t+y_0^{1-\alpha}>0\quad\Leftrightarrow\quad t<\frac{y_0^{1-\alpha}}{\alpha-1}.$$

Insbesondere ist jede Lösung nur auf einem nach rechts endlichen Intervall definiert.

Sei $\lambda\colon I \to \mathbb{R}$ eine Lösung zum Anfangswert $\lambda(0) = u_0 > 1$. Da die rechte Seite der Differentialgleichung stets positiv ist, ist λ streng monoton steigend und insbesondere $\lambda(t) > u_0$ für alle $t \in I$. Wir betrachten die Differentialgleichung von oben mit $\alpha = u_0$, $y_0 = u_0$ mit Lösung y und Definitionsintervall $[0, a)$, wie eben beschrieben. Dann gilt

$$\lambda(t) = u_0 + \int_0^t \lambda(\tau)^{\lambda(\tau)} \, d\tau > u_0 + \int_0^t \lambda(\tau)^{u_0} \, d\tau = \alpha(t).$$

Daraus folgt jedoch

$$\lim_{t \to a} \lambda(t) \geq \lim_{t \to a} y(t) = \infty,$$

sodass der Definitionsbereich in $[0, a)$ enthalten sein muss – insbesondere ist keine Lösung auf ganz $\mathbb{R}_0^+$ definiert.

Sei nun $0 < u_0 < 1$ und λ eine Lösung wie eben. Wir zeigen, dass dann ein $t_0 \in I$ mit $\lambda(t_0) > 1$ existiert. Angenommen, das wäre nicht der Fall. Dann wäre λ monoton steigend und beschränkt, also konvergent. Sei $c \geq u_0 > 0$ der Grenzwert – dann müsste aber $c^c = 0$ gelten. Da dies nicht möglich ist, existiert ein t_0 wie behauptet. Die Funktion $\mu(t) = \lambda(t - t_0)$ ist dann aber eine Lösung der Differentialgleichung mit Anfangswert $\mu(0) > 1$, sodass aus dem bereits Bewiesenen folgt, dass μ (und damit auch λ) einen endlichen Definitionsbereich hat.

Lösungsvorschlag zur Aufgabe (Herbst 2017, T2A3)

a Seien $U \subseteq \mathbb{R}^n$ und $V \subseteq \mathbb{R}^m$ offene Teilmengen und $f\colon U \to \mathbb{R}^m$ sowie $g\colon V \to \mathbb{R}^k$ zwei Abbildungen mit $f(U) \subseteq V$. Falls f in einem Punkt $a \in U$ und gleichzeitig g im Punkt $f(a)$ differenzierbar ist, so ist die Funktion $g \circ f\colon U \to \mathbb{R}^k$ ebenfalls in a differenzierbar, und es gilt

$$D(g \circ f)(a) = (Dg)(f(a)) \cdot (Df)(a).$$

b Definieren wir die zusätzliche Funktion

$$h\colon \mathbb{R} \to \mathbb{R}^2, \quad t \mapsto (f(t,t), \, f(-t^2, t)),$$

dann ist $h(0) = (0,0)$ infolge der Voraussetzung $f(0,0) = 0$. Laut Definition ist nun $g = f \circ h$ und die Kettenregel aus Teil **a** ergibt

$$(Dg)(0) = (Df)(h(0)) \cdot (Dh)(0) = (Df)(0,0) \cdot (Dh)(0)$$
$$= (D_1 f(0,0) \quad D_2 f(0,0)) \cdot (Dh)(0) = (1 \quad 2) \cdot (Dh)(0).$$

Zur Berechnung von Dh definieren wir zunächst zwei weitere Funktionen, nämlich

$$\Delta\colon \mathbb{R} \to \mathbb{R}^2, \quad t \mapsto (t,t)$$
$$\square\colon \mathbb{R} \to \mathbb{R}^2, \quad t \mapsto (-t, t^2),$$

dann nimmt die Matrix Dh die folgende Form an:

$$(Dh)(t) = \begin{pmatrix} (f \circ \Delta)'(t) \\ (f \circ \square)'(t) \end{pmatrix}.$$

Auf diese beiden Zeilen können wir wiederum die Kettenregel aus Teil [a] anwenden:

$$(f \circ \Delta)'(0) = (Df)(\Delta(0)) \cdot (D\Delta)(0) = \begin{pmatrix} D_1 f(0,0) & D_2 f(0,0) \end{pmatrix} \cdot \begin{pmatrix} 1 \\ 1 \end{pmatrix}$$

$$= \begin{pmatrix} 1 & 2 \end{pmatrix} \cdot \begin{pmatrix} 1 \\ 1 \end{pmatrix} = 1 + 2 = 3$$

$$(f \circ \square)'(0) = (Df)(\square(0)) \cdot (D\square)(0) = \begin{pmatrix} 1 & 2 \end{pmatrix} \cdot \begin{pmatrix} -1 \\ 0 \end{pmatrix} = -1.$$

Als Endergebnis erhalten wir daher:

$$(Dg)(0,0) = \begin{pmatrix} 1 & 2 \end{pmatrix} \cdot \begin{pmatrix} 3 \\ -1 \end{pmatrix} = 3 - 2 = 1.$$

[c] Bemerke, dass $f(v) = \langle v, v \rangle_A$ für jedes $v \in \mathbb{R}^3$, wobei $\langle \cdot, \cdot \rangle_A$ die Bilinearform zur Matrix

$$A = \begin{pmatrix} 3 & -1 & 1 \\ -1 & 1 & 0 \\ 1 & 0 & 1 \end{pmatrix}$$

ist, d. h. $\langle v, w \rangle_A = v^t \cdot A \cdot w$. Da die Matrix A symmetrisch ist, ist $\langle \cdot, \cdot \rangle_A$ eine symmetrische Bilinearform. Wegen

$$\det A = 1 > 0 \quad \det \begin{pmatrix} 3 & -1 \\ -1 & 1 \end{pmatrix} = 2 > 0 \quad 3 > 0$$

ist $\langle \cdot, \cdot \rangle_A$ laut dem Hurwitzkriterium eine positiv definite Bilinearform. Letzteres bedeutet, dass für jedes $v \in \mathbb{R}^3$ mit $v \neq 0$ die Ungleichung

$$f(v) = \langle v, v \rangle_A > 0$$

erfüllt ist. Dies zeigt, dass $W(f) \subseteq \mathbb{R}_{\geq 0}$. Für die umgekehrte Inklusion genügt es zu bemerken, dass $f(0, 0, \lambda) = \lambda^2$ für beliebiges $\lambda \in \mathbb{R}$.

Lösungsvorschlag zur Aufgabe (Herbst 2017, T2A4)

Wir berechnen $e^{A(t)}$, wobei

$$A(t) = \begin{pmatrix} f(t) & g(t) \\ -g(t) & f(t) \end{pmatrix},$$

denn wegen

$$\frac{d}{dt}e^{A(t)} = A'(t)e^{A(t)}$$

sind die Spalten von $e^{A(t)}$ Lösungen der gegebenen Differentialgleichung. Da die beiden Matrizen

$$B(t) = \begin{pmatrix} f(t) & 0 \\ 0 & f(t) \end{pmatrix} \quad \text{und} \quad C(t) = \begin{pmatrix} 0 & g(t) \\ -g(t) & 0 \end{pmatrix}$$

miteinander kommutieren, haben wir $e^{A(t)} = e^{B(t)+C(t)} = e^{B(t)} \cdot e^{C(t)}$. Die Matrix $B(t)$ ist bereits in Diagonalform, daher ist

$$e^{B(t)} = e^{f(t)}\begin{pmatrix} 1 & 0 \\ 0 & 1 \end{pmatrix}.$$

Für die Berechnung von $e^{C(t)}$ bemerken wir zunächst

$$\begin{pmatrix} 0 & 1 \\ -1 & 0 \end{pmatrix}^2 = \begin{pmatrix} -1 & 0 \\ 0 & -1 \end{pmatrix}, \quad \begin{pmatrix} 0 & 1 \\ -1 & 0 \end{pmatrix}^3 = \begin{pmatrix} 0 & -1 \\ 1 & 0 \end{pmatrix}, \quad \begin{pmatrix} 0 & 1 \\ -1 & 0 \end{pmatrix}^4 = \begin{pmatrix} 1 & 0 \\ 0 & 1 \end{pmatrix}.$$

Wir berechnen nun:

$$e^{C(t)} = \sum_{n=0}^{\infty} \frac{1}{n!}g(t)^n \begin{pmatrix} 0 & 1 \\ -1 & 0 \end{pmatrix}^n$$

$$= \sum_{n=0}^{\infty} \left[\frac{1}{(4n)!}g(t)^{4n}\begin{pmatrix} 1 & 0 \\ 0 & 1 \end{pmatrix} + \frac{1}{(4n+1)!}g(t)^{4n+1}\begin{pmatrix} 0 & 1 \\ -1 & 0 \end{pmatrix} \right.$$

$$\left. + \frac{1}{(4n+2)!}g(t)^{4n+2}\begin{pmatrix} -1 & 0 \\ 0 & -1 \end{pmatrix} + \frac{1}{(4n+3)!}g(t)^{4n+3}\begin{pmatrix} 0 & 1 \\ -1 & 0 \end{pmatrix} \right]$$

$$= \sum_{n=0}^{\infty} \left[(-1)^n\frac{1}{(2n)!}g(t)^{2n}\begin{pmatrix} 1 & 0 \\ 0 & 1 \end{pmatrix} + (-1)^n\frac{1}{(2n+1)!}g(t)^{2n+1}\begin{pmatrix} 0 & 1 \\ -1 & 0 \end{pmatrix} \right]$$

$$= \cos g(t)\begin{pmatrix} 1 & 0 \\ 0 & 1 \end{pmatrix} + \sin g(t)\begin{pmatrix} 0 & 1 \\ -1 & 0 \end{pmatrix} = \begin{pmatrix} \cos g(t) & \sin g(t) \\ -\sin g(t) & \cos g(t) \end{pmatrix}$$

Für $e^{A(t)}$ ergibt sich also der überraschend schöne Ausdruck

$$e^{A(t)} = e^{f(t)} \begin{pmatrix} \cos g(t) & \sin g(t) \\ -\sin g(t) & \cos g(t) \end{pmatrix}.$$

Die zugehörige Wronski-Determinante ist

$$\omega(t) = \det(e^{A(t)}) = e^{f(t)},$$

verschwindet also nicht. Die Spalten von $e^{A(t)}$ bilden folglich ein Fundamentalsystem der angegebenen Differentialgleichung.

Lösungsvorschlag zur Aufgabe (Herbst 2017, T2A5)

a Es sei $U \subseteq \mathbb{C}$ eine offene Teilmenge und $f\colon U \to \mathbb{C}$ eine stetige Funktion. Gilt für jeden geschlossenen und stückweise stetigen Weg $\gamma\colon [0,1] \to U$, dass

$$\int_\gamma f(z) \, \mathrm{d}z = 0,$$

so ist f holomorph auf U.

b Sei ein Weg γ wie in Teil **a** beschrieben vorgegeben. Falls γ vollständig in $\mathbb{H}_+$ oder $\mathbb{H}_-$ verläuft, so folgt $\int_\gamma f \, \mathrm{d}z = 0$ aus dem Cauchy-Integralsatz.

Ist dies nicht der Fall, so können wir annehmen (ggf. nach einer Umparametrisierung), dass γ die Konkatenation zweier Wege

$$\delta_+\colon [0,1] \to \overline{\mathbb{H}_+} \quad \text{und} \quad \delta_-\colon [0,1] \to \overline{\mathbb{H}_-}$$

mit $\delta_+(0) = \delta_-(1) \in \mathbb{R}$ und $\delta_+(1) = \delta_-(0) \in \mathbb{R}$ ist. Definiere zwei zusätzliche Wege

$$\alpha_\varepsilon\colon [0,1] \to \mathbb{C}, \quad t \mapsto (1-t)\delta_+(1-\varepsilon) + t\delta_+(\varepsilon)$$
$$\beta_\varepsilon\colon [0,1] \to \mathbb{C}, \quad t \mapsto (1-t)\delta_-(1-\varepsilon) + t\delta_-(\varepsilon)$$

für jedes $\varepsilon \in [0, \frac{1}{2}[$. Bemerke, dass die Wege α_0 und $\overline{\beta_0}$ übereinstimmen. Außerdem seien δ_+^ε und δ_-^ε die Einschränkungen von δ_+ bzw. δ_- auf das Intervall $[\varepsilon, 1-\varepsilon]$. Die folgende Skizze veranschaulicht die Unterteilung des ursprünglichen Weges γ mithilfe dieser neu definierten Wege:

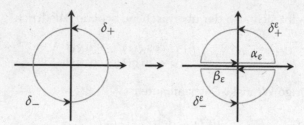

Wir haben also

$$\int_\gamma f \, dz = \int_{\delta_+} f \, dz + \int_{\delta_-} f \, dz$$

$$= \int_{\delta_+} f \, dz + \int_{\alpha_0} f \, dz + \int_{\delta_-} f \, dz + \int_{\beta_0} f \, dz$$

$$= \int_{\delta_+ * \alpha_0} f \, dz + \int_{\delta_- * \beta_0} f \, dz$$

$$= \lim_{\varepsilon \to 0} \left(\int_{\delta_+^\varepsilon * \alpha_\varepsilon} f \, dz \right) + \lim_{\varepsilon \to 0} \left(\int_{\delta_-^\varepsilon * \beta_\varepsilon} f \, dz \right)$$

$$= 0,$$

wobei wir im letzten Schritt den Cauchy-Integralsatz verwenden haben und die Vertauschung von Grenzwertübergang und Integral aufgrund der gleichmäßigen Stetigkeit des Integranden möglich ist (letztere folgt wiederum aus dem Satz von Heine). Teil **a** impliziert nun, dass f holomorph ist.

c Siehe Satz 6.20.

d Betrachte die Funktion

$$\Theta \colon \mathbb{C} \to \mathbb{C}, \quad z \mapsto \begin{cases} G_+(z) - H_+(z) & \text{falls } z \in \overline{\mathbb{H}_+}, \\ G_-(z) - H_-(z) & \text{falls } z \in \overline{\mathbb{H}_-} - \end{cases}$$

Laut Voraussetzung gilt für alle $z \in \mathbb{R} = \overline{\mathbb{H}_+} \cap \overline{\mathbb{H}_-}$, dass

$$G_+(z) - H_+(z) = G_-(z) - H_-(z),$$

also ist die Funktion Θ wohldefiniert. Sie ist außerdem stetig, da die Einschränkungen $\Theta_{|\overline{\mathbb{H}_+}}$ und $\Theta_{|\overline{\mathbb{H}_-}}$ stetig sind. Außerdem erfüllt Θ die Voraussetzungen von Teil **b**, ist daher holomorph auf ganz $\mathbb{C}$. Für beliebige $z \in \mathbb{C}$ haben wir weiterhin die Abschätzung

$$|\Theta(z)| \le \max\{|G_+(z) - H_+(z)|, |G_-(z) - H_-(z)|\}$$
$$\le \max\{|G_+(z)||H_+(z)|, |G_-(z)|, |H_-(z)|\}.$$

Laut Voraussetzung sind die Funktionen G_+, H_+, G_- und H_- beschränkt, folglich zeigt obige Abschätzung, dass auch Θ beschränkt ist. Wenden wir nun den Satz von Liouville an, so erhalten wir ein Konstante $c \in \mathbb{C}$ mit $\Theta(z) = c$ für alle $z \in \mathbb{C}$. Dies bedeutet gerade $G_+ = H_+ + c$ sowie $G_- = H_- + c$:

Lösungen zu Thema Nr. 3

Lösungsvorschlag zur Aufgabe (Herbst 2017, T3A1)

a Nehmen wir an, dass solch eine Funktion g existiert. Dann ist

$$g'(z) = \frac{f'(z)}{f(z)} = \frac{2z}{z^2 - 1}$$

für alle $z \in \Omega$, d.h. die Funktion f'/f besitzt auf Ω eine Stammfunktion. Die Existenz einer solchen Stammfunktion ist äquivalent dazu, dass für jeden in Ω verlaufenden geschlossenen Weg γ gilt

$$\int_\gamma \frac{f'(z)}{f(z)} \, dz = 0.$$

Sei nun $\gamma: [0,1] \to \Omega$ der Weg gegeben durch $t \mapsto \pi e^{2\pi i t}$. Laut dem Residuensatz ist dann

$$\int_\gamma f(z) \, dz = \frac{1}{2\pi i}(\operatorname{Res}(f'/f; -1) + \operatorname{Res}(f'/f; 1)).$$

Da 1 und -1 jeweils Pole erster Ordnung von f'/f sind, ergibt die Berechnung der Residuen

$$\operatorname{Res}(f'/f; 1) = \frac{2}{1+1} = 1 \qquad \operatorname{Res}(f'/f; -1) = \frac{-2}{-1-1} = 1.$$

Wir erhalten daher für obiges Integral

$$\int_\gamma \frac{f'(z)}{f(z)} \, dz = \frac{1}{2\pi i}(1+1) = \frac{1}{\pi i} \neq 0.$$

Folglich kann solch eine Stammfunktion g auf Ω nicht existieren.

b Auch hier überprüfen wir, ob für die Funktion

$$\frac{h'(z)}{h(z)} = \frac{2i}{(z-1)^2} \cdot \left(i\frac{z-1}{z+1}\right) = \frac{2i}{(z+1)(z-1)}$$

das Integral über jeden geschlossenen Weg γ in Ω verschwindet. Die Berechnung der Residuen ist hier ebenso einfach wie zuvor:

$$\text{Res}\,(h'/h;\,1) = \frac{2i}{2} = i \qquad \text{Res}\,(h/h;\,-1) = \frac{2i}{-2} = -i.$$

Bemerke, dass beide Singularitäten in der gleichen Zusammenhangskomponente von $\mathbb{C} \setminus \text{Spur}\,\gamma$ liegen müssen und somit für die entsprechenden Windungszahlen gilt, dass $\text{n}(\gamma;1) = \text{n}(\gamma,-1)$. Der Residuensatz liefert uns nun

$$\int_{\gamma} \frac{h'(z)}{h(z)}\,dz = \frac{1}{2\pi i}\left(\text{n}(\gamma;1)\,\text{Res}\,(h'/h;\,1) + \text{n}(\gamma,-1)\,\text{Res}\,(h'/h;\,-1)\right)$$

$$= \frac{\text{n}(\gamma,1)}{2\pi i}(i - i) = 0.$$

Da γ ein beliebiger in Ω verlaufender geschlossener Weg war, schließen wir, dass $\frac{h'}{h}$ eine Stammfunktion auf Ω besitzt. Sei H diese Stammfunktion, dann ist

$$\frac{\text{d}}{\text{d}z}\left(\frac{e^{H(z)}}{h(z)}\right) = 0.$$

Es gibt also eine Konstante $C \in \mathbb{C}$ mit $e^{H(z)} = Ch(z)$ für alle $z \in \Omega$. Wegen der Surjektivität der komplexen Exponentialfunktion ist $C = e^c$ für ein $c \in \mathbb{C}$ und $w(z) = H(z) - c$ erfüllt dann $e^{w(z)} = h(z)$, wie gewünscht.

Lösungsvorschlag zur Aufgabe (Herbst 2017, T3A2)

a Aus der Reihenentwicklung der Sinusfunktion folgt, dass

$$f(x) = \frac{\sin x}{x} = \sum_{k=0}^{\infty}(-1)^k \frac{x^{2k}}{(2k+1)!}$$

für alle $x \in \mathbb{R}^{\times}$ gilt. Aus dem Quotientenkriterium 6.9 (b) folgt sofort, dass die obige Reihe auf ganz $\mathbb{R}$ konvergiert, dort also eine ganze Funktion definiert. Insbesondere setzt diese die Funktion f zu einer auf ganz $\mathbb{R}$ definierten glatten Funktion $\tilde{f}$ fort. Explizit ist

$$\tilde{f}(x) = \begin{cases} \frac{\sin x}{x} & \text{falls } x \neq 0, \\ 1 & \text{falls } x = 0. \end{cases}$$

b Da die Funktion $\tilde{f}$ symmetrisch ist, genügt es nachzuweisen, dass der

Grenzwert $\lim_{N\to\infty}\int_0^N \widetilde{f}(x)\,dx$ existiert, um zu zeigen, dass $\widetilde{f}$ auf ganz $\mathbb{R}$ uneigentlich integrierbar ist. Da $\widetilde{f}$ stetig ist, existiert das Integral $\int_0^1 \widetilde{f}(x)\,dx$ und genügt es sogar, die Existenz von $\lim_{N\to\infty}\int_1^N \widetilde{f}(x)\,dx$ zu zeigen. Dazu benutzen wir zunächst partielle Integration:

$$\int_1^N \frac{\sin x}{x}\,dx = \left[-\frac{\cos x}{x}\right]_1^N - \int_1^N \frac{\cos x}{x^2}\,dx = \frac{\cos N}{N} - \cos 1 - \int_1^N \frac{\cos x}{x^2}\,dx.$$

Dabei ist $\lim_{N\to\infty}\left|\frac{\cos N}{N}\right| \leq \lim_{N\to\infty}\frac{1}{N} = 0$ sowie

$$\left|\int_1^N \frac{\cos x}{x^2}\,dx\right| \leq \int_1^N \frac{|\cos x|}{x^2}\,dx \leq \int_1^N \frac{1}{x^2}\,dx$$

$$= \left[\frac{-1}{x}\right]_1^N = 1 - \frac{1}{N} \overset{N\to\infty}{\longrightarrow} 1.$$

Somit ist der Grenzwert

$$\lim_{N\to\infty}\int_1^N \frac{\sin x}{x}\,dx = \cos 1 - \lim_{N\to\infty}\int_1^N \frac{\cos x}{x^2}\,dx$$

also endlich. Nehmen wir an, die Funktion $\widetilde{f}$ wäre absolut integrierbar. Dann wäre insbesondere

$$\int_0^\infty \left|\frac{\sin x}{x}\right|\,dx < \infty.$$

Jedoch gilt für alle $n \in \mathbb{N}$, dass

$$\int_0^{n\pi} \left|\frac{\sin x}{x}\right|\,dx = \sum_{k=1}^n \int_{(k-1)\pi}^{k\pi} \left|\frac{\sin x}{x}\right|\,dx$$

$$> \sum_{k=1}^n \int_{k\pi}^{k\pi} \frac{|\sin x|}{k\pi}\,dx = \sum_{k=1}^n \frac{(-1)^{k-1}}{k\pi}\int_{(k-1)\pi}^{k\pi} \sin x\,dx$$

$$= \sum_{k=1}^n \frac{(-1)^{k-1}}{k\pi}\left[-\cos x\right]_{(k-1)\pi}^{k\pi} = \sum_{k=1}^n \frac{(-1)^k}{k\pi}\left[\cos x\right]_{(k-1)\pi}^{k\pi}$$

$$= \sum_{k=1}^n \frac{(-1)^k}{k\pi}\left((-1)^k - (-1)^{k-1}\right) = \sum_{k=1}^n \frac{2}{k\pi},$$

also ist die harmonische Reihe $\frac{2}{\pi}\sum_{k=1}^\infty \frac{1}{k}$ eine divergente Minorante.

Lösungsvorschlag zur Aufgabe (Herbst 2017, T3A3)

a Hier kann man sich beispielsweise auf den Existenz- und Eindeutigkeitssatz bei linear beschränkter rechter Seite berufen.

b Falls $u_0 \geq 0$, so gilt laut der Differentialgleichung, dass $u'(0) = u_0 + 1 > 0$. Da u' stetig ist, ist $u'(t)$ dann auf einer Umgebung der 0 positiv und u dort also streng monoton steigend. Insbesondere gibt es ein maximales Intervall $[0, b[$, sodass $u(t) > u_0$ für alle $t \in [0, b[$. Nehmen wir an, dass $b < \infty$. Aus Stetigkeitsgründen muss dann $u(b) = u_0$ sein. Der Satz von Rolle besagt in dieser Situation, dass es ein $t_0 \in \,]0, b[$ gibt mit

$$u'(t_0) = 0 \quad \Leftrightarrow \quad u(t_0) = -\frac{1}{1 + t_0} < 0$$

im Widerspruch dazu, dass $u(t) > 0$ für alle $t \in [0, b[$. Folglich muss $u(t) > u_0$ für alle $t \in \mathbb{R}^+$ gelten. Integration der Differentialgleichung liefert nun

$$u(t) - u_0 = \int_0^t u'(\tau) \, d\tau = \int_0^t u(\tau) + \frac{1}{1 + \tau} \, d\tau$$

$$\geq (t - 0) \cdot u_0 + \int_0^t \frac{1}{1 + \tau} \, d\tau = t u_0 + \ln(1 + t).$$

Wegen $\lim_{t \to \infty}(t u_0 + \ln(1 + t)) = \infty$ folgt $\lim_{t \to \infty} u(t) = \infty$.

c Wählt man $u_0 < -1$, so haben wir $u'(0) < 0$ und es funktioniert das gleiche Argument wie in Teil **b** . Wir geben nur eine Skizze: Ist $[0, b[$ das maximale Intervall mit $u(t) < u_0$ für alle $t \in [0, b[$, so gibt es laut dem Satz von Rolle ein $t_0 \in [0, b[$ mit $u(t_0) = -\frac{1}{1+t_0} > -1$ im Widerspruch zu $u(t) < u_0 < -1$ für alle $t \in [0, b[$. Folglich ist $u(t) < -1$ für alle $t \geq 0$ und Integration der Differentialgleichung liefert

$$u(t) - u_0 = \int_0^t u'(\tau) \, d\tau \leq -t + \ln(1 + t) \overset{t \to \infty}{\longrightarrow} -\infty.$$

d Mittels Variation der Konstanten findet man die Lösung

$$u(t) = u_0 e^t + e^t \cdot \int_0^t \frac{e^{-\tau}}{(1 + \tau)} \, d\tau \tag{$\star$}$$

zum Anfangswert $u(0) = u_0$. Wegen $\frac{e^{-\tau}}{(1+\tau)} \leq e^{-\tau}$ für alle $\tau \geq 0$ und

$$\int_0^t e^{-\tau} \, d\tau = e - e^{-t} \leq e$$

für alle $t \geq 0$ existiert das Integral $\int_0^t \frac{e^{-\tau}}{(1+\tau)} \, d\tau$ für alle $t \geq 0$. Also ist $u(t)$ auf ganz $\mathbb{R}_{\geq 0}$ definiert und muss laut Teil a die eindeutige Lösung zum Anfangswert u_0 sein. Weiterhin haben wir

$$0 \leq \int_0^t \frac{e^{-\tau}}{(1+\tau)} \, d\tau \leq e \quad \text{für alle } t \geq 0,$$

daher existiert auch

$$\alpha = -\int_0^\infty \frac{e^{-\tau}}{(1+\tau)} \, d\tau.$$

Durch Umformung von $(\star)$ gewinnen wir die für alle $t \geq 0$ gültige Gleichung

$$e^{-t}u(t) = u_0 + \int_0^t \frac{e^{-\tau}}{(1+\tau)} \, d\tau$$

und somit auch

$$\lim_{t \to \infty} e^{-t}u(t) = u_0 - \alpha.$$

Ist $\lim_{t \to \infty} u(t) < \infty$, so muss $\lim_{t \to \infty} e^{-t}u(t) = 0$ gelten und es folgt $u_0 = \alpha$. Insbesondere muss $\lim_{t \to \infty} u(t) = \pm\infty$ sein, falls $u_0 \neq \alpha$, wobei das Vorzeichen mit dem Vorzeichen von $u_0 - \alpha$ übereinstimmt.

Lösungsvorschlag zur Aufgabe (Herbst 2017, T3A4)

Nehmen wir widerspruchshalber an, es gibt ein $t_0 \in \mathbb{R}_0^+$ mit $x(t) > 0$ für alle $t > t_0$. Dann ist $(x')'(t) = x''(t) = -f(t)x(t) \leq 0$, also ist $x'(t)$ monoton fallend für $t \geq t_0$. Gilt $x'(t_1) < 0$ für ein $t_1 \geq t_0$, so erhalten wir für $T \geq x_1$ den Grenzwert

$$x(T) = x(t_1) + \int_{t_1}^T x'(t) \, dt \leq x(t_1) + \int_{t_1}^T x'(t_1) \, dt \xrightarrow{T \to \infty} -\infty.$$

Daher würde in diesem Fall eine weitere Nullstelle $t_1 > t_0$ existieren – Widerspruch. Also ist $x'(t) \geq 0$ für alle $t \geq t_0$. Die Lösung x selbst ist in diesem Bereich monoton steigend, insbesondere gilt $x(t) \geq x(t_0)$. Wir erhalten somit für $T \geq t_0$ die Abschätzung (beachte, dass x'' nicht-positiv ist)

$$\int_{t_0}^T f(t) \, dt = \int_{t_0}^T \frac{-x''(t)}{x(t)} \, dt \leq \int_{t_0}^T \frac{-x''(t)}{x(t_0)} \, dt = \frac{x'(t_0) - x'(T)}{x(t_0)}.$$

Nun ist die Funktion x' für $t \geq t_0$ aber nach unten durch 0 beschränkt und monoton fallend, also existiert der Grenzwert $\lim_{T \to \infty} x'(T)$ und dementsprechend ist auch

$$\int_0^\infty f(t) \, dt \leq \int_{t_0}^\infty f(t) \, dt = \lim_{T \to \infty} \frac{x'(t_0) - x'(T)}{x(t_0)} < \infty.$$

Dies jedoch widerspricht der Voraussetzung an f. Für den Fall, dass ein $t_0 \in \mathbb{R}_0^+$ mit $x(t) < 0$ für alle $t \geq t_0$ existiert, argumentiert man analog. Wir haben insgesamt gezeigt, dass x unendlich viele Nullstellen haben muss.

Nehmen wir an, es gibt eine Nullstelle τ von x mit $x'(\tau) = 0$. Dann ist x eine Lösung des Anfangswertproblems

$$\ddot{x} + f(t)x = 0 \quad \text{mit} \quad x(\tau) = 0, \; x'(\tau) = 0.$$

Da die Differentialgleichung jedoch die Voraussetzungen des Existenz- und Eindeutigkeitssatzes erfüllt, folgt daraus bereits $x(t) = 0$ für alle $t \in [0, \infty[$ im Widerspruch zu $x(0) = 1$.

Nehmen wir nun an, t_0 ist ein Häufungspunkt der Nullstellen. Dann existiert eine Folge $(t_n)_{n \in \mathbb{N}}$ von Nullstellen von x mit $\lim_{n \to \infty} t_n = t_0$ und aufgrund der Stetigkeit von x gilt

$$x(t_0) = x\left(\lim_{n \to \infty} t_n\right) = \lim_{n \to \infty} x(t_n) = 0.$$

Außerdem ist auch

$$x'(t_0) = \lim_{n \to \infty} \frac{x(t_n) - x(t_0)}{t_n - t_0} = 0.$$

Dann wäre t_0 aber eine Nullstelle, in der auch die erste Ableitung von x verschwindet – dies hatten wir bereits ausgeschlossen.

Für die letzte Aussage bemerken wir, dass $x(t)$ für $t \in \,]a, b[$ genau dann konkav (bzw. konvex) ist, wenn $x''(t) \leq 0$ (bzw. $x''(t) \geq 0$) für $t \in \,]a, b[$ gilt. Aufgrund der Stetigkeit hat x (und damit auch x'') zwischen zwei benachbarten Nullstellen keinen Vorzeichenwechsel (das würde dem Zwischenwertsatz widersprechen), also folgt die Behauptung aus der Äquivalenz

$$x''(t) \geq 0 \quad \Leftrightarrow \quad -f(t)x(t) \geq 0 \quad \Leftrightarrow \quad x(t) \leq 0.$$

Lösungsvorschlag zur Aufgabe (Herbst 2017, T3A5)

a Laut der Cauchy-Integralformel gilt

$$a_k = \frac{1}{k!}f^{(k)}(0) = \frac{1}{2\pi i}\int_{|z|=r}\frac{f(z)}{z^{k+1}}\,dz$$

und somit folgt, dass

$$|a_k| = \frac{1}{2\pi}\left|\int_{|z|=r}\frac{f(z)}{z^{k+1}}\,dz\right| \leq \frac{1}{2\pi}\int_{|z|=r}\left|\frac{f(z)}{z^{k+1}}\right|\,dz$$

$$\leq \frac{1}{2\pi}\cdot(2\pi r)\cdot\max_{|z|=r}\left|\frac{f(z)}{z^{k+1}}\right| = r^{-k}\max_{|z|=r}|f(z)|.$$

b Wir zeigen, dass $a_k = 0$ für $k \geq n+1$. Laut Angabe existiert ein $x \in \mathbb{R}$ mit $\lim_{r\to\infty} r^{-n}\max_{|z|=r}|f(z)| = x$. Somit ist laut Teil **a**

$$a_k = \lim_{r\to\infty} a_k \leq \lim_{r\to\infty}(r^{-k}\max_{|z|=r}|f(z)|)$$

$$= \lim_{r\to\infty} r^{-(k-n)}(r^{-k}\max_{|z|=r}|f(z)|) \leq x\cdot\lim_{r\to\infty} r^{-(k-n)}$$

$$= 0.$$

c Den Hinweis ignorierend untersuchen wir die Funktion

$$g\colon \mathbb{C}\setminus\{0\}\to\overline{\mathbb{C}},\quad z\mapsto f(\tfrac{1}{z})$$

hinsichtlich der Art ihrer Singularität bei 0. Sei dazu $f(z) = \sum_{k=0}^{\infty} a_k z^k$ die Potenzreihenentwicklung von f um 0.

Sei $a = \lim_{|z|\to\infty}\inf|z^{-n}f(z)|$. Wir betrachten zunächst den Fall $a < \infty$. Laut Voraussetzung ist $a > 0$, insbesondere gibt es eine Konstante $C > 0$ mit der Eigenschaft, dass

$$|z^{-n}f(z)| \geq \inf_{|x|=z}|x^{-n}f(x)| > \tfrac{1}{2}a$$

für alle $z \in \mathbb{C}$ mit $|z| > C$ erfüllt ist. Dies impliziert $|z^n g(z)| > \tfrac{1}{2}a$ für alle $z \in \mathbb{C}\setminus\{0\}$ mit $|z| < \frac{1}{C}$, also kann $z^n g(z)$ laut dem Satz von Casorati-Weierstraß keine wesentliche Singularität bei 0 haben.

Falls $a = \infty$, so können wir beispielsweise eine Konstante $C > 0$ mit

$|z^{-n} f(z)| > 1$ für alle $z \in \mathbb{C}$ mit $|z| > C$ wählen. Die gleiche Argumentation wie oben zeigt dann, dass auch in diesem Fall $z^n g(z)$ laut dem Satz von Casorati-Weierstraß keine wesentliche Singularität bei 0 haben kann. Damit muss der Hauptteil der Laurentreihenentwicklung $z^n g(z) = \sum_{k=-\infty}^{n} b_k z^k$ mit $b_k = a_{n-k}$ abbrechen, d. h. es gibt ein $k_0 \in \mathbb{N}_0$, sodass

$$b_{-k_0} \neq 0 \text{ und } b_k = 0 \quad \text{für alle } k < -k_0$$
$$\Leftrightarrow \quad a_{n+k_0} \neq 0 \text{ und } a_k = 0 \quad \text{für alle } k > k_0 + n.$$

Wir haben damit gezeigt, dass

$$f(z) = a_0 + \ldots + a_{n+k_0} z^{n+k_0}$$

ein Polynom von Grad $n + k_0 \geq n$ ist.

Prüfungstermin: Frühjahr 2018

Thema Nr. 1
(Aufgabengruppe)

Aufgabe 1   → S. 605   (2 + 2 + 2 Punkte)

Beweisen oder widerlegen Sie folgende Aussagen (uneigentliche Integrale und Grenzwerte haben im Falle der Existenz immer einen endlichen Wert).

Für alle stetigen Funktionen $f\colon \mathbb{R} \to \mathbb{R}$ gilt:

a Wenn der Grenzwert $\lim_{R\to\infty} \int_{-R}^{R} f(x)\,dx$ existiert, dann existiert auch das uneigentliche Integral $\int_{-\infty}^{\infty} f(x)\,dx$.

b Wenn das uneigentliche Integral $\int_{-\infty}^{\infty} f(x)\,dx$ existiert, dann existiert auch der Grenzwert $\lim_{R\to\infty} \int_{-R}^{R} f(x)\,dx$.

c Wenn das uneigentliche Integral $\int_{0}^{\infty} f(x)\,dx$ existiert, dann existiert auch $\lim_{x\to\infty} f(x)$ und es gilt $\lim_{x\to\infty} f(x) = 0$.

Aufgabe 2   → S. 606   (2 + 2 + 2 Punkte)

Beweisen oder widerlegen Sie folgende Aussagen: Seien $f, g\colon \mathbb{R} \to \mathbb{R}$ zwei beliebige Funktionen. Dann gilt:

a Ist f stetig, dann ist $h\colon \mathbb{R} \to \mathbb{R}, x \mapsto \int_{0}^{g(x)} f(t)\,dt$ ebenfalls stetig.

b Ist f stetig und g differenzierbar, dann ist $h\colon \mathbb{R} \to \mathbb{R}, x \mapsto \int_{0}^{g(x)} f(t)\,dt$ ebenfalls differenzierbar.

c Ist f beschränkt und differenzierbar und existiert $\lim_{x\to\infty} f'(x)$ im eigentlichen Sinne (d. h. dieser Grenzwert existiert und hat einen endlichen Wert), dann gilt $\lim_{x\to\infty} f'(x) = 0$.

Aufgabe 3　　　→ S. 606　　　　　　　　　　　　　　　　(3 + 3 Punkte)

Wie üblich identifizieren wir $\mathbb{R}^2$ mit $\mathbb{C}$ durch die $\mathbb{R}$-lineare Abbildung $\mathbb{R}^2 \to \mathbb{C}$, $(x, y) \mapsto x + iy$. Sei

$$f: \mathbb{C} \to \mathbb{C}, \quad z \mapsto \begin{cases} \exp\left(-\frac{1}{z^4}\right), & \text{wenn } z \neq 0, \\ 0, & \text{wenn } z = 0. \end{cases}$$

a Zeigen Sie, dass f in $(0,0)$ partiell differenzierbar ist und dass f in $(0,0)$ die Cauchy-Riemannschen Differentialgleichungen erfüllt.

b Zeigen Sie, dass f in $z = 0$ *nicht* komplex differenzierbar ist. Begründen Sie, warum dies nicht im Widerspruch zum Ergebnis von Teil **a** steht.

Aufgabe 4　　　→ S. 607　　　　　　　　　　　　　　　　(3 + 3 Punkte)

a Geben Sie eine lineare Differentialgleichung zweiter Ordnung mit konstanten Koeffizienten an, die folgende Lösungen besitzt:

$$y_1: \mathbb{R} \to \mathbb{R}, \quad x \mapsto 2\exp(3x) + \sin(3x)$$
$$y_2: \mathbb{R} \to \mathbb{R}, \quad x \mapsto 3\exp(-2x) + \sin(3x)$$
$$y_3: \mathbb{R} \to \mathbb{R}, \quad x \mapsto \exp(-2x) + 5\exp(3x) + \sin(3x)$$

b Für welche $a \in \mathbb{R}$ hat die Differentialgleichung

$$y''(x) + 9y(x) = \sin(ax) + a\cos(x)$$

mindestens eine unbeschränkte Lösung?

Aufgabe 5　　　→ S. 608　　　　　　　　　　　　　　　　(3 + 3 Punkte)

Gegeben sei das Anfangswertproblem

$$y' = \sqrt[3]{y^2}, \quad y(0) = 0. \tag{$\star$}$$

a Bestimmen Sie alle auf ganz $\mathbb{R}$ definierten Lösungen von $(\star)$. Ein expliziter Nachweis, dass es keine weitere Lösungen gibt, ist nicht erforderlich.

b Bestimmen Sie alle $b \in \mathbb{R}$, sodass es eine auf ganz $\mathbb{R}$ definierte Lösung von $(\star)$ gibt, welche neben $y(0) = 0$ auch $y(1) = b$ erfüllt.

Thema Nr. 2
(Aufgabengruppe)

Aufgabe 1 → S. 609 (2+1+3 Punkte)

a Wir betrachten die beiden Gebiete

$$\Omega_1 = \{z = x + iy \in \mathbb{C} \mid x > 0, y > 0\}$$

und

$$\Omega_2 = \{z = x + iy \in \mathbb{C} \mid x \in \mathbb{R}, 0 < y < 1\}.$$

(1) Zeigen Sie, dass eine biholomorphe Abbildung $f\colon \Omega_2 \to \Omega_1$ existiert.

(2) Geben Sie eine solche Abbildung explizit an.

b Bestimmen Sie die Anzahl der Nullstellen (mit Vielfachheiten) des Polynoms

$$z^{87} + 36z^{57} + 71z^4 + z^3 + z + 1$$

in dem Kreisring $K_{1,2}(0) = \{z \in \mathbb{C} \mid 1 < |z| < 2\}$.

Aufgabe 2 → S. 610 (2+4 Punkte)

Diese Aufgabe befasst sich mit der Maximierung der Funktion

$$f\colon \mathbb{R}^2 \to \mathbb{R}, \quad f(x,y) = 4(x+y)$$

unter der Nebenbedingung $g(x,y) = x^2 + y^2 = 1$.

a Zeigen Sie die Existenz einer Extremstelle.

b Berechnen Sie die globale Maximalstelle und bestimmen Sie das Maximum von f unter obiger Nebenbedingung.

Aufgabe 3 → S. 611 (6 Punkte)

Seien $R > \rho > 0$. Betrachten Sie die Menge

$$M := \left\{(x,y,z) \in \mathbb{R}^3 \mid x^2 + y^2 + z^2 < R^2, x^2 + y^2 > \rho^2\right\}.$$

Anschaulich betrachtet ist dies die Menge, die aus einer Kugel mit Radius R durch „Ausbohren" eines Zylinders vom Radius ρ entsteht. Berechnen Sie das Volumen von M.

Aufgabe 4   → S. 612   (3 + 3 Punkte)

Betrachten Sie das Anfangswertproblem

$$y'(x) = \sin(x)\sqrt{1 + 4y(x)}, \quad y(0) = y_0$$

zu Anfangswerten $y_0 \in [-\frac{1}{4}, \infty)$.

a Geben Sie eine möglichst große Menge von Anfangswerten an, für die das
Anfangswertproblem lokal eindeutig lösbar ist. Begründen Sie, warum in den
entsprechenden Anfangswerten lokale Eindeutigkeit der Lösung vorliegt.

b Geben Sie für Anfangswerte, für die eindeutige Lösbarkeit nicht gegeben ist,
zwei verschiedene Lösungen an.

Aufgabe 5   → S. 612   (1 + 3 + 2 Punkte)

Betrachten Sie zu $u_0, u_1 \in \mathbb{R}$ das Anfangswertproblem

$$u''(x) - 4u(x) + 4u^3(x) = 0,$$
$$u(0) = u_0,$$
$$u'(0) = u_1.$$

a Finden Sie eine nicht-negative Funktion $G \in C(\mathbb{R})$, sodass

$$L(x) = \tfrac{1}{2}(u'(x))^2 + G(u(x))$$

konstant in x ist.

b Zeigen Sie, dass dieses Anfangswertproblem für beliebige $u_0, u_1 \in \mathbb{R}$ eine
eindeutige Lösung $u \in C^2(\mathbb{R})$ hat.

c Bestimmen Sie die stationären Lösungen der Differentialgleichung. Welche
Aussagen zur Stabilität lassen sich allein durch Anwendung des Prinzips der
linearen Stabilität treffen?

Thema Nr. 3
(Aufgabengruppe)

Aufgabe 1   → S. 614   (2 + 4 Punkte)

a Zeigen Sie, dass das uneigentliche Integral

$$I = \int_0^\infty \frac{\cos(x)}{x^2 + 1} \, dx$$

existiert.

b Berechnen Sie I mithilfe des Residuensatzes. Geben Sie insbesondere Integrationspfade explizit an und weisen Sie nach, dass die Werte der Kurvenintegrale gegen das entsprechende Integral konvergieren.

Aufgabe 2   → S. 614   (3 + 3 Punkte)

a Bestimmen Sie die Art und Lage aller lokalen Extrema der Funktion

$$f \colon \mathbb{R}^2 \to \mathbb{R}, \quad (x,y) \mapsto x e^{x-y^2}.$$

b Zeigen Sie, dass alle stationären Lösungen des Differentialgleichungssystems

$$\dot{x} = 2xy \tag{1}$$
$$\dot{y} = 1 + x \tag{2}$$

stabil sind, wobei $(x,y) \in \mathbb{R}^2$. Verwenden Sie dazu das Resultat aus Teil **a**.

Aufgabe 3   → S. 614   (3 + 3 Punkte)

Es sei $f \colon \mathbb{C} \setminus \{i, -i, 0\} \to \mathbb{C}$ gegeben durch

$$f(z) = \frac{(z+i)^2}{(z^2+1)^2} + \exp\left(-\frac{1}{z^2}\right).$$

a Bestimmen Sie für jede der isolierten Singularitäten von f den Typ und geben Sie den Hauptteil der Laurentreihenentwicklung in einer punktierten Umgebung für jede der isolierten Singularitäten an.

b Zeigen Sie, dass f eine Stammfunktion auf $\mathbb{C} \setminus \{i, -i, 0\}$ besitzt.

Aufgabe 4   → S. 615   (2 + 2 + 2 Punkte)

a Sei $B \in \mathbb{R}^{n \times n}$ eine schiefsymmetrische Matrix (d.h. $B^T = -B$). Zeigen Sie: $x^T B x = 0$ für alle $x \in \mathbb{R}^n$.

b Seien $A \colon \mathbb{R}^n \to \mathbb{R}^{n \times n}$ und $B \colon \mathbb{R}^n \to \mathbb{R}^{n \times n}$ stetige Abbildungen, sodass $A(x)$ für alle $x \in \mathbb{R}^n$ positiv semidefinit und $B(x)$ für alle $x \in \mathbb{R}^n$ schiefsymmetrisch ist. Zeigen Sie, dass $V \colon \mathbb{R}^n \to \mathbb{R}, V(x) = x^T x$ eine Lyapunov-Funktion zu

$$\dot{x} = -(A(x) + B(x))x$$

ist.

c Auf $\mathbb{R}^2$ sei die Differentialgleichung

$$\dot{x} = -x^3 + xy^2$$
$$\dot{y} = -x^2 y - 2y$$

gegeben. Zeigen Sie, dass der Ursprung eine stabile Ruhelage ist.

Aufgabe 5   → S. 616   (2 + 2 + 2 Punkte)

a Sei $a \in \mathbb{C}$. Die Funktion f sei auf $\mathbb{C} \setminus \{a\}$ holomorph und habe bei a eine wesentliche Singularität. Sei außerdem g eine auf ganz $\mathbb{C}$ holomorphe Funktion. Beweisen Sie folgende Aussage: Falls $g(a) \neq 0$, so hat die Produktfunktion $h = fg$ bei a eine wesentliche Singularität.

b Seien a und f wie in Aufgabenteil **a**, $g = (z - a)^n$ für ein $n \in \mathbb{Z}$. Zeigen Sie, dass die Produktfunktion $h = fg$ in a eine wesentliche Singularität besitzt.

c Seien a und f wie in Aufgabenteil **a**, g sei auf $\mathbb{C}$ meromorph. Beweisen Sie folgende Aussage: Die Produktfunktion $h = fg$ ist auf $\mathbb{C}$ genau dann meromorph, wenn $g \equiv 0$. (Mit $g \equiv 0$ ist hier jene Funktion gemeint, die ganz $\mathbb{C} \setminus \{a\}$ auf die Null abbildet.)

Lösungen zu Thema Nr. 1

Zur Erinnerung: Das uneigentliche Integral $\int_{-\infty}^{\infty} f(x)\,dx$ existiert laut Definition, falls die beiden Grenzwerte $\int_0^{\infty} f(x)\,dx = \lim_{R\to\infty} \int_0^R f(x)\,dx$ und $\int_{-\infty}^0 f(x)\,dx = \lim_{R\to\infty} \int_{-R}^0 f(x)\,dx$ existieren.

a *Falsch.* Ein Gegenbeispiel ist $f(x) = x$, es ist für $R > 0$

$$\int_{-R}^R x\,dx = 0,$$

also existiert der Grenzwert, jedoch existiert das uneigentliche Integral nicht, denn

$$\lim_{R\to\infty} \int_0^R x\,dx = \infty.$$

b *Richtig.* Es ist

$$\lim_{R\to\infty} \int_{-R}^R f(x)\,dx = \lim_{R\to\infty} \int_{-R}^0 f(x)\,dx + \lim_{R\to\infty} \int_0^R f(x)\,dx$$

und die beiden Grenzwerte rechts existieren laut Annahme.

c *Falsch.* Wir betrachten für $k \in \mathbb{N}$ die Funktionen

$$f_k\colon \mathbb{R} \to \mathbb{R}, \quad x \mapsto \begin{cases} k^2 x - k^3 + 1 & \text{falls } x \in \left[k - \frac{1}{k^2}; k\right], \\ -k^2 x + k^3 + 1 & \text{falls } x \in \left[k; k + \frac{1}{k^2}\right], \\ 0 & \text{sonst.} \end{cases}$$

Der Graph von f_k schließt mit der x-Achse das Dreieck mit den Ecken $(k - \frac{1}{k^2}, 0)$, $(k, 1)$ und $(k + \frac{1}{k^2}, 0)$ ein (vgl. Skizze unten). Es gilt für $k \in \mathbb{N}$

$$\int_0^{\infty} f_k(x)\,dx = \frac{1}{2} \cdot 1 \cdot 2 \cdot \frac{1}{k^2} = \frac{1}{k^2}.$$

Sei nun $g = \sum_{k=2}^{\infty} f_k$. Die Funktion g ist stetig und laut dem Satz von der monotonen Konvergenz können wir Integration und Summation tauschen, also gilt

$$\int_0^{\infty} g(x)\,dx = \sum_{k=2}^{\infty} \int_0^{\infty} f_k(x)\,dx = \sum_{k=2}^{\infty} \frac{1}{k^2} < \infty.$$

Zugleich ist $g(k) = 1$ für alle $k \in \mathbb{N}_{\geq 2}$, also konvergiert $g(x)$ für $x \to \infty$ nicht gegen 0.

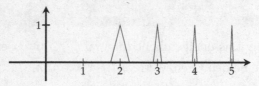

Lösungsvorschlag zur Aufgabe (Frühjahr 2018, T1A2)

a *Falsch.* Setze zum Beispiel $f(x) = 1$ und $g(x) = \mathbb{1}_{\mathbb{R}_{\geq 0}}$, dann ist f stetig, aber h ist wegen

$$\lim_{x \nearrow 0} \int_0^{g(x)} 1 \, dt = \int_0^0 1 \, dt = 0 \neq 1 = \int_0^1 1 \, dt = \lim_{x \searrow 0} \int_0^{g(x)} 1 \, dt$$

unstetig in 0.

b *Richtig.* Laut dem Hauptsatz der Differential- und Integralrechnung besitzt f eine Stammfunktion F. Es gilt dann $h(x) = (F \circ g)(x) - F(0)$ und somit ist h als Verkettung differenzierbarer Funktionen differenzierbar.

c Sei $c = \lim_{x \to \infty} f'(x)$. Angenommen, $c > 0$. Dann existiert ein $N \in \mathbb{N}$, sodass $0 < \frac{c}{2} < f'(x) < \frac{3c}{2}$ für alle $x \geq N$. Wir erhalten

$$\lim_{x \to \infty} f(x) = \lim_{x \to \infty} \int_N^x f'(t) \, dt + f(N) \geq \lim_{x \to \infty} \int_N^x \frac{c}{2} \, dt + f(N) = \infty$$

im Widerspruch dazu, dass f beschränkt ist. Einen analogen Widerspruch erhält man im Fall $c < 0$. Damit muss $c = 0$ sein.

Lösungsvorschlag zur Aufgabe (Frühjahr 2018, T1A3)

a Wir berechnen mit der Regel von L'Hospital

$$\partial_x \operatorname{Re} f(x, y)(0, 0) = \lim_{h \to 0} \frac{\operatorname{Re} f(h, 0) - \operatorname{Re} f(0, 0)}{h} = \lim_{h \to 0} \frac{\exp\left(-\frac{1}{h^4}\right)}{h} =$$

$$= \lim_{h \to 0} \frac{\frac{1}{h}}{\exp\left(\frac{1}{h^4}\right)} = \lim_{h \to 0} \frac{-\frac{1}{h^2}}{\exp\left(\frac{1}{h^4}\right) \cdot \left(-\frac{4}{h^5}\right)} =$$

$$= \lim_{h \to 0} \frac{1}{4 \exp\left(\frac{1}{h^4}\right) \cdot \frac{1}{h^3}} = 0.$$

Zudem ist

$$\partial_x \operatorname{Im} f(x,y)(0,0) = 0.$$

Für die Ableitungen nach y erhält man wegen

$$f(0,h) = \exp\left(-\frac{1}{(ih)^4}\right) = \exp\left(-\frac{1}{h^4}\right) = f(h,0)$$

für alle $h \in \mathbb{R}$ dieselben Grenzwerte. Insbesondere ist f in $(0,0)$ partiell differenzierbar und die Cauchy-Riemannschen Differentialgleichungen sind erfüllt.

b Wir müssen zeigen, dass der Grenzwert

$$\lim_{z \to 0} \frac{f(z) - f(0)}{z}$$

nicht existiert. Dazu betrachten wir die Folge $(z_n)_{n \in \mathbb{N}}$ mit $z_n = \frac{1}{n}(1+i)$. Es ist $\lim_{n \to \infty} z_n = 0$ sowie

$$\lim_{n \to \infty} f(z_n) = \lim_{n \to \infty} \exp\left(-\frac{n^4}{(1+i)^4}\right) = \lim_{n \to \infty} \exp\left(\frac{n^4}{4}\right) = \infty$$

(beachte $(1+i)^4 = -4$). Somit kann der gesuchte Grenzwert nicht existieren.

Damit f in $z = 0$ komplex differenzierbar wäre, müssten die Cauchy-Riemannschen Differentialgleichungen in einer Umgebung von 0 erfüllt sein, nicht nur im Punkt selbst – damit widersprechen sich die beiden Teile nicht.

Lösungsvorschlag zur Aufgabe (Frühjahr 2018, T1A4)

a Auffälligerweise ist $\sin(3x)$ ein Summand in allen drei Lösungen – wir nehmen also an, dass es sich dabei um eine partikuläre Lösung einer inhomogenen Gleichung handelt. Sodann bestimmen wir zunächst das homogene System mit den Lösungen

$$\tilde{y}_1 : \mathbb{R} \to \mathbb{R}, \quad x \mapsto 2\exp(3x)$$
$$\tilde{y}_2 : \mathbb{R} \to \mathbb{R}, \quad x \mapsto 3\exp(-2x)$$
$$\tilde{y}_3 : \mathbb{R} \to \mathbb{R}, \quad x \mapsto \exp(-2x) + 5\exp(3x)$$

Alle diese Funktionen sind Linearkombinationen von $x \mapsto \exp(3x)$ und $x \mapsto \exp(-2x)$. Der von diesen Lösungen aufgespannte Raum ist der Lösungsraum einer homogenen Differentialgleichung mit charakteristischem

Polynom $(X-3)(X+2) = X^2 - X - 6$. Wir betrachten also

$$y'' - y' - 6y = 0.$$

Nun bestimmen wir die rechte Seite der Differentialgleichung noch so, dass $y(x) = \sin(3x)$ eine Lösung der inhomogenen Gleichung ist. Einsetzen von y in obige Gleichung liefert die Gleichung

$$y''(x) - y'(x) - 6y(x) = -3\cos(3x) - 15\sin(3x).$$

b Das charakteristische Polynom ist $X^2 + 9 = (X - 3i)(X + 3i)$, was die beiden beschränkten Fundamentallösungen $x \mapsto \sin(3x)$ und $x \mapsto \cos(3x)$ liefert. Eine partikuläre Lösung der Gleichung ergibt sich aus der Summe von partikulären Lösungen von

$$y''(x) + 9y(x) = \sin(ax) \quad \text{und} \quad y''(x) + 9y(x) = a\cos(x).$$

Für die zweite Gleichung erhält man mit dem üblichen Ansatz für jedes $a \in \mathbb{R}$ die ebenfalls beschränkte Lösung $x \mapsto \frac{a}{8}\cos(x)$. Wir können uns also auf die erste Gleichung konzentrieren: Der analoge Ansatz $y_1(x) = b\cos(ax) + c\sin(ax)$ liefert wegen

$$y_1''(x) + 6y_1(x) = (9 - a^2)b\cos(ax) + (9 - a^2)c\sin(ax)$$

für $a \notin \{\pm 3\}$ ebenfalls eine beschränkte Lösung. Für $a = \pm 3$ liegt jedoch Resonanz vor, sodass wir hier den Ansatz $y_1(x) = bx\cos(\pm 3x) + cx\sin(\pm 3x)$ verwenden. Man erhält durch Lösen des entsprechenden Gleichungssystems die unbeschränkte Lösung

$$y_1(x) = \mp \frac{1}{6} x\cos(\pm 3x).$$

Insgesamt haben wir damit gezeigt, dass genau dann eine unbeschränkte Lösung existiert, wenn $a \in \{\pm 3\}$ gilt.

Lösungsvorschlag zur Aufgabe (Frühjahr 2018, T1A5)

a Es handelt sich um ein (sehr gängiges) Beispiel einer Differentialgleichung, die die Voraussetzungen des Globalen Existenz- und Eindeutigkeitssatzes nicht erfüllt. Durch Trennen der Variablen erhalten wir

$$\int_0^{\mu(t)} \frac{1}{y^{2/3}} \, dy = \int_0^t 1 \, d\tau \quad \Leftrightarrow \quad 3\mu(t)^{1/3} = t \quad \Leftrightarrow \quad \mu(t) = \frac{1}{27} t^3.$$

Nun ist aber auch die Nulllösung eine auf $\mathbb{R}$ definierte Lösung des Anfangswertproblems. Da zudem $\mu'(0) = 0$ ist, erlaubt uns dies, stetig differenzierbare Lösungen „zusammenzubasteln": Für $-\infty \leq a \leq 0 \leq c \leq \infty$ definieren wir

$$\mu_{a,c} \colon \mathbb{R} \to \mathbb{R}, \quad t \mapsto \begin{cases} \frac{1}{27}(t-a)^3 & \text{falls } t \leq a, \\ 0 & \text{falls } a < t < c, \\ \frac{1}{27}(t-c)^3 & \text{falls } t \geq c. \end{cases}$$

Wie bemerkt, ist $\mu_{a,c}$ stetig differenzierbar und löst die Differentialgleichung.

b Nehmen wir zunächst an, dass für $b \in \mathbb{R}$ eine Lösung $\mu_{a,c}$ der Differentialgleichung mit $\mu_{a,c}(1) = b$ existiert. Einsetzen ergibt

$$b = \mu_{a,c}(1) = \begin{cases} \frac{1}{27}(1-c)^3 & \text{falls } 1 \geq c, \\ 0 & \text{sonst.} \end{cases}$$

Insbesondere muss $b \geq 0$ gelten. Wegen $c \geq 0$ gilt zudem

$$1 - c \leq 1 \quad \Leftrightarrow \quad (1-c)^3 \leq 1 \quad \Leftrightarrow \quad \tfrac{1}{27}(1-c)^3 \leq \tfrac{1}{27},$$

also $b \in [0, \frac{1}{27}]$.

Sei nun $b \in [0, \frac{1}{27}]$. Dann hat die Gleichung $\frac{1}{27}(1-c)^3 = y_0$ eine Lösung $c_0 \in [0,1]$ und die Funktion μ_{0,c_0} erfüllt die gewünschte Bedingung.

Lösungen zu Thema Nr. 2

Lösungsvorschlag zur Aufgabe (Frühjahr 2018, T2A1)

a (1) Beide Gebiete sind als Sterngebiete einfach zusammenhängend. Laut dem Riemannschen Abbildungssatz existieren also biholomorphe Abbildungen $f_1 \colon \Omega_1 \to \mathbb{E}$ und $f_2 \colon \Omega_2 \to \mathbb{E}$, wobei $\mathbb{E}$ die offene Einheitskreisscheibe bezeichnet. Setze dann $f = f_1^{-1} \circ f_2$.

   (2) Das erledigt die Abbildung

$$f \colon \Omega_2 \to \Omega_1, \quad z \mapsto \exp\left(\tfrac{\pi}{2} z\right).$$

   Um dies einzusehen, bemerke zunächst, dass $z \mapsto \frac{\pi}{2} z$ den Streifen

Ω_2 biholomorph auf

$$S = \left\{ z = x + yi \mid x \in \mathbb{R},\, 0 < y < \tfrac{\pi}{2} \right\}$$

abbildet. Die Einschränkung der Exponentialfunktion auf S ist holomorph. Aus der Polarkoordinatendarstellung

$$\Omega_1 = \left\{ re^{i\varphi} \mid r \in \mathbb{R},\, 0 < \varphi < \tfrac{\pi}{2} \right\}$$

folgt, dass $\exp\colon S \to \Omega_2$ wohldefiniert und surjektiv ist. Für die Injektivität bemerke, dass sich für zwei Punkte mit $\exp(z_1) = \exp(z_2)$ die Imaginärteile genau um 2π unterscheiden, was in S jedoch nicht möglich ist.

b Wir bezeichnen mit $f\colon \mathbb{C} \to \mathbb{C}$ die Abbildung, die durch das angegebene Polynom definiert wird. Dann ist für $|z| = 2$

$$
\begin{aligned}
|f(z) - z^{87}| &\le 36|z|^{57} + 71|z|^4 + |z|^3 + |z| + 1 \\
&\le 64 \cdot 2^{57} + 128 \cdot 2^4 + 2^3 + 2 + 2^0 \\
&= 2^{63} + 2^{11} + 2^3 + 2 + 2^0 < 2^{64} < 2^{87} = |z^{87}|.
\end{aligned}
$$

Laut dem Satz von Rouché hat f damit in $B_2(0)$ genauso viele Nullstellen wie $z \mapsto z^{87}$, also 87.

Für $|z| = 1$ erhalten wir

$$|f(z) - 71z^4| \le |z|^{87} + 36|z|^{57} + |z|^3 + |z| + 1 = 40 < 71 = |71z^4|.$$

Damit hat f auf $B_1(0)$ vier Nullstellen, also verbleiben auf dem Kreisring $K_{1,2}(0)$ noch 83 Nullstellen.

Lösungsvorschlag zur Aufgabe (Frühjahr 2018, T2A2)

a Die Menge $M = \{(x,y) \in \mathbb{R}^2 : g(x,y) = 1\}$ ist als Urbild von $\{0\}$ unter der stetigen Abbildung $(x,y) \mapsto x^2 + y^2 - 1$ abgeschlossen und zudem beschränkt, also kompakt. Damit nimmt die stetige Funktion f auf M ein globales Maximum an.

b *1. Möglichkeit:* Wir verwenden Satz 5.9 und erhalten die Gleichung

$$\nabla f(x,y) = \begin{pmatrix} 4 \\ 4 \end{pmatrix} = \begin{pmatrix} 2x \\ 2y \end{pmatrix} = \nabla g(x,y).$$

Diese liefert $x = y = 2\lambda$, was wir in die Nebenbedingung einsetzen können:

$$x^2 + x^2 = 1 \quad \Leftrightarrow \quad x = \pm\frac{\sqrt{2}}{2}.$$

Einsetzen der Werte zeigt nun, dass bei $(\frac{1}{2}\sqrt{2}, \frac{1}{2}\sqrt{2})$ ein Extremum mit Maximalwert $4\sqrt{2}$ vorliegt.

2. *Möglichkeit:* Wir parametrisieren den Kreis mit $\phi\colon [0, 2\pi] \to \mathbb{R}^2, t \mapsto (\cos t, \sin t)$. Es ist dann

$$(f \circ \phi)'(t) = \frac{\mathrm{d}}{\mathrm{d}t} \, 4(\cos t + \sin t) = -4\sin t + 4\cos t.$$

Und damit

$$(f \circ \phi)'(t) = 0 \quad \Leftrightarrow \quad \sin t = \cos t \quad \Leftrightarrow \quad \tan t = 1 \quad \Leftrightarrow \quad t \in \left\{\frac{1}{4}\pi, \frac{5}{4}\pi\right\}.$$

Sodann überprüft man, dass es sich bei $t = \frac{5}{4}\pi$ um ein Minimum, bei $t = \frac{1}{4}\pi$ um ein Maximum handelt. Wegen $\phi(\frac{1}{4}\pi) = (\frac{1}{2}\sqrt{2}, \frac{1}{2}\sqrt{2})$ stimmt dies mit dem Ergebnis oben überein.

Lösungsvorschlag zur Aufgabe (Frühjahr 2018, T2A3)

Wir betrachten zunächst nur den Teil von M mit $z \geq 0$, dessen Volumen genau halb so groß wie das von M ist. Wir integrieren die Funktion

$$f(x, y) = \sqrt{R^2 - (x^2 + y^2)}$$

über $\{(x, y) \in \mathbb{R}^2 : \rho^2 < x^2 + y^2 < R^2\}$. Wir nutzen dafür Polarkoordinaten und erhalten (mit der Substitution $u = r^2$)

$$V = \int_\rho^R \int_0^{2\pi} f(r\cos\varphi, r\sin\varphi)r \,\mathrm{d}\varphi\,\mathrm{d}r = \int_\rho^R \int_0^{2\pi} r\sqrt{R^2 - r^2}\,\mathrm{d}\varphi\,\mathrm{d}r =$$

$$= 2\pi \int_{\rho^2}^{R^2} \frac{1}{2}\sqrt{R^2 - u}\,\mathrm{d}u = \pi\left[-\frac{2}{3}\left(R^2 - u\right)^{\frac{3}{2}}\right]_{\rho^2}^{R^2} = \frac{2}{3}\pi\left(R^2 - \rho^2\right)^{\frac{3}{2}}$$

Also hat M das Volumen $\frac{4}{3}\pi\left(R^2 - \rho^2\right)^{\frac{3}{2}}$.

Lösungsvorschlag zur Aufgabe (Frühjahr 2018, T2A4)

a Wir behaupten, dass die Differentialgleichung für $y_0 \in \left]-\frac{1}{4}, \infty\right[$ eindeutig lösbar ist. Sei dazu $D = \mathbb{R} \times \left]-\frac{1}{4}, \infty\right[$ und $f\colon D \to \mathbb{R}$ die Funktion, die die rechte Seite der Differentialgleichung beschreibt. Die Menge D ist ein offenes Gebiet, f ist stetig und wegen

$$\partial_y f(x, y) = \frac{2\sin(x)}{\sqrt{1 + 4y}}$$

stetig partiell nach y differenzierbar. Deshalb garantiert der Satz von Picard-Lindelöf für solche Anfangswerte die Existenz und Eindeutigkeit einer Lösung auf einem Intervall I mit $0 \in I$.

b Sei nun $y_0 = -\frac{1}{4}$. Die konstante Funktion $c\colon \mathbb{R} \to \mathbb{R}, x \mapsto -\frac{1}{4}$ löst dann die Differentialgleichung, denn

$$c'(x) = 0 = \sin(x)\sqrt{1 + 4 \cdot \left(-\frac{1}{4}\right)}.$$

Eine weitere Lösung bestimmen wir durch Trennen der Variablen:

$$\int_{-\frac{1}{4}}^{y(x)} \frac{1}{\sqrt{1 + 4y}}\, \mathrm{d}y = \int_0^x \sin \xi \, \mathrm{d}\xi \quad \Leftrightarrow \quad \left[\frac{1}{2}\sqrt{1 + 4y}\right]_{-\frac{1}{4}}^{y(x)} = \left[-\cos \xi\right]_0^x$$

$$\frac{1}{2}\sqrt{1 + 4y(x)} = 1 - \cos x \quad \Leftrightarrow \quad y(x) = (1 - \cos x)^2 - \frac{1}{4}$$

Man überprüft nun unmittelbar, dass diese Abbildung die Differentialgleichung löst.

Lösungsvorschlag zur Aufgabe (Frühjahr 2018, T2A5)

a Es gilt

$$\begin{aligned}
L'(x) = 0 \quad &\Leftrightarrow \quad u'(x)u''(x) + G'(u(x))u'(x) = 0 \\
&\Leftrightarrow \quad u'(x)\left(4u(x) - 4u^3(x) + G'(u(x))\right) = 0 \\
&\Leftrightarrow \quad G'(u(x)) = 4u^3(x) - 4u(x).
\end{aligned}$$

Durch Integration sieht man $G(z) = z^4 - 2z^2 + c$ für eine Konstante $c \in \mathbb{R}$. Wählen wir $c = 1$, so ist $G(z) = (z^2 - 1)^2$ nicht-negativ, erfüllt also alle geforderten Eigenschaften.

b Wir betrachten das zugehörige System von Differentialgleichungen erster Ordnung

$$x' = y \qquad = f_1(x,y),$$
$$y' = 4x - 4x^3 = f_2(x,y)$$

und bemerken zunächst, dass dieses den Voraussetzungen des Globalen Existenz- und Eindeutigkeitssatzes genügt. Dies bedeutet, dass für beliebige $u_0, u_1 \in \mathbb{R}$ zumindest auf einem Intervall $I = \,]a,b[$ mit $0 \in I$ eine eindeutige Lösung existiert.

Wir müssen nun noch zeigen, dass diese bereits auf ganz $\mathbb{R}$ definiert ist. Dazu verwenden wir die Charakterisierung des Randverhaltens maximaler Lösungen. Der Rand der Definitionsmenge ist hier leer, sodass entweder $\lim_{x \to a} \| (u(x), u'(x)) \| = \infty$ oder $a = -\infty$ gelten muss. Da L konstant ist, erhalten wir für $x \in I$ die Abschätzungen

$$|u'(x)| = \sqrt{u'(x)^2} \le \sqrt{2L(x)} = \sqrt{2L(0)}$$

und

$$\left| u(x)^2 - 1 \right| \le \sqrt{L(x)} = \sqrt{L(0)} \quad \Leftrightarrow \quad 1 - \sqrt{L(0)} \le u(x)^2 \le 1 + \sqrt{L(0)}.$$

Daher bleiben u und u' für alle $x \in I$ beschränkt, der erste Fall kann also nicht eintreten. Das Argument zeigt ebenso $b = \infty$.

c Das System aus Teil **b** hat die Ruhelagen $(0,0), (\pm 1, 0)$. Linearisierung im Punkt (x_0, y_0) ergibt

$$\begin{pmatrix} x' \\ y' \end{pmatrix} = (Df)(x_0, y_0) \begin{pmatrix} x \\ y \end{pmatrix} \quad \text{mit} \quad (Df)(x_0, y_0) = \begin{pmatrix} 0 & 1 \\ 4 - 12x_0^2 & 0 \end{pmatrix}.$$

Nun hat die Matrix $(Df)(0,0)$ das charakteristische Polynom $X^2 - 4$, also die beiden Eigenwerte ± 2, sodass diese Ruhelage instabil ist.

Für $(Df)(\pm 1, 0)$ erhalten wir das charakteristische Polynom $X^2 + 8$ mit den komplexen Eigenwerten $i\sqrt{8}$. Da beide Realteil 0 haben, hilft uns Linearisierung hier nicht weiter.

Lösungen zu Thema Nr. 3

Lösungsvorschlag zur Aufgabe (Frühjahr 2018, T3A1)

Dies ist ein Spezialfall von Aufgabe H13T3A3 (Seite 347) mit $a = 1$. Man erhält aufgrund der Symmetrie des Integranden zur y-Achse

$$I = \frac{1}{2} \int_{-\infty}^{\infty} \frac{\cos(x)}{x^2 + 1} \, \mathrm{d}x = \frac{1}{2}\pi e^{-1}.$$

Lösungsvorschlag zur Aufgabe (Frühjahr 2018, T3A2)

a Der Gradient von f ist gegeben durch

$$(\nabla f)(x,y) = \begin{pmatrix} (1+x)e^{x-y^2} \\ -2xye^{x-y^2} \end{pmatrix}.$$

Der einzige kritische Punkt ist $(-1,0)$. Die Hesse-Matrix von f ist

$$(\mathcal{H}f)(x,y) = \begin{pmatrix} (2+x)e^{x-y^2} & -2(1+x)ye^{x-y^2} \\ -2(1+x)ye^{x-y^2} & -2x(1-2y^2)e^{x-y^2} \end{pmatrix}.$$

Damit ist

$$(\mathcal{H}f)(-1,0) = \begin{pmatrix} e^{-1} & 0 \\ 0 & 2e^{-1} \end{pmatrix}.$$

Die beiden Eigenwerte e^{-1} und $2e^{-1}$ sind positiv, folglich ist diese Matrix positiv definit und der kritische Punkt ein Minimum.

b Der einzige stationäre Punkt des Systems ist $\xi = (-1,0)$. Nun gilt $f(\xi) = -e^{-1}$. Wir zeigen, dass $V(x,y) = f(x,y) + e^{-1}$ eine Lyapunov-Funktion der Differentialgleichung ist. Laut Konstruktion gilt $V(\xi) = 0$. Da die Gradienten von V und f übereinstimmen, folgt aus Teil **a**, dass V stetig differenzierbar ist. Zudem gilt

$$\left\langle \nabla V(x,y), \begin{pmatrix} 2xy \\ 1+x \end{pmatrix} \right\rangle = \left\langle \begin{pmatrix} (1+x)e^{x-y^2} \\ -2xye^{x-y^2} \end{pmatrix}, \begin{pmatrix} 2xy \\ 1+x \end{pmatrix} \right\rangle = 0.$$

Weil ξ ein Minimum von V ist, existiert eine Umgebung U von ξ, sodass $V(x) > V(\xi)$ für alle $x \in U \setminus \{\xi\}$ gilt. Aus Satz 7.32 folgt, dass es sich bei ξ um eine stabile Ruhelage der Differentialgleichung handelt.

Lösungsvorschlag zur Aufgabe (Frühjahr 2018, T3A3)

a Wir formen f zunächst um:

$$f(z) = \frac{(z+i)^2}{(z-i)^2(z+i)^2} + \exp\left(-\frac{1}{z^2}\right) = \frac{1}{(z-i)^2} + \exp\left(-\frac{1}{z^2}\right).$$

Damit sehen wir, dass f in einer punktierten Umgebung von $-i$ holomorph ist, der Hauptteil verschwindet hier also. Für die isolierte Singularität i bemerken wir, dass hier wenigstens der hintere Teil in einer punktierten Umgebung holomorph ist, der erste Summand stimmt damit mit dem Hauptteil überein, es liegt ein Pol zweiter Ordnung vor. Für 0 muss analog nur der hintere Teil betrachtet werden, mit der Potenzreihendarstellung der Exponentialfunktion erhält man hier

$$\exp\left(-\frac{1}{z^2}\right) = \sum_{k=0}^{\infty} \frac{(-1)^k z^{-2k}}{k!} = 1 + \sum_{k=1}^{\infty} \frac{(-1)^k z^{-2k}}{k!}.$$

Der hintere Teil ist dabei der Hauptteil von f in einer Umgebung von 0, insbesondere bricht dieser nicht ab, sodass es sich bei 0 um eine wesentliche Singularität von f handelt.

b Es genügt nach Satz 6.34 zu zeigen, dass die Residuen an den Singularitäten jeweils verschwinden. Da $-i$ eine hebbare Singularität ist, gilt $\operatorname{Res}(f; -i) = 0$. Anhand der anderen beiden Hauptteile liest man direkt ab:

$$\operatorname{Res}(f; i) = \operatorname{Res}(f; 0) = 0.$$

Damit hat f auf dem genannten Gebiet eine holomorphe Stammfunktion.

Lösungsvorschlag zur Aufgabe (Frühjahr 2018, T3A4)

a Der Ausdruck $x^T B x$ ist lediglich eine Zahl, also invariant unter Transponieren. Andererseits ist unter Verwendung der Rechenregeln für Transposition

$$x^T B x = (x^T B x)^T = (Bx)^T x = x^T B^T x = -(x^T B x),$$

also muss $x^T B x = 0$ sein.

b Wir müssen zeigen

$$\langle \nabla V(x), f(x) \rangle \leq 0,$$

wobei f die rechte Seite der DGL beschreibt. Wir bemerken zunächst

$$V(x) = \sum_{i=1}^{n} x_i^2, \qquad \nabla V(x) = 2x.$$

Damit ist

$$\langle \nabla V(x), -(A(x) + B(x))x \rangle = -2\langle x, A(x)x \rangle - 2\langle x, B(x)x \rangle =$$
$$= -2x^T A(x)x - 2x^T B(x)x =$$
$$= -2\langle x, A(x)x \rangle \leq 0.$$

c Es ist

$$\begin{pmatrix} \dot{x} \\ \dot{y} \end{pmatrix} = \begin{pmatrix} -x^2 & xy \\ -xy & -2 \end{pmatrix} \begin{pmatrix} x \\ y \end{pmatrix} = - \left(\begin{pmatrix} x^2 & 0 \\ 0 & 2 \end{pmatrix} + \begin{pmatrix} 0 & -xy \\ xy & 0 \end{pmatrix} \right) \begin{pmatrix} x \\ y \end{pmatrix}$$

Die erste Matrix in der Klammer hat die Eigenwerte x^2 und 2, ist also positiv semidefinit, die zweite ist schiefsymmetrisch. Laut Teil **b** ist V eine Lyapunov-Funktion für die Differentialgleichung, insbesondere ist der Ursprung eine stabile Ruhelage, denn es gilt

$$V(0) = 0 \quad \text{und} \quad V(x) = \sum_{k=1}^{n} x_k^2 > 0 \text{ für } x \in \mathbb{R}^n \setminus \{0\}.$$

Lösungsvorschlag zur Aufgabe (Frühjahr 2018, T3A5)

a Aufgrund der Stetigkeit von g in a und $g(a) \neq 0$ gibt es eine Umgebung U von a, auf der g nicht verschwindet. Nehmen wir nun an, dass a eine hebbare Singularität von h ist. Dann wäre h auf einer Umgebung von a durch ein $C \in \mathbb{R}^+$ beschränkt und wir können o. B. d. A. annehmen, dass diese Umgebung mit U übereinstimmt. Dann wäre aber

$$|f(z)| = \frac{|h(z)|}{|g(z)|}$$

für $z \in U$ beschränkt – im Widerspruch dazu, dass f in a eine wesentliche Singularität hat.

Nehmen wir nun an, dass h in a eine Polstelle der Ordnung k hat, dann können wir in einer Umgebung U schreiben

$$h(z) = (z-a)^{-k}\widetilde{h}(z)$$

mit $\widetilde{h}(a) \neq 0$. Damit ist aber

$$f(z) = \frac{h(z)}{g(z)} = (z-a)^{-k}\widetilde{h}(z)g^{-1}(z),$$

und f hätte in a eine Polstelle k-ter Ordnung – Widerspruch.

b Die Laurentreihenentwicklung von f um a ist $f(z) = \sum_{k=-\infty}^{\infty} a_k(z-a)^k$ mit $a_k \neq 0$ für unendlich viele negative k. Damit ist

$$h(z) = (z-a)^n \sum_{k=-\infty}^{\infty} a_k(z-a)^k = \sum_{k=-\infty}^{\infty} a_k(z-a)^{k+n},$$

wobei immer noch unendlich viele negative Koeffizienten nicht verschwinden, also laut Satz 6.16 auch h eine wesentliche Singularität besitzt.

c Bemerke zunächst, dass g sich zur auf ganz $\mathbb{C}$ definierten Nullfunktion fortsetzen lässt. Damit ist die Richtung „$\Leftarrow$" klar. Für „$\Rightarrow$" nehmen wir $g \not\equiv 0$ an. Da g in a meromorph ist, existiert eine Darstellung der Form $g(z) = (z-a)^n\widetilde{g}(z)$ für holomorphes $\widetilde{g}$ mit $\widetilde{g}(a) \neq 0$. Laut den Teilen **a** und **b** hätte fg damit aber in a eine wesentliche Singularität, wäre also insbesondere nicht meromorph.

Prüfungstermin: Herbst 2018

Thema Nr. 1
(Aufgabengruppe)

Aufgabe 1   → S. 623   (3 + 3 Punkte)

a Bestimmen Sie die Menge $K \subset \mathbb{R}$, die genau diejenigen $x \in \mathbb{R}$ enthält, für welche die Reihe $\sum_{k=1}^{\infty} \frac{(2x+3)^k}{\sqrt{k}}$ gegen eine reelle Zahl konvergiert.

b Für $a \in \mathbb{C}$ bezeichne $\gamma_a \colon [0, 2\pi] \to \mathbb{C}$ den durch $\gamma_a(t) = a + 2e^{it}$ beschriebenen Weg. Bestimmen Sie den Wert des komplexen Kurvenintegrals

$$\int_{\gamma_a} \frac{1 - 2z^2}{z^3}\, dz$$

für alle $a \in \mathbb{C}$ mit $|a| \neq 2$.

Aufgabe 2   → S. 624   (1 + 1 + 4 Punkte)

Bezeichne $D := \{(x, y) \in \mathbb{R}^2 : y \geq -x^2\}$ den Definitionsbereich der Funktion $f \colon D \to \mathbb{R}$ mit $f(x, y) := x^2 + y^2 + 2y$.

a Skizzieren Sie die Menge D.

b Zeigen Sie, dass die Funktion f ein globales Minimum besitzt.

c Bestimmen Sie das globale Minimum von f sowie alle Stellen in D, an denen dieses angenommen wird.

Aufgabe 3   → S. 625   (3 + 3 Punkte)

In dieser Aufgabe sollen Existenz und Eindeutigkeit globaler Lösungen $x \colon \mathbb{R} \to \mathbb{R}$ der Anfangswertaufgaben

$$\dot{x}(t) = 2\sqrt{|x(t)|} \cdot \cos t, \quad x(0) = c,$$

für $c \in [0, \infty[$ diskutiert werden. Unter einer globalen Lösung verstehen wir in dieser Aufgabe stets eine Lösung, die auf ganz $\mathbb{R}$ definiert ist.

a Bestimmen Sie für jedes $c > 1$ eine globale Lösung x_c des entsprechenden Anfangswertproblems. Warum ist diese deren einzige globale Lösung?

b Geben Sie für jedes $0 \leq c \leq 1$ jeweils zwei verschiedene globale Lösungen des Anfangswertproblems an (eine Begründung ist nicht verlangt).

Aufgabe 4   → S. 381   (2 + 4 Punkte)

In dieser Aufgabe bezeichne $H = \{z \in \mathbb{C} : \text{Im}(z) > 0\}$ die obere Halbebene und $S = \{z \in \mathbb{C} : 0 < \text{Re}(z) < 1\}$ einen Streifen in $\mathbb{C}$.

a Geben Sie (mit Begründung) eine holomorphe, bijektive Abbildung $g: S \to H$ an.

b Bestimmen Sie eine holomorphe, bijektive Abbildung $f: S \to S$ mit $f(\frac{1}{2}) = \frac{1}{4}$.

Aufgabe 5   → S. 626   (2 + 2 + 2 Punkte)

Geben Sie jeweils entweder ein Beispiel an (ohne Begründung) oder begründen Sie, warum es ein solches nicht geben kann.

a Eine holomorphe Funktion $h: \{z \in \mathbb{C} : 0 < |z| < 2\} \to \mathbb{C}$ mit $\lim_{z \to 0} h(z) \sqrt{|z|} = 1$.

b Eine stetig differenzierbare Abbildung $F: \mathbb{R}^2 \to \mathbb{R}^2$ mit den Eigenschaften (i) – (iii):

  (i) $F(0) = 0$.

  (ii) Die Realteile der Eigenwerte der Ableitung $DF(0)$ sind kleiner oder gleich 0.

  (iii) 0 ist keine stabile Ruhelage der Differentialgleichung $y' = F(y)$.

c Ein Polynom $P: \mathbb{R} \to \mathbb{R}$ mit der Eigenschaft, dass die Differentialgleichung $y' = P(y)$ keine globale Lösung $y: \mathbb{R} \to \mathbb{R}$ besitzt.

Thema Nr. 2
(Aufgabengruppe)

Aufgabe 1   → S. 628   (2 + 2 + 2 Punkte)

Betrachten Sie die Funktionenfolge $(f_n)_{n \in \mathbb{N}}$, gegeben durch

$$f_n: \mathbb{R} \to \mathbb{R}, \quad x \mapsto \frac{x^{2n}}{1 + x^{2n}}.$$

a Zeigen Sie, dass $(f_n)_{n \in \mathbb{N}}$ auf $\mathbb{R}$ punktweise konvergiert, und bestimmen Sie die Grenzfunktion $f: \mathbb{R} \to \mathbb{R}$.

b Zeigen Sie, dass $(f_n)_{n \in \mathbb{N}}$ nicht gleichmäßig auf $\mathbb{R}$ gegen f konvergiert.

c Sei $q \in [0, 1[$ und $A = \{x \in \mathbb{R} : |x| \le q\}$. Zeigen Sie, dass $(f_n)_{n \in \mathbb{N}}$ auf A gleichmäßig gegen f konvergiert.

Aufgabe 2   → S. 629   (2 + 1 + 3 Punkte)

a (i) Zeigen Sie, dass die Reihe

$$f(z) = \sum_{n=1}^{\infty} \frac{z^2}{n^2 z^2 + 8} \tag{1}$$

absolut konvergiert für jedes $z \in \mathbb{R}$ und die Funktion $f \colon z \mapsto f(z)$, die so entsteht, auf $\mathbb{R}$ stetig ist.

(ii) Geben Sie (ohne Beweis) die größte offene Menge $U \subseteq \mathbb{C}$ an, sodass die in (1) gegebene Funktion f auf U definiert und holomorph ist.

b Die komplexen Zahlen $a_1, \ldots, a_n$ (mit $n \geq 1$) erfüllen $|a_j| = 1$ für $j = 1, \ldots, n$. Zeigen Sie, dass es einen Punkt $z \in \mathbb{C}$ mit $|z| = 1$ gibt, sodass das Produkt der Abstände zwischen z und a_j, für $j = 1, \ldots, n$, mindestens 1 ist.
Hinweis Betrachten Sie die Funktion $f(z) = (z - a_1) \cdot \ldots \cdot (z - a_n)$.

Aufgabe 3   → S. 629   (3 + 3 Punkte)

a Die Zahl $a \in \mathbb{R}$ erfülle $a > 1$. Zeigen Sie, dass die Gleichung

$$ze^{a-z} = 1$$

genau eine Lösung $z \in \mathbb{C}$ mit $|z| < 1$ besitzt und dass diese Lösung reell und positiv ist.
Hinweis Wenden Sie den Satz von Rouché auf die Funktion $f(z) := ze^{a-z} - 1$ an und wählen Sie als Vergleichsfunktion $g(z) = ze^{a-z}$.

b Zeigen Sie, dass gilt:

$$\int_0^\pi \frac{1}{3 + 2\cos\theta} \, d\theta = \frac{\pi}{\sqrt{5}}.$$

Aufgabe 4   → S. 630   (3 + 3 Punkte)

Sei $f \colon \mathbb{R}^n \setminus \{0\} \to \mathbb{R}^n$ ein Lipschitz-stetiges Vektorfeld mit $\langle f(x), x \rangle = 0$ für alle $x \in \mathbb{R}^n \setminus \{0\}$. (Dabei bezeichne $\langle \cdot, \cdot \rangle$ das Standard-Skalarprodukt in $\mathbb{R}^n$.) Man zeige:

a Für jede auf einem offenen Intervall J definierte Lösung $\varphi \colon J \to \mathbb{R}^n \setminus \{0\}$ der Differentialgleichung $x' = f(x)$ ist die euklidische Norm $|\varphi(t)|$ konstant.

b Jede auf einem offenen Intervall J definierte Lösung φ kann zu einer Lösung $\tilde{\varphi} \colon \mathbb{R} \to \mathbb{R}^n \setminus \{0\}$ fortgesetzt werden.

Aufgabe 5   → S. 631   (6 Punkte)

Gegeben sei das ebene autonome System

$$x' = y$$
$$y' = -x^3 - y.$$

Man zeige, dass dieses System den Nullpunkt als einzige Ruhelage hat und dass die Nulllösung stabil ist.

Hinweis Man suche eine Lyapunov-Funktion der Form $V(x,y) = \alpha x^4 + \beta y^2$ mit Konstanten $\alpha, \beta > 0$.

Zur Erinnerung: Eine Lyapunov-Funktion für das Vektorfeld $f(x,y)$ auf $\mathbb{R}^2$ ist eine stetig differenzierbare Funktion $V(x,y)$, die längs jeder Integralkurve von f fällt, d. h. $\langle \operatorname{grad} V(x,y), f(x,y) \rangle \leq 0$.

Thema Nr. 3
(Aufgabengruppe)

Aufgabe 1   → S. 632   (3 + 3 Punkte)

a Sei $f : \mathbb{C} \to \mathbb{C}$ holomorph und

$$\exp(f(z)) = c$$

für ein $c \in \mathbb{C}$ und alle $z \in \mathbb{C}$. Zeigen Sie: f ist konstant.

b Sei $g : \mathbb{C} \to \mathbb{C}$ holomorph und $M \in \mathbb{R}$ mit $\operatorname{Re}(g(z)) \leq M$ für alle $z \in \mathbb{C}$. Zeigen Sie: g ist konstant.

Hinweis Betrachten Sie $\exp(g(z))$ und verwenden Sie **a**.

Aufgabe 2   → S. 632   (2 + 2 + 2 Punkte)

a Sei $f : \mathbb{C} \setminus \{-1\} \to \mathbb{C}$ definiert durch $f(z) = \frac{3z+1}{z+1}$. Bestimmen Sie das Bild von $B_1(0) = \{z \in \mathbb{C} \mid |z| < 1\}$ unter f.

b Es seien $B_2(1) = \{z \in \mathbb{C} \mid |z - 1| < 2\}$ und $G = \{x + iy \in \mathbb{C} \mid x, y \in \mathbb{R}, x < 0\}$. Bestimmen Sie eine biholomorphe Abbildung $g : B_2(1) \to G$.

c Zeigen oder widerlegen Sie, dass es eine biholomorphe Abbildung

$$h : \mathbb{C} \setminus \{x + iy \mid y = 0, x \in \mathbb{R} \setminus (-1,1)\} \to B_1(0)$$

gibt.

Aufgabe 3   → S. 633   (1 + 3 + 2 Punkte)

Es sei $f: \mathbb{R}^2 \to \mathbb{R}^2$ mit

$$(y_1, y_2) \mapsto (y_1^2 - y_1(y_2 + 1) - 2, -2y_2)^T.$$

a Bestimmen Sie die Gleichgewichtspunkte von $y' = f(y)$.

b Seien $c = (c_1, c_2) \in \mathbb{R}^2$ und $\tilde{f}: \mathbb{R}^2 \to \mathbb{R}^2$ mit $\tilde{f}(y_1, y_2) = f(y_1 + c_1, y_2 + c_2)$. Zeigen Sie, dass y eine asymptotisch stabile Lösung von $y' = f(y)$ genau dann ist, wenn $\tilde{y} = y - c$ eine asymptotisch stabile Lösung von $\tilde{y}' = \tilde{f}(\tilde{y})$ ist.

c Überprüfen Sie, ob die Gleichgewichtspunkte aus **a** asymptotisch stabile Lösungen sind.

Aufgabe 4   → S. 635   (1 + 5 Punkte)

Wir betrachten den Weg $\gamma: [0, 2\pi] \to \mathbb{C}$ definiert durch

$$\gamma(t) = \begin{cases} e^{i\pi/2} + e^{2i(t-\pi)} & \text{für } t \in [0, \pi], \\ -1 + i + 2e^{4it} & \text{für } t \in (\pi, 2\pi]. \end{cases}$$

a Skizzieren Sie den Weg γ (entweder in Worten oder mithilfe einer Skizze).

b Berechnen Sie

$$\int_\gamma \frac{(z - (2 - i)) \cdot e^{iz}}{(z^2 + 1)(z^2 - 3 + 4i)} \, dz.$$

Hinweis Berechnen Sie $(2 - i)^2$.

Aufgabe 5   → S. 636   (6 Punkte)

Sei $\alpha \in \mathbb{R}$. Lösen Sie das Anfangswertproblem

$$\begin{cases} y_1' = \frac{1}{2} \cdot \frac{y_1}{1+t} \\ y_2' = \frac{t}{t^2-1} y_2 + \alpha y_1 \end{cases}$$

mit $(y_1(0), y_2(0)) = (2, 1)$ für den Fall $\alpha = 1$, indem Sie zunächst den Fall $\alpha = 0$ betrachten.

Lösungen zu Thema Nr. 1

Lösungsvorschlag zur Aufgabe (Herbst 2018, T1A1)

a Wir setzen $y = 2x + 3$ und untersuchen die Potenzreihe $\sum_{k=1}^{\infty} \frac{y^k}{\sqrt{k}}$ mit Entwicklungspunkt 0. Wegen $\frac{1}{\sqrt{k}} \neq 0$ für alle $k \in \mathbb{N}$ können wir die Formel aus dem Quotientenkriterium (Proposition 6.9) verwenden und erhalten

$$r = \lim_{k \to \infty} \left| \frac{\sqrt{k}}{\sqrt{k+1}} \right| = \sqrt{\lim_{k \to \infty} \frac{k}{k+1}} = 1.$$

Damit konvergiert die Reihe für alle $y \in \mathbb{R}$ mit $|y| < 1$ und divergiert für alle $y \in \mathbb{R}$ mit $|y| > 1$. Es ist

$$|y| < 1 \quad \Leftrightarrow \quad |2x + 3| < 1 \quad \Leftrightarrow \quad -2 < x < -1.$$

Also ist die ursprüngliche Reihe genau für $x \in (-2, -1)$ konvergent. Untersuchen wir nun noch die beiden Werte -2 und -1. Im ersten Fall erhalten wir die Reihe

$$\sum_{k=1}^{\infty} \frac{(-1)^k}{\sqrt{k}}.$$

Diese konvergiert nach dem Leibniz-Kriterium. Im zweiten Fall ergibt sich

$$\sum_{k=1}^{\infty} \frac{1}{\sqrt{k}} \geq \sum_{k=1}^{\infty} \frac{1}{k}$$

und die rechte Reihe divergiert bekanntlich, sodass laut dem Minorantenkriterium auch die Reihe für $x = -1$ divergieren muss. Insgesamt gilt $K = [-2, -1)$.

b Der Weg γ_a beschreibt eine einmal positiv durchlaufene Kreislinie um a mit Radius 2. Wir unterscheiden zwei Fälle:

Fall $|a| > 2$: Sei $\varepsilon = \frac{1}{2}(|a| - 2) > 0$, dann ist der Integrand auf dem einfach zusammenhängenden Gebiet $B_{2+\varepsilon}(a)$ holomorph (denn $0 \notin B_{2+\varepsilon}(a)$) und γ_a ist eine Kurve in $B_{2+\varepsilon}(a)$. Wir erhalten mit dem Cauchy-Integralsatz 6.28

$$\int_{\gamma_a} \frac{1 - 2z^2}{z^3} \, dz = 0.$$

Fall $|a| < 2$: Hier ist $0 \in B_r(a)$ und wir können die verallgemeinerte Cauchy-Integralformel 6.31 auf die Funktion $f \colon \mathbb{C} \to \mathbb{C}, z \mapsto 1 - 2z^2$

anwenden und erhalten wegen $f''(z) = -4$ das Ergebnis

$$\int_{\gamma_a} \frac{1 - 2z^2}{z^3}\, dz = \int_{\partial B_2(a)} \frac{1 - 2z^2}{z^3}\, dz = \frac{2\pi i}{2!} f''(0) = -4\pi i.$$

Lösungsvorschlag zur Aufgabe (Herbst 2018, T1A2)

a Die Menge D beschreibt den schraffierten Bereich in der linken Skizze. Die rechte Skizze illustriert das Vorgehen in Teil **b**, insbesondere die Menge D', sowie die Ergebnisse aus Teil **c**.

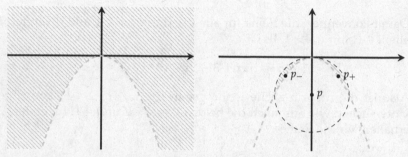

b Wir ergänzen $f(x,y)$ quadratisch und erhalten

$$f(x,y) = x^2 + y^2 + 2y = x^2 + (y+1)^2 - 1.$$

Das Minimum auf $\mathbb{R}^2$ wäre damit $p = (0, -1) \notin D$. Wir betrachten (vgl. die Skizze oben)

$$D' = D \cap \overline{B_1(p)}.$$

Die Menge D' ist beschränkt und abgeschlossen, also kompakt. Wegen $(0,0) \in D'$ ist sie nicht leer. Damit nimmt f als stetige Funktion ein Minimum m auf D' an. Wegen $f(0,0) = 0$ ist $m \geq 0$. Wir zeigen, dass m sogar ein globales Minimum von $f \colon D \to \mathbb{R}$ ist. Sei dazu $(x,y) \in D$. Ist $(x,y) \in D'$, so gilt $f(x,y) \geq m$. Andernfalls ist $(x,y) \notin \overline{B_1(p)}$, also

$$\|(x,y) - p\|^2 = x^2 + (y+1)^2 > 1$$

und somit

$$f(x,y) > 1 - 1 = 0 \geq m.$$

Damit gilt tatsächlich $f(x,y) \geq m$ für alle $(x,y) \in D$.

c Wir verfolgen den Ansatz aus Teil **b** weiter. Dort haben wir de facto schon Folgendes gezeigt: Ist $p_0 \in D$ mit minimalem Abstand $\|p_0 - p\|$, so liegt bei p_0 ein globales Minimum von f. In der Tat, sei $(x, y) \in D$ ein beliebiger Punkt, so gilt

$$f(x, y) = \|(x, y) - p\| - 1 \geq \|p_0 - p\| - 1 = f(p_0).$$

Wir müssen also nur diesen Abstand minimieren. Es muss $p_0 \in \partial D$ gelten, sei also $(x, -x^2) \in \partial D$. Wir erhalten die Funktion

$$g \colon \mathbb{R} \to \mathbb{R}, \quad x \mapsto \|(x, -x^2) - p\| = \|(x, -x^2 + 1)\| = x^4 - x^2 + 1.$$

Die Ableitung von g ist für $x \in \mathbb{R}$

$$g'(x) = 4x^3 - 2x = 2x(2x^2 - 1)$$

mit den drei einfachen Nullstellen $x_1 = 0$, $x_{2,3} = \pm\frac{1}{\sqrt{2}}$, wobei 0 ein Maximum, die anderen beiden Minima von g sind. Für die letzteren beiden Werte erhalten wir $p_\pm = (\pm\frac{1}{\sqrt{2}}, -\frac{1}{2}) \in \partial D$. Aus dem Argument oben folgt, dass $f(p_\pm) = -\frac{1}{4}$ das globale Minimum von f ist.

Lösungsvorschlag zur Aufgabe (Herbst 2018, T1A3)

a Wir wenden Trennen der Variablen an:

$$\int_c^{x_c(t)} \frac{1}{2\sqrt{|x|}} \, dx = \int_0^t \cos \tau \, d\tau.$$

Für die linke Seite bemerken wir, dass

$$F(x) = \frac{x}{|x|}\sqrt{|x|} = \begin{cases} \sqrt{x} & \text{falls } x > 0, \\ -\sqrt{-x} & \text{falls } x < 0 \end{cases}$$

auf $\mathbb{R} \setminus \{0\}$ eine Stammfunktion von $x \mapsto \frac{1}{2\sqrt{|x|}}$ ist. Damit erhalten wir

$$\left[\frac{x}{|x|}\sqrt{|x|}\right]_c^{x_c(t)} = [\sin \tau]_0^t \quad \Leftrightarrow \quad \frac{x_c(t)}{|x_c(t)|}\sqrt{|x_c(t)|} = \sin t + \sqrt{c}.$$

Wegen $c > 1$ ist die rechte Seite stets positiv, also muss auch $x_c(t) > 0$ für alle t gelten, und wir erhalten

$$x_c \colon \mathbb{R} \to \mathbb{R}, \quad t \mapsto \left(\sin t + \sqrt{c}\right)^2.$$

Man überprüft unmittelbar, dass diese Funktion das Anfangswertproblem auf ganz $\mathbb{R}$ löst.

Zur Eindeutigkeit: Wegen $c > 1$ liegt der Graph von x_c in $G = \mathbb{R} \times \mathbb{R}^+$. Wir betrachten die Einschränkung der Differentialgleichung auf diesen Bereich. Die Abbildung

$$f(t, x) = 2\sqrt{x} \cdot \cos t,$$

die dort die Gleichung beschreibt, ist stetig und wegen

$$\partial_x f(t, x) = \frac{1}{\sqrt{x}} \cos t$$

auch bezüglich x stetig differenzierbar und daher Lipschitz-stetig. Laut dem Globalen Existenz- und Eindeutigkeitssatz hat damit jedes Anfangswertproblem mit Anfangswerten in G eine eindeutige maximale Lösung und diese stimmt mit x_c überein.

b Sei $0 \leq c \leq 1$ gegeben. Laut Teil **a** ist die Funktion

$$x_c(t) = \left(\sin t + \sqrt{c}\right)^2$$

eine Lösung des Anfangswertproblems auf ganz $\mathbb{R}$. Wegen $|c| \leq 1$ können wir außerdem $t_0 = \arcsin(-\sqrt{c})$ setzen (es ist dann $t_0 \leq 0$). Nun definieren wir die Funktion

$$\widetilde{x}_c \colon \mathbb{R} \to \mathbb{R}, \quad t \mapsto \begin{cases} 0 & t \leq t_0, \\ \left(\sin t + \sqrt{c}\right)^2 & t \geq t_0. \end{cases}$$

Diese Funktion ist stetig differenzierbar, denn es ist

$$\lim_{t \nearrow t_0} \widetilde{x}_c'(t) = 0 = \lim_{t \searrow t_0} \widetilde{x}_c'(t).$$

Zudem ist sie eine Lösung des Anfangswertproblems, wie man direkt nachrechnet.

Lösungsvorschlag zur Aufgabe (Herbst 2018, T1A5)

a Wir zeigen, dass eine solche Funktion h nicht existiert. Zunächst bemerken wir, dass aus $\lim_{z \to 0} \sqrt{|z|} = 0$ und $\lim_{z \to 0} h(z)\sqrt{|z|} = 1$ der Grenzwert $\lim_{z \to 0} |h(z)| = \infty$ folgt. Damit hat h in 0 eine Polstelle. Sei $k \in \mathbb{N}$ die Ordnung dieser Polstelle, dann können wir h in der Form $h(z) = z^{-k} f(z)$ schreiben, wobei f eine holomorphe Funktion mit $f(0) \neq 0$ ist. Es würde dann aber gelten

$$\lim_{z\to 0}\left|h(z)\sqrt{|z|}\right| = \lim_{z\to 0}|f(z)|\frac{\sqrt{|z|}}{|z^k|} = \lim_{z\to 0}|f(z)||z|^{\frac{1}{2}-k} = \infty,$$

wobei für die letzte Gleichheit verwendet wurde, dass $k \geq 1$ und $f(0) \neq 0$ ist. Das steht aber im Widerspruch zum angegebenen Grenzwert.

b Sei

$$A = \begin{pmatrix} 0 & 1 \\ 0 & 0 \end{pmatrix}$$

und $F\colon \mathbb{R}^2 \to \mathbb{R}^2$ die lineare Abbildung mit $F(x) = Ax$. Dann ist $F(0) = 0$ und $DF(0) = A$ hat den doppelten Eigenwert 0, also sind (i) und (ii) erfüllt. Um zu zeigen, dass die Nulllösung nicht stabil ist, berechnet man die Übergangsmatrix der Differentialgleichung

$$\Lambda(t,\tau) = e^{A(t-\tau)} = \begin{pmatrix} 1 & t-\tau \\ 0 & 1 \end{pmatrix}.$$

Aus Satz 7.28 folgt nun wegen $\lim_{t\to\infty}\|\|\Lambda(t,\tau)\|\| = \infty$, dass die Nulllösung nicht stabil ist. (Alternativ berechnet man an dieser Stelle die allgemeine Lösung und zeigt, dass diese betragsmäßig für $t \to \infty$ stets gegen ∞ strebt.)

c Da jede stationäre Lösung auf ganz $\mathbb{R}$ definiert ist, müssen wir in jedem Fall ein Polynom ohne reelle Nullstellen wählen. Wir versuchen unser Glück mit

$$P(y) = 1 + y^2.$$

Sei zusätzlich ein Anfangswert $y(\tau) = \xi$ gegeben. Wir bestimmen die Lösung μ dieses Anfangswertproblems mittels Trennen der Variablen:

$$\int_\xi^{\mu(t)} \frac{1}{1+y^2}\,\mathrm{d}y = \int_\tau^t 1\,\mathrm{d}\tau \quad \Leftrightarrow \quad [\arctan y]_\xi^{\mu(t)} = t - \tau \quad \Leftrightarrow$$

$$\Leftrightarrow \quad \mu(t) = \tan(t + \arctan \xi - \tau).$$

Sei $a = \arctan \xi - \tau$. Dann ist der Definitionsbereich von μ gegeben durch $]-\frac{\pi}{2} - a, \frac{\pi}{2} - a[$ und μ ist wegen $\lim_{t\to\pm\frac{\pi}{2}-a}|\mu(t)| = \infty$ die maximale Lösung des Anfangswertproblems. Da die Voraussetzungen des Globalen Existenz- und Eindeutigkeitssatzes erfüllt sind, ist μ die eindeutige Lösung des angegebenen Anfangswertes. Damit haben wir gezeigt, dass keine Lösung der Differentialgleichung auf ganz $\mathbb{R}$ definiert ist.

Lösungen zu Thema Nr. 2

Lösungsvorschlag zur Aufgabe (Herbst 2018, T2A1)

a Wir zeigen, dass die Folge punktweise gegen die Funktion

$$f\colon \mathbb{R} \to \mathbb{R}, \quad x \mapsto \begin{cases} 0 & |x| < 1, \\ \frac{1}{2} & |x| = 1, \\ 1 & |x| > 1 \end{cases}$$

konvergiert. Für alle $n \in \mathbb{N}$ gilt zunächst $f_n(1) = f_n(-1) = \frac{1}{2}$. Sei nun $x \in \mathbb{R}$. Falls $|x| < 1$, so ist $\lim_{n\to\infty} x^{2n} = 0$ und daher

$$\lim_{n\to\infty} f_n(x) = \frac{\lim_{n\to\infty} x^{2n}}{\lim_{n\to\infty}(1 + x^{2n})} = 0.$$

Falls $|x| > 1$, so ist $\lim_{n\to\infty} x^{2n} = \infty$, also $\lim_{n\to\infty} \frac{1}{x^{2n}} = 0$, und wir erhalten

$$\lim_{n\to\infty} f_n(x) = \frac{1}{\lim_{n\to\infty} \frac{1}{x^{2n}} + 1} = 1.$$

b Würde die Folge gleichmäßig gegen f konvergieren, so wäre f als gleichmäßiger Grenzwert einer Folge stetiger Funktionen ebenfalls stetig. Dies ist aber nicht der Fall.

c Bemerke zunächst, dass die Einschränkung von f auf A mit der Nullfunktion übereinstimmt, also das Unstetigkeitsproblem aus Teil **b** nicht mehr auftritt. Sei $\varepsilon > 0$. Wir müssen ein $N \in \mathbb{N}$ finden, sodass

$$|f_n(x) - 0| = \frac{x^{2n}}{1 + x^{2n}} < \varepsilon \quad \text{für alle } n \geq N, x \in A.$$

Aus $q < 1$ folgt $\lim_{n\to\infty} q^{2n} = 0$, also können wir ein N so wählen, dass $q^{2N} < \varepsilon$ gilt. Dann ist für $n \geq N$ und $x \in A$

$$\frac{x^{2n}}{1 + x^{2n}} < x^{2n} \leq q^{2n} \leq q^{2N} < \varepsilon.$$

Lösungsvorschlag zur Aufgabe (Herbst 2018, T2A2)

a (i) Wir verwenden den Weierstraß'schen M-Test: Es ist für $z \in \mathbb{R} \setminus \{0\}$

$$|f_n(z)| = \left| \frac{z^2}{n^2 z^2 + 8} \right| = \frac{1}{n^2 + \frac{8}{z^2}} \leq \frac{1}{n^2}$$

und die Ungleichung $|f_n(z)| \leq \frac{1}{n^2}$ gilt auch für $z = 0$. Darüber hinaus ist bekannt, dass die Reihe $\sum_{n=1}^{\infty} \frac{1}{n^2}$ konvergiert. Somit konvergiert die angegebene Funktionenreihe absolut und gleichmäßig auf $\mathbb{R}$. Da die einzelnen Summanden der Reihe als rationale Funktionen stetig sind, ist auch der gleichmäßige Limes dieser Folge stetig.

(ii) Sei $N = \{ \frac{i\sqrt{8}}{n} : n \in \mathbb{N} \}$ die Menge der Zahlen, auf denen f nicht definiert ist. Dann ist $U = \mathbb{C} \setminus \overline{N}$.

Beweis (nicht verlangt): Es muss auf jeden Fall $U \subseteq \mathbb{C} \setminus N$ sein und da U offen sein soll, folgt daraus $U \subseteq \mathbb{C} \setminus \overline{N}$. Wir zeigen, dass f tatsächlich auf der Menge $\mathbb{C} \setminus \overline{N}$ holomorph ist. Die einzelnen Summanden $f_n \colon \mathbb{C} \setminus \overline{N} \to \mathbb{C}, z \mapsto \frac{z^2}{n^2 z^2 + 8}$ sind holomorph. Aus (i) folgt, dass die Partialsummen lokal gleichmäßig gegen f konvergieren. Damit ist f als Grenzwert einer lokal gleichmäßig konvergenten Folge holomorpher Funktionen selbst holomorph auf $\mathbb{C} \setminus \overline{N}$.

b Die Funktion f ist als Polynomfunktion ganz. Wir betrachten die Einschränkung auf $\overline{\mathbb{E}} = \{ z \in \mathbb{C} : |z| \leq 1 \}$. Dort ist f stetig und auf $\mathbb{E}$ holomorph. Damit nimmt f auf dem Rand $\partial \mathbb{E}$ ein Maximum an. Sei $z_{max} \in \partial \mathbb{E}$ ein Punkt, in dem dieses angenommen wird. Dann gilt

$$f(z_{max}) \geq f(0) = \prod_{j=1}^{n} |a_j| = 1.$$

Insbesondere erfüllt der Punkt z_{max} die gesuchte Eigenschaft.

Lösungsvorschlag zur Aufgabe (Herbst 2018, T2A3)

a Für $z = x + iy$ mit $|z| = 1$ gilt, dass $x \in [-1, 1]$ und daher

$$|g(z)| = |z e^{a-z}| = |e^{a-z}| = e^{\operatorname{Re}(a-z)} = e^{a-x} > e^0 = 1 = |-1|.$$

Laut dem Satz von Rouché hat die Funktion f damit genauso viele Nullstellen auf $\mathbb{E}$ wie die Funktion g, nämlich eine einfache.

Sei also z_0 die Lösung der angegebenen Gleichung. Dann ist (vgl. die Rechnung in Aufgabe F13T1A2, Seite 360)

$$\overline{z_0} e^{a-\overline{z_0}} = \overline{z_0} e^{\overline{a-z_0}} = \overline{z_0 e^{a-z_0}} = 1,$$

sodass auch $\overline{z_0}$ eine Lösung mit $|\overline{z_0}| = |z_0| < 1$ ist. Da es aber nur eine solche Lösung gibt, folgt hieraus bereits $z_0 = \overline{z_0}$, also ist z_0 reell. Zudem ist $z_0 = 1/e^{a-z_0} > 0$.

b Um das Rezept von Seite 344 anwenden zu können, bemerken wir zunächst, dass der Integrand wegen

$$\frac{1}{3 + 2\cos(\vartheta)} = \frac{1}{3 + 2\cos(-\vartheta)}$$

achsensymmetrisch zur y-Achse ist, sodass

$$\int_0^\pi \frac{1}{3 + \cos\vartheta}\, d\vartheta = \frac{1}{2} \int_{-\pi}^\pi \frac{1}{3 + 2\cos\vartheta}\, d\vartheta$$

gilt. Definiere nun $\gamma\colon [-\pi, \pi] \to \mathbb{C}, t \mapsto e^{it}$. Dann gilt wegen $\cos t = \frac{1}{2}(e^{it} + e^{-it})$, dass

$$\int_{-\pi}^\pi \frac{1}{3 + 2\cos\vartheta}\, d\vartheta = \int_{-\pi}^\pi \frac{1}{3 + e^{it} + e^{-it}} \cdot \frac{ie^{it}}{ie^{it}}\, dt =$$

$$= \int_{-\pi}^\pi \frac{1}{3 + \gamma(t) + \gamma(t)^{-1}} \cdot \frac{\gamma'(t)}{i\gamma(t)}\, dt = \int_\gamma \frac{-i}{3z + z^2 + 1}\, dz.$$

Die Nullstellen des Nenners des Integranden sind

$$z^2 + 3z + 1 = 0 \quad \Leftrightarrow \quad z = \frac{-3 \pm \sqrt{9 - 4}}{2} = \frac{-3 \pm \sqrt{5}}{2}.$$

Nur die Nullstelle $-\frac{3}{2} + \frac{\sqrt{5}}{2}$ liegt im von γ umlaufenen Bereich, das zugehörige Residuum des Integranden (nennen wir ihn f) berechnet sich zu

$$\mathrm{Res}\left(f; -\frac{3}{2} + \frac{\sqrt{5}}{2}\right) = \frac{-i}{2\left(-\frac{3}{2} + \frac{\sqrt{5}}{2}\right) + 3} = \frac{-i}{\sqrt{5}}.$$

Damit erhalten wir unter Verwendung des Residuensatzes tatsächlich

$$\int_0^\pi \frac{1}{3 + 2\cos\vartheta}\, d\vartheta = \frac{1}{2} \cdot 2\pi i \cdot \mathrm{Res}\left(f; -\frac{3}{2} + \frac{\sqrt{5}}{2}\right) = \pi i \cdot \frac{-i}{\sqrt{5}} = \frac{\pi}{\sqrt{5}}.$$

Lösungsvorschlag zur Aufgabe (Herbst 2018, T2A4)

a Für $t \in J$ gilt die Gleichung $\varphi'(t) = f(\varphi(t))$. Schreiben wir zudem $\varphi = (\varphi_1, \ldots, \varphi_n)$, so ist

$$\frac{\mathrm{d}}{\mathrm{d}t} |\varphi(t)|^2 = \frac{\mathrm{d}}{\mathrm{d}t} \langle \varphi(t), \varphi(t) \rangle = \frac{\mathrm{d}}{\mathrm{d}t} \sum_{i=1}^{n} \varphi_i(t) \varphi_i(t) =$$

$$= \sum_{i=1}^{n} 2 \varphi_i'(t) \varphi_i(t) = 2 \langle \varphi'(t), \varphi(t) \rangle = 2 \langle f(\varphi(t)), \varphi(t) \rangle = 0.$$

Damit ist $t \mapsto |\varphi(t)|^2$ und somit auch $t \mapsto |\varphi(t)|$ konstant.

b Da f laut Voraussetzung Lipschitz-stetig ist, erfüllt die Differentialgleichung $x' = f(x)$ die Voraussetzungen des Globalen Existenz- und Eindeutigkeitssatzes. Wir können also annehmen, dass φ die maximale Lösung zu einem gewissen Anfangswert ist.

Wir schreiben $J =]a, b[$. Der Rand des Definitionsbereiches der Differentialgleichung ist gegeben durch $\{0\}$, also liefert der Satz über das Randverhalten maximaler Lösungen, dass im Fall $a \neq \infty$ entweder $\lim_{t \searrow a} |\varphi(t)| = \infty$ oder $\lim_{t \searrow a} |\varphi(t) - (0, \ldots, 0)| = 0$, also $\lim_{t \searrow a} |\varphi(t)| = 0$ gilt. Beides steht jedoch im Widerspruch zu dem Ergebnis aus Teil **a**: Da der Betrag $|\varphi(t)|$ konstant ist, ist dieser sowohl endlich als auch (wegen $\varphi(J) \subseteq \mathbb{R}^n \setminus \{0\}$) nicht-verschwindend. Analog geht man für die obere Grenze b vor.

Lösungsvorschlag zur Aufgabe (Herbst 2018, T2A5)

Damit $(x, y) \in \mathbb{R}^2$ eine Ruhelage des Systems ist, muss aufgrund der ersten Gleichung jedenfalls $y = 0$ gelten. Die zweite liefert sodann

$$-x^3 = 0 \quad \Leftrightarrow \quad x = 0.$$

Daher ist $(0, 0)$ die einzige Ruhelage des Systems.

Wir verwenden den angegebenen Ansatz $V(x, y) = \alpha x^4 + \beta y^2$ und bestimmen geeignete $\alpha, \beta > 0$. Es gilt zunächst $\nabla V(x, y) = (4\alpha x^3, 2\beta y)^T$ und damit

$$\langle \nabla V(x, y), f(x, y) \rangle = \left\langle \begin{pmatrix} 4\alpha x^3 \\ 2\beta y \end{pmatrix}, \begin{pmatrix} y \\ -x^3 - y \end{pmatrix} \right\rangle = 4\alpha x^3 y - 2\beta y x^3 - 2\beta y^2.$$

Wählen wir nun $\beta = 2, \alpha = 1$, so ist die angegebene Ungleichung für alle $(x, y) \in \mathbb{R}^2$ erfüllt. Da V als Polynomfunktion zudem stetig differenzierbar ist, ist V die gesuchte Lyapunov-Funktion. Es gilt nun

$$V(0,0) = 0, \quad V(x,y) = x^4 + 2y^2 > 0 \text{ für } (x,y) \neq (0,0).$$

Damit ist die Nulllösung laut Satz 7.32 stabil.

Lösungen zu Thema Nr. 3

Lösungsvorschlag zur Aufgabe (Herbst 2018, T3A1)

a Es muss $c \neq 0$ gelten und daher finden wir ein $w \in \mathbb{C}$ mit $\exp(w) = c$. Dann gilt

$$f(\mathbb{C}) \subseteq \{w + 2\pi i k : k \in \mathbb{Z}\}.$$

Angenommen, f wäre nicht konstant. Dann wäre $f(\mathbb{C})$ laut dem Satz von der Gebietstreue wiederum ein Gebiet. Dies widerspricht jedoch der Tatsache, dass die Menge $w + 2\pi i \mathbb{Z}$ diskret ist. Also muss f konstant sein.

Alternative: Ableiten der Gleichung ergibt

$$0 = \frac{\mathrm{d}}{\mathrm{d}z}(c) = \frac{\mathrm{d}}{\mathrm{d}z}\left(e^{f(z)}\right) = e^{f(z)} \cdot f'(z).$$

Da die komplexe Exponentialfunktion nicht verschwindet, können wir daraus $f'(z) = 0$ für $z \in \mathbb{C}$ folgern, also ist f konstant.

b Es gilt für $z \in \mathbb{C}$, dass

$$\left|e^{g(z)}\right| = \left|e^{\operatorname{Re} g(z) + i \operatorname{Im} g(z)}\right| = e^{\operatorname{Re} g(z)} \leq e^M.$$

Also ist die ganze Funktion e^g beschränkt und somit laut dem Satz von Liouville konstant. Aus Teil **a** folgt nun, dass g konstant ist.

Lösungsvorschlag zur Aufgabe (Herbst 2018, T3A2)

a Die Abbildung f ist die Einschränkung der Möbiustransformation

$$\widehat{f} \colon \widehat{\mathbb{C}} \to \widehat{\mathbb{C}}, \quad z \mapsto \begin{cases} \frac{3z+1}{z+1}, & z \neq -1, \infty, \\ \infty & z = -1, \\ 3 & z = \infty. \end{cases}$$

Die Abbildung $\widehat{f}$ bildet verallgemeinerte Kreislinien auf verallgemeinerte Kreislinien ab, sodass das Bild von $\partial B_1(0)$ unter $\widehat{f}$ eine Kreislinie oder eine

Gerade ist. Wegen $\widehat{f}(-1) = \infty$ ist Letzteres der Fall. Wegen $\widehat{f}(\pm i) = 2 \pm i$ ist $\widehat{f}(\partial B_1(0))$ die Gerade $x = 2$. Damit ist das Bild von $B_1(0)$ unter f entweder

$$\{z = x + iy \in \mathbb{C} : x < 2\} \quad \text{oder} \quad \{z = x + iy \in \mathbb{C} : x > 2\}.$$

Wegen $f(0) = 1$ ist es letztendlich die linke Menge.

b Wir bestimmen eine Möbiustransformation $g \colon \widehat{\mathbb{C}} \to \widehat{\mathbb{C}}$ mit

$$g(3) = \infty, \quad g(-1) = i, \quad g(1 + 2i) = 0.$$

Diese bildet dann $\partial B_2(1)$ auf die imaginäre Achse ab und (mit etwas Glück) $B_2(1)$ auf G. Die Gleichung von g bestimmt sich durch Lösen der Doppelverhältnisgleichung

$$\frac{z - 3}{z - (1 + 2i)} \cdot \frac{-1 - (1 + 2i)}{-1 - 3} = \frac{g(z) - \infty}{g(z) - 0} \cdot \frac{i - 0}{i - \infty}$$

nach $g(z)$. Man erhält

$$\frac{z - 3}{z - (1 + 2i)} \cdot \frac{i + 1}{2} = \frac{i}{g(z)} \quad \Leftrightarrow \quad g(z) = \frac{z - (1 + 2i)}{z - 3} \cdot (1 + i).$$

Wegen $g(1) = -1 + i$ bildet g die Kreisscheibe $B_2(1)$ auf die linke Halbebene ab. Die gesuchte Abbildung ist damit

$$g \colon B_2(1) \to G, \quad z \mapsto \frac{z - (1 + 2i)}{z - 3} \cdot (1 + i).$$

c Anhand einer Skizze sieht man, dass es sich bei der Definitionsmenge G von h um ein Sterngebiet handelt, da sich jeder Punkt geradlinig mit 0 verbinden lässt. Damit ist G insbesondere einfach zusammenhängend und laut dem Riemannschen Abbildungssatz 6.39 existiert eine biholomorphe Abbildung $h \colon G \to B_1(0)$.

Lösungsvorschlag zur Aufgabe (Herbst 2018, T3A3)

a Sei $(y_1, y_2) \in \mathbb{R}^2$ ein Gleichgewichtspunkt. Dann ist $f(y_1, y_2) = (0, 0)$ und der zweite Eintrag liefert sofort $y_2 = 0$. Die erste Komponente ergibt dann

$$y_1^2 - y_1 - 2 = 0 \quad \Leftrightarrow \quad (y_1 - 2)(y_1 + 1) = 0.$$

Somit sind die Gleichgewichtspunkte gegeben durch $(-1, 0)$ und $(2, 0)$.

b Wir zeigen, dass $\tilde{y}$ asymptotisch stabil ist, falls dies auf y zutrifft. Die

Umkehrung dieser Aussage erhält man dann, indem man das Argument für $c' = -c$ wiederholt.

Stabilität: Sei $I = \,]a, \infty[$ das Definitionsintervall der Lösung y. Dann ist auch $\tilde{y}$ auf I definiert. Seien zudem $\tau > a$ und $\varepsilon > 0$. Laut Voraussetzung gibt es ein $\delta > 0$, sodass für alle $\zeta \in \mathbb{R}^2$ mit $\|\zeta - y(\tau)\| < \delta$ die Lösung λ zum Anfangswert $y(\tau) = \zeta$ auf dem Intervall $[\tau, \infty[$ existiert und die Abschätzung

$$\|\lambda(t) - y(t)\| < \varepsilon$$

für alle $t \geq \tau$ erfüllt. Sei nun $\tilde{\zeta} \in \mathbb{R}^2$ mit $\|\tilde{\zeta} - \tilde{y}(\tau)\| < \delta$. Dann gilt für $\zeta = \tilde{\zeta} + c$ die Abschätzung

$$\|\zeta - y(\tau)\| = \|\tilde{\zeta} + c - \tilde{y}(\tau) - c\| = \|\tilde{\zeta} - \tilde{x}(\tau)\| < \delta,$$

also existiert laut oben eine Lösung λ mit $\lambda(\tau) = \zeta = \tilde{\zeta} + c$, und die zugehörige Funktion $\tilde{\lambda} = \lambda - c$ erfüllt dann $\tilde{\lambda}(\tau) = \tilde{\zeta}$, was zeigt, dass für alle $t \geq \tau$ eine Lösung wie gefordert existiert. Zuletzt bemerken wir, dass

$$\|\tilde{\lambda}(t) - \tilde{y}(t)\| = \|\lambda(t) - y(t)\| < \varepsilon. \tag{2}$$

Attraktivität: Der erste Teil ist ohnehin schon bewiesen, für den Grenzwert beachte, dass die Abschätzung (2) für alle $t \in I$ gültig ist und somit für Lösungen λ, y (und $\tilde{\lambda}, \tilde{y}$) wie oben auch

$$\lim_{t \to \infty} \|\tilde{\lambda}(t) - \tilde{y}(t)\| = \lim_{t \to \infty} \|\lambda(t) - y(t)\| = 0$$

aufgrund der Attraktivität der Lösung y gilt.

[c] Naiv wie immer versuchen wir, zu linearisieren: Es ist

$$Df(y_1, y_2) = \begin{pmatrix} 2y_1 - y_2 - 1 & -y_1 \\ 0 & -2 \end{pmatrix}$$

und dementsprechend

$$Df(-1, 0) = \begin{pmatrix} -3 & 1 \\ 0 & -2 \end{pmatrix} \quad \text{sowie} \quad Df(2, 0) = \begin{pmatrix} 3 & -2 \\ 0 & -2 \end{pmatrix}.$$

Da die beiden Eigenwerte -3 und -2 von $Df(-1, 0)$ beide negativ sind, ist dieser Gleichgewichtspunkt asymptotisch stabil. Für $(2, 0)$ erhalten wir einen positiven Eigenwert, sodass dieser Punkt instabil ist.

Lösungsvorschlag zur Aufgabe (Herbst 2018, T3A4)

a Bei γ handelt es sich um eine Kurve, die beginnend am Punkt $1 + i$ zunächst die Kreislinie um i mit Radius 1 einmal im Uhrzeigersinn, dann die Kreislinie um $-1 + i$ mit Radius 2 viermal gegen den Uhrzeigersinn durchläuft.

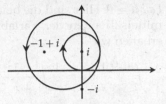

b Dem Hinweis folgend sehen wir $(2 - i)^2 = 3 - 4i$. Bezeichnen wir den Integranden mit f, so lässt sich f für $z \notin \{\pm i, 2 - i\}$ wie folgt umformen:

$$f(z) = \frac{(z - (2 - i)) \cdot e^{iz}}{(z^2 + 1)(z^2 - 3 + 4i)} = \frac{(z - (2 - i))e^{iz}}{(z^2 + 1)(z^2 - (2 - i)^2)} =$$

$$= \frac{(z - (2 - i))e^{iz}}{(z + i)(z - i)(z - (2 - i))(z + (2 - i))} =$$

$$= \frac{e^{iz}}{(z + i)(z - i)(z + (2 - i))}.$$

Die Kurve γ ist nullhomolog in $\mathbb{C}$ und f ist auf seinem Definitionsbereich holomorph. Die Singularität i wird zunächst einmal im Uhrzeigersinn, dann viermal gegen den Uhrzeigersinn umlaufen. Damit bestimmt sich die Umlaufzahl zu $n(\gamma, i) = 3$. Die Singularität $-i$ wird von γ gar nicht umlaufen. Die Singularität $-2 + i$ wird von γ zunächst nicht, dann viermal gegen den Uhrzeigersinn umlaufen, also gilt $n(\gamma, -2 + i) = 4$.

Zur Vorbereitung auf die Anwendung des Residuensatzes bestimmen wir die nötigen Residuen von f. Die Singularitäten von f sind allesamt einfache Polstellen, also erhalten wir

$$\mathrm{Res}\,(f; i) = \frac{e^{-1}}{2i \cdot 2} = \tfrac{1}{4i}e^{-1} = \frac{-ie^{-1}}{4},$$

$$\mathrm{Res}\,(f; -2 + i) = \frac{e^{-2i-1}}{(-2 + 2i) \cdot (-2)} = \frac{e^{-2i-1}}{4(1 - i)}.$$

Mit dem Residuensatz erhalten wir somit

$$\int_{\gamma} f(z)\,\mathrm{d}z = 2\pi i \left(\frac{-3ie^{-1}}{4} + \frac{e^{-2i-1}}{1 - i} \right).$$

Lösungsvorschlag zur Aufgabe (Herbst 2018, T3A5)

Fall $\alpha = 0$: Hier sind die beiden Gleichungen *entkoppelt* und können separat mittels Trennen der Variablen gelöst werden: Für die erste Komponente erhalten wir

$$\int_2^{\mu_1(t)} \frac{1}{y}\, dy = \frac{1}{2} \int_0^t \frac{1}{1+\tau}\, d\tau \quad \Leftrightarrow \quad [\ln y]_2^{\mu_1(t)} = \frac{1}{2} [\ln(1+\tau)]_0^t \quad \Leftrightarrow$$

$$\Leftrightarrow \quad \mu_1(t) = 2e^{\frac{1}{2}\ln(1+t)} = 2\sqrt{1+t}.$$

Für die zweite ergibt sich

$$\int_1^{\mu_2(t)} \frac{1}{y}\, dy = \int_0^t \frac{\tau}{\tau^2-1}\, d\tau \quad \Leftrightarrow \quad [\ln y]_1^{\mu_2(t)} = \frac{1}{2}\left[\ln\left|\tau^2-1\right|\right]_0^t \quad \Leftrightarrow$$

$$\mu_2(t) = \sqrt{|1-t^2|}.$$

Aufgrund des Anfangswertes muss $1 - t^2 > 0$ sein und wir erhalten die Lösung

$$\mu_2\colon\,]{-1},1[\to \mathbb{R}, \quad t \mapsto \sqrt{1-t^2}.$$

Fall $\alpha = 1$: Die Lösung für die erste Gleichung bleibt erhalten. Wir bestimmen eine Lösung λ für die zweite Gleichung mittels Variation der Konstanten, also mittels eines Ansatzes $\lambda(t) = c(t)\mu_2(t)$ für die Lösung μ_2 von oben und einen zu bestimmenden Faktor c. Wir erhalten dann die Gleichung

$$\lambda'(t) = c'(t)\mu_2(t) + c(t)\mu_2'(t) \stackrel{!}{=} \frac{t}{t^2-1}c(t)\mu_2(t) + \mu_1(t).$$

Einsetzen von $\mu_2'(t) = \frac{t}{t^2-1}\mu_2(t)$ ergibt

$$c'(t)\mu_2(t) + \frac{t}{t^2-1}c(t)\mu_2(t) = \frac{t}{t^2-1}c(t)\mu_2(t) + \mu_1(t) \quad \Leftrightarrow$$

$$c'(t)\mu_2(t) = \mu_1(t) \quad \Leftrightarrow \quad \Leftrightarrow \quad c'(t)\sqrt{1-t^2} = 2\sqrt{1+t}$$

$$\Leftrightarrow \quad c'(t) = \frac{2}{\sqrt{1-t}}.$$

Der zugehörige Anfangswert soll $\lambda(0) = 1$, also auch $c(0) = 1$ sein. Durch Integrieren dieser Differentialgleichung erhalten wir

$$c(t) = \int_0^t \frac{2}{\sqrt{1-\tau}}\, d\tau + 1 = \left[-4\sqrt{1-\tau}\right]_0^t + 1 = -4\sqrt{1-t} + 5.$$

Damit ist ein Lösungskandidat gegeben durch

$$\lambda_2(t) = c(t)\mu_2(t) = -4\sqrt{(1-t)(1-t^2)} + 5\sqrt{1-t^2}.$$

Man überprüft nun unmittelbar, dass es sich dabei wirklich um eine Lösung des Anfangswertproblems handelt. Das maximale Definitionsintervall für die Lösung ist weiterhin $]-1, 1[$.

Prüfungstermin: Frühjahr 2019

Thema Nr. 1
(Aufgabengruppe)

Aufgabe 1   → S. 644   (3 + 1 + 2 Punkte)

a Es sei

$$P(z) = 2019z^{2019} + \sum_{k=0}^{2018} a_k z^k,$$

wobei $a_k \in \mathbb{C}, |a_k| < 1$ für alle $k = 0, \ldots, 2018$ gelte. Bestimmen Sie die Anzahl der Nullstellen von P in der offenen Einheitskreisscheibe $\mathbb{D} = \{z \in \mathbb{C} : |z| < 1\}$ (mit Berücksichtigung der Vielfachheiten gezählt).

b Formulieren Sie für den Spezialfall holomorpher Funktionen das *Argumentprinzip* (auch als *Satz vom Nullstellen zählenden Integral* bekannt).

c Es sei P wie in Teil **a** definiert. Zeigen Sie

$$\exp\left(\frac{1}{673} \int_{\partial \mathbb{D}} \frac{P'(z)}{P(z)} \, dz\right) = 1.$$

Hierbei bezeichnet $\partial \mathbb{D}$ die einmal in mathematisch positivem Sinne durchlaufene Einheitskreislinie.

Aufgabe 2   → S. 644   (1 + 2 + 3 Punkte)

a Es sei $(f_n)_n$ eine Folge von Funktionen $f_n \colon \mathbb{R} \to \mathbb{R}$. Formulieren Sie das *Majorantenkriterium von Weierstraß für die gleichmäßige Konvergenz* der Funktionenreihe $\sum_{n=1}^{\infty} f_n$ auf $\mathbb{R}$.

Von nun an sei $f \colon [0, 1] \to \mathbb{R}$ eine stetig differenzierbare Funktion auf dem kompakten Intervall $[0, 1] \subseteq \mathbb{R}$.

b Zeigen Sie, dass f dehnungsbeschränkt (global Lipschitz-stetig) ist, d. h. dass es ein $L > 0$ gibt, sodass $|f(x) - f(y)| \leq L \cdot |x - y|$ für alle $x, y \in [0, 1]$ gilt.

c Zeigen Sie, dass die Funktionenreihe

$$\sum_{n=1}^{\infty} \left[f\left(\frac{1}{n^2 + x^2}\right) - f(0) \right]$$

gleichmäßig auf $\mathbb{R}$ konvergiert (bezüglich x). Begründen Sie, ob die Grenzfunktion stetig ist.

Aufgabe 3   → S. 645   (3 + 3 Punkte)

Beweisen Sie folgende Aussagen:

a Es sei $x_0 \in]-\pi, \pi[$ und $\varphi \colon I_{\max} \to \mathbb{R}$ die maximale Lösung des Anfangswert-problems

$$x' = 1 + \cos(x), \quad x(0) = x_0.$$

Dann ist φ auf ganz $\mathbb{R}$ definiert (also $I_{\max} = \mathbb{R}$) und $\varphi(t) \in]-\pi, \pi[$ für alle $t \in \mathbb{R}$.

b Es sei $f \colon \mathbb{R} \to \mathbb{R}$ lokal Lipschitz-stetig. Dann ist jede nicht-konstante Lösung der autonomen Differentialgleichung $x' = f(x)$ streng monoton.

Aufgabe 4   → S. 646   (3 + 1 + 2 Punkte)

a Zeigen Sie: Das System von Differentialgleichungen

$$x' = y,$$
$$y' = e^{2x}$$

besitzt ein Erstes Integral S, d. h. es gibt eine nicht-konstante Funktion $S \colon \mathbb{R}^2 \to \mathbb{R}$, sodass $t \mapsto S(x(t), y(t))$ für jede Lösung $t \mapsto (x(t), y(t))$ des Differential-gleichungssystems konstant ist.

Leiten Sie hieraus ab, dass jede Lösung des zugehörigen Anfangswertproblems $(x(0), y(0)) = (0, 1)$ die Relation $y(t) = e^{x(t)}$ für alle t aus dem Definitionsbe-reich der Lösung erfüllt.

b Zeigen Sie (z. B. mithilfe von **a**), dass jede Lösung des Anfangswertproblems

$$x'' = e^{2x}, \quad x(0) = 0, \ x'(0) = 1 \tag{1}$$

auch das Anfangswertproblem

$$x' = e^x, \quad x(0) = 0$$

löst.

c Bestimmen Sie (z. B. mithilfe von **b**) die maximale Lösung des Anfangswert-problems (1).

Hinweis Geben Sie auch das maximale Definitionsintervall an.

Hinweis Die Existenz der maximalen Lösungen der in dieser Aufgabe betrachteten Anfangswertprobleme muss nicht begründet werden.

Aufgabe 5 → S. 647 (2 + 2 + 2 Punkte)

a Es sei $f \colon \mathbb{C} \setminus \{0\} \to \mathbb{C}$ eine holomorphe Funktion mit $f(\frac{1}{n}) = n$ für alle $n \in \mathbb{N}$. Welchen Konvergenzradius hat die Potenzreihenentwicklung von f um $z_0 = 1 + i$? Begründen Sie kurz Ihre Antwort.

b Es sei $G \neq \mathbb{C}$ ein einfach zusammenhängendes Gebiet, und es seien $a, b \in G$ mit $a \neq b$. Zeigen Sie, dass es eine biholomorphe (d. h. konforme und surjektive) Abbildung $f \colon G \to G$ von G auf sich selbst mit $f(a) = b$ gibt.

c Wie in Aufgabe 1 sei $\mathbb{D}$ die offene Einheitskreisscheibe in $\mathbb{C}$. Zeigen Sie, dass es keine holomorphe Funktion $f \colon \mathbb{C} \to \mathbb{C}$ mit

$$f(\partial \mathbb{D}) = \partial \mathbb{D} \quad \text{und} \quad f(z) \neq 0 \text{ für alle } z \in \mathbb{C}$$

gibt.

Thema Nr. 2
(Aufgabengruppe)

Aufgabe 1 → S. 648 (5 + 1 Punkte)

Es sei $f \colon \mathbb{C} \setminus \{-i, i, 0\} \to \mathbb{C}$ gegeben durch $z \mapsto \frac{1}{z} + \exp\left(\frac{z-i}{z^2+1}\right)$.

a Bestimmen Sie den Typ der isolierten Singularität von f bei $i, 0$ und $-i$ und berechnen Sie die Residuen $\operatorname{Res}(f; i), \operatorname{Res}(f; 0)$ und $\operatorname{Res}(f; -i)$ von f bei $i, 0$ und $-i$.

b Weiter sei $\gamma \colon [0, 2\pi] \to \mathbb{C} \setminus \{-i, i, 0\}, t \mapsto 2e^{-2it}$. Berechnen Sie $\int_\gamma f(z)\,\mathrm{d}z$.

Aufgabe 2 → S. 649 (3 + 1 + 2 Punkte)

Es sei $\mathbb{E} = \{z \in \mathbb{C} : |z| < 1\}$ und $f \colon \mathbb{C} \to \mathbb{C}$ mit $z \mapsto 4z + z^2 + e^z$.

a Zeigen Sie, dass f in $\{z \in \mathbb{C} : |z| \leq 1\}$ genau eine einfache Nullstelle besitzt.

b Zeigen Sie, dass es für $f_{|\mathbb{E}} \colon \mathbb{E} \to \mathbb{C}$ keinen holomorphen Logarithmuszweig – also kein holomorphes $l \colon \mathbb{E} \to \mathbb{C}$ mit $e^{l(z)} = f(z)$ für alle $z \in \mathbb{E}$ – gibt.

c Zeigen Sie, dass es für $f_{|\mathbb{E}}$ keinen holomorphen Zweig der dritten Wurzel – also kein holomorphes $w \colon \mathbb{E} \to \mathbb{C}$ mit $(w(z))^3 = f(z)$ für $z \in \mathbb{E}$ – gibt.

Aufgabe 3 → S. 650 (3 + 3 + 1 Punkte)

Es sei $A := \begin{pmatrix} -2 & -1 \\ 1 & 0 \end{pmatrix}$ und $g \colon \mathbb{R} \to \mathbb{R}^2$ mit $t \mapsto \begin{pmatrix} -t \\ t \end{pmatrix}$.

a Bestimmen Sie die Fundamentalmatrix e^{At} zu $x' = Ax$.

b Bestimmen Sie die maximale Lösung von

$$x' = Ax + g(t), \quad x(1) = \begin{pmatrix} 0 \\ 1 \end{pmatrix}.$$

c Zeigen Sie, dass die in **b** bestimmte Lösung von $x' = Ax + g(t)$ asymptotisch stabil ist.

Aufgabe 4 → S. 651 (1 + 3 + 2 Punkte)

a Zeigen Sie, dass für jedes $\zeta > -1$ das Anfangswertproblem

$$x' = \frac{1}{x + t} - 1, \quad x(1) = \zeta \tag{2}$$

eine eindeutige maximale Lösung $\lambda_\zeta \colon I_\zeta \to \mathbb{R}$ besitzt.

b Bestimmen Sie für $\zeta > -1$ die maximale Lösung λ_ζ von (2). Geben Sie auch deren Definitionsbereich I_ζ (mit Begründung) explizit an.
Hinweis Die Substitution $y(t) = x(t) + t$ kann hier helfen.

c Zeigen Sie, dass $\lambda_0 \colon I_0 \to \mathbb{R}$ eine asymptotisch stabile Lösung von $x' = \frac{1}{x+t} - 1$ ist.

Aufgabe 5 → S. 652 (2 + 4 Punkte)

a Gegeben sei die Menge $\Delta := \{(x,y) \in \mathbb{R}^2 : 0 \le 2|y| \le x \le 6\}$. Skizzieren Sie diese Menge in einem kartesischen Koordinatensystem und berechnen Sie den Wert des Integrals $\iint_\Delta (x - y)^2 \, dx \, dy$.

b Gegeben sei die Funktion $f \colon D \to \mathbb{C}, z \mapsto \frac{1}{1+z^3}$ mit Definitionsbereich $D := \{z \in \mathbb{C} : |z| > 1\}$. Berechnen Sie den Wert des Integrals $\int_\gamma f(z) \, dz$ mit $\gamma \colon [-\pi, \pi] \to \mathbb{C}, t \mapsto 2e^{it}$. Entscheiden Sie mit Begründung, ob f eine holomorphe Stammfunktion auf D besitzt.

Thema Nr. 3
(Aufgabengruppe)

Aufgabe 1   → S. 654   (2 + 2 + 2 Punkte)

Sei $n \geq 1$ eine natürliche Zahl.

a Bestimmen Sie für die Funktion $f \colon \mathbb{C} \to \mathbb{C}$,

$$f(z) = z^n - 1 \quad \text{für alle } z \in \mathbb{C},$$

alle Nullstellen mit strikt positivem Realteil.

b Sei $z \in \mathbb{C}$ eine der Nullstellen mit $\operatorname{Re} z > 0$ aus Teilaufgabe **a**. Zeigen Sie, dass $w = z + z^{n-1}$ eine reelle Zahl echt größer null ist.

c Sei $n = 5$ und $w > 0$ eine der positiven reellen Zahlen aus Teilaufgabe **b**. Nehmen Sie $w \neq 2$ an und zeigen Sie, dass

$$w^2 + w - 1 = 0$$

gilt. Bestimmen Sie den Winkel $\alpha \in \left]0, \pi\right[$ mit $w = 2\cos\alpha$.

Aufgabe 2   → S. 654   (3 + 2 + 1 Punkte)

a Seien $(a_k)_{k\geq 1}$ und $(b_k)_{k\geq 1}$ Folgen reeller Zahlen mit $\sum_{k=1}^{\infty} a_k^2 < \infty$ und $\sum_{k=1}^{\infty} b_k^2 < \infty$. Beweisen Sie mithilfe der Cauchy-Schwarz-Ungleichung und der Dreiecks-Ungleichung im $\mathbb{R}^n$, dass die Reihe $\sum_{k=1}^{\infty} a_k b_k$ absolut konvergiert und folgende Abschätzung erfüllt:

$$\left| \sum_{k=1}^{\infty} a_k b_k \right| \leq \left(\sum_{k=1}^{\infty} a_k^2 \right)^{\frac{1}{2}} \left(\sum_{k=1}^{\infty} b_k^2 \right)^{\frac{1}{2}}.$$

b Beweisen Sie, dass für alle $n \geq 2$ gilt

$$\sum_{k=1}^{n} \frac{1}{k^2} \leq 1 + \sum_{k=1}^{n-1} \frac{1}{k(k+1)} = 2 - \frac{1}{n}.$$

c Sei $(c_k)_{k\geq 1}$ eine Folge reeller Zahlen mit $\sum_{k=1}^{\infty} k^2 c_k^2 < \infty$. Beweisen Sie, dass die Reihe $\sum_{k=1}^{\infty} c_k$ absolut konvergiert und folgende Abschätzung erfüllt:

$$\left| \sum_{k=1}^{\infty} c_k \right| \leq \sqrt{2} \left(\sum_{k=1}^{\infty} k^2 c_k^2 \right)^{\frac{1}{2}}.$$

Aufgabe 3   → S. 656   (1 + 5 Punkte)

a Erstellen Sie eine beschriftete Skizze der Menge

$$M = \{(x_1, x_2) : x_1 x_2 = 1\}.$$

b Sei $w = (w_1, w_2) \in \mathbb{R}^2$ mit $w_2 > 0$. Bestimmen Sie in Abhängigkeit von w alle lokalen Extremstellen der linearen Funktion $f : \mathbb{R}^2 \to \mathbb{R}$,

$$f(x) = w_1 x_1 + w_2 x_2 \quad \text{für alle } x \in \mathbb{R}^2,$$

unter der Nebenbedingung, dass $x_1 x_2 = 1$ gilt. Diskutieren Sie, ob es sich bei den lokalen Extremstellen jeweils um ein lokales/ globales Maximum/ Minimum handelt.

Aufgabe 4   → S. 657   (1 + 2 + 1 + 2 Punkte)

Gegeben ist die Funktion $f : \mathbb{C} \to \mathbb{C}$ mit

$$f(z) = (z^2 + 4\pi^2) \sin z \quad \text{für alle } z \in \mathbb{C}.$$

a Bestimmen Sie alle Nullstellen von f.

b Berechnen Sie für alle reell ganzzahligen Vielfachen von π das Residuum von $1/f$.

c Erstellen Sie eine beschriftete Skizze der Menge

$$M = \{t - i \cos t \mid t \in [-\pi, \pi]\} \cup \{z \in \mathbb{C} \mid \operatorname{Im} z \geq 1, |z - i| = \pi\}$$

und bestimmen Sie einen geschlossenen Weg Γ, sodass M das Bild von Γ ist.

d Berechnen Sie das Wegintegral

$$\int_\Gamma \frac{dz}{f(z)}.$$

Aufgabe 5   → S. 658   (3 + 3 Punkte)

a Bestimmen Sie die allgemeine reellwertige Lösung der homogenen Differentialgleichung

$$y^{(4)}(x) + y^{(2)}(x) = 0, \quad x \in \mathbb{R},$$

wobei $y^{(k)}$ die k-te Ableitung von y bezeichnet.

b Bestimmen Sie die allgemeine reellwertige Lösung der inhomogenen Differentialgleichung

$$y^{(4)}(x) + y^{(2)}(x) = 12x + 20 \exp(2x), \quad x \in \mathbb{R}.$$

Lösungen zu Thema Nr. 1

Lösungsvorschlag zur Aufgabe (Frühjahr 2019, T1A1)

a Sei $g\colon \mathbb{C} \to \mathbb{C}, z \mapsto \sum_{k=0}^{2018} a_k z^k$. Dann gilt für $z \in \partial\mathbb{D}$ die Abschätzung

$$|g(z)| = \left| \sum_{k=0}^{2018} a_k z^k \right| \le \sum_{k=0}^{2018} |a_k| |z|^k < 2019 = 2019 |z|^{2019}.$$

Daher hat die Funktion P laut dem Satz von Rouché 6.36 in $\mathbb{D}$ genauso viele Nullstellen wie die Funktion $z \mapsto 2019 z^{2019}$, nämlich 2019.

b Sei G ein einfach zusammenhängendes Gebiet, $f\colon G \to \mathbb{C}$ eine holomorphe Funktion und γ eine geschlossene Kurve, die jede Nullstelle von f genau einmal umläuft. Dann ist

$$\frac{1}{2\pi i} \int_\gamma \frac{f'(z)}{f(z)} \, dz$$

gleich der Anzahl der Nullstellen von f (mit Vielfachheiten gezählt).

c Die Funktion $P\colon \mathbb{C} \to \mathbb{C}$ ist als Polynomfunktion holomorph und hat exakt 2019 Nullstellen, die laut Teil **a** allesamt in $\mathbb{D}$ liegen. Sei γ eine Kurve, die $\partial\mathbb{D}$ einmal im positiven Sinne durchläuft. Dann umläuft γ alle Nullstellen von P. Da zudem $\mathbb{C}$ einfach zusammenhängend ist, können wir das Argumentprinzip anwenden und erhalten

$$\int_\gamma \frac{P'(z)}{P(z)} \, dz = 2\pi i \cdot 2019.$$

Damit ist

$$\exp\left(\frac{1}{673} \int_{\partial\mathbb{D}} \frac{P'(z)}{P(z)} \, dz \right) = \exp\left(\frac{2\pi i \cdot 2019}{673} \right) = \exp(6\pi i) = 1.$$

Lösungsvorschlag zur Aufgabe (Frühjahr 2019, T1A2)

a Siehe Satz 6.11.

b Da f nach Voraussetzung stetig differenzierbar ist, nimmt die stetige Funktion $|f'|$ laut dem Maximumsprinzip auf der kompakten Menge $[0,1]$ ein Maximum L an. Seien nun $x, y \in [0,1]$ mit $x < y$ vorgegeben. Laut dem Mittelwertsatz existiert ein $x \le \tilde{x} \le y$, sodass

$$\left| \frac{f(x) - f(y)}{x - y} \right| = |f'(\tilde{x})| \le L.$$

Damit haben wir für alle $x, y \in [0,1]$ gezeigt, dass $|f(x) - f(y)| \le L \cdot |x - y|$ gilt (für $x = y$ ist sie trivialerweise erfüllt).

[c] Wir wenden das Weierstraß'sche Majorantenkriterium an. Sei $n \in \mathbb{N}$. Dann ist für $x \in [0,1]$ und das L aus [b]

$$\left| f\left(\frac{1}{n^2 + x^2} \right) - f(0) \right| \le \frac{L}{n^2 + x^2} \le \frac{L}{n^2}.$$

Zudem ist die Reihe $\sum_{n=1}^{\infty} \frac{L}{n^2}$ konvergent, also konvergiert die Funktionenreihe absolut und gleichmäßig auf $[0,1]$. Da für jedes $n \in \mathbb{N}$ die Funktion $x \mapsto f(\frac{1}{n^2+x^2}) - f(0)$ stetig ist, ist auch der Grenzwert der Reihe stetig.

Lösungsvorschlag zur Aufgabe (Frühjahr 2019, T1A3)

[a] Die rechte Seite der Differentialgleichung ist stetig und stetig partiell nach x differenzierbar, sodass die Voraussetzungen des Globalen Existenz- und Eindeutigkeitssatzes auf dem Definitionsbereich $D = \mathbb{R}^2$ erfüllt sind.

Wegen $\partial D = \varnothing$ muss entweder $I_{max} = \mathbb{R}$ gelten oder im Fall $I =]a, b[$ muss $\lim_{t \nearrow b} \varphi(t) = \pm\infty$ und analog für a gelten. Wir zeigen also zunächst, dass $\varphi(t) \in]-\pi, \pi[$ für alle $t \in I_{max}$ gilt. Angenommen, es gibt ein $t_0 \in I_{max}$ mit $\varphi(t_0) > \pi$. Aufgrund der Stetigkeit von φ existiert dann aber auch ein $t_0 \in I_{max}$ mit $\varphi(t_0) = \pi$. Die Funktion $c(t) = \pi$ ist jedoch eine konstante Lösung der Differentialgleichung. Damit hätte das Anfangswertproblem

$$x' = 1 + \cos x, \quad x(t_0) = \pi$$

zwei verschiedene Lösungen, was dem Globalen Existenz- und Eindeutigkeitssatz widerspricht. Damit ist $\varphi(t) < \pi$ für alle $t \in I_{max}$. Ganz analog begründet man $\varphi(t) > -\pi$ für $t \in I_{max}$.

Da somit aber die Lösung φ auf dem ganzen Definitionsintervall beschränkt ist, muss $I_{max} = \mathbb{R}$ gelten.

Anmerkung: Alternativ kann man den Existenz- und Eindeutigkeitssatz für Differentialgleichungen mit linear beschränkter rechter Seite anwenden.

b Die Bedingungen des Globalen Existenz- und Eindeutigkeitssatzes sind erfüllt. Sei $\varphi \colon I \to \mathbb{R}$ eine Lösung der Differentialgleichung mit Definitionsintervall I. Da φ nicht konstant ist, gibt es ein $\tau \in I$ mit $\varphi'(\tau) \neq 0$. Wir betrachten zunächst den Fall $f(\tau) = \varphi'(\tau) > 0$. Angenommen, φ ist nicht streng monoton, d. h. es gibt ein $t_1 \in I$ mit $\varphi'(t_1) \leq 0$. Dann existiert aufgrund der Stetigkeit von φ ein $t_0 \in I$ mit $f(\varphi(t_0)) = \varphi'(t_0) = 0$. Sei $\zeta = \varphi(t_0)$. In diesem Fall wäre aber die konstante Funktion $c(t) = \zeta$ eine Lösung des Anfangswertproblems

$$x' = f(x), \quad x(t_0) = \zeta$$

im Widerspruch zum Globalen Existenz- und Eindeutigkeitssatz. Also ist in diesem Fall $\varphi'(t) > 0$ für alle $t \in I$. Analog zeigt man $\varphi'(t) < 0$ für alle $t \in I$, falls $\varphi'(\tau) < 0$.

Lösungsvorschlag zur Aufgabe (Frühjahr 2019, T1A4)

a Durch eine Überprüfung der Integrabilitätsbedingung 7.24 sieht man unmittelbar, dass das System hamiltonsch ist. Eine zugehörige Hamiltonfunktion S berechnet sich mittels doppelter Integration zu

$$S(x,y) = \int_0^x -e^{2\tilde{x}} \, d\tilde{x} + S(0,y) = -\tfrac{1}{2}e^{2x} + S(0,y),$$

$$S(x,y) = \int_0^y \tilde{y} \, d\tilde{y} + S(x,0) = \tfrac{1}{2}y^2 + S(x,0).$$

Somit setzen wir $S(x,y) = \tfrac{1}{2}y^2 - \tfrac{1}{2}e^{2x}$ (dabei haben wir $S(0,0) = 0$ gewählt). Sei $t \mapsto (x(t), y(t))$ eine Lösung der Differentialgleichung mit Definitionsbereich I. Dann erhalten wir

$$\frac{d}{dt}S(x(t),y(t)) = \frac{d}{dt}\left(\tfrac{1}{2}y(t)^2 - \tfrac{1}{2}e^{2x(t)}\right) = y(t)y'(t) - e^{2x(t)}x'(t) =$$
$$= y(t)e^{2x(t)} - e^{2x(t)}y(t) = 0.$$

Also ist S ein Erstes Integral. Für $t \in I$ gilt folglich

$$S(x(t),y(t)) = S(0,1) \quad \Leftrightarrow \quad \tfrac{1}{2}y(t)^2 - \tfrac{1}{2}e^{2x(t)} = 0 \quad \Leftrightarrow \quad y(t)^2 = e^{2x(t)}.$$

Damit ist $y(t) = \pm e^{x(t)}$ für alle $t \in I$. Wegen $y(0) = 1$ kommt aus Stetigkeitsgründen nur die positive Lösung infrage.

b Sei $x\colon J \to \mathbb{R}$ eine Lösung von (1). Dann löst das Paar (x, x') das zugehörige Anfangswertproblem

$$x' = y, \quad y' = e^{2x}, \qquad (x(0), y(0)) = (0, 1).$$

Laut Teil **a** wissen wir, dass eine solche Lösung neben dem Anfangswert $x(0) = 0$ auch die Relation

$$x' = e^x$$

erfüllt, also eine Lösung des Anfangswertproblems aus der Angabe ist.

c Wir lösen die Differentialgleichung aus Teil **b** durch Trennen der Variablen:

$$\int_0^{\lambda(t)} e^{-x}\, \mathrm{d}x = \int_0^t 1\, \mathrm{d}\tau \quad \Leftrightarrow \quad \left[-e^{-x}\right]_0^{\lambda(t)} = t \quad \Leftrightarrow \quad -e^{-\lambda(t)} + 1 = t$$

$$\Leftrightarrow \quad \lambda(t) = -\ln(1 - t).$$

Diese Funktion löst tatsächlich das Anfangswertproblem (1). Das Definitionsintervall von λ ist $]-\infty, 1[$. Wegen $\lim_{t \nearrow 1} \lambda(t) = \infty$ ist dies das maximale Definitionsintervall.

Lösungsvorschlag zur Aufgabe (Frühjahr 2019, T1A5)

a Es ist $|z_0 - 0| = |1 + i| = \sqrt{2}$. Daher ist $0 \notin B_{\sqrt{2}}(z_0)$ und die Funktion f ist auf der offenen Kreisscheibe $B_{\sqrt{2}}(z_0)$ holomorph, sodass der gesuchte Konvergenzradius ϱ mindestens $\sqrt{2}$ ist. Wäre $\varrho > \sqrt{2}$, so ließe sich f im Punkt 0 holomorph fortsetzen. Wegen

$$\lim_{n \to \infty} f\left(\frac{1}{n}\right) = \lim_{n \to \infty} n = \infty$$

ist f jedoch in keiner Umgebung der 0 beschränkt, sodass f laut dem Riemann'schen Hebbarkeitssatz 6.15 nicht holomorph fortsetzbar ist. Damit ist $\varrho = \sqrt{2}$.

b Laut dem Riemann'schen Abbildungssatz 6.39 gibt es eine biholomorphe Abbildung $g\colon G \to \mathbb{D}$, wobei $\mathbb{D}$ die Einheitskreisscheibe bezeichnet. Für $c \in \mathbb{D}$ betrachten wir die Funktion

$$\varphi_c \colon \mathbb{D} \to \mathbb{D}, \quad z \mapsto \frac{z - c}{\bar{c}z - 1}.$$

Diese ist biholomorph, selbstinvers und erfüllt $\varphi_c(c) = 0$. Wir setzen $f = g^{-1} \circ \varphi_{g(b)} \circ \varphi_{g(a)} \circ g$. Dies ist eine biholomorphe Abbildung $G \to G$.

Außerdem ist

$$f(a) = \left(g^{-1} \circ \varphi_{g(b)} \circ \varphi_{g(a)}\right)(g(a)) = \left(g^{-1} \circ \varphi_{g(b)}\right)(0) = g^{-1}(g(b)) = b.$$

Damit besitzt f die gewünschten Eigenschaften.

c Angenommen, es gibt eine solche Funktion f. Dann sind sowohl f als auch $\frac{1}{f}$ ganze Funktionen. Laut dem Maximumprinzip für beschränkte Gebiete nehmen $f_{|\overline{\mathbb{D}}}$ und $\frac{1}{f}_{|\overline{\mathbb{D}}}$ ihr Maximum auf $\partial\mathbb{D}$ an, d.h. es gibt $\zeta_1, \zeta_2 \in \partial\mathbb{D}$, sodass

$$|f(z)| \leq |f(\zeta_1)| \quad \text{und} \quad \left|\frac{1}{f(z)}\right| \leq |f(\zeta_2)| \quad \Leftrightarrow \quad |f(z)| \geq \left|\frac{1}{f(\zeta_2)}\right|$$

für alle $z \in \mathbb{D}$ gilt. Nun gilt laut Annahme $|f(\zeta)| = 1$ für $\zeta \in \partial\mathbb{D}$, also liefern die beiden Ungleichungen zusammen $|f(z)| = 1$ für $z \in \overline{\mathbb{D}}$. Damit ist jeder Punkt von $\overline{\mathbb{D}}$ ein lokales Maximum von f und f muss laut dem Maximumsprinzip konstant auf $\mathbb{D}$ sein. Laut dem Identitätssatz ist f dann sogar konstant auf ganz $\mathbb{C}$ – das steht jedoch im Widerspruch zu $f(\partial\mathbb{D}) = \partial\mathbb{D}$.

Lösungen zu Thema Nr. 2

Lösungsvorschlag zur Aufgabe (Frühjahr 2019, T2A1)

a Es gilt für $z \notin \{\pm i, 0\}$, dass

$$f(z) = \frac{1}{z} + \exp\left(\frac{z-i}{z^2+1}\right) = \frac{1}{z} + \exp\left(\frac{1}{z+i}\right).$$

Wir erhalten somit

$$\lim_{z \to i} f(z) = -i + \exp\left(\frac{1}{2i}\right) = -i + \exp\left(-\frac{1}{2}i\right).$$

Insbesondere ist i eine hebbare Singularität von f und $\mathrm{Res}\,(f; i) = 0$.
Aus $\lim_{z \to 0} |f(z)| = \infty$ und

$$\lim_{z \to 0} z f(z) = 1 + z \exp\left(\frac{z-i}{z^2+1}\right) = 1$$

folgt, dass 0 eine Polstelle erster Ordnung ist. Der Grenzwert stimmt dann auch mit dem Residuum überein, also ist $\mathrm{Res}\,(f; 0) = 1$.

Zuletzt bestimmen wir die Laurentreihenentwicklung von f in einer punktierten Umgebung von $-i$ mithilfe der geometrischen Reihe und der Reihenentwicklung der Exponentialfunktion:

$$f(z) = \frac{1}{(z+i)-i} + \exp((z+i)^{-1}) = -\frac{1}{i} \cdot \frac{1}{1 - \frac{(z+i)}{i}} + \sum_{k=0}^{\infty} \frac{(z+i)^{-k}}{k!}$$

$$= -\frac{1}{i} \sum_{k=0}^{\infty} \left(\frac{(z+i)}{i} \right)^k + \sum_{k=0}^{\infty} \frac{(z+i)^{-k}}{k!}.$$

Wir sehen, dass der Hauptteil dieser Reihe nicht abbricht, sodass $-i$ eine wesentliche Singularität von f ist. Hier lesen wir das Residuum einfach an der Reihendarstellung ab: Der Koeffizient vor $(z+i)^{-1}$ ist $\frac{1}{1!} = 1$, also Res $(f; -i) = 1$.

b Wir berechnen den Wert des Integrals mithilfe des Residuensatzes: γ ist nullhomolog in $\mathbb{C}$ und durchläuft die Kreislinie um 0 mit Radius 2 zweimal im negativen Sinne. Also ist die Umlaufzahl aller Singularitäten -2. Wir erhalten daher

$$\int_\gamma f(z)\, dz = 2\pi i \cdot (\mathrm{n}(\gamma, 0)\, \mathrm{Res}\,(f; 0) + \mathrm{n}(\gamma, -i)\, \mathrm{Res}\,(f; -i)) =$$

$$= 2\pi i \cdot (-2 - 2) = -8\pi i.$$

Lösungsvorschlag zur Aufgabe (Frühjahr 2019, T2A2)

a Wir wenden den Satz von Rouché an: Sei $z = x + iy \in \partial \mathbb{E}$, dann ist $x \in [-1, 1]$ und aufgrund der Monotonie der reellen Exponentialfunktion erhalten wir

$$|z^2 + e^z| \le |z|^2 + |e^z| = 1 + e^x \le 1 + e < 4 = |4z|.$$

Damit hat f auf $\mathbb{E}$ genauso viele Nullstellen wie $z \mapsto 4z$, also lediglich eine einfache. Zudem hat f auf $\partial \mathbb{E}$ keine Nullstelle, woraus die Behauptung folgt.

b Sei $z_0 \in \mathbb{E}$ die einfache Nullstelle der Funktion f aus Teil **a**. Angenommen, es gäbe einen Logarithmuszweig l. Dann wäre

$$e^{l(z_0)} = f(z_0) = 0,$$

was wegen $\exp(\mathbb{C}) = \mathbb{C} \setminus \{0\}$ unmöglich ist.

c Angenommen, ein solches w existiert. Dann ist $w(z_0) = 0$ (andernfalls wäre $f(z_0) = w(z_0)^3 \neq 0$). Jedoch ist dann

$$f'(z_0) = 3(w(z_0))^2 \cdot w'(z_0) = 0,$$

sodass z_0 mindestens eine doppelte Nullstelle von f wäre – Widerspruch zu Teil **a**.

Lösungsvorschlag zur Aufgabe (Frühjahr 2019, T2A3)

a Wir berechnen das charakteristische Polynom von A und die zugehörigen (verallgemeinerten) Eigenräume zu

$$\chi_A = (X+1)^2, \qquad \mathrm{Eig}(A,-1) = \left\langle \begin{pmatrix} 1 \\ -1 \end{pmatrix} \right\rangle, \qquad \mathrm{Eig}_2(A,-1) = \mathbb{R}^2.$$

Mit $v = (1,0) \in \mathrm{Eig}_2(A,-1) \setminus \mathrm{Eig}(A,-1)$ erhalten wir $Av = (-1,1)$ und somit

$$\begin{pmatrix} -1 & 1 \\ 0 & -1 \end{pmatrix} = T^{-1}AT \quad \text{für} \quad T = \begin{pmatrix} -1 & 1 \\ 1 & 0 \end{pmatrix}.$$

Wir erhalten damit insgesamt:

$$e^{At} = T e^{\begin{pmatrix} -1 & 1 \\ 0 & -1 \end{pmatrix}t} T^{-1} = T \begin{pmatrix} e^{-t} & te^{-t} \\ 0 & e^{-t} \end{pmatrix} T^{-1} = \begin{pmatrix} (1-t)e^{-t} & -te^{-t} \\ te^{-t} & (t+1)e^{-t} \end{pmatrix}$$

b Mit der Formel aus der Variation der Konstanten erhalten wir die Lösung

$$\mu(t) = e^{At} \left[e^{-A} \begin{pmatrix} 0 \\ 1 \end{pmatrix} + \int_1^t e^{-As} g(s) \, ds \right].$$

Wir berechnen zunächst das Integral mittels partieller Integration:

$$\int_1^t \begin{pmatrix} (1+s)e^s & se^s \\ -se^s & (-s+1)e^s \end{pmatrix} \begin{pmatrix} -s \\ s \end{pmatrix} ds = \int_1^t \begin{pmatrix} -se^s \\ se^s \end{pmatrix} ds = \begin{pmatrix} (1-t)e^t \\ (t-1)e^t \end{pmatrix}.$$

Damit erhalten wir

$$\mu(t) = \begin{pmatrix} (1-t)e^{-t} & -te^{-t} \\ te^{-t} & (t+1)e^{-t} \end{pmatrix} \left[\begin{pmatrix} 2e & e \\ -e & 0 \end{pmatrix} \begin{pmatrix} 0 \\ 1 \end{pmatrix} + \begin{pmatrix} (1-t)e^t \\ (t-1)e^t \end{pmatrix} \right] =$$

$$= \begin{pmatrix} (1-t)e^{-t} & -te^{-t} \\ te^{-t} & (t+1)e^{-t} \end{pmatrix} \begin{pmatrix} (1-t)e^t + e \\ (t-1)e^t \end{pmatrix} = \begin{pmatrix} (1-t)(e^{1-t}+1) \\ te^{1-t} + t - 1 \end{pmatrix}$$

Man überprüft unmittelbar, dass diese Funktion wirklich die Differentialgleichung löst. Das Definitionsintervall dieser Lösung ist $\mathbb{R}$, sodass es sich dabei um die maximale Lösung handelt.

c Da alle Eigenwerte von A negativen Realteil haben, ist die Nulllösung des Systems $x' = Ax$ asymptotisch stabil, und somit auch die in Teil **b** bestimmte Lösung des inhomogenen Systems (vgl. Sätze 7.27 und 7.29).

Lösungsvorschlag zur Aufgabe (Frühjahr 2019, T2A4)

a Die Funktion $f(t, x) = \frac{1}{x+t} - 1$ ist stetig und wegen

$$\partial_x f(t, x) = -\frac{1}{(x+t)^2}$$

auf dem Gebiet $D = \{(t, x) : x > -t\} \subseteq \mathbb{R}^2$ nach x stetig differenzierbar, also lokal Lipschitz-stetig, außerdem ist $(1, \xi) \in D$. Damit sind die Voraussetzungen des Globalen Existenz- und Eindeutigkeitssatzes erfüllt. Aus diesem folgt, dass es wie gewünscht eine eindeutige maximale Lösung λ_ξ gibt.

b Wir führen die Substitution aus dem Hinweis durch und erhalten das neue Anfangswertproblem

$$y'(t) = x'(t) + 1 = \frac{1}{x(t) + t} = \frac{1}{y(t)}, \quad y(1) = x(1) + 1 = \xi + 1.$$

Dieses lösen wir mittels Trennen der Variablen:

$$\int_{\xi+1}^{\mu(t)} y \, dy = \int_1^t 1 \, d\tau \quad \Leftrightarrow \quad \left[\tfrac{1}{2}y^2\right]_{\xi+1}^{\mu(t)} = [\tau]_1^t \quad \Leftrightarrow$$

$$\mu(t) = \pm\sqrt{2(t-1) + (\xi+1)^2}$$

Einsetzen des Anfangswertes zeigt, dass nur die positive Lösung infrage kommt. Rücksubstitution ergibt

$$\lambda_\xi(t) = \mu(t) - t = \sqrt{2(t-1) + (\xi+1)^2} - t.$$

Man überprüft, dass diese Funktion das Anfangwertproblem löst. Wir behaupten $I_\xi =]a_\xi, \infty[$ für $a_\xi = 1 - \tfrac{1}{2}(\xi+1)^2$. Tatsächlich ist auf dieser Menge die Funktion λ_ξ definiert und wegen $\lim_{t \searrow a_\xi} x'(t) = \infty$ lässt sich diese nicht weiter stetig differenzierbar fortsetzen.

[c] Aus Teil [b] wissen wir

$$\lambda_0 \colon]a_0, \infty[\; \mathbb{R}, \quad t \mapsto \sqrt{2t - 1} - t$$

mit $a_0 = \frac{1}{2}$. Da es sich um eine nicht-autonome Differentialgleichung handelt, kommen wir mit Linearisieren nicht weiter. Proposition 7.26 stellt immerhin sicher, dass aus der Attraktivität der Lösung auch ihre Stabilität folgt. Wir müssen also zeigen (vgl. Definition 7.25), dass es für jedes $\tau > \frac{1}{2}$ ein $\eta > 0$ gibt, sodass für jeden Anfangswert $\xi \in \mathbb{R}$ mit $|\xi - \lambda_0(\tau)| < \eta$ die maximale Lösung λ zum Anfangswert $\lambda(\tau) = \xi$ für alle $t \geq \tau$ existiert und $\lim_{t \to \infty} |\lambda(t) - \lambda_0(t)| = 0$ erfüllt.

Der folgende Lösungsvorschlag basiert auf der Erkenntnis, dass es genügt, dies für einen konkreten Anfangswert zu überprüfen (vgl. [Aul04, Bem. 7.4.5]). Sei also $\tau = 1$. Wir setzen $\eta = 1$. Sei dann $\xi \in \mathbb{R}$ mit $|\xi - \lambda_0(\tau)| < \eta$, also $|\xi| < 1$. Dann ist insbesondere $\xi > -1$, also existiert laut Teil [a] die maximale Lösung λ_ξ und sie ist für alle $t \geq a_\xi \geq 1$ definiert. Für den Grenzwert berechnen wir mithilfe der expliziten Lösung aus Teil [b]:

$$\lim_{t \to \infty} \lambda_\xi(t) - \lambda_0(t) = \lim_{t \to \infty} \sqrt{2t - 2 + (\xi + 1)^2} - \sqrt{2t - 1} =$$

$$= \lim_{t \to \infty} \frac{2t - 2 + (\xi + 1)^2 - 2t + 1}{\sqrt{2t - 2 + (\xi + 1)^2} + \sqrt{2t + 1}} =$$

$$= \lim_{t \to \infty} \frac{(\xi + 1)^2 - 1}{\sqrt{2t - 2 + (\xi + 1)^2} + \sqrt{2t + 1}} = 0.$$

Damit ist λ_0 eine attraktive, also auch stabile und somit asymptotisch stabile Lösung der Differentialgleichung.

Lösungsvorschlag zur Aufgabe (Frühjahr 2019, T2A5)

[a] Die Skizze findet sich auf der folgenden Seite. Für das Integral berechnen wir

$$\iint_\Delta (x - y)^2 \, dx \, dy = \int_0^6 \int_{-\frac{x}{2}}^{\frac{x}{2}} (x - y)^2 \, dy \, dx = \int_0^6 \left[-\frac{1}{3}(x - y)^3 \right]_{-\frac{x}{2}}^{\frac{x}{2}} \, dx =$$

$$= \frac{1}{3} \int_0^6 \frac{26}{8} x^3 \, dx = \frac{13}{12} \int_0^6 x^3 \, dx = \frac{13}{12} \cdot \frac{6^4}{4} = 351.$$

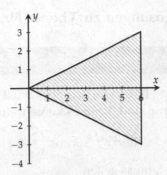

b Wir verwenden den Residuensatz. Der Nenner von f hat die drei einfachen Nullstellen $-1, -e^{2\pi i/3}$ und $-e^{4\pi i/3}$, also ist f die Einschränkung der holomorphen Funktion $\widehat{f}\colon \mathbb{C}\setminus\{-1, -e^{2\pi i/3}, -e^{4\pi i/3}\} \to \mathbb{C}, z \mapsto \frac{1}{1+z^3}$ auf D. Die zugehörigen Residuen sind

$$\operatorname{Res}\left(\widehat{f}; -1\right) = \tfrac{1}{3}, \quad \operatorname{Res}\left(\widehat{f}; -e^{2\pi i/3}\right) = \frac{1}{3e^{4\pi i/3}},$$
$$\operatorname{Res}\left(\widehat{f}; -e^{4\pi i/3}\right) = \frac{-1}{3e^{2\pi i/3}}.$$

Jede dieser Singularitäten wird von γ genau einmal umlaufen, also erhalten wir

$$\int_\gamma f(z)\,\mathrm{d}z = \int_\gamma \widehat{f}(z)\,\mathrm{d}z = 2\pi i\left[\frac{1}{3} + \frac{1}{3e^{4\pi i/3}} + \frac{-1}{3e^{2\pi i/3}}\right] =$$
$$= \frac{2\pi i}{3}\left(1 + e^{2\pi i/3} - e^{4\pi i/3}\right) \neq 0.$$

Besäße f eine Stammfunktion F auf D, so würde hingegen gelten

$$\int_\gamma f\,\mathrm{d}z = F(\gamma(\pi)) - F(\gamma(-\pi)) = 0.$$

Folglich kann eine solche Stammfunktion nicht existieren.

Lösungen zu Thema Nr. 3

Lösungsvorschlag zur Aufgabe (Frühjahr 2019, T3A1)

a Für jedes $z \in \{e^{2\pi i k/n} \mid 0 \leq k < n\}$ ist $f(z) = 0$. Da dies bereits n verschiedene Nullstellen von f sind, kann es keine weiteren geben. Bekanntlich ist

$$\operatorname{Re} e^{2\pi i k/n} = \cos\left(\frac{2\pi k}{n}\right).$$

Damit dies positiv ist, muss gelten

$$\frac{2\pi k}{n} < \frac{\pi}{2} \ \text{ oder } \ \frac{2\pi k}{n} > \frac{3\pi}{2} \quad \Leftrightarrow \quad 4k < n \ \text{oder} \ 4k > 3n.$$

Die Menge der Nullstellen mit strikt positivem Realteil ist also gegeben durch

$$\left\{e^{2\pi i k/n} \ \middle| \ 0 \leq k < n, k < \frac{n}{4} \ \text{oder} \ k > \frac{3n}{4}\right\}.$$

b Es ist für ein k wie in Teil **a**

$$z + z^{n-1} = e^{2\pi i k/n} + e^{2\pi i k(n-1)/n} = e^{2\pi i k/n} + e^{2\pi i k}e^{-2\pi i k/n} =$$
$$= e^{2\pi i k/n} + e^{-2\pi i k/n} = z + \overline{z} = 2\operatorname{Re} z \in \mathbb{R}^+.$$

c Wir durchschauen immer weniger den Sinn dieser Aufgabe, rechnen aber munter weiter: Schreibe $w = z + z^{n-1}$ wie oben. Wir wissen aus Teil **a**, dass

$$z \in \left\{1, e^{2\pi i/5}, e^{8\pi i/5}\right\}$$

gelten muss. Wegen $w \neq 2$ muss $z \neq 1$ gelten, also haben wir $w = e^{2\pi i/5} + e^{8\pi i/5}$ bewiesen. Ab jetzt rechnen wir einfach:

$$w^2 + w - 1 = e^{4\pi i/5} + 2e^{10\pi i/5} + e^{6\pi i/5} + e^{2\pi i/5} + e^{8\pi i/5} - 1 =$$
$$= \left(e^{2\pi i/5}\right)^4 + \left(e^{2\pi i/5}\right)^3 + \left(e^{2\pi i/5}\right)^2 + \left(e^{2\pi i/5}\right) + 1 = 0,$$

wobei wir in der letzten Zeile verwendet haben, dass die fünfte komplexe Einheitswurzel $e^{2\pi i/5}$ eine Nullstelle von $X^4 + X^3 + X^2 + X + 1$ ist, da es sich hierbei um das fünfte Kreisteilungspolynom handelt. Für den Winkel α erhalten wir wegen

$$w = 2\operatorname{Re} e^{2\pi i/5} = 2\cos\left(\frac{2\pi}{5}\right)$$

die Lösung $\alpha = \frac{2\pi}{5}$.

Lösungsvorschlag zur Aufgabe (Frühjahr 2019, T3A2)

a Wir betrachten die Folge der Partialsummen $(s_n)_{n\in\mathbb{N}}$ mit $s_n = \sum_{k=1}^{n}|a_k b_k|$. Wir wenden die Cauchy-Schwarz-Ungleichung auf die Vektoren $a = (|a_1|,\ldots,|a_n|)$ und $b = (|b_1|,\ldots,|b_n|)$ in $\mathbb{R}^n$ an und erhalten

$$s_n^2 = |s_n|^2 = \left|\sum_{k=1}^{n}|a_k b_k|\right|^2 = |\langle a,b\rangle|^2 \leq \|a\|^2 \cdot \|b\|^2 =$$

$$= \left(\sum_{k=1}^{n}|a_k|^2\right)\cdot\left(\sum_{k=1}^{n}|b_k|^2\right) = \left(\sum_{k=1}^{n}a_k^2\right)\cdot\left(\sum_{k=1}^{n}b_k^2\right)$$

$$\leq \left(\sum_{k=1}^{\infty}a_k^2\right)\cdot\left(\sum_{k=1}^{\infty}b_k^2\right).$$

Die Folge $(s_n)_{n\in\mathbb{N}}$ der Partialsummen von $\sum_{k=1}^{\infty}|a_k b_k|$ ist damit nach oben beschränkt und monoton steigend, also konvergent.

Mit der Dreiecksungleichung und der oben bewiesenen Abschätzung erhalten wir

$$\left|\sum_{k=1}^{n}a_k b_k\right| \leq \sum_{k=1}^{n}|a_k b_k| \leq \left(\sum_{k=1}^{\infty}a_k^2\right)^{\frac{1}{2}}\cdot\left(\sum_{k=1}^{\infty}b_k^2\right)^{\frac{1}{2}}$$

für alle $n \in \mathbb{N}$. Grenzwertübergang ergibt dann die gewünschte Ungleichung

$$\left|\sum_{k=1}^{\infty}a_k b_k\right| \leq \left(\sum_{k=1}^{\infty}a_k^2\right)^{\frac{1}{2}}\cdot\left(\sum_{k=1}^{\infty}b_k^2\right)^{\frac{1}{2}}.$$

b Die hintere Gleichung beweisen wir mittels vollständiger Induktion.

Induktionsanfang: Es ist für $n = 2$

$$1 + \sum_{k=1}^{1}\frac{1}{k(k+1)} = \frac{3}{2} = 2 - \frac{1}{2}.$$

Induktionsschritt: Sei die Behauptung für n bereits bewiesen, dann gilt

$$1 + \sum_{k=1}^{n}\frac{1}{k(k+1)} = 2 - \frac{1}{n} + \frac{1}{n(n+1)} = 2 - \frac{1}{n+1}.$$

Für die vordere Ungleichung bemerke

$$\sum_{k=1}^{n} \frac{1}{k^2} = 1 + \sum_{k=2}^{n} \frac{1}{k^2} = 1 + \sum_{k=1}^{n-1} \frac{1}{(k+1)^2} \leq 1 + \sum_{k=1}^{n-1} \frac{1}{k(k+1)}.$$

c Aus Teil **b** wissen wir

$$\sum_{k=1}^{\infty} \frac{1}{k^2} \leq \lim_{n \to \infty} \left(2 - \frac{1}{n} \right) = 2.$$

Teil **a** angewendet auf $a_k = k c_k$ und $b_k = \frac{1}{k}$ ergibt dann die absolute Konvergenz der Reihe sowie die gewünschte Abschätzung.

Lösungsvorschlag zur Aufgabe (Frühjahr 2019, T3A3)

a Die Skizze sieht wie folgt aus:

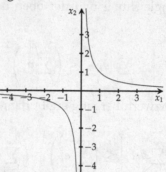

b Einsetzen der Nebenbedingung ergibt $x_2 = \frac{1}{x_1}$. Somit erhalten wir eine eindimensionale Funktion

$$g \colon \mathbb{R} \setminus \{0\} \to \mathbb{R}, \quad x \mapsto f\left(x, \frac{1}{x}\right) = w_1 x + \frac{w_2}{x}.$$

Wir bestimmen die Extrema dieser Funktion. Ihre Ableitung ist gegeben durch

$$g'(x) = w_1 - \frac{w_2}{x^2}.$$

Nun ist

$$g'(x) = 0 \quad \Leftrightarrow \quad w_1 = \frac{w_2}{x^2} \quad \Leftrightarrow \quad w_1 x^2 = w_2.$$

Wir unterscheiden verschiedene Fälle (beachte $w_2 > 0$):

1. Fall: $w_1 \leq 0$. Hier ist die obige Gleichung nicht lösbar, es gibt also keine lokalen Extremstellen. Da jedes globale Extremum auch ein lokales Extremum sein müsste, existieren auch keine globalen Extrema.

2. Fall: $w_1 > 0$. Wir erhalten die beiden Lösungen $x = \pm\sqrt{w_2/w_1}$. Die zweite Ableitung ergibt

$$g''(x) = \frac{2w_2}{x^3}, \quad g''\left(\sqrt{\frac{w_2}{w_1}}\right) > 0, \quad g''\left(-\sqrt{\frac{w_2}{w_1}}\right) < 0.$$

Damit ist in diesem Fall der Punkt $(\sqrt{w_2/w_1}, \sqrt{w_1/w_2})$ ein lokales Minimum, der Punkt $(-\sqrt{w_2/w_1}, -\sqrt{w_1/w_2})$ ein lokales Maximum.

Wegen

$$\lim_{x\to-\infty} g(x) = \lim_{x\to-\infty}\left(w_1 x + \frac{w_2}{x}\right) = -\infty$$

und analog $\lim_{x\to\infty} g(x) = \infty$ besitzt f aber auch in diesem Fall keine globalen Extrema unter der Nebenbedingung.

Lösungsvorschlag zur Aufgabe (Frühjahr 2019, T3A4)

a Der erste Faktor liefert die beiden Nullstellen $\pm 2\pi i$, der zweite Faktor die Nullstellen $k\pi$ für $k \in \mathbb{Z}$. (Wir erinnern daran, dass die komplexe Sinusfunktion keine nicht-reellen Nullstellen hat.)

b Alle ganzzahligen Vielfachen von π sind einfache Nullstellen von f. Die Ableitung von f berechnet sich zu

$$f'(z) = 2z\sin z + (z^2 + 4\pi^2)\cos z,$$

also erhalten wir für $k \in \mathbb{Z}$

$$\operatorname{Res}(1/f; k\pi) = \frac{1}{f'(k\pi)} = \frac{(-1)^k}{(4+k^2)\pi^2}.$$

c Die erste Menge beschreibt den Graphen der gespiegelten Kosinusfunktion in der komplexen Ebene, die zweite die obere Hälfte eines Kreises um i mit Radius π.

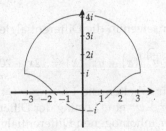

Wir definieren

$$\gamma_1 \colon [-\pi, \pi] \to \mathbb{C}, \quad t \mapsto t - i\cos t \quad \text{und} \quad \gamma_2 \colon [0, \pi] \to \mathbb{C}, t \mapsto i + \pi e^{it}.$$

Die Konkatenation $\Gamma = \gamma_1 * \gamma_2$ hat dann das Bild M.

Nur die Nullstelle 0 liegt in dem von Γ umlaufenen Bereich, damit liefert der Residuensatz

$$\int_\Gamma \frac{1}{f(z)}\, \mathrm{d}z = 2\pi i \cdot \mathrm{n}(\Gamma, 0)\, \mathrm{Res}\left(\frac{1}{f}; 0\right) = 2\pi i \cdot \frac{1}{4\pi^2} = \frac{i}{2\pi}.$$

Lösungsvorschlag zur Aufgabe (Frühjahr 2019, T3A5)

a Das charakteristische Polynom der Differentialgleichung ist

$$X^4 + X^2 = X^2(X^2 + 1)$$

mit den Nullstellen 0 (doppelt) und $\pm i$ (beide einfach). Damit ist ein reelles Fundamentalsystem gegeben durch

$$\{1, x, \sin x, \cos x\}.$$

Die allgemeine Lösung lautet demnach

$$y(x) = a + bx + c\sin x + d\cos x, \quad a, b, c, d \in \mathbb{R}.$$

b Wir müssen nur noch eine partikuläre Lösung für die inhomogene Differentialgleichung finden. Dazu gehen wir nach dem Leitsatz „Ansatz = rechte Seite" vor und verwenden als Ansatz die Summe eines Polynoms und eines Vielfachen der Funktion e^{2x}. Da in der Differentialgleichung nur Ableitungen von Grad 2 oder größer vorkommen, müssen wir mindestens ein Polynom dritten Grades verwenden, um ein Polynom ersten Grades auf der rechten Seite zu erhalten. Unser Ansatz lautet daher

$$y_p(x) = ax^3 + be^{2x}.$$

Einsetzen in die Differentialgleichung ergibt

$$y_p^{(4)}(x) + y_p^{(2)}(x) \stackrel{!}{=} 12x + 20e^{2x} \quad \Leftrightarrow \quad 6ax + 20be^{2x} = 12x + 20e^{2x}.$$

Wir erhalten die Lösung $a = 2$ und $b = 1$. Eine Rechnung zeigt, dass $2x^3 + e^{2x}$ eine Lösung der Differentialgleichung ist. Die allgemeine Lösung der inhomogenen Differentialgleichung ist somit

$$y(x) = a + bx + c\sin x + d\cos x + 2x^3 + e^{2x}, \quad a, b, c, d \in \mathbb{R}.$$

Prüfungstermin: Herbst 2019

Thema Nr. 1
(Aufgabengruppe)

Aufgabe 1 → S. 666 (4 + 2 Punkte)

a Für $c \in \mathbb{C}$ und $r \in \mathbb{R}, r > 0$ bezeichne $\partial B(c, r)$ den Rand der Kreisscheibe mit Mittelpunkt c und Radius r in der komplexen Ebene. Der Rand der Kreisscheibe werde einmal entgegen dem Uhrzeigersinn, d. h. in mathematisch positiver Richtung, durchlaufen. Berechnen Sie die Integrale

$$\int_{\partial B(20,19)} \frac{\cos\left(z^2 + 1\right)}{z^2 - 2019} \, dz \quad \text{und} \quad \int_{\partial B(0,2)} \frac{\sin z}{(z - 1)^3} \, dz.$$

b Berechnen Sie die Umlaufzahl / Windungszahl um null für den Weg $\gamma: [0, 2\pi] \to \mathbb{C}$ mit $\gamma(t) = \left(\cos(e^{it})\right)^2$.

Aufgabe 2 → S. 666 (2 + 1 + 2 + 1 Punkte)

Sei $f: \mathbb{R}^2 \to \mathbb{R}^2$ gegeben durch

$$(x, y) \mapsto f(x, y) = x^2 y + xy^2 - xy.$$

a Bestimmen Sie alle kritischen Punkte von f und untersuchen Sie, ob an diesen lokale Extrema vorliegen oder ob es sich um Sattelpunkte handelt.

b Bestimmen Sie die Nullstellen von f und skizzieren Sie in $Q = (-1, 2) \times (-1, 2) \subseteq \mathbb{R}^2$ die Menge $N = \{(x, y) \in Q \mid f(x, y) = 0\}$.

c Sei $T \subseteq \mathbb{R}^2$ das abgeschlossene Dreieck im ersten Quadranten, das durch die Geraden $y = 0$, $x = 0$ und $x + y - 1 = 0$ berandet ist. Begründen Sie, dass die Funktion f eingeschränkt auf T ihr Maximum und Minimum annimmt, und bestimmen Sie alle Punkte in T, an denen dieses Maximum bzw. Minimum angenommen werden, zusammen mit den zugehörigen Funktionswerten.

d Skizzieren Sie nur mithilfe der Ergebnisse aus **a** bis **c** qualitativ die Niveaulinien der Funktion f im Quadrat Q, sodass man den Typ der kritischen Punkte klar aus der Skizze ablesen kann.

Aufgabe 3   → S. 668   (3 + 3 Punkte)

Sei $\mathbb{N}$ die Menge der natürlichen Zahlen mit Eins als kleinstem Element.

a Sei $B(0, \frac{3}{2})$ die offene Kreisscheibe um den Ursprung mit Radius $\frac{3}{2}$ in der komplexen Ebene. Bestimmen Sie alle holomorphen Funktionen $f\colon B(0, \frac{3}{2}) \to \mathbb{C}$, die in allen $n \in \mathbb{N}$ die Werte

$$f\left(\frac{1}{n}\right) = \frac{2n}{2n+1}$$

annehmen.

b Formulieren Sie das Maximumprinzip für beschränkte Gebiete (auch Randmaximumprinzip für holomorphe Funktionen genannt) und beweisen Sie damit die folgende Aussage: Für $c \in \mathbb{C}$ und $r \in \mathbb{R}$, $r > 0$, bezeichne $B(c,r)$ die offene Kreisscheibe mit Mittelpunkt c und Radius r in der komplexen Ebene. Sei $D \subseteq \mathbb{C}$ ein offenes Gebiet und $B = B(c,r)$ eine Kreisscheibe mit $\overline{B} \subseteq D$. Weiter sei $f\colon D \to \mathbb{C}$ holomorph mit

$$\min_{z \in \partial B} |f(z)| > |f(c)|.$$

Dann besitzt f eine Nullstelle in B.

Aufgabe 4   → S. 669   (2 + 1 + 3 Punkte)

Sei $\beta \in \mathbb{R}$.

a Bestimmen Sie ein Fundamentalsystem für die homogene Differentialgleichung

$$y'' - 2\beta y' + \beta^2 y = 0.$$

b Bestimmen Sie alle Werte $\beta \in \mathbb{R}$ mit

$$\lim_{t \to \infty} y(t) = 0$$

für alle Lösungen $y\colon \mathbb{R} \to \mathbb{R}$ der homogenen Gleichung mit dem jeweiligen Parameter β.

c Bestimmen Sie die allgemeine Lösung $y\colon \mathbb{R} \to \mathbb{R}$ der Differentialgleichung

$$y''(t) - 2\beta y'(t) + \beta^2 y(t) = e^{-2t}, \quad t \in \mathbb{R}.$$

Hinweis zu **c**: Eine Fallunterscheidung in β ist notwendig.

Aufgabe 5   → S. 670   (3 + 3 Punkte)

a Geben Sie zu beliebig vorgegebenen Anfangswerten $(x_0, y_0) \in \mathbb{R}^2$ eine auf ganz $\mathbb{R}$ definierte Lösung des linearen Systems von Differentialgleichungen

$$x' = y \quad \text{und} \quad y' = x \quad \text{mit Anfangsbedingungen } x(0) = x_0, y(0) = y_0$$

explizit an und weisen Sie nach, dass diese Lösung die einzige Lösung ist. Zeigen Sie weiter, dass es für jede Lösung des Systems eine Konstante $C(x_0, y_0)$ gibt mit

$$x(t)^2 - y(t)^2 = C(x_0, y_0) \quad \text{für alle } t.$$

Geben Sie $C(x_0, y_0)$ explizit an.

b Sei $(x_0, y_0) \in \mathbb{R}^2$ ein Punkt im offenen dritten Quadranten, d. h. es gelte $x_0 < 0$ und $y_0 < 0$. Zeigen Sie, dass das Anfangswertproblem

$$y'(x) = \frac{y^2 + 1}{2xy}, \quad y(x_0) = y_0$$

eine eindeutig bestimmte Lösung besitzt, und bestimmen Sie diese explizit unter Angabe ihres Definitionsbereiches.

Thema Nr. 2
(Aufgabengruppe)

Aufgabe 1   → S. 673   (2 + 2 + 2 Punkte)

a Bestimmen Sie die Menge der komplexen Zahlen $z \in \mathbb{C}$, für welche die Reihe $\sum_{k=0}^{\infty} \frac{(-1)^k}{(z-1)^k}$ konvergiert. Leiten Sie im Fall der Konvergenz einen möglichst einfachen Term für den Grenzwert her.

b Bestimmen Sie die maximale Lösung des Anfangswertproblems

$$x' = -x^2, \quad x(1) = 2.$$

Geben Sie hierbei auch den Definitionsbereich dieser Lösung explizit an.

c Bestimmen Sie alle Lösungen $y \colon \mathbb{R} \to \mathbb{R}$ der gewöhnlichen Differentialgleichung

$$y'(t) - 2y(t) = \cos(2t), \quad t \in \mathbb{R}.$$

Aufgabe 2   → S. 674 $(1+2+1+2$ Punkte$)$

Wir betrachten die Funktion

$$\gamma\colon \mathbb{R} \to \mathbb{R}^3, \quad \gamma(t) = (\cos t, \sin t, t) \quad \text{(Schraubenlinie)}$$

und versehen $\mathbb{R}^3$ mit der euklidischen Norm $\|x\| = \sqrt{x_1^2 + x_2^2 + x_3^2}$. Zeigen Sie:

a $\gamma(\mathbb{R})$ ist eine abgeschlossene Teilmenge von $\mathbb{R}^3$.

b Für jeden Punkt $p \in \mathbb{R}^3$ existiert ein $t_p \in \mathbb{R}$, sodass

$$\|\gamma(t_p) - p\| = \min\{\|\gamma(t) - p\| : t \in \mathbb{R}\}. \tag{1}$$

c Erfüllt t_p die Bedingung (1) aus **b**, so gilt

$$\gamma'(t_p) \perp (\gamma(t_p) - p).$$

d Bestimmen Sie für $p = (2,0,0)$ alle Lösungen t_p von (1). Begründen Sie insbesondere die Vollständigkeit Ihrer Lösung.

Aufgabe 3   → S. 335 $(1+2+1+2$ Punkte$)$

Auf dem Gebiet

$$\Omega = \{z = x + iy \in \mathbb{C} : -\pi < y < 2\pi\}, \quad (x, y \in \mathbb{R})$$

betrachten wir die meromorphe Funktion

$$f(z) := \frac{1}{z \sinh(z)}, \quad \text{wobei} \quad \sinh(z) = \frac{e^z - e^{-z}}{2}$$

ist.

a Bestimmen Sie alle Singularitäten von f in Ω und deren Typ.

b Berechnen Sie die Residuen von f in allen Polstellen.

c Besitzt die Funktion f eine Stammfunktion in Ω?

d Bestimmen Sie ein $c \in \mathbb{C}$, sodass die Funktion $z \mapsto f(z) + c\frac{1}{z - i\pi}$ auf Ω eine Stammfunktion besitzt.

Begründen Sie jeweils alle Antworten auf die Teilaufgaben.

Aufgabe 4   → S. 675   (1 + 3 + 2 Punkte)

Gegeben seien ein Vektor $c \in \mathbb{R}^n$ und reelle $(n \times n)$-Matrizen A, B, M. Wir betrachten die affine Differentialgleichung

$$\dot{x} = Mx + c. \tag{2}$$

Zeigen Sie:

a Ist $y \colon \mathbb{R} \to \mathbb{R}$ die Lösung von (2) zum Anfangswert $y(0) = 0$, so ist

$$x(t) = e^{tM}x_0 + y(t), \quad t \in \mathbb{R}$$

die eindeutig bestimmte Lösung zu dem Anfangswert $x(0) = x_0$.

b Genau dann existiert für jedes $d \in \mathbb{R}^n$ eine Lösung des Randwertproblems

$$\dot{x} = Mx + c, \quad Ax(0) + Bx(1) = d, \tag{3}$$

wenn die Matrix

$$C := A + Be^M$$

invertierbar ist. Unter der Annahme, dass dies der Fall ist, drücken Sie die Lösung des Randwertproblems (3) durch y wie in **a** aus.

Hinweis Schreiben Sie eine Lösung x in der in **a** beschriebenen Form.

c Setzen wir

$$F(X) = \sum_{k=1}^{\infty} \frac{X^{k-1}}{k!}$$

für eine reelle $(n \times n)$-Matrix X, so ist die in **a** definierte Funktion y gegeben durch

$$y(t) = tF(tM)c.$$

Hinweis Sie dürfen verwenden, dass man bei konvergenten Potenzreihen Summation und Ableitung vertauschen darf.

Aufgabe 5   → S. 677   (1 + 1 + 4 Punkte)

a Formulieren Sie den Riemannschen Abbildungssatz.

b Formulieren Sie das Schwarzsche Lemma.

c Sei $\Omega \subseteq \mathbb{C}$ ein einfach zusammenhängendes Gebiet und $z_0 \in \Omega \neq \mathbb{C}$. Es seien $f, g \colon \Omega \to \Omega$ biholomorph mit

$$f(z_0) = g(z_0) \quad \text{und} \quad f'(z_0) = g'(z_0).$$

Zeigen Sie, dass $f = g$ gilt.

Thema Nr. 3
(Aufgabengruppe)

Aufgabe 1   → S. 678   (4 + 2 Punkte)

a Geben Sie eine Funktion $\mathbb{R} \to \mathbb{R}$ an, die in keinem Punkt stetig ist. Zeigen Sie dabei explizit die Unstetigkeit in jedem Punkt.

b Geben Sie eine Funktion $[0,1] \to \mathbb{R}$ an, die integrierbar ist, aber nicht stetig. Begründen Sie dabei diese Eigenschaften. (Sie können sich auf das Riemann- oder Lebesgue-Integral beziehen.)

Aufgabe 2   → S. 679   (4 + 2 Punkte)

Gegeben sei die Abbildung $f: \mathbb{R}^2 \to \mathbb{R}^2, (x,y) \mapsto (x(1-y), xy)$.

a Zeigen Sie, dass f den Streifen $S :=]0,\infty[\times]0,1[$ diffeomorph auf den ersten Quadranten $Q :=]0,\infty[^2$ abbildet (d. h. f bildet S bijektiv auf Q ab und $f: S \to Q$ sowie die Umkehrabbildung $f^{-1}: Q \to S$ sind stetig differenzierbar).

b Wir identifizieren nun $\mathbb{R}^2$ in kanonischer Weise mit $\mathbb{C}$ und fassen f als Funktion $\mathbb{C} \to \mathbb{C}$ auf. Bildet dann f den Streifen $S = \{z \in \mathbb{C} \mid \operatorname{Re} z > 0, 0 < \operatorname{Im} z < 1\}$ konform (d. h. biholomorph) auf den ersten Quadranten $Q = \{w \in \mathbb{C} \mid \operatorname{Re} w > 0, \operatorname{Im} w > 0\}$ ab? Begründen Sie Ihre Antwort.

Aufgabe 3   → S. 679   (1 + 5 Punkte)

a Formulieren Sie den Satz von Liouville über ganze Funktionen.

b Sei $f: \mathbb{C} \to \mathbb{C}$ eine ganze Funktion. Zeigen Sie: Ist der Imaginärteil $\operatorname{Im} f: \mathbb{C} \to \mathbb{R}$ nach unten beschränkt, so ist f konstant.

Aufgabe 4   → S. 680   (2 + 2 + 2 Punkte)

a Bestimmen Sie alle Lösungen $y: \mathbb{R} \to \mathbb{R}$ der homogenen reellen Differential- gleichung
$$y'' + 2y' + 2y = 0.$$

b Bestimmen Sie alle Lösungen $y: \mathbb{R} \to \mathbb{R}$ der inhomogenen Differentialglei- chung
$$y''(x) + 2y'(x) + 2y(x) = 15e^x, \quad x \in \mathbb{R}.$$

c Zeigen Sie, dass es genau eine holomorphe Funktion $f: \mathbb{C} \to \mathbb{C}$ gibt mit
$$f''(z) + 2f'(z) + 2f(z) = 15e^z$$
für alle $z \in \mathbb{C}$ sowie $f(0) = e, f'(0) = 2$, und bestimmen Sie diese.

Aufgabe 5 → S. 681 (3 + 3 Punkte)

a Seien $f, g \colon \mathbb{R}^2 \setminus \{(0,0)\} \to \mathbb{R}$ differenzierbare Funktionen und

$$p \colon\,]0, \infty[\, \times \mathbb{R} \to \mathbb{R}, (r, \varphi) \mapsto f(r \cos \varphi, r \sin \varphi) \cdot \cos \varphi + g(r \cos \varphi, r \sin \varphi) \cdot \sin \varphi,$$

$$q \colon\,]0, \infty[\, \times \mathbb{R} \to \mathbb{R}, (r, \varphi) \mapsto \frac{1}{r} \left(g(r \cos \varphi, r \sin \varphi) \cdot \cos \varphi - f(r \cos \varphi, r \sin \varphi) \cdot \sin \varphi \right).$$

Zeigen Sie: Ist $\alpha = (\alpha_1, \alpha_2) \colon I \to\,]0, \infty[\, \times \mathbb{R}$ eine Lösung des Systems

$$r' = p(r, \varphi), \quad \varphi' = q(r, \varphi),$$

so ist

$$\beta \colon I \to \mathbb{R}^2 \setminus \{(0,0)\}, \quad (\beta_1(t), \beta_2(t)) = (\alpha_1(t) \cos \alpha_2(t), \alpha_1(t) \cdot \sin \alpha_2(t))$$

eine Lösung des Systems

$$x' = f(x, y), \quad y' = g(x, y).$$

b Bestimmen Sie mithilfe von **a** die maximale Lösung des Anfangswertproblems

$$x' = y + x^3 + xy^2, \quad y' = -x + x^2 y + y^3, \quad (x(0), y(0)) = \left(\frac{1}{\sqrt{2}}, 0 \right).$$

Lösungen zu Thema Nr. 1

Lösungsvorschlag zur Aufgabe (Herbst 2019, T1A1)

a Für das erste Integral untersuchen wir zunächst, ob eine der Singularitäten $\pm\sqrt{2019}$ in $\overline{B(20,19)}$ liegt. Das ist wegen

$$|\pm\sqrt{2019} - 20| \geq \sqrt{2019} - 20 > \sqrt{1600} - 20 = 40 - 20 = 20 > 19$$

nicht der Fall. Somit ist der Integrand auf $\overline{B(20,19)}$ holomorph und der Wert des Integrals laut dem Cauchy-Integralsatz 6.28 Null.

Für das zweite Integral wenden wir die verallgemeinerte Cauchy-Integralformel 6.31 mit $f(z) = \sin z$ sowie $f^{(2)}(z) = -\sin z$ an. Die Singularität 1 wird einmal umlaufen, also ist

$$\int_{\partial B(0,2)} \frac{\sin z}{(z-1)^3}\, dz = \frac{2\pi i \cdot 1}{2!} f^{(2)}(1) = -\pi i \sin(1).$$

b Wir berechnen (vgl. Definition 6.26)

$$\begin{aligned}
n(\gamma,0) &= \frac{1}{2\pi i}\int_\gamma \frac{1}{z}\, dz = \frac{1}{2\pi i}\int_0^{2\pi} \frac{\gamma'(t)}{\gamma(t)}\, dt \\
&= \frac{1}{2\pi i}\int_0^{2\pi} \frac{-2i\cos(e^{it})\sin(e^{it})e^{it}}{\cos^2(e^{it})}\, dt \\
&= -\frac{1}{\pi i}\int_0^{2\pi} \frac{\sin(e^{it})ie^{it}}{\cos(e^{it})}\, dt = -\frac{1}{\pi i}\int_\delta \frac{\sin z}{\cos z}\, dz \\
&= -\frac{1}{\pi i}\int_{\partial \mathbb{E}} \frac{\sin z}{\cos z}\, dz.
\end{aligned}$$

Dabei parametrisiert $\delta\colon [0,2\pi] \to \mathbb{C}, t \mapsto e^{it}$ die Einheitskreislinie $\partial\mathbb{E}$. Da die Nullstellen der komplexen Kosinusfunktion mit denen der reellen Kosinusfunktion übereinstimmen, ist der Integrand auf $\overline{\mathbb{E}}$ holomorph und damit hat dieses Integral den Wert 0.

Lösungsvorschlag zur Aufgabe (Herbst 2019, T1A2)

a Der Gradient von f ist gegeben durch

$$\nabla f(x,y) = \begin{pmatrix} 2xy + y^2 - y \\ x^2 + 2xy - x \end{pmatrix}.$$

Um die kritischen Punkte zu bestimmen, betrachten wir zunächst die erste Zeile des Gleichungssystems $\nabla f(x,y) = (0,0)$:

$$2xy + y^2 - y = 0 \quad \Leftrightarrow \quad y(y + 2x - 1) = 0.$$

Fall $y = 0$: Dann ergibt Einsetzen in die zweite Gleichung

$$x^2 - x = 0 \quad \Leftrightarrow \quad x(x-1) = 0$$

und damit die kritischen Punkte $(0,0), (1,0)$.

Fall $y = 1 - 2x$: Hier erhält man

$$x^2 + 2x(1-2x) - x = 0 \quad \Leftrightarrow \quad -3x^2 + x = 0 \quad \Leftrightarrow \quad x(1-3x) = 0$$

und somit die kritischen Punkte $(0,1)$ und $(\frac{1}{3}, \frac{1}{3})$.

Die Hesse-Matrix von f ist gegeben durch

$$(\mathcal{H}f)(x,y) = \begin{pmatrix} 2y & 2x + 2y - 1 \\ 2x + 2y - 1 & 2x \end{pmatrix}.$$

Wir setzen die kritischen Punkte nun ein und bestimmen anhand der Eigenwerte die Definitheit der jeweiligen Matrizen. Man erhält

$$(\mathcal{H}f)(0,0) = \begin{pmatrix} 0 & -1 \\ -1 & 0 \end{pmatrix}$$

mit dem charakteristischen Polynom $X^2 - 1$, also den Eigenwerten ± 1. Somit ist $(\mathcal{H}f)(0,0)$ indefinit und $(0,0)$ ein Sattelpunkt. Die Matrizen

$$(\mathcal{H}f)(1,0) = \begin{pmatrix} 0 & 1 \\ 1 & 2 \end{pmatrix} \quad \text{und} \quad (\mathcal{H}f)(0,1) = \begin{pmatrix} 2 & 1 \\ 1 & 0 \end{pmatrix}$$

haben beide das charakteristische Polynom $X^2 - 2X - 1$ und die Eigenwerte $1 \pm \sqrt{2}$. Auch in diesen Punkten liegt also ein Sattelpunkt vor. Zuletzt erhält man die Matrix

$$(\mathcal{H}f)\left(\frac{1}{3}, \frac{1}{3}\right) = \begin{pmatrix} \frac{2}{3} & 1 \\ 1 & \frac{2}{3} \end{pmatrix}$$

mit charakteristischem Polynom $X^2 - \frac{4}{3}X + \frac{1}{3}$ und den Eigenwerten 1 und $\frac{1}{3}$. Damit ist diese Hesse-Matrix positiv definit, der Punkt $(\frac{1}{3}, \frac{1}{3})$ also ein Minimum.

b Es ist

$$f(x,y) = xy(x+y-1) = 0 \quad \Leftrightarrow \quad x = 0 \text{ oder } y = 0 \text{ oder } y = 1 - x.$$

Für die Skizze siehe Teil **d**.

c Die Menge T ist abgeschlossen und beschränkt, also kompakt. Damit nimmt f als stetige Funktion auf T ein Minimum und Maximum an.

Sei $(x,y) \in T$. Dann ist $0 \le y \le 1 - x$ und damit

$$f(x,y) = xy(y - (1 - x)) \le 0.$$

Da alle Randpunkte von T Nullstellen von f sind, handelt es sich bei diesen um Maxima von f auf T. Das Minimum muss nun im Inneren von T liegen, also ein kritischer Punkt sein. Dieses haben wir in Teil **a** bereits zu $(\frac{1}{3}, \frac{1}{3})$ bestimmt. Der minimale Wert von f auf T ist $f(\frac{1}{3}, \frac{1}{3}) = -\frac{1}{27}$.

d Die Skizzen der Menge N aus Teil **b** sowie der Höhenlinien aus Teil **d** sehen wie folgt aus:

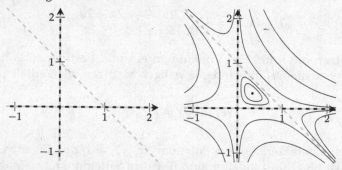

Lösungsvorschlag zur Aufgabe (Herbst 2019, T1A3)

a Die Funktion

$$f\colon B(0,3/2) \to \mathbb{C}, \quad z \mapsto \frac{2}{z+2}$$

erfüllt die Bedingung, denn es gilt

$$f\left(\frac{1}{n}\right) = \frac{2}{\frac{1}{n} + 2} = \frac{2n}{1 + 2n}$$

für alle $n \in \mathbb{N}$. Wir zeigen mithilfe des Identitätssatzes, dass f die einzige holomorphe Funktion mit dieser Eigenschaft ist: Sei g eine weitere solche Funktion, dann stimmen f und g auf der Menge $N = \{\frac{1}{n} : n \in \mathbb{N}\} \subseteq B(0,3/2)$ überein. N hat den Häufungspunkt $0 \in B(0,3/2)$, sodass mit dem Identitätssatz $f = g$ folgt.

b Für die Formulierung des Maximumprinzips siehe Satz 6.24. Beachte, dass die Aufgabenstellung hier verlangt, Teil (2) zu beweisen.

Wir bemerken zunächst, dass f auf dem Rand ∂B wegen $|f(z)| > 0$ für alle $z \in \partial B$ keine Nullstelle hat. Nehmen wir widerspruchshalber an, f besitzt keine Nullstelle in B. Dann ist $1/f$ eine auf B holomorphe und auf $\overline{B}$ stetige Funktion. Laut dem Maximumprinzip für beschränkte Gebiete nimmt $1/f$ also ein Maximum in einem Punkt $z_0 \in \partial B$ an. Es gilt dann für $z \in \overline{B}$

$$\left|\frac{1}{z}\right| \le \left|\frac{1}{z_0}\right| = \frac{1}{\min_{\zeta \in \partial B} |f(\zeta)|} < \frac{1}{|f(c)|}.$$

Damit ist $c \in B$ ein Maximum der holomorphen Funktion $(1/f)_{|B}$. Laut dem Maximumprinzip ist daher $1/f$ konstant auf B und, da f stetig ist, auch auf $\overline{B}$. Insbesondere ist f auf $\overline{B}$ konstant. Dies steht jedoch im Widerspruch zur angegebenen strikten Ungleichung.

Lösungsvorschlag zur Aufgabe (Herbst 2019, T1A4)

a Das charakteristische Polynom der Differentialgleichung lautet

$$X^2 - 2\beta X + \beta^2 = (X - \beta)^2$$

und besitzt die doppelte Nullstelle β. Daher ist ein Fundamentalsystem gegeben durch

$$\left\{ e^{\beta t}, t e^{\beta t} \right\}.$$

b Falls $\beta > 0$ ist, so gilt $\lim_{t \to \infty} e^{\beta t} = \infty$. Für $\beta = 0$ gilt $\lim_{t \to \infty} t e^0 = \infty$. Also kommen nur Werte $\beta < 0$ in Betracht. Wir zeigen, dass für diese tatsächlich die geforderte Grenzwerteigenschaft gilt: Da jede Lösung y eine Linearkombination der beiden Lösungen des Fundamentalsystems aus Teil **a** ist, genügt es, dies für diese beiden Lösungen zu verifizieren. Hier erhalten wir tatsächlich

$$\lim_{t \to \infty} e^{\beta t} = 0 \quad \text{und} \quad \lim_{t \to \infty} t e^{\beta t} = 0.$$

c Wir bestimmen eine partikuläre Lösung der inhomogenen Gleichung.

Fall $\beta \ne 2$: Dann ist -2 keine Nullstelle des charakteristischen Polynoms (es liegt also keine Resonanz vor). Wir machen den Ansatz $y_p(t) = c e^{-2t}$.

Einsetzen in die Differentialgleichung ergibt

$$4ce^{-2t} + 4\beta ce^{-2t} + \beta^2 ce^{-2t} = e^{-2t} \quad \Leftrightarrow \quad c(4 + 4\beta + \beta^2)e^{-2t} = e^{-2t}$$

$$\Leftrightarrow \quad c(\beta + 2)^2 = 1 \quad \Leftrightarrow \quad c = (\beta + 2)^{-2}.$$

Damit lautet in diesem Fall die allgemeine Lösung

$$y(t) = ae^{\beta t} + bte^{\beta t} + (\beta + 2)^{-2}e^{-2t}, \qquad a, b, t \in \mathbb{R}.$$

Fall $\beta = -2$: Dann ist -2 eine doppelte Nullstelle des charakteristischen Polynoms und wir machen den Ansatz $y_p(t) = ct^2 e^{-2t}$ mit den Ableitungen

$$y_p'(t) = -2cte^{-2t}(t - 1)$$

$$y_p''(t) = 2ce^{-2t}(2t^2 - 4t + 1)$$

Einsetzen in die Gleichung ergibt

$$2ce^{-2t}(2t^2 - 4t + 1) - 8cte^{-2t}(t - 1) + 4ct^2 e^{-2t} = e^{-2t}$$

$$2ce^{-2t} = e^{-2t}$$

und damit $c = \frac{1}{2}$. Also ist in diesem Fall die allgemeine Lösung der Gleichung

$$y(t) = ae^{\beta t} + bte^{\beta t} + \frac{1}{2}t^2 e^{-2t}, \qquad a, b, t \in \mathbb{R}.$$

Lösungsvorschlag zur Aufgabe (Herbst 2019, T1A5)

a 1. *Möglichkeit:* Der Standardweg ist, die Aufgabe mit dem Matrix-Exponential zu lösen. Es handelt sich um das System

$$\begin{pmatrix} x' \\ y' \end{pmatrix} = \begin{pmatrix} 0 & 1 \\ 1 & 0 \end{pmatrix} \begin{pmatrix} x \\ y \end{pmatrix}.$$

Das charakteristische Polynom der Matrix ist $X^2 - 1$ mit den beiden reellen Nullstellen ± 1. Man erhält schnell die zugehörigen Eigenräume

$$\text{Eig}(A, +1) = \ker \begin{pmatrix} -1 & 1 \\ 1 & -1 \end{pmatrix} = \left\langle \begin{pmatrix} 1 \\ 1 \end{pmatrix} \right\rangle$$

$$\text{Eig}(A, -1) = \ker \begin{pmatrix} 1 & 1 \\ 1 & 1 \end{pmatrix} = \left\langle \begin{pmatrix} 1 \\ -1 \end{pmatrix} \right\rangle.$$

Damit ist

$$\begin{pmatrix} 1 & 0 \\ 0 & -1 \end{pmatrix} = -\frac{1}{2} \begin{pmatrix} -1 & -1 \\ -1 & 1 \end{pmatrix} \begin{pmatrix} 0 & 1 \\ 1 & 0 \end{pmatrix} \begin{pmatrix} 1 & 1 \\ 1 & -1 \end{pmatrix}.$$

Wir erhalten

$$e^{tA} = -\frac{1}{2} \begin{pmatrix} 1 & 1 \\ 1 & -1 \end{pmatrix} e^{t\begin{pmatrix} -1 & 0 \\ 0 & -1 \end{pmatrix}} \begin{pmatrix} -1 & -1 \\ -1 & 1 \end{pmatrix} = \frac{1}{2} \begin{pmatrix} e^t + e^{-t} & e^t - e^{-t} \\ e^t - e^{-t} & e^t + e^{-t} \end{pmatrix}.$$

Und somit letzten Endes

$$\begin{pmatrix} x(t) \\ y(t) \end{pmatrix} = e^{tA} \begin{pmatrix} x_0 \\ y_0 \end{pmatrix} = \frac{1}{2} \begin{pmatrix} e^t + e^{-t} & e^t - e^{-t} \\ e^t - e^{-t} & e^t + e^{-t} \end{pmatrix} =$$

$$= \frac{1}{2} \begin{pmatrix} (x_0 - y_0)e^{-t} + (x_0 + y_0)e^t \\ (y_0 - x_0)e^{-t} + (x_0 + y_0)e^t \end{pmatrix}.$$

2. Möglichkeit: Da die erste Gleichung $x' = y$ ist, lässt sich das System auch leicht in die zugehörige Differentialgleichung zweiter Ordnung umschreiben, man erhält

$$x'' = y' = x, \quad x(0) = x_0, \, x'(0) = y(0) = y_0.$$

Da das charakteristische Polynom der Gleichung $X^2 - 1$ ist, ist die allgemeine Lösung der DGL gegeben durch

$$x(t) = ae^t + be^{-t}, \quad a, b \in \mathbb{R}.$$

Wir müssen nur noch die Parameter a und b bestimmen: Es ist

$$x_0 = x(0) = a + b, \quad y_0 = x'(0) = a - b.$$

Damit erhält man $2a = x_0 + y_0$ und $2b = x_0 - y_0$, also

$$x(t) = \frac{1}{2}(x_0 + y_0)e^t + \frac{1}{2}(x_0 - y_0)e^{-t}.$$

Die Lösung für y erhält man durch Ableiten:

$$y(t) = x'(t) = \frac{1}{2}(x_0 + y_0)e^t + \frac{1}{2}(y_0 - x_0)e^{-t}.$$

Tatsächlich stimmt dies mit der oben berechneten Lösung überein.

Eindeutigkeit: Es handelt sich um eine lineare Differentialgleichung, also ist die Lösung zu jedem Anfangswert eindeutig und existiert auf ganz $\mathbb{R}$.

Wir zeigen, dass die Ableitung von $t \mapsto x(t)^2 - y(t)^2$ verschwindet:

$$\frac{\mathrm{d}}{\mathrm{d}t}\left(x(t)^2 - y(t)^2\right) = 2x(t)x'(t) - 2y(t)y'(t) = 2x(t)y(t) + 2y(t)x(t) = 0.$$

Damit muss der Term konstant sein und wir können seinen Wert an der Stelle 0 berechnen:

$$C(x_0, y_0) = x(0)^2 - y(0)^2 = x_0^2 - y_0^2.$$

b Wir betrachten für $D =]-\infty, 0[^2$ die Funktion

$$f: D \to \mathbb{R}, \quad (x, y) \mapsto \frac{y^2 + 1}{2xy}.$$

Die partielle Ableitung dieser Funktion nach y ist gegeben durch

$$\partial_y f(x, y) = \frac{2xy \cdot 2y - (y^2 + 1) \cdot 2x}{4x^2 y^2} = \frac{y^2 - 1}{2xy^2}.$$

Insbesondere ist f stetig und stetig partiell nach y differenzierbar, also lokal Lipschitz-stetig. Darüber hinaus ist D ein Gebiet. Laut dem Globalen Existenz- und Eindeutigkeitssatz ist das gegebene Anfangswertproblem daher eindeutig lösbar. Wir bestimmen eine Lösung μ mittels Trennen der Variablen (beachte beim Auflösen der Beträge, dass wir im dritten Quadranten sind):

$$\int_{y_0}^{\mu(x)} \frac{2y}{y^2 + 1}\, \mathrm{d}y = \int_{x_0}^{x} \frac{1}{\xi}\, \mathrm{d}\xi \quad \Leftrightarrow \quad \left[\ln(y^2 + 1)\right]_{y_0}^{\mu(x)} = \left[\ln|\xi|\right]_{x_0}^{x} \quad \Leftrightarrow$$

$$\Leftrightarrow \quad \ln\left(\mu^2(x) + 1\right) - \ln\left(y_0^2 + 1\right) = \ln(-x) - \ln(-x_0) \quad \Leftrightarrow$$

$$\Leftrightarrow \quad \ln\left(\mu^2(x) + 1\right) = \ln\left(x/x_0(y_0^2 + 1)\right) \quad \Leftrightarrow$$

$$\Leftrightarrow \quad \mu^2(x) = x/x_0(y_0^2 + 1) - 1 \quad \Leftrightarrow \quad \mu(x) = -\sqrt{x/x_0(y_0^2 + 1) - 1}$$

Den maximalen Definitionsbereich erhält man aus der Rechnung

$$x/x_0(y_0^2 + 1) \geq 1 \quad \Leftrightarrow \quad x/x_0 \geq 1/(y_0^2 + 1) \quad \Leftrightarrow \quad x \leq x_0/(y_0^2 + 1).$$

Ein Routineargument zeigt dann, dass $I =]-\infty, x_0/(y_0^2 + 1)[$ das maximale Definitionsintervall der Lösung ist.

Lösungen zu Thema Nr. 2

Lösungsvorschlag zur Aufgabe (Herbst 2019, T2A1)

a Es ist

$$\sum_{k=0}^{\infty} \frac{(-1)^k}{(z-1)^k} = \sum_{k=0}^{\infty} \left(\frac{1}{1-z}\right)^k.$$

Dabei handelt es sich um eine geometrische Reihe, die genau dann konvergiert, wenn

$$\left|\frac{1}{1-z}\right| < 1 \quad \Leftrightarrow \quad |1-z| > 1 \quad \Leftrightarrow \quad |z-1| > 1 \quad \Leftrightarrow \quad z \in \mathbb{C} \setminus \overline{B_1(1)}.$$

Im Falle der Konvergenz ist der Grenzwert

$$\frac{1}{1 - \frac{1}{1-z}} = \frac{1-z}{1-z-1} = \frac{z-1}{z}.$$

b Wir trennen die Variablen:

$$\int_2^{\mu(t)} -\frac{1}{x^2}\, dx = \int_1^t 1\, d\tau \quad \Leftrightarrow \quad \left[\frac{1}{x}\right]_2^{\mu(t)} = [\tau]_1^t \quad \Leftrightarrow$$

$$\Leftrightarrow \quad \frac{1}{\mu(t)} - \frac{1}{2} = t - 1 \quad \Leftrightarrow \quad \mu(t) = \frac{1}{t - \frac{1}{2}} = \frac{2}{2t - 1}$$

Der Definitionsbereich von μ ist $\mathbb{R} \setminus \{\frac{1}{2}\}$. Aufgrund des Anfangswerts müssen wir uns für das Intervall $]\frac{1}{2}, \infty[$ entscheiden. Dieses ist wegen $\lim_{t \searrow \frac{1}{2}} \mu(t) = \infty$ maximal.

c Man wendet wahlweise die Formel aus der Variation der Konstanten an oder löst zunächst die homogene Differentialgleichung

$$y' = 2y,$$

deren Lösung man schnell als e^{2t} erkennt. Sodann bestimmen wir eine partikuläre Lösung der inhomogenen Differentialgleichung mithilfe des Ansatzes $y_p(t) = A\sin(2t) + B\cos(2t)$. Einsetzen ergibt

$$2A\cos(2t) - 2B\sin(2t) - A\sin(2t) - B\cos(2t) = \cos(2t) \quad \Leftrightarrow$$

$$\Leftrightarrow \quad -(A + 2B)\sin(2t) + (2A - B)\cos(2t) = \cos(2t)$$

und somit

$$A + 2B = 0, \qquad 2A - B = 1$$

mit der Lösung $B = 2A - 1$, die wir in die erste Gleichung einsetzen:

$$A + 4A - 2 = 0 \quad \Leftrightarrow \quad 5A = 2 \quad \Leftrightarrow \quad A = \tfrac{2}{5}$$

Es folgt $B = -\tfrac{1}{5}$. Damit ist eine partikuläre Lösung gegeben durch

$$y_p(t) = \tfrac{2}{5}\sin(2t) - \tfrac{1}{5}\cos(2t).$$

Die allgemeine Lösung der Gleichung lautet dementsprechend

$$y(t) = ae^{2t} + \tfrac{2}{5}\sin(2t) - \tfrac{1}{5}\cos(2t), \quad a \in \mathbb{R}.$$

Lösungsvorschlag zur Aufgabe (Herbst 2019, T2A2)

a Betrachte zwei Funktionen $f, g \colon \mathbb{R}^3 \to \mathbb{R}$ gegeben durch $f(x, y, z) = x - \cos z$ und $g(x, y, z) = y - \sin z$. Dann gilt für $(x, y, z) \in \mathbb{R}^3$

$$(x, y, z) \in \gamma(\mathbb{R}) \quad \Leftrightarrow \quad x = \cos z \text{ und } y = \sin z \quad \Leftrightarrow$$
$$f(x, y, z) = 0 \text{ und } g(x, y, z) = 0.$$

Also ist $\gamma(\mathbb{R}) = f^{-1}(\{0\}) \cap g^{-1}(\{0\})$. Als Urbilder der abgeschlossenen Menge $\{0\}$ unter stetigen Funktionen sind die beiden Urbildmengen $f^{-1}(\{0\})$ und $g^{-1}(\{0\})$ jeweils abgeschlossen, also ist $\gamma(\mathbb{R})$ ebenfalls abgeschlossen.

b Seien $p = (p_1, p_2, p_3) \in \mathbb{R}^3$ und $r = \sqrt{p_1^2 + p_2^2}$. Wir betrachten das kompakte Intervall $I = [p_3 - (1 + r^2), p_3 + (1 + r^2)]$. Die Funktion $t \mapsto \|\gamma(t) - p\|$ ist stetig, nimmt also auf I ein Minimum an. Sei $t_p \in I$ der zugehörige t-Wert. Wir zeigen, dass t_p sogar ein globales Minimum von $t \mapsto \|\gamma(t) - p\|$ ist. Gilt $t \notin I$, so ist $\|\gamma(t) - p\| \geq |t - p_3| > 1 + r^2$. Andererseits liegt $t_0 = p_3 \in I$ und

$$\|\gamma(t_0) - p\|^2 = \|\gamma(t_0) - (0, 0, t_0) + (0, 0, t_0) - p\|$$
$$\overset{(\Delta)}{\leq} \|\gamma(t_0) - (0, 0, t_0)\| + \|(p_1, p_2, 0)\| = 1 + r^2.$$

Wir erhalten damit die für alle $t \in \mathbb{R}$ gültige Abschätzung

$$\|\gamma(t_p) - p\| \leq \|\gamma(t_0) - p\| \leq 1 + r^2 \leq \|\gamma(t) - p\|.$$

c Ist $v\colon \mathbb{R} \to \mathbb{R}^3$ differenzierbar, so ist

$$\frac{\mathrm{d}}{\mathrm{d}t}\|v(t)\|^2 = \frac{\mathrm{d}}{\mathrm{d}t}\langle v(t), v(t)\rangle = \frac{\mathrm{d}}{\mathrm{d}t}\sum_{i=1}^n v_i(t)^2 = 2\sum_{i=1}^n v_i'(t)v_i(t) = 2\langle v'(t), v(t)\rangle.$$

Wenden wir dies auf $v(t) = \gamma(t) - p$ an, so erhalten wir

$$\frac{\mathrm{d}}{\mathrm{d}t}\|\gamma(t) - p\| = \frac{\mathrm{d}}{\mathrm{d}t}\langle \gamma'(t), \gamma(t) - p\rangle.$$

Da t_p ein lokales Maximum der Funktion auf der linken Seite ist, verschwindet in diesem Punkt die Ableitung, also $\langle \gamma'(t_p), \gamma(t_p) - p\rangle = 0$.

d Wir behaupten, dass das Minimum nur für $t_p = 0$ erreicht wird (es ist dann 1). Gäbe es einen anderen Punkt t, so gilt für diesen laut Teil **c**

$$\left\langle \begin{pmatrix} -\sin t \\ \cos t \\ 1 \end{pmatrix}, \begin{pmatrix} \cos t - 2 \\ \sin t \\ t \end{pmatrix} \right\rangle = 0 \quad \Leftrightarrow \quad 2\sin t = -t.$$

Diese Gleichung hat die eindeutige Lösung $t = 0$: Für $t \in\,]-\pi, \pi[\,\backslash\{0\}$ haben die beiden Seiten verschiedene Vorzeichen. Falls aber $|t| > 2$ ist, so ist $|2\sin t| \leq 2 < |t|$. Damit kann nur 0 eine Lösung der Gleichung sein.

Lösungsvorschlag zur Aufgabe (Herbst 2019, T2A4)

a Wir bemerken zunächst, dass es sich um eine lineare Differentialgleichung handelt, also jedes Anfangswertproblem eine eindeutige Lösung besitzt (vgl. dazu Satz 7.14 und die Argumentation auf Seite 419). Insbesondere existiert genau eine Funktion y wie angegeben. Es gilt für $t \in \mathbb{R}$, dass

$$\dot{x}(t) = Me^{tM}x_0 + \dot{y}(t) = Me^{tM}x_0 + My(t) + c =$$
$$= M\left(e^{tM}x_0 + y(t)\right) + c = Mx(t) + c.$$

Dabei haben wir verwendet, dass $\frac{\mathrm{d}}{\mathrm{d}t}e^{tM} = Me^{tM} = e^{tM}M$ gilt. Zudem ist

$$x(0) = e^{0\cdot M}x_0 + y(0) = x_0.$$

b Sei y die Lösung aus Teil **a** und x die dort definierte Lösung mit $x(0) = x_0$. Wir untersuchen, ob wir x_0 so wählen können, dass die Randwertbedingung erfüllt ist. Es ist

$$Ax(0) + Bx(1) = d \quad \Leftrightarrow \quad Ax_0 + B\left(e^M x_0 + y(1)\right) = d \quad \Leftrightarrow$$

$$\Leftrightarrow \quad \left(A + Be^M\right)x_0 + By(1) = d \quad \Leftrightarrow \quad Cx_0 = d - By(1).$$

Wir begründen nun, dass sich die letzte Gleichung genau dann für alle $d \in \mathbb{R}^n$ lösen lässt, wenn C invertierbar ist. Nehmen wir zunächst an, dass C invertierbar ist, so setze $x_0 = C^{-1}(d - By(1))$. Falls C jedoch nicht invertierbar ist, so ist im $C \subsetneq \mathbb{R}^n$ und wir können d so wählen, dass $d - By(1) \notin$ im C ist, also es kein $x_0 \in \mathbb{R}$ mit $Cx_0 = d - By(1)$ gibt. Dies zeigt die Äquivalenz aus der Angabe.

Falls C invertierbar ist, so erhalten wir als Lösung

$$x(t) = e^{tM}C^{-1}(d - By(1)) + y(t).$$

c Wir zeigen, dass $y(t) = tF(tM)c$ die Differentialgleichung löst. Zunächst ist $y(0) = 0$. Zudem ist, unter Verwendung des Hinweises,

$$\dot{y}(t) = t\left(\sum_{k=2}^{\infty} \frac{(k-1)t^{k-2}M^{k-1}}{k!}\right)c + \left(\sum_{k=1}^{\infty} \frac{t^{k-1}M^{k-1}}{k!}\right)c =$$

$$= \left(\sum_{k=2}^{\infty} \frac{(k-1)t^{k-1}M^{k-1}}{k!}\right)c + \left(\sum_{k=2}^{\infty} \frac{t^{k-1}M^{k-1}}{k!} + \mathbb{E}_n\right)c =$$

$$= \left(\sum_{k=2}^{\infty} \frac{kt^{k-1}M^{k-1}}{k!}\right)c + c =$$

$$= t\left(\sum_{k=2}^{\infty} \frac{t^{k-2}M^{k-1}}{(k-1)!}\right)c + c =$$

$$= t\left(\sum_{k=1}^{\infty} \frac{t^{k-1}M^k}{k!}\right)c + c =$$

$$= My(t) + c,$$

wobei $\mathbb{E}_n$ die Einheitsmatrix bezeichnet.

Lösungsvorschlag zur Aufgabe (Herbst 2019, T2A5)

a Siehe Satz 6.39.

b Sei $f\colon \mathbb{E} \to \mathbb{E}$ eine holomorphe Selbstabbildung der offenen Einheitskreisscheibe $\mathbb{E}$ mit $f(0) = 0$. Dann gilt für alle $z \in \mathbb{E}$

$$|f(z)| \le |z|.$$

c Wir zeigen die Aussage zunächst für $\Omega = \mathbb{E}$ und $z_0 = 0$. Sei $h\colon \mathbb{E} \to \mathbb{E}$ biholomorph mit $h(0) = 0$. Dann ist für $z \in \mathbb{E}$ unter Anwendung des Schwarzschen Lemmas auf h und h^{-1}

$$|h(z)| \le |z| = |h^{-1}(h(z))| \le |h(z)|,$$

also gilt $|h(z)| = |z|$. Die Funktion $z \mapsto \frac{h(z)}{z}$ hat also in jedem Punkt von $\mathbb{E} \setminus \{0\}$ den Betrag 1, insbesondere hat sie in jedem Punkt ein Maximum und ist damit laut Maximumsprinzip konstant. Damit existiert ein $\zeta \in \mathbb{E}$ mit $|\zeta| = 1$, sodass $h(z) = \zeta z$ für alle $z \in \mathbb{E} \setminus \{0\}$ gilt. In 0 ist diese Gleichung wegen $h(0) = 0$ auch erfüllt, gilt also auf ganz $\mathbb{E}$.

Wenden wir dies auf die Funktionen f und g an, so erhalten wir $\zeta_1, \zeta_2 \in \partial \mathbb{E}$, sodass $f(z) = \zeta_1 z$ und $g(z) = \zeta_2 z$ für $z \in \mathbb{E}$ gilt. Zudem ist

$$\zeta_1 = f'(0) = g'(0) = \zeta_2,$$

also $f = g$.

Kommen wir nun zum allgemeinen Fall. Laut Teil **a** wissen wir, dass Ω biholomorph äquivalent zu Ω ist. Wir können also biholomorphe ϕ, ψ wählen, sodass $\psi\colon \mathbb{E} \to \Omega$ eine Abbildung mit $\psi(0) = z_0$ und $\phi\colon \Omega \to \mathbb{E}$ eine Abbildung mit $\psi(f(z_0)) = 0$ ist. Setzen wir $\widetilde{f} = \phi \circ f \circ \psi$ und $\widetilde{g} = \phi \circ g \circ \psi$, dann sind $\widetilde{f}, \widetilde{g}$ biholomorphe Abbildungen $\mathbb{E} \to \mathbb{E}$. Außerdem ist nach Konstruktion $\widetilde{f}(0) = 0$ sowie

$$\widetilde{g}(0) = \phi(g(\psi(0))) = \phi(g(z_0)) = \phi(f(z_0)) = 0.$$

Zu guter Letzt erhalten wir auch

$$\widetilde{f}'(0) = \phi'(f(\psi(0))) \cdot f'(\psi(0)) \cdot \psi'(0) = \phi'(f(z_0)) \cdot f'(z_0) \cdot \psi'(0) =$$
$$= \phi'(g(z_0)) \cdot g'(z_0) \cdot \psi'(0) = \widetilde{g}'(0).$$

Aus dem bereits Gezeigten folgt, dass $\widetilde{f} = \widetilde{g}$ gilt. Damit ist aber

$$f = \phi^{-1} \circ \widetilde{f} \circ \psi^{-1} = \phi^{-1} \circ \widetilde{g} \circ \psi^{-1} = g.$$

Lösungen zu Thema Nr. 3

Lösungsvorschlag zur Aufgabe (Herbst 2019, T3A1)

a Wir verwenden die sogenannte Dirichlet-Funktion

$$f = \mathbb{1}_{\mathbb{Q}} : \mathbb{R} \to \mathbb{R}, \quad x \mapsto \begin{cases} 1 & x \in \mathbb{Q}, \\ 0 & x \notin \mathbb{Q}. \end{cases}$$

Wir zeigen mit dem ε-δ-Kriterium, dass f an jeder Stelle unstetig ist. Sei dazu $x \in \mathbb{R}$ und wähle $\varepsilon = \frac{1}{2}$. Wäre f stetig in x, so gäbe es ein $\delta > 0$, sodass für alle $y \in \,]x - \delta, x + \delta[$ die Ungleichung $|f(y) - f(x)| < \frac{1}{2}$ erfüllt wäre. Da f nur die Werte 0 und 1 annimmt, gilt für solche y jedoch

$$|f(y) - f(x)| < \frac{1}{2} \quad \Leftrightarrow \quad f(x) - \frac{1}{2} < f(y) < f(x) + \frac{1}{2} \quad \Leftrightarrow \quad f(y) = f(x).$$

Wir unterscheiden nun zwei Fälle.

1. Fall: $x \in \mathbb{Q}$: Dann müsste für alle solche y gelten

$$f(y) = 1 \quad \Leftrightarrow \quad y \in \mathbb{Q}.$$

Das würde bedeuten, dass es eine δ-Umgebung von x gibt, in der nur rationale Zahlen liegen – Widerspruch dazu, dass $\mathbb{Q}$ dicht in $\mathbb{R}$ liegt.

2. Fall: $x \notin \mathbb{Q}$: Dann müsste für alle solche y gelten

$$f(y) = 0 \quad \Leftrightarrow \quad y \notin \mathbb{Q}.$$

Das würde bedeuten, dass es eine δ-Umgebung von x gibt, in der nur irrationale Zahlen liegen – Widerspruch dazu, dass auch $\mathbb{R} \setminus \mathbb{Q}$ dicht in $\mathbb{R}$ liegt.

b *Riemann-Integral:* Hier definieren wir die Funktion

$$f(x) = \begin{cases} 0 & \text{falls } x \le \frac{1}{2}, \\ 1 & \text{falls } y > \frac{1}{2}. \end{cases}$$

Die Funktion ist bei $x = \frac{1}{2}$ unstetig. Allerdings ist f als Treppenfunktion Riemann-integrierbar.

Lebesgue-Integral: Bei Verwendung des Lebesgue-Integrals kann auch die Einschränkung der Funktion aus Teil **a** verwendet werden. Diese ist wie gezeigt nicht stetig. Da Q aber eine Lebesgue-Nullmenge ist, können Werte auf dieser Menge geändert werden, ohne an der Lebesgue-Integrierbarkeit oder dem Wert des Integrals etwas zu ändern. Somit erhält man

$$\int_0^1 f(x)\, d\lambda(x) = \int_0^1 0 \, d\lambda(x) = 0.$$

Lösungsvorschlag zur Aufgabe (Herbst 2019, T3A2)

a Wir zeigen zunächst die Bijektivität, indem wir die (später ohnehin benötigte) Umkehrfunktion berechnen: Sei $(u,v) \in Q$, dann ist für $(x,y) \in S$

$$(u,v) = f(x,y) \quad \Leftrightarrow \quad u = x(1-y) \text{ und } v = xy.$$

Daraus erhält man $y = \frac{v}{x}$ und somit

$$u = x\left(1 - \frac{v}{x}\right) \quad \Leftrightarrow \quad u = x - v \quad \Leftrightarrow \quad x = u + v$$

und somit $y = \frac{v}{u+v}$. Wegen $u, v > 0$ gilt

$$u + v > 0 \text{ und } 0 < \frac{v}{u+v} < 1,$$

also $(u,v) \in S$. Sei also $g\colon Q \to S, (u,v) \mapsto (u+v, \frac{v}{u+v})$. Man rechnet nun nach, dass

$$(f \circ g)(u,v) = (u,v) \quad \text{und} \quad (g \circ f)(x,y) = (x,y).$$

Dies zeigt, dass $g = f^{-1}$ die Umkehrfunktion von f ist. Insbesondere ist f bijektiv. Die Komponentenfunktionen von f sind Polynome, daher ist f stetig differenzierbar, bei f^{-1} verweisen wir zusätzlich auf die Quotientenregel.

b Wir untersuchen mit den Cauchy-Riemannschen Differentialgleichungen, ob die (reell differenzierbare) Funktion $f\colon \mathbb{C} \to \mathbb{C}, x + iy \mapsto x(1-y) + ixy$ holomorph ist. Die Jacobi-Matrix von f ist gegeben durch

$$(Df)(x,y) = \begin{pmatrix} 1-y & -x \\ y & x \end{pmatrix}.$$

Da die Cauchy-Riemannschen Differentialgleichungen also nicht erfüllt sind, ist f nicht holomorph und bildet somit S nicht konform auf Q ab.

Lösungsvorschlag zur Aufgabe (Herbst 2019, T3A3)

a Siehe Satz 6.20.

b Sei $M \in \mathbb{R}$ eine untere Schranke für $\operatorname{Im} f$, es gelte also $\operatorname{Im} f(z) \geq M$ für alle $z \in \mathbb{C}$. Wir betrachten die Funktion

$$g \colon \mathbb{C} \to \mathbb{C}, \quad z \mapsto e^{if(z)}.$$

Dann ist

$$|g(z)| = \left| e^{if(z)} \right| = \left| e^{i\operatorname{Re} f(z)} \cdot e^{-\operatorname{Im} f(z)} \right| = e^{-\operatorname{Im} f(z)} \leq e^{-M}.$$

Folglich ist g eine beschränkte ganze Funktion und laut dem Satz von Liouville daher konstant. Es existiert also ein $c \in \mathbb{C}^{\times}$, sodass $g(z) = c$ für alle $z \in \mathbb{C}$ gilt. Wir schreiben $c = e^{w}$ für ein $w \in \mathbb{C}$. Dann ist

$$if(z) \in \{w + 2\pi i k : k \in \mathbb{Z}\} \quad \Leftrightarrow \quad f(z) \in \{-iw + 2\pi k : k \in \mathbb{Z}\}.$$

Wäre f nicht konstant, so würde die rechte Menge laut dem Satz von der Gebietstreue eine Umgebung von w enthalten – Widerspruch dazu, dass diese Menge diskret ist.

Lösungsvorschlag zur Aufgabe (Herbst 2019, T3A4)

a Das charakteristische Polynom der Differentialgleichung ist gegeben durch $X^2 + 2X + 2$ mit den Nullstellen $-1 \pm i$. Also ist

$$\left\{ e^{-x} \sin x, e^{-x} \cos x \right\}$$

ein Fundamentalsystem von Lösungen und die allgemeine Lösung der Differentialgleichung lautet

$$y \colon \mathbb{R} \to \mathbb{R}, \quad x \mapsto ae^{-x} \sin x + be^{-x} \cos x, \qquad a, b \in \mathbb{R}.$$

b Wir machen den Ansatz $y_p(x) = ce^{x}$. Einsetzen in die Differentialgleichung ergibt

$$ce^{x} + 2ce^{x} + 2ce^{x} = 15e^{x} \quad \Leftrightarrow \quad 5ce^{x} = 15e^{x} \quad \Leftrightarrow \quad c = 3.$$

Damit erhalten wir als allgemeine Lösung der inhomogenen Gleichung

$$y \colon \mathbb{R} \to \mathbb{R}, \quad x \mapsto ae^{-x} \sin x + be^{-x} \cos x + 3e^{x}, \qquad a, b \in \mathbb{R}.$$

c Sei $f\colon \mathbb{C} \to \mathbb{C}$ eine ganze Funktion, die die angegebene Differentialgleichung löst. Dann besitzt f eine auf ganz $\mathbb{C}$ gültige Potenzreihenentwicklung $f(z) = \sum_{k=0}^{\infty} a_k z^k$. Durch formales Ableiten erhalten wir aus der Differentialgleichung die Bedingung

$$\sum_{k=2}^{\infty} a_k k(k-1) z^{k-2} + 2\sum_{k=1}^{\infty} a_k k z^{k-1} + 2\sum_{k=0}^{\infty} a_k z^k = 15 \sum_{k=0}^{\infty} \frac{z^k}{k!}.$$

Koeffizientenvergleich ergibt dann, dass für jedes $k \in \mathbb{N}_0$ die Gleichung

$$a_{k+2}(k+2)(k+1) + 2(k+1)a_{k+1} + 2a_k = \frac{1}{k!}$$

erfüllt sein muss. Außerdem wissen wir $a_0 = f(0) = e$ und $a_1 = f'(0) = 2$, also lassen sich die obigen Gleichungen induktiv lösen. Insbesondere ist f eindeutig bestimmt (im Falle der Existenz). Es genügt also, eine Lösung f aufzuspüren.

Dazu greifen wir auf das Ergebnis aus Teil **b** zurück und berechnen zunächst eine Lösung $g\colon \mathbb{R} \to \mathbb{R}$ der zugehörigen reellen Differentialgleichung mit $g(0) = e$ und $g'(0) = 2$. Die Anfangswerte bescheren uns durch Einsetzen in die allgemeine Lösung aus Teil **b** bzw. ihre Ableitung die Gleichungen

$$b + 3 = e \quad \text{und} \quad a - b + 3 = 2,$$

also $b = e - 3$ sowie $a = e - 4$. Ergo ist mit

$$g(x) = (e-4)e^{-x}\sin x + (e-3)e^{-x}\cos x + 3e^x$$

eine passende Lösung gefunden. Man überprüft nun direkt, dass die Funktion

$$z \mapsto (e-4)e^{-z}\sin z + (e-3)e^{-z}\cos z + 3e^z$$

eine Lösung der komplexen Differentialgleichung ist, also mit f übereinstimmen muss.

Lösungsvorschlag zur Aufgabe (Herbst 2019, T3A5)

a Sei α wie angegeben. Wir rechnen nach, dass β das System

$$x' = f(x,y), \quad y' = g(x,y)$$

löst.

Es ist

$$\beta_1'(t) = \alpha_1'(t) \cos \alpha_2(t) - \alpha_1(t) \sin \alpha_2(t) \alpha_2'(t) =$$
$$= p(\alpha_1(t), \alpha_2(t)) \cos \alpha_2(t) - \alpha_1(t) \sin \alpha_2(t) \cdot q(\alpha_1(t), \alpha_2(t)) =$$
$$= [f(\beta_1(t), \beta_2(t)) \cos \alpha_2(t) + g(\beta_1(t), \beta_2(t)) \sin \alpha_2(t)] \cos \alpha_2(t)$$
$$- \sin \alpha_2(t) [g(\beta_1(t), \beta_2(t)) \cos \alpha_2(t) - f(\beta_1(t), \beta_2(t)) \sin \alpha_2(t)] =$$
$$= f(\beta_1(t), \beta_2(t))(\cos^2 \alpha_2(t) + \sin^2 \alpha_2(t)) = f(\beta_1(t), \beta_2(t)).$$

Eine analoge Rechnung zeigt $\beta_2'(t) = g(\beta_1(t), \beta_2(t))$.

b Wir bestimmen zunächst die Funktionen p und q für die angegebene Gleichung, also für $f(x, y) = y + x^3 + xy^2$ und $g(x, y) = -x + x^2 y + y^3$. Es ist

$$p(r, \varphi) = (r \sin \varphi + r^3 \cos^3 \varphi + r^3 \cos \varphi \sin^2 \varphi) \cos \varphi +$$
$$(-r \cos \varphi + r^3 \cos^2 \varphi \sin \varphi + r^3 \sin^3 \varphi) \sin \varphi$$
$$= r^3 \cos^4 \varphi + 2r^3 \cos^2 \varphi \sin^2 \varphi + r^3 \sin^4 \varphi$$
$$= r^3 \left(\cos^2 \varphi + \sin^2 \varphi \right)^2 = r^3$$

sowie

$$q(r, \varphi) = \frac{1}{r} \left(-r \cos \varphi + r^3 \cos^2 \varphi \sin \varphi + r^3 \sin^3 \varphi \right) \cos \varphi$$
$$- \frac{1}{r} \left(r \sin \varphi + r^3 \cos^3 \varphi + r^3 \cos \varphi \sin^2 \varphi \right) \sin \varphi$$
$$= - \cos^2 \varphi - \sin^2 \varphi = -1.$$

Da für die Lösung β des ursprünglichen Systems $\beta(0) = (\frac{1}{\sqrt{2}}, 0)$ gelten soll, brauchen wir

$$\alpha_1(t) \cos \alpha_2(t) = \frac{1}{\sqrt{2}}, \quad \alpha_1(t) \sin \alpha_2(t) = 0.$$

Die zweite Gleichung ergibt wegen $\alpha_1 \neq 0$, dass $\alpha_2(0) = 0$ ist und daraus folgt $\alpha_1(0) = \frac{1}{\sqrt{2}}$.

Nun können wir eine Lösung $\alpha = (\alpha_1, \alpha_2)$ des Anfangswertproblems

$$r' = r^3, \quad \varphi' = -1, \qquad (r(0), \varphi(0)) = \left(\frac{1}{\sqrt{2}}, 0\right)$$

bestimmen. Die Lösung der zweiten Gleichung, $\alpha_2(t) = -t$, sieht man direkt. Für die erste trennt man die Variablen:

$$\int_{1/\sqrt{2}}^{\alpha_1(t)} \frac{1}{r^3} \, dr = \int_0^t 1 \, d\tau \quad \Leftrightarrow \quad \left[-\frac{1}{2r^2}\right]_{1/\sqrt{2}}^{\alpha_1(t)} = t \quad \Leftrightarrow \quad 1 - \frac{1}{2\alpha_1(t)^2} = t$$

$$\Leftrightarrow \quad \alpha_1(t) = \sqrt{\frac{1}{2 - 2t}}.$$

Damit erhält man die Funktion

$$\beta \colon \,]-\infty, 1[\, \to \mathbb{R}^2, \quad t \mapsto \left(\sqrt{\frac{1}{2 - 2t}} \cos t, -\sqrt{\frac{1}{2 - 2t}} \sin t\right).$$

Dass es sich bei β tatsächlich um die maximale Lösung des Anfangswertproblems handelt, sieht man anhand des Grenzwerts $\lim_{t \nearrow 1} \|\beta(t)\| = \infty$.

Prüfungstermin: Frühjahr 2020

Thema Nr. 1
(Aufgabengruppe)

Aufgabe 1 → S. 690   (2 + 4 Punkte)

Gegeben seien das Ellipsoid

$$E = \left\{ (x,y,z) \in \mathbb{R}^3 : x^2 + 4y^2 + z^2 \leq 9 \right\}$$

und die Funktion $f \colon \mathbb{R}^3 \to \mathbb{R}$ mit

$$f(x,y,z) = x + 4y - 2z + 9 \quad \text{für } (x,y,z) \in \mathbb{R}^3.$$

a Begründen Sie, dass die Funktion f auf E ihr Maximum und Minimum annimmt.

b Bestimmen Sie die Maximum- und Minimumstellen von f auf E.

Aufgabe 2 → S. 691   (1 + 3 + 2 Punkte)

Gegeben sei das autonome Differentialgleichungssystem

$$\dot{x} = 2 - xy^2$$
$$\dot{y} = (x - 2)y.$$

a Bestimmen Sie alle Ruhelagen des Systems.

b Untersuchen Sie alle Ruhelagen auf asymptotische Stabilität.

c Sei $J \subseteq \mathbb{R}$ das maximale Existenzintervall der eindeutigen Lösung mit Anfangswert $(x(0), y(0)) \in \mathbb{R} \times \mathbb{R}^+$. Begründen Sie, dass $y(t) > 0$ für alle $t \in J$ gilt.

Aufgabe 3 → S. 692   (2 + 4 Punkte)

a Bestimmen Sie alle Lösungen der folgenden Differentialgleichung zweiter Ordnung:

$$\ddot{x} - x = e^t.$$

[b] Die Funktionen $\varphi_1, \varphi_2, \varphi_3 \colon \mathbb{R} \to \mathbb{R}$ sind gegeben durch

$$\varphi_1(t) = 1, \quad \varphi_2(t) = t, \quad \varphi_3(t) = t^2$$

für alle $t \in \mathbb{R}$. Über eine lineare inhomogene Differentialgleichung zweiter Ordnung ist bekannt, dass φ_1, φ_2 und φ_3 Lösungen sind. Geben Sie die Menge *aller* Lösungen dieser Differentialgleichung an. Die Differentialgleichung selbst brauchen Sie dabei nicht zu bestimmen.

Aufgabe 4 $\hookrightarrow$ S. 692   (2 + 4 Punkte)

[a] Bestimmen Sie die Anzahl der Nullstellen (gezählt mit Vielfachheiten) für die Funktion $f \colon \mathbb{C} \to \mathbb{C}$, gegeben durch

$$f(z) = z^{42} - 5z^4 + iz^3 + z^2 - iz, \quad z \in \mathbb{C}$$

im offenen Einheitskreis $B_1(0) = \{z \in \mathbb{C} : |z| < 1\}$.

[b] Berechnen Sie

$$\int_{-\infty}^{\infty} \frac{1 + x^2}{1 + x^4} \, \mathrm{d}x.$$

Aufgabe 5 $\to$ S. 693   (2 + 4 Punkte)

Sei $G \colon [0,1]^2 \to \mathbb{R}$ gegeben durch

$$G(x,y) = \begin{cases} y(x-1) & \text{für } y \leq x, \\ x(y-1) & \text{für } y > x. \end{cases}$$

[a] Sei $f \colon [0,1] \to \mathbb{R}$ stetig. Zeigen Sie, dass die Funktion $u \colon [0,1] \to \mathbb{R}$, gegeben durch

$$u(x) = \int_0^1 G(x,y) f(y) \, \mathrm{d}y \quad \text{für } y \in [0,1],$$

zweimal stetig differenzierbar ist mit

$$u''(x) = f(x) \quad \text{auf } [0,1], \quad u(0) = 0 = u(1).$$

[b] Zeigen Sie, dass durch

$$u_0(x) := 0, \quad u_{n+1}(x) = \int_0^1 G(x,y) \cos(u_n(y)) \, \mathrm{d}y \quad \text{für } x \in [0,1], \quad n \in \mathbb{N}_0$$

eine Folge stetiger Funktionen auf $[0,1]$ definiert wird, die auf $[0,1]$ gleichmäßig gegen eine zweimal stetig differenzierbare Funktion $u \colon [0,1] \to \mathbb{R}$ konvergiert mit

$$u''(x) = \cos(u(x)) \quad \text{auf } [0,1], \quad u(0) = 0 = u(1).$$

Thema Nr. 2
(Aufgabengruppe)

Aufgabe 1   → S. 696   (2+2+2 Punkte)

Gegeben seien zwei reelle Zahlenfolgen $(a_n)_{n\in\mathbb{N}}$, $(b_n)_{n\in\mathbb{N}}$. Weiter sei $b \in \mathbb{R}$.

a Sei $\lim_{n\to\infty} b_n = b$. Zeigen Sie mithilfe der Definition für die Konvergenz einer reellen Zahlenfolge, dass die Folge $(b_n)_{n\in\mathbb{N}}$ beschränkt ist.

b Sei $\sum_{n=1}^{\infty} a_n$ absolut konvergent und $\lim_{n\to\infty} b_n = b$. Zeigen Sie, dass die Reihe $\sum_{n=1}^{\infty} a_n b_n$ ebenfalls absolut konvergent ist.

c Sei nun $\sum_{n=1}^{\infty} a_n$ konvergent und $\lim_{n\to\infty} b_n = 0$. Beweisen oder widerlegen Sie, dass dann die Reihe $\sum_{n=1}^{\infty} a_n b_n$ ebenfalls konvergiert.

Aufgabe 2   → S. 696   (5+1 Punkte)

Zu gegebenem $a \in \mathbb{C} \setminus \mathbb{R}$ mit $|a| = 1$ sei $\gamma_a \colon \mathbb{R} \to \mathbb{C}, t \mapsto ta$. Für $R > 1$ sei $\gamma_{a,R} = \gamma_a|_{[-R,R]}$ die Einschränkung von γ_a auf das Intervall $[-R, R]$.

a Zeigen Sie, dass das komplexe Wegintegral

$$\int_{\gamma_a} \frac{dz}{1 - z^2} := \lim_{R\to\infty} \int_{\gamma_{a,R}} \frac{dz}{1 - z^2}$$

existiert, und bestimmen Sie seinen Wert.

b Sei nun $\gamma_a^+ = \gamma_a|_{[0,\infty)}$. Existiert das Wegintegral $\int_{\gamma_a^+} \frac{dz}{1-z^2}$, wenn man dieses analog zu **a** als Limes interpretiert? Bestimmen Sie gegebenenfalls den Wert des Integrals.

Aufgabe 3   → S. 698   (1+5 Punkte)

Gegeben seien die Funktion $f \colon \mathbb{R}^2 \setminus \{(0,0)\} \to \mathbb{R}, (x,y) \mapsto \frac{x}{x^2+y^2}$ und die Menge $M = \{(x,y) \in \mathbb{R}^2 \mid 1 \leq x^2 + 2y^2 \leq 4\}$.

a Zeigen Sie, dass f Realteil einer holomorphen Funktion auf $\mathbb{C} \setminus \{0\}$ ist. Dabei werde $(x,y) \in \mathbb{R}^2$ mit $z = x + iy \in \mathbb{C}$ identifiziert.

b Zeigen Sie, dass die Funktion f auf der Menge M Maximum und Minimum annimmt. Bestimmen Sie alle Stellen, an denen dies geschieht, und berechnen Sie die entsprechenden Funktionswerte.

Aufgabe 4   → S. 699   (2+2+2 Punkte)

a Sei $x_0 \in (0, \pi)$. Zeigen Sie, dass das Anfangswertproblem

$$\dot{x} = \sin(x), \quad x(0) = x_0$$

eine eindeutig bestimmte, globale Lösung $x: \mathbb{R} \to \mathbb{R}, t \to x(t)$ besitzt.

b Zeigen Sie, dass $\lim_{t \to -\infty} x(t)$ und $\lim_{t \to \infty} x(t)$ existieren, und bestimmen Sie diese Grenzwerte.

c Zeigen Sie, dass es ein $t^* \in \mathbb{R}$ gibt derart, dass x auf $(-\infty, t^*)$ strikt konvex und auf (t^*, ∞) strikt konkav ist.

Aufgabe 5   → S. 700   (6 Punkte)

Untersuchen Sie für jeden Parameterwert $a \in \mathbb{R}$ die Stabilitätseigenschaften der Ruhelage $x_1 = 0$, $x_2 = 0$ des Differentialgleichungssystems

$$\dot{x}_1 = ax_1 + x_2 + (a+1)x_1^2,$$
$$\dot{x}_2 = x_1 + ax_2.$$

Thema Nr. 3
(Aufgabengruppe)

Aufgabe 1   → S. 701   (1+1+1+3 Punkte)

Das Vektorfeld $f: \mathbb{R}^2 \to \mathbb{R}^2, f(x_1, x_2) = (\sin x_2, -\sin x_1)$ bestimmt das Differentialgleichungssystem $\frac{dx}{dt} = f(x)$.

a Zeigen Sie: Für alle Anfangswerte $x_0 \in \mathbb{R}^2$ existiert eine eindeutige Lösung $\phi_{x_0}: \mathbb{R} \to \mathbb{R}^2$.

b Bestimmen Sie alle Gleichgewichtspunkte (Ruhelagen) in $\mathbb{R}^2$.

c Zeigen Sie, dass die Funktion $H: \mathbb{R}^2 \to \mathbb{R}, H(x_1, x_2) = \cos x_1 + \cos x_2$ eine Erhaltungsgröße (Konstante der Bewegung) ist.

d Welche Gleichgewichtspunkte sind Liapunow-stabil, welche instabil? Benutzen Sie Teil **c** zum Nachweis der Liapunow-Stabilität.

Aufgabe 2   → S. 702 $(1+1+1+3$ Punkte$)$

Betrachten Sie die Funktionenreihe $f(x) = \sum_{n=0}^{\infty} 2^{-n} \sin(2^n x)$.

a Zeigen Sie, dass die Reihe für alle $x \in \mathbb{R}$ konvergiert, also eine Funktion $f \colon \mathbb{R} \to \mathbb{R}$ definiert.

b Zeigen Sie, dass f stetig ist.
Hinweis Sie können die Gleichmäßigkeit der Konvergenz benutzen.

c Zeigen Sie, dass f periodisch mit Periode 2π ist.

d Zeigen Sie, dass f in 0 nicht differenzierbar ist, indem Sie für die Differenzenquotienten

$$d_k = \frac{f(\pi/2^k) - f(0)}{\pi/2^k} \quad (k \in \mathbb{N})$$

die Beziehung $d_{k+1} = d_k + \frac{2^{k+1}}{\pi} \sin\left(\frac{\pi}{2^{k+1}}\right)$ ableiten und folgern, dass gilt: $\lim_{k \to \infty} d_k = +\infty$.

Aufgabe 3   → S. 703 $(2+2+2$ Punkte$)$

Beweisen oder widerlegen Sie die folgenden Aussagen:

a Jede holomorphe Funktion $f \colon B_1(0) = \{z \in \mathbb{C} : |z| < 1\} \to \mathbb{C}$ mit

$$|f(z)| = 1 \quad \text{für alle } z \in B_1(0)$$

ist konstant.

b Jede holomorphe Funktion $f \colon \mathbb{C} \to \mathbb{C}$ mit

$$f(z+i) = f(z) = f(z+1) \quad \text{für alle } z \in \mathbb{C}$$

ist konstant.

c Jede holomorphe Funktion $f \colon \mathbb{C} \to \mathbb{C}$ mit

$$f(k) = f(ik) = f(0) \quad \text{für alle } k \in \mathbb{Z}$$

ist konstant.

Aufgabe 4　　　→ S. 703　　　　　　　　　　　　　　　$(1 + 4 + 1$ Punkte$)$

Es sollen die komplexen Integrale $I_n = \int_{\gamma_n} \frac{e^{iz}}{z} \, dz$ benutzt werden, um zu zeigen, dass das uneigentliche Riemann-Integral $J = \int_0^\infty \frac{\sin(x)}{x} \, dx$ existiert, und um dessen Wert zu bestimmen. Dabei setzt sich der geschlossene Weg γ_n für $n \in \mathbb{N}$ aus den folgenden Teilwegen zusammen:

$$
\begin{aligned}
&\gamma_n^{(1)} : [-\pi, 0] \to \mathbb{C}, &&\gamma_n^{(1)}(t) = e^{-it}/n, \\
&\gamma_n^{(2)} : [1/n, n] \to \mathbb{C}, &&\gamma_n^{(2)}(t) = t, \\
&\gamma_n^{(3)} : [0, n] \to \mathbb{C}, &&\gamma_n^{(3)}(t) = n + it, \\
&\gamma_n^{(4)} : [-n, n] \to \mathbb{C}, &&\gamma_n^{(4)}(t) = ni - t, \\
&\gamma_n^{(5)} : [0, n] \to \mathbb{C}, &&\gamma_n^{(5)}(t) = n(-1 + i) - it, \\
&\gamma_n^{(6)} : [-n, -1/n] \to \mathbb{C}, &&\gamma_n^{(6)}(t) = t.
\end{aligned}
$$

γ_n hat damit die Form eines Rechteckes mit einem Halbkreis um Null.

a Zeichnen Sie das Bild eines Weges γ_n und beweisen Sie, dass für alle $n \in \mathbb{N}$ gilt: $I_n = 0$.

b Berechnen Sie für $I_n^{(k)} := \int_{\gamma_n^{(k)}} \frac{e^{iz}}{z} \, dz$ jeweils den Limes

$$
I^{(k)} = \lim_{n \to \infty} I_n^{(k)} \quad \text{(für } k = 1, 3, 4, 5) \quad \text{und daraus } \lim_{n \to \infty} (I_n^{(2)} + I_n^{(6)}).
$$

c Folgern Sie, dass das Integral J existiert, und berechnen Sie seinen Wert.

Aufgabe 5　　　→ S. 705　　　　　　　　　　　　　　　$(6$ Punkte$)$

Berechnen Sie für alle $a \in \mathbb{R}$ die allgemeine Lösung der Differentialgleichung

$$
x''(t) + x(t) = \sin(at).
$$

Untersuchen Sie, für welche Werte des Parameters a jede Lösung $\phi : \mathbb{R} \to \mathbb{R}$ unbeschränkt ist.

Lösungen zu Thema Nr. 1

Lösungsvorschlag zur Aufgabe (Frühjahr 2020, T1A1)

a E ist als Urbild der abgeschlossenen Menge $]-\infty, 9]$ unter der stetigen Abbildung $g(x,y,z) = x^2 + 4y^2 + z^2$ abgeschlossen, außerdem gilt $E \subseteq B_3(0)$, sodass E auch beschränkt, also kompakt ist. Da die Funktion f als Polynomfunktion stetig ist, nimmt f auf E Minimum und Maximum an.

b Es gilt

$$\nabla f(x,y,z) = \begin{pmatrix} 1 \\ 4 \\ -2 \end{pmatrix} \neq \begin{pmatrix} 0 \\ 0 \\ 0 \end{pmatrix}.$$

Also hat f keine lokalen Extrema im Inneren von E und wir können auf dem Rand ∂E weitersuchen. Hier verwenden wir den Satz über Extrema unter Nebenbedingungen 5.9 und suchen $(x,y,z) \in E$, die die Gleichung

$$\nabla f(x,y,z) = \lambda \cdot \nabla g(x,y,z)$$

für ein $\lambda \in \mathbb{R}$ lösen. Es ist

$$\nabla f(x,y,z) = \lambda \cdot \nabla g(x,y,z) \quad \Leftrightarrow \quad \begin{pmatrix} 1 \\ 4 \\ -2 \end{pmatrix} = \lambda \begin{pmatrix} 2x \\ 8y \\ 2z \end{pmatrix}.$$

Wir sehen $\lambda, x, y, z \neq 0$ und erhalten aus den ersten beiden Gleichungen

$$\frac{1}{4} = \frac{2\lambda x}{8\lambda y} \quad \Leftrightarrow \quad \frac{x}{y} = 1 \quad \Leftrightarrow \quad x = y$$

und aus den letzten beiden

$$\frac{4}{-2} = \frac{8\lambda y}{2\lambda z} \quad \Leftrightarrow \quad -2 = \frac{4y}{z} \quad \Leftrightarrow \quad z = -2y.$$

Also haben wir $(x,y,z) = (x, x, -2x)$. Einsetzen in die Gleichung von ∂E ergibt

$$x^2 + 4x^2 + 4x^2 = 9 \quad \Leftrightarrow \quad 9x^2 = 9 \quad \Leftrightarrow \quad x^2 = 1 \quad \Leftrightarrow \quad x = \pm 1.$$

Die Funktionswerte von f berechnen sich zu

$$f(1,1,-2) = 18, \qquad f(-1,-1,2) = 0,$$

sodass der erste Punkte die Maximalstelle, der zweite die Minimalstelle von f auf E ist.

Lösungsvorschlag zur Aufgabe (Frühjahr 2020, T1A2)

a Aus der zweiten Gleichung erhält man sofort $x = 2$ oder $y = 0$. Im zweiten Fall ergibt die erste Gleichung $0 = 2$ – Widerspruch. Wenn wir $x = 2$ in die erste Gleichung einsetzen, so erhalten wir

$$0 = 2 - 2y^2 \quad \Leftrightarrow \quad y^2 = 1 \quad \Leftrightarrow \quad y = \pm 1.$$

Die Ruhelagen sind also $(2, \pm 1)$.

b Wir berechnen die Linearisierung der Differentialgleichung. Sei $f(x, y)$ die rechte Seite der Differentialgleichung. Dann gilt

$$(Df)(x, y) = \begin{pmatrix} -y^2 & -2xy \\ y & x - 2 \end{pmatrix}$$

und somit

$$(Df)(2, 1) = \begin{pmatrix} -1 & -4 \\ 1 & 0 \end{pmatrix}, \quad (Df)(2, -1) = \begin{pmatrix} -1 & 4 \\ -1 & 0 \end{pmatrix}.$$

Beide Matrizen haben das charakteristische Polynom

$$(-1 - X)(-X) + 4 = X^2 + X + 4$$

mit den Nullstellen

$$\lambda_{1,2} = \frac{-1 \pm \sqrt{1 - 16}}{2} = -\frac{1}{2} \pm i \frac{\sqrt{15}}{2}.$$

Damit sind die Realteile aller Eigenwerte negativ und beide Ruhelagen sind asymptotisch stabil.

c Angenommen, es gibt ein $t \in J$ mit $y(t) < 0$. Dann existiert laut dem Zwischenwertsatz ein $t_0 \in J$ mit $y(t_0) = 0$. Insbesondere ist (x, y) eine Lösung des Anfangswertproblems

$$\dot{x} = 2 - xy^2, \quad \dot{y} = (x - 2)y \quad (x(t_0), y(t_0)) = (x_0, 0) \qquad (\star)$$

mit $x_0 = x(t_0)$. Betrachte nun die Funktion

$$\varphi \colon \mathbb{R} \to \mathbb{R}^2, \quad t \mapsto (2(t - t_0) + x_0, 0).$$

Diese ist eine Lösung von $(\star)$, wie man unmittelbar prüft. Da die Differentialgleichung aber den Voraussetzungen des Globalen Existenz- und Eindeutigkeitssatzes genügt, folgt daraus bereits $y(t) = 0$ für alle $t \in J$ – Widerspruch.

Lösungsvorschlag zur Aufgabe (Frühjahr 2020, T1A3)

a Das charakteristische Polynom der zugehörigen homogenen Differentialgleichung ist $X^2 - 1 = (X+1)(X-1)$ mit den Nullstellen ± 1. Dies liefert
für die homogene Gleichung die Fundamentallösungen e^t und e^{-t}. Um
eine partikuläre Lösung zu finden, bemerken wir, dass die rechte Seite
bereits eine Lösung der homogenen Gleichung ist (also Resonanz vorliegt),
und verwenden den Ansatz $x_p(t) = cte^t$. Einsetzen in die Differentialgleichung ergibt

$$(t+2)ce^t - cte^t = e^t \quad \Leftrightarrow \quad 2ce^t = e^t \quad \Leftrightarrow \quad c = \tfrac{1}{2}.$$

Damit ist die Menge der Lösungen gegeben durch

$$\left\{ ae^t + be^{-t} + \tfrac{1}{2}te^t \mid a, b \in \mathbb{R} \right\}.$$

b Da es sich bei φ_1, φ_2 und φ_3 laut Angabe um Lösungen des inhomogenen Systems handelt, sind $\phi_1 := \varphi_1 - \varphi_3$ und $\phi_2 := \varphi_2 - \varphi_3$ Lösungen
des zugehörigen *homogenen* Systems. Wir behaupten, dass diese beiden
Lösungen bereits ein Fundamentalsystem der homogenen Lösung bilden.
Da genannte Differentialgleichung laut Angabe Ordnung zwei hat, ist ihr
Lösungsraum zweidimensional und es genügt zu zeigen, dass ϕ_1 und ϕ_2
linear unabhängig sind. Seien dazu $a, b \in \mathbb{R}$ mit

$$a\phi_1(t) + b\phi_2(t) = 0 \quad \Leftrightarrow \quad a + bt - (a+b)t^2 = 0$$

für alle $t \in \mathbb{R}$, dann liefert Auswerten bei $t = 0$, dass $a = 0$. Die verbleibende Gleichung $bt(1-t) = 0$ kann man beispielsweise bei $t = 2$ auswerten,
um auch $b = 0$ schließen zu können. Wir haben damit gezeigt, dass es sich
bei $\{\phi_1, \phi_2\}$ um ein Fundamentalsystem des homogenen Systems handelt.
Da φ_3 eine partikuläre Lösung des inhomogenen Systems ist, erhalten wir
als Lösungsmenge

$$\mathcal{L} = \{a\phi_1 + b\phi_2 \mid a, b \in \mathbb{R}\} + \varphi_3 = \left\{ a(1-t^2) + bt(1-t) + t^2 \mid a, b \in \mathbb{R} \right\}.$$

Lösungsvorschlag zur Aufgabe (Frühjahr 2020, T1A4)

a Für $z \in \partial B_1(0)$ gilt

$$|z^{42} + iz^3 + z^2 - iz| \le |z|^{42} + |z|^3 + |z|^2 + |z| = 4 < 5 = |5z^4|.$$

Also haben laut dem Satz von Rouché f und $z \mapsto 5z^4$ auf $B_1(0)$ gleich
viele Nullstellen, nämlich vier.

b Eine geradezu klassische Anwendung des Residuensatzes. Für $z \in \mathbb{C}$ gilt

$$1 + z^4 = 0 \quad \Leftrightarrow \quad z^4 = -1 \quad \Leftrightarrow \quad z^4 = e^{i\pi} \quad \Leftrightarrow$$

$$\Leftrightarrow \quad z \in \left\{ e^{\frac{1}{4}\pi i}, e^{\frac{3}{4}\pi i}, e^{\frac{5}{4}\pi i}, e^{\frac{7}{4}\pi i} \right\}.$$

Wir bezeichnen die Menge rechts mit S und definieren die holomorphe Funktion

$$f \colon \mathbb{C} \setminus S \to \mathbb{C}, \quad z \mapsto \frac{1 + z^2}{1 + z^4}$$

sowie für $R \in \mathbb{R}^+$ die Wege

$$\gamma_R \colon [-R, R] \to \mathbb{C}, \quad t \mapsto t \quad \text{und} \quad \delta_R \colon [0, \pi] \to \mathbb{C}, \quad t \mapsto Re^{it}.$$

Dann beschreibt $\delta_R * \gamma_R$ einen Halbkreis in der oberen Halbebene mit Radius R. Für $R > 1$ umläuft dieser die beiden Singularitäten $e^{\frac{1}{4}\pi i}$ und $e^{\frac{3}{4}\pi i}$ einmal im positiven Sinn. Wir berechnen die zugehörigen Residuen:

$$\mathrm{Res}\left(f; e^{\frac{1}{4}\pi i} \right) = \frac{1 + e^{\frac{1}{2}\pi i}}{4e^{\frac{3}{4}\pi i}} = \frac{1 + i}{4e^{\frac{3}{4}\pi i}}, \quad \mathrm{Res}\left(f; e^{\frac{3}{4}\pi i} \right) = \frac{1 + e^{\frac{3}{2}\pi i}}{4e^{\frac{9}{4}\pi i}} = \frac{1 - i}{4e^{\frac{1}{4}\pi i}}$$

Schon jetzt erhalten wir mit dem Residuensatz für $R > 1$:

$$\int_{\gamma_R * \delta_R} f(z)\, \mathrm{d}z = 2\pi i \left(\frac{1 + i}{4e^{\frac{3}{4}\pi i}} + \frac{1 - i}{4e^{\frac{1}{4}\pi i}} \right) = 2\pi i \left(\frac{1 + i}{4ie^{\frac{1}{4}\pi i}} + \frac{i \cdot (1 - i)}{i \cdot 4e^{\frac{1}{4}\pi i}} \right) =$$

$$= 2\pi i \cdot \frac{2 + 2i}{4ie^{\frac{1}{4}\pi i}} = 2\pi i \cdot \frac{2(1 + i)}{4i \cdot \frac{i+1}{\sqrt{2}}} = \sqrt{2}\pi.$$

Nun zeigen wir noch, dass das Integral über δ_R beim Grenzübergang $R \to \infty$ verschwindet. Dazu berechnen wir für $R > 1$

$$\left| \int_{\delta_R} f(z)\, \mathrm{d}z \right| = \left| \int_0^\pi \frac{1 + R^2 e^{2it}}{1 + R^4 e^{4it}} \cdot Rie^{it}\, \mathrm{d}t \right| \leq \int_0^\pi \left| \frac{1 + R^2 e^{it}}{1 + R^4 e^{4it}} \right| R\, \mathrm{d}t =$$

$$\overset{(\triangledown)}{\leq} \int_0^\pi \frac{1 + R^2}{|1 - R^4|} R\, \mathrm{d}t = \frac{R\pi(1 + R^2)}{R^4 - 1} \overset{R \to \infty}{\longrightarrow} 0.$$

Insgesamt folgt daraus

$$\int_{-\infty}^\infty \frac{1 + x^2}{1 + x^4}\, \mathrm{d}x = \lim_{R \to \infty} \int_{\gamma_R} f(z)\, \mathrm{d}z = \sqrt{2}\pi.$$

Lösungsvorschlag zur Aufgabe (Frühjahr 2020, T1A5)

a Wir vereinfachen u zunächst:

$$u(x) = \int_0^1 G(x,y)f(y)\, dy = \int_0^x y(x-1)f(y)\, dy + \int_x^1 x(y-1)f(y)\, dy =$$

$$= (x-1)\int_0^x yf(y)\, dy + x\int_x^1 yf(y)\, dy - x\int_x^1 f(y)\, dy$$

Ist $g\colon [0,1] \to \mathbb{R}$ eine stetige Funktion, $a \in [0,1]$, so ist laut dem Hauptsatz der Differential- und Integralrechnung die Funktion $G(x) = \int_a^x g(t)\, dt$ differenzierbar mit $G'(x) = g(x)$. Daraus folgt, dass u stetig differenzierbar ist. Unter Zuhilfenahme der Produktregel erhalten wir zudem:

$$u'(x) = 1 \cdot \int_0^x yf(y)\, dy + (x-1) \cdot \frac{d}{dx}\int_0^x yf(y)\, dy + \int_x^1 yf(y)\, dy +$$

$$+ x \cdot \frac{d}{dx}\int_x^1 yf(y)\, dy - \int_x^1 f(y)\, dy - x \cdot \frac{d}{dx}\int_x^1 f(y)\, dy =$$

$$= \int_0^x yf(y)\, dy + (x-1)xf(x) + \int_x^1 yf(y)\, dy$$

$$- x^2 f(x) - \int_x^1 f(y)\, dy + xf(x) =$$

$$= \int_0^1 yf(y)\, dy - \int_x^1 f(y)\, dy.$$

Daraus ergibt sich

$$u''(x) = \frac{d}{dx}\left(\int_0^1 yf(y)\, dy - \int_x^1 f(y)\, dy \right) = f(x).$$

Zudem gilt

$$u(0) = \int_0^1 G(0,y)f(y)\, dy = \int_0^1 0\, dy = 0$$

und analog $u(1) = 0$.

b Für $n \in \mathbb{N}$ folgt die Stetigkeit von u_{n+1} aus Teil **a** und der Stetigkeit von u_n. Um die gleichmäßige Konvergenz der Folge zu zeigen, verwenden wir den Banach'schen Fixpunktsatz. Der Raum der stetigen Abbildungen zusammen mit der Supremumsnorm $\|\cdot\|_\infty$ ist vollständig.

Wir definieren den Operator

$$T\colon C^0([0,1], \mathbb{R}) \to C^0([0,1], \mathbb{R}), \quad (Tf)(x) = \int_0^1 G(x,y)\cos f(y)\, dy.$$

Dieser erfüllt $u_{n+1} = Tu_n$. Wir zeigen, dass es sich dabei um eine Kontraktion handelt: Seien $f, g \in C^0([0,1], \mathbb{R})$, dann gilt

$$\|Tf - Tg\|_\infty = \sup_{x \in [0,1]} \left| \int_0^1 G(x,y) \cos f(y) \, \mathrm{d}y - \int_0^1 G(x,y) \cos g(y) \, \mathrm{d}y \right|$$

$$= \sup_{x \in [0,1]} \left| \int_0^1 G(x,y)(\cos f(y) - \cos g(y)) \, \mathrm{d}y \right|$$

$$\leq \sup_{x \in [0,1]} \int_0^1 |G(x,y)| \cdot |f(y) - g(y)| \, \mathrm{d}y$$

$$\leq \|f - g\|_\infty \sup_{x \in [0,1]} \int_0^1 |G(x,y)| \, \mathrm{d}y.$$

Dabei haben wir verwendet, dass $|\cos x - \cos y| \leq |x - y|$ für alle $x, y \in \mathbb{R}$ gilt. Wir berechnen sodann

$$\int_0^1 |G(x,y)| \, \mathrm{d}y = -\int_0^x y(x-1) \, \mathrm{d}y - \int_x^1 x(y-1) \, \mathrm{d}y =$$

$$= -(x-1) \int_0^x y \, \mathrm{d}y - x \int_x^1 y - 1 \, \mathrm{d}y =$$

$$= -\tfrac{1}{2}(x-1)x^2 + \tfrac{1}{2}x(x-1)^2 = -\frac{x(x-1)}{2}.$$

Nun ist aber $-x(x-1) \leq \tfrac{1}{4}$ für $x \in [0,1]$, also ist der letzte Term $\leq \tfrac{1}{8}$. Damit erhalten wir insgesamt die Abschätzung

$$\|Tf - Tg\|_\infty \leq \tfrac{1}{8} \cdot \|f - g\|_\infty,$$

also ist T eine Kontraktion. Nach dem Banach'schen Fixpunktsatz besitzt T nun einen Fixpunkt $u \in C^0([0,1])$ und die Folge $(u_n)_{n \in \mathbb{N}}$ konvergiert in der $\| \cdot \|_\infty$-Norm, also gleichmäßig, gegen u. Laut Teil a wissen wir, dass u zweimal stetig differenzierbar ist. Ferner ist

$$u''(x) = \frac{\mathrm{d}^2}{\mathrm{d}x^2} \int_0^1 G(x,y) \cos u(y) \, \mathrm{d}y \stackrel{a}{=} \cos u(x).$$

Zu guter Letzt folgt aus gleichmäßiger Konvergenz punktweise Konvergenz, also

$$u(0) = \lim_{n \to \infty} u_n(0) = \lim_{n \to \infty} 0 = 0$$

und analog $u(1) = 0$.

Lösungen zu Thema Nr. 2

Lösungsvorschlag zur Aufgabe (Frühjahr 2020, T2A1)

a Laut der Definition der Konvergenz gibt es ein $N \in \mathbb{N}$ mit $|b_n - b| < 1$ für alle $n \geq N$. Insbesondere ist für alle diese n die Zahl $b + 1$ eine obere Schranke (bzw. $b - 1$ eine untere Schranke). Damit ist $\max\{a_1, \ldots, a_{N-1}, b + 1\}$ eine obere (bzw. $\min\{a_1, \ldots, a_{N-1}, b - 1\}$ eine untere) Schranke für die Folge (b_n).

b Laut Teil **a** ist (b_n) beschränkt, sei also $|b_n| \leq M$ für alle $n \in \mathbb{N}$. Dann gilt

$$\sum_{n=1}^{\infty} |a_n b_n| \leq \sum_{n=1}^{\infty} M|a_n| = M \sum_{n=1}^{\infty} |a_n| < \infty.$$

c Wir betrachten die Folgen $a_n = b_n = (-1)^n \frac{1}{\sqrt{n}}$. Dann konvergiert $\sum_{n=1}^{\infty} a_n$ laut dem Leibniz-Kriterium und $\lim_{n \to \infty} b_n = 0$ ist klar. Allerdings ist

$$\sum_{n=1}^{\infty} a_n b_n = \sum_{n=1}^{\infty} \frac{1}{n}$$

die harmonische Reihe, die bekanntlich divergiert.

Lösungsvorschlag zur Aufgabe (Frühjahr 2020, T2A2)

a Wir schreiben $f(z) = \frac{1}{1 - z^2}$, $a = e^{i\varphi}$ für $\varphi \in [0, 2\pi]$ und definieren den Weg

$$\delta_R : [0, \pi] \to \mathbb{C}, \quad t \mapsto R e^{i(\varphi + t)},$$

der einen Halbkreis um 0 mit Anfangspunkt Ra, Endpunkt $-Ra$ und Radius R beschreibt. Die Verknüpfung $\Gamma = \delta_R * \gamma_{a,R}$ bildet dann einen geschlossenen Weg. Für den Moment nehmen wir an, dass a in der oberen Halbebene liegt. Dann umläuft Γ die Singularität -1 von f einmal im positiven Sinne.

Es gilt

$$\text{Res}\,(f; -1) = \frac{1}{-2 \cdot (-1)} = \tfrac{1}{2}.$$

Mit dem Residuensatz folgt

$$\int_{\Gamma} f(z) \, \mathrm{d}z = 2\pi i \cdot \tfrac{1}{2} = i\pi.$$

Wir zeigen nun, dass der Anteil von δ_R am Gesamtintegral für $R \to \infty$ verschwindet. Es ist

$$\left| \int_{\delta_R} \frac{1}{1-z^2}\,\mathrm{d}z \right| = \left| \int_0^\pi \frac{Rie^{i(\varphi+t)}}{1-R^2e^{2i(\varphi+t)}}\,\mathrm{d}t \right| \le \int_0^\pi \frac{R}{|1-R^2e^{2i(\varphi+t)}|}\,\mathrm{d}t$$

$$\le \int_0^\pi \frac{R}{1-R^2}\,\mathrm{d}t = \frac{\pi R}{1-R^2} \xrightarrow{R\to\infty} 0.$$

Wir erhalten insgesamt

$$\lim_{R\to\infty} \int_{\gamma_{a,R}} \frac{1}{1-z^2}\,\mathrm{d}z = \lim_{R\to\infty} \left(\int_\Gamma f(z)\,\mathrm{d}z - \int_{\delta_R} f(z)\,\mathrm{d}z \right) = \pi i.$$

Insbesondere existiert der gefragte Grenzwert (d. h. das Wegintegral). Falls a in der unteren Halbebene liegt, so liegt $-a$ in der oberen und wir können diesen Fall mittels

$$\int_{\gamma_{a,R}} \frac{\mathrm{d}z}{1-z^2} = \int_{-R}^R \frac{a}{1-a^2t^2}\,\mathrm{d}t = -\int_{-R}^R \frac{-a}{1-(-a)^2t^2}\,\mathrm{d}t$$

auf den oben behandelten zurückführen. In dieser Situation ist also

$$\int_{\gamma_a} \frac{\mathrm{d}z}{1-z^2} = -\pi i.$$

b Wir zeigen, dass das Integral existiert.

Dazu definieren wir analog zu Teil a $\gamma_{a,R}^+ = \gamma_{a,R|[0,R]}$ und $\gamma_{a,R}^- = \gamma_{a,R|[-R,0]}$. Dann folgt aus der Substitution $t \mapsto -t$

$$\int_{\gamma_{a,R}^+} \frac{\mathrm{d}z}{1-z^2} = \int_0^R \frac{a}{1-a^2t^2}\,\mathrm{d}t = \int_0^{-R} \frac{-a}{1-a^2t^2}\,\mathrm{d}t = \int_{\gamma_{a,R}^-} \frac{\mathrm{d}z}{1-z^2}.$$

Insbesondere gilt

$$\pm\pi i = \int_{\gamma_a} \frac{\mathrm{d}z}{1-z^2} = \int_{\gamma_a^+} \frac{\mathrm{d}z}{1-z^2} + \int_{\gamma_a^-} \frac{\mathrm{d}z}{1-z^2} = 2\int_{\gamma_a^+} \frac{\mathrm{d}z}{1-z^2}$$

$$\Leftrightarrow \int_{\gamma_a^+} \frac{\mathrm{d}z}{1-z^2} = \pm\frac{\pi i}{2},$$

wobei sich das Vorzeichen wie in a daraus bestimmt, ob a in der unteren oder oberen Halbebene liegt.

Lösungsvorschlag zur Aufgabe (Frühjahr 2020, T2A3)

a Wir raten den Imaginärteil $(x,y) \mapsto \frac{-y}{x^2+y^2}$, dann ist für $x = x + iy \neq 0$

$$f(z) = \frac{x - iy}{x^2 + y^2} = \frac{\bar{z}}{z \cdot \bar{z}} = \frac{1}{z}.$$

Also ist $f(z) = \frac{1}{z}$ eine holomorphe Funktion mit dem gesuchten Realteil.

b Die Funktion f ist auf M stetig, M ist beschränkt und abgeschlossen, also kompakt. Damit nimmt f auf M Minimum und Maximum an.

Es gilt für $(x,y) \in \mathbb{R}^2 \setminus \{(0,0)\}$

$$(\nabla f)(x,y) = \frac{1}{(x^2 + y^2)^2} \begin{pmatrix} y^2 - x^2 \\ -2y^2 \end{pmatrix} \neq \begin{pmatrix} 0 \\ 0 \end{pmatrix}.$$

Somit liegen keine Extrempunkte im Inneren von M.

Betrachte nun für $c \in \{1,2\}$ die Parametrisierung

$$\phi_c \colon [0, 2\pi] \to \mathbb{R}^2, \quad t \mapsto \begin{pmatrix} c \cos t \\ \frac{c}{\sqrt{2}} \sin t \end{pmatrix}$$

des inneren bzw. äußeren Randes von M. Es gilt

$$(f \circ \phi_c)(t) = \frac{1}{c} \cdot \frac{\cos t}{\cos^2 t + \frac{1}{2} \sin^2 t} = \frac{2}{c} \cdot \frac{\cos t}{\cos^2 t + 1}$$

mit der Ableitung

$$(f \circ \phi_c)'(t) = \frac{2}{c} \cdot \frac{-\sin t(\cos^2 t + 1) - \cos t(-2 \cdot \cos t \cdot \sin t)}{(\cos^2 t + 1)^2} =$$

$$= \frac{2}{c} \cdot \frac{\sin t \cdot (\cos^2 t - 1)}{(\cos^2 t + 1)^2}.$$

Diese hat die Nullstellen $0, \pi$ im Definitionsbereich. Einsetzen in die Funktion gibt auf dem inneren Rand von M (also für $c = 1$) die Werte

$$f(1,0) = 1, \quad f(-1,0) = -1$$

und auf dem äußeren Rand die Werte

$$f(2,0) = \tfrac{1}{2}, \quad f(-2,0) = -\tfrac{1}{2}.$$

Damit nimmt f das Maximum 1 im Punkt $(1,0)$, das Minimum -1 im Punkt $(-1,0)$ an.

Lösungsvorschlag zur Aufgabe (Frühjahr 2020, T2A4)

a Wir begründen zunächst die Ungleichung $|\sin x| \leq |x|$ für alle $x \in \mathbb{R}$. Falls $|x| \geq 1$, so ist dies klar. Für $x \in (0,1)$ nehmen wir an, dass

$$\sin x > x \quad \Leftrightarrow \quad \frac{\sin x - 0}{x - 0} > 1.$$

Laut dem Mittelwertsatz existiert dann ein $\xi \in (0, x)$ mit

$$\sin'(\xi) = \cos \xi = \frac{\sin x - 0}{x - 0} > 1.$$

Dies ist unmöglich. Genauso geht man für $x \in (-1, 0)$ vor.

Aufgrund dieser Ungleichung können wir den Existenz- und Eindeutigkeitssatz für Differentialgleichungen mit linear beschränkter rechter Seite anwenden und erhalten wie gewünscht eine auf ganz $\mathbb{R}$ definierte Lösung x des Anfangswertproblems.

b Die Funktionen $t \mapsto 0$ und $t \mapsto \pi$ sind Lösungen der Differentialgleichung. Aufgrund des Eindeutigkeitssatzes aus Teil **a** können sich Lösungskurven nicht schneiden, somit gilt für eine Lösung x mit dem angegebenen Anfangswert $x(t) \in (0, \pi)$ für alle $t \in \mathbb{R}$. Insbesondere ist x beschränkt. Zudem ist die Sinusfunktion auf $(0, \pi)$ positiv, x also streng monoton steigend. Dies begründet die Existenz der beiden Grenzwerte.

Nehmen wir nun an, $\lim_{t \to \infty} x(t) = c < \pi$. Dann gibt es zu jedem $\varepsilon > 0$ ein $T \in \mathbb{R}$ mit $x(t) < \pi - \varepsilon$ für alle $t \geq T$. Insbesondere ist $\sin(x(t)) > \delta$ für ein $\delta > 0$. Wir erhalten

$$x(t) = x(T) + \int_T^t x'(\tau)\, d\tau = x(T) + \int_T^t \sin x(\tau)\, d\tau >$$

$$> x(T) + \int_T^t \delta\, d\tau = x(T) + (t - T)\delta \xrightarrow{t \to \infty} \infty$$

im Widerspruch dazu, dass x beschränkt ist. Beim Grenzwert für $t \to -\infty$ geht man analog vor.

c Es gilt für $t \in \mathbb{R}$

$$x''(t) = \frac{\mathrm{d}}{\mathrm{d}t} \sin x(t) = \cos x(t) \cdot x'(t) = \cos x(t) \cdot \sin x(t).$$

Aufgrund der Grenzwerte aus Teil b existiert ein t_1 mit $x(t_1) < \frac{\pi}{2}$ und ein t_2 mit $x(t_2) > \frac{\pi}{2}$. Mit dem Zwischenwertsatz erhalten wir ein $t^* \in (t_1, t_2)$ mit $x(t^*) = \frac{\pi}{2}$. Wir zeigen nun, dass t^* die gewünschte Eigenschaft besitzt: Für $t \in (-\infty, t^*)$ gilt aufgrund der Monotonie von x die Ungleichung $0 < x(t) < \frac{\pi}{2}$, also

$$x''(t) = \cos x(t) \cdot \sin x(t) > 0,$$

und x ist auf diesem Intervall strikt konvex. Für $t \in (t^*, \infty)$ gilt $\frac{\pi}{2} < x(t) < \pi$, also $x''(t) < 0$, und x ist auf diesem Intervall strikt konkav.

Lösungsvorschlag zur Aufgabe (Frühjahr 2020, T2A5)

Wir bezeichnen mit $f_a \colon \mathbb{R}^2 \to \mathbb{R}^2$ die Funktion, die die rechte Seite der Gleichung beschreibt. Für deren Jacobi-Matrix gilt

$$(Df_a)(x_1, x_2) = \begin{pmatrix} a + 2(a+1)x_1 & 1 \\ 1 & a \end{pmatrix}, \quad (Df_a)(0,0) = \begin{pmatrix} a & 1 \\ 1 & a \end{pmatrix}.$$

Das charakteristische Polynom der rechten Matrix ist gegeben durch

$$(a - X)(a - X) - 1 = X^2 - 2aX + a^2 - 1.$$

Die Eigenwerte sind also

$$\lambda_{1,2} = \frac{2a \pm \sqrt{4}}{2} = a \pm 1.$$

Für $a > -1$ ist ein Eigenwert positiv, sodass die Ruhelage in diesem Fall laut Satz 7.30 instabil ist. Für $a < -1$ sind beide Eigenwerte negativ, die Ruhelage ist dann also asymptotisch stabil.

Betrachten wir noch den Fall $a = -1$. In diesem Fall lautet das System

$$\dot{x} = \begin{pmatrix} -1 & 1 \\ 1 & -1 \end{pmatrix} \cdot x,$$

ist also bereits linear. Aus der Rechnung oben wissen wir, dass die Eigenwerte dieser Matrix 0 und -2 sind. Somit ist die Ruhelage für $a = -1$ laut Satz 7.29 stabil, aber nicht asymptotisch stabil.

Lösungen zu Thema Nr. 3

Lösungsvorschlag zur Aufgabe (Frühjahr 2020, T3A1)

a Für $(x_1, x_2) \in \mathbb{R}^2$ gilt

$$\left\| \begin{pmatrix} \sin x_2 \\ -\sin x_1 \end{pmatrix} \right\| = \sqrt{\sin^2 x_1 + \sin^2 x_1} \leq \sqrt{x_1^2 + x_2^2} = \left\| \begin{pmatrix} x_1 \\ x_2 \end{pmatrix} \right\|.$$

Also können wir den Existenz- und Eindeutigkeitssatz für Differentialgleichungen mit linear beschränkter rechter Seite anwenden und erhalten für jedes Anfangswertproblem eine auf ganz $\mathbb{R}$ definierte Lösung.

b Hier berechnen wir

$$\begin{pmatrix} \sin x_2 \\ -\sin x_1 \end{pmatrix} = \begin{pmatrix} 0 \\ 0 \end{pmatrix} \quad \Leftrightarrow \quad \begin{pmatrix} x_1 \\ x_2 \end{pmatrix} = \begin{pmatrix} k\pi \\ l\pi \end{pmatrix} \quad \text{für gewisse } k, l \in \mathbb{Z}.$$

c Sei ϕ eine Lösung der Gleichung. Dann gilt

$$\frac{\mathrm{d}}{\mathrm{d}t} H(\phi(t)) = \left\langle \nabla H(\phi(t)), \frac{\mathrm{d}}{\mathrm{d}t}\phi(t) \right\rangle =$$

$$= \left\langle \begin{pmatrix} -\sin \phi_1(t) \\ -\sin \phi_2(t) \end{pmatrix}, \begin{pmatrix} \sin \phi_2(t) \\ -\sin \phi_1(t) \end{pmatrix} \right\rangle = 0.$$

d Wir berechnen:

$$(Df)(x_1, x_2) = \begin{pmatrix} 0 & \cos x_2 \\ -\cos x_1 & 0 \end{pmatrix}, \quad (Df)(\pi k, lk) = \begin{pmatrix} 0 & (-1)^k \\ (-1)^{l+1} & 0 \end{pmatrix}$$

Die rechte Matrix hat das charakteristische Polynom $X^2 - (-1)^{k+l+1}$. Falls $k + l \equiv 1 \mod 2$ (also genau eine von beiden Zahlen ungerade ist), so ist das charakteristische Polynom dieser Matrix gegeben durch $X^2 - 1$ mit den Eigenwerten ± 1. Laut Satz 7.30 ist die Ruhelage daher instabil.

Andernfalls betrachten wir zunächst den Fall, dass k und l beide gerade sind. Dann ist $H(x_1, x_2) - 2$ eine Lyapunov-Funktion, wenn wir die Differentialgleichung auf den Bereich $D =]k\pi - \frac{\pi}{2}, k\pi + \frac{\pi}{2}[\times]l\pi - \frac{\pi}{2}, l\pi + \frac{\pi}{2}[$ einschränken, denn laut Teil **c** gilt $\langle \nabla H(x_1, x_2), f(x_1, x_2) \rangle = 0$. Weiter ist $H(k\pi, l\pi) - 2 = 0$ und für $(x_1, x_2) \in D$

$$H(x_1, x_2) - 2 = 0 \quad \Leftrightarrow \quad \cos x_1 + \cos x_2 = 2 \quad \Leftrightarrow$$

$$\Leftrightarrow \quad \cos x_1 = 1 \text{ und } \cos x_2 = 0 \quad \Leftrightarrow \quad x_1 = k\pi, x_2 = l\pi.$$

Also ist die Ruhelage stabil.

Falls k und l beide ungerade sind, so verwendet man die Lyapunov-Funktion $H(x_1, x_2) + 2$ und erhält ebenso die Stabilität der Ruhelage.

Lösungsvorschlag zur Aufgabe (Frühjahr 2020, T3A2)

a Sei $x \in \mathbb{R}$. Dann gilt für alle $n \in \mathbb{N}$ die Abschätzung

$$\sqrt[n]{|2^{-n}\sin(2^n x)|} = \tfrac{1}{2} \cdot \sqrt[n]{|\sin(2^n x)|} \leq \tfrac{1}{2}.$$

Also konvergiert die angegebene Reihe absolut nach dem Wurzelkriterium.

b Wir zeigen, dass die Konvergenz aus Teil **a** gleichmäßig ist: Seien $x \in \mathbb{R}$ und $\varepsilon > 0$ vorgegeben. Es gilt

$$\left| f(x) - \sum_{n=0}^{m} 2^{-n}\sin(2^n x) \right| = \left| \sum_{n=m+1}^{\infty} 2^{-n}\sin(2^n x) \right| \leq \sum_{n=m+1}^{\infty} 2^{-n}.$$

Da die letzte Reihe als geometrische Reihe konvergent ist, können wir ein N so wählen, dass $\sum_{n=N}^{\infty} 2^{-n} < \varepsilon$. Dann ist $|f(x) - \sum_{n=0}^{m} 2^{-n}\sin(2^n x)| < \varepsilon$ für $x \in \mathbb{R}$ und $m \geq N$, also ist die Konvergenz gleichmäßig und f somit als gleichmäßiger Grenzwert stetiger Funktionen selbst stetig.

c Dies gilt wegen

$$f(x + 2\pi) = \sum_{n=0}^{\infty} 2^{-n}\sin(2^n(x + 2\pi)) = \sum_{n=0}^{\infty} 2^{-n}\sin(2^n x) = f(x).$$

d Zunächst gilt $f(0) = 0$, also

$$d_{k+1} - d_k = \frac{2^{k+1}}{\pi} \sum_{n=0}^{\infty} 2^{-n}\sin\left(2^{n-(k+1)}\pi\right) - \frac{2^k}{\pi}\sum_{n=0}^{\infty} 2^{-n}\sin\left(2^{n-k}\pi\right)$$

$$= \sum_{n=0}^{k} \frac{2^{-n+k+1}}{\pi}\sin\left(2^{n-(k+1)}\pi\right) - \sum_{n=0}^{k-1}\frac{2^{-n+k}}{\pi}\sin\left(2^{n-k}\pi\right)$$

$$= \sum_{n=0}^{k} \frac{2^{-n+k+1}}{\pi}\sin\left(2^{n-(k+1)}\pi\right) - \sum_{n=1}^{k}\frac{2^{-n+1+k}}{\pi}\sin\left(2^{n-1-k}\pi\right)$$

$$= \frac{2^{k+1}}{\pi}\sin\left(2^{-(k+1)}\pi\right)$$

Mit der Regel von L'Hospital erhalten wir

$$\lim_{x \to \infty} \frac{x}{\pi} \cdot \sin\left(\frac{\pi}{x}\right) = \lim_{x \to \infty} \frac{\sin\left(\frac{\pi}{x}\right)}{\frac{\pi}{x}} = \lim_{x \to \infty} \frac{\cos\left(\frac{\pi}{x}\right) \cdot (-\pi x^{-2})}{-\pi x^{-2}} =$$

$$= \lim_{x \to \infty} \cos\left(\frac{\pi}{x}\right) = 1.$$

Also insbesondere $\lim_{k \to \infty} d_{k+1} - d_k = 1$. Es gibt ergo ein $K \in \mathbb{N}$, sodass für alle $k \geq K$ die Ungleichung $d_{k+1} - d_k \geq \frac{1}{2}$ erfüllt ist. Damit haben wir auch $d_k \geq d_K + \frac{k-K}{2}$ für alle $k \geq K$. Es folgt, dass $\lim_{k \to \infty} d_k = \infty$.

Würde nun der Grenzwert

$$\lim_{h \to 0} \frac{f(h) - f(0)}{h}$$

existieren, so müsste dieser mit $\lim_{k \to \infty} d_k$ übereinstimmen. Wir haben jedoch oben gezeigt, dass letzterer Grenzwert nicht existiert, daher kann f nicht in 0 differenzierbar sein.

Lösungsvorschlag zur Aufgabe (Frühjahr 2020, T3A3)

a *Richtig.* Jeder Punkt in $z \in B_1(0)$ ist laut Voraussetzung ein Maximum von f, also ist f laut dem Maximumprinzip 6.23 konstant.

b *Richtig.* Es gilt $f(\mathbb{C}) = f(Q)$ mit $Q = \{x + iy \in \mathbb{C} \mid 0 \leq x, y \leq 1\}$ und dann lässt sich der Satz von Liouville anwenden. Für Details siehe die identische Aufgabe H12T2A2 **b** auf Seite 312.

c *Falsch.* Ein Gegenbeispiel ist die Funktion

$$f(z) = \sin(\pi z) \cdot \sin(i\pi z).$$

Hier gilt für $k \in \mathbb{Z}$

$$f(k) = \sin(k\pi) \cdot \sin(ki\pi) = 0 = \sin(ki\pi) \cdot \sin(-k\pi) = f(ik),$$

aber f ist wegen $f(\frac{1}{2}) \neq 0$ nicht konstant.

Lösungsvorschlag zur Aufgabe (Frühjahr 2020, T3A4)

a Für jedes n ist der Weg γ_n geschlossen, zudem ist $z \mapsto \frac{e^{iz}}{z}$ auf dem von γ_n umlaufenen Bereich holomorph, also hat das Kurvenintegral I_n laut dem Cauchy-Integralsatz den Wert 0. Die Zeichnung für $n = 2$ sieht wie folgt aus:

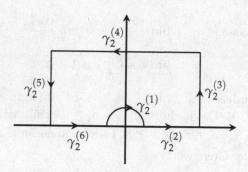

b Für das erste Integral betrachten wir

$$\int_{\gamma_n^{(1)}} \frac{e^{iz}}{z}\, dz = \int_{-\pi}^{0} \frac{e^{ie^{-it}/n}}{e^{-it}/n} \cdot (-i)e^{-it}/n\, dt = -i \int_{-\pi}^{0} e^{ie^{-it}/n}\, dt$$

Nun konvergiert die Folge $e^{ie^{-it}/n}$ für jedes $t \in [-\pi, 0]$ gegen 1, die Funktionenfolge konvergiert also punktweise. Zudem ist $|e^{ie^{-it}/n}| = e^{\operatorname{Re} e^{-it}/n} \le e^1$ und die Funktion $t \mapsto e$ ist auf $[-\pi, 0]$ integrierbar. Aufgrund des Satzes der dominierten Konvergenz können wir Integration und Grenzwertübergang vertauschen:

$$\lim_{n \to \infty} -i \int_{-\pi}^{0} e^{ie^{-it}/n}\, dt = -i \int_{-\pi}^{0} 1\, dt = -i\pi.$$

Für das Integral über $\gamma_n^{(3)}$ gilt

$$\left| \int_{\gamma_n^{(3)}} \frac{e^{iz}}{z}\, dz \right| \le \int_0^n \left| \frac{e^{in-t}}{n+it} \cdot i \right|\, dt = \int_0^n \frac{e^{-t}}{\sqrt{n^2 + t^2}}\, dt$$

$$\le \int_0^n \frac{e^{-t}}{n}\, dt = \left[-\frac{1}{n} e^{-t} \right]_0^n = \frac{1}{n}(1 - e^{-n}) \xrightarrow{n \to \infty} 0.$$

Wie das eben berechnete Integral gehen auch die Integrale für $n = 4, 5$ gegen 0, wir erhalten also insgesamt

$$\lim_{n \to \infty} (I_n^{(2)} + I_n^{(6)}) = i\pi.$$

c Es gilt unter Verwendung der Substitution $t \mapsto -t$

$$\operatorname{Im} \int_{\gamma_n^{(6)}} \frac{e^{iz}}{z}\, \mathrm{d}z = \operatorname{Im} \int_{-n}^{-1/n} \frac{e^{it}}{t}\, \mathrm{d}t = \int_{-n}^{-1/n} \frac{\sin(t)}{t}\, \mathrm{d}t =$$

$$= -\int_{n}^{1/n} \frac{\sin t}{t}\, \mathrm{d}t = \int_{1/n}^{n} \frac{\sin t}{t}\, \mathrm{d}t = \operatorname{Im} \int_{\gamma_n^{(2)}} \frac{e^{iz}}{z}\, \mathrm{d}z.$$

Insbesondere ist

$$\int_0^\infty \frac{\sin x}{x}\, \mathrm{d}x = \lim_{n \to \infty} \operatorname{Im} \int_{\gamma_n^{(2)}} \frac{e^{iz}}{z}\, \mathrm{d}z = \frac{1}{2} \lim_{n \to \infty} (I_n^{(2)} + I_n^{(6)}) = \frac{\pi}{2}.$$

Lösungsvorschlag zur Aufgabe (Frühjahr 2020, T3A5)

Die homogene Gleichung hat das charakteristische Polynom $X^2 + 1$ mit den Nullstellen $\pm i$ und deshalb die allgemeine Lösung

$$b \sin t + c \cos t, \quad b, c \in \mathbb{R}.$$

1. Fall: Ist $a = \pm 1$, so ist die Inhomogenität $\sin(at)$ bereits eine Lösung der homogenen Differentialgleichung (es liegt also Resonanz vor). Wir machen für eine partikuläre Lösung den Ansatz

$$x_p(t) = ct \sin t + dt \cos t$$

mit

$$x_p'(t) = (c - dt) \sin t + (ct + d) \cos t,$$
$$x_p''(t) = (-ct - 2d) \sin t + (2c - dt) \cos t.$$

Einsetzen in die Gleichung liefert

$$(-ct - 2d) \sin t + (2c - dt) \cos t + ct \sin t + dt \cos t = \pm \sin t$$
$$\Leftrightarrow \quad (-2d \mp 1) \sin t + 2c \cos t = 0$$

mit der Lösung $c = 0$, $d = -\frac{1}{2}$ im Fall $a = 1$ bzw. $c = 0$, $d = \frac{1}{2}$ im Fall $a = -1$. Die allgemeine Lösung lautet also in diesem Fall

$$b \sin t + c \cos t \mp \frac{1}{2} t \cos t, \quad b, c \in \mathbb{R}.$$

Insbesondere sind in diesem Fall alle Lösungen unbeschränkt.

2. *Fall:* Ist $a \neq \pm 1$, so machen wir den Ansatz $x_p(t) = c \sin(at)$ (da nur gerade Ableitungen auftreten, kann der Kosinusteil hier weggelassen werden) und erhalten

$$x_p''(t) + x_p(t) = \sin(at) \quad \Leftrightarrow \quad -a^2 c \sin(at) + c \sin(at) = \sin(at)$$
$$\Leftrightarrow \quad c(1 - a^2) \sin(at) = \sin(at).$$

Eine partikuläre Lösung ist in diesem Fall also durch $\frac{1}{1-a^2} \sin(at)$ gegeben und die allgemeine Lösung ist

$$b \sin t + c \cos t + \frac{1}{1 - a^2} \sin(at), \quad b, c \in \mathbb{R}.$$

Hier sind also alle Lösungen beschränkt.

Literatur

[Aul04] Bernd Aulbach. *Gewöhnliche Differenzialgleichungen*. 2. Aufl. München, Heidelberg: Spektrum, 2004.

[Bos09] Siegfried Bosch. *Algebra*. 7. Aufl. Berlin, Heidelberg: Springer, 2009.

[Bos14] Siegfried Bosch. *Lineare Algebra*. 5. Aufl. Berlin, Heidelberg: Springer, 2014.

[FB06]   Eberhard Freitag und Rolf Busam. *Funktionentheorie*. 4. Aufl. Heidelberg: Springer, 2006.

[Fur95] Peter Furlan. *Das gelbe Rechenbuch 3*. Dortmund: Furlan, 1995.

[Ger16] Ralf Gerkmann. *Algebra*. Vorlesungsskript. 2016.

[Kle07] Israel Kleiner. *A History Of Abstract Algebra*. Boston: Birkhäuser, 2007.

[Kra14] Martina Kraupner. *Algebra leicht(er) gemacht*. 2. Aufl. Berlin: De Gruyter Oldenbourg, 2014.

[Lan05] Serge Lang. *Algebra*. Revised Third Edition. corrected printing. New York: Springer, 2005.

[Rot91] Karl Rottmann. *Mathematische Formelsammlung*. 4. Aufl. Heidelberg: Spektrum, 1991.

[Zen15] Heribert Zenk. *Gewöhnliche Differenzialgleichungen und Funktionentheorie*. Vorlesungsskript. 2015.

© Der/die Herausgeber bzw. der/die Autor(en), exklusiv lizenziert durch
Springer-Verlag GmbH, DE, ein Teil von Springer Nature 2021
D. Bullach und J. Funk, *Vorbereitungskurs Staatsexamen Mathematik*,
https://doi.org/10.1007/978-3-662-62904-8

Aufgabenverzeichnis Algebra

© Der/die Herausgeber bzw. der/die Autor(en), exklusiv lizenziert durch
Springer-Verlag GmbH, DE, ein Teil von Springer Nature 2021
D. Bullach und J. Funk, *Vorbereitungskurs Staatsexamen Mathematik*,
https://doi.org/10.1007/978-3-662-62904-8

Aufgabenverzeichnis Analysis

Index Algebra

Index Analysis

© Der/die Herausgeber bzw. der/die Autor(en), exklusiv lizenziert durch
Springer-Verlag GmbH, DE, ein Teil von Springer Nature 2021
D. Bullach und J. Funk, *Vorbereitungskurs Staatsexamen Mathematik*,
https://doi.org/10.1007/978-3-662-62904-8

Printed in the United States
By Bookmasters